Alumnos & padres

Todos los recursos del Internet en un solo lugar



Visiten **msmath1.net**

## Libro en línea

- Edición del alumno completa
- Enlaces con herramientas en línea para el estudio

## Herramientas en línea para el estudio

- Ejemplos adicionales
- Pruebas cortas autocalificables
- Repaso de vocabulario
- Pruebas de práctica del capítulo
- Pruebas estandarizadas de práctica

## Actividades en línea

- Proyectos de Busca en la Web
- Actividades tituladas La zona de juegos
- Enlaces con profesiones
- Ponte al día

## Libro de ejercicios de la Guía de estudio para padres y alumnos

- Hojas de ejercicios imprimibles

## Teclas de calculadoras graficadoras

- Teclas para otras calculadoras

MATEMÁTICAS DE GLENCOE

# Matemáticas

## Aplicaciones y conceptos

### Curso 1


Bailey
Day
Frey
Howard
Hutchens
McClain
Moore-Harris
Ott
Pelfrey
Price
Vielhaber
Willard

McGraw Hill Glencoe

New York, New York Columbus, Ohio Chicago, Illinois Peoria, Illinois Woodland Hills, California

X040100001927E

Glencoe

The McGraw-Hill Companies



Las pruebas estandarizadas de práctica que se presentan en este libro fueron alineadas y verificadas por The Princeton Review, el líder nacional en preparación de pruebas. A través de su asociación con McGraw-Hill, The Princeton Review ofrece el mejor método para ayudar a los estudiantes a sobresalir en pruebas estandarizadas.



Envíe toda correspondencia a:
Glencoe/McGraw-Hill
8787 Orion Place
Columbus, OH 43240-4027

ISBN: 0-07-860787-6

1 2 3 4 5 6 7 8 9 10 043/027 10 09 08 07 06 05 04 03

# Contenido breve

# Autores

**Rhonda Bailey**
Asesora de matemáticas
Mathematics by Design
DeSoto, Texas

**Roger Day, Ph.D.**
Profesor Asociado
Illinois State University
Normal, Illinois

**Patricia Frey**
Directora de dotación de personal y retención
Escuelas urbanas de Buffalo
Buffalo, New York

**Arthur C. Howard**
Maestro de matemáticas
Escuela Superior Cristiana Houston
Houston, Texas

**Deborah T. Hutchens, Ed.D.**
Subdirectora
Escuela Intermedia Great Bridge
Chesapeake, Virginia

**Kay McClain, Ed.D.**
Profesora Auxiliar
Universidad Vanderbilt
Nashville, Tennessee

**Beatrice Moore-Harris**
Asesora de matemáticas
League City, Texas

**Jack M. Ott, Ph.D.**
Profesor Ilustre de Educación Secundaria emérito
Universidad de South Carolina
Columbia, South Carolina

**Ronald Pelfrey, Ed.D.**
Especialista en matemáticas
Iniciativa General Rural de los Apalaches
Lexington, Kentucky

**Jack Price, Ed.D.**
Catedrático emérito
California State Polytechnic University
Pomona, California

**Kathleen Vielhaber**
Especialista en matemáticas
Districto Escolar Parkway
St. Louis, Missouri

**Teri Willard, Ed.D.**
Instructora Adjunta y Asesora en Matemáticas
Montana State University
Bozeman, Montana

## Autores contribuyentes

**USA TODAY**
Las Instantáneas® del USA TODAY, creadas por USA TODAY®, ayudan a los alumnos a vincular las matemáticas con la vida real.

**Dinah Zike**
Asesora didáctica
Dinah-Might Activities, Inc.
San Antonio, Texas

# Asesores de contenido

Cada asesor de contenido revisó todos los capítulos y dio sus sugerencias para mejorar la eficacia de la instrucción matemática.

## Asesores en matemáticas

**L. Harvey Almarode**
Supervisor de currículo, Matemáticas K–12
Escuelas Públicas del condado de Augusta
Fishersville, VA

**Claudia Carter, MA, NBCT**
Maestra de matemáticas
Escuela para Matemáticas y Ciencias de Mississippi
Columbus, MS

**Carol E. Malloy, Ph.D.**
Catedrática asociada, Instrucción de currículo, Matemáticas para la Secundaria
The University of North Carolina at Chapel Hill
Chapel Hill, NC

**Melissa McClure, Ph.D.**
Instructora de matemáticas
Universidad de Phoenix en línea
Fort Worth, TX

**Robyn R. Silbey**
Especialista en matemáticas escolares
Escuelas Públicas del condado de Montgomery
Rockville, MD

**Leon L. "Butch" Sloan, Ed.D.**
Coordinador de matemáticas de secundaria
Distrito Escolar Independiente Garland
Garland, TX

**Barbara Smith**
Instructora de matemáticas
Delaware County Community College
Media, PA

## Asesora de lectura

**Lynn T. Havens**
Directora
Proyecto CRISS
Kalispell, MT

## Asesores ELL

**Idania Dorta**
Especialista en educación matemática
Escuelas Públicas del condado de Miami–Dade
Miami, FL

**Frank de Varona, Ed.S.**
Profesor asociado visitante
Florida International University College of Education
Miami, FL

# Maestros asesores

Cada maestro asesor recibió por lo menos dos capítulos del libro del alumno, hizo comentarios y dio sugerencias para mejorar la eficacia de la instrucción matemática.

**Royallee Allen**
Maestra, Directora del Departamento de Matemáticas
Escuela Intermedia Eisenhower
San Antonio, TX

**Dennis Baker**
Director del Departamento de Matemáticas
Escuela Intermedia Desert Shadows
Scottsdale, AZ

**Rosie L. Barnes**
Maestra
Escuela Intermedia Fairway–KISD
Killeen, TX

**Charlie Bialowas**
Especialista de Currículo Matemático
Distrito de la Escuela Secundaria Anaheim Union
Anaheim, CA

**Stephanie R. Boudreaux**
Maestra
Escuela Intermedia Fontainebleau
Mandeville, LA

**Dianne G. Bounds**
Maestra
Escuela Intermedia Nettleton
Jonesboro, AR

**Susan Peavy Brooks**
Maestra de matemáticas
Escuela Intermedia Louis Pizitz
Vestavia Hills, AL

**Karen Sykes Brown**
Educadora en matemáticas
Escuela Intermedia Riverview
Grundy, VA

**Kay E. Brown**
Maestra, 7º grado
Escuela Intermedia North Johnston
Micro, NC

**Renee Burgdorf**
Maestra de los grados intermedios
Escuela Intermedia del condado de Morgan
Madison, GA

**Kelley Summers Calloway**
Maestra
Escuela Intermedia Baldwin
Montgomery, AL

**Carolyn M. Catto**
Maestra
Escuela Intermedia Harney
Las Vegas, NV

**Claudia M. Cazanas**
Directora del Departamento de Matemáticas
Escuela Intermedia Fairmont
Pasadena, TX

**David J. Chamberlain**
Maestro de recursos matemáticos para secundaria
Districto Escolar Unificado Capistrano
San Juan Capistrano, CA

**David M. Chioda**
Supervisor de matemáticas y ciencias
Escuelas Públicas de la Municipalidad de Marlboro
Marlboro, NJ

**Carrie Coate**
Maestra de matemáticas de 7º grado
Escuela Spanish Fort
Spanish Fort, AL

**Toinette Thomas Coleman**
Maestro de matemáticas de secundaria
Escuela Intermedia y Tecnológica de Caddo
Shreveport, LA

**Linda M. Cordes**
Directora del Departamento de Matemáticas
Escuela Intermedia Paul Robeson
Kansas City, MO

**Polly Crabtree**
Maestra
Escuela Intermedia Hendersonville
Hendersonville, NC

**Dr. Michael T. Crane**
Director de Matemáticas
Escuela Secundaria B.M.C. Durfee
Fall River, MA

**Tricia Creech, Ph.D.**
Facilitadora de currículo
Escuela Intermedia Southeast Guilford
Greensboro, NC

**Lyn Crowell**
Directora del Departamento de Matemáticas
Escuela Intermedia Chisholm Trail
Round Rock, TX

**B. Cummins**
Maestro
Escuela Intermedia Crestdale
Matthews, NC

**Debbie Davis**
Maestra de matemáticas de 8º grado
Escuela Intermedia Max Bruner, Jr.
Ft. Walton Beach, FL

**Diane Yendell Day**
Maestra de matemáticas
Escuela Intermedia Moore Square Museums Magnet
Raleigh, NC

**Wendysue Dodrill**
Maestra
Escuela Intermedia Barboursville
Barboursville, WV

**Judith F. Duke**
Maestra de matemáticas
Escuela Intermedia Cranford Burns
Mobile, AL

**Carol Fatta**
Instructora de matemáticas e informática
Escuela Intermedia Chester Jr. Sr.
Chester, NY

**Cynthia Fielder**
Asesora de matemáticas
Atlanta, GA

**Georganne Fitzgerald**
Directora de mMatemáticas
Escuela Intermedia Crittenden
Mt. View, CA

**Jason M. Fountain**
Maestro de matemáticas de 7º grado
Escuela Intermedia Bay Minette
Bay Minette, AL

**Sandra Gavin**
Maestra
Escuela Intermedia Highland
Cowiche, WA

**Ronald Gohn**
Matemáticas de 8º grado
Escuela Intermedia Dover
Dover, PA

**Larry J. Gonzales**
Director del Departamento de Matemáticas
Escuela Intermedia Desert Ridge
Albuquerque, NM

**Shirley Gonzales**
Maestra de matemáticas
Escuela Intermedia Desert Ridge
Albuquerque, NM

**Paul N. Hartley, Jr.**
Instructor de matemáticas
Escuelas Públicas del Condado Loudoun
Leesburg, VA

## Maestros asesores *continuación*

**Deborah L. Hewitt**
Maestra de matemáticas
Escuela Secundaria Chester
Chester, NY

**Steven J. Huesch**
Director y maestro de matemáticas
Escuela Intermedia Cortney
Las Vegas, NV

**Sherry Jarvis**
Maestra de matemáticas de 8º grado/álgebra 1
Escuela Intermedia Flat Rock
East Flat Rock, NC

**Mary H. Jones**
Coordinadora de Currículo de Matemáticas
Escuelas Públicas de Grand Rapids
Grand Rapids, MI

**Vincent D.R. Kole**
Maestro de matemáticas
Escuela Intermedia Eisenhower
Albuquerque, NM

**Ladine Kunnanz**
Maestra de escuela intermedia
Escuela Intermedia Sequoyah
Edmond, OK

**Barbara B. Larson**
Maestra/Directora del Departamento de Matemáticas
Escuela Intermedia Andersen
Omaha, NE

**Judith Lecocq**
Maestra de 7º grado
Escuela Intermedia Murphysboro
Murphysboro, IL

**Paula C. Lichiello**
Maestra de matemáticas y pre-álgebra de 7º grado
Escuela Intermedia Forest
Forest, VA

**Michelle Mercier Maher**
Maestra
Escuela Intermedia Glasgow
Baton Rouge, LA

**Jeri Manthei**
Maestro
Escuela Intermedia Millard North
Omaha, NE

**Albert H. Mauthe, Ed.D.**
Supervisor de matemáticas (jubilado)
Distrito Escolar del Área de Norristown
Norristown, PA

**Karen M. McClellan**
Maestra y Directora del Departamento de Matemáticas
Escuela Intermedia Harper Park
Leesburg, VA

**Ken Montgomery**
Maestra de matemáticas
Escuela Secundaria Tri-Cities
East Point, GA

**Helen M. O'Connor**
Especialista en matemáticas de secundaria
Distrito Escolar Dos Harrison
Colorado Springs, CO

**Cindy Ostrander**
Maestra de matemáticas de 8º grado
Escuela Intermedia Edwardsville
Edwardsville, IL

**Michael H. Perlin**
Maestro de matemáticas de 8º grado
Escuela Intermedia John Jay
Cross River, NY

**Denise Pico**
Maestra de matemáticas
Escuela Intermedia Jack Lund Schofield
Las Vegas, NV

**Ann C. Raymond**
Maestra
Escuela Intermedia Oak Ave.
Temple City, CA

**M.J. Richards**
Maestro de matemáticas de escuela intermedia
Escuela Intermedia Davis
Dublin, OH

**Linda Lou Rohleder**
Maestra de matemáticas, grados 7º y 8º
Escuela Intermedia Jasper
Jasper, IN

**Dana Schaefer**
Maestro de pre-álgebra y álgebra I
Escuela Intermedia Coachman Fundamental
Clearwater, FL

**Donald W. Scheuer, Jr.**
Coordinador de matemáticas
Distrito Escolar Abington
Abington, PA

**Angela Hardee Slate**
Maestra, matemáticas/álgebra de 7º grado
Escuela Intermedia Martin
Raleigh, NC

**Mary Ferrington Soto**
Matemáticas de 7º grado
Escuela Intermedia Calhoun-Ouachita Escuelas Parroquiales
Calhoun, LA

**Diane Stilwell**
Maestra de matemáticas/álgebra Coordinadora de tecnología
Escuela Intermedia South
Morgantown, WV

**Pamela Ann Summers**
Coordinadora de matemáticas K–12
DEI de Lubbock–Oficina Central
Lubbock, TX

**Marnita L. Taylor**
Maestra de matemáticas/Directora de Departamento
Escuela Intermedia Tolleston
Gary, IN

**Susan Troutman**
Maestra
Escuela Intermedia Dulles
Sugar Land, TX

**Barbara C. VanDenBerg**
Coordinadora de matemáticas, K–8
Consejo de Educación de Clifton
Clifton, NJ

**Mollie VanVeckhoven-Boeving**
Maestra de matemáticas y álgebra de 7º grado
Escuela Intermedia White Hall
White Hall, AR

**Mary A. Voss**
Maestra de matemáticas de 7º grado
Escuela Intermedia Andersen
Omaha, NE

**Christine Waddell**
Especialista en docencia
Distrito Escolar Jordan
Sandy, UT

**E. Jean Ware**
Supervisor
Junta Directiva de la Escuela Parroquial Caddo
Shreveport, LA

**Karen Y. Watts**
Maestra de matemáticas de 9º grado
Escuela Secundaria Douglas
Douglas, AL

**Lu Wiggs**
Supervisor
I.S. 195
New York, NY

# Junta consultiva de maestros y escuelas involucradas en planes pilotos

## Junta Consultiva de Maestros

Glencoe/McGraw-Hill desea extender su agradecimiento a los siguientes maestros que evaluaron el libro *Matemáticas: Aplicaciones y conceptos*. Sus contribuciones fueron fundamentales en el desarrollo de este programa.

**Katie Davidson**
Escuela Intermedia Legg
Coldwater, MI

**Lynanne Gabriel**
Escuela Intermedia Bradley
Huntersville, NC

**Kathleen M. Johnson**
Escuela Intermedia New Albany-Plain Local
New Albany, OH

**Ronald C. Myer**
Escuela Intermedia Indian Springs
Columbia City, IN

**Mike Perlin**
Escuela Intermedia John Jay
Cross River, NY

**Reema Rahaman**
Escuela Intermedia Brentwood
Brentwood, MO

**Diane T. Scheuber**
Escuela Intermedia Elizabeth
Elizabeth, CO

**Deborah Sykora**
Escuela Intermedia Hubert H. Humphrey
Bolingbrook, IL

**DeLynn Woodside**
Escuela Intermedia Roosevelt,
Escuela Públicas de Oklahoma City
Oklahoma City, OK

## Escuelas involucradas en planes pilotos

Glencoe/McGraw-Hill desea extender su agradecimiento a las siguientes escuelas que pusieron en práctica el manuscrito de prepublicación, durante el año escolar de 2002–2003. Los resultados que estas escuelas proporcionaron fueron fundamentales para verificar la eficacia de este programa.

**Escuela Intermedia Knox Community**
Knox, IN

**Escuela Intermedia Roosevelt**
Oklahoma City, OK

**Escuela Intermedia Brentwood**
Brentwood, MO

**Escuela Intermedia Elizabeth**
Elizabeth, CO

**Escuela Intermedia Legg**
Coldwater, MI

**Escuela Intermedia Great Hollow**
Nesconset, NY

# Junta consultiva de estudiantes

**La información de resultados proporcionada por la** Junta Consultiva de Estudiantes a los autores, personal editorial y equipo de diseño información fue valiosa para el diseño de las lecciones, contenido y portadas para las ediciones del alumno. Agradecemos a estos alumnos su excelente trabajo y creatividad, factores importantes para hacer de ***Matemáticas: Aplicaciones y conceptos*** un libro más fácil de usar para los alumnos.

**Al frente:** Joey Snyder, Tiffany Pickenpaugh, Craig Hammerstein

**Atrás:** Brittany Yokum, Alex Johnson, Cimeone Starling, Kristina Smith, Kate Holt, Ben Ball

# UNIDAD 1



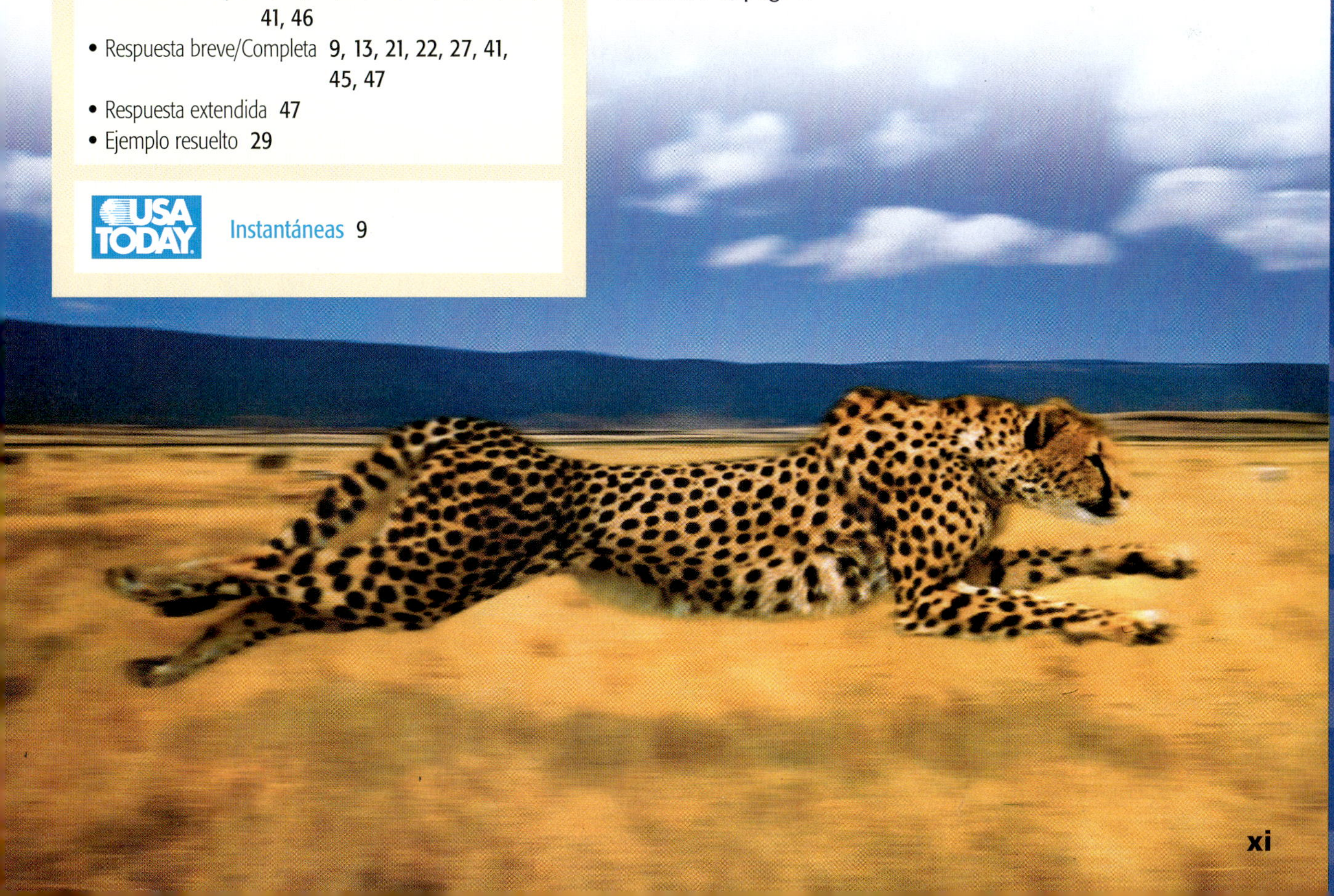

Lección 1-3, pág. 17

# UNIDAD 1

## Capítulo 2 Estadística y gráficas

Lección 2-5, pág. 73

# UNIDAD 2

Lección 3-5, pág. 122

# UNIDAD 2

## Capítulo 4 Multiplicación y división de decimales 132



Lección 4-2, pág. 141

# UNIDAD 3



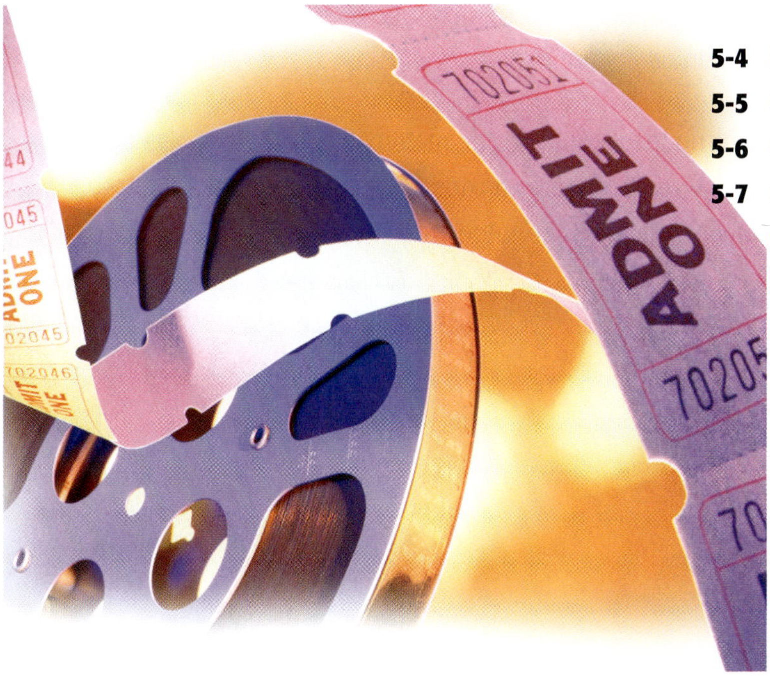


Lección 5-3, pág. 189

# UNIDAD 3

## Capítulo 6 Adición y sustracción de fracciones ... 216



**Requisitos**

- Para comenzar 217
- Prepárate para la siguiente lección 222, 225, 231, 238, 243

**PLEGADOS™** Organiza el estudio 217

**Destrezas para el estudio**

- Ayuda para el estudio 220, 224, 229, 236
- Ayuda con las tareas 221, 225, 230, 237, 242, 246

**Lee y escribe matemáticas**

- Escribe en matemáticas 218, 221, 224, 230, 234, 237, 242, 246

**Prueba estandarizada de práctica**

- Selección múltiple 222, 225, 227, 231, 232, 238, 243, 247, 251, 252
- Respuesta breve/Completa 232, 238, 247, 253
- Respuesta extendida 253
- Ejemplo resuelto 241

Lección 6-6, pág. 245

## Capítulo 7 Multiplicación y división de fracciones



Lección 7-4, pág. 273

# UNIDAD 4

Lección 8-4, pág. 311

# UNIDAD 4

Lección 9-7, pág. 366

# UNIDAD 5

Lección 10-5, pág. 401

# UNIDAD 5

## Capítulo 11 Probabilidad

Lección 11-1, pág. 429

# UNIDAD 6

## Medición y geometría ........ 460

Lección 12-4, pág. 486

# UNIDAD 6

## Capítulo 13 Geometría: Ángulos y polígonos . . . . . . . . 504



Lección 13-6, pág. 535

# UNIDAD 6

## Capítulo 14 Geometría: Medición del área y del volumen .... 544

Lección 14-5, pág. 571

# CÓMO...

## usar tu libro de matemáticas

### ¿Para qué me sirve mi libro de matemáticas?

**¿Alguna vez te ha pasado que no entiendes todo en la clase? ¿O entiendes todo en clase, pero al llegar a casa no puedes resolver unos problemas? ¿O no sabes cuándo vas a usar todo lo que estás aprendiendo?**

**Las siguientes páginas están diseñadas para que comprendas la utilidad de este libro . . . además de servirte para hacer tareas en casa.**

## ANTES DE LEER

### Ten un objetivo

- ¿Qué información estás buscando?
- ¿Por qué es importante esta información para ti?
- ¿Para qué te va a servir la información?

### Ten un plan

- Lee la sección *Lo que aprenderás* localizada al principio de la lección.
- Revisa las fotografías, las tablas, las gráficas y las actividades iniciales.
- Localiza las palabras en negrillas y lee las definiciones.
- Localiza las secciones Concepto clave y Resumen de conceptos para que sepas qué es importante en cada lección.
- Revisa rápidamente los problemas de ejemplo.

### Ten una opinión

- ¿Es ésta la información que buscabas?
- ¿Entiendes lo que estás leyendo?
- ¿Cómo se relaciona esta información con lo que aprendiste previamente?

# EN CLASE

La clase te brinda la mejor oportunidad de aprender la lección del día. ¡Aprovecha tu tiempo en clase! Haz preguntas para aclarar lo que no entiendas y toma apuntes que te ayuden a recordar la información importante.

Para mantener tus apuntes en orden, trata de hacer los Plegados para organizar el estudio. Es tan fácil como contar: ¡Uno, dos y tres! A continuación, se muestra un plegado que sirve para que te acuerdes de las reglas de la adición, la sustracción, la multiplicación y la división.

## PLEGADOS™ Organiza el estudio

**Operaciones** Haz este plegado para organizar tus apuntes. Usa una hoja de papel de 11″ × 17″.

**PASO 1**

**Dobla**
Dobla los lados cortos hacia el centro.

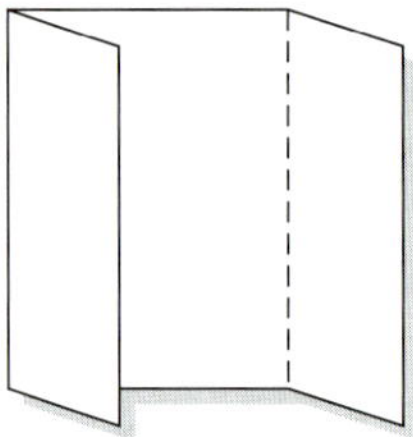

**PASO 2**

**Vuelve a doblar**
Dobla de arriba hacia abajo.

**PASO 3**

**Corta**
Desdobla y corta a los largo del segundo doblez para formar cuatro lengüetas.

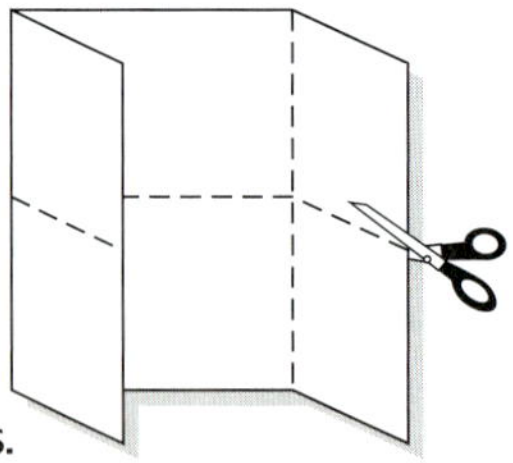

**PASO 4**

**Rotula**
Rotula cada lengüeta como se muestra.

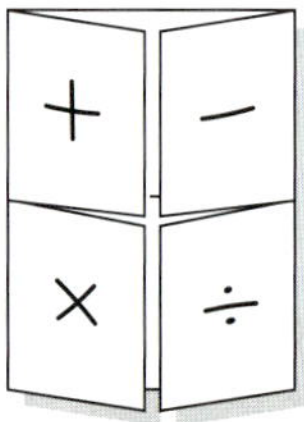

# PARA HACER TUS TAREAS

Aunque hayas puesto mucha atención en clase, es posible que al llegar a casa tus apuntes ya no sean tan fáciles de entender y que la tarea parezca imposible de resolver. Es, en estas ocasiones, cuando este libro te puede ser más útil.

- En cada lección hay problemas de ejemplo, resueltos paso por paso, para que puedas repasar el material de la lección del día.
- El sitio Web tiene problemas adicionales que te pueden guiar en la solución de esos problemas difíciles.
- Cada conjunto de ejercicios tiene una sección de Ayuda con las tareas, la cual te muestra ejemplos que te pueden ayudar a resolver los problemas de tarea.
- Las respuestas de los ejercicios impares se encuentran al final del libro. Consulta las respuestas para averiguar si has resuelto correctamente los problemas . Si no puedes resolver algún ejercicio par, resuelve el siguiente ejercicio impar para que tengas una idea de cómo resolver el ejercicio par.

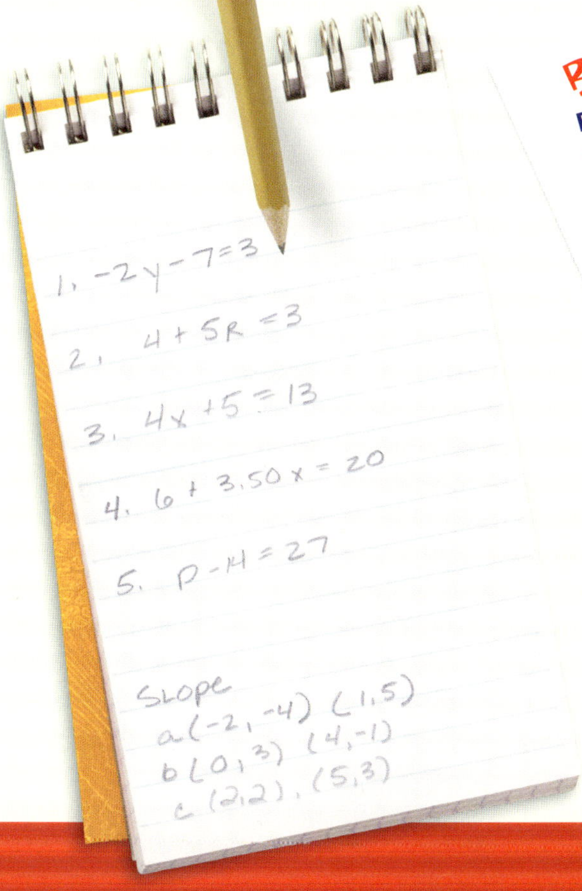

## ANTES DE UNA PRUEBA

¡Admítelo! ¿No es cierto que a veces crees que no hay manera de estudiar para una prueba de matemáticas? Sin embargo, *hay* maneras de estudiar para una prueba. Este libro también te puede ayudar con esto.

- Repasa todo el nuevo vocabulario y asegúrate de que entiendes las definiciones. Puedes encontrar estas palabras en la primera página de cada lección o resaltadas en amarillo a lo largo del texto.
- Estudia los apuntes que tomaste en tu plegados y escribe las preguntas que aún no hayas contestado.
- Usa la Guía de estudio y repaso del capítulo para practicar todos los conceptos presentados en el capítulo. Esta sección contiene problemas adicionales de práctica, así como ejemplos adicionales que te pueden ayudar a comprender el contenido del capítulo. También puedes tomar la Prueba de práctica del capítulo.
- Toma las pruebas autocalificables que se presentan en el sitio Web.

### BUSCA...

**en el sitio Web las pruebas autocalificables del Capítulo 1 en las páginas:** 9, 13, 17, 21, 27, 31, 37 y 41.

**La Guía de estudio y repaso del Capítulo 1 en la página 42.**

# BÚSQUEDA DE ARTÍCULOS

## COMENCEMOS

Para que puedas encontrar fácilmente la información que necesitas, usa la siguiente búsqueda de artículos que te enseñará dónde se localizan las diferentes secciones de un capítulo.

1. ¿Cuál es el título del Capítulo 1?

2. ¿Cómo sabes qué vas a aprender en la Lección 1-1?

3. En la Lección 1-1 hay un ejercicio que presenta el número de escuelas de año completo en Estados Unidos. ¿En dónde encontrarías información sobre el número actual de escuelas de año completo?

4. ¿Qué explica el concepto clave de la Lección 1-2?

5. ¿Cuántos ejemplos hay en la Lección 1-3?

6. ¿Cuál es el sitio Web donde puedes encontrar ejemplos adicionales?

7. En la Lección 1-3, hay un párrafo donde se menciona que es común usar como variable la primera letra de una palabra. ¿Cuál es el título principal anterior a este párrafo?

8. En la Lección 1-4 se muestra una profesión. ¿Cuál es la profesión?

9. A veces te puedes preguntar: "¿Cuándo usaré esto?" Indica una situación en la cual uses los conceptos de la Lección 1-5.

10. Enumera las nuevas palabras de vocabulario de la Lección 1-6.

11. Supón que estás haciendo la tarea y que no puedes resolver el ejercicio 14 de la página 36. ¿Dónde puedes buscar ayuda?

12. ¿Cuál es la dirección de Internet donde puedes tomar una prueba autocalificable para estar seguro de que entiendes la lección?

13. ¿En cuáles páginas está la Guía de estudio y repaso?

14. Supón que no puedes resolver el ejercicio 10, de la Guía de estudio, en la página 43. ¿Dónde puedes buscar ayuda?

15. Para estudiar para la prueba del capítulo, tomaste la prueba de práctica en la página 45. ¿Dónde puedes encontrar otra prueba de práctica?

# UNIDAD 1

# Números enteros, álgebra y estadística

**Capítulo 1**

Patrones de números y álgebra

**Capítulo 2**

Estadística y gráficas

**Tu comprensión de los números enteros es la base de tu estudio de las matemáticas. En esta unidad, vas a aprender a usar variables y a representar datos concretos.**

Busca en la Web **PROYECTO INTERDISCIPLINARIO** **MATEMÁTICAS e HISTORIA**

## GENTE, GENTE Y MÁS GENTE

¿Has mirado alguna vez a tu alrededor y te has preguntado cuánta gente hay en Estados Unidos? ¿Cuánta gente hay en tu estado? ¿Hay más hombres o más mujeres? ¿Cuánta diversidad étnica hay en nuestro país? Bueno, prepárate porque estamos a punto de saltar en un mar de datos en pos de la respuesta a éstas y otras preguntas relacionadas. Vas a examinar la población, pasada y futura, de nuestro país y vas a hacer algunas predicciones sobre su futuro. Prepárate para aprender más, sobre tus vecinos y nuestro país, de lo que alguna vez pensaste que fuese posible.

**Entra a msmath1.net/webquest para iniciar la búsqueda en la Web.**

CAPÍTULO

# 1 Patrones de números y álgebra

"¿Qué tienen que ver los osos con las matemáticas?"

**El oso kodiak, el más grande de todos, pesa unas 1500 libras, lo que es 1400 libras más de peso que el del oso más pequeño, el malayo.** Se puede usar la ecuación **$1{,}500 = x + 1{,}400$** para calcular el **peso** aproximado ***x*** del oso más pequeño. En álgebra, vas a usar variables y ecuaciones para representar muchas situaciones cotidianas.

En la Lección 1-7, vas a usar ecuaciones para resolver problemas sobre osos y otros animales.

# PARA COMENZAR

**Toma este control para ver si estás listo(a) para comenzar el Capítulo 1. Si necesitas repasar más, refiérete al número de página en paréntesis.**

## Repaso del vocabulario

**Completa cada oración.**

1. El primer valor de posición de cualquier número entero es el de las __?__. (Página 586)
2. El resultado de sumar números se llama __?__.

## Requisitos

**Suma.** (Página 589)

3. $83 + 29$
4. $99 + 56$
5. $67 + 42$
6. $79 + 88$
7. $78 + 97$
8. $86 + 66$

**Resta.** (Página 589)

9. $43 - 7$
10. $75 - 27$
11. $128 - 34$
12. $150 - 68$
13. $102 - 76$
14. $235 - 126$

**Multiplica.** (Página 590)

15. $25 \times 12$
16. $18 \times 30$
17. $42 \times 15$
18. $27 \times 34$
19. $50 \times 16$
20. $47 \times 22$

**Divide.** (Página 591)

21. $72 \div 9$
22. $84 \div 6$
23. $126 \div 3$
24. $146 \div 2$
25. $208 \div 4$
26. $504 \div 8$

**PLEGADOS™ Organiza el estudio**

**Patrones numéricos y álgebra** Haz este plegado para organizar tus notas. Comienza con cinco hojas de papel de $8\frac{1}{2}'' \times 11''$.

**PASO 1** **Amontona las hojas.** Escalónalas a $\frac{3}{4}$ de pulgada.

**PASO 2** **Enrolla las hojas.** Las lengüetas deben tener el mismo tamaño.

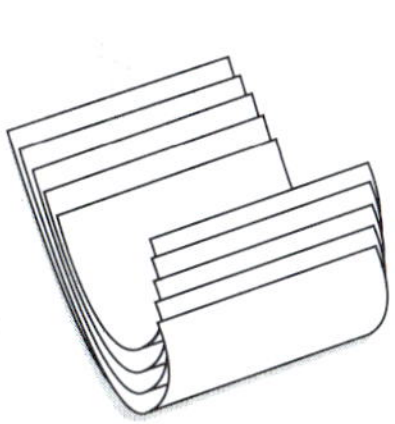

**PASO 3** **Pliega y engrapa.** Engrapa a lo largo del doblez.

**PASO 4** **Rotula.** Escribe las materias del capítulo en las lengüetas.

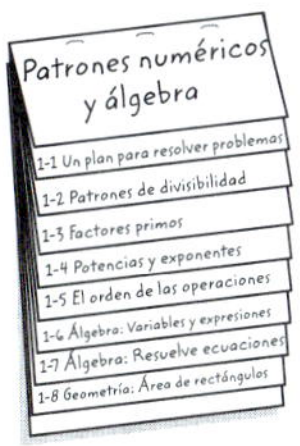


**Lee y escribe** A medida que leas y estudies el capítulo, toma notas y escribe ejemplos en las lengüetas.

# 1-1 Un plan para resolver problemas

**Lo que aprenderás**
A resolver problemas usando el plan de cuatro pasos.

**¿CUÁNDO usaré esto?**

**DIVERSIONES** Si alineas monedas de un centavo una al lado de otra, ¿cuántas habrá en una milla? Averigüémoslo, empezando por alinearlas en una hilera de un pie de largo.

1. ¿Cuántas monedas hay en una hilera de una milla de largo? (*Ayuda:* Hay 5,280 pies en una milla.)
2. Explica cómo calcular el valor en dólares de las monedas y luego calcúlalo.
3. Explica cómo usarías la respuesta del ejercicio 1 para estimar el número de monedas de 25 centavos en una hilera de una milla de largo.

A menudo, es útil tener un plan al tratar de resolver problemas de matemáticas. Los cuatro pasos siguientes se pueden usar para resolver cualquier problema.

**1. Explora**
- Lee detenidamente el problema.
- ¿Qué sabes?
- ¿Qué necesitas hallar?
- ¿Basta con la información dada?
- ¿Sobra información?

**2. Planifica**
- ¿Cómo se relacionan los hechos entre sí?
- Halla una estrategia para resolver el problema
- Estima la respuesta.

**3. Resuelve**
- Usa tu plan para resolver el problema.
- Si tu plan no funciona, revísalo o inventa otro.
- ¿Cuál es la solución?

**4. Examina**
- Lee de nuevo el problema.
- ¿Corresponde la respuesta a la información dada?
- ¿Está la respuesta cerca de mi estimación?
- ¿Tiene sentido la respuesta?
- Si no, resuelve el problema de otra forma.

**AYUDA PARA EL ESTUDIO**

**Racionalidad** En el último paso, verifica si la respuesta tiene sentido comparándola con la estimación.

Algunos problemas se pueden resolver fácilmente sumando, restando, multiplicando o dividiendo. Las palabras o frases clave juegan un papel importante al precisar las operaciones que deben usarse.

| Adición | Sustracción | Multiplicación | División |
|---|---|---|---|
| más | menos | por | dividido entre |
| suma | diferencia | producto | cociente |
| total | menos de | multiplicado por | |
| en total | resta | de | |

Al tratar de resolver un problema, es también importante escoger el método adecuado de cálculo. Puedes usar lápiz y papel, cálculo mental, calculadora o estimación.

**AYUDA PARA EL ESTUDIO**

**Métodos de cálculo** Para determinar cuándo se requiere una estimación, busca la frase "cerca de" "unos" o "unas" o "aproximadamente" en la pregunta del problema.

## EJEMPLO Usa el plan de cuatro pasos

**1** **BALONCESTO Refiérete a la gráfica siguiente, en la cual se muestran las líderes absolutas de tiros de tres puntos en la WNBA. ¿Cuántos tiros de tres puntos más que Tina Thompson encestó Katie Smith?**

**Lideres absolutos de tantos de tres puntos***

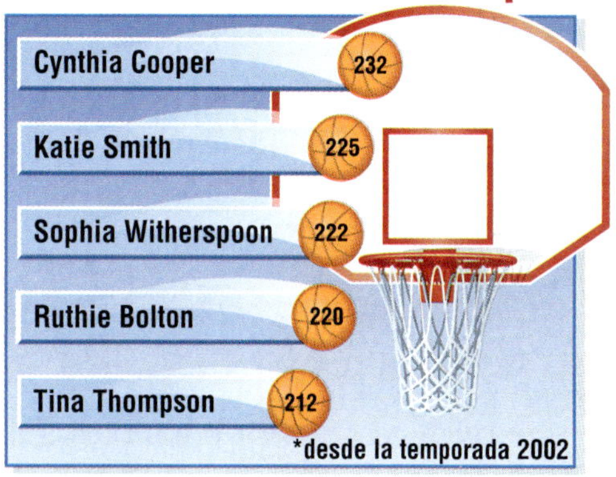


**Fuente:** WNBA

**MATEMÁTICAS EN LA VIDA DIARIA**

**BALONCESTO** Katie Smith juega para los Minnesota Lynx. En 2002, ella anotó 512 puntos, encestó 126 de 153 tiros libres, encestó 62 canastas de 3 puntos y jugó 1,138 minutos.

**Fuente:** www.wnba.com

**Explora** Sobra información en la gráfica, pues se dan los tiros de tres puntos encestados por otras jugadoras. Lo que necesitas calcular es la diferencia entre el número de tiros de tres puntos de Katie Smith y los de Tina Thompson.

**Planifica** Para calcular dicha diferencia, resta 212 de 225. Como se pide una respuesta exacta y hay cuentas simples que hacer, usa cálculo mental o lápiz y papel. Estima antes de calcular.

**Estima** $220 - 210 = 10$

**Resuelve** $225 - 212 = 13$

Katie Smith encestó 13 tiros de tres puntos más que Tina Thompson.

**Examina** Comparada con la estimación, la respuesta es razonable. Puesto que $13 + 212$ es 225, la respuesta está correcta.

El plan de cuatro pasos se puede usar en problemas con patrones.

## EJEMPLO Usa el plan de cuatro pasos

**2** **NATACIÓN Curtis es miembro del equipo de natación. La tabla muestra el número de vueltas que nadó en los cuatro primeros días de práctica. Si el patrón continúa, ¿cuántas nadará el viernes?**

| Día | Lunes | Martes | Miércoles | Jueves | Viernes |
|---|---|---|---|---|---|
| Vueltas | 5 | 6 | 8 | 11 | ? |

**Explora** Ya conoces el número de vueltas que nadó a diario. Se requiere que halles el número de vueltas del viernes.

**Planifica** Como se pide una respuesta exacta y el problema supone un patrón, usa el cálculo mental.

**Resuelve** 5 6 8 11 ?

+ 1 + 2 + 3

Los números aumentan en 1, 2 y 3. El siguiente debe aumentar en 4. A este ritmo, Curtis nadará 11 + 4 ó 15 vueltas.

**Examina** Como $15 - 4 = 11$, $11 - 3 = 8$, $8 - 2 = 6$ y $6 - 5 = 1$, la respuesta está correcta.

## Repaso de destrezas y conceptos

Escribe en matemáticas
Ejercicios 1 al 3

1. **Enumera** y explica cada uno de los pasos del plan de cuatro pasos para resolver problemas.
2. **Explica** por qué deberías comparar tu respuesta con tu estimación.
3. **INTERPRETA** Escribe un patrón numérico que contenga cinco números. Luego escribe una regla para encontrar el número siguiente del patrón.

### PRÁCTICA DIRIGIDA

**Usa el plan de cuatro pasos en los ejercicios 4 y 5.**

4. **ANIMALES** Una morsa macho adulto pesa unas 2,670 libras. Una hembra adulta pesa unas 1,835 libras. Sus colmillos miden cerca de 3 pies de largo y pueden pesar más de 10 libras. ¿Cuánto menos que una morsa macho adulto pesa una hembra adulta?

5. **CIENCIA** La tabla muestra el aumento del número de cierta bacteria cada 20 minutos. A este ritmo, ¿cuántas habrá al cabo de 2 horas?

| Tiempo (min) | 0 | 20 | 40 | 60 | 80 | 100 | 120 |
|---|---|---|---|---|---|---|---|
| Número de bacterias | 5 | 10 | 20 | 40 | 80 | ? | ? |

## Práctica y aplicaciones

**AYUDA CON LAS TAREAS**

| Ejercicios | Ver ejemplos |
|---|---|
| 6, 8–10, 12 | 1 |
| 7, 11 | 2 |

**Práctica adicional**
**Ver páginas 594, 624.**

**Usa el plan de cuatro pasos en los ejercicios 6 al 12.**

6. **TIEMPO** Un autobús salió a las 11:45 A.M. y recorrió 325 millas a 65 millas por hora. ¿Cuánto se demoró en llegar a su destino?

7. **PATRONES** Completa el patrón: 6, 11, 16, 21, ___?___, ___?___, ___?___.

8. **ESCUELA** Refiérete a la gráfica. ¿Cuántas escuelas de año completo más hubo en 2000–2001 que en 1991–1992?

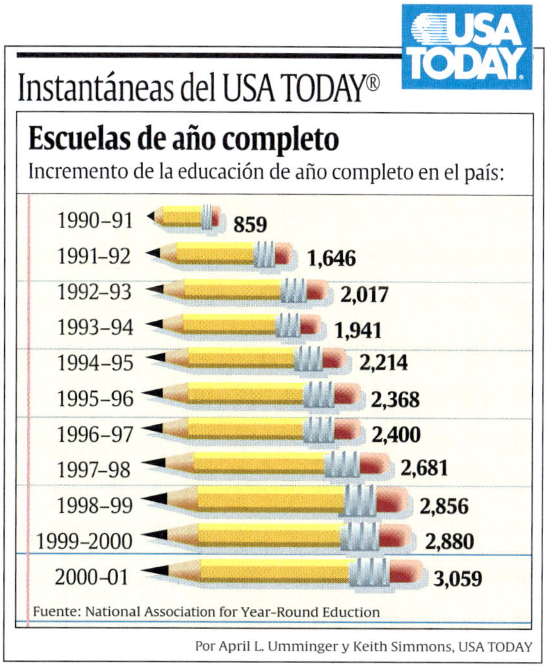


**Actualiza datos** ¿Cuántas escuelas de año completo hay en Estados Unidos hoy en día? Visita msmath1.net/data_update para mayor información.

9. **GEOGRAFÍA** El área de la tierra firme de Estados Unidos es de 3,536,278 millas cuadradas. El área de sus masas de agua es de 181,518 millas cuadradas. Calcula el área total de Estados Unidos.

10. **DINERO** Los Corbett desean comprar un televisor de 36 pulgadas que vale $788. Si piensan pagarlo en cuatro cuotas iguales, ¿de cuánto será cada cuota?

11. **ESCUELA** La tabla de la derecha enumera las horas en que suena la campana en la media Watson. ¿Cuándo se sonarán las tres campanadas siguientes?

| |
|---|
| 8:50 A.M. |
| 8:54 A.M. |
| 9:34 A.M. |
| 9:38 A.M. |
| 10:18 A.M. |

12. **MULTI-PASO** Júpiter gira alrededor del Sol a 8 millas por segundo. ¿Qué distancia recorre en un día?

13. **RAZONAMIENTO CRÍTICO** Completa el patrón 1, 1, 2, 6, 24, ___?___.

## Prueba estandarizada de práctica y repaso general

14. **SELECCIÓN MÚLTIPLE** Brandon puede correr una milla en 7 minutos. A este ritmo, ¿cuánto tardará en correr 8 millas?

   (A) 58 min    (B) 56 min    (C) 54 min    (D) 15 min

15. **RESPUESTA BREVE** Dibuja la figura siguiente del patrón.

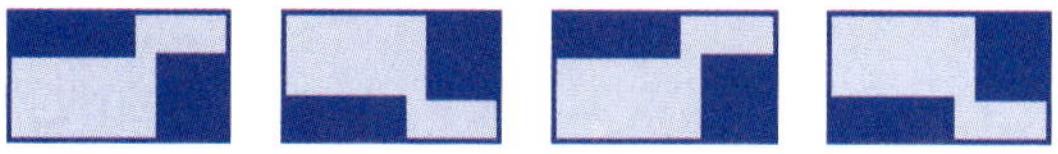

### PREPÁRATE PARA LA SIGUIENTE LECCIÓN

**REQUISITOS** Divide. (Página 591)

16. 42 ÷ 3    17. 126 ÷ 6    18. 49 ÷ 7    19. 118 ÷ 2

# 1-2 Patrones de divisibilidad

**Lo que aprenderás**
A usar las reglas de divisibilidad de 2, 3, 4, 5, 6, 9 y 10.

**NUEVO vocabulario**
- divisible
- par
- impar

**CONEXIÓN con la lectura**
***Significado común de divisible:*** que se puede dividir equitativamente

## PRÁCTICA Minilaboratorio

**Materiales**
- marcador de color amarillo
- calculadora

*Trabaja con un(a) compañero(a).*

Copia estos números.

| | | | | | | | | | |
|---|---|---|---|---|---|---|---|---|---|
| 1 | 2 | 3 | 4 | 5 | 6 | 7 | 8 | 9 | 10 |
| 11 | 12 | 13 | 14 | 15 | 16 | 17 | 18 | 19 | 20 |
| 21 | 22 | 23 | 24 | 25 | 26 | 27 | 28 | 29 | 30 |
| 31 | 32 | 33 | 34 | 35 | 36 | 37 | 38 | 39 | 40 |
| 41 | 42 | 43 | 44 | 45 | 46 | 47 | 48 | 49 | 50 |

- Sombrea con el marcador todos los números divisibles equitativamente entre 2 .
- Subraya todos los números divisibles equitativamente entre 3.
- Encierra en un círculo todos los números divisibles equitativamente entre 5.
- Pon un visto al lado de todos los números divisibles equitativamente entre 10.

**Describe un patrón de cada grupo de números.**

1. los números divisibles equitativamente entre 2
2. los números divisibles equitativamente entre 5
3. los números divisibles equitativamente entre 10
4. los números divisibles equitativamente entre 3 (*Ayuda:* Considera ambos dígitos.)

Un número entero es **divisible** entre otro número si se obtiene un residuo de 0 al dividir el primer número entre el segundo. He aquí las reglas de divisibilidad de 2, 3, 5 y 10.

**Concepto clave** — **Reglas de divisibilidad**

| Regla | Ejemplos |
|---|---|
| Un número entero es divisible entre: | |
| • 2 si el dígito de las unidades es divisible entre 2. | 2, 4, 6, 8, 10, 12, ... |
| • 3 si la suma de sus dígitos es divisible entre 3. | 3, 6, 9, 12, 15, 18, ... |
| • 5 si el dígito de las unidades es 0 ó 5. | 5, 10, 15, 20, 25, ... |
| • 10 si el dígito de las unidades es 0. | 10, 20, 30, 40, 50, ... |

Un número entero es **par** si es divisible entre 2 e **impar** en caso contrario.

## EJEMPLOS Usa las reglas de divisibilidad

**1** **Indica si 2,320 es divisible entre 2, 3, 5 ó 10 y clasifícalo como *par* o *impar*.**

2: Sí; el dígito de las unidades, 0, es divisible entre 2.

3: No; la suma de los dígitos, 7, no es divisible entre 3.

5: Sí; el dígito de las unidades es 0.

10: Sí; el dígito de las unidades es 0.

El número 2,320 es par.

**MATEMÁTICAS EN LA VIDA DIARIA**

**FERIAS DE CONDADOS** En Tennessee hubo 55 ferias agrícolas de condados en 2002.
**Fuente:** State of Tennessee

**2** **FERIAS DE CONDADOS Se muestra el número de boletos que se requieren para subirse a ciertos juegos en una feria de condado. Si Alicia tiene 51 boletos, ¿puede usarlos todos subiéndose sólo a la rueda de Chicago?**

| Feria del condado de Canfield | |
|---|---|
| **Juego** | **Boletos** |
| Montaña rusa | 5 |
| rueda de Chicago | 3 |
| carritos chocones | 2 |
| motocicletas todo terreno | 4 |

Usa las reglas de divisibilidad para averiguar si 51 es divisible entre 3.

$51 \rightarrow 5 + 1 = 6$ y 6 es divisible entre 3.

Así que, 51 es divisible entre 3.

Alicia puede usar todos sus boletos subiéndose sólo a la rueda de Chicago.

Las reglas de 4, 6 y 9 están relacionadas con las de 2 y 3.

### Concepto clave — Reglas de divisibilidad

| Regla | Ejemplos |
|---|---|
| **Un número entero es divisible entre:** | |
| • **4 si el número formado por los dos últimos dígitos es divisible entre 4.** | 4, 8, 12, ..., 104, 112, ... |
| • **6 si el número es divisible entre 2 y entre 3.** | 6, 12, 18, 24, 30, ... |
| • **9 si la suma de sus dígitos es divisible entre 9.** | 9, 18, 27, 36, 45, ... |

## EJEMPLO Usa las reglas de divisibilidad

**3** **Indica si 564 es divisible entre 4, 6 ó 9.**

4: Sí; el número formado por sus dos últimos dígitos, 64, es divisible entre 4.

6: Sí; el número es divisible entre 2 y entre 3.

9: No; la suma de los dígitos, 15, no es divisible entre 9.

**Tu turno** **Indica si cada número es divisible entre 2, 3, 4, 5, 6, 9 ó 10 y clasifícalo como *par* o *impar*.**

**a.** 126 **b.** 684 **c.** 2,835

## Repaso de destrezas y conceptos

**Escribe en matemáticas**
**Ejercicios 1 y 3**

1. **Explica** cómo sabes si un número es par o impar.

2. **INTERPRETA** Escribe un número que sea divisible entre 2, 5 y 10.

3. **¿CUÁL NO PERTENECE?** Identifica el número que no es divisible entre 3. Explica.

| 27 | 96 | 56 | 153 |
|---|---|---|---|

### PRÁCTICA DIRIGIDA

**Indica si cada número es divisible entre 2, 3, 4, 5, 6, 9 ó 10 y clasifícalo como *par* o *impar*.**

4. 40  5. 795  6. 5,067  7. 17,256

8. **JARDINERÍA** Taryn tiene 2 docenas de petunias, las que desea plantar en hileras con el mismo número de flores. ¿Puede plantarlas en 3 hileras iguales? Explica.

## Práctica y aplicaciones

**AYUDA CON LAS TAREAS**

| Ejercicios | Ver ejemplos |
|---|---|
| 9–26 | 1, 3 |
| 29–30, 36–39 | 2 |

**Práctica adicional**
**Ver páginas 94, 624.**

**Indica si cada número es divisible entre 2, 3, 4, 5, 6, 9 ó 10 y clasifícalo como *par* o *impar*.**

9. 60  10. 80  11. 78
12. 45  13. 138  14. 489
15. 605  16. 900  17. 3,135
18. 6,950  19. 8,505  20. 9,948
21. 11,292  22. 15,000  23. 14,980
24. 18,321  25. 151,764  26. 5,203,570

27. Halla un número que sea divisible entre 3 y entre 5.
28. Halla un número que sea divisible entre 2, 9 y 10.

29. **BANDERAS** En la bandera de Estados Unidos hay una estrella por cada estado. Si otro estado se incorporase a la Unión, ¿podrían éstas disponerse en filas con el mismo número de estrellas? Explica.

30. **AÑOS BISIESTOS** Son bisiestos los años divisibles entre 4 que no terminan en 00. Los que terminan en 00 son bisiestos sólo si son divisibles entre 400. ¿Naciste en un año bisiesto? Explica.

**Usa las reglas de divisibilidad para hallar el dígito que falta. Enumera todas las posibilidades.**

31. 8,4■8 es divisible entre 3
32. 12,48■ es divisible entre 5
33. 3,■56 es divisible entre 2
34. 18,45■ es divisible entre 10
35. ¿Cuál es el número entero menor que es divisible entre 2, 3, 5, 6, 9 y 10? Explica cómo lo hallaste.

**ALIMENTOS** **Usa la siguiente información en los ejercicios 36 y 37.**
Rosa empaqueta 165 galletas para una venta de pasteles.

36. ¿Puede Rosa empacarlas en grupos de 5 sin que sobre nada?
37. ¿Cuáles son otras formas de empaquetarlas todas en paquetes de igual tamaño con 10 ó menos por paquete?

**JUGUETES** **Usa la siguiente información en los ejercicios 38 y 39.**

| Juguete | Peso (lb) |
|---|---|
| Supertrineo | 4 |
| Trineo fantasma | 6 |
| Tubo tundra | 3 |
| Tubo de lujo | 5 |

Una fábrica de juguetes vende los artículos enumerados en la tabla. Uno de sus envíos pesó 189 libras y contenía un solo tipo de trineo o tubo para nieve.

38. ¿Qué artículo contenía el envío?
39. ¿Cuántos artículos contenía el envío?

**Para cada enunciado, indica si es *a veces, siempre* o *nunca* verdadero.**

40. Un número divisible entre 10 lo es también entre 2.
41. Un número divisible entre 5 lo es también entre 10.

42. **ESCRIBE UN PROBLEMA** Escribe un problema de la vida diaria que se pueda resolver con las reglas de divisibilidad y luego resuélvelo.

43. **RAZONAMIENTO CRÍTICO** ¿Qué es verdadero acerca del producto de un número impar y uno par?

44. **RAZONAMIENTO CRÍTICO** Como todos los números pares son divisibles entre 2, ¿es verdadero que todos los números impares son divisibles entre 3? Si es así, explica tu argumento; si no, halla un número que no cumpla esto.

## Prueba estandarizada de práctica y repaso general

45. **COMPLETA** Halla el número mayor de tres dígitos que no es divisible entre 3.

46. **SELECCIÓN MÚLTIPLE** ¿Cuál de estos enunciados describe *mejor* los números de la derecha?

| |
|---|
| 1,250 |
| 565 |
| 10,050 |
| 95 |

Ⓐ divisibles entre 2
Ⓑ divisibles entre 2 y/ó 3
Ⓒ divisibles entre 4 y/ó 5
Ⓓ divisibles entre 2 y/ó 5

47. **PATRONES** Completa el patrón: 5, 7, 10, 14, 19, . . . (Lección 1-1)

48. **MULTI-PASO** Calcula el número de segundos que tiene un día si un minuto tiene 60 segundos. (Lección 1-1)

### PREPÁRATE PARA LA SIGUIENTE LECCIÓN

**REQUISITOS** **Calcula cada producto.** (Página 590)

49. $2 \times 2 \times 3$
50. $3 \times 5$
51. $2 \times 3 \times 3$
52. $3 \times 5 \times 7$

# 1-3 Factores primos

**Lo que aprenderás**
A calcular la factorización prima de un número compuesto.

**NUEVO vocabulario**
- **factor**
- **número primo**
- **número compuesto**
- **factorización prima**

## PRÁCTICA Minilaboratorio

**Materiales**
- tarjetas cuadradas

*Trabaja con un(a) compañero(a).*

Un número arbitrario de cuadrados puede disponerse en uno o más rectángulos. La tabla muestra los diversos rectángulos que se pueden formar con 2, 3 ó 4 cuadrados. Un rectángulo de $1 \times 3$ es lo mismo que un rectángulo de $3 \times 1$.

**PASO 1** Copia la tabla.

| Número de cuadrados | Bosquejo del rectángulo | Dimensiones de cada rectángulo |
|---|---|---|
| 2 |  | $1 \times 2$ |
| 3 |  | $1 \times 3$ |
| 4 |  | $1 \times 4$, $2 \times 2$ |
| 5 |  | $1 \times 5$ |
| 6 | 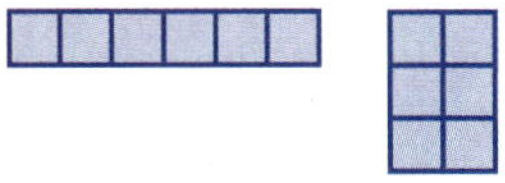 | $1 \times 6$, $2 \times 3$ |
| ⋮ | | |
| 20 | | |

**PASO 2** Usa tarjetas cuadradas para completar la tabla.

1. ¿Con qué números se puede formar más de un rectángulo?
2. ¿Con qué números se puede formar sólo un rectángulo?
3. Para los números con los que sólo se puede formar un rectángulo, ¿qué observas sobre sus dimensiones?

Cuando se multiplican dos o más números, cada número se llama **factor** del producto.

$1 \times 7 = 7$ — 1 y 7 son factores de 7.

$1 \times 6 = 6$ y $2 \times 3 = 6$ — 1 y 6, así como 2 y 3, son factores de 6.

Se llama **número primo** el número entero que sólo tiene dos factores, 1 y sí mismo. Se llama **número compuesto** un número mayor que 1 que tiene más de dos factores.

## EJEMPLOS Identifica números primos y compuestos

**Indica si cada número es *primo, compuesto* o *ninguno* de éstos.**

**1** **28**

Los factores de 28 son 1 y 28, 2 y 14 y 4 y 7. Como 28 tiene más de dos factores, 28 es compuesto.

**2** **11**

Los factores de 11 son 1 y 11. Como sólo hay dos factores, 1 y el número, 11 es primo.

**Tu turno** **Indica si cada número es *primo, compuesto* o *ninguno de los dos.***

**a.** 48 **b.** 7 **c.** 81

Todo número compuesto se puede escribir como producto de números primos. Esto se llama la **factorización prima** del número. Para calcularla se puede usar un *árbol de factores.*

## EJEMPLO Calcula la factorización prima

**AYUDA PARA EL ESTUDIO**

**Reglas de divisibilidad** Al buscar factores, no olvides de usar las reglas de divisibilidad.

**3** **Calcula la factorización prima de 54.**

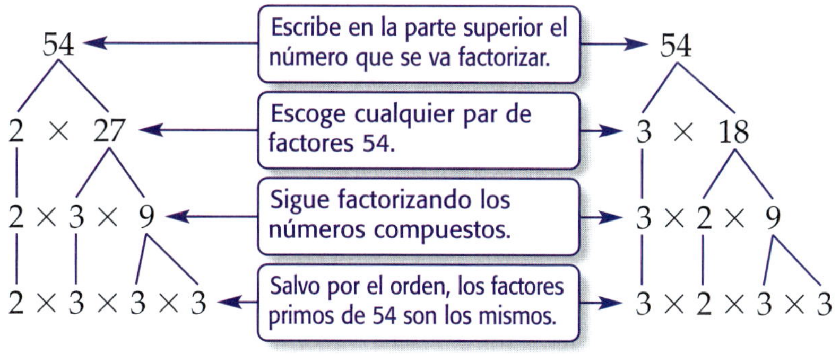


La factorización prima de 54 es 2 × 3 × 3 × 3.

**Tu turno** **Calcula la factorización prima de cada número.**

**d.** 34 **e.** 72

**Resumen de conceptos** **Primo y compuesto**

| Número | Definición | Ejemplos |
|---|---|---|
| primo | Número entero que sólo tiene dos tiene dos factores, 1 y sí mismo. | 11, 13, 23 |
| compuesto | Número mayor que 1 que tiene más de dos factores. | 6, 10, 18 |
| ni primo ni compuesto | 1 sólo tiene un factor. 0 tiene un número infinito de factores. | 0, 1 |

## Repaso de destrezas y conceptos

Escribe en matemáticas
Ejercicio 3

1. **Enumera** los factores de 12.
2. **INTERPRETA** Da un ejemplo de un número que no es compuesto.
3. **¿Cuál no pertenece?** Identifica el número que no es primo. Explica.

| 57 | 29 | 17 | 83 |
|---|---|---|---|

### PRÁCTICA DIRIGIDA

**Indica si cada número es *primo, compuesto* o *ninguno* de los dos.**

4. 10
5. 3
6. 1
7. 61

**Calcula la factorización prima de cada número.**

8. 36
9. 81
10. 65
11. 19

12. **GEOGRAFÍA** El estado de Kentucky tiene 120 condados. Escribe 120 como producto de primos.

## Práctica y aplicaciones

| AYUDA CON LAS TAREAS | |
|---|---|
| Ejercicios | Ver ejemplos |
| 13–28 | 1–2 |
| 31–46 | 3 |

Práctica adicional
Ver páginas 594, 624.

**Indica si cada número es *primo, compuesto* o *ninguno* de éstos.**

13. 17
14. 0
15. 15
16. 44
17. 23
18. 57
19. 45
20. 29
21. 56
22. 93
23. 53
24. 31
25. 125
26. 114
27. 179
28. 291
29. Escribe 38 como producto de números primos.
30. Halla el número primo menor que es mayor que 60.

**Calcula la factorización prima de cada número.**

31. 24
32. 18
33. 40
34. 75
35. 27
36. 32
37. 49
38. 25
39. 42
40. 104
41. 17
42. 97
43. 102
44. 126
45. 55
46. 77
47. Un *contraejemplo* es un ejemplo que muestra que un enunciado no es verdadero. Encuentra un contraejemplo a este enunciado.

   *Todos los números pares son compuestos.*

   (*Ayuda:* Sólo necesitas hallar un número par que *no* sea compuesto.)

**ANIMALES** Usa la tabla en los ejercicios 48 al 50.

| Animal | Velocidad (mph) | Animal | Velocidad (mph) |
|---|---|---|---|
| guepardo | 70 | conejo | 35 |
| antílope | 60 | jirafa | 32 |
| león | 50 | oso pardo | 30 |
| coyote | 43 | elefante | 25 |
| hiena | 40 | ardilla | 12 |

48. ¿Qué velocidades son números primos?
49. ¿Qué velocidades poseen una factorización prima cuyos factores son todos iguales?
50. ¿Qué velocidades poseen una factorización prima de tres factores?
51. **SENTIDO NUMÉRICO** Los *primos gemelos* son dos números primos que son consecutivos, como 3 y 5, 5 y 7 y 11 y 13. Halla todos los primos gemelos menores que 100.
52. **DE COMPRAS** Amanda compró bolsas de meriendas cuyo precio es el mismo. Si gastó un total de $30, calcula tres precios posibles por bolsa y el número de bolsas que pudiera haber comprado.
53. **GEOMETRÍA** Para calcular el volumen de una caja, se multiplica su alto, largo y ancho. El volumen de una caja es 357. Calcula sus dimensiones posibles.

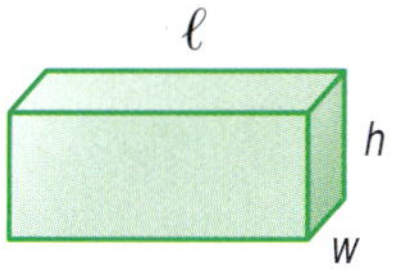


54. **RAZONAMIENTO CRÍTICO** Todos los números impares mayores que 7 se pueden escribir como la suma de tres números primos. ¿Qué números primos suman 59?

## Prueba estandarizada de práctica y repaso general

55. **SELECCIÓN MÚLTIPLE** ¿Cuál de estos números *no* es primo?

   Ⓐ 7 Ⓑ 31 Ⓒ 39 Ⓓ 47

56. **SELECCIÓN MÚLTIPLE** ¿Cuál es la factorización prima de 140?

   Ⓕ $2 \times 2 \times 2 \times 5 \times 7$ Ⓖ $2 \times 3 \times 5 \times 7$

   Ⓗ $2 \times 2 \times 5 \times 7$ Ⓘ $3 \times 5 \times 7$

**Indica si cada número es divisible entre 2, 3, 4, 5, 6, 9 ó 10.** (Lección 1-2)

57. 75 58. 462 59. 3,050

60. **ESCUELA** Cada curso que vende 75 entradas a la obra teatral escolar gana una fiesta con helados. El curso de Katie ha vendido 42 entradas. ¿Cuántas más deben vender para ganarse dicha fiesta? (Lección 1-1)

### PREPÁRATE PARA LA SIGUIENTE LECCIÓN

**REQUISITOS** **Multiplica.** (Página 590)

61. $2 \times 2 \times 2$ 62. $5 \times 5$ 63. $4 \times 4 \times 4$ 64. $10 \times 10 \times 10$

# 1-4 Potencias y exponentes

**Lo que aprenderás**
A usar potencias y exponentes en expresiones.

**NUEVO vocabulario**

**exponente**
**base**
**potencia**
**al cuadrado**
**al cubo**

## PRÁCTICA Minilaboratorio

**Materiales**

- papel
- perforadora

*Trabaja con un(a) compañero(a).*

Todo número se puede escribir como producto de factores primos.

**PASO 1** Dobla un pedazo de papel por la mitad y perfóralo. Desdobla el papel y cuenta el número de agujeros, anotando el número en una copia de esta tabla.

| Número de dobleces | Número de agujeros | Factorización prima |
|---|---|---|
| 1 | | |
| ⋮ | | |
| 5 | | |

**PASO 2** Calcula la factorización prima del número de agujeros y anota los resultados en la tabla.

**PASO 3** Dobla otra hoja de papel por la mitad dos veces. Perfórala y completa la tabla.

**PASO 4** Completa la tabla con tres, cuatro y cinco dobleces.

1. ¿Qué factores primos anotaste?
2. ¿Cuál es la relación entre el número de dobleces y el número de factores de la factorización prima del número de agujeros?
3. Escribe la factorización prima del número de agujeros obtenidos al hacer ocho dobleces.

**AYUDA PARA EL ESTUDIO**

**Exponentes**
Cuando no hay exponente aparente, se supone que es 1. Por ejemplo, $5 = 5^1$.

Un producto de factores primos se puede escribir usando **exponentes** y una **base**.

$$32 = \underbrace{2 \times 2 \times 2 \times 2 \times 2}_{\text{cinco factores}} = 2^5$$

exponente: 5
base: 2

Se llaman **potencias** los números escritos con exponentes.

| Potencias | En palabras | Expresión | Valor |
|---|---|---|---|
| $2^5$ | 2 a la quinta potencia. | $2 \times 2 \times 2 \times 2 \times 2$ | 32 |
| $3^2$ | 3 a la segunda potencia ó 3 al **cuadrado**. | $3 \times 3$ | 9 |
| $10^3$ | 10 a la tercera potencia ó 10 al **cubo**. | $10 \times 10 \times 10$ | 1,000 |

El símbolo · denota multiplicación. Por ejemplo, $3 \cdot 3$ es $3 \times 3$.

**AYUDA PARA EL ESTUDIO**

**Calculadoras** Se puede usar una calculadora para evaluar potencias. Para calcular $3^4$, ingresa 3 [^] 4 [ENTER] **81.** El valor de $3^4$ es 81.

## EJEMPLOS Escribe potencias y productos

**1 Escribe $3 \cdot 3 \cdot 3 \cdot 3$ con exponentes y calcula su valor.**

La base es 3 es un factor cuatro veces, de modo que el exponente es 4.

$$3 \cdot 3 \cdot 3 \cdot 3 = 3^4$$
$$= 81$$

**2 Escribe $4^5$ como un producto y calcula su valor.**

La base es 4 y el exponente es 5, así que 4 aparece como factor cinco veces.

$$4^5 = 4 \cdot 4 \cdot 4 \cdot 4 \cdot 4$$
$$= 1{,}024$$

**Tu turno**

**a.** Escribe $7 \cdot 7 \cdot 7$ con exponentes y calcula su valor.

**b.** Escribe $2^3$ como un producto y calcula su valor.

**MATEMÁTICAS EN LA VIDA DIARIA**

**¿Cómo usan la matemáticas los astrónomos?** Para escribir con exponentes las inmensas distancias intergalácticas.

**Investigación en línea** Visita msmath1.net/careers para obtneer más información sobre la profesión de astrónomo.

## EJEMPLO Usa potencias para resolver problemas

**3 CIENCIA La temperatura diaria diurna aproximada de la superficie lunar es de $2^8$ grados Fahrenheit. ¿Qué temperatura es ésta?**

Escribe $2^8$ como un producto y calcula su valor.

$$2^8 = 2 \times 2 \times 2 \times 2 \times 2 \times 2 \times 2 \times 2$$
$$= 256$$

La temperatura es de unos 256 grados Fahrenheit.

Los exponentes se pueden usar para escribir la factorización prima de un número.

## EJEMPLO Escribe factorizaciones primas con exponentes

**4 Escribe con exponentes la factorización prima de 72.**

La factorización prima de 72 es $2 \times 2 \times 2 \times 3 \times 3$, lo que se puede escribir como $2^3 \times 3^2$.

**Tu turno** **Escribe con exponentes la factorización prima de cada número.**

**c.** 24 **d.** 90 **e.** 120

## Repaso de destrezas y conceptos

Escribe en matemáticas
Ejercicio 4

1. **Escribe** cada expresión en palabras.
   a. $3^2$ b. $2^1$ c. $4^5$

2. **INTERPRETA** Escribe una potencia cuyo valor sea mayor que 100.

3. **SENTIDO NUMÉRICO** Ordena $11^2$, $4^4$, y $6^3$ de menor a mayor.

4. **HALLA EL ERROR** Anita y Tyree escriben $6^4$ como un producto. ¿Quién tiene la razón? Explica tu razonamiento.

Anita
$6^4 = 6 \times 6 \times 6 \times 6$

Tyree
$6^4 = 4 \times 4 \times 4 \times 4 \times 4 \times 4$

### PRÁCTICA DIRIGIDA

**Escribe con exponentes cada producto y calcula su valor.**

5. $2 \cdot 2 \cdot 2 \cdot 2$
6. $6 \cdot 6 \cdot 6$

**Escribe cada potencia como un producto y calcula su valor.**

7. $2^6$
8. $3^7$

**Escribe con exponentes la factorización prima de cada número.**

9. 20
10. 48

## Práctica y aplicaciones

**AYUDA CON LAS TAREAS**

| Ejercicios | Ver ejemplos |
|---|---|
| 11–16 | 1 |
| 19–29 | 2 |
| 38–39 | 3 |
| 17–18, 30–37 | 4 |

Práctica adicional
Ver páginas 595, 624.

**Escribe con exponentes cada producto y calcula su valor.**

11. $9 \cdot 9$
12. $8 \cdot 8 \cdot 8 \cdot 8$
13. $3 \cdot 3 \cdot 3 \cdot 3 \cdot 3 \cdot 3 \cdot 3$
14. $5 \cdot 5 \cdot 5 \cdot 5 \cdot 5$
15. $11 \cdot 11 \cdot 11$
16. $7 \cdot 7 \cdot 7 \cdot 7 \cdot 7 \cdot 7$

17. **GEOGRAFÍA** New Hampshire tiene un área total de unas 10,000 millas cuadradas. Escribe este número como potencia de base 10.

18. **CIENCIA** La Vía Láctea mide unos 100,000 años luz de ancho. Escribe 100,000 como potencia de base 10.

**Escribe cada potencia como un producto y calcula su valor.**

19. $2^4$
20. $3^2$
21. $5^3$
22. $10^5$
23. $9^3$
24. $6^5$
25. $8^1$
26. $4^7$
27. siete al cuadrado
28. ocho al cubo
29. cuatro a la quinta potencia

**Escribe con exponentes la factorización prima de cada número.**

30. 25
31. 56
32. 50
33. 68
34. 88
35. 98
36. 45
37. 189

38. **ALIMENTOS** El número de calorías en un vaso de jugo de manzana se puede escribir como $3^5$. ¿Qué número entero es $3^5$?

39. **IDIOMAS** Un número aproximado de $10^9$ personas en el mundo hablan mandarín. ¿Cerca de cuánta gente habla esta idioma?

**PECES Usa la siguiente información y el dibujo de la derecha en los ejercicios 40 y 41.**
Para calcular el agua contenida en el acuario, usa la expresión $s \times s \times s$, donde $s$ es la longitud de un lado.

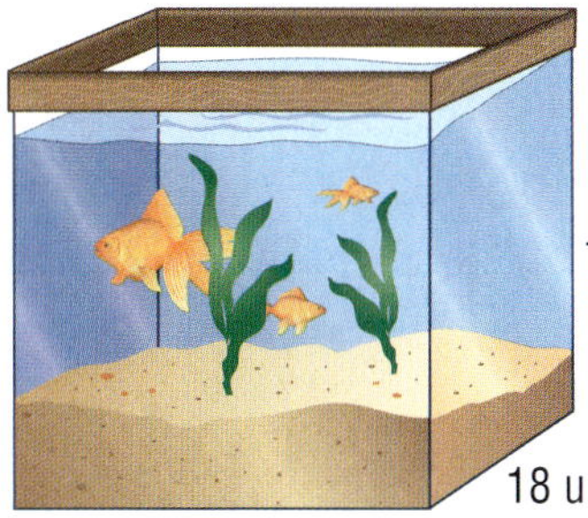


40. ¿Qué potencia es esta expresión?

41. El agua contenida en un acuario se mide en unidades cúbicas. ¿Cuántas unidades cúbicas contiene?

**RAZONAMIENTO CRÍTICO Usa la tabla siguiente en los ejercicios 42 al 47.**

| Potencias de 3 | Potencias de 5 | Potencias de 10 |
|---|---|---|
| $3^4 = 81$ | $5^4 = 625$ | $10^4 = 10{,}000$ |
| $3^3 = 27$ | $5^3 = 125$ | $10^3 = 1{,}000$ |
| $3^2 = 9$ | $5^2 = 25$ | $10^2 = 100$ |
| $3^1 = 3$ | $5^1 = 5$ | $10^1 =$ ? |
| $3^0 =$ ? | $5^0 =$ ? | $10^0 =$ ? |

42. Copia y completa la tabla.

43. Describe el patrón de las potencias de 3. ¿Cuál es el valor de $3^0$?

44. Describe el patrón de las potencias de 5. ¿Cuál es el valor de $5^0$?

45. Describe el patrón de las potencias de 10. ¿Cuál es el valor de $10^1$ y $10^0$?

46. Extiende el patrón de las potencias de 10. ¿Cuál es el valor de $10^5$ y $10^6$?

47. ¿Cómo puedes escribir fácilmente el valor de una potencia de 10?

## Prueba estandarizada de práctica y repaso general

48. **SELECCIÓN MÚLTIPLE** Escribe $2 \times 3 \times 3 \times 11$ con exponentes.

(A) $2 \times 2 \times 3 \times 11$ (B) $3^2 \times 11$
(C) $2 \times 3^2 \times 11$ (D) $2 \times 2^3 \times 11$

49. **RESPUESTA BREVE** Escribe en palabras la potencia $9^4$.

**Indica si cada número es *primo*, *compuesto* o *ninguno de los dos*.** (Lección 1-3)

50. 63  51. 0  52. 29  53. 71

**Indica si cada número es divisible entre 2, 3, 4, 5, 6, 9 ó 10.** (Lección 1-2)

54. 360  55. 2,022  56. 7,525

### PREPÁRATE PARA LA SIGUIENTE LECCIÓN

**REQUISITOS Divide.** (Página 591)

57. $36 \div 3$  58. $45 \div 5$  59. $104 \div 8$  60. $120 \div 6$

CAPÍTULO 1

# Prueba parcial de práctica del capítulo

## Vocabulario y conceptos

1. **Escribe** dos palabras o frases que representen una multiplicación. (Lección 1-1)
2. **Explica** por qué 51 es un número compuesto. (Lección 1-3)

## Destrezas y aplicaciones

3. **TECNOLOGÍA** Un CD para grabar en computadora contiene 700 megabytes de datos. Pedro grabó las canciones y los videos musicales que se muestran a la derecha. ¿Cuánto espacio queda en el CD? (Lección 1-1)

| canción o video | tamaño (MB) |
|---|---|
| canción #1 | 35 |
| canción #2 | 40 |
| canción #3 | 37 |
| video #1 | 125 |
| video #2 | 140 |

**Indica si cada número es divisible entre 2, 3, 4, 5, 6, 9 ó 10 y clasifícalo como *par* o *impar*.** (Lección 1-2)

4. 42
5. 135
6. 3,600

**Indica si cada número es *primo*, *compuesto* o *ninguno* de los dos.** (Lección 1-3)

7. 57
8. 97
9. 0

**Calcula la factorización prima de cada número.** (Lección 1-3)

10. 45
11. 72

**Escribe cada potencia como un producto y calcula su valor.** (Lección 1-4)

12. $3^4$
13. $6^3$

14. Escribe *ocho al cuadrado* como una potencia. (Lección 1-4)

Ⓐ $2 \times 3 \times 5$ Ⓑ $3 \times 25$

## Prueba estandarizada de práctica

15. **SELECCIÓN MÚLTIPLE** ¿Qué expresión muestra 75 como un producto de factores primos? (Lección 1-3)

Ⓐ $2 \times 3 \times 5$ Ⓑ $3 \times 25$

Ⓒ $3 \times 5 \times 5$ Ⓓ $3 \times 3 \times 25$

16. **COMPLETA** Un director de escuela tiene 144 computadoras en 24 aulas. ¿Cuántas computadoras hay por aula si todas tienen el mismo número? (Lección 1-1)

# La Zona de juegos

## Un sitio para practicar tus destrezas matemáticas

# Bingo Facto

### ¡ALÍSTATE!

**Jugadores:** tres o cuatro
**Materiales:** calculadora

### ¡EN TU MARCA!

- Cada jugador copia este cartón de bingo.

| Bingo Facto | | | | |
|---|---|---|---|---|
| | | | | |
| | | | | |
| | | Espacio en blanco | | |
| | | | | |
| | | | | |

- Cada jugador elige 24 números distintos de esta lista y los escribe en las casillas de las esquinas superiores derechas.

| Números de Facto Bingo | | | | | | | | | |
|---|---|---|---|---|---|---|---|---|---|
| 6 | 9 | 10 | 13 | 15 | 18 | 20 | 21 | 24 | 25 |
| 28 | 32 | 37 | 40 | 43 | 45 | 48 | 50 | 52 | 55 |
| 59 | 60 | 62 | 64 | 66 | 67 | 69 | 70 | 72 | 74 |
| 75 | 76 | 79 | 80 | 85 | 88 | 89 | 90 | 96 | 98 |

## ¡ADELANTE!

- El anunciador lee un número de la lista, de a uno y al azar.
- El jugador que tenga el número escribe su factorización prima en la casilla grande.
- **¿Quién gana?** Gana el primer jugador que dice bingo.

# 1-5 El orden de las operaciones

**Lo que aprenderás**
A evaluar expresiones mediante el orden de las operaciones.

**NUEVO vocabulario**
- expresión numérica
- orden de las operaciones

## ¿CUÁNDO usaré esto?

**SALUD** Al ejercitarte quemas calorías. La tabla muestra las calorías quemadas en una hora de actividades diversas.

| Actividad | Calorías quemadas por hora |
|---|---|
| trote (5.5 mph) | 490 |
| caminata (4.5 mph) | 290 |
| pedaleo (6 mph) | 160 |

1. ¿Cuántas calorías quemarías si caminaras durante 2 horas?
2. Calcula las calorías que quema una persona que camina durante 2 horas y pedalea durante 3 horas.
3. Explica cómo calculaste el número total de calorías.

Una **expresión numérica** como $4 + 3 \times 5$ ó $2^2 + 6 \div 2$ es una combinación de números y operaciones. El **orden de las operaciones** te indica las que debes ejecutar primero de modo que todos obtengan el mismo resultado.

**Concepto clave** — **El orden de las operaciones**

1. Reduce las expresiones dentro de símbolos de agrupamiento, como los paréntesis.
2. Calcula el valor de todas las potencias.
3. Multiplica y divide de izquierda a derecha, ordenadamente.
4. Suma y resta de izquierda a derecha, ordenadamente.

## EJEMPLOS Usa el orden de las operaciones

**Calcula el valor de cada expresión.**

**1** $4 + 3 \times 5$

$4 + 3 \times 5 = 4 + 15$ Multiplica 3 por 5.

$= 19$ Suma 4 más 15.

**2** $10 - 2 + 8$

$10 - 2 + 8 = 8 + 8$ Primero resta 2 de 10.

$= 16$ Suma 8 más 8.

**3** $20 \div 4 + 17 \times (9 - 6)$

$20 \div 4 + 17 \times (9 - 6) = 20 \div 4 + 17 \times 3$ Resta 6 de 9.

$= 5 + 17 \times 3$ Divide 20 entre 4.

$= 5 + 51$ Multiplica 17 por 3.

$= 56$ Suma 5 más 51.

## EJEMPLOS Usa el orden de las operaciones con potencias

**Calcula el valor de cada expresión.**

**4** $3 \cdot 6^2 + 4$

$$\begin{aligned} 3 \cdot 6^2 + 4 &= 3 \cdot 36 + 4 && \text{Calcula } 6^2. \\ &= 108 + 4 && \text{Multiplica 3 por 36.} \\ &= 112 && \text{Suma 108 más 4.} \end{aligned}$$

**5** $60 \div (12 + 2^3) \times 9$

$$\begin{aligned} 60 \div (12 + 2^3) \times 9 &= 60 \div (12 + 8) \times 9 && \text{Calcula } 2^3. \\ &= 60 \div 20 \times 9 && \text{Suma 12 más 8.} \\ &= 3 \times 9 && \text{Divide 60 entre 20.} \\ &= 27 && \text{Multiplica 3 por 9.} \end{aligned}$$

**Tu turno** **Calcula el valor de cada expresión.**

**a.** $10 + 2 \times 15$ **b.** $10 + (6 - 5)$ **c.** $25 \times (5 - 2) \div 5$

**d.** $24 \div 2^3 + 6$ **e.** $(27 + 2) \times 4^2$ **f.** $50 - (16 \div 2^2) + 3$

El orden de las operaciones se puede usar para resolver problemas reales que suponen más de una operación.

### MATEMÁTICAS EN LA VIDA DIARIA

**PELÍCULAS** Las películas más taquilleras de 1989 tuvieron ingresos de 251 millones de dólares. Las más taquilleras de 2001 tuvieron ingresos de unos 318 millones de dólares.

**Fuente:** www.movieweb.com

## EJEMPLO Aplica el orden de las operaciones

**6** **PELÍCULAS** **Javier y cuatro amigos fueron al cine. Cada uno pagó por una entrada, una merienda y una gaseosa. Calcula el costo total de esta salida al cine.**

**Costo de ir al cine**

| Artículo | entrada | merienda | gaseosa |
|---|---|---|---|
| Precio ($) | 6 | 3 | 2 |

Para calcular el costo total, escribe una expresión y calcula su valor usando el orden de las operaciones.

| | | | | | |
|---|---|---|---|---|---|
| **En palabras** | costo de 5 entradas | más | costo de 5 meriendas | más | costo de 5 gaseosas |
| **Expresión** | 5 × \$6 | + | 5 × \$3 | + | 5 × \$2 |

$$\begin{aligned} 5 \times \$6 + 5 \times \$3 + 5 \times \$2 &= \$30 + 5 \times \$3 + 5 \times \$2 \\ &= \$30 + \$15 + 5 \times \$2 \\ &= \$30 + \$15 + \$10 \\ &= \$55 \end{aligned}$$

El costo total de esta salida al cine fue de $55.

## Repaso de destrezas y conceptos

Escribe en matemáticas
**Ejercicio 2**

1. **INTERPRETA** Escribe una expresión que contenga tres operaciones distintas y calcula su valor.

2. **HALLA EL ERROR** Haley y Ryan calcularon el valor de $7 - 3 + 2$. ¿Quién lo hizo bien? Explica.

Haley
$7 - 3 + 2 = 7 - 5$
$= 2$

Ryan
$7 - 3 + 2 = 4 + 2$
$= 6$

### PRÁCTICA DIRIGIDA

**Calcula el valor de cada expresión.**

3. $9 + 3 - 5$
4. $10 - 3 + 9$
5. $(26 + 5) \times 2 - 15$
6. $5 + (21 - 3)$
7. $18 \div (2 + 7) \times 2 + 1$
8. $21 \div (3 + 4) \times 3 - 8$
9. $5^2 + 8 \div 2$
10. $19 - (3^2 + 4) + 6$
11. $7^3 - (5 + 9) \times 2$

**Usa esta información en los ejercicios 12 y 13.**
**DINERO** Las entradas al museo cuestan $4 para niños y $8 para adultos.

12. Escribe una expresión del costo total de 4 entradas de adulto y 2 de niño.
13. Calcula el valor de la expresión.

## Práctica y aplicaciones

**AYUDA CON LAS TAREAS**

| Ejercicios | Ver ejemplos |
|---|---|
| 14–32 | 1–5 |
| 34–37 | 6 |

**Práctica adicional**
**Ver páginas 595, 624.**

**Calcula el valor de cada expresión.**

14. $8 + 4 - 3$
15. $9 + 12 - 15$
16. $38 - 19 + 12$
17. $22 - 17 + 8$
18. $7 + 9 \times (3 + 8)$
19. $(9 + 2) \times 6 - 5$
20. $63 \div (10 - 3) \times 3$
21. $66 \times (6 \div 2) + 1$
22. $27 \div (3 + 6) \times 5 - 12$
23. $55 \div 11 + 7 \times (2 + 14)$
24. $5^3 - 12 \div 3$
25. $26 + 6^2 \div 4$
26. $15 - 2^3 \div 4$
27. $22 \div 2 \times 3^2$
28. $8 \times (2^4 - 3) + 8$
29. $12 \div 4 + (5^2 - 6)$
30. $9 + 4^3 \times (20 - 8) \div 2 + 6$
31. $96 \div 4^2 + (25 \times 2) - 15 - 3$

32. ¿Cuál es el valor de 100 dividido entre 5 por 4 menos 79?
33. Escribe simbólicamente el producto de 7 por 6 menos 2.

**MÚSICA** **Usa la siguiente información en los ejercicios 34 y 35.**
Una tienda vende DVD en $20 cada uno y cedés en $12.

34. Escribe una expresión del costo total de 4 DVD y 2 cedés.
35. ¿Cuál es el costo total de estos artículos?

**HELADOS** **Usa la tabla y la siguiente información en los ejercicios 36 y 37.**
Supón que tú y tus amigos compran 2 bolas de helado de masa de galleta, una de helado de chocolate y 3 de helado de fresa.

| Gramos de grasa en una bola de helado | |
|---|---|
| Sabor | Grasa (g) |
| masa de galleta | 17 |
| vainilla | 7 |
| chocolate | 5 |
| fresa | 7 |

36. Escribe una expresión para calcular los gramos de grasa de la compra.
37. Calcula los gramos de grasa total de la compra.

38. **RAZONAMIENTO CRÍTICO** Escribe una expresión cuyo valor sea 10. Debe contener cuatro números y dos operaciones distintas.

## Prueba estandarizada de práctica y repaso general

39. **RESPUESTA BREVE** Calcula el valor de $6 \times 5 - 9 \div 3$.

40. **SELECCIÓN MÚLTIPLE** ¿Qué expresión debería usarse para calcular el costo total de 2 entradas de adulto y 4 de estudiante?

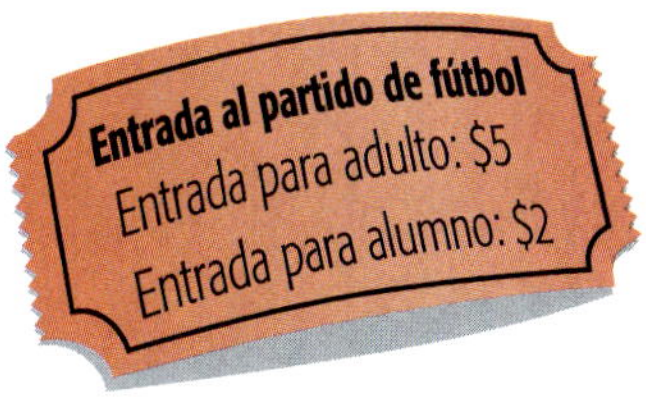


Ⓐ $2 + \$5 \times 4 + \$2$  Ⓑ $\$5 + \$2 + 6$
Ⓒ $\$2 + 4 \times \$5 + 2$  Ⓓ $2 \times \$5 + 4 \times \$2$

41. Escribe $7^4$ como un producto. ¿Cuál es el valor de $7^4$? (Lección 1-4)

**Calcula la factorización prima de cada número.** (Lección 1-3)

42. 42 43. 75 44. 110 45. 130

46. Indica si 15,080 es divisible entre 2, 3, 4, 5, 6, 9 ó 10. Clasifícalo como *par* o *impar*. (Lección 1-2)

47. **PATRONES** Dibuja las tres figuras siguientes en este patrón. (Lección 1-1)

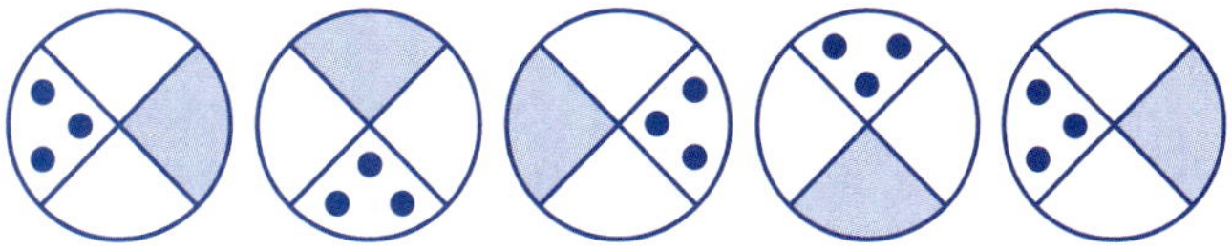

### PREPÁRATE PARA LA SIGUIENTE LECCIÓN

**REQUISITOS** **Suma.** (Página 589)

48. 26 + 98 49. 23 + 16 50. 61 + 19 51. 54 + 6

# 1-6 Álgebra: Variables y expresiones

**Lo que aprenderás**
A evaluar expresiones algebraicas.

**NUEVO vocabulario**
- álgebra
- variable
- expresión algebraica
- evaluar

## PRÁCTICA Minilaboratorio

**Materiales**
- vasos
- fichas

*Trabaja con un(a) compañero(a).*

Puedes usar vasos y fichas para construir modelos y evaluar expresiones. Sigue estos pasos para hacer un modelo de la expresión *la suma de dos más un número.*

**PASO 1** Sean dos fichas el valor conocido, 2. Sea un vaso el valor desconocido.

**PASO 2** Haz que tu compañero(a) le dé un valor al número desconocido al colocar un número cualquiera de fichas en el vaso.

**PASO 3** Vacía el vaso y cuenta las fichas. Suma este número a las dos fichas. ¿Cuál es el valor de la expresión?

1. Construye un modelo de *la suma de cinco con un número.*
2. Calcula el valor de la expresión si el valor desconocido es 4.
3. Escribe un enunciado en el que expliques cómo evaluar el valor de una expresión como *la suma de un número más siete* cuando se da el valor desconocido.

El **álgebra** es un lenguaje de símbolos. Los símbolos que se usan a menudo se llaman variables. Una **variable** es un símbolo, por lo general una letra, que se usa para representar un número. La expresión $2 + n$ corresponde a *la suma de dos mas un número.*

La expresión $2 + n$ es una **expresión algebraica**. Éstas son combinaciones de variables, números y al menos una operación.

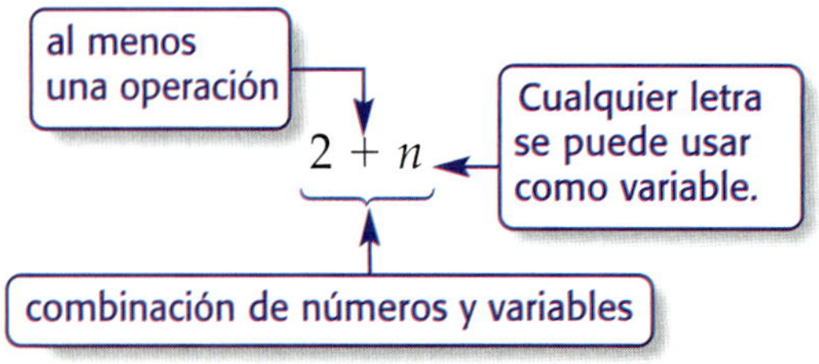


La letra $x$ se usa a menudo como variable. Es también común usar la primera letra del valor que estás representando.

Las variables de una expresión pueden reemplazarse por números arbitrarios. Una vez que aquéllas se han reemplazado, se puede **evaluar**, es decir, calcular el valor de la expresión algebraica.

## EJEMPLOS Evalúa expresiones algebraicas

**1 Evalúa $16 + b$ si $b = 25$.**

$16 + b = 16 + 25$ Reemplaza *b* por 25.

$= 41$ Suma 16 con 25.

**2 Evalúa $x - y$ si $x = 64$ y $y = 27$.**

$x - y = 64 - 27$ Reemplaza *x* por 64 y *y* por 27.

$= 37$ Resta 27 de 64.

AYUDA PARA EL ESTUDIO

**Multiplicación** El símbolo · se usa en álgebra para indicar la multiplicación, puesto que el símbolo × puede confundirse con la variable *x*.

Fuera del símbolo *x*, hay otras maneras de indicar multiplicación.

| | | |
|---|---|---|
| $2 \cdot 3$ | es | $2 \times 3$ |
| $5t$ | es | $5 \times t$ |
| $st$ | es | $s \times t$ |

## EJEMPLO Evalúa expresiones algebraicas

**3 Evalúa $5t + 4$ si $t = 3$.**

$5t + 4 = 5 \times 3 + 4$ Reemplaza *t* por 3.

$= 15 + 4$ Multiplica 5 por 3.

$= 19$ Suma 15 más 4.

**Tu turno Evalúa cada expresión si $a = 6$ y $b = 4$.**

**a.** $a + 8$ **b.** $a - b$ **c.** $a \cdot b$ **d.** $2a - 5$

## EJEMPLO Evalúa expresiones algebraicas

**Prueba estandarizada de práctica**

**4 PREGUNTA DE SELECCIÓN MÚLTIPLE** Evalúa $2x^2 - 6 \cdot 2$ si $x = 7$.

Ⓐ 86 Ⓑ 90 Ⓒ 95 Ⓓ 98

**Lee la pregunta**

Necesitas calcular el valor de la expresión.

**Resuelve**

$2x^2 - 6 \cdot 2 = 2 \cdot 7^2 - 6 \cdot 2$ Reemplaza *x* por 7.

$= 2 \cdot 49 - 6 \cdot 2$ Evalúa $7^2$.

$= 98 - 6 \cdot 2$ Multiplica 2 por 49.

$= 98 - 12$ Multiplica 6 por 2.

$= 86$ Resta 12 de 98.

La respuesta es A.

**Ayuda para tomar pruebas** The Princeton Review

**Preparación para las pruebas**
Es útil a menudo familiarizarse con reglas o fórmulas importantes, como las del orden de las operaciones.

## Repaso de destrezas y conceptos

**Escribe en matemáticas** Ejercicio 3

1. **Completa** la tabla.

| Expresiones algebraicas | Variables | Números | Operaciones |
|---|---|---|---|
| $7a - 3b$ | ? | ? | ? |
| $2w - 3x + 4y$ | ? | ? | ? |

2. **INTERPRETA** Escribe una expresión igual a $3t$.

3. **¿Cuál no pertenece?** Identifica la expresión que no es algebraica. Explica.

| | | | |
|---|---|---|---|
| $5x$ | $3 + 4$ | $ab$ | $7x + 1$ |

### PRÁCTICA DIRIGIDA

**Evalúa cada expresión si $m = 4$ y $z = 9$.**

4. $3 + m$
5. $z - m$
6. $4m - 2$

**Evalúa cada expresión si $a = 2$, $b = 5$ y $c = 7$.**

7. $4c - 5 + 3$
8. $6a \div 3 + 4$
9. $10 + 6b \times 3$
10. Calcula el valor de $5a \div 2 + b^2 - c$ si $a = 2$, $b = 5$ y $c = 7$.

## Práctica y aplicaciones

**AYUDA CON LAS TAREAS**

| Ejercicios | Ver ejemplos |
|---|---|
| 11–45 | 1–4 |

**Práctica adicional**
**Ver páginas 595, 624.**

**Evalúa cada expresión si $m = 2$ y $n = 16$.**

11. $m + 10$
12. $n + 8$
13. $9 - m$
14. $22 - n$
15. $n \div 4$
16. $12 \div m$
17. $n \times 3$
18. $6 \cdot m$
19. $m + n$

**Evalúa cada expresión si $a = 4$, $b = 15$ y $c = 9$.**

20. $b - a$
21. $5c + 6$
22. $2 \cdot b + 7$
23. $c^2 + a$
24. $b^2 - 5c$
25. $a^2 \times b$
26. $3c - 4$
27. $4b - 10$
28. $3a \div 4$
29. $4b \div 5$
30. $5b \times 2$
31. $2ac$

**Evalúa cada expresión si $x = 3$, $y = 12$ y $z = 8$.**

32. $4z + 8 - 6$
33. $6x - 9 \div 3$
34. $5y \div 4 - 7$
35. $15 + 9x \div 3$
36. $19 - 2z + 1$
37. $7z \div 4 + 5x$
38. $x^2 + 5y - z^2$
39. $y^2 - 3z + 7$
40. $y^2 \div (3 \cdot z)$
41. $z^2 - (5x)$
42. $(2z)^2 + 3x^2 - y$
43. $2z^2 + 3x - z$
44. Calcula el valor de $2t + 2w$ si $t = 350$ y $w = 190$.
45. Calcula el valor de $st \div 6r$ si $r = 5$, $s = 32$ y $t = 45$.
46. **PASEO EN GLOBO** La distancia recorrida puede calcularse usando la expresión $rt$, donde $r$ es la velocidad y $t$ es el tiempo. ¿Qué distancia recorrió en 6 horas un globo a una velocidad de 15 millas por hora?

47. **CÍRCULOS** La expresión $2r$ se usa para calcular el diámetro de un círculo de radio $r$. Calcula el diámetro del CD de la derecha.

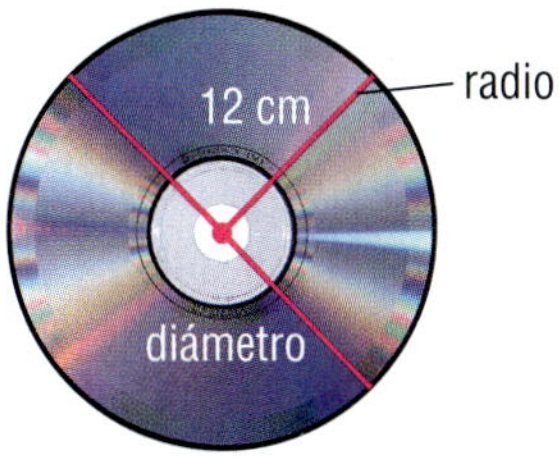


48. **AVIONES** La expresión $d \div t$ se usa para calcular la velocidad de un avión, donde $d$ es la distancia y $t$ el tiempo. Calcula la velocidad $v$ de una avión que cubrió 3,636 millas en 9 horas.

**EL TIEMPO Usa la información siguiente y esta tabla en los ejercicios 49 al 51.**
Para convertir grados centígrados a grados Fahrenheit, multiplica los grados centígrados por 9, divide este producto entre 5 y suma 32 al cociente.

| Tempertura máxima media mensual en Cabo San Lucas, México | |
|---|---|
| Mes | Temp. (°C) |
| Febrero | 25 |
| Abril | 30 |
| Julio | 35 |

Fuente: *The World Almanac*

49. Escribe una expresión que se use para convertir grados centígrados a grados Fahrenheit.
50. ¿Cuál es, en grados Fahrenheit, la temperatura máxima media de Cabo San Lucas en febrero?
51. Calcula, en grados Fahrenheit, la temperatura máxima media de Cabo San Lucas en abril.

52. **RAZONAMIENTO CRÍTICO** Elan y Robin tienen una calculadora cada uno. Elan ingresa cero en su calculadora y cada vez suma 3. Robin ingresa 100 en la suya y cada vez resta 7. ¿Mostrarán sus pantallas en algún momento el mismo número al oprimir ambos los botones al mismo tiempo? Si es así, ¿cuál es el número?

## Prueba estandarizada de práctica y repaso general

53. **SELECCIÓN MÚLTIPLE** Si $m = 6$ y $n = 4$, evalúa $2m - n$.

Ⓐ 2 Ⓑ 4 Ⓒ 6 Ⓓ 8

54. **SELECCIÓN MÚLTIPLE** La tabla muestra los resultados de una encuesta en la que se preguntó dónde se usa la tecnología fuera de casa. ¿Cuál expresión representa el número total de personas que participaron en la encuesta?

Ⓕ $x - 183$ Ⓖ $x + 173$
Ⓗ $x + 183$ Ⓘ $2x + 183$

| Dónde la gente usa tecnología | |
|---|---|
| Lugar | Número de respuestas |
| de vacaciones | 57 |
| manejando | 57 |
| al aire libre | 42 |
| en centros comerciales | $x$ |
| en gimnasios | 17 |
| en baños públicos | 10 |

Fuente: Market Facts for Best Buy

**Calcula el valor de cada expresión.** (Lección 1-5)

55. $12 - 8 \div 2 + 1$
56. $5^2 + (20 \div 2) - 7$

57. **CIENCIA** La distancia entre la Tierra y el Sol es cerca de $10^8$ millas. ¿Cuántas millas es esto? (Lección 1-4)

### PREPÁRATE PARA LA SIGUIENTE LECCIÓN

**REQUISITOS Resta.** (Página 589)

58. $18 - 9$ 59. $25 - 18$ 60. $104 - 39$ 61. $211 - 105$

# 1-7a Estrategia para resolver problemas

## *Sinopsis de la Lección 1-7*

## Conjetura y verificación

**Lo que aprenderás**
A resolver problemas por conjetura y verificación.

Oye Trent, ¿has ido a la nueva tienda de revistas de historietas? Venden revistas usadas en paquetes de 5 y nuevas en paquetes de 3.

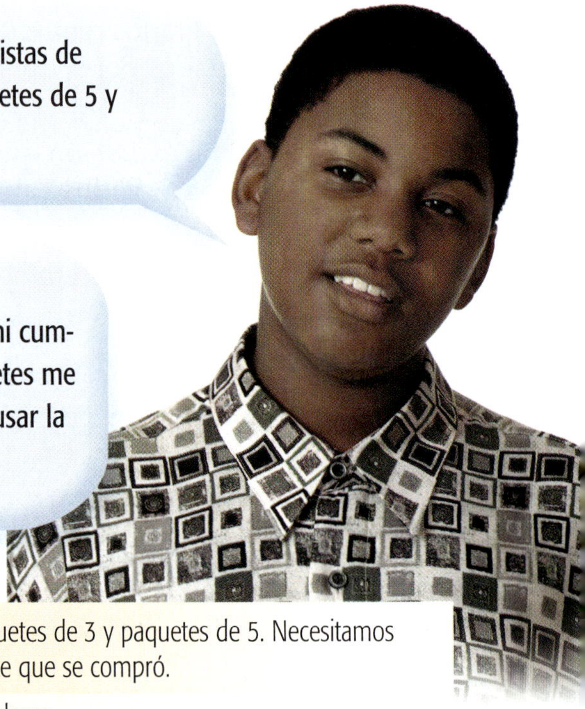

No Kiri, no he ido, pero mi hermana sí. Para mi cumpleaños me regaló 16 revistas. ¿Cuántos paquetes me habrá comprado? Para averiguarlo, podemos usar la estrategida de **conjetura y verificación**.

**Explora** Sabemos que la tienda vende paquetes de 3 y paquetes de 5. Necesitamos calcular el número de cada paquete que se compró.

**Planifica** Prueba hasta que resuelvas el problema.

**Resuelve**

| Número de paquetes de 3 | Número de paquetes de 5 | Número total de revistas |
|---|---|---|
| 1 | 1 | $1(3) + 1(5) = 8$ |
| 1 | 2 | $1(3) + 2(5) = 13$ |
| 2 | 1 | $2(3) + 1(5) = 11$ |
| 2 | 2 | $2(3) + 2(5) = 16$ ✔ |

La hermana de Trent compró dos paquetes de 3 y dos paquetes de 5.

**Examina** Dos paquetes de 3 dan 6 revistas y dos de 5 dan 10.
Como $6 + 10$ es 16, la respuesta está correcta.

## Analiza la estrategia

1. **Explica** cómo usarías esta estrategia para resolver este problema:
   *Una billetera contiene 14 billetes con un valor de $200. Si todo el dinero viniera en billetes de $5, $10 y $20, ¿cuántos de cada uno habría en ella?*
2. **Explica** cuándo usarías esta estrategia para resolver un problema.
3. **Escribe** un problema que se pueda resolver mediante esta estrategia, indicando los pasos a seguir para resolverlo.

## Aplica la estrategia

**Resuelve por conjetura y verificación.**

4. **DINERO** Mateo tiene siete monedas con un valor total de $1.50. ¿Cuáles son las monedas?

5. **TEORÍA DE NÚMEROS** ¿Qué número primo entre 60 y 80 es uno más que el producto de dos números consecutivos?

## Solución de problemas mixtos

**Resuelve de cualquier manera.**

6. **GEOGRAFÍA** Usa esta tabla. ¿Cuánto más alto que Mount Marcy es Mount Hood?

| Montaña | Altura (pies) |
|---|---|
| Mount Marcy | 5,344 |
| Mount Kea | 13,796 |
| Mount Mitchell | 6,684 |
| Mount Hood | 11,239 |

7. **CIENCIA** Cada mano del cuerpo humano consta de 27 huesos. Hay 6 huesos más en los dedos que en la muñeca. Hay 3 huesos menos en la palma que en la muñeca. ¿Cuántos huesos hay en cada parte de la mano?

8. **ESCUELA** Paige aprendió la ortografía de 115 palabras en cinco días. ¿Cuántas estudió a diario si aprendió el mismo número por día?

9. **PATRONES** Dibuja la figura siguiente de este patrón.

10. **EMPLEOS** Felisa trabaja después de las clases en una tienda de bicicletas. Si le pagan $6 por hora y trabaja 32 horas, ¿cuánto gana?

11. **ESCUELA** Usa esta gráfica. ¿Cuántos alumnos más de sexto grado que de quinto hay en la lista de honor del primer trimestre?

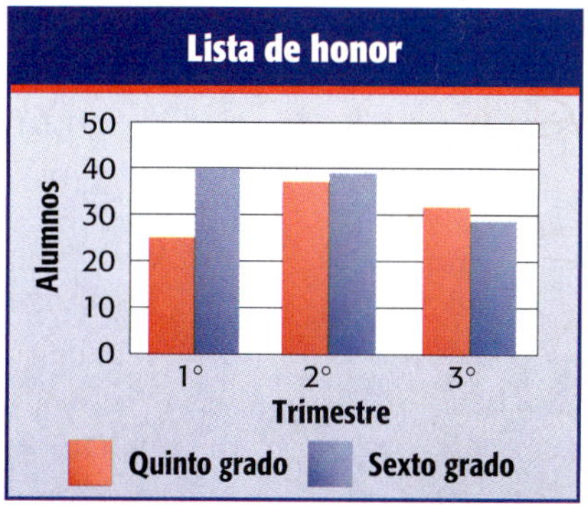


12. **NÚMEROS** Maxine pensó en cuatro números entre 1 y 9 cuya suma es 23. Averigua los números.

13. **MULTI-PASO** James está juntando dinero para una saltatón. Piensa recoger $85 y, hasta ahora, ha recogido de dos personas $10 por persona y de seis personas $5 por persona. ¿Cuánto más debe recoger?

14. **PRUEBA ESTANDARIZADA DE PRÁCTICA** Willow compró un carro nuevo y el préstamo, interés inclusive, es de $12,720. ¿Cuál es su cuota mensual si tiene 60 cuotas por pagar?

(A) $250 (B) $212

(C) $225 (D) $242

**En la próxima lección, vas a usar la estrategia conjetura y verifica.**

# 1-7 Álgebra: Resuelve ecuaciones

**Lo que aprenderás**
A resolver ecuaciones usando cálculo mental y la estrategia de conjetura y verificación.

**NUEVO vocabulario**
- ecuación
- signo de igualdad
- resolver
- solución

## PRÁCTICA Minilaboratorio

**Materiales**
- balanza
- vaso de cartón
- cubos centimétricos

*Trabaja con un(a) compañero(a).*

Una balanza se equilibra al tener en sus platillos la misma cantidad.

**PASO 1** Coloca tres cubos centimétricos y el vaso de cartón en un platillo de la balanza.

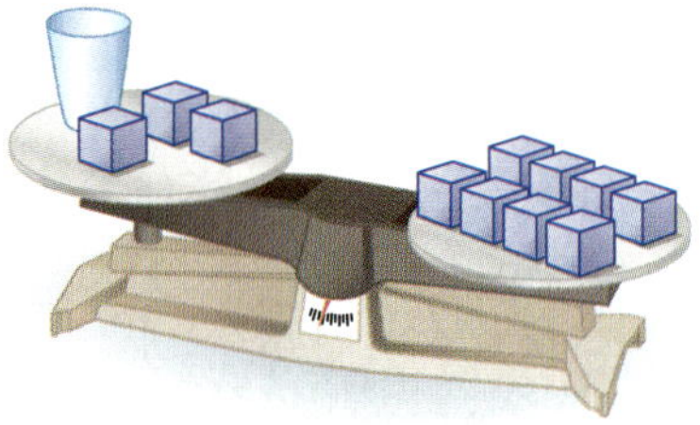

**PASO 2** Coloca ocho cubos centimétricos en el otro platillo.

1. Supón que la variable $x$ es el número de cubos del vaso. ¿Qué ecuación corresponde a esta situación?
2. Reemplaza el vaso por cubos centimétricos hasta que se equilibre la balanza. ¿Cuántos necesitaste?

**Sea $x$ el vaso. Haz con la balanza un modelo de cada enunciado. Halla el número de cubos centimétricos requeridos para equilibrar la balanza.**

3. $x + 1 = 4$
4. $x + 3 = 5$
5. $x + 7 = 8$
6. $x + 2 = 2$

Una **ecuación** es un enunciado que contiene el **signo de igualdad**, =. He aquí algunos ejemplos.

$$2 + 7 = 9 \qquad 10 - 6 = 4 \qquad 5 - 1 = 4$$

Algunas ecuaciones contienen variables.

$$2 + x = 9 \qquad k - 6 = 4 \qquad 5 - m = 4$$

**Resolver** una ecuación es reemplazar su variable por un valor que dé un enunciado verdadero. Dicho valor de la variable se llama la **solución** de la ecuación.

La ecuación es $2 + x = 9$. → $2 + x = 9$

$2 + 7 = 9$

$9 = 9$ ← Este enunciado es verdadero.

Siete es el valor de la variable que da un resultado verdadero. Así, 7 es la solución.

## EJEMPLO Calcula la solución de una ecuación

**1** **¿Cuál de los números 3, 4 ó 5 es solución de la ecuación $a + 7 = 11$?**

| Valor de $a$ | $a + 7 \stackrel{?}{=} 11$ | ¿Son iguales los lados? |
|---|---|---|
| 3 | $3 + 7 = 11$<br>$10 \neq 11$ | no |
| 4 | $4 + 7 = 11$<br>$11 = 11$ | sí ✔ |
| 5 | $5 + 7 = 11$<br>$12 \neq 11$ | no |

La solución de $a + 7 = 11$ es 4 porque al reemplazar $a$ por 4 se obtiene un resultado verdadero.

**Tu turno** **De la lista dada, identifica la solución de cada ecuación.**

**a.** $15 - k = 6$; 7, 8, 9 **b.** $n + 12 = 15$; 2, 3, 4

Algunas ecuaciones se pueden resolver mentalmente.

## EJEMPLO Resuelve ecuaciones mentalmente

**2** **Resuelve mentalmente $5 + h = 12$.**

$5 + h = 12$ PIENSA: ¿Qué número más 5 da 12?

$5 + 7 = 12$ Sabes que $5 + 7 = 12$.

$h = 7$ La solución es 7.

**Tu turno** **Resuelve mentalmente cada ecuación.**

**c.** $18 - d = 10$ **d.** $w + 7 = 16$

### MATEMÁTICAS EN LA VIDA DIARIA

**ANIMALES** La longitud conjunta de la cabeza y el cuerpo de una ardilla común puede variar entre 4 y 14 pulgadas.

**Fuente:** www.infoplease.com

También puedes resolver ecuaciones por conjetura y verificación.

## EJEMPLO Usa conjetura y verificación

**3** **ANIMALES** **Un antílope puede correr 49 millas por hora más rápidamente que una ardilla. Para calcular la velocidad de una ardilla, resuelve la ecuación $s + 49 = 61$.**

**Estima** Como $10 + 50 = 60$, la solución es de unas 10 mph.

Usa conjetura y verificación.

| Prueba con 10. | Prueba con 11. | Prueba con 12. |
|---|---|---|
| $s + 49 = 61$ | $s + 49 = 61$ | $s + 49 = 61$ |
| $10 + 49 \stackrel{?}{=} 61$ | $11 + 49 \stackrel{?}{=} 61$ | $12 + 49 \stackrel{?}{=} 61$ |
| $59 \neq 61$ | $60 \neq 61$ | $61 = 61$ ✔ |

La solución es 12, así que la velocidad de la ardilla es de 12 millas por hora.

## Repaso de destrezas y conceptos

**Escribe en matemáticas**
**Ejercicio 1**

1. **Escribe** qué se entiende por *solución.*

2. **INTERPRETA** Da un ejemplo de una ecuación cuya solución sea 5.

### PRÁCTICA DIRIGIDA

**De la lista dada, identifica la solución de cada ecuación.**

3. $9 + w = 17$; 7, 8, 9
4. $d - 11 = 5$; 14, 15, 16
5. $4 = y + 2$; 2, 3, 4
6. $8 - c = 3$; 4, 5, 6

**Resuelve mentalmente cada ecuación.**

7. $x + 6 = 18$
8. $n - 10 = 30$
9. $15 + k = 30$

10. **DINERO** Lexie compró un par de patines de ruedas en $45 y un juego de rodilleras. El costo total de estos artículos sin impuesto fue de $63. La ecuación $45 + k = 63$ corresponde a esta situación. Calcula el precio de las rodilleras.

## Práctica y aplicaciones

**AYUDA CON LAS TAREAS**

| Ejercicios | Ver ejemplos |
|---|---|
| 11–18 | 1 |
| 23–34 | 2 |
| 21, 35, 37 | 3 |

**Práctica adicional**
**Ver páginas 596, 624.**

**De la lista dada, identifica la solución de cada ecuación.**

11. $a + 15 = 23$; 6, 7, 8
12. $29 + d = 54$; 24, 25, 26
13. $35 = 45 - n$; 10, 11, 12
14. $p - 12 = 19$; 29, 30, 31
15. $59 + w = 82$; 23, 24, 25
16. $95 = 18 + m$; 77, 78, 79
17. $45 - h = 38$; 6, 7, 8
18. $66 = z - 23$; 88, 89, 90

19. ¿*Verdadero* o *falso*? Si $27 = x + 11$, entonces $x = 16$.

20. ¿*Verdadero* o *falso*? Si $14 + b = 86$, entonces $b = 78$.

21. **ANIMALES** La ecuación $b - 4 = 5$ da la diferencia aproximada en longitud entre el oso más grande y el más pequeño. Si $b$ es la longitud en pies del oso más grande, ¿cuál es su longitud aproximada?

22. **INVESTIGACIÓN** Usa Internet u otra fuente para investigar la única especie de oso del hemisferio sur. ¿Cuáles son la longitud y el peso aproximados de este oso?

**Resuelve mentalmente cada ecuación.**

23. $j + 7 = 13$
24. $m + 4 = 17$
25. $16 + h = 24$
26. $14 + t = 30$
27. $15 - b = 12$
28. $25 - k = 20$
29. $22 = 30 - m$
30. $12 = 24 - y$
31. $3.5 + k = 8.0$
32. $24 + d = 40$
33. $100 - c = 25$
34. $15 = 50 - m$

35. **ALIMENTOS** La ecuación $b + 7 = 12$ da la relación entre el número de cajas de cereal y el número de barritas de desayuno en un armario de cocina. Si $b$ es el número de barritas de desayuno, ¿cuántas hay?

36. Indica si este enunciado es *a veces, siempre* o *nunca* verdadero. *Ecuaciones como* $a + 4 = 8$ *y* $4 - m = 2$ *tienen una solución.*

37. **ESCUELA** El año pasado había 575 alumnos en la escuela media Glenwood. Este año hay 650. La ecuación $575 + n = 650$ muestra el aumento en el número de alumnos de un año a otro. Calcula el número de alumnos nuevos $n$.

**RAZONAMIENTO CRÍTICO Indica si cada enunciado de los ejercicios 38 y 39 es *verdadero* o *falso*. Explica tu razonamiento.**

38. En $m + 8$, la variable $m$ puede asumir un valor arbitrario.

39. En $m + 8 = 12$, la variable $m$ puede tener un valor arbitrario.

**EXTENSIÓN DE LA LECCIÓN** Se llama *desigualdad* un enunciado que contiene un signo mayor que, >, o menor que, <. Para *resolver una desigualdad,* calcula los valores que dan un resultado verdadero.

**Ejemplo**

¿Cuál de los números 2, 3 ó 4 es solución de $x + 3 > 5$?

3 y 4 son soluciones.

| Valor de $x$ | $x + 3 > 5$ | Es $x + 3 > 5$? |
|---|---|---|
| 2 | $2 + 3 \overset{?}{>} 5$<br>$5 \not> 5$ | no |
| 3 | $3 + 3 \overset{?}{>} 5$<br>$6 > 5$ | sí |
| 4 | $4 + 3 \overset{?}{>} 5$<br>$7 > 5$ | sí |

**De la lista dada, identifica la solución o soluciones de cada desigualdad.**

40. $x + 2 > 6$; 4, 5, 6

41. $m + 5 > 7$; 3, 4, 5

42. $10 < a + 3$; 6, 7, 8

43. $12 < 8 + h$; 3, 4, 5

## Prueba estandarizada de práctica y repaso general

44. **SELECCIÓN MÚLTIPLE** La ecuación $16 + g = 64$ da el costo total de una bola y de un guante de sóftbol. La variable $g$ es el costo del guante. ¿Cuánto cuesta?

(A) \$8 (B) \$48 (C) \$64 (D) \$80

45. **SELECCIÓN MÚLTIPLE** ¿Qué ecuación satisface $m = 8$?

(F) $24 = 15 + m$

(G) $m - 4 = 12$

(H) $26 - m = 18$

(I) $16 = 21 - m$

**Evalúa cada expresión si $r = 2$, $s = 4$ y $t = 6$.** (Lección 1-6)

46. $3rst + 14$

47. $9 \div 3 \cdot s + t$

48. $4 + t \div r \cdot 4s$

49. Evalúa $12 \div 3 \times 3 - 8$. (Lección 1-5)

### PREPÁRATE PARA LA SIGUIENTE LECCIÓN

**REQUISITOS Multiplica.** (Página 590)

50. $8 \times 12$

51. $6 \times 15$

52. $4 \times 18$

53. $5 \times 17$

## Destrezas para el estudio

# CÓMO...

## leer problemas de matemáticas

**LA MEJOR MANERA**

**Al tratar de resolver un problema de matemáticas, no uses automáticamente lápiz y papel. Hay más de una forma de resolver un problema.**

Empieza leyendo detenidamente el problema. Busca palabras clave y números que te indiquen cómo resolverlo.

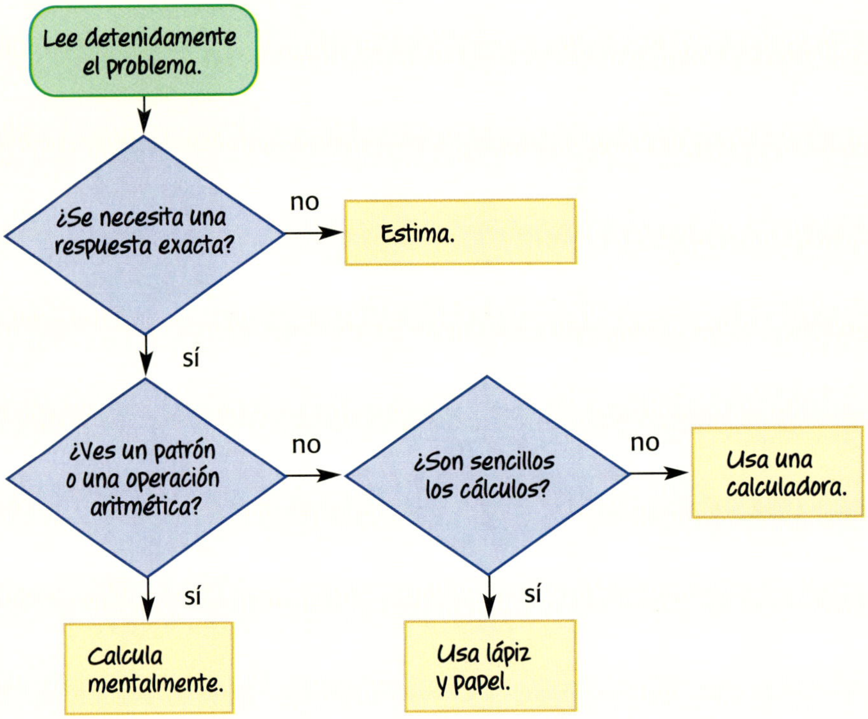


## PRÁCTICA de DESTREZAS

**Escoge el mejor método de cálculo y resuelve.**

1. **DE COMPRAS** El Mall of America en Minnesota tiene un área de 4,200,000 pies cuadrados. El Austin Mall en Texas ocupa un área de 1,100,000 pies cuadrados. ¿Cuántos pies cuadrados más que el Austin Mall cubre el Mall of America?

2. **DINERO** El *dram* es un tipo de moneda que se usa en Armenia. En 2001, un dólar de EE.UU. equivalía a 552 drams. Si hubieses cambiado $25 en drams, ¿cuántos hubieras recibido?

3. **MÚSICA** Supón que deseas comprar una batería en $359 y fundas para los tambores en $49. Si ya has ahorrado $259, ¿cerca de cuánto más necesitas tener?

# 1-8 Geometría: Área de rectángulos

**Lo que aprenderás**
A calcular el área de un rectángulo.

**NUEVO vocabulario**
- área
- fórmula

## ¿CUÁNDO usaré esto?

**PATRONES** Ciertas banderas y juegos de tablero muestran patrones a cuadros.

1. Completa esta tabla.

| Objeto | Cuadrados a lo largo | Cuadrados a lo ancho | Cuadrados requeridos para cubrir la superficie |
|---|---|---|---|
| bandera | | | |
| juego de tablero | | | |

2. ¿Cuál es la relación que hay entre el largo y el ancho y el número de cuadrados requeridos para cubrir la superficie?

El **área** de una figura es el número de unidades cuadradas requeridas para cubrir la figura. El rectángulo de la derecha tiene un área de 24 unidades cuadradas.

También puedes usar una fórmula para calcular el área de un rectángulo. Una **fórmula** es una ecuación que muestra una relación entre ciertas cantidades.

### Concepto clave — Área de un rectángulo

**Palabras** El área $A$ de un rectángulo es el producto de su largo $\ell$ por su ancho $w$.

**Fórmula** $A = \ell \times w$

**Modelo**

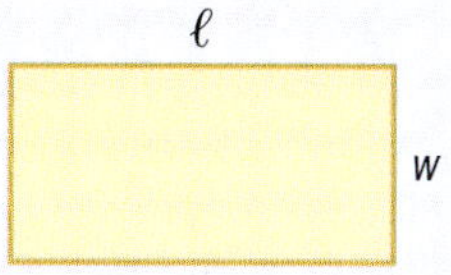


## EJEMPLO Calcula el área de un rectángulo

**1** **Calcula el área de un rectángulo cuyo largo es de 12 pies y cuyo ancho es de 7 pies.**

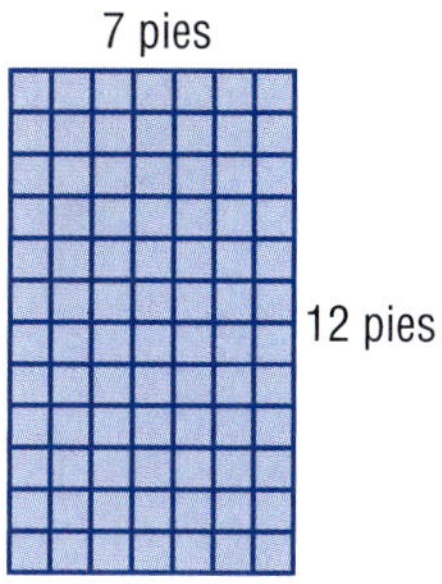


$A = \ell \times w$ Área de un rectángulo

$A = 12 \times 7$ Reemplaza $\ell$ por 12 y $w$ por 7.

$A = 84$

El área es de 84 pies cuadrados.

**MATEMÁTICAS EN LA VIDA DIARIA**

**DEPORTES** Una cancha escolar de vóleibol mide 60 pies de largo y 30 pies de ancho.

**Fuente:** NFHS

## EJEMPLO Usa el área para resolver problemas

**2** **DEPORTES** **Usa la información de la izquierda. Una cancha escolar de baloncesto mide 84 pies de largo y 50 pies de ancho. ¿Cuál es la diferencia entre el área de ésta y la de una cancha escolar de vóleibol?**

**Área de una cancha de baloncesto**

| | |
|---|---|
| $A = \ell \times w$ | Área de un rectángulo |
| $A = 84 \times 50$ | Reemplaza $\ell$ por 84 y $w$ por 50. |
| $A = 4{,}200$ | Multiplica. |

**Área de una cancha de vóleibol**

| | |
|---|---|
| $A = \ell \times w$ | Área de un rectángulo |
| $A = 60 \times 30$ | Reemplaza $\ell$ por 60 y $w$ por 30. |
| $A = 1{,}800$ | Multiplica. |

Ahora resta para calcular la diferencia.
$4{,}200 - 1{,}800 = 2{,}400$

El área de una cancha escolar de baloncesto mide 2,400 pies cuadrados más que una de vóleibol.

**Tu turno** **Calcula el área de cada rectángulo.**

a. 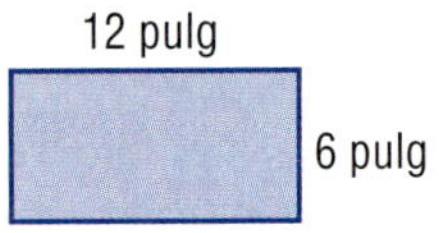


b. 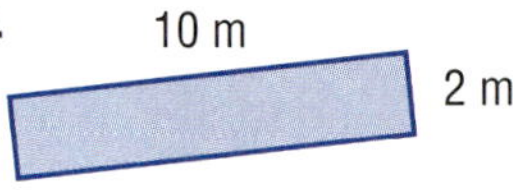


## Repaso de destrezas y conceptos

Escribe en matemáticas
Ejercicio 1

1. **Explica** cómo calcular el área de un rectángulo.

2. **INTERPRETA** Traza y rotula un rectángulo cuya área sea de 48 unidades cuadradas.

3. **SENTIDO COMÚN Y DATOS** Da las dimensiones de dos rectángulos distintos que tengan la misma área.

### PRÁCTICA DIRIGIDA

**Calcula el área de cada rectángulo.**

4. 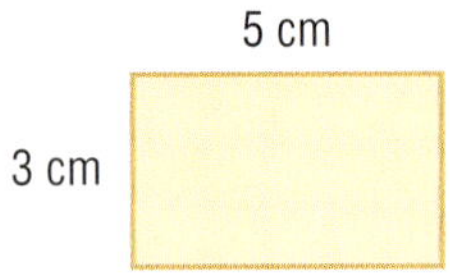


5. 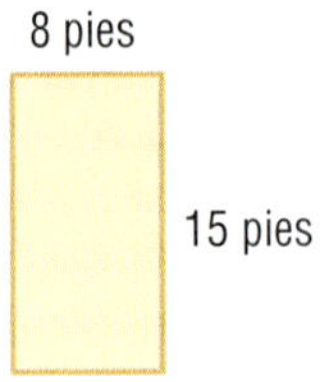


6. 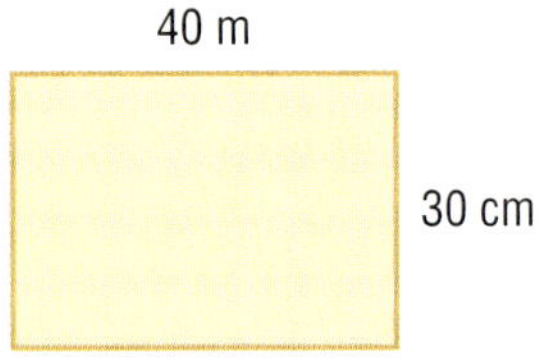


7. ¿Cuál es el área de un rectángulo de 9 metros de largo y 17 metros de ancho?

## Práctica y aplicaciones

| AYUDA CON LAS TAREAS | |
|---|---|
| Ejercicios | Ver ejemplos |
| 8–15 | 1 |
| 19–20 | 2 |

**Práctica adicional**
**Ver páginas 596, 624.**

**Calcula el área de cada rectángulo.**

**8.**
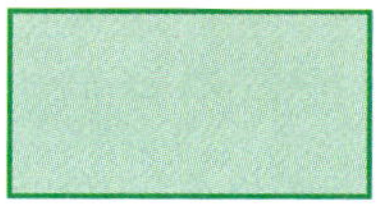


**9.**

**10.**
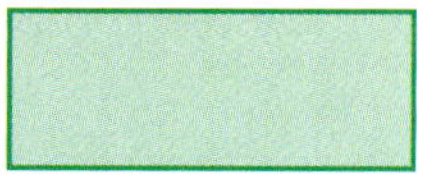


**11.**

**12.**
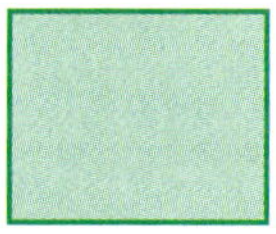


**13.**
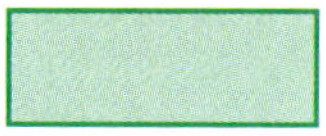


**14.** Calcula el área de un rectángulo de 26 pulgadas de largo y 12 pulgadas de ancho.

**15.** ¿Cuál es el área de un rectángulo de 22 pies de ancho y 19 pies de largo?

**Estima el área de cada rectángulo.**

**16.**
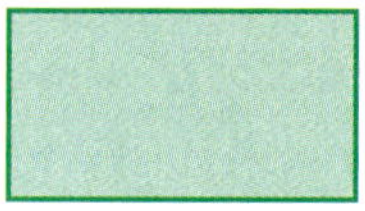


**17.**
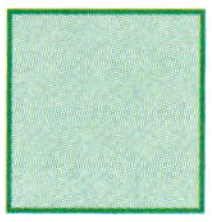


**18.**
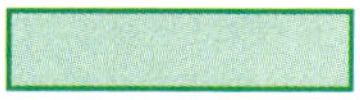


**19.** **TECNOLOGÍA** Una pantalla de televisión mide 9 pulgadas por 12 pulgadas. ¿Cuál es su área?

**20.** **ESCUELA** Una carpeta de tres anillos mide 11 pulgadas por 10 pulgadas. ¿Cuál es el área de la portada?

**21.** **RAZONAMIENTO CRÍTICO** Supón que se aumentan en 3 unidades los lados opuestos de un rectángulo. ¿Aumentará su área en 6 unidades? Explica con un modelo.

## Prueba estandarizada de práctica y repaso general

**22.** **SELECCIÓN MÚLTIPLE** ¿Qué rectángulo tiene un área de 54 unidades cuadradas?

- (A) largo: 8 unidades; ancho: 6 unidades
- (B) largo: 9 unidades; ancho: 4 unidades
- (C) largo: 8 unidades; ancho: 8 unidades
- (D) largo: 9 unidades; ancho: 6 unidades

**23.** **RESPUESTA BREVE** ¿Cuál es el área de un rectángulo de 50 pies de largo y 55 pies de ancho?

**Resuelve mentalmente cada ecuación.** (Lección 1-7)

**24.** $x + 4 = 12$ **25.** $9 - m = 5$ **26.** $k - 8 = 20$

**27.** **ÁLGEBRA** Evalúa $ab - c$ si $a = 3$, $b = 16$ y $c = 5$. (Lección 1-6)

CAPÍTULO 1

# Guía de estudio y repaso

## Repaso de conceptos y vocabulario

al cuadrado (pág. 18)
al cubo (pág. 18)
álgebra (pág. 28)
área (pág. 39)
base (pág. 18)
divisible (pág. 10)
ecuación (pág. 34)
evaluar (pág. 29)
exponente (pág. 18)
expresión algebraica (pág. 28)
expresión numérica (pág. 24)
factor (pág. 14)
factorización prima (pág. 15)
fórmula (pág. 39)
impar (pág. 10)
número compuesto (pág. 14)
número primo (pág. 14)
orden de las operaciones (pág. 24)
par (pág. 10)
potencia (pág. 18)
resolver (pág. 34)
signo de igualdad (pág. 34)
solución (pág. 34)
variable (pág. 28)

**Escoge el término o número correcto para completar cada oración.**

1. Cuando se multiplican dos o más números, cada número se llama (base, factor) del producto.
2. Una (variable, expresión algebraica) representa un valor desconocido.
3. Un número entero (está al cuadrado, es divisible) por otro número si al dividir el primero entre el segundo, el residuo es 0.
4. Los números escritos con exponentes son (potencias, números primos).
5. Un número (primo, compuesto) es un número entero que sólo tiene dos factores, 1 y sí mismo.
6. ($3w - 8$, 2) es un ejemplo de expresión algebraica.
7. El valor de la variable que hace que ambos lados de una ecuación sean iguales es (la solución, el factor) de la ecuación.

## Ejercicios y ejemplos: Lección por lección

### 1-1 Un plan para resolver problemas (págs. 6–9)

**Resuelve cada problema usando el plan de cuatro pasos.**

8. **ESCUELA** Las entradas al baile escolar cuestan $4 cada una. Si se recaudó $352, ¿cuánta gente compró entradas?

9. **HISTORIA** En 1932 hubo dos candidatos presidenciales que ganaron votos electorales. Franklin Roosevelt obtuvo 472 votos electorales, mientras que Herbert Hoover obtuvo 59. ¿Cuántos votos electorales se emitieron?

**Ejemplo 1** **Meg estudió 2 horas diarias durante 10 días. ¿Cuántas horas estudió?**

**Explora** Necesitas calcular el número total de horas que estudió Meg.

**Planifica** Multiplica 2 por 10.

**Resuelve** $2 \times 10 = 20$
Meg estudió 20 horas.

**Examina** Como $20 \div 2 = 10$, la respuesta está correcta.



msmath1.net/vocabulary_review

## 1-2 Patrones de divisibilidad (págs. 10–13)

**Indica si cada número es divisible entre 2, 3, 4, 5, 6, 9 ó 10 y clasifícalo como *par* o *impar*.**

**10.** 85 **11.** 90

**12.** 60 **13.** 75

**14.** 72 **15.** 128

**16.** 554 **17.** 980

**18.** 3,065 **19.** 44,000

**20. ESCUELA** ¿Se puede dividir equitativamente 157 calculadoras en 6 aulas? Explica.

**21. ALIMENTOS** Enumera todas las maneras de empacar 248 barras de fruta de modo que cada paquete tenga el mismo número, pero menos de 10 barras.

**Ejemplo 2** **Indica si 726 es divisible entre 2, 3, 4, 5, 6, 9 ó 10 y clasifícalo como *par* o *impar*.**

2: Sí; el dígito de las unidades, 6, es divisible entre 2.

3: Sí; la suma de los dígitos, 15, es divisible entre 3.

4: No; el número formado por los dos últimos dígitos, 26, no es divisible entre 4.

5: No; el dígito de las unidades no es ni 0 ni 5.

6: Sí; el número es divisible entre 2 y entre 3.

9: No; la suma de los dígitos no es divisible entre 9.

10: No; el dígito de las unidades no es 0.

726 es divisible entre 2, 3 y 6 y es par.

## 1-3 Factores primos (págs. 14–17)

**Indica si cada número es *primo*, *compuesto* o *ninguno* de éstos.**

**22.** 44 **23.** 67

**Calcula la factorización prima de cada número.**

**24.** 42 **25.** 75

**26.** 96 **27.** 88

**Ejemplo 3** **Calcula la factorización prima de 18.**

Haz un árbol de factores.

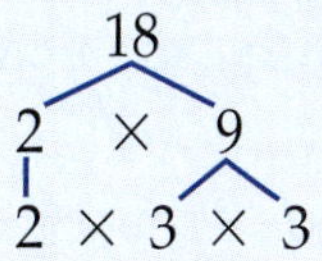


Escribe el número que se va a factorizar.

Escoge cualquier par de factores de 18.

Sigue factorizando los números compuestos hasta obtener una fila de números primos.

La factorización prima de 18 es $2 \times 3 \times 3$.

## 1-4 Potencias y exponentes (págs. 18–21)

**Escribe con exponentes cada producto y calcula su valor.**

**28.** $5 \cdot 5 \cdot 5 \cdot 5$

**29.** $1 \cdot 1 \cdot 1 \cdot 1 \cdot 1$

**30.** $12 \cdot 12 \cdot 12$

**31.** $3 \cdot 3 \cdot 3 \cdot 3 \cdot 3 \cdot 3 \cdot 3 \cdot 3$

**Ejemplo 4** **Escribe con exponentes $4 \cdot 4 \cdot 4 \cdot 4 \cdot 4 \cdot 4$ y calcula su valor.**

La base es 4, la que aparece 6 veces como factor, así que el exponente es 6.

$4 \cdot 4 \cdot 4 \cdot 4 \cdot 4 \cdot 4 = 4^6$ ó 4,096

## 1-5 El orden de las operaciones (págs. 24–27)

Calcula el valor de cada expresión.

32. $16 - 9 + 3^2$
33. $24 \div 8 + 4 - 7$
34. $4 \times 6 + 2 \times 3$
35. $8 + 3^3 \times 4$
36. $10 + 15 \div 5 - 6$
37. $11^2 - 6 + 3 \times 15$

**Ejemplo 5** **Calcula el valor de $28 \div 2 - 1 \times 5$.**

$28 \div 2 - 1 \times 5$
$= 14 - 1 \times 5$ Divide 28 entre 2.
$= 14 - 5$ Multiplica 1 por 5.
$= 9$ Resta 5 de 14.

El valor de $28 \div 2 - 1 \times 5$ es 9.

## 1-6 Álgebra: Variables y expresiones (págs. 28–31)

Evalúa cada expresión si $a = 18$ y $b = 6$.

38. $a - 7$
39. $b + a$
40. $a \times b$
41. $a^2 \div b$
42. $3b^2 + a$
43. $2a - 10$

Evalúa cada expresión si $x = 6$, $y = 8$ y $z = 12$.

44. $8y - 9$
45. $2x + 4y$
46. $3z^2 - 4x$
47. $z \div 3 + x \times y$

**Ejemplo 6** **Evalúa $9 - k^3$ si $k = 2$.**

$9 - k^3 = 9 - 2^3$ Reemplaza $k$ por 2.
$= 9 - 8$ $2^3 = 8$
$= 1$ Resta 8 de 9.

**Ejemplo 7** **Evalúa $10 + m \times n$ si $m = 3$ y $n = 5$.**

$10 + m \times n = 10 + 3 \times 5$ $m = 3$ y $n = 5$
$= 10 + 15$ Multiplica 3 por 5.
$= 25$ Suma 10 más 15.

## 1-7 Álgebra: Resuelve ecuaciones (págs. 34–37)

Resuelve mentalmente cada ecuación.

48. $p + 2 = 9$
49. $c + 7 = 14$
50. $20 + y = 25$
51. $40 = 15 + m$
52. $10 - w = 7$
53. $16 - n = 10$
54. $27 = x - 3$
55. $17 = 25 - h$

**Ejemplo 8** **Resuelve mentalmente $x + 9 = 13$.**

$x + 9 = 13$ ¿Qué número más 9 da 13?
$4 + 9 = 13$ Sabes que 4 + 9 es 13.
$x = 4$ La solución es 4.

## 1-8 Geometría: Área de rectángulos (págs. 39–41)

56. Calcula el área de este rectángulo.

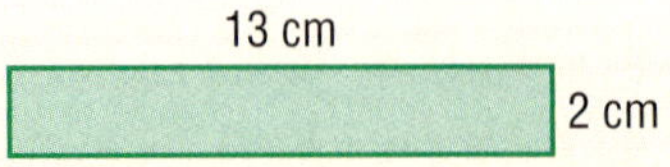


57. **ESCUELA** Calcula el área de un pizarrón que mide 4 pies por 12 pies.

**Ejemplo 9** **Calcula el área del rectángulo de la derecha.**

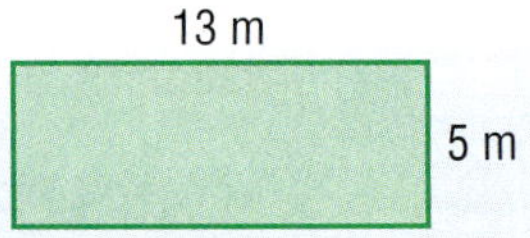


$A = \ell \times w$ Área de un rectángulo
$= 13 \times 5$ Reemplaza $\ell$ por 13 y $w$ por 5.
$= 65$

El área es de 65 metros cuadrados.

# CAPÍTULO 1 Prueba de práctica

## Vocabulario y conceptos

1. **INTERPRETA** Da un ejemplo de un número primo.
2. **Define** *solución* de una ecuación.

## Destrezas y aplicaciones

**Indica si cada número es divisible entre 2, 3, 4, 5, 6, 9 ó 10 y clasifícalo como *par* o *impar*.**

3. 95
4. 106
5. 3,300

**Escribe con exponentes cada producto y calcula su valor.**

6. $8 \cdot 8 \cdot 8$
7. $2 \cdot 2 \cdot 2 \cdot 2 \cdot 2 \cdot 2$
8. $9 \cdot 9 \cdot 9 \cdot 9$

9. **FÚTBOL** Se muestra el número de goles que anotó James en los primeros cuatro años de jugar fútbol. A este ritmo, ¿cuántos habrá anotado al final del quinto año?

| Año | Goles |
|---|---|
| 1 | 4 |
| 2 | 5 |
| 3 | 7 |
| 4 | 10 |
| 5 | ? |

**Calcula la factorización prima de cada número.**

10. 42
11. 68
12. 105

13. Escribe $3^5$ como producto y calcula su valor.

**Calcula el valor de cada expresión.**

14. $12 - 3 \times 2 + 15$
15. $24 \div 8 + 4 \times 9$
16. $72 \div 2^3 - 4 \times 2$

**Calcula el área de cada rectángulo.**

17.

18.
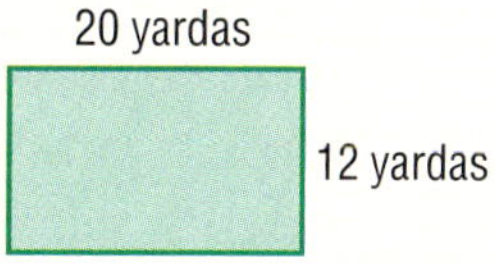


**Evalúa cada expresión si $a = 4$ y $b = 3$.**

19. $a + 12$
20. $27 \div b$
21. $a^3 - 2b$

**Resuelve mentalmente cada ecuación.**

22. $d + 9 = 14$
23. $18 = 22 - m$
24. $27 - h = 18$

## Prueba estandarizada de práctica

25. **RESPUESTA BREVE** Usa esta figura. ¿Cuántas veces mayor que el área del rectángulo pequeño es el área del rectángulo grande?

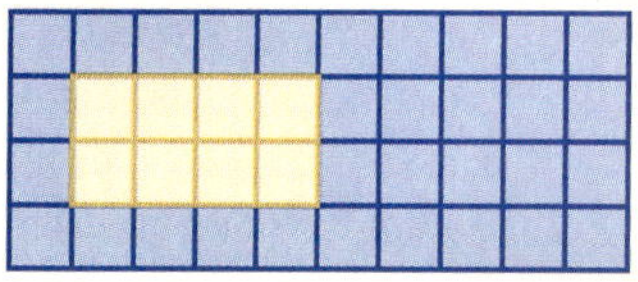

CAPÍTULO 1

# Prueba estandarizada de práctica

## PARTE 1 Selección múltiple

Anota tus respuestas en la hoja de respuestas provista por tu maestro(a) o en una hoja aparte.

1. El costo total de 4 bicicletas fue de $1,600. ¿Qué expresión hay que usar para calcular el precio de una bicicleta si todas valen lo mismo? (Lección 1-1)

   (A) $\$1{,}600 \times 4$  (B) $\$1{,}600 \div 4$

   (C) $\$1{,}600 + 4$  (D) $4 \div \$1{,}600$

2. ¿Cuál es la figura siguiente en este patrón? (Lección 1-1)

   (F) M  (G) 

   (H)   (I) W

3. ¿Qué número divide exactamente a 120, 240 y 360, pero no divide 160 y 320? (Lección 1-2)

   (A) 2  (B) 3  (C) 4  (D) 5

4. Un número divide exactamente 27, 30, 33 y 36. ¿Cuál de estos números también divide exactamente el número? (Lección 1-2)

   (F) 47  (G) 48  (H) 49  (I) 50

5. ¿Qué propiedad describe *mejor* los números 6, 15, 21, 28 y 32? (Lección 1-3)

   (A) compuesto  (B) par

   (C) impar  (D) primo

**AYUDA PARA TOMAR PRUEBAS**

**Pregunta 3** La respuesta correcta se halla eliminando los números que dividen exactamente los números del segundo conjunto.

6. ¿Qué figura corresponde a un número primo? (Lección 1-3)

   (F)   (G) 

   (H) 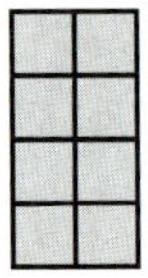  (I) 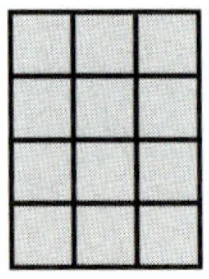

7. ¿Cómo se escribe $3 \times 3 \times 3 \times 3$ con exponentes? (Lección 1-4)

   (A) $3^3$  (B) $4^3$

   (C) $3 \times 3^3$  (D) $3^4$

8. En $20 - 3 \times 6 \div 2 + 3$, ¿qué operación debe hacerse primero? (Lección 1-5)

   (F) $20 - 3$  (G) $3 \times 6$

   (H) $6 \div 2$  (I) $2 + 3$

9. Calcula $10 + 50 \div 5 \times 2 - 6$. (Lección 1-5)

   (A) 0  (B) 9  (C) 18  (D) 24

10. ¿Cuál es el valor de $(8 \times r) - 4$ si $r = 4$? (Lección 1-6)

    (F) 0  (G) 8  (H) 12  (I) 28

11. ¿Cuál es la solución de $12 = k + 5$? (Lección 1-7)

    (A) 4  (B) 5  (C) 6  (D) 7

12. ¿Cuántas unidades cuadradas cubren este rectángulo? (Lección 1-8)

    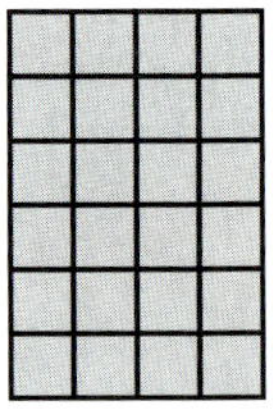

    (F) 12 unidades cuadradas

    (G) 20 unidades cuadradas

    (H) 24 unidades cuadradas

    (I) 28 unidades cuadradas

Alineado y verificado por The Princeton Review

## PARTE 2 Respuesta breve/Completa

Anota tus respuestas en la hoja de respuestas provista por tu maestro(a) o en una hoja aparte.

**13.** Ordena 769, 452 y 515 de menor a mayor. (Requisitos, pág. 588)

**14.** La tabla muestra la distancia que Trevor anduvo en bicicleta a diario en una semana. A este ritmo, ¿cuántas millas recorrerá el sábado? (Lección 1-1)

| Día | Distancia (mi) |
|---|---|
| Domingo | 2 |
| Lunes | 5 |
| Martes | 8 |
| Miércoles | 11 |
| Jueves | ? |
| Viernes | ? |
| Sábado | ? |

**15.** Sandra compró 3 libras de uvas y 2 libras de manzanas. ¿Cuánto gastó en total? (Lección 1-1)

**16.** Indica qué número mayor que 1 divide exactamente los números de la lista. (Lección 1-2)

| |
|---|
| 36 |
| 51 |
| 81 |
| 99 |

**17.** Escribe 38 como producto de factores primos. (Lección 1-3)

**18.** ¿Cómo se escribe $4^6$ como producto? (Lección 1-4)

**19.** Evalúa $12 - 10 \div 2 + 3 \times 2$. (Lección 1-5)

**20.** ¿Cuál es el valor de $42 - 3^2 + 7 \times 5$? (Lección 1-5)

**21.** ¿Cuál es el valor de $4b \div 3$, si $b = 3$? (Lección 1-6)

**22.** Calcula la solución de $d + 32 = 45$. (Lección 1-7)

**23.** Calcula el área del rectángulo. (Lección 1-8)

**24.** ¿Cuál es el ancho del rectángulo? (Lección 1-8)

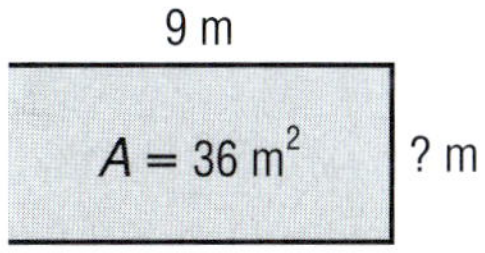


## PARTE 3 Respuesta extendida

Anota tus respuestas en una hoja de papel aparte. Muestra tus cálculos.

**25.** Esta tabla muestra lo que Kyle ganó semanalmente haciendo quehaceres las cuatro semanas pasadas. (Lección 1-1)

| Semana | Cantidad ($) |
|---|---|
| 1 | 2 |
| 2 | 3 |
| 3 | 5 |
| 4 | 9 |

**a.** Si continúa este patrón, ¿cuánto espera ganar en la quinta semana?

**b.** ¿Cuál es el patrón?

**26.** Enumera los números entre 1 y 100. (Lección 1-3)

**a.** Explica cómo hallarías los números primos entre 1 y 100.

**b.** ¿Cuáles son los números primos entre 1 y 100?

**c.** Halla tres números primos entre 200 y 250.

CAPÍTULO 2

# Estadística y gráficas

## “¿Qué tienen que ver las mariposas con la estadística?”

**Las mariposas monarca son comunes en Norteamérica oriental.** Cada otoño emigran hasta 3,000 millas en pos de climas más cálidos. Los científicos siguen de cerca estas mariposas conforme pasan por puestos de observación en su ruta migratoria. El registro y estudio de estos datos les permiten a los científicos determinar la distancia y la dirección que las mariposas cubren al emigrar.

En la Lección 2-5, vas a analizar datos sobre mariposas.

# PARA COMENZAR

**Toma este control para ver si estás listo(a) para estudiar el Capítulo 2. Si necesitas repasar más, refiérete al número de página en paréntesis.**

## Repaso del vocabulario

**Indica si cada enunciado es *verdadero* o *falso*. Si es *falso*, reemplaza la palabra o número subrayado para hacer verdadero el enunciado.**

1. Según las reglas de las operaciones, primero se multiplica o divide, para luego sumar o restar. (Lección 1-5)
2. Una expresión debe incluir por lo menos una operación. (Lección 1-6)

## Requisitos

**Suma.** (Página 589)

3. $16 + 28$
4. $39 + 25 + 11$
5. $63 + 9 + 37$
6. $74 + 14$
7. $8 + 56 + 10 + 7$
8. $44 + 18 + 5$

**Divide.** (Página 591)

9. $72 \div 9$
10. $96 \div 8$
11. $84 \div 2$
12. $102 \div 6$
13. $125 \div 5$
14. $212 \div 4$

**Calcula el valor de cada expresión.** (Lección 1-5)

15. $15 - 4 + 2$
16. $6 + 35 \div 7$
17. $30 \div (8 - 3)$
18. $(2^5 \div 4) - 5$
19. $12 \times (4 \div 2) + 3^3$
20. $5^2 \times 2 - (5 \times 4)$

**PLEGADOS™ Organiza el estudio**

**Estadística y gráficas** Haz este plegado para organizar la información sobre estadística y gráficas. Comienza con cuatro hojas de papel cuadriculado.

**PASO 1** **Dobla las hojas**
Dobla cada hoja por la mitad y a lo ancho.

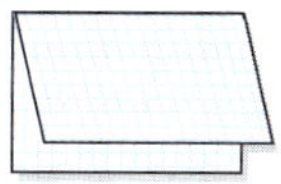

**PASO 2** **Desdobla y pega con cinta**
Desdobla las hojas y pégalas, como se muestra.

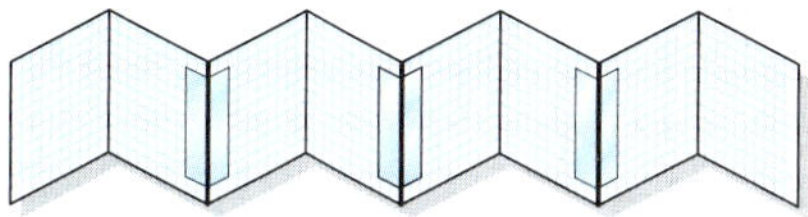

**PASO 3** **Rotula**
Rotula las páginas con los números de las lecciones, como se muestra.

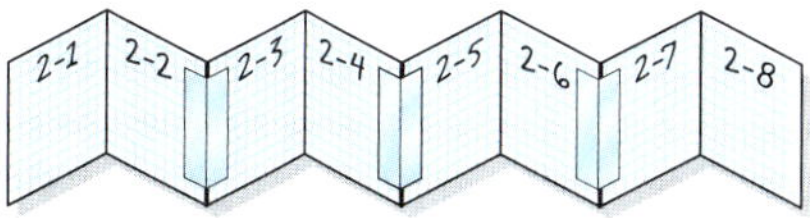


**PASO 4** **Dobla de nuevo**
Dobla de nuevo las páginas, formando un librito.

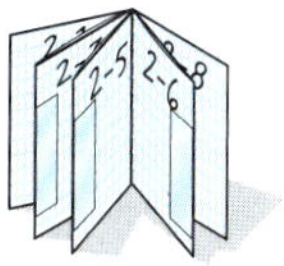

**Lee y escribe** A medida que leas y estudies el capítulo, escribe notas y ejemplos de cada lección.

# 2-1 Tablas de frecuencias

**Lo que aprenderás**
A hacer y leer tablas de frecuencias.

***NUEVO* vocabulario**

- **estadística**
- **datos**
- **tabla de frecuencias**
- **escala**
- **intervalo**
- **marca de conteo**

## ¿CUÁNDO usaré esto?

**ÁRBOLES** Un árbol campeón estatal es el más alto de cada especie que haya en el estado. En esta tabla se dan las alturas de los árboles campeones de Nueva York.

1. ¿Cuánto mide el árbol más alto?
2. ¿Cuántos árboles miden entre 41 y 80 pies de alto?
3. Indica cómo pudieras organizar las alturas de modo que la información sea fácil de ubicar y leer.

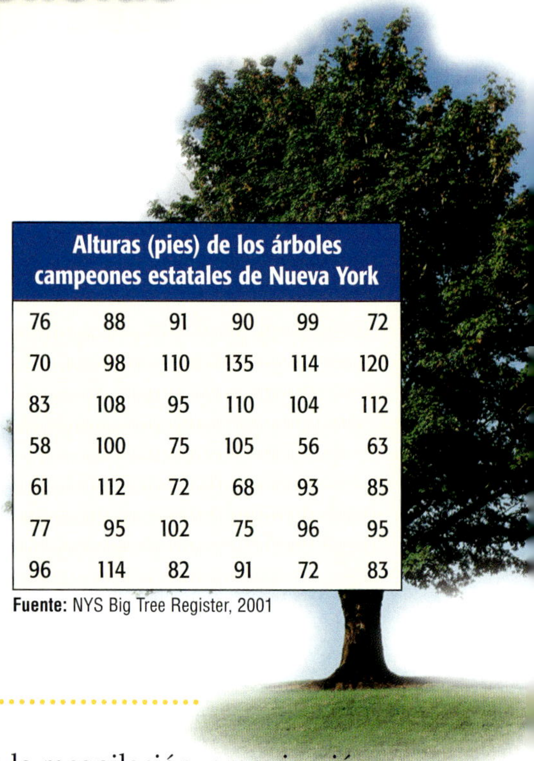

**Alturas (pies) de los árboles campeones estatales de Nueva York**

| | | | | | |
|---|---|---|---|---|---|
| 76 | 88 | 91 | 90 | 99 | 72 |
| 70 | 98 | 110 | 135 | 114 | 120 |
| 83 | 108 | 95 | 110 | 104 | 112 |
| 58 | 100 | 75 | 105 | 56 | 63 |
| 61 | 112 | 72 | 68 | 93 | 85 |
| 77 | 95 | 102 | 75 | 96 | 95 |
| 96 | 114 | 82 | 91 | 72 | 83 |

**Fuente:** NYS Big Tree Register, 2001

La **estadística** es la ciencia encargada de la recopilación, organización y presentación de datos. Los **datos** constituyen información, a menudo numérica. Los datos anteriores se pueden organizar en una tabla de frecuencias. Una **tabla de frecuencias** muestra el número de datos que hay en intervalos dados.

La **escala** te permite anotar todos los datos. Incluye el número menor, 56, y el mayor, 135. La escala va de 51 a 140.

**Altura (pies) de los árboles campeones estatales de Nueva York**

| Altura | Conteo | Frecuencia |
|---|---|---|
| 51–80 | 𝍸 𝍸 \|\|\| | 13 |
| 81–110 | 𝍸 𝍸 𝍸 𝍸 \|\|\| | 23 |
| 111–140 | 𝍸 \| | 6 |

La escala se divide en partes iguales llamadas **intervalos**. El intervalo es 30.

Con estas **marcas de conteo** se lleva la conta de los datos anotados en un grupo.

## EJEMPLO Haz una tabla de frecuencias

**1** **FÚTBOL** **Se muestra el puntaje de equipos profesionales de fútbol en la temporada 2001. Haz una tabla de frecuencias con estos datos.**

**Puntaje de equipos profesionales de fútbol, temporada 2001**

| | | | |
|---|---|---|---|
| 53 | 26 | 35 | 45 |
| 42 | 53 | 14 | 36 |
| 27 | 45 | 47 | 23 |

**Fuente:** Major League Soccer

**Paso 1** Escoge una escala e intervalo adecuados.

escala: 1 al 60
intervalo: 15

La escala incluye todos los datos y el intervalo la divide en partes iguales.

**Paso 2** Haz una tabla de tres columnas y rotúlalas *Puntos*, *Conteo* y *Frecuencia*.

**Paso 3** Enumera los intervalos en la primera columna, el conteo en la segunda y suma el conteo en la tercera.

| Puntaje de equipos profesionales de fútbol, temporada 2001 | | |
|---|---|---|
| **Puntos** | **Conteo** | **Frecuencia** |
| 1–15 | I | 1 |
| 16–30 | III | 3 |
| 31–45 | 𝍸 | 5 |
| 46–60 | III | 3 |

Es posible que algunas tablas de frecuencias no lleven escalas e intervalos.

## EJEMPLO Haz una tabla de frecuencias

**2** **ALIMENTOS El Sr. Thompson les preguntó a sus alumnos que nombraran su alimento favorito. Haz una tabla de frecuencias con los resultados de la encuesta.**

P = pizza
T = taco
H = hamburguesa
D = perro caliente
C = pollo

Haz una tabla de tres columnas. Enumera los alimentos en la primera y completa el resto.

| Alimento favorito | | |
|---|---|---|
| **Alimento** | **Conteo** | **Frecuencia** |
| pizza | 𝍸 IIII | 9 |
| taco | III | 3 |
| hamburguesa | 𝍸 | 5 |
| perro caliente | IIII | 4 |
| pollo | III | 3 |

Puedes analizar e interpretar los datos de una tabla de frecuencias.

**MATEMÁTICAS EN LA VIDA DIARIA**

**INGLÉS** Algunos de los vocablos ingleses más comunes son *the, of, to, and, a, in, is, it, you* y *that.*

**Fuente:** www.about.com

## EJEMPLO Interpreta una tabla de frecuencias

**3** **INGLÉS La tabla de frecuencias muestra las cinco palabras en inglés más comunes en un artículo de revista. ¿Cuál crees que sea el vocablo inglés más común? ¿Cómo llegaste a dicha conclusión?**

| Palabras en inglés más comunes | | |
|---|---|---|
| **Palabra** | **Conteo** | **Frecuencia** |
| to | 𝍸 𝍸 𝍸 𝍸 I | 21 |
| of | 𝍸 𝍸 III | 13 |
| the | 𝍸 𝍸 𝍸 𝍸 𝍸 𝍸 𝍸 𝍸 𝍸 II | 47 |
| and | 𝍸 𝍸 𝍸 𝍸 𝍸 I | 26 |
| a | 𝍸 𝍸 IIII | 14 |

Según la tabla, la palabra "the" tiene la mayor frecuencia. Éste y otros artículos sugieren que "the" es el vocablo inglés más común.

## Repaso de destrezas y conceptos

**Escribe en matemáticas** Ejercicios 1 y 2

1. **Explica** cómo hallar la escala adecuada para un conjunto de datos.
2. **Indica** una ventaja de organizar datos en una tabla de frecuencias.
3. **INTERPRETA** Escribe un conjunto de 12 datos cuya tabla de frecuencias tenga una escala del 26 al 50.

### PRÁCTICA DIRIGIDA

**Haz una tabla de frecuencias de cada conjunto de datos.**

4.

| Edificios más altos (pies) en Miami, Florida | | | |
|---|---|---|---|
| 400 | 450 | 625 | 420 |
| 794 | 480 | 484 | 510 |
| 425 | 456 | 405 | 520 |
| 764 | 400 | 487 | 487 |

**Fuente:** *The World Almanac*

5.

| Mascotas de algunos alumnos | | | | | | | |
|---|---|---|---|---|---|---|---|
| P | Pr | T | J | Pr | G | G | J |
| G | Pr | G | P | G | Pr | Pr | G |
| Pr | Pr | G | Pr | H | T | P | Pr |

P = pez Pr = perro G = gato
T = tortuga J = jerbo H = hámster

**BÉISBOL** **Usa la tabla de frecuencias de la derecha en los ejercicios 6 y 7.**

6. ¿Cuál es la escala e intervalo?
7. ¿Cuántos jugadores batearon más de 64 jonrones?

| Mayor número de jonrones en una temporada | | |
|---|---|---|
| **Jonrones** | **Conteo** | **Frecuencia** |
| 50–54 | ~~IIII~~ ~~IIII~~ ~~IIII~~ III | 18 |
| 55–59 | ~~IIII~~ II | 7 |
| 60–64 | IIII | 4 |
| 65–69 | II | 2 |
| 70–74 | II | 2 |

**Fuente:** Major League Baseball

## Práctica y aplicaciones

| AYUDA CON LAS TAREAS | |
|---|---|
| Ejercicios | Ver ejemplos |
| 8–11 | 1, 2 |
| 14–15 | 3 |

**Práctica adicional**
**Ver páginas 596, 625.**

**Haz una tabla de frecuencias de cada conjunto de datos.**

8.

| Costo ($) de diversos monopatines | | | | |
|---|---|---|---|---|
| 99 | 67 | 139 | 63 | 75 |
| 59 | 89 | 59 | 70 | 78 |
| 99 | 55 | 125 | 64 | 110 |

9.

| Visitas mensuales de alumnos al centro comercial | | | | | |
|---|---|---|---|---|---|
| 5 | 10 | 0 | 1 | 11 | 4 |
| 12 | 4 | 3 | 6 | 8 | 5 |
| 8 | 9 | 6 | 2 | 13 | 2 |

10.

| Color favorito | | | | | |
|---|---|---|---|---|---|
| R | V | A | R | R | Rs |
| A | M | M | Am | R | A |
| M | R | Am | Rs | A | Am |
| A | A | M | A | M | R |

R = rojo A = azul Am = amarillo
V = verde M = morado Rs = rosado

11.

| Género favorito de películas | | | | | | | |
|---|---|---|---|---|---|---|---|
| A | H | R | A | A | C | C | D |
| C | C | C | A | C | H | A | C |
| H | S | D | C | D | S | S | C |
| C | H | A | R | S | A | A | C |

C = comedia D = drama A = acción
R = romántica H = horror S = ciencia-ficción

12. ¿Qué escala es la más adecuada para los datos 3, 17, 9, 6, 2, 5 y 12: 0 a 10 ó 0 a 20? Explica tu razonamiento.
13. ¿Qué intervalo es el mejor para los datos 245, 144, 489, 348, 36, 284, 150, 94 y 220: 10, 100 ó 1,000? Explica tu razonamiento.

**CIENCIA Usa esta tabla de frecuencias de los años de eclipses solares totales en los ejercicios 14 y 15.**

**14.** ¿En qué década se produjo el menor número de eclipses solares totales?

**15.** ¿Qué décadas tuvieron más de siete eclipses solares totales?

**16.** **RAZONAMIENTO CRÍTICO** Explica por qué una tabla de frecuencias no puede tener los intervalos 0–25, 25–50, 50–100 y 100–150.

| Eclipses solares totales, 1960–2019 | | |
|---|---|---|
| Año | Conteo | Frecuencia |
| 1960–1969 | 卌 I | 6 |
| 1970–1979 | 卌 II | 7 |
| 1980–1989 | 卌 III | 8 |
| 1990–1999 | 卌 III | 8 |
| 2000–2009 | 卌 II | 7 |
| 2010–2019 | 卌 II | 7 |

**Fuente:** *The World Almanac*

**EXTENSIÓN DE LA LECCIÓN** Las *frecuencias cumulativas* de una tabla de frecuencias son la suma de todas las frecuencias anteriores. Usa la tabla de los ejercicios 14 y 15. La frecuencia cumulativa de las tres primeras frecuencias es 6 + 7 + 8 ó 21. Hubo 21 eclipses solares totales entre 1960 y 1989.

**Calcula las frecuencias cumulativas de cada frecuencia de estas tablas.**

**17.**

| Tantos por temporada | | |
|---|---|---|
| Tantos | Conteo | Frecuencia |
| 2 | 卌 | 5 |
| 4 | II | 2 |
| 6 | III | 3 |

**18.**

| Ventas mensuales de zapatos tenis | | |
|---|---|---|
| Número | Conteo | Frecuencia |
| 7 | 卌 卌 II | 12 |
| 8 | 卌 卌 卌 I | 16 |
| 9 | 卌 卌 卌 卌 III | 23 |
| 10 | 卌 卌 | 10 |

## Prueba estandarizada de práctica y repaso general

**19.** **RESPUESTA BREVE** Halla una escala adecuada para los datos $12, $20, $15, $10, $11, $13, $9, $7, $17, $6, $13 y $8.

**20.** **SELECCIÓN MÚLTIPLE** Usa la tabla de la derecha. Veintidós alumnos salieron a jugar bolos. ¿Cuántos anotaron 130–139 puntos?

(A) 2 (B) 3 (C) 4 (D) 5

| Puntajes (bolos) | | |
|---|---|---|
| Puntaje | Conteo | Frecuencia |
| 100–109 | 卌 | 5 |
| 110–119 | 卌 I | 6 |
| 120–129 | 卌 III | 8 |
| 130–139 | | ? |

**21.** **GEOMETRÍA** ¿Cuál es el área del rectángulo cuyos lados miden 23 pies y 14 pies? (Lección 1-8)

**22.** Resuelve $m + 7 = 16$ mentalmente. (Lección 1-7)

### PREPÁRATE PARA LA SIGUIENTE LECCIÓN

**DESTREZA BÁSICA Usa este pictograma en los ejercicios 23 y 24.**

**23.** ¿Cuánto se vendió de la marca A?

**24.** ¿Qué marca vendió menos de 5 galones?

**Galones de helado vendidos**

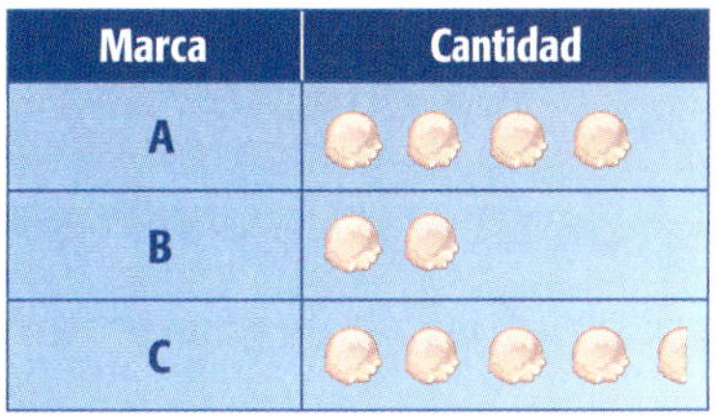


Clave: (helado) = 2 galones

# 2-2a Estrategia para resolver problemas

***Sinopsis de la Lección 2-2***

## Usa gráficas

**Lo que aprenderás**
A resolver problemas usando gráficas.

Oye Aisha, ¿sabías que un guepardo puede correr a 70 millas por hora? ¡Qué rápido!

Sí, sí lo sabía, Emily. Los guepardos son los animales terrestres más rápidos. Podemos **usar una gráfica** para comparar la velocidad de un guepardo con la de una jirafa.

| | |
|---|---|
| **Explora** | La gráfica muestra las velocidades de algunos animales. Necesitamos comparar la velocidad de un guepardo con la de una jirafa. |
| **Planifica** | Usa la información en la gráfica. Para calcular la diferencia en sus velocidades, resta 32 de 70. |
| **Resuelve** | $70 - 32 = 38$<br>El guepardo puede correr a 38 millas por hora más rápido que una jirafa. |
| **Examina** | La barra en la gráfica de la velocidad del guepardo mide cerca del doble de la barra de la velocidad de la jirafa. Como 70 es casi el doble de 32, la respuesta tiene sentido. |

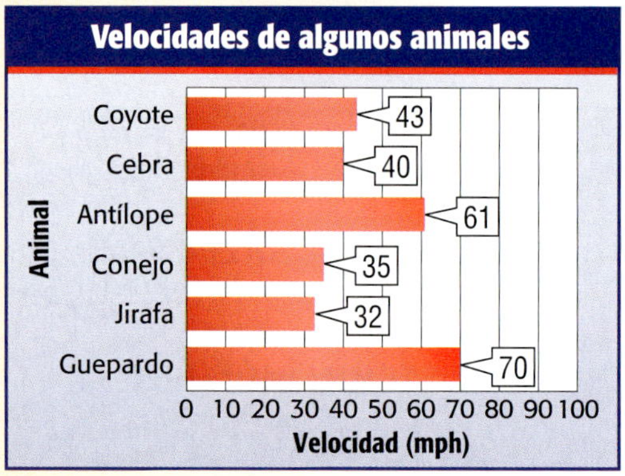


**Fuente:** www.infoplease.com

## Analiza la estrategia

1. **Explica** cómo se usan las gráficas para resolver un problema gráfico.
2. **Da** tres ejemplos de datos que se pueden exhibir en una gráfica.
3. **Escribe** un problema que se pueda resolver usando la información de la gráfica anterior.

## Aplica la estrategia

**Resuelve con una gráfica.**

**REVISTAS** **Usa la gráfica de la derecha en los ejercicios 4 y 5.**

4. ¿En qué semana se vendieron 12 suscripciones? Explica tu razonamiento.
5. ¿Cuántas suscripciones más se vendieron en la quinta semana que en la tercera?

## Solución de problemas mixtos

**Resuelve. Usa cualquier estrategia.**

6. **MULTI-PASO** ¿Cuánto habrá ahorrado Liseta si ahorra $2 diarios durante 25 semanas?

7. **EL TIEMPO** ¿Qué ciudad tiene la menor temperatura normal en julio?

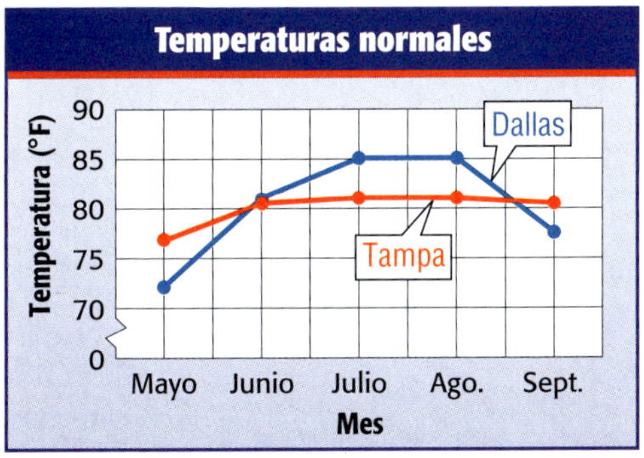


8. **VENTAS** Usa esta gráfica. ¿En qué días se vendieron más *smoothies* que nevados?

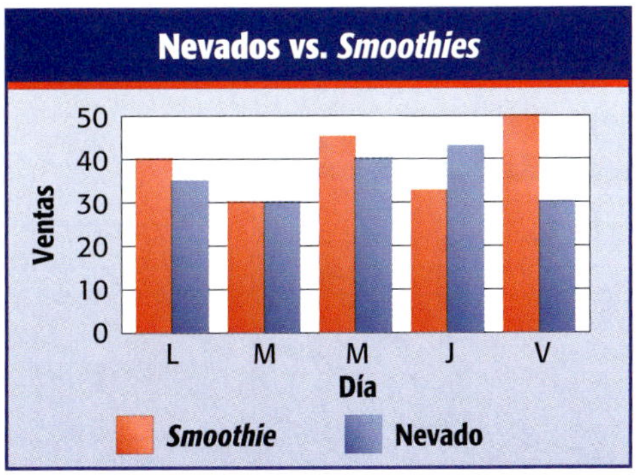


9. **MULTI-PASO** Jorge tiene $125 en su cuenta de ahorros. Si deposita $20 cada semana y retira $25 cada cuatro semanas, ¿cuál será su saldo al cabo de 8 semanas?

10. **PRUEBA ESTANDARIZADA DE PRÁCTICA** ¿Qué enunciado *no* es cierto?

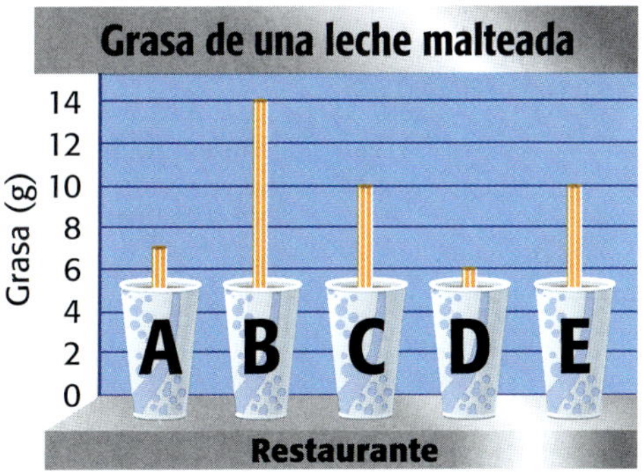


Ⓐ La del restaurante B tiene el mayor contenido graso.

Ⓑ La del restaurante E tiene 10 gramos de grasa.

Ⓒ La del restaurante A tiene 8 gramos de grasa.

Ⓓ La del restaurante B tiene el doble de grasa que la del A.

En la próxima lección, vas a usar la estrategia conjetura y verifica.

# 2-2 Gráficas de barras y gráficas lineales

**Lo que aprenderás**
A hacer y leer gráficas de barras y gráficas lineales.

**NUEVO vocabulario**
- gráfica
- gráfica de barras
- eje vertical
- eje horizontal
- gráfica lineal

## ¿CUÁNDO usaré esto?

**MONTAÑAS RUSAS** En la tabla se muestran los tipos de montañas rusas en Estados Unidos.

1. ¿Cuál es la montaña rusa más común?
2. ¿Cuál pudiera ser una ventaja de organizar datos en una tabla? ¿Hay alguna desventaja en disponer los datos de esta manera?

**Montañas rusas en Estados Unidos**

| Tipos | Frecuencia |
|---|---|
| invertida | 37 |
| de pie | 9 |
| de acero | 457 |
| suspendida | 12 |
| ratón loco | 32 |
| de madera | 116 |

**Fuente:** Roller Coaster Database

Los datos se muestran a menudo en tablas. Una **gráfica**, sin embargo, es una forma visual de mostrar datos. Una de ellas es las gráfica de barras. Una **gráficas de barras** se usa para comparar datos.

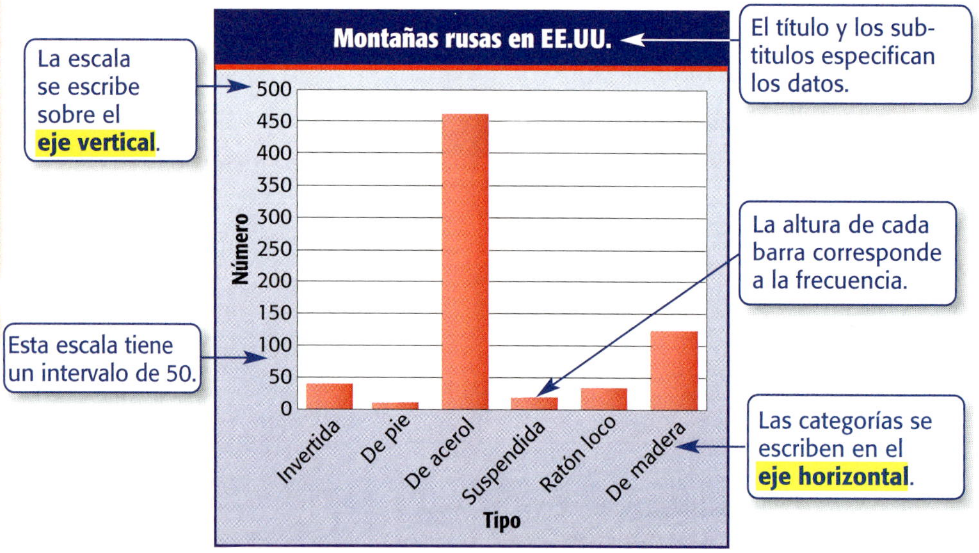


Otro tipo de gráfica es la lineal. Una **gráfica lineal** se usa para mostrar el cambio de los datos en el tiempo.

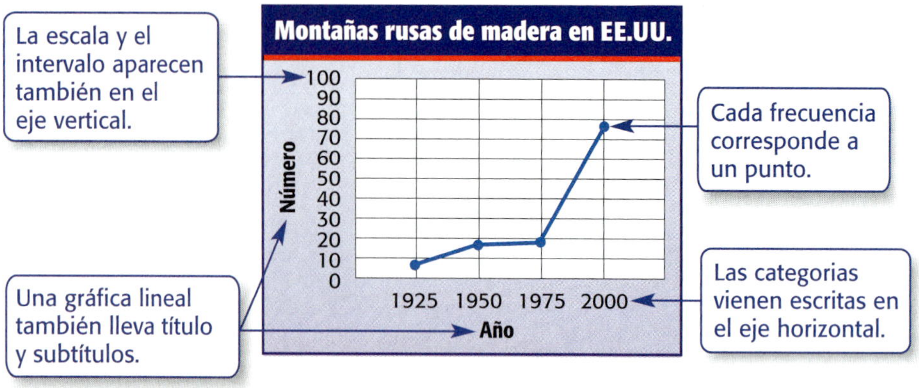

## EJEMPLO Haz e interpreta una gráfica de barras

**1** **ESCUELA Haz una gráfica de barras con estos datos y compara el número de alumnos que sacaron una B con el número de alumnos que sacaron una C.**

| Notas de matemáticas | |
|---|---|
| **Nota** | **Frecuencia** |
| A | 10 |
| B | 13 |
| C | 7 |
| D | 2 |

**Paso 1** Decide qué escala e intervalo usarás. Los datos van de 2 a 13, entonces que una escala de 0 a 14 y un intervalo de 2 es razonable.

**Paso 2** Rotula los ejes.

**Paso 3** Dibuja una barra por nota. La altura de aquélla debe mostrar el número de alumnos que sacaron dicha nota.

**Paso 4** Titula la gráfica.

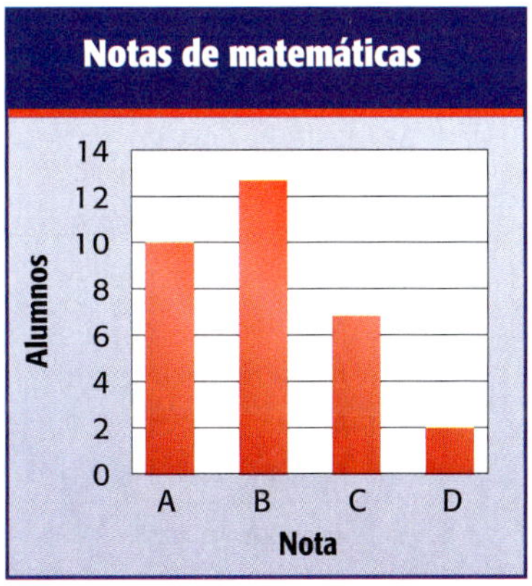


El número de alumnos que sacaron una B es cerca del doble de los que sacaron una C.

### MATEMÁTICAS EN LA VIDA DIARIA

**EL TIEMPO** Esta tabla muestra el número de tornados en Estados Unidos entre 1996 y 2001.

| Año | Tornados |
|---|---|
| 1996 | 1,173 |
| 1997 | 1,148 |
| 1998 | 1,424 |
| 1999 | 1,343 |
| 2000 | 1,071 |
| 2001 | 1,213 |

**Fuente:** National Weather Service

## EJEMPLO Haz e interpreta gráficas lineales

**2** **EL TIEMPO Haz una gráfica lineal con los datos de la izquierda y describe el cambio en el número de tornados entre 1997 y 1999.**

**Paso 1** Decide qué escala e intervalo usarás. Los datos van de 1,071 a 1,424. La escala va de 1,000 a 1,500, con un intervalo de 100. Indica con cortes los números que dejas fuera.

**Paso 2** Rotula los ejes.

**Paso 3** Marca y une los puntos de cada año. Cada punto debe mostrar el número de tornados del año correspondiente.

**Paso 4** Titula la gráfica.

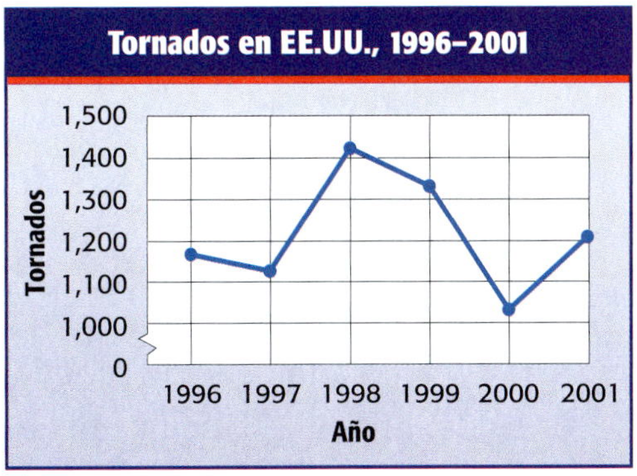


El número de tornados aumentó considerablemente de 1997 a 1998, para luego disminuir de 1998 a 1999.

## Repaso de destrezas y conceptos

Escribe en matemáticas
Ejercicios 1 y 2

1. **Compara y contrasta** las gráficas de barras con las lineales.

2. **INTERPRETA** Describe una situación que se represente mejor con una gráfica lineal.

### PRÁCTICA DIRIGIDA

**Para cada conjunto de datos, haz la gráfica que se indica.**

3. gráfica de barras

| Animales en peligro de extinción en EE.UU. | |
|---|---|
| **Especies** | **Frecuencia** |
| Peces | 70 |
| Reptiles | 14 |
| Anfibios | 10 |
| Aves | 78 |
| Mamíferos | 63 |

**Fuente:** Fish and Wildlife Service

4. gráfica lineal

| Suscriptores de TV por cable básico (al millón más cercano) | |
|---|---|
| **Año** | **Frecuencia** |
| 1980 | 18 |
| 1985 | 40 |
| 1990 | 55 |
| 1995 | 63 |
| 2000 | 69 |

**Fuente:** *The World Almanac*

5. **PECES** Con respecto a la gráfica que hiciste en el ejercicio 3, ¿cuál es la relación entre el número de especies de peces en peligro de extinción con el de reptiles?

## Práctica y aplicaciones

| AYUDA CON LAS TAREAS | |
|---|---|
| Ejercicios | Ver ejemplos |
| 6–9 | 1 |
| 11–14 | 2 |

**Práctica adicional**
**Ver páginas 597, 625.**

**Para cada conjunto de datos, haz una gráfica de barras.**

6.

| Ganadores del trofeo Heisman | |
|---|---|
| Posición | Frecuencia |
| Cornerback | 1 |
| End | 2 |
| Fullback | 2 |
| Halfback | 19 |
| Quarterback | 20 |
| Running Back | 19 |
| Wide Receiver | 3 |

**Fuente:** *The World Almanac*

7.

| Litoral del Golfo en EE.UU. | |
|---|---|
| Estado | Longitud (millas) |
| Alabama | 607 |
| Florida | 5,095 |
| Louisiana | 7,721 |
| Mississippi | 359 |
| Texas | 3,359 |

**Fuente:** NOAA

**GEOGRAFÍA Usa la gráfica que hiciste en el ejercicio 7 para los ejercicios 8 y 9.**

8. ¿Qué estado tiene cerca de la mitad del litoral de Louisiana?
9. Identifica el estado que tiene cerca del doble del litoral de Mississippi.

10. **INVESTIGACIÓN** Usa Internet u otra fuente para calcular el número de especies animales distintas en los zoológicos de Denver, Cleveland, Detroit y Dallas. Haz una gráfica de barras con los datos y luego compáralos.

**Para cada conjunto de datos, haz una gráfica lineal.**

11.

| Población de Australia | |
|---|---|
| Año | Población (millones) |
| 1960 | 10 |
| 1970 | 13 |
| 1980 | 15 |
| 1990 | 17 |
| 2000 | 19 |

**Fuente:** U.S. Census Bureau

12.

| Matrícula en escuelas públicas, K-12 | |
|---|---|
| Año | Alumnos (miles) |
| 1997 | 46,127 |
| 1998 | 46,535 |
| 1999 | 46,857 |
| 2000 | 47,223 |
| 2001* | 47,213 |

**Fuente:** National Center for Education Statistics
*Estimadas

**Actualiza datos** ¿Cuál era la población de Australia en 2001? ¿Cómo afecta la gráfica lineal del ejercicio 11 este cambio en los datos? Visita msmath1.net/data_update para mayor información.

13. **DEMOGRAFÍA** Usa la gráfica lineal del ejercicio 11. Describe el cambio en la población de Australia entre 1960 y 2000.

14. **ESCUELA** Usa la gráfica lineal del ejercicio 12. ¿Qué par de años mostró el mayor aumento en la matrícula?

**EL TIEMPO Usa la tabla en los ejercicios 15 y 16.**

| Temperaturas medias en Louisville, Kentucky | | | | | |
|---|---|---|---|---|---|
| Mes | Temp. | Mes | Temp. | Mes | Temp. |
| Ene. | 32 | Mayo | 65 | Sept. | 70 |
| Feb. | 36 | Jun. | 73 | Oct. | 58 |
| Mar. | 46 | Jul. | 77 | Nov. | 47 |
| Abr. | 56 | Ago. | 76 | Dic. | 37 |

**Fuente:** *The World Almanac*

15. Halla una escala e intervalo adecuados para estos datos.

16. ¿Qué gráfica representaría mejor estos datos, una de barras o una lineal? Explica.

17. **RAZONAMIENTO CRÍTICO** Explica el efecto que la escala vertical y el intervalo tienen en el aspecto de una gráfica de barras y de una lineal.

## Prueba estandarizada de práctica y repaso general

**Usa la gráfica de la derecha en los ejercicios 18 y 19.**

18. **SELECCIÓN MÚLTIPLE** ¿Cuál es el intervalo de estos datos?

Ⓐ 35 Ⓑ 10 Ⓒ 5 Ⓓ 1

19. **SELECCIÓN MÚLTIPLE** ¿Cuál es la escala de la gráfica?

Ⓕ 0 a 30 Ⓖ 0 a 35 Ⓗ 0 a 40 Ⓘ 0 a 45

20. **DEPORTES** ¿Qué escala es la adecuada para los puntajes en bolos 119, 134, 135, 125, 143 y 130? (Lección 2-1)

**Calcula el área de cada rectángulo descrito.** (Lección 1-8)

21. largo: 4 pies, ancho: 6 pies

22. largo: 12 yardas, ancho: 7 yardas

### PREPÁRATE PARA LA SIGUIENTE LECCIÓN

**REQUISITOS Suma.** (Página 589)

23. 13 + 41

24. 57 + 31

25. 5 + 18 + 32

26. 14 + 45 + 27

# 2-2b Investigación con hoja de cálculos

***Seguimiento de la Lección 2-2***

**Lo que aprenderás**
A usar hojas de cálculos para hacer gráficas de barras y lineales.

## Gráficas lineales y gráficas de barras

Puedes usar las hojas de cálculos Microsoft Excel® para hacer gráficas.

### ACTIVIDAD 1

Para un proyecto de ciencia, Coty y Ciera anotaron el número de tordos norteamericanos que observaron a diario durante una semana. El calendario muestra sus anotaciones.

| DOM | LU | MA | MIÉR | JUE | VIE | SÁB |
|---|---|---|---|---|---|---|
| 1 4 | 2 7 | 3 3 | 4 5 | 5 10 | 6 4 | 7 12 |

Prepara una hoja de cálculos como ésta.

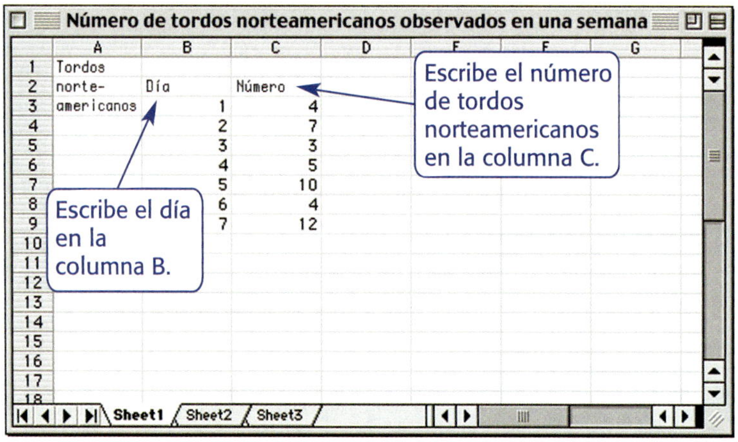


El paso siguiente es "decirle" al programa que haga una gráfica lineal de estos datos y para ello se usa el icono Chart Wizard.

1. Realza los datos de la columna C. ← Esto hace que el programa lea los datos de la colmna C.
2. Pulsa el icono Chart Wizard.
3. Pulsa Custom.
4. Realza "Two Axes" o "Lines on 2 axes".
5. Pulsa Next.
6. Pulsa Next.
7. Ingresa un título. Luego ingresa "Día" en el recuadro Category (X) axis y el "Número de tordos norteamericanos" en el recuadro Category (Y) axis.
8. Pulsa Next.
9. Pulsa Finish.

Esta es la gráfica lineal que muestra el programa.

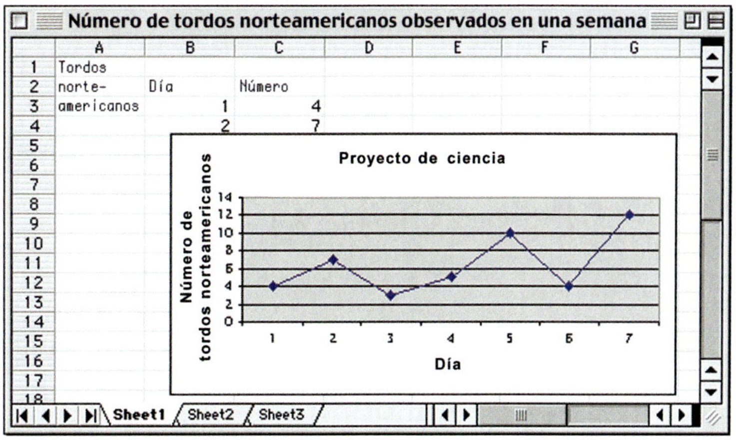


## ACTIVIDAD 2

Usa los mismos datos para hacer una gráfica de barras, así como la hoja de cálculos de la actividad 1. El paso siguiente es "decirle" al programa que haga una gráfica de barras de los datos.

- Realza los datos de la columna C.
- Pulsa el icono Chart Wizard.
- Asegúrate de que Standard Types y Column estén realzados.
- Completa los pasos del 5 al 9 de la actividad 1.

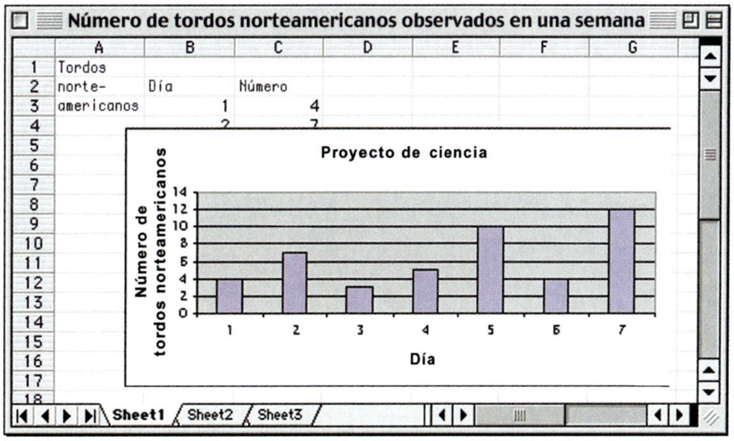


## EJERCICIOS

1. Explica los pasos que seguirías para hacer una gráfica lineal del número de tordos norteamericanos que Coty y Ciera observaron en los primeros cuatro días.
2. **INTERPRETA** Recopila datos que se puedan anotar en una hoja de cálculos y luego haz una gráfica de los datos.
3. Analiza las ventajas y desventajas de graficar con hojas de cálculos en vez de usar lápiz y papel.

# 2-3 Gráficas circulares

**Lo que aprenderás**
A leer gráficas circulares.

**NUEVO vocabulario**
gráfica circular

## PRÁCTICA Minilaboratorio

**Materiales**
- cinta de medir
- cinta adhesiva
- cinta de sumadora
- cordón

*Trabaja con un(a) compañero(a).*

La tabla muestra el número de personas que salieron de viaje juntas durante unas vacaciones de primavera. Estos datos pueden exhibirse en una gráfica circular.

| Personas en el vehículo | Porcentaje |
|---|---|
| 1–3 | 11% |
| 4–5 | 35% |
| 6–7 | 29% |
| 8–9 | 11% |
| 10 ó más | 14% |

**Fuente:** Carmax.com

**PASO 1** Haz que 1 centímetro equivalga a 1% en cada categoría. Marca en un trozo de cinta de sumadora el largo en centímetros que cada porcentaje es del todo. Rotula cada sección.

**PASO 2** Pega los extremos con cinta adhesiva y forma un círculo.

**PASO 3** Pega un extremo del cordón al centro del círculo y pega el otro extremo al punto de unión de dos secciones. Repite esto con cuatro o más cordones.

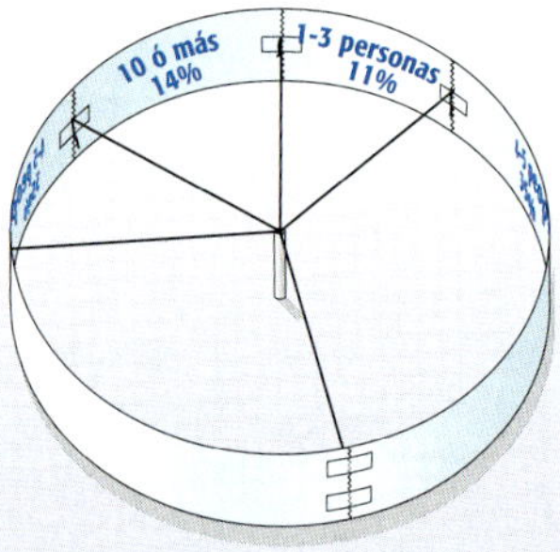


1. Haz una gráfica de barras de los datos.
2. ¿Qué gráfica representa mejor los datos, una gráfica circular o una de barras? Explica.

Las **gráficas circulares** se usan para comparar partes de un todo.

**De viaje juntos en unas vacaciones de primavera**

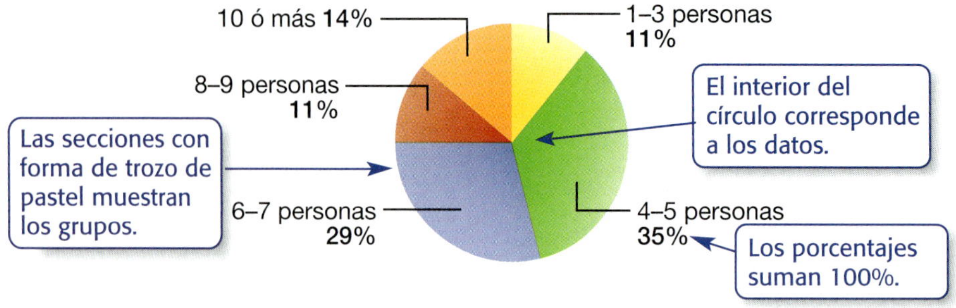

Puedes analizar los datos que se muestran en una gráfica circular.

## EJEMPLOS Interpreta gráficas circulares

**TAREAS Lisa encuestó a su clase para averiguar qué cuartos eran los más desordenados de una casa. La gráfica circular de la derecha muestra los resultados de su encuesta.**

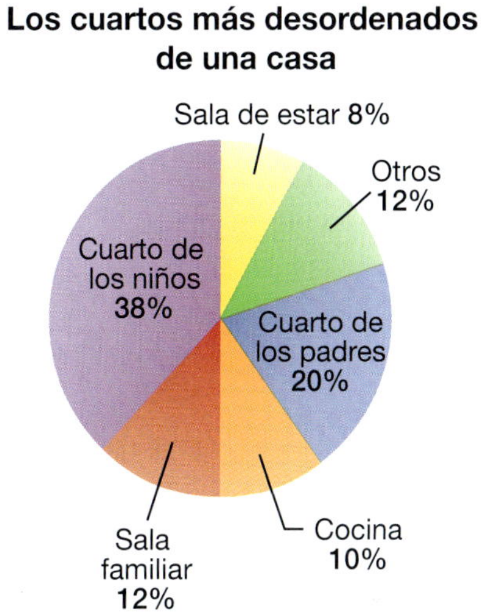


**1 ¿Qué cuarto dijeron los alumnos que era el más desordenado?**

La sección más grande de la gráfica es la del cuarto de los niños, así que indicaron que ése era el cuarto más desordenado.

**2 ¿Cuál es la relación entre el número de alumnos que dijeron que el cuarto de sus padres es el cuarto más desordenado con el número de los que dijeron que la sala familiar es el más desordenado?**

La sección del cuarto de los padres es cerca del doble que la sección de la sala familiar, lo que indica que el número de alumnos que dijeron que el cuarto de sus padres es el cuarto más desordenado es cerca del doble que el de los alumnos que dijeron que la sala familiar es el más desordenado.

Muchas de las gráficas que aparecen en los periódicos son circulares.

## EJEMPLO Interpreta gráficas circulares

**3 TIEMPO EN FAMILIA La gráfica muestra el tiempo medio que las familias comparten durante el año escolar. ¿En qué par de intervalos las familias comparten cerca del mismo tiempo?**

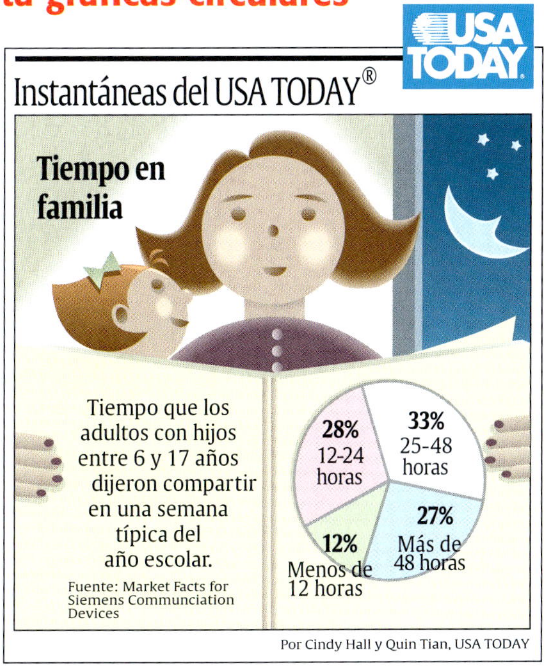


Al comparar los porcentajes se descubre que las secciones 12–24 horas y más de 48 horas son casi iguales. Así, cerca del mismo número de familias comparten estas cantidades de tiempo durante el año escolar.

**AYUDA PARA EL ESTUDIO**

**Verifica la racionalidad de un resultado** Además de comparar los porcentajes, compara los tamaños de las secciones. Como la sección 12–24 horas tiene casi el mismo tamaño que la sección más de 48 horas, la respuesta parece ser razonable.

## Repaso de destrezas y conceptos

Escribe en matemáticas
**Ejercicios 1 y 3**

1. **Explica** cómo se identifican el valor mayor y el valor menor de un conjunto de datos al examinar una gráfica circular.
2. **INTERPRETA** Enumera tres rasgos de las gráficas circulares.
3. **¿Cuál no pertenece?** Identifica la ilustración que es distinta a las otras tres. Explica.

| gráfica circular | gráfica lineal | gráfica de barras | tabla de frecuencias |
|---|---|---|---|

### PRÁCTICA DIRIGIDA

**ALIMENTOS** **Usa la gráfica en los ejercicios 4 y 5.**

4. ¿Cuál es la razón más común al escoger un restaurante de comida rápida?
5. ¿Cómo se relacionan los precios razonables con la calidad de la comida como una razón para escoger un restaurante de comida rápida?

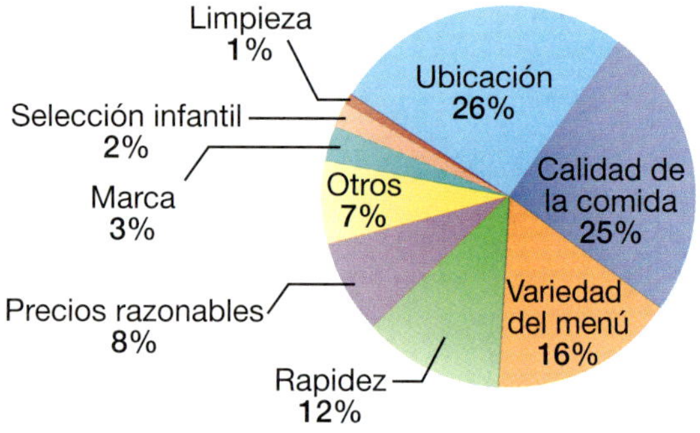

**Fuente:** Maritz Marketing Ameripol

**INTERNET** **En los ejercicios 6 y 7, usa la gráfica que muestra las edades mínimas requeridas por las bibliotecas de EE.UU. para usar Internet sin permiso de los padres.**

6. ¿A qué edad las bibliotecas no requieren permiso de los padres?
7. ¿Cómo se relaciona el número de bibliotecas que no requieren permiso de los padres para los de 14 y 15 años de edad con el de las que no lo requieren para los de 16 y 17 años de edad?

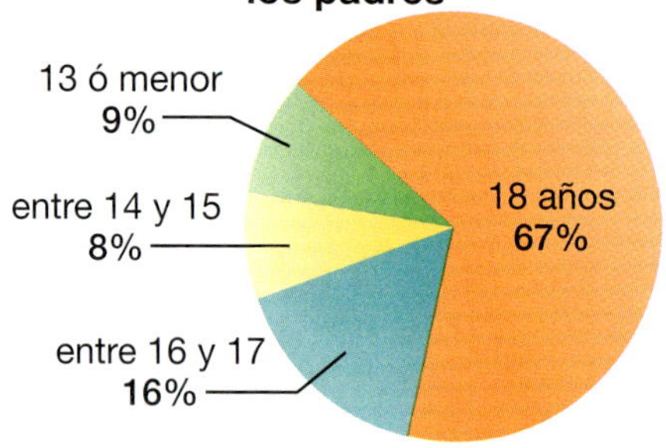

**Fuente:** University of Illinois

## Práctica y aplicaciones

**Usa la gráfica en los ejercicios 8 al 10.**

8. ¿Quién influye más?
9. ¿Qué par de grupos influye menos?
10. ¿Aproximadamente cuánto más que los maestros influyen los padres?

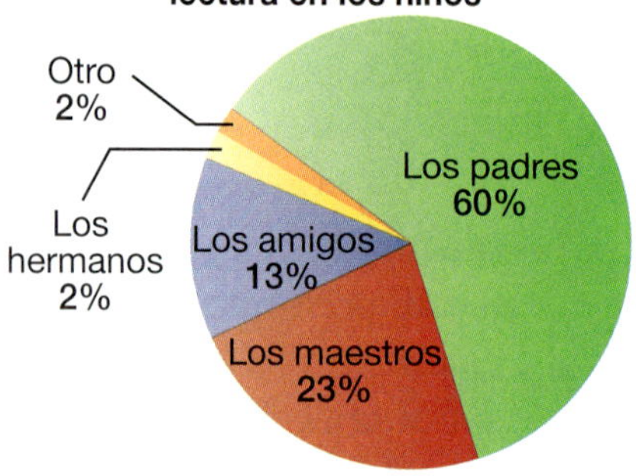

**Fuente:** SWR Worldwide for shopforschool.com

**AYUDA CON LAS TAREAS**

| Ejercicios | Ver ejemplos |
|---|---|
| 8–14 | 1, 2, 3 |

**Práctica adicional**
**Ver páginas 597, 625.**

**VERANO** Usa la gráfica de la derecha en los ejercicios 11 al 14.

11. Nombra las dos menores molestias estivales.
12. Nombra las dos peores molestias estivales.
13. Nombra dos molestias que dan cuenta de cerca del 50% de las molestias estivales.
14. ¿Cómo se relaciona la humedad con los trabajos en el jardín en cuanto a nivel de molestia?

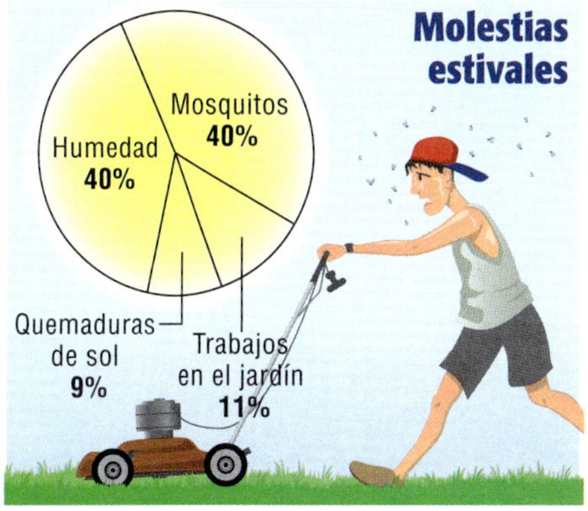

**Fuente:** Impulse Research Corporation

15. **RAZONAMIENTO CRÍTICO** ¿Cuál de estos datos se presta menos para presentarse en una gráfica circular? Explica tu razonamiento.
    a. datos que muestran los grupos etarios que compran zapatos atléticos
    b. datos que muestran lo que motiva a los adolescentes a alistarse como voluntarios
    c. datos que muestran el precio medio de una hamburguesa cada cinco años
    d. datos que muestran las horas que los adultos ayudan a sus niños con las tareas

## Prueba estandarizada de práctica y repaso general

Usa la gráfica en los ejercicios 16 y 17.

16. **RESPUESTA BREVE** ¿Qué combustible se usa más en la generación de electricidad?

17. **RESPUESTA BREVE** ¿Qué par de combustibles generan juntos cerca de la misma cantidad de electricidad que la energía nuclear?

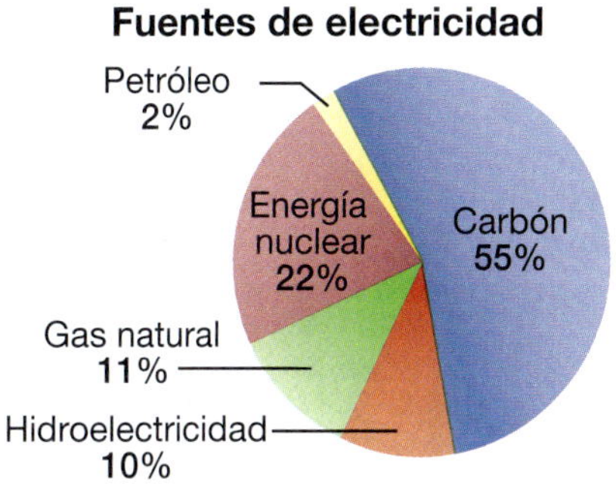

**Fuente:** Energy Information Administration

18. Haz una gráfica de barras con los datos de la derecha. (Lección 2-2)

19. Halla una escala adecuada para los datos 32, 45, 32, 27, 28, 45, 23 y 34. (Lección 2-1)

| Lecturas favoritas | |
|---|---|
| **Tipo** | **Frecuencia** |
| Ficción | 12 |
| No ficción | 8 |
| Misterio | 15 |
| Romance | 6 |
| Aventura | 13 |

### PREPÁRATE PARA LA SIGUIENTE LECCIÓN

**REQUISITOS** Haz una gráfica lineal de cada conjunto de datos. (Lección 2-2)

20.

| Ventas de celulares | | | |
|---|---|---|---|
| **Día** | **Cantidad** | **Día** | **Cantidad** |
| 1 | 7 | 4 | 5 |
| 2 | 10 | 5 | 14 |
| 3 | 8 | 6 | 12 |

21.

| Distancia (millas) de caminatas diarias | | | |
|---|---|---|---|
| **Día** | **Distancia** | **Día** | **Distancia** |
| L | 2 | J | 2 |
| M | 3 | V | 5 |
| M | 1 | S | 4 |

# 2-4 Haz predicciones

**Lo que aprenderás**
A hacer predicciones a partir de gráficas lineales.

## ¿CUÁNDO usaré esto?

**CARRERAS DE AUTOS** La tabla muestra lo que ganó cada campeón de la Daytona 500 entre 1985 y 2002.

**Premios de la Daytona 500, 1985–2002**

| Año | Cantidad ($) | Año | Cantidad ($) | Año | Cantidad ($) |
|---|---|---|---|---|---|
| 1985 | 185,500 | 1991 | 233,000 | 1997 | 377,410 |
| 1986 | 192,715 | 1992 | 244,050 | 1998 | 1,059,805 |
| 1987 | 204,150 | 1993 | 238,200 | 1999 | 1,172,246 |
| 1988 | 202,940 | 1994 | 258,275 | 2000 | 1,277,975 |
| 1989 | 184,900 | 1995 | 300,460 | 2001 | 1,331,185 |
| 1990 | 188,150 | 1996 | 360,775 | 2002 | 1,409,017 |

**Fuente:** www.news-journalonline.com

1. Describe las tendencias en las cantidades.
2. Estima el dinero que recibirá el campeón de la Daytona 500 en 2005.

Al presentar tendencias en el tiempo, las gráficas lineales se usan a menudo para predecir eventos futuros.

## EJEMPLOS Haz predicciones

**1** **CARRERAS DE AUTOS** **Esta gráfica lineal muestra los datos de la tabla anterior. Describe la tendencia y luego estima lo que ganará el campeón de la Daytona 500 en 2005.**

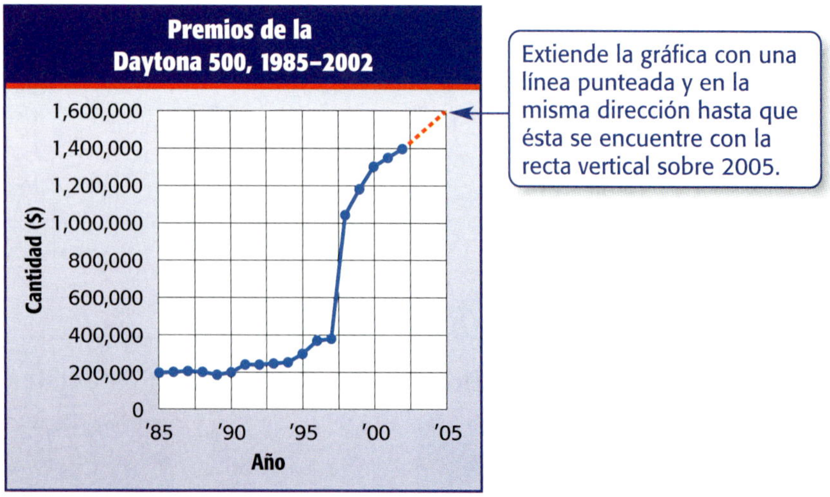


Observa que, desde 1998, el aumento ha sido constante. Al extender la gráfica, puedes estimar que el campeón de 2005 de la Daytona 500 recibirá cerca de $1,600,000.

**2** **SNOWBOARDING** **¿Qué te dice esta gráfica sobre la popularidad del snowboarding?**

La gráfica muestra que las ventas han ido aumentando cada año. Puedes suponer que el deporte se ha vuelto muy popular.

## Repaso de destrezas y conceptos

Escribe en matemáticas
Ejercicio 1

1. **Explica** por qué a menudo se usan las gráficas lineales para predecir.
2. **INTERPRETA** Da un ejemplo de un caso en el que sean útiles las predicciones basadas en una gráfica lineal.

### PRÁCTICA DIRIGIDA

**DEMOGRAFÍA** **En los ejercicios 3 al 6 usa la gráfica que muestra el cambio en la población mundial entre 1950 y 2000.**

**Fuente:** U.S. Census Bureau

3. Describe el patrón o tendencia de la población mundial.
4. Estima la población en 2010.
5. ¿Cuál crees que sea la población en 2030?
6. Predice la población en 2050.

**ALIMENTOS** **En los ejercicios 7 y 8, usa la gráfica que muestra el cambio en la cantidad de pollo consumido entre 1990 y 2000.**

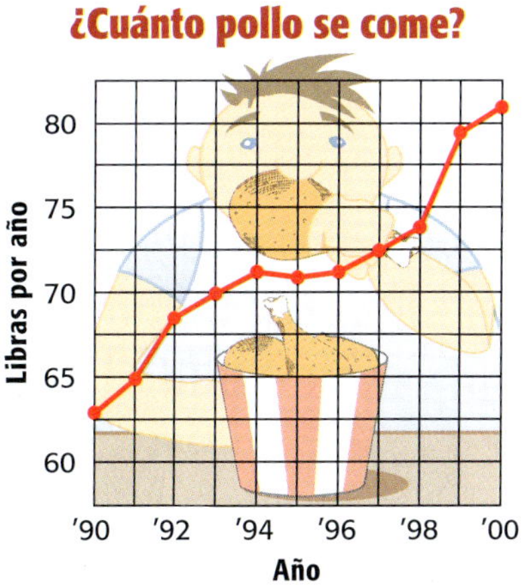


**Fuente:** Agriculture Department, Economic Research Service

7. Describe el cambio en el pollo consumido entre 1990 y 2000.
8. Basándote en esta gráfica, ¿crees que el pollo consumido en 2001 sea más de 100 libras anuales por persona? Explica.

## Práctica y aplicaciones

**AYUDA CON LAS TAREAS**

| Ejercicios | Ver ejemplos |
|---|---|
| 9–18, 20–21, 23–24 | 1, 2 |

**Práctica adicional**
**Ver páginas 597, 625.**

**DEPORTES** **Usa el ejemplo 2 de la página 67 en los ejercicios 9 y 10.**

9. Estima las ventas en 2005. Explica tu razonamiento.
10. ¿Cerca de cuántas tablas para la nieve se vendieron en 1998? ¿Cómo concluiste esto?

**APTITUD FÍSICA** **Usa la gráfica de la derecha en los ejercicios 11 al 13.**

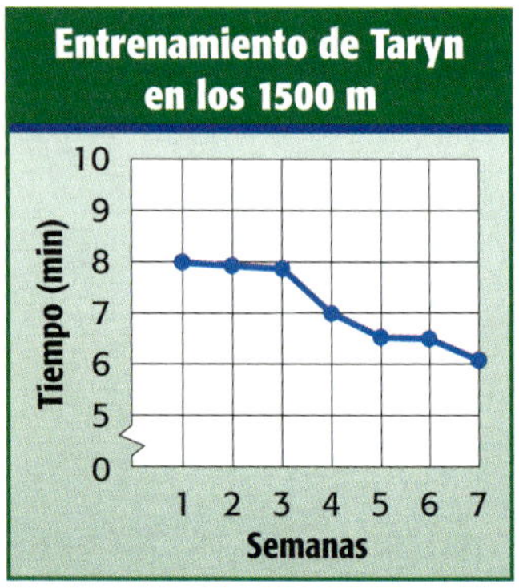


11. Describe el cambio en el tiempo que Taryn se demora en correr los 1,500 metros.
12. Estima cuándo correrá Taryn los 1,500 metros en menos de 6 minutos.
13. Estima el número de semanas que tardará Taryn en correr los 1,500 metros en 5 minutos.

**EL TIEMPO** **Usa la gráfica de la derecha en los ejercicios 14 al 18.**

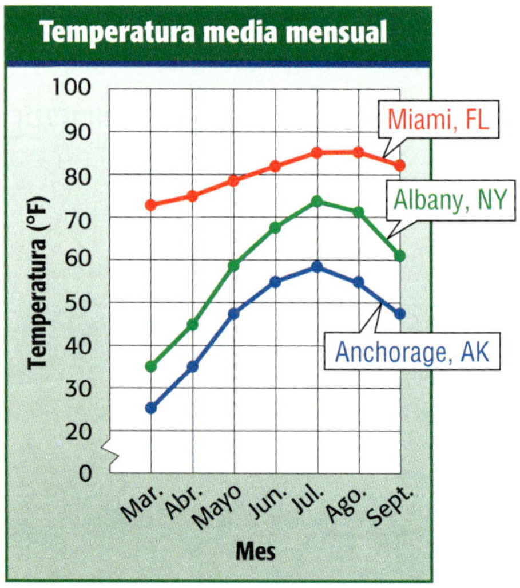


**Fuente:** *The World Almanac*

14. Estima la temperatura media de Miami en febrero.
15. Estima la temperatura media de Albany en octubre.
16. ¿Cuál crees que sea la temperatura media de Anchorage en octubre?
17. ¿Cuánto mayor esperarías que fuese la temperatura de Miami que la de Albany en febrero?
18. ¿Cuánto menor esperarías que fuera la temperatura de Anchorage que la de Miami en octubre?

**BÉISBOL** **En los ejercicios 19 al 22, usa la tabla que muestra el número de partidos que ganaron los Detroit Tigers entre 1995 y 2001.**

**Estadísticas de los Tigers**

| Año | 1995 | 1996 | 1997 | 1998 | 1999 | 2000 | 2001 |
|---|---|---|---|---|---|---|---|
| Partidos ganados | 60 | 53 | 79 | 65 | 69 | 79 | 66 |

**Fuente:** DetroitTigers.com

19. Haz una gráfica lineal de estos datos.
20. ¿En qué año se produjo el mayor aumento en el número de partidos ganados?
21. ¿En qué año se produjo la mayor disminución en el número de partidos ganados?
22. Explica las desventajas de usar esta gráfica lineal para predecir el número de partidos que ganará el equipo en 2002, 2003 y 2004.

**CIENCIA** En los ejercicios 23 y 24, usa la tabla de la derecha que muestra los resultados de un experimento.

| Altura desde la que se suelta la bola (cm) | 25 | 32 | 45 | 57 | 68 | 80 | 98 |
|---|---|---|---|---|---|---|---|
| Altura que alcanza la bola después del primer rebote (cm) | 15 | 27 | 39 | 48 | 57 | 63 | 70 |

23. ¿Qué podrías predecir sobre la bola si sigue aumentando la altura desde la que se suelta?

24. ¿Qué pasaría si disminuye la altura desde la que se suelta?

25. **RAZONAMIENTO CRÍTICO** Da un ejemplo de estadísticas deportivas que se puedan graficar y usar para predecir.

## Prueba estandarizada de práctica y repaso general

**Usa la gráfica en los ejercicios 26 y 27.**

26. **SELECCIÓN MÚLTIPLE** ¿Cuál es el mejor estimado de las ventas en 2005?

    Ⓐ 3,000 Ⓑ 380 Ⓒ 3,500 Ⓓ 325

27. **SELECCIÓN MÚLTIPLE** ¿Qué estimado de las ventas de un año al siguiente parece haber sido el más difícil de hacer?

    Ⓕ Del 2002 al 2003 Ⓖ Del 2001 al 2002

    Ⓗ Del 2003 al 2004 Ⓘ Del 2000 al 2001

**Usa esta gráfica circular en los ejercicios 28 y 29.** (Lección 2-3)

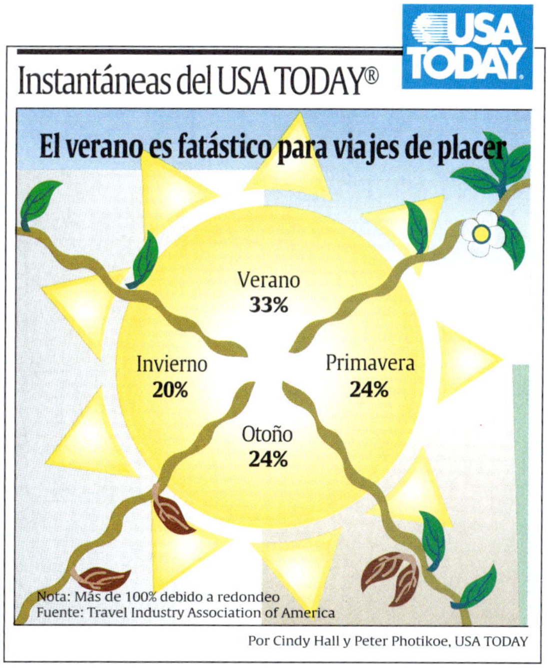


28. ¿Cuál es la estación menos preferida para viajar?

29. ¿Qué par de estaciones son igualmente populares?

30. Haz una gráfica lineal con estos datos. (Lección 2-2)

**Precio del galón de gasolina, 1994–2001**

| Año | Precio (¢) | Año | Precio (¢) |
|---|---|---|---|
| 1994 | 111 | 1998 | 106 |
| 1995 | 115 | 1999 | 117 |
| 1996 | 123 | 2000 | 151 |
| 1997 | 123 | 2001 | 156 |

**Fuente:** *The World Almanac*

### PREPÁRATE PARA LA SIGUIENTE LECCIÓN

**REQUISITOS** **Ordena cada conjunto de datos de menor a mayor.** (Página 588)

31.

| Precio de dulces (¢) | | | | |
|---|---|---|---|---|
| 50 | 45 | 75 | 55 | 25 |
| 60 | 40 | 65 | 80 | 30 |

32.

| Velocidad de montañas rusas (mph) | | | | |
|---|---|---|---|---|
| 40 | 42 | 48 | 60 | 72 |
| 93 | 57 | 72 | 85 | 70 |

# CAPÍTULO 2 Prueba parcial de práctica del capítulo

## Vocabulario y conceptos

1. **Describe** las tablas de frecuencias. (Lección 2-1)
2. **Define** *datos*. (Lección 2-1)

## Destrezas y aplicaciones

3. Haz una tabla de frecuencias con estos datos. (Lección 2-1)

| Velocidad de autos (mph) | | | | | |
|---|---|---|---|---|---|
| 65 | 62 | 81 | 72 | 69 | 75 |
| 66 | 73 | 58 | 79 | 70 | 72 |

4. Haz una gráfica de barras con los datos de la derecha. (Lección 2-2)

| Color favorito de auto | |
|---|---|
| **Color** | **Frecuencia** |
| azul | 12 |
| rojo | 19 |
| plateado | 9 |
| verde | 11 |
| negro | 9 |

5. Respecto al ejercicio 3, da una escala e intervalo adecuados.

**ALIMENTOS** **Usa esta gráfica en los ejercicios 6 y 7.** (Lección 2-3)

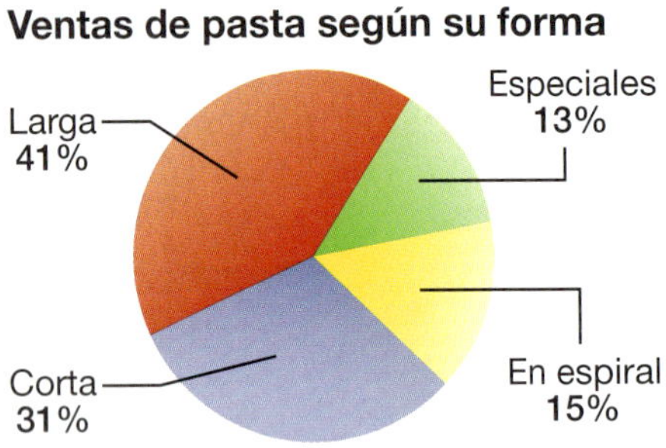


6. ¿Qué porcentaje de las ventas provino de pasta en espiral?

7. ¿Qué par de pastas tienen casi la misma cantidad de ventas?

**DINERO** **Usa esta gráfica en los ejercicios 8 y 9.** (Lecciones 2-2 y 2-4)

8. Describe una tendencia en los ahorros de Keisha.

9. Estima lo ahorrado al cabo de 8 semanas.

## Prueba estandarizada de práctica

10. **SELECCIÓN MÚLTIPLE** ¿Cuál de estos arreglos usa escala, intervalos y marcas de conteo? (Lección 2-1)

Ⓐ tabla de frecuencias
Ⓑ gráfica lineal
Ⓒ gráfica circular
Ⓓ gráfica de barras

# La Zona de juegos

**Destreza matemática**

**Haz gráficas de barras**

Un sitio para practicar tus destrezas matemáticas

## Gran carrera gráfica

### ¡ALÍSTATE!

**Jugadores:** dos o más
**Materiales:** dos giradores

### ¡EN TU MARCA!

- Rotula los ejes de la gráfica de barras como se muestra a la derecha.
- Cada jugador elige uno de los productos 1, 2, 3, 4, 5, 6, 8, 10, 12 ó 20.

### ¡ADELANTE!

- Cada jugador se turna para hacer girar cada girador una vez. El jugador debe calcular luego el producto de los números que muestran los giradores y, o hace una barra, o extiende la barra de la gráfica para ese producto.

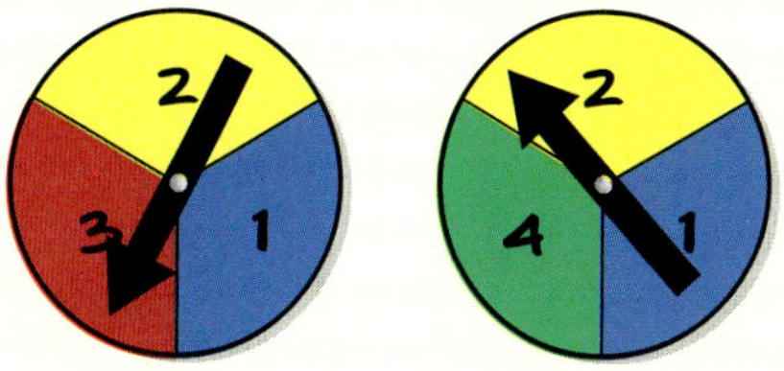

Estos giradores dan un producto igual a 6

- **¿Quién gana?** Gana el primer jugador cuya barra alcanza una frecuencia igual a 10.

# 2-5 Diagramas de tallo y hojas

**Lo que aprenderás**
A construir e interpretar diagramas de tallo y hojas.

**NUEVO vocabulario**
- diagrama de tallo y hojas
- tallos
- hojas
- clave

## ¿CUÁNDO usaré esto?

**DEPORTES** Se muestra el puntaje del equipo campeón de cada campeonato de baloncesto femenino de la NCAA entre 1982 y 2002.

**Puntaje de equipos compeones de baloncesto femenino de la División I de la NCAA, 1982–2002**

| | | | | | | |
|---|---|---|---|---|---|---|
| 76 | 70 | 56 | 70 | 60 | 68 | 71 |
| 69 | 97 | 76 | 78 | 70 | 93 | 68 |
| 72 | 67 | 88 | 84 | 83 | 62 | 82 |

**Fuente:** *The World Almanac*

1. ¿Cuál fue el puntaje mayor y el puntaje menor?
2. ¿Qué puntaje fue el más frecuente?

A veces es difícil leer los datos de una tabla. Para facilitar su lectura e interpretación, puedes usar un diagrama de tallo y hojas para organizar conjuntos grandes de datos. En un **diagrama de tallo y hojas**, los datos se ordenan de menor a mayor y se disponen por valor de posición.

## EJEMPLO Haz un diagrama de tallo y hojas

**1** **DEPORTES** **Haz un diagrama de tallo y hojas de los datos anteriores.**

**Paso 1** Ordena los datos de menor a mayor.

56 60 62 67 68 68 69 70 70 70 71
72 76 76 78 82 83 84 88 93 97

**Paso 2** Traza una recta vertical y escribe el dígito de las decenas de menor a mayor a la izquierda de ésta. Éstos son los **tallos**. Como el valor menor es 56 y el mayor es 97, los tallos son 5, 6, 7, 8 y 9.

**Paso 3** Escribe el dígito de las unidades, correspondiente a cada tallo, de menor a mayor y a la derecha de la recta. Éstas son las **hojas**.

| Tallo | Hojas |
|---|---|
| 5 | 6 |
| 6 | 0 2 7 8 8 9 |
| 7 | 0 0 0 1 2 6 6 8 |
| 8 | 2 3 4 8 |
| 9 | 3 7    7\|6 = *76 puntos* |

En este caso, los tallos son los dígitos de las decenas.

Las hojas son los dígitos de las unidades.

Escribe todos los datos, aunque haya repeticiones.

clave

**Paso 4** Incluye una **clave** que designe los tallos y las hojas.

**MATEMÁTICAS EN LA VIDA DIARIA**

**NATURALEZA** A la mariposa monarca se le conoce también como mariposa del algodoncillo pues desova en la parte inferior de las hojas de esta planta. Los huevos se incuban entre 3 y 12 días.
**Fuente:** www.infoplease.com

Puedes leer los datos presentados en un diagrama de tallo y hojas.

## EJEMPLO Lee diagramas de tallo y hojas

**2** **NATURALEZA** **Supón que realizaste un proyecto de ciencia en el que contaste el número de mariposas monarca que viste a diario en un mes. Este diagrama de tallo y hojas muestra lo que obtuviste.**

| Tallo | Hojas |
|---|---|
| 0 | 5 5 6 7 8 9 9 9 9 9 |
| 1 | 0 1 1 3 4 6 7 8 8 9 9 |
| 2 | 2 2 3 6 7 7 9 |
| 3 | 7 |
| 4 | 1 *1 \| 3 = 13 mariposas* |

**Escribe un breve análisis de los datos.**

Al examinar el diagrama, es fácil ver que 5 fue el número menor de mariposas y que 41 fue el mayor. También puedes ver que la mayoría de los datos está entre 0 y 29.

## Repaso de destrezas y conceptos

Escribe en matemáticas
Ejercicios 1 y 2

1. **Describe** una ventaja de mostrar datos en un diagrama de tallo y hojas.

2. **HALLA EL ERROR** Eduardo y Tenisha han escrito los tallos de los datos 5, 45, 76, 34, 56, 2, 11 y 20. ¿Quién lo hizo bien? Explica.

Eduardo
0, 1, 2, 4, 5, 6

Tenisha
0, 1, 2, 3, 4, 5, 6, 7

3. **INTERPRETA** Haz un diagrama de tallo y hojas que muestre quince números entre 25 y 64.

### PRÁCTICA DIRIGIDA

**Haz un diagrama de tallo y hojas con cada conjunto de datos.**

4. 37, 28, 25, 29, 31, 45, 32, 31, 46, 39, 27, 21, 20, 21, 31, 31
5. 81, 76, 55, 90, 71, 80, 83, 85, 79, 99, 70, 75, 70, 92, 93, 93, 82, 94

**DEPORTES** **En los ejercicios 6 al 8, usa este diagrama de tallo y hojas que muestra la edad de los pilotos de la Daytona 500 de 2002.**

| Tallo | Hojas |
|---|---|
| 2 | 1 3 4 6 6 6 7 9 |
| 3 | 0 0 1 2 3 4 4 5 7 7 8 8 8 8 8 9 9 9 |
| 4 | 0 1 2 2 2 3 4 4 4 5 5 5 5 6 6 |
| 5 | 2 |
| 6 | 0 *3 \| 0 = 30 años* |

6. ¿Cuántos años tenía el más joven?
7. ¿Cuántos años tenía el más viejo?
8. Escribe dos enunciados adicionales en que analices los datos.

## Práctica y aplicaciones

| AYUDA CON LAS TAREAS | |
|---|---|
| Ejercicios | Ver ejemplos |
| 9–15 | 1 |
| 16, 18–20, 24–26 | 2 |

**Práctica adicional**
**Ver páginas 598, 625.**

**Haz un diagrama de tallo y hojas con cada conjunto de datos.**

9. 24, 7, 14, 25, 28, 47, 2, 13, 8, 9, 17, 30, 35, 1, 16, 39
10. 53, 64, 15, 22, 16, 42, 12, 38, 68, 63, 23, 35, 30, 33, 34, 35
11. 62, 65, 67, 67, 62, 67, 51, 73, 72, 70, 65, 63, 72, 78, 60, 61, 54
12. 76, 82, 70, 93, 71, 80, 63, 73, 90, 92, 74, 79, 82, 91, 95, 93, 75
13. Construye un diagrama de tallo y hojas de las temperaturas 67°, 85°, 73°, 65°, 68°, 79°, 60°, 82°, 68°, 72°, 79°, 66°, 70°, 71°, 69°, 55°.
14. Presenta las cantidades \$116, \$128, \$129, \$100, \$98, \$135, \$101, \$95, \$132, \$136, \$99, \$137, \$154, \$138 y \$126 en un diagrama de tallo y hojas. (*Ayuda:* Usa los dígitos de las centenas y decenas como tallos.)

**CARRERAS Usa los datos de la derecha en los ejercicios 15 al 17.**

15. Haz un diagrama de tallo y hojas de los datos.
16. Escribe un breve análisis de los datos.
17. **ESCRIBE UN PROBLEMA** Escribe un problema que puedas resolver usando el diagrama.

**Distancia entre controles de la carrera de trineo de perros Iditarod 2002 (millas)**

| | | | | | | |
|---|---|---|---|---|---|---|
| 20 | 29 | 14 | 52 | 34 | 45 | 30 |
| 48 | 93 | 48 | 23 | 38 | 60 | 112 |
| 52 | 52 | 42 | 90 | 40 | 58 | 48 |
| 28 | 18 | 55 | 22 | | | |

**Fuente:** www.oregontrail.net

**COMPRAS En los ejercicios 18 al 20, usa el diagrama de tallo y hojas de la derecha que muestra los precios de varios cascos de ciclista.**

18. ¿Cuánto cuesta el más barato?
19. ¿Cuántos cuestan menos de \$30?
20. Escribe un breve análisis de los datos.

| Tallo | Hojas |
|---|---|
| 1 | 7 8 8 8 8 9 9 9 |
| 2 | 2 4 5 5 5 9 |
| 3 | 0 0 0 5 5 9 |
| 4 | 9 9 9   *2 \| 5 = \$25* |

**Indica qué tipo de arreglo: *tabla de frecuencias, gráfica de barras, gráfica lineal, gráfica circular* o *diagrama de tallo y hojas*, es el más adecuado para mostrar cada conjunto de datos. Explica.**

21. el número de suscriptores de TV por cable digital entre 2000 y el presente
22. la cantidad del ingreso mensual destinada a gastos
23. resultados de encuesta que enumera el número de mascotas que tienen los alumnos de un aula

**REPRESAS En los ejercicios 24 al 26, usa los datos de la derecha que muestran la altura de las veinte represas más altas del mundo.**

24. La represa Hoover mide 233 metros de alto. ¿Dónde se muestra esto en el diagrama?
25. ¿Cuál es la altura de la represa más alta?
26. El Grand Dixence de Suiza es la segunda represa más alta. Halla su altura.

| Tallo | Hojas |
|---|---|
| 22 | 0 0 3 5 6 |
| 23 | 3 4 5 7 |
| 24 | 0 2 3 3 |
| 25 | 0 |
| 26 | 0 1 2 |
| 27 | 2 |
| 28 | 5 |
| 29 | |
| 30 | 0   *24 \| 3 = 243 metros* |

**Fuente:** *The World Almanac*

27. **RAZONAMIENTO CRÍTICO** Explica cómo convertirías un diagrama de tallo y hojas en una gráfica de barras.

## Prueba estandarizada de práctica y repaso general

28. **SELECCIÓN MÚLTIPLE** La tabla muestra el número de años que los líderes en pases de la NFL jugaron en ella. ¿Qué lista muestra los tallos?

| Número de años que los líderes absolutos en pases de la NFL jugaron en ésta | | | | |
|---|---|---|---|---|
| 15 | 15 | 9 | 17 | 7 |
| 11 | 11 | 8 | 11 | 18 |
| 19 | 10 | 16 | 12 | 13 |
| 19 | 14 | 12 | 11 | 14 |

**Fuente:** *The World Almanac*

Ⓐ 0, 1    Ⓑ 0, 1, 2
Ⓒ 1, 2    Ⓓ 1, 2, 3, 4, 5, 6, 7, 8, 9

29. **SELECCIÓN MÚLTIPLE** El diagrama de tallo y hojas muestra el número de horas que miran TV los alumnos del curso de la Sra. Cretella. ¿Qué intervalo contiene la mayoría de los alumnos?

| Tallo | Hojas |
|---|---|
| 0 | 2 3 3 3 4 4 5 8 9 9 |
| 1 | 0 0 1 2 3 3 4 5 6 6 8 9 9 |
| 2 | 1 3 |
| 3 | 0 1 2   *1\|4 = 14 horas* |

Ⓕ 0–9    Ⓖ 10–19
Ⓗ 20–29    Ⓘ 30–39

**DEPORTES Usa la gráfica en los ejercicios 30 al 32.** (Lección 2-4)

30. ¿Qué indica la gráfica sobre los tiempos de los ganadores?
31. ¿Entre qué años se produjo la mayor reducción de este tiempo?
32. Estima el tiempo del ganador de esta competencia en los juegos olímpicos de 2004.

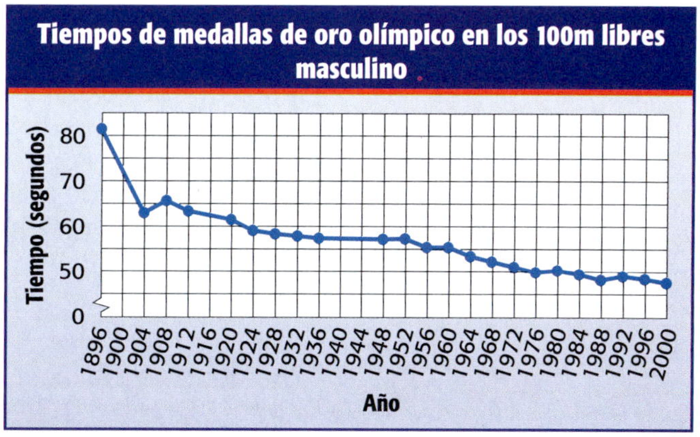

**Fuente:** *The World Almanac*

33. **ALIMENTOS** La gráfica circular muestra las ventas de pasteles de una panadería. ¿Qué fracción de éstas consta de mantequilla de maní y fresa? (Lección 2-3)

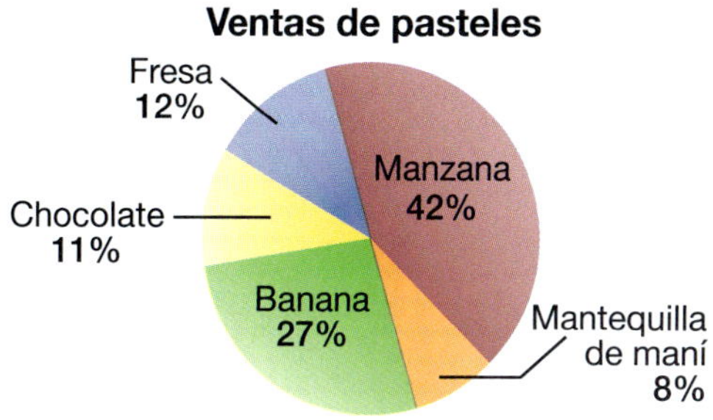


34. **MULTI-PASO** Cada día, de lunes a sábado, cada cartero reparte unas 2,300 unidades de correo. ¿Cuántas habrá repartido un cartero al cabo de cinco años? (Lección 1-1)

## PREPÁRATE PARA LA SIGUIENTE LECCIÓN

**REQUISITOS Calcula el valor de cada expresión.** (Lección 1-5)

35. $(15 + 17) \div 2$    36. $(4 + 8 + 3) \div 3$    37. $(10 + 23 + 5 + 18) \div 4$

msmath1.net/self_check_quiz

# 2-6 La media

**Lo que aprenderás**
A calcular la media de un conjunto de datos.

**NUEVO vocabulario**

- promedio
- medida de tendencia central
- media
- valor atípico

## PRÁCTICA Minilaboratorio

**Materiales**

- 40 monedas de un centavo
- 5 vasos plásticos

*Trabaja con un(a) compañero(a).*

Supón que la tabla de la derecha muestra tu puntaje en cinco pruebas.

- Coloca en cada vaso las monedas que correspondan a cada puntaje.

8 7 9 6 10

| Prueba | Puntaje |
|---|---|
| 1 | 8 |
| 2 | 7 |
| 3 | 9 |
| 4 | 6 |
| 5 | 10 |

- Traslada monedas de un vaso a otro hasta que todos tengan el mismo número de monedas.

1. ¿Cuántas monedas contiene cada vaso?
2. Tu puntaje medio en las cinco pruebas fue de __?__ puntos.
3. Supón que tu maestro te tomó otra prueba y que sacaste 14 puntos. ¿Cuántas monedas habría en cada vaso?

Un número que describe un conjunto de datos en su totalidad es un **promedio** o **medida de tendencia central**. Una de las medidas más usadas es la media.

### Concepto clave — La media

**En palabras** La **media** de un conjunto de datos es la suma de los datos dividida entre el número de datos.

**Ejemplo** datos: 8, 7, 9, 6, 10 → media: $\frac{8 + 7 + 9 + 6 + 10}{5} = \frac{40}{5}$ u 8

## EJEMPLO Calcula la media

**1 DINERO La tabla muestra el precio de quince mochilas. Calcula la media.**

| Precios de mochilas ($) | | | | |
|---|---|---|---|---|
| 19 | 25 | 30 | 30 | 27 |
| 45 | 40 | 50 | 46 | 25 |
| 22 | 35 | 45 | 49 | 22 |

$$\text{media} = \frac{19 + 25 + 30 + ... + 22}{15} \quad \begin{matrix}\leftarrow \text{suma de los datos} \\ \leftarrow \text{número de datos}\end{matrix}$$

$$= \frac{510}{15} \text{ ó } 34$$

El precio medio de las mochilas es de $34.

En estadística, un conjunto de datos a veces contiene un valor mucho mayor o mucho menor que los otros. Este valor se llama **valor atípico** y puede afectar significativamente la media.

## EJEMPLO El efecto de los valores atípicos en la media

| Día | Temp. (°F) |
|---|---|
| Lunes | 80 |
| Martes | 81 |
| Miércoles | 40 |
| Jueves | 77 |
| Viernes | 82 |

**2** **EL TIEMPO** **Identifica el valor atípico de estas temperaturas y luego calcula la media con y sin éste. Describe el efecto del valor atípico en la media.**

Comparado con los otros valores, 40°F es bastante menor, así que es un valor atípico.

**media con el valor atípico**

$$\text{media} = \frac{80 + 81 + 40 + 77 + 82}{5}$$

$$= \frac{360}{5} \text{ ó } 72$$

**media sin el valor atípico**

$$\text{media} = \frac{80 + 81 + 77 + 82}{4}$$

$$= \frac{320}{4} \text{ u } 80$$

Si se incluye el valor atípico, la media es menor que todos los datos excepto uno. Si no se lo incluye, la media representa mejor los valores del conjunto de datos.

## Repaso de destrezas y conceptos

Escribe en matemáticas
Ejercicio 1

1. **Explica** cómo calcular la media de un conjunto de datos.
2. **INTERPRETA** Escribe un conjunto de datos que tenga un valor atípico.
3. **SENTIDO NUMÉRICO** Escoge el valor correcto de $n$ en el conjunto de datos 40, 45, 48, $n$, 42, 41 que convierte cada enunciado en verdadero.
   a. La media es 44.
   b. La media es 45.

### PRÁCTICA DIRIGIDA

**Calcula la media de cada conjunto de datos.**

4. 25, 30, 33, 23, 27, 31, 27
5. 38, 52, 54, 48, 40, 32

**GEOGRAFÍA** **En los ejercicios 6 al 8, usa la tabla en la que se enumeran las profundidades medias de los océanos.**

6. ¿Cuál es la media de estos datos?
7. ¿Qué profundidad es el valor atípico? Explica.
8. ¿Cuál es el efecto de éste en la media?

**Profundidad media de los océanos del mundo**

| Océano | Profundidad (pies) |
|---|---|
| Pacífico | 15,215 |
| Atlántico | 12,881 |
| Índico | 13,002 |
| Glacial Ártico | 3,953 |
| Glacial Antártico | 14,749 |

**Fuente:** www.enchantedlearning.com

## Práctica y aplicaciones

| AYUDA CON LAS TAREAS | |
|---|---|
| Ejercicios | Ver ejemplos |
| 9–14, 15, 17–18 | 1 |
| 16, 19 | 2 |

**Práctica adicional**
**Ver páginas 598, 625.**

**Calcula la media de cada conjunto de datos.**

**9.** 13, 15, 17, 12, 13

**10.** 28, 30, 32, 21, 29, 28, 28

**11.** 76, 82, 75, 87

**12.** 13, 17, 14, 16, 16, 14, 16, 14

**13.**

| Precio | Conteo | Frecuencia |
|---|---|---|
| $25 | II | 2 |
| $50 | IIII | 4 |
| $60 | I | 1 |
| $70 | III | 3 |

**14.**

| Tallo | Hojas |
|---|---|
| 7 | 0 2 5 6 |
| 8 | 0 0 0 0 2 |
| 9 | 1 3 6 |
| 10 | 3 4 8 |

*9 | 3 = 93*

**NATURALEZA** **En los ejercicios 15 al 17, usa la tabla que muestra las alturas aproximadas de algunos de los árboles más altos de EE.UU.**

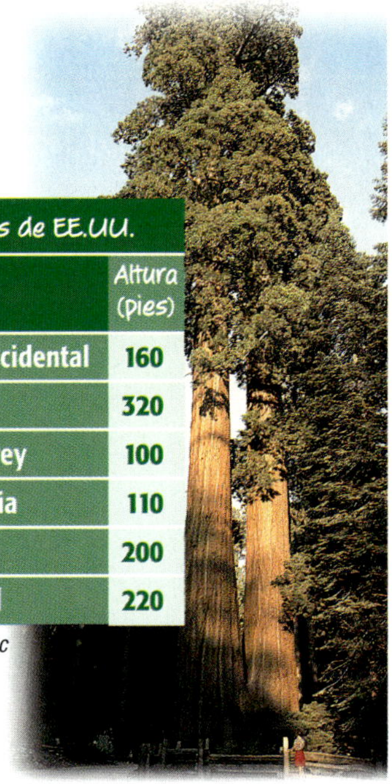

| Árboles más altos de EE.UU. | |
|---|---|
| Árbol | Altura (pies) |
| Cedro colorado occidental | 160 |
| Secoya costera | 320 |
| Ciprés de Monterrey | 100 |
| Laurel de California | 110 |
| Picea Sitka | 200 |
| Cedro Port-Orford | 220 |

**Fuente:** *The World Almanac*

**15.** Calcula la media de los datos.

**16.** Identifica el valor atípico.

**17.** Calcula la media sin incluir la secoya costera.

**18.** **CUIDADO DE NIÑOS** Danielle ganó $15, $20, $10, $12, $20, $16, $18 y $25 cuidando niños. ¿Cuál es la media de lo que ganó?

**19.** **RAZONAMIENTO CRÍTICO** Escribe un conjunto de datos cuya media se vea afectada por un valor atípico.

## Prueba estandarizada de práctica y repaso general

**20.** **SELECCIÓN MÚLTIPLE** ¿Cuál de estos datos: 98, 103, 96, 147, 100, 85, 546, 120, 98 es un valor atípico?

Ⓐ 103 Ⓑ 120 Ⓒ 147 Ⓓ 546

**21.** **SELECCIÓN MÚLTIPLE** Benito anotó 72 puntos en 6 partidos. ¿Cuál fue el puntaje medio por partido que anotó?

Ⓕ 6 Ⓖ 8 Ⓗ 12 Ⓘ 13

**22.** **ESCUELA** Este diagrama de tallo y hojas muestra las edades de los maestros de la escuela media Fairview. ¿En qué intervalo está la mayoría de los datos? (Lección 2-5)

| Tallo | Hojas |
|---|---|
| 2 | 3 8 |
| 3 | 8 9 |
| 4 | 1 4 5 6 7 9 |
| 5 | 0 0 5 8 |
| 6 | 3 |

*4 | 1 = 41 años*

**23.** ¿Qué tipo de gráfica es la más adecuada para hacer predicciones a lo largo del tiempo? (Lección 2-4)

### PREPÁRATE PARA LA SIGUIENTE LECCIÓN

**REQUISITOS** **Resta.** (Página 589)

**24.** 125 − 76 **25.** 236 − 89 **26.** 175 − 106 **27.** 224 − 156



msmath1.net/self_check_quiz

# 2-6b Investigación con hoja de cálculos

### *Seguimiento de la Lección 2-6*

**Lo que aprenderás**
A usar hojas de cálculos para calcular la media.

## Hojas de cálculos y media

Puedes usar hojas de cálculos para calcular la media de tus puntajes de prueba.

### ACTIVIDAD

La tabla de la derecha muestra los puntajes de Tyrone en matemática, idiomas, ciencia y estudios sociales.

| Materia | Prueba 1 | Prueba 2 | Prueba 3 | Prueba 4 |
|---|---|---|---|---|
| Matemáticas | 85 | 93 | 84 | 89 |
| Artes del lenguaje | 78 | 72 | 86 | 90 |
| Ciencia | 76 | 83 | 82 | 92 |
| Estudios sociales | 83 | 85 | 88 | 91 |

Prepara una hoja de cálculos como ésta.

En la columna A se enumeran las materias.

En la columna C se enumeran los puntajes en las segundas pruebas.

En la columna E se enumeran los puntajes en las cuartas pruebas.

**Puntajes de Tyrone**

| | A | B | C | D | E | F |
|---|---|---|---|---|---|---|
| 1 | Materia | Prueba 1 | Prueba 2 | Prueba 3 | Prueba 4 | Fórmula |
| 2 | Matemáticas | 85 | 93 | 84 | 89 | =(B2+C2+D2+E2)/4 |
| 3 | Artes del lenguaje | 78 | 72 | 86 | 90 | |
| 4 | Ciencia | 76 | 83 | 82 | 92 | |
| 5 | Estudios sociales | 83 | 85 | 88 | 91 | |
| 6 | | | | | | |

Sheet1 Sheet2 Sheet3

En la columna B se enumeran los puntajes en las primeras pruebas.

En la columna D se enumeran los puntajes en las terceras pruebas.

En la columna F, la fórmula (B2 + C2 + D2 + E2/4) suma los valores en las celdas B2, C2, D2 y E2 y luego divide entre 4.

El paso siguiente es calcular la media. Para esto, coloca el cursor en la celda F2 y oprime la tecla Enter.

### EJERCICIOS

1. ¿Qué fórmula deberías usar para calcular el puntaje medio de Tyrone en idiomas, ciencia y estudios sociales?
2. ¿Cuál es el puntaje medio de Tyrone en cada materia? Redondea al entero más cercano.
3. La semana pasada Tyrone tomó una prueba en cada una de estas materias, obteniendo los puntajes que se indican a continuación. Usa la hoja de cálculos para averiguar los nuevos promedios de Tyrone en cada materia.

   matemáticas: 89  lenguaje: 86  ciencia: 74  estudios sociales: 94

# 2-7 La mediana, la moda y el rango

**Lo que aprenderás**
A calcular la mediana, la moda y el rango de un conjunto de datos.

**NUEVO vocabulario**
- mediana
- moda
- rango

## ¿CUÁNDO usaré esto?

**AVES** La tabla muestra las envergaduras aproximadas de las aves de envergaduras más grandes.

| Envergaduras más grandes (pies) | | | |
|---|---|---|---|
| 12 | 6 | 10 | 12 |
| 11 | 9 | 10 | |

**Fuente:** www.swishweb.com

1. Calcula la envergadura media.
2. Enumera los datos de menor a mayor.
3. ¿Qué dato está en el centro de los datos ya ordenados?
4. Compara este número central con la media de los datos.

Ya aprendiste que la media es una medida de tendencia central. Otras son la mediana y la moda.

### Concepto clave — La mediana

**En palabras** La **mediana** de un conjunto de datos es el número central de los datos ordenados o la media de los dos datos centrales.

**Ejemplos** datos: 3, 4, (8), 10, 12 → mediana: 8

datos: 2, 4, (6, 8), 11, 12 → mediana: $\frac{6+8}{2}$ ó 7

### La moda

**En palabras** La **moda** de un conjunto de datos es el número o números que más se repite(n).

**Ejemplo** datos: 12, 23, (28, 28), 32, (46, 46) → modas: 28 y 46

## EJEMPLO Calcula la mediana y la moda

**1** **DINERO La tabla muestra el precio de nueve libros. Calcula la mediana y la moda.**

| Precios ($) | | |
|---|---|---|
| 20 | 7 | 10 |
| 15 | 11 | 20 |
| 25 | 15 | 8 |

Para calcular la mediana, ordena los datos de menor a mayor.

mediana: 7, 8, 10, 11, (15), 15, 20, 20, 25

Para calcular la moda, halla el número o números que más se repiten.

moda: 7, 8, 10, 11, (15, 15), (20, 20), 25

La mediana es $15. Hay dos modas, $15 y $20.

Las pruebas estandarizadas contienen a menudo preguntas sobre la media, la mediana y la moda.

## EJEMPLO Calcula la media, la mediana y la moda

**Prueba estandarizada de práctica**

**Ayuda para tomar pruebas** *The Princeton Review*

**Lee la pregunta**
La palabra *respectivamente* quiere decir *en el orden dado*, así que, al elegir la respuesta, asegúrate de que los valores estén dispuestos como media, mediana y moda.

**2** **PREGUNTA DE SELECCIÓN MÚLTIPLE** ¿Cuáles son respectivamente la media, la mediana y la moda de las temperaturas 64°, 70°, 56°, 58°, 60°, 70°?

Ⓐ 64°, 60°, 70° Ⓑ 63°, 62°, 70°
Ⓒ 64°, 62°, 70° Ⓓ 63°, 61°, 70°

**Lee la pregunta**

Necesitas calcular la media, la mediana y la moda.

**Resuelve**

media: $\frac{64 + 70 + 56 + 58 + 60 + 70}{6} = \frac{378}{6}$ ó 63

mediana: 56, 58, 60, 64, 70, 70

$\frac{60 + 64}{2} = \frac{124}{2}$ ó 62

Hay un número par de datos, así que, para calcular la mediana, calcula la media de los dos datos centrales.

moda: 70

La media es 63°, la mediana es 62° y la moda es 70°, de modo que la respuesta es B.

Algunos promedios pueden describir un conjunto de datos mejor que otros.

## EJEMPLO Usa la media, mediana o moda

**MATEMÁTICAS EN LA VIDA DIARIA**

**ELECCIONES** Los 538 miembros del colegio electoral son los que eligen oficialmente al presidente de Estados Unidos. Estos miembros se llaman electores.

**Fuente:** *The World Almanac*

**3** **ELECCIONES** **Se da el número de electores de los estados en dos zonas de EE.UU. ¿Qué medida de tendencia central describe mejor los datos?**

**Electores estatales de las zonas del Lejano Oeste y de las regiones montañosas**

| | | |
|---|---|---|
| 11 | 7 | 54 |
| 3 | 4 | 4 |
| 3 | 5 | 8 |

**Fuente:** *The World Almanac*

media: $\frac{3 + 3 + 4 + 4 + 5 + 7 + 8 + 11 + 54}{9}$

$= \frac{99}{9}$ u 11

mediana: 3, 3, 4, 4, 5, 7, 8, 11, 54

mediana

moda: 3 y 4

Las modas están más cerca del extremo inferior de los datos y la media está más cerca del extremo superior. La mediana está más cerca de la mayoría de los datos y te indica que la mitad de los estados tienen más de 5 electores. Así, la mediana es la que describe mejor los datos.

Las pautas de la página siguiente te ayudarán a escoger la medida de tendencia central que mejor describe un conjunto de datos.

| Resumen de conceptos | Media, mediana y moda |
|---|---|
| **Medida** | **Es la mejor si…** |
| **Media** | • no hay valores extremos en los datos. |
| **Mediana** | • o hay algunos valores extremos y la mayoría de los datos centrales tienen valores cercanos. |
| **Moda** | • hay muchos datos idénticos. |

AYUDA PARA EL ESTUDIO

**El rango** Compara el rango con los valores del conjunto de datos. Un rango grande indica que los datos están extendidos o que varían en valor. Un rango pequeño indica que los datos tienen valores cercanos.

La media, la mediana y la moda de un conjunto de datos describen el centro de los datos. El rango de un conjunto de datos describe la cantidad de variación de los datos. El **rango** de un conjunto de datos es la diferencia entre el valor mayor y valor menor del conjunto.

## EJEMPLO Calcula el rango

**4** **Calcula el rango del conjunto de datos {125, 45, 67, 150, 32, 12} y luego analiza su variación.**

El valor mayor es 150 y el menor es 12, así que el rango es 150 − 12 ó 138.

El rango indica que los datos están extendidos.

## Repaso de destrezas y conceptos

Escribe en matemáticas
Ejercicio 1

1. **Explica** cómo calcular la mediana y la moda de un conjunto de datos.
2. **INTERPRETA** Escribe un conjunto de datos en el que la moda los describa mejor. Escribe otro en que la moda no sea la mejor opción para describirlos.

### PRÁCTICA DIRIGIDA

**Calcula la media, la mediana, la moda y el rango de cada conjunto de datos.**

3. 15, 20, 23, 13, 17, 21, 17
4. 46, 62, 63, 57, 50, 42, 56, 40

**TÚNELES** **Usa esta tabla en los ejercicios 5 al 8.**

| Los cinco túneles submarinos para vehículos más largos de EE.UU. | | | | | |
|---|---|---|---|---|---|
| **Estado** | NY | MA | NY | VA | |
| **Longitud (pies)** | 8,560 | 8,450 | 9,120 | 8,190 | |

**Fuente:** *The World Almanac*

5. ¿Cuáles son la media, la mediana y la moda de los datos?
6. ¿Qué medida de tendencia central los describe mejor? Explica.
7. ¿Cuál es el rango de los datos?
8. Escribe una oración describiendo la variación de las longitudes de los túneles.

## Práctica y aplicaciones

| AYUDA CON LAS TAREAS | |
|---|---|
| Ejercicios | Ver ejemplos |
| 9–12, 15, 18 | 1, 2, 4 |
| 14, 16 | 3 |

Práctica adicional
Ver páginas 598, 625.

**Calcula la media, la mediana, la moda y el rango de cada conjunto de datos.**

9. 23, 22, 15, 36, 44
10. 18, 20, 22, 11, 19, 18, 18
11. 97, 85, 92, 86
12. 23, 27, 24, 26, 26, 24, 26, 24
13. Analiza la variación de los datos del ejercicio 11.
14. ¿Qué medida de tendencia central describe mejor los datos del ejercicio 9? Explica.

**MÚSICA Usa la siguiente información en los ejercicios 15 y 16.**
Los amigos de Jessica compraron cedés por \$12, \$14, \$18, \$10, \$14, \$12, \$12 y \$12.

15. Calcula la media, la mediana y la moda de estos datos.
16. ¿Qué medida de tendencia central describe mejor los precios de los cedés? Explica.

**EL TIEMPO Usa la tabla de la derecha en los ejercicios 17 al 19.**

| Temperaturas máximas diarias (°F) | |
|---|---|
| Cleveland | Cincinnati |
| 75 50 80 75 70 84 70 | 80 72 75 74 72 76 76 |

17. Compara las medianas de las temperaturas.
18. Calcula el rango de cada conjunto de datos.
19. Compara las temperaturas máximas diarias de estas ciudades.
20. **RAZONAMIENTO CRÍTICO** Escribe un conjunto de datos cuya media y mediana sean 15 y cuyas modas sean 13 y 15.

## Prueba estandarizada de práctica y repaso general

21. **SELECCIÓN MÚLTIPLE** ¿Qué medida de tendencia central es siempre uno de los datos?

    (A) la mediana (B) la media (C) la moda (D) todas las anteriores

22. **SELECCIÓN MÚLTIPLE** Calcula la mediana de 25, 30, 25, 15, 27 y 28.

    (F) 24 (G) 25 (H) 26 (I) 30

23. Identifica todos los valores atípicos que haya en los datos 50, 42, 56, 50, 48, 18, 45, 46. (Lección 2-6)

24. Presenta 27, 31, 25, 19, 31, 32, 24, 26, 33 y 31 en un diagrama de tallo y hojas. (Lección 2-5)

### PREPÁRATE PARA LA SIGUIENTE LECCIÓN

**REQUISITOS Usa esta gráfica en los ejercicios 25 al 27.** (Lección 2-2)

25. ¿Quién gastó más en el almuerzo?
26. ¿Cuánto más que Hugo gastó Kiyo?
27. ¿Qué relación hay entre lo que gastó Matt y lo que gastó Jacob?

# 2-7b Investigación con calculadora graficadora

### Seguimiento de la Lección 2-7

**Lo que aprenderás**
A presentar datos en un diagrama de caja y patillas.

## Diagramas de caja y patillas

Aquí se muestran las temperaturas mensuales medias de Burlington, Vermont. Estos datos se pueden exhibir en un **diagrama de caja y patillas**.

| Temperaturas mensuales normales (°F) | | | | | | | | | | | | |
|---|---|---|---|---|---|---|---|---|---|---|---|---|
| | E | F | M | A | M | J | J | A | S | O | N | D |
| Burlington, VT | 16 | 18 | 31 | 44 | 56 | 65 | 71 | 68 | 59 | 48 | 37 | 23 |

### ACTIVIDAD 1

**PASO 1** Escribe de menor a mayor los datos de la tabla.

16 18 23 31 37 44 48 56 59 65 68 71

**PASO 2** Traza una recta numérica que incluya todos los datos.

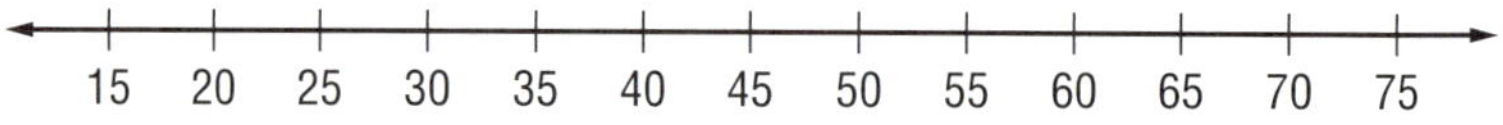


**PASO 3** Marca los datos menor y mayor como *extremo inferior* y *extremo superior*, respectivamente. Calcula y rotula la mediana.

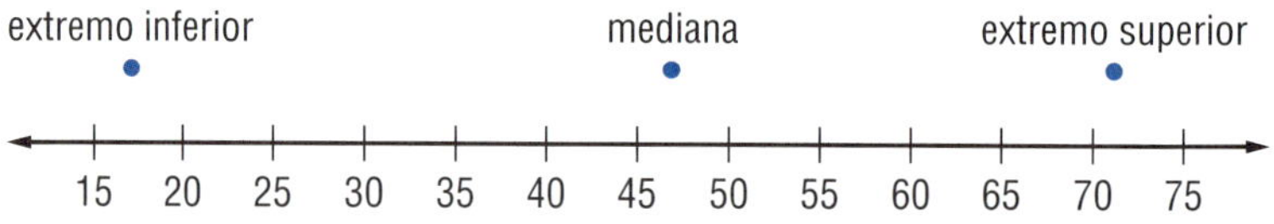


**PASO 4** La mediana de los datos divide el conjunto en dos. Calcula las medianas de las mitades inferior y superior.

16 18 23 31 37 44 48 56 59 65 68 71

$\frac{23 + 31}{2} = 27$ mediana $\frac{59 + 65}{2} = 62$

Rotula estos valores *cuartil inferior* y *cuartil superior*. Dibuja una *caja* alrededor de los cuartiles y *patillas* que unan cada cuartil con el valor extremo correspondiente.

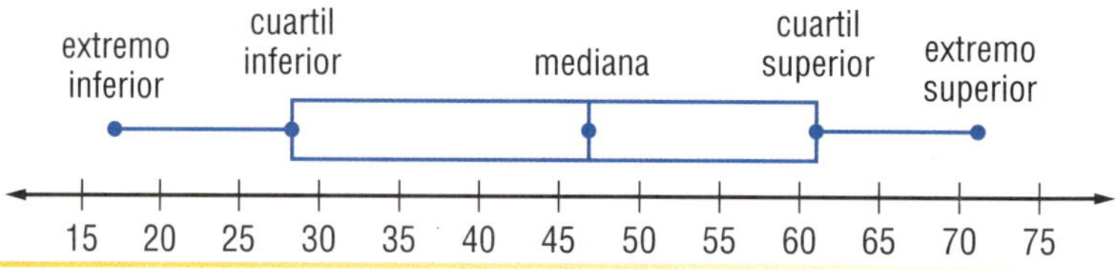


**AYUDA PARA EL ESTUDIO**

**El rango intercuartílico** Éste es la diferencia entre el cuartil superior y el inferior.

Para hacer diagramas de caja y patillas, también puedes usar una calculadora graficadora TI-83 Plus.

## ACTIVIDAD 2

Usa los datos de la actividad 1.

**PASO 1** Ingresa los datos en la memoria de la calculadora. Para ver las listas, oprime STAT ENTER y luego ingresa los datos, uno por uno, oprimiendo ENTER.

**PASO 2** Escoge la gráfica. Para entrar al menú, oprime 2nd [STAT PLOT]. Elige el primer diagrama oprimiendo ENTER. Luego usa los botones de flecha y ENTER para realzar el diagrama de caja y patillas modificado, L1 para la Xlist y 1 para la frecuencia.

**PASO 3** Oprime WINDOW para escoger la pantalla de visión. Elige parámetros adecuados de rango para los valores de $x$. En este caso, la pantalla de 0 a 75 con una escala de 5 incluye todos los datos.

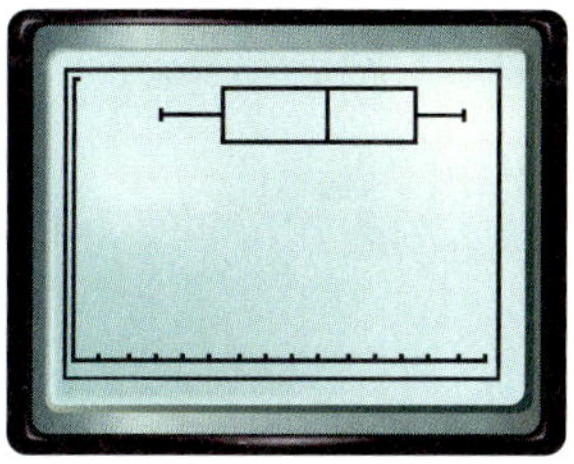

**PASO 4** Oprime GRAPH para visualizar la gráfica. Oprime TRACE y ENTER para ver sus partes importantes.

### Tu turno

**a.** Busca en Internet u otra fuente las temperaturas mensuales normales de una ciudad en tu estado. Haz un diagrama de caja y patillas con ellas y luego usa una calculadora para visualizar los datos.

---

**AYUDA PARA EL ESTUDIO**

**Borrado de memoria** Antes de ingresar datos en una tabla, asegúrate de borrar cualquier dato existente en la memoria de la calculadora. Para despejarla, coloca el cursor en la parte superior de cada tabla y oprime CLEAR ENTER.

---

## EJERCICIOS

1. **Haz** un diagrama de caja y patillas con estos datos.

**Partidos de béisbol ganados por equipos de la Liga Nacional, 2002**

| | | | | | | | | | | | | | | | |
|---|---|---|---|---|---|---|---|---|---|---|---|---|---|---|---|
| 95 | 94 | 79 | 67 | 65 | 95 | 85 | 73 | 72 | 69 | 65 | 97 | 86 | 85 | 82 | 76 |

**Fuente:** *The World Almanac*

2. **Describe** los datos ubicados en la caja de un diagrama de caja y patillas.

3. **CONJETURA** Escribe un enunciado en el que describas lo que el largo de la caja de un diagrama de caja y patillas te indica sobre los datos.

# 2-8 Analiza gráficas

**Lo que aprenderás**
A reconocer estadísticas y gráficas engañosas.

## ¿CUÁNDO usaré esto?

**FÚTBOL AMERICANO** La gráfica de la derecha muestra el número de pases de tantos lanzados por algunos de los defensas líderes de la NFL.

**Fuente:** National Football League

1. Supón que examinas las barras que corresponden a Dan Marino y a Terry Bradshaw. Pudieras concluir que Dan Marino lanzó tres veces tantos pases de tanto como lanzó Terry Bradshaw. ¿Por qué es esto erróneo?

Las gráficas facilitan el análisis e interpretación de datos. Hay gráficas, sin embargo, que al falsear datos, influyen en las conclusiones.

## EJEMPLO Usa gráficas para sacar conclusiones

**1** **ANIMALES** **Usa estas gráficas. ¿Cuál de ellas sugiere que un elefante africano bebe a diario dos veces el agua que bebe uno asiático? ¿Es válida esta conclusión? Explica.**

**Gráfica A**

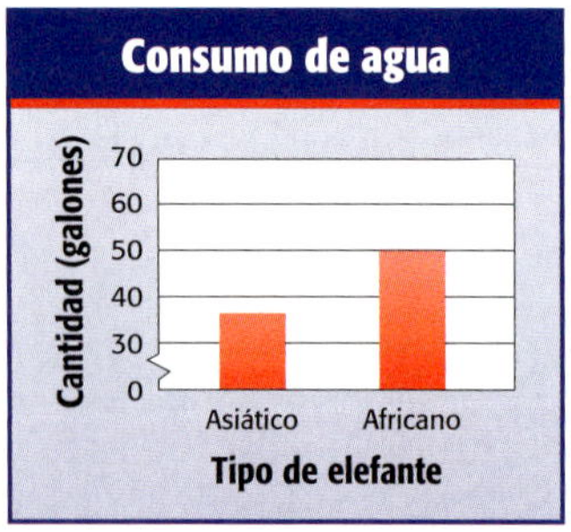


**Gráfica B**

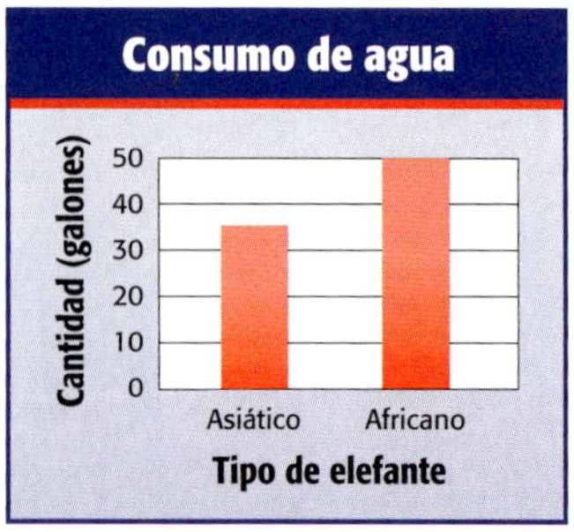


En la gráfica A, las alturas de las barras indican que el elefante africano bebe a diario dos veces el agua que bebe uno asiático. Sin embargo, la cantidad de agua que bebe un elefante africano, 50 galones, no es más del doble de lo que bebe uno asiático, 36 galones.

El corte en la escala de la gráfica A es un recordativo de que aquélla se ha condensado.

El uso en una gráfica de una escala distinta puede influir en las conclusiones que se saquen de ella.

## EJEMPLO Cambia el invervalo de una gráfica

**2** **BAILES ESCOLARES** **Las gráficas muestran el aumento del precio de las entradas al baile de primavera. ¿Qué gráfica implica que el precio ha aumentado más rápido? Explica.**

**Gráfica A**

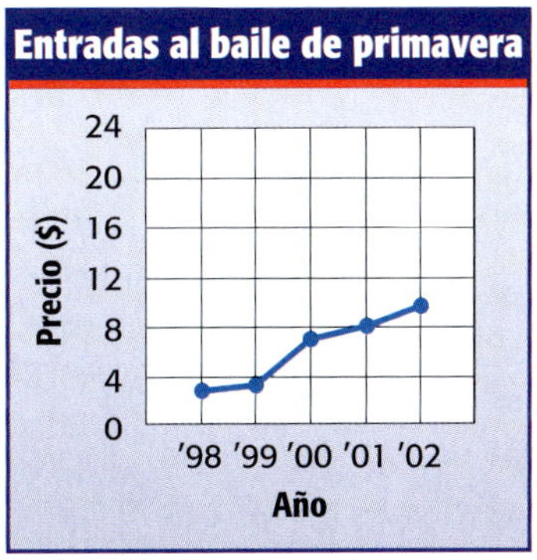


**Gráfica B**

Ambas muestran los mismos datos. La gráfica A, sin embargo, usa un intervalo de 4 y la otra uno de 2. La gráfica B implica que el precio ha aumentado más rápido, aun cuando el aumento es el mismo en ambas gráficas.

### PROFESIONES EN LA VIDA REAL

**¿Cómo usan la matemática los analistas de mercado?** Los analistas de mercado analizan datos para hacer recomendaciones sobre la promoción, distribución, diseño y precio de productos o servicios.

**Investigación en línea**
Visita msmath1.net/careers para mayor información sobre la profesión de analista de mercado.

Las estadísticas se pueden utilizar también para influir sobre las conclusiones.

## EJEMPLO Estadísticas engañosas

**3** **MERCADEO** **Un parque de diversiones se jacta de que la altura media de sus montañas rusas es de 170 pies. Explica lo engañoso del uso de este promedio para atraer visitantes.**

| Montaña rusa | Altura (pies) |
|---|---|
| La víbora | 109 |
| El monstruo | 135 |
| El cierre rojo | 115 |
| El tornado | 365 |
| La corriente de resaca | 126 |

media: 170 pies    mediana: 126 pies    moda: no hay

El promedio que usa el parque es la media. Esta medida es más grande que la mayoría de las alturas enumeradas porque es un valor atípico. Así, es engañoso usarla para atraer visitantes.

La mediana es una medida más adecuada para describir los datos pues está más cerca de la altura de la mayoría de las montañas rusas.

# Repaso de destrezas y conceptos

Escribe en matemáticas
**Ejercicio 1**

1. **Explica** cómo trazar de nuevo la gráfica de la página 86 de modo que muestre que Dan Marino logró el doble de pases de tanto que obtuvo Terry Bradshaw.
2. **INTERPRETA** Inventa un conjunto de datos y preséntalo en dos gráficas distintas con intervalos diferentes.

## PRÁCTICA DIRIGIDA

**Usa estas gráficas en los ejercicios 3 y 4.**

**Gráfica A**

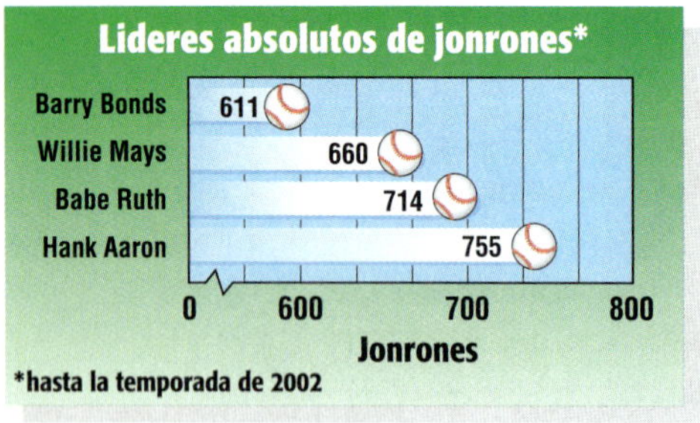


**Gráfica B**

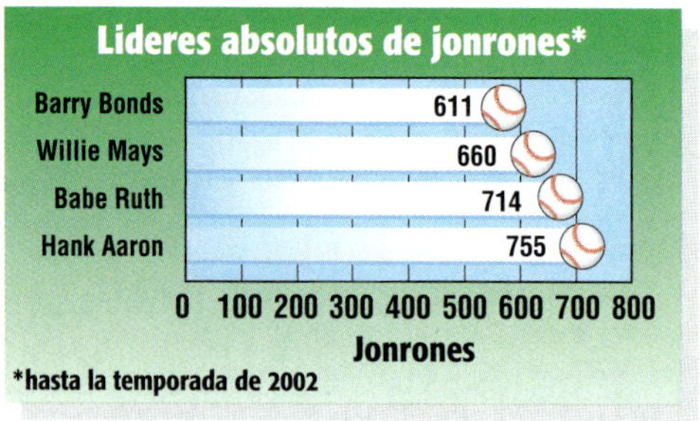


**Fuente:** Major League Baseball

3. Según la gráfica A, ¿cuántos jonrones más que Barry Bonds parece haber bateado Willie Mays? Explica.
4. Supón que deseas mostrar que Willie Mays bateó casi tantos jonrones como Babe Ruth. ¿Qué gráfica usarías? Explica.

# Práctica y aplicaciones

**DINERO** **Usa la gráfica en los ejercicios 5 al 7.**

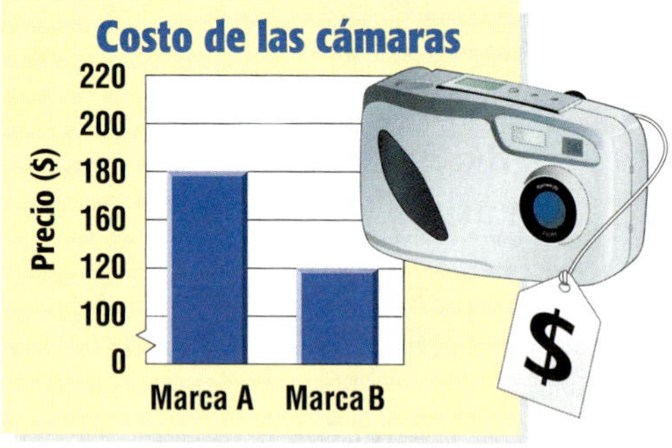


5. Compara los precios de la marcas basándote en el tamaño de las barras.
6. Explica cómo la gráfica puede ser engañosa.
7. Traza de nuevo la gráfica de modo que muestre que las marcas cuestan casi lo mismo.

**AYUDA CON LAS TAREAS**

| Ejercicios | Ver ejemplos |
|---|---|
| 5–7 | 1 |
| 11 | 2 |
| 8–10 | 3 |

**Práctica adicional**
**Ver páginas 599, 625.**

**VIAJES** **Usa la tabla de la derecha en los ejercicios 8 al 10.**

8. Calcula la media, la mediana y la moda de los datos.
9. ¿Qué medida pudiera ser engañosa al describir el número medio anual de visitantes a estos lugares? Explica.
10. ¿Qué medida sería la mejor si se quiere un valor cercano a la mayoría de los números? Explica.

**Visitantes anuales**

| Lugares de interés | Visitantes* |
|---|---|
| Cape Cod | 4,600,000 |
| Grand Canyon | 4,500,000 |
| Lincoln Memorial | 4,000,000 |
| Castle Clinton | 4,600,000 |
| Smoky Mountains | 10,200,000 |

**Fuente:** *The World Almanac*
*Aproximación

11. **ACCIONES** Estas gráficas muestran el desempeño de los precios mensuales al cierre de las acciones de Skateboard Depot.

**Gráfica A**

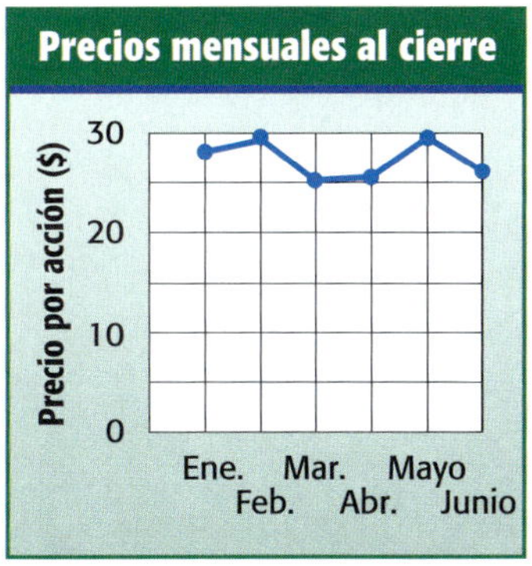


**Gráfica B**

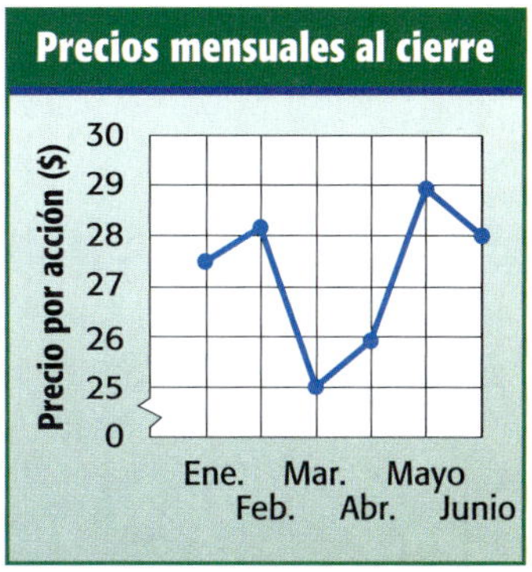


Supón que eres un corredor de bolsa y que quieres mostrarle a un cliente que el precio de las acciones es constante. ¿Qué gráfica le mostrarías? Explica tu razonamiento.

12. **RAZONAMIENTO CRÍTICO** Busca una gráfica en un periódico u otra fuente y trázala de nuevo de modo que los datos muestren otros resultados. ¿Qué gráfica describe mejor los datos? Explica.

## Prueba estandarizada de práctica y repaso general

13. **SELECCIÓN MÚLTIPLE** La tabla enumera las cinco mayores inscripciones recientes en el American Kennel Club. ¿Qué medida sería la más engañosa con respecto al número medio de perros de cualquier raza?

(A) la media (B) la mediana

(C) la moda (D) ninguna

| Raza | Inscritos |
|---|---|
| Labrador | 172,841 |
| Golden retriever | 66,300 |
| Pastor alemán | 57,660 |
| Dachshund | 54,773 |
| Sabueso | 52,026 |

**Fuente:** *The World Almanac*

14. **SELECCIÓN MÚLTIPLE** ¿Qué medida describiría mejor los datos del ejercicio 13?

(F) la media (G) la mediana (H) la moda (I) ninguna

15. Calcula la mediana, la moda y el rango de los datos 68°, 70°, 73°, 75°, 76°, 76° y 82°. (Lección 2-7)

**Calcula la media de cada conjunto de datos.** (Lección 2-6)

16. 25, 20, 19, 22, 24, 28

17. 25°, 14°, 21°, 16°, 19°

18. 95, 97, 98, 90

**Busca en la Web** **Proyecto interdisciplinario**

### Gente, gente y más gente

Es hora de concluir tu proyecto. Usa la información y datos que recopilaste sobre la población pasada y presente de EE.UU., para preparar un folleto o un cartel, asegurándote de incluir en tu proyecto todas las gráficas pertinentes.

msmath1.net/webquest

CAPÍTULO 2

# Guía de estudio y repaso

## Repaso de conceptos y vocabulario

clave (pág. 72)
datos (pág. 50)
diagrama de tallo y hojas (pág. 72)
eje horizontal (pág. 56)
eje vertical (pág. 56)
escala (pág. 50)
estadística (pág. 50)
gráfica (pág. 56)
gráfica circular (pág. 62)
gráfica de barras (pág. 56)
gráfica lineal (pág. 56)
hojas (pág. 72)
intervalo (pág. 50)
marca de conteo (pág. 50)
media (pág. 76)
mediana (pág. 80)
medida de tendencia central (pág. 76)
moda (pág. 80)
promedio (pág. 76)
rango (pág. 82)
tabla de frecuencias (pág. 50)
tallos (pág. 77)
valor atípico (pág. 77)

**Escoge la letra que corresponde mejor a cada frase.**

1. divide la escala en partes iguales
2. la suma de los datos dividida entre el número de datos
3. arreglo que usa valores de posición para mostrar un conjunto grande de datos
4. el número central, una vez ordenados los datos
5. muestra el cambio de los datos en el tiempo
6. información numérica
7. explica la información que aparece en un diagrama de tallo y hojas

a. diagrama de tallo y hojas
b. media
c. mediana
d. intervalo
e. clave
f. gráfica lineal
g. datos

## Ejercicios y ejemplos: Lección por lección

### 2-1 Tablas de frecuencias (págs. 50–53)

**Haz una tabla de frecuencias con cada conjunto de datos.**

8.

| Número de hermanos | | | | | |
|---|---|---|---|---|---|
| 3 | 1 | 2 | 1 | 3 | 1 |
| 0 | 4 | 1 | 0 | 2 | 1 |
| 2 | 1 | 0 | 3 | 1 | 0 |

9.

| Color favorito | | | | | | | |
|---|---|---|---|---|---|---|---|
| R | A | R | A | Am | V | A | A |
| V | R | Am | Am | A | A | R | A |

R = rojo V = verde
A = azul Am = amarillo

**Ejemplo 1** **Haz una tabla de frecuencias con estos datos.**

| Fruta favorita | |
|---|---|
| banana | uva |
| manzana | manzana |
| banana | uva |
| manzana | manzana |

Haz y completa una tabla de tres columnas.

| Fruta favorita | | |
|---|---|---|
| Fruta | Conteo | Frecuencia |
| banana | II | 2 |
| manzana | IIII | 4 |
| uva | II | 2 |



msmath1.net/vocabulary_review

## 2-2 Gráficas de barras y gráficas lineales (págs. 56–59)

10. Haz una gráfica lineal con estos datos.

| Visitantes al zoológico | |
|---|---|
| **Año** | **Visitantes** |
| 2000 | 12,300 |
| 2001 | 13,400 |
| 2002 | 15,900 |
| 2003 | 15,100 |
| 2004 | 16,200 |

**Ejemplo 2** **Haz una gráfica lineal con estos datos, que muestran la asistencia a un baile de primavera.**

| Año | Asistencia |
|---|---|
| 2001 | 350 |
| 2002 | 410 |
| 2003 | 425 |
| 2004 | 450 |

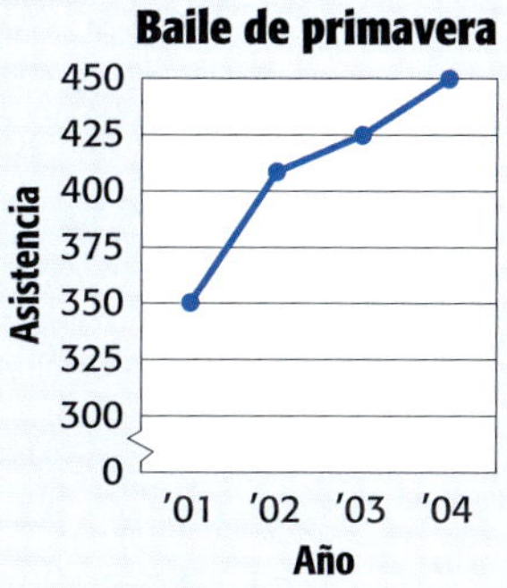


## 2-3 Gráficas circulares (págs. 62–65)

11. **ALIMENTOS** Identifica dos panecillos que juntos son los preferidos de la mitad de los encuestados.

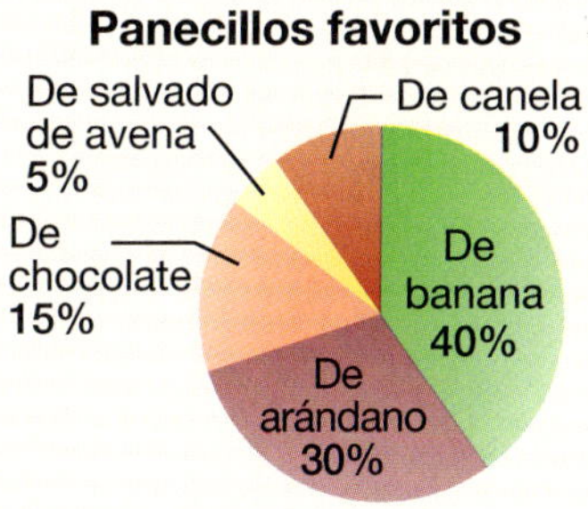


**Ejemplo 3** **ALIMENTOS** **Usa la gráfica circular de la izquierda. ¿Qué panecillo prefieren las personas cuyo número es el doble del de las personas que prefieren el de chocolate?**

Al comparar los porcentajes, se descubre que la sección de arándano es el doble de la de chocolate. Entonces, el doble de las personas prefiere panecillos de arándano que de chocolate.

## 2-4 Haz predicciones (págs. 66–69)

**DEPORTES** **Usa esta gráfica en los ejercicios 12 y 13.**

12. Describe la tendencia en los tiempos.

13. Estima el tiempo del ganador en 2006.

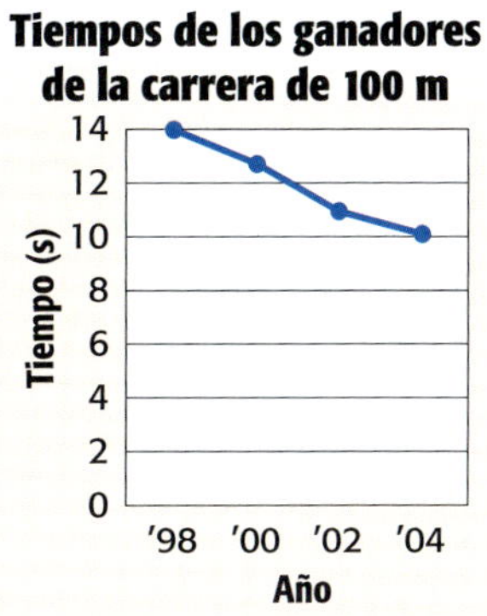


**Ejemplo 4** **VENTAS** **Usa esta gráfica. Estima el número de cedés que se venderán en 2005.**

El extender la gráfica hace pensar que se venderán unos 700 cedés en 2005.

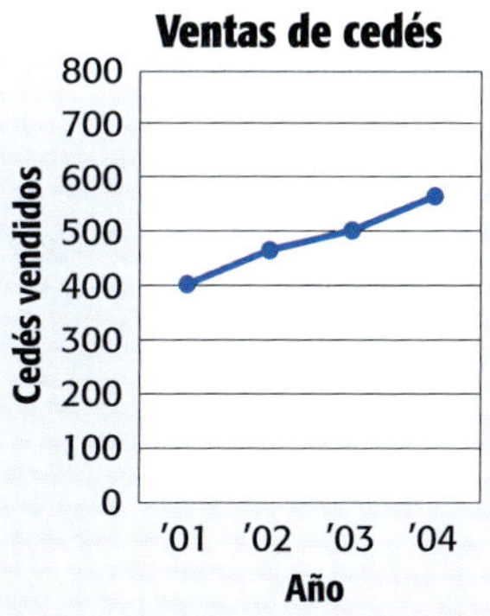

## 2-5 Diagramas de tallo y hojas (págs. 72–75)

Haz un diagrama de tallo y hojas de cada conjunto de datos.

14. 83, 72, 95, 64, 90, 88, 78, 84, 61, 73
15. 18, 35, 27, 56, 19, 22, 41, 28, 31, 29
16. 20, 8, 43, 39, 10, 47, 2, 27, 27, 39, 40

**Ejemplo 5** Haz un diagrama de tallo y hojas de los datos 65, 72, 68, 60, 75, 78, 69, 70 y 64.

| Tallo | Hojas |
|---|---|
| 6 | 0 4 5 8 9 |
| 7 | 0 2 5 8   7\|2 = 72 |

## 2-6 La media (págs. 76–78)

Calcula la media de cada conjunto de datos.

17. 23, 34, 29, 36, 18, 22, 27
18. 81, 72, 84, 72, 72, 81
19. 103, 110, 98, 104, 110

**Ejemplo 6** Calcula la media de los datos 117, 98, 104, 108, 104, 111.

$$\text{media} = \frac{117 + 98 + 104 + 108 + 104 + 111}{6}$$
$$= 107$$

## 2-7 La mediana, la moda y el rango (págs. 80–83)

Calcula la mediana, moda y rango de cada conjunto de datos.

20. 21, 23, 27, 30
21. 36, 42, 48, 36, 82

**Ejemplo 7** Calcula la mediana, la moda y el rango de los datos 117, 98, 104, 108, 104, 111.

$$\text{mediana} = \frac{104 + 108}{2} \text{ ó } 106$$

moda = 104     rango = 117 − 98 ó 19

## 2-8 Analiza gráficas (págs. 86–89)

**DINERO** Usa las gráficas de la derecha en los ejercicios 22 y 23.

22. ¿Qué gráfica le mostrarías a un cliente? Explica.
23. ¿Qué gráfica le mostrarías a un accionista de la compañía? Explica.

**Ejemplo 8 DINERO** ¿Cuál de estas gráficas hace pensar que una llamada a Port Arthur es más económica de lo que es en realidad?

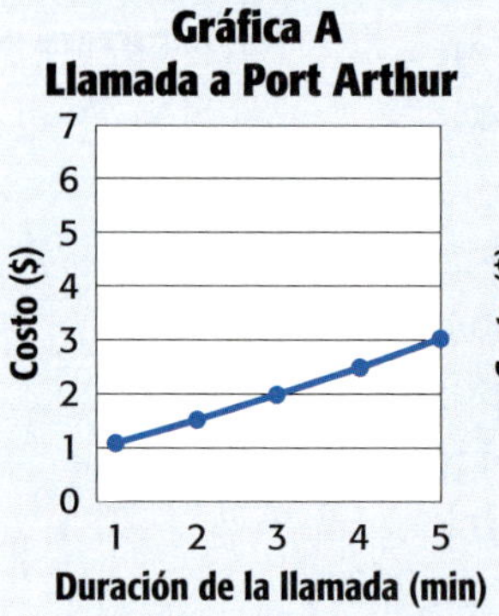


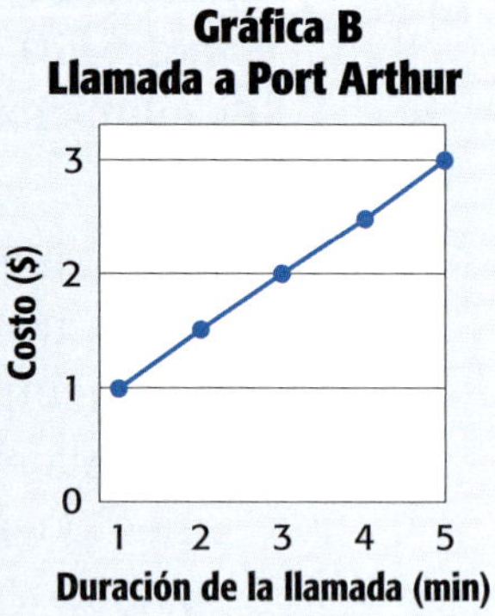


La gráfica A parece más económica.

# CAPÍTULO 2 Prueba de práctica

## Vocabulario y conceptos

1. **Define** *estadística*.
2. **Escribe** un intervalo y una escala para el conjunto de datos 55, 30, 78, 98, 7 y 45.

## Destrezas y aplicaciones

**Calcula la media, la mediana, la moda y el rango de cada conjunto de datos.**

3. 67, 68, 103, 65, 80, 54, 53
4. 232, 200, 242, 242

**LAGOS En los ejercicios 5 y 6, usa esta tabla que muestra la profundidad máxima de los Grandes Lagos.**

| Lago | Profundidad máxima (pies) |
|---|---|
| Superior | 1,333 |
| Michigan | 923 |
| Hurón | 750 |
| Erie | 210 |
| Ontario | 802 |

**Fuente:** *The World Almanac*

5. ¿Hay valores atípicos? Explica.
6. Analiza brevemente cómo afectaría el valor atípico la media de los datos.

**Usa los datos 86, 85, 92, 73, 75, 96, 84, 92, 74, 87 en los ejercicios 7 y 8.**

7. Haz un diagrama de tallo y hojas de estos datos.
8. ¿Cuál sería engañosa al describir los datos, la media, la mediana o la moda?

**VERDURAS Usa la gráfica circular en los ejercicios 9 y 10.**

9. ¿Qué verdura es la más popular?
10. ¿Cuál es la relación entre arvejas y maíz en cuanto a popularidad?

Verduras favoritas

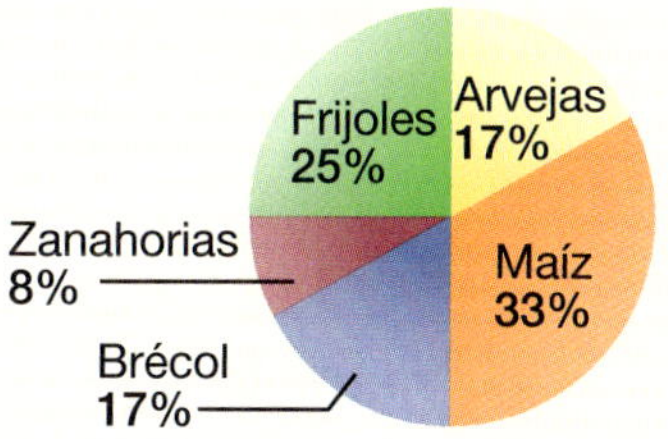


## Prueba estandarizada de práctica

**Usa la gráfica de la derecha en los ejercicios 11 y 12.**

11. **SELECCIÓN MÚLTIPLE** Mark está en sexto grado. ¿Cuántos de sus compañeros compraron almuerzo?

(A) 60 (B) 80

(C) 100 (D) 120

12. **COMPLETA** ¿Cuántos alumnos de estos cuatro grados compraron almuerzo?

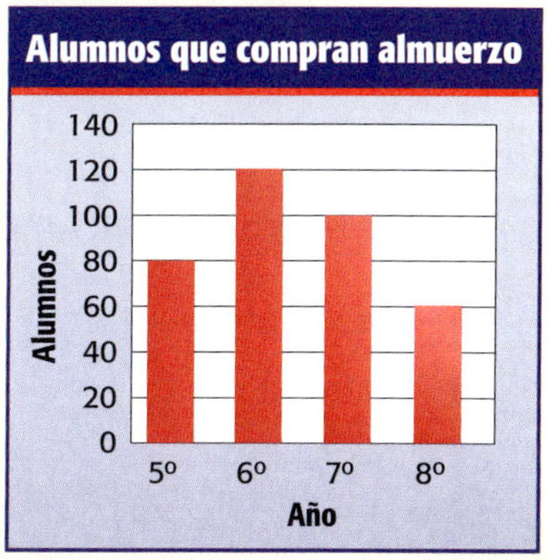

CAPÍTULO 2

# Prueba estandarizada de práctica

## PARTE 1 Selección múltiple

Anota tus respuestas en la hoja de respuestas provista por tu maestro(a) o en una hoja aparte.

1. ¿Qué número divide exactamente 324, 630 y 228, pero no a 369? (Lección 1-2)

   (A) 5 (B) 6
   (C) 9 (D) 10

2. ¿Qué expresión numérica corresponde al costo de tres pinceles, dos lápices de dibujo y cinco tubos de pintura? (Lección 1-5)

| Artículo | Precio |
|---|---|
| pincel | \$2 |
| lápiz de dibujo | \$1 |
| tubo de pintura | \$4 |

   (F) $(3 \times 2) + (2 \times 1) + (5 \times 4) = 28$
   (G) $(3 \times 2) + (2 \times 1) + (5 \times 4) = 32$
   (H) $(3 \times 2) + (2 \times 1) + (5 \times 4) = 52$
   (I) $(3 \times 2) + (2 \times 1) + (5 \times 4) = 240$

3. Esta tabla de frecuencias muestra los resultados de una encuesta sobre sabores de helados. ¿Qué sabor es el menos popular? (Lección 2-1)

| Sabor | Conteo | Frecuencia |
|---|---|---|
| chocolate | 𝍸 I | 6 |
| vainilla | 𝍸 III | 8 |
| fresa | IIII | 4 |
| galletas y crema | 𝍸 𝍸 I | 11 |

   (A) chocolate
   (B) vainilla
   (C) fresa
   (D) galletas y crema

4. La gráfica muestra la temperatura a horas distintas de un lunes. ¿Cuál fue la temperatura a las 11 A.M.? (Lección 2-2)

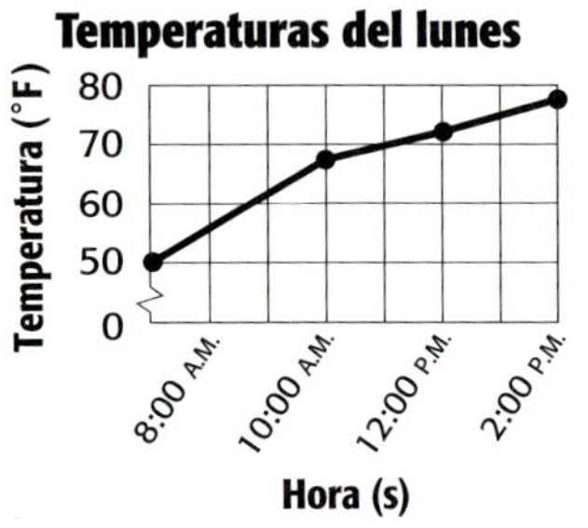


   (F) unos 65°F (G) unos 68°F
   (H) unos 70°F (I) unos 75°F

5. ¿Qué diagrama de tallo y hojas es el de los datos 75, 93, 66, 72, 80, 84, 72, 87? (Lección 2-5)

   (A)

| Tallo | Hojas |
|---|---|
| 6 | 1 |
| 7 | 3 |
| 8 | 3 |
| 9 | 1 |

   (B)

| Tallo | Hojas |
|---|---|
| 6 | 6 |
| 7 | 2 5 |
| 8 | 0 4 7 |
| 9 | 3 |

   (C)

| Tallo | Hojas |
|---|---|
| 6 | 6 |
| 7 | 2 2 5 |
| 8 | 4 7 |
| 9 | 1 |

   (D)

| Tallo | Hojas |
|---|---|
| 6 | 6 |
| 7 | 2 2 5 |
| 8 | 0 4 7 |
| 9 | 3 |

6. Eneas quería comprar un computador. El rango de precios de los que miró fue de \$2,700. Si el más caro valía \$3,350, ¿cuál es el precio del más barato? (Lección 2-7)

   (F) \$450 (G) \$650
   (H) \$1,700 (I) \$6,050

**AYUDA PARA TOMAR PRUEBAS**

**Pregunta 6** Como conoces el rango y el valor mayor, trabaja al revés para calcular el valor menor.

## PARTE 2 Respuesta breve/Completa

**Anota tus respuestas en la hoja de respuestas provista por tu maestro(a) o en una hoja aparte.**

**7.** Marina recaudó $38 para un fondo infantil de vacaciones. Kenji recaudó la mitad de lo que recaudó Marina. ¿Cuánto recaudó Kenji? (Lección 1-1)

**8.** Calcula la factorización prima de 120. (Lección 1-3)

**9.** ¿Cuál es el área de este rectángulo? (Lección 1-8)

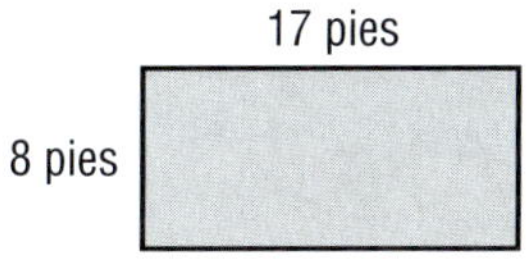


**10.** La gráfica circular muestra los resultados de una encuesta a la clase del Sr. Yan. ¿Qué porcentaje de los alumnos disfrutan leyendo revistas de moda o deportivas? (Lección 2-3)

**Preferencias de revistas**

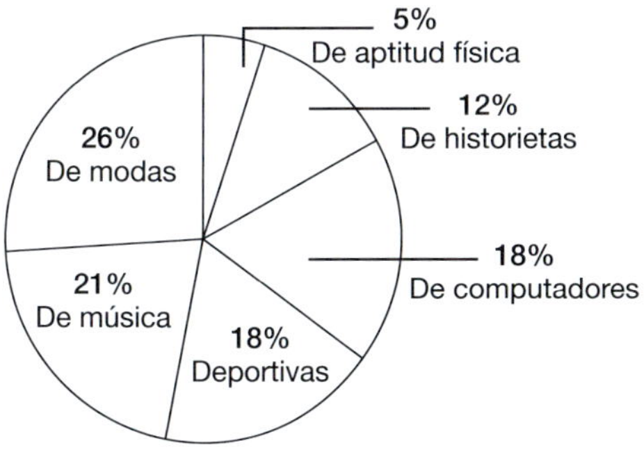


**11.** Vanessa contó semanalmente el número de flores de sus alvejillas. He aquí los resultados.

44, 63, 66, 63, 60, 45, 55, 59, 42, 71

Haz un diagrama de tallo y hojas con estos datos. (Lección 2-5)

**12.** ¿Cuál es la media de estos datos? (Lección 2-6)

9, 16, 9, 12, 16, 14, 13, 12, 16, 9, 13, 16

**13.** Los puntos que obtuvo Jennifer en cinco pruebas de historia fueron 66, 73, 92, 90 y 73. ¿Cómo se relacionan la mediana y la moda de sus puntos? (Lección 2-7)

## PARTE 3 Respuesta extendida

**Anota tus respuestas en una hoja de papel aparte. Muestra tu trabajo.**

**14.** La gráfica lineal muestra los tiempos de Josh en 4 carreras de la prueba de 100 m. (Lección 2-4)

**a.** ¿Cuál es la mejor predicción del tiempo que logrará en la siguiente carrera?

**b.** Explica cómo concluiste esto.

**Tiempos de Josh en carreras de 100 m**

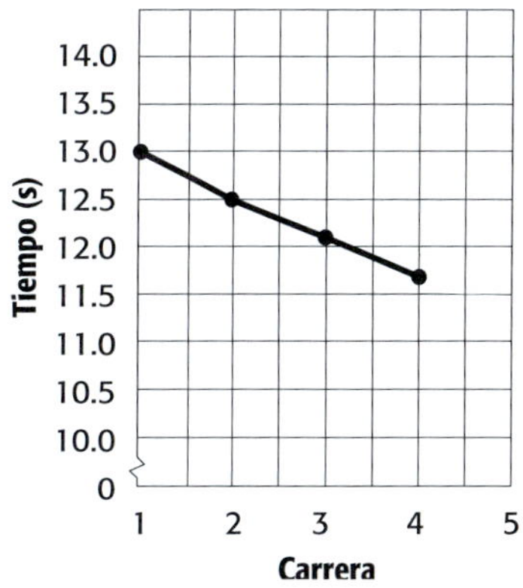


**15.** Brian hizo una gráfica de la estatura en centímetros de sus tres hermanos menores. (Lección 2-8)

**Estatura de los hermanos de Brian**

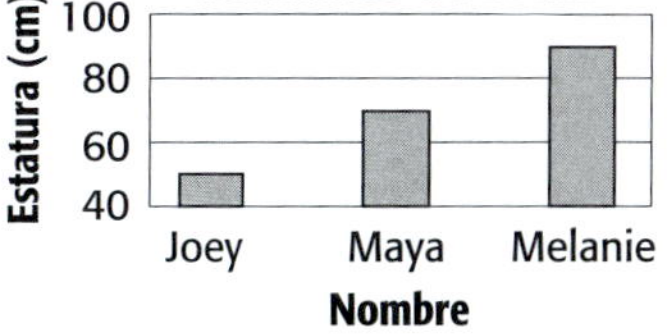


**a.** La barra de Maya mide el triple de la de Joey. ¿De qué modo es esto una distorsión?

**b.** ¿Cómo podría alterarse la gráfica para que sea menos engañosa?

# UNIDAD 2
# Decimales

**Capítulo 3**

Adición y sustracción de decimales

**Capítulo 4**

Multiplicación y división de decimales

Tu estudio de las matemáticas va más allá de los números enteros. En esta unidad, vas a usar decimales en muchas situaciones concretas y, para resolver problemas, vas a aprender a sumarlos, restarlos, multiplicarlos y dividirlos.

Busca en la Web **PROYECTO INTERDISCIPLINARIO** MATEMÁTICAS y FINANZAS

## ¡HASTA EL ÚLTIMO CENTAVO!

¡En sus marcas! ¡Prepárense! ¡A COMPRAR! Como consumidor cuidadoso que eres, se te ha pedido que ayudes a una familia a preparar y a mantener un presupuesto de abarrotes que satisfaga sus necesidades. En esta aventura de compras, vas a recopilar datos sobre el precio de comestibles comunes, a calcular su costo total y a comparar este costo con la cantidad que la familia puede gastar. Compararás también costos calculando el precio unitario de artículos. Esta familia necesita realmente de tu ayuda, así que ¡usa la materia gris y vámonos de compras!

**Entra a msmath1.net/webquest para iniciar la búsqueda en la Web.**

CAPÍTULO 3

# Adición y sustracción de decimales

## “¿Qué tiene que ver el dinero con las matemáticas?”

**Usas decimales cada vez que gastas dinero.** Sumas decimales si necesitas saber el dinero que ganas en un período de tiempo. Redondeas decimales cuando deseas saber si tienes dinero suficiente antes de llegar a la caja. Usas decimales casi todos los días.

En las Lecciones 3-3, 3-4 y 3-5, vas a resolver problemas de dinero.

# PARA COMENZAR

**Toma este control para ver si estás listo(a) para estudiar el Capítulo 3. Si necesitas repasar más, refiérete al número de página en paréntesis.**

## Repaso del vocabulario

**Completa cada oración.**

1. Los cuatro pasos del plan para resolver problemas son: Explora, __?__, Resuelve y Examina. (Lección 1-1)
2. Para calcular el valor de una expresión algebraica, debes __?__ en valor(es) dado(s) de las variable(s). (Lección 1-6)
3. La __?__ de un conjunto de datos es la suma de éstos dividida entre su número. (Lección 2-6)

## Requisitos

**Evalúa cada expresión si $a = 3$ y $b = 4$.** (Lección 1-6)

**4.** $3a - 2b$ **5.** $5 + 2a$

**6.** $b - 1 + a$ **7.** $16 - b$

**8.** $3b + a$ **9.** $b + 3a$

**Suma o resta.** (Página 589)

**10.** $82 - 67$ **11.** $29 + 54$

**12.** $48 - 33$ **13.** $61 + 19$

**Multiplica o divide.** (Páginas 590, 591)

**14.** $36 \div 4$ **15.** $9 \times 3$

**16.** $6 \times 5$ **17.** $56 \div 8$

**Redondea cada número en decenas.** (Página 592)

**18.** 5 **19.** 75

**20.** 148 **21.** 156

---

**PLEGADOS™ Organiza el estudio**

**Suma y resta decimales** Haz este plegado para organizar tus notas. Comienza con dos hojas de papel de cuaderno.

**PASO 1** **Dobla y corta una de las hojas**
Dobla por la mitad y corta por el doblez y entre los márgenes.

**PASO 2** **Dobla y corta la otra hoja**
Dobla por la mitad y corta por el doblez y entre los márgenes.

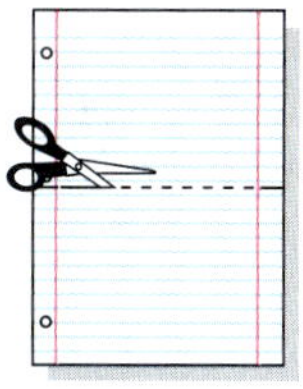

**PASO 3** **Dobla**
Inserta la primera a través de la segunda y por los dobleces.

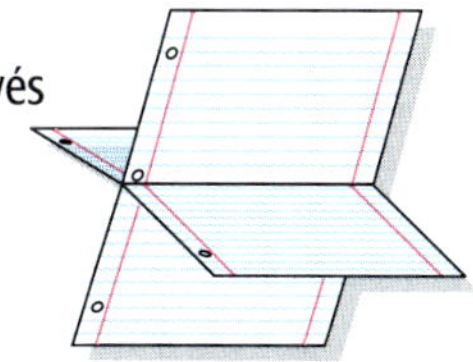

**PASO 4** **Rotula**
Escribe un número y título de lección en cada página.

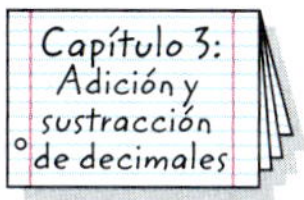


**Lee y escribe** A medida que estudies el capítulo, apunta en el diario notas, ejemplos y diagramas de cada lección.

# 3-1a LABORATORIO de PRÁCTICA

*Sinopsis de la Lección 3-1*

**Lo que aprenderás**

A usar modelos para representar, comparar, ordenar, sumar y restar decimales.

**Materiales**

- papel cuadriculado centimétrico

## Modelos de decimales

Éstos se usan para representar decimales.

| Unidades (1) | Décimas (0.1) | Centésimas (0.01) |
|---|---|---|
| 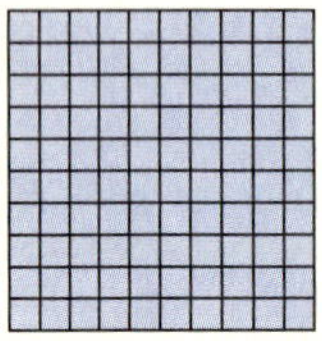 | 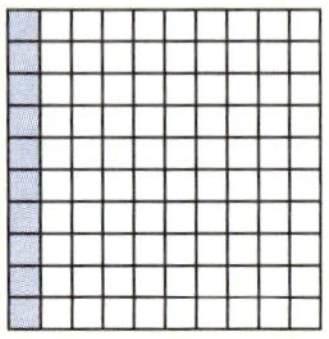 | 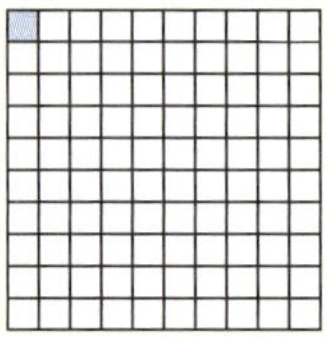 |
| Un cuadriculado completo de 10 por 10 representa 1 ó 1.0. | Un cuadriculado completo consta de 10 filas o columnas. Cada una de ellas representa una décima ó 0.1. | Un cuadriculado completo consta de 100 cuadraditos. Cada una de ellos representa una centésima ó 0.01. |

**ACTIVIDADES** *Trabaja con un(a) compañero(a).*

**1** **Escribe el decimal que muestra el modelo.**

Hay 58 cuadraditos sombreados ó 58 centésimas.

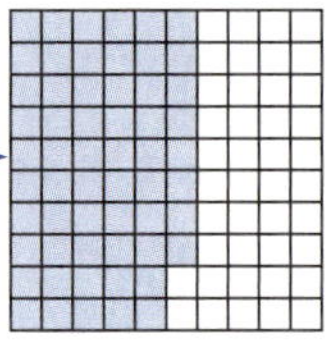

El modelo corresponde a 58 centésimas ó 0.58.

**2** **Compara 0.35 con 0.32 usando modelos.**

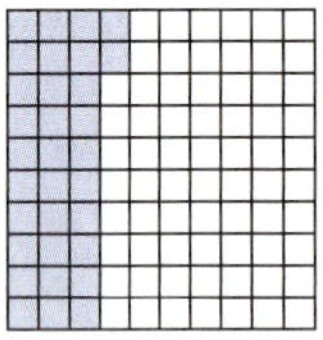

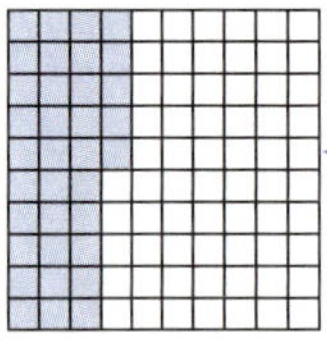

El modelo que representa 0.35 tiene más cuadraditos sombreados que el que corresponde a 0.32.

Así, 0.35 es mayor que 0.32, o sea, 0.35 > 0.32.

**Tu turno** **Escribe el decimal que muestra cada modelo.**

**a.** 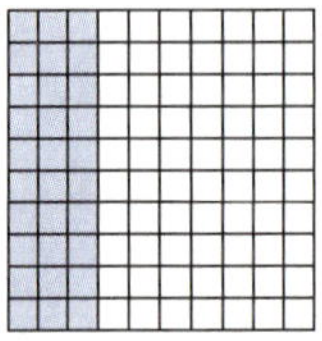

**b.** 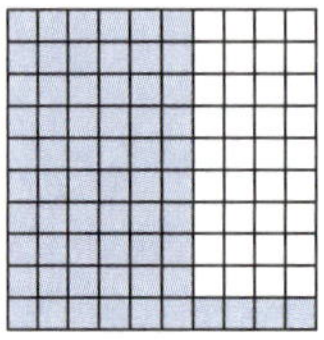

**c.** 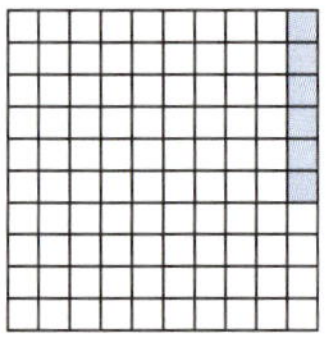

**Compara cada par de decimales usando modelos.**

**d.** 0.68 con 0.65 **e.** 0.2 con 0.28 **f.** 0.35 con 0.4

Puedes usar modelos para sumar y restar decimales.

**ACTIVIDADES** *Trabaja con un(a) compañero(a).*

**3** **Calcula 0.16 + 0.77 usando modelos.**

**PASO 1** Sombrea 0.16 de verde.

**PASO 2** Sombrea 0.77 de azul.

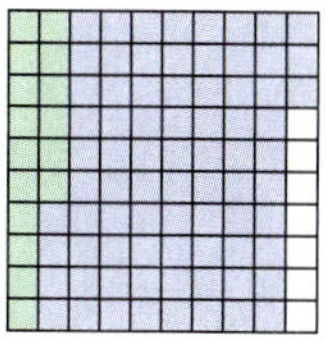

La suma corresponde al área sombreada total.

Así, 0.16 + 0.77 = 0.93.

**4** **Calcula 0.52 − 0.08 usando modelos.**

**PASO 1** Sombrea 0.52 de verde.

**PASO 2** Tacha 0.08 del área sombreada.

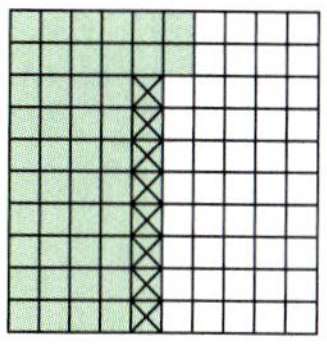

La resta corresponde al área sombreada sin tachar.

Por lo tanto, 0.52 − 0.08 = 0.44.

**Tu turno** **Calcula cada suma usando modelos.**

**g.** 0.14 + 0.67 **h.** 0.35 + 0.42 **i.** 0.03 + 0.07

**Calcula cada resta usando modelos.**

**j.** 0.75 − 0.36 **k.** 0.68 − 0.27 **l.** 0.88 − 0.49

## Escribe en matemáticas

1. **Explica** con modelos por qué 0.3 es igual a 0.30.
2. **HAZ UNA CONJETURA** Explica cómo comparar decimales sin usar modelos.
3. **Explica** cómo usar papel cuadriculado para hacer un modelo de lo siguiente.

   **a.** 0.25 + 0.3 **b.** 0.8 − 0.37
4. **HAZ UNA CONJETURA** Escribe una regla que puedas usar para sumar o restar decimales sin usar modelos.

# 3-1 Escribe decimales

**Lo que aprenderás**
A escribir decimales en palabras, en forma estándar y en forma extendida.

**NUEVO vocabulario**
**forma estándar**
**forma extendida**

**CONEXIÓN con la lectura**
***Deci-:*** prefijo que significa décima parte

## PRÁCTICA Minilaboratorio

**Materiales**
- bloques de base diez
- modelos de decimales
- dinero de mentira

*Trabaja con un(a) compañero(a).*

Estos modelos muestran algunas de las maneras de escribir el decimal 1.34.

Tabla de valores de posición

| 1,000 | 100 | 10 | 1 | 0.1 | 0.01 | 0.001 |
|---|---|---|---|---|---|---|
| millares | centenas | decenas | unidades | décimas | centésimas | milésimas |
| 0 | 0 | 0 | 1. | 3 | 4 | 0 |

Dinero

Un dólar   30 centavos   4 centavos

Modelo de decimales

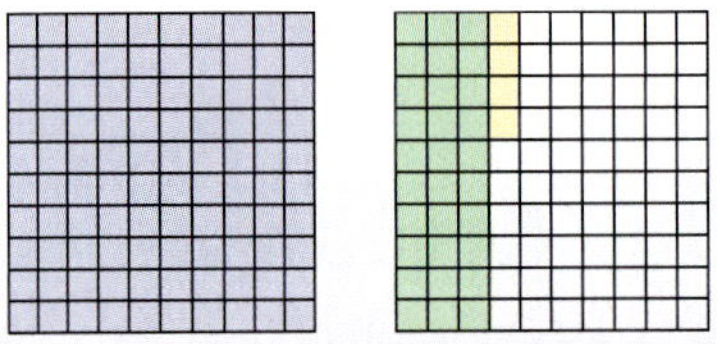

uno   34 centésimas

Bloques de base diez

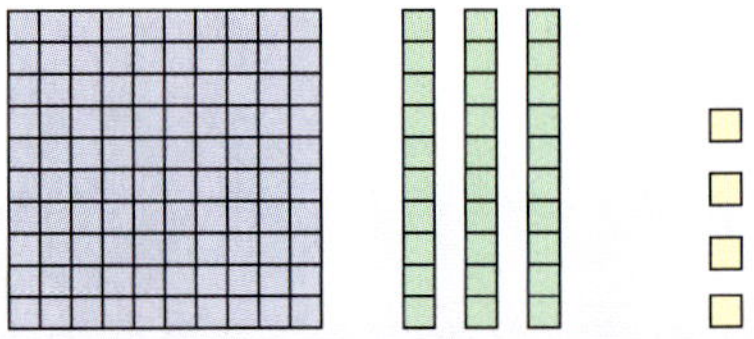

1 uno   3 décimas   4 centésimas

**Haz un modelo de cada decimal usando una tabla de valores de posición, dinero, un modelo de decimales y bloques de base diez.**

**1.** 1.56   **2.** 0.85   **3.** 0.08   **4.** $2.25

Los decimales, al igual que los números enteros, se basan en el número diez. Los dígitos y sus posiciones determinan el valor del decimal. El punto decimal separa la parte del número entero del decimal de la parte que es menor que uno.

Tabla de valores de posición

| 1,000 | 100 | 10 | 1 | 0.1 | 0.01 | 0.001 | 0.0001 |
|---|---|---|---|---|---|---|---|
| millares | centenas | decenas | unidades | décimas | centésimas | milésimas | diez-milésimas |
| 0 | 0 | 0 | 1. | 3 | 4 | 0 | 0 |

número entero (millares a unidades)   menor que uno (décimas a diez-milésimas)

Puedes usar el valor de posición para escribir decimales en palabras.

## LEE matemáticas

**El punto decimal** Usa la palabra *con* sólo para leer el punto decimal. Por ejemplo, lee 0.235 como *doscientas treinta y cinco milésimas* y 235.035 como *doscientos treinta y cinco con treinta y cinco milésimas*.

## EJEMPLO 1 Escribe decimales en palabras

**1 Escribe 35.376 en palabras.**

Tabla del valor de posición

| 1,000 | 100 | 10 | 1 | 0.1 | 0.01 | 0.001 | 0.0001 |
|---|---|---|---|---|---|---|---|
| millares | centenas | decenas | unidades | décimas | centésimas | milésimas | diez-milésimas |
| 0 | 0 | 3 | 5. | 3 | 7 | 6 | 0 |

El último dígito, 6, está en el lugar de las milésimas.

treinta y cinco | con | trescientas setenta y seis milésimas

35.376 es treinta y cinco con trescientas setenta y seis milésimas.

Los decimales se pueden escribir en forma estándar y extendida. La **forma estándar** es la manera común de escribir un número. La **forma extendida** es la suma de los productos de cada dígito y su valor de posición.

| en palabras | forma estándar | forma extendida |
|---|---|---|
| doce centésimas | 0.12 | $(1 \times 0.1) + (2 \times 0.01)$ |

## EJEMPLO 2 Forma estándar y extendida

**2 Escribe *cincuenta y cuatro con siete diezmilésimas* en forma estándar y extendida.**

Tabla del valor de posición

| 1,000 | 100 | 10 | 1 | 0.1 | 0.01 | 0.001 | 0.0001 |
|---|---|---|---|---|---|---|---|
| millares | centenas | decenas | unidades | décimas | centésimas | milésimas | diez-milésimas |
| 0 | 0 | 5 | 4. | 0 | 0 | 0 | 7 |

**Forma estándar:** 54.0007

**Forma extendida:** $(5 \times 10) + (4 \times 1) + (0 \times 0.1) + (0 \times 0.01) + (0 \times 0.001) + (7 \times 0.0001)$

**Tu turno** **Escribe cada decimal en palabras.**

**a.** 0.825 **b.** 16.08 **c.** 142.67

**d.** Escribe *doce con cuatro décimas* en forma estándar y extendida.

## Repaso de destrezas y conceptos

**Escribe en matemáticas**
**Ejercicios 1 y 3**

1. **Explica** la diferencia entre escribir un decimal en palabras, en forma estándar y en forma extendida.
2. **INTERPRETA** Haz un modelo de 2.75.
3. **¿Cuál no pertenece?** Identifica el número que no vale lo mismo que los otros. Explica tu razonamiento.

| 0.75 | siete con cinco centésimas | $(7 \times 0.1) + (5 \times 0.01)$ | setenta y cinco centésimas |
|---|---|---|---|

### PRÁCTICA DIRIGIDA

**Escribe cada decimal en palabras.**

4. 0.7
5. 0.08
6. 5.32
7. 0.022
8. 34.542
9. 8.6284

**Escribe cada decimal en forma estándar y extendida.**

10. nueve décimas
11. doce milésimas
12. tres con veintidós centésimas
13. cuarenta y nueve con treinta y seis diezmilésimas
14. **ALIMENTOS** Una botella de gaseosa contiene 1.25 pintas. Escribe este número de otras dos maneras.

## Práctica y aplicaciones

**AYUDA CON LAS TAREAS**

| Ejercicios | Ver ejemplos |
|---|---|
| 15–28, 41 | 1 |
| 29–40, 44 | 2 |

**Práctica adicional**
**Ver páginas 599, 626.**

**Escribe en palabras.**

15. 0.4
16. 0.9
17. 3.56
18. 1.03
19. 7.17
20. 4.94
21. 0.068
22. 0.387
23. 78.023
24. 20.054
25. 0.0036
26. 9.0769
27. ¿Cómo se escribe 301.0019 en palabras?
28. ¿Cómo se escribe 284.1243 en palabras?

**Escribe en forma estándar y extendida.**

29. cinco décimas
30. once con tres décimas
31. dos con cinco centésimas
32. treinta y cuatro con dieciséis centésimas
33. cuarenta y uno con sesenta y dos diezmilésimas
34. ciento dos diezmilésimas
35. ochenta y tres diezmilésimas
36. cincuenta y dos con una centésima
37. Escribe $(5 \times 0.1) + (2 \times 0.01)$ en palabras.
38. Escribe $(4 \times 1) + (2 \times 0.1)$ en palabras.
39. ¿Cómo se escribe $(3 \times 10) + (3 \times 1) + (4 \times 0.1)$ en forma estándar?
40. Escribe $(4 \times 0.001) + (8 \times 0.0001)$ en forma estándar.

41. **CHEQUES** Para evitar errores al hacer un cheque, la cantidad se escribe en forma estándar y en palabras. Escribe $23.79 en palabras.

**ALIMENTOS Usa la información de la derecha en los ejercicios 42 al 44.**

| Palomitas de maíz sin reventar | |
|---|---|
| **Ingrediente** | **Gramos** |
| agua | 0.125 |
| grasa | 0.03 |
| proteína | 0.105 |
| carbohidratos | 0.71 |
| agua mineral | 0.02 |

**Fuente:** www.popcornpopper.com

42. ¿Qué números tienen su último dígito en las centésimas?

43. ¿Cómo sabes cuál es el lugar de las centésimas?

44. Escribe cada número en forma extendida.

45. **INVESTIGACIÓN** Busca en Internet o en otra fuente la definición de decimal y luego escribe dos maneras en que los decimales se usan a diario.

**RAZONAMIENTO CRÍTICO Usa la siguiente información en los ejercicios 46 y 47.**

Se escribe un decimal usando sólo una vez los dígitos 5, 8 y 2.

46. ¿Cuál es el decimal máximo posible que es mayor que 5, pero menor que 8?

47. Calcula el decimal mínimo posible mayor que 0, pero menor que uno.

## Prueba estandarizada de práctica y repaso general

48. **SELECCIÓN MÚLTIPLE** Escoge el decimal que corresponde a *doce con sesenta y tres milésimas.*

Ⓐ 1,206.3 Ⓑ 120.63 Ⓒ 12.063 Ⓓ 0.12063

49. **RESPUESTA BREVE** Escribe 34.056 en palabras.

50. **FÚTBOL AMERICANO** ¿Podría ser engañosa la media al describir los puntajes medios de la tabla? Explica. (Lección 2-8)

| Puntajes de la escuela intermedia Hayes en fútbol americano | |
|---|---|
| Partido 1 | 20 |
| Partido 2 | 27 |
| Partido 3 | 22 |
| Partido 4 | 13 |
| Partido 5 | 30 |

51. **ESCUELA** Calcula la mediana de las notas de Tim en historia: 88, 90, 87, 91, 49. (Lección 2-7)

**Calcula el valor de cada expresión.** (Lección 1-5)

52. $45 \div 3 \times 3 - 7 + 12$

53. $5 \times 6 + 6 - 12 \div 2$

### PREPÁRATE PARA LA SIGUIENTE LECCIÓN

**DESTREZA BÁSICA Escoge la letra del punto que corresponde a cada decimal.**

54. 6.3

55. 6.7

56. 6.2

57. 6.5

58. 7.2

59. 6.9

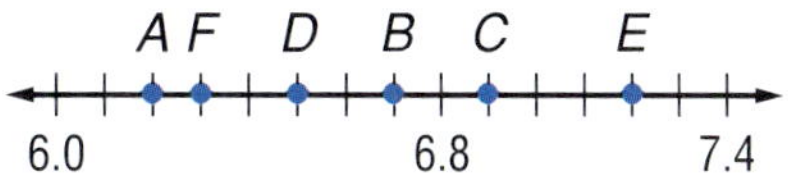

3-1b LABORATORIO de PRÁCTICA

Seguimiento de la Lección 3-1

**Lo que aprenderás**
A escribir números usando numerales romanos y egipcios.

# Otros sistemas numéricos

**INVESTIGACIÓN** *Trabaja con un(a) compañero(a).*

Al final de una película se lee el año en que se rodó. Sin embargo, en vez de ver el número 2005, lo que ves es este número escrito con numerales romanos, MMV.

El sistema de numeración romano usa combinaciones de siete letras, las que se muestran en la tabla de la derecha.

Todos los números son combinaciones de estas siete letras. Aquí se muestran varios números y sus equivalentes romanos.

| Numeral romano | Número |
|---|---|
| I | 1 |
| V | 5 |
| X | 10 |
| L | 50 |
| C | 100 |
| D | 500 |
| M | 1,000 |

| Número | 2 | 3 | 4 | 6 | 7 | 8 | 9 |
|---|---|---|---|---|---|---|---|
| Numeral romano | II | III | IV | VI | VII | VIII | IX |
| Número | 14 | 16 | 20 | 40 | 42 | 49 | 90 |
| Numeral romano | XIV | XVI | XX | XL | XLII | XLIX | XC |

## Escribe en matemáticas

1. **HAZ UNA CONJETURA** Examina los patrones de la tabla y **escribe** una oración o dos en las que expliques cómo se escriben los numerales romanos.

**Escribe cada número en numerales romanos.**

2. 6 3. 40 4. 23 5. 15 6. 55

**Escribe el número que corresponde a cada numeral romano.**

7. XLIX 8. C 9. XCVIII 10. XXIV 11. XVIII

12. Los números de las primeras páginas de este libro vienen escritos en numerales romanos. Escribe el número del mayor numeral romano que encuentres ahí.

13. **Describe** una desventaja de los numerales romanos.

14. *¿Verdadero* o *falso?* El sistema numérico romano es un sistema de valores de posición. Explica.

**INVESTIGACIÓN** *Trabaja con un(a) compañero(a).*

El sistema numérico del Egipto antiguo era muy sencillo. Un símbolo único representaba cada lugar decimal en el sistema.

El sistema de numeración egipcio usa combinaciones de siete símbolos, los que se muestran en la tabla de la derecha.

Todos los números son combinaciones de estos siete símbolos. Aquí se muestran varios números y sus equivalentes egipcios.

| Numeral egipcio | Número |
|---|---|
| 𓏺 | 1 |
| 𓎆 | 10 |
| 𓍢 | 100 |
| 𓆼 | 1,000 |
| 𓂭 | 10,000 |
| 𓆐 | 100,000 |
| 𓁨 | 1,000,000 |

| | | | | |
|---|---|---|---|---|
| Número | 2 | 4 | 12 | 110 |
| Numeral egipcio | 𓏺𓏺 | 𓏺𓏺𓏺𓏺 | 𓎆𓏺𓏺 | 𓍢𓎆 |
| Número | 1,200 | 11,110 | 221,100 | 1,111,000 |
| Numeral egipcio | 𓆼𓍢𓍢 | 𓂭𓆼𓍢𓎆 | 𓆐𓆐𓂭𓂭𓆼𓍢 | 𓁨𓆐𓂭𓆼 |

## Escribe en matemáticas

**15.** **Compara y contrasta** nuestro sistema numérico decimal con el sistema de numeración del Egipto antiguo.

**Escribe cada número en numerales egipcios.**

**16.** 4 **17.** 20 **18.** 112 **19.** 1,203

**Escribe el número que corresponde a cada numeral egipcio.**

**20.** 𓏺𓏺𓏺𓏺𓏺 **21.** 𓎆

**22.** 𓍢𓎆𓎆𓎆 **23.** 𓆼𓍢𓍢𓍢

**24.** **Describe** una desventaja de los numerales egipcios.

**25.** **Identifica** cualquier similitud entre el sistema romano y el egipcio.

**26.** **HAZ UNA CONJETURA** ¿Cómo crees que se sumen números en el sistema egipcio? ¿En qué se parece a la suma en un sistema de valores de posición?

# 3-2 Compara y ordena decimales

**Lo que aprenderás**
A comparar y ordenar decimales.

**NUEVO vocabulario**
- decimales equivalentes

**Símbolos matemáticos**
- < menor que
- > mayor que

## ¿CUÁNDO usaré esto?

**SNOWBOARDING** La tabla enumera los cinco primeros lugares del Halfpipe masculino en los juegos olímpicos de 2002.

| Resultados | | |
|---|---|---|
| Snowboarders | País | Puntaje |
| Danny Kass | EE.UU. | 42.5 |
| Giacomo Kratter | Italia | 42.0 |
| Takaharu Nakai | Japón | 40.7 |
| Ross Powers | EE.UU. | 46.1 |
| Jarret Thomas | EE.UU. | 42.1 |

**Fuente:** www.mountainzone.com

1. ¿Qué jugador obtuvo el puntaje más alto? Explica.

La comparación de decimales es similar a la de números enteros. Puedes usar el valor de posición o una recta numérica.

## EJEMPLO Compara decimales

**1** **SNOWBOARDING** **Usa la tabla anterior y > o < para comparar el puntaje de Danny Kass con el de Jarret Thomas.**

**Método 1** Usa el valor de posición.

Empieza alineando los puntos decimales.

Danny Kass: 42.5
Jarret Thomas: 42.1

Ahora, comenzando por la izquierda, busca el primer lugar en el que difieren los dígitos y compara dichos dígitos.

Como 5 > 1, 42.5 > 42.1. Así, el puntaje de Danny Kass fue mayor que el de Jarret Thomas.

**Método 2** Usa una recta numérica.

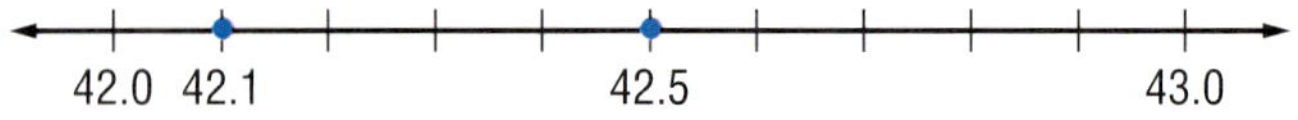


Los números a la derecha son mayores que los números a la izquierda. Ya que 42.5 está a la derecha de 42.1, 42.5 > 42.1.

**Tu turno** **Usa >, < o = para comparar cada par de decimales.**

a. 5.67 ● 5.72 b. 0.293 ● 0.253

**AYUDA PARA EL ESTUDIO**

**< y >** No olvides que estos símbolos siempre apuntan al número menor.

Decimales que denotan al mismo número se llaman **decimales equivalentes**, por ejemplo, 0.6 y 0.60.

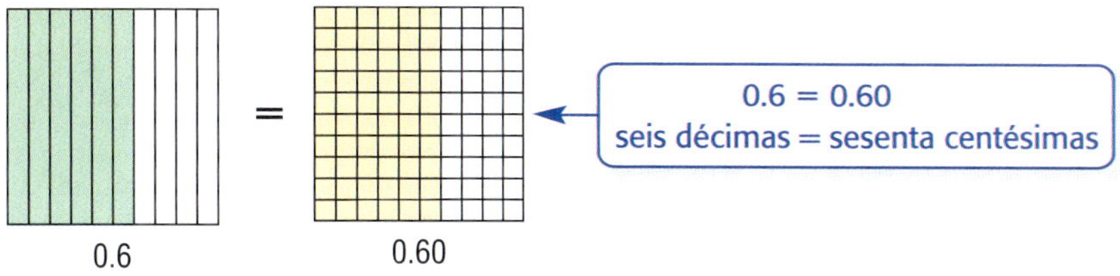


Cuando escribes o añades ceros a la derecha del último dígito de un decimal, su valor no cambia. El añadir ceros es útil al ordenar un grupo de decimales.

## EJEMPLO Ordena decimales

**2 Ordena 15, 14.95, 15.8 y 15.01 de menor a mayor.**

Comienza alineando los puntos decimales.

15 → 15.00
14.95 → 14.95
15.8 → 15.80
15.01 → 15.01

Ahora añade ceros de modo que cada uno tenga el mismo número de lugares decimales.

Finalmente, usa el valor de posición para comparar los decimales.

El orden de menor a mayor es 14.95, 15, 15.01 y 15.8.

**AYUDA PARA EL ESTUDIO**

**Verifica la racionalidad** Puedes comprobar en una recta numérica la racionalidad del orden.

### Tu turno

c. Ordena 35.06, 35.7, 35.5 y 35.849 de mayor a menor.

## Repaso de destrezas y conceptos

**Escribe en matemáticas** Ejercicios 2 y 3

1. **Traza** una recta numérica para ordenar de menor a mayor 2.5, 2.05, 2.55 y 2.35.

2. **INTERPRETA** Escribe un decimal equivalente a 0.4 y luego haz un modelo para comprobar que no estás equivocado.

3. **HALLA EL ERROR** Mark y Carlos ordenaron 0.4, 0.5 y 0.49 de menor a mayor. ¿Quién lo hizo bien? Explica.

Mark
0.4, 0.5, 0.49

Carlos
0.4, 0.49, 0.5

### PRÁCTICA DIRIGIDA

**Usa >, < o = para comparar cada par de decimales.**

4. 2.7 ● 2.07
5. 0.4 ● 0.5
6. 25.5 ● 25.50

7. Ordena 0.002, 0.09, 0.2, 0.21 y 0.19 de menor a mayor.

## Práctica y aplicaciones

| AYUDA CON LAS TAREAS | |
|---|---|
| Ejercicios | Ver ejemplos |
| 8–19, 24 | 1 |
| 20–23, 25 | 2 |
| **Práctica adicional** Ver páginas 599, 626. | |

**Usa >, < o = para comparar cada par de decimales.**

**8.** 0.2 ● 2.0 **9.** 3.3 ● 3.30 **10.** 0.08 ● 0.8
**11.** 0.4 ● 0.004 **12.** 6.02 ● 6.20 **13.** 5.51 ● 5.15
**14.** 9.003 ● 9.030 **15.** 0.204 ● 0.214 **16.** 7.107 ● 7.011
**17.** 23.88 ● 23.880 **18.** 0.0624 ● 0.0264 **19.** 2.5634 ● 2.5364

**Ordena cada conjunto de decimales de menor a mayor.**

**20.** 16, 16.2, 16.02, 15.99 **21.** 5.545, 4.45, 4.9945, 5.6

**Ordena cada conjunto de decimales de mayor a menor.**

**22.** 2.1, 2.01, 2.11, 2.111 **23.** 32.32, 32.032, 32.302, 3.99

| Libro | Signatura |
|---|---|
| *Ballenas Baleen* | 599.52 |
| *La ballena azul* | 599.5248 |
| *La ballena* | 599.5 |

**24. CARRERAS DE AUTOS** Jeff Gordon manejó a 161.551 millas por hora al ganar la Daytona 500 en 1999. Michael Waltrip la ganó en 2001 manejando a 161.794 millas por hora. ¿Quién fue el más rápido?

**25. LIBROS** La mayoría de los libros en bibliotecas se colocan en estantes de modo que sus signaturas estén ordenadas de menor a mayor. Usa la información de la derecha para hallar el orden en que deben colocarse estos libros en los estantes.

**26. RAZONAMIENTO CRÍTICO** Della tiene más dinero que Sara, pero menos que Eric. Halley tiene 10¢ más que Héctor. Las cantidades son $0.89, $1.70, $1.18, $0.79 y $1.07. ¿Cuánto tiene cada uno?

## Prueba estandarizada de práctica y repaso general

**27. SELECCIÓN MÚLTIPLE** ¿Qué número está entre 3.18 y 4.03?

Ⓐ 3.082 Ⓑ 3.205 Ⓒ 4.052 Ⓓ 4.352

**28. SELECCIÓN MÚLTIPLE** ¿Cuál es el menor de estos decimales?

Ⓕ 94.7 Ⓖ 98.5 Ⓗ 99.7 Ⓘ 101.1

**Escribe cada decimal en forma estándar.** (Lección 3-1)

**29.** treinta y siete milésimas **30.** nueve con dieciséis milésimas

**31. ESTADÍSTICA** ¿Es la moda una medida de tendencia central engañosa de los datos 21, 20, 19, 13, 21, 18, 12 y 21? Explica. (Lección 2-8)

**32.** Determina si 315 es divisible entre 2, 3, 5 ó 10. (Lección 1-2)

### PREPÁRATE PARA LA SIGUIENTE LECCIÓN

**REQUISITOS** Identifica el valor de posición de cada lugar subrayado. (Lección 3-1)

**33.** $14.0\underline{6}$ **34.** $3.\underline{0}54$ **35.** $0.42\underline{7}8$ **36.** $2.960\underline{0}$



msmath1.net/self_check_quiz

# 3-3 Redondea decimales

**Lo que aprenderás**
A redondear decimales.

## ¿CUÁNDO usaré esto?

**ESCUELA** A la derecha se muestra el menú de almuerzo de la escuela intermedia Jackson.

1. Redondea cada precio en dólares.
2. ¿Cómo redondeaste cada número?
3. **HAZ UNA CONJETURA** sobre cómo redondear cada precio a los 10 centavos más cercanos.

**Menú de almuerzo**

| Plato | Precio ($) |
|---|---|
| Pizza | $1.20 |
| Ensalada | $2.65 |
| Taco | $1.30 |
| Gaseosa | $0.85 |
| Leche | $0.75 |
| Fruta | $1.25 |

Los decimales se redondean del mismo modo que los números enteros.

### Concepto clave — Redondea decimales

Para redondear un decimal, subraya el dígito a redondear. Luego mira el dígito a la derecha de éste.

- Si el dígito es 4 ó menos, el dígito subrayado queda igual.
- Si el dígito es 5 ó más, súmale 1 al dígito subrayado.

## EJEMPLOS Redondea decimales

**1 Redondea 1.324 al número entero más cercano.**

Subraya el dígito a redondearse. En este caso, el de las unidades.

1.324

Ahora mira el dígito a su derecha. Como 3 es menor que 5, el dígito 1 queda igual.

En la recta numérica, 1.3 está más cerca de 1 que de 2, así que, al entero más cercano, 1.324 se redondea a 1.0.

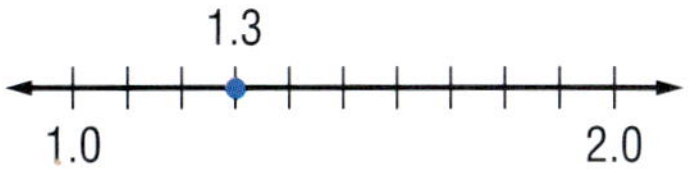


**2 Redondea 99.96 en décimas.**

Subraya el dígito a redondearse. En este caso, el de las décimas.

99.96

Ahora mira el dígito a su derecha. Como éste es 6, súmale 1 al dígito subrayado.

En la recta numérica, 99.96 está más cerca de 100.0 que de 99.9, así que, en décimas, 99.96 se redondea a 100.0.

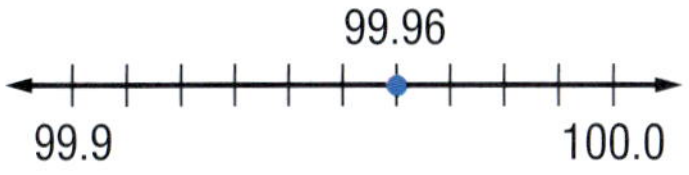

El redondeo se usa a menudo en problemas concretos relacionados con dinero.

**AYUDA PARA EL ESTUDIO**

**Redondeo** Como hay 100 centavos en un dólar, redondear en centavos significa redondear en centésimas.

## EJEMPLO Usa redondeo para resolver problemas

**3** **ALIMENTOS Una bolsa de papas fritas cuesta $0.2572 la onza. ¿Cuánto es esto en centavos?**

Para redondear en centavos, redondea en centésimas.

Subraya el dígito de las centésimas.

$0.2572

Ahora mira el dígito a su derecha. Como éste es mayor que 5, súmale 1 al dígito subrayado.

En centavos, el precio es de $0.26 la onza.

**Tu turno** **Redondea cada decimal al lugar indicado.**

**a.** 0.27853; diezmilésimas **b.** $5.8962; centavos

## Repaso de destrezas y conceptos

**Escribe en matemáticas** Ejercicios 1 y 3

1. **Traza** una recta numérica para demostrar por qué 3.47 redondeado en décimas es 3.5. Escribe una oración explicando la recta numérica.

2. **INTERPRETA** Da un ejemplo de un número que redondeado en centésimas es 45.39.

3. **¿Cuál no pertenece?** Identifica el decimal que no es igual a los otros cuando se le redondea en décimas. Explica.

| | | | |
|---|---|---|---|
| 34.62 | 34.59 | 34.49 | 34.56 |

### PRÁCTICA DIRIGIDA

**Redondea cada decimal al lugar indicado.**

4. 0.329; décimas
5. 1.75; unidades
6. 45.522; centésimas
7. 0.5888; milésimas
8. 7.67597; diezmilésimas
9. $34.59; decenas

10. **CIENCIA** La tabla muestra la aceleración debido a la gravedad de algunos planetas. En décimas, ¿cuál es esta aceleración para cada planeta?

| Planeta | Aceleración (metros por segundo) |
|---|---|
| Júpiter | 23.12 |
| Saturno | 8.96 |
| Urano | 8.69 |
| Marte | 3.69 |

**Fuente:** *Science Scope*

## Práctica y aplicaciones

**AYUDA CON LAS TAREAS**

| Ejercicios | Ver ejemplos |
|---|---|
| 11–24 | 1, 2 |
| 25–26 | 3 |

**Práctica adicional**
**Ver páginas 600, 626.**

**Redondea cada decimal al lugar indicado.**

**11.** 7.445; décimas

**12.** 7.999; décimas

**13.** $5.68; unidades

**14.** 10.49; unidades

**15.** 2.499; centésimas

**16.** 40.458; centésimas

**17.** 5.4572; milésimas

**18.** 45.0099; milésimas

**19.** 9.56303; diezmilésimas

**20.** 988.08055; diezmilésimas

**21.** $87.09; decenas

**22.** 1,567.893; decenas

**23.** Redondea $67.37 en dólares.

**24.** ¿Qué es 67,234.63992 redondeado en milésimas?

**25.** **ALIMENTOS** A Estados Unidos se lo considera como "la capital mundial de los helados." Cada persona consume un promedio de casi 5.75 galones anuales. Redondea 5.75 en galones.

**26.** **MEDIOS DE DIFUSIÓN** Los disc-jockeys a menudo se refieren a la emisora redondeando su signatura al número entero más cercano. ¿Qué número usaría un DJ para referirse a la emisora cuya signatura es 102.9?

**27.** **RAZONAMIENTO CRÍTICO** Escribe tres decimales distintos que en décimas se redondean a 10.0.

## Prueba estandarizada de práctica y repaso general

**28.** **SELECCIÓN MÚLTIPLE** En la tabla se dan las masas atómicas de tres elementos. ¿Cuál es la masa atómica del sodio redondeada en décimas?

(A) 22.98 (B) 22.99

(C) 23.0 (D) 23.1

| Elemento | Masa atómica |
|---|---|
| Sodio | 22.9898 |
| Neón | 20.180 |
| Magnesio | 24.305 |

**Fuente:** www.webelements.com

**29.** **RESPUESTA BREVE** Redondea 1,789.8379 en milésimas.

**Usa >, < o = para comparar cada par de decimales.** (Lección 3-2)

**30.** 8.64 ● 8.065

**31.** 2.5038 ● 25.083

**32.** 12.004 ● 12.042

**33.** Escribe *treinta y dos con cinco centésimas* en forma estándar. (Lección 3-1)

**34.** Calcula la factorización prima de 40. (Lección 1-3)

### PREPÁRATE PARA LA SIGUIENTE LECCIÓN

**REQUISITOS** **Suma o resta.** (Página 589)

**35.** 43 + 15

**36.** 68 + 37

**37.** 85 − 23

**38.** 52 − 29

CAPÍTULO 3

# Prueba parcial de práctica del capítulo

## Vocabulario y conceptos

1. **Explica** cómo escribir un decimal en palabras. (Lección 3-1)
2. **Enuncia** la regla que se usa para redondear decimales. (Lección 3-3)

## Destrezas y aplicaciones

3. Escribe 12.65 en palabras. (Lección 3-1)
4. Escribe *cuatro con doscientas treinta y dos milésimas* en forma estándar y extendida. (Lección 3-1)

**Usa >, < o = para comparar cada par de decimales.** (Lección 3-2)

5. 0.06 ● 0.6
6. 6.3232 ● 6.3202
7. 2.15 ● 2.150

**Ordena cada conjunto de menor a mayor.** (Lección 3-2)

8. 8.2, 8.02, 8.025, 8.225
9. 0.001, 0.101, 0.0101, 0.011

**Redondea cada decimal al lugar indicado.** (Lección 3-3)

10. 8.236; décimas
11. 10.0879; milésimas
12. 7.84; unidades
13. 431; centésimas

## Prueba estandarizada de práctica

14. **SELECCIÓN MÚLTIPLE** En la tabla se muestran los tiempos de completación de los corredores de una carrera de relevos. ¿Cuál de éstos es el orden de llegada de menor a mayor? (Lección 3-2)

| Corredor | Tiempo de completación (s) |
|---|---|
| 1 | 32.02 |
| 2 | 31.95 |
| 3 | 32.2004 |
| 4 | 32.0029 |

Ⓐ 32.2004, 32.02, 32.0029, 31.95
Ⓑ 32.02, 32.0029, 32.2004, 31.95
Ⓒ 31.95, 32.0029, 32.02, 32.2004
Ⓓ 31.95, 32.2004, 32.0029, 32.02

15. **SELECCIÓN MÚLTIPLE** A menudo, el precio por galón de gasolina se escribe como decimal en milésimas. En centavos, ¿cuánto pagarías por un galón de gasolina que cuesta 1.239? (Lección 3-3)

Ⓕ $1.25  Ⓖ $1.24  Ⓗ $1.23  Ⓘ $1.22

# La Zona de juegos

Un sitio para practicar tus destrezas matemáticas

## Guerra decimal

### ¡ALÍSTATE!

**Jugadores:** dos
**Materiales:** girador con los dígitos del 0 al 9, papel

### ¡EN TU MARCA!

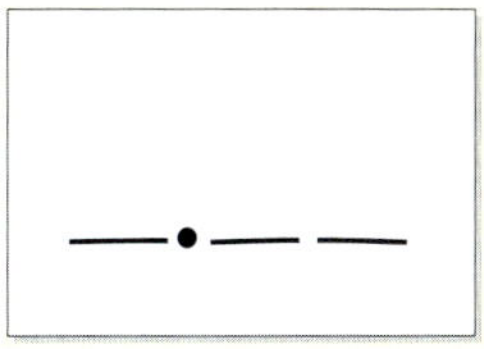

- Cada jugador hace diez hojas de juego como la de la derecha, una por vuelta.
- Haz un girador, como el que se muestra.

### ¡ADELANTE!

- Un jugador hace girar la flecha una vez.
- Cada jugador escribe el número en uno de los espacios en blanco de su hoja de juego.
- El otro jugador hace girar la flecha y cada jugador escribe el número en uno de los espacios en blanco.
- Se juega una vez más, llenando así todos los espacios en blanco.
- El jugador con el número decimal mayor se anota 1 punto.
- Repítase nueve veces más.

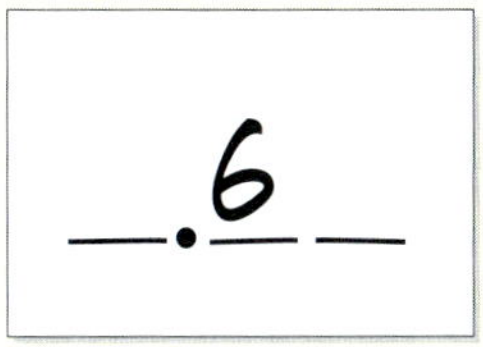


- **¿Quién gana?** Gana el jugador con el mayor puntaje al cabo de diez vueltas.

# 3-4 Estima sumas y restas

**Lo que aprenderás**
A estimar sumas y diferencias de decimales.

**NUEVO vocabulario**
- estimación por partes
- agrupamiento

## ¿CUÁNDO usaré esto?

**VIAJES** La gráfica muestra el número de personas que pasan por los aeropuertos estadounidenses más transitados.

1. Redondea cada número en millones.
2. ¿Cerca de cuánta más gente pasa por Hartsfield Atlanta que por San Francisco?

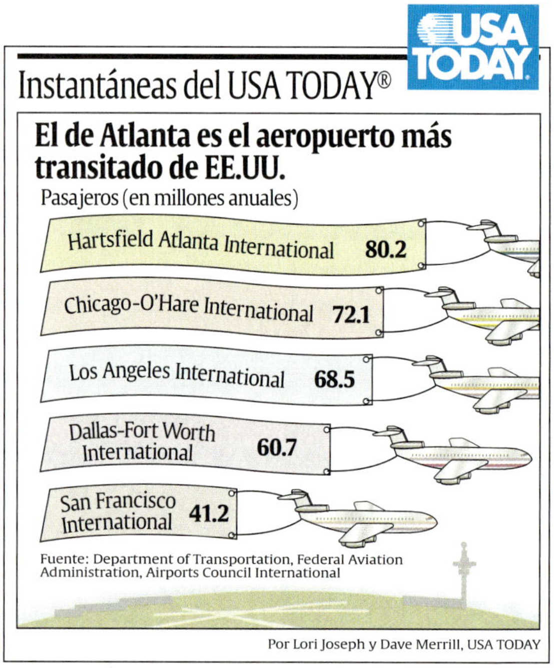


Para estimar sumas y diferencias de decimales, puedes usar los mismos métodos que usaste con números enteros.

## EJEMPLOS Estima para resolver problemas

**1** **Estima el total de personas que pasan por Dallas-Fort Worth y Los Angeles.**

Para facilitar la suma, redondea cada número en decenas.

$$\begin{array}{rcr l} 60.7 & \rightarrow & 60 & \text{60.7 se redondea a 60.} \\ +\ 68.5 & \rightarrow & +\ 70 & \text{68.5 se redondea a 70.} \\ \hline & & 130 & \end{array}$$

Unos 130 millones de personas.

**2** **Estima cuánta más gente pasa por Hartsfield Atlanta que por Chicago-O'Hare.**

$$\begin{array}{rcr l} 80.2 & \rightarrow & 80 & \text{80.2 se redondea a 80.} \\ -\ 72.1 & \rightarrow & -\ 70 & \text{72.1 se redondea a 70.} \\ \hline & & 10 & \end{array}$$

Unos 10 millones más de personas.

**AYUDA PARA EL ESTUDIO**

**La estimación**
No hay respuesta exacta cuando se estima, pues estimar significa calcular un valor aproximado. La *racionalidad* de la estimación es, sin embargo, importante.

Otro tipo de estimación es la estimación por partes. Al usar **estimación por partes**, suma o resta los dígitos delanteros y luego los del siguiente valor de posición.

## EJEMPLO Usa estimación por partes

**3** **Estima 34.6 + 55.3 por estimación por partes.**

Suma los dígitos delanteros. → Ahora suma los del siguiente valor de posición.

$$\begin{array}{r} 34.6 \\ +\ 55.3 \\ \hline 8 \end{array} \quad \rightarrow \quad \begin{array}{r} 34.6 \\ +\ 55.3 \\ \hline 89 \end{array}$$

Con estimación por partes, 34.6 + 55.3 es alrededor de 89.

**Tu turno** **Usa estimación por partes para estimar.**

**a.** $\begin{array}{r} 22.35 \\ -\ 11.14 \\ \hline \end{array}$ **b.** $\begin{array}{r} 5.45 \\ +\ 0.57 \\ \hline \end{array}$ **c.** \$37.92 − \$21.62

Puedes usar el **agrupamiento** cuando estimes una suma en la cual todos los sumandos se hallan cerca del mismo número.

## EJEMPLO Usa agrupamiento

**Prueba estandarizada de práctica**

**4** **PREGUNTA DE SELECCIÓN MÚLTIPLE**
**Usa la información de la tabla para estimar el total de horas de trabajo en los cuatro meses.**

| Mes | Horas de trabajo |
|---|---|
| Mayo | 72.50 |
| Junio | 68.50 |
| Julio | 69.75 |
| Agosto | 71.75 |

Ⓐ 210 Ⓑ 280

Ⓒ 350 Ⓓ 420

**Lee la pregunta** Los sumandos se agrupan alrededor de 70.

$$\begin{array}{rcr} 72.50 & \rightarrow & 70 \\ 68.50 & \rightarrow & 70 \\ 69.75 & \rightarrow & 70 \\ +\ 71.75 & \rightarrow & +\ 70 \\ \hline & & 280 \end{array}$$

**Resuelve** La multiplicación es adición repetida; entonces, un buen estimado es 4 × 70 ó 280. La respuesta es B.

**Ayuda para tomar pruebas** The Princeton Review

**Agrupamiento** El agrupamiento tiene óptimo uso en problemas con sumandos cercanos.

## Resumen de conceptos — Métodos de estimación

| | |
|---|---|
| **Redondeo** | Estima redondeando cada decimal al número entero más cercano con el que te sea más fácil sumar o restar mentalmente. |
| **Estimación por partes** | Estima sumando o restando los dígitos delanteros y luego suma o resta los siguientes. |
| **Agrupamiento** | Estima redondeando un grupo de números cercanos al mismo número. |

## Repaso de destrezas y conceptos

**Escribe en matemáticas** Ejercicios 1 al 3

1. **Explica** cómo estimarías 1.843 − 0.328.

2. **INTERPRETA** Da un ejemplo de un caso en el que, para estimar, tenga sentido usar el método de agrupamiento.

3. **SENTIDO NUMÉRICO** ¿Cómo sabes si la suma de 5.4, 6.3 y 9.6 es mayor que 20?

### PRÁCTICA DIRIGIDA

**Estima por redondeo.**

4. 0.36 + 0.83
5. 4.44 − 2.79

**Estima por estimación por partes.**

6. 179 + 188 + 213
7. $442 − $126

**Estima por agrupamiento.**

8. 5.32 + 4.78 + 5.42
9. 0.95 + 0.79 + 1.02

10. **COSTOS TELEFÓNICOS** Usa la información de la tabla para estimar por agrupamiento el costo total de las llamadas.

| Llamadas telefónicas | | | | |
|---|---|---|---|---|
| Minutos | 8.7 | 9.1 | 9.0 | 8.9 |
| Cantidad ($) | 1.04 | 1.09 | 1.08 | 1.07 |

## Práctica y aplicaciones

**AYUDA CON LAS TAREAS**

| Ejercicios | Ver ejemplos |
|---|---|
| 11–18, 34 | 1, 2 |
| 19–27 | 3 |
| 28–33, 35 | 4 |

**Práctica adicional**
**Ver páginas 600, 626.**

**Estima por redondeo.**

11. 49.59 + 16.22
12. $41.59 − $19.72
13. 2.33 + 4.88 + 5.5
14. $102.55 − $52.77
15. 0.36 + 0.83
16. 0.7 − 0.6363
17. ¿Aproximadamente cuánto más que $29.50 es $74.50?
18. Estima la suma 2.456 + 1.925 + 2.395 + 1.695.

**Estima por estimación por partes.**

19. 75.45 − 5.23
20. 27.09 − 12.05
21. 28.65 + 71.53
22. 124.82 + 64.98
23. $315.65 + 30.42
24. 186.25 − 86.49
25. 116.22 − 14.67
26. 50.96 + 19.28

27. **RECICLAJE** Dos cursos reciclan papel. Uno ganó $16.52 y el otro ganó $28.80. ¿Aproximadamente cuánto más ganó el segundo?

**Estima por agrupamiento.**

28. 6.99 + 6.59 + 7.02 + 7.44
29. $3.33 + $3.45 + $2.78 + $2.99
30. 5.45 + 5.3948 + 4.7999
31. $55.49 + $54.99 + $55.33
32. 10.33 + 10.45 + 10.89 + 9.79
33. 99.8 + 100.2 + 99.5 + 100.4

**DEPORTES** Usa la gráfica en los ejercicios 34 al 37.

34. ¿Aproximadamente cuánto más esperarías pagar por compras en un partido de la NFL que en uno de la MLB?

35. Usa agrupamiento para estimar el costo total por compras en partidos de la NBA, NHL y NFL.

36. **MULTI-PASO** Supón que el precio medio de una entrada a un partido de la MLB es de $35.00. ¿Aproximadamente cuánto pagaría una familia de cuatro por entradas más compras opcionales?

37. **ESCRIBE UN PROBLEMA** Escribe y resuelve un problema usando la información de la gráfica y luego resuélvelo por estimación.

38. **RAZONAMIENTO CRÍTICO** Se compran cinco artículos de igual precio. El costo total redondeado fue de $15. ¿Cuáles son los precios menores y mayores que podrían haber costado los artículos?

## Prueba estandarizada de práctica y repaso general

39. **SELECCIÓN MÚLTIPLE** Zack piensa comprar cuatro camisas. El precio de cada camisa va de $19.99 a $35.99. ¿Cuál sería un costo total razonable de las cuatro camisas?

(A) $60 (B) $70 (C) $120 (D) $160

40. **SELECCIÓN MÚLTIPLE** Usa la tabla. ¿Cuál es la mejor estimación del número total de acres quemados?

(F) 25 millones (G) 30 millones
(H) 35 millones (I) 40 millones

**Acres quemados en incendios destructivos**

| Año | Acres quemados (millones) |
|---|---|
| 2000 | 8.4 |
| 1996 | 6.7 |
| 1988 | 7.4 |
| 1969 | 6.7 |
| 1963 | 7.1 |

**Fuente:** www.nife.gov

41. **EL TIEMPO** Washington, D.C., tiene una precipitación anual media de 35.86 pulgadas. Redondea este número en décimas. (Lección 3-3)

42. Ordena los decimales de menor a mayor. 27.025, 26.98, 27.13, 27.9 y 27.131. (Lección 3-2)

### PREPÁRATE PARA LA SIGUIENTE LECCIÓN

**REQUISITOS** Suma o resta. (Página 589)

43. $\begin{array}{r} 278 \\ +\ 199 \\ \hline \end{array}$

44. $\begin{array}{r} 1{,}297 \\ +\ 86 \\ \hline \end{array}$

45. $\begin{array}{r} 700 \\ -\ 235 \\ \hline \end{array}$

46. $\begin{array}{r} 1{,}252 \\ -\ 79 \\ \hline \end{array}$

47. $\begin{array}{r} 2{,}378 \\ -\ 195 \\ \hline \end{array}$

# Destrezas para el estudio

# CÓMO...

## tomar apuntes

### MAPAS NUMÉRICOS

**¿Has escuchado alguna vez la expresión *una imagen vale más que mil palabras*? Los dibujos son a veces los mejores apuntes de clase que puedes tomar.**

Al igual que un mapa de carreteras muestra relaciones entre ciudades, un mapa numeral te muestra relaciones entre números. Empieza escribiendo un número en el centro del mapa.

Más abajo se muestra un mapa numérico que ilustra los diversos significados del decimal 0.5. Nota que el mapa numérico puede contener tanto significados matemáticos como cotidianos.

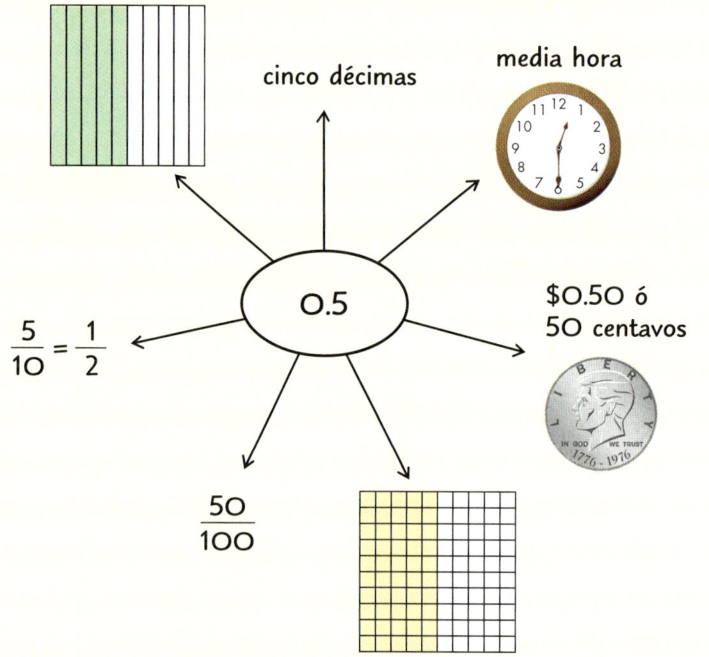


## PRÁCTICA de DESTREZAS

**Haz un mapa numérico de cada número. (*Ayuda*: En el caso de números enteros, piensa en factores, factores primos, divisibilidad, valor de posición, etc.)**

**1.** 0.75 **2.** 0.1 **3.** 0.01

**4.** 1.25 **5.** 2.5 **6.** 25

**7.** 45 **8.** 60 **9.** 100

**10.** Refiérete al ejercicio 1. Explica cómo se relaciona con 0.75 cada significado matemático o cotidiano del mapa numérico.

# 3-5 Suma y resta decimales

**Lo que aprenderás**
A sumar y restar decimales.

**REPASO de vocabulario**

**evaluar:** Calcular el valor de una expresión reemplazando las variables por números (**Lección 1-6**)

## ¿CUÁNDO usaré esto?

**CINE** La tabla muestra las cinco películas más taquilleras basándose en los ingresos brutos de un fin de semana.

| Película | Ingresos (millones) |
|---|---|
| #1 | $25.0 |
| #2 | $23.1 |
| #3 | $13.1 |
| #4 | $10.0 |
| #5 | $5.5 |

1. Estima el total ganado por estas películas.
2. Suma los dígitos en la misma posición y estima dónde colocar el punto decimal de la suma.

Para sumar o restar decimales, comienza alineando los puntos decimales y luego suma o resta los dígitos en la misma posición.

## EJEMPLO Suma decimales

**1 Suma 23.1 más 5.8.**

**Estima** $23.1 + 5.8 \rightarrow 23 + 6 = 29$

$$\begin{array}{r} 23.1 \\ +\ 5.8 \\ \hline 28.9 \end{array}$$

Alinea los puntos decimales.

Suma como lo haces con números enteros.

Compara el resultado con el estimado. Como 28.9 está cerca de 29, el resultado es razonable.

La suma de 23.1 con 5.8 es 28.9.

## EJEMPLO Resta decimales

**2 Calcula 5.774 − 2.371.**

**Estima** $5.774 - 2.371 \rightarrow 6 - 2 = 4$

$$\begin{array}{r} 5.774 \\ -\ 2.371 \\ \hline 3.403 \end{array}$$

Alinea los puntos decimales.

Resta como números enteros.

De modo que, $5.774 - 2.371 = 3.403$. Compara con la estimación.

**Tu turno** **Suma o resta.**

a. $54.7 + 21.4$ b. $9.543 - 3.67$ c. $72.4 + 125.82$

A veces es necesario añadir ceros antes de restar.

## EJEMPLO Añade ceros

**3** **Calcula 6 − 2.38.**

**Estima** $6 - 2.38 \rightarrow 6 - 2 = 4$

$$\begin{array}{r} 6.00 \\ -\ 2.38 \\ \hline 3.62 \end{array}$$ Añade ceros.

Entonces, $6 - 2.38 = 3.62$. Compara con el estimado.

**Tu turno** **Resta.**

d. $2 - 1.78$ e. $14 - 9.09$ f. $23 - 4.216$

**PROFESIONES EN LA VIDA REAL**

**¿Cómo usan las matemáticas los entrenadores personales?**

Los entrenadores personales usan estadística y geometría en su trabajo. Llevan asimismo un registro del progreso de sus clientes.

**Investigación en línea**

Para mayor información sobre la profesión de entrenador personal, visita msmath1.net/careers

## EJEMPLO Usa decimales para resolver problemas

**4** **PATINAJE DE VELOCIDAD** **La tabla muestra los tres mejores tiempos de la prueba de patinaje de velocidad en los juegos olímpicos invernales de 2002. ¿Cuál es la diferencia de tiempo entre el primer lugar y el tercero?**

**Patinaje de velocidad femenino (1000 m)**

| Patinadora | Tiempo (s) |
|---|---|
| Chris Witty | 73.83 |
| Sabine Volker | 73.96 |
| Jennifer Rodríguez | 74.24 |

**Fuente:** www.weasel.student

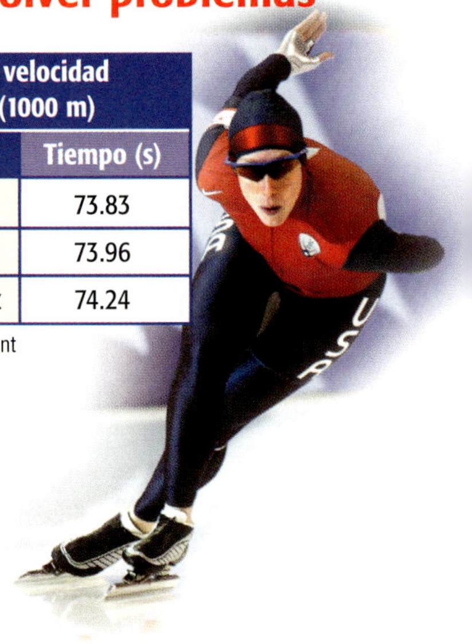

**Estima** $74.24 - 73.83 \rightarrow 74 - 74 = 0$

$$\begin{array}{r} 74.24 \\ -\ 73.83 \\ \hline 0.41 \end{array}$$

Así, la diferencia es de 0.41 segundos.

También puedes usar decimales para evaluar expresiones algebraicas.

## EJEMPLO Evalúa una expresión

**5** **ÁLGEBRA** **Evalúa $x + y$ si $x = 2.85$ y $y = 17.975$.**

$x + y = 2.85 + 17.975$ Reemplaza $x$ por 2.85 y $y$ por 17.975.

**Estima** $2.85 + 17.975 \rightarrow 3 + 18 = 21$

$$\begin{array}{r} 2.850 \\ +17.975 \\ \hline 20.825 \end{array}$$

Alinea los puntos decimales. Añade un cero.

Suma como lo haces con números enteros.

El valor es 20.825, el cual está cerca de la estimación, así que la respuesta es razonable.

**Tu turno** **Evalúa cada expresión si $a = 2.56$ y $b = 28.96$.**

g. $3.23 + a$ h. $68.96 - b$ i. $b - a$

## Repaso de destrezas y conceptos

**Escribe en matemáticas**
**Ejercicios 1 y 3**

1. **Explica** cómo calcular la suma de 3.3 con 2.89.

2. **INTERPRETA** Escribe una resta en la que sea útil añadir un cero.

3. **HALLA EL ERROR** Ryan y Akiko calcularon 8.9 − 3.72. ¿Quién lo hizo bien? Explica.

| Ryan | Akiko |
|---|---|
| 8.9 − 3.72 = 5.22 | 8.9 − 3.72 = 5.18 |

4. **SENTIDO COMÚN Y DATOS** Escoge cinco números de la lista siguiente cuya suma sea 10.2. Usa cada número una vez.

1.9   3   2.7   3.9   2.4   0.6   1.1   3.1   0.15

### PRÁCTICA DIRIGIDA

**Suma o resta.**

5. $5.5 + 3.2$
6. $5.78 - 5$
7. $9.67 + 2.35$
8. $0.40 - 0.20$
9. $5.5 - 1.24$
10. $1.254 + 0.3 + 4.15$
11. **ÁLGEBRA** Evalúa $s - t$ si $s = 8$ y $t = 4.25$.

## Práctica y aplicaciones

| AYUDA CON LAS TAREAS | |
|---|---|
| Ejercicios | Ver ejemplos |
| 12–22 | 1, 2, 3 |
| 31–32, 36–38 | 4 |
| 23–26 | 5 |

**Práctica adicional**
**Ver páginas 600, 626.**

**Suma o resta.**

12. $7.2 + 9.5$
13. $4.9 + 3.0$
14. $1.34 + 2$
15. $0.796 + 13$
16. $5.6 - 3.5$
17. $19.86 - 4.94$
18. $97 - 16.98$
19. $82 - 67.18$
20. $58.67 - 28.72$
21. $14.39 - 12.16$
22. $2.649 + 0.75 + 1.784$

**ÁLGEBRA Evalúa cada expresión si $a = 128.9$ y $d = 22.035$.**

23. $a - d$
24. $d + a$
25. $a - 11.25 - d$
26. $75 + d + a$

**Calcula el valor de cada expresión.**

27. $2.3 + 6 \times 2$
28. $15.3 - 3^2$
29. $3 + 6.5 - 2.8$
30. $2^2 - 1.58 + 6.5$

31. **ESTADÍSTICA** Usa la tabla para averiguar cuántos alumnos más por profesor hay en California que en Nevada.

32. **DINERO** ¿Cuánto recibirías de vuelto si le das \$20 a un cajero para una compra de \$18.74?

**Número de alumnos por profesor**

| Estado | Número |
|---|---|
| Washington | 19.9 |
| Oregon | 19.6 |
| Nevada | 18.7 |
| California | 21 |

**Fuente:** National Center for Education Statistics

**En los ejercicios 33 y 34 halla un contraejemplo a cada enunciado.**

**33.** El último dígito no nulo de la suma de dos decimales cuyo último dígito no nulo es el de las centésimas, es también el de las centésimas.

**34.** El último dígito no nulo de la resta de dos decimales cuyo último dígito no nulo es el de las décimas, es también el de las décimas.

**35.** **ESCRIBE UN PROBLEMA** Escribe sobre un caso real que se pueda resolver por suma o resta de decimales.

**AUTOS** **Usa la información de la tabla en los ejercicios 36 al 39. Ésta da las cinco preferencias más populares por cada 100 personas.**

| Color favorito de autos deportivos compactos, 2001 | |
|---|---|
| Plateado | 25.4 |
| Negro | 14.5 |
| Azul/Azul oscuro | 11.3 |
| Blanco | 9.8 |
| Rojo | 7.4 |

**Fuente:** infoplease.com

**36.** Calcula el total de personas por ciento que escogieron estos colores.

**37.** ¿Cuánta más gente por ciento prefirió negro que blanco?

**38.** **MULTI-PASO** ¿Cuánta más gente por ciento escogió los tres primeros colores que los dos últimos?

**39.** ¿Crees que los colores escogidos de año a año serían los mismos? Explica tu razonamiento.

**40.** **ÁLGEBRA** ¿Cuál es el valor de $a + b$ si $a = 126.68$ y $b = 1{,}987.9$?

**41.** **RAZONAMIENTO CRÍTICO** Dispón los dígitos 1, 2, 3, 4, 5, 6, 7 y 8 en dos decimales de modo que su diferencia esté lo más cerca posible de cero. Usa cada dígito una vez.

## Prueba estandarizada de práctica y repaso general

**42.** **SELECCIÓN MÚLTIPLE** La tabla muestra las visitas diarias por millar de los cinco sitios de Web más populares. ¿Cuál fue el número de visitas diarias por millar de todos los sitios?

| Sitios Web | Visitas por 1,000 |
|---|---|
| A | 14.699 |
| B | 14.295 |
| C | 7.790 |
| D | 7.563 |
| E | 6.137 |

**Fuente:** *U.S. News and World Report*

Ⓐ 48.9622 Ⓑ 50.484

Ⓒ 53.654 Ⓓ 56.484

**43.** **SELECCIÓN MÚLTIPLE** Dasan compró $13.72 de gasolina. El cajero le entregó $10 de vuelto. ¿Cuánto le entregó Dasan al cajero?

Ⓕ $15.72 Ⓖ $20.00 Ⓗ $25.00 Ⓘ none of these

**Usa un método adecuado para estimar.** (Lección 3-4)

**44.** 4.231 + 3.98 **45.** 3.945 + 1.92 + 3.55 **46.** 9.345 − 6.625 **47.** $11.11 − $6.45

**48.** Redondea 28.561 en décimas. (Lección 3-3)

### PREPÁRATE PARA LA SIGUIENTE LECCIÓN

**REQUISITOS** **Suma, resta, multiplica o divide.** (Páginas. 589-591)

**49.** 25 + 16 **50.** 96 − 25 **51.** $2 \times 8$ **52.** $24 \div 8$

# 3-5b Estrategia para resolver problemas

### *Seguimiento de la Lección 3-5*

## Opciones de cálculo

**Lo que aprenderás**
A resolver problemas escogiendo un método adecuado de cálculo.

Me enteré que tu familia viajó a North Carolina de vacaciones. ¿Cuánta distancia recorrieron aproximadamente?

El primer día recorrimos 356.2 millas, el segundo, 304.8 millas y el tercero, 283.1 millas, regresando por la misma ruta. Estimemos la distancia.

**Explora**

No se necesita una solución exacta y es demasiado difícil calcular mentalmente. Como intentamos averiguar *aproximadamente*, estimemos.

**Planifica**

Empecemos estimando el millaje de cada día. Suma el millaje de los tres días y dóblalo para así dar cuenta del viaje de vuelta.

**Resuelve**

| | | |
|---|---|---|
| Primer día | 356.2 → | 400 |
| Segundo día | 304.8 → | 300 |
| Tercer día | 283.1 → | +300 |
| | | 1,000 |

El viaje de ida fue de unas 1,000 millas. El viaje de vuelta fue también de unas 1,000 millas, para un total de 2,000 millas.

**Examina**

Bosqueja la distancia cubierta de ida y de vuelta.

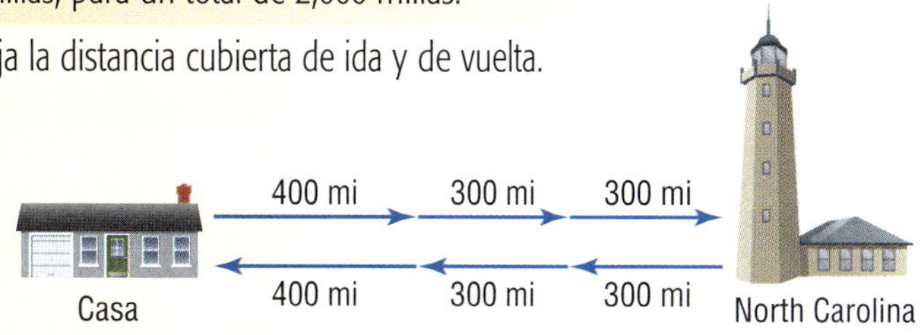


400 + 300 + 300 + 300 + 300 + 400 = 2,000
La solución está bien.

## Analiza la estrategia

1. **Explica** cuándo usar estimación como un método de cálculo.
2. **Describe** cómo calcular mentalmente el producto de 40 por 3.
3. **Escribe** un problema en el que uses una calculadora para resolverlo. Explica.

## Aplica la estrategia

**Escoge el mejor método de cálculo para resolver cada problema, explicando tu elección.**

4. **ÁRBOLES** La plantación de un acre de árboles en un bosque nacional cuesta $283. ¿Aproximadamente cuánto cuesta plantar 640 acres?

5. **MEDICIONES** ¿Cuántos segundos hay en una semana?

6. **ESCUELA** Diez profesores donaron $25 cada uno al fondo escolar de becas. ¿Cuánto se donó en total?

7. **DINERO** La madre de Rubén le dio $20 para que fuera al supermercado. Si los abarrotes cuestan $15.38, ¿cuánto vuelto recibirá?

## Solución de problemas mixtos

**Resuelve. Usa cualquier estrategia.**

8. **GEOGRAFÍA** El área de Rhode Island es de 1,212 millas cuadradas. La de Alaska es de 591,004 millas cuadradas. ¿Cerca de cuántas veces más grande que Rhode Island es Alaska?

9. **PATRONES** ¿Cuántos triángulos hay en la fila inferior de la quinta figura de este patrón?

10. **DINERO** Tienes $100.75 en tu cuenta corriente. Si escribes cheques por $21.78, $43 y $7.08, ¿cuál es su nuevo saldo?

11. **TARJETAS DE BÉISBOL** Jamal tiene 45 tarjetas de béisbol y colecciona 5 más al mes. Alicia tiene 30 tarjetas de béisbol y colecciona 10 más al mes. ¿Al cabo de cuántos meses tendrá Alicia más tarjetas que Jamal?

12. **MEDICIONES** Si hay ocho onzas líquidas en una taza, dos tazas en una pinta, dos pintas en un cuarto y cuatro cuartos en un galón, ¿cuántas onzas líquidas hay en un galón?

13. **DINERO** Jane pagó su almuerzo, $3.64, con un billete de $10. ¿Cuánto vuelto recibirá?

14. **HURACANES** Usa esta tabla.

**Huracanes**

| Categoría | Velocidad del viento (millas por hora) |
|---|---|
| uno | 74–95 |
| dos | 96–110 |
| tres | 111–130 |
| cuatro | 131–155 |
| cinco | más de 155 |

**Fuente:** www.carteretnewtimes.com

Los huracanes se pueden clasificar según la velocidad de sus vientos. ¿Cuál es el promedio de la velocidad mayor y la velocidad menor de un huracán de categoría cuatro?

15. **ALIMENTOS** ¿Basta con $7 para pagar por una hogaza de $0.98, una libra de queso de $2.29 y una libra de fiambre en $3.29? Explica.

16. **PRUEBA ESTANDARIZADA DE PRÁCTICA** Alita, Alisa y Alano van a dividir el costo del regalo de cumpleaños de su madre, $147. ¿Aproximadamente cuánto contribuirá cada uno?

(A) entre $30 y $35

(B) entre $35 y $40

(C) entre $40 y $45

(D) entre $45 y $50

CAPÍTULO 3

# Guía de estudio y repaso

## Repaso de conceptos y vocabulario

agrupamiento (pág. 117)
decimales equivalentes (pág. 109)
estimación por partes (pág. 117)
forma estándar (pág. 103)
forma extendida (pág. 103)

**Indica si cada enunciado es *verdado* o *falso*. En caso de ser *falso*, reemplaza la palabra o número subrayado para hacer verdadero el enunciado.**

1. El número 0.07 es mayor que 0.071.
2. Al redondear decimales, al dígito a redondear debe sumársele uno si el dígito a su derecha es 6.
3. En 643.082, el dígito 2 es dos centésimas.
4. El número *seiscientos con doce milésimas* es 0.612.
5. Los decimales que aluden al mismo número se llaman decimales equivalentes.

## Ejercicios y ejemplos: Lección por lección

### 3-1 Escribe decimales (págs. 102–105)

**Escribe cada decimal en forma estándar y extendida.**

6. trece centésimas
7. seis con cinco décimas
8. ochenta y tres con cinco milésimas
9. **JARDINERÍA** Una calabaza gigante pesó, en libras, cincuenta y tres con ciento setenta y cinco milésimas. Escribe su peso en forma estándar.

**Ejemplo 1** **Escribe 21.62 en palabras.**

21.62 es veintiuno con sesenta y dos centésimas.

**Ejemplo 2** **Escribe trescientas cuarenta y seis milésimas en forma estándar y extendida.**

Forma estándar: 0.346

Forma extendida:

$(3 \times 0.1) + (4 \times 0.01) + (6 \times 0.001)$

### 3-2 Compara y ordena decimales (págs. 108–110)

**Usa >, < o = para comparar cada par de decimales.**

10. 0.35 ● 0.3
11. 6.024 ● 6.204
12. 0.10 ● 0.1
13. 8.34 ● 9.3

**Ejemplo 3** **Usa >, < o = para comparar 4.153 con 4.159.**

4.153 Alinea los puntos decimales.

4.159 Empezando por la izquierda, busca el primer lugar en el que difieren los dígitos.

Ya que $3 < 9$, $4.153 < 4.159$.

## 3-3 Redondea decimales (págs. 111–113)

**Redondea cada decimal al lugar indicado.**

**14.** 5.031; centésimas

**15.** 0.00042; diezmilésimas

**16.** **COSTOS DE ALIMENTOS** Una caja de cereal cuesta $0.216 la onza. Redondea este precio en centavos.

**Ejemplo 4** **Redondea 8.0314 en centésimas.**

8.0$\underline{3}$14 Subraya el dígito a redondearse.

8.03**1**4 Ahora mira el dígito a su derecha.
↑ Como 1 es menor que 5, el dígito 3 queda igual.

Así, 8.0314 se redondea a 8.03.

## 3-4 Estima sumas y restas (págs. 116–119)

**Estima por redondeo.**

**17.** 37.82 + 14.24

**18.** \$72.18 − \$29.93

**19.** 6.8 + 4.2 + 3.5

**20.** 129.6 − 9.7

**Estima por estimación por partes.**

**21.** $\begin{array}{r} 31.29 \\ +\ 58.07 \\ \hline \end{array}$

**22.** $\begin{array}{r} 93.65 \\ -\ 62.13 \\ \hline \end{array}$

**23.** $\begin{array}{r} 145.91 \\ +\ 31.65 \\ \hline \end{array}$

**24.** $\begin{array}{r} 87.25 \\ -\ 63.97 \\ \hline \end{array}$

**Estima por agrupamiento.**

**25.** 12.045 + 11.81 + 12.3 + 11.56

**26.** \$6.45 + \$5.88 + \$5.61 + \$6.03

**27.** 1.15 + 0.74 + 0.99 + 1.06

**Ejemplo 5** **Estima 38.61 − 14.25 por redondeo.**

$\begin{array}{r} 38.61 \\ -\ 14.25 \\ \hline \end{array} \begin{array}{c} \rightarrow \\ \rightarrow \\ \\ \end{array} \begin{array}{r} 39 \\ -\ 14 \\ \hline 25 \end{array}$ Redondea cada número al número entero más cercano.

**Ejemplo 6** **Estima 24.6 + 35.1 por estimación por partes.**

24.6 + 35.1 Suma los dígitos delanteros, lo que da 5. Ahora suma los dígitos siguientes. Una estimación es 59.

**Ejemplo 7** **Estima 8.12 + 7.65 + 8.31 + 8.08 por agrupamiento.**

Todos los sumandos están cerca de 8, así que una estimación es 4 × 8 ó 32.

## 3-5 Suma y resta decimales (págs. 121–124)

**Suma o resta.**

**28.** $\begin{array}{r} 18.35 \\ +\ 23.61 \\ \hline \end{array}$

**29.** $\begin{array}{r} 148.93 \\ -\ 121.36 \\ \hline \end{array}$

**30.** $\begin{array}{r} 1.325 \\ +\ 0.081 \\ \hline \end{array}$

**31.** 248 − 131.28

**32.** **VIAJES** El Sr. Becker manejó 11.3 millas al dentista, 7.5 millas a la biblioteca y 5.8 millas de vuelta a casa. ¿Cuánto manejó?

**Ejemplo 8** **Suma 48.23 con 11.65.**

**Estima** 48.23 + 11.65 → 48 + 12 = 60

$\begin{array}{r} 48.23 \\ +\ 11.65 \\ \hline 59.88 \end{array}$ Alinea los decimales. Suma como números enteros.

La suma es 59.88.

CAPÍTULO 3

# Prueba de práctica

## Vocabulario y conceptos

1. **Define** *forma extendida* y da un ejemplo.
2. **Explica** cómo se usa el valor de posición al comparar decimales.

## Destrezas y aplicaciones

**Escribe cada decimal en palabras.**

3. 0.07
4. 8.051
5. 43.43

6. **CIENCIA** El peso de cierta molécula es de 0.0003 onzas. Escribe este peso en palabras.

**Escribe cada decimal en forma estándar y extendida.**

7. seis décimas
8. dos con veintiuna milésimas
9. uno con nueve centésimas

**Usa >, < o = para comparar cada par de decimales.**

10. 0.06 ● 0.60
11. 4.888 ● 4.880
12. 2.03 ● 2.030

**Ordena cada conjunto de menor a mayor.**

13. 5.222, 5.202, 5.022, 5.2222
14. 0.04, 0.0404, 0.404, 0.0444

**Redondea cada decimal al lugar indicado.**

15. 2.059; centésimas
16. 27.35; decenas
17. 4.86273; diezmilésimas
18. 3.4553; milésimas

19. **ARQUITECTURA** Redondea en décimas de pie la altura de cada cielo raso en la tabla.

| Cuarto | Porche | Sala de estar | Dormitorio |
|---|---|---|---|
| Altura del cielo raso (pies) | 8.12 | 12.35 | 8.59 |

20. Estima 38.23 + 11.84 por redondeo.
21. Estima 75.38 + 22.04 por estimación por partes.

**Suma o resta.**

22. $\begin{array}{r} 43.28 \\ +\ 31.45 \\ \hline \end{array}$

23. $\begin{array}{r} 392.802 \\ -\ 173.521 \\ \hline \end{array}$

24. $\begin{array}{r} 0.724 \\ +\ 6.458 \\ \hline \end{array}$

## Prueba estandarizada de práctica

25. **SELECCIÓN MÚLTIPLE** Matthew pidió jugo de $0.89, huevos revueltos de $3.69 y leche de $0.59. ¿Aproximadamente cuánto gastó?

Ⓐ $10 Ⓑ $8 Ⓒ $6 Ⓓ $4

msmath1.net/chapter_test

CHAPTER 3

# Prueba estandarizada de práctica

## PARTE 1 Selección múltiple

Anota tus respuestas en la hoja de respuestas provista por tu maestro(a) o en una hoja aparte.

1. Una ciudad tiene diez millones de habitantes. ¿Cómo se escribe este número en forma estándar? (Requisitos, pág. 586)

   Ⓐ 10,000  Ⓑ 1,000,000
   Ⓒ 10,000,000  Ⓓ 10,000,000,000

2. Xavier, Justin, Leslie y Cree están jugando un juego de primos y compuestos. Ganan puntos al seleccionar una tarjeta con un número primo. ¿Quién *no* obtuvo puntos en esta vuelta? (Lección 1-3)

   Ⓕ Cree  Ⓖ Justin
   Ⓗ Leslie  Ⓘ Xavier

3. La Sra. Sabina corrigió las pruebas de ortografía de su clase de sexto grado. Si el rango de las notas es 56 y la nota más baja es 42, ¿cuál es la más alta? (Lección 2-7)

   Ⓐ 14  Ⓑ 56  Ⓒ 96  Ⓓ 98

4. ¿Cómo se lee 2.6251? (Lección 3-1)

   Ⓕ dos con seis mil doscientas cincuenta y una milésimas
   Ⓖ dos con seis mil doscientas cincuenta y una cienmilésimas
   Ⓗ dos con seis mil doscientas cincuenta y una diezmilésimas
   Ⓘ dos con seis mil doscientas cincuenta y una centésimas

5. ¿Qué decimal corresponde a *P* en esta recta numérica? (Lección 3-1)

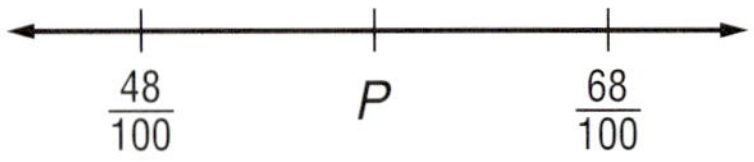


   Ⓐ 0.32  Ⓑ 0.48  Ⓒ 0.58  Ⓓ 0.69

6. Michael practicó el salto largo después de la escuela, anotando cada resultado. ¿Cuál es el salto más largo? (Lección 3-2)

   Ⓕ 7.008 m  Ⓖ 7.049 m
   Ⓗ 7.073 m  Ⓘ 7.080 m

7. Una tienda calcula el impuesto sobre las ventas y luego lo redondea en centavos. Si el impuesto en un abrigo fue de $3.02, ¿cuál de éstas es el impuesto antes del redondeo? (Lección 3-3)

   Ⓐ $3.000  Ⓑ $3.024
   Ⓒ $3.036  Ⓓ $3.030

8. La tabla muestra lo que camina Jillian cada día. ¿Cuál es la *mejor* estimación de lo que caminó esos cinco días? (Lección 3-4)

| Caminatas de Jillian | |
|---|---|
| **Día** | **Distancia (km)** |
| Lunes | 2.4 |
| Martes | 5.2 |
| Miércoles | 3.6 |
| Jueves | 7.9 |
| Viernes | 4.1 |

   Ⓕ 21 km  Ⓖ 23 km
   Ⓗ 25 km  Ⓘ 26 km

9. ¿Cuánto más es 11.2 que 10.8? (Lección 3-6)

   Ⓐ 0.4  Ⓑ 1.4  Ⓒ 1.6  Ⓓ 22.0

## PARTE 2 Respuesta breve/Completa

Anota tus respuestas en la hoja de respuestas provista por tu maestro(a) o en una hoja aparte.

**10.** Escribe $5 \times 5 \times 5 \times 5$ con exponentes y calcula el valor de la potencia. (Lección 1-3)

**11.** La gráfica muestra las velocidades máximas aproximadas de los atletas más rápidos del mundo. ¿Cuánto más rápido que un nadador es un patinador de velocidad? (Lección 2-2)

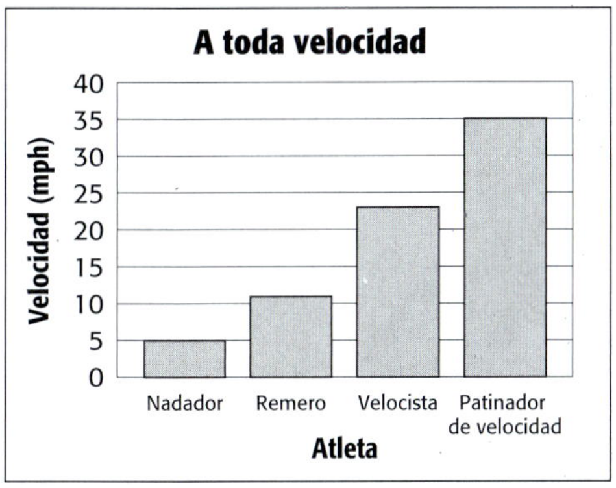


**Fuente:** *Chicago Tribune*

**12.** La tabla muestra los precios de diversos productos reciclados. ¿Cuál es la mediana por tonelada? (Lección 2-7)

| Precio por tonelada ($) | | | |
|---|---|---|---|
| 62 | 60 | 53 | 97 |
| 88 | 42 | 69 | 119 |
| 84 | 132 | 153 | 165 |
| 153 | 121 | 30 | 17 |

**13.** Sasha controló su tiempo de reacción con un cronómetro. ¿En qué prueba fue más lenta su reacción? (*Ayuda:* El tiempo más lento es el más largo.) (Lección 3-2)

| Tiempo de reacción (s) | |
|---|---|
| Prueba 1 | 1.031 |
| Prueba 2 | 1.016 |
| Prueba 3 | 1.050 |
| Prueba 4 | 1.007 |

**14.** Kelly anotó un promedio de 12.16 puntos por partido. ¿Cuánto es esto redondeado en décimas? (Lección 3-3)

**15.** Miranda fue en bicicleta al parque y de ahí a la casa de Dave. Al caer la noche, había andado en bicicleta un total de unos 13 kilómetros. De la casa de Dave, ¿volvió Miranda al parque y luego a casa? Explica. (Lección 3-4)

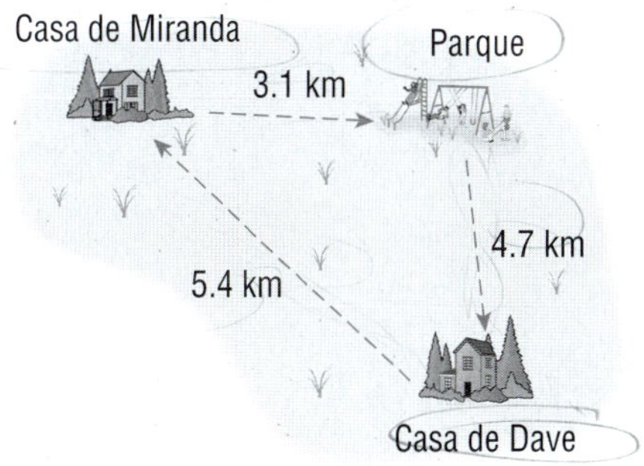


**16.** ¿Cuál es la solución de $x - 3.94 = 2.2$; 6.14, 6.2 ó 1.74? (Lección 3-5)

## PARTE 3 Respuesta extendida

Anota tus respuestas en una hoja de papel aparte. Muestra tu trabajo.

**17.** El Sr. Evans realizó un baratillo y en cada artículo escribió tanto el precio original como el de venta. (Lección 3-5)

| Objeto | Precio original ($) | Precio de venta ($) |
|---|---|---|
| Mesa | 95.15 | 12 |
| Espejo | 42.14 | 8 |
| Marco | 17.53 | 2 |
| Televisor | 324.99 | 52 |

**a.** Si vendió todos los artículos, ¿cuánto ganó?

**b.** ¿Cuál fue su pérdida?

**c.** Explica cómo calculaste su pérdida.

**AYUDA PARA TOMAR PRUEBAS**

**Pregunta 16** Para averiguar cuál es la solución, reemplaza la variable de la ecuación por cada número.

CAPÍTULO 4

# Multiplicación y división de decimales

## ¿Cómo usas decimales en las vacaciones?

Si viajases a Australia, necesitarías cambiar dólares de EE.UU. por dólares australianos. **Hace poco, cada dólar de EE.UU. se podía cambiar por 1.79662 dólares australianos.** Para calcular los dólares australianos que recibirías, debes multiplicar por un decimal.

En la Lección 4-2, vas a resolver problemas de canje de moneda estadounidense.

# PARA COMENZAR

**Toma este control para averiguar si estás listo(a) para comenzar el Capítulo 4. Consulta la lección o página indicada en el paréntesis respectivo, si necesitas un repaso.**

## Repaso del vocabulario

**Completa cada oración.**

1. Para calcular el valor más cercano a un número, dado un valor de posición, debes __?__ el número. (Página 592)
2. En $4^3$, 4 está elevado a la tercera __?__. (Lección 1-4)

## Requisitos

**Escribe cada producto como potencia y luego calcula su valor.** (Lección 1-4)

3. $10^2$
4. $10^3$
5. $10^5$

**Evalúa cada expresión.** (Lección 1-5)

6. $2 \times 14 + 2 \times 6$
7. $2 \times 1 + 2 \times 1$
8. $2 \times 2 + 2 \times 5$
9. $2 \times 5 + 2 \times 9$
10. $2 \times 7 + 2 \times 3$
11. $2 \times 8 + 2 \times 11$
12. Calcula el área del rectángulo. (Lección 1-8)

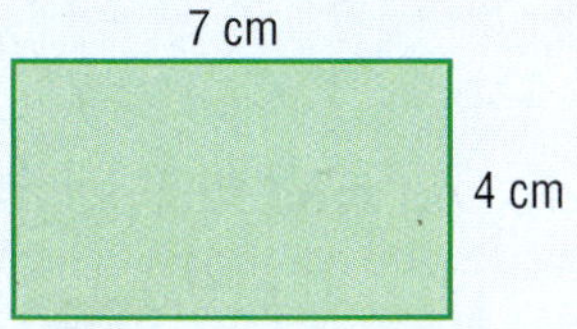


**Suma.** (Lección 3-5)

13. $6.8 + 6.8 + 10.2 + 10.2$
14. $7.1 + 7.1 + 13.3 + 13.3$
15. $4.6 + 4.6 + 2.25 + 2.25$
16. $11 + 11 + 9.9 + 9.9$
17. $8 + 8 + 3.7 + 3.7$
18. $12.4 + 12.4 + 5.5 + 5.5$

---

**PLEGADOS™ Organiza el estudio**

**Decimales** Haz este plegado para organizar tus notas. Comienza con una hoja de cartulina.

**PASO 1** **Dobla**
Dobla a lo ancho y a una pulgada del borde.

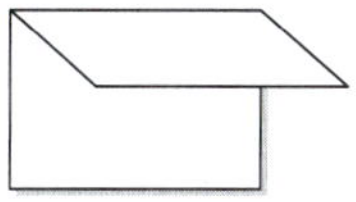

**PASO 2** **Dobla de nuevo**
Dobla por la mitad.

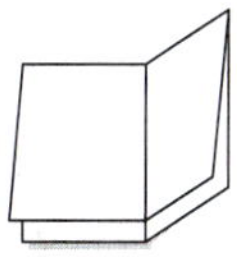

**PASO 3** **Corta**
Desdobla y corta a lo largo del doblez, formando dos lengüetas.

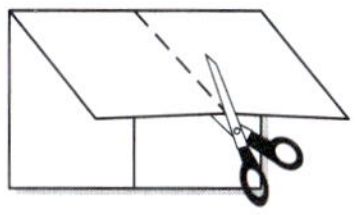

**PASO 4** **Rotula**
Rotula como se muestra.

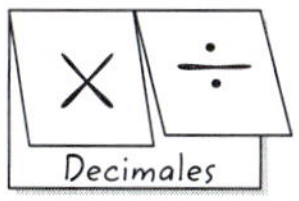


**Lee y escribe** A medida que leas y estudies el capítulo, apunta ejemplos bajo cada lengüeta.

# 4-1a LABORATORIO de PRÁCTICA

**Sinopsis de la Lección 4-1**

**Lo que aprenderás**
A usar modelos para multiplicar un decimal por un número entero.

**Materiales**
- papel cuadriculado
- lápices de colores
- tijeras

## Multiplica decimales por números enteros

Puedes usar modelos decimales para multiplicar un decimal por un número entero. Recuerda que un cuadriculado de 10 por 10 corresponde al número 1.

**ACTIVIDAD** *Trabaja con un(a) compañero(a).*

**1** **Haz un modelo decimal de $0.5 \times 3$.**

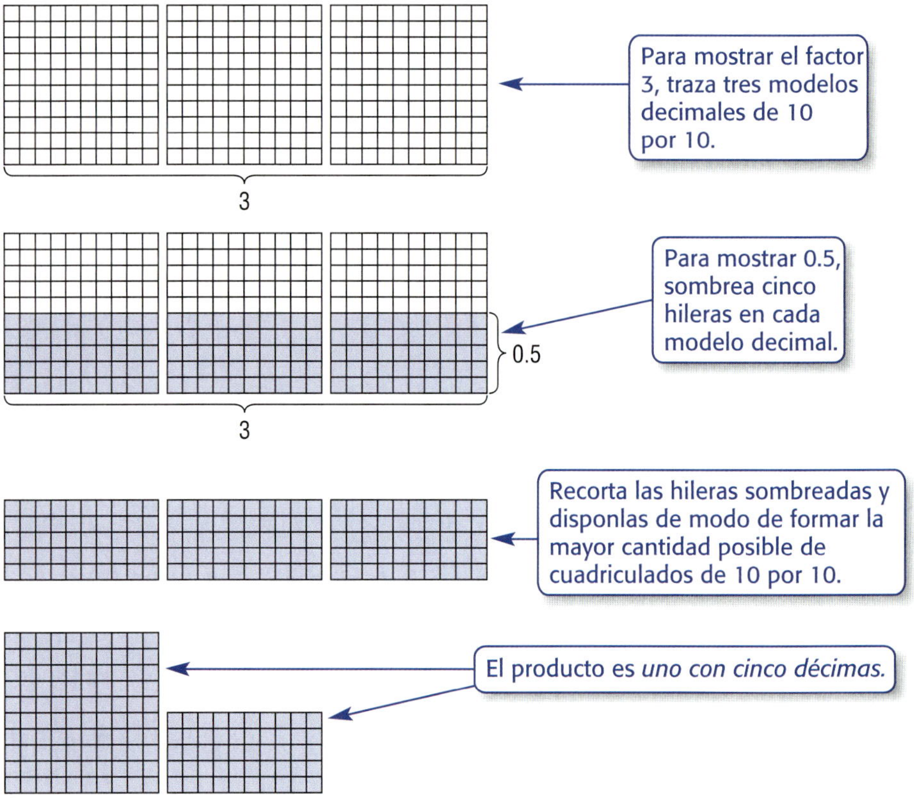


Entonces, $0.5 \times 3 = 1.5$.

**Tu turno** **Muestra cada producto con modelos decimales.**

**a.** $3 \times 0.5$ **b.** $2 \times 0.7$ **c.** $0.8 \times 4$

## Escribe en matemáticas

1. **CONJETURA** ¿Es el producto de un número entero por un decimal mayor que el número entero? ¿Menor? Explica tu razonamiento.
2. Prueba tu conjetura con $7 \times 0.3$. Comprueba tu respuesta con un modelo o una calculadora.

# 4-1 Multiplica decimales por números enteros

**Lo que aprenderás**
A estimar y calcular el producto de decimales por números enteros.

**NUEVO vocabulario**
notación científica

**CONEXIÓN con la lectura**
*Significado común de añadir:* agregar una cosa a otra

## ¿CUÁNDO usaré esto?

**COMPRAS** Los cedés se venden a \$7.99 y Diana desea comprar dos. La tabla muestra distintas maneras de calcular el costo total.

| Costo de dos cedés | |
|---|---|
| Suma. | \$7.99 + \$7.99 = \$15.98 |
| Estima. | \$7.99 se redondea a \$8. $2 \times \$8 = \$16$ |
| Multiplica. | $2 \times \$7.99 = \blacksquare$ |

1. Usa adición y estimación para calcular $2 \times \$7.99$.
2. Escribe un problema de adición, uno de estimación y uno de multiplicación para calcular el gasto total de 3, 4 y 5 cedés.
3. **Haz un conjetura** sobre cómo calcular el producto de \$0.35 y 3.

Al multiplicar un decimal por un número entero, multiplica como si fueran números enteros y luego estima para ubicar el punto decimal del producto. También puedes contar el número de lugares decimales.

## EJEMPLOS Multiplica decimales

**1** **Calcula $14.2 \times 6$.**

**Método 1** Estima.

Redondea 14.2 a 14.

$14.2 \times 6 \rightarrow 14 \times 6$ ó 84

$$\begin{array}{r} \overset{2\,1}{14.2} \\ \times\ 6 \\ \hline 85.2 \end{array}$$

Como el estimado es 84, coloca el punto decimal después del 5.

**Método 2** Cuenta lugares decimales.

$$\begin{array}{r} \overset{2\,1}{14.2} \\ \times\ 6 \\ \hline 85.2 \end{array}$$

Hay un lugar a la derecha del punto decimal.

Cuenta el mismo número de lugares decimales de derecha a izquierda.

**2** **Calcula $9 \times 0.83$.**

**Método 1** Estima.

Redondea 0.83 a 1.

$9 \times 0.83 \rightarrow 9 \times 1$ ó 9

$$\begin{array}{r} 0.\overset{2}{8}3 \\ \times\ 9 \\ \hline 7.47 \end{array}$$

Como el estimado es 9, coloca el punto decimal después del 7.

**Método 2** Cuenta lugares decimales.

$$\begin{array}{r} 0.\overset{2}{8}3 \\ \times\ 9 \\ \hline 7.47 \end{array}$$

Hay dos lugares a la derecha del punto decimal.

Cuenta el mismo número de lugares decimales de derecha a izquierda.

**Tu turno** **Multiplica.**

a. $3.4 \times 5$ b. $11.4 \times 8$ c. $7 \times 2.04$

Si no hay suficientes lugares decimales en el producto, se debe añadir ceros a la izquierda.

## EJEMPLOS Añade ceros al producto

**3** **Calcula 2 × 0.018.**

**Estima** $2 \times 0.018 \rightarrow 2 \times 0$ ó 0. El producto está cerca de cero.

$$\begin{array}{r} \overset{1}{0.018} \\ \times \quad 2 \\ \hline 0.036 \end{array}$$

Hay tres lugares decimales.

Añade un cero a la izquierda de 36 para tener tres lugares decimales.

**Verifica** $0.018 + 0.018 = 0.036$ ✔

**4** **ÁLGEBRA** **Evalúa $4c$ si $c = 0.0027$.**

$4c = 4 \times 0.0027$ Reemplaza $c$ por 0.0027.

$$\begin{array}{r} 0.00\overset{2}{2}7 \\ \times \quad 4 \\ \hline 0.0108 \end{array}$$

Hay cuatro lugares decimales.

Añade un cero para tener cuatro lugares decimales.

**Tu turno** **Multiplica.**

**d.** $3 \times 0.02$ **e.** $8 \times 0.12$ **f.** $11 \times 0.045$

Al escribir el número 450 como el producto de 4.5 por $10^2$ (una potencia de diez), se dice que está escrito en **notación científica**. Para escribir números como $4.5 \times 10^2$ en forma estándar, puedes usar el orden de las operaciones o cálculo mental.

## EJEMPLO Notación científica

**5** **DINOSAURIOS** **Escribe $6.5 \times 10^7$ en forma estándar.**

**Método 1** Usa el orden de las operaciones.

Primero evalúa $10^7$ y luego multiplica.

$6.5 \times 10^7 = 6.5 \times 10{,}000{,}000$

$= 65{,}000{,}000$

Entonces, $6.5 \times 10^7 = 65{,}000{,}000$.

**Método 2** Calcula mentalmente.

Mueve el punto decimal siete lugares.

$6.5 \times 10^7 = 6.5000000$

$= 65{,}000{,}000$

**Tu turno** **Escribe cada número en forma estándar.**

**g.** $7.9 \times 10^3$ **h.** $4.13 \times 10^4$ **i.** $2.3 \times 10^6$

**MATEMÁTICAS EN LA VIDA DIARIA**

**DINOSAURIOS** Los dinosaurios dominaron la Tierra hasta hace unos $6.5 \times 10^7$ de años.

**Fuente**: www.zoomwhales.com

## Repaso de destrezas y conceptos

**Escribe en matemáticas**
**Ejercicios 1 al 4**

1. **Explica** dos métodos de colocar el punto decimal de un producto.

2. **INTERPRETA** Escribe una multiplicación en que uno de los factores sea un decimal y el otro sea un número entero, con un producto entre 2 y 3.

3. **HALLA EL ERROR** Amanda y Kelly calcularon el producto de 0.52 por 2. ¿Quién lo hizo bien? Explica.

4. **SENTIDO NUMÉRICO** ¿Es el producto de 0.81 por 15 mayor que 15? ¿Menor que 15? ¿Cómo lo sabes?

### PRÁCTICA DIRIGIDA

**Multiplica.**

5. $\begin{array}{r} 0.7 \\ \underline{\times\ 6} \end{array}$
6. $\begin{array}{r} 0.3 \\ \underline{\times\ 2} \end{array}$
7. $\begin{array}{r} 0.52 \\ \underline{\times\ 3} \end{array}$
8. $\begin{array}{r} 2.13 \\ \underline{\times\ 6} \end{array}$
9. $4 \times 0.9$
10. $5 \times 0.8$
11. $9 \times 0.008$
12. $3 \times 0.015$

13. **ÁLGEBRA** Evalúa $129t$ si $t = 2.9$.

14. Escribe $2.5 \times 10^3$ en forma estándar.

## Práctica y aplicaciones

**Multiplica.**

15. $\begin{array}{r} 1.2 \\ \underline{\times\ 7} \end{array}$
16. $\begin{array}{r} 0.9 \\ \underline{\times\ 4} \end{array}$
17. $\begin{array}{r} 0.65 \\ \underline{\times\ 6} \end{array}$
18. $\begin{array}{r} 6.32 \\ \underline{\times\ 8} \end{array}$
19. $\begin{array}{r} 0.7 \\ \underline{\times\ 9} \end{array}$
20. $\begin{array}{r} 1.7 \\ \underline{\times\ 5} \end{array}$
21. $\begin{array}{r} 3.62 \\ \underline{\times\ 4} \end{array}$
22. $\begin{array}{r} 0.97 \\ \underline{\times\ 2} \end{array}$
23. $2 \times 1.3$
24. $3 \times 0.5$
25. $1.8 \times 9$
26. $2.4 \times 8$
27. $4 \times 0.02$
28. $7 \times 0.012$
29. $9 \times 0.0036$
30. $0.0198 \times 2$

**AYUDA CON LAS TAREAS**

| Ejercicios | Ver ejemplos |
|---|---|
| 15–26, 42–45 | 1, 2 |
| 27–30 | 3 |
| 34–35 | 4 |
| 36–41 | 5 |

**Práctica adicional**
**Ver páginas 601, 627.**

**GEOMETRÍA** **Calcula el área de cada rectángulo.**

31.
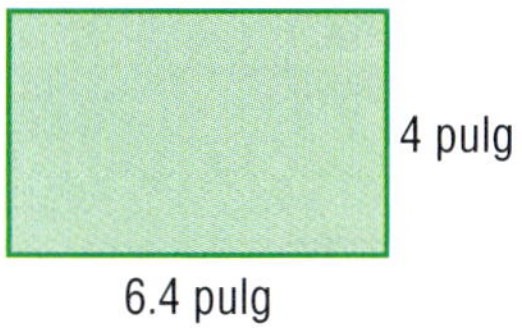


32.
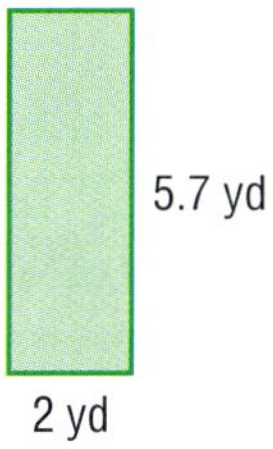


33.

34. **ÁLGEBRA** Evalúa $3.05n$ si $n = 27$.

35. **ÁLGEBRA** Evalúa $80.05w$ si $w = 2$.

**Escribe cada número en forma estándar.**

36. $5 \times 10^4$

37. $4 \times 10^6$

38. $1.5 \times 10^3$

39. $9.3 \times 10^5$

40. $3.45 \times 10^3$

41. $2.17 \times 10^6$

42. **MULTI-PASO** Laura trata de consumir menos de 750 calorías para la cena. Una pizza de corteza delgada de 4 porciones tiene 272.8 calorías por porción. Una ensalada tiene 150 calorías. ¿Podrá Laura comer la ensalada y dos porciones de pizza por menos de 750 calorías? Explica.

**FÚTBOL Usa la tabla para los ejercicios 43 al 45.**
La tabla muestra los precios de balones de fútbol que Nick encontró en línea. Decidió comprar una docena del tipo 3.

| Balones de fútbol | Tipo 1 | Tipo 2 | Tipo 3 | Tipo 4 | Tipo 5 |
|---|---|---|---|---|---|
| Precio | 6.99 | 14.99 | 19.99 | 34.99 | 99.99 |

43. ¿Cuál es el costo total?

44. ¿Cuál es el costo de una docena de los más caros?

45. ¿Cuánto costaría una docena de los más baratos?

46. **ESCRIBE UN PROBLEMA** Sobre un caso real que se pueda resolver mediante multiplicación. Uno de los factores tiene que ser decimal. Luego resuelve el problema.

47. ¿Qué número: 4, 5 ó 6 es la solución de $3.67a = 18.35$?

48. **RAZONAMIENTO CRÍTICO** Escribe una ecuación con un factor decimal en la que se requiera añadir ceros al producto.

## Prueba estandarizada de práctica y repaso general

49. **SELECCIÓN MÚLTIPLE** Ernesto compró 7 cuadernos de espiral en $2.29, por cuaderno, incluyendo el impuesto. ¿Cuánto costaron los cuadernos?

(A) $8.93 (B) $16.03 (C) $16.93 (D) $17.03

50. **SELECCIÓN MÚLTIPLE** Antes del impuesto, ¿cuál es el costo total de tres cedés a $13.98 cada uno?

(F) $13.98 (G) $20.97 (H) $27.96 (I) $41.94

51. Suma 15.783 más 390.81. (Lección 3-5)

**Estima mediante redondeo.** (Lección 3-4)

52. $29.34 - 9.0$

53. $42.28 - 1.52$

54. $26.48 + 3.95$

### PREPÁRATE PARA LA SIGUIENTE LECCIÓN

**REQUISITOS Calcula el valor de cada expresión.** (Página 590)

55. $43 \times 25$

56. $126 \times 13$

57. $18 \times 165$

4-2a LABORATORIO de PRÁCTICA

*Sinopsis de la Lección 4-2*

**Lo que aprenderás**
A usar modelos para multiplicar decimales.

**Materiales**
- papel cuadriculado
- lápices de colores
- tijeras

# Multiplica decimales

En el laboratorio de la página 134, usaste modelos para multiplicar un decimal por un número entero. Puedes hacer lo mismo para multiplicar un decimal por otro.

**ACTIVIDAD** *Trabaja con un(a) compañero(a).*

**1 Haz un modelo decimal de $0.8 \times 0.4$.**

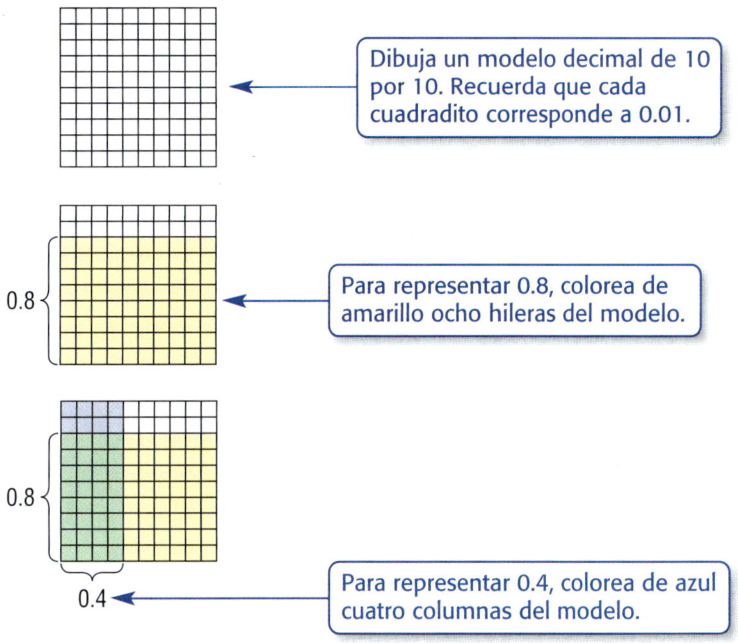


Hay 32 centésimas en la parte verde, de modo que $0.8 \times 0.4 = 0.32$.

**Tu turno** **Muestra cada producto con modelos decimales.**

**a.** $0.3 \times 0.3$ **b.** $0.4 \times 0.9$ **c.** $0.9 \times 0.5$

## Escribe en matemáticas

1. En los ejercicios a, b y c anteriores, indica el número de lugares decimales de cada factor y producto.
2. **HAZ UNA CONJETURA** Usa el patrón que descubriste en el ejercicio 1 para calcular $0.6 \times 0.2$. Verifica tu conjetura con un modelo o una calculadora.
3. Halla dos decimales cuyo producto sea 0.24.

**ACTIVIDAD** *Trabaja con un(a) compañero(a).*

**2** **Haz un modelo decimal de 0.7 × 2.5.**

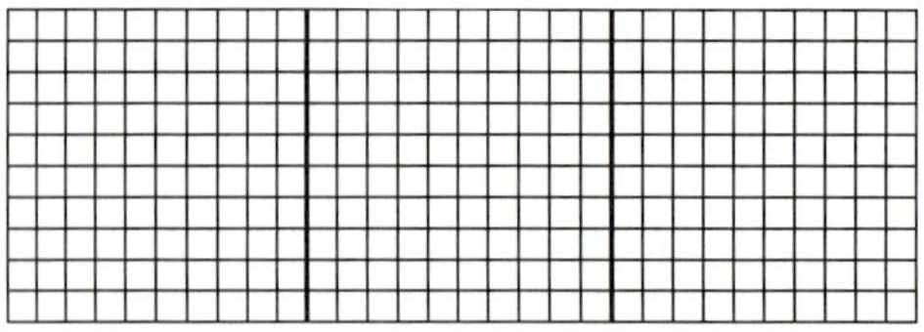


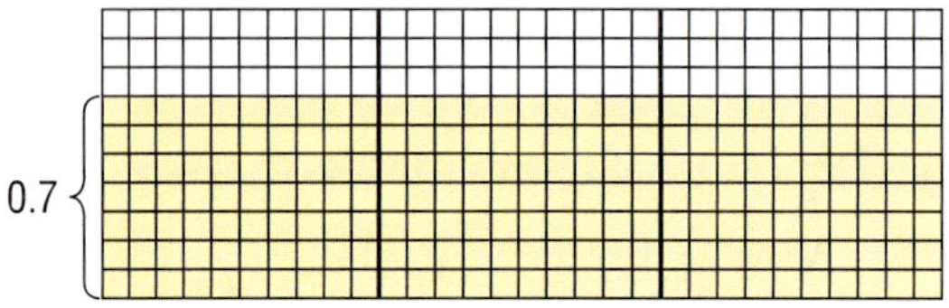


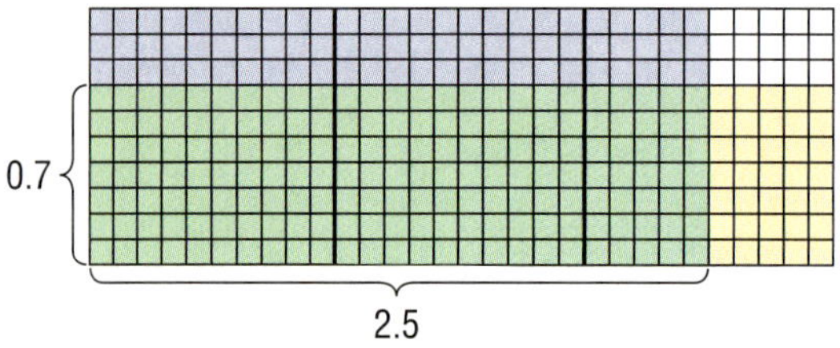


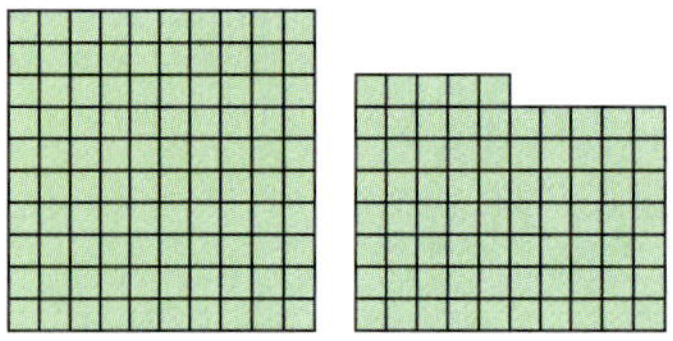


Hay uno con setenta y cinco centésimas en la parte verde, de modo que $0.7 \times 2.5 = 1.75$.

**Tu turno** **Muestra cada producto con modelos decimales.**

**d.** $1.5 \times 0.7$ **e.** $0.8 \times 2.4$ **f.** $1.3 \times 0.3$

## Escribe en matemáticas

**4.** **HAZ UNA CONJETURA** ¿Cuál es la relación entre el número de lugares decimales del producto y los de cada factor?

**5.** Analiza cada producto.

**a.** Explica por qué el primer producto es menor que 0.6.

**b.** Explica por qué el segundo producto es igual a 0.6.

**c.** Explica por qué el tercer producto es mayor que 0.6.

| Primer factor | | Segundo factor | | Producto |
|---|---|---|---|---|
| 0.9 | × | 0.6 | = | 0.54 |
| 1.0 | × | 0.6 | = | 0.6 |
| 1.5 | × | 0.6 | = | 0.90 |

# 4-2 Multiplica decimales

**Lo que aprenderás**
A multiplicar decimales por decimales.

## ¿CUÁNDO usaré esto?

**COMPRAS** Una tienda de dulces tiene una liquidación. En la tabla se muestran los precios rebajados.

| Tienda de dulces (Precio por libra) | |
|---|---|
| caramelos de goma | \$2.07 |
| serpentines gomosos | \$2.21 |
| nevados | \$2.79 |

1. Supón que llenas una bolsa con 1.3 libras de caramelos de goma. Para estimar el costo, se puede usar el producto $1.3 \times 2$. Estímalo.
2. Multiplica 13 por 200.
3. ¿Cuál es la relación entre la respuesta al ejercicio 1 y la del 2?

**Repite los ejercicios 1 al 3 para cada cantidad de dulces.**

4. 1.7 lb de serpentines gomosos
5. 2.28 libras de nevados
6. **Haz una conjetura** sobre la ubicación del punto decimal del producto de dos decimales.

Al multiplicar un decimal por otro decimal, multiplica como si fueran números enteros. Para colocar el punto decimal, suma el número de lugares decimales de cada factor. Éste es el número de lugares decimales del producto.

## EJEMPLOS Multiplica decimales

**1** **Calcula $4.2 \times 6.7$.** **Estima** $4.2 \times 6.7 \rightarrow 4 \times 7$ ó 28

$$\begin{array}{r} 4.2 \\ \times\ 6.7 \\ \hline 294 \\ 252\phantom{0} \\ \hline 28.14 \end{array}$$

4.2 ← un lugar decimal
× 6.7 ← un lugar decimal
28.14 ← dos lugares decimales

El producto es 28.14. Comparado con la estimación, esto es razonable.

**2** **Calcula $1.6 \times 0.09$.** **Estima** $1.6 \times 0.09 \rightarrow 2 \times 0$ ó 0

$$\begin{array}{r} 1.6 \\ \times\ 0.09 \\ \hline 0.144 \end{array}$$

1.6 ← un lugar decimal
× 0.09 ← dos lugares decimales
0.144 ← tres lugares decimales

El producto es 0.144. Comparado con la estimación, esto es razonable.

**Tu turno** Multiplica.

a. $5.7 \times 2.8$
b. $4.12 \times 0.07$
c. $0.014 \times 3.7$

## EJEMPLO Evalúa expresiones

**3** **ÁLGEBRA** **Evalúa 1.4*x* si *x* = 0.067.**

$1.4x = 1.4 \times 0.067$ Reemplaza *x* por 0.067.

$$\begin{array}{r} 0.067 \\ \times\ 1.4 \\ \hline 268 \\ 67\ \\ \hline 0.0938 \end{array}$$

0.067 ← tres lugares decimales
× 1.4 ← un lugar decimal
0.0938 ← Añade un cero para que haya cuatro lugares decimales.

**Tu turno** **Evalúa cada expresión.**

**d.** $0.04t$, si $t = 3.2$ **e.** $2.6b$, si $b = 2.05$ **f.** $1.33c$, si $c = 0.06$

**PROFESIONES EN LA VIDA REAL**

**¿Cómo usan la matemática los agentes de viajes?**
Los agentes de viajes calculan costos de viajes y comparan precios.

**Investigación en línea**
Visita msmath1.net/careers para mayor información sobre la profesión de agente de viajes.

En muchas situaciones concretas se necesita multiplicar dos decimales.

## EJEMPLO Multiplica decimales para resolver problemas

**4** **VIAJES** **Ryan y su familia van a viajar a México. Si un dólar de EE.UU. es 8.9 pesos, ¿cuántos pesos recibiría por $75.50?**

**Estima** $8.9 \times 75.50 \rightarrow 9 \times 80$ ó 720

$$\begin{array}{r} 75.50 \\ \times\ 8.9 \\ \hline 67950 \\ 60400\ \\ \hline 671.950 \end{array}$$

75.50 ← dos lugares decimales
× 8.9 ← un lugar decimal

El producto tiene tres lugares decimales. Puedes eliminar el cero final pues 671.950 = 671.95.

Ryan recibiría 671 pesos.

## Repaso de destrezas y conceptos

**Escribe en matemáticas** Ejercicio 2

1. **INTERPRETA** Escribe una multiplicación en que el producto tenga tres lugares decimales.

2. **SENTIDO NUMÉRICO** Coloca el punto decimal en el resultado de modo que éste sea el correcto. Explica tu razonamiento. $3.9853 \times 8.032856 = 32013341\ldots$

### PRÁCTICA DIRIGIDA

**Multiplica.**

3. $0.6 \times 0.5$ 4. $1.4 \times 2.56$ 5. $27.43 \times 1.089$
6. $0.3 \times 2.4$ 7. $0.52 \times 2.1$ 8. $0.45 \times 0.053$

9. **DINERO** Juan va a comprar un juego de video en $32.99. El impuesto sobre las ventas se calcula multiplicando el precio del juego por 0.06. ¿Cuánto es el impuesto?

## Práctica y aplicaciones

| AYUDA CON LAS TAREAS | |
|---|---|
| Ejercicios | Ver ejemplos |
| 10–21 | 1, 2 |
| 22–25 | 3 |
| 26–28 | 4 |

**Práctica adicional**
**Ver páginas 601, 627.**

**Multiplica.**

**10.** $0.7 \times 0.4$ **11.** $1.5 \times 2.7$ **12.** $0.4 \times 3.7$

**13.** $1.7 \times 0.4$ **14.** $0.98 \times 7.3$ **15.** $2.4 \times 3.48$

**16.** $6.2 \times 0.03$ **17.** $14.7 \times 11.36$ **18.** $0.28 \times 0.08$

**19.** $0.45 \times 0.05$ **20.** $25.24 \times 6.487$ **21.** $9.63 \times 2.045$

**ÁLGEBRA** **Evalúa cada expresión si $a = 1.3$, $b = 0.042$ y $c = 2.01$.**

**22.** $ab + c$ **23.** $a \times 6.023 - c$ **24.** $3.25c + b$ **25.** $abc$

**26.** **VIAJES** Un vapor cubre 36.5 millas por día. ¿Cuántas habrá cubierto en 6.5 días?

**27.** **ÁLGEBRA** ¿Cuál de los números 9.2, 9.5 ó 9.7 es solución de $2.65t = 25.705$?

**28.** **GEOMETRÍA** Calcula el área de la figura de la derecha en décimas.

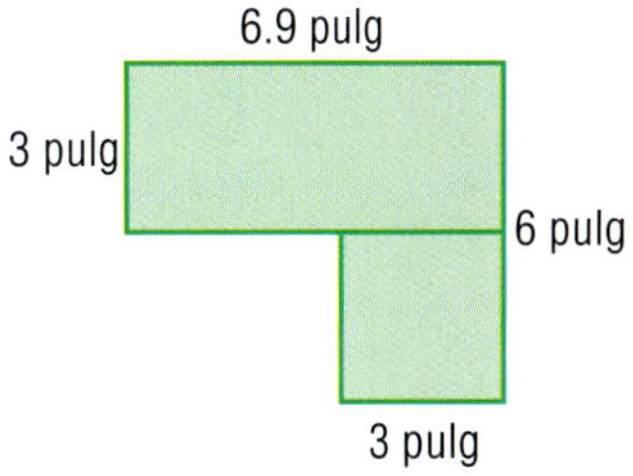


**Indica si cada oración es *a veces, siempre* o *nunca* verdadera. Explica.**

**29.** El producto de decimales menores que uno es menor que uno.

**30.** El producto de un decimal mayor que uno por un decimal menor que uno es mayor que uno.

**RAZONAMIENTO CRÍTICO** **Evalúa cada expresión.**

**31.** $0.3(3 - 0.5)$ **32.** $0.16(7 - 2.8)$ **33.** $1.06(2 + 0.58)$

## Prueba estandarizada de práctica y repaso general

**34.** **SELECCIÓN MÚLTIPLE** Un dólar de EE.UU. equivale a 0.623 libras esterlinas. ¿Cerca de cuántas libras recibirá Dom por $126?

(A) 86 libras (B) 79 libras (C) 75 libras (D) 57 libras

**35.** **SELECCIÓN MÚLTIPLE** Katelyn gana $5.60 por hora. Si trabaja 16.75 horas en una semana, ¿cuánto gana esa semana?

(F) $9.38 (G) $93.80 (H) $938.00 (I) $9380

**Multiplica.** (Lección 4-1)

**36.** $45 \times 0.27$ **37.** $3.2 \times 109$ **38.** $27 \times 0.45$ **39.** $2.94 \times 16$

**40.** ¿Cuál es la suma de 14.26 más 12.43? (Lección 3-5)

### PREPÁRATE PARA LA SIGUIENTE LECCIÓN

**REQUISITOS** **Divide.** (Página 591)

**41.** $21 \div 3$ **42.** $81 \div 9$ **43.** $56 \div 8$ **44.** $63 \div 7$

# 4-3 Divide decimales entre números enteros

**Lo que aprenderás**
A dividir decimales entre números enteros.

**REPASO de vocabulario**

**cociente:** el resultado de una división

## PRÁCTICA Minilaboratorio

**Materiales**
- bloques de base diez
- marcadores

*Trabaja con un(a) compañero(a).*

Para calcular 2.4 ÷ 2 con bloques de base diez, piensa en 2.4 como 2 todos y 4 décimas y luego divide en dos grupos iguales.

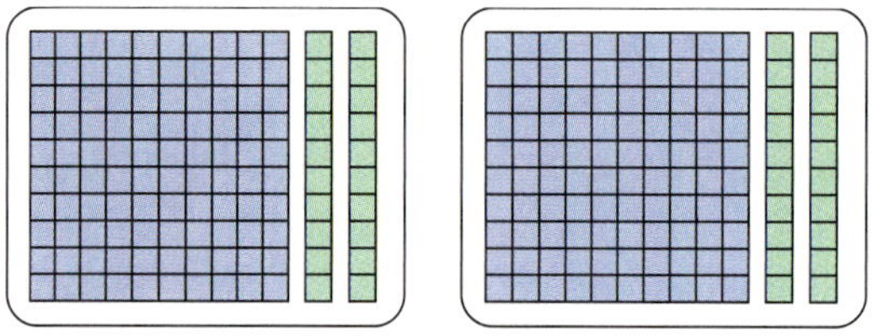

Cada grupo tiene un todo y dos décimas, entonces, 2.4 ÷ 2 = 1.2.

**Muestra cada cociente con bloques de base diez.**

1. 3.4 ÷ 2
2. 4.2 ÷ 3
3. 5.6 ÷ 4

**Calcula cada cociente de números enteros.**

4. 34 ÷ 2
5. 42 ÷ 3
6. 56 ÷ 4
7. Compara y contrasta los cocientes de los ejercicios 1 al 3 con los de los ejercicios 4 al 6.
8. **HAZ UNA CONJETURA** Escribe una regla sobre la división de un decimal entre un número entero.

La división de un decimal entre un número entero se parece a la división de números enteros.

## EJEMPLO Divide decimales entre números de un dígito

**1** **Calcula 6.8 ÷ 2.** **Estima** 6 ÷ 2 = 3

$$\begin{array}{r} 3.4 \\ 2\overline{)6.8} \\ -\underline{6}\phantom{.8} \\ 0\,8 \\ -\underline{8} \\ 0 \end{array}$$

Coloca el punto decimal del cociente justo encima del punto decimal del dividendo.

Divide como si fueran números enteros.

6.8 ÷ 2 = 3.4 Comparado con la estimación, esto es razonable.

## EJEMPLO Divide decimales entre números de dos dígitos

AYUDA PARA EL ESTUDIO

**Verificación** Para comprobar que el resultado es el correcto, multiplica el cociente por el divisor. En el ejemplo 2, $0.535 \times 14 = 7.49$.

**2** **Calcula 7.49 ÷ 14.**

**Estima** $10 \div 10 = 1$

```
   0.535   ← Coloca el punto decimal.
14)7.490
  −7 0
     49
    −42
     70   ← Añade un cero y sigue dividiendo.
    −70
      0
```

$7.392 \div 14 = 0.535$ Comparado con el estimado, el cociente es razonable.

**Tu turno** **Divide.**

**a.** $3\overline{)7.5}$ **b.** $7\overline{)3.5}$ **c.** $3.49 \div 4$

Al dividir decimales, el resultado no es siempre exacto. Necesitas redondear el cociente a un lugar específico. Siempre divide a un lugar más que el del redondeo.

## EJEMPLO Redondea cocientes

**Prueba estandarizada de práctica**

**3** **COMPLETA** Seth compró 3 juegos de video en \$51.79, incluyendo el impuesto. Si cada juego costó lo mismo, ¿cuál es el precio de cada uno en dólares?

**Lee la pregunta** Para calcular el precio de un juego, divide el costo total entre el número de juegos, redondeando si se requiere, al centavo más cercano, es decir, en centésimas.

**Resuelve**

```
  17.263   Coloca el punto decimal.
3)51.790
 −3        Divide como si fueran números enteros.
  21
 −21
   07
  −06
    19
   −18
     10   Divide hasta que obtengas un
     −9   dígito en las milésimas.
      1
```

Al centavo más cercano, el precio en dólares fue de \$17.26.

**Completa**

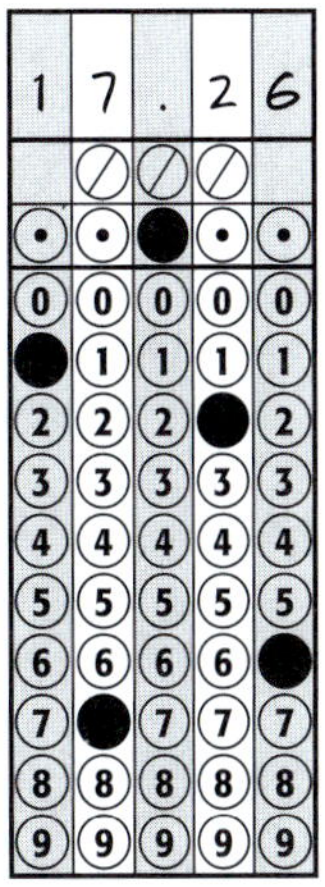


**Ayuda para tomar pruebas** The Princeton Review

**Completación**
Escribe la respuesta en las casillas encima de la línea y luego anota 17, el punto decimal y 26.

## Repaso de destrezas y conceptos

**Escribe en matemáticas**
**Ejercicios 1 al 4**

1. **Explica** cómo puedes usar un estimado para colocar el punto decimal en el cociente 42.56 ÷ 22.
2. **INTERPRETA** Escribe un problema de la vida real que involucre la división de un decimal entre un número entero.
3. **SENTIDO NUMÉRICO** ¿Es el cociente 8.3 ÷ 10 mayor que uno? ¿Menor que uno? Explica.
4. **HALLA EL ERROR** Toru y Amber calcularon 11.2 ÷ 14. ¿Quién lo hizo bien? Explica.

Toru

$$\begin{array}{r} 8.\phantom{0} \\ 14\overline{)11.2} \\ -112 \\ \hline 0 \end{array}$$

Amber

$$\begin{array}{r} 0.8 \\ 14\overline{)11.2} \\ -112 \\ \hline 0 \end{array}$$

### PRÁCTICA DIRIGIDA

**Divide. Redondea en décimas si es necesario.**

5. $3\overline{)39.39}$
6. $2\overline{)9.6}$
7. $6\overline{)8.53}$
8. $46\overline{)1087.9}$
9. 12.32 ÷ 22
10. 69.904 ÷ 34
11. **DINERO** Al terminar un juego de lacrosse, Brianna y 5 de sus amigas compraron un paquete de seis jugos de frutas. Si el paquete costó $3.29 y el costo se reparte equitativamente, ¿cuánto debe cada amiga, al centavo más cercano?

## Práctica y aplicaciones

**AYUDA CON LAS TAREAS**

| Ejercicios | Ver ejemplos |
|---|---|
| 12–14, 24–26 | 1 |
| 15–17 | 2 |
| 18–23, 27–29 | 3 |

**Práctica adicional**
**Ver páginas 601, 627.**

**Divide. Redondea en décimas si es necesario.**

12. $2\overline{)36.8}$
13. $4\overline{)3.6}$
14. $5\overline{)118.5}$
15. $19\overline{)11.4}$
16. 10.22 ÷ 14
17. 55.2 ÷ 46
18. $7\overline{)7.24}$
19. $4\overline{)6.27}$
20. $6\overline{)232.22}$
21. $31\overline{)336.75}$
22. 751.2 ÷ 25
23. 48.68 ÷ 7
24. **DEPORTES** Cuatro chicas de un equipo de atletismo completaron la carrera de relevos de 4 por 100 metros en 46.8 segundos. ¿Cuál fue el tiempo medio de cada una?
25. **MÚSICA** Usando los datos de la tabla, calcula la duración media de la pista de un CD.

| Duración de una pista (minutos) | | | | |
|---|---|---|---|---|
| 4.73 | 3.97 | 2.93 | 2.83 | 3.44 |

**Actualiza datos** ¿Cuál es la duración media de todas las pistas de tu CD favorito? Visita msmath1.net/data_update para mayor información.

26. **DINERO** El padre de Tyler ha destinado $64.50 para la mesada mensual de sus tres hijos. Si todos reciben lo mismo, ¿cuánto le toca a Tyler?

27. **MONUMENTOS** Cada piso de un edificio de oficinas mide unos 4 metros de alto. La torre Eiffel en París, Francia, mide 300.51 metros de alto. Al número entero más cercano, ¿cuántos pisos de altura mide la torre Eiffel?

28. **MULTI-PASO** Un juego de 30 calculadoras habría costado $4,498.50 a principios de la década de 1970. En 2002, sin embargo, 30 calculadoras se podían comprar en $352.50. ¿Cuánto menor que en 1970 fue el precio por calculadora en 2002?

29. **ALIMENTOS** La hoja de cálculos muestra el precio unitario de un frasco de mantequilla de maní. Para calcular el precio unitario, divide el precio del artículo entre su tamaño. Calcula el precio unitario de los tres artículos siguientes. Redondea al centavo más cercano.

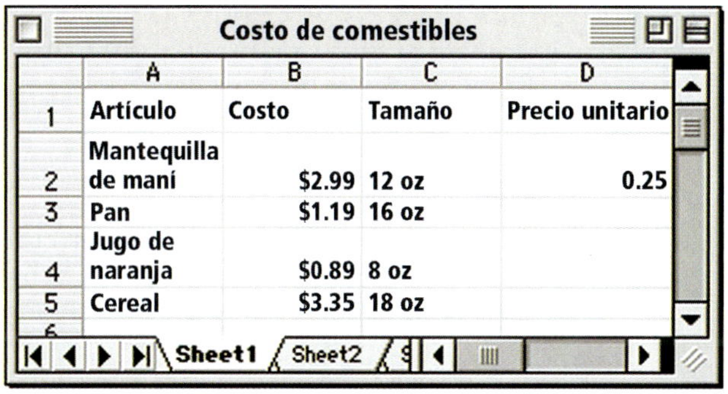

Costo de comestibles

| | A | B | C | D |
|---|---|---|---|---|
| 1 | Artículo | Costo | Tamaño | Precio unitario |
| 2 | Mantequilla de maní | $2.99 | 12 oz | 0.25 |
| 3 | Pan | $1.19 | 16 oz | |
| 4 | Jugo de naranja | $0.89 | 8 oz | |
| 5 | Cereal | $3.35 | 18 oz | |



30. **DIVISIÓN** Si 8 personas reparten equitativamente una botella de gaseosa de 2 litros, ¿cuánto le toca a cada una?

**Calcula la media de cada conjunto de datos.**

31. 22.6, 24.8, 25.4, 26.9

32. 1.43, 1.78, 2.45, 2.78, 3.25

33. **RAZONAMIENTO CRÍTICO Inventa una división que satisfaga las condiciones siguientes.**
- El divisor es un número entero y el dividendo es un decimal.
- El cociente es 1.265 cuando se redondea en milésimas.
- El cociente es 1.26 cuando se redondea en centésimas.

## Prueba estandarizada de práctica y repaso general

34. **SELECCIÓN MÚLTIPLE** Tres personas compraron bolígrafos por un total de $11.55. Si se reparten equitativamente el costo, ¿cuánto paga cada una?

(A) $3.25 (B) $3.45 (C) $3.65 (D) $3.85

35. **RESPUESTA BREVE** La tabla muestra lo que Halley ganó en una semana en varios trabajos. Al centavo más cercano, ¿cuál fue su salario medio en estos tres trabajos?

| Trabajos | Pago semanal |
|---|---|
| cuidado de niños | $50.00 |
| cuidado de mascotas | $10.50 |
| trabajos de jardín | $22.50 |

**Multiplica.** (Lección 4-2)

36. $2.4 \times 5.7$ 37. $1.6 \times 2.3$ 38. 0.32(8.1) 39. 2.68(0.84)

40. ¿Cuál es el producto de 4.156 por 12? (Lección 4-1)

41. Halla el menor número primo mayor que 25. (Lección 1-3)

### PREPÁRATE PARA LA SIGUIENTE LECCIÓN

**REQUISITOS Divide.** (Página 591 y Lección 4-3)

42. $5\overline{)25}$ 43. $81 \div 9$ 44. $14\overline{)114.8}$ 45. $516.06 \div 18$

# CAPÍTULO 4 Prueba parcial de práctica del capítulo

## Vocabulario y conceptos

1. **INTERPRETA** Escribe una multiplicación en la que un factor sea un decimal y el otro sea un número entero. El producto debe ser menor que 5. (Lección 4-1)
2. **Explica** cómo colocar el punto decimal de un cociente cuando se divide un decimal entre un número entero. (Lección 4-3)

## Práctica y aplicaciones

**Multiplica.** (Lección 4-1)

3. $4.3 \times 5$
4. $0.78 \times 9$
5. $1.4 \times 3$
6. $5.34 \times 3$
7. $0.09 \times 8$
8. $4.6 \times 5$

9. **CAMBIO DE MONEDA** Si el yen japonés vale 0.0078 dólares de EE.UU., ¿cuánto valen 3,750 yen en dólares de EE.UU.? (Lección 4-1)

10. **CUOTAS** El Sr. Dillon pagará en un período de 36 meses un total de $9,100.08 por el arriendo de un auto. ¿Cuál es el pago mensual? (Lección 4-1)

11. **ÁLGEBRA** Evalúa $4.2y$ si $y = 0.98$. (Lección 4-2)

12. **GEOMETRÍA** Calcula el área del rectángulo. (Lección 4-2)

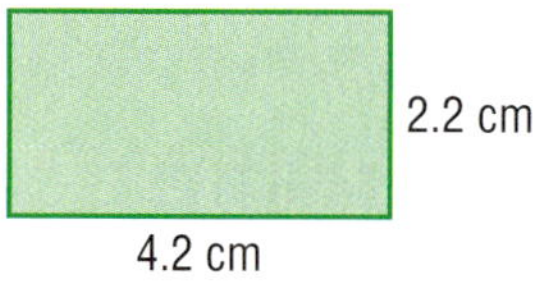


**Divide y, si es necesario, redondea en décimas.** (Lección 4-3)

13. $4\overline{)24.8}$
14. $9\overline{)34.2}$
15. $24\overline{)19.752}$
16. $48.6 \div 6$
17. $54.45 \div 55$
18. $2.08 \div 5$

## Prueba estandarizada de práctica

19. **SELECCIÓN MÚLTIPLE** Yoko quiere comprar tres collares cuyo precio es de $12.99 cada uno. ¿Cuánto dinero necesitará? (Lección 4-1)

    (A) $29.67 (B) $31.52
    (C) $38.97 (D) $42.27

20. **RESPUESTA BREVE** Se liquidan camisetas a 3 por $29.97. ¿Cuánto pagará Jessica por una camiseta? (Lección 4-3)

# La Zona de juegos

## Un sitio para practicar tus destrezas matemáticas

## Décimos

### ¡ALÍSTATE!

**Jugadores:** de dos a cuatro
**Materiales:** girador, tarjetas

### ¡EN TU MARCA!

- Cada jugador hace hojas de juego, como la de la derecha.
- Haz un girador, como el que se muestra.

___ . ___ ÷ ___

### ¡ADELANTE!

- La primera persona hace girar la flecha y cada jugador anota el número en uno de los espacios en blanco de su tarjeta.

  La segunda persona hace lo mismo y cada jugador hace lo suyo, como en la vuelta anterior.

  La persona siguiente hace lo mismo y los jugadores hacen lo suyo, etc. No se pueden usar ceros en el divisor.

- Cada jugador calcula su cociente y el que tiene el cociente mayor obtiene un punto. En caso de empate, los empatados ganan un punto cada uno.

- **¿Quién gana?** Gana el primer jugador que obtenga 5 puntos.

# 4-4a LABORATORIO de PRÁCTICA

***Sinopsis de la Lección 4-4***

**Lo que aprenderás**
A usar modelos para dividir un decimal entre otro.

**Materiales**
- bloques de base diez

## Divide entre decimales

Este modelo muestra 15 ÷ 3.

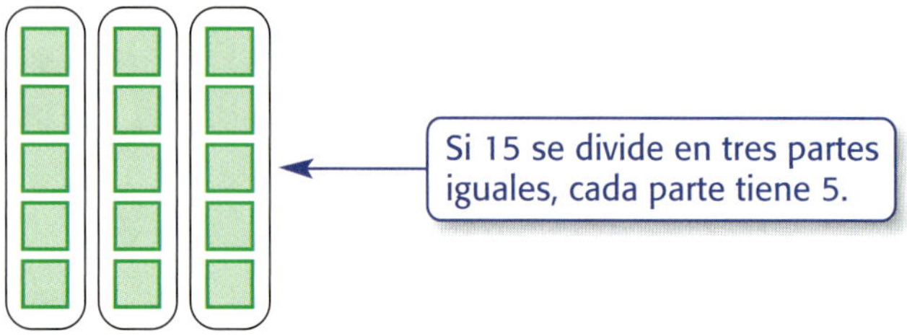


La división de decimales se parece a la de números enteros. En esta actividad, 1.5 es el *dividendo* y 0.3 es el *divisor*.

- Haz un modelo del dividendo con bloques de base diez.
- Reemplaza todos los bloques por décimas.
- Divide las décimas según los grupos correspondientes al divisor.
- El cociente es el número de grupos.

**ACTIVIDAD** *Trabaja con un(a) compañero(a).*

**1** **Haz un modelo de 1.5 ÷ 0.3.**

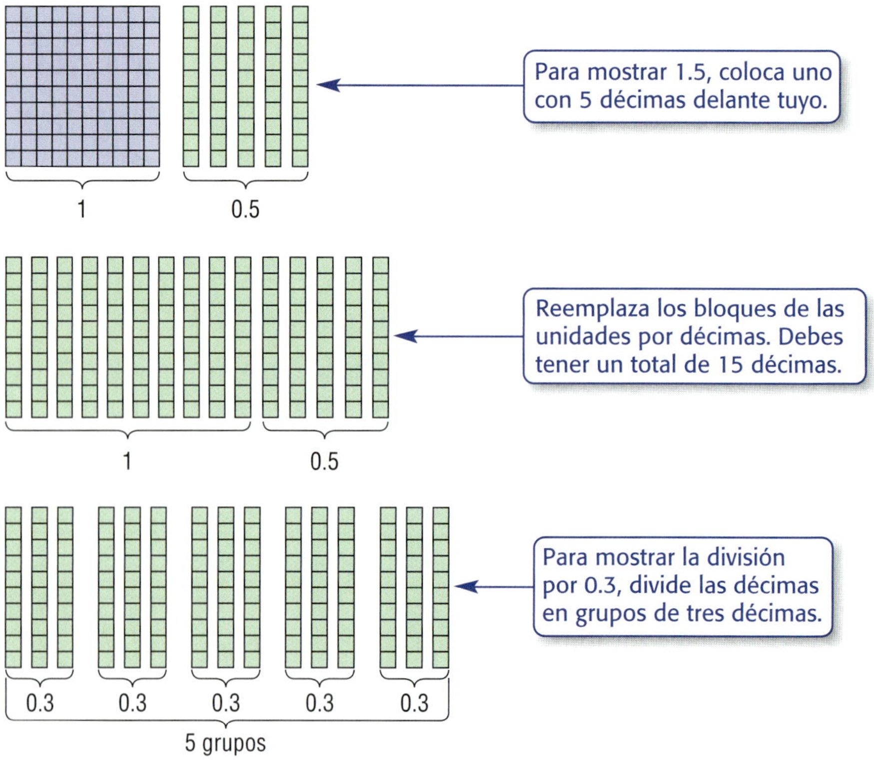


En 1.5 hay cinco grupos de tres décimas, entonces 1.5 ÷ 0.3 = 5.

Puedes usar un modelo parecido para dividir entre centésimas.

**ACTIVIDAD** *Trabaja con un(a) compañero(a).*

**2** **Haz un modelo de 0.4 ÷ 0.05.**

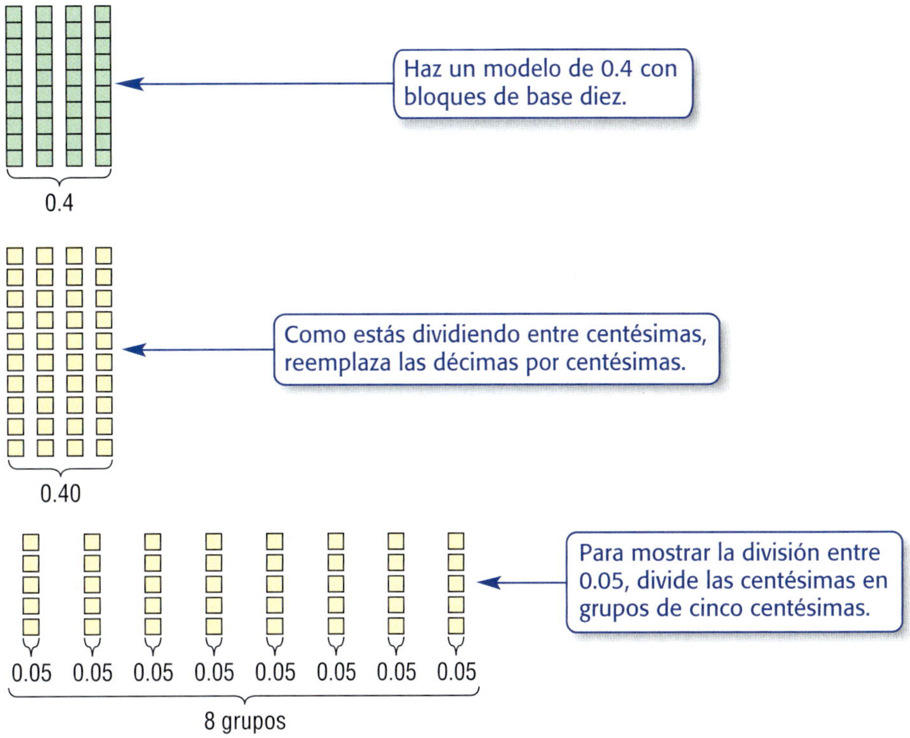


En 0.4 hay ocho grupos de cinco centésimas, de modo que, 0.4 ÷ 0.05 = 8.

**Tu turno** **Calcula cada cociente con bloques de base diez.**

**a.** 2.4 ÷ 0.6 **b.** 1.2 ÷ 0.4 **c.** 1.8 ÷ 0.6

**d.** 0.9 ÷ 0.09 **e.** 0.8 ÷ 0.04 **f.** 0.6 ÷ 0.05

## Escribe en matemáticas

1. **Explica** por qué los bloques de base diez que corresponden al dividendo se deben sustituir o dividir según el lugar más pequeño del divisor.
2. **Di** por qué el cociente 0.4 ÷ 0.05 es un número entero. ¿Qué significa el cociente?
3. **Encuentra** el divisor en 0.8 ÷ __?__ = 20. Explica.
4. **Indica** si 1.2 ÷ 0.03 es *menor que, igual a* o *mayor que* 1.2. Explica.

# 4-4 Divide decimales

**Lo que aprenderás**
A dividir un decimal entre otro decimal.

**REPASO de vocabulario**

**Potencia:** número con exponente **(Lección 1-4)**

## PRÁCTICA Minilaboratorio

**Materiales**
- calculadora

*Trabaja con un(a) compañero(a).*

Los patrones te pueden ayudar a comprender cómo dividir un decimal entre otro.

**Usa calculadora para calcular cada cociente.**

**1.** $0.048 \div 0.06$
$0.48 \div 0.6$
$4.8 \div 6$
$48 \div 60$

**2.** $0.0182 \div 0.13$
$0.182 \div 1.3$
$1.82 \div 13$
$18.2 \div 130$

**3.** ¿Qué cociente de los ejercicios 1 y 2 sería más fácil de calcular *sin* calculadora? Explica tu razonamiento.

**Reescribe cada problema de modo de calcular el cociente sin calculadora y luego hállalo.**

**4.** $0.42 \div 0.7$ **5.** $1.26 \div 0.3$ **6.** $1.55 \div 0.5$

Al dividir entre decimales, cambia el divisor a un número entero. Para hacer esto, hay que multiplicar el divisor y el dividendo por la misma potencia de 10 y luego dividir como si fueran números enteros.

## EJEMPLO Divide entre decimales

**1** **Calcula 14.19 ÷ 2.2.** **Estima** $14 \div 2 = 7$

Para obtener un número entero, multiplica por 10.

$2.2\overline{)14.19} \rightarrow 22\overline{)141.90}$

Multiplica por el mismo número, 10.

```
      6.45     Coloca el punto decimal.
 22)141.90     Divide como si fueran números enteros.
   - 132
       99
     - 88
      110      Para continuar, añade un cero.
    - 110
        0
```

14.19 dividido entre 2.2 es 6.45. Compara con la estimación.

**Verifica** $6.45 \times 2.2 = 14.19$ ✔

**Tu turno** **Divide.**

**a.** $1.7\overline{)54.4}$ **b.** $0.36\overline{)8.424}$ **c.** $0.0063 \div 0.007$

## EJEMPLOS Ceros en el cociente y dividendo

**2** **Calcula 52.8 ÷ 0.44.**

$0.44\overline{)52.80}$ — Multiplica cada uno por 100.

$$\begin{array}{r} 120. \\ 44\overline{)5280.} \\ -\underline{44} \\ 88 \\ -\underline{88} \\ 00 \end{array}$$

Coloca el punto decimal.
Divide.

Como 0 ÷ 44 = 0, escribe un cero en el lugar de las unidades del cociente.

Entonces, 52.8 ÷ 0.44 = 120.

**Verifica** 120 × 0.44 = 52.8 ✔

**3** **Calcula 0.09 ÷ 1.8.**

$1.8\overline{)0.09}$ — Multiplica cada uno por 10.

$$\begin{array}{r} 0.05 \\ 18\overline{)0.90} \\ -\underline{0\phantom{0}} \\ 09 \\ -\underline{00} \\ 90 \\ -\underline{90} \\ 0 \end{array}$$

Coloca el punto decimal.

Como 18 no cabe en 9, escribe un 0 en el lugar de las décimas.

Añade un 0 en el dividendo y sigue dividiendo.

Entonces, 0.09 ÷ 1.8 es 0.05.

**Verifica** 0.05 × 1.8 = 0.09 ✔

**Tu turno** **Divide.**

d. $0.014\overline{)5.6}$ e. $0.002\overline{)62.4}$ f. 0.4 ÷ 0.0025

A veces hay que redondear el cociente.

## EJEMPLO Redondea cocientes

**4** **INTERNET ¿Cuántas veces más hogares tienen acceso a Internet en EE.UU. que en Japón? Redondea en décimas.**

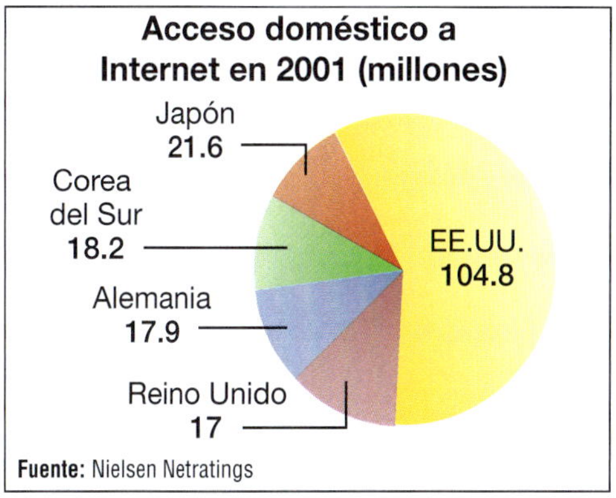


Calcula 104.8 ÷ 21.6.

$21.6\overline{)104.8} \rightarrow$

$$\begin{array}{r} 4.85 \\ 216\overline{)1048.00} \\ -\underline{864\phantom{.00}} \\ 1840 \\ -\underline{1728} \\ 1120 \\ -\underline{1080} \\ 40 \end{array}$$

En décimas, 104.8 ÷ 21.6 = 4.9, así que el acceso en EE.UU. es unas 4.9 veces mayor que en Japón.

**AYUDA PARA EL ESTUDIO**

**Redondeo** Puedes dejar de dividir cuando hay un dígito en las centésimas.

## Repaso de destrezas y conceptos

**Escribe en matemáticas**
**Ejercicios 1 y 3**

**1.** **Explica** por qué 1.92 ÷ 0.51 debe ser cerca de 4.

**2.** **INTERPRETA** Escribe una división con decimales que involucre añadir uno o más ceros al dividendo.

**3.** **¿Cuál no corresponde?** Identifica el cociente que no es igual a los otros. Explica tu razonamiento.

| | | | |
|---|---|---|---|
| $0.5\overline{)0.35}$ | $5\overline{)3.5}$ | $0.05\overline{)0.035}$ | $5\overline{)35}$ |

### PRÁCTICA DIRIGIDA

**Divide y, si es necesario, redondea en centésimas.**

**4.** $0.3\overline{)3.69}$ **5.** $0.8\overline{)9.92}$ **6.** $0.3\overline{)0.45}$

**7.** $3.4\overline{)0.68}$ **8.** $0.0025\overline{)0.4}$ **9.** 4.27 ÷ 0.35

**10.** 0.464 ÷ 0.06 **11.** 0.321 ÷ 0.4 **12.** 8.4 ÷ 2.03

**13.** **JARDINERÍA** Un jardín de flores mide 11.25 metros de largo. En uno de sus lados, la Srta. Owens quiere hacer un borde con ladrillos de 0.25 metros de largo. ¿Cuántos ladrillos necesita?

## Práctica y aplicaciones

**AYUDA CON LAS TAREAS**

| Ejercicios | Ver ejemplos |
|---|---|
| 14–17, 22–28 | 1 |
| 18–19 | 2 |
| 20–21 | 3 |
| 29–40 | 4 |

**Práctica adicional**
**Ver páginas 602, 627.**

**Divide.**

**14.** $0.5\overline{)4.55}$ **15.** $0.9\overline{)2.07}$ **16.** $0.14\overline{)16.24}$

**17.** $2.7\overline{)1.08}$ **18.** $0.42\overline{)96.6}$ **19.** $0.03\overline{)13.5}$

**20.** $1.3\overline{)0.0338}$ **21.** $3.4\overline{)0.16728}$ **22.** 1.44 ÷ 0.4

**23.** 29.12 ÷ 1.3 **24.** 0.12 ÷ 0.15 **25.** 0.242 ÷ 0.4

**26.** Divide 10.272 entre 2.4. **27.** ¿Cuánto es 6.24 ÷ 0.00012?

**28.** **CARPINTERÍA** Si un tablón de 7.5 pies de largo se corta en tablas de 2.5 pies de largo, ¿cuántas tablas había?

**Divide y, si es necesario, redondea en centésimas.**

**29.** $0.4\overline{)0.231}$ **30.** $0.7\overline{)1.32}$ **31.** $0.26\overline{)0.249}$ **32.** $0.71\overline{)0.24495}$

**33.** 0.07625 ÷ 2.5 **34.** 2.582 ÷ 34.2 **35.** 6.453 ÷ 12.8 **36.** 3.792 ÷ 4.25

**37.** **VIAJES** Los Vielhaber manejaron 315.5 millas a un campeonato de fútbol, usando 11.4 galones de gasolina. En centésimas, ¿cuántas millas por galón rindió el carro? Estima antes de calcular.

**TECNOLOGÍA** **Usa la información de la gráfica en los ejercicios 38 y 39. Estima antes de calcular.**

38. ¿Cuántas veces mayor son las ventas de 2001 que las del 2000? Redondea en décimas.

39. Si las ventas crecieran al mismo ritmo en 2002, ¿cuál sería la cantidad estimada en 2002?

40. **INVESTIGACIÓN** Busca en Internet u otra fuente la velocidad media del auto de Ward Burton en la Daytona 500 de 2002. Si un auto viaja a un promedio de 55.5 mph, ¿cuántas veces más rápido fue el carro de Ward? Redondea en centésimas.

41. Si se divide un decimal mayor que 0 y menor que 1 entre un decimal menor, ¿es el cociente *siempre*, *a veces* o *nunca* menor que 1? Explica.

42. **CIENCIA** La velocidad del sonido en el aire es de 330 metros por segundo. ¿Cuánto se tardará el chillido de un murciélago en llegar a su presa y en devolverle el eco, si ésta está a un metro de distancia?

43. **RAZONAMIENTO CRÍTICO**
Reemplaza cada ■ por dígitos para hacer verdadero cada enunciado.
■.8■3 ÷ 0.82 = 4.6■

## Prueba estandarizada de práctica y repaso general

44. **SELECCIÓN MÚLTIPLE** A la décima más cercana, ¿cuántas veces mayor fue el precio medio de la gasolina el 14 de mayo que el 20 de agosto?

Ⓐ 0.8 Ⓑ 1.2 Ⓒ 1.3 Ⓓ 1.4

| Precio medio de la gasolina en EE.UU. (por galón) | Fecha |
|---|---|
| $1.71 | Mayo 14, 2001 |
| $1.42 | Agosto 20, 2001 |

**Fuente:** Energy Information Administration

45. **COMPLETA** Resuelve $z = 20.57 \div 3.4$.

46. Calcula el cociente al dividir 68.52 entre 12. (Lección 4-3)

**Multiplica.** (Lección 4-2)

47. $19.2 \times 2.45$
48. $7.3 \times 9.367$
49. $8.25 \times 12.42$
50. $9.016 \times 51.9$

### PREPÁRATE PARA LA SIGUIENTE LECCIÓN

**REQUISITOS** **Evalúa cada expresión.** (Lección 1-5)

51. $2(1) + 2(3)$
52. $2(18) + 2(9)$
53. $2(3) \times 2(5)$
54. $2(36) + 2(20)$

# 4-4b Estrategia para resolver problemas

### *Seguimiento de la Lección 4-4*

**Lo que aprenderás**
A determinar soluciones razonables.

## Determina la racionalidad de una solución

En nuestro proyecto de ciencia, necesitamos calcular el peso en toneladas de una ballena gris. Encontré una tabla que muestra el peso en toneladas de algunas ballenas.

Bueno, sé que hay 2,000 libras en una tonelada. Usemos esto para **calcular un resultado razonable.**

| | |
|---|---|
| **Explora** | Conocemos el peso en toneladas y necesitamos calcular el peso aproximado en libras. |
| **Planifica** | Una tonelada equivale a 2,000 libras. Estimemos entonces el producto de 38.5 por 2,000 para calcular el peso aproximado. |
| **Resuelve** | $2{,}000 \times 38.5 \rightarrow 2{,}000 \times 40$ u 80,000<br>El peso aproximado es de 80,000 libras. |
| **Examina** | Ya que $2{,}000 \times 38.5 = 77{,}000$, 80,000 libras es razonable. |

| Ballena | Peso (toneladas) |
|---|---|
| Azul | 151.0 |
| Franca | 95.0 |
| Rorcual común | 69.9 |
| Gris | 38.5 |
| Yubarta | 38.1 |

**Fuente:** *Top 10 of Everything*

## Analiza la estrategia

1. **Explica** cuándo usar la estrategia de determinar soluciones razonables de un problema.
2. **Describe** un caso en el que determinar la racionalidad de una solución te ayude a resolver un problema.
3. **Usando** la tabla anterior, escribe un problema que se pueda resolver mediante una solución razonable y luego indica los pasos que seguirías para resolver el problema.

## Aplica la estrategia

**Resuelve lo siguiente mediante la estrategia de soluciones razonables.**

4. **BÉISBOL** En 2002, 820,590 personas asistieron a 25 de los partidos en casa de los Atlanta Braves. ¿Cuál es la solución más razonable del número de personas que asistieron a cada partido, 30,000 ó 40,000? Explica.

5. **ASUNTOS FINANCIEROS** En la feria escolar del libro, Courtney desea comprar 2 libros de ciencia ficción en $3.95 cada uno, 3 revistas en $2.95 cada una y un señalador en $0.39. ¿Necesita llevar $20 ó basta con $15? Explica.

## Solución de problemas mixtos

**Resuelve usando cualquier estrategia.**

6. **PATRONES** ¿Cuáles son las figuras siguientes de este patrón?

7. **ENTRETENIMIENTO** En música, el premio de álbum de oro se le otorga a un artista que haya vendido por lo menos 500,000 copias de un solo álbum o CD. Si un artista ha ganado 16 álbumes de oro, ¿cuál es el número menor de álbumes vendidos?

8. **EDADES** La madre de Erin tiene 4 veces su edad. Su abuela tiene el doble de la edad de su madre. Si la suma de las tres edades es 104, ¿qué edad tienen Erin, su madre y su abuela?

9. **GEOGRAFÍA** Esta ilustración muestra las longitudes, en millas, de los ríos más largos del mundo. ¿Cuántas millas en total miden los tres ríos?

Fuente: *The World Almanac*

10. **EDUCACIÓN** Usa esta gráfica para estimar la matrícula en 2006 de la escuela intermedia Dorsey.

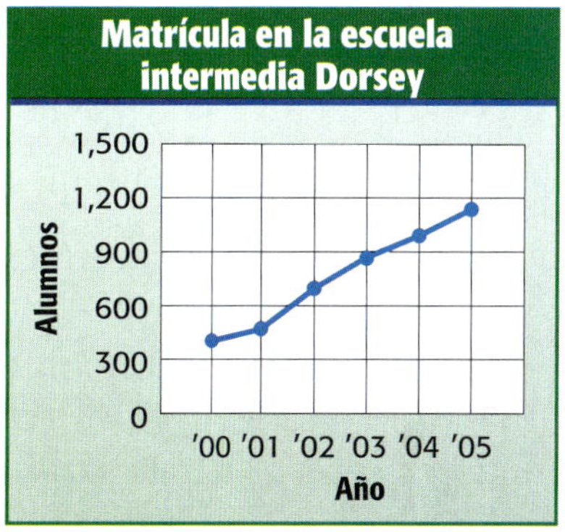


11. Estima el producto de 56.2 por 312.

12. **EDUCACIÓN** El gimnasio escolar tiene capacidad para 2,800 personas más los 721 alumnos que se graduarán. ¿Es razonable ofrecerle a cada uno de éstos cuatro entradas para familiares y amistades? Explica.

13. **CUMPLEAÑOS** Supón que en cada cumpleaños, un pariente te regala la edad que cumples en dinero. Si tienes 13 años, ¿cuánto dinero te ha dado este pariente todos estos años?

14. **PRUEBA ESTANDARIZADA DE PRÁCTICA** La mediana de los precios de cinco regalos fue de $17, la cantidad menor que se gastó fue de $11 y la mayor fue de $22.50. ¿Cuál es el total razonable?

   (A) $65.80  (B) $77.25
   (C) $88.50  (D) $98.70

# 4-5 El perímetro

**Lo que aprenderás**
A calcular el perímetro de rectángulos y cuadrados.

**NUEVO vocabulario**
perímetro

## PRÁCTICA Minilaboratorio

**Materiales**
- regla
- papel cuadriculado

*Trabaja con un(a) compañero(a).*

¿Cuál es la longitud del contorno de la portada de tu libro?

**PASO 1** Mide con la regla cada lado de la portada de tu libro. Redondea a la pulgada más cercana.

**PASO 2** Traza, en el papel cuadriculado, el largo y el ancho de la portada. Rotula el largo $\ell$ y el ancho $w$.

1. Para calcular la longitud del contorno de tu libro, suma las medidas de cada lado.
2. ¿Se te ocurre otra manera de calcular la longitud del contorno de la portada? Si es así, descríbela.

El **perímetro** de una figura cerrada es la longitud de su contorno.

### Concepto clave — Perímetro de un rectángulo

**En palabras** El perímetro $P$ de un rectángulo es la suma de sus largos y anchos. Es también el doble del largo $\ell$ más el doble del ancho $w$.

**En símbolos** $P = \ell + w + \ell + w$
$P = 2\ell + 2w$

**Modelo**

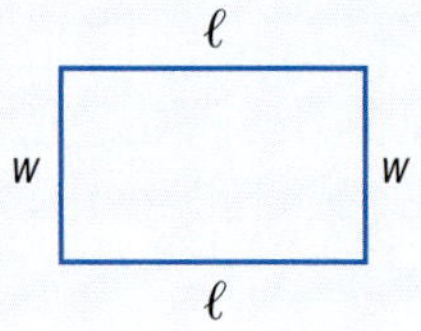


## EJEMPLO Calcula perímetros

**1** **Calcula el perímetro del rectángulo.**

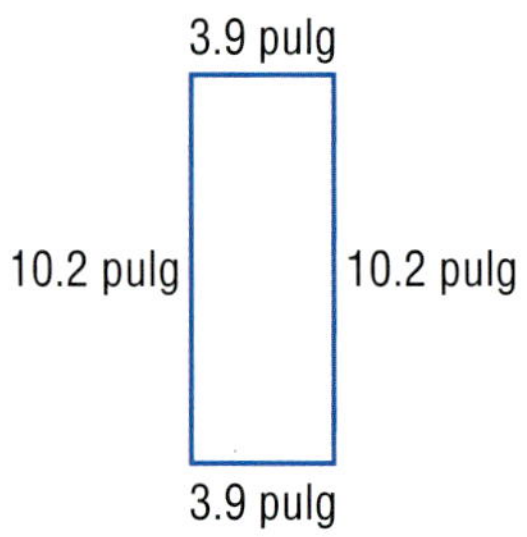


**Estima** $10 + 4 + 10 + 4 = 28$

$P = 2\ell + 2w$ Escribe la fórmula.

$P = 2(10.2) + 2(3.9)$ Reemplaza $\ell$ por 10.2 y $w$ por 3.9.

$P = 20.4 + 7.8$ Multiplica.

$P = 28.2$ Suma.

El perímetro es de 28.2 pulgadas. Compara con la estimación.

**Tu turno** **Calcula el perímetro de cada rectángulo.**

a. 2 pies por 3 pies
b. 6 pulg por 10 pulg
c. 15 mm por 12 mm

Como cada lado de un cuadrado mide lo mismo, para calcular su perímetro, multiplica la medida de uno de sus lados $s$ por 4.

## Concepto clave — Perímetro de un cuadrado

**En palabras** El perímetro $P$ de un cuadrado es cuatro veces la medida de un lado $s$.

**En símbolos** $P = 4s$

**Modelo**

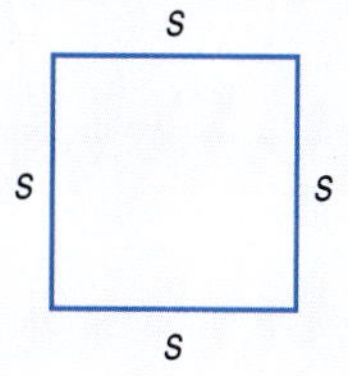


## EJEMPLO Calcula el perímetro de un cuadrado

**2** **ANIMALES** **El recinto para dormir de un oso en el zoológico es un cuadrado de 4 yardas de lado. ¿Cuál es su perímetro?**

| | |
|---|---|
| **En palabras** | El perímetro de un cuadrado es cuatro veces la medida de un lado. |
| **Con variables** | $P = 4s$ |
| **Ecuación** | $P = 4(4)$ |

$P = 4(4)$ Escribe la ecuación.

$P = 16$ Multiplica.

El perímetro es de 16 yardas.

## Repaso de destrezas y conceptos

**Escribe en matemáticas** Ejercicios 2 y 3

1. **INTERPRETA** Traza un rectángulo con un perímetro de 14 pulgadas.
2. **SENTIDO NUMÉRICO** ¿Qué pasa con el perímetro de un rectángulo al duplicar su largo y ancho?
3. **HALLA EL ERROR** Crystal y Luanda calcularon el perímetro de un rectángulo de 6.3 pulgadas por 2.8 pulgadas. ¿Quién lo hizo bien? Explica.

Crystal
6.3 x 2.8 = 17.64 pulg

Luanda
6.3 + 6.3 + 2.8 + 2.8 = 18.2 pulg

### PRÁCTICA DIRIGIDA

**Calcula el perímetro de cada rectángulo.**

4. 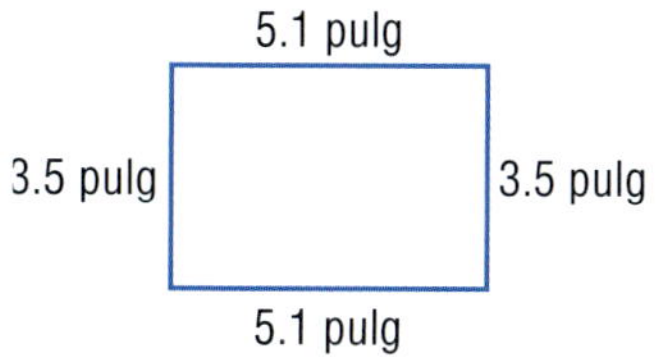


5. 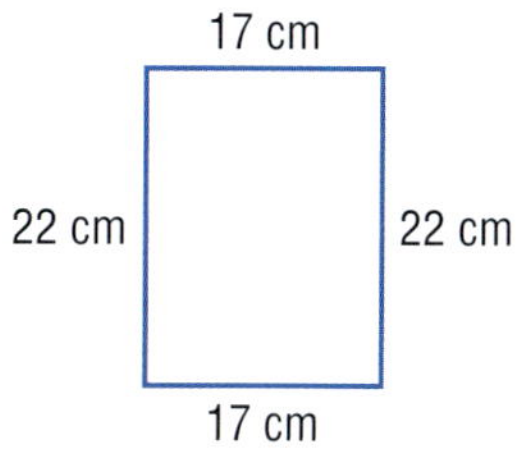


6. 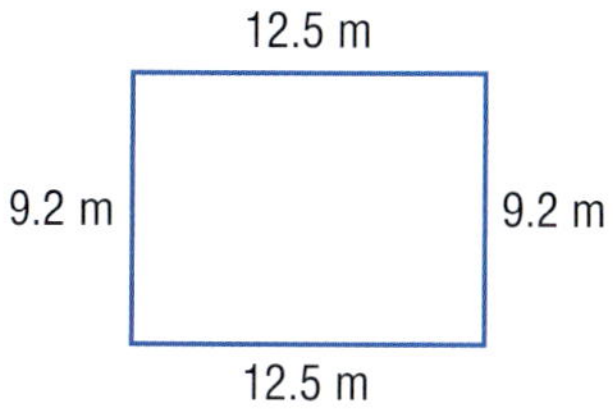

## Práctica y aplicaciones

| AYUDA CON LAS TAREAS | |
|---|---|
| Ejercicios | Ver ejemplos |
| 7–15 | 1, 2 |

**Práctica adicional**
**Ver páginas 602, 627.**

**Calcula el perímetro de cada figura.**

**7.**

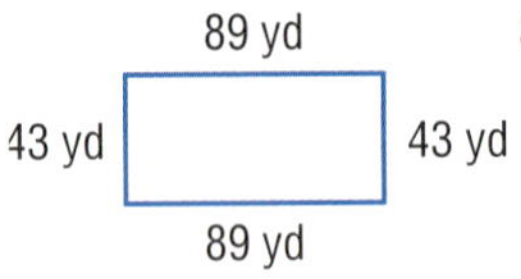


**8.**

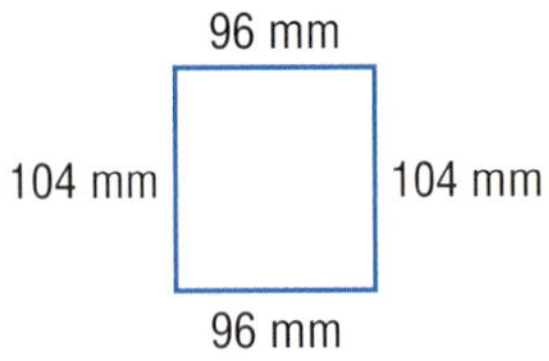


**9**

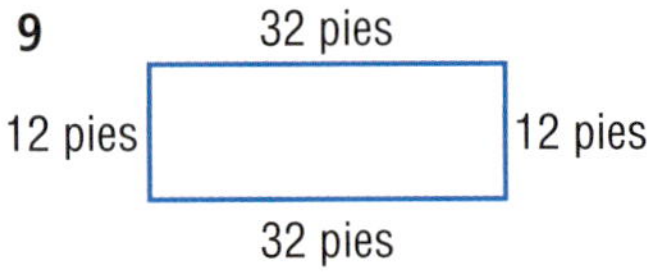


**10.** 12.4 cm por 21.6 cm **11.** 11.4 m por 12.9 m **12.** 9.5 mi por 11.9 mi

**13.**

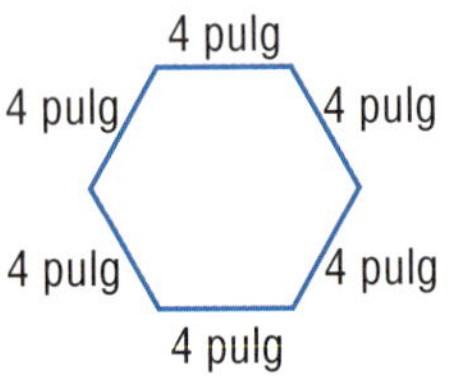


**14.**

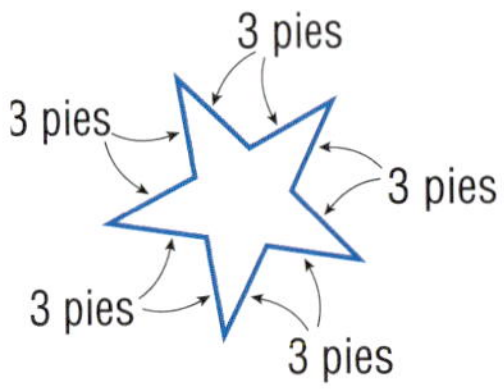


**15.**

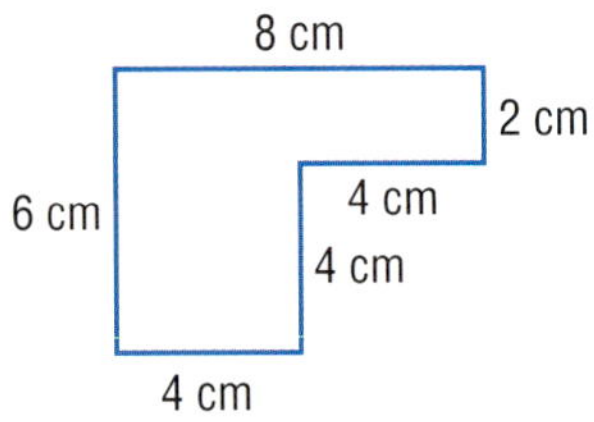


**¿Cuántos segmentos de $y$ unidades de largo mide el perímetro de cada figura?**

**16.**

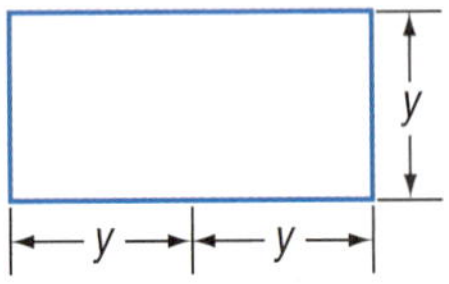


**17.**

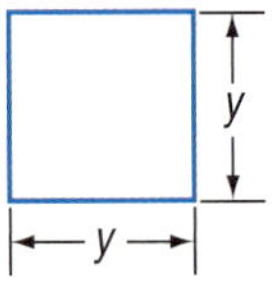


**18.** **BALONCESTO** Una cancha de baloncesto mide 26 por 14 metros. Calcula su perímetro.

**19.** **RAZONAMIENTO CRÍTICO** En el ejercicio anterior, supón que se agregan 10 metros de graderías a cada lado. Calcula el perímetro del recinto.

## Prueba estandarizada de práctica y repaso general

**20.** **SELECCIÓN MÚLTIPLE** El perímetro de un área rectangular de juegos es de 121.2 pies. ¿Cuál es su largo si su ancho es de 25.4 pies?

(A) 41.7 pies (B) 38.6 pies (C) 35.2 pies (D) 30.6 pies

**21.** **RESPUESTA BREVE** Calcula la longitud del contorno de la cancha de fútbol americano.

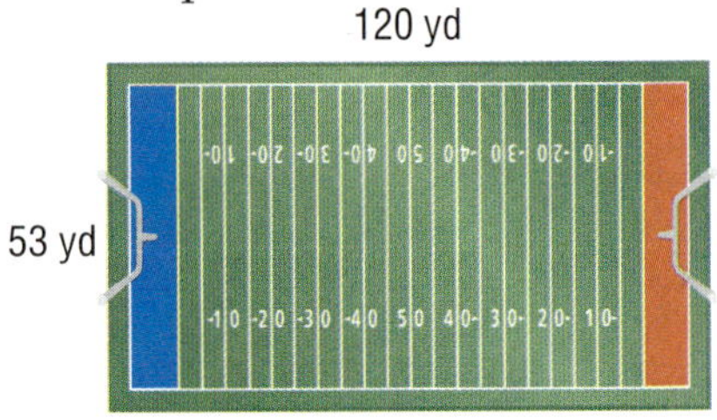


**Divide.** (Lección 4-4)

**22.** $16.4\overline{)94.3}$ **23.** $4.9\overline{)14.798}$

**24.** $95.5 \div 0.05$ **25.** $21.112 \div 5.2$

**26.** Cinco personas se reparten equitativamente 8.65 onzas de jugo. ¿Cuánto le toca a cada una? (Lección 4-3)

### PREPÁRATE PARA LA SIGUIENTE LECCIÓN

**REQUISITOS** **Multiplica.** (Lección 4-2)

**27.** $17 \times 23$ **28.** $28 \times 42$ **29.** $6.4 \times 5.8$ **30.** $3.22 \times 6.7$


msmath1.net/self_check_quiz

# 4-6 Circunferencia

**Lo que aprenderás**
A calcular la circunferencia.

**NUEVO vocabulario**
- círculo
- centro
- diámetro
- circunferencia
- radio

**Símbolos matemáticos**

$\pi$ (pi) $\approx$ 3.14

## PRÁCTICA Minilaboratorio

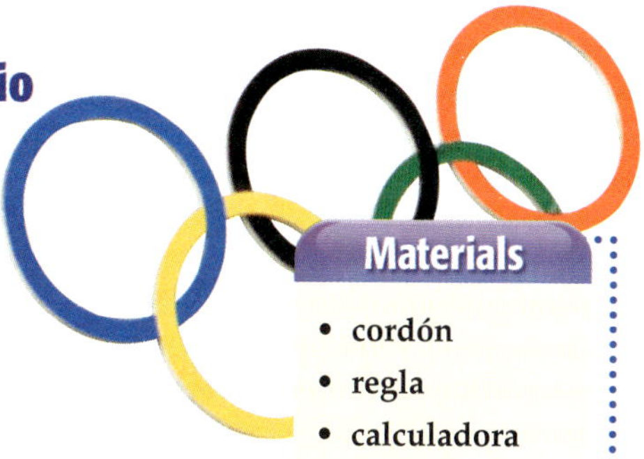

*Trabaja con un(a) compañero(a).*

Los aros olímpicos están hechos de círculos. En este minilaboratorio vas a buscar una relación entre la longitud del contorno de un círculo (circunferencia) y la distancia a través del círculo (diámetro).

**Materials**
- cordón
- regla
- calculadora
- tapa de frasco
- otros objetos circulares

**PASO 1** Corta un largo del cordón igual a la longitud $C$ del contorno de una tapa de frasco, mídelo, copia la tabla y anota la medida.

**PASO 2** Mide la longitud $d$ a través de la tapa y anótala en la tabla.

| Objecto | $C$ | $d$ | $\frac{C}{d}$ |
|---|---|---|---|
| | | | |
| | | | |
| | | | |

**PASO 3** Repite los pasos anteriores con otros objetos circulares.

**PASO 4** Usa una calculadora para dividir $C$ entre $d$ y anota el cociente en la tabla.

1. ¿Qué observas sobre los cocientes?
2. ¿Qué puedes concluir sobre la circunferencia y su diámetro?
3. Estima la longitud del contorno de un círculo que mide 4 pulgadas de un lado a otro.

Un **círculo** es el conjunto de todos los puntos del plano que equidistan de un punto llamado **centro**.

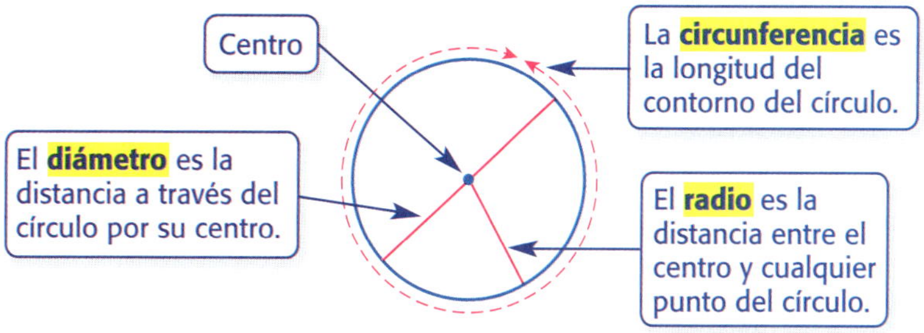

En el minilaboratorio descubriste que la circunferencia es un poco más que el triple del diámetro del circulo. El número exacto de veces se denota por la letra griega $\pi$ (pi).

**Concepto clave** — **Circunferencia**

**En palabra** La circunferencia es igual a $\pi$ por su diámetro o $\pi$ por el doble de su radio.

**En símbolos** $C = \pi d$ o $C = 2\pi r$

**Modelo**

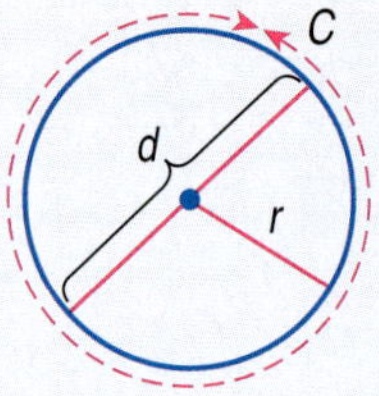


**LEE matemáticas**

El símbolo ≈ significa *es aproximadamente igual a.*

El valor exacto de $\pi$ es 3.1415926… y, ya que no termina jamás, se usa 3.14. Por consiguiente, $\pi \approx 3.14$.

## EJEMPLO Calcula la circunferencia

**1 Calcula una circunferencia cuyo diámetro es de 4.5 pulgadas. Redondea en décimas.**

Se conoce el diámetro. Usa $C = \pi d$.

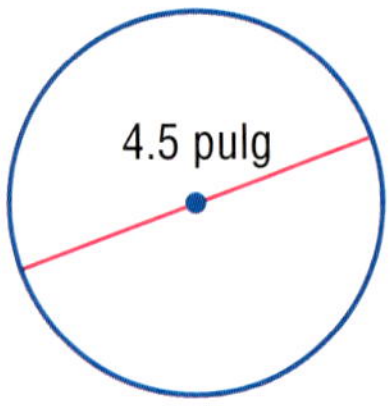


$C = \pi d$ Escribe la fórmula.

$\approx 3.14 \times 4.5$ Reemplaza $\pi$ por 3.14 y $d$ por 4.5.

$\approx 14.13$ Multiplica.

La circunferencia es de unas 14.1 pulgadas.

**Tu turno**

**a.** Calcula la circunferencia de un círculo de 15 metros de diámetro. Redondea en décimas.

## EJEMPLO Usa la circunferencia para resolver un problema

**2 PASATIEMPOS A Ashlee le gusta jugar con modelos de aviones. Si el avión, fijo a una soga de 38 pies, traza círculos, ¿cuál es la circunferencia mayor que puede trazar?**

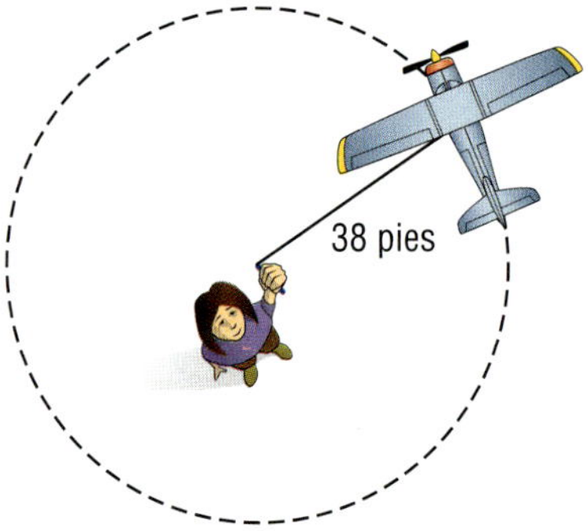


Se conoce el radio.

$C = 2\pi r$ Escribe la fórmula.

$\approx 2 \cdot 3.14 \cdot 38$ $\pi \approx 3.14$, $r = 38$

$\approx 238.64$ Multiplica.

En décimas, la circunferencia es de unos 238.6 pies.

**Tu turno** **Calcula la circunferencia de cada círculo. Redondea en décimas.**

**b.** $r = 23$ pulg **c.** $r = 4.5$ cm **d.** $r = 6.5$ pies



msmath1.net/extra_examples

## Repaso de destrezas y conceptos

**Escribe en matemáticas**
**Ejecicios 3 y 4**

1. **Traza** un círculo y rotula su centro, un radio y un diámetro.

2. **INTERPRETA** Traza y rotula un círculo cuya circunferencia sea más de 5 pulgadas y menos de 10 pulgadas.

3. **HALLA EL ERROR** Alvin y Jerome van a calcular la circunferencia un circulo de 2.5 pies de radio. ¿Quién lo hizo bien? Explica.

Alvin
$C \approx 2 \times 3.14 \times 2.5$

Jerome
$C \approx 3.14 \times 2.5$

4. **SENTIDO NUMÉRICO** Sin calcular, ¿será la circunferencia de un círculo de 4 pies de radio más de 24 pies? ¿Menos de 24 pies? Explica.

### PRÁCTICA DIRIGIDA

**Calcula la circunferencia de cada círculo trazado o descrito. Redondea en décimas.**

5.
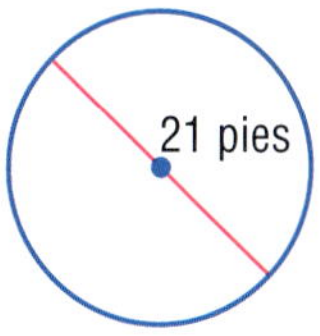


6.
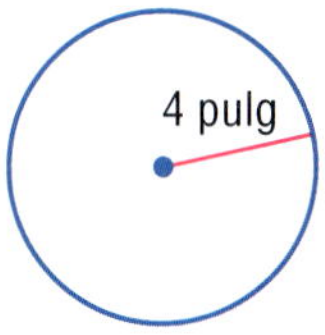


7. $d = 0.875$ de yarda

8. Calcula la circunferencia de un círculo de 0.75 de metro de radio.

## Práctica y aplicaciones

**Calcula la circunferencia de cada círculo trazado o descrito. Redondea en décimas.**

**AYUDA CON LAS TAREAS**

| Ejercicios | Ver ejemplos |
|---|---|
| 9–10, 13–14 | 1 |
| 19-22 | |
| 11–12, 15–16 | 2 |

**Práctica adicional**
**Ver páginas 602, 627.**

9.
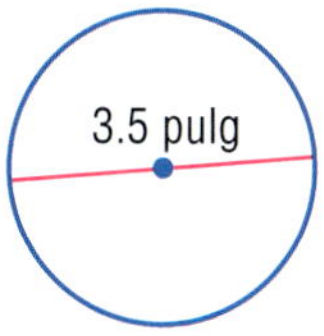


10.
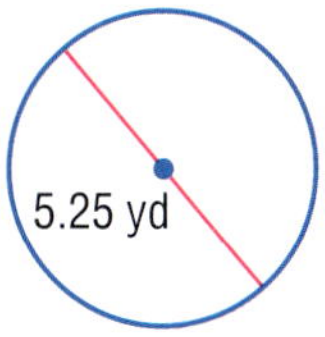


11.
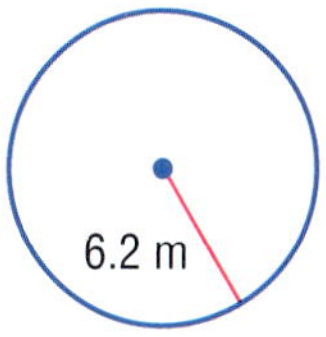


12.
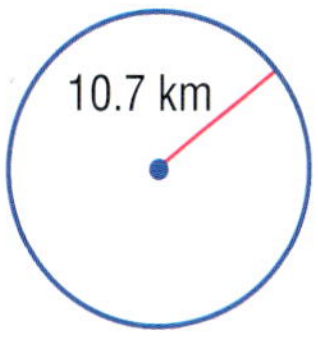


13. $d = 6$ pies
14. $d = 28$ cm
15. $r = 21$ mm
16. $r = 2.25$ pulg

17. Calcula la circunferencia de un círculo de 4.8 pulgadas de diámetro.

18. El radio de un círculo es de 3.5 kilómetros. ¿Cuál es su circunferencia?

**ENTRETENIMIENTO** **Usa la tabla para los ejercicios 19 al 21. ¿Qué distancia recorren los pasajeros en cada vuelta? Redondea en décimas.**

19. The Big Ferris Wheel
20. London Eye
21. Texas Star

| Rueda de Chicago | Diámetro (pies) |
|---|---|
| The Big Ferris Wheel | 250 |
| London Eye | 442.9 |
| Texas Star | 213.3 |

22. **MULTI-PASO** El árbol más grande del mundo tiene unos 26.5 pies de diámetro a 4.5 pies del suelo. Si una persona con los brazos abiertos puede alcanzar 6 pies, ¿cuántas personas se necesitan para cubrir el tronco?

23. **GEOMETRÍA** Puedes calcular el diámetro de un círculo si conoces su circunferencia. Para calcularla, *multiplica* $\pi$ por el diámetro, así que para calcular el diámetro, *divide* la longitud entre $\pi$.
    a. Calcula el diámetro de un círculo que tiene una circunferencia de 3.14 millas de longitud.
    b. Calcula el diámetro de un círculo que tiene una circunferencia de 15.7 metros de longitud.

24. **RAZONAMIENTO CRÍTICO** ¿Qué cambio se produce en la circunferencia de un círculo si se duplica su diámetro?

25. **RAZONAMIENTO CRÍTICO** Supón que el diámetro de un círculo es de unos 12 centímetros y que usas 3.14 para $\pi$. ¿Es razonable dar 37.68 como su circunferencia exacta? ¿Por qué?

**EXTENSIÓN DE LA LECCIÓN** Una *cuerda* es un segmento cuyos extremos se hallan en un círculo. Un diámetro es un ejemplo de cuerda.

26. Traza un círculo y en él una cuerda que *no sea* un diámetro.

## Prueba estandarizada de práctica y repaso general

27. **SELECCIÓN MÚLTIPLE** Calcula la circunferencia del círculo en décimas.

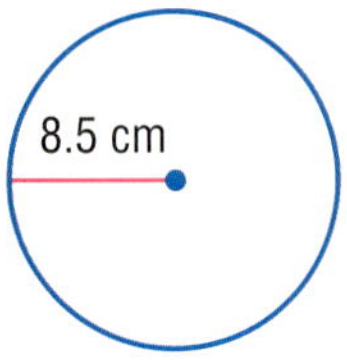


Ⓐ 26.7 cm  Ⓑ 53.4 cm
Ⓒ 78.1 cm  Ⓓ 106.8 cm

28. **SELECCIÓN MÚLTIPLE** Awan recorrió 565.2 pulgadas, en línea recta, en su bicicleta montañesa. Si sus neumáticos miden 12 pulgadas de diámetro, ¿cerca de cuántas vueltas dieron los neumáticos?

Ⓕ 180  Ⓖ 15  Ⓗ 13  Ⓘ 12

**Calcula el perímetro de cada rectángulo con las dimensiones dadas.** (Lección 4-5)

29. 3.8 pulgadas por 4.9 pulgadas
30. 15 pies por 17.5 pies
31. 17 yardas por 24 yardas
32. 1.25 millas por 4.56 millas

33. Calcula el cociente al dividir 160.896 entre 12.57. (Lección 4-4)

**Busca en la Web** **Proyecto interdisciplinario**

### ¡Hasta el último centavo!

Es hora de concluir tu proyecto. Usa la información y datos que recopilaste sobre los costos de abarrotes de tu familia para preparar una hoja de cálculos, asegurándote de incluir en tu proyecto todos los cálculos requeridos.

msmath1.net/webquest

# 4-6b Investigación con hoja de cálculos

## *Seguimiento de la Lección 4-6*

**Lo que aprenderás**
A usar hojas de cálculos para preparar presupuestos.

## Lo esencial de las hojas de cálculos

Las hojas de cálculos te permiten hacer cálculos rápida y fácilmente. Se pueden usar en presupuestos.

### ACTIVIDAD

Los hermanos Hoffman preparan presupuestos con sus mesadas. Megan recibe $30 a la semana, Alex, $25 y Kevin, $20. Este dinero está destinado a meriendas, entretenimiento y ahorro. Cada chico ya ha decidido la parte de su mesada en cada categoría y la información se resume así:

| | Meriendas | Entretenimiento | Ahorro |
|---|---|---|---|
| **Megan** | 25% ó 0.25 | 60% ó 0.60 | 15% ó 0.15 |
| **Alex** | 30% ó 0.30 | 60% ó 0.60 | 10% ó 0.10 |
| **Kevin** | 15% ó 0.15 | 55% ó 0.55 | 30% ó 0.30 |

Las hojas de cálculos se pueden usar para calcular el dinero semanal destinado por cada chico a cada categoría. Cada mesada y parte decimal de cada categoría se ingresan en una hoja de cálculos. Copia esta información en tu hoja de cálculos.

**Presupuestos para las mesadas**

| | A | B | C | D | E | F | G | H | I |
|---|---|---|---|---|---|---|---|---|---|
| 1 | Chico | Mesada | Meriendas | Categorías Entretenimiento | Ahorros | | Meriendas | $ para entretenimiento | Ahorros |
| 2 | Megan | 30 | 0.25 | 0.6 | 0.15 | | =B3*C3 | | |
| 3 | Alex | 25 | 0.3 | 0.6 | 0.1 | | =B4*C4 | | |
| 4 | Kevin | 20 | 0.15 | 0.55 | 0.3 | | =B5*C5 | | |
| 5 | | | | | | | | | |

Sheet1 / Sheet2 / Sheet3

### EJERCICIOS

1. Explica cada fórmula de la columna G.
2. Completa las fórmulas de las columnas H e I y anótalas en tu hoja de cálculos.
3. ¿Cuánto dinero ahorrará Alex? ¿Cuánto se demorará en ahorrar $50.00?
4. Añade otra hilera a la hoja de cálculos y anota tu nombre en ella. Entra una cantidad razonable para la mesada . Luego, escoge la parte de la mesada que destinarás a cada categoría y calcula el dinero en cada una sumando las fórmulas de cada categoría.

CAPÍTULO 4

# Guía de estudio y repaso

## Repaso de conceptos y vocabulario

centro (pág. 161)
círculo (pág. 161)
circunferencia (pág. 161)
diámetro (pág. 161)
perímetro (pág. 158)
radio (pág. 161)
notación científica (pág. 136)

**Completa cada oración escogiendo el término o número correcto.**

1. Para calcular la circunferencia de un círculo, debes conocer su (radio, centro).
2. Al (multiplicar, dividir) dos decimales, cuenta el número de lugares decimales de cada decimal para determinar el número de lugares decimales del resultado.
3. Para comprobar el cociente de una división, multiplica el cociente por el (dividendo, divisor).
4. El número de lugares decimales del producto de 6.03 por 0.4 es (5, 3).
5. El (perímetro, área) de una figura cerrada es la longitud de su contorno.
6. El (radio, diámetro) de un círculo es la distancia a través de su centro.
7. Para cambiar el divisor a un número entero, multiplica el divisor y dividendo por la misma potencia de (10, 100).
8. Al dividir un decimal por un número entero, coloca el punto decimal del cociente justo (encima, debajo) del punto decimal del dividendo.

## Ejercicios y ejemplos: Lección por lección

### 4-1 Multiplica decimales por números enteros (págs. 135–138)

**Multiplica.**

9. $1.4 \times 6$
10. $3 \times 9.95$
11. $0.82 \times 4$
12. $12.9 \times 7$
13. $5 \times 0.48$
14. $24.7 \times 3$
15. $6 \times 6.65$
16. $2.6 \times 8$

17. **COMPRAS** Tres pares de zapatos cuestan $39.95 cada uno. Calcula el costo total de los zapatos.

18. **DINERO** Si trabajas 6 horas a $6.35 la hora, ¿cuánto ganas?

**Ejemplo 1** Calcula $6.45 \times 7$.

**Método 1** Estima.

Redondea 6.45 a 6.

$6.45 \times 7 \rightarrow 6 \times 7$ ó 42

$$\begin{array}{r} {}^{3\,3} \\ 6.45 \\ \times\ 7 \\ \hline 45.15 \end{array}$$

Como el estimado es 42, coloca el punto decimal después del 5.

**Método 2** Cuenta lugares decimales.

$$\begin{array}{r} {}^{3\,3} \\ 6.45 \\ \times\ 7 \\ \hline 45.15 \end{array}$$

Hay dos lugares decimales a la derecha del punto decimal de 6.45.
En el producto, cuenta este mismo número de lugares de derecha a izquierda.

## 4-2 Multiplica decimales (págs. 141–143)

**Multiplica.**

19. $0.6 \times 1.3$
20. $8.74 \times 2.23$
21. $0.04 \times 5.1$
22. $2.6 \times 3.9$
23. $4.15 \times 3.8$
24. $0.002 \times 50.5$
25. Calcula el producto de 0.04 por 0.0063.
26. **GEOMETRÍA** Calcula el área del rectángulo.

**Ejemplo 2** **Calcula 38.76 × 4.2.**

$$\begin{array}{r} 38.76 \\ \underline{\times\ 4.2} \\ 7752 \\ \underline{15504\phantom{0}} \\ 162.792 \end{array}$$

38.76 ← dos lugares decimales
× 4.2 ← un lugar decimal
162.792 ← tres lugares decimales

## 4-3 Divide decimales entre números enteros (págs. 144–147)

**Divide.**

27. $12.24 \div 36$
28. $32\overline{)203.84}$
29. $35\overline{)136.5}$
30. $14\overline{)37.1}$
31. $4.41 \div 5$
32. $8\overline{)26.96}$
33. **BANQUETE DEPORTIVO** El costo del banquete deportivo de primavera se dividirá equitativamente entre 62 personas. Si el costo es de $542.50, calcula el costo por persona.

**Ejemplo 3** **Calcula el cociente 16.1 ÷ 7.**

$$\begin{array}{r} 2.3 \\ 7\overline{)16.1} \\ \underline{-14\phantom{.1}} \\ 2\,1 \\ \underline{-2\,1} \\ 0 \end{array}$$

Coloca el punto decimal.
Divide como si fueran números enteros.

## 4-4 Divide decimales (págs. 152–155)

**Divide.**

34. $0.96 \div 0.6$
35. $11.16 \div 6.2$
36. $0.276 \div 0.6$
37. $5.88 \div 0.4$
38. $0.5\overline{)18.45}$
39. $0.08\overline{)5.2}$
40. $2.6\overline{)0.65}$
41. $0.25\overline{)0.155}$
42. **AERONÁUTICA** El Aero Spacelines Super Guppy, un Boeing C-97 remodelado, tiene una carga máxima de 87.5 toneladas. Si éste se carga con tanques que pesan 4.5 toneladas cada uno, ¿cuál es el número máximo de tanques que puede transportar?

**Ejemplo 4** **Calcula 11.48 ÷ 8.2.**

$8.2\overline{)11.48}$

Para convertir el divisor en un número entero, mueve el punto decimal un lugar, multiplicando el divisor y el dividendo por 10.

$$\begin{array}{r} 1.4 \\ 82\overline{)114.8} \\ \underline{-82\phantom{.8}} \\ 32\,8 \\ \underline{-32\,8} \\ 0 \end{array}$$

Coloca el punto decimal.
Divide como si fueran números enteros.

## 4-5 El perímetro (págs. 158–160)

**Calcula el perímetro de cada rectángulo.**

**43.**

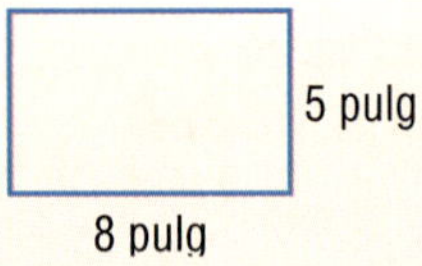


**44.**

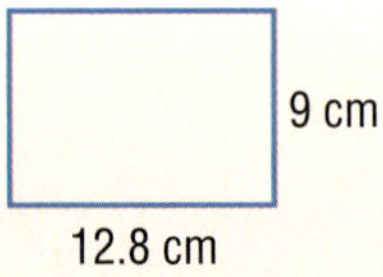


**45.**

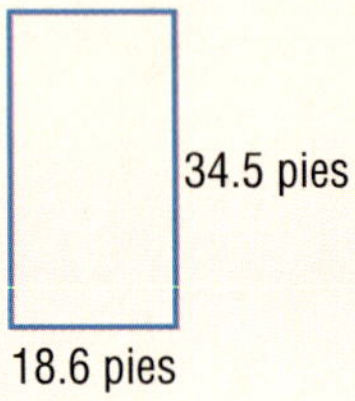


**46.**

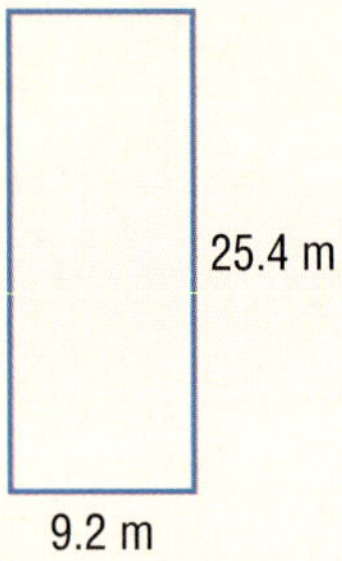


**47.** Calcula el perímetro de un rectángulo de 10.4 pulgadas de ancho y 6.4 pulgadas de largo.

**Ejemplo 5** **Calcula el perímetro del rectángulo.**

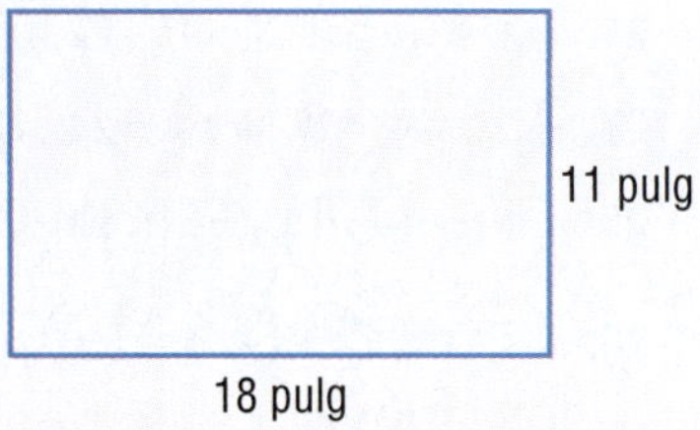


| | |
|---|---|
| $P = 2\ell + 2w$ | Escribe la fórmula. |
| $P = 2(18) + 2(11)$ | $\ell = 18$; $w = 11$ |
| $P = 36 + 22$ | Multiplica. |
| $P = 58$ | Reduce. |

El perímetro es de 58 pulgadas.

## 4-6 La circunferencia (págs. 161–164)

**Calcula la circunferencia de cada círculo. Redondea en décimas.**

**48.**

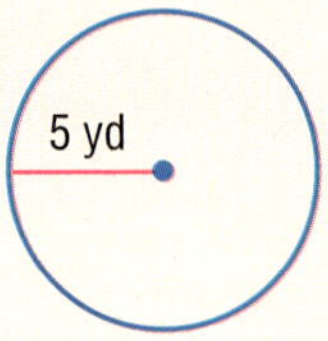


**49.**

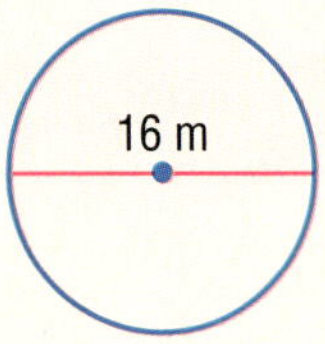


**50.**

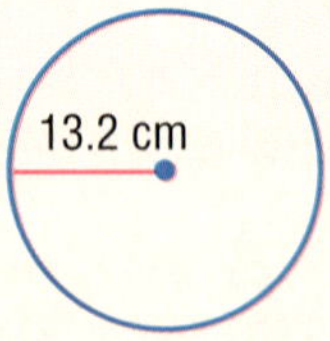


**51.**

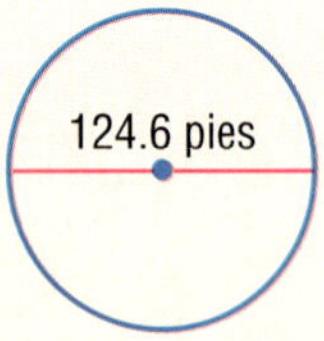


**52.** **NATACIÓN** El radio de una piscina circular es de 10 pies. Calcula su circunferencia. Redondea en décimas.

**53.** **CIENCIA** Un radiotelescopio tiene una antena circular de 112 pies de diámetro. ¿Cuál es su circunferencia? Redondea en décimas.

**Ejemplo 6** **Calcula la circunferencia del círculo. Redondea en décimas .**

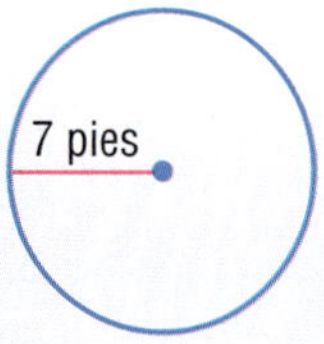


| | |
|---|---|
| $C = 2\pi r$ | Escribe la fórmula. |
| $\approx 2(3.14)(7)$ | $\pi \approx 3.14$; $r = 7$ |
| $\approx 43.96$ | Multiplica. |
| $\approx 44.0$ | Redondea en décimas. |

La longitud es de 44.0 pies.

**Ejemplo 7** **Calcula la circunferencia de un círculo de 26 metros de diámetro. Redondea en décimas.**

| | |
|---|---|
| $C = \pi d$ | Escribe la fórmula. |
| $\approx (3.14)(26)$ | $\pi \approx 3.14$; $d = 26$ |
| $\approx 81.64$ | Multiplica. |
| $\approx 81.6$ | Redondea en décimas. |

La circunferencia es de 81.6 metros.

# CAPÍTULO 4 Prueba de práctica

## Vocabulario y conceptos

1. **Explica** el método de contar lugares para colocar el punto decimal de un producto de dos decimales.
2. **Define** *perímetro.*

## Destrezas y aplicaciones

**Multiplica.**

3. $2.3 \times 9$
4. $4 \times 0.61$
5. $5.22 \times 12$
6. $0.6 \times 2.3$
7. $3.05 \times 2.4$
8. $2.9 \times 0.16$

9. **ASUNTOS FINANCIEROS** David quiere comprar un guante nuevo de béisbol de precio \$49.95. El impuesto sobre las ventas se calcula multiplicando el precio por 0.075. ¿Cuánto pagará David en impuesto? Redondea al centavo más cercano.

**Divide.**

10. $19.36 \div 44$
11. $9\overline{)37.8}$
12. $60.34 \div 7$
13. $1.4\overline{)3.29}$
14. $93.912 \div 4.3$
15. $0.02\overline{)0.015}$

16. **DEPORTES** En los juegos olímpicos de 1996, el velocista estadounidense Michael Johnson batió una nueva marca mundial de 19.32 segundos en los 200 metros planos. Por otro lado, una abeja puede volar la misma distancia en 40.572 segundos. ¿Cerca de cuántas veces más rápido que la abeja fue Michael Johnson?

**Calcula la circunferencia de cada círculo. Redondea en centésimas.**

17.
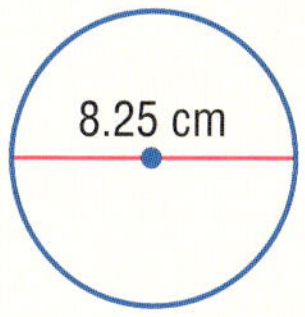


18.
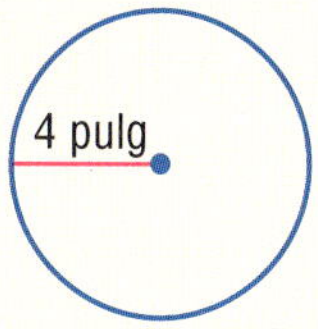


19. Calcula el perímetro del rectángulo.

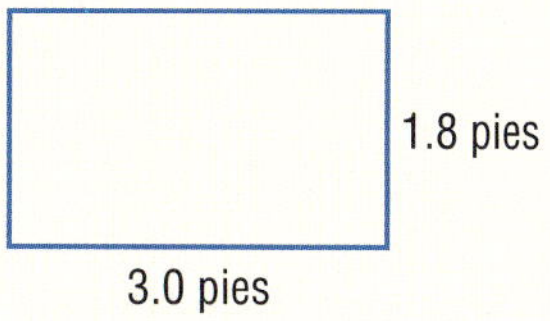


## Prueba estandarizada de práctica

20. Tony compró una pizza con una circunferencia de 44 pulgadas. ¿cuál es su radio al número entero más cercano?

(A) 7 pulg (B) 7.1 pulg (C) 14 pulg (D) 41 pulg

# CAPÍTULO 4 Prueba estandarizada de práctica

## PARTE 1 Selección múltiple

Anota tus respuestas en la hoja de respuestas provista por tu maestro(a) o en una hoja aparte.

1. ¿Qué es $3{,}254 \times 6$? (Requisitos, pág. 590)
   - (A) 18,524
   - (B) 19,524
   - (C) 19,536
   - (D) 24,524

2. Los Borecki se fueron de vacaciones a la playa, demorándose 4 horas en manejar desde su casa. A la misma velocidad y desde la playa, se dirigieron a un sitio histórico.

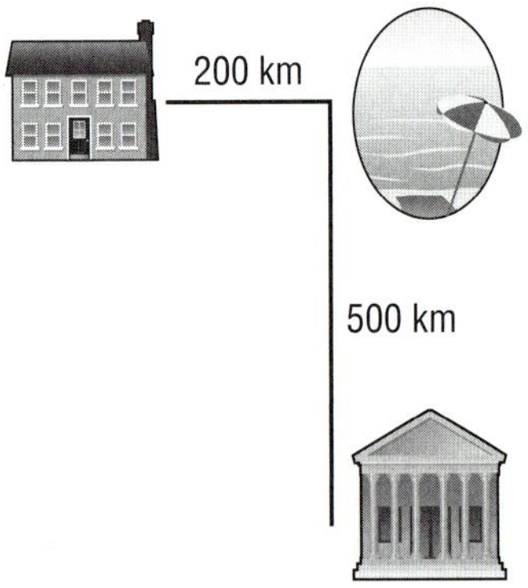


   ¿Qué expresión da el tiempo total que se demoraron en manejar de la playa al sitio histórico? (Lección 1-1)
   - (F) $500 - 200$
   - (G) $500 \div 4$
   - (H) $(500 + 200) \div 4$
   - (I) $500 \div (200 \div 4)$

3. ¿Cuál es mayor? (Lección 3-1)
   - (A) cuatro mil
   - (B) cuatrocientos
   - (C) cuatro milésimas
   - (D) cuatro y una milésima

4. ¿Qué es $12 \times 0.4$? (Lección 4-1)
   - (F) 0.0048
   - (G) 0.048
   - (H) 0.48
   - (I) 4.8

5. Puedes manejar tu auto 19.56 millas con un galón de gasolina. ¿Cuántas millas puedes manejar con 11.86 galones de gasolina? (Lección 4-2)
   - (A) 210.45 mi
   - (B) 231.98 mi
   - (C) 280.55 mi
   - (D) 310.26 mi

6. Ron pagó $6.72 por 40 hojas de adhesivos. ¿Cuál fue el precio medio por hoja al centavo más cercano? (Lección 4-3)
   - (F) $0.17
   - (G) $0.28
   - (H) $0.39
   - (I) $0.59

7. ¿Cuál es el valor de $8.7 \div 0.6$? (Lección 4-4)
   - (A) 0.00145
   - (B) 0.145
   - (C) 1.45
   - (D) 14.5

8. ¿Cuál es el perímetro del rectángulo? (Lección 4-5)

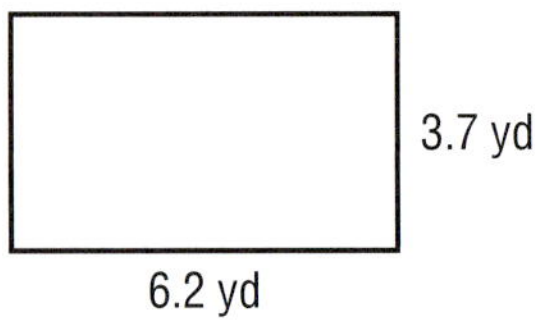


   - (F) 6.5 yd
   - (G) 9.4 yd
   - (H) 12.2 yd
   - (I) 19.8 yd

**AYUDA PARA TOMAR PRUEBAS**

**Pregunta 8** Estima para eliminar opciones que no sean razonables. Elimina, por ejemplo, F porque uno de los lados por sí solo es casi 6.5 yardas.

## PARTE 2 Respuesta breve/Completa

Anota tu respuestas en la hoja que te pasó tu profesor o en una hoja aparte.

**9.** Jillian quiere dar una fiesta y se lo dijo a 2 amigos. Al día siguiente, cada uno de éstos se lo contó a 2 amigos más y luego cada uno de éstos a su vez se lo dijo a 2 amigos más.

| | |
|---|---|
| Día 1 | 3 |
| Día 2 | 7 |
| Día 3 | 15 |
| Día 4 | 31 |
| Día 5 | ? |

Si continúa este patrón, ¿cuántas personas sabrán de la fiesta el día 5? (Lección 1-1)

**10.** ¿Cuál es el valor de $2^4 + 3^2$? (Lección 1-5)

**11.** Se midió y anotó la estatura de cada alumno de un curso. El rango fue de 13 pulgadas. Aquí se muestran el alumno más alto y el más bajo.

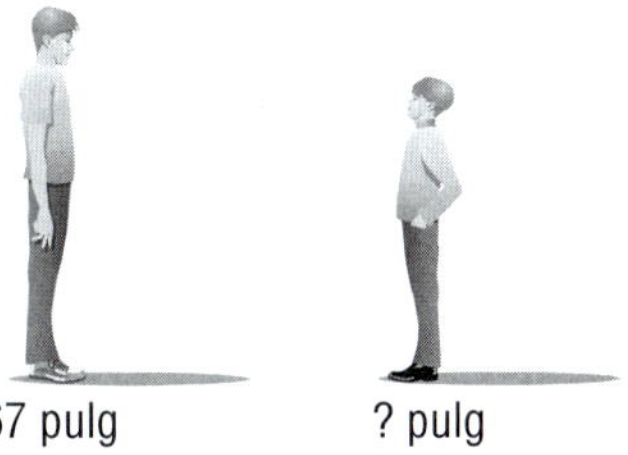


¿Cuál es la estatura del más bajo? (Lección 2-7)

**12.** Yvette se entrena para una carrera y su objetivo es correr 30 millas por semana. Esta semana ha corrido 6.5 millas, 5.2 millas, 7.8 millas, 3 millas y 6.9 millas. ¿Cuántas millas más necesita correr esta semana para logras su meta de 30 millas? (Lección 3-5)

**13.** Se estima que la población de la Florida en 2005 será de unos $2.08 \times 10^7$. Escribe este número en forma estándar. (Lección 4-1)

**14.** Los impulsos en el sistema nervioso humano viajan a una velocidad de 188 millas por hora. Convierte a millas por minuto y redondea en centésimas. (Lección 4-3)

**15.** Las calles de la manzana de Trevor forman un gran cuadrado cuyos lados miden 0.3 de milla cada uno. Si Trevor dio vuelta a la manzana dos veces, ¿cuánto anduvo? (Lección 4-5)

## PARTE 3 Respuesta extendida

Anota tus respuestas en una hoja de papel aparte. Muestra tu trabajo.

**16.** Se muestran las dimensiones de un rectángulo. (Lección 4-1)

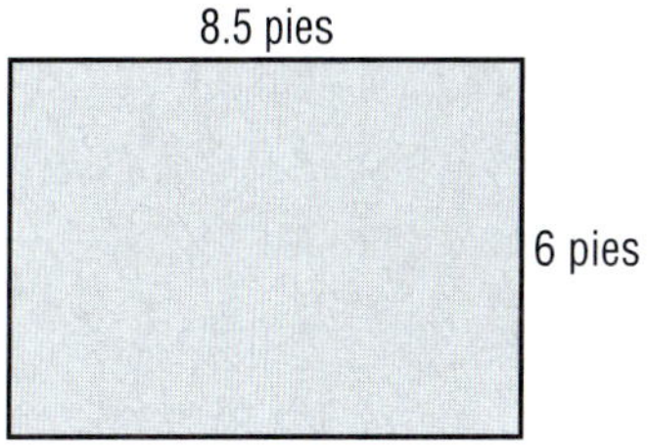


a. ¿Cuál es su área?

b. ¿Cuál es su perímetro?

c. ¿Cómo cambian ambos si se duplica cada dimensión? Explica.

**17.** Usa esta gráfica circular para averiguar cuántos álbumes de CD más se vendieron que casetes individuales. Redondea en décimas. (Lección 4-4)

**Ventas de artículo musicales en Music Hut (porcentaje del total)**

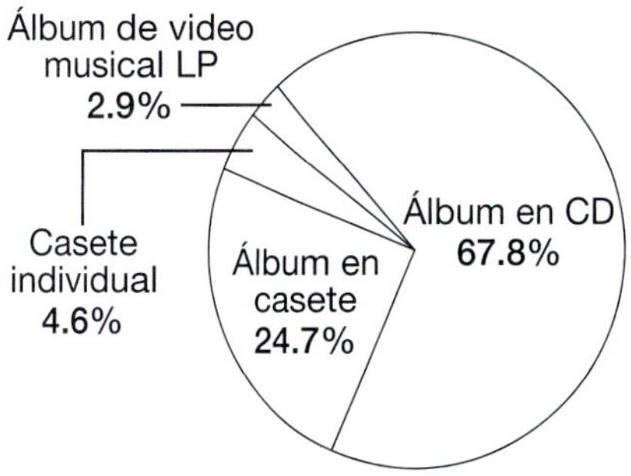

# UNIDAD 3
# Fracciones



Aparte de los decimales, muchos de los números cotidianos se dan en forma de fracción. Para resolver problemas, en esta unidad vas a sumar, restar, multiplicar y dividir fracciones.

Busca en la Web **PROYECTO INTERDISCIPLINARIO**

**MATEMÁTICAS y CIENCIA**

## ¡TRAMA UN MISTERIO!

¿Has deseado alguna vez ser un científico para poder mezclar sustancias y producir reacciones químicas? Acompáñanos en una aventura científica explosiva. Más adelante vas a descubrir la receta para hacer que un volcán casero entre en erupción y, además, recopilarás datos sobre volcanes de verdad. Embala pues tus útiles matemáticos, sin olvidar tu traje incombustible porque esta empresa es ¡candente, candente, candente!

**Entra a msmath1.net/webquest para iniciar la búsqueda en la Web.**

CAPÍTULO

# 5 Fracciones y decimales

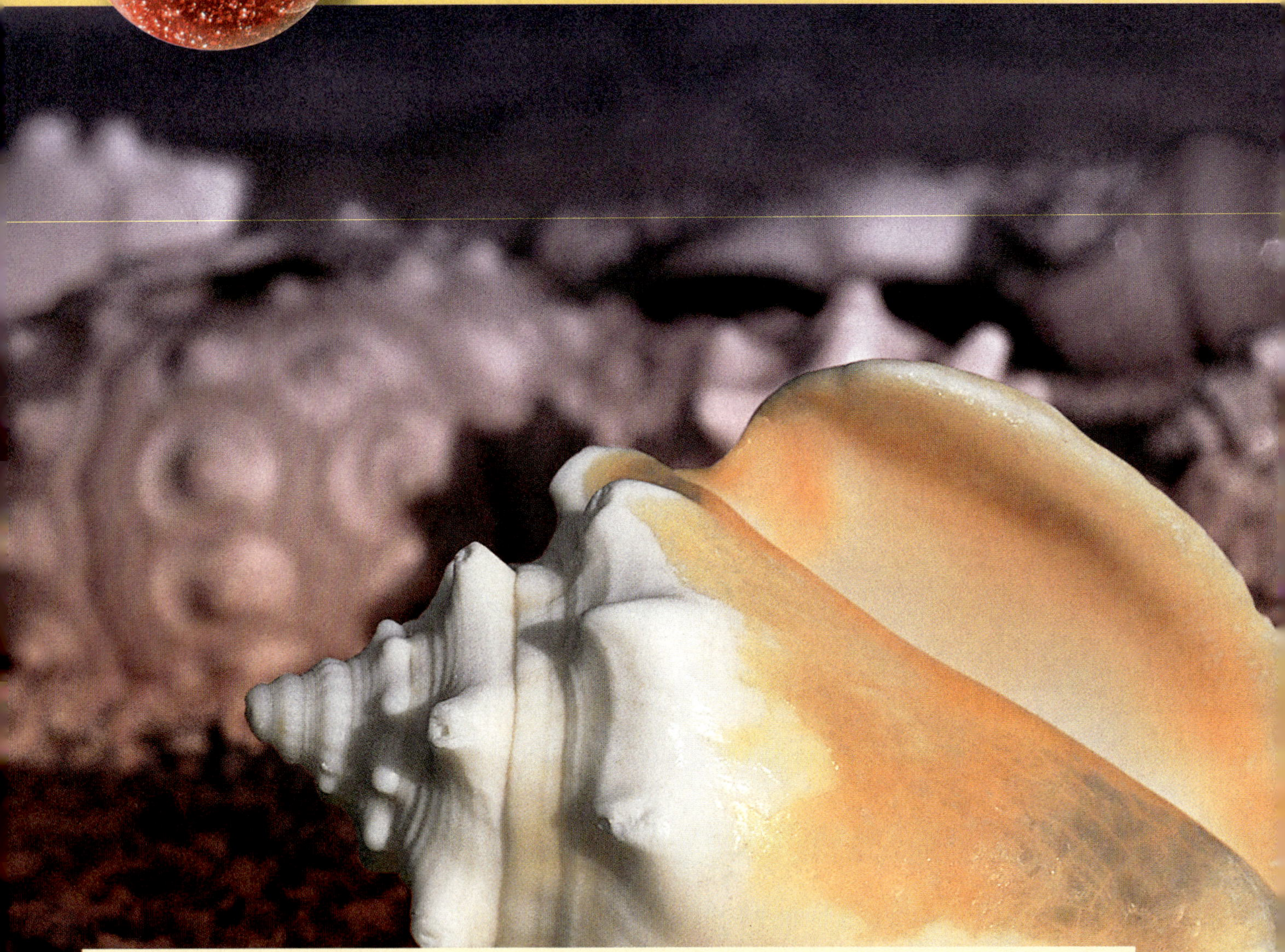

## “¿Qué tienen que ver las conchas marinas con las matemáticas?”

A la orilla del mar se pueden encontrar muchas conchas marinas diversas. **Sus medidas contienen a menudo fracciones y decimales.** La concha de la Fighting Conch de Florida, común en Florida, North Carolina, Texas y México, mide entre **$2\frac{3}{4}$ y $4\frac{1}{4}$ pulgadas** de largo. Esto es mucho más que la concha cónica de California, la que mide entre **$\frac{3}{4}$ y $1\frac{5}{8}$ pulgadas** de largo.

En la Lección 5-7, vas a resolver problemas sobre caracolas.

# PARA COMENZAR

**Toma este control para averiguar si estás listo(a) para comenzar el Capítulo 5. Consulta la lección o página indicada en el paréntesis respectivo, si necesitas un repaso.**

## Repaso del vocabulario

**Escoge el término que completa correctamente cada oración.**

1. 1, 2 y 9 son todos (múltiplos, factores) de 18. (Lección 1-3)
2. Como 13 es sólo divisible entre 1 y 13, 13 es (primo, compuesto). (Lección 1-3)

## Requisitos

**Indica la divisibilidad de cada número entre 2, 3, 4, 5, 6, 9 ó 10.** (Lección 1-2)

3. 67
4. 891
5. 145
6. 202

**Calcula la factorización prima de cada número.** (Lección 1-3)

7. 63
8. 264
9. 120
10. 28

**Escribe cada decimal en forma estándar.** (Lección 3-1)

11. cinco con tres décimas
12. setenta y cuatro centésimas
13. dos décimas
14. dieciséis milésimas

**Divide.** (Lección 4-3)

15. $1.2 \div 3$
16. $3.5 \div 4$
17. $4.0 \div 5$
18. $6.3 \div 2$

**PLEGADOS™ Organiza el estudio**

**Fracciones y decimales** Haz este plegado para entender mejor las fracciones y los decimales. Empieza con una hoja de papel de $8\frac{1}{2}" \times 11"$.

**PASO 1** **Dobla la hoja** Dobla la parte superior y la inferior como se muestra.

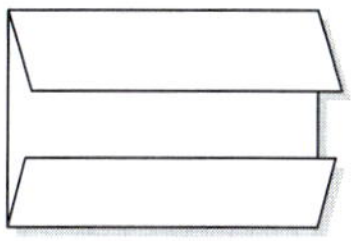

**PASO 2** **Rotula** Rotula la parte superior Fracciones y la inferior Decimales.

**PASO 3** **Desdobla y traza** Desdobla la hoja y traza una recta numérica en el medio de la hoja.

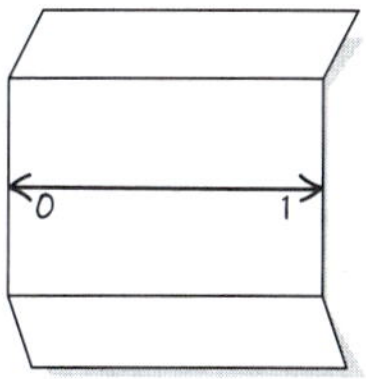


**PASO 4** **Rotula** Rotula las fracciones y los decimales como se muestra.

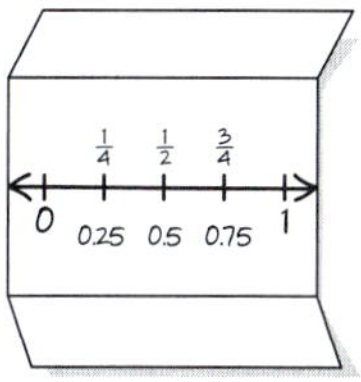


**Lee y escribe** A medida que leas y estudies el capítulo, usa el plegado como guía para entender la relación entre fracciones y decimales.

# Destrezas para el estudio

# CÓMO...

## tomar apuntes

### DIAGRAMAS DE VENN

**Tu cuaderno te es útil para organizar las materias. El uso de un diagrama, como el de Venn, es una forma de ordenar tus pensamientos en la clase de matemáticas.**

Un *diagrama de Venn* usa círculos que se traslapan para mostrar las similitudes y las diferencias de dos grupos de cosas. Un objeto ubicado donde los círculos se traslapan posee características de ambos círculos.

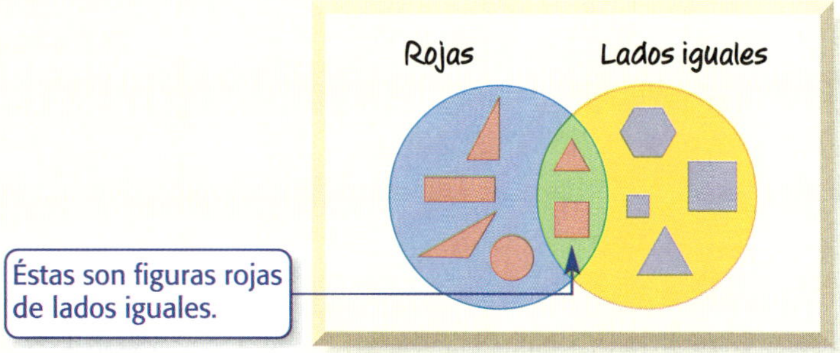


También puedes hacer diagramas de Venn con números. Este diagrama de Venn muestra los factores de 12 en uno de los círculos y los de 18 en el otro.

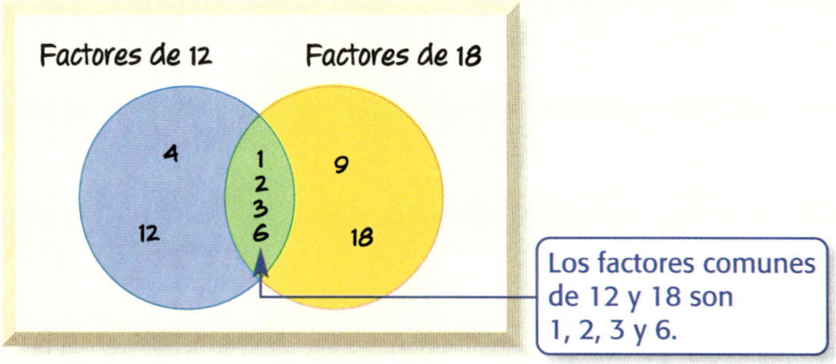


## PRÁCTICA de DESTREZAS

**Haz un diagrama de Venn en el que muestres los factores de cada par de números.**

**1.** 8, 12

**2.** 20, 30

**3.** 25, 28

**4.** 15, 30

**5.** En un diagrama de Venn, con círculos rotulados *números primos* y *números compuestos* organiza los números 2, 5, 9, 27, 29, 35 y 43. ¿Qué números aparecen en el traslape de los círculos? Explica tu respuesta.

# 5-1 El máximo común divisor

**Lo que aprenderás**
A calcular el máximo común divisor de dos o más números.

**NUEVO vocabulario**
- diagrama de Venn
- máximo común divisor (MCD)

**REPASO de vocabulario**

**Factor:** dos o más números que se multiplican resultando en un producto **(Lección 1-3)**

**Número primo:** número entero que sólo posee dos factores, 1 y sí mismo **(Lección 1-3)**

## ¿CUÁNDO usaré esto?

**PARQUES ACUÁTICOS** Este diagrama de Venn muestra los toboganes acuáticos a los que se subieron Curtis y sus amigos. Los **diagramas de Venn** usan círculos que se traslapan para mostrar elementos comunes.

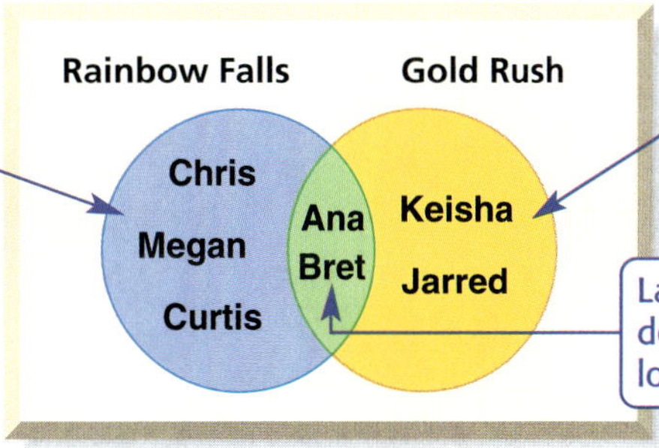


1. ¿Quién se subió a Rainbow Falls?
2. ¿Quién se subió a Gold Rush?
3. ¿Quién se subió a ambos?

Los números tienen a veces factores comunes. El mayor de los factores comunes de dos o más números es su **máximo común divisor (MCD)**. Para calcularlo, puedes hacer una lista.

## EJEMPLO Calcula el MCD enumerando factores

**1** **Calcula el MCD de 42 y 56 enumerando factores.**

Empieza enumerando los factores en pares.

| Factores de 42 |
|---|
| 1, 42 |
| 2, 21 |
| 3, 14 |
| 6, 7 |

| Factores de 56 |
|---|
| 1, 56 |
| 2, 28 |
| 4, 14 |
| 7, 8 |

Los factores comunes son 1, 2, 7 y 14. El máximo común divisor, o MCD, de 42 y 56 es 14.

Usa un diagrama de Venn para mostrar los factores. Nota que los factores 1, 2, 7 y 14 son los factores comunes de 42 y 56 y que su MCD es 14.

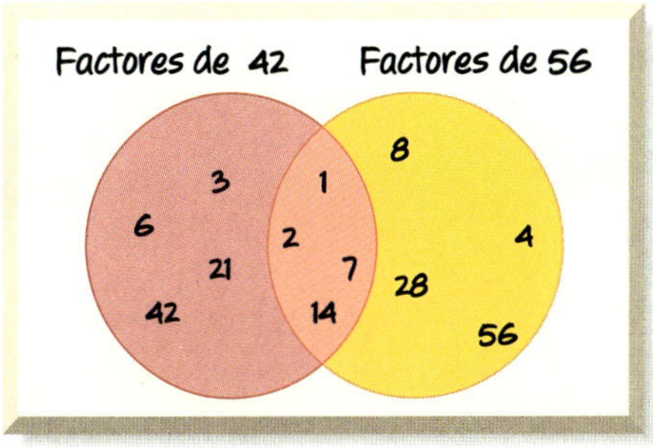

**Tu turno** **Enumera factores para calcular el MCD de cada conjunto de números.**

a. 35 y 60 b. 15 y 45 c. 12 y 19

Para calcular el MCD, también puedes usar factores primos.

## EJEMPLO Calcula el MCD usando factores primos

**2** **Calcula el MCD de 18 y 30 usando factores primos.**

**Método 1**

Escribe la factorización prima.

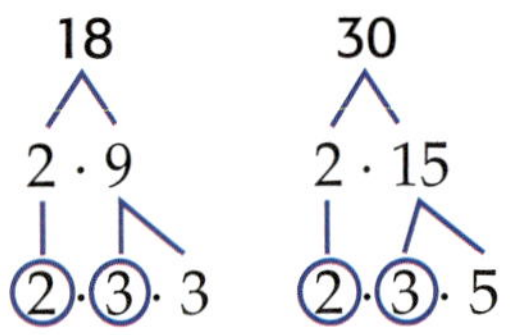


**Método 2**

Divide entre números primos.

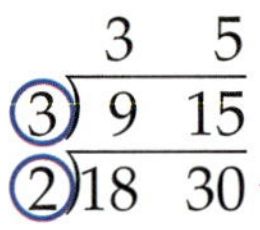


Divide 18 y 30 entre 2. Luego divide los cocientes entre 3.

Sea cual sea el método, los factores primos son 2 y 3, de modo que el MCD de 18 y 30 es $2 \times 3$ ó 6.

**AYUDA PARA EL ESTUDIO**

**Mirada retrospectiva** Para repasar las **reglas de divisibilidad**, consulta la Lección 1-2.

**Tu turno** **Calcula el MCD de cada conjunto de números usando factores primos.**

d. 12 y 66 e. 36 y 45 f. 32 y 48

Muchas situaciones concretas involucran la búsqueda del máximo común divisor.

## EJEMPLOS Usa el MCD para resolver problemas

**3** **DINERO** **La Srta. Taylor anotó el dinero recogido de su sexto año para un viaje de estudios. Si cada alumno pagó lo mismo, ¿cuánto es lo máximo que puede costar este viaje por alumno?**

| Dinero para viaje de estudio del curso de la Srta. Taylor | |
|---|---|
| Lunes | $48 |
| Martes | $40 |
| Miércoles | $24 |

factores de 48: 1, 2, 3, 4, 6, 8, 12, 16, 24, 48

factores de 40: 1, 2, 4, 5, 8, 10, 20, 40

factores de 24: 1, 2, 3, 4, 6, 8, 12, 24

Enumera todos los factores de cada número y luego calcula el máximo común divisor.

El MCD de 48, 40 y 24 es 8, de modo que lo máximo que puede costar es $8 por alumno.

**4** **¿Cuántos alumnos pagaron por el viaje si éste cuesta $8 por alumno?**

Hay un total de $48 + $40 + $24 ó $112, de modo que el número de alumnos que pagaron fue de $112 ÷ $8 ó 14.

## Repaso de destrezas y conceptos

**Escribe en matemáticas**
Ejercicios 2 al 4

1. **Enumera** todos los factores de 24 y 32 y luego enumera sus factores comunes.

2. **Muestra** tres maneras de calcular el MCD de dos o más números.

3. **INTERPRETA** Busca dos números cuyo MCD sea 1 y luego escribe una oración explicando por qué su MCD es 1.

4. **¿Cuál no corresponde?** Identifica el número que no tiene el mismo máximo común divisor que los otros tres. Explica tu razonamiento.

| 30 | 18 | 12 | 15 |
|---|---|---|---|

### PRÁCTICA DIRIGIDA

**Calcula el MCD de cada conjunto de números.**

5. 8 y 32
6. 12 y 21
7. 90 y 110

**PLANTAS** **Usa esta información en los ejercicios 8 y 9.** En la tabla se enumeran el número de plántulas de árbol que Emily tiene que vender en la venta escolar de plantas. Desea disponerlos en hileras con el mismo número de cada tipo de plántula en cada una.

**Se venden plántulas**

| Tipo | Cantidad |
|---|---|
| pino | 32 |
| roble | 48 |
| arce | 80 |

8. Calcula el número mayor de plántulas que se pueden colocar en cada fila.

9. ¿Cuántas hileras habrá de cada plántula?

## Práctica y aplicaciones

**Calcula el MCD de cada conjunto de números.**

10. 3 y 9
11. 4 y 16
12. 12 y 18
13. 10 y 15
14. 21 y 25
15. 37 y 81
16. 18 y 42
17. 48 y 60
18. 30 y 72
19. 45 y 75
20. 36 y 90
21. 34 y 85
22. 14, 35, 84
23. 9, 18, 42
24. 16, 52, 76

**AYUDA CON LAS TAREAS**

| Ejercicios | Ver ejemplos |
|---|---|
| 10–24 | 1, 2 |
| 30, 32–33 | 3, 4 |

**Práctica adicional**
**Ver páginas 603, 628.**

25. Escribe tres números cuyo MCD sea 15.

26. Escribe tres números cuyo MCD sea 12, con uno de los números mayor que 100.

27. Halla dos números pares entre 10 y 30 cuyo MCD sea 14.

28. Halla dos números cuyo MCD sea 9 y cuya suma sea 99.

29. **PATRONES** ¿Cuál es el MCD de los números del patrón 12, 24, 36, 48, . . . ?

30. **MÚSICA** Elizabeth tiene tres cajas para cedés con una capacidad de 16, 24 y 32 cedés. Éstas tienen secciones que pueden contener el mismo número de cedés. ¿Cuál es el mayor número de cedés en una sección?

31. Da un contraejemplo para el siguiente enunciado. (Un *contraejemplo* es un ejemplo que refuta el enunciado.)

*El MCD de dos o más números no puede ser igual a uno de los números.*

| Frutas recogidas | |
|---|---|
| Fruta | Cantidad |
| limas | 45 |
| naranjas | 105 |
| mandarinas | 75 |

**ALIMENTOS** **Usa esta información en los ejercicios 32 y 33.** La tabla muestra la cantidad de fruta que Jordan recogió en la granja frutícola de su familia. La fruta debe embolsarse de modo que cada bolsa contenga el mismo número de frutas sin entremezclarlas.

32. Calcula el número mayor de frutas que se pueden poner en cada bolsa.

33. ¿Cuántas bolsas de cada clase de fruta habrá?

34. **RAZONAMIENTO CRÍTICO** ¿Es siempre par el MCD de dos números pares? ¿Es siempre impar el MCD de dos números impares? Explica tu razonamiento.

## Prueba estandarizada de práctica y repaso general

35. **SELECCIÓN MÚLTIPLE** ¿Qué número no es factor de 48?

(A) 3 (B) 6 (C) 8 (D) 14

36. **RESPUESTA BREVE** Para el baile escolar, Adam y Jocelyn están decorando el gimnasio. Quieren que las cintas tengan el mismo largo. Un rollo mide 72 pies de largo y el otro mide 64 pies. ¿Cuál es la longitud mayor que pueden cortar cada cinta?

37. **GEOMETRÍA** Calcula la longitud de un círculo de 5 metros de radio. (Lección 4-6)

**GEOMETRÍA** **Calcula el perímetro de cada figura.** (Lección 4-5)

38.

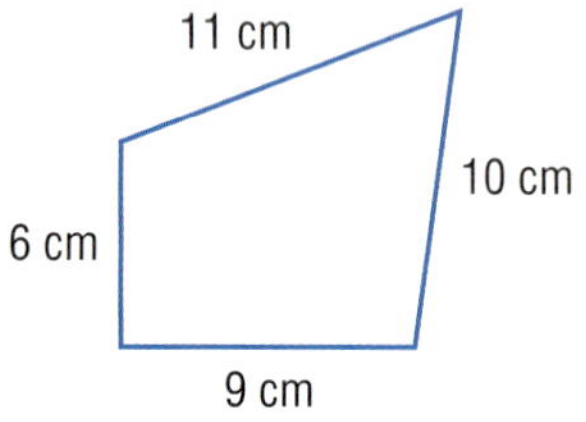


39.

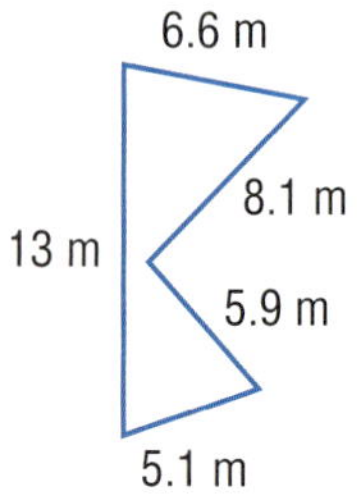


### PREPÁRATE PARA LA SIGUIENTE LECCIÓN

**REQUISITOS** **Indica la divisibilidad entre 2, 3, 4, 5, 6, 9 ó 10 de ambos números en cada par.** (Lección 1-2)

40. 9 y 24 41. 15 y 25 42. 4 y 10 43. 18 y 21

# 5-2a LABORATORIO de PRÁCTICA

**Sinopsis de la Lección 5-2**

**Lo que aprenderás**
A usar modelos para reducir fracciones.

**Materiales**
- regla
- papel
- tijeras
- lápices de colores

## Reduce fracciones

Para reducir una fracción, puedes usar modelos de papel.

**ACTIVIDAD** *Trabaja en grupos.*

**Usa un modelo para reducir $\frac{6}{8}$.**

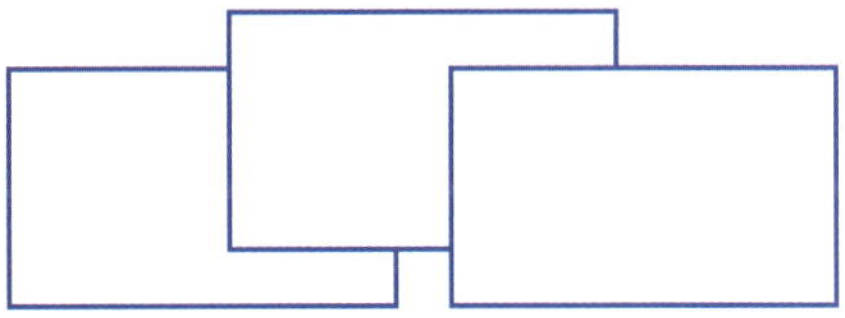

Los factores de 8 son 1, 2, 4 y 8. Recorta tres rectángulos del mismo tamaño, para hacer modelos de 2, 4 y 8. No necesitas un rectángulo de 1.

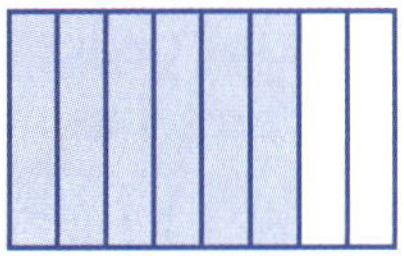

Para hacer un modelo de seis octavos, dobla un rectángulo en ocho partes iguales y sombrea seis de ellas.

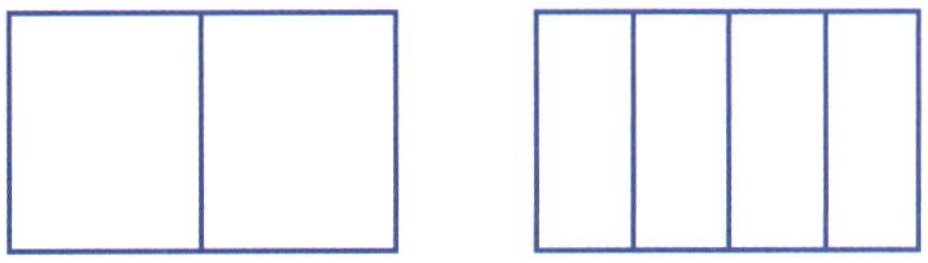

Dobla los rectángulos restantes en secciones que muestren los factores 2 y 4.

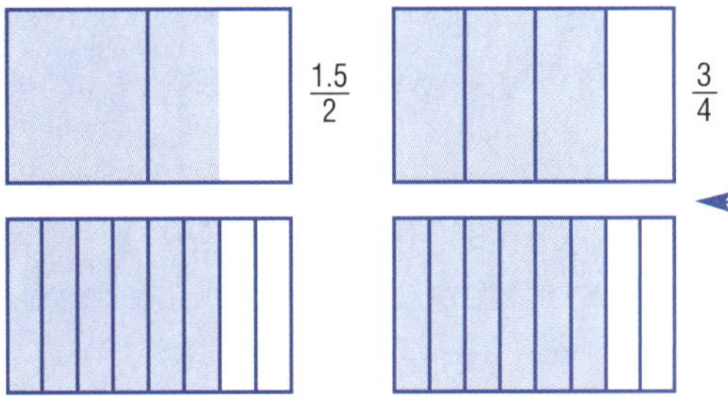


Coloca bajo cada modelo el que muestra seis octavos. Calca lo sombreado y escoge el modelo con un número entero en el numerador.

La forma reducida de $\frac{6}{8}$ es $\frac{3}{4}$.

**Tu turno** **Usa un modelo para reducir cada fracción.**

**a.** $\frac{2}{8}$ **b.** $\frac{4}{6}$ **c.** $\frac{3}{9}$

## Escribe en matemáticas

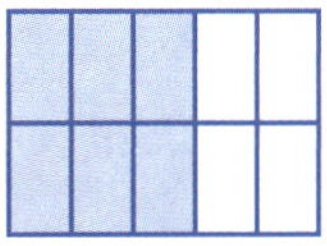

1. **Explica** cómo el modelo de la derecha muestra que la forma reducida es $\frac{3}{5}$.
2. **HAZ UNA CONJETURA** Escribe una regla que puedas usar para reducir una fracción.

# 5-2 Reduce fracciones

**Lo que aprenderás**
A reducir fracciones.

**NUEVO vocabulario**
- fracciones equivalentes
- forma reducida

**CONEXIÓN con la lectura**
***Significado común de equivalente:*** que tiene el mismo valor o función

## ¿CUÁNDO usaré esto?

**ENCUESTAS** Se muestran los resultados de una encuesta sobre revistas favoritas.

1. ¿A cuántos alumnos se encuestó?
2. ¿Cuántos alumnos prefieren revistas sobre música?

En la gráfica anterior puedes comparar, con una fracción, los alumnos que prefieren revistas sobre música al número total de alumnos.

$\frac{15}{50}$ ← los que prefieren revistas sobre música / número total de alumnos

Las **fracciones equivalentes** son fracciones que denotan el mismo número. Los modelos de la derecha tienen el mismo tamaño y la misma parte, o fracción, aparece sombreada. Así, estas fracciones son equivalentes, o sea, $\frac{15}{50} = \frac{3}{10}$.

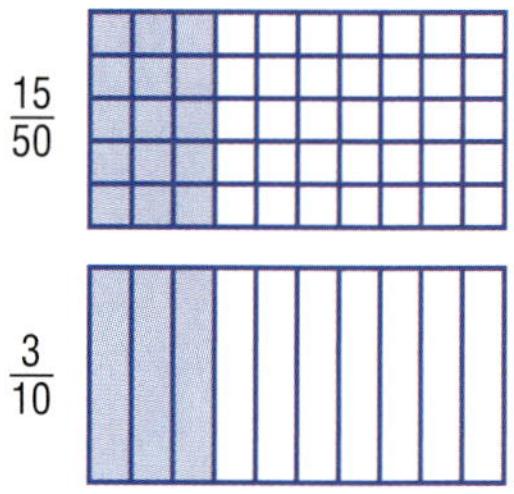


Para calcular fracciones equivalentes, se multiplica o divide el numerador y denominador entre el mismo número no nulo.

$$\frac{15 \div 5}{50 \div 5} = \frac{3}{10}$$

## EJEMPLOS Escribe fracciones equivalentes

**Reemplaza cada ● con un número de modo que las fracciones sean equivalentes.**

**1** $\frac{5}{7} = \frac{●}{21}$

Como $7 \times 3 = 21$, multiplica numerador y denominador por 3.

$\frac{5}{7} = \frac{●}{21}$ (×3 arriba y abajo), de modo que $\frac{5}{7} = \frac{15}{21}$.

**2** $\frac{12}{16} = \frac{6}{●}$

Como $12 \div 2 = 6$, divide numerador y denominador entre 2.

$\frac{12}{16} = \frac{6}{●}$ (÷2 arriba y abajo), de modo que $\frac{12}{16} = \frac{6}{8}$.

Una fracción está en **forma reducida** si el MCD de su numerador y denominador es 1.

**Concepto clave** — **Forma reducida**

Para reducir una fracción:

- divide el numerador y el denominador entre factores comunes hasta que el único que quede sea 1 ó
- divide el numerador y el denominador entre su MCD.

## EJEMPLO Reduce fracciones

**3** Reduce $\frac{18}{24}$.

**Método 1**

Divide entre factores comunes.

$$\frac{18}{24} \overset{\div 2}{=} \frac{9}{12} \overset{\div 3}{=} \frac{3}{4}$$

2 es factor común de 18 y 24.

3 es factor común de 9 y 12.

Como 3 y 4 no tienen factores comunes distintos de 1, la fracción $\frac{3}{4}$ está reducida.

**Método 2**

Divide entre el MCD.

factores de 18: 1, 2, 3, 6, 9, 18

factores de 24: 1, 2, 3, 4, 6, 8, 12, 24

6 es el MCD de 18 y 24.

$$\frac{18}{24} \overset{\div 6}{=} \frac{3}{4}$$

Divide el numerador y el denominador entre su MCD, 6.

Dado que el MCD de 3 y 4 es 1, $\frac{3}{4}$ está reducida.

**Tu turno** **Reduce cada fracción. Escribe *reducida* si la fracción ya está reducida.**

a. $\frac{21}{24}$ b. $\frac{9}{15}$ c. $\frac{2}{3}$

**MATEMÁTICAS EN LA VIDA DIARIA**

**¿Cómo usan las matemáticas los bomberos?**
Los bomberos usan las matemáticas para calcular la cantidad de agua que sale por las mangueras.

**Investigación en línea**
Visita msmath1.net/careers para obtener más información sobre la profesión de bombero.

## EJEMPLO Reduce fracciones

**4** **BOMBEROS** **Aproximadamente 36 de 40 bomberos trabajan en los cuerpos de bomberos municipales o del condado. Reduce la fracción $\frac{36}{40}$.**

$$\frac{\overset{9}{\cancel{36}}}{\underset{10}{\cancel{40}}} = \frac{9}{10}$$

Reduce. Divide mentalmente el numerador y el denominador entre su MCD, 4.

La forma reducida de la fracción $\frac{36}{40}$ es $\frac{9}{10}$, de modo que $\frac{9}{10}$ de los bomberos trabajan en los cuerpos de bomberos municipales o del condado.

## Repaso de destrezas y conceptos

Escribe en matemáticas
Ejercicio 2

1. **INTERPRETA** Escribe tres fracciones equivalentes.

2. **¿Cuál no corresponde?** Identifica la fracción que no es equivalente a las otras tres. Explica tu razonamiento.

$\frac{8}{12}$ $\frac{12}{18}$ $\frac{9}{12}$ $\frac{32}{48}$

### PRÁCTICA DIRIGIDA

**Reemplaza cada ● con un número de modo que las fracciones sean equivalentes.**

3. $\frac{3}{8} = \frac{\bullet}{24}$
4. $\frac{4}{5} = \frac{\bullet}{50}$
5. $\frac{15}{25} = \frac{3}{\bullet}$

**Reduce cada fracción. Escribe *reducida* si la fracción ya está reducida.**

6. $\frac{2}{10}$
7. $\frac{8}{25}$
8. $\frac{10}{38}$

## Práctica y aplicaciones

| AYUDA CON LAS TAREAS | |
|---|---|
| Ejercicios | Ver ejemplos |
| 9–16 | 1, 2 |
| 17–30, 32 | 3, 4 |

**Práctica adicional**
**Ver páginas 603, 628.**

**Reemplaza cada ● con un número de modo que las fracciones sean equivalentes.**

9. $\frac{1}{2} = \frac{\bullet}{8}$
10. $\frac{1}{3} = \frac{\bullet}{27}$
11. $\frac{\bullet}{5} = \frac{9}{15}$
12. $\frac{\bullet}{6} = \frac{20}{24}$
13. $\frac{7}{9} = \frac{14}{\bullet}$
14. $\frac{12}{16} = \frac{3}{\bullet}$
15. $\frac{30}{35} = \frac{\bullet}{7}$
16. $\frac{36}{45} = \frac{\bullet}{5}$

**Reduce cada fracción. Escribe *reducida* si la fracción ya está reducida.**

17. $\frac{6}{9}$
18. $\frac{4}{10}$
19. $\frac{5}{8}$
20. $\frac{11}{12}$
21. $\frac{18}{21}$
22. $\frac{32}{40}$
23. $\frac{10}{38}$
24. $\frac{27}{54}$
25. $\frac{19}{37}$
26. $\frac{32}{85}$
27. $\frac{28}{77}$
28. $\frac{15}{100}$

29. **RECREACIÓN** De los 32 alumnos de un curso, 24 poseen escúters. Reduce esta fracción.

30. **ALIMENTOS** Veinte de dos docenas de pastelitos son de chocolate. Escribe esto como una fracción reducida.

**JUEGOS Usa la tabla para los ejercicios 31 y 32.** Aquí se muestran los 100 fichas de un juego popular de palabras. Dos de ellas están en blanco.

31. Escribe una fracción para comparar el número de fichas que contienen la letra E con el número total de fichas.

32. Reduce esta fracción.

| Fichas | | | |
|---|---|---|---|
| A-9 | B-2 | C-2 | D-4 |
| E-12 | F-2 | G-3 | H-2 |
| I-9 | J-1 | K-1 | L-4 |
| M-2 | N-6 | O-8 | P-2 |
| Q-1 | R-6 | S-4 | T-6 |
| U-4 | V-2 | W-2 | X-1 |
| Y-2 | Z-1 | | |

**ESTADÍSTICA** **En los ejercicios 33 al 35, usa la información y la tabla.**

En una tabla de frecuencias, la *frecuencia relativa* de una clase es la fracción de los datos en esa clase.

| Encuesta sobre mascotas favoritas | | |
|---|---|---|
| **Mascota** | **Conteo** | **Frecuencia** |
| Perro | 𝍸 I | 6 |
| Gato | 𝍸 | 5 |
| Hámster | III | 3 |
| Jerbo | IIII | 4 |
| Tortuga | II | 2 |

33. ¿Cuál es el número total de objetos?
34. Escribe la frecuencia relativa de cada clase como una fracción reducida.
35. Escribe una oración en la que describas la fracción que prefiere los gatos.

36. **RAZONAMIENTO CRÍTICO** Una fracción es equivalente a $\frac{3}{4}$ y la suma de su numerador con su denominador es 84. ¿Cuál es la fracción?

**EXTENSIÓN DE LA LECCIÓN**

Otra forma de hallar fracciones equivalentes es examinando los patrones de una tabla de multiplicar.

**Usa la tabla de la derecha para hallar tres fracciones equivalentes a cada una de las dadas.**

37. $\frac{5}{7}$  38. $\frac{2}{9}$  39. $\frac{4}{6}$

| × | 1 | 2 | 3 | 4 | 5 | 6 | 7 | 8 | 9 | 10 |
|---|---|---|---|---|---|---|---|---|---|---|
| 1 | 1 | 2 | 3 | 4 | 5 | 6 | 7 | 8 | 9 | 10 |
| 2 | 2 | 4 | 6 | 8 | 10 | 12 | 14 | 16 | 18 | 20 |
| 3 | 3 | 6 | 9 | 12 | 15 | 18 | 21 | 24 | 27 | 30 |
| 4 | 4 | 8 | 12 | 16 | 20 | 24 | 28 | 32 | 36 | 40 |
| 5 | 5 | 10 | 15 | 20 | 25 | 30 | 35 | 40 | 45 | 50 |
| 6 | 6 | 12 | 18 | 24 | 30 | 36 | 42 | 48 | 54 | 60 |
| 7 | 7 | 14 | 21 | 28 | 35 | 42 | 49 | 56 | 63 | 70 |
| 8 | 8 | 16 | 24 | 32 | 40 | 48 | 56 | 64 | 72 | 80 |
| 9 | 9 | 18 | 27 | 36 | 45 | 54 | 63 | 72 | 81 | 90 |
| 10 | 10 | 20 | 30 | 40 | 50 | 60 | 70 | 80 | 90 | 100 |

Puedes encontrar fracciones equivalentes a $\frac{3}{10}$ conforme recorres simultáneamente la filas del 3 y del 10.

## Prueba estandarizada de práctica y repaso general

40. **SELECCIÓN MÚLTIPLE** ¿Qué modelo muestra fracciones equivalentes?

A
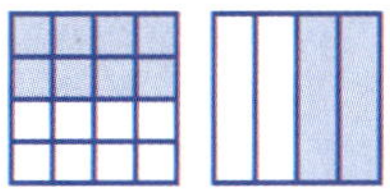

B
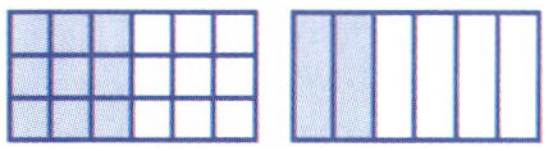

C
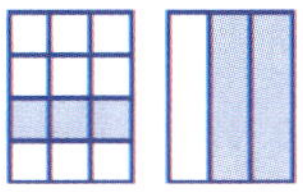

D
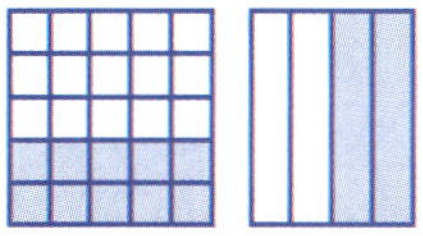

41. **RESPUESTA BREVE** Escribe y haz un modelo de una fracción equivalente a $\frac{5}{8}$.

**Calcula el MCD de cada conjunto de números.** (Lección 5-1)

42. 40 y 36  43. 45 y 75  44. 120 y 150

45. **GEOMETRÍA** Calcula la longitud del círculo de 13.4 metros de diámetro. (Lección 4-6)

### PREPÁRATE PARA LA SIGUIENTE LECCIÓN

**REQUISITOS** **Divide y redondea en décimas.** (Página 591)

46. $8 \div 3$  47. $19 \div 6$  48. $52 \div 8$  49. $67 \div 9$

# 5-3 Números mixtos y fracciones impropias

**Lo que aprenderás**
A escribir números mixtos como fracciones impropias y viceversa.

**NUEVO vocabulario**
- número mixto
- fracción impropia

## PRÁCTICA Minilaboratorio

*Trabaja con un(a) compañero(a).*

**PASO 1** Traza y sombrea un rectángulo que represente el número 1.

**PASO 2** Traza otro rectángulo del mismo tamaño que el primero y, para mostrar tercios, divídelo en tres partes iguales. Sombrea una de las partes, lo que representa $\frac{1}{3}$.

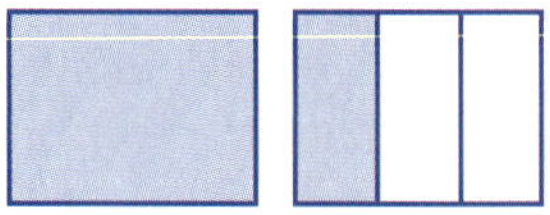

**PASO 3** Divide en tercios la porción de los números enteros.

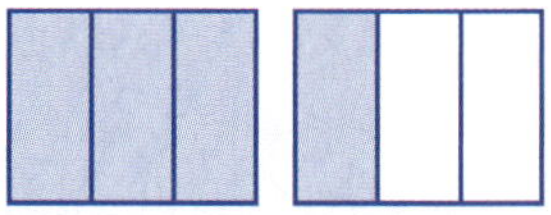

1. ¿Cuántos tercios hay sombreados?
2. ¿Qué fracción equivale a $1\frac{1}{3}$?

**Haz un modelo de cada número.**

3. el número de cuartos en $2\frac{3}{4}$
4. el número de mitades en $4\frac{1}{2}$

Un número como $1\frac{1}{3}$ es un número mixto. Un **número mixto** indica la suma de un número entero con una fracción.

$$1\frac{1}{3} = 1 + \frac{1}{3}$$

Los números debajo de esta recta numérica muestran dos grupos de fracciones. Nota la diferencia entre numeradores y denominadores.

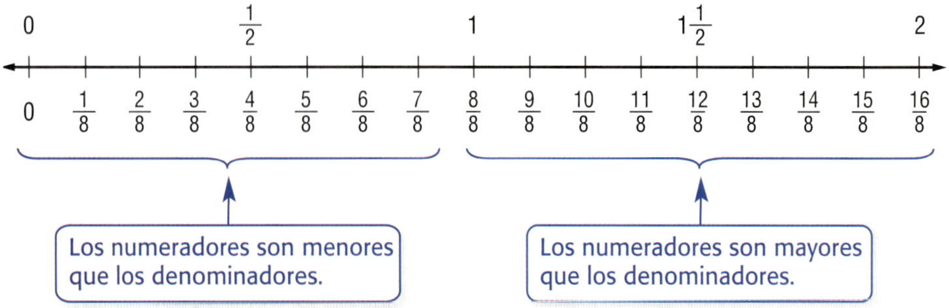


Los valores de las fracciones de la derecha son mayores que o iguales a 1. Éstas son **fracciones impropias**. Los números mixtos se pueden escribir como fracciones impropias.

## LEE matemáticas

**Números mixtos** El número mixto $4\frac{1}{6}$ se lee *cuatro y un sexto.*

## EJEMPLO Números mixtos como fracciones impropias

**1** **Haz un modelo de $4\frac{1}{6}$. Luego escribe $4\frac{1}{6}$ como una fracción impropia.**

Como el número mixto es mayor que 4, dibuja cinco modelos divididos en seis partes iguales, mostrando así los sextos y luego sombrea cuatro todos y un sexto.

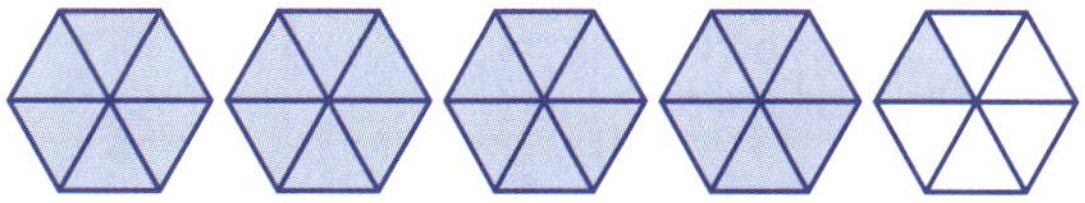

Hay veinticinco sextos, de modo que $4\frac{1}{6}$ es $\frac{25}{6}$.

Los números mixtos también se pueden convertir mentalmente en fracciones impropias.

## EJEMPLO Números mixtos como fracciones impropias

### MATEMÁTICAS EN LA VIDA DIARIA

**AVES** Las águilas calvas machos miden en general 3 pies de cabeza a cola, pesan entre 7 y 10 libras y tienen una envergadura de unos $6\frac{1}{2}$ pies.

**Fuente:** U.S. Fish and Wildlife Service

**2** **AVES** **Usa la información de la izquierda para escribir la envergadura del águila calva macho como una fracción impropia.**

$$6\frac{1}{2} \Rightarrow 6 \quad \frac{1}{2} = \frac{(6 \times 2) + 1}{2} = \frac{13}{2}$$

Multiplica el número entero por el denominador y luego suma el numerador.

**Tu turno** **Escribe cada número mixto como una fracción impropia.**

a. $2\frac{1}{4}$ b. $1\frac{2}{5}$ c. $4\frac{3}{4}$

Las fracciones impropias también se pueden escribir como números mixtos. Divide el numerador entre el denominador.

## EJEMPLO Fracciones impropias como números mixtos

**3** **Escribe $\frac{17}{5}$ como un número mixto.**

Divide 17 entre 5.

$$\begin{array}{r} 3\frac{2}{5} \\ 5\overline{)17} \\ -15 \\ \hline 2 \end{array}$$

Usa el residuo como el numerador de la fracción.

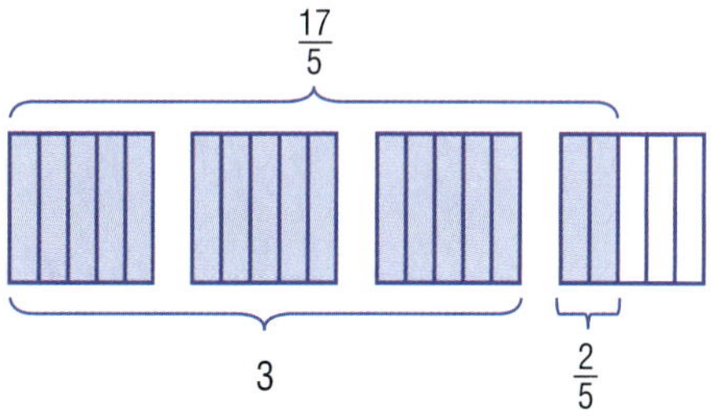


Entonces, $\frac{17}{5}$ es $3\frac{2}{5}$.

**Tu turno** **Escribe cada fracción impropia como un número mixto.**

d. $\frac{7}{3}$ e. $\frac{18}{5}$ f. $\frac{13}{2}$

## Repaso de destrezas y conceptos

Escribe en matemáticas
**Ejercicio 3**

1. **Haz** un modelo de $\frac{8}{5}$. Escribe como un número mixto.

2. **INTERPRETA** Escribe una fracción igual a un número entero.

3. **SENTIDO NUMÉRICO** Explica cómo sabes cuando una fracción es menor que, igual a o mayor que 1.

### PRÁCTICA DIRIGIDA

**Dibuja un modelo de cada número mixto y luego escríbelo como una fracción impropia.**

4. $3\frac{2}{3}$
5. $2\frac{3}{4}$

**Escribe cada número mixto como una fracción impropia.**

6. $4\frac{1}{8}$
7. $1\frac{4}{5}$
8. $5\frac{2}{3}$

**Escribe cada fracción impropia como un número mixto.**

9. $\frac{31}{6}$
10. $\frac{15}{4}$
11. $\frac{21}{8}$

12. **MURCIÉLAGOS** Escribe la longitud del cuerpo del murciélago vampiro como una fracción impropia.

## Práctica y aplicaciones

**AYUDA CON LAS TAREAS**

| Ejercicios | Ver ejemplos |
|---|---|
| 13–16 | 1 |
| 17–30, 48 | 2 |
| 31–47, 50 | 3 |

**Práctica adicional**
**Ver páginas 603, 628.**

**Dibuja un modelo de cada número mixto y luego escríbelo como una fracción impropia.**

13. $3\frac{1}{4}$
14. $1\frac{5}{6}$
15. $2\frac{7}{8}$
16. $4\frac{3}{5}$

**Escribe cada número mixto como una fracción impropia.**

17. $6\frac{1}{3}$
18. $8\frac{2}{3}$
19. $3\frac{2}{5}$
20. $7\frac{4}{5}$
21. $1\frac{5}{8}$
22. $1\frac{7}{8}$
23. $7\frac{1}{4}$
24. $5\frac{3}{4}$
25. $3\frac{5}{6}$
26. $4\frac{1}{6}$
27. $6\frac{6}{7}$
28. $7\frac{3}{8}$

29. Escribe *seis y tres quintos* como una fracción impropia.

30. Halla la fracción impropia igual a *ocho y cinco sextos*.

31. ¿Qué número mixto es igual a *veintinueve tercios*?

32. Escribe *treinta y tres cuartos* como un número mixto.

**Escribe cada fracción impropia como un número mixto.**

**33.** $\frac{16}{5}$ **34.** $\frac{27}{5}$ **35.** $\frac{9}{8}$ **36.** $\frac{19}{8}$

**37.** $\frac{16}{9}$ **38.** $\frac{22}{9}$ **39.** $\frac{35}{6}$ **40.** $\frac{50}{6}$

**41.** $\frac{25}{7}$ **42.** $\frac{68}{7}$ **43.** $\frac{47}{10}$ **44.** $\frac{61}{10}$

**45.** cien novenos **46.** doscientos treinta y cinco séptimos

**47. ALIMENTOS** Sabino le compró a su madre 18 huevos en la tienda de abarrotes. ¿Cuántas docenas compró?

**48. MEDICIÓN** El ancho de una hoja de papel es de $8\frac{1}{2}$ pulgadas. Escribe $8\frac{1}{2}$ como una fracción impropia.

**PELÍCULAS En los ejercicios 49 y 50, usa la tabla de la derecha que muestra la duración de películas.**

**49.** Para cada película, escribe una fracción en la que compares su duración con el número de minutos en una hora.

**50.** Escribe cada fracción como un número mixto reducido.

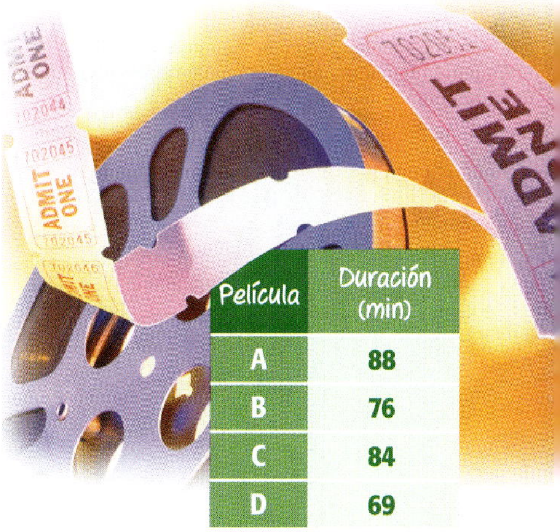


| Película | Duración (min) |
|---|---|
| A | 88 |
| B | 76 |
| C | 84 |
| D | 69 |

**Actualiza datos** ¿Cuánto dura tu película favorita? Escribe la fracción que corresponde a la duración en horas. Visita msmath1.net/data_update para obtener más información.

**51. RAZONAMIENTO CRÍTICO** Jonah no puede determinar si $\frac{17}{17}$ es una fracción impropia. ¿Cómo podría determinarlo?

## Prueba estandarizada de práctica y repaso general

**52. SELECCIÓN MÚLTIPLE** ¿Qué fracción impropia *no es* igual a ninguno de los números mixtos de la tabla?

Ⓐ $\frac{9}{5}$ Ⓑ $\frac{11}{5}$ Ⓒ $\frac{17}{6}$ Ⓓ $\frac{7}{2}$

| Ingrediente | Cantidad |
|---|---|
| harina | $2\frac{5}{6}$ tazas |
| mantequilla | $1\frac{4}{5}$ tazas |
| chispas de chocolate | $3\frac{1}{2}$ bolsas |

**53. SELECCIÓN MÚLTIPLE** Escribe $\frac{23}{8}$ como un número mixto.

Ⓕ $1\frac{7}{8}$ Ⓖ $2\frac{3}{8}$ Ⓗ $2\frac{5}{8}$ Ⓘ $2\frac{7}{8}$

**54.** Reduce $\frac{35}{42}$. (Lección 5-2)

**Calcula el MCD de cada conjunto de números.** (Lección 5-1)

**55.** 9 y 39 **56.** 33 y 88 **57.** 44 y 70 **58.** 24, 48, y 63

### PREPÁRATE PARA LA SIGUIENTE LECCIÓN

**REQUISITOS Calcula la factorización prima de cada número.** (Lección 1-3)

**59.** 36 **60.** 76 **61.** 105 **62.** 145

CAPÍTULO 5

# Prueba parcial de práctica del capítulo

## Vocabulario y conceptos

1. **Escribe** una fracción equivalente a $\frac{3}{8}$. (Lección 5-2)

2. **INTERPRETA** Escribe dos números cuyo MCD sea 7. (Lección 5-1)

## Destrezas y aplicaciones

**Calcula el MCD de cada conjunto de números.** (Lección 5-1)

3. 12 y 32
4. 27 y 45
5. 24, 40, y 72

**Reemplaza cada ● con un número de modo que las fracciones sean equivalentes.** (Lección 5-2)

6. $\frac{2}{9} = \frac{●}{45}$
7. $\frac{5}{12} = \frac{●}{60}$
8. $\frac{27}{36} = \frac{●}{4}$

**Reduce cada fracción. Escribe *reducida* si la fracción ya está reducida.** (Lección 5-2)

9. $\frac{15}{24}$
10. $\frac{12}{42}$
11. $\frac{9}{14}$

12. **ALIMENTOS** Una cesta contiene 9 manzanas y 6 peras. Escribe una fracción reducida que compare el número de manzanas con el número total de frutas. (Lección 5-2)

**Escribe cada número mixto como una fracción impropia.** (Lección 5-3)

13. $3\frac{5}{6}$
14. $3\frac{3}{5}$
15. $8\frac{4}{9}$

**Escribe cada fracción impropia como un número mixto.** (Lección 5-3)

16. $\frac{23}{4}$
17. $\frac{37}{9}$
18. $\frac{69}{8}$

## Prueba estandarizada de práctica

19. **SELECCIÓN MÚLTIPLE** ¿Qué fracción *no* es impropia? (Lección 5-3)

Ⓐ $\frac{3}{8}$ Ⓑ $\frac{6}{5}$

Ⓒ $\frac{4}{3}$ Ⓓ $\frac{3}{2}$

20. **RESPUESTA BREVE** Escribe tres factores de 72. (Lección 5-1)

# La Zona de juegos

Un sitio para practicar tus destrezas matemáticas

## Carices del MCD

### ¡ALÍSTATE!

**Jugadores:** cuatro
**Materiales:** dos giradores

### ¡EN TU MARCA!

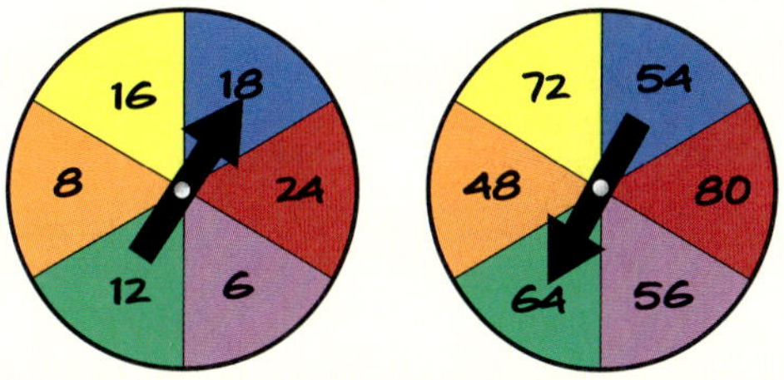


- Formen dos equipos.
- Uno de los equipos escribe 6, 8, 12, 16, 18 y 24 en las seis secciones iguales de una de los giradores, como se muestra.
- El otro equipo hace lo mismo con el otro girador, pero esta vez con los números 48, 54, 56, 64, 72 y 80.

### ¡ADELANTE!

- Un jugador de cada equipo hace girar su girador.
- El jugador restante de cada equipo trata de ser el primero en decir el MCD de los dos números.
- La primera persona que anuncia el MCD correcto gana 5 puntos para su equipo.
- Los jugadores se turnan en hacer girar las agujas y en anunciar el MCD.
- **¿Quién gana?** Gana el primer equipo que obtiene 25 puntos.

# 5-4a Estrategia para resolver problemas

***Sinopsis de la Lección 5-4***

## Haz una lista ordenada

**Lo que aprenderás**
A resolver problemas mediante listas ordenadas.

Malila, este año el carnaval escolar va a tener una caseta de dardos, una de anillos y una de pintura de cara. Cómo las podremos disponer.

Bueno, Jessica, podríamos **hacer una lista ordenada** para determinar las posibilidades.

| | |
|---|---|
| **Explora** | Sabemos que hay tres casetas y necesitamos calcular el número de distribuciones posibles. |
| **Planifica** | Haz una lista de las distribuciones posibles. Usa D para dardos, R para anillos y F para pintura de cara. |
| **Resuelve** | D R F     R F D     F R D<br>D F R     R D F     F D R<br>Hay seis maneras distintas de disponer las casetas. |
| **Examina** | Verifica la solución comprobando que cada caseta aparezca dos veces en la primera, segunda y tercera posiciones. |

## Analiza la estrategia

1. **Explica** cómo las listas ordenadas te ayudan a resolver problemas.
2. **Analiza** las seis distribuciones posibles. ¿Estás de acuerdo o no con las posibilidades? Explica tu razonamiento.
3. **Piensa** en otra forma de resolver este problema. Escribe una explicación breve de tu enfoque de resolución.

## Aplica la estrategia

**Usa la estrategia de listas ordenadas para resolver lo siguiente.**

4. Lourdes va a dar una fiesta de cumpleaños y quisiera sentarse con tres de sus mejores amigas. ¿Cuántos arreglos son posibles si se sentarán a un lado de una mesa rectangular?

5. Michael necesita ir a la farmacia, a la tienda de abarrotes y a la de videos. ¿De cuántas maneras distintas puede visitarlas?

## Solución de problemas mixtos

**Usa cualquier estrategia para resolver.**

6. **MANUFACTURA** Una fábrica de suéteres ofrece seis estilos distintos de suéteres en 5 colores diferentes. ¿Cuántas combinaciones de tipo y color hay?

7. **SENTIDO NUMÉRICO** ¿Cuántos arreglos de los factores primos de 30 son posibles?

8. **GEOMETRÍA** Calcula la diferencia entre el área del cuadrado y la del rectángulo.

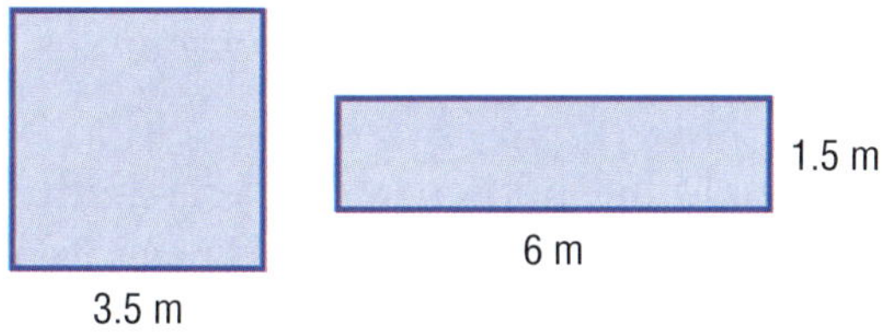


9. **ZAPATOS** Una tienda vende cuatro tipos de zapatos tenis en blanco, negro y azul. ¿Cuántas combinaciones de estilo y de color son posibles?

10. **ALIMENTOS** Una bolsita de papas fritas pesa unas 0.85 onzas. ¿Cuánto pesan 12 bolsitas?

11. **DINERO** Caroline gana $285 por mes repartiendo periódicos. ¿Cuánto gana al año?

12. **MULTI-PASO** ¿Cuál es el precio total de un abrigo que se vende en $50 si la tasa de impuesto es 0.065?

13. **PATRONES** ¿Qué número falta en el patrón … , 234, 345, __?__, 567, …?

14. **LIBROS** El lunes se vendieron 86 libros de ciencia ficción en una venta de libros. Esto es 8 más que el doble de los que se vendieron el jueves. ¿Cuántos libros se vendieron el jueves?

15. **PRUEBA ESTANDARIZADA DE PRÁCTICA** Usa esta gráfica. ¿Qué se puede concluir razonablemente de la gráfica?

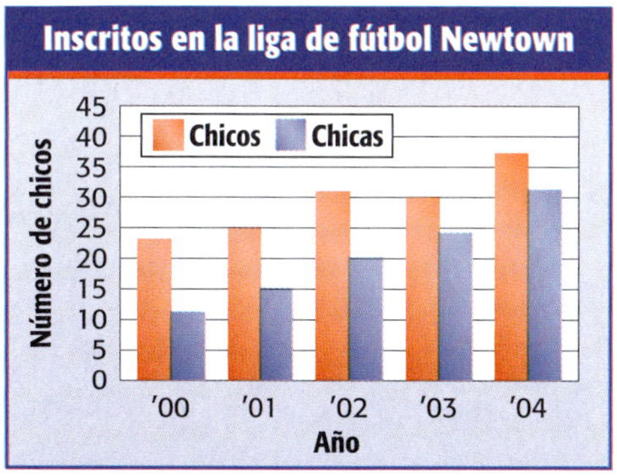


(A) Más chicas que chicos se inscribieron en 2003.

(B) La diferencia entre el número de chicos y el de chicas ha venido disminuyendo desde 2000.

(C) El número de chicos inscritos disminuyó cada año.

(D) Hubo más inscritos en 2002 que en ningún otro año.

**En la próxima lección, vas a usar la estrategia conjetura y verifica.**

# 5-4 El mínimo común múltiplo

**Lo que aprenderás**
A calcular el mínimo común múltiplo de dos o más números.

**NUEVO vocabulario**
- múltiplo
- múltiplos comunes
- mínimo común múltiplo (mcm)

**REPASO de vocabulario**
**factorización prima:** escritura de un número compuesto como producto de números primos (Lección 1-3)

## ¿CUÁNDO usaré esto?

**PATRONES** Esta tabla de multiplicar enumera los productos de cualquier par de números entre 1 y 10.

| × | 1 | 2 | 3 | 4 | 5 | 6 | 7 | 8 | 9 | 10 |
|---|---|---|---|---|---|---|---|---|---|---|
| 1 | 1 | 2 | 3 | 4 | 5 | 6 | 7 | 8 | 9 | 10 |
| 2 | 2 | 4 | 6 | 8 | 10 | 12 | 14 | 16 | 18 | 20 |
| 3 | 3 | 6 | 9 | 12 | 15 | 18 | 21 | 24 | 27 | 30 |
| 4 | 4 | 8 | 12 | 16 | 20 | 24 | 28 | 32 | 36 | 40 |
| 5 | 5 | 10 | 15 | 20 | 25 | 30 | 35 | 40 | 45 | 50 |
| 6 | 6 | 12 | 18 | 24 | 30 | 36 | 42 | 48 | 54 | 60 |
| 7 | 7 | 14 | 21 | 28 | 35 | 42 | 49 | 56 | 63 | 70 |
| 8 | 8 | 16 | 24 | 32 | 40 | 48 | 56 | 64 | 72 | 80 |
| 9 | 9 | 18 | 27 | 36 | 45 | 54 | 63 | 72 | 81 | 90 |
| 10 | 10 | 20 | 30 | 40 | 50 | 60 | 70 | 80 | 90 | 100 |

1. Escribe los productos de 8 y de cada uno de los números 1, 2, 3, 4, 5, 6, 7, 8, 9 y 10.
2. Describe el patrón que veas en la forma en que aumentan los números.
3. Examina los productos de cualquier número y números entre 1 y 10 y escribe una regla del patrón que descubras. Da ejemplos que confirmen tu regla.

Un **múltiplo** de un número es el producto del número por cualquier número entero. Estos son algunos de los múltiplos de 8 y 4.

$$\left.\begin{aligned} 0 \times 8 &= 0 \\ 1 \times 8 &= 8 \\ 2 \times 8 &= 16 \\ 3 \times 8 &= 24 \\ 4 \times 8 &= 32 \\ &\vdots \end{aligned}\right\} \leftarrow \text{múltiplos de 8} \qquad \left.\begin{aligned} 0 \times 4 &= 0 \\ 1 \times 4 &= 4 \\ 2 \times 4 &= 8 \\ 3 \times 4 &= 12 \\ 4 \times 4 &= 16 \\ &\vdots \end{aligned}\right\} \leftarrow \text{múltiplos de 4}$$

Nota que 0, 8, 16 y 24 son múltiplos de 4 y de 8. Estos son **múltiplos comunes**. El número más pequeño no nulo que es múltiplo de dos o más números es su **mínimo común múltiplo (mcm)**.

múltiplos de 4: 0, 4, 8, 12, 16, 20, 24, …
múltiplos de 8: 0, 8, 16, 24, 32, 40, 48, …

← El menor de los múltiplos comunes, el mcm, de 4 y 8 es 8.

Puedes hacer una lista para calcular el mcm de dos o más números.

## EJEMPLO Haz una lista para calcular el mcm

**1** **Calcula el mcm de 9 y 12 con una lista.**

**Paso 1** Enumera los múltiplos no nulos.

múltiplos de 9: 9, 18, 27, 36, 45, 54, 63, 72, …
múltiplos de 12: 12, 24, 36, 48, 60, 72, …

**Paso 2** Identifica el mcm de los múltiplos comunes.
En este caso, 36.

También se pueden usar los factores primos para calcular el mcm.

## EJEMPLO Usa factores primos para calcular el mcm

**2** **Calcula el mcm de 15 y 25 usando factores primos.**

**Paso 1** Escribe la factorización prima de cada número.

15 → $3 \times 5$    25 → $5 \times 5$

**Paso 2** Identifica todos los factores primos comunes.

$15 = 3 \times \boxed{5}$
$25 = 5 \times \boxed{5}$

**Paso 3** Calcula el producto de los factores primos, usando cada factor primo común una vez y los factores restantes. El mcm es $3 \times 5 \times 5$ ó 75.

**Tu turno** **Calcula el mcm de cada conjunto de números.**

**a.** 4 y 7    **b.** 3 y 9

**MATEMÁTICAS EN LA VIDA DIARIA**

**ANIMALES** El timo ártico es un pez de agua dulce, común en las frías aguas de la bahía de Hudson y de los Grandes Lagos. Estos peces pueden alcanzar 30 pulgadas de largo y hasta 6 libras de peso.

**Fuente:** eNature.com

## EJEMPLO Usa el mcm para resolver problemas

**3** **ANIMALES** El peso en libras de cada pez se puede leer de la pantalla de la balanza. Supón que en cada balanza se añaden más peces de cada tipo con el mismo peso. ¿Qué peso será el mismo en las tres balanzas?

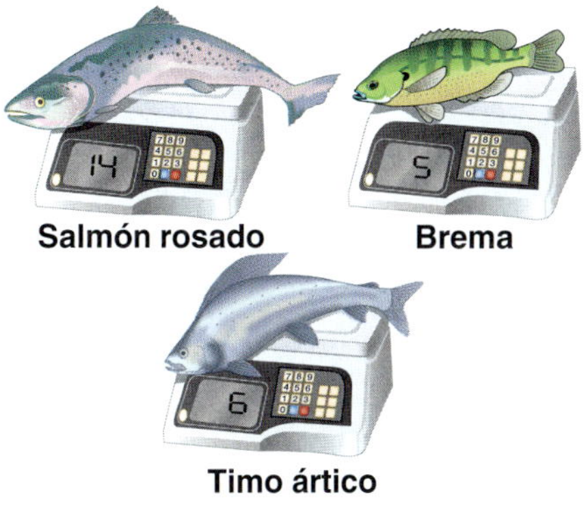


Calcula el mcm usando factores primos.

14 → $(2) \times (7)$    5 → $(5) \times 1$    6 → $2 \times (3)$

Las balanzas mostrarán el mismo peso en $2 \times 7 \times 5 \times 3$ ó 210 libras.

## Repaso de destrezas y conceptos

**Escribe en matemáticas**
Ejercicios 2 al 4

1. **Indica** si el primer número es un múltiplo del segundo.

   a. 30; 6 b. 27; 4 c. 35; 3 d. 84; 7

2. **INTERPRETA** Escoge dos números menores que 100, calcula su mcm y muestra tus pasos.

3. **HALLA EL ERROR** Kurt y Ana calcularon el mcm de 6 y 8. ¿Quién lo hizo bien? Explica tu respuesta.

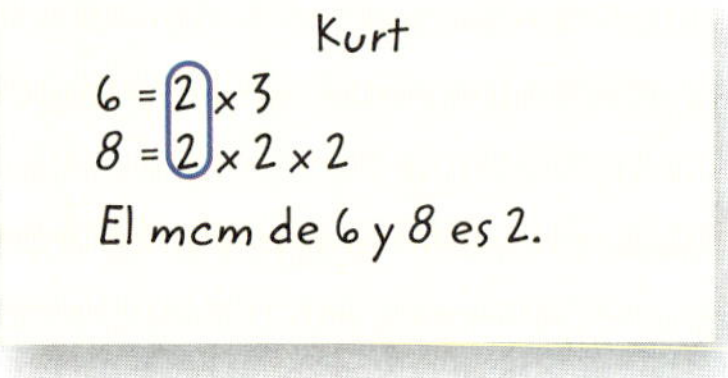


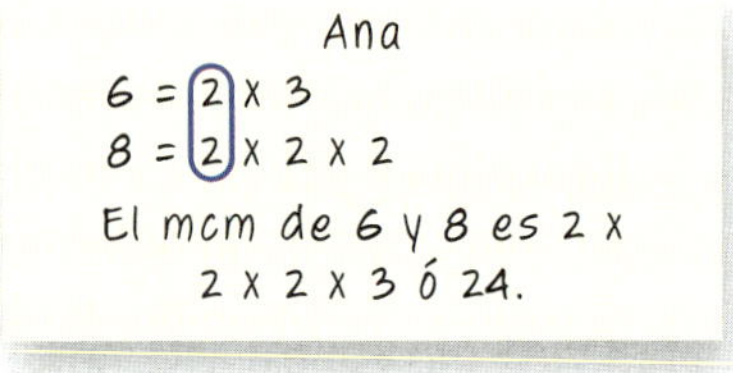


4. **SENTIDO NUMÉRICO** Los números que no comparten factores primos se llaman *relativamente primos*. Calcula el mcm de cada par de números. ¿Qué puedes decir de los mcm?

   4 y 9 5 y 7 3 y 10 6 y 11

### PRÁCTICA DIRIGIDA

**Calcula el mcm de cada conjunto de números.**

5. 5 y 8
6. 3 y 14
7. 4, 6 y 9
8. **ANIMALES** En relación con el ejemplo 3 de la página 195, ¿cuántos de cada clase de pez necesitas para alcanzar el peso común mínimo?

## Práctica y aplicaciones

**AYUDA CON LAS TAREAS**

| Ejercicios | Ver ejemplos |
|---|---|
| 9–22 | 1, 2 |
| 25–27 | 3 |

**Práctica adicional**
**Ver páginas 604, 628.**

**Calcula el mcm de cada conjunto de números.**

9. 2 y 10
10. 9 y 54
11. 3 y 4
12. 7 y 9
13. 5 y 12
14. 8 y 36
15. 16 y 20
16. 15 y 12
17. 4, 8 y 10
18. 3, 9 y 18
19. 15, 25 y 75
20. 9, 12 y 15
21. Calcula el mcm de 3, 5 y 7.
22. ¿Cuál es el mcm de 2, 3 y 13?
23. **PATRONES** Halla los tres múltiplos comunes de 3 y 15 que faltan en esta lista de sus múltiplos comunes.

    90, 135, 180, ___?___, ___?___, ___?___, 360, 405, . . .

24. **PATRONES** Enumera los cinco múltiplos comunes de 6 y 9 que vienen después de su mcm.
25. **BICICLETAS** Este piñón delantero tiene 42 dientes y el trasero tiene 14. ¿Cuántas revoluciones debe completar el engranaje más pequeño para que ambos piñones vuelvan a su posición inicial?

26. **CIENCIA** Se muestran las apariciones cíclicas aproximadas de cigarras y orugas. Supón que los ciclos máximos de estos insectos coincidieron en 1998. ¿Cuándo coincidirán nuevamente?

| Cigarras versus orugas | |
|---|---|
| Insecto | Ciclo vital (años) |
| Cigarra de 17 años | 17 |
| Oruga | 6 |

**Fuente:** USDA Forest Service

**ESCUELA** **Usa la siguiente información en los ejercicios 27 y 28.**
Daniela y Tionna son miembros del club escolar de danza. En las prácticas, los miembros siempre se alinean en filas iguales.

27. ¿Cuál es el número menor de personas que se necesitan para alinearse en filas de 3, 4 ó 5?

28. Describe las distribuciones posibles.

29. **PATRONES** Algunas de las fracciones equivalentes a $\frac{5}{8}$ son $\frac{10}{16}$, $\frac{15}{24}$, $\frac{20}{32}$ y $\frac{25}{40}$. ¿Qué patrón hay en los numeradores y denominadores?

30. **RAZONAMIENTO CRÍTICO** ¿Es el siguiente enunciado *siempre, a veces* o *nunca* verdadero? Da por lo menos dos ejemplos que respalden tu razonamiento.

*El mcm de dos números cuadrados es también un número cuadrado.*

## Prueba estandarizada de práctica y repaso general

31. **SELECCIÓN MÚLTIPLE** Sahale decoró su casa con dos sartas de luces festivas. La de luces rojas centellea cada 4 segundos y la de luces verdes cada 6 segundos. ¿Cuántos segundos tendrán que pasar para que ambas centelleen simultáneamente?

(A) 24 s (B) 20 s (C) 12 s (D) 8 s

32. **SELECCIÓN MÚLTIPLE** Usa la gráfica. Si ambos trenes salen a las 9 a.m., ¿cuándo saldrán al mismo tiempo nuevamente?

(F) 9:24 A.M. (G) 9:48 A.M.

(H) 10:48 A.M. (I) 12:00 P.M.

| Horario de trenes | |
|---|---|
| Tren | Salida |
| A | cada 8 minutos |
| B | cada 6 minutos |

33. Escribe $\frac{47}{5}$ como un número mixto. (Lección 5-3)

**Reemplaza cada ● con un número de modo que las fracciones sean equivalentes.** (Lección 5-2)

34. $\frac{1}{5} = \frac{●}{25}$ 35. $\frac{3}{17} = \frac{9}{●}$ 36. $\frac{42}{48} = \frac{●}{8}$ 37. $\frac{3}{11} = \frac{●}{55}$

### PREPÁRATE PARA LA SIGUIENTE LECCIÓN

**DESTREZA BÁSICA** **Escoge la letra del punto que corresponde a cada fracción.**

38. $\frac{1}{2}$ 39. $\frac{3}{4}$ 40. $\frac{2}{3}$

41. $\frac{1}{6}$ 42. $\frac{5}{6}$ 43. $\frac{1}{4}$

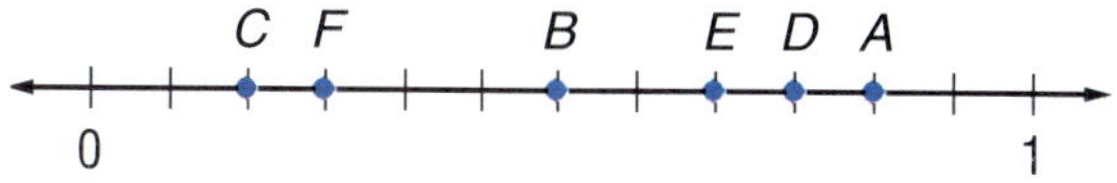

# 5-5 Compara y ordena fracciones

**Lo que aprenderás**
A comparar y a ordenar fracciones.

**NUEVO vocabulario**
**mínimo común denominador (mcd)**

**¿CUÁNDO usaré esto?**

**CANICAS** Supón que una canica mide $\frac{5}{8}$ pulgadas de diámetro y otra mide $\frac{9}{16}$ pulgadas de diámetro.

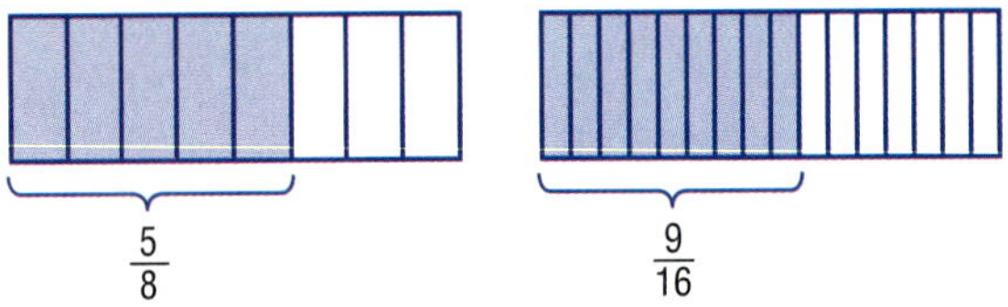

1. Usando el modelo, determina la canica más grande.

Para comparar dos fracciones sin modelos, puedes escribirlas como fracciones con el mismo denominador.

**Concepto clave** **Comparación de dos fracciones**

Para comparar dos fracciones:

- Calcula el **mínimo común denominador (mcd)** de las fracciones, o sea, el mínimo común múltiplo de sus denominadores.
- Reescribe cada fracción como una fracción equivalente usando el mcd.
- Compara los numeradores.

## EJEMPLO Compara fracciones

**1 Reemplaza ● por <, > o = de modo que $\frac{5}{8}$ ● $\frac{9}{16}$ sea verdadero.**

- Empieza calculando el mcd, o sea, el mcm de los denominadores. En este caso, el mcm de 8 y 16 es 16, de modo que éste es también el mcd.
- Ahora reescribe cada fracción con un denominador de 16.

$$\frac{5}{8} \overset{\times 2}{=} \frac{●}{16}, \text{ así } \frac{5}{8} = \frac{10}{16}. \qquad \frac{9}{16} = \frac{9}{16}$$

(×2 en el numerador y ×2 en el denominador)

- Luego, compara. Como $10 > 9$, $\frac{10}{16} > \frac{9}{16}$, entonces, $\frac{5}{8} > \frac{9}{16}$.

**Tu turno** **Reemplaza cada ● con <, > o = para hacer verdadero el enunciado.**

a. $\frac{2}{3}$ ● $\frac{4}{9}$ b. $\frac{5}{12}$ ● $\frac{7}{8}$ c. $\frac{1}{2}$ ● $\frac{8}{16}$

Lo que acabas de aprender se puede usar para ordenar fracciones.

## EJEMPLO Ordena fracciones

**2 Ordena las fracciones $\frac{1}{2}$, $\frac{9}{14}$, $\frac{3}{4}$ y $\frac{5}{7}$ de menor a mayor.**

El mcd de las fracciones es 28, de modo que reescribe cada fracción con un denominador de 28.

$\frac{1}{2} = \frac{\bullet}{28}$ (×14), así $\frac{1}{2} = \frac{14}{28}$.

$\frac{3}{4} = \frac{\bullet}{28}$ (×7), así $\frac{3}{4} = \frac{21}{28}$.

$\frac{9}{14} = \frac{\bullet}{28}$ (×2), así $\frac{9}{14} = \frac{18}{28}$.

$\frac{5}{7} = \frac{\bullet}{28}$ (×4), así $\frac{5}{7} = \frac{20}{28}$.

Las fracciones ordenadas de menor a mayor son $\frac{1}{2}, \frac{9}{14}, \frac{5}{7}, \frac{3}{4}$.

**Tu turno** **Ordena las fracciones de menor a mayor.**

d. $\frac{1}{2}, \frac{5}{6}, \frac{2}{3}, \frac{3}{5}$

e. $\frac{4}{5}, \frac{3}{4}, \frac{2}{5}, \frac{1}{4}$

f. $\frac{5}{6}, \frac{2}{3}, \frac{3}{5}, \frac{1}{5}$

Las pruebas estandarizadas a menudo contienen preguntas que involucran comparación y orden de fracciones en casos concretos.

## EJEMPLO Compara y ordena fracciones

**Prueba estandarizada de práctica**

**3 PREGUNTA DE SELLECCIÓN MÚLTIPLE**

Según la encuesta, ¿qué dijo la mayoría de la gente sobre lo que debería hacerse con la moneda de un centavo?

**Fuente:** Coinstar

Ⓐ deshacerse de él

Ⓑ no sabe

Ⓒ quedarse con él

Ⓓ con estos datos no se puede saber

**Lee la pregunta** Necesitas comparar las fracciones.

**Resuelve** Reescribe las fracciones con el mcd, 100.

$\frac{8}{25} = \frac{32}{100}$ (×4) $\quad \frac{3}{100} = \frac{3}{100}$ (×1) $\quad \frac{13}{20} = \frac{65}{100}$ (×5)

$\frac{13}{20}$ es la fracción mayor, de modo que la respuesta es C.

**Ayuda para tomar pruebas** The Princeton Review

**Fracciones equivalentes**
Se puede usar cualquier denominador común, pero el uso del mínimo común denominador facilita las operaciones.

## Repaso de destrezas y conceptos

Escribe en matemáticas
Ejercicio 4

1. **Calcula** el mcd de cada par de fracciones.
   a. $\frac{1}{2}$ y $\frac{3}{8}$   b. $\frac{3}{5}$ y $\frac{3}{4}$   c. $\frac{5}{6}$ y $\frac{2}{9}$

2. **INTERPRETA** Escribe dos fracciones cuyo mcd sea 24.

3. **SENTIDO NUMÉRICO** Haz corresponder las fracciones $\frac{3}{5}$, $\frac{9}{10}$, $\frac{3}{4}$ y $\frac{9}{20}$ con estos modelos. ¿Cuál es su orden de menor a mayor?

   a. 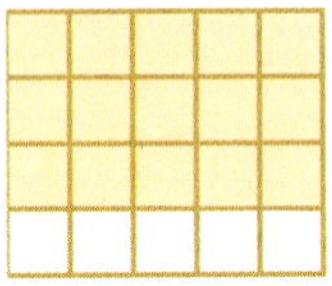
   b. 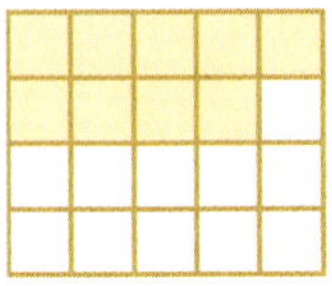
   c. 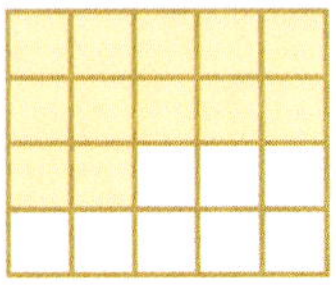
   d. 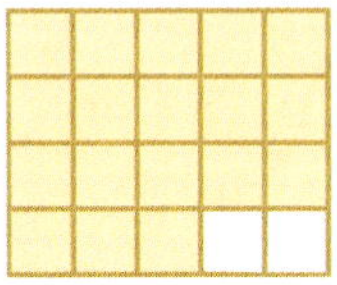

4. **SENTIDO NUMÉRICO** ¿Cómo podrías comparar $\frac{1}{5}$ con $\frac{7}{8}$ sin usar el mcd?

### PRÁCTICA DIRIGIDA

**Reemplaza cada ● con <, > o = para hacer verdadero el enunciado.**

5. $\frac{3}{7}$ ● $\frac{1}{4}$   6. $\frac{5}{7}$ ● $\frac{15}{21}$   7. $\frac{9}{16}$ ● $\frac{5}{8}$

**Ordena las fracciones de menor a mayor.**

8. $\frac{4}{5}, \frac{1}{2}, \frac{9}{10}, \frac{3}{4}$   9. $\frac{3}{8}, \frac{1}{4}, \frac{5}{6}, \frac{2}{3}$

## Práctica y aplicaciones

**AYUDA CON LAS TAREAS**

| Ejercicios | Ver ejemplos |
|---|---|
| 10–21 | 1 |
| 22–27 | 2 |
| 28–30 | 3 |

**Práctica adicional**
**Ver páginas 604, 628.**

**Reemplaza cada ● con <, > o = para hacer verdadero el enunciado.**

10. $\frac{1}{3}$ ● $\frac{3}{5}$   11. $\frac{7}{8}$ ● $\frac{5}{6}$   12. $\frac{6}{9}$ ● $\frac{2}{3}$   13. $\frac{3}{4}$ ● $\frac{9}{16}$

14. $\frac{7}{12}$ ● $\frac{1}{2}$   15. $\frac{14}{18}$ ● $\frac{7}{9}$   16. $\frac{4}{5}$ ● $\frac{13}{15}$   17. $\frac{5}{8}$ ● $\frac{20}{32}$

18. ¿Cuál es menor, *tres quintos* o *tres veinteavos*?

19. ¿Cuál es mayor, *quince veinticuatroavos* o *cinco octavos*?

20. **TIEMPO** ¿Qué es más breve, $\frac{2}{3}$ de hora u $\frac{8}{15}$ de hora?

21. **DINERO** ¿Qué es más, $\frac{1}{2}$ dólar ó $\frac{3}{4}$ de dólar?

**Ordena las fracciones de menor a mayor.**

22. $\frac{1}{2}, \frac{2}{3}, \frac{1}{4}, \frac{5}{6}$   23. $\frac{2}{3}, \frac{2}{9}, \frac{5}{6}, \frac{11}{18}$   24. $\frac{1}{6}, \frac{2}{5}, \frac{3}{7}, \frac{3}{5}$   25. $\frac{5}{8}, \frac{3}{4}, \frac{1}{2}, \frac{9}{16}$

26. Ordena las fracciones $\frac{5}{8}$, $\frac{1}{6}$, $\frac{7}{8}$ y $\frac{3}{4}$ de mayor a menor.

27. Ordena las fracciones $\frac{1}{4}$, $\frac{3}{8}$, $\frac{5}{16}$ y $\frac{4}{5}$ de mayor a menor.

28. **ARTE** Tres pinceles tienen grosores de $\frac{3}{8}$, $\frac{1}{2}$ y $\frac{3}{4}$ de pulgada. ¿Cuánto mide el pincel más grueso?

29. **ESTADÍSTICA** La gráfica muestra los olores domésticos más fuertes. ¿Hay más gente que cree que los olores de mascotas o el del humo del tabaco es más fuerte?

**Fuente:** Aprilaire Fresh Air Exchangers

30. **HERRAMIENTAS** Marissa construye un armario y usa tornillos para madera de distintos tamaños, $1\frac{1}{4}$, $1\frac{5}{8}$ y $1\frac{1}{2}$ pulgadas. ¿Cuál es el tamaño del más largo?

31. **RAZONAMIENTO CRÍTICO** Una fracción reducida no es impropia, su numerador y denominador difieren en 2 y su suma es una docena. ¿Cuál es la fracción?

## Prueba estandarizada de práctica y repaso general

32. **RESPUESTA BREVE** Ordena las fracciones $\frac{7}{9}$, $\frac{2}{3}$, $\frac{2}{6}$, $\frac{2}{5}$ y $\frac{4}{9}$ de mayor a menor.

33. **SELECCIÓN MÚLTIPLE** La tabla muestra la fracción de conductores y pasajeros de cuatro estados que usan cinturón de seguridad. ¿Qué estado tiene la fracción mayor?

| Estado | Conductores/pasajeros que usan cinturón de seguridad |
|---|---|
| Arizona | $\frac{3}{4}$ |
| Iowa | $\frac{39}{50}$ |
| Montana | $\frac{19}{25}$ |
| Ohio | $\frac{13}{20}$ |

**Fuente:** National Safety Council

(A) Arizona (B) Iowa
(C) Montana (D) Ohio

**Calcula el mcm de cada conjunto de números.** (Lección 5-4)

34. 5 y 13
35. 4 y 6
36. 6, 9 y 21
37. 8, 12 y 27

38. Escribe $5\frac{3}{8}$ como una fracción impropia. (Lección 5-3)

39. **ANIMALES** Sarah tiene cuatro conejos, tres gatos, dos perros, dos periquitos y un pato. Escribe una fracción reducida con la que compares el número de animales bípedos al número total de animales. (Lección 5-2)

### PREPÁRATE PARA LA SIGUIENTE LECCIÓN

**REQUISITOS Escribe cada decimal en forma estándar.** (Lección 3-1)

40. siete décimas
41. cuatro y seis décimas
42. ochenta y nueve centésimas
43. veinticinco milésimas

# 5-6 Convierte decimales en fracciones

**Lo que aprenderás**
A escribir decimales como fracciones o números mixtos reducidos.

## ¿CUÁNDO usaré esto?

**ESTADÍSTICA** La gráfica muestra los resultados de una encuesta sobre gustos estivales favoritos.

1. Escribe en palabras el decimal correspondiente a las personas que prefieren sorbete italiano.
2. Escribe dicho decimal como una fracción.
3. Repite los ejercicios 1 y 2 con los decimales restantes.

**Gustos estivales favoritos**

| Objeto | Personas que lo prefieren |
|---|---|
| Helado | 0.64 |
| Sorbete italiano | 0.15 |
| Paleta helada | 0.14 |
| Otro | 0.07 |

**Fuente:** Opinion Research Corporation

Decimales como 0.64, 0.15, 0.14 y 0.07 se pueden escribir como fracciones con denominador 10, 100, 1000, etc.

**Concepto clave** — **Conversión de decimales en fracciones**

Para escribir un decimal como una fracción, sigue estos pasos:

- Ubica el valor de posición del último lugar decimal.
- Escribe el decimal como una fracción usando el valor de posición como denominador.
- En lo posible, reduce la fracción.

## EJEMPLO Convierte decimales en fracciones

**Escribe cada decimal como una fracción reducida.**

**1** 0.6

La tabla indica que el valor de posición del último decimal es el de las décimas, de modo que 0.6 significa seis décimas.

Tabla del valor de posición

| 1,000 | 100 | 10 | 1 | 0.1 | 0.01 | 0.001 | 0.0001 |
|---|---|---|---|---|---|---|---|
| millares | centenas | decenas | unidades | décimas | centésimas | milésimas | diezmilésimas |
| 0 | 0 | 0 | 0. | 6 | 0 | 0 | 0 |

$0.6 = \frac{6}{10}$  0.6 significa seis décimas.

$= \frac{\overset{3}{\cancel{6}}}{\underset{5}{\cancel{10}}}$  Reduce. Divide el numerador y el denominador entre el MCD, 2.

$= \frac{3}{5}$

Entonces, 0.6 es la fracción reducida $\frac{3}{5}$.

**AYUDA PARA EL ESTUDIO**

**Mirada retrospectiva** Para repasar el **valor de posición**, consulta la Lección 3-1.

## AYUDA PARA EL ESTUDIO

**Cálculo mental**
Estas son algunas equivalencias muy usadas:

$0.2 = \frac{1}{5}$

$0.25 = \frac{1}{4}$

$0.5 = \frac{1}{2}$

$0.75 = \frac{3}{4}$

**2** **0.45**

$0.45 = \frac{45}{100}$ — 0.45 significa cuarenta y cinco centésimas.

$= \frac{\cancel{45}^{9}}{\cancel{100}_{20}}$ — Reduce. Divide entre el MCD, 5.

$= \frac{9}{20}$

Tabla del valor de posición

| 1,000 | 100 | 10 | 1 | 0.1 | 0.01 | 0.001 | 0.0001 |
|---|---|---|---|---|---|---|---|
| millares | centenas | decenas | unidades | décimas | centésimas | milésimas | diezmilésimas |
| 0 | 0 | 0 | 0. | 4 | 5 | 0 | 0 |

**3** **0.375**

$0.375 = \frac{375}{1{,}000}$ — 0.375 significa trescientas setenta y cinco milésimas.

$= \frac{\cancel{375}^{3}}{\cancel{1{,}000}_{8}}$ — Reduce. Divide entre el MCD, 125.

$= \frac{3}{8}$

Tabla del valor de posición

| 1,000 | 100 | 10 | 1 | 0.1 | 0.01 | 0.001 | 0.0001 |
|---|---|---|---|---|---|---|---|
| millares | centenas | decenas | unidades | décimas | centésimas | milésimas | diezmilésimas |
| 0 | 0 | 0 | 0. | 3 | 7 | 5 | 0 |

**Tu turno** **Escribe cada decimal como una fracción o número mixto reducido.**

**a.** 0.8 **b.** 0.28 **c.** 0.125

**d.** 2.75 **e.** 5.12 **f.** 9.35

Decimales como 3.25, 26.82 y 125.54 se pueden escribir como números mixtos reducidos.

## EJEMPLO Convierte decimales en números mixtos

**4** **ALIMENTOS** **Según la gráfica, Estados Unidos produjo 8.26 billones de libras de queso en 2000. Escribe 8.26 billones como un número mixto reducido.**

$8.26 = 8\frac{26}{100}$

$= 8\frac{\cancel{26}^{13}}{\cancel{100}_{50}}$ — Reduce.

$= 8\frac{13}{50}$

Entonces, $8.26 = 8\frac{13}{50}$.

## Repaso de destrezas y conceptos

**Escribe en matemáticas**
**Ejercicio 2**

1. **INTERPRETA** Escribe un decimal cuyo equivalente fraccionario reducido tenga un denominador de 25.

2. **HALLA EL ERROR** Miguel y Halley convirtieron 3.72 en un número mixto. ¿Quién lo hizo bien? Explica tu respuesta.

| Miguel | Halley |
|---|---|
| $3.72 = 3\frac{72}{1{,}000}$ ó $3\frac{9}{125}$ | $3.72 = 3\frac{72}{100}$ ó $3\frac{18}{25}$ |

### PRÁCTICA DIRIGIDA

**Escribe cada decimal como una fracción o número mixto reducido.**

3. 0.4
4. 0.68
5. 0.525
6. 13.5

7. **EL TIEMPO** Se lee en el periódico que el mes pasado llovió 1.25 pulgadas. Escribe 1.25 como un número mixto reducido.

## Práctica y aplicaciones

| AYUDA CON LAS TAREAS | |
|---|---|
| Ejercicios | Ver ejemplos |
| 8–19, 24, 26–28, 30, 32 | 1–3 |
| 20–23, 25, 31–32 | 4 |
| **Práctica adicional** Ver páginas 604, 628. | |

**Escribe cada decimal como una fracción o número mixto reducido.**

8. 0.3
9. 0.7
10. 0.2
11. 0.5
12. 0.33
13. 0.21
14. 0.65
15. 0.82
16. 0.875
17. 0.425
18. 0.018
19. 0.004
20. 14.06
21. 7.08
22. 50.605
23. 65.234
24. cincuenta y dos milésimas
25. trece con veintiocho centésimas

26. **LA BOLSA** Ayer, las acciones de ABZ perdieron 0.08 puntos por acción. Escribe 0.08 como una fracción reducida.

**SEÑALES DE CAMINOS** **Usa la señal de caminos en los ejercicios 27 al 29.**

27. ¿A qué fracción de milla de la salida está cada punto?
28. ¿Cuánto más lejos que los hoteles está el zoológico? Escribe la respuesta como una fracción reducida.
29. **ESCRIBE UN PROBLEMA** Escribe otro problema que se resuelva usando la señal de caminos.

30. **MULTI-PASO** Para cercar una huerta, Gerardo compró 13.45 yardas de valla. Si usó 12.7 yardas, escribe lo que no empleó como una fracción.

31. **MULTI-PASO** Tamara corrió 4.6 millas el martes, 3.45 millas el miércoles y 3.75 millas el viernes. Escribe el total de millas como un número mixto.

32. **MARIPOSAS** La envergadura media de la mariposa occidental de cola azul, a la derecha, varía entre 0.875 y 1.125 pulgadas. Calcula dos envergaduras que caigan en este intervalo y escríbelas como fracciones reducidas.

33. **INVESTIGACIÓN** Usa Internet u otro medio para averiguar la envergadura de una especie de mariposa. ¿Cuál es la relación entre su envergadura y la de la mariposa del ejercicio 32?

34. **RAZONAMIENTO CRÍTICO** Indica si el siguiente enunciado es *verdadero* o *falso*. Explica tu razonamiento.

    *Decimales como 0.8, 0.75 y 3.852 se escriben como fracciones con un denominador divisible entre 2 y 5.*

## Prueba estandarizada de práctica y repaso general

35. **SELECCIÓN MÚLTIPLE** Escribe *ochocientas setenta y cinco milésimas* como una fracción.

    (A) $\frac{5}{13}$ (B) $\frac{5}{9}$ (C) $\frac{7}{8}$ (D) $\frac{11}{12}$

36. **RESPUESTA BREVE** La distancia entre las ciudades Sturgeon Bay y Sister Bay en Wisconsin es de unas 27.125 millas. ¿Qué fracción es esta distancia?

**Reemplaza cada ● con <, > o = para hacer verdadero el enunciado.** (Lección 5-5)

37. $\frac{1}{3}$ ● $\frac{2}{7}$ 38. $\frac{5}{9}$ ● $\frac{6}{11}$ 39. $\frac{3}{5}$ ● $\frac{12}{20}$ 40. $\frac{4}{15}$ ● $\frac{8}{27}$

41. Calcula el mcm de 15, 20 y 25. (Lección 5-4)

**Calcula la media de cada conjunto de datos.** (Lección 2-6)

42. 14, 73, 25, 25, 53 43. 84, 88, 78, 79, 84, 84, 86, 83, 81

44. **ESTADÍSTICA** Escoge una escala adecuada para una tabla de frecuencias de este conjunto de datos: 24, 67, 11, 9, 52, 38, 114 y 98. (Lección 2-1)

45. **ESCUELA** La matrícula de la escuela Aurora es la mitad de lo que era veinte años atrás. Si en aquel entonces había 758 alumnos, ¿cuántos hay ahora? (Lección 1-1)

### PREPÁRATE PARA LA SIGUIENTE LECCIÓN

**REQUISITOS Divide.** (Lección 4-3)

46. 2.0 ÷ 5 47. 3.0 ÷ 4 48. 1.0 ÷ 8 49. 1.0 ÷ 4

# 5-7 Convierte fracciones en decimales

**Lo que aprenderás**
A escribir fracciones como decimales terminales o periódicos.

**NUEVO vocabulario**
**decimal terminal**
**decimal periódico**

**CONEXIÓN con la lectura**
***Significado común de terminal:*** final

## ¿CUÁNDO usaré esto?

**HORTICULTURA** La gráfica muestra la fracción de huertas caseras en EE.UU. que cultiva cada verdura.

**Fuente:** National Gardening Association

1. Escribe el decimal igual a $\frac{9}{10}$.
2. Escribe la fracción igual a $\frac{1}{2}$ cuyo denominador es 10.
3. Escribe el decimal igual a $\frac{5}{10}$.
4. Escribe $\frac{3}{5}$ y $\frac{2}{5}$ como decimales.

Las fracciones con denominadores de 10, 100, 1000, etc. se escriben como decimales usando el valor de posición. Cualquier fracción se escribe como un decimal mediante división. Decimales como 0.25 y 0.75 son **decimales terminales** porque la división termina, es decir, su residuo es cero.

## EJEMPLO Convierte fracciones en decimales terminales

**1** **Escribe $\frac{7}{8}$ como un decimal.**

**Método 1**

Usa lápiz y papel.

$\frac{7}{8} \rightarrow 8\overline{)7.000}$ con cociente 0.875 — Divide 7 entre 8.

$$\begin{array}{r} 0.875 \\ 8\overline{)7.000} \\ -\,64\phantom{00} \\ 60\phantom{0} \\ -\,56\phantom{0} \\ 40 \\ -\,40 \\ 0 \end{array}$$

Así, $\frac{7}{8} = 0.875$.

**Método 2**

Usa calculadora.

7 [÷] 8 [ENTER] **0.875**

Así, $\frac{7}{8} = 0.875$.

**Tu turno** **Escribe cada fracción o número mixto como un decimal.**

a. $\frac{1}{8}$  b. $\frac{1}{2}$  c. $1\frac{3}{5}$  d. $2\frac{3}{5}$

## LEE matemáticas

**Notación de barra** La barra en $0.\overline{8}$ indica que el dígito 8 se repite indefinidamente.

No todos los decimales son terminales. Un decimal como 0.2222222 . . . se llama **decimal periódico** porque tiene dígitos se repiten. Otros ejemplos son:

$0.8888888\ldots = 0.\overline{8}$ Se repite el 8.

$2.8787878\ldots = 2.\overline{87}$ Se repite el bloque 87.

$20.1939393\ldots = 20.1\overline{93}$ Se repite el bloque 93.

## EJEMPLOS Convierte fracciones en decimales periódicos

**2** **Escribe $\frac{5}{11}$ como un decimal.**

**Método 1**

Usa lápiz y papel.

$\frac{5}{11} \rightarrow 11\overline{)5.0000}$ = 0.4545 Divide 5 entre 11.

$$\begin{array}{r} 0.4545 \\ 11\overline{)5.0000} \\ -\,44\phantom{000} \\ \hline 60\phantom{00} \\ -\,55\phantom{00} \\ \hline 50\phantom{0} \\ -\,44\phantom{0} \\ \hline 60 \\ -\,55 \\ \hline 5 \end{array}$$

El patrón continúa.

Así, $\frac{5}{11} = 0.\overline{45}$.

**Método 2**

Usa calculadora.

5 [÷] 11 [ENTER] 0.45454545 . . .

Entonces, $\frac{5}{11} = 0.\overline{45}$.

## MATEMÁTICAS EN LA VIDA DIARIA

**INSECTOS** Hay unas 9,000 especies distintas de saltamontes. El saltamontes listado que se muestra tiene dos rayas color marrón oscuro que parten de sus ojos y se extienden hacia atrás. Este saltamontes puede alcanzar $2\frac{1}{6}$ pulgadas de longitud.

**Fuente:** www.enature.com

**3** **INSECTOS Usa la información de la izquierda para escribir como un decimal la longitud máxima del saltamontes.**

Puedes usar calculadora para escribir $2\frac{1}{6}$ como un decimal.

2 [+] 1 [÷] 6 [ENTER] 2.1666666 . . .

La longitud máxima del saltamontes es de $2.1\overline{6}$ pulgadas.

**Tu turno** **Escribe cada fracción o número mixto como un decimal.**

e. $\frac{4}{9}$ f. $\frac{7}{11}$ g. $3\frac{2}{3}$

## Resumen de conceptos — Decimales periódicos comunes

La lista de la derecha da algunas fracciones comunes que son decimales periódicos.

| Fracción | Decimal | Fracción | Decimal |
|---|---|---|---|
| $\frac{1}{3}$ | 0.33333... | $\frac{1}{6}$ | 0.16666... |
| $\frac{2}{3}$ | 0.66666... | $\frac{5}{6}$ | 0.83333... |

## Repaso de destrezas y conceptos

*Escribe en matemáticas* — Ejercicos 2 al 4

1. **Escribe** cada decimal usando notación de barra.
   a. 0.5555555 . . .
   b. 4.345345345 . . .
   c. 13.6767676 . . .
   d. 25.1545454 . . .
2. **Explica** cómo escribir $\frac{5}{8}$ como un decimal.
3. **INTERPRETA** Da un ejemplo de un decimal terminal y de uno periódico. Explica sus diferencias.
4. **¿Cuál no corresponde?** Identifica la fracción que no es igual a un decimal periódico. Explica tu razonamiento.

| $\frac{1}{9}$ | $\frac{3}{11}$ | $\frac{3}{20}$ | $\frac{7}{12}$ |
|---|---|---|---|

### PRÁCTICA DIRIGIDA

**Escribe cada fracción o número mixto como un decimal.**

5. $\frac{3}{4}$
6. $\frac{2}{9}$
7. $5\frac{4}{5}$
8. $3\frac{4}{11}$
9. **MEDICIÓN** Media onza es $\frac{1}{16}$ de taza. Escribe esta medida como un decimal.

## Práctica y aplicaciones

| AYUDA CON LAS TAREAS | |
|---|---|
| Ejercicios | Ver ejemplos |
| 10–17, 26–27, 32–37 | 1, 2 |
| 18–25, 28–31, 38 | 3 |

**Práctica adicional**
Ver páginas 605, 628.

**Escribe cada fracción o número mixto como un decimal.**

10. $\frac{7}{10}$
11. $\frac{13}{100}$
12. $\frac{1}{4}$
13. $\frac{9}{16}$
14. $\frac{8}{15}$
15. $\frac{5}{12}$
16. $\frac{11}{12}$
17. $\frac{1}{11}$
18. $8\frac{1}{2}$
19. $10\frac{9}{10}$
20. $15\frac{3}{16}$
21. $4\frac{9}{20}$
22. $8\frac{5}{6}$
23. $6\frac{4}{15}$
24. $9\frac{5}{11}$
25. $12\frac{5}{9}$
26. $\frac{7}{1,000}$
27. $\frac{25}{1,000}$
28. $9\frac{8}{10,000}$
29. $12\frac{32}{10,000}$
30. **DEPORTES** Oleta corrió $3\frac{2}{5}$ millas. ¿Qué decimal es esto?
31. **MEDICIÓN** La distancia 12,540 pies equivale a $2\frac{3}{8}$ millas. Escribe el millaje como un decimal.
32. Escribe *siete cuartos* como un decimal.
33. ¿Cuál es el equivalente decimal de *ocho tercios*?

**Reemplaza cada ● con <, > o = para hacer verdadero el enunciado.**

**34.** $\frac{4}{9}$ ● $\frac{2}{5}$ **35.** $\frac{4}{5}$ ● $\frac{5}{6}$ **36.** $\frac{18}{25}$ ● $\frac{8}{11}$

**37.** Ordena $\frac{1}{6}, \frac{2}{9}, \frac{1}{5}, \frac{3}{20}$ de menor a mayor.

**38.** Escribe $2\frac{2}{3}, 2\frac{6}{11}, 2\frac{5}{9}$ y $2\frac{1}{2}$ en ordern de mayor a menor.

**NATURALEZA** **En los ejercicios 39 al 42 usa la tabla que muestra las diversas conchas marinas que se pueden encontrar en la costa atlántica.**

| Concha | Tamaño mínimo (pulgadas) | Tamaño máximo (pulgadas) |
|---|---|---|
| *Fellina lineata* | $\frac{5}{8}$ | $1\frac{1}{2}$ |
| *Phallium granulatum* | 1 | $3\frac{5}{8}$ |
| *Bulla striata* | $\frac{1}{2}$ | $1\frac{1}{8}$ |

**39.** ¿Qué concha tiene un tamaño mínimo de media pulgada?

**40.** Identifica la concha de menor tamaño máximo.

**41.** ¿Qué concha tiene el mayor tamaño mínimo?

**42.** **ESCRIBE UN PROBLEMA** Escribe un problema que se pueda resolver usando los datos de la tabla.

**43.** **RAZONAMIENTO CRÍTICO** Busca un patrón en la factorización prima de los denominadores de las fracciones de la derecha. Escribe una regla que podrías usar para determinar si una fracción reducida es un decimal terminal o periódico.

| Fracciones cuyos decimales son terminales | | | | | | | |
|---|---|---|---|---|---|---|---|
| $\frac{1}{2}$ | $\frac{3}{4}$ | $\frac{2}{5}$ | $\frac{5}{8}$ | $\frac{7}{10}$ | $\frac{5}{16}$ | $\frac{9}{32}$ | $\frac{17}{20}$ |

## Prueba estandarizada de práctica y repaso general

**44.** **SELECCIÓN MÚLTIPLE** Anoche llovió $\frac{11}{16}$ de pulgada. ¿Qué decimal es esto?

Ⓐ 0.68 Ⓑ 0.6875 Ⓒ $0.\overline{6875}$ Ⓓ $0.6\overline{8}$

**45.** **SELECCIÓN MÚLTIPLE** ¿Qué decimal corresponde a la parte sombreada de la figura de la derecha?

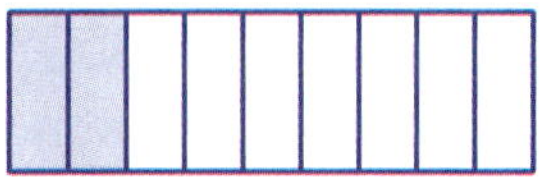

Ⓕ 0.2 Ⓖ 0.202 Ⓗ 0.22 Ⓘ $0.\overline{2}$

**Escribe cada decimal como una fracción o número mixto reducido.** (Lección 5-6)

**46.** 0.25 **47.** 0.73 **48.** 8.118 **49.** 11.14

**50.** ¿Qué fracción es mayor, $\frac{13}{40}$ ó $\frac{3}{7}$? (Lección 5-5)

CAPÍTULO 5

# Guía de estudio y repaso

## Repaso de conceptos y vocabulario

decimal periódico (pág. 207)
decimal terminal (pág. 206)
diagrama de Venn (pág. 177)
en forma reducida (pág. 183)
fracción equivalente (pág. 182)
fracción impropia (pág. 186)
máximo común divisor (MCD) (pág. 177)
mínimo común denominador (mcd) (pág. 198)
mínimo común múltiplo (mcm) (pág. 194)
múltiplo (pág. 194)
múltiplos comunes (pág. 194)
número mixto (pág 186)

**Escoge la letra del término o número que coincide mejor con cada frase.**

1. decimal que se escribe como una fracción con denominador de 10, 100, 1000, etc.
2. el mínimo común múltiplo de un conjunto de denominadores de fracciones
3. fracciones que son iguales
4. el número menor distinto de 0 que es múltiplo de dos o más números enteros
5. un decimal como 0.8888888…
6. fracción mayor que 1

a. decimal periódico
b. fracciones equivalentes
c. decimal terminal
d. mínimo común múltiplo
e. fracción impropia
f. mínimo común denominador

## Ejercicios y ejemplos: Lección por lección

### 5-1 Máximo común divisor (págs. 177–180)

**Calcula el MCD de cada conjunto de números.**

7. 15 y 18
8. 30 y 36
9. 28 y 70
10. 26, 52 y 65

11. **DULCES** Una confitería tiene 45 bastoncitos de caramelo, 72 chupetas y 108 barritas de chocolate. Si estos dulces deben embolsarse de modo que cada bolsa tenga el mismo número de cada tipo de dulce, ¿cuál es el número mayor de cada tipo de dulce que se puede poner en cada bolsa?

**Ejemplo 1** **Calcula el MCD de 36 y 54.**
Para calcular el MCD, puedes hacer una lista.

| Factores de 36 |
|---|
| 1, 36 |
| 2, 18 |
| 3, 12 |
| 4, 9 |
| 6, 6 |

| Factores de 54 |
|---|
| 1, 54 |
| 2, 27 |
| 3, 18 |
| 6, 9 |

Los factores comunes de 36 y 54 son 1, 2, 3, 6, 9 y 18, de modo que el MCD de 36 y 54 es 18.


msmath1.net/vocabulary_review

## 5-2 Reduce fracciones (págs. 182–185)

**Reemplaza cada ● con un número de modo que las fracciones sean equivalentes.**

**12.** $\frac{2}{3} = \frac{\bullet}{24}$

**13.** $\frac{5}{8} = \frac{35}{\bullet}$

**14.** $\frac{\bullet}{6} = \frac{12}{24}$

**15.** $\frac{7}{\bullet} = \frac{63}{81}$

**Reduce cada fracción. Escribe *reducida* si la fracción ya está reducida.**

**16.** $\frac{21}{24}$

**17.** $\frac{15}{80}$

**18.** $\frac{14}{23}$

**19.** $\frac{42}{98}$

**Ejemplo 2** **Reemplaza ● con un número de modo que $\frac{4}{9}$ y $\frac{\bullet}{27}$ sean equivalentes.**

Ya que $9 \times 3 = 27$, multiplica el numerador y el denominador por 3.

$$\frac{4}{9} \overset{\times 3}{=} \frac{\bullet}{27} \quad (\times 3) \qquad \text{Así, } \frac{4}{9} = \frac{12}{27}.$$

## 5-3 Números mixtos y fracciones impropias (págs. 186–189)

**Escribe cada número mixto como una fracción impropia.**

**20.** $3\frac{1}{4}$

**21.** $5\frac{3}{8}$

**22.** $2\frac{5}{6}$

**23.** $7\frac{2}{9}$

**Escribe cada fracción impropia como un número mixto.**

**24.** $\frac{23}{4}$

**25.** $\frac{48}{9}$

**26.** $\frac{38}{7}$

**27.** $\frac{49}{2}$

**28.** **MERIENDAS** Akia compró seis paquetes de maní de $\frac{1}{4}$ de taza cada uno. ¿Cuántas tazas de maní tiene?

**Ejemplo 3** **Escribe $4\frac{2}{5}$ como una fracción impropia.**

$$4\frac{2}{5} = \frac{(4 \times 5) + 2}{5} = \frac{22}{5}$$

Multiplica el número entero por el denominador y luego suma el numerador.

**Ejemplo 4** **Escribe $\frac{49}{6}$ como un número mixto.**

Divide 49 entre 6.

$$\begin{array}{r} 8\frac{1}{6} \\ 6\overline{)49} \\ -48 \\ \hline 1 \end{array} \qquad \text{Así, } \frac{49}{6} \text{ se escribe como } 8\frac{1}{6}.$$

## 5-4 El mínimo común múltiplo (págs. 194–197)

**Calcula el mcm de cada conjunto de números.**

**29.** 10 y 25

**30.** 28 y 35

**31.** 12 y 18

**32.** 6 y 8

**33.** Calcula el mcm de 8, 12 y 16.

**34.** ¿Cuál es el mcm de 12, 15 y 20?

**Ejemplo 5** **Calcula el mcm de 8 y 18.**

múltiplos de 8: 8, 16, 24, 32, 40, 48, 56, 64, 72, …

múltiplos de 18: 18, 36, 54, 72, …

Así, el mcm de 8 y 18 es 72.

## 5-5 Compara y ordena fracciones (págs. 198–201)

**Reemplaza cada ● con $<, >$ o $=$ para hacer verdadero el enunciado.**

**35.** $\frac{2}{5}$ ● $\frac{4}{9}$

**36.** $\frac{12}{15}$ ● $\frac{4}{5}$

**37.** $\frac{3}{8}$ ● $\frac{4}{10}$

**38.** $\frac{7}{12}$ ● $\frac{5}{9}$

**Ordena las fracciones de menor a mayor.**

**39.** $\frac{2}{3}, \frac{3}{4}, \frac{1}{2}, \frac{5}{9}$

**40.** $\frac{7}{12}, \frac{5}{8}, \frac{5}{6}, \frac{3}{4}$

**41. HORNEAR** ¿Qué es más, $\frac{2}{3}$ de taza de harina ó $\frac{5}{6}$ de taza de harina?

**Ejemplo 6** **Reemplaza ● con $<, >$ o $=$ de modo que $\frac{2}{5}$ ● $\frac{3}{8}$ sea verdadero.**

Empieza calculando el mcd. El mcm de 5 y 8 es 40, de modo que el mcd es 40.

Ahora reescribe las fracciones con un denominador de 40.

$$\frac{2}{5} = \frac{16}{40} \text{ y } \frac{3}{8} = \frac{15}{40}$$

× 8    × 3

Como $16 > 15$, $\frac{16}{40} > \frac{15}{40}$. Así, $\frac{2}{5} > \frac{3}{8}$.

## 5-6 Convierte decimales en fracciones (págs. 202–205)

**Escribe cada decimal como una fracción o número mixto reducido.**

**42.** 0.9

**43.** 0.35

**44.** 0.72

**45.** 0.125

**46.** 3.006

**47.** 9.315

**48.** 2.64

**49.** 0.048

**50. MASCOTAS** El perro de Michael pesa 8.75 libras. Escribe 8.75 como un número mixto reducido.

**Ejemplo 7** **Escribe 0.85 como una fracción reducida.**

$0.85 = \frac{85}{100}$    0.85 significa ochenta y cinco centésimas.

$= \frac{\cancel{85}^{17}}{\cancel{100}_{20}}$    Reduce. Divide el numerador y el denominador entre el MCD, 5.

$= \frac{17}{20}$

Así, 0.85 es igual a $\frac{17}{20}$.

## 5-7 Convierte fracciones en decimales (págs. 206–209)

**Escribe cada fracción o número mixto como un decimal.**

**51.** $\frac{7}{8}$

**52.** $\frac{9}{15}$

**53.** $\frac{5}{12}$

**54.** $4\frac{2}{9}$

**55.** $12\frac{3}{4}$

**56.** $8\frac{9}{16}$

**57. INSECTOS** La abeja carpintera mide por lo general $\frac{3}{4}$ de pulgada de longitud. Escribe esta longitud como un decimal.

**Ejemplo 8** **Escribe $\frac{5}{8}$ como un decimal.**

```
   0.625
8)5.000    Divide 5 entre 8.
 - 48
    20
  - 16
     40
   - 40
      0
```

Así, $\frac{5}{8} = 0.625$.

CAPÍTULO 5

# Prueba de práctica

## Vocabulario y conceptos

1. **INTERPRETA** Escribe dos fracciones cuyo mínimo común denominador sea 20.

2. **Define** el *mínimo común múltiplo* de dos números.

## Destrezas y aplicaciones

**Calcula el MCD de cada conjunto de números.**

3. 27 y 45
4. 16 y 24
5. 24, 48 y 84

6. **CANICAS** Ben tiene 6 canicas rojas, 5 amarillas, 4 azules y 9 verdes. Escribe una fracción reducida con la que compares el número de canicas rojas con el número total de canicas de Ben.

**Escribe cada número mixto como una fracción impropia.**

7. $2\frac{5}{7}$
8. $4\frac{2}{3}$

**Calcula el mcm de cada conjunto de números.**

9. 8 y 12
10. 6 y 15
11. 4, 9 y 18

12. **ALIMENTOS** ¿Qué es más, $\frac{3}{8}$ de pizza ó $\frac{1}{3}$ de pizza?

**Escribe cada decimal como una fracción o número mixto reducido.**

13. 0.7
14. 0.32
15. 4.008

**Escribe cada fracción o número mixto como un decimal.**

16. $\frac{3}{5}$
17. $\frac{9}{16}$
18. $8\frac{2}{3}$

## Prueba estandarizada de práctica

19. **SELECCIÓN MÚLTIPLE** ¿Qué fracción reducida es *doscientas setenta y cinco milésimas*?

    (A) $\frac{7}{9}$ (B) $\frac{29}{52}$

    (C) $\frac{5}{13}$ (D) $\frac{11}{40}$

20. **SELECCIÓN MÚLTIPLE** ¿Qué lista de fracciones está ordenada de menor a mayor?

    (F) $\frac{5}{8}, \frac{2}{3}, \frac{3}{5}$ (G) $\frac{2}{3}, \frac{5}{8}, \frac{3}{5}$

    (H) $\frac{5}{8}, \frac{3}{5}, \frac{2}{3}$ (I) $\frac{3}{5}, \frac{5}{8}, \frac{2}{3}$

CAPÍTULO 5

# Prueba estandarizada de práctica

## PARTE 1 Selección múltiple

Anota tus respuestas en la hoja de respuestas provista por tu maestro(a) o en una hoja aparte.

1. Usa esta tabla. ¿Qué lista ordena la duración de las películas de mayor a menor? (Requisitos, pág. 588)

| Película | Duración (min) |
|---|---|
| 1 | 68 |
| 2 | 72 |
| 3 | 74 |
| 4 | 66 |

Ⓐ 1, 2, 3, 4 Ⓑ 2, 3, 4, 1
Ⓒ 3, 2, 1, 4 Ⓓ 4, 1, 2, 3

2. ¿Qué operación debe efectuarse primero en la expresión $3 + 6 - 4 \div 2 \times 3$? (Lección 1-5)

Ⓕ $3 + 6$ Ⓖ $2 \times 3$
Ⓗ $6 - 4$ Ⓘ $4 \div 2$

3. La tabla muestra los deportes favoritos de los alumnos de un aula. ¿Qué enunciado describe correctamente los datos? (Lección 2-1)

| Deporte | Cuenta | Frecuencia |
|---|---|---|
| béisbol | 𝍸 III | 8 |
| baloncesto | 𝍸 II | 7 |
| fútbol americano | IIII | 4 |
| hockey | II | 2 |

Ⓐ El número de alumnos que prefieren fútbol americano es el doble de los que prefieren hockey.

Ⓑ Más alumnos prefieren baloncesto que béisbol.

Ⓒ El fútbol americano es el deporte menos popular.

Ⓓ Hubo 20 alumnos encuestados.

4. Los bluyines Q Brand vienen en seis estilos, a \$25, \$15, \$50, \$75, \$35 y \$40. ¿Cuál es el precio medio de los seis estilos? (Lección 2-6)

Ⓕ \$37.50 Ⓖ \$40
Ⓗ \$50 Ⓘ \$240

5. ¿Qué pares de números son iguales? (Lección 3-1)

Ⓐ 0.06 y $\frac{1}{10}$ Ⓑ 0.06 y $\frac{6}{10}$
Ⓒ 0.6 y $\frac{1}{10}$ Ⓓ 0.6 y $\frac{6}{10}$

6. ¿Qué número es el máximo común divisor de 18 y 24? (Lección 5-1)

Ⓕ 4 Ⓖ 6 Ⓗ 18 Ⓘ 24

7. Sheldon tiene un total de 200 canicas. De éstas, 50 son rojas. ¿Qué fracción de sus canicas *no* son rojas? (Lección 5-2)

Ⓐ $\frac{1}{25}$ Ⓑ $\frac{1}{40}$
Ⓒ $\frac{1}{4}$ Ⓓ $\frac{3}{4}$

8. ¿Cuál de estas figuras tiene la mayor parte *sin* sombrear? (Lección 5-5)

Ⓕ 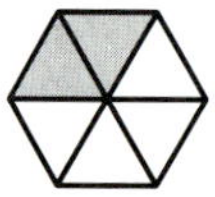
Ⓖ 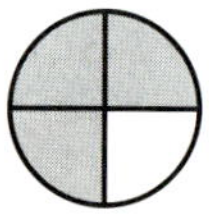
Ⓗ 
Ⓘ 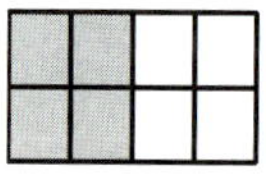

**AYUDA PARA TOMAR PRUEBAS**

**Pregunta 6** Usa las opciones para hallar la solución. Para calcular el MCD, divide 18 y 24 entre el número de cada opción. El valor mayor que divide ambos exactamente es la solución.

Alineado y verificado por The Princeton Review

## PARTE 2 Respuesta breve/Completa

Anota tus respuestas en la hoja de respuestas provista por tu maestro(a) o en una hoja aparte.

**9.** Terri plantó un jardín compuesto de dos cuadrados pequeños. El área de un cuadrado se calcula usando la expresión $s^2$, donde $s$ el largo de un lado. ¿Cuál es el área total del jardín de Terri en unidades cuadradas? (Lección 1-8)

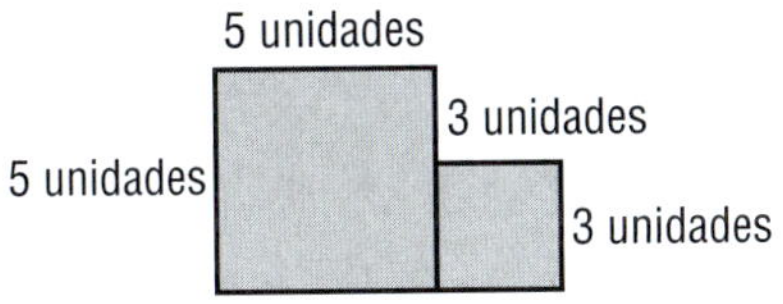


**10.** El encargado de un restaurante compró 15.2 libras de jamón, 6.8 libras de pavo y 8.4 libras de rosbif. Calcula la cantidad total de carne que compró. (Lección 3-5)

**11.** ¿Cuál es el máximo común divisor de 16 y 40? (Lección 5-1)

**12.** ¿Cuál es mayor, $\frac{1}{5}$ ó $\frac{1}{2}$? (Lección 5-5)

**13.** La Srta. Cardona compró las siguientes longitudes de madera.

| Tipo de madera | Longitud (pies) |
|---|---|
| Bálsamo | $6\frac{1}{5}$ |
| Cedro | $6\frac{2}{3}$ |
| Roble | $6\frac{7}{15}$ |
| Pino | $6\frac{11}{30}$ |

¿De cuál compró la *mayor* cantidad? (Lección 5-5)

**14.** El diamante Hope es un raro diamante azul oscuro que pesa 45.52 quilates. Escribe este peso como un número mixto reducido. (Lección 5-6)

**15.** Escribe el número mixto reducido igual a \$20.25. (Lección 5-6)

**16.** Para calcular el decimal igual a $\frac{1}{8}$, ¿se divide 8 entre 1 ó 1 entre 8? (Lección 5-7)

**17.** ¿Cuál es el decimal igual a $\frac{2}{5}$? (Lección 5-7)

**18.** El lebrel es un tipo de galgo que llega a correr a $35\frac{1}{2}$ millas por hora. ¿Qué decimal es esto? (Lección 5-7)

**19.** La tabla muestra las longitudes de algunos insectos. ¿Qué insecto mide menos de media pulgada de largo? (Lección 5-7)

| Insecto | Longitud (pulgadas) |
|---|---|
| Avispón | $\frac{5}{8}$ |
| Abeja reina | $\frac{3}{4}$ |
| Mariquita | $\frac{1}{4}$ |

## PARTE 3 Respuesta extendida

Anota tus respuestas en una hoja de papel aparte. Muestra tus cálculos.

**20.** Copia el hexágono y el rectángulo. Ambas figuras tienen la misma área. (Lección 5-2 y 5-6)

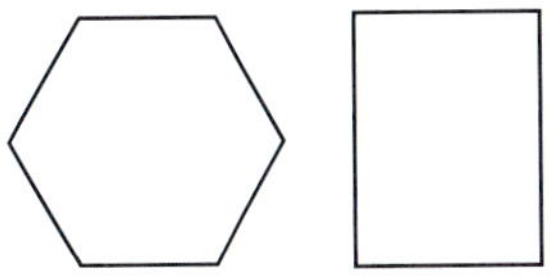

**a.** Sombrea $\frac{1}{3}$ del hexágono.

**b.** Sombrea 0.25 del rectángulo.

**c.** ¿Qué figura posee el área sombreada mayor? Explica tu razonamiento.

CAPÍTULO 6

# Adición y sustracción de fracciones

## "¿Cómo usas las matemáticas en la cocina?"

**La receta favorita de tus galletas con chispas de chocolate viene escrita en fracciones de tazas y de cucharaditas.** Si fueses a hornear dos tandas de galletas, podrías estimar con fracciones para ver si tienes lo suficiente de cada ingrediente.

En las Lecciones 6-1 y 6-2, vas a resolver problemas sobre fracciones y cocina.

# PARA COMENZAR

**Toma este control para averiguar si estás listo(a) para comenzar el Capítulo 6. Consulta la lección o página indicada en el paréntesis respectivo, si necesitas un repaso.**

## Repaso del vocabulario

**Indica si cada enunciado es *verdadero* o *falso*. Si es *falso*, reemplaza la palabra subrayada para hacer verdadera la oración.**

1. La fracción $\frac{13}{4}$ es un ejemplo de una fracción impropia. (Lección 5-3)
2. mcd significa mínimo común divisor. (Lección 5-5)

## Requisitos

**Estima mediante redondeo.** (Lección 3-4)

3. 1.2 + 6.6
4. 9.6 − 2.3
5. 8.25 − 4.8
6. 5.85 + 7.1
7. 10.3 + 9.9
8. 8.6 − 2.9

**Reduce cada fracción.** (Lección 5-2)

9. $\frac{3}{18}$
10. $\frac{21}{28}$
11. $\frac{16}{40}$
12. $\frac{6}{38}$

**Escribe cada fracción impropia como un número mixto.** (Lección 5-3)

13. $\frac{11}{10}$
14. $\frac{14}{5}$
15. $\frac{7}{5}$
16. $\frac{15}{9}$
17. $\frac{25}{20}$
18. $\frac{26}{12}$

**Calcula el mínimo común denominador de cada par de fracciones.** (Lección 5-5)

19. $\frac{1}{3}$ y $\frac{4}{9}$
20. $\frac{3}{8}$ y $\frac{2}{9}$

**PLEGADOS™ Organiza el estudio**

**Fracciones y decimales** Haz este plegado para organizar tus apuntes. Empieza con dos hojas de papel de $8\frac{1}{2}$" × 11", cuatro tarjetas de índice y pegamento.

**PASO 1 Dobla**
Dobla una de las hojas por la mitad y a lo ancho.

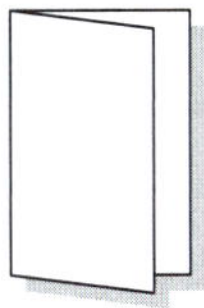

**PASO 2 Desdobla y dobla de nuevo**
Haz una solapa doblando el pie. Pega sus bordes.

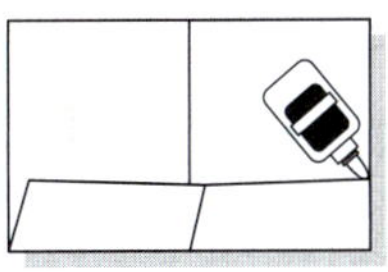

**PASO 3 Repite los pasos 1 y 2**
Haz un folleto pegando el dorso de una hoja a la cara de la otra.

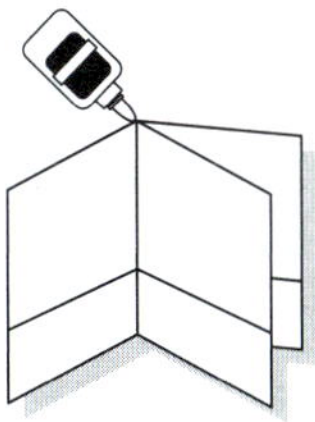

**PASO 4 Rotula**
Escribe *Lo que sé* en las solapas izquierdas, *Lo que necesito saber* en las solapas derechas y coloca una tarjeta en cada solapa.

**Lee y escribe** En las dos primeras tarjetas escribe ejemplos de lo que sabes y de lo que necesitas saber sobre la adición de fracciones. En las restantes, haz lo mismo, pero con la sustracción de fracciones.

# 6-1a LABORATORIO de PRÁCTICA

**Sinopsis de la Lección 6-1**

**Lo que aprenderás**
A redondear fracciones a 0, $\frac{1}{2}$ y 1.

**Materiales**
- papel cuadriculado
- papel de color

## Redondea fracciones

En la Lección 3-3, aprendiste a redondear decimales. Un método parecido se usa con las fracciones.

**ACTIVIDAD** *Trabaja con un(a) compañero(a).*

**Redondea cada fracción a la mitad más cercana.**

**1** $\frac{4}{20}$

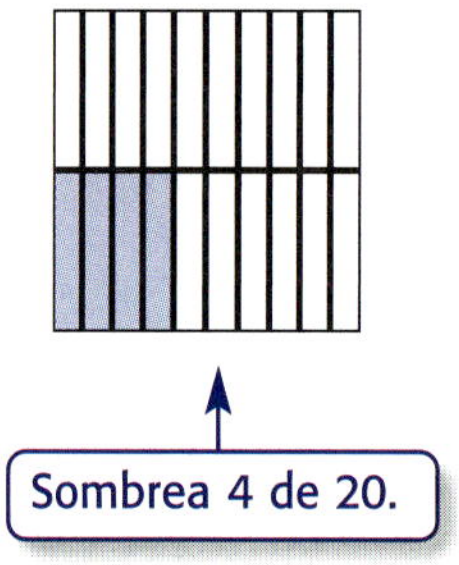


Muy pocas partes están sombreadas, de modo que $\frac{4}{20}$ se redondea a 0.

**2** $\frac{4}{10}$

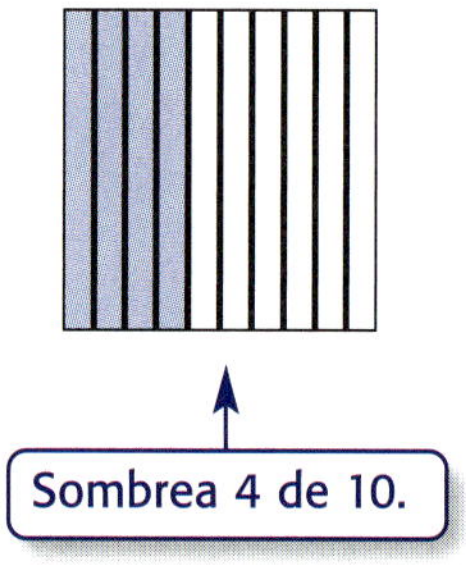


Cerca de la mitad de las partes están sombreadas, de modo que $\frac{4}{10}$ se redondea a $\frac{1}{2}$.

**3** $\frac{4}{5}$

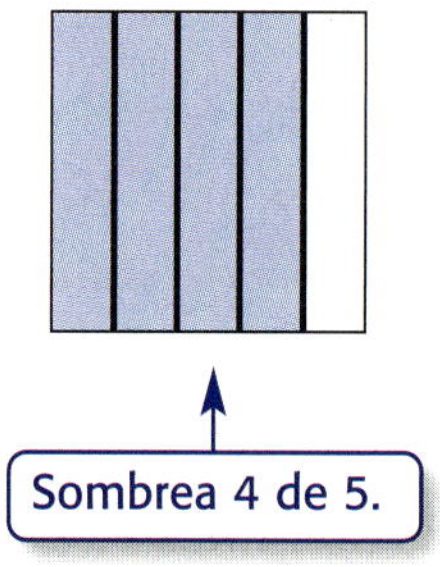


Casi todas las secciones están sombreadas. De modo que, $\frac{4}{5}$ se redondea a 1.

**Tu turno** **Redondea cada fracción a la mitad más cercana.**

a. $\frac{13}{20}$ b. $\frac{98}{100}$ c. $\frac{9}{10}$ d. $\frac{1}{5}$ e. $\frac{37}{50}$

f. $\frac{2}{25}$ g. $\frac{6}{10}$ h. $\frac{17}{20}$ i. $\frac{1}{8}$ j. $\frac{28}{50}$

## Escribe en matemáticas

1. Separa las fracciones de los ejercicios a–j en tres grupos según la manera en que se redondearon, a 0, $\frac{1}{2}$ ó 1.
2. Compara los numeradores y los denominadores de las fracciones en cada grupo. **Haz una conjetura** sobre cómo redondear cualquier fracción a la mitad más cercana.
3. Prueba tu conjetura repitiendo el ejercicio 1 con las fracciones $\frac{3}{5}$, $\frac{3}{17}$, $\frac{16}{20}$, $\frac{2}{13}$, $\frac{6}{95}$, $\frac{7}{15}$, $\frac{7}{9}$ y $\frac{9}{11}$.

# 6-1 Redondea fracciones y números mixtos

**Lo que aprenderás**
A redondear fracciones y números mixtos.

**REPASO de vocabulario**

**Número mixto:** un número entero más una fracción **(Lección 5-3)**

**PRÁCTICA Minilaboratorio**

**Materiales**
- regla en pulgadas
- lápiz
- papel

*Trabaja con un(a) compañero(a).*

El segmento de recta mide unas $\frac{7}{8}$ pulgadas. Esta medida esta entre $1\frac{1}{2}$ pulgadas y 2 pulgadas. Como está más cerca de 2 pulgadas, a la mitad de pulgada más cercana, el segmento mide 2 pulgadas.

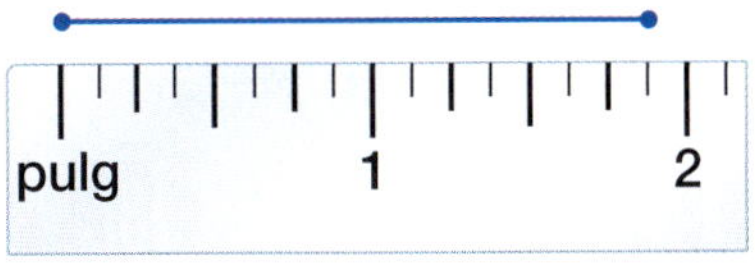


**PASO 1** Traza cinco segmentos de recta cortos. Intercambia segmentos con tu compañero(a).

**PASO 2** Mide cada segmento en octavas y anota su longitud. Luego mide a la mitad más cercana y anota.

**PASO 3** Dispón las medidas en tres columnas, según la manera en que se redondearon, al número entero siguiente, a la media pulgada o al número entero anterior.

1. Compara los numeradores y los denominadores de las fracciones en cada lista. ¿Cómo se relacionan?
2. Escribe una regla para redondear a la media pulgada más cercana.

Usa esta regla para redondear a la mitad más cercana.

**Resumen de conceptos** — **Redondear a la mitad más cercana**

| Redondea hacia arriba | Redondea a $\frac{1}{2}$ | Redondea hacia abajo |
|---|---|---|
| Si el numerador es tan grande como el denominador, redondea al número entero siguiente. | Si el numerador es más o menos la mitad del denominador, redondea a $\frac{1}{2}$. | Si el numerador es mucho menor que el denominador, redondea al número entero anterior. |
| **Ejemplo** | **Ejemplo** | **Ejemplo** |
| $\frac{7}{8}$ se redondea a 1. | $2\frac{3}{8}$ se redondea a $2\frac{1}{2}$. | $\frac{1}{8}$ se redondea a 0. |
| 7 es casi tan grande como 8. | 3 es casi la mitad de 8. | 1 es mucho menor que 8. |

**Fracciones comunes** $\frac{1}{3}$ y $\frac{2}{3}$ se redondean a $\frac{1}{2}$. $\frac{1}{4}$ y $\frac{3}{4}$ pueden redondearse hacia arriba o hacia abajo.

## EJEMPLOS Redondea a la mitad más cercana

**1 Redondea $3\frac{1}{6}$ a la mitad más cercana.**

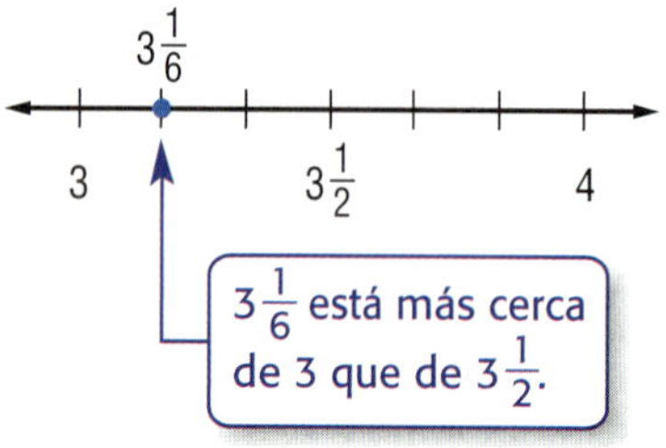


El numerador de $\frac{1}{6}$ es mucho menor que su denominador, de modo que, $3\frac{1}{6}$ se redondea a 3.

**2 Mide el segmento a la media pulgada más cercana.**

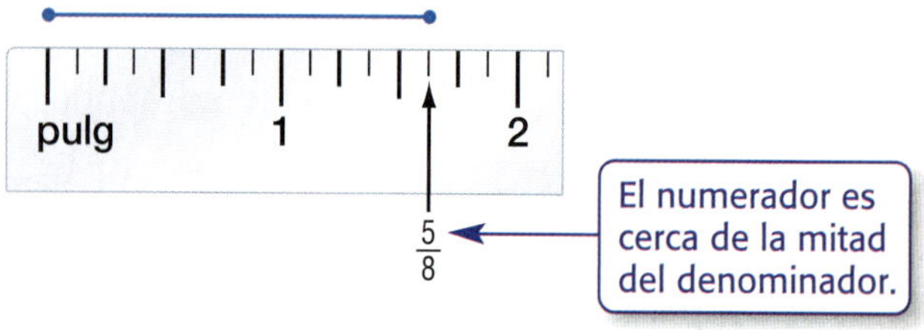


A la mitad más cercana, $1\frac{5}{8}$ se redondea a $1\frac{1}{2}$, de modo que la longitud del segmento se redondea a $1\frac{1}{2}$ pulgadas.

**Tu turno Redondea cada número a la mitad más cercana.**

a. $8\frac{1}{12}$ b. $2\frac{9}{10}$ c. $\frac{2}{9}$

d. $\frac{5}{12}$ e. $1\frac{2}{5}$ f. $4\frac{3}{7}$

A veces es aconsejable redondear un número hacia abajo cuando es preferible una medida más pequeña que una grande. En otras ocasiones, debes redondear hacia arriba a pesar de la regla.

## EJEMPLO Usa redondeo en un problema

**3 CULINARIA Una receta para tacos requiere $1\frac{1}{4}$ libras de carne molida. ¿Debes comprar un paquete de $1\frac{1}{2}$ libras o uno de una libra?**

Una libra es menos que $1\frac{1}{4}$ libras, de modo que para tener suficiente carne molida, debes redondear hacia arriba y comprar el paquete de $1\frac{1}{2}$ libras.

**PROFESIONES EN LA VIDA REAL**

**¿Cómo usan la matemática los chefs?** Los jefes de cocina usan fracciones para pesar y medir los ingredientes en las recetas.

**Investigación en línea** Visita msmath1.net/careers para obtener más información sobre la profesión de chef.

msmath1.net/extra_examples

## Repaso de destrezas y conceptos

**Escribe en matemáticas**
**Ejercicio 2**

1. **INTERPRETA** Describe un caso en el que tendría sentido redondear una fracción a la unidad siguiente más cercana.

2. **¿Cuál no corresponde?** Identifica el número que no se redondea al mismo número que los otros tres. Explica.

| | | | |
|---|---|---|---|
| $5\frac{1}{5}$ | $4\frac{5}{6}$ | $5\frac{6}{7}$ | $4\frac{11}{12}$ |

### PRÁCTICA DIRIGIDA

**Redondea cada número a la mitad más cercana.**

3. $\frac{7}{8}$  4. $3\frac{1}{10}$  5. $\frac{3}{8}$  6. $6\frac{2}{3}$  7. $\frac{1}{5}$

**SENTIDO NUMÉRICO Para cada número, indica si se debe redondear hacia arriba o hacia abajo. Explica tu razonamiento.**

8. el tiempo para llegar a la escuela
9. el ancho de un trozo de papel que quepa en la solapa de una carpeta de $8\frac{1}{2}$ pulgadas de ancho.
10. **MEDICIÓN** Calcula la longitud de la liga a la media pulgada más cercana.

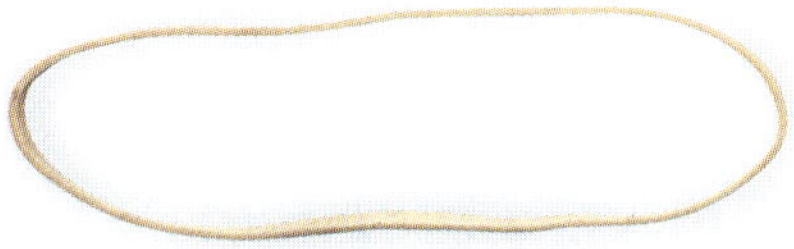

## Práctica y aplicaciones

**Redondea cada número a la mitad más cercana.**

11. $\frac{5}{6}$  12. $2\frac{4}{5}$  13. $4\frac{2}{9}$  14. $9\frac{1}{6}$  15. $3\frac{2}{9}$

16. $3\frac{1}{12}$  17. $6\frac{11}{12}$  18. $8\frac{6}{7}$  19. $2\frac{2}{11}$  20. $6\frac{1}{7}$

21. $\frac{1}{3}$  22. $5\frac{3}{10}$  23. $\frac{7}{12}$  24. $3\frac{2}{3}$  25. $4\frac{4}{9}$

26. $6\frac{2}{5}$  27. $\frac{13}{16}$  28. $6\frac{5}{16}$  29. $9\frac{7}{24}$  30. $4\frac{19}{32}$

**AYUDA CON LAS TAREAS**

| Ejercicios | Ver ejemplos |
|---|---|
| 11–30 | 1 |
| 31–35 | 3 |
| 36–38 | 2 |

**Práctica adicional**
**Ver páginas 605, 629.**

**SENTIDO NUMÉRICO Para cada número, indica si se debe redondear hacia arriba o hacia abajo. Explica tu razonamiento.**

31. el aire para inflar un globo
32. el número de rollos de papel tapiz para tu cuarto
33. el tamaño de una caja para un regalo de $14\frac{3}{8}$ pulgadas de alto
34. el ancho de persianas para el vano de una ventana de $24\frac{3}{4}$ pulgadas de ancho
35. la altura de una estantería para una pieza con un cielo raso de $8\frac{1}{4}$ pies

**Mide cada objeto a la media pulgada más cercana.**

**36.** 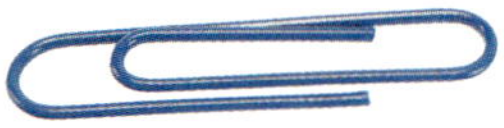

**37.** 

**38.** **ARTESANÍAS** Marina hace tarjetas de cumpleaños. Usa sobres de $6\frac{3}{4}$ pulgadas por $4\frac{5}{8}$ pulgadas. A la mitad de pulgada más cercana, ¿cuál es el tamaño máximo de sus tarjetas?

**ESCUELA** **Para los ejercicios 39 y 40, usa el histograma que muestra los resultados de una encuesta de 49 alumnos sobre el número de juegos de tablero que tienen.**

En un *histograma* se usan barras para representar la frecuencia de los datos numéricos organizados en intervalos.

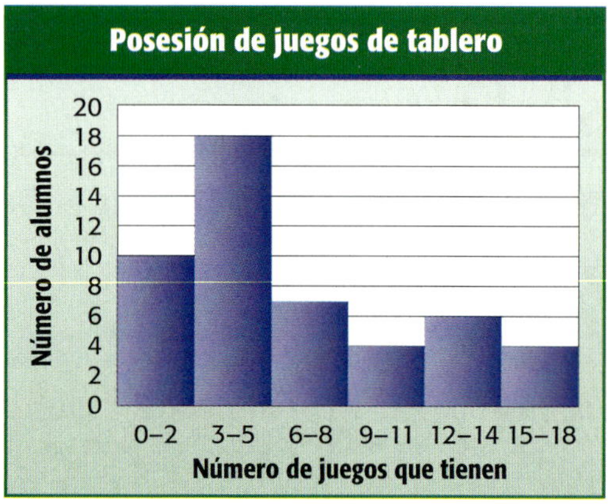


**39.** Escribe una fracción para indicar el número de alumnos en cada intervalo.

**40.** ¿Está más de la mitad de los alumnos en un solo intervalo?

**41.** **RAZONAMIENTO CRÍTICO** Nombra tres números mixtos que se redondeen a $4\frac{1}{2}$.

## Prueba estandarizada de práctica y repaso general

**42.** **SELECCIÓN MÚLTIPLE** ¿Qué es $6\frac{4}{7}$ redondeado a la mitad más cercana?

Ⓐ 6 Ⓑ $6\frac{1}{2}$ Ⓒ 7 Ⓓ $7\frac{1}{2}$

**43.** **SELECCIÓN MÚLTIPLE** Una ponchera tiene una capacidad de $4\frac{13}{16}$ galones. Redondea este número a la mitad más cercana.

Ⓕ 4 Ⓖ $4\frac{1}{2}$ Ⓗ 5 Ⓘ $5\frac{1}{2}$

**Escribe cada fracción o número mixto como un decimal.** (Lección 5-7)

**44.** $\frac{2}{3}$ **45.** $\frac{1}{6}$ **46.** $2\frac{5}{11}$ **47.** $6\frac{1}{12}$

**48.** **CIENCIAS TERRESTRES** Mercurio se desplaza en su órbita a 29.75 millas por segundo. Escribe esta velocidad como un número mixto reducido. (Lección 5-6)

### PREPÁRATE PARA LA SIGUIENTE LECCIÓN

**REQUISITOS** **Estima mediante redondeo.** (Lección 3-4)

**49.** 0.8 + 0.9 **50.** 5.75 + 8.2 **51.** 2.2 + 6.8 + 3.1

**52.** 1.8 − 0.9 **53.** 10.02 − 4.25 **54.** 6.2 − 3.852

# 6-2 Estima sumas y diferencias

**Lo que aprenderás**
A estimar sumas y diferencias de fracciones y números mixtos.

## ¿CUÁNDO usaré esto?

**MARCAS MUNDIALES** La tabla enumera algunas marcas mundiales escritas como fracción.

1. Al número entero más cercano, ¿cuánto mide de alto la bota vaquera más grande?
2. Al número entero más cercano, ¿cuál es la altura de la rueda de triciclo más grande?
3. ¿Aproximadamente cuánto más de alto mide la rueda de triciclo que las botas?

| Marcas mundiales | |
|---|---|
| el muñeco de nieve más alto | $113\frac{2}{3}$ pies |
| las botas vaqueras más grandes | $4\frac{7}{12}$ pies |
| la rueda de triciclo más grande | $15\frac{1}{4}$ pies |

**Fuente:** guinnessworldrecords.com

Puedes estimar sumas y diferencias de fracciones redondeando cada fracción a la mitad más cercana, para luego sumar o restar.

## EJEMPLOS Suma o resta fracciones

**1** Estima $\frac{5}{8} + \frac{11}{12}$.

$\frac{5}{8}$ se redondea a $\frac{1}{2}$. $\frac{11}{12}$ se redondea a 1.

$\frac{5}{8} + \frac{11}{12}$ se redondea a $\frac{1}{2} + 1$ ó $1\frac{1}{2}$.

**2** Estima $\frac{7}{12} - \frac{1}{6}$.

$\frac{7}{12}$ se redondea a $\frac{1}{2}$. $\frac{1}{6}$ se redondea a 0.

$\frac{7}{12} - \frac{1}{6}$ se redondea a $\frac{1}{2} - 0$ ó $\frac{1}{2}$.

**Tu turno** Estima.

a. $\frac{2}{5} + \frac{7}{8}$ b. $\frac{5}{12} + \frac{4}{9}$ c. $\frac{9}{10} - \frac{4}{9}$ d. $\frac{5}{8} - \frac{3}{5}$

Puedes estimar sumas o restas de números mixtos redondeando cada uno al número entero más cercano.

## EJEMPLO Suma números mixtos

**3** Estima $4\frac{5}{6} + 2\frac{1}{5}$.

$4\frac{5}{6}$ se redondea a 5. $2\frac{1}{5}$ se redondea a 2 .

**Estimación** $5 + 2 = 7$

Así, $4\frac{5}{6} + 2\frac{1}{5}$ es más o menos 7.

## EJEMPLO Resta números mixtos

**4** **Estima $2\frac{5}{8} - \frac{2}{5}$.**

Redondea $2\frac{5}{8}$ a $2\frac{1}{2}$. Redondea $\frac{2}{5}$ a $\frac{1}{2}$.

**Estima** $2\frac{1}{2} - \frac{1}{2} = 2$

Así, $2\frac{5}{8} - \frac{2}{5}$ es más o menos 2.

**Tu turno** **Estima.**

e. $3\frac{1}{8} + 1\frac{5}{6}$ f. $2\frac{5}{6} - 1\frac{7}{8}$ g. $4\frac{5}{9} + \frac{1}{3}$

A veces, se necesita redondear todas las fracciones hacia arriba.

**AYUDA PARA EL ESTUDIO**

**Mirada retrospectiva** Puedes repasar el **perímetro** en la Lección 4-5.

## EJEMPLO Redondea hacia arriba para resolver un problema

**5** **DECORACIÓN** **Carmen piensa colocar una cenefa de papel tapiz en la parte superior de su cuarto. Éste mide $9\frac{1}{4}$ pies de ancho por $12\frac{1}{6}$ pies de largo. ¿Aproximadamente cuánta cenefa necesita?**

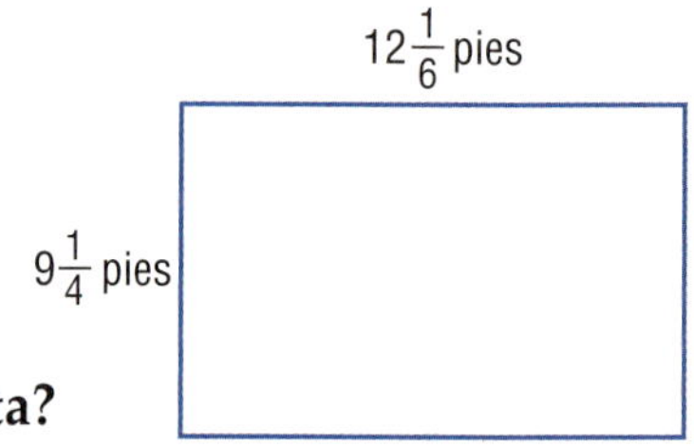


Carmen quiere asegurarse de comprar suficiente material, de modo que debe redondear hacia arriba.

Redondea $9\frac{1}{4}$ a 10 y $12\frac{1}{6}$ a 13.

**Estima** $10 + 13 + 10 + 13 = 46$ Suma las longitudes de los cuatro lados.

Carmen necesita unos 46 pies de cenefa.

## Repaso de destrezas y conceptos

**Escribe en matemáticas** Ejercicios 1 y 2

1. **INTERPRETA** Escribe un problema en el que se requiera estimar la diferencia entre $4\frac{3}{4}$ y $2\frac{1}{6}$.

2. **SENTIDO NUMÉRICO** Sin calcular, reemplaza cada ● con < o > para hacer verdadero el enunciado. Explica tu razonamiento.

   a. $\frac{3}{8} + \frac{9}{10}$ ● 1 b. $2\frac{1}{6} + 4\frac{7}{8}$ ● 6 c. 2 ● $3\frac{9}{10} - 1\frac{1}{5}$

### PRÁCTICA DIRIGIDA

**Estima.**

3. $\frac{7}{8} - \frac{2}{5}$ 4. $\frac{9}{10} + \frac{3}{5}$ 5. $4\frac{1}{8} + 5\frac{11}{12}$ 6. $6\frac{5}{8} - 2\frac{1}{3}$

7. **HORNEAR** Una receta para galletas usa $3\frac{1}{4}$ tazas de harina. Una receta para pan usa $2\frac{2}{3}$ tazas de harina. ¿Aproximadamente cuánta harina se necesita para ambas recetas?

## Práctica y aplicaciones

| AYUDA CON LAS TAREAS | |
|---|---|
| Ejercicios | Ver ejemplos |
| 8–11 | 1, 2 |
| 12–20 | 3, 4 |
| 21–22 | 5 |

**Práctica adicional**
**Ver páginas 605, 629.**

**Estima.**

**8.** $\frac{5}{8} + \frac{11}{12}$

**9.** $\frac{9}{10} + \frac{1}{2}$

**10.** $\frac{3}{8} - \frac{1}{9}$

**11.** $\frac{5}{6} - \frac{3}{8}$

**12.** $1\frac{5}{9} - \frac{3}{7}$

**13.** $1\frac{9}{10} - 1\frac{1}{8}$

**14.** $8\frac{7}{8} + 2\frac{1}{3}$

**15.** $4\frac{1}{3} + 1\frac{5}{6}$

**16.** $7\frac{1}{6} - \frac{7}{9}$

**17.** $3\frac{2}{3} - 1\frac{7}{8}$

**18.** $4\frac{1}{10} + 3\frac{4}{5} + 7\frac{2}{3}$

**19.** $6\frac{1}{4} + 2\frac{5}{6} + 3\frac{3}{8}$

**20.** **GEOMETRÍA** Estima el perímetro del rectángulo.

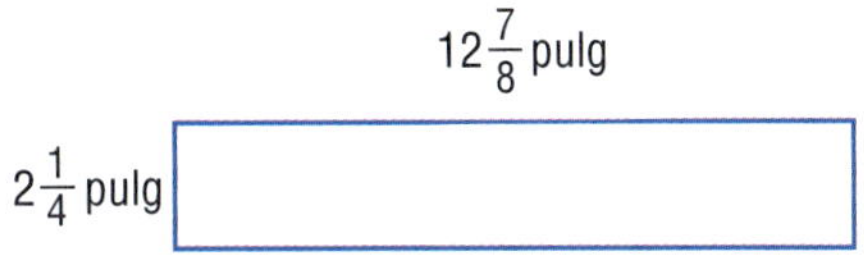


**21.** **MARCOS** Luis quiere hacer un marco cuadrado de $5\frac{3}{4}$ pulgadas por lado. ¿Más o menos cuánto material para marcos debe comprar?

**22.** **MULTI-PASO** Nina necesita $1\frac{1}{4}$ yardas de cinta para adornar una almohada y $4\frac{5}{8}$ yardas de la misma cinta para ribetear una cortina. Si tiene 5 yardas de cinta, ¿tiene suficiente cinta para ambos proyectos? Explica.

**23.** **RAZONAMIENTO CRÍTICO** El estimado de la suma de dos fracciones es 1. Si se suma 2 a cada fracción, el estimado de la suma de los dos números mixtos es 4. Da ejemplos de tales fracciones.

## Prueba estandarizada de práctica y repaso general

**24.** **SELECCIÓN MÚLTIPLE** ¿Aproximadamente cuánto más que la rosa 3 creció la rosa 1?

Ⓐ $1\frac{1}{2}$ pulg　Ⓑ $2\frac{1}{2}$ pulg

Ⓒ 3 pulg　Ⓓ 23 pulg

| Altura de las rosas de Nicole | | |
|---|---|---|
| Rosa 1 | Rosa 2 | Rosa 3 |
| $12\frac{5}{6}$ pulg | $10\frac{1}{3}$ pulg | $9\frac{5}{8}$ pulg |

**25.** **SELECCIÓN MÚLTIPLE** ¿Cuál es el mejor estimado de $6\frac{5}{6} + 2\frac{1}{12}$?

Ⓕ 7　Ⓖ 8　Ⓗ 9　Ⓘ 10

**26.** Indica si el dinero que requieres para comida rápida se debe redondear hacia arriba o hacia abajo. Explica. (Lección 6-1)

**Escribe cada fracción o número mixto como un decimal.** (Lección 5-7)

**27.** $\frac{5}{6}$　**28.** $\frac{7}{9}$　**29.** $4\frac{1}{3}$　**30.** $1\frac{5}{18}$

### PREPÁRATE PARA LA SIGUIENTE LECCIÓN

**REQUISITOS** **Escribe cada fracción impropia como un número mixto.** (Lección 5-3)

**31.** $\frac{6}{5}$　**32.** $\frac{7}{4}$　**33.** $\frac{12}{9}$　**34.** $\frac{10}{6}$　**35.** $\frac{18}{12}$

# 6-2b Estrategia para resolver problemas

### *Seguimiento de la Lección 6-2*

## Simulacro

**Lo que aprenderás**
A resolver problemas usando un simulacro.

Ricardo, este rollo de papel cuché medía $11\frac{1}{4}$ yardas y usamos $2\frac{5}{8}$ yardas para un proyecto de arte. ¿Tendremos suficiente papel para cuatro proyectos más si cada uno usa la misma cantidad?

Hagamos un **simulacro**, Kelsey. Podemos medir $11\frac{1}{4}$ yardas en el pasillo y usar el proyecto ya terminado como patrón para averiguar si hay suficiente papel para cuatro proyectos más.

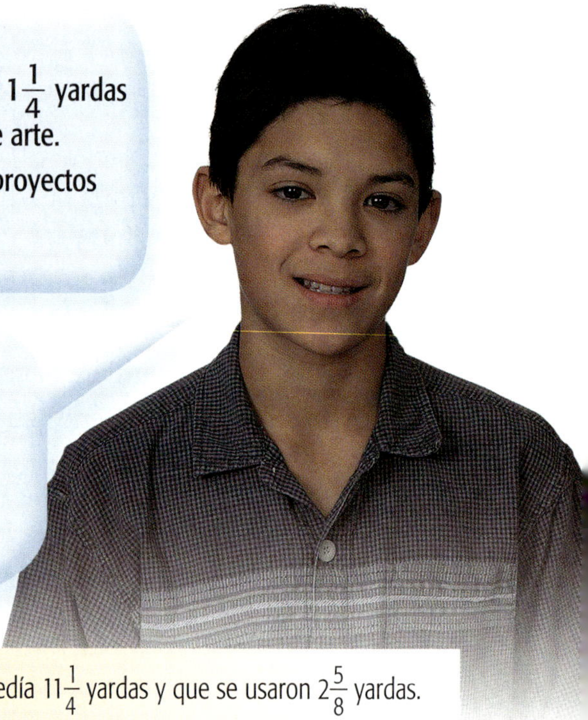

**Explora** Sabemos que el rollo de papel medía $11\frac{1}{4}$ yardas y que se usaron $2\frac{5}{8}$ yardas. Debemos averiguar si hay lo suficiente para cuatro proyectos más.

**Planifica** Marquemos en el suelo un largo de $11\frac{1}{4}$ yardas y luego restemos la cantidad usada en el primer proyecto, repitiendo esto hasta que haya un total de cinco proyectos marcados.

**Resuelve**

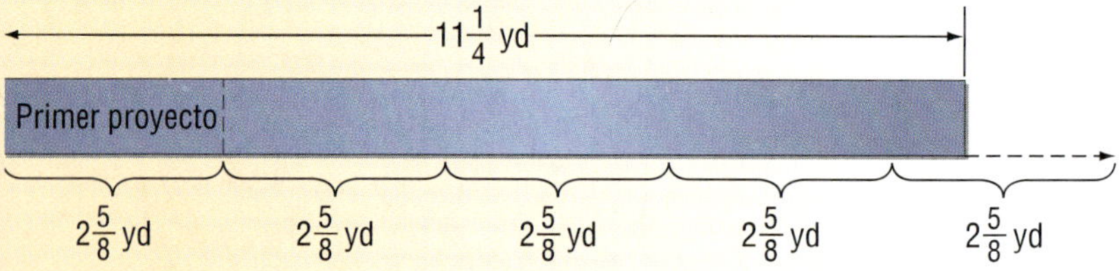


No hay lo suficiente para cuatro proyectos adicionales.

**Examina** Estimemos. Redondea $2\frac{5}{8}$ a $2\frac{1}{2}$. Entonces $2\frac{1}{2} + 2\frac{1}{2} + 2\frac{1}{2} + 2\frac{1}{2} + 2\frac{1}{2} = 12\frac{1}{2}$, de modo que no basta con $11\frac{1}{4}$ yardas para cinco proyectos.

## Analiza la estrategia

1. **Explica** cómo esta estrategia te pudiera ayudar a averiguar si el resultado de tus cálculos es razonable.
2. **Escribe** un problema que se pueda resolver usando esta estrategia y explica el simulacro que usarías para calcular la solución.

## Aplica la estrategia

**Usa la estrategia de simulacro para resolver lo siguiente.**

3. **APTITUD FÍSICA** Dante corre 10 yardas hacia adelante y 5 hacia atrás. ¿Cuántas series tendrá que correr para llegar al final de un campo de 100 yardas?

4. **ESTANDARTES** El club de espíritu escolar está haciendo un estandarte con tres hojas de papel. ¿Cuántos estandartes distintos pueden hacer usando sólo una vez cada uno de los colores de su escuela, verde, dorado y blanco? Muestra los arreglos posibles.

## Solución de problemas mixtos

**Usa cualquier estrategia para resolver.**

5. **PISOS** Se necesita embaldosar el piso de una cocina que mide 12 pies por 10 pies. Hay 4 cajas con 24 baldosas cada una, las que miden 12 pulgadas por 12 pulgadas. ¿Habrá suficientes baldosas para cubrir el piso?

6. **ALIMENTOS** Carlota compró tres paquetes de pavo molido que pesaron $2\frac{3}{4}$ libras, $1\frac{7}{8}$ libras y $2\frac{1}{3}$ libras. ¿Aproximadamente cuánto pavo molido compró?

7. **CUMPLEAÑOS** Oscar hizo una encuesta sobre las fechas de cumpleaños en su clase, organizándolas en un diagrama de tallo y hojas. ¿Cuál es mayor, la moda o la mediana?

| Tallo | Hojas |
|---|---|
| 0 | 1 1 2 3 5 5 8 9 |
| 1 | 1 2 3 3 7 8 8 |
| 2 | 0 3 5 5 6 7 7 7 |
| 3 | 0 0 1   *1 \| 4 = 14º día del mes* |

8. **ROPA** Puedes comprar uniformes escolares de un catálogo en línea. Los chicos pueden comprar pantalones azul marino o caqui con una camisa roja, blanca o azul. ¿Cuántas combinaciones hay para uniformes de chicos?

9. **DINERO** La tabla muestra los precios de entrada a una feria de la salud. Doce personas pagaron un total de $50 en entradas. Si había 8 niños, ¿cuántos adultos y personas de tercera edad hubo?

| Entradas a la feria de la salud | |
|---|---|
| Adultos | $6 |
| Niños | $4 |
| Personas de la tercera edad | $3 |

10. **COMPRAS** Jhan tiene $95 para gastar en zapatos atléticos y los que quiere cuestan $59.99. Si compras un par, te venden otro por mitad de precio. ¿Más o menos cuánto dinero le quedará si compra dos pares de zapatos?

11. **TIEMPO** Las clases terminan a las 3:45 P.M., la práctica de banda dura $2\frac{1}{2}$ horas, la cena toma 45 minutos y te acuestas a las 10 P.M. ¿Cuánto tiempo libre te queda si tienes que estudiar 2 horas para una prueba de matemáticas?

12. **ALIMENTOS** ¿En cuánto, aproximadamente, excede el gasto de las jaleas de fresas y de uvas al del resto de las jaleas?

| Ventas anuales de jalea (miles) | |
|---|---|
| de fresas y de uvas | $366.2 |
| el resto | $291.5 |

**Fuente:** Nielsen Marketing Research

13. **PRUEBA ESTANDARIZADA DE PRÁCTICA** Para ella y sus 18 alumnos, la Srta. Samuelson tenía $350 para un viaje de estudios. La entrada era de $12.50 por persona y el almuerzo costaba $5.00 por persona. ¿Qué ecuación describe mejor lo que quedó después del viaje?

(A) $c = 350 + 19(12.50 + 5.00)$

(B) $c = 350 + 19(12.50 - 5.00)$

(C) $c = 350 - 19(12.50) - 19(5.00)$

(D) $c = 350 - 19(12.50 - 5.00)$

# 6-3 Suma y resta fracciones con igual denominador

**Lo que aprenderás**
A sumar y a restar fracciones con igual denominador.

**NUEVO vocabulario**
- fracciones semejantes

**REPASO de vocabulario**

**Forma reducida:** la forma de una fracción cuando el MCD de su numerador y denominador es 1 **(Lección 5-2)**

## PRÁCTICA Minilaboratorio

**Materiales**
- papel cuadriculado
- marcadores

*Trabaja con un(a) compañero(a).*

Puedes usar papel cuadriculado para modelar la suma de fracciones como $\frac{3}{12}$ y $\frac{2}{12}$.

**PASO 1** En papel cuadriculado, traza un rectángulo como el que se muestra. Como la cuadrícula tiene 12 cuadrados, cada uno corresponde a $\frac{1}{12}$.

**PASO 2** Para representar $\frac{3}{12}$, colorea tres cuadrados con un marcador. Para representar $\frac{2}{12}$, usa otro marcador para colorear dos cuadrados más.

**PASO 3** Se han coloreado cinco de los doce cuadrados, de modo que la suma de $\frac{3}{12}$ con $\frac{2}{12}$ es $\frac{5}{12}$.

**Calcula cada suma con papel cuadriculado.**

1. $\frac{4}{12} + \frac{3}{12}$
2. $\frac{1}{6} + \frac{1}{6}$
3. $\frac{3}{10} + \frac{5}{10}$
4. ¿Qué patrones notas en los numeradores?
5. ¿Qué patrones notas en los denominadores?
6. Explica cómo calcular la suma $\frac{3}{8} + \frac{1}{8}$ sin papel cuadriculado.

Las fracciones con igual denominador se llaman **fracciones semejantes**. Sus numeradores se suman o restan al igual que los números enteros. El denominador indica las unidades que se suman o restan.

**Concepto clave** — **Adición de fracciones semejantes**

**En palabras** Para sumar fracciones con el mismo denominador, suma sus numeradores. El resultado es esta suma escrita sobre el denominador común.

**En símbolos**

**Aritmética**

$\frac{2}{5} + \frac{1}{5} = \frac{2+1}{5}$ ó $\frac{3}{5}$

**Álgebra**

$\frac{a}{c} + \frac{b}{c} = \frac{a+b}{c}$

**AYUDA PARA EL ESTUDIO**

**Fracciones semejantes**
Piensa *4 quintos más 3 quintos es 7 quintos.*

## EJEMPLO Suma de fracciones semejantes

**1** Calcula la suma $\frac{4}{5}$ y $\frac{3}{5}$.

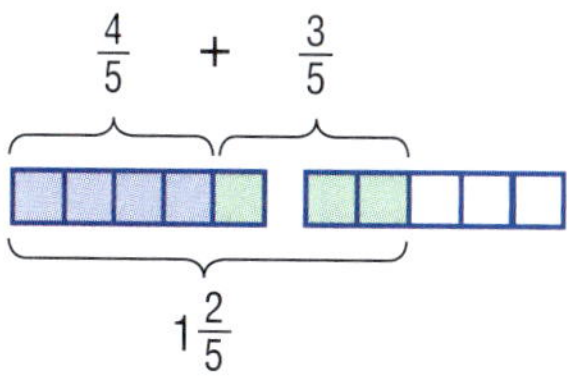


**Estima** $1 + \frac{1}{2} = 1\frac{1}{2}$

$\frac{4}{5} + \frac{3}{5} = \frac{4+3}{5}$ Suma los numeradores.

$= \frac{7}{5}$ Reduce.

$= 1\frac{2}{5}$ Escribe la fracción impropia como un número mixto.

Comparada con la estimación, la respuesta es razonable.

La regla de la sustracción es parecida a la de la adición.

**Concepto clave** — **Sustracción de fracciones semejantes**

**En palabras** Para restar fracciones con igual denominador, resta los numeradores. Usa el mismo denominador en la diferencia.

**En símbolos**

**Aritmética**

$\frac{3}{5} - \frac{1}{5} = \frac{3-1}{5}$ ó $\frac{2}{5}$

**Álgebra**

$\frac{a}{c} - \frac{b}{c} = \frac{a-b}{c}$

## EJEMPLO Resta fracciones semejantes

**2** Calcula $\frac{7}{8} - \frac{5}{8}$. Reduce.

$\frac{7}{8} - \frac{5}{8} = \frac{7-5}{8}$ Resta los numeradores.

$= \frac{2}{8}$ ó $\frac{1}{4}$ Reduce.

**Tu turno** Suma o resta. Reduce.

a. $\frac{4}{7} + \frac{6}{7}$ b. $\frac{1}{9} + \frac{5}{9}$ c. $\frac{5}{9} - \frac{2}{9}$ d. $\frac{11}{12} - \frac{5}{12}$

**MATEMÁTICAS EN LA VIDA DIARIA**

**CENSOS** Desde el 1º de julio de 2001, la población aproximada de California era 34,501,130 habitantes. La de Texas era 21,325,018 habitantes.

**Fuente:** U.S. Census Bureau

## EJEMPLO Usa fracciones para resolver problemas

**3** **GEOGRAFÍA** Cerca del $\frac{12}{100}$ de la población de EE.UU. vive en California. Otro $\frac{7}{100}$ vive en Texas. ¿En cuánto excede la población de California a la de Texas?

$\frac{12}{100} - \frac{7}{100} = \frac{12-7}{100}$ Resta los numeradores.

$= \frac{5}{100}$ ó $\frac{1}{20}$ Reduce.

La población de California excede a la de Texas en $\frac{1}{20}$.

## Repaso de destrezas y conceptos

**Escribe en matemáticas**
**Ejercicios 1 y 3**

1. **Formula** una regla sencilla para sumar y restar fracciones semejantes.

2. **INTERPRETA** Escribe dos fracciones cuya suma sea $\frac{7}{8}$.

3. **HALLA EL ERROR** Se añadieron tres octavos de un cuarto de jugo de piña a una ponchera que tenía un poco de jugo de naranja, obteniendo una mezcla de siete octavos de un cuarto. Della y Nikki calcularon la cantidad de jugo de naranja que había en la ponchera. ¿Quién lo hizo bien? Explica.

Della

$\frac{7}{8} - \frac{3}{8} = \frac{4}{8}$ ó $\frac{1}{2}$ cuarto

Nikki

$\frac{3}{8} + \frac{7}{8} = \frac{10}{8}$ ó $1\frac{1}{4}$ cuarto

### PRÁCTICA DIRIGIDA

**Suma o resta. Reduce.**

4. $\frac{3}{5} + \frac{1}{5}$
5. $\frac{3}{8} - \frac{1}{8}$
6. $\frac{7}{8} - \frac{3}{8}$
7. $\frac{3}{4} + \frac{3}{4}$

8. **MEDICIÓN** ¿Cuanto más que un $\frac{3}{4}$ de galón es $\frac{1}{4}$ de galón?

## Práctica y aplicaciones

**AYUDA CON LAS TAREAS**

| Ejercicios | Ver ejemplos |
|---|---|
| 9–24 | 1, 2 |
| 25–32 | 3 |

**Práctica adicional**
**Ver páginas 606, 629.**

**Suma o resta. Reduce.**

9. $\frac{4}{5} + \frac{2}{5}$
10. $\frac{5}{7} + \frac{6}{7}$
11. $\frac{3}{8} + \frac{7}{8}$
12. $\frac{1}{9} + \frac{5}{9}$
13. $\frac{6}{6} - \frac{1}{6}$
14. $\frac{5}{9} - \frac{2}{9}$
15. $\frac{9}{10} - \frac{3}{10}$
16. $\frac{5}{8} - \frac{3}{8}$
17. $\frac{5}{6} + \frac{5}{6}$
18. $\frac{4}{5} + \frac{1}{5}$
19. $\frac{7}{12} - \frac{2}{12}$
20. $\frac{5}{8} - \frac{1}{8}$
21. $\frac{5}{9} - \frac{5}{9}$
22. $\frac{9}{10} - \frac{9}{10}$
23. $\frac{13}{14} + \frac{5}{14}$
24. $\frac{15}{16} + \frac{7}{16}$

25. **MEDICIÓN** ¿Cuanto más que $\frac{5}{16}$ de pulgada es $\frac{13}{16}$ de pulgada?

26. **MEDICIÓN** ¿Cuanto es $\frac{2}{3}$ de taza más $\frac{2}{3}$ de taza?

27. **INSECTOS** La probóscide de un mosquito, la parte con la que chupa la sangre, es el primer tercio de su cuerpo. El resto del mosquito consta de cabeza, tórax y abdomen. ¿Qué fracción del mosquito son estas últimas tres partes?

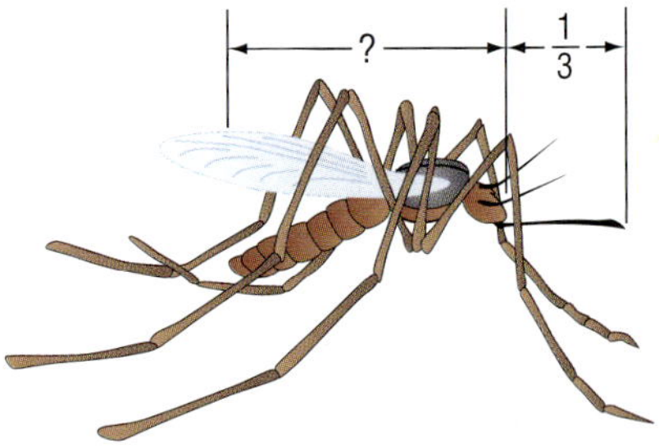


28. **EL TIEMPO** Una semana, la pluviosidad de lunes a sábado fue de $\frac{3}{8}$ de pulgada. Hacia el anochecer del domingo, la pluviosidad total de la semana era de $\frac{7}{8}$ de pulgada. ¿Cuánto llovió el domingo?



msmath1.net/self_check_quiz

**GEOGRAFÍA Usa la siguiente información en los ejercicios 29 y 30.**
Cerca de $\frac{3}{10}$ de la superficie terrestre es tierra firme. El resto está cubierto de agua.

29. ¿Qué porción de la Tierra está cubierta de agua?
30. ¿En cuánto excede la parte cubierta de agua a la de tierra firme?

**ALIMENTOS Usa la gráfica circular en los ejercicios 31 y 32.**

31. ¿Qué parte de la escuela prefiere rosquillas rellenas, glaseadas o escarchadas?
32. ¿En cuánto excede la parte que prefiere glaseadas a la que prefiere corrientes?

**Las rosquillas favoritas de la escuela Genoa**

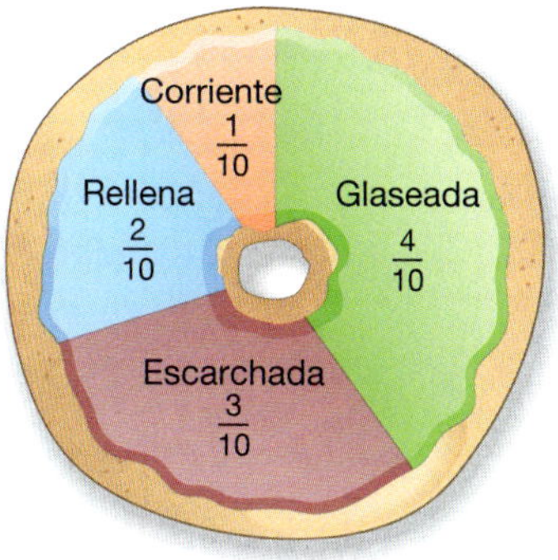


33. **RAZONAMIENTO CRÍTICO** Calcula la suma $\frac{1}{20} + \frac{19}{20} + \frac{2}{20} + \frac{18}{20} + \frac{3}{20} + \frac{17}{20} + \ldots + \frac{10}{20} + \frac{10}{20}$. Busca y guíate por un patrón.

## Prueba estandarizada de práctica y repaso general

34. **SELECCIÓN MÚLTIPLE** Un receta requiere $\frac{2}{3}$ de taza de agua, $\frac{1}{3}$ de taza de aceite y $\frac{1}{3}$ de taza de leche. ¿Cuánto líquido requiere esta receta?

    (A) $1\frac{1}{3}$ tazas (B) $2\frac{1}{3}$ tazas (C) 3 tazas (D) $3\frac{1}{3}$ tazas

35. **SELECCIÓN MÚLTIPLE** Kelli pasó $\frac{3}{8}$ de hora estudiando para una prueba de matemática y $\frac{6}{8}$ de hora estudiando para una prueba de español. ¿Cuánto tiempo pasó Kelli estudiando para ambas pruebas?

    (F) 1 hora (G) $1\frac{1}{8}$ horas (H) $1\frac{2}{8}$ horas (I) $1\frac{3}{8}$ horas

36. Estima $18\frac{3}{11} + 4\frac{1}{9}$. (Lección 6-2)

**Redondea cada número a la mitad más cercana.** (Lección 6-1)

37. $\frac{9}{11}$ 38. $3\frac{3}{8}$ 39. $2\frac{1}{8}$ 40. $\frac{11}{12}$ 41. $\frac{5}{9}$

**Suma o resta.** (Lección 3-5)

42. $14 + 23.5$ 43. $83.4 - 29.7$ 44. $17.3 + 33.5$ 45. $105.6 - 39.8$

46. **EL TIEMPO** La pluviosidad anual media en Georgia es de 48.61 pulgadas. ¿Aproximadamente cuántas pulgadas de pluviosidad media experimenta Georgia por mes? (Lección 2-6)

### PREPÁRATE PARA LA SIGUIENTE LECCIÓN

**REQUISITOS Calcula el mínimo común denominador de cada par de fracciones.** (Lección 5-5)

47. $\frac{3}{4}$ y $\frac{5}{8}$ 48. $\frac{2}{3}$ y $\frac{1}{2}$ 49. $\frac{3}{10}$ y $\frac{3}{4}$ 50. $\frac{4}{5}$ y $\frac{2}{9}$ 51. $\frac{4}{25}$ y $\frac{49}{20}$

# CAPÍTULO 6 Prueba parcial de práctica del capítulo

## Vocabulario y conceptos

1. **Define** *fracciones semejantes*. (Lección 6-3)
2. **Describe** el numerador y el denominador de una fracción que se redondea al número entero siguiente. (Lección 6-1)

## Destrezas y aplicaciones

**Redondea cada número a la mitad más cercana .** (Lección 6-1)

3. $\frac{7}{8}$
4. $3\frac{2}{7}$
5. $6\frac{3}{4}$

**Estima.** (Lección 6-2)

6. $\frac{5}{9} + \frac{6}{7}$
7. $4\frac{1}{8} - 1\frac{11}{12}$
8. $6\frac{3}{4} + 2\frac{8}{10}$

9. **CARPINTERÍA** ¿En cuánto excede una tabla que mide $63\frac{5}{8}$ pulgadas de largo a una que mide $62\frac{1}{4}$ pulgadas de largo? (Lección 6-2)

10. **GEOMETRÍA** Estima el perímetro del rectángulo. (Lección 6-2)

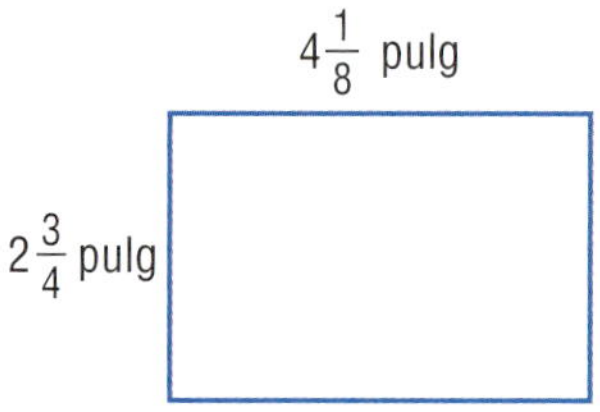


11. **ALIMENTOS** Malinda hace un ponche que requiere $\frac{3}{4}$ de un cuarto de jugo de toronja, $\frac{3}{4}$ de un cuarto de jugo de naranja y $\frac{3}{4}$ de un cuarto de jugo de piña. ¿Cuánto ponche se hace con esta receta? (Lección 6-3)

**Suma o resta. Reduce.** (Lección 6-3)

12. $\frac{5}{9} + \frac{7}{9}$
13. $\frac{9}{11} - \frac{5}{11}$
14. $\frac{1}{6} + \frac{5}{6}$

## Prueba estandarizada de práctica

15. **SELECCIÓN MÚLTIPLE** ¿Qué suma es menor que 1? (Lección 6-2)

    Ⓐ $1 + \frac{3}{4}$    Ⓑ $\frac{2}{5} + \frac{4}{5}$

    Ⓒ $\frac{7}{11} + \frac{3}{11}$    Ⓓ $\frac{1}{2} + \frac{1}{2}$

16. **RESPUESTA BREVE** Sean vive a $\frac{9}{10}$ de milla de la escuela. Si ha corrido $\frac{4}{10}$ de milla hacia la escuela, ¿cuánto le queda por correr? (Lección 6-3)

# La Zona de juegos

Un sitio para practicar tus destrezas matemáticas

# Rummy fraccionario

## ¡ALÍSTATE!

**Jugadores:** dos
**Materiales:** 27 tarjetas

## ¡EN TU MARCA!

Corta las tarjetas en dos y rotúlalas de esta manera:

- 4 tarjetas cada una: $\frac{1}{2}, \frac{1}{3}, \frac{1}{4}$
- 3 tarjetas cada una: $\frac{1}{5}, \frac{2}{5}, \frac{3}{5}, \frac{4}{5}, \frac{1}{6}, \frac{5}{6}, \frac{1}{10}, \frac{3}{10}, \frac{7}{10}, \frac{9}{10}, \frac{1}{12}, \frac{5}{12}, \frac{7}{12}, \frac{11}{12}$

## ¡ADELANTE!

- Escojan el tallador.
- El tallador baraja las tarjetas y reparte siete a cada persona, una por una y boca abajo.
- El tallador coloca las tarjetas restantes boca abajo, da vuelta a la primera y la pone al lado del mazo, indicando así la pila de descarte.
- Los jugadores miran sus tarjetas y tratan de formar conjuntos de dos o más tarjetas cuyas fracciones sumen 1. Por ejemplo, $\frac{3}{10} + \frac{7}{10} = \frac{10}{10}$ ó 1. Los que suman 1 se colocan delante del jugador.
- Los jugadores se turnan para sacar la tarjeta superior del mazo de tarjetas boca abajo o de las de descarte, tratando de calcular sumas iguales a uno, las que colocan delante suyo. Para terminar un turno, el jugador descarta una tarjeta boca arriba en la pila de descarte.
- **¿Quién gana?** Gana el primero que se descarta completamente todas sus tarjetas.

# 6-4a LABORATORIO de PRÁCTICA

**Sinopsis de la Lección 6-4**

**Lo que aprenderás**
A sumar y restar fracciones con distintos denominadores.

**Materiales**
- cuadrados de papel
- regla
- marcadores

## Denominadores comunes

En esta actividad, vas a sumar o restar fracciones con *distintos* denominadores.

**ACTIVIDAD** *Trabaja con un(a) compañero(a).*

**Suma $\frac{1}{2} + \frac{1}{3}$.**

**PASO 1** Haz un modelo de cada fracción.

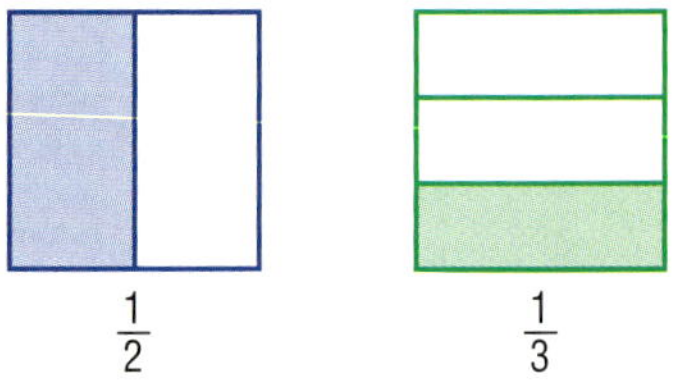


**PASO 2** Ahora calcula un denominador común.

El mcd de $\frac{1}{2}$ y $\frac{1}{3}$ es 6. Divide cada cuadrado en seis partes, como se muestra.

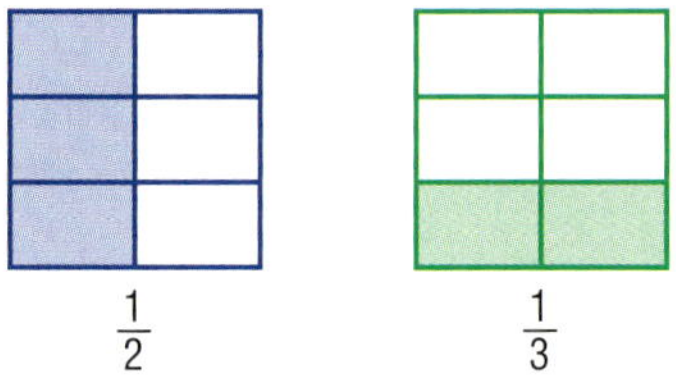


**PASO 3** Combina los modelos en uno solo.

Para representar $\frac{3}{6}$ ó $\frac{1}{2}$, colorea de azul 3 de los sextos.

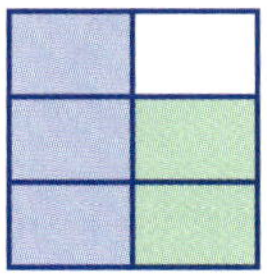

Para representar $\frac{2}{6}$ ó $\frac{1}{3}$, colorea de verde 2 de los sextos.

El sombreado total es $\frac{5}{6}$ del cuadrado, de modo que $\frac{1}{2} + \frac{1}{3} = \frac{5}{6}$.

**Tu turno** **Usa modelos de fracciones para sumar o restar.**

a. $\frac{1}{4} + \frac{2}{3}$  b. $\frac{4}{5} + \frac{1}{2}$  c. $\frac{5}{6} - \frac{1}{2}$  d. $\frac{4}{5} - \frac{1}{3}$

## Escribe en matemáticas

1. **Explica** por qué se requiere un denominador común para sumar o restar fracciones con distintos denominadores.
2. **HAZ UNA CONJETURA** ¿Cuál es la relación entre múltiplos comunes y suma o resta de fracciones con distintos denominadores?

# 6-4 Suma y resta fracciones con distintos denominadores

**Lo que aprenderás**
A sumar y a restar fracciones con distintos denominadores.

**REPASO de vocabulario**

**mínimo común denominador (mcd):** el mcm de los denominadores de dos o más fracciones **(Lección 5-5)**

## PRÁCTICA Minilaboratorio

**Materiales**
- monedas de uno y de cinco centavos

*Trabaja con un(a) compañero(a).*

Para nombrar un grupo de distintos objetos, necesitas hallarles un nombre común.

1. ¿Qué nombre le darías a la suma de 3 monedas de 1¢ más 2 de 5¢?
2. ¿Qué nombre le darías a la suma de 2 bolígrafos más 2 lápices?
3. Explica por qué se necesita un nombre común para antes de sumar.
4. ¿Qué crees que se necesite para sumar $\frac{1}{2}$ más $\frac{3}{4}$?

En el Minilaboratorio hallaste nombres comunes para un grupo de distintos objetos. Haces lo mismo al trabajar con fracciones que tienen distintos denominadores.

Para sumar o restar dos fracciones con distintos denominadores, reescribe las fracciones usando el mínimo común denominador (mcd). Luego suma o resta y reduce.

## EJEMPLO Suma fracciones con distintos denominadores

**1** **Calcula $\frac{1}{2} + \frac{1}{4}$.**

El mcd de $\frac{1}{2}$ y $\frac{1}{4}$ es 4.

| Escribe el problema. | | Reescribe $\frac{1}{2}$ como $\frac{2}{4}$. | | Suma las fracciones. |
|---|---|---|---|---|
| $\frac{1}{2}$ | → | $\frac{1}{2} \times \frac{2}{2} = \frac{2}{4}$ | → | $\frac{2}{4}$ |
| $+\frac{1}{4}$ | | $\frac{1}{4}$ | | $+\frac{1}{4}$ |
| | | | | $\frac{3}{4}$ |

**Tu turno** **Suma y reduce.**

a. $\frac{1}{6} + \frac{2}{3}$  b. $\frac{9}{10} + \frac{1}{2}$  c. $\frac{1}{4} + \frac{3}{8}$

## EJEMPLO Resta fracciones con distintos denominadores

**AYUDA PARA EL ESTUDIO**

**Cálculo mental** Usa cálculo mental para sumar o restar fracciones simples.

**2** Calcula $\frac{2}{3} - \frac{1}{2}$.

El mcd de $\frac{2}{3}$ y $\frac{1}{2}$ es 6.

| Escribe el problema. | | Reescribe $\frac{2}{3}$ como $\frac{4}{6}$ y $\frac{1}{2}$ como $\frac{3}{6}$. | | Resta las fracciones. |
|---|---|---|---|---|
| $\frac{2}{3}$ | → | $\frac{2}{3} \times \frac{2}{2} = \frac{4}{6}$ | → | $\frac{4}{6}$ |
| $-\frac{1}{2}$ | | $\frac{1}{2} \times \frac{3}{3} = \frac{3}{6}$ | | $-\frac{3}{6}$ |
| | | | | $\frac{1}{6}$ |

**Tu turno** Resta y reduce.

d. $\frac{5}{8} - \frac{1}{4}$  e. $\frac{3}{4} - \frac{1}{3}$  f. $\frac{1}{2} - \frac{2}{5}$

## EJEMPLO Usa fracciones para resolver problemas

**3** **GRUPOS SANGUÍNEOS** Usa la tabla para calcular la fracción de la población que tiene sangre tipo O o tipo A.

**Frecuencia de los tipos sanguíneos**

| Tipo ABO | O | A | B | AB |
|---|---|---|---|---|
| Fracción | $\frac{11}{25}$ | $\frac{21}{50}$ | $\frac{1}{10}$ | $\frac{1}{25}$ |

**Fuente:** anthro.palomar.edu

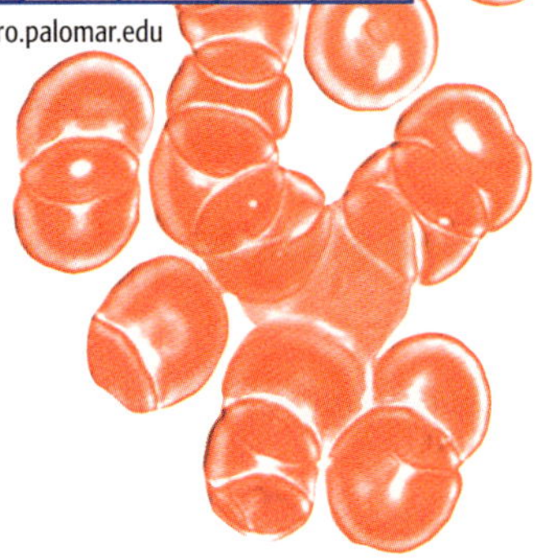

Calcula $\frac{11}{25} + \frac{21}{50}$. El mcd de $\frac{11}{25}$ y $\frac{22}{50}$ es 50.

| Escribe el problema. | | Reescribe $\frac{11}{25}$ como $\frac{22}{50}$. | | Suma las fracciones. |
|---|---|---|---|---|
| $\frac{11}{25}$ | → | $\frac{22}{50}$ | → | $\frac{22}{50}$ |
| $+\frac{21}{50}$ | | $\frac{21}{50}$ | | $+\frac{21}{50}$ |
| | | | | $\frac{43}{50}$ |

Entonces, $\frac{43}{50}$ de la población tiene sangre tipo O o A.

Puedes también evaluar expresiones algebraicas con fracciones.

## EJEMPLO Evalúa una expresión con fracciones

**AYUDA PARA EL ESTUDIO**

**Mirada retrospectiva** Puedes repasar la **evaluación de expresiones** en la Lección 1-6.

**4** **ÁLGEBRA** Evalúa $a - b$, si $a = \frac{3}{4}$ y $b = \frac{1}{6}$.

$a - b = \frac{3}{4} - \frac{1}{6}$ Reemplaza *a* con $\frac{3}{4}$ y *b* con $\frac{1}{6}$.

$= \frac{3}{4} \times \frac{3}{3} - \frac{1}{6} \times \frac{2}{2}$ Reescribe $\frac{3}{4}$ y $\frac{1}{6}$ usando el mcd, 12.

$= \frac{9}{12} - \frac{2}{12}$ Reduce.

$= \frac{7}{12}$ Resta los numeradores.



msmath1.net/extra_examples

## Repaso de destrezas y conceptos

**Escribe en matemáticas**
**Ejercicio 2**

1. **INTERPRETA** Halla dos fracciones con distintos denominadores y luego escríbelas como fracciones semejantes usando el mínimo común denominador.

2. **HALLA EL ERROR** Víctor y Seki calcularon $\frac{3}{4} + \frac{1}{2}$. ¿Quién lo hizo bien? Explica.

Victor

$\frac{3}{4} + \frac{1}{2} = \frac{3+1}{4+2}$

$= \frac{4}{6}$ ó $\frac{2}{3}$

Seki

$\frac{3}{4} + \frac{1}{2} = \frac{3}{4} + \frac{2}{4}$

$= \frac{3+2}{4}$

$= \frac{5}{4}$ ó $1\frac{1}{4}$

### PRÁCTICA DIRIGIDA

**Suma o resta. Reduce.**

3. $\frac{2}{3} + \frac{2}{9}$
4. $\frac{1}{4} + \frac{5}{8}$
5. $\frac{2}{3} - \frac{1}{2}$
6. $\frac{3}{5} - \frac{1}{2}$
7. ¿Cuánto es $\frac{3}{4}$ menos $\frac{1}{8}$?
8. Calcula la suma de $\frac{3}{10}$ más $\frac{2}{5}$.
9. **ÁLGEBRA** Evalúa $c + d$ si $c = \frac{5}{6}$ y $d = \frac{7}{12}$.

## Práctica y aplicaciones

**AYUDA CON LAS TAREAS**

| Ejercicios | Ver ejemplos |
|---|---|
| 10–25 | 1, 2 |
| 26–29, 32–36 | 3 |
| 30–31 | 4 |

**Práctica adicional**
**Ver páginas 606, 629.**

**Suma o resta. Reduce.**

10. $\frac{3}{8} + \frac{1}{4}$
11. $\frac{2}{5} + \frac{1}{2}$
12. $\frac{9}{10} - \frac{1}{2}$
13. $\frac{5}{8} - \frac{1}{4}$
14. $\frac{1}{6} + \frac{3}{4}$
15. $\frac{1}{4} + \frac{2}{3}$
16. $\frac{5}{6} - \frac{7}{10}$
17. $\frac{3}{4} - \frac{2}{5}$
18. $\frac{8}{9} + \frac{1}{2}$
19. $\frac{7}{8} - \frac{3}{4}$
20. $\frac{7}{8} + \frac{3}{4}$
21. $\frac{7}{12} + \frac{2}{3}$
22. $\frac{9}{10} + \frac{2}{3}$
23. $\frac{7}{12} + \frac{5}{8}$
24. $\frac{9}{10} - \frac{2}{3}$
25. $\frac{15}{16} - \frac{1}{3}$
26. ¿En cuánto excede $\frac{3}{4}$ de taza a $\frac{2}{3}$ de taza?
27. ¿En cuánto excede $\frac{9}{16}$ de pulgada a $\frac{7}{8}$ de pulgada?
28. ¿Cuánto es la suma de $\frac{3}{4}$, $\frac{5}{12}$ y $\frac{1}{6}$?
29. ¿Cuánto es la suma de $\frac{5}{8}$, $\frac{3}{4}$ y $\frac{2}{5}$?
30. **ÁLGEBRA** Evalúa $a + b$ si $a = \frac{7}{10}$ y $b = \frac{5}{6}$.
31. **ÁLGEBRA** Evalúa $c - d$ si $c = \frac{7}{8}$ y $d = \frac{3}{5}$.

**GEOGRAFÍA** **Usa la gráfica circular en los ejercicios 32 al 34.**

32. ¿Qué porción de la masa continental terrestre representan Asia y África?

33. ¿En cuánto excede la masa continental de Norteamérica a la de Sudamérica?

34. **MULTI-PASO** ¿Qué parte de la masa continental terrestre representan la Antártida, Europa, Australia y Oceanía?

**Fracción de la masa continental**

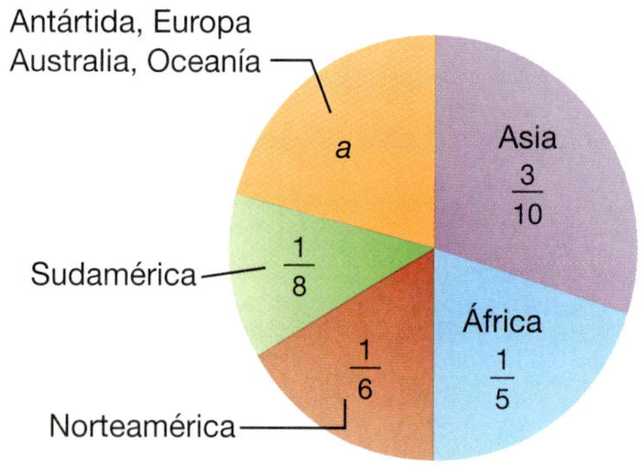


**Fuente:** *Oxford Atlas of the World*

**ESTADÍSTICA** **En los ejercicios 35 y 36, usa la tabla que se muestra a la derecha y los ejercicios 33 al 35 de la página 185.**

35. Copia la tabla y calcula las frecuencias relativas de cada categoría.

36. Suma las frecuencias relativas.

| Lecturas favoritas | | | |
|---|---|---|---|
| Tipo | Cuenta | Frecuencia | Frecuencia relativa |
| Ficción | 𝍸 III | 8 | ? |
| Misterio | 𝍸 I | 6 | ? |
| Romance | II | 2 | ? |
| No-ficción | IIII | 4 | ? |

**RAZONAMIENTO CRÍTICO** **Para cada oración, indica si es *a veces, siempre* o *nunca* verdadera. Explica.**

37. La suma de dos fracciones menores que 1 es menor que 1.

38. La diferencia de dos fracciones es menor que ambas.

## Prueba estandarizada de práctica y repaso general

39. **SELECCIÓN MÚLTIPLE** ¿Cuál es el perímetro de la figura?

(A) $\frac{16}{24}$ de pulg (B) $\frac{16}{8}$ de pulg (C) 2 pulg (D) $2\frac{1}{2}$ pulg

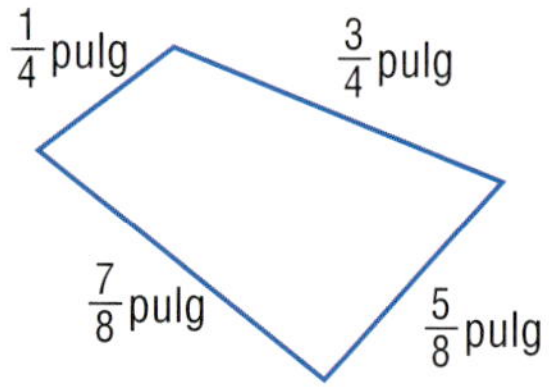


40. **RESPUESTA BREVE** Hannah tiene 1 moneda de 25¢, 3 de 10¢ y 5 de 5¢. ¿Qué fracción de dólar tiene?

41. **JARDINERÍA** John terminó de llenar una regadera de $\frac{7}{8}$ de galón con $\frac{5}{8}$ de galón de agua. ¿Cuánta agua había en la regadera? (Lección 6-3)

**Estima.** (Lección 6-2)

42. $4\frac{3}{7} + \frac{1}{8}$

43. $3\frac{4}{5} + 1\frac{1}{7}$

44. $8\frac{7}{8} - 3\frac{5}{6}$

45. $13\frac{2}{5} - 9\frac{6}{7}$

## PREPÁRATE PARA LA SIGUIENTE LECCIÓN

**REQUISITOS** **Reemplaza cada ● con un número de modo que las fracciones sean equivalentes.** (Lección 5-2)

46. $\frac{3}{4} = \frac{●}{12}$

47. $\frac{1}{8} = \frac{●}{24}$

48. $\frac{1}{3} = \frac{●}{12}$

49. $\frac{5}{6} = \frac{●}{18}$



msmath1.net/self_check_quiz

# Destrezas para el estudio

# CÓMO...

## leer problemas de matemática

### SUSTRACCIÓN

**Uno de los significados de sustracción es *quitar*. Hay también otros significados, los cuales deberías buscar al resolver un problema verbal.**

La sustracción tiene tres significados.

- **Quitar**

  Chad encontró $\frac{5}{8}$ de pizza en el refrigerador y se comió $\frac{1}{8}$ de la pizza original. ¿Cuánta pizza queda?

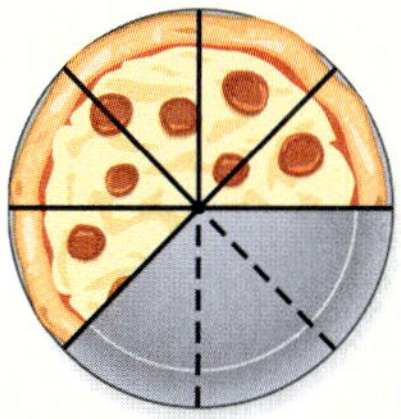

- **Calcular un sumando desconocido**

  Heather hizo una cubierta de escritorio pegando una hoja de revestimiento imitación roble a una lámina de madera $\frac{3}{4}$ de pulgada de espesor. El grosor total de la cubierta es de $\frac{13}{16}$ de pulgada.

  ¿Cuál es el espesor del revestimiento imitación roble?

- **Comparar el tamaño de dos conjuntos**

  Ayer llovió $\frac{7}{8}$ de pulgada. Hoy día llovió $\frac{1}{4}$ de pulgada. ¿Cuánto más llovió ayer que hoy?

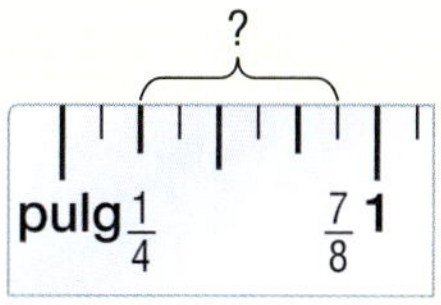


## PRÁCTICA de DESTREZAS

1. Resuelve los problemas anteriores.

**Identifica el significado de sustracción en cada problema y luego resuélvelo.**

2. Marcus abrió un cartón de leche y se bebió $\frac{1}{4}$ de él. ¿Cuánta leche queda?
3. ¿En cuánto excede una llave inglesa de $\frac{15}{16}$ de pulgada a una de $\frac{3}{8}$ de pulgada?
4. Parte de una senda de excursionismo mide $\frac{3}{4}$ de milla de largo. Al pasar el hito de $\frac{1}{8}$ de milla, ¿cuánto te queda para llegar al final de la senda?

# 6-5 Suma y resta números mixtos

**Lo que aprenderás**
A sumar y a restar números mixtos.

**REPASO de vocabulario**

**Número mixto:** un número entero más una fracción **(Lección 5-3)**

## PRÁCTICA Minilaboratorio

**Materiales**
- platos de cartón
- tijeras

*Trabaja con un(a) compañero(a).*

Para sumar y restar números mixtos, puedes usar platos de cartón.

**PASO 1** Corta un plato de cartón en cuartos y otro en mitades.

**PASO 2** Para mostrar el número mixto $1\frac{3}{4}$, usa un plato sin cortar y tres cuartos de plato.

**PASO 3** Para mostrar el número mixto $2\frac{1}{2}$, usa dos platos sin cortar y la mitad de uno.

**PASO 4** Forma tantos platos enteros como sea posible.

1. ¿Cuántos platos enteros puedes formar?
2. ¿Qué fracción representan los trozos sobrantes?
3. ¿Cuánto es la suma de $1\frac{3}{4} + 2\frac{1}{2}$?

Este Minilaboratorio sugiere lo siguiente.

**Concepto clave** **Suma y resta de números mixtos**

Para sumar o restar números mixtos, suma o resta las fracciones y luego los números enteros. Reduce en lo posible.

## EJEMPLO Resta números mixtos

**1** Calcula $4\frac{5}{6} - 2\frac{1}{6}$. **Estima** $5 - 2 = 3$

Resta las fracciones.

$$\begin{array}{r} 4\frac{5}{6} \\ -\ 2\frac{1}{6} \\ \hline \frac{4}{6} \end{array}$$

→

Resta los números enteros.

$$\begin{array}{r} 4\frac{5}{6} \\ -\ 2\frac{1}{6} \\ \hline 2\frac{4}{6} \end{array} \text{ ó } 2\frac{2}{3}$$

Compara con el estimado.

## EJEMPLO Suma números mixtos

**2** Calcula $5\frac{1}{4} + 10\frac{2}{3}$. **Estima** $5 + 11 = 16$

| El MCM de 4 y 3 es 12. | Reescribe las fracciones. | Súmalas. | Suma los números enteros. |
|---|---|---|---|
| $\begin{array}{r} 5\frac{1}{4} \times \frac{3}{3} \\ + 10\frac{2}{3} \times \frac{4}{4} \\ \hline \end{array}$ → | $\begin{array}{r} 5\frac{3}{12} \\ + 10\frac{8}{12} \\ \hline \end{array}$ → | $\begin{array}{r} 5\frac{3}{12} \\ + 10\frac{8}{12} \\ \hline \frac{11}{12} \end{array}$ → | $\begin{array}{r} 5\frac{3}{12} \\ + 10\frac{8}{12} \\ \hline 15\frac{11}{12} \end{array}$ |

**Tu turno** **Suma o resta. Reduce.**

a. $5\frac{2}{8} + 3\frac{1}{8}$ b. $4\frac{3}{8} + 7\frac{1}{8}$ c. $5\frac{1}{2} - 2\frac{1}{3}$

## EJEMPLO Usa números mixtos para resolver un problema

**Prueba estandarizada de práctica**

**3** **PREGUNTA DE SELECCIÓN MÚLTIPLE**

Usa el diagrama. ¿Cuánto caminará Mieko si va de su casa a la biblioteca y de ahí a la tienda de roscas?

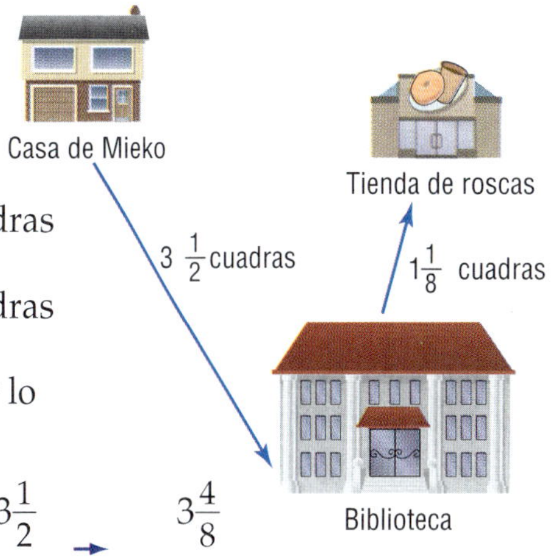


Ⓐ $2\frac{3}{8}$ cuadras Ⓑ $4\frac{1}{2}$ cuadras

Ⓒ $4\frac{5}{8}$ cuadras Ⓓ $5\frac{1}{8}$ cuadras

**Lee la pregunta** Necesitas calcular lo que caminará Mieko.

**Resuelve**

Reescribe las fracciones usando el mcd. Luego súmalas.

$$\begin{array}{r} 3\frac{1}{2} \\ + 1\frac{1}{8} \\ \hline \end{array} \rightarrow \begin{array}{r} 3\frac{4}{8} \\ + 1\frac{1}{8} \\ \hline 4\frac{5}{8} \end{array}$$

Mieko caminará $4\frac{5}{8}$ cuadras, de modo que la respuesta es C.

**Ayuda para tomar pruebas** The Princeton Review

**Elimina opciones**

Estima para ver si puedes eliminar algunas de las opciones. Al estimar $3\frac{1}{2} + 1\frac{1}{8}$, sabes que la distancia debe ser más de 4 cuadras y menos de 5.

## EJEMPLO Evalúa una expresión

**4** **ÁLGEBRA** Evalúa $x - y$ si $x = 4\frac{2}{3}$ y $y = 2\frac{1}{6}$.

$x - y = 4\frac{2}{3} - 2\frac{1}{6}$ Reemplaza $x$ con $4\frac{2}{3}$ y $y$ con $2\frac{1}{6}$.

$= 4\frac{4}{6} - 2\frac{1}{6}$ Reescribe $4\frac{2}{3}$ como $4\frac{4}{6}$.

$= 2\frac{3}{6}$ ó $2\frac{1}{2}$ Reduce.

## Repaso de destrezas y conceptos

**Escribe en matemáticas**
**Ejercicios 1 y 2**

1. **INTERPRETA** Escribe un problema en que se requiera restar $1\frac{1}{4}$ de $3\frac{3}{8}$.

2. **SENTIDO NUMÉRICO** ¿Es la suma de dos números mixtos un número mixto? Explica. Si no, da un contraejemplo.

### PRÁCTICA DIRIGIDA

**Suma o resta. Reduce.**

3. $5\frac{3}{4} - 1\frac{1}{4}$
4. $2\frac{3}{8} + 4\frac{1}{8}$
5. $14\frac{3}{5} - 6\frac{3}{10}$
6. $4\frac{3}{5} + 4\frac{1}{2}$
7. $6\frac{9}{10} + 8\frac{1}{4}$
8. $3\frac{2}{3} - \frac{3}{5}$
9. $4\frac{5}{6} + 3\frac{3}{4}$
10. **ÁLGEBRA** Evalúa $m + n$ si $m = 2\frac{3}{4}$ y $n = 3\frac{3}{5}$.

## Práctica y aplicaciones

**AYUDA CON LAS TAREAS**

| Ejercicios | Ver ejemplos |
|---|---|
| 11–26, 29 | 1, 2 |
| 30–33 | 4 |
| 27–28, 34–37 | 3 |

**Práctica adicional**
**Ver páginas 606, 629.**

**Suma o resta. Reduce.**

11. $3\frac{5}{6} + 4\frac{1}{6}$
12. $4\frac{5}{8} - 2\frac{3}{8}$
13. $9\frac{4}{5} - 4\frac{2}{5}$
14. $4\frac{5}{12} + 6\frac{7}{12}$
15. $10\frac{3}{4} - 3\frac{1}{2}$
16. $8\frac{1}{3} - 3\frac{1}{6}$
17. $3\frac{1}{2} + 2\frac{2}{3}$
18. $11\frac{3}{10} + 9\frac{1}{4}$
19. $6\frac{3}{5} + \frac{4}{5}$
20. $3\frac{3}{8} + 6\frac{5}{8}$
21. $7\frac{7}{9} - 4\frac{1}{3}$
22. $6\frac{6}{7} - 4\frac{5}{14}$
23. $6\frac{5}{8} + 7\frac{1}{4}$
24. $4\frac{5}{6} + 15\frac{3}{8}$
25. $5\frac{11}{12} - 1\frac{7}{10}$
26. $13\frac{7}{10} + 4\frac{1}{6}$
27. **MEDICIÓN** ¿En cuánto exceden $35\frac{1}{2}$ segundos a $30\frac{3}{10}$ segundos?
28. **BÉISBOL** La tabla muestra las posiciones de la American League oriental. ¿Cuántos partidos debajo del 1er lugar más que Tampa Bay está Baltimore?

**Balance deportivo diario**

| Equipo | G | P | PD* |
|---|---|---|---|
| Boston | 8 | 4 | – |
| New York | 8 | 7 | $1\frac{1}{2}$ |
| Toronto | 6 | 7 | $2\frac{1}{2}$ |
| Tampa Bay | 5 | 7 | 3 |
| Baltimore | 4 | 9 | $4\frac{1}{2}$ |

*partidos debajo del 1er lugar

**Actualiza datos** Busca las posiciones en béisbol a fines de la temporada pasada. Visita msmath1.net/data_update para obtener más información.

29. Calcula la suma de $3\frac{1}{5}$, $1\frac{7}{8}$ y $6\frac{7}{10}$.

**ÁLGEBRA** **Evalúa cada expresión, si $a = 2\frac{1}{6}$, $b = 4\frac{3}{4}$ y $c = 5\frac{2}{3}$.**

30. $a + b$ 31. $c - a$ 32. $b + c$ 33. $a + b + c$

**GEOMETRÍA** **Calcula el perímetro de cada figura.**

34.

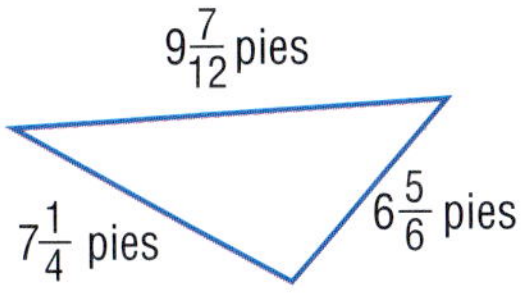


35.

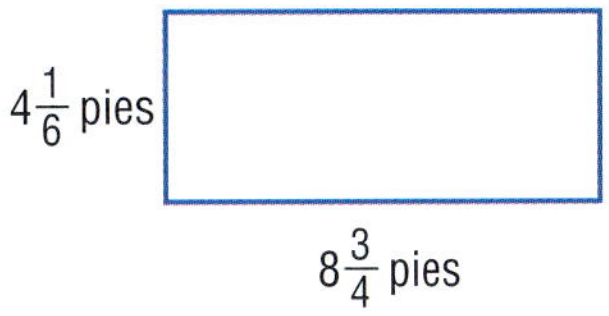


36. **ESPACIO** La distancia media entre Mercurio y el Sol es de 36 millones de millas. Venus está a un promedio de $67\frac{1}{2}$ millones de millas del Sol. ¿En cuánto excede la distancia media entre Venus y el Sol de la que hay entre Mercurio y el Sol?

37. **MULTI-PASO** Para ganar la Triple Crown, un caballo de 3 años debe ganar el Derby de Kentucky, el Preakness Stakes y el Belmont Stakes. Se muestran las longitudes de estos hipódromos. ¿En cuánto excede el más largo del más corto?

| Triple Crown | |
|---|---|
| Carrera | Longitud (mi) |
| Derby de Kentucky | $1\frac{1}{4}$ |
| Preakness Stakes | $1\frac{3}{16}$ |
| Belmont Stakes | $1\frac{1}{2}$ |

38. **RAZONAMIENTO CRÍTICO** Usa los dígitos 1, 1, 2, 2, 3 y 4 para inventar dos números mixtos que sumen $4\frac{1}{4}$.

## Prueba estandarizada de práctica y repaso general

39. **SELECCIÓN MÚLTIPLE** La Srta. Matthews compró $3\frac{1}{4}$ libras de caramelos y $2\frac{1}{2}$ libras de chocolate. ¿Cuánto dulce compró en total?

Ⓐ $5\frac{3}{4}$ lb Ⓑ $5\frac{2}{6}$ lb Ⓒ $1\frac{1}{2}$ lb Ⓓ ninguna de las anteriores

40. **SELECCIÓN MÚLTIPLE** Como parte del programa escolar de reciclaje, este año la escuela Robert Frost recicló $89\frac{3}{8}$ libras de papel. Si el año pasado reciclaron $77\frac{1}{3}$ libras, ¿en cuanto excede lo reciclado este año a lo reciclado el año pasado?

Ⓕ $11\frac{1}{8}$ lb Ⓖ $11\frac{11}{24}$ lb Ⓗ $12\frac{1}{24}$ lb Ⓘ $166\frac{17}{24}$ lb

**Suma o resta. Reduce.** (Lecciones 6-3 y 6-4)

41 $\frac{1}{3} + \frac{1}{3}$ 42. $\frac{9}{10} - \frac{3}{10}$ 43. $\frac{5}{6} + \frac{4}{6}$ 44. $\frac{7}{9} - \frac{5}{9}$

45. $\frac{4}{5} - \frac{3}{4}$ 46. $\frac{7}{9} + \frac{5}{12}$ 47. $\frac{9}{10} + \frac{3}{4}$ 48. $\frac{5}{6} - \frac{1}{8}$

## PREPÁRATE PARA LA SIGUIENTE LECCIÓN

**REQUISITOS** **Escribe cada número mixto como una fracción impropia.** (Lección 5-3)

49. $1\frac{2}{5}$ 50. $1\frac{4}{9}$ 51. $1\frac{3}{8}$ 52. $2\frac{5}{6}$ 53. $2\frac{1}{12}$

# 6-6 Convierte para restar números mixtos

**Lo que aprenderás**
A restar números mixtos con conversión.

**REPASO de vocabulario**

**Circunferencia:** la distancia alrededor de un círculo **(Lección 4-6)**

## ¿CUÁNDO usaré esto?

**DEPORTES** La tabla muestra algunas de las diferencias entre las pelotas de sóftbol y de béisbol que se usan en los juegos olímpicos.

| Deporte | Circunferencia (pulgadas) | Peso (onzas) |
|---|---|---|
| Sóftbol | entre $11\frac{7}{8}$ y $12\frac{1}{8}$ | entre $6\frac{1}{4}$ y 7 |
| Béisbol | entre 9 y $9\frac{1}{4}$ | entre 5 y $5\frac{1}{4}$ |

1. ¿Qué pelota pesa más?
2. Explica cómo calcularías la diferencia entre los pesos máximos permitidos para ambos tipos de pelotas.

Para calcular dicha diferencia, resta $5\frac{1}{4}$ de 7. Para esto se requiere que conviertas la parte fraccionaria del número mixto en una fracción impropia.

## EJEMPLOS Convierte para restar

**1** **Calcula $7 - 5\frac{1}{4}$.**

$$\begin{array}{rcr} 7 & \rightarrow & 6\frac{4}{4} \\ -\,5\frac{1}{4} & \rightarrow & -\,5\frac{1}{4} \\ \hline & & 1\frac{3}{4} \end{array}$$

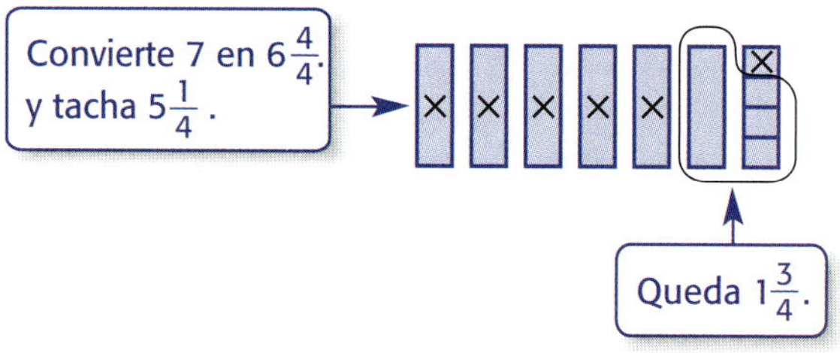


Así, $7 - 5\frac{1}{4} = 1\frac{3}{4}$.

**2** **Calcula $4\frac{1}{3} - 1\frac{2}{3}$.**

$$\begin{array}{rcr} 4\frac{1}{3} & \rightarrow & 3\frac{4}{3} \\ -\,1\frac{2}{3} & \rightarrow & -\,1\frac{2}{3} \\ \hline & & 2\frac{2}{3} \end{array}$$

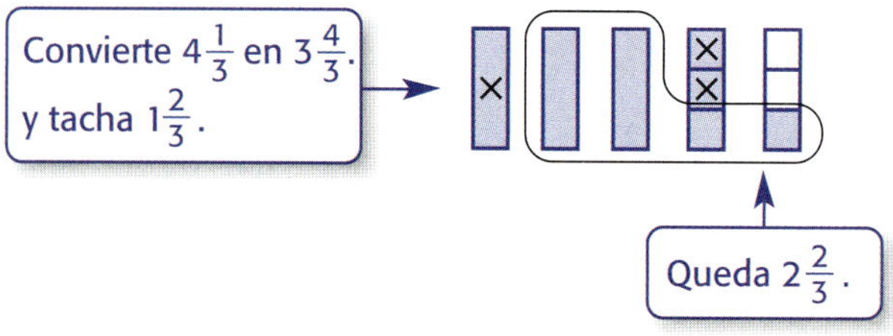


Así, $4\frac{1}{3} - 1\frac{2}{3} = 2\frac{2}{3}$.

**Tu turno** **Resta. Reduce.**

a. $5 - 3\frac{1}{2}$  b. $3\frac{1}{4} - 2\frac{3}{4}$  c. $6\frac{2}{5} - 3\frac{3}{5}$

**3** Calcula $12\frac{1}{8} - 9\frac{1}{4}$.

**Paso 1**

$$\begin{array}{rcr} 12\frac{1}{8} & \rightarrow & 12\frac{1}{8} \\ -\ 9\frac{1}{4} & \rightarrow & -\ 9\frac{2}{8} \\ \hline \end{array}$$

El mcm de 8 y 4 es 8.

**Paso 2**

$$\begin{array}{rcr} 12\frac{1}{8} & \rightarrow & 11\frac{9}{8} \\ -\ 9\frac{2}{8} & \rightarrow & -\ 9\frac{2}{8} \\ \hline & & 2\frac{7}{8} \end{array}$$

Convierte $12\frac{1}{8}$ en $11\frac{9}{8}$.

Entonces, $12\frac{1}{8} - 9\frac{1}{4} = 2\frac{7}{8}$.

**Tu turno** **Resta. Reduce.**

d. $6\frac{1}{2} - 2\frac{3}{4}$    e. $10\frac{1}{6} - 7\frac{1}{3}$    f. $8\frac{7}{10} - 6\frac{3}{4}$

**MATEMÁTICAS EN LA VIDA DIARIA**

**EL MONTE RAINIER** El primer estimado oficial de su altura erró en unos cuantos miles de pies.

**Fuente:** www.mt.rainier.tibnet.com

## EJEMPLO Usa conversión para resolver problemas

**4** **GEOGRAFÍA** Kayla puede ver el monte Rainier desde su casa en Seattle. Aquél tiene una altura de unas $2\frac{3}{4}$ millas. Usa la gráfica para comparar el monte Rainier con la montaña más alta del mundo.

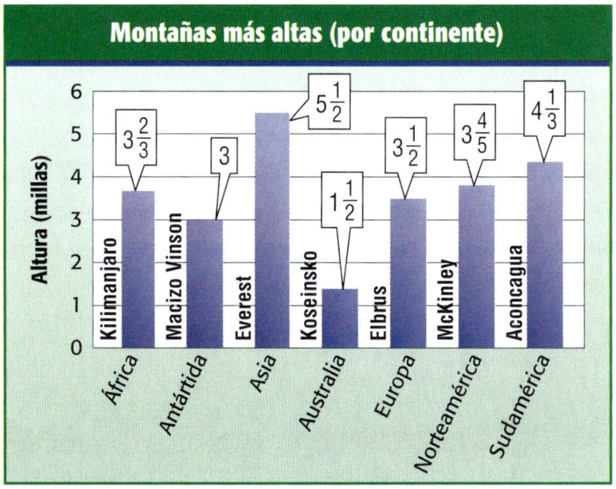


**Fuente:** *Oxford Atlas of the World*

Monte Rainier: $2\frac{3}{4}$ millas de altura

Monte Everest: $5\frac{1}{2}$ millas de altura

Calcula $5\frac{1}{2} - 2\frac{3}{4}$. **Estima** $6 - 3 = 3$

$$\begin{array}{rcrcr} 5\frac{1}{2} & \rightarrow & 5\frac{2}{4} & \rightarrow & 4\frac{6}{4} \\ -\ 2\frac{3}{4} & \rightarrow & -\ 2\frac{3}{4} & \rightarrow & -\ 2\frac{3}{4} \\ \hline & & & & 2\frac{3}{4} \end{array}$$

Convierte $5\frac{2}{4}$ en $4\frac{6}{4}$.

Entonces, el Everest es $2\frac{3}{4}$ millas más alto que el monte Rainier.

## Repaso de destrezas y conceptos

Escribe en matemáticas
**Ejercicios 4 y 5**

1. **Traza** un modelo o usa platos de cartón para mostrar cómo se calcula $3\frac{1}{2} - 1\frac{5}{8}$.

2. **INTERPRETA** Escribe un problema que se pueda resolver calculando $1\frac{1}{4} - \frac{1}{2}$ y resuélvelo.

3. **Completa.**

   a. $10 = 9\frac{\bullet}{8}$ b. $9 = 8\frac{\bullet}{6}$ c. $5\frac{3}{4} = 4\frac{\bullet}{4}$ d. $8\frac{2}{3} = 7\frac{\bullet}{3}$

4. **HALLA EL ERROR** Jeremy y Tom calcularon $9\frac{1}{2} - 3$. ¿Quién lo hizo bien? Explica.

| Jeremy | Tom |
|---|---|
| $9\frac{1}{2} - 3 = 9\frac{1}{2} - 2\frac{2}{2}$ <br> $= 7\frac{1}{2}$ | $9\frac{1}{2} - 3 = 6\frac{1}{2}$ |

5. **¿Cuál no pertenece?** ¿Qué resta no requiere conversión antes de sustraer? Explica.

| | | | |
|---|---|---|---|
| $7 - 2\frac{1}{2}$ | $9\frac{1}{3} - 4\frac{2}{3}$ | $6\frac{3}{10} - 2\frac{7}{10}$ | $3\frac{5}{8} - 2\frac{3}{8}$ |

### PRÁCTICA DIRIGIDA

**Resta. Reduce.**

6. $4 - 3\frac{1}{6}$
7. $3\frac{1}{8} - 1\frac{3}{8}$
8. $6\frac{1}{2} - 2\frac{3}{4}$
9. $5\frac{1}{4} - 3\frac{3}{5}$

10. **TRANSPORTE** El ministerio de transporte de EE.UU. prohíbe que un camionero maneje más de 70 horas en un lapso de 8 días. El Sr. Gálvez ha manejado $53\frac{3}{4}$ horas en los 6 días pasados. ¿Cuántas horas más puede manejar en los próximos 2 días?

## Práctica y aplicaciones

**AYUDA CON LAS TAREAS**

| Ejercicios | Ver ejemplos |
|---|---|
| 11–22 | 1–3 |
| 23–28 | 4 |

**Práctica adicional**
**Ver páginas 607, 629.**

**Resta. Reduce.**

11. $7 - 5\frac{1}{2}$
12. $9 - 3\frac{3}{5}$
13. $4\frac{1}{4} - 2\frac{3}{4}$
14. $9\frac{3}{8} - 6\frac{5}{8}$
15. $12\frac{1}{5} - 5\frac{3}{10}$
16. $8\frac{1}{3} - 1\frac{5}{6}$
17. $14\frac{3}{8} - 5\frac{3}{4}$
18. $10\frac{5}{9} - 3\frac{2}{3}$
19. $7\frac{1}{3} - 3\frac{1}{2}$
20. $5\frac{1}{6} - 1\frac{3}{8}$
21. $12\frac{3}{4} - \frac{4}{5}$
22. $9\frac{5}{9} - \frac{5}{6}$

23. **MEDICIÓN** ¿En cuánto exceden $1\frac{1}{2}$ pulgadas a $\frac{3}{4}$ de pulgada?

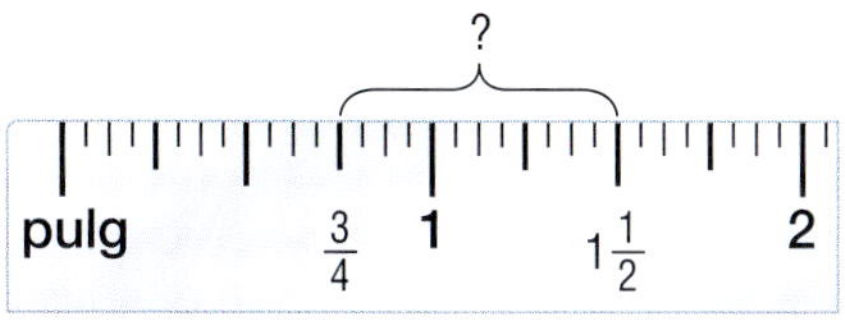


24. **MEDICIÓN** ¿En cuánto exceden 8 cuartos a $5\frac{1}{2}$ cuartos?

25. **DEPORTES** Usa la tabla al principio de la página 244 para calcular la diferencia entre la circunferencia de la pelota de béisbol más grande y la de sóftbol más grande.

26. **VIAJES** El piloto del avión dijo que se demorarían $2\frac{1}{2}$ horas en llegar al destino. Si ya han transcurrido $1\frac{3}{4}$ horas, ¿cuánto más te queda por volar?

**GEOGRAFÍA** **Usa la gráfica de la página 245 en los ejercicios 27 y 28.**

27. ¿En cuánto excede la altura del Everest a la del Kilimanjaro?

28. **INVESTIGACIÓN** Busca en Internet u otro medio la altura del monte Olimpo en Grecia. ¿Cuánto más alto es el monte Elbrus?

29. **RAZONAMIENTO CRÍTICO** Escribe un problema en el que haya que restar con conversión previa y cuya diferencia esté entre $\frac{1}{3}$ y $\frac{1}{2}$.

## Prueba estandarizada de práctica y repaso general

30. **SELECCIÓN MÚLTIPLE** La tabla enumera las diferencias entre la cancha de baloncesto olímpico y la de la NBA. ¿Cuánto más larga de la cancha de la NBA que la olímpica?

| Deporte | Largo de la cancha (pies) | Ancho de la cancha (pies) |
|---|---|---|
| **Baloncesto olímpico** | $91\frac{5}{6}$ | $49\frac{1}{6}$ |
| **Baloncesto de la NBA** | 94 | 50 |

Ⓐ $3\frac{2}{3}$ pies Ⓑ $2\frac{5}{6}$ pies

Ⓒ $2\frac{1}{6}$ pies Ⓓ $\frac{5}{6}$ de pie

31. **RESPUESTA BREVE** Melika hizo una colcha para su cuarto. Si tenía $10\frac{1}{4}$ yardas de tela y usó $7\frac{1}{2}$ yardas, ¿cuántas yardas *no* usó en la colcha?

**ÁLGEBRA** **Evalúa cada expresión, si $a = 1\frac{1}{6}$, $b = 4\frac{3}{4}$ y $c = 6\frac{5}{8}$.** (Lección 6-5)

32. $b + c$ 33. $b - a$ 34. $c - a$ 35. $a + b + c$

36. Calcula la suma de $\frac{7}{8}$ y $\frac{5}{6}$. Reduce. (Lección 6-4)

**Calcula la factorización prima de cada número.** (Lección 1-3)

37. 45 38. 73 39. 57 40. 72

CAPÍTULO 6

# Guía de estudio y repaso

## Guía de estudio y repaso

fracciones semejantes (pág. 228)

**Completa cada oración escogiendo el término o número correcto.**

1. A la mitad más cercana, $5\frac{1}{5}$ se redondea a $\left(5, 5\frac{1}{2}\right)$.
2. Al restar fracciones con igual denominador, se restan los (denominadores, numeradores).
3. El (mcd, MCD) es el mínimo común múltiplo de los denominadores de fracciones con distintos denominadores.
4. El mcd de $\frac{1}{8}$ y $\frac{3}{10}$ es (80, 40).
5. El número mixto $9\frac{1}{4}$ es igual a $\left(8\frac{3}{4}, 8\frac{5}{4}\right)$.
6. Al sumar fracciones con distintos denominadores, reescribe las fracciones usando el (mcd, MCD).

## Ejercicios y ejemplos: Lección por lección

### 6-1 Redondea fracciones y números mixtos (págs. 219–222)

**Redondea cada número a la mitad más cercana.**

7. $\frac{4}{5}$
8. $4\frac{1}{3}$
9. $6\frac{6}{14}$
10. $\frac{11}{20}$
11. $2\frac{2}{11}$
12. $9\frac{4}{9}$
13. **MEDICIÓN** Calcula la longitud de la llave a la mitad de pulgada más cercana.

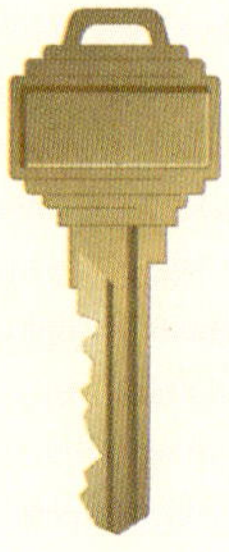

**Ejemplo 1** **Redondea $\frac{5}{8}$ a la mitad más cercana.**

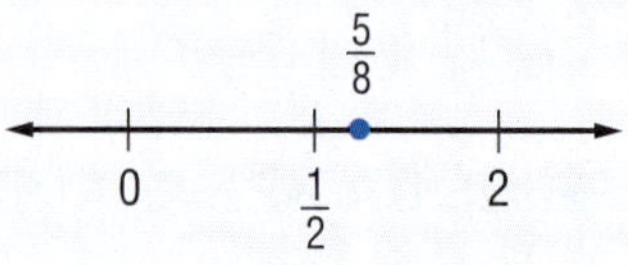


$\frac{5}{8}$ se redondea a $\frac{1}{2}$.

**Ejemplo 2** **Redondea $2\frac{4}{5}$ a la mitad más cercana.**

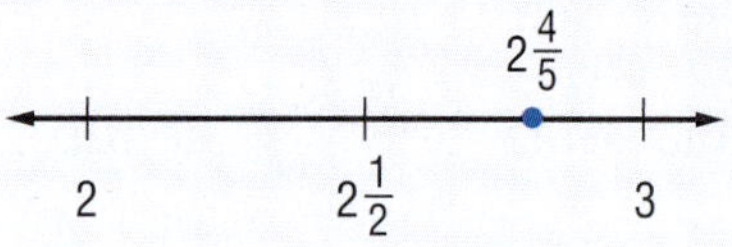


$2\frac{4}{5}$ está más cerca de 3 que de $2\frac{1}{2}$.

$2\frac{4}{5}$ se redondea a 3.



msmath1.net/vocabulary_review

## 6-2 Estima sumas y diferencias (págs. 223–225)

**Estima.**

**14.** $\frac{3}{4} + \frac{1}{3}$

**15.** $\frac{7}{8} - \frac{1}{5}$

**16.** $3\frac{1}{9} - 1\frac{6}{7}$

**17.** $9\frac{3}{8} - 2\frac{4}{5}$

**18.** $6\frac{7}{12} - 2\frac{1}{4}$

**19.** $\frac{1}{9} + 2\frac{9}{10}$

**20.** $4\frac{9}{10} + 1\frac{2}{9}$

**21.** $3\frac{7}{8} - \frac{1}{12}$

### Ejemplo 3

Estima $\frac{5}{6} - \frac{4}{9}$.

$\frac{5}{6} - \frac{4}{9}$ está cerca de $1 - \frac{1}{2}$ ó $\frac{1}{2}$.

### Ejemplo 4

Estima $2\frac{4}{5} + 6\frac{1}{8}$.

$2\frac{4}{5} + 6\frac{1}{8}$ está cerca de $3 + 6$ ó $9$.

## 6-3 Suma y resta fracciones con igual denominador (págs. 228–231)

**Suma o resta. Reduce.**

**22.** $\frac{3}{8} + \frac{1}{8}$

**23.** $\frac{7}{12} + \frac{1}{12}$

**24.** $\frac{7}{10} + \frac{3}{10}$

**25.** $\frac{6}{7} - \frac{2}{7}$

**26.** $\frac{11}{12} - \frac{7}{12}$

**27.** $\frac{7}{9} + \frac{4}{9}$

**28.** **PIZZAS** Tori se comió $\frac{4}{12}$ de una pizza grande y Ben se comió $\frac{5}{12}$. ¿Cuánta pizza comieron en total? Reduce.

### Ejemplo 5

Calcula $\frac{3}{8} + \frac{1}{8}$. **Estima** $\frac{1}{2} + 0 = \frac{1}{2}$

$\frac{3}{8} + \frac{1}{8} = \frac{3+1}{8}$ Suma los numeradores.

$= \frac{4}{8}$ ó $\frac{1}{2}$ Reduce.

### Ejemplo 6

Calcula $\frac{7}{12} - \frac{5}{12}$. **Estima** $\frac{1}{2} - \frac{1}{2} = 0$

$\frac{7}{12} - \frac{5}{12} = \frac{7-5}{12}$ Resta los numeradores.

$= \frac{2}{12}$ ó $\frac{1}{6}$ Reduce.

## 6-4 Suma y resta con distintos denominadores (págs. 235–238)

**Suma o resta. Reduce.**

**29.** $\frac{1}{2} + \frac{2}{3}$

**30.** $\frac{5}{8} + \frac{1}{4}$

**31.** $\frac{7}{9} - \frac{1}{12}$

**32.** $\frac{9}{10} - \frac{1}{4}$

**33.** $\frac{3}{4} + \frac{5}{6}$

**34.** $\frac{7}{9} - \frac{1}{6}$

**35.** $\frac{7}{8} - \frac{1}{3}$

**36.** $\frac{4}{5} + \frac{2}{10}$

### Ejemplo 7

Calcula $\frac{3}{8} + \frac{2}{3}$. **Estima** $\frac{1}{2} + \frac{1}{2} = 1$

Reescribe $\frac{3}{8}$ como $\frac{9}{24}$ y $\frac{2}{3}$ como $\frac{16}{24}$.

$$\begin{array}{r} \frac{3}{8} \\ +\ \frac{2}{3} \\ \hline \end{array} \rightarrow \begin{array}{c} \frac{3}{3} \times \frac{3}{8} = \frac{9}{24} \\ \frac{8}{8} \times \frac{2}{3} = \frac{16}{24} \end{array} \rightarrow \begin{array}{r} \frac{9}{24} \\ +\ \frac{16}{24} \\ \hline \frac{25}{24} \text{ ó } 1\frac{1}{24} \end{array}$$

## 6-5 Suma y resta números mixtos (págs. 240–243)

**Suma o resta. Reduce.**

**37.** $3\frac{2}{5} + 1\frac{3}{5}$

**38.** $9\frac{7}{8} - 5\frac{3}{8}$

**39.** $5\frac{7}{10} - 3\frac{2}{5}$

**40.** $2\frac{3}{4} + 1\frac{1}{6}$

**41.** $1\frac{8}{9} - 1\frac{1}{3}$

**42.** $6\frac{7}{12} + 4\frac{3}{8}$

**43.** $7\frac{5}{6} + 9\frac{3}{4}$

**44.** $4\frac{3}{7} - 2\frac{5}{14}$

**45.** **TAREAS** Durante el fin de semana, Brad se pasó $\frac{3}{4}$ de hora haciendo su tarea de matemáticas y $2\frac{1}{6}$ horas en su trabajo de ciencias. ¿Cuánto tiempo se pasó en ambas actividades?

### Ejemplo 8

Calcula $6\frac{5}{8} - 2\frac{2}{5}$. **Estima** $7 - 2 = 5$

El mcd de de 8 y 5 es 40. → Reescribe las fracciones. → Resta las fracciones y luego los números enteros.

$$\begin{array}{r} 6\frac{5}{8} \\ -\ 2\frac{2}{5} \\ \hline \end{array} \rightarrow \begin{array}{r} 6\frac{25}{40} \\ -\ 2\frac{16}{40} \\ \hline \end{array} \rightarrow \begin{array}{r} 6\frac{25}{40} \\ -\ 2\frac{16}{40} \\ \hline 4\frac{9}{40} \end{array}$$

## 6-6 Convierte para restar números mixtos (págs. 244–247)

**Resta y reduce la respuesta.**

**46.** $5 - 3\frac{2}{3}$

**47.** $6\frac{3}{8} - 3\frac{5}{6}$

**48.** $9\frac{1}{6} - 4\frac{5}{6}$

**49.** $7\frac{1}{2} - 6\frac{2}{3}$

**50.** $12\frac{2}{5} - 9\frac{2}{3}$

**51.** $8\frac{5}{8} - 1\frac{3}{4}$

**52.** $4\frac{7}{12} - 2\frac{5}{6}$

**53.** $2\frac{3}{7} - 1\frac{2}{3}$

**54.** **CULINARIA** Una receta de salsa de tallarines requiere $1\frac{2}{3}$ tazas de salsa de tomate. Una lata de salsa de tomate contiene $2\frac{1}{2}$ tazas. ¿Cuánta salsa de tomate sobrará?

**55.** **CONSTRUCCIÓN** Una tabla mide $9\frac{2}{3}$ pies. Si se corta un trozo de $5\frac{7}{8}$ pies, calcula el largo de lo que queda de la tabla.

### Ejemplo 9

Calcula $3\frac{1}{5} - 1\frac{4}{5}$. **Estima** $3 - 2 = 1$

$$\begin{array}{r} 3\frac{1}{5} \\ -\ 1\frac{4}{5} \\ \hline \end{array} \qquad \begin{array}{r} 2\frac{6}{5} \\ -\ 1\frac{4}{5} \\ \hline 1\frac{2}{5} \end{array}$$

Convierte $3\frac{1}{5}$ en $2\frac{6}{5}$.

### Ejemplo 10

Calcula $5\frac{1}{4} - 3\frac{2}{3}$. **Estima** $5 - 4 = 1$

El MCM de 4 y 3 es 12.

$$\begin{array}{r} 5\frac{1}{4} \\ -\ 3\frac{2}{3} \\ \hline \end{array} \rightarrow \begin{array}{r} 5\frac{3}{12} \\ -\ 3\frac{8}{12} \\ \hline \end{array} \rightarrow \begin{array}{r} 4\frac{15}{12} \\ -\ 3\frac{8}{12} \\ \hline 1\frac{7}{12} \end{array}$$

Convierte $5\frac{3}{12}$ en $4\frac{15}{12}$.

CAPÍTULO 6

# Prueba de práctica

## Vocabulario y conceptos

1. **Explica** cómo sumar dos fracciones con distintos denominadores.
2. **INTERPRETA** Escribe un problema de resta de números mixtos en el que haya que convertir.
3. **Formula** el procedimiento para restar números mixtos.

## Destrezas y aplicaciones

**Redondea cada número a la mitad más cercana.**

4. $4\frac{7}{8}$
5. $1\frac{10}{18}$
6. $8\frac{1}{5}$
7. $11\frac{1}{17}$

**Estima.**

8. $\frac{8}{10} + \frac{3}{5}$
9. $5\frac{1}{7} - 2\frac{9}{11}$
10. $3\frac{6}{14} + 2\frac{2}{3}$
11. $5\frac{4}{9} - 4\frac{13}{23}$

**Suma o resta. Reduce.**

12. $\frac{2}{9} + \frac{5}{9}$
13. $\frac{9}{10} - \frac{4}{10}$
14. $\frac{5}{6} - \frac{2}{6}$
15. $\frac{2}{9} + \frac{5}{6}$
16. $\frac{11}{12} - \frac{3}{8}$
17. $\frac{2}{5} + \frac{2}{4}$
18. $2\frac{1}{5} + 4\frac{2}{5}$
19. $6\frac{5}{8} - 4\frac{1}{2}$
20. $5\frac{7}{9} + 1\frac{3}{4}$

21. **CARPINTERÍA** En la clase de tecnología industrial, Aiko hizo una placa pegando un trozo de roble de $\frac{3}{8}$ de pulgada a un trozo de álamo de $\frac{5}{8}$ de pulgada. ¿Cuál es el espesor total de la placa?

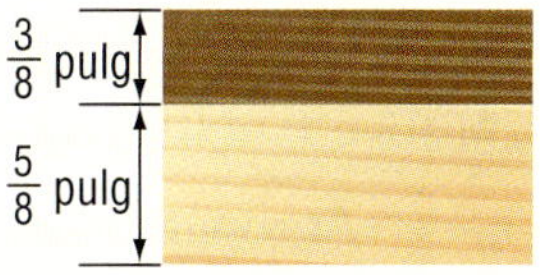


**Resta y reduce la respuesta.**

22. $4\frac{1}{4} - 2\frac{5}{8}$
23. $7\frac{2}{3} - 3\frac{3}{4}$
24. $11\frac{1}{2} - 7\frac{3}{5}$

## Prueba estandarizada de práctica

25. **SELECCIÓN MÚLTIPLE** Sarah tiene $4\frac{1}{4}$ tazas de harina. Si hornea galletas con una receta que requiere $2\frac{5}{8}$ tazas de harina, ¿cuánta harina le sobrará?

A $6\frac{7}{8}$ tazas
B $2\frac{1}{2}$ tazas
C $2\frac{3}{8}$ tazas
D $1\frac{5}{8}$ tazas

# CAPÍTULO 6 Prueba estandarizada de práctica

## PARTE 1 Selección múltiple

Anota tus respuestas en la hoja de respuestas provista por tu maestro(a) o en una hoja aparte.

1. Al terminar la práctica, Marcus coloca en una caja grande las pelotas de tenis de tres cestas que contienen 24, 19 y 31 pelotas. ¿Aproximadamente cuántas pelotas habrá en la caja? (Requisitos, pág. 589)

   (A) menos de 60
   (B) entre 60 y 70
   (C) entre 70 y 80
   (D) más de 90

2. ¿En qué orden deben ejecutarse las operaciones en la expresión $7 + 6 \div 2 \times 4 - 3$? (Lección 1-5)

   (F) multiplica, resta, divide, suma
   (G) suma, divide, multiplica, resta
   (H) multiplica, divide, suma, resta
   (I) divide, multiplica, suma, resta

3. Wendy y Martín encuestaron a alumnos para el periódico escolar e hicieron una gráfica con los resultados.

**Agregado favorito de sándwich**

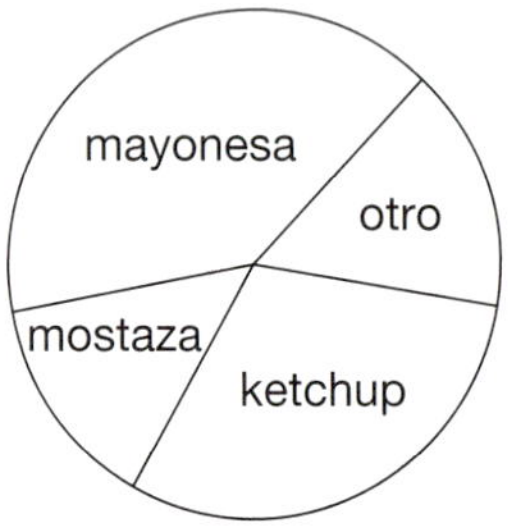


¿Aproximadamente cuántos alumnos prefieren mayonesa? (Lección 2-3)

   (A) 10%   (B) 25%
   (C) 40%   (D) 50%

**AYUDA PARA TOMAR PRUEBAS**

**Pregunta 4** Para redondear fracciones rápidamente, divide el denominador entre 2. Si el numerador es igual o mayor que ese número, redondea hacia arriba. En caso contrario, redondea hacia abajo.

4. Cary anotó lo que se demoró una semana en hacer las tareas. ¿Cuál es el *mejor* estimado del tiempo total que se pasó haciendo tareas? (Lección 6-2)

| Día | Tiempo (horas) |
|---|---|
| Lunes | $2\frac{1}{5}$ |
| Martes | $1\frac{2}{9}$ |
| Miércoles | $\frac{2}{3}$ |
| Jueves | $1\frac{3}{4}$ |

   (F) 2 h   (G) 4 h   (H) 5 h   (I) 6 h

5. Una receta requiere $\frac{1}{4}$ de taza de azúcar morena y $\frac{2}{3}$ de taza de azúcar granulada. ¿Cuánta azúcar se necesita en total? (Lección 6-4)

   (A) $\frac{1}{6}$ tz   (B) $\frac{3}{7}$ tz
   (C) $\frac{2}{3}$ tz   (D) $\frac{11}{12}$ tz

6. ¿Cuál es la diferencia entre $9\frac{5}{7}$ y $4\frac{3}{7}$? (Lección 6-5)

   (F) $5\frac{2}{7}$   (G) $5\frac{2}{14}$
   (H) $5\frac{2}{49}$   (I) $4\frac{2}{49}$

7. David tenía $6\frac{3}{8}$ yardas de pita. Si usó $2\frac{3}{4}$ yardas en un proyecto de arte, ¿cuánta pita le quedó? (Lección 6-6)

   (A) $3\frac{5}{8}$ yd   (B) $3\frac{3}{4}$ yd
   (C) 4 yd   (D) $4\frac{3}{8}$ yd

Alineado y verificado por The Princeton Review

## PARTE 2 Respuesta breve/Completa

Anota tus respuestas en la hoja de respuestas provista por tu maestro(a) o en una hoja aparte.

**8.** Scott compró unas cosas para su perro en Pet Mart, como se muestra. Al dólar más cercano, ¿cuánto gastó? (Lección 3-4)

**Pet Mart**

| | |
|---|---|
| Hueso | $2.67 |
| Juguete chirriante | $5.03 |
| Correa | $7.18 |
| Delicias | $1.01 |
| Total | $15.89 |

**9.** Si una libra esterlina vale 1.526 dólares estadounidenses, ¿cuánto valen 5 de ellas? (Lección 4-1)

**10.** Ali trazó un esquema del camino que toma cada día. La parte curva es un semicírculo de 10.5 metros de radio.

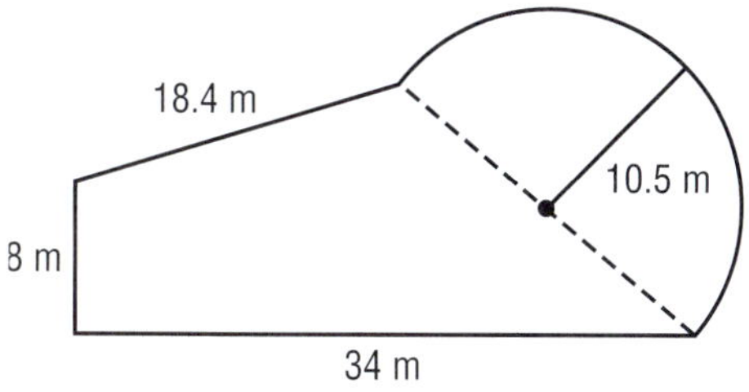


En décimas, ¿cuál es el total que Ali camina todos los días? (Lección 4-6)

**11.** El profesor le pasó a Emma su lista de lectura de verano. Al cabo de 4 semanas de asueto, Emma había leído 0.45 de los libros de la lista. ¿Qué es 0.45 escrito como fracción? (Lección 5-6)

**12.** Martina midió la altura de un dibujo que desea enmarcar, la que resultó ser de $16\frac{5}{8}$ pulgadas. Al redondear en pulgadas, ¿debería redondear hacia abajo o hacia arriba? ¿Por qué? (Lección 6-1)

**13.** ¿Cuál es el *mejor* estimado entero de $3\frac{3}{5} + 1\frac{4}{5} + \frac{1}{3}$? (Lección 6-2)

**14.** ¿Cuál es el valor de $\frac{4}{7} - \frac{1}{2}$? (Lección 6-4)

**15.** Calcula la diferencia entre $6\frac{5}{7}$ y $4\frac{2}{7}$. (Lección 6-5)

**16.** Hasta ahora esta semana, Julio ha nadado $\frac{1}{2}$ hora, $1\frac{1}{4}$ horas y $\frac{5}{6}$ de hora. Si su plan es nadar 3 horas semanales, ¿cuántas horas le quedan para cumplir su objetivo? (Lección 6-6)

## PARTE 3 Respuesta extendida

Anota tus respuestas en una hoja de papel aparte. Muestra tus cálculos.

**17.** Keisha piensa poner una cenefa de papel tapiz en todo su cuarto. Las dimensiones se muestran en el esquema. (Lecciones 6-5 y 6-6)

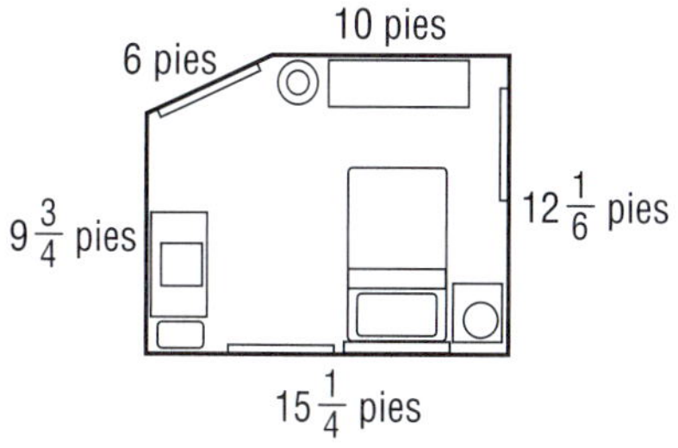


**a.** Explica cómo calcular la longitud de la cenefa para todo el cuarto.

**b.** ¿Cuántos pies de cenefa se necesitan?

**c.** Un rollo normal de cenefa de papel tapiz mide 15 pies. ¿Cuántos rollos se requieren para todo el cuarto?

**d.** ¿Cuantos pies de cenefa sobrarán?

CAPÍTULO 7

# Multiplicación y división de fracciones

## ¿Qué utilidad tienen las matemáticas en un viaje por carretera?

**Si viajas en auto, puedes calcular el consumo de gasolina o las millas por galón que rinde el auto, usando una división.** Por ejemplo, el consumo de gasolina de un auto que recorre **407 millas** con **$18\frac{1}{2}$ galones** de gasolina es **$407 \div 18\frac{1}{2}$**.

Gracias a las matemáticas, dividirás fracciones y números mixtos para resolver muchos problemas de la vida cotidiana.

Resolverás problemas sobre el consumo de gasolina en la Lección 7-5.

# PARA COMENZAR

**Toma este control para ver si estás listo(a) para estudiar el Capítulo 7. Si necesitas repasar más, refiérete al número de página en paréntesis.**

## Repaso del vocabulario

**Completa cada oración.**

1. El MCD representa el __?__ de un conjunto de números. (Lección 5-1)
2. $\frac{7}{2}$ es un(a) __?__ porque el numerador es mayor que el denominador. (Lección 5-1)
3. Los número 6, 9 y 12 son __?__ de 3. (Lección 5-1)

## Requisitos

**Calcula cada producto con una calculadora. Redondea en décimas.** (Lección 3-3)

4. $\pi \times 20$
5. $8 \times \pi$
6. $2 \times \pi \times 5$
7. $4 \times \pi \times 9$

**Calcula el MCD de cada grupo de números.** (Lección 5-1)

8. 6, 24
9. 18, 12
10. 14, 8
11. 10, 20
12. 21, 9
13. 28, 32

**Convierte cada número mixto en una fracción impropia.** (Lección 5-3)

14. $2\frac{3}{4}$
15. $1\frac{6}{7}$
16. $5\frac{7}{9}$
17. $3\frac{1}{8}$

**Redondea cada fracción a 0, $\frac{1}{2}$ ó 1.** (Lección 6-1)

18. $\frac{1}{5}$
19. $\frac{4}{7}$
20. $\frac{11}{12}$
21. $\frac{2}{15}$

### PLEGADOS™ Organiza el estudio

**Fracciones** Haz este plegado como ayuda para organizar tu información sobre fracciones. Usa una hoja de papel de $8\frac{1}{2}$" por 11".

**PASO 1 Dobla**
Dobla el papel a lo ancho, dejando 1 pulgada de margen en la parte superior de la hoja.

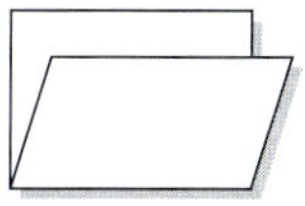

**PASO 2 Dobla otra vez**
Dobla de nuevo a lo ancho.

**PASO 3 Desdobla y corta**
Desdobla. Corta a lo largo del doblez vertical, desde abajo hasta el primer doblez.

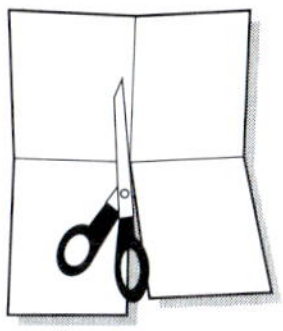

**PASO 4 Rotula**
Rotula cada lengüeta como se muestra. En el margen superior escribe *Fracciones* y dibuja flechas que apunten hacia las lengüetas.

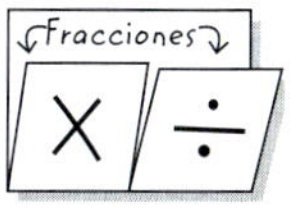


**Lee y escribe** A medida que leas y estudies el capítulo, escribe notas, ejemplos y modelos de multiplicación y división de fracciones bajo la lengüeta respectiva.

# 7-1 Estima productos

**Lo que aprenderás**
A estimar productos usando números compatibles y redondeo.

**NUEVO vocabulario**
números compatibles

**REPASO de vocabulario**
**Múltiplo de un número:** el producto del número por cualquier otro número entero (Lección 5-4)

## ¿CUÁNDO usaré esto?

**DEPORTES** Kayla acertó aproximadamente $\frac{1}{3}$ de los 14 tiros que lanzó durante un partido de baloncesto.

1. ¿Cuál es el múltiplo de 3 más cercano al número total de tiros lanzados?
2. ¿Cuántas pelotas de baloncesto se deben agregar para reflejar el múltiplo más cercano a 3?
3. Divide las pelotas de baloncesto en tres grupos con el mismo número de pelotas. ¿Cuántas pelotas de baloncesto hay en cada grupo?
4. ¿Aproximadamente cuántos tiros lanzó Kaila?

Un modo de estimar un producto es mediante el uso de **números compatibles**, los cuales son números fáciles de dividir mentalmente.

## EJEMPLOS Estima usando números compatibles

**1** **Estima $\frac{1}{4} \times 13$.** $\frac{1}{4} \times 13$ significa $\frac{1}{4}$ de 13.

Halla un número cercano a 13 que sea múltiplo de 4.

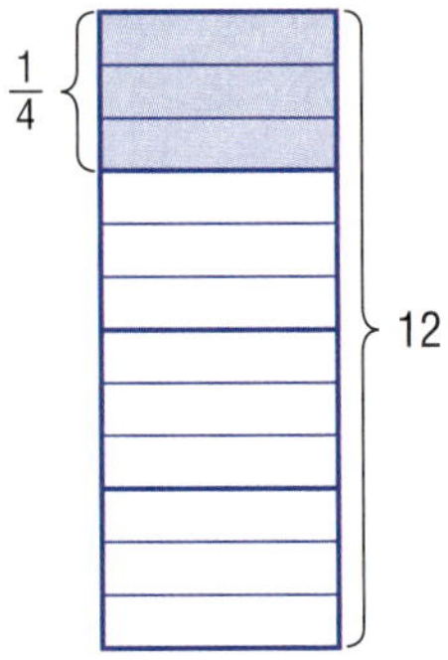


$\frac{1}{4} \times 13 \rightarrow \frac{1}{4} \times 12$ 12 y 4 son números compatibles porque $12 \div 4 = 3$.

$\frac{1}{4} \times 12 = 3$ $12 \div 4 = 3$.

Por lo tanto, $\frac{1}{4} \times 13$ es *aproximadamente* igual a 3.

**2** **Estima $\frac{2}{5} \times 11$.**

Primero, estima $\frac{1}{5} \times 11$.

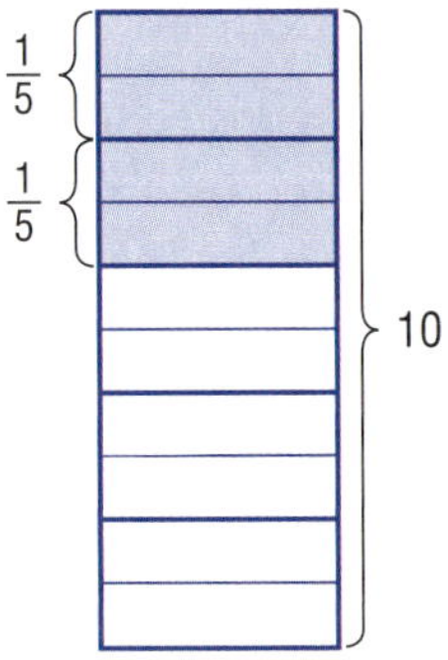


$\frac{1}{5} \times 11 \rightarrow \frac{1}{5} \times 10$ Usa 10 porque 10 y 5 son números compatibles.

$\frac{1}{5} \times 10 = 2$ $10 \div 5 = 2$

Si $\frac{1}{5}$ de 10 es igual a 2, entonces $\frac{2}{5}$ de 10 es $2 \times 2$ ó 4.

Por lo tanto, $\frac{2}{5} \times 11$ es *aproximadamente* igual a 4.

**Tu turno** **Estima cada producto.**

a. $\frac{1}{5} \times 16$
b. $\frac{5}{6} \times 13$
c. $\frac{3}{4} \times 23$

**EJEMPLO** **Estima redondeando a 0, $\frac{1}{2}$ ó 1**

**3** **Estima $\frac{1}{3} \times \frac{7}{8}$.**

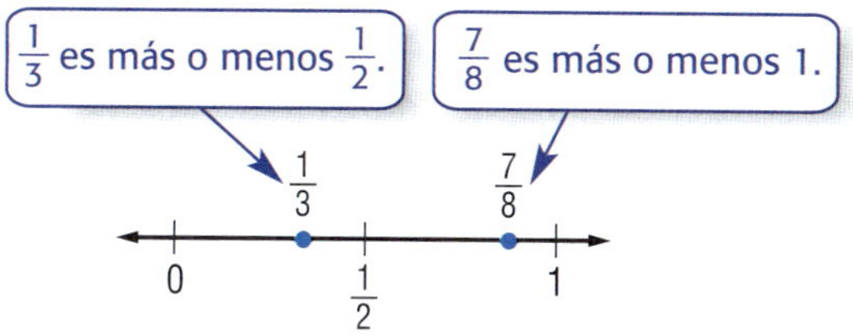


$\frac{1}{3} \times \frac{7}{8} \rightarrow \frac{1}{2} \times 1$

$\frac{1}{2} \times 1 = \frac{1}{2}$

Por lo tanto, $\frac{1}{3} \times \frac{7}{8}$ es *aproximadamente* igual a $\frac{1}{2}$.

**Tu turno** **Estima cada producto.**

**d.** $\frac{5}{8} \times \frac{9}{10}$  **e.** $\frac{5}{6} \times \frac{9}{10}$  **f.** $\frac{5}{6} \times \frac{1}{9}$

**AYUDA PARA EL ESTUDIO**

**Mirada retrospectiva** En la Lección 1-8 puedes repasar cómo calcular el **área de un rectángulo**.

**EJEMPLO** **Estima usando números mixtos**

**4** **GEOMETRÍA Estima el área de un rectángulo.**

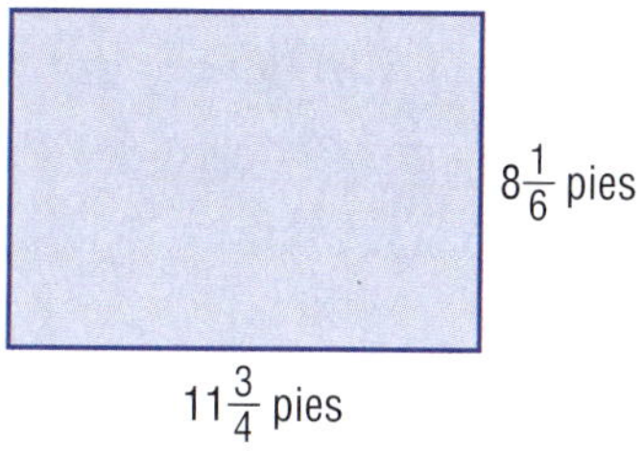


Redondea cada número mixto al número entero más cercano.

$11\frac{3}{4} \times 8\frac{1}{6} \rightarrow 12 \times 8 = 96$

Redondea $11\frac{3}{4}$ a 12. Redondea $8\frac{1}{6}$ a 8.

Por lo tanto, el área es *aproximadamente* igual a 96 pies cuadrados.

## Repaso de destrezas y conceptos

**Escribe en matemáticas** **Ejercicios 1 y 3**

1. **Explica** cómo se usan los números compatibles para estimar $\frac{2}{3} \times 8$.
2. **INTERPRETA** Escribe un ejemplo de dos números mixtos cuyo producto sea aproximadamente igual a 6.
3. **SENTIDO NÚMERICO** ¿Es $\frac{2}{3} \times 20$ mayor que 14 ó menor que 14? Explica?

### PRÁCTICA DIRIGIDA

**Estima cada producto.**

4. $\frac{1}{8} \times 15$
5. $\frac{3}{4} \times 21$
6. $\frac{1}{4} \times \frac{8}{9}$
7. $\frac{5}{8} \times \frac{1}{9}$
8. $6\frac{2}{3} \times 4\frac{1}{5}$
9. $2\frac{9}{10} \times 10\frac{3}{4}$
10. **PINTURA** Una pared mide $8\frac{1}{2}$ pies por $12\frac{3}{4}$ pies. Si un galón de pintura cubre aproximadamente 150 pies cuadrados, ¿será suficiente un galón de pintura para pintar toda la pared? Explica.

## Práctica y aplicaciones

| AYUDA CON LAS TAREAS | |
|---|---|
| Ejercicios | Ver ejemplos |
| 11–12, 25–26 | 1, 2 |
| 13–18, 23 | 3 |
| 19–22, 24 | 4 |
| Práctica adicional Ver páginas 607, 630. | |

**Estima cada producto.**

**11.** $\frac{1}{4} \times 21$ **12.** $\frac{2}{3} \times 10$ **13.** $\frac{5}{7} \times \frac{3}{4}$ **14.** $\frac{5}{6} \times \frac{8}{9}$

**15.** $\frac{5}{7} \times \frac{1}{9}$ **16.** $\frac{1}{10} \times \frac{7}{8}$ **17.** $\frac{11}{12} \times \frac{3}{8}$ **18.** $\frac{2}{5} \times \frac{9}{10}$

**19.** $4\frac{1}{3} \times 2\frac{3}{4}$ **20.** $6\frac{4}{5} \times 4\frac{1}{9}$ **21.** $5\frac{1}{8} \times 9\frac{1}{12}$ **22.** $2\frac{9}{10} \times 8\frac{5}{6}$

**23.** Estima $\frac{3}{8} \times \frac{1}{11}$. **24.** Estima $\frac{5}{9}$ de $7\frac{7}{8}$.

**Adolescentes voluntarios**

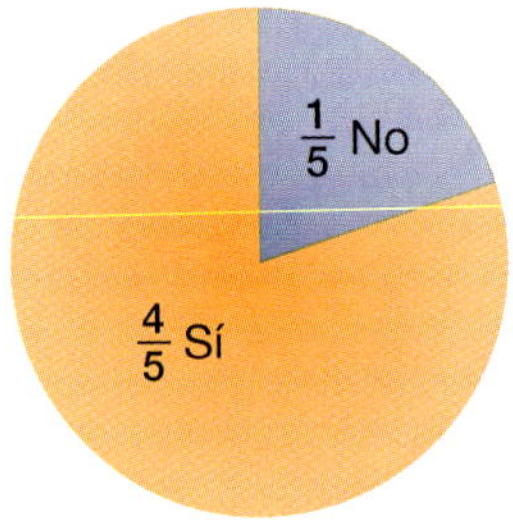


**Fuente:** 200M and Research & Consulting

**25.** **SERVIR DE VOLUNTARIO** La gráfica circular muestra la fracción de adolescentes que han trabajado como voluntarios. Supón que se encuesta a 100 adolescentes. ¿Aproximadamente cuántos adolescentes *no* han trabajado como voluntarios?

**26.** **DEPORTES** Barry Zito, jugador de los Atléticos de Oakland, ganó alrededor de $\frac{4}{5}$ de los juegos que lanzó en el año 2002. Si Zito lanzó 28 juegos en total, ¿aproximadamente cuántos ganó? Explica.

**27.** **RAZONAMIENTO CRÍTICO** ¿Cuál punto de la recta numérica corresponde al producto de los puntos *C* y *D*?

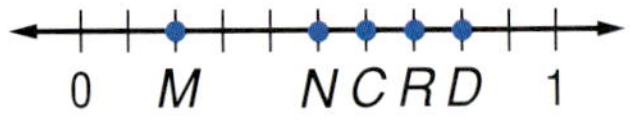


## Prueba estandarizada de práctica y repaso general

**28.** **SELECCIÓN MÚLTIPLE** ¿Cuál es el mejor estimado del área del rectángulo?

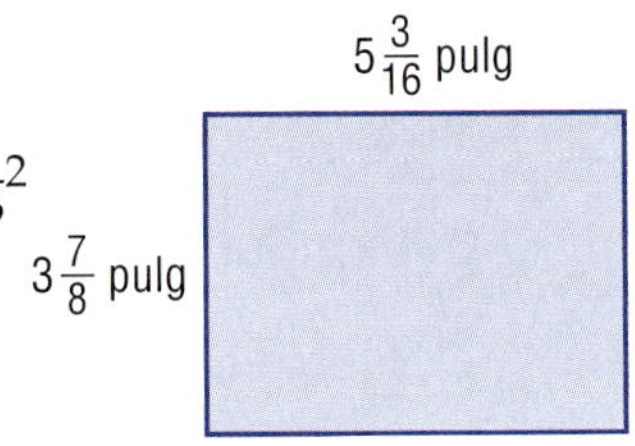


Ⓐ 15 pulg$^2$ Ⓑ 20 pulg$^2$ Ⓒ 24 pulg$^2$ Ⓓ 16 pulg$^2$

**29.** **RESPUESTA BREVE** Ruby se ha propuesto ahorrar $\frac{1}{4}$ de su mesada. Si recibe $25 mensuales, ¿aproximadamente cuánto ahorrará cada mes?

**30.** **HORNEAR** Viho necesita $2\frac{1}{4}$ tazas de harina para hacer galletas, $1\frac{2}{3}$ tazas de harina para hacer barras de almendras y $3\frac{1}{2}$ tazas de harina para hacer bollos de canela. ¿Cuánta harina necesita en total? (Lección 6-6)

**Resta y reduce.** (Lección 6-5)

**31.** $10\frac{3}{8} - 7\frac{1}{8}$ **32.** $5\frac{1}{6} - 3\frac{8}{9}$ **33.** $8\frac{2}{3} - 3\frac{6}{7}$ **34.** $6\frac{3}{5} - 4\frac{2}{3}$

### PREPÁRATE PARA LA SIGUIENTE LECCIÓN

**REQUISITOS** **Calcula el MCD de cada conjunto de números.** (Lección 5-1)

**35.** 6, 9 **36.** 8, 6 **37.** 10, 4 **38.** 15, 9 **39.** 24, 16

# 7-2a LABORATORIO de PRÁCTICA

**Sinopsis de la Lección 7-2**

**Lo que aprenderás**
A multiplicar fracciones usando modelos.

**Materiales**
- papel
- marcadores

## Multiplica fracciones

En el Capítulo 4, usaste modelos decimales para multiplicar decimales. Puedes usar un modelo similar para multiplicar fracciones.

**ACTIVIDAD** *Trabaja con un(a) compañero(a).*

**1 Calcula $\frac{1}{3} \times \frac{1}{2}$ usando un modelo.**

Para calcular $\frac{1}{3} \times \frac{1}{2}$, calcula $\frac{1}{3}$ de $\frac{1}{2}$.

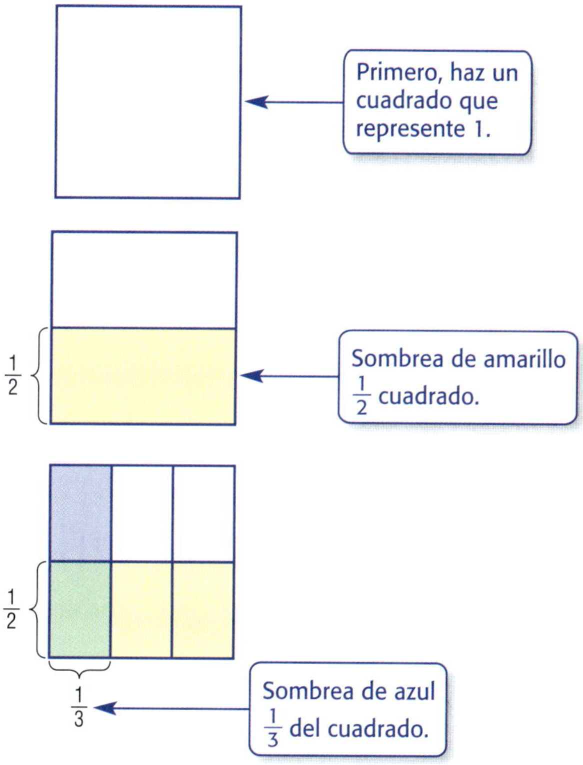


Un sexto del cuadrado está sombreado de verde. Entonces, $\frac{1}{3} \times \frac{1}{2} = \frac{1}{6}$.

**Tu turno** **Calcula cada producto usando un modelo.**

a. $\frac{1}{4} \times \frac{1}{2}$  b. $\frac{1}{3} \times \frac{1}{4}$  c. $\frac{1}{2} \times \frac{1}{5}$

## Escribe en matemáticas

1. Describe qué cambios harías al modelo para poder multiplicar $\frac{1}{2} \times \frac{1}{3}$. ¿Se obtiene el mismo resultado que al multiplicar $\frac{1}{3} \times \frac{1}{2}$? Explica.

**ACTIVIDAD** *Trabaja con un(a) compañero(a).*

**2** **Calcula $\frac{3}{5} \times \frac{2}{3}$ usando un modelo. Luego reduce.**

Para calcular $\frac{3}{5} \times \frac{2}{3}$, calcula $\frac{3}{5}$ de $\frac{2}{3}$.

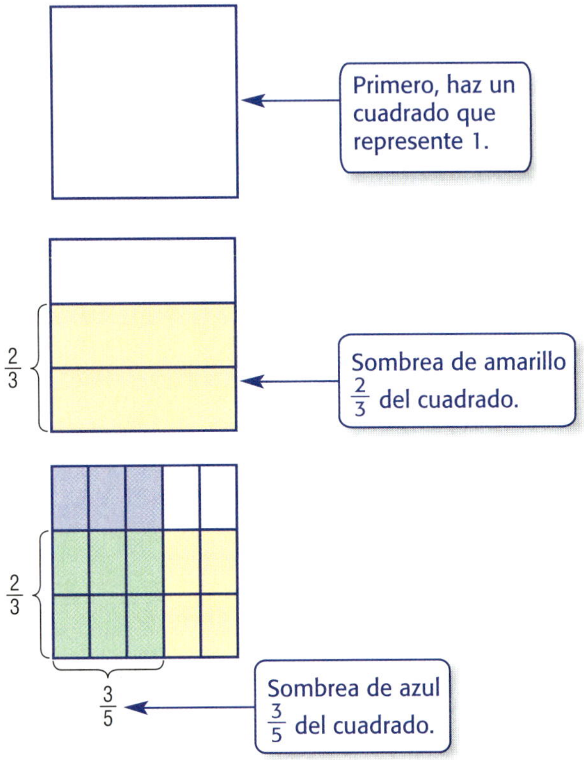


Seis de 15 partes están sombreadas en verde. Entonces, $\frac{3}{5} \times \frac{2}{3} = \frac{6}{15}$ ó $\frac{2}{5}$.

**Tu turno** **Calcula cada producto usando un modelo. Luego reduce.**

**d.** $\frac{3}{4} \times \frac{2}{3}$ **e.** $\frac{2}{5} \times \frac{5}{6}$ **f.** $\frac{4}{5} \times \frac{3}{8}$

## Escribe en matemáticas

2. Dibuja un modelo que demuestre que $\frac{2}{3} \times \frac{5}{6} = \frac{10}{18}$. Luego explica por qué el modelo también demuestra que $\frac{10}{18}$ se reduce a $\frac{5}{9}$.
3. Explica la relación que hay entre los numeradores del problema y los numeradores del producto. ¿Qué observas en los denominadores del problema y qué observas en los denominadores del producto?
4. **HAZ UNA CONJETURA** Escribe una regla que sirva para multiplicar fracciones.

# 7-2 Multiplica fracciones

**Lo que aprenderás**
A multiplicar fracciones.

**REPASO de vocabulario**

**Máximo común divisor (MCD):** el más grande de los factores comunes de dos o más números **(Lección 5-1)**

## ¿CUÁNDO usaré esto?

**TIERRA** El modelo representa la parte de la Tierra cubierta por agua, así como la parte cubierta por el océano Pacífico. El área sobrepuesta representa $\frac{1}{2}$ de $\frac{7}{10}$ ó $\frac{1}{2} \times \frac{7}{10}$.

Cerca de $\frac{7}{10}$ de la superficie de la Tierra está cubierta de agua.

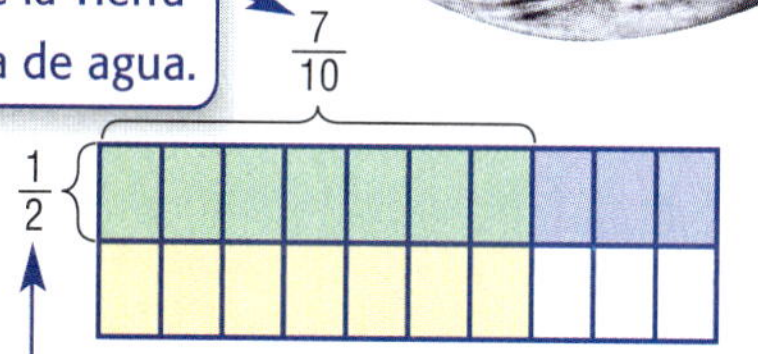


Cerca de $\frac{1}{2}$ de la superficie cubierta por agua corresponde al océano Pacífico.

1. ¿Qué fracción de la superficie de la Tierra está cubierta por el océano Pacífico?
2. ¿Cuál es la relación entre el numerador y el denominador de los factores y el numerador y el denominador del producto?

## Concepto clave — Multiplicación de fracciones

**En palabras** Para multiplicar fracciones, multiplica los numeradores entre sí y multiplica los denominadores entre sí.

**En símbolos**

Aritmética

$\frac{2}{5} \times \frac{1}{2} = \frac{2 \times 1}{5 \times 2}$

Álgebra

$\frac{a}{b} \times \frac{c}{d} = \frac{a \times c}{b \times d}$, donde $b$ y $d$ son diferentes de 0.

## EJEMPLO Multiplica fracciones

**1** Calcula $\frac{1}{3} \times \frac{1}{4}$.

$\frac{1}{3} \times \frac{1}{4} = \frac{1 \times 1}{3 \times 4}$ Multiplica los numeradores. Multiplica los denominadores.

$= \frac{1}{12}$ Reduce.

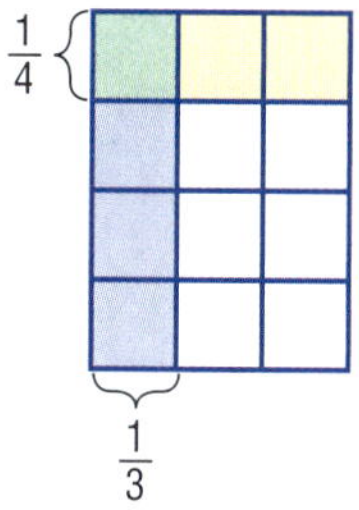


**Tu turno** Multiplica. Luego reduce.

a. $\frac{1}{2} \times \frac{3}{5}$

b. $\frac{1}{3} \times \frac{3}{4}$

c. $\frac{2}{3} \times \frac{5}{6}$

Para multiplicar una fracción por un número entero, primero convierte el número entero en una fracción.

## EJEMPLO Multiplica fracciones por números enteros

**2** Calcula $\frac{3}{5} \times 4$. **Estima** $\frac{1}{2} \times 4 = 2$

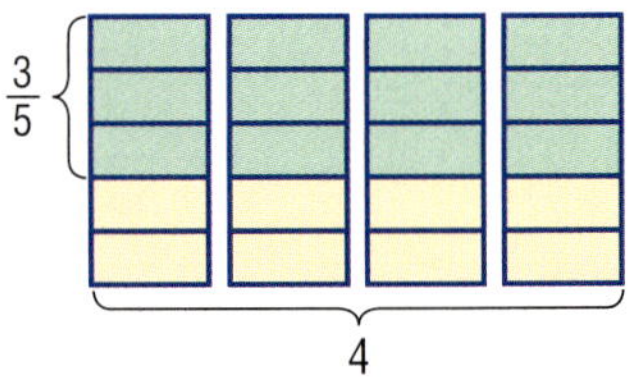


$\frac{3}{5} \times 4 = \frac{3}{5} \times \frac{4}{1}$ Convierte 4 en $\frac{4}{1}$.

$= \frac{3 \times 4}{5 \times 1}$ Multiplica.

$= \frac{12}{5}$ ó $2\frac{2}{5}$ Reduce. Compara con el estimado.

**Tu turno** **Multiplica. Luego reduce.**

**d.** $\frac{2}{3} \times 6$ **e.** $\frac{3}{4} \times 5$ **f.** $3 \times \frac{1}{2}$

Si los numeradores y los denominadores tienen un factor común, se puedes reducir *antes* de multiplicar.

## EJEMPLO Reduce antes de multiplicar

**3** Calcula $\frac{3}{4} \times \frac{5}{6}$. **Estima** $\frac{1}{2} \times 1 = \frac{1}{2}$

El numerador 3 y el denominador 6 tienen como factor común el número 3.

$\frac{3}{4} \times \frac{5}{6} = \frac{\overset{1}{\cancel{3}} \times 5}{4 \times \underset{2}{\cancel{6}}}$ Divide el numerador y el denominador entre 3.

$= \frac{5}{8}$ Reduce. Compara con el estimado.

**Tu turno** **Multiplica. Luego reduce.**

**g.** $\frac{3}{4} \times \frac{4}{9}$ **h.** $\frac{5}{6} \times \frac{9}{10}$ **i.** $\frac{3}{5} \times 10$

## EJEMPLO Evalúa expresiones

**AYUDA PARA EL ESTUDIO**

**Cálculo mental**
Algunas fracciones se pueden multiplicar mentalmente. Por ejemplo, $\frac{1}{3}$ de $\frac{3}{8} = \frac{1}{8}$. Por lo tanto, $\frac{2}{3}$ de $\frac{3}{8} = \frac{2}{8}$ ó $\frac{1}{4}$.

**4** **ÁLGEBRA** Evalúa $ab$ si $a = \frac{2}{3}$ y $b = \frac{3}{8}$.

$ab = \frac{2}{3} \times \frac{3}{8}$ Reemplaza $a$ por $\frac{2}{3}$ y $b$ por $\frac{3}{8}$.

$= \frac{\overset{1}{\cancel{2}} \times \overset{1}{\cancel{3}}}{\underset{1}{\cancel{3}} \times \underset{4}{\cancel{8}}}$ El MCD de 2 y 8 es 2. El MCD de 3 y 3 es 3. Divide el numerador y el denominador entre 2. Luego divídelos entre 3.

$= \frac{1}{4}$ Reduce.

**Tu turno**

**j.** Evalúa $\frac{3}{4}c$ si $c = \frac{2}{5}$. **k.** Evalúa $5a$ si $a = \frac{3}{10}$.

## Repaso de destrezas y conceptos

**Escribe en matemáticas**
**Ejercicios 3 y 4**

1. **Dibuja** un modelo que muestre por qué $\frac{2}{3} \times \frac{1}{2} = \frac{1}{3}$.
2. **INTERPRETA** Escribe un ejemplo de multiplicación de dos fracciones en el que puedas reducir, antes de hacer la multiplicación.
3. **SENTIDO NÚMERICO** Natalie multiplicó $\frac{2}{3}$ por 22 y obtuvo 33. ¿Es un resultado razonable? ¿Por qué?
4. **SENTIDO NÚMERICO** Sin hacer la multiplicación, indica si el resultado de $\frac{5}{9}$ por $\frac{4}{7}$ es una fracción o un número mixto. Explica.

### PRÁCTICA DIRIGIDA

**Multiplica. Luego reduce.**

5. $\frac{1}{8} \times \frac{1}{2}$
6. $\frac{4}{5} \times 10$
7. $\frac{1}{3} \times \frac{3}{4}$
8. $\frac{3}{10} \times \frac{5}{6}$
9. $\frac{3}{4} \times 12$
10. $\frac{3}{5} \times \frac{5}{6}$
11. **ÁLGEBRA** Evalúa $xy$ si $x = \frac{1}{4}$ y $y = \frac{5}{6}$.
12. **PASATIEMPOS** Supón que estás construyendo el modelo de un auto que mide $\frac{1}{12}$ del tamaño original. ¿Qué longitud tendrá el modelo si el carro real mide lo que indica la siguiente figura?

## Práctica y aplicaciones

**AYUDA CON LAS TAREAS**

| Ejercicios | Ver ejemplos |
|---|---|
| 13–14 | 1 |
| 15–16, 33–35 | 2 |
| 17–24, 36 | 3 |
| 29–32 | 4 |

**Práctica adicional**
**Ver páginas 607, 630.**

**Multiplica. Luego reduce.**

13. $\frac{1}{3} \times \frac{2}{5}$
14. $\frac{1}{8} \times \frac{3}{4}$
15. $\frac{3}{4} \times 2$
16. $\frac{2}{3} \times 4$
17. $\frac{2}{3} \times \frac{1}{4}$
18. $\frac{3}{5} \times \frac{5}{7}$
19. $\frac{4}{9} \times \frac{3}{8}$
20. $\frac{2}{5} \times \frac{5}{6}$
21. $\frac{3}{4} \times \frac{5}{8}$
22. $\frac{5}{6} \times 15$
23. $\frac{1}{2} \times \frac{4}{9}$
24. $\frac{7}{8} \times \frac{2}{3}$
25. $\frac{1}{2} \times \frac{1}{3} \times \frac{1}{4}$
26. $\frac{2}{3} \times \frac{3}{4} \times \frac{2}{3}$
27. $\frac{1}{2} \times \frac{2}{5} \times \frac{15}{16}$
28. $\frac{2}{3} \times \frac{9}{10} \times \frac{5}{9}$

**ÁLGEBRA Evalúa cada expresión si $a = \frac{3}{5}$, $b = \frac{1}{2}$ y $c = \frac{1}{3}$.**

29. $ab$
30. $bc$
31. $\frac{1}{3}a$
32. $ac$
33. **CIENCIA BIOLÓGICA** Aproximadamente $\frac{7}{10}$ del cuerpo humano es agua. ¿Cuántas libras de agua tiene una persona que pesa 120 libras?

34. **MALL** El área de un mall mide 700,000 pies cuadrados. Aproximadamente $\frac{1}{9}$ del área está dedicado a comercios relacionados con la venta de comida. ¿Más o menos cuántos pies cuadrados del mall están dedicados a comercios que venden comida?

35. **GEOGRAFÍA** El estado de Rhode Island tiene un área de 1,545 millas cuadradas. Cerca de $\frac{1}{3}$ de su superficie está cubierta por agua. ¿Aproximadamente cuántas millas cuadradas de su superficie están cubiertas por agua?

**Actualiza datos** ¿Qué fracción del área de tu estado está cubierta por agua? Visita msmath1.net/data_update para obtener más información.

36. **BANDERAS** En una encuesta reciente, $\frac{4}{5}$ de los estadounidenses dijeron que tenían izadas sus bandera. De quienes tenían una bandera izada, cinco octavos la tenían izada en sus casas. ¿Qué fracción de los estadounidenses tenían una bandera izada en sus casas?

37. **RAZONAMIENTO CRÍTICO** Calcula $\frac{1}{2} \times \frac{2}{3} \times \frac{3}{4} \times \frac{4}{5} \times \ldots \times \frac{99}{100}$.

## Prueba estandarizada de práctica y repaso general

38. **SELECCIÓN MÚLTIPLE** Evalúa $ab$ si $a = \frac{7}{8}$ y $b = \frac{2}{3}$.

Ⓐ $\frac{21}{16}$ Ⓑ $\frac{9}{11}$ Ⓒ $\frac{72}{83}$ Ⓓ $\frac{7}{12}$

39. **RESPUESTA BREVE** En un día soleado de mayo, $\frac{6}{7}$ de los alumnos de la escuela secundaria West llevaban puesta una camiseta de manga corta. De este grupo de alumnos, $\frac{2}{3}$ tenían pantalón corto. ¿Qué fracción de los alumnos tenían camisetas de manga corta y pantalón corto?

**Estima cada producto.** (Lección 7-1)

40. $\frac{1}{6} \times 29$ 41. $1\frac{8}{9} \times 5\frac{1}{6}$ 42. $\frac{1}{7} \times 3\frac{5}{6}$ 43. $\frac{4}{9} \times \frac{8}{9}$

44. **SALUD** Joaquín mide $65\frac{1}{2}$ pulgadas. Juan mide $61\frac{3}{4}$ pulgadas. ¿Cuántas pulgadas más mide Joaquín que Juan? (Lección 6-6)

45. **DEPORTES** La tabla muestra el tiempo final de cuatro corredores en la carrera de los 100 metros. ¿En qué orden cruzaron los corredores la línea final? (Lección 3-2)

| Corredor | Tiempo |
|---|---|
| Sarah | 14.31 s |
| Camellia | 13.84 s |
| Fala | 13.97 s |
| Debbie | 13.79 s |

### PREPÁRATE PARA LA SIGUIENTE LECCIÓN

**REQUISITOS Convierte cada número mixto en una fracción impropia.** (Lección 5-3)

46. $4\frac{1}{2}$ 47. $3\frac{1}{4}$ 48. $5\frac{2}{3}$ 49. $2\frac{5}{7}$ 50. $9\frac{3}{4}$ 51. $6\frac{5}{8}$

# 7-3 Multiplica números mixtos

**Lo que aprenderás**
A multiplicar números mixtos.

**REPASO de vocabulario**

**Fracción impropia:** fracción cuyo numerador es mayor o igual al denominador **(Lección 5-3)**

## ¿CUÁNDO usaré esto?

**EJERCICIO** Jasmine camina $2\frac{1}{2}$ millas, 3 días a la semana. La recta numérica muestra el número de millas que camina en una semana.

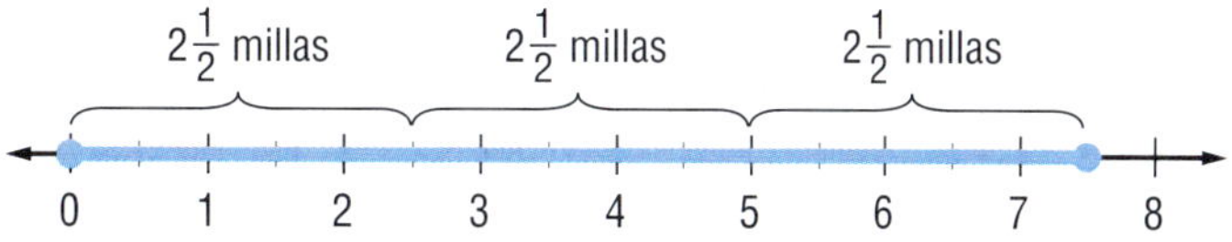


1. ¿Cuántas millas camina Jasmine en una semana?
2. Escribe una multiplicación que represente el total de millas que camina en una semana.
3. Escribe la ecuación usando fracciones impropias.

**Usa una recta numérica y fracciones impropias para calcular cada producto.**

4. $2 \times 1\frac{1}{3}$
5. $2 \times 2\frac{1}{4}$
6. $3 \times 1\frac{3}{4}$

7. Describe por qué la multiplicación de números mixtos es similar a la multiplicación de fracciones.

La multiplicación de números mixtos es similar a la multiplicación de fracciones.

**Concepto clave** — **Multiplicación de números mixtos**

Para multiplicar números mixtos, convierte los números mixtos en una fracción impropia y luego multiplica siguiendo el mismo método que se usa para multiplicar fracciones.

## EJEMPLO Multiplica una fracción por un número mixto

**1** Calcula $\frac{1}{4} \times 4\frac{4}{5}$. **Estima** Usa números compatibles → $\frac{1}{4} \times 4 = 1$

$\frac{1}{4} \times 4\frac{4}{5} = \frac{1}{4} \times \frac{24}{5}$ Convierte $4\frac{4}{5}$ en $\frac{24}{5}$.

$= \frac{1 \times \overset{6}{\cancel{24}}}{\underset{1}{\cancel{4}} \times 5}$ Divide 24 y 4 entre su MCD, 4.

$= \frac{6}{5}$ ó $1\frac{1}{5}$ Reduce. Compara con el estimado.

**Tu turno** **Multiplica. Luego reduce.**

a. $\frac{2}{3} \times 2\frac{1}{2}$
b. $\frac{3}{8} \times 3\frac{1}{3}$
c. $3\frac{1}{2} \times \frac{1}{3}$

**MATEMÁTICAS EN LA VIDA DIARIA**

**HORNEAR** Algunos juegos de tazas medidoras incluyen recipientes de $\frac{1}{4}, \frac{1}{3}, \frac{1}{2}, \frac{2}{3}, \frac{3}{4}$ y 1 taza.

## EJEMPLO Multiplica números mixtos

**2** **HORNEAR** **Jessica está haciendo $2\frac{1}{2}$ tandas de galletas con chispas de chocolate para vender. Si una tanda requiere de $2\frac{1}{4}$ tazas de harina, ¿cuánta harina necesitará?**

**Estima** $3 \times 2 = 6$

Cada tanda requiere de $2\frac{1}{4}$ tazas de harina. Multiplica $2\frac{1}{2}$ por $2\frac{1}{4}$.

$2\frac{1}{2} \times 2\frac{1}{4} = \frac{5}{2} \times \frac{9}{4}$ Primero, convierte los números mixtos en fracciones impropias.

$= \frac{5}{2} \times \frac{9}{4}$ Luego multiplica los numeradores entre sí y multiplica los denominadores entre sí.

$= \frac{45}{8}$ ó $5\frac{5}{8}$ Reduce.

Jessica necesita $5\frac{5}{8}$ tazas de harina. Compara el resultado con el estimado.

## EJEMPLO Evalúa expresiones

**3** **ÁLGEBRA** **Si $c = 1\frac{7}{8}$ y $d = 3\frac{1}{3}$, ¿cuál es el valor de $cd$?**

$cd = 1\frac{7}{8} \times 3\frac{1}{3}$ Reemplaza $c$ por $1\frac{7}{8}$ y $d$ por $3\frac{1}{3}$.

$= \frac{\overset{5}{\cancel{15}}}{\underset{4}{\cancel{8}}} \times \frac{\overset{5}{\cancel{10}}}{\underset{1}{\cancel{3}}}$ Divide el numerador y el denominador entre 3 y entre 2.

$= \frac{25}{4}$ ó $6\frac{1}{4}$ Reduce.

## Repaso de destrezas y conceptos

Escribe en matemáticas
Ejercicios 1 al 3

1. **Describe** cómo multiplicar números mixtos.
2. **INTERPRETA** Escribe un problema que se pueda resolver multiplicando números mixtos. Explica cómo calcular el producto.
3. **SENTIDO NUMÉRICO** Sin hacer la multiplicación, indica si el producto $2\frac{1}{2} \times \frac{2}{3}$ está localizado en los puntos $A$, $B$ o $C$ de la recta numérica. Explica tu razonamiento.

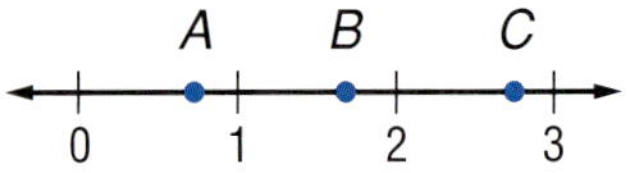


### PRÁCTICA DIRIGIDA

**Multiplica. Luego reduce.**

4. $\frac{1}{2} \times 2\frac{3}{8}$
5. $1\frac{1}{2} \times \frac{2}{3}$
6. $2 \times 6\frac{1}{4}$
7. $1\frac{3}{4} \times 2\frac{4}{5}$
8. $3\frac{1}{3} \times 1\frac{1}{5}$
9. $\frac{3}{8} \times 1\frac{1}{4}$
10. **ÁLGEBRA** Calcula $xy$ si $x = \frac{9}{10}$ y $y = 1\frac{1}{3}$.

## Práctica y aplicaciones

| AYUDA CON LAS TAREAS | |
|---|---|
| Ejercicios | Ver ejemplos |
| 11–14, 27–30 | 1 |
| 15–20 | 2 |
| 23–26 | 3 |

**Práctica adicional**
**Ver páginas 608, 630.**

**Multiplica. Luego reduce.**

11. $\frac{1}{2} \times 2\frac{1}{3}$
12. $\frac{3}{4} \times 2\frac{5}{6}$
13. $1\frac{7}{8} \times \frac{4}{5}$
14. $1\frac{4}{5} \times \frac{5}{6}$
15. $1\frac{1}{3} \times 1\frac{1}{4}$
16. $3\frac{1}{5} \times 3\frac{1}{6}$
17. $3\frac{3}{4} \times 2\frac{2}{5}$
18. $4\frac{1}{2} \times 2\frac{5}{6}$
19. $6\frac{2}{3} \times 3\frac{3}{10}$
20. $3\frac{3}{5} \times 5\frac{5}{12}$
21. $\frac{3}{4} \times 2\frac{1}{2} \times \frac{4}{5}$
22. $1\frac{1}{2} \times \frac{2}{3} \times \frac{3}{5}$

**ÁLGEBRA** **Evalúa cada expresión si $a = \frac{2}{3}$, $b = 3\frac{1}{2}$ y $c = 1\frac{3}{4}$.**

23. $ab$
24. $\frac{1}{2}c$
25. $bc$
26. $\frac{1}{8}a$

**MÚSICA** **Usa la siguiente información para los ejercicios 27 al 30.**
Si una nota musical está seguida por un punto (𝅝•), significa que el tiempo de la nota es $1\frac{1}{2}$ mayor que la misma nota sin punto (𝅝). ¿Cuántos tiempos tienen las siguientes notas?

| Nombre | Nota | Número de tiempos |
|---|---|---|
| Redonda | 𝅝 | 4 |
| Blanca | 𝅗𝅥 | 2 |
| Negra | ♩ | 1 |
| Corchea | ♪ | $\frac{1}{2}$ |

27. redonda punteada
28. negra punteada
29. corchea punteada
30. blanca punteada

31. **RAZONAMIENTO CRÍTICO** ¿Es el producto de dos números mixtos *siempre*, *a veces* o *nunca* menor que 1? Explica.

## Prueba estandarizada de práctica y repaso general

32. **SELECCIÓN MÚLTIPLE** Para calcular el área de un paralelogramo se multiplica la longitud de la base por la altura. ¿Cuál es el área de este paralelogramo?

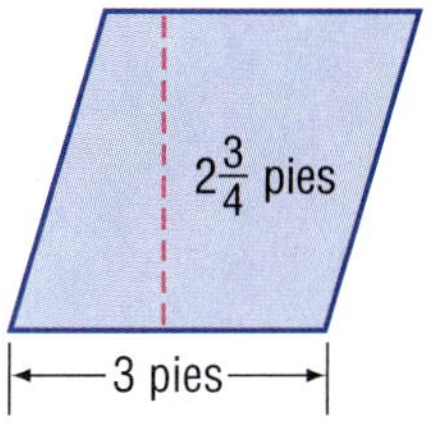


Ⓐ $5\frac{3}{4}$ pies$^2$ Ⓑ $6\frac{1}{4}$ pies$^2$ Ⓒ $6\frac{3}{4}$ pies$^2$ Ⓓ $8\frac{1}{4}$ pies$^2$

33. **RESPUESTA BREVE** Una bolsa de manzanas pesa $3\frac{1}{2}$ libras. ¿Cuánto pesará $1\frac{1}{2}$ bolsa?

**Multiplica. Luego reduce.** (Lección 7-2)

34. $\frac{5}{7} \times \frac{3}{4}$
35. $\frac{2}{3} \times \frac{1}{6}$
36. $\frac{3}{8} \times \frac{2}{5}$
37. $\frac{1}{2} \times \frac{4}{7}$

38. **RECREACIÓN** Hay cerca de 7 millones de botes de recreo en los Estados Unidos y alrededor de $\frac{2}{3}$ de esos botes son botes a motor. ¿Aproximadamente cuántos botes a motor hay en los Estados Unidos? (Lección 7-1)

### PREPÁRATE PARA LA SIGUIENTE LECCIÓN

**REQUISITOS** **Multiplica. Luego reduce.** (Lección 7-2)

39. $\frac{1}{4} \times \frac{3}{8}$
40. $\frac{2}{7} \times \frac{3}{4}$
41. $\frac{1}{2} \times \frac{1}{6}$
42. $\frac{2}{5} \times \frac{5}{6}$

# CAPÍTULO 7 Prueba parcial de práctica del capítulo

## Vocabulario y conceptos

1. **Explica** cómo multiplicar fracciones. (Lección 7-2)

2. **Indica** el primer paso que debes seguir para multiplicar números mixtos. (Lección 7-3)

## Destrezas y aplicaciones

**Estima cada producto.** (Lección 7-1)

3. $\frac{1}{3} \times 22$
4. $\frac{8}{9} \times \frac{2}{15}$
5. $3\frac{2}{3} \times 5\frac{1}{9}$
6. $\frac{1}{9} \times 44$
7. $7\frac{3}{4} \times 3\frac{1}{8}$
8. $\frac{11}{12} \times \frac{3}{5}$

**Multiplica. Luego reduce.** (Lección 7-2)

9. $\frac{1}{4} \times \frac{4}{9}$
10. $\frac{3}{5} \times \frac{2}{9}$
11. $\frac{5}{8} \times \frac{4}{7}$
12. $\frac{6}{7} \times \frac{14}{15}$

13. **ÁLGEBRA** Evalúa $ab$ si $a = \frac{5}{6}$ y $b = \frac{1}{2}$. (Lección 7-2)

**Multiplica. Luego reduce.** (Lección 7-3)

14. $\frac{3}{8} \times 2\frac{2}{3}$
15. $1\frac{4}{5} \times 3$
16. $12\frac{1}{2} \times \frac{1}{5}$
17. $3\frac{3}{8} \times 1\frac{4}{9}$

18. **GEOMETRÍA** Para calcular el área de un paralelogramo usa la fórmula $A = bh$, donde $b$ es la longitud de la base y $h$ es la altura. Calcula el área del paralelogramo. (Lección 7-3)

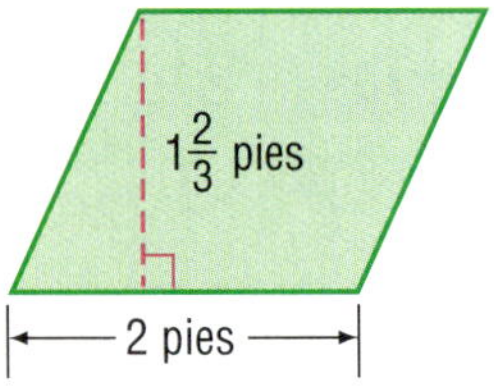


## Prueba estandarizada de práctica

19. **SELECCIÓN MÚLTIPLE** ¿Cuál es el producto de $4\frac{1}{2}$ por $2\frac{2}{3}$? (Lección 7-3)

   Ⓐ $1\frac{11}{16}$   Ⓑ $7\frac{1}{6}$

   Ⓒ $8\frac{1}{3}$   Ⓓ 12

20. **SELECCIÓN MÚLTIPLE** ¿Cuál expresión equivale a $\frac{21}{48}$? (Lección 7-2)

   Ⓕ $\frac{1}{2} \times \frac{11}{48}$   Ⓖ $\frac{3}{48} \times \frac{7}{48}$

   Ⓗ $\frac{7}{12} \times \frac{3}{4}$   Ⓘ $\frac{10}{6} \times \frac{11}{8}$

# La Zona de juegos

## Un sitio para practicar tus destrezas matemáticas

# Caos de multiplicación

### ¡ALÍSTATE!

**Jugadores:** dos, tres o cuatro
**Materiales:** tabla, regla y 2 cubos numerados

### ¡EN TU MARCA!

- Haz el tablero de juego. Dibuja en la tabla un tablero como el que se muestra en la figura.

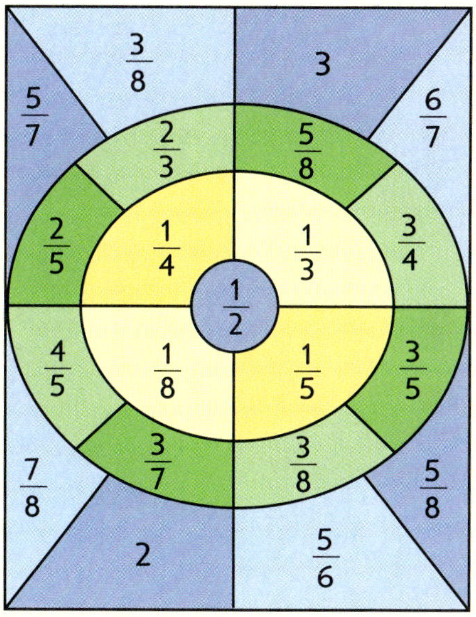


## ¡ADELANTE!

- Coloca el tablero de juego en el suelo.
- Ambos jugadores lanzarán los cubos numerados. Empieza la persona que obtenga el número mayor.
- El primer jugador lanzará los cubos numerados sobre el tablero de juego. Si un dado cae fuera de la tabla o sobre una línea, el jugador deberá lanzar los cubos numerados de nuevo.
- Después, el jugador deberá multiplicar los dos números que obtuvo con los dados y reducir el producto. Cada resultado correcto valdrá un punto.
- Luego tocará el turno al segundo jugador para lanzar los cubos numerados y multiplicar.
- **¿Quién gana?** Gana el primer jugador que obtenga 10 puntos.

# 7-4a LABORATORIO de PRÁCTICA

**Sinopsis de la Lección 7-4**

**Lo que aprenderás**
A dividir fracciones usando modelos.

**Materiales**
- papel
- lápices de colores
- tijeras

## Divide fracciones

Hay 8 dulces y cada persona recibe 2 dulces a la vez. ¿Cuántas personas recibirán dulces?

1. ¿Cuántas veces cabe el número 2 en 8? Escribe la división.

Supón que dos barras de granola se dividen equitativamente entre 8 personas. ¿Qué fracción de barra le tocará a cada persona?

2. ¿A cuánto equivale una de las 8 partes en que se ha dividido el número 2? Escribe la división.

**ACTIVIDAD** *Trabaja con un(a) compañero(a).*

**1** **Usa un modelo para calcular $1 \div \frac{1}{5}$.**

**PASO 1** Haz un modelo del dividendo, 1.

PIENSA ¿Cuántos $\frac{1}{5}$ hay en 1?

**PASO 2** Convierte 1 en $\frac{5}{5}$ para que los números tengan un denominador común. Por lo tanto, el problema se expresa como $\frac{5}{5} \div \frac{1}{5}$. Modifica el dibujo para que represente $\frac{5}{5}$.

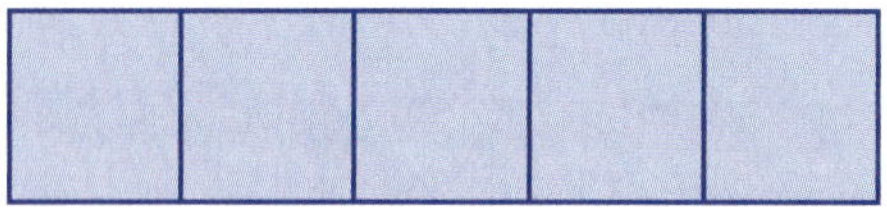

¿Cuántos $\frac{1}{5}$ hay en $\frac{5}{5}$?

**PASO 3** Circula los grupos que son del mismo tamaño que el divisor, $\frac{1}{5}$.

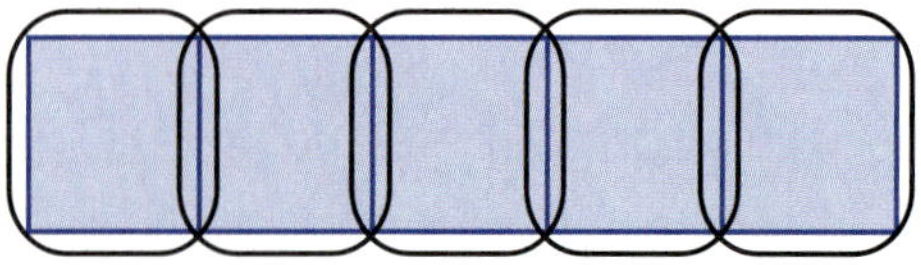

Hay cinco $\frac{1}{5}$ en $\frac{5}{5}$.

Entonces, $1 \div \frac{1}{5} = 5$.

**Tu turno** **Calcula cada cociente usando un modelo.**

a. $2 \div \frac{1}{5}$ b. $3 \div \frac{1}{3}$ c. $3 \div \frac{2}{3}$ d. $2 \div \frac{3}{4}$

**AYUDA PARA EL ESTUDIO**

**Términos** En una división, el *dividendo* es el número que se está dividiendo. El *divisor* es el número entre el cual se divide el dividendo.

Un modelo también puede servir para calcular el cociente de dos fracciones.

**ACTIVIDAD** *Trabaja con un(a) compañero(a).*

**2** **Usa un modelo para calcular $\frac{3}{4} \div \frac{3}{8}$.**

**PASO 1** Convierte $\frac{3}{4}$ en $\frac{6}{8}$ para que las fracciones tengan un denominador común. Por lo tanto, el problema se expresa como $\frac{6}{8} \div \frac{3}{8}$. Dibuja un modelo del dividendo, $\frac{6}{8}$.

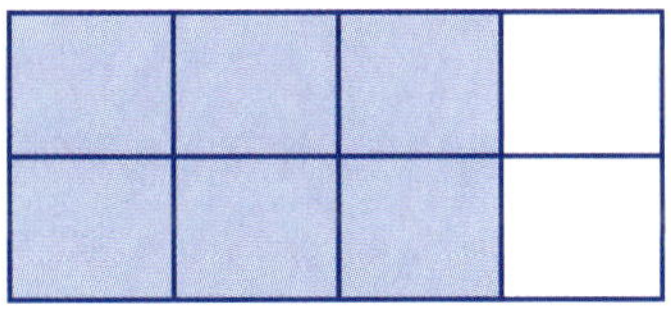

PIENSA ¿Cuántos $\frac{3}{8}$ hay en $\frac{6}{8}$?

**PASO 2** Circula los grupos que son del mismo tamaño que el divisor, $\frac{3}{8}$.

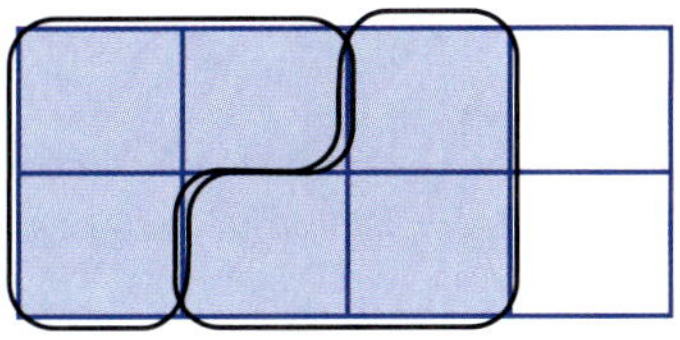

Hay dos $\frac{3}{8}$ en $\frac{6}{8}$.

Por lo tanto, $\frac{3}{4} \div \frac{3}{8} = 2$.

**Tu turno** **Usa un modelo para calcular cada cociente.**

e. $\frac{4}{10} \div \frac{1}{5}$ f. $\frac{3}{4} \div \frac{1}{2}$ g. $\frac{4}{5} \div \frac{1}{5}$ h. $\frac{1}{6} \div \frac{1}{3}$

## Escribe en matemáticas

**Escribe *mayor que*, *menor que* o *igual a*, para completar cada oración. Luego escribe un ejemplo en apoyo a tu respuesta.**

1. Si el dividendo es igual al divisor, el cociente es __?__.
2. Si el dividendo es mayor que el divisor, el cociente es __?__.
3. Si el dividendo es menor que el divisor, el cociente es __?__.
4. Ya sabes que la multiplicación tiene la propiedad conmutativa porque el producto de $3 \times 4$ es igual al producto de $4 \times 3$. ¿Tiene la división la propiedad conmutativa? Usa ejemplos para explicar tu respuesta.

# 7-4 Divide fracciones

**Lo que aprenderás**
A dividir fracciones.

**NUEVO vocabulario**
recíproco

**PRÁCTICA Minilaboratorio**

**Materiales**
- papel
- lápiz

*Trabaja con un(a) compañero(a).*

Kenji y su amigo Malik hicieron 4 pizzas. Estimaron que $\frac{1}{2}$ pizza alcanzaría para una persona.

1. ¿Cuántas porciones de $\frac{1}{2}$ pizza hay?
2. El modelo muestra que $4 \div \frac{1}{2}$. ¿A cuánto equivale $4 \div \frac{1}{2}$?

**Dibuja un modelo para calcular cada cociente.**

3. $3 \div \frac{1}{4}$
4. $2 \div \frac{1}{6}$
5. $4 \div \frac{1}{2}$

En este Minilaboratorio se muestra que $4 \div \frac{1}{2} = 8$. Observa que si se divide una cantidad entre $\frac{1}{2}$, se obtiene el mismo resultado que si se multiplica por 2.

$$4 \div \frac{1}{2} = 8 \qquad 4 \times 2 = 8$$

Observa que $\frac{1}{2} \times 2 = 1$.

Los números $\frac{1}{2}$ y 2 tienen una relación especial entre sí. Su producto es 1. Dos números cualesquiera cuyo producto es 1 se conocen como **recíprocos**.

## EJEMPLOS Determina el recíproco

**1 Determina el recíproco de 5.**

Dado que $5 \times \frac{1}{5} = 1$, entonces el recíproco de 5 es $\frac{1}{5}$.

**2 Determina el recíproco de $\frac{2}{3}$.**

Dado que $\frac{2}{3} \times \frac{3}{2} = 1$, entonces el recíproco de $\frac{2}{3}$ es $\frac{3}{2}$.

**AYUDA PARA EL ESTUDIO**

**Calculo mental**
Para hallar el recíproco de una fracción, se *invierte* la fracción, es decir: se intercambian el numerador y el denominador.

En la división de fracciones se pueden usar recíprocos.

**Concepto clave** **División de fracciones**

**En palabras** Para dividir entre una fracción, se multiplica por su recíproco.

**En símbolos**

Aritmética: $\frac{1}{2} \div \frac{2}{3} = \frac{1}{2} \times \frac{3}{2}$

Álgebra: $\frac{a}{b} \div \frac{c}{d} = \frac{a}{b} \times \frac{d}{c}$, donde $b$, $c$ y $d \neq 0$

## EJEMPLO Divide entre una fracción

**3** Calcula $\frac{1}{8} \div \frac{3}{4}$.

$\frac{1}{8} \div \frac{3}{4} = \frac{1}{8} \times \frac{4}{3}$ Multiplica por el recíproco, $\frac{4}{3}$.

$= \frac{1 \times \overset{1}{\cancel{4}}}{\underset{2}{\cancel{8}} \times 3}$ Divide 8 y 4 entre el MCD, 4.

$= \frac{1}{6}$ Multiplica los numeradores. Multiplica los denominadores.

**Tu turno** **Divide. Luego reduce.**

a. $\frac{1}{4} \div \frac{3}{8}$ b. $\frac{2}{3} \div \frac{3}{8}$ c. $4 \div \frac{3}{4}$

### MATEMÁTICAS EN LA VIDA DIARIA

**GUERRA DE BOLAS DE PINTURA** El primer campo para jugar a la guerra con bolas de pintura se inauguró en Rochester, New York, en 1982. En ese entonces, cada rifle cargaba 10 bolas de pintura. Hoy en día, los rifles pueden cargar hasta 120 bolas de pintura.

**Fuente:** www.pentestone.com

## EJEMPLO Divide fracciones para resolver un problema

**4** **GUERRA DE BOLAS DE PINTURA** **Cuesta $5 jugar una guerra de bolas de pintura durante media hora. ¿Cuántos billetes de 5 dólares necesitarás para jugar una guerra de bolas de pintura durante 3 horas?**

Divide 3 entre  para calcular el número de medias horas en horas.

$3 \div \frac{1}{2} = \frac{3}{1} \times \frac{2}{1}$ Multiplica por el recíproco de $\frac{1}{2}$.

$= \frac{6}{1}$ ó 6 Reduce.

Por lo tanto, necesitas 6 billetes de cinco dólares, ó $30, para jugar durante 3 horas.

## EJEMPLO Divide entre un número entero

**Prueba estandarizada de práctica**

**5** **RELLENA LA CUADRÍCULA** **El jardín de un vecino mide $\frac{2}{3}$ de acre y va a ser dividido en 4 áreas iguales. ¿Cuál será el tamaño de cada área?**

### Lee la pregunta

Necesitas calcular el tamaño de cada área. Divide $\frac{2}{3}$ en 4 partes iguales.

### Resuelve la pregunta

$\frac{2}{3} \div 4 = \frac{2}{3} \times \frac{1}{4}$ Multiplica por el recíproco.

$= \frac{\overset{1}{\cancel{2}}}{3} \times \frac{1}{\underset{2}{\cancel{4}}}$ Divide 2 y 4 entre el MCD, 2.

$= \frac{1}{6}$ Reduce.

Cada área mide $\frac{1}{6}$ de acre.

### Rellena la cuadrícula

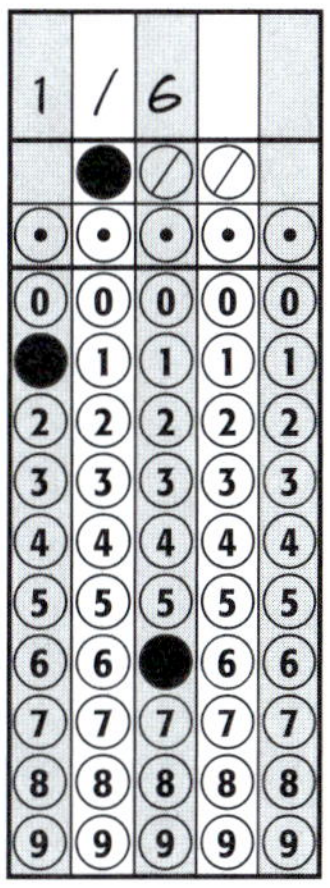


**Ayuda para tomar pruebas** The Princeton Review

**Cómo rellenar una cuadrícula de fracciones**

El símbolo de fracción es ⊘. Para indicar $\frac{1}{6}$, rellena 1, ⊘ y 6.

## Repaso de destrezas y conceptos

**Escribe en matemáticas**
**Ejercicios 2 y 4**

1. **Dibuja** un modelo que muestre que $2 \div \frac{1}{3} = 6$.
2. **Explica** por qué $\frac{1}{2} \div \frac{2}{3} = \frac{1}{2} \times \frac{3}{2} = \frac{3}{4}$. Usa un modelo en tu explicación.
3. **INTERPRETA** Escribe dos fracciones que sean recíprocas entre sí.
4. **HALLA EL ERROR** Ryan and Joshua están resolviendo $\frac{2}{3} \div 4$. ¿Quién está en lo correcto? Explica.

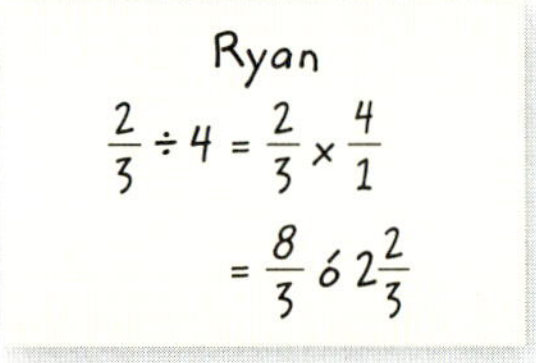


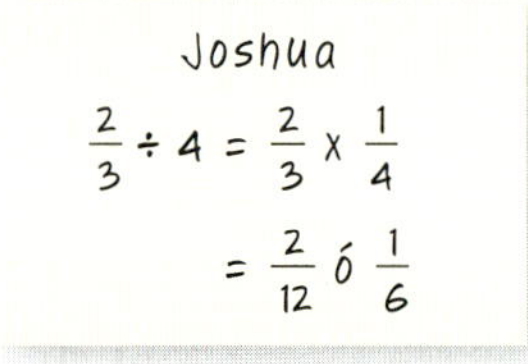


### PRÁCTICA DIRIGIDA

**Determina el recíproco de cada número.**

5. $\frac{2}{3}$
6. $\frac{1}{7}$
7. $\frac{2}{5}$
8. $4$

**Divide. Luego reduce.**

9. $\frac{1}{4} \div \frac{1}{2}$
10. $\frac{5}{6} \div \frac{1}{3}$
11. $\frac{4}{5} \div 2$
12. $2 \div \frac{1}{3}$
13. $\frac{5}{8} \div \frac{3}{4}$
14. $\frac{3}{4} \div \frac{2}{5}$
15. **ALIMENTOS** A la Sra. Cardona le quedan $\frac{2}{3}$ de una cacerola de lasaña para la cena. Quiere dividir la lasaña restante en 6 piezas iguales para repartirla entre su familia. ¿Qué fracción de la lasaña original le tocará a cada persona?

## Práctica y aplicaciones

**AYUDA CON LAS TAREAS**

| Ejercicios | Ver ejemplos |
|---|---|
| 16–23 | 1, 2 |
| 24–33, 36 | 3 |
| 34–35, 37 | 5 |
| 42–44 | 4 |

**Práctica adicional**
**Ver páginas 608, 630.**

**Determina el recíproco de cada número.**

16. $\frac{1}{4}$
17. $\frac{1}{10}$
18. $\frac{5}{6}$
19. $\frac{2}{5}$
20. $\frac{7}{9}$
21. $8$
22. $1$
23. $\frac{3}{8}$

**Divide. Luego reduce.**

24. $\frac{1}{8} \div \frac{1}{2}$
25. $\frac{1}{2} \div \frac{2}{3}$
26. $\frac{1}{3} \div \frac{1}{9}$
27. $\frac{1}{4} \div \frac{1}{8}$
28. $\frac{5}{8} \div \frac{1}{4}$
29. $\frac{3}{4} \div \frac{2}{3}$
30. $\frac{3}{4} \div \frac{9}{10}$
31. $3 \div \frac{3}{4}$
32. $2 \div \frac{3}{5}$
33. $\frac{2}{3} \div \frac{2}{5}$
34. $\frac{5}{6} \div 5$
35. $\frac{5}{8} \div 2$
36. Si divides $\frac{1}{2}$ entre $\frac{1}{8}$, ¿cuál será el cociente?
37. Si divides $\frac{6}{7}$ entre 3, ¿cuál será el cociente?

**ÁLGEBRA** **Calcula el valor de cada expresión si $a = \frac{2}{3}$, $b = \frac{3}{4}$ y $c = \frac{1}{2}$.**

38. $a \div b$ 39. $b \div c$ 40. $a \div c$ 41. $c \div b$

42. **PERROS** María trabaja en un criadero de perros y alimenta a los perros con comida que viene en bolsas de 30 libras. Si cada perro come $\frac{2}{5}$ libras de comida, ¿cuántos perros puede alimentar con cada bolsa?

43. **ESCRIBE UN PROBLEMA** Escribe dos problemas reales relacionados con la fracción $\frac{1}{2}$ y el número entero 3. Un problema debe requerir una multiplicación y el otro debe requerir una división.

44. **MULTI-PASO** Lena ha pintado $\frac{3}{4}$ de una recámara con $1\frac{1}{2}$ galones de pintura. ¿Cuánta pintura necesitará para terminar el trabajo?

45. **RAZONAMIENTO CRÍTICO** Resuelve mentalmente.

a. $\frac{2,345}{1,015} \times \frac{12}{11} \div \frac{2,345}{1,015}$ b. $\frac{2,345}{11} \times \frac{12}{1,015} \div \frac{2,345}{1,015}$

## Prueba estandarizada de práctica y repaso general

46. **SELECCIÓN MÚLTIPLE** La tabla muestra los factores de peso de otros planetas, con respecto a la Tierra. Por ejemplo, un cuerpo pesa 3 veces más en Júpiter que en la Tierra. ¿Aproximadamente cuántas veces más pesa un cuerpo en Venus que en Mercurio?

Ⓐ $1\frac{3}{5}$ Ⓑ $2\frac{1}{16}$ Ⓒ $2\frac{7}{10}$ Ⓓ $3\frac{1}{8}$

**Factores de peso de los planetas**

| Planeta | Factor de peso |
|---|---|
| Mercurio | $\frac{1}{3}$ |
| Venus | $\frac{9}{10}$ |
| Júpiter | 3 |

**Fuente:** www.factmonster.com

47. **SELECCIÓN MÚLTIPLE** ¿Con cuál de los siguientes números se obtiene un resultado *menor que* $\frac{1}{2}$ si se divide entre $\frac{1}{2}$?

Ⓕ $\frac{2}{8}$ Ⓖ $\frac{7}{12}$ Ⓗ $\frac{2}{3}$ Ⓘ $\frac{5}{24}$

**Multiplica. Luego reduce.** (Lección 7-3)

48. $2\frac{2}{5} \times 3\frac{1}{3}$ 49. $1\frac{5}{6} \times 2\frac{3}{4}$ 50. $3\frac{3}{7} \times 2\frac{3}{8}$ 51. $4\frac{4}{9} \times 5\frac{1}{4}$

52. **VOLUNTARIOS** De acuerdo con una encuesta, 9 de 10 adolescentes trabajan como voluntarios al menos una vez al año. Alrededor de $\frac{1}{3}$ de los voluntarios participan en sus comunidades en labores de limpieza. ¿Qué fracción de los adolescentes ayudan en labores de limpieza? (Lección 7-2)

### PREPÁRATE PARA LA SIGUIENTE LECCIÓN

**REQUISITOS** **Convierte cada número mixto en una fracción impropia. Luego determina el recíproco de cada número.** (Lección 5-3)

53. $1\frac{2}{3}$ 54. $1\frac{5}{9}$ 55. $4\frac{1}{2}$ 56. $3\frac{3}{4}$ 57. $6\frac{4}{5}$

# 7-5 Divide números mixtos

**Lo que aprenderás**
A dividir números mixtos.

**REPASO de vocabulario**

**Número mixto:** la suma de un número entero más una fracción **(Lesson 5-3)**

## ¿CUÁNDO usaré esto?

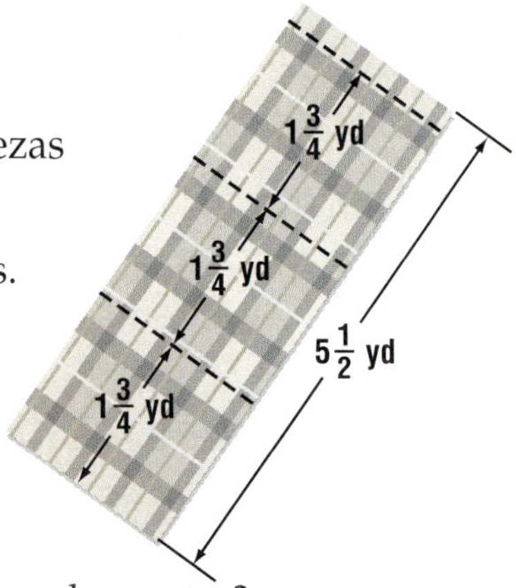


**DISEÑADOR** Supón que vas a cortar piezas de tela de $1\frac{3}{4}$ yardas de longitud, de un rollo de tela que contiene $5\frac{1}{2}$ yardas.

1. Aproxima en yardas la longitud de cada pieza de tela.
2. Aproxima en yardas la longitud de la tela en el rollo.
3. ¿Aproximadamente cuántas piezas puedes cortar?

Para multiplicar números mixtos se debe convertir cada número mixto en una fracción impropia. Lo mismo ocurre durante la división de números mixtos.

## EJEMPLO Divide entre un número mixto

**1** **Calcula $5\frac{1}{2} \div 1\frac{3}{4}$.** **Estima** $6 \div 2 = 3$

$5\frac{1}{2} \div 1\frac{3}{4} = \frac{11}{2} \div \frac{7}{4}$ — Convierte los números mixtos en fracciones impropias.

$= \frac{11}{2} \times \frac{4}{7}$ — Multiplica por el recíproco.

$= \frac{11}{\cancel{2}_1} \times \frac{\cancel{4}^2}{7}$ — Divide 2 y 4 entre el MCD, 2.

$= \frac{22}{7}$ ó $3\frac{1}{7}$ — Compara con el estimado.

**Tu turno** **Divide. Luego reduce.**

**a.** $4\frac{1}{5} \div 2\frac{1}{3}$ **b.** $8 \div 2\frac{1}{2}$ **c.** $1\frac{5}{9} \div 2\frac{1}{3}$

## EJEMPLO Evalúa expresiones

**2** **ÁLGEBRA Calcula $m \div n$ si $m = 1\frac{3}{4}$ y $n = \frac{2}{5}$.**

$m \div n = 1\frac{3}{4} \div \frac{2}{5}$ — Reemplaza $m$ por $1\frac{3}{4}$ y $n$ por $\frac{2}{5}$.

$= \frac{7}{4} \div \frac{2}{5}$ — Convierte el número mixto en una fracción impropia.

$= \frac{7}{4} \times \frac{5}{2}$ — Multiplica por el recíproco.

$= \frac{35}{8}$ ó $4\frac{3}{8}$ — Reduce.

**AYUDA PARA EL ESTUDIO**

**Estimación**

$1\frac{3}{4} \div \frac{2}{5} \approx 2 \div \frac{1}{2}$
$\approx 4$

Compara el cociente real con el estimado.

**MATEMÁTICAS EN LA VIDA DIARIA**

**¿Cómo usa las matemáticas un rastreador de tornados?** Un rastreador de tornados se encarga de calcular la velocidad y la dirección de los tornados y de calcular la intensidad de las tormentas.

**Investigación en línea**
Visita msmath1.net/careers para obtener más información sobre la carrera de rastreador de tornados.

**EJEMPLOS** Resuelve problemas con números mixtos

**3** **CLIMA** Un tornado recorrió 100 millas en $1\frac{1}{2}$ horas. ¿Cuántas millas recorrió por hora? **Estima** $100 \div 2 = 50$

$100 \div 1\frac{1}{2} = \frac{100}{1} \div \frac{3}{2}$ Convierte el número mixto en una fracción impropia.

$= \frac{100}{1} \times \frac{2}{3}$ Multiplica por el recíproco.

$= \frac{200}{3}$ Reduce.

$= 66\frac{2}{3}$ Compara con el estimado.

Por lo tanto, el tornado recorrió $66\frac{2}{3}$ millas en una hora.

**4** **¿Qué distancia recorrería el tornado en $\frac{1}{2}$ hora si se siguiera moviendo con la misma rapidez?**

**Estima** $\frac{1}{2}$ de $70 = 35$

$\frac{1}{2} \times 66\frac{2}{3} = \frac{1}{2} \times \frac{200}{3}$ Convierte el número mixto en una fracción impropia.

$= \frac{1}{\cancel{2}_1} \times \frac{\cancel{200}^{100}}{3}$ Divide 2 y 100 entre su MCD, 2.

$= \frac{100}{3}$ ó $33\frac{1}{3}$ Reduce.

Por lo tanto, el tornado recorrería $33\frac{1}{3}$ millas en $\frac{1}{2}$ hora.

## Repaso de destrezas y conceptos

Escribe en matemáticas
Ejercicios 1 y 2

1. **INTERPRETA** Escribe acerca de una situación real que se represente por $12\frac{3}{4} \div 2\frac{1}{2}$.

2. **¿Cuál no pertenece?** Identifica la expresión cuyo cociente es menor que 1. Explica tu razonamiento.

| | | | |
|---|---|---|---|
| $2\frac{1}{2} \div 1\frac{1}{3}$ | $4\frac{1}{3} \div 2\frac{2}{5}$ | $2\frac{1}{8} \div 3\frac{1}{3}$ | $3\frac{1}{2} \div 1\frac{3}{5}$ |

### PRÁCTICA DIRIGIDA

**Divide. Luego reduce.**

3. $3\frac{1}{2} \div 2$
4. $8 \div 1\frac{1}{3}$
5. $3\frac{1}{5} \div \frac{2}{7}$

6. **ÁLGEBRA** ¿Cuál es el valor de $c \div d$ si $c = \frac{3}{8}$ y $d = 1\frac{1}{2}$?

7. **HORNEAR** Jay está cortando un rollo de masa para galletas en rebanadas que miden $\frac{3}{8}$ pulgadas de espesor. Si el rollo mide $10\frac{1}{2}$ pulgadas de largo, ¿cuántas rebanadas podrá obtener?

msmath1.net/extra_examples

## Práctica y aplicaciones

| **AYUDA CON LAS TAREAS** | |
|---|---|
| Ejercicios | Ver ejemplos |
| 8–25 | 1 |
| 26–27, 34–38 | 3, 4 |
| 28–33 | 2 |

**Práctica adicional**
**Ver páginas 608, 630.**

**Divide. Luego reduce.**

**8.** $5\frac{1}{2} \div 2$ **9.** $4\frac{1}{6} \div 10$ **10.** $3 \div 4\frac{1}{2}$

**11.** $6 \div 2\frac{1}{4}$ **12.** $15 \div 3\frac{1}{8}$ **13.** $18 \div 2\frac{2}{5}$

**14.** $6\frac{1}{2} \div \frac{3}{4}$ **15.** $7\frac{4}{5} \div \frac{1}{5}$ **16.** $\frac{11}{12} \div 3\frac{1}{2}$

**17.** $1\frac{1}{4} \div \frac{5}{6}$ **18.** $6\frac{1}{2} \div 3\frac{1}{4}$ **19.** $8\frac{3}{4} \div 2\frac{1}{6}$

**20.** $3\frac{3}{5} \div 1\frac{4}{5}$ **21.** $3\frac{3}{4} \div 5\frac{5}{8}$ **22.** $4\frac{2}{3} \div 2\frac{2}{9}$

**23.** $6\frac{3}{5} \div 2\frac{3}{4}$ **24.** $4\frac{3}{8} \div 1\frac{2}{3}$ **25.** $5\frac{1}{3} \div 2\frac{2}{5}$

**26.** **ALIMENTOS** ¿Cuántas hamburguesas de $\frac{1}{4}$ de libra se pueden hacer con $2\frac{1}{2}$ libras de carne molida?

**27.** **MEDICIONES** Supón que estás diseñando el anuario de la escuela. Si la fotografía de cada alumno mide $1\frac{3}{8}$ pulgadas de ancho, ¿cuántas fotografías cabrán transversalmente en una página, si cada página mide $6\frac{7}{8}$ pulgadas de ancho?

**ÁLGEBRA** **Evalúa cada ecuación si $a = 4\frac{4}{5}$, $b = \frac{2}{3}$, $c = 6$ y $d = 1\frac{1}{2}$.**

**28.** $12 \div a$ **29.** $b \div 1\frac{2}{9}$ **30.** $a \div b$

**31.** $a \div c$ **32.** $c \div d$ **33.** $c \div (ab)$

**34.** **CARRERA DE TRINEOS DE PERROS** En el año 2001, Doug Swingley ganó por cuarta vez la carrera de trineos de perros del sendero Iditarod. Completó el recorrido de 1,100 millas en $9\frac{5}{6}$ días. ¿Cuántas millas recorrió diariamente en promedio?

**Actualiza datos** Averigua quién fue el ganador de la última carrera Iditarod. ¿Cuántas millas recorrió diariamente en promedio? Visita msmath1.net/data_update para obtener más información.

**OCÉANOS** **Usa la siguiente información para resolver los ejercicios 35 y 36.**
Un tsunami es una marejada que ocurre en el océano Pacífico. Supón que un tsunami recorre 1,400 millas en $2\frac{1}{2}$ horas, desde un punto en el océano Pacífico hasta la costa de Alaska.

**35.** ¿Cuántas millas por hora recorrió el tsunami?

**36.** ¿Qué distancia recorre el tsunami en $1\frac{1}{2}$ horas, si mantiene la misma rapidez?

**VIAJES** **Usa la siguiente información para los ejercicios 37 y 38.** La familia Day viajó en auto desde Nashville, Tennessee, hasta Orlando, Florida. Antes de partir, llenaron el tanque de gasolina y recorrieron 407 millas antes de llenar el tanque de gasolina con $18\frac{1}{2}$ galones.

**37.** ¿Cuántas millas por galón recorrió el auto en esta parte del viaje?

**38.** ¿Cuánto pagaron en total por la gasolina si costaba \$1.12 por galón?

**39.** **RAZONAMIENTO CRÍTICO** Indica si $\frac{8}{10} \div 1\frac{2}{3}$ es mayor que o menor que $\frac{8}{10} \div 1\frac{3}{4}$. Explica tu razonamiento.

## Prueba estandarizada de práctica y repaso general

**40.** **RESPUESTA CORTA** La tabla muestra cuánto midieron de ancho 10 flores, durante una prueba realizada con una nueva variedad de caléndulas. ¿Cuál fue el ancho promedio de las flores?

| Ancho de las caléndulas (pulg) | | | | |
|---|---|---|---|---|
| $3\frac{1}{4}$ | $2\frac{3}{4}$ | 3 | $2\frac{3}{4}$ | $2\frac{1}{2}$ |
| $3\frac{1}{4}$ | $3\frac{1}{2}$ | $3\frac{1}{4}$ | 3 | $3\frac{1}{4}$ |

**41.** **SELECCIÓN MÚLTIPLE** Se van a repartir $18\frac{2}{3}$ tazas de jugo entre un grupo de niños. Si a cada niño le toca $\frac{2}{3}$ de taza de jugo, ¿cuántos niños hay en el grupo?

Ⓐ 25 Ⓑ 26 Ⓒ 27 Ⓓ 28

**MEDICIONES** **Usa la gráfica y la siguiente información para los ejercicios 42 y 43.** (Lección 7-4)

Una tonelada inglesa corta equivale a $\frac{9}{10}$ de tonelada métrica. Por lo tanto, la fórmula $t \div \frac{9}{10}$ sirve para convertir $t$ toneladas métricas en toneladas cortas.

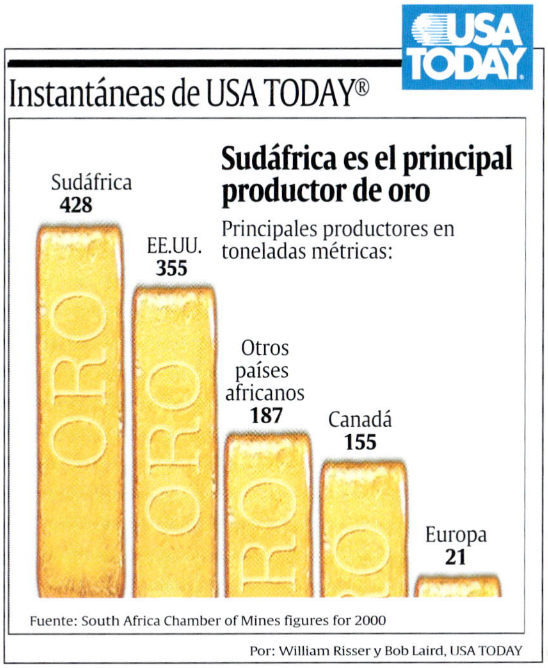


**42.** Escribe una división que represente el número de toneladas inglesas cortas de oro producidas por Sudáfrica. Luego reduce.

**43.** ¿Cuántas toneladas inglesas cortas de oro se produjeron en Europa?

**Multiplica. Luego reduce.** (Lección 7-3)

**44.** $\frac{4}{5} \times 1\frac{3}{4}$

**45.** $2\frac{5}{8} \times \frac{2}{7}$

**46.** $1\frac{1}{8} \times 5\frac{1}{3}$

**47.** $3\frac{1}{3} \times 2\frac{1}{2}$

### PREPÁRATE PARA LA SIGUIENTE LECCIÓN

**REQUISITOS** **¿Qué número se debe sumar al primer número para obtener el segundo número?** (Lección 6-6)

**48.** $8\frac{1}{2}$, 10

**49.** 9, $12\frac{1}{2}$

**50.** $1\frac{2}{3}$, $2\frac{1}{3}$

**51.** $7\frac{3}{4}$, $9\frac{1}{4}$

# 7-6a Estrategia para resolver problemas

***Sinopsis de la Lección 7-6***

## Busca un patrón

**Lo que aprenderás**
A resolver problemas buscando un patrón.

Emelia, ¿sabes a qué hora llega el autobús de tu hermano? Tu hermano dijo que llegaría en el primer autobús después de las 8:00 P.M.

Los autobuses llegan a la terminal cada 50 minutos y el primer autobús llega a las 3:45 P.M. Podemos averiguar cuándo llega el autobús **si buscamos un patrón.**

**Explora** Sabemos que el primer autobús llega a las 3:45 P.M. y que los autobuses llegan cada 50 minutos. Necesitamos averiguar a qué hora llega el primer autobús después de las 8:00 P.M.

**Planifica** Empecemos con la hora a la que llega el primer autobús y busquemos un patrón.

**Resuelve**

| | |
|---|---|
| 3:45 P.M. + 50 minutos → | 4:35 P.M. |
| 4:35 P.M. + 50 minutos → | 5:25 P.M. |
| 5:25 P.M. + 50 minutos → | 6:15 P.M. |
| 6:15 P.M. + 50 minutos → | 7:05 P.M. |
| 7:05 P.M. + 50 minutos → | 7:55 P.M. |
| 7:55 P.M. + 50 minutos → | 8:45 P.M. |

Por lo tanto, el primer autobús en llegar después de las 8:00 P.M., será el que llegue a las 8:45 P.M.

**Examina** Convierte el tiempo en fracciones.

50 minutos $= \frac{50}{60}$ ó $\frac{5}{6}$ de una hora

El primer autobús llega a las $3\frac{3}{4}$. Suma 6 grupos de $\frac{5}{6}$.

$3\frac{3}{4} + 6\left(\frac{5}{6}\right) = 3\frac{3}{4} + 5$ ó $8\frac{3}{4}$, este valor corresponde a 8:45 P.M.

## Analiza la estrategia

1. **Describe** otro patrón que te sirva para calcular la hora de llegada del autobús.
2. **Explica** en qué ocasiones resolverías un problema usando la estrategia de búsqueda de un patrón.
3. **Escribe** un problema que se pueda resolver buscando un patrón. Luego anota los pasos que seguirías para calcular la solución del problema.

## Aplica la estrategia

**Resuelve. Usa la estrategia de búsqueda de un patrón.**

4. **SENTIDO NÚMERICO** Describe el siguiente patrón y, luego determina el número que falta.

   30, 300, __?__, 30,000

5. **GEOMETRÍA** Dibuja las siguientes dos figuras de la sucesión.

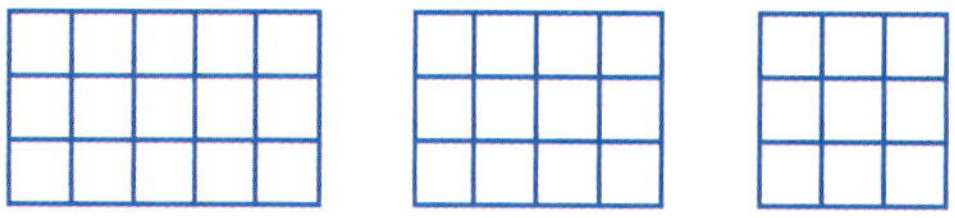

## Solución de problemas mixtos

**Resuelve usando cualquier estrategia.**

6. **GEOMETRÍA** Usa el siguiente patrón para calcular el perímetro de la octava figura.

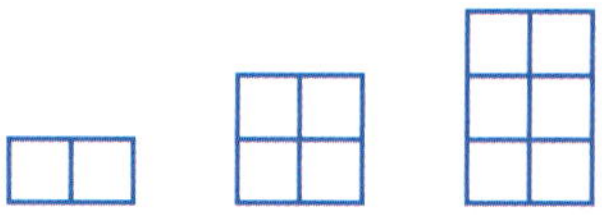

Figura 1 Figura 2 Figura 3

7. **DINERO** En el año 1997, Celina ganaba $18,000 al año y Roger ganaba $14,500. Cada año Roger recibió un aumento de $1,000 y Celina recibió un aumento de $500. ¿En qué año sus salarios serán iguales? ¿Cuánto será el salario?

8. **ESTATURA** Fernando mide 2 pulgadas más que Jason. Jason mide 1.5 pulgadas menos que Kendra y 1 pulgada más que Nicole. Hao, quién mide 5 pies 10 pulg, mide 2.5 pulgadas más que Fernando. ¿Cuál es la estatura de cada alumno?

9. **CIENCIA FÍSICA** Una taza con canicas cuelga de una liga. La longitud de la liga se mide como se muestra en la gráfica. Predice la longitud aproximada de la liga si la taza tiene 5 canicas.

10. **DINERO** ¿Cuál es el precio de la sudadera, sin incluir impuestos?

| Sudadera precio | Impuestos | Costo total |
|---|---|---|
| ? | $2.50 | $42.49 |

11. **DINERO** Los números siguientes se conocen como *números triangulares*. Calcula los siguientes tres números triangulares.

1 3 6

12. **PRUEBA ESTANDARIZADA DE PRÁCTICA** Jody y Lázaro están participando en una competencia de ciclismo de 24 millas. Jody avanza a una velocidad promedio de 8 millas por hora y Lázaro avanza a una velocidad promedio de 6 millas por hora. ¿Cuál de los siguientes enunciados *no* es verdadero?

   (A) Si Lázaro empieza 6 millas adelante, terminarán la carrera al mismo tiempo.

   (B) Lázaro terminará la carrera una hora después que Jody.

   (C) Después de 2 horas, Jody irá 4 millas adelante de Lázaro.

   (D) Jody terminará la carrera una hora después que Lázaro.

**En la próxima lección, vas a usar la estrategia de buscar un patrón.**

# 7-6 Sucesiones

**Lo que aprenderás**
A reconocer y continuar sucesiones.

***NUEVO* vocabulario**
- sucesión

## ¿CUÁNDO usaré esto?

**MÚSICA** El diagrama muestra las notas de uso más común en música. Los nombres de las primeras cuatro notas son: redonda, blanca, negra y corchea. Estas notas corresponden a 1 nota completa, media nota, un cuarto de nota y un octavo de nota, respectivamente.

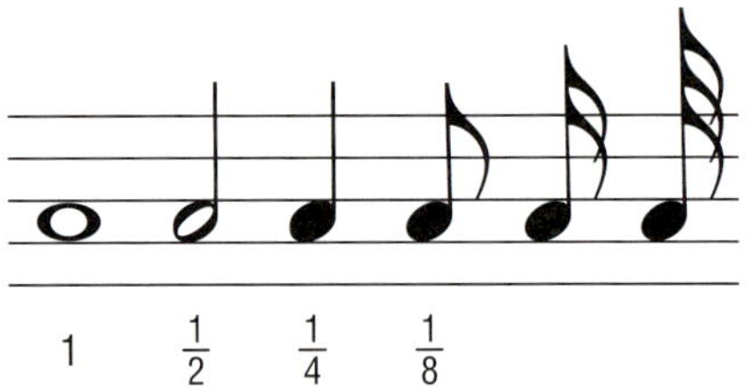


1. ¿Cuál es el valor de las siguientes tres notas?
2. Escribe la fracción que representa a cada una de las siguientes tres notas.
3. Identifica el patrón de los números.

Una **sucesión** es una lista de números en un orden específico. Si se determina el patrón de una sucesión, se pueden calcular los siguientes números de la sucesión. Los números 1, $\frac{1}{2}$, $\frac{1}{4}$ y $\frac{1}{8}$ son un ejemplo de sucesión.

$$1,\ \frac{1}{2},\ \frac{1}{4},\ \frac{1}{8}$$

$\times\frac{1}{2}$ $\times\frac{1}{2}$ $\times\frac{1}{2}$ El patrón se halla multiplicando por $\frac{1}{2}$.

El siguiente número de esta sucesión es $\frac{1}{8} \times \frac{1}{2}$ ó $\frac{1}{16}$.

## EJEMPLO Usa adición para extender la sucesión

**1** **Describe el patrón de la sucesión 16, 24, 32, 40, … . Luego calcula los dos números siguientes de la sucesión.**

16, 24, 32, 40, …

+ 8 + 8 + 8 Cada número es 8 unidades mayor que el anterior.

En esta sucesión, se suma 8 a cada número. Los dos números siguientes son 40 + 8 ó 48 y 48 + 8 ó 56.

**Tu turno** **Describe cada patrón. Luego calcula los dos números siguientes de cada sucesión.**

**a.** $1\frac{1}{2}, 3, 4\frac{1}{2}, 6, \ldots$ **b.** 20, 16, 12, 8, … **c.** $27\frac{1}{2}, 25, 22\frac{1}{2}, 20, \ldots$

En algunas sucesiones, los números de la sucesión se calculan multiplicando por un mismo número.

## EJEMPLO Usa multiplicación para extender una sucesión

**2** **Describe el patrón de la sucesión 5, 15, 45, 135,… . Luego calcula los dos números siguientes de la sucesión.**

5, 15, 45, 135, …

$\times 3$ $\times 3$ $\times 3$

Cada número se multiplica por 3.

$135 \times 3$ $405 \times 3$

Los dos números siguientes de la sucesión son 405 y 1,215.

## EJEMPLO Usa sucesiones para resolver un problema

**3** **DEPORTES El torneo de baloncesto de la NCAA se inicia con 64 equipos. La segunda ronda consta de 32 equipos y la tercera ronda consta de 16 equipos. ¿Cuántos equipos quedan en la quinta ronda?**

Escribe la sucesión. Calcula el quinto número.

64, 32, 16, 8, 4

$\times \frac{1}{2}$ $\times \frac{1}{2}$ $\times \frac{1}{2}$ $\times \frac{1}{2}$

Hay 4 equipos en al quinta ronda.

**Tu turno** **Describe cada patrón. Luego calcula los dos números siguientes de cada sucesión.**

**d.** 3, 12, 48, 192, …    **e.** 125, 25, 5, 1, …

## Repaso de destrezas y conceptos

Escribe en matemáticas
**Ejercicios 1 y 3**

1. Indica la relación que hay entre los números de la sucesión 9, 3, 1, $\frac{1}{3}$.

2. **INTERPRETA** Escribe una sucesión en la que se sume $1\frac{1}{4}$ a cada número.

3. **HALLA EL ERROR** Meghan y Drake están buscando el número que falta en la sucesión 3, $4\frac{1}{2}$, __?__, $7\frac{1}{2}$, … ¿Quién está en lo correcto? Explica.

| Meghan | Drake |
|---|---|
| 3, $4\frac{1}{2}$, $5\frac{1}{2}$, $7\frac{1}{2}$ | 3, $4\frac{1}{2}$, 6, $7\frac{1}{2}$, … |

### PRÁCTICA DIRIGIDA

**Describe cada patrón. Luego calcula los dos números siguientes de cada sucesión.**

4. $7\frac{1}{2}$, 6, $4\frac{1}{2}$, 3, …    5. 3, 6, 12, 24, …    6. 32, 8, 2, $\frac{1}{2}$, …

7. Calcula el número que falta en la sucesión 13, 21, __?__, 37.

## Práctica y aplicaciones

| AYUDA CON LAS TAREAS | |
|---|---|
| Ejercicios | Ver ejemplos |
| 8–10 | 1 |
| 11–13 | 2 |
| 14–18 | 3 |

Práctica adicional
Ver páginas 609, 630.

**Describe cada patrón. Luego calcula los dos números siguientes de cada sucesión.**

**8.** $2, 3\frac{1}{2}, 5, 6\frac{1}{2}, \ldots$ **9.** $20, 16, 12, 8, \ldots$ **10.** $90, 75, 60, 45, \ldots$

**11.** $8, 16, 32, 64, \ldots$ **12.** $12, 6, 3, 1\frac{1}{2}, \ldots$ **13.** $162, 54, 18, 6, \ldots$

**Encuentra el número que falta en cada sucesión.**

**14.** $7, \underline{\ ?\ }, 16, 20\frac{1}{2}, \ldots$ **15.** $30, \underline{\ ?\ }, 19, 13\frac{1}{2}, \ldots$ **16.** $\underline{\ ?\ }, 16, 4, 1, \ldots$ **17.** $\underline{\ ?\ }, 1, 3, 9, \ldots$

**18. HERRAMIENTAS** El juego de brocas para taladro del Sr. Black incluye brocas de los siguientes tamaños (en pulgadas).

$$\ldots, \frac{13}{64}, \frac{7}{32}, \frac{15}{64}, \frac{1}{4}, \ldots$$

¿Cuáles son las siguientes dos brocas más pequeñas de la sucesión?

**19. RAZONAMIENTO CRÍTICO** El cuadro grande de la figura representa 1.

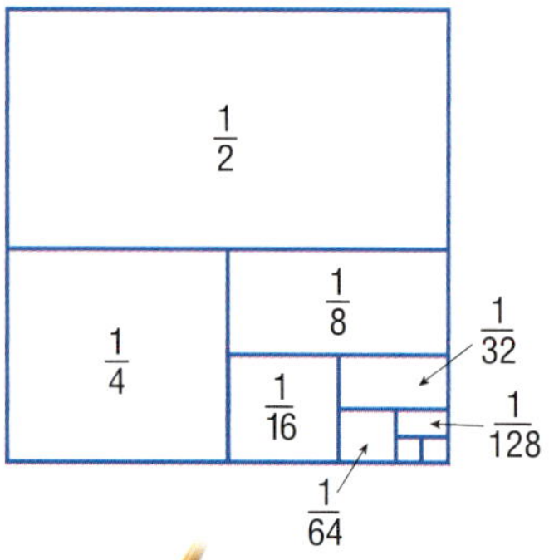


a. Determina los primeros diez números de la sucesión representada por el modelo. El primer número es $\frac{1}{2}$.

b. Sin hacer la suma, estima la suma de los primeros diez números de la sucesión. Explica

## Prueba estandarizada de práctica y repaso general

**20. SELECCIÓN MÚLTIPLE** ¿Qué número falta en la sucesión 14, 56, $\underline{\ ?\ }$, 896, 3,584?

Ⓐ 284 Ⓑ 194 Ⓒ 334 Ⓓ 224

**21. RESPUESTA BREVE** ¿Cuál es el siguiente término de la sucesión $x, x^2, x^3, x^4, \ldots$?

**22.** Calcula $2\frac{4}{5} \div \frac{7}{10}$. (Lessíon 7-5)

**23. ALIMENTOS** Cada rebanada de una tarta de manzana mide $\frac{1}{10}$ del pastel. Si sólo queda $\frac{1}{2}$ de la tarta, ¿cuántas rebanadas sobran? (Lección 7-4)

**Busca en la Web** **Proyecto interdisciplinario**

### ¡Trama un misterio!

Es hora de completar el proyecto. Presenta a la clase el volcán que hiciste y los datos que averiguaste acerca de los volcanes. Asegúrate de incluir en tu proyecto una gráfica sobre erupciones volcánicas reales.

msmath1.net/webquest

CAPÍTULO 7

# Guía de estudio y repaso

## Vocabulario y repaso de conceptos

números compatibles (pág. 256) recíprocos (pág. 272) sucesión (pág. 282)

**Determina si cada enunciado es *verdadero* o *falso*. Si es *falso*, reemplaza la palabra o número subrayado para que el enunciado sea verdadero.**

1. Dos números cualesquiera cuyo producto es 1 se conocen como opuestos.
2. Para dividir entre una fracción, se multiplica por su recíproco.
3. Para multiplicar fracciones, se multiplican los numeradores entre sí y se suman los denominadores entre sí.
4. Una lista de números en un orden específico se conoce como un(a) sucesión.
5. Cualquier número entero se puede convertir en una fracción con denominador 1.
6. El recíproco de $\frac{8}{3}$ es $\frac{3}{8}$.
7. Para dividir números mixtos, primero convierte cada número mixto en un sucesión.
8. El número que falta en la sucesión 45, 41, 37, __?__, 29, 25 es 32.

## Ejercicios y ejemplos: Lección por lección

### 7-1 Estima productos (págs. 256–258)

**Estima cada producto.**

9. $\frac{1}{5} \times 21$
10. $10 \times 2\frac{3}{4}$
11. $\frac{5}{6} \times 13$
12. $7\frac{3}{4} \times \frac{1}{4}$
13. $4\frac{5}{6} \times 8\frac{3}{10}$
14. $\frac{3}{7} \times \frac{11}{12}$
15. Estima $\frac{5}{6}$ de 35.

**Ejemplo 1** Estima $\frac{1}{7} \times 41$.

$\frac{1}{7} \times 41 \rightarrow \frac{1}{7} \times 42$ 42 y 7 son números compatibles porque $42 \div 7 = 6$.

$\frac{1}{7} \times 42 = 6$ $\frac{1}{7}$ de 42 es igual a 6.

Por lo tanto, $\frac{1}{7} \times 41$ es *aproximadamente* igual a 6.

### 7-2 Multiplica fracciones (págs. 261–264)

**Multiplica. Luego reduce.**

16. $\frac{1}{3} \times \frac{1}{4}$
17. $\frac{3}{5} \times \frac{2}{9}$
18. $\frac{7}{8} \times \frac{4}{21}$
19. $\frac{5}{6} \times 9$

**Ejemplo 2** Calcula $\frac{3}{10} \times \frac{4}{9}$.

$\frac{3}{10} \times \frac{4}{9} = \frac{\overset{1}{\cancel{3}} \cdot \overset{2}{\cancel{4}}}{\underset{5}{\cancel{10}} \cdot \underset{3}{\cancel{9}}}$ Divide el numerador y el denominador entre el MCD.

$= \frac{2}{15}$ Reduce.

## 7-3 Multiplica números mixtos (págs. 265–267)

**Multiplica. Luego reduce.**

**20.** $\frac{2}{3} \times 4\frac{1}{2}$

**21.** $6\frac{5}{8} \times 4$

**22.** $1\frac{1}{5} \times 1\frac{2}{3}$

**23.** $3\frac{3}{4} \times 1\frac{1}{5}$

**24.** $3\frac{1}{8} \times 2\frac{2}{5}$

**25.** $2\frac{1}{4} \times 6\frac{2}{3}$

**Ejemplo 3** **Calcula $3\frac{1}{2} \times 4\frac{2}{3}$.**

$3\frac{1}{2} \times 4\frac{2}{3} = \frac{7}{2} \times \frac{14}{3}$ Convierte los números en fracciones impropias.

$= \frac{7}{\cancel{2}_1} \times \frac{\cancel{14}^7}{3}$ Divide 2 y 14 entre el MCD, 2.

$= \frac{49}{3}$ ó $16\frac{1}{3}$ Reduce.

## 7-4 Divide fracciones (págs. 272–275)

**Divide. Luego reduce.**

**26.** $\frac{2}{3} \div \frac{4}{5}$

**27.** $\frac{1}{8} \div \frac{3}{4}$

**28.** $5 \div \frac{4}{9}$

**29.** $\frac{3}{8} \div 6$

**Ejemplo 4** **Calcula $\frac{3}{8} \div \frac{2}{3}$.**

$\frac{3}{8} \div \frac{2}{3} = \frac{3}{8} \times \frac{3}{2}$ Multiplica por el recíproco de $\frac{2}{3}$.

$= \frac{9}{16}$ Multiplica los numeradores entre sí y los denominadores entre sí.

## 7-5 Divide números mixtos (págs. 276–279)

**Divide. Luego reduce.**

**30.** $2\frac{4}{5} \div 5\frac{3}{5}$

**31.** $8 \div 2\frac{1}{2}$

**32.** **PIZZA** Bret tiene $1\frac{1}{2}$ pizzas y las quiere repartir en partes iguales a 6 amigos. ¿Cuánta pizza le tocará a cada amigo?

**Ejemplo 5** **Calcula $5\frac{1}{2} \div 1\frac{5}{6}$.**

$5\frac{1}{2} \div 1\frac{5}{6} = \frac{11}{2} \div \frac{11}{6}$ Convierte en fracciones impropias.

$= \frac{11}{2} \times \frac{6}{11}$ Multiplica por el recíproco.

$= \frac{\cancel{11}^1}{\cancel{2}_1} \times \frac{\cancel{6}^3}{\cancel{11}_1}$ Divide entre el MCD.

$= \frac{3}{1}$ ó 3 Reduce.

## 7-6 Sucesiones (págs. 282–284)

**Describe cada patrón. Luego calcula los dos números siguientes de la sucesión.**

**33.** 6, 12, 24, 48, …

**34.** 20, $17\frac{1}{2}$, 15, $12\frac{1}{2}$, …

**35.** 5000, 1000, 200, 40, …

**36.** 11, 21, 31, 41, …

**Ejemplo 6** **Describe el patrón. Luego calcula los dos números siguientes de la sucesión 625, 125, 25, 5, … .**

Cada número se multiplica por $\frac{1}{5}$.

$5 \times \frac{1}{5} = 1 \qquad 1 \times \frac{1}{5} = \frac{1}{5}$

Los dos números siguientes de la sucesión son 1 y $\frac{1}{5}$.

CAPÍTULO 7

# Prueba de práctica

## Vocabulario y conceptos

1. **Explica** cómo se multiplica una fracción por un número entero.
2. **Define** *sucesión*.
3. **Compara** la división de dos fracciones con la multiplicación de dos fracciones.

## Destrezas y aplicaciones

**Estima cada producto.**

4. $38 \times \frac{1}{4}$
5. $6\frac{7}{8} \times 8\frac{1}{6}$
6. $\frac{1}{6} \times 22$

**Multiplica. Luego reduce.**

7. $\frac{9}{10} \times \frac{5}{8}$
8. $6 \times \frac{5}{24}$
9. $\frac{7}{12} \times \frac{3}{28}$
10. $1\frac{4}{5} \times 2\frac{2}{3}$
11. $\frac{1}{6} \times 3\frac{3}{8}$
12. $3\frac{1}{5} \times 1\frac{1}{4}$

**GEOMETRÍA** **Calcula el área de cada rectángulo.**

13. 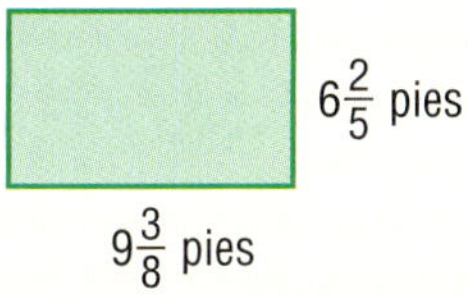


14. 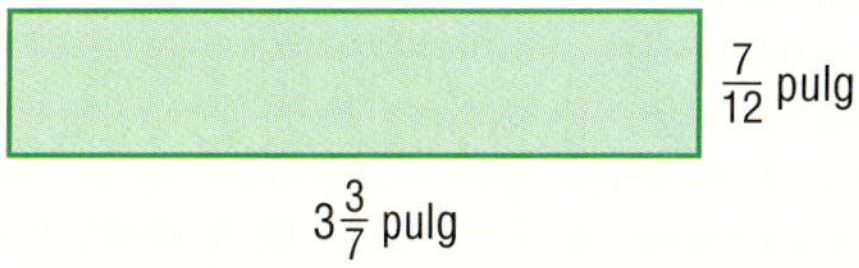


**Divide. Luego reduce.**

15. $\frac{1}{8} \div \frac{3}{4}$
16. $\frac{2}{5} \div 4$
17. $6 \div 1\frac{4}{5}$
18. $5\frac{3}{4} \div 1\frac{1}{2}$
19. $8\frac{1}{3} \div 2\frac{1}{2}$
20. $3\frac{5}{8} \div 4$

21. **COMETAS** Latanya trabaja en una tienda de cometas. Para hacer la cola de cometa, necesita $2\frac{1}{4}$ pies de tela. Si Latanya tiene $29\frac{1}{4}$ pies de tela, ¿cuántas colas para cometa puede hacer?

**Describe cada patrón. Luego calcula los dos números siguientes de la sucesión.**

22. 14, 19, 24, 29, …
23. 243, 81, 27, …
24. 71, 60, 49, 38, …

## Prueba estandarizada de práctica

25. **RESPUESTA BREVE** En la clase de matemáticas de Annie hay 24 alumnos. Si el número total de alumnos en su escuela equivale a $21\frac{3}{8}$ veces el número de alumnos que hay en su clase de matemáticas, ¿cuántos alumnos asisten a la escuela de Annie?

CAPÍTULO 7

# Prueba estandarizada de práctica

## PARTE 1 Selección múltiple

Anota tus respuestas en la hoja de respuestas provista por tu maestro(a) o en una hoja aparte.

**1.** Marta anotó el número de semillas que plantó en varias macetas y el número de plantas que germinaron.

| Número de semillas ($s$) | Número de plantas ($p$) |
|---|---|
| 2 | 1 |
| 4 | 3 |
| 5 | 4 |
| 6 | 5 |

¿Qué expresión describe la relación entre el número de semillas $s$ y el número de plantas $p$? (Lección 1-5)

Ⓐ $p = 3 + s$  Ⓑ $p = s + 1$

Ⓒ $p = s - 1$  Ⓓ $p = 2s$

**2.** Las frecuencias de las estaciones de radio de una ciudad son: 100.8, 101.7, 101.3 y 100.1. ¿Cuál es la opción que muestra las frecuencias ordenadas de menor a mayor? (Lección 3-2)

Ⓕ 100.8, 101.7, 101.3, 100.1

Ⓖ 100.1, 100.8, 101.3, 101.7

Ⓗ 100.1, 101.3, 101.7, 100.8

Ⓘ 101.7, 101.3, 100.8, 100.1

**3.** ¿Cuánto mide la circunferencia de la moneda? Usa 3.14 para π y redondea en décimas. (Lección 4-6)

Ⓐ 462.0 mm

Ⓑ 152.4 mm

Ⓒ 76.2 mm

Ⓓ 38.1 mm

**4.** Blaine terminó 17 de las 30 preguntas de una prueba. ¿Cuál es el *mejor* estimado de la fracción de la prueba que ya respondió? (Lección 6-1)

Ⓕ $\frac{1}{4}$  Ⓖ $\frac{1}{3}$  Ⓗ $\frac{1}{2}$  Ⓘ $\frac{7}{8}$

**5.** Kelly necesita $9\frac{1}{8}$ pulgadas de hilo para hacer una borla. ¿Cuál es el *mejor* estimado de la cantidad de hilo que necesita para hacer 16 borlas? (Lección 7-1)

Ⓐ 10 pulg  Ⓑ 80 pulg

Ⓒ 150 pulg  Ⓓ 180 pulg

**6.** ¿Qué modelo representa $\frac{1}{2}$ de $\frac{1}{2}$? (Lección 7-2)

Ⓕ
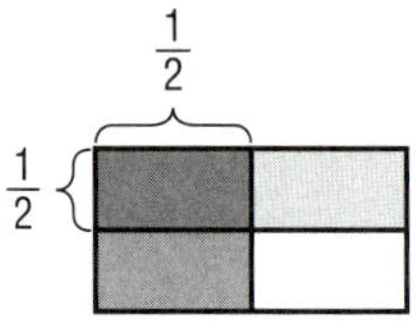


Ⓖ
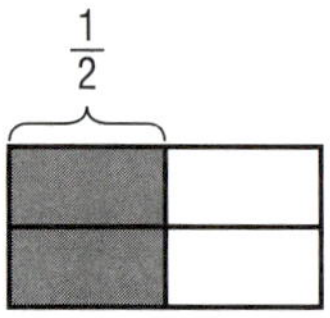


Ⓗ
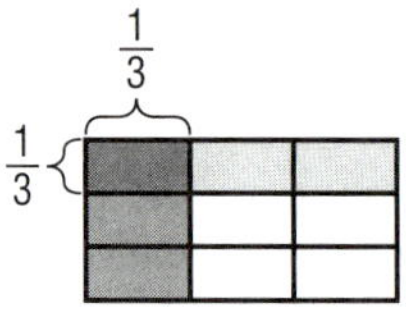


Ⓘ
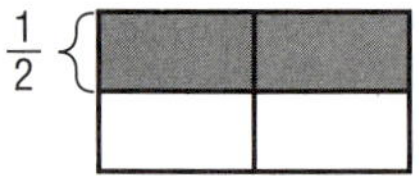


**7.** ¿Cuál es el valor de $2\frac{1}{4} \times 3\frac{1}{3}$? (Lección 7-3)

Ⓐ $3\frac{1}{3}$  Ⓑ $6\frac{1}{12}$  Ⓒ $7\frac{1}{2}$  Ⓓ $9\frac{1}{3}$

**8.** ¿Cuál regla sirve para calcular el siguiente número de la sucesión? (Lección 7-6)

12, 21, 30, 39, __?__

Ⓕ Suma 9.  Ⓖ Divide entre 3.

Ⓗ Multiplica por 6.  Ⓘ Resta 9.

**AYUDA PARA TOMAR PRUEBAS**

**Pregunta 7** Primero redondea cada número mixto al número entero inferior y luego haz la multiplicación. Después, redondea al número entero superior y multiplica. El resultado correcto se encuentra entre los dos productos.

## PARTE 2 Respuesta breve/Completa

Anota tus respuestas en la hoja de respuestas provista por tu maestro(a) o en una hoja aparte.

9. Cada carro del tren de una montaña rusa transporta a 4 personas. ¿A cuántas personas puede transportar un tren con 50 carros? (Requisitos, pág. 590)

10. El diagrama de tallo y hojas muestra la longitud promedio de 15 especies de serpientes venenosas del estado de Texas.

| Tallo | Hojas |
|---|---|
| 2 | 0 0 4 4 6 6 |
| 3 | 6 6 6 6 6 |
| 4 | 2 2 8 |
| 5 | |
| 6 | 0 *3\|6 = 36 pulgadas* |

¿Cuánto mide la serpiente venenosa más larga? (Lección 2-5)

11. Melanie alquiló una bicicleta montañesa por 2 días en la tienda Speedy's Bike Rentals. ¿Cuánto pagó diariamente por el alquiler de la bicicleta? (Lección 4-3)

| Speedy's Bike Rentals | |
|---|---|
| **Tipo de bicicleta** | **Costo por 2 días** |
| Bicicleta montañesa | \$42.32 |
| Bicicleta de carreras | \$48.86 |

12. Convierte $1\frac{5}{6}$ en una fracción impropia. (Lección 5-3)

13. La receta para un bizcocho de 8 pulgadas y 2 capas, indica que se necesitan: una caja con harina para hacer bizcochos, 2 huevos y $1\frac{1}{3}$ tazas de agua. ¿Qué cantidad de cada ingrediente se necesita para hacer un bizcocho de 8 pulgadas y tres capas? (Lección 7-3)

14. Colín salió a caminar a un sendero que mide $\frac{1}{10}$ de milla. ¿Cuántas vueltas necesita dar en el sendero si quiere caminar 2 millas? (Lección 7-4)

15. Las siguientes pizzas se van a repartir en porciones iguales entre 3 personas.

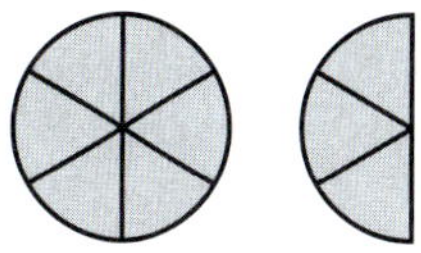

¿Qué fracción de una pizza entera le tocará a cada persona? (Lección 7-5)

16. Si continúa el siguiente patrón, ¿cuál es el perímetro del sexto cuadrado? (Lección 7-6)

| Cuadrado | Longitud por lado (cm) |
|---|---|
| 1 | 3 |
| 2 | 6 |
| 3 | 12 |
| 4 | 24 |
| 5 | 48 |

## PARTE 3 Respuesta extendida

Anota tus respuestas en una hoja de papel aparte. Muestra tus cálculos.

17. El Sr. Williams y la Sra. Ling enseñan ciencias en sus respectivas clases de 50 alumnos. La fracción de alumnos de la clase del Sr. Williams que firmaron para el viaje de campo al museo fue de dos quintos, mientras que en la clase de la Sra. Ling, la fracción de alumnos que firmó para el mismo viaje fue de aproximadamente dos tercios. (Lecciones 7-1 y 7-2)

   a. ¿Aproximadamente cuántos alumnos de la Sra. Ling fueron al museo?

   b. ¿Cuántos alumnos del Sr. Williams fueron al museo?

   c. La cuarta parte de los alumnos del Sr. Williams que fueron al museo, compraron recuerdos. ¿Qué fracción del número total de alumnos en la clase del Sr. Williams fueron al viaje y compraron recuerdos?

# UNIDAD 4

# Álgebra

**Capítulo 8**

Álgebra: Enteros

**Capítulo 9**

Álgebra: Solución de ecuaciones

**Para describir el mundo con precisión, necesitarás mucho más que números enteros, fracciones y decimales. En esta unidad, vas a usar números negativos para describir muchas situaciones cotidianas y vas a resolver ecuaciones usando dichas ecuaciones.**

Busca en la Web **PROYECTO INTERDISCIPLINARIO** **MATEMÁTICAS y CIENCIA**

## OBSERVADORES DEL TIEMPO

¡Qué mal tiempo el que se acerca! Has sido seleccionado(a) para unirte a un grupo elite de observadores del tiempo en una aventura vertiginosa. Recopilarás y representarás datos acerca de patrones del tiempo en tu propio estado y harás otras investigaciones meteorológicas. También vas a rastrear la ruta de un tornado que acaba de tocar tierra. ¡Apresúrate! Empaca tu caja de herramientas de álgebra y tu impermeable. ¡No hay tiempo que perder! ¡Hay más tormentas en el horizonte!

**Entra a msmath1.net/webquest para iniciar la búsqueda en la Web.**

CAPÍTULO

# 8 Álgebra: Enteros

292–293 Tim Davis/Getty Images

## “¿Qué tiene que ver el fútbol americano con las matemáticas?”

¿Has oído alguna vez a un locutor de deportes usar la frase “yardas ganadas” o “yardas perdidas” al referirse al fútbol americano? En un partido de fútbol americano, un equipo trata de mover la pelota hacia delante para marcar un tanto (touchdown). En cada partido, se ganan o se pierden yardas. **En las matemáticas, las frases tales como “un avance de tres yardas” y “una pérdida de 2 yardas” pueden representarse usando enteros positivos y negativos.**

Resolverás problemas sobre fútbol americano en la Lección 8-2.

# PARA COMENZAR

**Toma este control para averiguar si estás listo(a) para comenzar el Capítulo 8. Consulta la lección o página indicada en el paréntesis respectivo, si necesitas un repaso.**

## Repaso del vocabulario

**Escoge el término correcto para completar cada oración.**

1. (La suma, El producto) de 3 y 4 es 12. (Página 590)
2. El resultado de dividir dos números se llama (diferencia, cociente). (Página 591)

## Requisitos

**Suma.** (Página 589)

**3.** $12 + 15$ **4.** $3 + 4$

**5.** $5 + 7$ **6.** $16 + 9$

**7.** $8 + 13$ **8.** $5 + 17$

**Resta.** (Página 589)

**9.** $14 - 6$ **10.** $9 - 4$

**11.** $11 - 5$ **12.** $8 - 3$

**13.** $7 - 5$ **14.** $10 - 6$

**Multiplica.** (Página 590)

**15.** $7 \times 6$ **16.** $10 \times 2$

**17.** $5 \times 9$ **18.** $8 \times 3$

**19.** $4 \times 4$ **20.** $6 \times 8$

**Divide.** (Página 591)

**21.** $32 \div 4$ **22.** $63 \div 7$

**23.** $21 \div 3$ **24.** $18 \div 9$

**25.** $72 \div 9$ **26.** $45 \div 3$

**PLEGADOS™ Organiza el estudio**

**Enteros** Haz este plegado como ayuda para organizar información acerca de los enteros. Comienza con una hoja de papel sin rayas de 11" × 17".

**PASO 1 Dobla**
Dobla los lados cortos de modo que se junten en el centro.

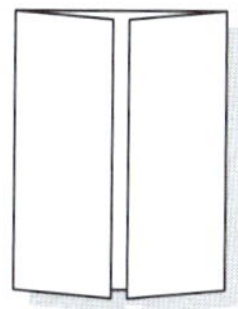

**PASO 2 Dobla nuevamente**
Dobla la parte superior con la parte inferior.

**PASO 3 Corta**
Desdobla y corta a lo largo del segundo doblez para hacer cuatro lengüetas.

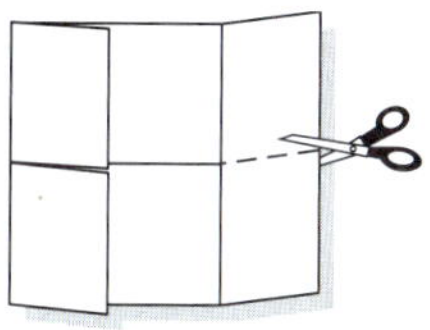

**PASO 4 Rotula**
Rotula cada lengüeta como se muestra.

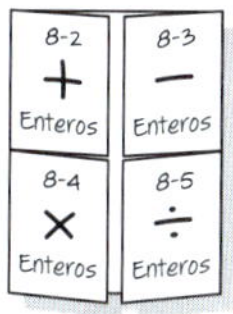


**Lee y escribe** A medida que leas y estudies el capítulo, escribe ejemplos de problemas de adición, sustracción, multiplicación y división en cada lengüeta.

# 8-1 Los enteros

**Lo que aprenderás**
A identificar, graficar, comparar y ordenar enteros.

**NUEVO vocabulario**
- entero
- entero negativo
- entero positivo
- gráfica
- opuestos

**Símbolos matemáticos**
- < es menor que
- > es mayor que

## ¿CUÁNDO usaré esto?

**DINERO** La recta numérica muestra la cantidad de dinero que Molly, Kevin, Blake y Jenna tienen en sus billeteras o deben a uno de sus padres. Un valor de −4 representa una deuda de 4 dólares.

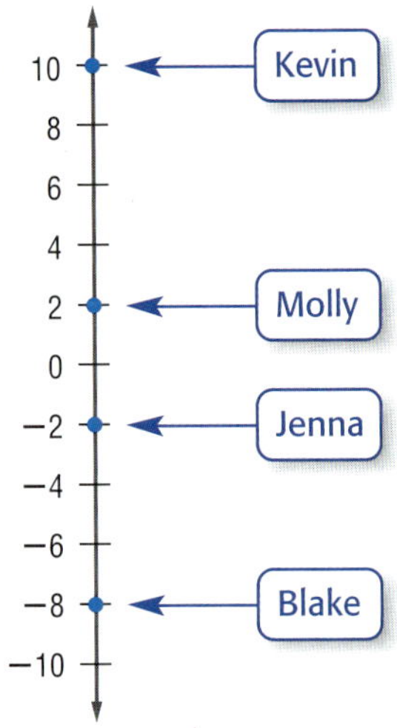


1. ¿Qué representa un valor de −6?
2. ¿Quién tiene la mayor cantidad de dinero?
3. ¿Quién debe más dinero?
4. ¿Qué número representa el tener 8 dólares en una billetera?

Los números 8 y −6 son enteros. Un **entero** es cualquier número del conjunto {…, −4, −3, −2, −1, 0, 1, 2, 3, 4, …} donde … significa *continúa infinitamente*.

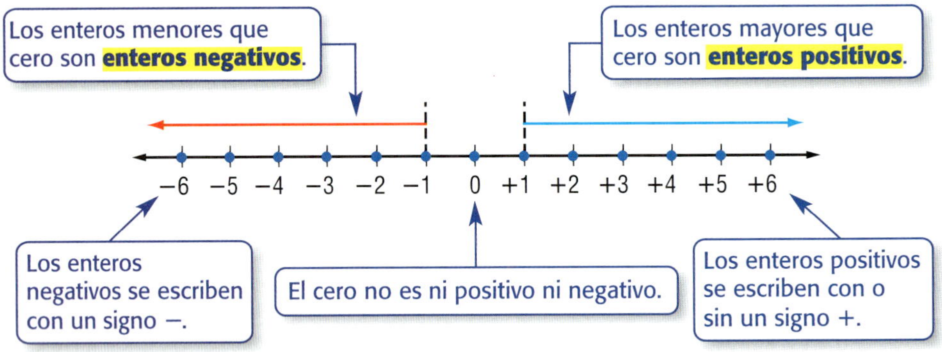


## EJEMPLOS Escribe enteros para situaciones de la vida real

**Escribe un entero para describir cada situación.**

**1 FÚTBOL AMERICANO un avance de 5 yardas en la primera caída**
La palabra *avance* representa un aumento.
El entero es +5 ó 5.

**2 El TIEMPO una temperatura de 10 grados bajo cero**
Cualquier número que es *bajo cero* es un número negativo.
El entero es −10.

**Tu turno** **Escribe un entero para describir cada situación.**
**a.** perder 6 puntos  **b.** 12 pies sobre el nivel del mar

**LEE matemáticas**

**Signos positivos y negativos** El entero +5 se lee *5 positivo* ó 5. El entero −2 se lee *dos negativo*.

Para **graficar** un entero en una recta numérica, dibuja un punto en el lugar de la recta numérica que corresponde al entero.

## EJEMPLO Grafica un entero en una recta numérica

**3** **Grafica –3 en una recta numérica.**

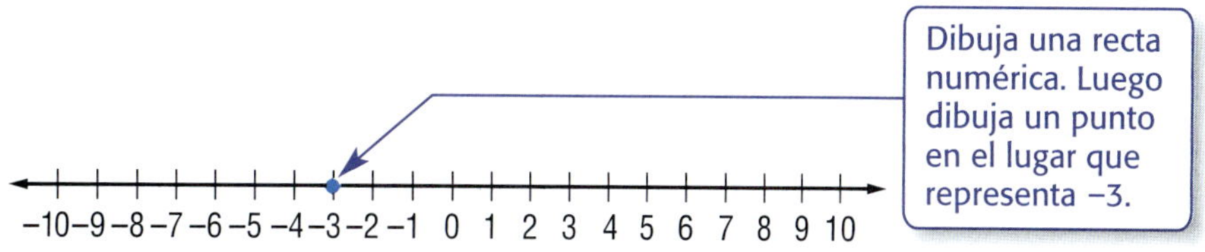


**Tu turno** **Grafica cada entero en una recta numérica.**

**c.** $-1$ **d.** $4$ **e.** $0$

Se puede usar una recta numérica también para comparar y ordenar enteros. En una recta numérica, el número a la izquierda es siempre menor que el número a la derecha.

### LEE matemáticas

**Símbolos de desigualdad**
El enunciado $-6 < -4$ se lee *6 negativo es menor que 4 negativo.* El enunciado $-4 > -6$ se lee *4 negativo es mayor que 6 negativo.*

## EJEMPLO Compara enteros

**4** **Reemplaza ● en $-6$ ● $-4$ con <, > o = para hacer verdadero el enunciado.**

Grafica $-6$ y $-4$ en una recta numérica. Luego compara.

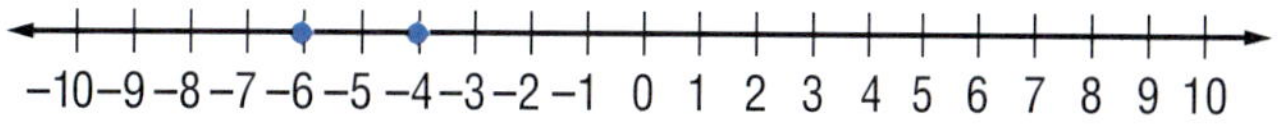


Como $-6$ se encuentra a la izquierda de $-4$, $-6 < -4$.

**Tu turno** **Reemplaza cada ● con <, > o = para hacer verdadero el enunciado.**

**f.** $-3$ ● $-5$ **g.** $-5$ ● $0$ **h.** $6$ ● $-1$

## EJEMPLO Ordena enteros

**5** **CIENCIA** **La tabla muestra el promedio de temperaturas de la superficie de Júpiter, Marte, la Tierra y la Luna. Ordena las temperaturas de menor a mayor.**

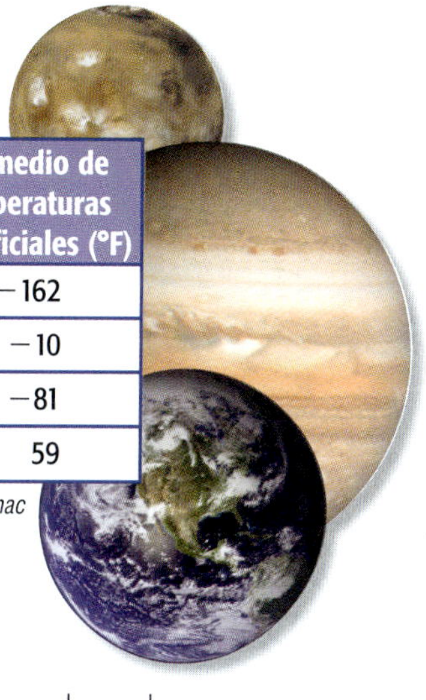

| Nombre | Promedio de temperaturas superficiales (°F) |
|---|---|
| Júpiter | –162 |
| Luna | –10 |
| Marte | –81 |
| La Tierra | 59 |

**Fuente:** *The World Almanac*

Primero, grafica cada entero. Luego, escribe los enteros como aparecen en la recta numérica de izquierda a derecha.

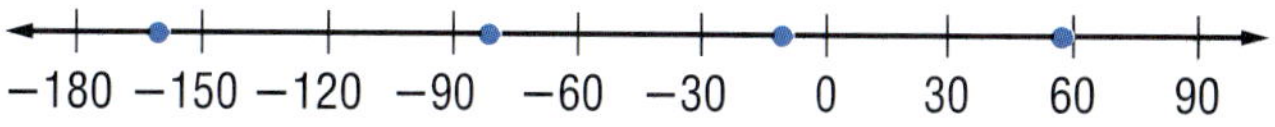


El orden de menor a mayor es $-162°$, $-81°$, $-10°$ y $59°$.

### AYUDA PARA EL ESTUDIO

**Ordena enteros**
Al ordenar enteros de mayor a menor, escribe los enteros de la manera en que aparecen de derecha a izquierda.

Los **opuestos** son números que tienen la misma distancia desde cero en direcciones opuestas en la recta numérica.

## EJEMPLO Calcula el opuesto de un entero

**6** **Escribe el opuesto de +6.**

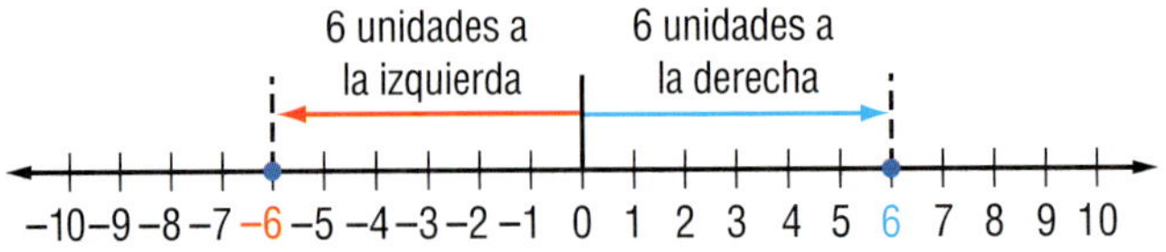


El opuesto de +6 es −6.

**Tu turno** **Escribe el opuesto de cada entero.**

**i.** −4 **j.** +8 **k.** −9

## Repaso de destrezas y conceptos

Escribe en matemáticas
**Ejercicios 1 y 2**

1. **Explica** cómo enumerar enteros de mayor a menor.
2. **INTERPRETA** Escribe sobre una situación en la cual se compararán y ordenarán enteros.
3. **SENTIDO NUMÉRICO** Describe tres características del conjunto de enteros.

### PRÁCTICA DIRIGIDA

**Escribe un entero para describir cada situación.**

4. aumentar 3 libras
5. retirar $15

**Dibuja una recta numérica de −10 a 10 y grafica cada entero en ella.**

6. −7
7. 10
8. −4
9. 3

**Reemplaza cada ● con <, > o = para hacer verdadero el enunciado.**

10. −4 ● −8
11. −1 ● 3
12. −5 ● 0

13. Ordena −4, 3, 0 y −5 de menor a mayor.

**Escribe el opuesto de cada entero.**

14. +7
15. +5
16. −1
17. −5

18. **HISTORIA** La línea cronológica muestra los años en que se fundaron varias ciudades. ¿Qué ciudad se fundó después de Roma pero antes que Londres?

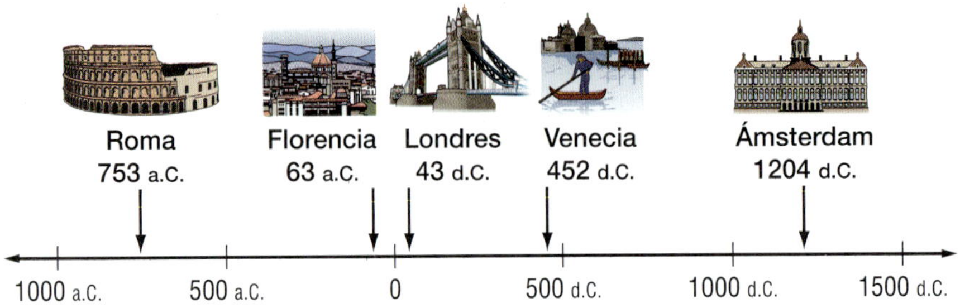

## Práctica y aplicaciones

| Ejercicios | Ver ejemplos |
|---|---|
| 19–22, 48, 49 | 1, 2 |
| 23–30 | 3 |
| 31–39, 50 | 4, 5 |
| 40–47 | 6 |

**AYUDA CON LAS TAREAS**

**Práctica adicional**
**Ver páginas 609, 631.**

**Escribe un entero para describir cada situación.**

19. 5 pies bajo el nivel del mar
20. un depósito de \$30 en una cuenta
21. moverse hacia delante 4 espacios
22. la Bolsa perdió 6 puntos

**Dibuja una recta numérica desde –10 hasta 10. Luego grafica cada entero en la recta numérica.**

23. 1
24. 5
25. 3
26. 7
27. $-5$
28. $-10$
29. $-6$
30. $-8$

**Reemplaza cada ● con $<$, $>$ o $=$ para hacer verdadero el enunciado.**

31. $-2$ ● $-4$
32. 2 ● 4
33. 1 ● $-3$
34. $-6$ ● 3
35. 5 ● 0
36. $-3$ ● 2

37. Ordena $-7$, 4, $-5$ y 6 de menor a mayor.

38. Escribe $-2$, 5, 0 y $-3$ de mayor a menor.

39. Grafica 8, $\frac{1}{2}$, 0.6, $-5$ y $6\frac{3}{4}$ en una recta numérica. Luego ordena los números de menor a mayor.

**Escribe el opuesto de cada entero.**

40. $+1$
41. $+4$
42. $-6$
43. $-10$
44. $-8$
45. $-3$
46. $+9$
47. $+2$

48. **GEOGRAFÍA** New Orleans, Louisiana está a 8 pies bajo el nivel del mar. Escribe este número como un entero.

49. **GEOGRAFÍA** Jacksonville, Florida se encuentra al nivel del mar. Escribe esta elevación como un entero.

**ESTADÍSTICAS** **Para los ejercicios 50 y 51, refiérete a la tabla.**

50. ¿Cuál estado tuvo la temperatura más baja?
51. ¿Cuál es la mediana de las temperaturas más frías registradas en los estados nombrados en la tabla?

**Temperatura más fría registrada (°F)**

| | |
|---|---|
| Alaska | −80 |
| California | −45 |
| Florida | −2 |
| Ohio | −39 |
| Montana | −70 |

Fuente: *The World Almanac*

52. **CIENCIA BIOLÓGICA** Algunas criaturas marinas viven cerca de la superficie mientras que otras viven en las profundidades del océano. Haz un dibujo que muestre los hábitats relativos de las siguientes criaturas.
    - pez aguja azul: 0 a 600 pies bajo la superficie
    - pez linterna: 3,300 a 13,200 pies bajo la superficie
    - pez listón: 600 a 3,300 pies bajo la superficie

**FINANZAS** **Para los ejercicios 53 al 55, usa la gráfica de barras.**

**53.** Ordena los porcentajes en una recta numérica.

**54.** ¿Cuál tipo de bancarrota mostró el mayor declive, Chapter 12 ó Chapter 7? Explica tu respuesta.

**55.** ¿Cuál tipo de bancarrota mostró el mayor cambio? Explica tu respuesta.

**EXTENSIÓN DE LA LECCIÓN** El *valor absoluto* es la distancia a que se encuentra un número de cero en la recta numérica. La siguiente recta numérica muestra que $-3$ y $3$ tienen el mismo valor absoluto, 3. El símbolo del valor absoluto es $|n|$.

$|3| = 3$ El valor absoluto de 3 es 3.

$|-3| = 3$ El valor absoluto de $-3$ es 3.

**Evalúa cada expresión.**

**56.** $|5|$ **57.** $|-2|$ **58.** $|7|$ **59.** $|-4|$

**60.** **RAZONAMIENTO CRÍTICO** Explica por qué cualquier entero negativo es menor que cualquier entero positivo.

## Prueba estandarizada de práctica y repaso general

**61.** **SELECCIÓN MÚLTIPLE** ¿Qué entero es 3 unidades menor que 1?

Ⓐ $-2$ Ⓑ $-1$ Ⓒ $0$ Ⓓ $2$

**62.** **SELECCIÓN MÚLTIPLE** ¿Qué punto en la recta numérica representa $-3$?

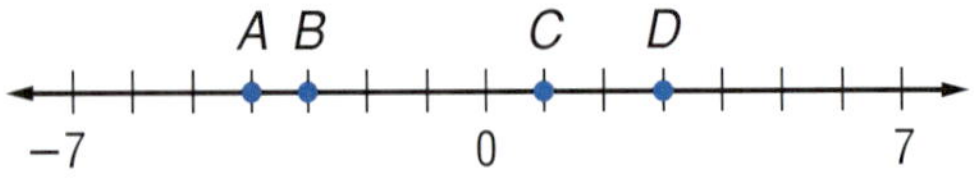


Ⓕ punto *A* Ⓖ punto *B* Ⓗ punto *C* Ⓘ punto *D*

**Calcula el número que falta en cada sucesión.** (Lección 7-6)

**63.** 2, 4, __?__, 16, … **64.** 5, __?__, $1\frac{4}{5}$, $1\frac{2}{25}$, … **65.** 8, $6\frac{2}{3}$, __?__, 4, …

**66.** Calcula $2\frac{3}{5}$ dividido entre $1\frac{2}{3}$. Escribe el cociente en forma reducida. (Lección 7-5)

### PREPÁRATE PARA LA SIGUIENTE LECCIÓN

**REQUISITOS** **Suma o resta.** (Página 589)

**67.** $6 + 4$ **68.** $6 - 4$ **69.** $10 + 3$ **70.** $10 - 3$

# 8-2a LABORATORIO de PRÁCTICA

**Sinopsis de la Lección 8-2**

**Lo que aprenderás**
A usar modelos para entender los pares nulos.

**Materiales**
- fichas
- tapete de enteros

## Pares nulos

Puedes usar fichas para entender los enteros. Una ficha amarilla (+) representa el entero +1. Una ficha roja (−) representa el entero −1. Cuando se empareja una ficha amarilla con una ficha roja, el resultado es cero. Este par de fichas se llama **par nulo**.

**ACTIVIDAD** *Trabaja con un(a) compañero(a).*

**1** **Usa fichas para demostrar +4 y −4. Luego forma tantos pares nulos como te sea posible para calcular la suma de +4 + (−4).**

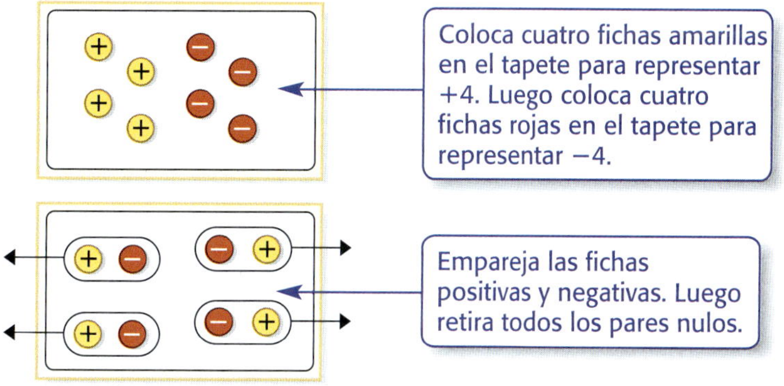


No hay fichas en el tapete. Entonces, +4 + (−4) = 0.

**Tu turno** **Usa fichas para modelar cada par de enteros. Luego forma pares nulos para calcular la suma de los enteros.**

**a.** +3, −3 **b.** +5, −5 **c.** −7, +7

## Escribe en matemáticas

1. ¿Cuál es el valor de un par nulo? Explica tu razonamiento.
2. Supón que hay 5 pares nulos en un tapete de enteros. ¿Cuál es el valor de estos pares nulos? Explica.
3. **Explica** el efecto de retirar un par nulo del tapete. ¿Qué efecto tiene esto en las fichas que quedan?
4. Los enteros como +4 y −4 se llaman *opuestos*. ¿Cuál es la suma de cualquier par de opuestos?
5. **Escribe** un enunciado que describa cómo se usan los pares nulos para calcular la suma de cualquier par de opuestos.
6. **HAZ UNA CONJETURA** ¿Cómo crees que podrías calcular +5 + (−2) usando fichas?

# 8-2 Suma enteros

**Lo que aprenderás**
A sumar enteros.

## ¿CUÁNDO usaré esto?

**JUEGOS** Gracia y Conner juegan un juego de mesa. Las cartas que Gracia seleccionó en cada uno de sus primeros tres turnos se muestran en orden de izquierda a derecha.

1. Después del tercer turno de Gracia, ¿a cuántos espacios del comienzo se encuentra su pieza de juego?

Para sumar enteros, puedes usar fichas o una recta numérica.

## EJEMPLOS Suma enteros con el mismo signo

**1** **Calcula $+3 + (+2)$.**

**Método 1** Usa fichas.

Añade 3 fichas positivas y 2 fichas positivas al tapete.

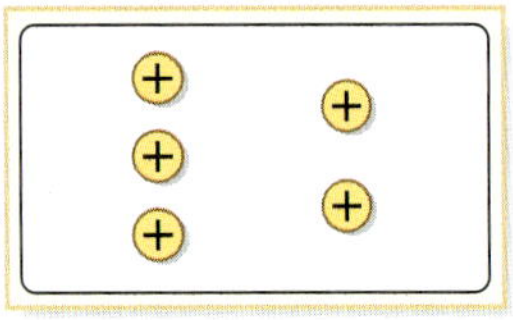

**Método 2** Usa una recta numérica.

Comienza en el 0. Muévete 3 unidades a la derecha para mostrar +3. Desde allí, muévete 2 unidades a la derecha para mostrar +2.

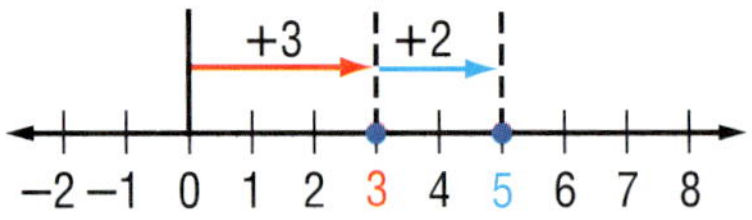


Entonces, $+3 + (+2) = +5$ ó 5.

**2** **Calcula $-2 + (-4)$.**

**Método 1** Usa fichas.

Añade 2 fichas negativas y 4 fichas negativas al tapete.

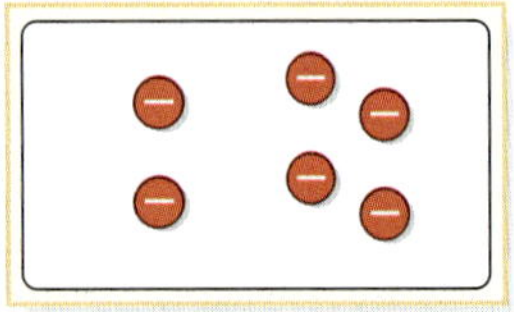

**Método 2** Usa una recta numérica.

Comienza en el 0. Muévete 2 unidades a la izquierda para mostrar −2. Desde allí, muévete 4 unidades a la izquierda para mostrar −4.

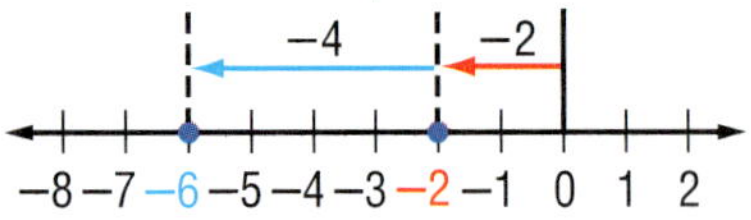


Entonces, $-2 + (-4) = -6$.

**Tu turno** **Suma. Usa fichas o una recta numérica si es necesario.**

**a.** $+1 + (+4)$ **b.** $-3 + (-4)$ **c.** $-7 + (-4)$

Para sumar dos enteros con signos diferentes, es necesario retirar cualquier par nulo. Un *par nulo* es un par de fichas que incluye una ficha positiva y una ficha negativa.

## EJEMPLOS Suma enteros con signos diferentes

### LEE matemáticas

**Enteros positivos**
Se da por sentado que un número sin signo es positivo.

**3** **Calcula $1 + (-5)$.**

**Método 1** Usa fichas.

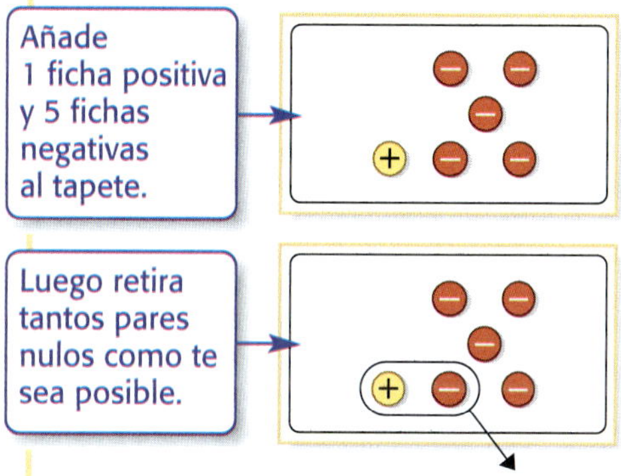


**Método 2** Usa una recta numérica.

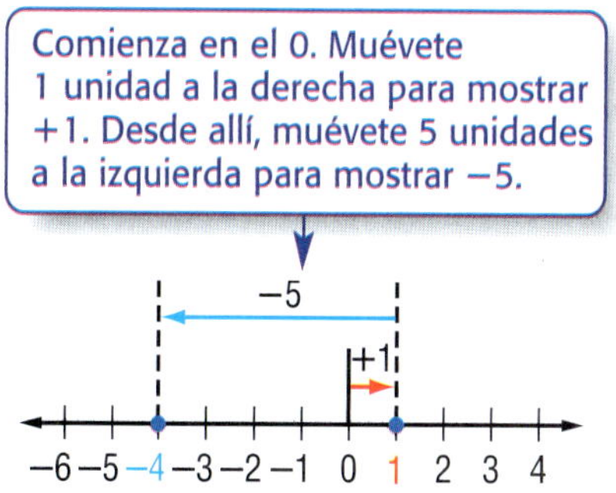


Entonces, $1 + (-5) = -4$.

**4** **Calcula $-8 + 6$.**

**Método 1** Usa fichas.

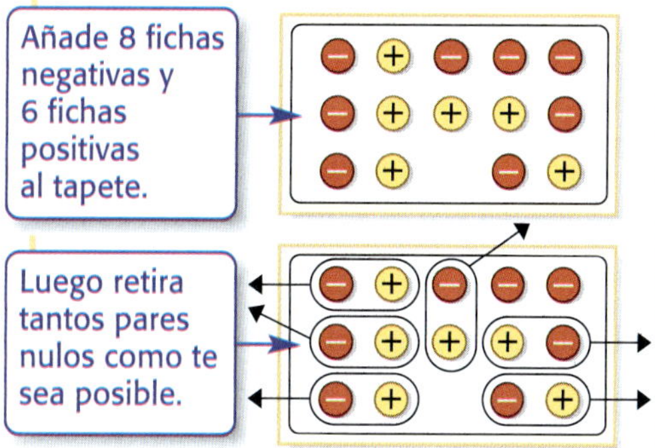


**Método 2** Usa una recta numérica.

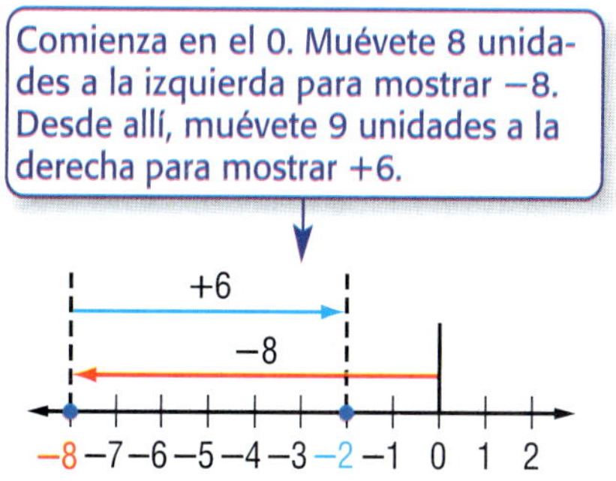


Entonces, $-8 + 6 = -2$.

**Tu turno** **Suma. Usa fichas o una recta numérica si es necesario.**

d. $+7 + (-3)$ e. $4 + (-4)$ f. $-6 + 3$

Las siguientes reglas son útiles al sumar enteros.

### Concepto clave — Adición de enteros

| | |
|---|---|
| **Palabras** | La suma de dos enteros positivos es siempre positiva. La suma de dos enteros negativos es siempre negativa. |
| **Ejemplos** | $5 + 1 = 6$ $-5 + (-1) = -6$ |
| **Palabras** | La suma de un entero positivo y un entero negativo es a veces positiva, a veces negativa y a veces cero. |
| **Ejemplos** | $5 + (-1) = 4$ $-5 + 1 = -4$ $-5 + 5 = 0$ |

## Repaso de destrezas y conceptos

Escribe en matemáticas
**Ejercicios 1 y 2**

1. **INTERPRETA** Escribe un problema de adición que incluya un entero positivo y un entero negativo cuya suma sea $-2$.

2. **HALLA EL ERROR** Savannah y César calculan $4 + (-6)$. ¿Quién lo hizo bien? Explica.

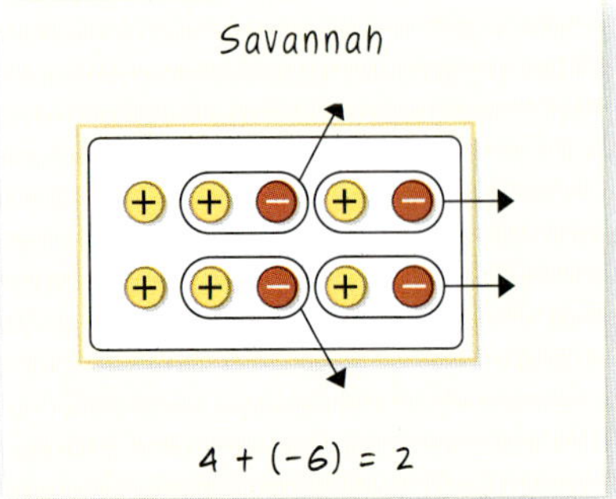


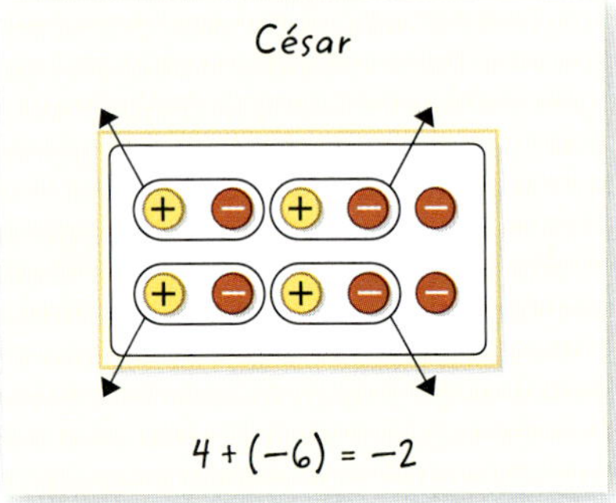


3. **SENTIDO NUMÉRICO** **Indica si cada suma es *positiva*, *negativa* o *cero* sin tener que hacer la suma.**

   a. $-8 + (-8)$  b. $-2 + 2$  c. $6 + (+6)$
   d. $-5 + 2$  e. $-3 + 8$  f. $-2 + (-6)$

### PRÁCTICA DIRIGIDA

**Suma. Usa fichas o una recta numérica si es necesario.**

4. $+3 + (+1)$  5. $4 + (+2)$  6. $-3 + (-5)$
7. $-6 + (-4)$  8. $+2 + (-5)$  9. $-4 + 9$

10. **JUEGOS** Tú y un(a) amigo(a) juegan a las cartas. Los puntajes de los juegos efectuados hasta el momento se muestran a la derecha. Si el jugador con más puntos gana, ¿quién va ganando?

| Juego | Tú | Amigo(a) |
|---|---|---|
| 1 | +10 | +8 |
| 2 | −5 | −10 |
| 3 | +15 | +13 |

## Práctica y aplicaciones

**AYUDA CON LAS TAREAS**

| Ejercicios | Ver ejemplos |
|---|---|
| 11–20 | 1, 2 |
| 21–31 | 3, 4 |

**Práctica adicional**
**Ver páginas 609, 631.**

**Suma. Usa fichas o una recta numérica si es necesario.**

11. $+2 + (+1)$  12. $+5 + (+1)$  13. $6 + (+2)$
14. $3 + (+4)$  15. $+8 + 3$  16. $+9 + 4$
17. $-4 + (-1)$  18. $-5 + (-4)$  19. $-2 + (-4)$
20. $-3 + (-3)$  21. $+2 + (-3)$  22. $+6 + (-10)$
23. $-7 + (+5)$  24. $-3 + (+3)$  25. $-2 + 6$
26. $-9 + 6$  27. $4 + (-3)$  28. $1 + (-4)$
29. $-12 + 7$  30. $15 + (-6)$  31. $8 + (-18)$
32. $5 + 2 + (-8)$  33. $3 + (-5) + 7$  34. $(-8) + 1 + 5$

35. ¿Cuál es la suma de siete positivo y tres negativo?

36. Calcula el resultado cuando a nueve negativo se le suma cuatro positivo.

**Para los ejercicios 37 y 38, escribe un problema de adición de la situación y resuélvelo.**

37. **EL TIEMPO** La temperatura exterior es de $-5°F$. Si la temperatura baja otros 4 grados, ¿cuál será la temperatura?

38. **BUCEO** Un buceador desciende 25 pies bajo la superficie del agua y luego nada 12 pies hacia arriba en dirección de la superficie. ¿Cuál es la ubicación del buceador?

39. **FÚTBOL AMERICANO** La tabla muestra las yardas ganadas o las yardas perdidas en cada una de las primeras tres jugadas de un partido de fútbol americano. ¿Cuál es el número total de yardas ganadas o perdidas en las tres jugadas?

| Partido | Yardas perdidas o ganadas |
|---|---|
| 1 | +8 |
| 2 | −3 |
| 3 | +2 |

40. **ESCRIBE UN PROBLEMA** Escribe un problema que se pueda resolver mediante la suma de dos enteros.

41. **CIENCIA** Por la noche, la temperatura de la superficie de Marte puede alcanzar una mínima de $-120°F$. Durante el día, la temperatura sube a lo sumo $100°F$. ¿Cuál es la temperatura de superficie máxima en Marte durante el día?

**Actualiza datos** ¿Cuáles son las temperaturas superficiales nocturnas y diurnas en Mercurio? Visita msmath1.net/data_update para más información.

**RAZONAMIENTO CRÍTICO** **Para los ejercicios 42 y 43, escribe un problema de adición que satisfaga cada enunciado.**

42. Todos los sumandos son enteros negativos y la suma es $-7$.

43. Por lo menos un sumando es un entero positivo y la suma es $-7$.

## Prueba estandarizada de práctica y repaso general

44. **SELECCIÓN MÚLTIPLE** Paco tiene \$150 en el banco y retira \$25. ¿Qué enunciado de adición representa esta situación?

Ⓐ $-150 + (-25)$ Ⓑ $150 + 25$

Ⓒ $-150 + (-25)$ Ⓓ $150 + (-25)$

45. **RESPUESTA BREVE** ¿Cuál es el número que al sumarle $-8$ es igual a $-13$?

**Dibuja una recta numérica de −10 a 10. Luego grafica cada entero en la recta numérica.** (Lección 8-1)

46. $-8$ 47. $0$ 48. $+7$

49. **PATRONES** Calcula los siguientes dos números en la sucesión 160, 80, 40, 20, … . (Lección 7-6)

### PREPÁRATE PARA LA SIGUIENTE LECCIÓN

**REQUISITOS** **Resta.** (Página 589)

50. $5 - 3$ 51. $6 - 4$ 52. $9 - 5$ 53. $10 - 3$

# 8-3 Resta enteros

**Lo que aprenderás**
A restar enteros.

## PRÁCTICA Minilaboratorio

**Materiales**
- rectas numéricas

*Trabaja con un(a) compañero(a).*

Las siguientes rectas numéricas son modelos de los problemas de sustracción $8 - 2$ y $-3 - 4$.

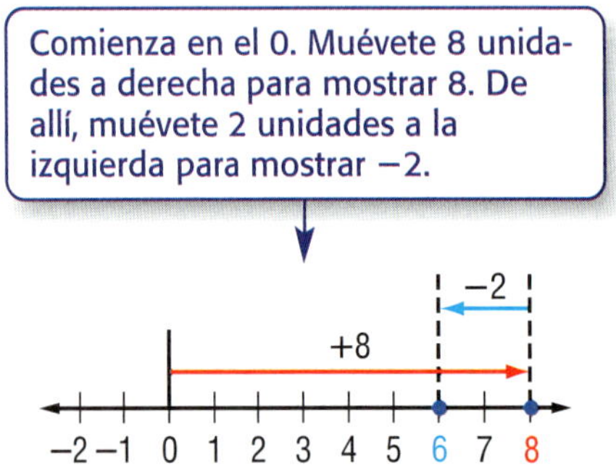


$8 - 2 = 6$

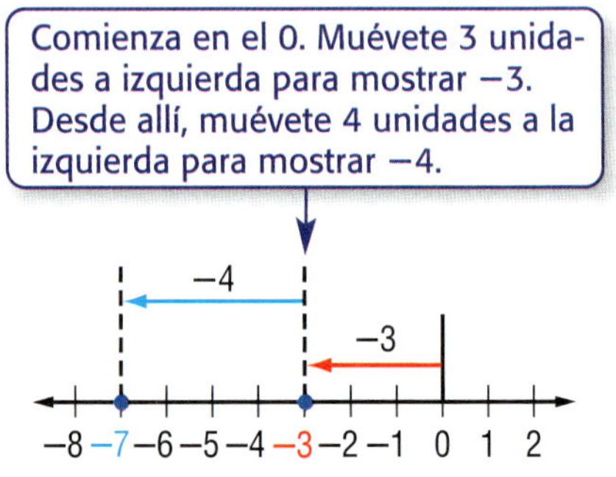


$-3 - 4 = -7$

1. Modela $8 + (-2)$ usando una recta numérica.
2. Compara este modelo con el modelo de $8 - 2$. ¿Cómo se relaciona $8 - 2$ con $8 + (-2)$?
3. Usa una recta numérica para modelar $-3 + (-4)$.
4. Compara este modelo con el modelo de $-3 - 4$. ¿Cómo se relaciona $-3 - 4$ con $-3 + (-4)$?

El Minilaboratorio muestra que cuando se resta un número, el resultado es el mismo que si sumas el opuesto del número.

Los números 2 y −2 son opuestos.

$8 - 2 = 6$ $\quad$ $8 + (-2) = 6$

Nota que el resultado es el mismo.

Los números 4 y −4 son opuestos.

$-3 - 4 = -7$ $\quad$ $-3 + (-4) = -7$

Nota que el resultado es el mismo.

Para restar enteros, puedes usar fichas o la siguiente regla.

**Concepto clave** — **Sustracción de enteros**

**Palabras** Para restar enteros, suma su opuesto.

**Ejemplos**

$5 - 2 = 5 + (-2)$

$-3 - 4 = -3 + (-4)$

$-1 - (-2) = -1 + 2$

## EJEMPLO Resta enteros positivos

**1** **Calcula 3 – 1.**

**Método 1** Usa fichas.

Coloca 3 fichas positivas en el tapete para mostrar +3. Retira 1 ficha positiva.

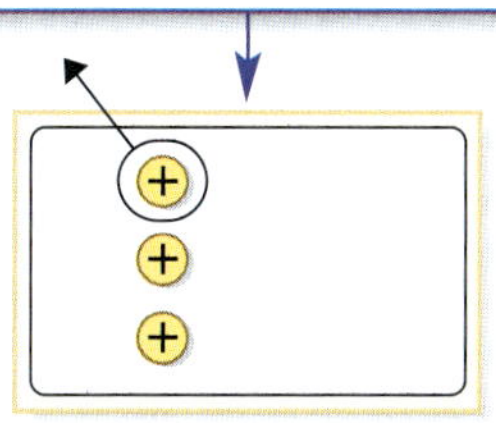

Por lo tanto, $3 - 1 = 2$.

**Método 2** Usa la regla.

$3 - 1 = 3 + (-1)$ Para restar 1, suma $-1$.

$= 2$ Reduce.

La diferencia de 3 y 1 es 2.

**Verifica** Usa una recta numérica para calcular $3 + (-1)$.

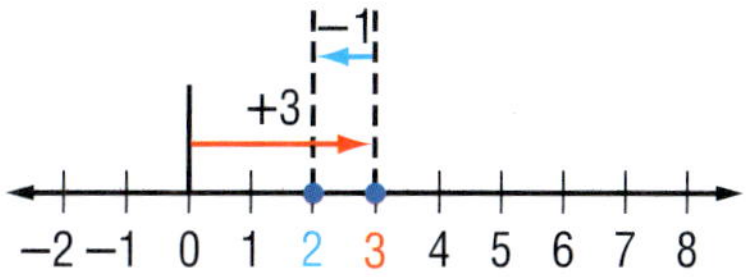


**Tu turno** **Resta. Usa fichas si es necesario.**

**a.** $6 - 4$ **b.** $+5 - 2$ **c.** $9 - 6$

### AYUDA PARA EL ESTUDIO

**Verifica mediante suma**
En el ejemplo 1, puedes verificar $3 - 1 = 2$ mediante adición. $2 + 1 = 3$
En el ejemplo 2, puedes verificar $-5 - (-3) = -2$ mediante adición. $-2 + (-3) = -5$

## EJEMPLO Resta enteros negativos

**2** **Calcula $-5 - (-3)$.**

**Método 1** Usa fichas.

Coloca 5 fichas negativas en el tapete para mostrar $-5$. Retira 3 fichas negativas.

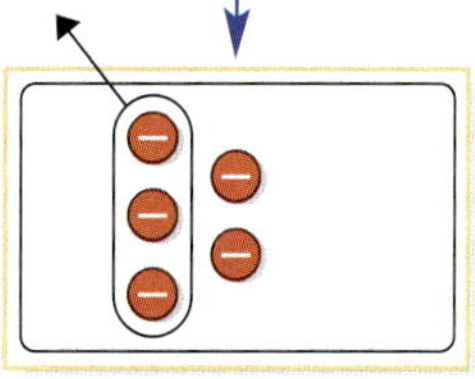

Por lo tanto, $-5 - (-3) = -2$.

**Método 2** Usa la regla.

$-5 - (-3) = -5 + 3$ Para restar $-3$, suma 3.

$= -2$ Reduce.

La diferencia de $-5$ y $-3$ es $-2$.

**Verifica** Usa una recta numérica para calcular $-5 + 3$.

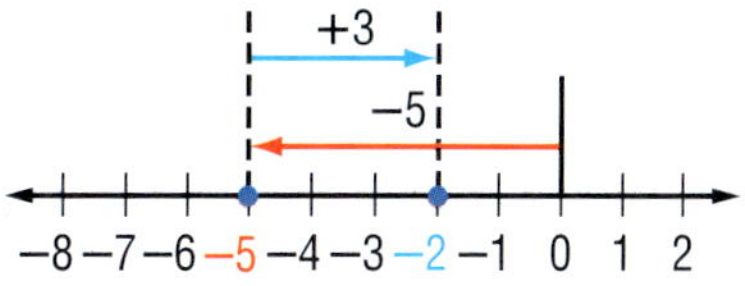


**Tu turno** **Resta. Usa fichas si es necesario.**

**d.** $-8 - (-2)$ **e.** $-6 - (-1)$ **f.** $-5 - (-4)$

A veces es necesario añadir pares nulos antes de realizar la sustracción. Recuerda que cuando añades pares nulos, esto no altera los valores de los enteros en el tapete.

## EJEMPLO Usa pares nulos para restar enteros

**3** **Calcula $-2 - 3$.**

**Método 1** Usa fichas.

Coloca 2 fichas negativas en el tapete para mostrar $-2$.

Como no hay fichas positivas, añade 3 pares nulos.

Ahora retira 3 fichas positivas.

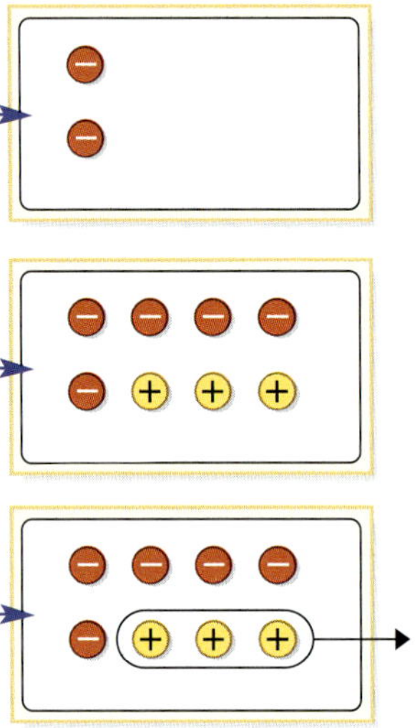

**Método 2** Usa la regla.

$-2 - 3 = -2 + (-3)$ Para restar 3, suma $-3$.

$= -5$ Reducе.

La diferencia de $-2$ y 3 es $-5$.

**Verifica** Usa una recta numérica para calcular $-2 + (-3)$.

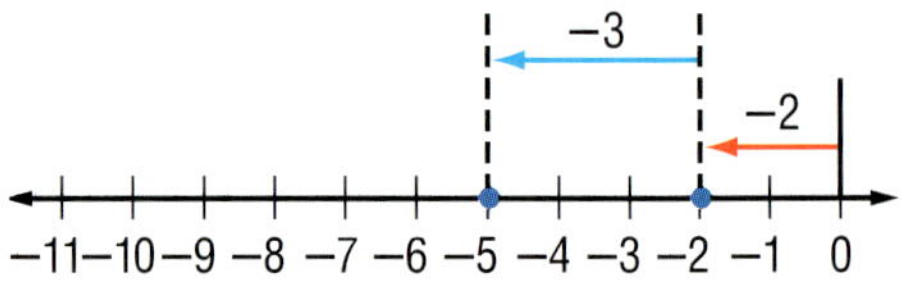


Por lo tanto, $-2 - 3 = -5$.

**Tu turno** **Resta. Usa fichas si es necesario.**

**g.** $-8 - 3$ **h.** $-2 - 5$ **i.** $-9 - 5$

## Repaso de destrezas y conceptos

*Escribe en matemáticas* **Ejercicios 2 y 3**

1. **INTERPRETA** Escribe un enunciado de sustracción que contenga dos enteros cuyo resultado sea –3.

2. **¿Cuál no pertenece?** Identifica el enunciado que no es igual a $-2$. Explica.

| $-6 - (-4)$ | $-6 + 4$ | $4 - 6$ | $-4 + 6$ |
|---|---|---|---|

3. **SENTIDO NUMÉRICO** Explica cómo se relaciona $6 - 3$ con $6 + (-3)$.

### PRÁCTICA DIRIGIDA

**Resta. Usa fichas si es necesario.**

4. $7 - 5$ 5. $+4 - 1$ 6. $-9 - (-4)$

7. $-6 - (-6)$ 8. $-1 - 5$ 9. $-2 - (-3)$

10. **ÁLGEBRA** Evalúa $a - b$ si $a = 5$ y $b = 7$.

11. **ESTADÍSTICA** Calcula el rango de las temperaturas $-5$°F, 12°F, $-21$°F, 4°F y 0°F.

## Práctica y aplicaciones

| AYUDA CON LAS TAREAS | |
|---|---|
| Ejercicios | Ver ejemplos |
| 12–15, 28–29 | 1 |
| 16–21, 24–27 | 2 |
| 22–23 | 3 |

Práctica adicional
Ver páginas 610, 631.

**Resta. Usa fichas si es necesario.**

**12.** $8 - 3$ **13.** $6 - 5$ **14.** $+6 - 2$

**15.** $+8 - 1$ **16.** $-7 - (-5)$ **17.** $-8 - (-4)$

**18.** $-10 - (-5)$ **19.** $-12 - (-7)$ **20.** $-9 - (-9)$

**21.** $-2 - (-2)$ **22.** $-4 - 8$ **23.** $-5 - 4$

**24.** $5 - (-4)$ **25.** $6 - (-2)$ **26.** $-4 - (-2)$

**27.** $-9 - (-6)$ **28.** $-12 - (3)$ **29.** $-15 - (5)$

**30.** **ÁLGEBRA** Calcula el valor de $m - n$ si $m = -3$ y $n = 4$.

**31.** **EL TIEMPO** Una mañana, la temperatura era de −5°F. Al mediodía, era de 10°F. Calcula el cambio en la temperatura.

**32.** **FÚTBOL** La diferencia entre el número de goles metidos por un equipo (goles a favor) y el número de goles metidos por el adversario (goles en contra) se llama *gol diferencial*. Usa la tabla para calcular el gol diferencial de cada equipo.

Asociación Unida de Fútbol Femenino, 2002

| Equipo | Goles a favor | Goles en contra |
|---|---|---|
| Carolina | 40 | 30 |
| San José | 34 | 30 |
| San Diego | 28 | 42 |
| Nueva York | 31 | 62 |

**33.** **INVESTIGACIÓN** Usa Internet u otra fuente para calcular el gol diferencial de cada equipo de la Asociación de Fútbol de Liga Mayor.

**RAZONAMIENTO CRÍTICO** **Indica si cada enunciado es verdadero *a veces*, *siempre* o *nunca*. Da un ejemplo o un contraejemplo para cada uno.**

**34.** positivo − positivo = positivo **35.** negativo − negativo = negativo

**36.** negativo − positivo = negativo **37.** positivo − negativo = negativo

## Prueba estandarizada de práctica y repaso general

**38.** **SELECCIÓN MÚLTIPLE** Al mediodía, la temperatura era de −3°F. Si la temperatura bajó 9°F, ¿cuál será la nueva temperatura?

Ⓐ 12°F Ⓑ 6°F Ⓒ −6°F Ⓓ −12°F

**39.** **RESPUESTA BREVE** Calcula el valor de $7 - (-6)$.

**Suma. Usa fichas o una recta numérica si es necesario.** (Lección 8-2)

**40.** $3 + (-4)$ **41.** $4 + (-4)$ **42.** $-2 + (-3)$

**43.** Grafica −6, 2, 0, −2, 4 en la misma recta numérica. (Lección 8-1)

### PREPÁRATE PARA LA SIGUIENTE LECCIÓN

**REQUISITOS** **Multiplica.** (Página 590)

**44.** $5 \times 6$ **45.** $8 \times 7$ **46.** $9 \times 4$ **47.** $8 \times 9$

CAPÍTULO 8

# Prueba parcial de práctica del capítulo

## Vocabulario y conceptos

1. **Escribe** el entero que describa 4 millas bajo el nivel del mar. (Lección 8-1)
2. **Dibuja** un modelo para mostrar $4 + (-3)$. (Lección 8-2)
3. **Explica** cómo restar enteros. (Lección 8-3)

## Destrezas y aplicaciones

**Dibuja una recta numérica desde $-10$ hasta 10. Luego grafica cada entero en la recta numérica.** (Lección 8-1)

4. $-8$
5. 6
6. $-9$

**Reemplaza cada ● con $<$, $>$ o $=$ para hacer verdadero el enunciado.** (Lección 8-1)

7. $-7$ ● $-3$
8. 4 ● $-2$
9. $-8$ ● 6

10. Ordena –5, –7, 4, –3 y –2 de mayor a menor. (Lección 8-1)

11. **GOLF** En golf, gana el puntaje menor. La tabla muestra los puntajes de los ganadores del U.S. Open de 2000 a 2002. ¿Cuál fue el menor puntaje ganador? (Lección 8-1)

| Año | Ganador | Puntaje |
|---|---|---|
| 2002 | Tiger Woods | −3 |
| 2001 | Retief Goosen | −4 |
| 2000 | Tiger Woods | −12 |

**Fuente:** www.golfonline.com

**Suma. Usa fichas o una recta numérica si es necesario.** (Lección 8-2)

12. $+8 + (-3)$
13. $-6 + 2$
14. $-4 + (-7)$

**Resta. Usa fichas si es necesario.** (Lección 8-3)

15. $9 - (+3)$
16. $-3 - 5$
17. $8 - (-2)$
18. $-4 - (-7)$

## Prueba estandarizada de práctica

19. **SELECCIÓN MÚLTIPLE** Calcula el valor de $d$ que convierte $d - (-5) = 17$ en un enunciado verdadero. (Lección 8-3)

Ⓐ 22
Ⓑ $-12$
Ⓒ 12
Ⓓ $-22$

20. **RESPUESTA BREVE** Un topo trata de salirse de su madriguera que se encuentra a 12 pies bajo tierra. El topo sube 6 pulgadas y luego se vuelve a deslizar hacia abajo otras 2 pulgadas. ¿Qué entero representa la ubicación del topo con relación a la superficie? (Lección 8-2)

# La Zona de juegos

Un sitio para practicar tus destrezas matemáticas

## Cáete de los extremos

### ¡ALÍSTATE!

**Jugadores:** dos o cuatro
**Materiales:** 2 cubos numerados de diferentes colores
2 fichas de diferentes colores

### ¡EN TU MARCA!

- Dibuja un tablero de juegos como el que se muestra a continuación.

| | | | | | | | | | | | | |
|---|---|---|---|---|---|---|---|---|---|---|---|---|
| -6 | -5 | -4 | -3 | -2 | -1 | 0 | 1 | 2 | 3 | 4 | 5 | 6 |

### ¡ADELANTE!

- Sea un cubo numerado los enteros positivos y el otro cubo los enteros negativos.
- Cada jugador coloca una ficha en el cero.
- Un jugador tira los dos cubos numerados y suma los números que se muestran. Si la suma es positiva, el jugador mueve su ficha a la derecha el número de espacios indicados en la suma. Si la suma es negativa, el jugador mueve su ficha a la izquierda el número de espacios indicados en la suma.
- Los jugadores se turnan para tirar los cubos numerados y para mover las fichas.
- **¿Quién gana?** El primer jugador que se sale del tablero en cualquier dirección gana el juego.

# 8-4 Multiplica enteros

**Lo que aprenderás**
A multiplicar enteros.

## PRÁCTICA Minilaboratorio

**Materiales**
- fichas
- tapete de enteros

*Trabaja con un(a) compañero(a).*

Los modelos muestran $3 \times 2$ y $3 \times (-2)$.

Para $3 \times 2$, coloca 3 conjuntos de 2 fichas positivas en el tapete.

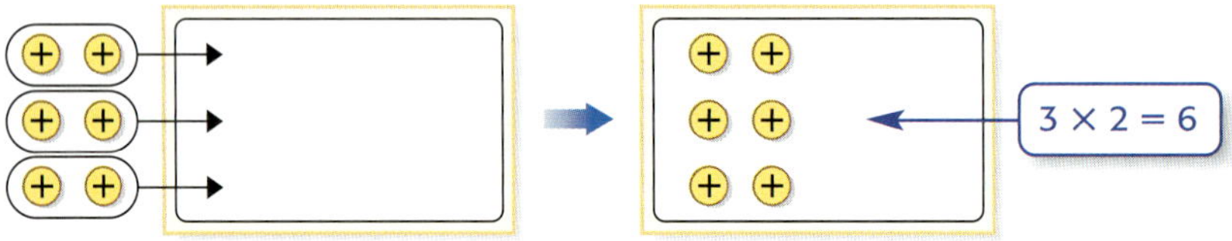


Para $3 \times (-2)$, coloca 3 conjuntos de 2 fichas negativas en el tapete.

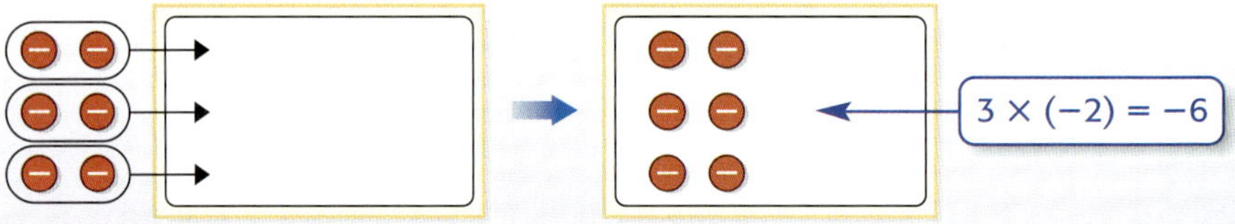


1. Usa fichas para calcular $4 \times (-3)$ y $5 \times (-2)$.
2. **Haz una conjetura** como la del signo del producto de un entero positivo y un entero negativo.

Para obtener el signo de los productos como $-3 \times 2$ y $-3 \times (-2)$, puedes usar patrones.

| | |
|---|---|
| $3 \times 2 = 6$ | $3 \times (-2) = -6$ |
| $2 \times 2 = 4$ | $2 \times (-2) = -4$ |
| $1 \times 2 = 2$ | $1 \times (-2) = -2$ |
| $0 \times 2 = 0$ | $0 \times (-2) = 0$ |
| $-1 \times 2 = -2$ | $-1 \times (-2) = 2$ |
| $-2 \times 2 = -4$ | $-2 \times (-2) = 4$ |
| $-3 \times 2 = ?$ | $-3 \times (-2) = ?$ |

Al extender el patrón numérico, te das cuenta que $-3 \times 2 = -6$.

Al extender el patrón numérico, te das cuenta que $-3 \times (-2) = 6$.

Para multiplicar enteros, se aplican las siguientes reglas.

### Concepto clave — Multiplicación de enteros

**Palabras** El producto de dos enteros con signos diferentes es negativo.

**Ejemplos** $3 \times (-2) = -6$ $\quad -3 \times 2 = -6$

**Palabras** El producto de dos enteros con el mismo signo es positivo.

**Ejemplos** $3 \times 2 = 6$ $\quad -3 \times (-2) = 6$

## EJEMPLOS Multiplica enteros con diferentes signos

**Multiplica.**

**1** **$4 \times (-2)$**

$4 \times (-2) = -8$ Los enteros tienen diferentes signos. El producto es negativo.

**2** **$-8 \times 3$**

$-8 \times 3 = -24$ Los enteros tienen diferentes signos. El producto es negativo.

**Tu turno** **Multiplica.**

a. $6 \times (-3)$ b. $3(-1)$ c. $-4 \times 5$ d. $-2(7)$

## EJEMPLOS Multiplica enteros con el mismo signo

**Multiplica.**

**3** **$4 \times 8$**

$4 \times 8 = 32$ Los enteros tienen el mismo signo. El producto es positivo.

**4** **$-5 \times (-6)$**

$-5 \times (-6) = 30$ Los enteros tienen el mismo signo. El producto es positivo.

**Tu turno** **Multiplica.**

e. $3 \times 3$ f. $6(8)$ g. $-5 \times (-3)$ h. $-4(-3)$

### MATEMÁTICAS EN LA VIDA DIARIA

**¿Cómo usa las matemáticas un biólogo marino?** Un biólogo marino usa las matemáticas para calcular la tasa de ascenso durante una zambullida.

**Investigación en línea** Para obtener información sobre una carrera como biólogo marino, visita: msmath1.net/careers

Muchas situaciones de la vida real pueden resolverse mediante la multiplicación de enteros.

## EJEMPLO Usa enteros para resolver un problema

**5** **DELFINES** **Un delfín se sumerge a una tasa de 3 pies por segundo. ¿Dónde se encontrará el delfín con relación a la superficie después de 5 segundos?**

Para calcular la ubicación del delfín después de 5 segundos, puedes multiplicar 5 por la cantidad de cambio por segundo, −3 pies.

$5 \times (-3) = -15$

Entonces, después de 5 segundos, el delfín se encontrará a −15 pies de la superficie ó 15 pies *bajo* la superficie.

## Repaso de destrezas y conceptos

**Escribe en matemáticas**
**Ejercicio 3**

1. **Modela** el producto de 4 y –6.

2. **INTERPRETA** Escribe dos enteros cuyo producto sea negativo.

3. **¿Cuál no pertenece?** Identifica el producto que no es positivo. Explica tu razonamiento.

| | | | |
|---|---|---|---|
| 3 x 4 | –5 x (–2) | –8(6) | –3(–7) |

### PRÁCTICA DIRIGIDA

**Multiplica.**

4. $4 \times (-7)$
5. $8(-7)$
6. $4 \times 4$
7. $9(3)$
8. $-1 \times (-7)$
9. $-7(-6)$

10. **CIENCIA** Por cada kilómetro sobre la superficie de la Tierra, la temperatura disminuye 7°C. Si la temperatura de la superficie de la Tierra es 0°C, ¿cuál será la temperatura a 2 kilómetros sobre la superficie?

## Práctica y aplicaciones

**Multiplica.**

11. $6 \times (-6)$
12. $9 \times (-1)$
13. $7(-3)$
14. $2(-10)$
15. $-7 \times 5$
16. $-2 \times 9$
17. $-5(6)$
18. $-6(9)$
19. $8 \times 7$
20. $9(4)$
21. $-5 \times (-8)$
22. $-9 \times (-7)$
23. $-6(-10)$
24. $-1(-9)$
25. $-7 \times 7$

**AYUDA CON LAS TAREAS**

| Ejercicios | Ver ejemplos |
|---|---|
| 11–18, 26–27 | 1, 2 |
| 19–25, 28 | 3, 4 |
| 29, 33 | 5 |

**Práctica adicional**
**Ver páginas 610, 631.**

26. Calcula el producto de $-10$ y 10.

27. **ÁLGEBRA** Evalúa $st$ si $s = -4$ y $t = 9$.

28. **ÁLGEBRA** Calcula el valor de $ab$ si $a = -12$ y $b = -5$.

29. **ESCUELA** Un distrito escolar pierde 30 alumnos por año debido a la transferencia de alumnos. Si este patrón continúa en los siguientes 4 años, ¿cuál será la pérdida con relación a la matrícula original?

**PATRONES Calcula los siguientes dos números en el patrón. Luego describe el patrón.**

30. $2, -4, 8, -16, \ldots$
31. $-2, -6, -18, -54, \ldots$

32. **ESCRIBE UN PROBLEMA** Escribe un problema que pueda resolverse mediante la multiplicación de un entero positivo y un entero negativo.

33. **CIENCIA** En 1990, Sue Hendrickson descubrió el fósil T-Rex que ahora lleva su nombre. Para excavar el fósil, su equipo tuvo que extraer aproximadamente 3 metros cúbicos de tierra cada día del yacimiento. Escribe un entero para representar el cambio en la cantidad de tierra en el yacimiento al cabo de 5 días.

**MULTI-PASO Calcula el valor de cada expresión.**

34. $3(-4 - 7)$
35. $-2(3)(-4)$
36. $-4(5 + (-9))$

**Indica si cada enunciado es *a veces*, *siempre* o *nunca* verdadero. Da un ejemplo o contraejemplo para cada uno.**

37. El producto de dos enteros positivos es negativo.
38. Un entero negativo multiplicado por un entero negativo es positivo.
39. El producto de un entero positivo y un entero negativo es negativo.
40. El producto de cualesquier tres enteros negativos es negativo.

41. **RAZONAMIENTO CRÍTICO** El producto de 1 por cualquier número es el número mismo. ¿Cuál es el producto de $-1$ por cualquier número?

## Prueba estandarizada de práctica y repaso general

42. **SELECCIÓN MÚLTIPLE** ¿Cuál valor de $m$ convierte $-4m = 24$ en un enunciado verdadero?

(A) 6 (B) 4 (C) $-4$ (D) $-6$

43. **SELECCIÓN MÚLTIPLE** Un buceador desciende desde la superficie del océano a una tasa de 4 metros por minuto. ¿Dónde se encontrará el buceador con relación a la superficie después de 8 minutos?

(F) 32 m (G) $-12$ m (H) $-32$ m (I) $-48$ m

**Resta. Usa fichas si es necesario.** (Lección 8-3)

44. $9 - 2$
45. $+3 - 1$
46. $-5 - (-8)$
47. $-7 - 6$

**Suma. Usa fichas o una recta numérica si es necesario.** (Lección 8-2)

48. $-7 + 2$
49. $+4 + (-3)$
50. $-2 + (-2)$
51. $7 + (-8)$

52. **GOLF** La tabla muestra los puntajes de los 5 mejores jugadores del Campeonato LPGA 2002. Calcula la mediana de los datos. (Lecciones 8-1 y 2-7)

| Jugadores | Puntaje |
|---|---|
| Se Ri Pak | −5 |
| Juli Inkster | +1 |
| Beth Daniel | −2 |
| Karrie Webb | +1 |
| Annika Sorenstam | 0 |

**Fuente:** www.lpga.com

53. Estima el producto de $\frac{3}{4}$ y 37. (Lección 7-1)

### PREPÁRATE PARA LA SIGUIENTE LECCIÓN

**REQUISITOS Divide.** (Página 591)

54. $9 \div 3$
55. $12 \div 2$
56. $63 \div 7$
57. $81 \div 9$

# 8-5a Estrategia para resolver problemas

## *Sinopsis de la Lección 8-5*

**Lo que aprenderás**
A resolver problemas usando la estrategia de vuelta atrás.

## Usa la estrategia de vuelta atrás

Oye Emilia, tengo un rompecabezas sobre los cuadrados en nuestro juego de mesa favorito. ¿Cómo podemos calcular el número de cuadrados rosados?

Bueno Wesley, podríamos comenzar desde la última pista y usar la estrategia de **vuelta atrás**.

| | |
|---|---|
| **Explora** | Sabemos el número de cuadrados grises.<br>Necesitamos calcular el número de cuadrados rosados.<br>• Los cuadrados del tablero de juegos son rosados, azules oscuros, azules claros, rojos o grises.<br>• Hay 8 más azules claros que rosados.<br>• Hay el doble de azules claros que azules oscuros.<br>• Hay 6 veces más rojos que azules oscuros.<br>• Hay 28 menos rojos que grises.<br>• Hay 100 cuadrados grises en el tablero. |
| **Planifica** | Para calcular el número de cuadrados rosados, comencemos con la última pista y revirtamos las pistas. |
| **Resuelve** | $100 - 28 = 72 \rightarrow$ número de cuadrados rojos<br>$72 \div 6 = 12 \rightarrow$ número de cuadrados azules oscuros<br>$12 \times 2 = 24 \rightarrow$ número de cuadrados azules claros<br>$24 - 8 = 16 \rightarrow$ número de cuadrados rosados |
| **Examina** | Observa las pistas. Comienza con 16 cuadrados rosados y sigue las pistas para asegurarte que terminas con 100 cuadrados grises. |

## Analiza la estrategia

1. **Explica** cómo usar la estrategia de vuelta atrás ayudó a los alumnos a calcular el número de cuadrados rosados.
2. **Compara y contrasta** las palabras de las pistas del juego con las operaciones que usaron los alumnos para calcular el número de cuadrados rosados.
3. **Escribe** un problema que pueda resolverse usando la estrategia de vuelta atrás. Luego menciona los pasos que usarías para resolver el problema.

## Aplica la estrategia

**Resuelve. Usa la estrategia de vuelta atrás.**

4. **SENTIDO NUMÉRICO** Un número es dividido entre 5. Luego, se resta 4 del cociente. Después, se suma 6 a la diferencia. Si el resultado es 10, ¿cuál es el número?

5. **SENTIDO NUMÉRICO** Un número es multiplicado por $-2$ y luego se suma 6 al producto. El resultado es 12. ¿Cuál es el número?

6. **TIEMPO** Marta y Scott son voluntarios en el banco de alimentos a las 9:00 A.M. los sábados. Toma 30 minutos para llegar desde la casa de Scott al banco de alimentos. Le toma a Marta 15 minutos para llegar a la casa de Scott. Si Marta se demora 45 minutos en alistarse por la mañana, ¿qué hora es la más tarde que se puede levantar?

## Solución de problemas mixtos

**Resuelve. Usa cualquier estrategia.**

7. **DINERO** Chet tiene $4.50 de vuelto después de comprar una patineta por $62.50 y un casco por $32. ¿Cuánto dinero tenía originalmente?

8. **DINERO** La Sra. Pérez desea ahorrar un promedio de $150 a la semana en un período de seis semanas. Calcula cuánto debe ahorrar durante la sexta semana para cumplir su meta.

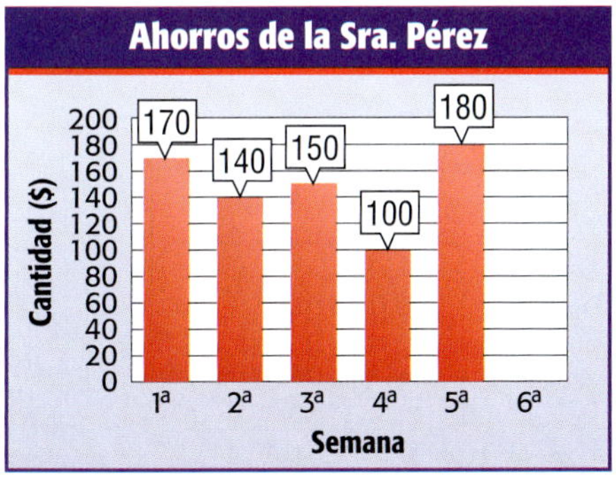


9. **SENTIDO NUMÉRICO** ¿Cuál es el menor número positivo que puedes dividir entre 7 y obtener un residuo de 4, dividir entre 8 y obtener un residuo de 5 y dividir entre 9 y obtener un residuo de 6?

10. **CIENCIA** Un cierto tipo de bacteria dobla su población cada 12 horas. Después de 3 días, hay 1,600 bacterias. ¿Cuántas bacterias había al principio del primer día?

11. **ROMPECABEZAS** En un cuadrado mágico, cada fila, columna y diagonal tienen la misma suma. Copia y completa el cuadrado mágico.

| | | |
|---|---|---|
| −2 | ? | ? |
| −3 | −1 | 1 |
| ? | ? | ? |

12. **ESCUELA** Una prueba de selección múltiple tiene 10 preguntas. La calificación es $+3$ por respuestas correctas, $-1$ por respuestas incorrectas y 0 por respuestas no contestadas. Meg sacó 23 puntos en la prueba. Ella contestó todas excepto una de las preguntas. ¿Cuántas contestó correctamente? ¿Cuántas contestó incorrectamente?

13. **DISEÑO** Un diseñador desea arreglar 12 ladrillos de vidrio en una forma rectangular con el menor perímetro posible. ¿Cuántos bloques habrá en cada fila?

14. **PRUEBA ESTANDARIZADA DE PRÁCTICA**
Refiérete a la tabla. Si continúa el patrón, ¿cuál será la salida cuando la entrada es de 3?

| Entrada | Salida |
|---|---|
| 0 | 5 |
| 1 | 8 |
| 2 | 11 |
| 3 | ? |

Ⓐ 12 Ⓑ 13
Ⓒ 14 Ⓓ 15

**En la próxima lección, vas a usar la estrategia de vuelta atrás.**

# 8-5 Divide enteros

**Lo que aprenderás**
A dividir enteros.

## PRÁCTICA Minilaboratorio

**Materiales**
- fichas

*Trabaja con un(a) compañero(a).*

Puedes usar fichas para demostrar $-12 \div 3$.

**PASO 1** Coloca 12 fichas negativas en el tapete para representar $-12$.

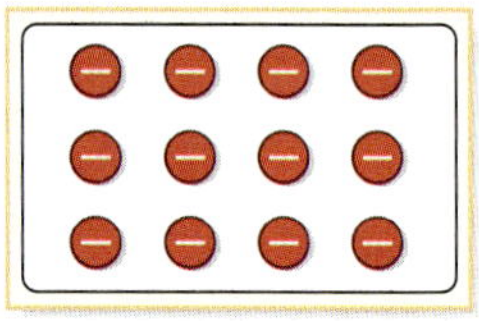

**PASO 2** Separa las 12 fichas negativas en tres grupos de igual tamaño. Hay 3 grupos de 4 fichas negativas.

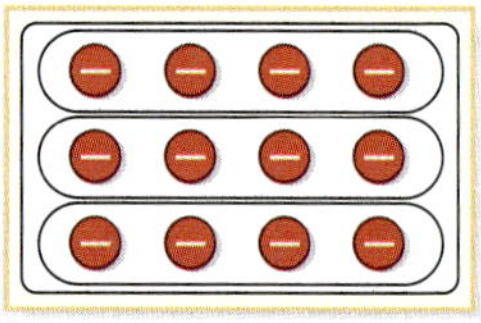

Entonces, $-12 \div 3 = -4$.

1. Explica cómo demostrarías $-9 \div 3$.
2. ¿Qué harías diferente para demostrar $8 \div 2$?

La división significa separar el número en grupos de igual tamaño.

## EJEMPLOS Divide enteros

**Divide.**

**1** $-8 \div 4$

Separa 8 fichas negativas en 4 grupos de igual tamaño.

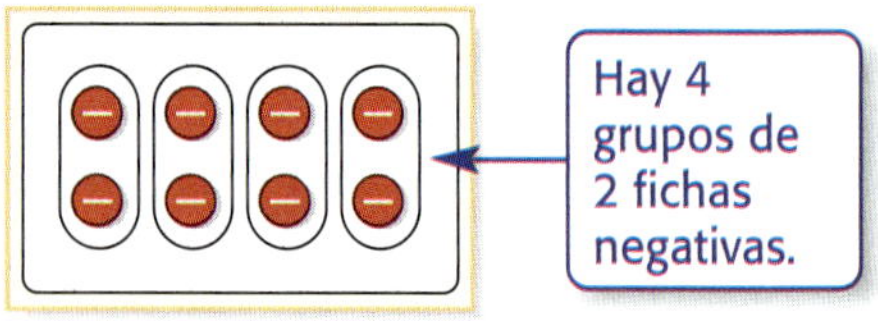


Entonces, $-8 \div 4 = -2$.

**2** $15 \div 3$

Separa 15 fichas positivas en 3 grupos de igual tamaño.

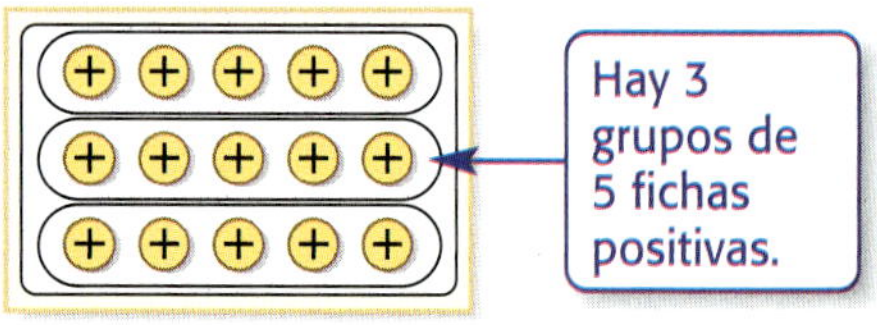


Entonces, $15 \div 3 = 5$.

**Tu turno** **Divide. Usa fichas si es necesario.**

a. $-4 \div 2$ b. $-20 \div 4$ c. $18 \div 3$

Puedes también dividir mediante la estrategia de vuelta atrás. Por ejemplo, para calcular $48 \div 6$, pregúntate: "¿Qué número multiplicado por 6 es igual a 48?"

## EJEMPLOS Divide enteros

**Divide.**

**3** $-10 \div 2$

Como $-5 \times 2 = -10$, es lógico que $-10 \div 2 = -5$. ← El cociente es negativo.

**4** $14 \div (-7)$

Como $-2 \times (-7) = 14$, es lógico que $14 \div (-7) = -2$. ← El cociente es negativo.

**5** $-24 \div (-6)$

Como $4 \times (-6) = -24$, es lógico que $-24 \div (-6) = 4$. ← El cociente es positivo.

**Tu turno** **Divide. Usa la estrategia de vuelta atrás si es necesario.**

**d.** $-16 \div 4$ **e.** $32 \div (-8)$ **f.** $-21 \div (-3)$

Estudia los signos de los cocientes en los ejemplos anteriores. Las siguientes reglas se aplican.

### Concepto clave — División de enteros

**Palabras** El cociente de dos enteros con diferentes signos es negativo.

**Ejemplos** $8 \div (-2) = -4$ $-8 \div 2 = -4$

**Palabras** El cociente de dos enteros con el mismo signo es positivo.

**Ejemplos** $8 \div 2 = 4$ $-8 \div (-2) = 4$

## EJEMPLO Divide enteros

**Prueba estandarizada de práctica**

**6** **PREGUNTA DE SELECCIÓN MÚLTIPLE** Un equipo de fútbol americano fue penalizado un total de 15 yardas en 3 jugadas. Si el equipo fue penalizado un número igual de yardas en cada jugada, ¿qué entero proporciona las yardas de cada penalización?

(A) 5 (B) −3 (C) −5 (D) −6

**Lee la pregunta**

Necesitas calcular el número de yardas para de penalización.

**Resuelve**

$-15 \div 3 = -5$

La respuesta es C.

**Ayuda para tomar pruebas** *The Princeton Review*

Busca palabras que indiquen números negativos. Una penalización es una pérdida, así que estaría representada por un entero negativo.

## Repaso de destrezas y conceptos

Escribe en matemáticas
**Ejercicio 3**

1. **Escribe** un problema de división representado por el modelo de la derecha.

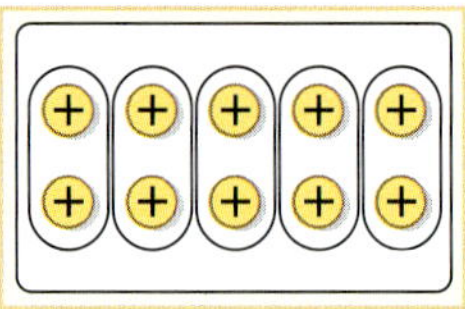

2. **INTERPRETA** Escribe un problema de división cuyo cociente sea $-4$.

3. **HALLA EL ERROR** Emily y Mateo calculan $-42 \div 6$. ¿Quién tiene razón? Explica.

| Emily | Mateo |
|---|---|
| $-42 \div 6 = -7$ | $-42 \div 6 = 7$ |

4. **SENTIDO NUMÉRICO** ¿Es $-24 \div 6$ mayor que, menor que o igual a $24 \div (-4)$?

### PRÁCTICA DIRIGIDA

**Divide.**

5. $-6 \div 2$
6. $-12 \div 3$
7. $15 \div 3$
8. $-25 \div 5$
9. $72 \div (-9)$
10. $-36 \div (-4)$

11. **JARDINERÍA** Jacob planta semillas de vegetales en hoyos que tienen una profundidad de 2 pulgadas cada uno. Si Jacob ha escarbado un total de 28 pulgadas, ¿cuántos hoyos ha escarbado?

## Práctica y aplicaciones

**AYUDA CON LAS TAREAS**

| Ejercicios | Ver ejemplos |
|---|---|
| 12–25 | 1–5 |
| 26, 29–31 | 6 |

**Práctica adicional**
**Ver páginas 610, 631.**

**Divide.**

12. $-8 \div 2$
13. $-12 \div 4$
14. $-18 \div 6$
15. $-32 \div 4$
16. $21 \div 7$
17. $35 \div 7$
18. $-40 \div 8$
19. $-45 \div 5$
20. $63 \div (-9)$
21. $81 \div (-9)$
22. $-48 \div (-6)$
23. $-54 \div (-6)$

24. **ÁLGEBRA** Calcula el valor de $c \div d$ si $c = -22$ y $d = 11$.

25. **ÁLGEBRA** ¿Qué valor de $m$ convierte $48 \div m = -16$ en un enunciado verdadero?

26. **OCEANOGRAFÍA** Un submarino comienza en la superficie del agua y luego se sumerge 95 millas bajo el agua en 19 segundos. Si el submarino se sumergió una distancia igual cada segundo, ¿qué entero proporciona la distancia de sumersión cada segundo?

**Calcula el valor de cada expresión.**

27. $\dfrac{-3 + (-7)}{2}$

28. $\dfrac{(4 + (-6)) \times (-1 + 7)}{-3}$

**ESCUELA Usa la siguiente tabla para los ejercicios 29 y 30.** Un maestro colocó el signo que se muestra a continuación para que sus alumnos supieran el proceso de ganar puntos con el objetivo de tener una fiesta de pizza al final del año.

| Conducta positiva | Puntos | Conducta negativa | Puntos |
|---|---|---|---|
| Tarea compleata | +5 | Tarea incompleta | −5 |
| Tener los útiles escolares | +3 | No tener los útiles escolares | −3 |
| Permanecer en silencio | +2 | Hablar | −2 |
| Permanecer en su asiento | +1 | Estar fuera de su asiento | −1 |
| Prestar atención | +1 | No prestar atención | −1 |
| Cooperar | +4 | No seguir instrucciones | −4 |

**29.** Después de 5 días, un alumno obtuvo −15 puntos. En promedio, ¿cuántos puntos pierde el alumno cada día?

**30. MULTI-PASO** Supón que un alumno pierde un promedio de −2 puntos cada día durante 4 días. ¿Cuántos puntos positivos tendría que ganar el alumno el quinto día para tener +5?

**31. MULTI-PASO** Un estudió reveló que se han perdido 6,540,000 acres de pantanos costeros en los últimos 50 años debido al drenaje, excavado, rellenos de tierra y botaderos de residuos. Si la pérdida continúa a esta misma tasa, ¿cuántos acres se perderán en los próximos 10 años?

**32. RAZONAMIENTO CRÍTICO** Enumera todos los números entre los cuales es divisible −24.

## Prueba estandarizada de práctica y repaso general

**33. SELECCIÓN MÚLTIPLE** Julia necesita plantar 232 semilleros en macetas con 8 plantas en cada maceta. ¿Cuántas macetas se necesitarán para plantar los semilleros?

(A) 32 (B) 29 (C) 27 (D) 19

**34. SELECCIÓN MÚLTIPLE** Calcula el valor de $-145 \div (-29)$.

(F) −4 (G) −5 (H) 5 (I) 6

**35.** Calcula el producto de −3 y −7. (Lección 8-4)

**36. ÁLGEBRA** Calcula el valor de $s - t$ si $s = 6$ y $t = -5$. (Lección 8-3)

**Calcula el número que falta en cada sucesión.** (Lección 7-6)

**37.** $3\frac{7}{8}, 4\frac{1}{4}, \underline{\ ?\ }, 5, 5\frac{3}{8}$

**38.** 34, 36.5, 39, 41.5, ___?___

### PREPÁRATE PARA LA SIGUIENTE LECCIÓN

**REQUISITOS Dibuja una recta numérica desde −10 hasta 10. Luego grafica cada punto en la recta numérica.** (Lección 8-1)

**39.** 3 **40.** 0 **41.** −2 **42.** −6

# 8-6 El plano de coordenadas

**Lo que aprenderás**
A graficar pares ordenados de números en un plano de coordenadas.

**NUEVO vocabulario**
- sistema de coordenadas
- plano de coordenadas
- eje *x*
- eje *y*
- origen
- cuadrantes
- par ordenado
- coordenada *x*
- coordenada *y*

**CONEXIÓN con la lectura**
***Prefijo cuadr:*** cuatro, como en cuádruples

## ¿CUÁNDO usaré esto?

**LEE MAPAS** Se muestra un mapa de calles.

1. Usa una letra y un número para identificar dónde en el mapa se juntan las calles Autumn Court y Timberview Drive.
2. ¿Al final de qué calle se encuentra más cerca la ubicación G2?
3. Escribe una oración que explique cómo localizar un lugar específico en el mapa.

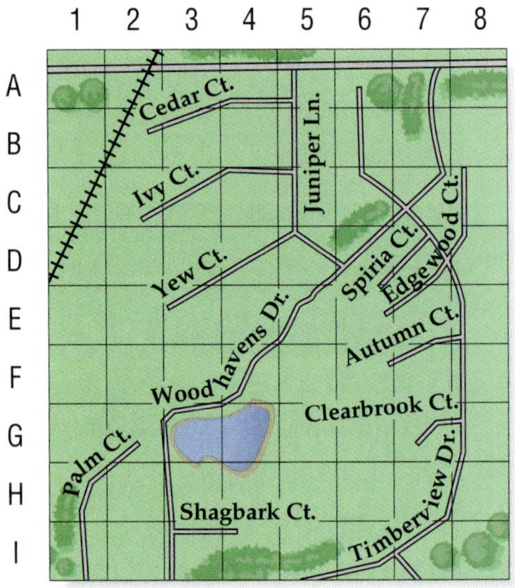


En un mapa, las ciudades, las calles y los puntos de interés se ubican a menudo en una cuadrícula. En matemáticas, usamos una cuadrícula llamada **sistema de coordenadas** o **plano de coordenadas**, para ubicar puntos.

### Concepto clave — Sistema de coordenadas

La recta numérica vertical es el **eje *y***.

La recta numérica horizontal es el **eje *x***.

El **origen** es el punto (0, 0). Éste es el punto donde las rectas numéricas se intersecan en sus puntos cero.

Los números debajo y a la izquierda de cero son negativos.

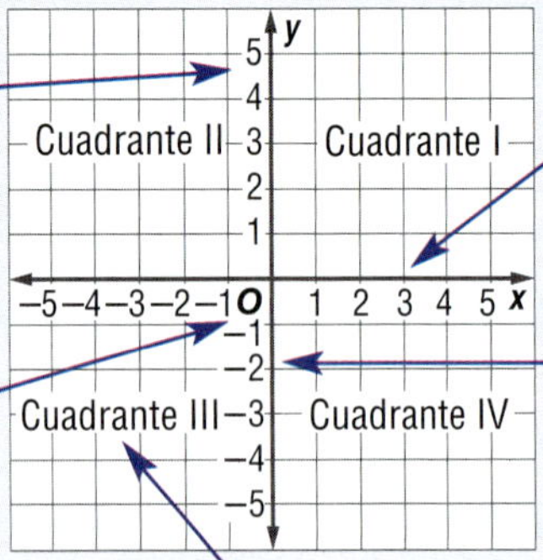


El eje *x* y el eje *y* separan el sistema de coordenadas en cuatro regiones llamadas **cuadrantes**.

Puedes usar un **par ordenado** ubicar cualquier punto en el sistema de coordenadas. El primer número es la **coordenada *x***. El segundo número es la **coordenada *y***.

La coordenada *x* corresponde al número en el eje *x*.

$(5, -2)$

La coordenada *y* corresponde al número en el eje *y*.

## EJEMPLOS Identifica pares ordenados

**Identifica el par ordenado que marca cada punto. Luego identifica su cuadrante.**

**1** punto $B$

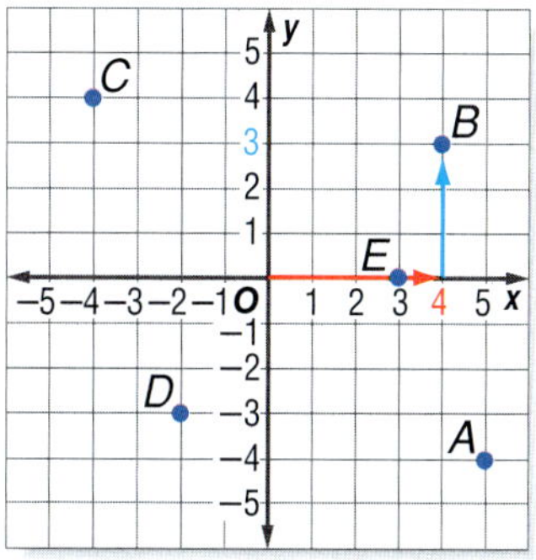


**Paso 1** Comienza en el origen. Muévete a la derecha del eje $x$ para encontrar la coordenada $x$ del punto $B$, la cual es 4.

**Paso 2** Muévete hacia arriba del eje $y$ para encontrar la coordenada $y$, la cual es 3.

El punto $B$ está representado por (4, 3). El punto $B$ se encuentra en el primer cuadrante.

**2** punto $D$

**Paso 1** Comienza en el origen. Muévete a la izquierda del eje $x$ para encontrar la coordenada $x$ del punto $D$, la cual es $-2$.

**Paso 2** Muévete hacia abajo del eje $y$ para encontrar la coordenada $y$, la cual es $-3$.

El punto $D$ está representado por $(-2, -3)$. El punto $D$ se encuentra en el tercer cuadrante.

**Tu turno** **Escribe el par ordenado que marca cada punto. Luego identifica el cuadrante en el que está cada punto.**

**a.** $A$ **b.** $C$ **c.** $E$

> **AYUDA PARA EL ESTUDIO**
>
> **Pares ordenados** Un punto ubicado en el eje $x$ tendrá una coordenada $y$ de 0. Un punto ubicado en el eje $y$ tendrá una coordenada $x$ de 0. Los puntos ubicados en un eje no se encuentran en ningún cuadrante.

Puedes graficar un par ordenado. Para hacerlo, dibuja un punto en el punto que le corresponde al par ordenado. Las coordenadas son las direcciones para ubicar el punto.

## EJEMPLO Grafica pares ordenados

**3** **Grafica el punto $M$ en $(-3, 5)$.**

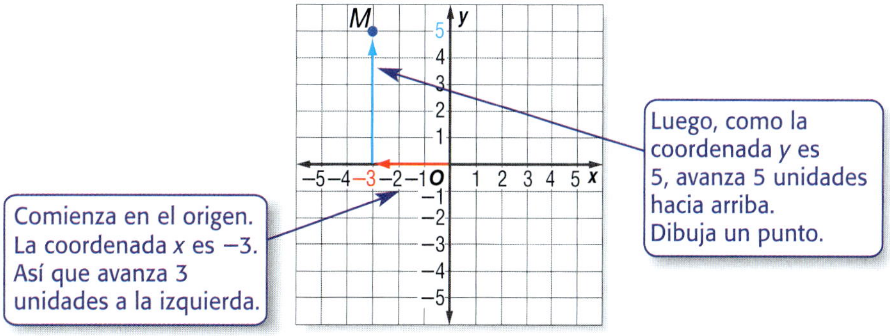


**Tu turno** **Grafica y rotula cada punto en un plano de coordenadas.**

**d.** $N(2, 4)$ **e.** $P(0, 4)$ **f.** $Q(5, 1)$

## MATEMÁTICAS EN LA VIDA DIARIA

**BÁSQUETBOL** En básquetbol, cada lanzamiento hecho desde afuera de la línea de 3 puntos anota 3 puntos. La expresión $3x$ representa el número total de puntos anotados en donde $x$ es el número de lanzamientos de 3 puntos hechos.

## EJEMPLOS Grafica datos de la vida real

**4** **BÁSQUETBOL Usa la información de la tabla. Enumera los pares ordenados (lanazamientos de 3 puntos, número total de puntos) para 0, 1, 2 y 3 lanzamientos.**

Evalúa la expresión $3x$ para 0, 1, 2 y 3. Haz una tabla.

| $x$ (lanzamientos) | $3x$ | $y$ (puntos) | $(x, y)$ |
|---|---|---|---|
| 0 | 3(0) | 0 | (0, 0) |
| 1 | 3(1) | 3 | (1, 3) |
| 2 | 3(2) | 6 | (2, 6) |
| 3 | 3(3) | 9 | (3, 9) |

**5** **Grafica los pares ordenados del ejemplo 4. Luego describe la gráfica.**

Los puntos parecen encajar en una recta.

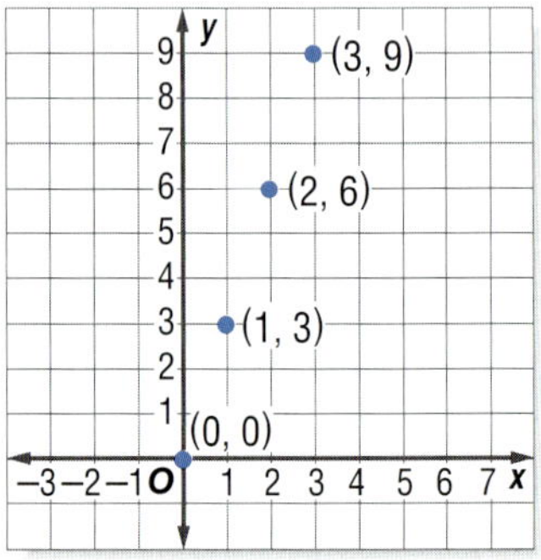


## Repaso de destrezas y conceptos

Escribe en matemáticas
Ejercicio 2

1. **Dibuja** un plano de coordenadas. Luego rotula el origen, el eje $x$ y el eje $y$.
2. **Explica** cómo graficar un punto usando un par ordenado.
3. **INTERPRETA** Indica las coordenadas de un punto ubicado en el eje $y$.

### PRÁCTICA DIRIGIDA

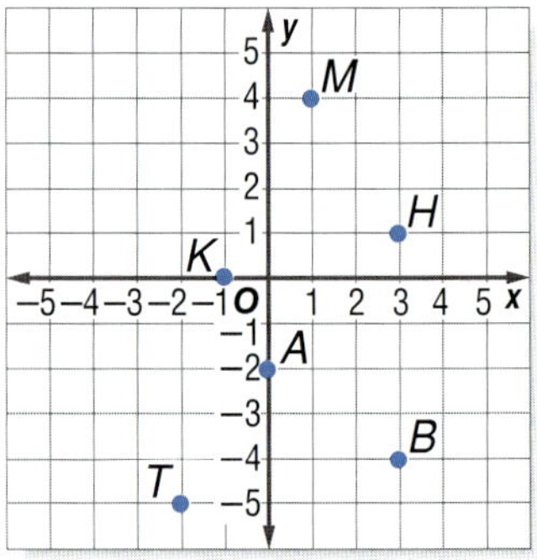


**Para los ejercicios 4 al 9, usa el plano de coordenadas de la derecha. Identifica el punto para cada par ordenado.**

4. $(3, 1)$ 5. $(-1, 0)$ 6. $(3, -4)$

**Escribe el par ordenado que marca cada punto. Luego identifica el cuadrante en que se encuentra cada punto.**

7. $M$ 8. $A$ 9. $T$

**Grafica y rotula cada punto en un plano de coordenadas.**

10. $D(2, 1)$ 11. $K(-3, 3)$ 12. $N(0, -1)$

**DINERO Usa la siguiente información para los ejercicios 13 y 14.** Lindsey gana $4 cada semana en mesadas. La expresión $4w$ representa la cantidad total ganada en donde $w$ es el número de semanas.

13. Enumera los pares ordenados (semanas, cantidad total ganada) para 0, 1, 2 y 3 semanas.
14. Grafica los pares ordenados. Luego describe la gráfica.

## Práctica y aplicaciones

| AYUDA CON LAS TAREAS | |
|---|---|
| Ejercicios | Ver ejemplos |
| 15–26 | 1, 2 |
| 27–35 | 3 |
| 36, 37 | 4, 5 |

**Práctica adicional**
**Ver páginas 611, 631.**

**Usa el plano de coordenadas para los ejercicios 15 al 26. Identifica el punto para cada par ordenado.**

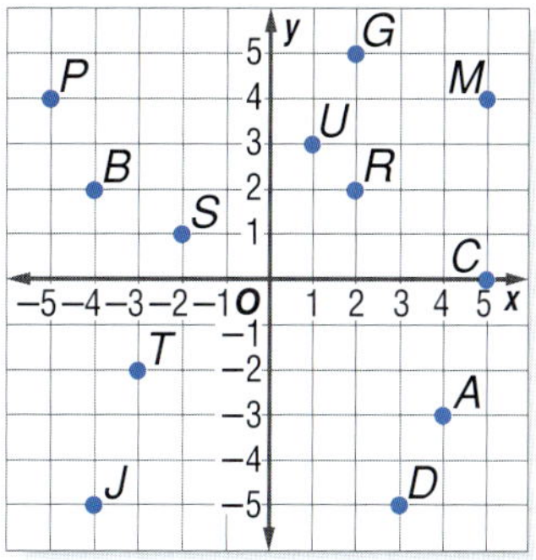


**15.** (2, 2) **16.** (1, 3)

**17.** (−4, 2) **18.** (−2, 1)

**19.** (−3, −2) **20.** (−4, −5)

**Escribe el par ordenado que marca cada punto. Luego identifica el cuadrante en que se encuentra cada punto.**

**21.** *G* **22.** *C* **23.** *A* **24.** *D* **25.** *P* **26.** *M*

**Grafica y rotula cada punto en un plano de coordenadas.**

**27.** $N(1, 2)$ **28.** $T(0, 0)$ **29.** $B(-3, 4)$

**30.** $F(5, -2)$ **31.** $H(-4, -1)$ **32.** $K(-2, -5)$

**33.** $J\left(2\frac{1}{2}, -2\frac{1}{2}\right)$ **34.** $A\left(4\frac{3}{4}, -1\frac{1}{4}\right)$ **35.** $D(-1.5, 2.5)$

**ESCÚTER** **Usa la siguiente información para los ejercicios 36 y 37.**
Si le toma a Ben 5 minutos para pasear en su escúter una vez alrededor de una ciclovía, entonces $5t$ representa el tiempo total en donde $t$ es el número de veces alrededor de la ciclovía.

**36.** Enumera los pares ordenados (número de veces alrededor de la ciclovía, tiempo total) para 0, 1, 2 y 3 alrededor de la ciclovía.

**37.** Grafica los pares ordenados. Luego describe la gráfica.

**RAZONAMIENTO CRÍTICO** Si la gráfica de un conjunto de pares ordenados forma una recta, la gráfica es *lineal*. De otra manera, la gráfica es *no lineal*.

**Grafica cada conjunto de puntos en un plano de coordenadas. Luego indica si la gráfica es lineal o no lineal.**

**38.** (−1, −1), (−2, −2), (−3, −3), (−4, −4) **39.** (−1, 1), (2, −2), (−3, 3), (−4, −4)

## Prueba estandarizada de práctica y repaso general

**40.** **SELECCIÓN MÚLTIPLE** ¿Qué par ordenado representa el punto *H* en el plano de coordenadas?

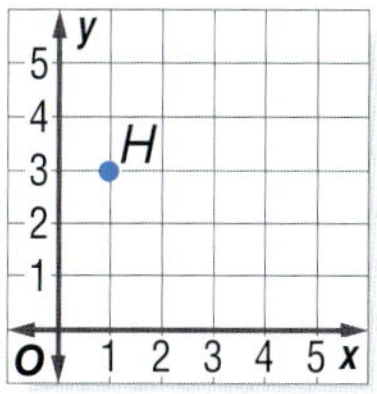


Ⓐ (4, 1) Ⓑ (1, 3) Ⓒ (1, 2) Ⓓ (2, 4)

**41.** **RESPUESTA BREVE** Grafica el punto *D* que se encuentra en (4, 3) en un plano de coordenadas.

**42.** **ÁLGEBRA** Calcula el valor de $x \div y$ si $x = -15$ y $y = -3$. (Lección 8-5)

**Multiplica.** (Lección 8-4)

**43.** $-5 \times 4$ **44.** $-9 \times (-6)$ **45.** $3(-8)$ **46.** $-7(-7)$

CAPÍTULO 8

# Guía de estudio y repaso

## Repaso de conceptos y vocabulario

coordenada *x* (pág. 320)
coordenada *y* (pág. 320)
cuadrante (pág. 320)
eje *x* (pág. 320)
eje *y* (pág. 320)
entero (pág. 294)
entero negativo (pág. 294)
entero positivo (pág. 294)
gráfica (pág. 295)
opuestos (pág. 296)
origen (pág. 320)
par ordenado (pág. 320)
plano de coordenadas (pág. 320)
sistema de coordenadas (pág. 320)

**Escoge la letra del término que mejor corresponde a cada frase.**

1. el signo de la suma de dos enteros positivos
2. la recta numérica horizontal de un sistema de coordenadas
3. el signo del cociente de un entero positivo y un entero negativo
4. el segundo número en un par ordenado
5. el primer número en un par ordenado
6. los números que tienen la misma distancia desde 0 en una recta numérica
7. un par de fichas que incluye una ficha positiva y una ficha negativa

a. coordenada *y*
b. positivo
c. negativo
d. eje *x*
e. coordenada *x*
f. opuestos
g. par nulo

## Ejercicios y ejemplos: Lección por lección

### 8-1 Enteros (págs 294–298)

**Grafica cada entero en una recta numérica.**

8. $-2$ 9. $5$ 10. $-6$

**Reemplaza cada ● con $<$, $>$ o $=$ para hacer verdadero cada enunciado.**

11. $-4$ ● $0$
12. $6$ ● $2$
13. $-1$ ● $1$
14. $7$ ● $-6$
15. Ordena –2, 4, 0, –1 y 3 de menor a mayor.
16. Ordena 8, –7, –5 y –12 de mayor a menor.
17. **DINERO** Escribe un entero para describir una deuda a tu amigo de $5.

**Ejemplo 1** **Grafica $-4$ en una recta numérica.**

Dibuja una recta numérica. Luego dibuja un punto en el lugar que representa $-4$.

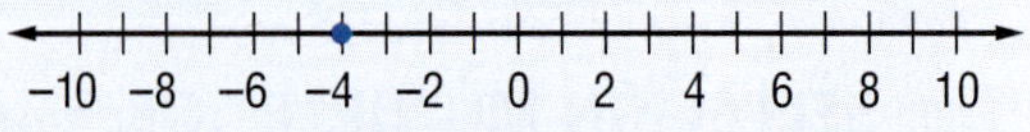


**Ejemplo 2** **Reemplaza el ● en $-5$ ● $-2$ con $<$, $>$ o $=$ para hacer verdadero cada enunciado.**

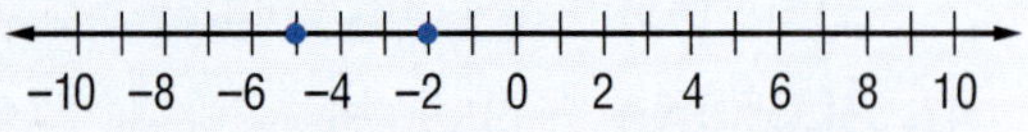


Entonces $-5$ está a la izquierda de $-2$, $-5 < -2$.



msmath1.net/vocabulary_review

## 8-2 Suma enteros (págs. 300–303)

**Suma. Usa fichas o una recta numérica si es necesario.**

**18.** $+4 + (+3)$ **19.** $7 + (+2)$

**20.** $-8 + (-5)$ **21.** $-4 + (-2)$

**22.** $+8 + (-3)$ **23.** $6 + (-9)$

**24.** $-10 + 4$ **25.** $-9 + 5$

**26.** $-6 + 6$ **27.** $7 - 7$

**28.** $9 + (-5)$ **29.** $15 + (-3)$

**30.** ¿Cuál es la suma de 13 negativo y 4 positivo?

**31.** Calcula la suma de 18 positivo y 3 negativo.

**32.** **ÁLGEBRA** Calcula el valor de $m + n$ si $m = 6$ y $n = -9$.

**33.** **EL TIEMPO** Supón que la temperatura exterior es de 4°F. Si la temperatura baja 7 grados, ¿cuál será la temperatura?

**Ejemplo 3** Calcula $-3 + 2$.

**Método 1** Usa fichas.

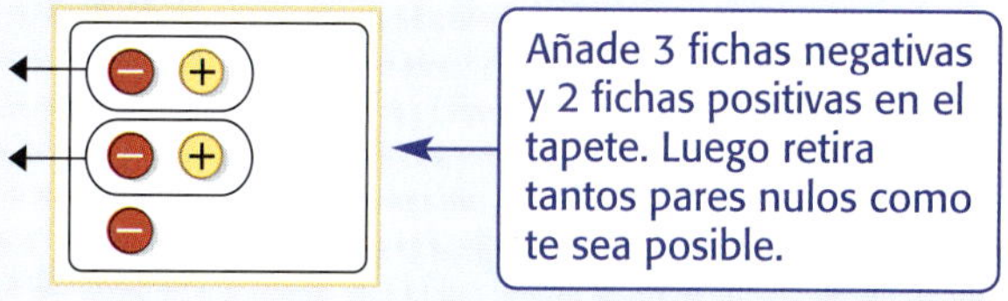


Entonces, $-3 + 2 = -1$.

**Método 2** Usa una recta numérica.

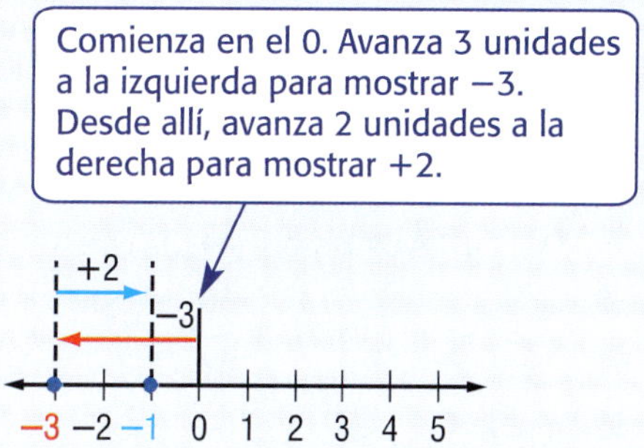


## 8-3 Resta enteros (págs. 304–307)

**Resta. Usa fichas si es necesario.**

**34.** $6 - 4$ **35.** $8 - 5$

**36.** $+9 - 3$ **37.** $+7 - 1$

**38.** $-4 - (-9)$ **39.** $-12 - (-8)$

**40.** $-8 - (-3)$ **41.** $-6 - (-4)$

**42.** $-2 - 5$ **43.** $-5 - 8$

**44.** $-3 - (-8)$ **45.** $-1 - (-2)$

**46.** **ÁLGEBRA** Evalúa $m - n$ si $m = 6$ y $n = 9$.

**47.** **EL TIEMPO** En la Antártica, la temperatura puede ser de −4°F. La sensación térmica te hace sentir como si fuera de −19°F. Calcula la diferencia entre la temperatura real y la temperatura con la sensación térmica.

**Ejemplo 4** Calcula $-2 - 3$.

**Método 1** Usa fichas.

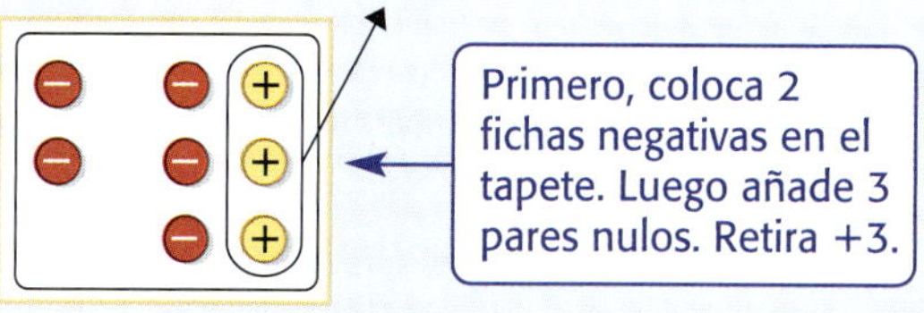


Así que, $-2 - 3 = -5$.

**Método 2** Usa la regla.

$-2 - 3 = -2 + (-3)$ Para restar 3, suma −3.

$= -5$ Reduce.

Así que, $-2 - 3 = -5$.

## 8-4 Multiplica enteros (págs. 310–313)

**Multiplica.**

**48.** $-3 \times 5$ **49.** $6(-4)$

**50.** $-2 \times (-8)$ **51.** $-7(-5)$

**52.** $9 \times (-1)$ **53.** $-8(4)$

**54.** $6(5)$ **55.** $8(4)$

**56. DINERO** Escribe el entero que representa la cantidad perdida si pierdes \$2 cada mes por 3 meses.

**Ejemplo 5** **Calcula $-4 \times 3$.**

$-4 \times 3 = -12$ Los enteros tienen diferentes signos. El producto es negativo.

**Ejemplo 6** **Calcula $-8 \times (-3)$.**

$-8 \times (-3) = 24$ Los enteros tienen el mismo signo. El producto es positivo.

## 8-5 Divide enteros (págs. 316–319)

**Divide.**

**57.** $8 \div (-2)$ **58.** $-56 \div (-8)$

**59.** $-81 \div -9$ **60.** $-36 \div (-3)$

**61.** $24 \div (-8)$ **62.** $-72 \div 6$

**63.** $-21 \div (-3)$ **64.** $42 \div (-7)$

**65. ÁLGEBRA** ¿Cuál es el valor de $k \div j$ si $k = -28$ y $j = 7$?

**Ejemplo 7** **Calcula $-6 \div 3$.**

$-2 \times 3 = -6$. Así, $-6 \div 3 = -2$.

**Ejemplo 8** **Calcula $-20 \div (-5)$.**

$4 \times -5 = -20$. Así, $-20 \div (-5) = 4$.

## 8-6 El plano de coordenadas (págs. 320–323)

**Escribe el par ordenado que marca cada punto. Luego identifica el cuadrante en que se encuentra cada punto.**

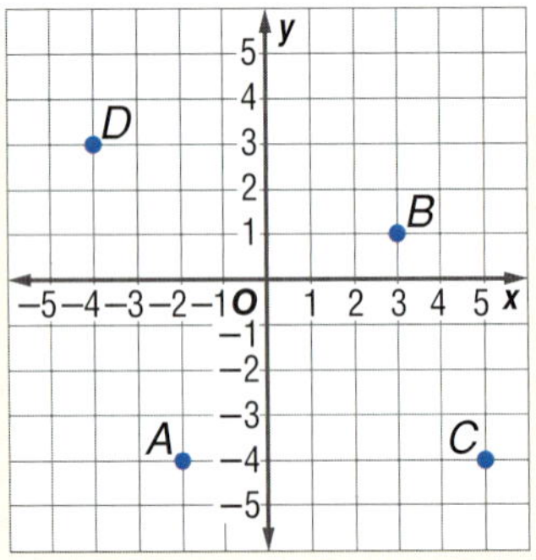


**66.** *A* **67.** *B*

**68.** *C* **69.** *D*

**Grafica y rotula cada punto en un plano de coordenadas.**

**70.** $E(2, -1)$ **71.** $F(-3, -2)$

**72.** $G(4, 1)$ **73.** $H(-2, 4)$

**Ejemplo 9** **Grafica $M(-3, -4)$.**

Comienza en el 0. Como la coordenada $x$ es $-3$, avanza 3 unidades a la izquierda. Luego como la coordenada $y$ es $-4$, avanza 4 unidades hacia abajo.

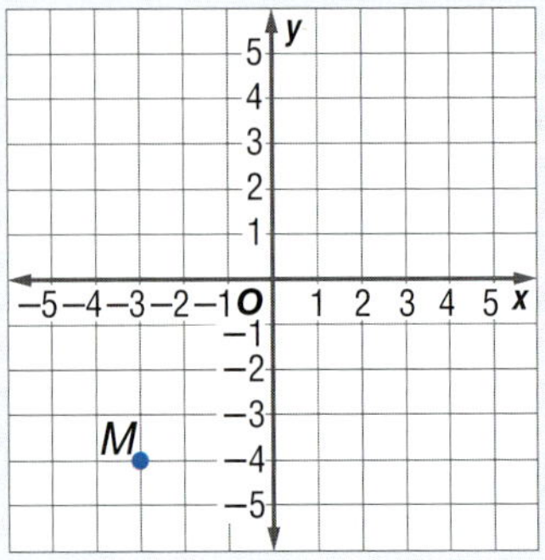

CAPÍTULO 8

# Prueba de práctica

## Vocabulario y conceptos

1. **Escribe** la regla para sumar dos enteros negativos.
2. **Explica** cómo determinar el signo del cociente de dos enteros.

## Destrezas y aplicaciones

**Escribe el opuesto de cada número.**

3. 12
4. $-3$
5. 6

6. Escribe el entero que representa un retiro de $75.

**Dibuja una recta numérica desde $-10$ hasta 10. Luego grafica cada entero en la recta numérica.**

7. $-9$
8. 1
9. $-4$

**Suma o resta. Usa fichas o una recta numérica si es necesario.**

10. $-5 + (-7)$
11. $6 - (-19)$
12. $-13 + 10$
13. $-4 - (-9)$
14. $-7 - 3$
15. $6 - (-5)$

16. **EL TIEMPO** La temperatura a las 6:00 A.M. era de $-5$°F. Calcula la temperatura a las 8:00 A.M. si ésta había subido 7 grados mas.

**Multiplica o divide.**

17. $4(-9)$
18. $24 \div (-4)$
19. $-2(-7)$

20. **SALUD** La temperatura de Avery bajó 1°F cada hora durante 3 horas. ¿Cuál fue el cambio desde su temperatura original?

**Nombra el par ordenado para cada punto e identifica su cuadrante.**

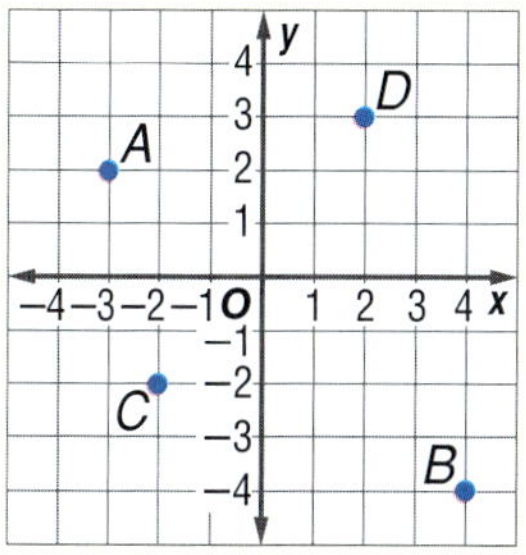


21. *A*
22. *B*

**Grafica y rotula cada punto en un plano de coordenadas.**

23. $C(-4, -2)$
24. $D(5, 3)$

## Prueba estandarizada de práctica

25. **RESPUESTA BREVE** Si Karen se demora 4 minutos en caminar alrededor de la cuadra de su vecindario, entonces $4t$ indica el tiempo total en donde $t$ es el número de veces alrededor de la cuadra. Escribe los pares ordenados (el número de veces alrededor de la cuadra, tiempo) para 1, 3 y 5 veces.

msmath1.net/chapter_test

CAPÍTULO 8

# Prueba estandarizada de práctica

## PARTE 1 Selección múltiple

Anota tus respuestas en la hoja de respuestas provista por tu maestro(a) o en una hoja aparte.

1. ¿Qué lista ordena correctamente los números de menor a mayor? (Requisitos, pág. 588)

   (A) 124, 223, 238, 276

   (B) 223, 124, 276, 238

   (C) 238, 276, 124, 223

   (D) 276, 238, 223, 124

2. ¿Cuál de los siguientes números es perfectamente divisible entre 2 y 3? (Lección 1-2)

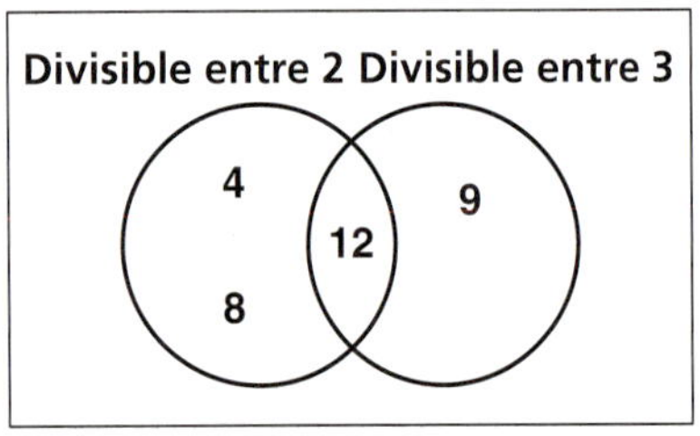


   (F) 4 (G) 8 (H) 9 (I) 12

3. ¿Cuál es el producto de $0.9 \times 7$? (Lección 4-1)

   (A) 0.063 (B) 0.63

   (C) 6.3 (D) 63.0

4. De todas las siguientes fracciones equivalentes, ¿cuál es la *excepción*? (Lección 5-2)

   (F) $\frac{1}{2}$ (G) $\frac{3}{4}$ (H) $\frac{3}{6}$ (I) $\frac{10}{20}$

5. Redondea la longitud del listón que se muestra a continuación a la media pulgada más cercana. (Lección 6-1)

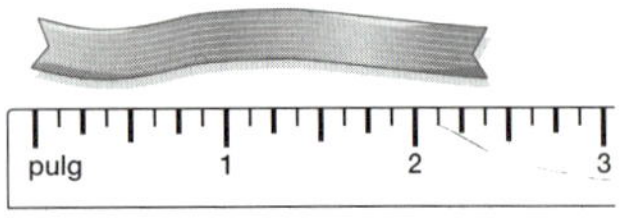


   (A) 1 pulg (B) $1\frac{1}{2}$ pulg

   (C) 2 pulg (D) $2\frac{1}{2}$ pulg

6. ¿Cuál es el valor de $\frac{4}{8} - \frac{1}{3}$? (Lección 6-4)

   (F) $\frac{1}{6}$ (G) $\frac{1}{3}$ (H) $\frac{1}{2}$ (I) 1

7. ¿Qué lista ordena los enteros de mayor a menor? (Lección 8-1)

   (A) −12, −15, −29, −41

   (B) −12, −29, −15, −41

   (C) −41, −12, −15, −29

   (D) −41, −29, −15, −12

8. La temperatura exterior fue de 4°C una mañana. Esa noche la temperatura bajó 15°C. ¿Cuál fue la temperatura nocturna? (Lección 8-3)

   (F) −19°C (G) −15°C

   (H) −11°C (I) 11°C

9. Calcula $-6 \times 8$. (Lección 8-4)

   (A) −48 (B) −14 (C) 2 (D) 48

10. ¿Qué par ordenado marca el punto *X*? (Lección 8-6)

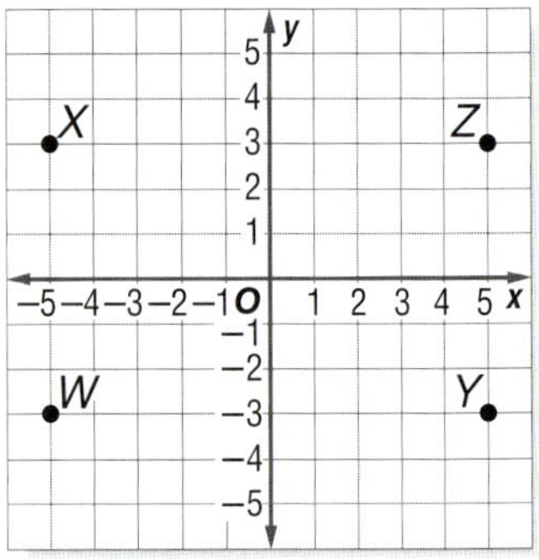


   (F) (−5, −3)

   (G) (−5, 3)

   (H) (5, −3)

   (I) (5, 3)

**AYUDA PARA TOMAR PRUEBAS**

**Pregunta 9** Al multiplicar o dividir dos enteros, puedes eliminar las opciones que contienen signos incorrectos. Si los signos son los mismos, entonces el resultado correcto debe ser positivo. Si los signos son diferentes, el resultado correcto debe ser negativo.

## PARTE 2 Respuesta breve/Completa

Anota tus respuestas en la hoja de respuestas provista por tu maestro(a) o en una hoja aparte.

**11.** La tabla muestra el promedio de cometas de diferentes tipos de cometas. ¿Cuál es el tipo de gráfica, una gráfica de barras o una gráfica lineal, que presentaría mejor los datos? Explica. (Lección 2-2)

| Marca | Altura promedio alcanzada (pies) |
|---|---|
| Best Kites | 25 |
| Carson Kites | 45 |
| Flies Right | 35 |

**12.** En sus últimas siete pruebas, Garrett sacó 10, 6, 7, 10, 9, 9 y 8 puntos. ¿Cuál es el rango de las calificaciones? (Lección 2-7)

**13.** Alisha pescó un pez en la costa. Si su cubeta de pescar mide 36 centímetros, ¿cuánto más espacio habrá en su cubeta después de haber metido el pez? (Lección 3-5)

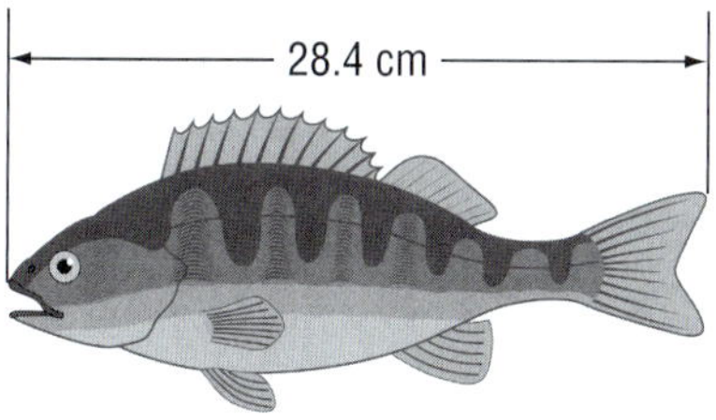


**14.** ¿Cuál es el perímetro de la siguiente figura? (Lección 4-6)

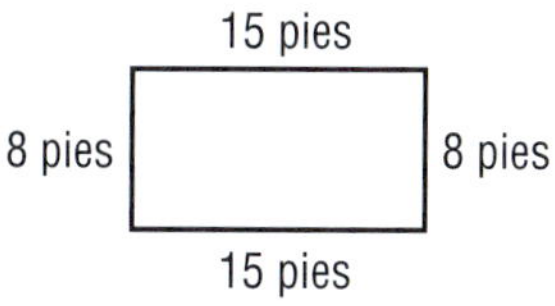


**15.** Para escribir 0.27 como una fracción, ¿cuál es el numerador y cuál es el denominador? (Lección 5-6)

**16.** Macario trabaja $5\frac{1}{4}$ horas cada día. Estima el número de horas que trabaja durante un período de 5 días. (Lección 7-1)

**Usa la figurara los ejercicios 17 al 19.** (Lección 8-6)

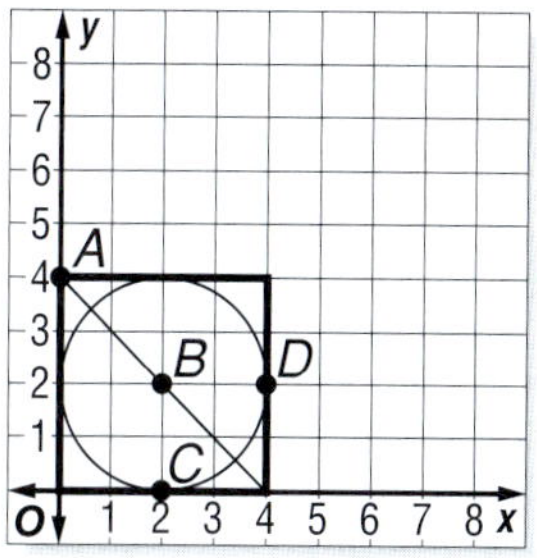


**17.** ¿Cuáles son las coordenadas de la intersección del cuadrado y la diagonal del cuadrado?

**18.** Escribe la coordenada del punto ubicado en el círculo, en el cuadrado y en el eje $x$.

**19.** ¿Cuál es la longitud del radio del círculo?

## PARTE 3 Respuesta extendida

Anota tus respuestas en una hoja de papel aparte. Muestra tus cálculos.

**20.** El plano de coordenadas muestra las ubicaciones de la piscina, la caballeriza, la cabaña y la cafetería en un campamento de verano. (Lección 8-6)

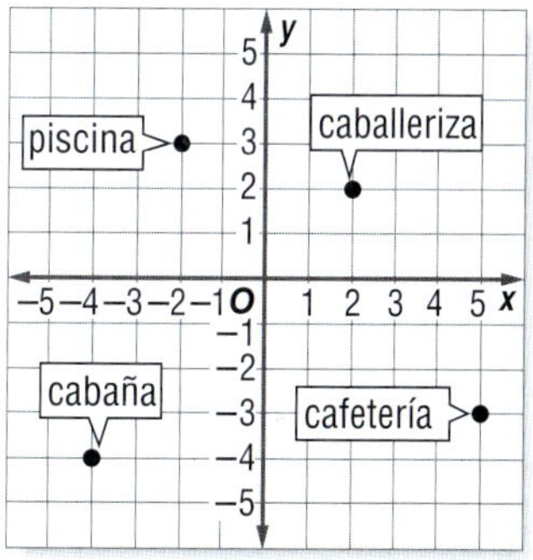


a. ¿Cuál es el par ordenado que marca la ubicación de la piscina?

b. Se va a construir un centro para ejercicios en $(-4, -2)$. ¿Cuál de las instalaciones existentes estaría más cerca de la nueva instalación?

c. Describe tres lugares posibles para un nuevo pabellón si se va a construir en un lugar dado por un par ordenado en el cual $y = 3$.

CAPÍTULO 9

# Álgebra: Solución de ecuaciones

## “¿Qué tienen que ver los viajes de estudio con las matemáticas?”

**Millones de alumnos participan en viajes de estudio cada año.** Los maestros y alumnos deben planificar los costos de los viajes de manera que puedan programar eventos para recaudar fondos y ayudar a las familias con la preparación del viaje. También son responsables por mantenerse dentro del presupuesto.

En la Lección 9-1, usarás la propiedad distributiva para determinar cuánto se gasta en un viaje de estudio.

# PARA COMENZAR

**Toma este control para averiguar si estás listo(a) para comenzar el Capítulo 9. Consulta la lección o página indicada en el paréntesis respectivo, si necesitas un repaso.**

## Repaso del vocabulario

**Determina si cada enunciado es *verdadero* o *falso*. Si es *falso*, reemplaza la palabra subrayada para convertir en verdadero el enunciado.**

1. Una letra que se usa para representar un número se llama <u>variable</u>. (Lección 1-6)
2. Una <u>expresión</u> es un enunciado matemático que tiene un signo de igualdad. (Lección 1-7)

## Requisitos

**Calcula el valor de cada expresión.** (Lección 1-4)

**3.** $3(5) - 9$ **4.** $8(2) + 4$
**5.** $1 + 6(4)$ **6.** $17 - 2(3)$

**Suma o resta.** (Lecciones 8-2 y 8-3)

**7.** $2 - 4$ **8.** $-4 + 8$
**9.** $-3 + 9$ **10.** $6 - 9$
**11.** $7 - 8$ **12.** $-1 + 5$

**Divide.** (Lección 8-5)

**13.** $-32 \div 4$ **14.** $56 \div 2$
**15.** $72 \div 8$ **16.** $-18 \div 3$
**17.** $36 \div (-9)$ **18.** $-24 \div (-6)$

**Evalúa cada expresión cuando $a = -2$, $a = 1$ y $a = 2$.** (Lecciones 8-2 a 8-5)

**19.** $3a$ **20.** $4 + a$
**21.** $a - 6$ **22.** $8 \div a$

**PLEGADOS™ Organiza el estudio**

**Resuelve ecuaciones** Haz este plegado como ayuda para organizar tus estrategias para resolver problemas. Comienza con una hoja de papel de 11" × 17".

**PASO 1** **Dobla**
Dobla la hoja de papel a lo largo de de manera que los lados se encuentren en el centro.

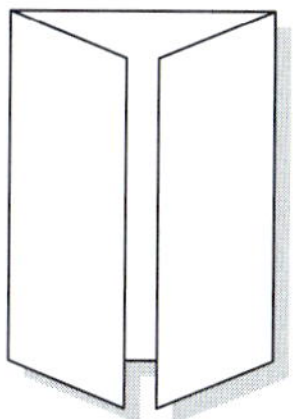

**PASO 2** **Dobla nuevamente**
Dobla en 3 secciones iguales a lo ancho.

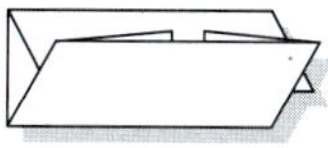

**PASO 3** **Corta**
Desdobla. Corta para hacer tres lengüetas a cada lado. Corta las aletas del centro, como se muestra, para permitir que se vea un rectángulo en el centro.

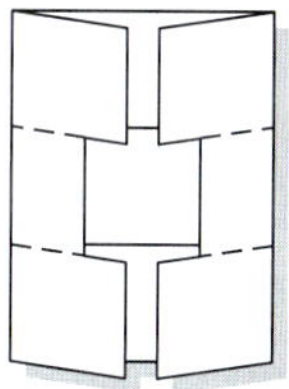

**PASO 4** **Rota y rotula**
Rotula el centro "Resuelve ecuaciones". Rotula cada lengüeta como se muestra.

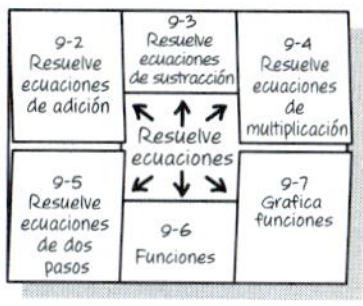


**Lee y escribe** A medida que leas y estudies el capítulo, escribe notas y ejemplos para cada lección en la lengüeta apropiada.

# 9-1a LABORATORIO de PRÁCTICA

*Seguimiento de la Lección 9-1*

**Lo que aprenderás**
A ilustrar la propiedad distributiva usando modelos.

## La propiedad distributiva

Para calcular el área de un rectángulo, multiplica la longitud y el ancho. Para calcular el área de un rectángulo formado por dos rectángulos más pequeños, puedes usar cualquiera de los dos métodos.

**ACTIVIDAD** *Trabaja con un(a) compañero(a).*

**Calcula el área de los rectángulos azul y amarillo.**

**Método 1** Suma las longitudes. Después multiplica.

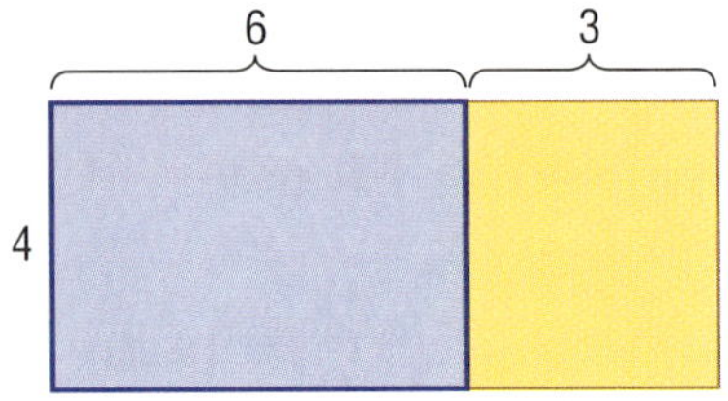


$4(6 + 3) = 4(9)$ Suma.
$= 36$ Reduce.

**Método 2** Calcula el área. Después suma.

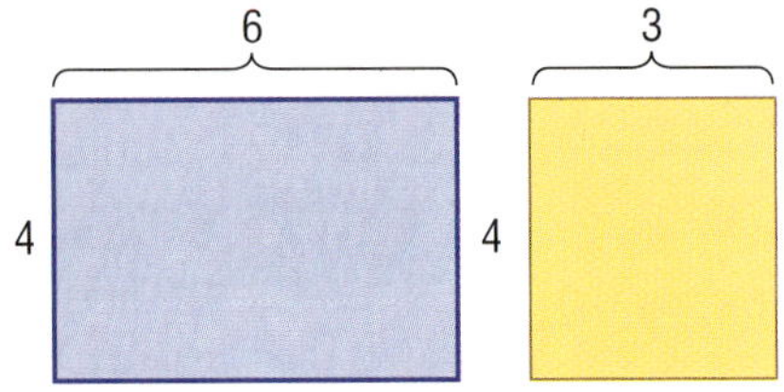


$4 \cdot 6 + 4 \cdot 3 = 24 + 12$ Multiplica.
$= 36$ Reduce.

En el método 1, averiguaste que $4(6 + 3) = 36$. En el método 2, averiguaste que $4 \cdot 6 + 4 \cdot 3 = 36$. Por consiguiente, $4(6 + 3) = 4 \cdot 6 + 4 \cdot 3$.

**Tu turno** **Dibuja un modelo que muestre que cada ecuación es verdadera.**

a. $2(4 + 6) = (2 \cdot 4) + (2 \cdot 6)$  b. $4(3 + 2) = (4 \cdot 3) + (4 \cdot 2)$

## Escribe en matemáticas

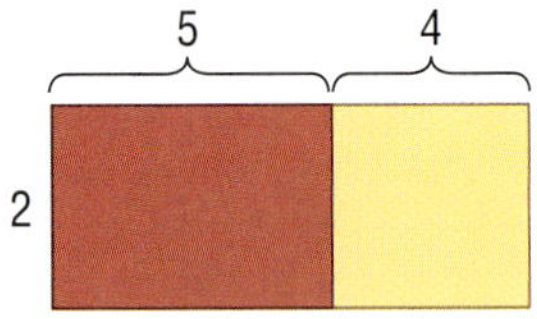


1. **Escribe** dos expresiones para el área total del rectángulo de la derecha.
2. **INTERPRETA** Dibuja dos rectángulos que tengan el mismo ancho. Calcula el área total usando dos métodos.
3. **HAZ UNA CONJETURA** Escribe una expresión que tenga el mismo valor que $2(4 + 3)$. Explica tu razonamiento.

# 9-1 Propiedades

**Lo que aprenderás**
A usar las propiedades conmutativa, asociativa, distributiva y de identidad.

***CONEXIÓN* con la lectura**

***Significado común de distribución:*** dividir entre varias personas o cosas

## PRÁCTICA Minilaboratorio

**Materiales**
- calculadora

*Trabaja con un(a) compañero(a).*

1. Copia y completa la siguiente tabla.

| | expresión de multiplicación | producto | expresión de multiplicación | producto |
|---|---|---|---|---|
| a. | $5 \times 8$ | | $6 \times 12$ | |
| b. | $5 \times 40$ | | $6 \times 200$ | |
| c. | $5 \times 48$ | | $6 \times 212$ | |

2. ¿Qué notaste en cada conjunto de expresiones?
3. ¿Cómo se compara cada producto de la fila **c** con la suma de los productos de las filas **a** y **b**?

Las expresiones $5(40 + 8)$ y $5(40) + 5(8)$ ilustran cómo la **propiedad distributiva** combina la adición y la multiplicación.

### Concepto clave — Propiedad distributiva

**En palabras** Para multiplicar una adición por un número, multiplica cada sumando de la suma por el número fuera del paréntesis.

**En símbolos**

| Aritmética | Álgebra |
|---|---|
| $2(7 + 4) = 2 \times 7 + 2 \times 4$ | $a(b + c) = ab + ac$ |
| $(5 + 6)3 = 5 \times 3 + 6 \times 3$ | $(b + c)a = ba + ca$ |

Puedes usar la propiedad distributiva para resolver mentalmente algunos problemas de multiplicación.

## EJEMPLO Usa la propiedad distributiva

**1** **Resuelve mentalmente $4 \times 58$ usando la propiedad distributiva.**

| | |
|---|---|
| $4 \times 58 = 4(50 + 8)$ | Escribe 58 como 50 + 8. |
| $= 4(50) + 4(8)$ | Propiedad distributiva |
| $= 200 + 32$ | Multiplica mentalmente 4 por 50. |
| $= 232$ | Suma mentalmente 200 más 32. |

**Tu turno** **Vuelve a escribir cada expresión usando la propiedad distributiva. Después calcula mentalmente cada producto.**

a. $5 \times 84$ b. $12 \times 32$ c. $2 \times 3.6$

## EJEMPLO Aplica la propiedad distributiva

**2** **VIAJES DE ESTUDIO** **Suponiendo que la entrada a un museo cuesta \$5 y el pasaje en autobús cuesta \$2.50 por alumno. ¿Cuánto costará para 30 alumnos?**

**MATEMÁTICAS EN LA VIDA DIARIA**

**VIAJES DE ESTUDIO** Casi 400,000 niños de entidades escolares y de organizaciones juveniles visitaron el museo de Ciencias e Industria de Chicago en un año.

**Fuente:** *MSI, Chicago*

**Método 1** Calcula el costo de 30 entradas y 30 pasajes en autobús. Después suma.

$$\underbrace{30(\$5)}_{\text{costo de las 30 entradas}} + \underbrace{30(\$2.50)}_{\text{costo de los 30 pasajes en autobús}}$$

**Método 2** Calcula el costo para una persona. Después multiplica por 30.

$$30\underbrace{(\$5 + \$2.50)}_{\text{costo para una persona}}$$

Evalúa cada expresión.

| | | |
|---|---|---|
| $30(5 + 2.50) = 30(5) + 30(2.50)$ | | Propiedad distributiva |
| $= 150 + 75$ | | Multiplica. |
| $= 225$ | | Suma. |

El costo total es de \$225.

A continuación se dan otras propiedades de adición y multiplicación.

### Concepto clave — Propiedades de la adición y la multiplicación

**Propiedad conmutativa** El orden en que se suman o multiplican dos números no altera su suma o producto.

**Ejemplos** $4 + 3 = 3 + 4$ $\quad 5 \times 4 = 4 \times 5$

**Propiedad asociativa** La manera de agrupar números al sumarlos o multiplicarlos no altera su suma o producto.

**Ejemplos** $(3 + 4) + 5 = 3 + (4 + 5)$ $\quad (2 \times 3) \times 4 = 2 \times (3 \times 4)$

**Identidad aditiva** La suma de cualquier número y 0 es el número mismo.

**Ejemplos** $5 + 0 = 5$ $\quad a + 0 = a$

**Identidad multiplicativa** El producto de cualquier número y 1 es el número mismo.

**Ejemplos** $7 \times 1 = 7$ $\quad 1 \times n = n$

## EJEMPLOS Identifica las propiedades

**Identifica la propiedad que se muestra para cada ecuación.**

**3** $25 \times 15 = 15 \times 25$

Cambia el orden en que se multiplican los números. Ésta es la propiedad conmutativa de la multiplicación.

**4** $55 + (5 + 12) = (55 + 5) + 12$

Cambia la agrupación de los números al sumarlos. Ésta es la propiedad asociativa de la adición.

Puedes usar las propiedades para calcular mentalmente las sumas y los productos.

## EJEMPLO Aplica las propiedades

**5 Resuelve mentalmente 15 + 28 + 25.**

Cambia el orden dado que puedes sumar fácilmente 25 y 15.

$15 + 28 + 25 = 15 + 25 + 28$ Propiedad conmutativa

Ahora agrupa los números. El paréntesis te indica con qué grupo debes trabajar primero.

$15 + 25 + 28 = (15 + 25) + 28$ Propiedad asociativa

$= 40 + 28$ Suma mentalmente 15 más 25.

$= 68$ Suma mentalmente 40 más 28.

**Tu turno** **Calcula mentalmente cada suma o producto.**

**d.** $5 \times 26 \times 2$ **e.** $37 + 98 + 63$

## Repaso de destrezas y conceptos

**Escribe en matemáticas** Ejercicios 1 al 4

1. **Explica** cómo se usa la propiedad distributiva para calcular mentalmente un producto.
2. **INTERPRETA** Escribe cuatro ecuaciones que muestren cada una de las propiedades conmutativas y asociativas de la adición y multiplicación.
3. **Determina** si las propiedades conmutativas y asociativas de la adición se cumplen para las fracciones. Explica por medio de ejemplos o contraejemplos.
4. **HALLA EL ERROR** Brian y Courtney usan la propiedad distributiva para reducir 5(4 + 2). ¿Quién tiene la razón? Explica.

Brian
$(5 \times 4) + (5 \times 2)$

Courtney
$(5 + 4) \times (5 + 2)$

### PRÁCTICA DIRIGIDA

**Calcula cada producto mentalmente. Usa la propiedad distributiva.**

**5.** $5 \times 84$ **6.** $10 \times 2.3$ **7.** $4.2 \times 4$

**Vuelve a escribir cada expresión usando la propiedad distributiva. Después evalúa.**

**8.** $3(20 + 4)$ **9.** $(60 + 5)5$ **10.** $(12.5 \times 10) + (12.5 \times 8)$

**Identifica la propiedad que se muestra para cada ecuación.**

**11.** $17 \times 2 = 2 \times 17$ **12.** $(3 + 6) + 10 = 3 + (6 + 10)$

**13.** $24 \times 1 = 24$ **14.** $(6 + 16) + 0 = (6 + 16)$

**Calcula mentalmente la suma o producto.**

**15.** $35 + 8 + 5$ **16.** $86 + 28 + 14$ **17.** $6 \times 8 \times 5$ **18.** $5 \times 30 \times 4$

## Práctica y aplicaciones

| AYUDA CON LAS TAREAS | |
|---|---|
| Ejercicios | Ver ejemplos |
| 19–28 | 1 |
| 29–36 | 3, 4 |
| 37–42 | 5 |
| 43 | 2 |

**Práctica adicional**
**Ver páginas 611, 632.**

**Calcula mentalmente cada producto. Usa la propiedad distributiva.**

**19.** $7 \times 15$ **20.** $3 \times 72$ **21.** $25 \times 12$

**22.** $15 \times 11$ **23.** $30 \times 7.2$ **24.** $60 \times 2.5$

**Vuelve a escribir cada expresión usando la propiedad distributiva. Después evalúa.**

**25.** $7(30 + 6)$ **26.** $12(40 + 7)$ **27.** $(50 + 4)2$ **28.** $(30 + 8)13$

**Identifica la propiedad que se muestra para cada ecuación.**

**29.** $90 + 2 = 2 + 90$ **30.** $8 \times 4 = 4 \times 8$

**31.** $(19 + 76) + 24 = 19 + (76 + 24)$ **32.** $9 \times (10 \times 6) = (9 \times 10) \times 6$

**33.** $55 + 0 = 55$ **34.** $40 \times 1 = 40$

**35.** $5 + (85 + 16) = (85 + 16) + 5$ **36.** $(3 \times 15)4 = 3(15 \times 4)$

**Calcula mentalmente la suma o el producto.**

**37.** $15 + 9 + 35$ **38.** $12 + 45 + 18$ **39.** $4 \times 7 \times 25$

**40.** $2 \times 34 \times 5$ **41.** $115 + 20 + 15$ **42.** $5 \times 87 \times 20$

**ALIMENTOS** **Usa la tabla para los ejercicios 43 y 44.**

| | Comida rápida A | Comida rápida B |
|---|---|---|
| Hamburguesa | $2.00 | $2.25 |
| Papas fritas | $1.50 | $1.25 |
| Gaseosa | $1.19 | $0.99 |

**43.** ¿Cuál es el precio total de 25 hamburguesas en cada restaurante de comida rápida?

**44.** **MULTI-PASO** ¿Qué restaurante de comida rápida ofrece el mejor precio para 25 alumnos si cada uno pide una hamburguesa, papas fritas y gaseosa?

**45.** **RAZONAMIENTO CRÍTICO** Evalúa cada expresión.

a. $0.2(2 - 0.4)$ b. $0.1(1 - 0.5)$ c. $0.8(10 - 0.25)$

## Prueba estandarizada de práctica y repaso general

**46.** **SELECCIÓN MÚLTIPLE** ¿Cuál expresión equivale a $(2 \times 4) + (6 \times 4)$?

Ⓐ $4(2 \times 6)$ Ⓑ $6(2 + 4)$ Ⓒ $4(2 + 6)$ Ⓓ $2(4 + 6)$

**47.** **RESPUESTA BREVE** ¿Qué propiedad se puede usar para hallar el número que falta en $10 \times (5 \times 25) = (\blacksquare \times 5) \times 25$?

**48.** **GEOMETRÍA** Grafica $X(2, -3)$ y $Y(-3, 2)$. (Lección 8-6)

**Divide.** (Lección 8-5)

**49.** $10 \div (-2)$ **50.** $-24 \div 6$ **51.** $-36 \div (-6)$ **52.** $-81 \div (-9)$

### PREPÁRATE PARA LA SIGUIENTE LECCIÓN

**REQUISITOS** Resta. (Lección 8-3)

**53.** $2 - 3$ **54.** $4 - 7$ **55.** $6 - 8$ **56.** $2 - 9$



msmath1.net/self_check_quiz

# 9-2a LABORATORIO de PRÁCTICA

**Sinopsis de la Lección 9-2**

**Lo que aprenderás**
A resolver ecuaciones de adición usando modelos.

**Materiales**
- vasos
- fichas
- tapete de ecuaciones

**REPASO de vocabulario**

**Ecuación:** un enunciado que contiene el signo de igualdad, =
**(Lección 1-7)**

## Usa modelos para resolver ecuaciones de adición

Una ecuación es como una balanza. La cantidad al lado izquierdo del signo de igualdad *se equilibra* con la cantidad de la derecha. Cuando resuelves una ecuación, necesitas mantener la ecuación *equilibrada*.

Para resolver una ecuación con vasos y fichas, recuerda sumar o restar el mismo número de fichas de ambos lados del tapete para que la ecuación permanezca *balanceada*.

**ACTIVIDAD** *Trabaja con un(a) compañero(a).*

**1** **Resuelve $x + 5 = 9$ usando modelos.**

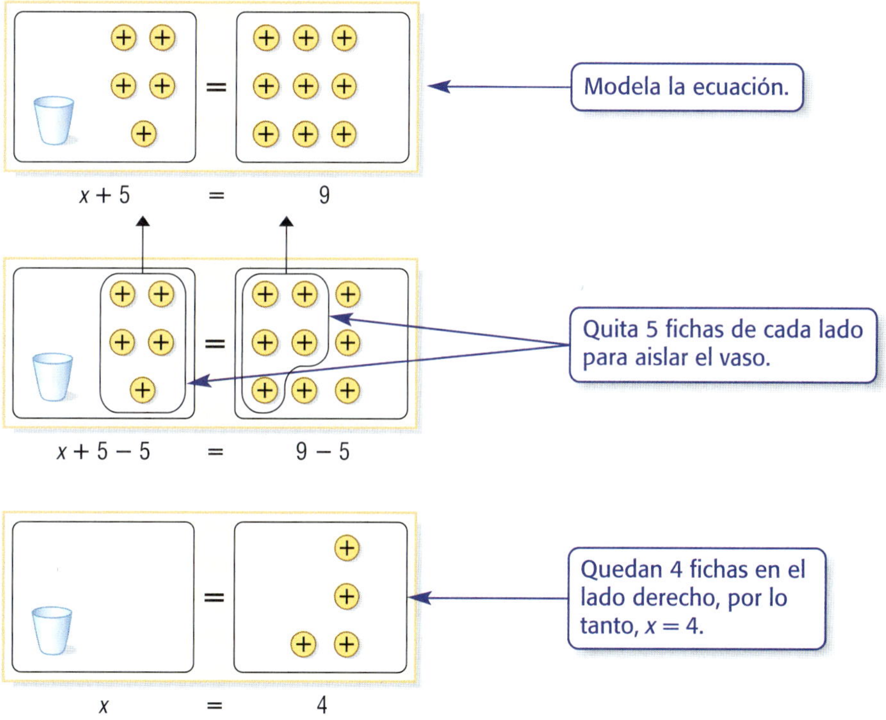


La solución es 4.

**Verifica** Reemplaza $x$ por 4 en la ecuación original.

$x + 5 = 9$

$4 + 5 \stackrel{?}{=} 9$

$9 = 9$ ✔ Por consiguiente la solución está correcta.

**Tu turno** **Resuelve cada ecuación usando modelos.**

a. $1 + x = 8$ b. $x + 2 = 7$ c. $9 = x + 3$

AYUDA PARA EL ESTUDIO

**Mirada retrospectiva**
Para repasar **pares nulos**, ver la Lección 8-2.

En ocasiones usarás pares nulos para resolver ecuaciones. Puedes sumar o restar un par nulo de cada lado del tapete sin alterar su valor porque el valor de un par nulo es cero.

**ACTIVIDAD** *Trabaja con un(a) compañero(a).*

**2** **Resuelve $x + 2 = -5$ usando modelos.**

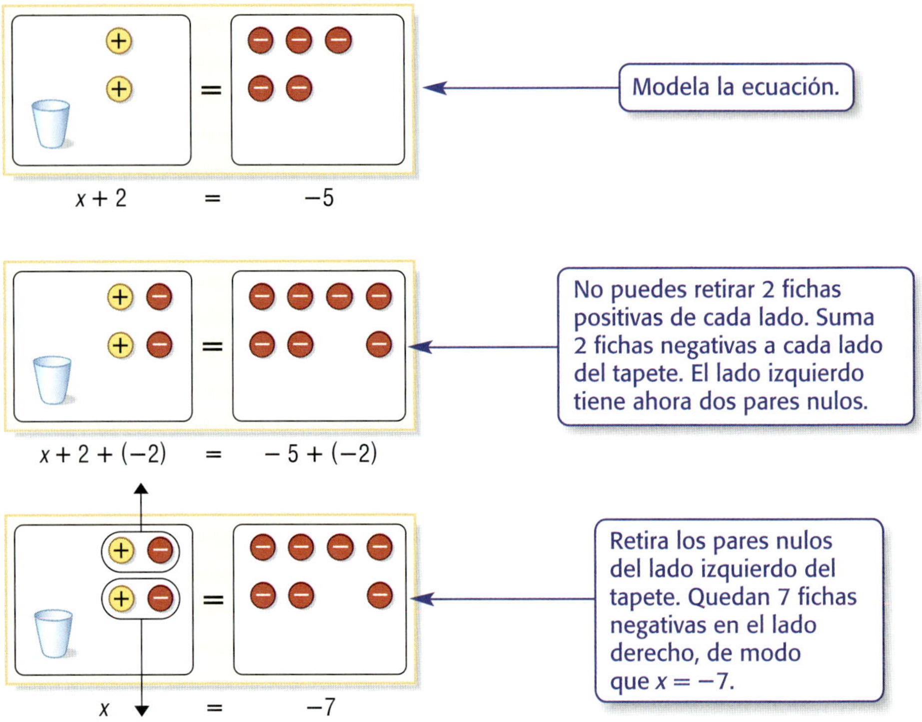


Entonces $x = -7$.

**Verifica** Reemplaza $x$ por $-7$ en la ecuación original.

$$x + 2 = -5$$
$$-7 + 2 \stackrel{?}{=} -5$$
$$-5 = -5 \checkmark$$

Por lo tanto, la solución es correcta.

**Tu turno** **Resuelve cada ecuación usando modelos.**

**d.** $x + 3 = -7$ **e.** $2 + x = -5$ **f.** $-3 = x + 3$

## Escribe en matemáticas

1. **Explica** cómo decides cuántas fichas sumar o restar de cada lado.
2. **Escribe** una ecuación en la que necesites quitar unos pares nulos para resolverla.
3. **Haz un modelo** de la ecuación *algún número más 5 es igual a* $-2$. Después resuelve la ecuación.
4. **HAZ UNA CONJETURA** Escribe una regla que se pueda usar para resolver una ecuación del tipo $x + 3 = 6$ sin usar modelos.

# 9-2 Resuelve ecuaciones de adición

**Lo que aprenderás**
A resolver ecuaciones de adición.

**NUEVO vocabulario**

**operaciones inversas**

**REPASO de vocabulario**

**Resolver:** calcular el valor de la variable, lo cual resulta en un enunciado verdadero **(Lección 1-7)**

## ¿CUÁNDO usaré esto?

**EL TIEMPO** Un meteorólogo anunció que aunque habían caído 3 pulgadas adicionales de lluvia, la precipitación total aún estaba 9 pulgadas por debajo de lo normal para el año. Esto se muestra en la recta numérica.

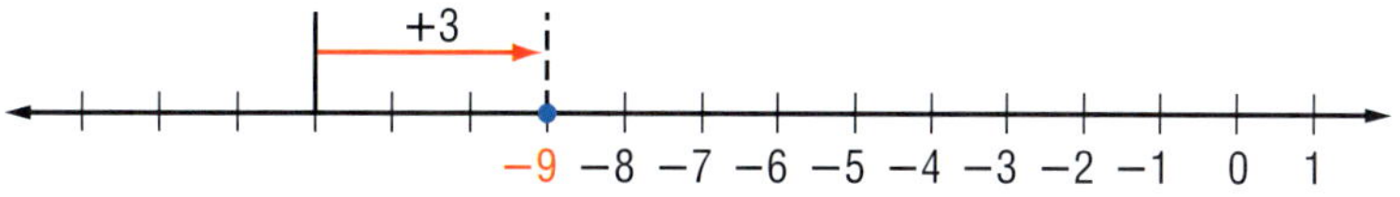


1. Escribe una expresión para representar 3 pulgadas más de lluvia.
2. Escribe una ecuación de adición que pudieras usar para calcular la precipitación antes de las 3 pulgadas adicionales.
3. Podrías resolver la ecuación de adición al contar hacia atrás en la recta numérica. ¿Qué operación se sugiere al contar hacia atrás?

Cuando resuelves una ecuación, el objetivo es aislar la variable a un lado de la ecuación. Una manera de lograrlo es usando las operaciones inversas. Las **operaciones inversas** *se anulan* mutuamente. Por ejemplo, usa la sustracción para resolver una ecuación de adición.

## EJEMPLO Resta para resolver una ecuación

**1** **Resuelve $x + 3 = 8$.**

**Método 1** Usa modelos.

Haz un modelo de la ecuación.

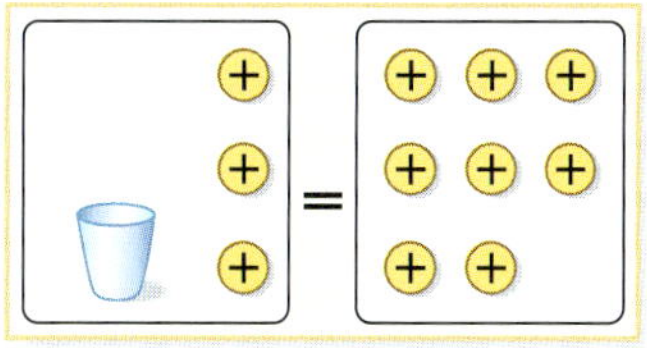

$x + 3 = 8$

Retira 3 fichas de ambos lados del tapete.

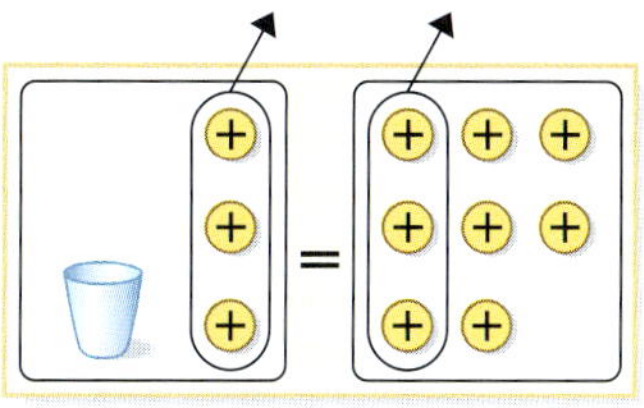

$x + 3 - 3 = 8 - 3$
$x = 5$

**Método 2** Usa símbolos.

$x + 3 = 8$ Escribe la ecuación.

Resta 3 de ambos lados para "anular" la adición de 3 a la izquierda.

$$\begin{aligned} x + 3 &= 8 \\ -3 &= -3 \\ \hline x + 0 &= 5 \quad 3 - 3 = 0,\ 8 - 3 = 5 \\ x &= 5 \end{aligned}$$

La solución es 5.

## EJEMPLO Resuelve una ecuación usando pares nulos

**2** Resuelve $b + 5 = 2$. Verifica tu solución.

**Método 1** Usa modelos.

Haz un modelo de la ecuación.

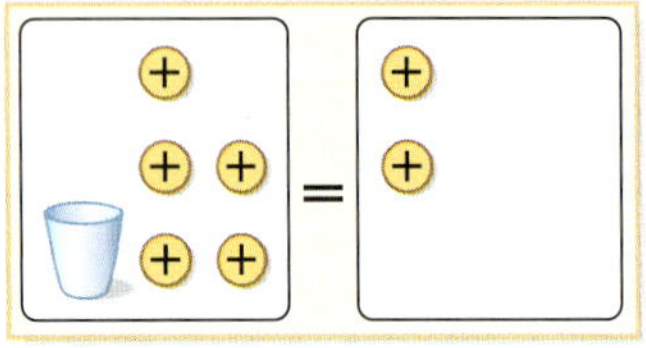

$b + 5 = 2$

Suma 3 pares nulos al lado derecho del tapete para que haya 5 fichas positivas a la derecha.

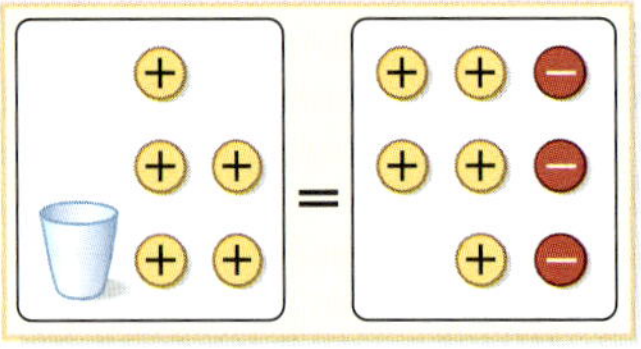

$b + 5 = 2$

Retira 5 fichas positivas de ambos lados.

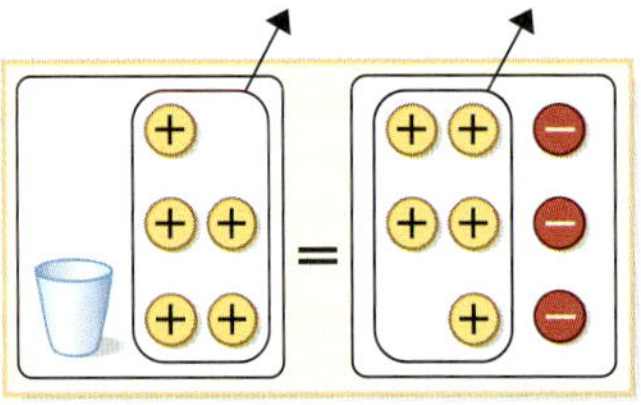

$$\begin{aligned} b + 5 - 5 &= 2 - 5 \\ b &= -3 \end{aligned}$$

**Método 2** Usa símbolos.

$b + 5 = 2$ Escribe la ecuación.

Resta 5 de ambos lados para anular $b$ más 5.

$$\begin{aligned} b + 5 &= \phantom{-}2 \\ -5 &= -5 \\ \hline b + 0 &= -3 \\ b &= -3 \end{aligned}$$

Resta 5 de ambos lados.

$5 - 5 = 0$, $2 - 5 = -3$

**Verifica**

$b + 5 = 2$ Escribe la ecuación.

$-3 + 5 \stackrel{?}{=} 2$ Reemplaza $b$ por $-3$.

$2 = 2$ ✔ Este enunciado es verdadero.

La solución es $-3$.

**Tu turno** **Resuelve cada ecuación. Usa modelos si es necesario.**

a. $c + 2 = 5$ b. $3 + y = 12$ c. $2 = x + 6$

d. $c + 4 = 3$ e. $x + 3 = -2$ f. $2 + g = -4$

**AYUDA PARA EL ESTUDIO**

**Verifica las soluciones** Siempre debes verificar tu solución. Sabrás inmediatamente si tu solución es correcta o no.

Cuando resuelves una ecuación al restar el mismo número de ambos lados de la ecuación, estás usando **la propiedad de igualdad de la sustracción**.

### Concepto clave — Propiedad de igualdad de la sustracción

**En palabras** Si restas el mismo número de ambos lados de una ecuación, los dos lados permanecen iguales.

**En símbolos**

| Aritmética | Álgebra |
|---|---|
| $5 = 5$ | $x + 2 = 3$ |
| $-3 = -3$ | $-2 = -2$ |
| $2 = 2$ | $x = 1$ |

## Repaso de destrezas y conceptos

**Escribe en matemáticas**
**Ejercicios 1 al 3**

1. **Muestra** cómo hacer el modelo de la ecuación $x + 4 = 2$. Después explica cómo resolver la ecuación usando modelos.
2. **INTERPRETA** Escribe un problema que se pueda representar con la ecuación $x + 2 = 7$. Explica el significado de la ecuación.
3. **SENTIDO NUMÉRICO** Sin resolver, indica si la solución de $a + 14 = -2$ será positiva o negativa. Explica tu respuesta.

### PRÁCTICA DIRIGIDA

**Resuelve cada ecuación. Usa modelos si es necesario. Verifica tu solución.**

4. $x + 3 = 5$
5. $2 + m = 7$
6. $c + 6 = -3$
7. $-4 = 6 + e$
8. Calcula el valor de $n$ si $n + 12 = 6$.
9. **PASEO EN GLOBO** Un globo aerostático se encuentra a 200 pies de altura. Unos minutos después asciende a 450 pies. Escribe y resuelve una ecuación de adición para calcular el cambio en la altitud del globo.

## Práctica y aplicaciones

**AYUDA CON LAS TAREAS**

| Ejercicios | Ver ejemplos |
|---|---|
| 10–23 | 1, 2 |

**Práctica adicional**
**Ver páginas 611, 632.**

**Resuelve cada ecuación. Usa modelos si es necesario. Verifica tu solución.**

10. $y + 7 = 10$
11. $x + 5 = 11$
12. $9 = 2 + x$
13. $7 = 4 + y$
14. $9 + a = 7$
15. $6 + g = 5$
16. $d + 3 = -5$
17. $x + 4 = -2$
18. $-5 = 3 + f$
19. $-1 = g + 7$
20. $b + 4 = -3$
21. $h + (-4) = 2$
22. Calcula el valor de $x$, si $x + 3 = 7$.
23. Si $c + 6 = 2$, ¿cuál es el valor de $c$?

**Resuelve cada ecuación. Verifica tu solución.**

24. $t + 1.9 = 3.8$
25. $1.8 + n = -0.3$
26. $a + 6.1 = -2.3$
27. $c + 2.5 = -4.2$
28. $7.8 = x + 1.5$
29. $5.6 = y + 2.7$
30. $m + \frac{1}{3} = \frac{2}{3}$
31. $t + \frac{1}{4} = -\frac{1}{2}$
32. **MASCOTAS** Zane y su perro pesan 108 libras. Zane pesa 89 libras. Escribe y resuelve una ecuación de adición para calcular el peso del perro.
33. **EJERCICIOS** En promedio, los hombres al correr queman un promedio de 180 calorías por hora más que las mujeres. Si un hombre quema 600 calorías por hora al correr, escribe y resuelve una ecuación de adición para calcular cuántas calorías por hora quema una mujer al correr.

34. **JUEGOS** En el juego de barajas Clubs, es posible tener un puntaje negativo. Suponte que tu amiga tenía un puntaje de –5 en la segunda mano. Esto significa que su puntaje total es de –2 después de dos manos. ¿Cuál fue su puntaje en la primera mano?

35. **CARRETERAS** Un camión típico de carga de troncos de madera pesa 30,000 libras cuando está vacío. ¿Cuál es el peso máximo de la madera que el camión puede transportar sin exceder el peso límite?

36. **PROPIEDADES** ¿Cómo te ayuda la propiedad de igualdad de la sustracción a resolver la ecuación $x + 8 = 13$?

**RAZONAMIENTO CRÍTICO** Se muestra la solución a la ecuación $x + 7 = -3$. Relaciona cada paso con la propiedad que se usó.

$x + 7 = -3$

37. $x + 7 - 7 = -3 - 7$ — a. Propiedad asociativa de la adición

38. $x + 0 = -10$ — b. Identidad aditiva

39. $x = -10$ — c. Propiedad de igualdad de la sustracción

## Prueba estandarizada de práctica y repaso general

40. **SELECCIÓN MÚLTIPLE** La temperatura era de 3°F antes de que pasara un frente de corriente ártica y bajara la temperatura a –9°F un 31 de diciembre. La ecuación $3 + d = -9$ se usa para calcular cuántos grados bajó la temperatura. ¿Cuál es el valor de $d$?

(A) −12°  (B) −6°  (C) 6°  (D) 12°

41. **RESPUESTA BREVE** Sabrina tenía 6 dólares de plata. Su amigo Logan le dio unos más y así reunió 15. Para averiguar cuántos dólares de plata le dieron, Sabrina escribió $s + 6 = 15$. ¿Cuál es el valor de $s$?

**Vuelve a escribir cada expresión usando la propiedad distributiva. Después evalúa.** (Lección 9-1)

42. $6(20 + 4)$

43. $(30 \times 4) + (30 \times 0.5)$

**Refiérete al plano de coordenadas para identificar el punto de cada par ordenado.** (Lección 8-6)

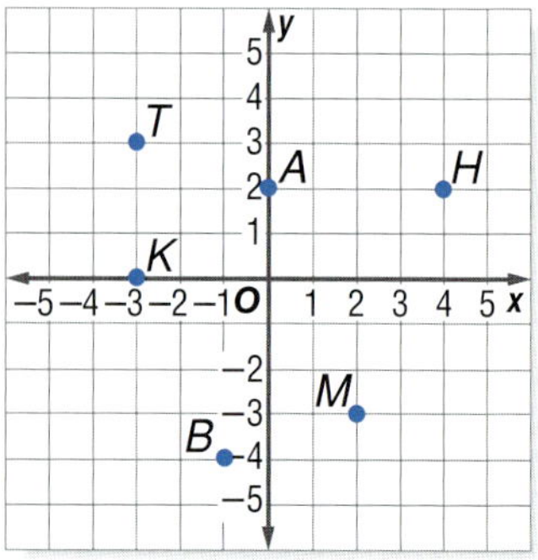


44. $(4, 2)$

45. $(-3, 0)$

46. $(-1, -4)$

**Refiérete al plano de coordenadas para escribir el par ordenado que nombra cada punto. Después identifica el cuadrante en donde se localiza cada punto.** (Lección 8-6)

47. $T$

48. $M$

49. $A$

**Multiplica o divide.** (Lecciones 8-4 y 8-5)

50. $-4 \times 9$

51. $-8(-3)$

52. $-18 \div (-6)$

53. $25 \div (-5)$

### PREPÁRATE PARA LA SIGUIENTE LECCIÓN

**REQUISITOS** **Suma.** (Lección 8-2)

54. $-2 + 6$

55. $-9 + 3$

56. $-8 + 5$

57. $-7 + 9$

# 9-3a LABORATORIO de PRÁCTICA

**Seguimiento de la Lección 9-3**

## Lo que aprenderás

A resolver ecuaciones de sustracción usando modelos.

## Materiales

- vasos
- fichas
- tapete de ecuaciones

# Usa modelos para resolver ecuaciones de sustracción

Recuerda que la sustracción de un entero es lo mismo que sumar su opuesto. Por ejemplo, $4 - 7 = 4 + (-7)$ o $x - 3 = x + (-3)$.

**ACTIVIDAD** *Trabaja con un(a) compañero(a).*

**Resuelve $x - 3 = -2$ mediante modelos.**

$x - 3 = -2 \rightarrow x + (-3) = -2$ ← Vuelve a escribir la ecuación.

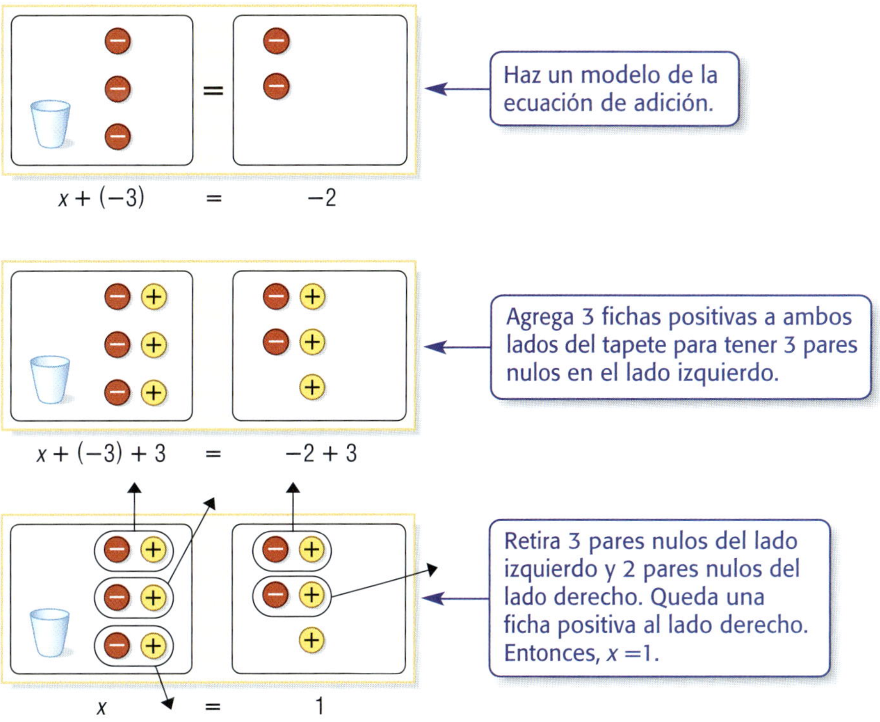


La solución es 1. **Verifica** $1 - 3 = 1 + (-3)$ o $-2$ ✔

**Tu turno** **Resuelve cada ecuación mediante modelos.**

**a.** $x - 4 = 2$ **b.** $-3 = x - 1$ **c.** $x - 5 = -1$

## Escribe en matemáticas

1. **Explica** por qué es bueno escribir de nuevo un problema de sustracción como un problema de adición cuando se resuelven ecuaciones usando modelos.
2. **HAZ UNA CONJETURA** Escribe una regla para resolver ecuaciones del tipo $x - 7 = -5$ sin usar modelos.

# 9-3 Resuelve ecuaciones de sustracción

**Lo que aprenderás**
A resolver ecuaciones de sustracción.

## ¿CUÁNDO usaré esto?

**CRECIMIENTO** Luis es 5 pulgadas más bajo que su hermano Lucas. Luis mide 59 pulgadas de estatura.

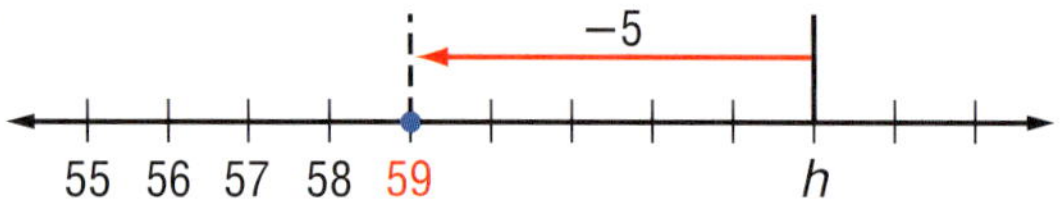


1. La letra $h$ representa la estatura de Lucas. Escribe una expresión para indicar *5 pulgadas más bajo que Lucas.*
2. Escribe una ecuación para *5 pulgadas más bajo que Lucas es igual a 59 pulgadas.*
3. Podrías averiguar la estatura de Lucas al contar hacia adelante. ¿Qué operación implica contar hacia adelante?
4. ¿Cuánto mide Lucas?

La adición y la sustracción son operaciones inversas. De modo que puedes resolver una ecuación de sustracción al sumar.

## EJEMPLO Usa adición para resolver una ecuación

**1** **Resuelve $x - 3 = 2$.**

**Método 1** Usa modelos.

Haz un modelo de la ecuación.

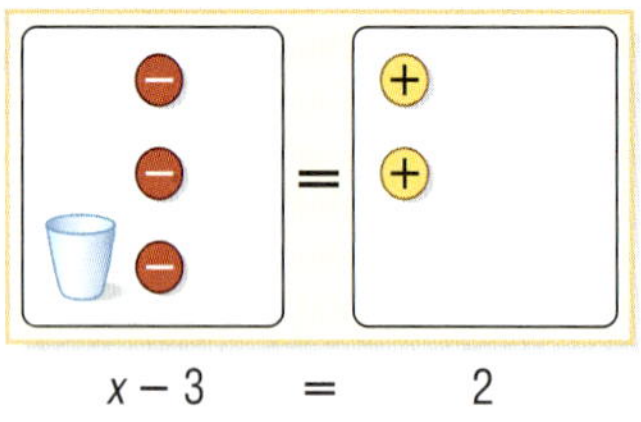


Agrega 3 fichas positivas en ambos lados del tapete. Retira los pares nulos.

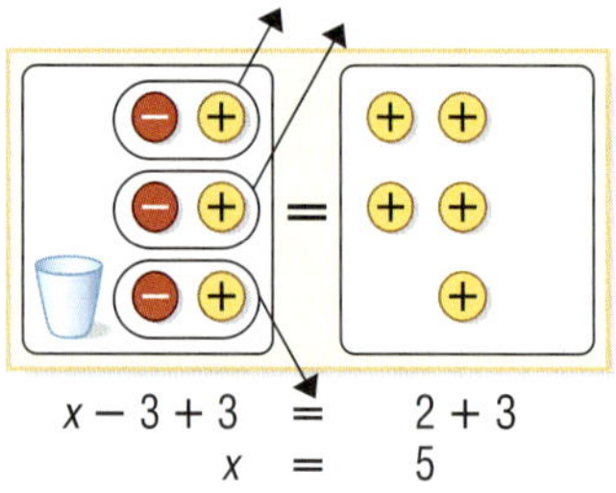


**Método 2** Usa símbolos.

$x - 3 = 2$ Escribe la ecuación.

Suma 3 a ambos lados para anular la sustracción de 3 en el lado izquierdo.

$$
\begin{aligned}
x - 3 &= \phantom{+}2 \\
+3 &= +3 \quad \text{Suma 3 a cada lado.} \\
\hline
x + 0 &= \phantom{+}5 \quad \text{Reduce.} \\
x &= 5
\end{aligned}
$$

La solución es 5.

**AYUDA PARA EL ESTUDIO**

**Usa fichas** La expresión $x - 3$ es lo mismo que $x + (-3)$. Para hacer un modelo de la expresión, usa un vaso y tres fichas negativas.

Cuando resuelves una ecuación sumando el mismo número a ambos lados de la ecuación estás usando la **propiedad de igualdad de la adición**.

**Concepto clave** — **Propiedad de igualdad de la adición**

**En palabras** Si sumas el mismo número a ambos lados de la ecuación, ambos lados permanecerán iguales.

**En símbolos**

| Aritmética | Álgebra |
|---|---|
| $5 = 5$ | $x - 2 = 3$ |
| $+3 = +3$ | $+2 = +2$ |
| $8 = 8$ | $x = 5$ |

## EJEMPLO Resuelve una ecuación de sustracción

**2** **Resuelve $y - 4 = -10$. Verifica tu solución.**

$y - 4 = -10$ Escribe la ecuación.

$+4 = +4$ Suma 4 a ambos lados.

$y = -6$ Reduce.

**Verifica** $y - 4 = -10$ Escribe la ecuación original.

$-6 - 4 \stackrel{?}{=} -10$ Reemplaza $y$ por $-6$.

$-10 = -10$ ✔ Este enunciado es negativo.

La solución es –6.

**Tu turno** **Resuelve cada ecuación. Usa modelos si es necesario.**

a. $b - 4 = -2$ b. $-5 = t - 5$ c. $c - 2 = -6$

## EJEMPLO Usa una ecuación para resolver un problema

**Prueba estandarizada de práctica**

**3** **COMPLETA** **La diferencia entre la temperatura máxima récord y la temperatura mínima récord en Indiana es de 152°F. La temperatura mínima récord es de −36°F. ¿Cuál es la temperatura máxima récord en grados Fahrenheit?**

### Lee la pregunta

Necesitas averiguar la temperatura máxima récord. Escribe y resuelve la ecuación. Sea $x$ la temperatura máxima.

### Resuelve la pregunta

$x - (-36) = 152$ Escribe la ecuación.

$x + 36 = 152$ Definición de sustracción

$-36 = -36$ Resta 36 de ambos lados.

$x = 116$ Reduce.

La temperatura máxima récord es de 116°.

### Rellena la cuadrícula

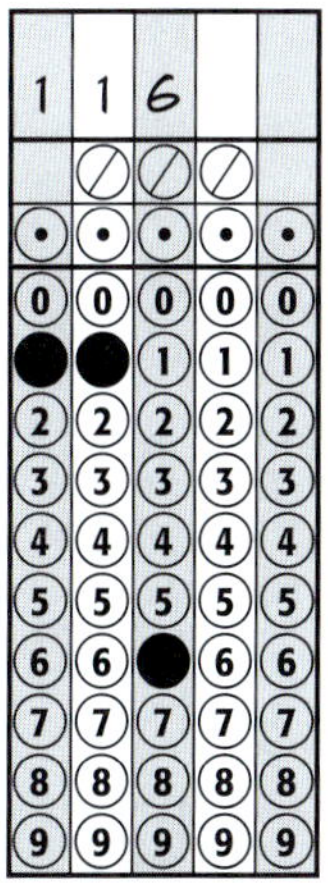


**Ayuda para tomar pruebas** The Princeton Review

**Rellena la cuadrícula**
Debes empezar a rellenar la cuadrícula empezando por la primera columna como se muestra o alinea el último dígito a la derecha.

## Repaso de destrezas y conceptos

Escribe en matemáticas
**Ejercicios 3 y 4**

1. **Indica** cómo verificas tu solución de una ecuación.

2. **INTERPRETA** Escribe dos ecuaciones de sustracción diferentes donde 5 sea la solución.

3. **HALLA EL ERROR** Diego y Marcus están explicando cómo resolver la ecuación $d - 6 = 4$. ¿Quién tiene la razón? Explica.

| Diego | Marcus |
|---|---|
| Resta 6 de ambos lados. | Suma 6 a ambos lados. |

4. **SENTIDO NUMÉRICO** Sin resolver la ecuación, ¿qué sabes del valor de $x$ en $x - 5 = -3$? ¿Es $x$ mayor que 5 ó menor que 5? Explica tu razonamiento.

### PRÁCTICA DIRIGIDA

**Resuelve cada ecuación. Usa modelos si es necesario. Verifica tu solución.**

5. $a - 5 = 9$
6. $b - 3 = 7$
7. $x - 4 = -1$
8. $4 = y - 8$
9. $x - 2 = -7$
10. $-3 = n - 2$

11. **BUCEO** Una buceadora nada por debajo del nivel del mar. Unos minutos más tarde, la buceadora desciende 35 pies hasta alcanzar una profundidad de 75 pies por debajo del nivel del mar. Escribe y resuelve la ecuación de sustracción para hallar la posición original de la buceadora.

## Práctica y aplicaciones

**AYUDA CON LAS TAREAS**

| Ejercicios | Ver ejemplos |
|---|---|
| 12–15, 25 | 1 |
| 16–24 | 2 |
| 34, 35 | 3 |

**Práctica adicional**
**Ver páginas 612, 632.**

**Resuelve cada ecuación. Usa modelos si es necesario. Verifica tu solución.**

12. $c - 1 = 8$
13. $f - 1 = 5$
14. $2 = e - 1$
15. $1 = g - 3$
16. $r - 3 = -1$
17. $t - 2 = -2$
18. $t - 4 = -1$
19. $h - 2 = -9$
20. $-3 = u - 8$
21. $-5 = v - 6$
22. $x - 3 = -5$
23. $y - 4 = -7$

24. Calcula el valor de $t$ si $t - 7 = -12$.

25. Si $b - 10 = 5$, ¿cuál es el valor de $b$?

**Resuelve cada ecuación. Verifica tu solución.**

26. $-6 + a = -8$
27. $-1 + c = -8$
28. $a - 1.1 = 2.3$
29. $b - 2.7 = 1.6$
30. $-4.6 = e - 3.2$
31. $-4.3 = f - 7.8$
32. $m - \frac{1}{3} = \frac{2}{3}$
33. $n - \frac{1}{4} = -\frac{1}{2}$

34. **MASCOTAS** El gato de Mika perdió 3 libras y ahora pesa 12 libras. Escribe y resuelve una ecuación para calcular su peso original.

35. **FÚTBOL AMERICANO** Después de una jugada en donde perdieron 8 yardas, la pelota del equipo de la escuela intermedia Liberty se hallaba a 15 yardas de la línea de gol. Escribe y resuelve una ecuación de sustracción para hallar la posición de la pelota al comienzo de la jugada.

36. **EL TIEMPO** La diferencia entre la temperatura máxima récord y la temperatura mínima récord para el mes de septiembre en Bryce Canyon, Utah, es de 29°F. Usa la información de la derecha para calcular la temperatura máxima récord.

| Bryce Canyon, Utah | |
|---|---|
| Temperaturas récord en septiembre | |
| Máxima | ? |
| Mínima | 60°F |

37. **ESCRIBE UN PROBLEMA** Escribe un problema de la vida real que se pueda resolver usando una ecuación de sustracción.

38. **RAZONAMIENTO CRÍTICO** Describe cómo resolverías $6 - x = -3$.

## Prueba estandarizada de práctica y repaso general

39. **SELECCIÓN MÚLTIPLE** Una buceadora se encuentra a 84 pies de profundidad cuando comienza a ascender a la superficie. Luego se detiene a observar unos peces a 39 pies de profundidad. ¿Cuántos pies logró ascender antes de detenerse?

(A) $-123$ pies (B) $-45$ pies (C) 45 pies (D) 123 pies

40. **COMPLETA** Calcula el valor de $b$ si $b - 8 = -5$.

41. **BÉISBOL** Refiérete a la gráfica. Escribe y resuelve la ecuación de adición para calcular cuántas personas más pueden sentarse en el estadio Dodger que en el Yankee. (Lección 9-2)

**Actualiza datos** Averigua la capacidad de un estadio de béisbol que no se encuentre en la gráfica. Visita msmath1.net/data_update para mayor información.

42. Resuelve $8 \times 15$ mentalmente. Usa la propiedad distributiva. (Lección 9-1)

**Multiplica. Escribe en forma reducida.** (Lección 7-3)

43. $2\frac{3}{4} \times 3\frac{1}{3}$

44. $3\frac{2}{3} \times 1\frac{2}{7}$

45. $7\frac{3}{5} \times \frac{8}{19}$

46. $1\frac{3}{7} \times 2\frac{11}{12}$

47. **CIENCIA BIOLÓGICA** La colección de hojas de Jamil incluye 15 de abedul, 8 de sauce, 5 de roble, 10 de arce y 8 hojas misceláneas. Haz una gráfica de barras con los datos. (Lección 2-2)

### PREPÁRATE PARA LA SIGUIENTE LECCIÓN

**REQUISITOS** **Divide.** (Lección 8-5)

48. $-8 \div 2$

49. $42 \div 3$

50. $36 \div 3$

51. $-24 \div 8$

CAPÍTULO 9

# Prueba parcial de práctica del capítulo

## Vocabulario y conceptos

1. **Define** la propiedad distributiva. (Lección 9-1)
2. **Explica** cómo puedes usar las propiedades asociativas de la adición y multiplicación para calcular mentalmente las sumas y los productos. (Lección 9-1)
3. **Explica** cómo puedes resolver una ecuación de adición. (Lección 9-2)

## Destrezas y aplicaciones

**Vuelve a escribir cada expresión usando la propiedad distributiva. Después evalúalas.** (Lección 9-1)

4. $4(12 + 9)$
5. $(7 + 30)5$
6. $7 \times 23$

**Identifica la propiedad que se muestra para cada ecuación.** (Lección 9-1)

7. $14 \times 6 = 6 \times 14$
8. $(4 + 9) + 11 = 4 + (9 + 11)$
9. $1 \times a = a$
10. $2 \times (5 \times 9) = (2 \times 5) \times 9$

**Calcula mentalmente cada suma o producto.** (Lección 9-1)

11. $23 + 9 + 7$
12. $20 \times 38 \times 5$
13. $34 + 76 + 19$

**Resuelve cada ecuación. Usa modelos si es necesario. Verifica tu solución.** (Lecciones 9-2 y 9-3)

14. $w + 8 = 5$
15. $7 = 2 + p$
16. $-3 + x = 11$
17. $3.4 = y + 2.1$
18. $m - 6 = 5$
19. $-8 = d - 9$
20. $k - 4 = -2$
21. $5 = a - 10$
22. $z - 3 = -6$

23. **ASUNTOS MONETARIOS** Liliana compró una mochila por \$28. Esta costó \$8 menos que el precio regular. Escribe y resuelve una ecuación de sustracción para calcular el precio regular. (Lección 9-3)

## Prueba estandarizada de práctica

24. **RESPUESTA BREVE** El equipo de fútbol americano Huskies ganó 15 yardas después de perder 11 yardas en la jugada anterior. Escribe una ecuación de sustracción para calcular cuántas yardas ganaron antes de perder 11 yardas. (Lección 9-3)

25. **SELECCIÓN MÚLTIPLE** Jason y Tia tienen un total de 20 renacuajos y ranas. De estos, 12 son renacuajos y el resto son ranas. Usa la ecuación $f + 12 = 20$ para calcular cuántas ranas tienen. (Lección 9-2)

Ⓐ 8 Ⓑ 12 Ⓒ 20 Ⓓ 32

# La Zona de juegos

## Un sitio para practicar tus destrezas matemáticas

# Cuatro en raya

### ¡ALÍSTATE!

**Jugadores:** dos a diez
**Materiales:** 12 tarjetas, tijeras, cartulina gruesa, frijoles

### ¡EN TU MARCA!

- Corta las 12 tarjetas por la mitad. Tu maestro(a) te dará una lista de 24 ecuaciones. Rotula cada tarjeta con una ecuación diferente.
- Corta la cartulina en tableros de 6 pulgadas por 5 pulgadas para cada jugador.
- Para cada tablero, copia la tabla que se muestra. Completa cada columna escogiendo una de las soluciones descritas a continuación de manera que no hayan dos tarjetas idénticas.

| a | b | c | d |
|---|---|---|---|
| | | | Libre |
| | Libre | | |
| | | | |
| | | | |
| | | | |
| | | | |
| | | | |

**Soluciones**

$a$: −9, −3, 4, 6, 11, 16
$b$: −3, −1, 1, 5, 10, 12
$c$: −6, 2, 3, 7, 8, 12
$d$: −3, −2, 0, 1, 3, 8

## ¡ADELANTE!

- Mezcla las tarjetas con las ecuaciones y colócalas boca abajo.
- Después de voltear una tarjeta, todos los jugadores deben resolver la ecuación.
- Si un jugador halla la solución en el tablero, él o ella la cubre con un frijol.
- **¿Quién gana?** El jugador que primero cubra cuatro espacios en línea ya sea vertical, horizontal o diagonal.

# 9-4 Resuelve ecuaciones de multiplicación

**Lo que aprenderás**
A resolver ecuaciones de multiplicación.

**NUEVO vocabulario**
coeficiente

## ¿CUÁNDO usaré esto?

**NIÑERA** Kara cuidó a un niño por tres horas y ganó \$12. ¿Cuánto dinero ganó por hora?

1. Sea $x$ = la cantidad que Kara gana por hora. Escribe una expresión para la cantidad que Kara gana después de 3 horas.
2. Explica cómo la ecuación $3x = 12$ representa la situación.

La ecuación $3x = 12$ es una ecuación de multiplicación. En $3x$, 3 es el **coeficiente** de $x$ porque es el número por el cual se multiplica $x$. Para resolver una ecuación de multiplicación, usa la división.

## EJEMPLO Resuelve una ecuación de multiplicación

**1 Resuelve $3x = 12$. Verifica tu solución.**

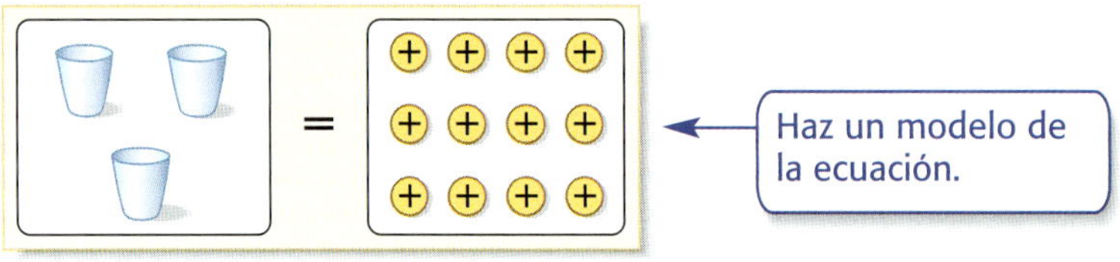


$$3x = 12$$

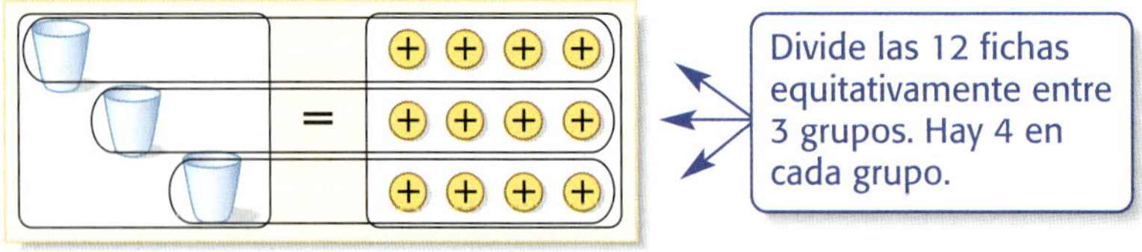


$$\frac{3x}{3} = \frac{12}{3}$$

$$x = 4$$

**Verifica** $3x = 12$ Escribe la ecuación original.

$3(4) \stackrel{?}{=} 12$ Reemplaza $x$ por 4.

$12 = 12$ Este enunciado es verdadero. ✓

La solución es 4.

**Tu turno** **Resuelve cada ecuación. Usa modelos si es necesario.**

a. $3x = 15$ b. $8 = 4x$ c. $2x = -10$

## EJEMPLO Resuelve una ecuación de multiplicación

**AYUDA PARA EL ESTUDIO**

**Divide enteros** Recuerda que el cociente de un entero negativo y un entero negativo es positivo.

**2** **Resuelve –2x = 10.**

$-2x = 10$ Escribe la ecuación.

$\frac{-2x}{-2} = \frac{10}{-2}$ Divide entre $-2$ a ambos lados.

$1x = -5$ $-2 \div (-2) = 1$, $10 \div (-2) = -5$

$x = -5$ $1x = x$

La solución es $-5$. Verifica tu solución.

**Tu turno** **Resuelve cada ecuación.**

**d.** $-2x = 12$ **e.** $-4t = -16$ **f.** $24 = -3c$

## EJEMPLO Usa una ecuación para resolver el problema

**3** **GEOMETRÍA** El área de un rectángulo es 3.6 pies cuadrados y su ancho es de 0.4 de pie. Escribe una ecuación para calcular la longitud del rectángulo.

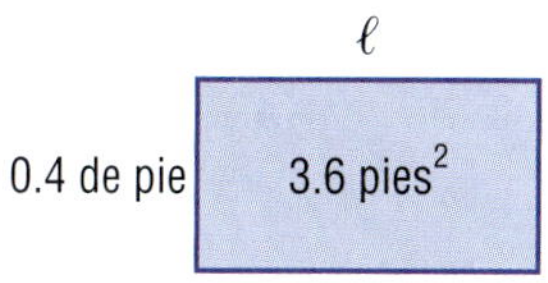


Sea $l$ = la longitud del rectángulo.

| El área de un rectángulo | es igual a | su longitud por su ancho. |
|---|---|---|
| 3.6 | = | $0.4\ell$ |

$3.6 = 0.4\ell$ Escribe la ecuación.

$\frac{3.6}{0.4} = \frac{0.4\ell}{0.4}$ Divide entre 0.4 a ambos lados.

$9 = \ell$ Reduce.

La longitud del rectángulo es 9 pies. **Verifica** $3.6 = 0.4(9)$ es verdadero. ✔

## Repaso de destrezas y conceptos

**Escribe en matemáticas** Ejercicio 3

1. **Haz un modelo** para representar la ecuación $2x = -12$. Después resuelve la ecuación.
2. **INTERPRETA** Escribe dos ecuaciones de multiplicación diferentes que tengan 5 como solución.
3. **¿Cuál no pertenece?** Identifica la ecuación que no tiene la misma solución que las otras tres. Explica tu razonamiento.

| $2x = 24$ | $6a = 72$ | $3c = 4$ | $5y = 60$ |
|---|---|---|---|

### PRÁCTICA DIRIGIDA

**Resuelve cada ecuación. Usa modelos si es necesario.**

4. $2a = 6$ 5. $3b = 9$ 6. $-20 = 4c$ 7. $-16 = 8b$

8. $-4d = 12$ 9. $-6c = 24$ 10. $-5f = -20$ 11. $-3g = -21$

## Práctica y aplicaciones

**AYUDA CON LAS TAREAS**

| Ejercicios | Ver ejemplos |
|---|---|
| 12–19, 28–31 | 1 |
| 20–27 | 2 |
| 32–33, 40–42 | 3 |

**Práctica adicional**
**Ver páginas 612, 632.**

**Resuelve cada ecuación. Usa modelos si es necesario.**

**12.** $5d = 30$ **13.** $4c = 16$ **14.** $36 = 6e$

**15.** $21 = 3g$ **16.** $3f = -12$ **17.** $4g = -24$

**18.** $7h = -35$ **19.** $9m = -72$ **20.** $-5a = 15$

**21.** $-6x = 12$ **22.** $-2g = 22$ **23.** $-3h = 12$

**24.** $-5t = -25$ **25.** $-32 = -4s$ **26.** $-6n = -36$

**27.** $-7 = -14x$ **28.** $2c = -7$ **29.** $4m = -10$

**30.** ¿Cuál es la solución a la ecuación $4t = 64$?

**31.** ¿Cuál es la solución a la ecuación $6x = 90$?

**32.** El padre de Ciro es 3 veces mayor que Ciro. Si el padre de Ciro tiene 39 años, ¿cuántos años tiene Ciro?

**33.** Maggie es 4 veces mayor que su hermano. Si Maggie tiene 12 años, ¿cuántos años tiene su hermano?

**Resuelve cada ecuación. Verifica tu solución.**

**34.** $1.5x = 3$ **35.** $2.5y = 5$ **36.** $8.1 = 0.9a$

**37.** $39 = 1.3b$ **38.** $0.5e = 0.25$ **39.** $0.4g = -0.6$

**40.** **CIENCIAS** Un cuerpo en la Tierra pesa seis veces más de lo que pesaría en la luna. Si un cuerpo pesa 72 libras en la Tierra, ¿cuánto pesará en la Luna?

**Actualiza datos** Averigua cómo el peso de un cuerpo en Marte se compara con el mismo peso en la Tierra. Visita msmath1.net/data_update para aprender más.

**41.** **ESTADOUNIDENSES BILINGÜES** Refiérete a la gráfica. Escribe y resuelve una ecuación para calcular cuántos estadounidenses más hablan español que alemán.

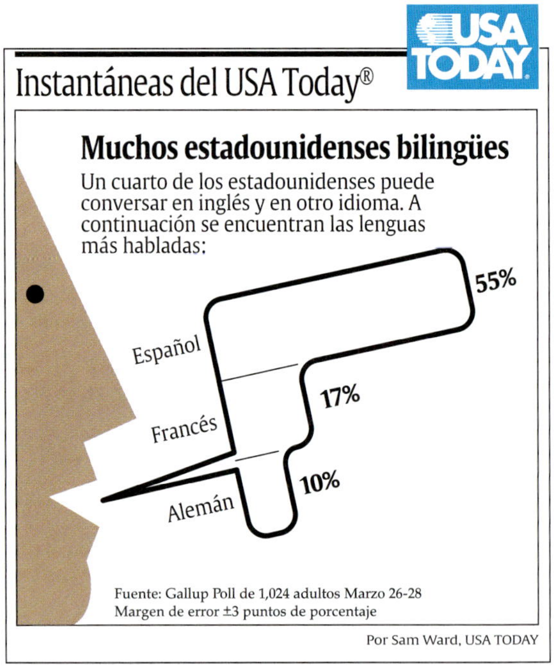


**42.** **GEOMETRÍA** El área de un rectángulo es de 120 pulgadas cuadradas y su ancho es de 5 pulgadas. Escribe una ecuación de multiplicación para calcular la longitud del rectángulo y úsala para resolver el problema. Describe cómo puedes verificar que tu respuesta es correcta.

**43.** **RAZONAMIENTO CRÍTICO** Sin resolver, indica cuál de las siguientes ecuaciones tiene la mayor solución. Explica.

$4x = 1{,}000$ $8x = 1{,}000$

**EXTENSIÓN DE LA LECCIÓN** En la ecuación $\frac{a}{2} = 8$, la expresión $\frac{a}{2}$ significa *a dividida entre* 2. Para resolver una ecuación que contiene una división, usa la multiplicación, la cual es el inverso de la división.

**Ejemplo** Resuelve $\frac{a}{2} = 8$.

$\frac{a}{2} = 8$ Escribe la ecuación.

$\frac{a}{2} \cdot 2 = 8 \cdot 2$ Multiplica ambos lados por 2.

$a = 16$ Reduce.

**Resuelve cada ecuación.**

**44.** $\frac{x}{3} = 6$ **45.** $3 = \frac{y}{4}$ **46.** $\frac{b}{2} = -3$ **47.** $\frac{c}{4} = -5$

**48.** $\frac{x}{-3} = 5$ **49.** $\frac{w}{-8} = 2$ **50.** $-6 = \frac{a}{-6}$ **51.** $-10 = \frac{x}{-9}$

## Prueba estandarizada de práctica y repaso general

**52. SELECCIÓN MÚLTIPLE** Los Romeros van de la ciudad de Nueva York a Miami en tres días. Conducen un promedio de 365 millas por día. ¿Cuál es la distancia total que recorren?

Ⓐ 1,288 mi Ⓑ 1,192 mi Ⓒ 1,095 mi Ⓓ 822 mi

**53. SELECCIÓN MÚLTIPLE** Usa la fórmula $A = \ell w$ para calcular la longitud del rectángulo que se muestra.

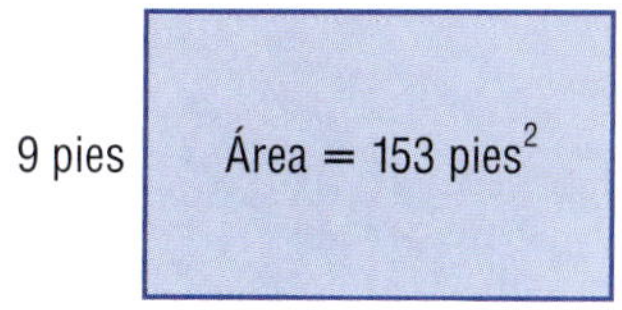


Ⓕ 17 pies Ⓖ 144 pies

Ⓗ 162 pies Ⓘ 1,377 pies

**Resuelve la ecuación.** (Lecciones 9-2 y 9-3)

**54.** $b - 5 = -2$ **55.** $t - 6 = 5$ **56.** $g - 6 = -7$ **57.** $a - 2 = -2$

**58.** $x + 4 = 9$ **59.** $p + 3 = -2$ **60.** $6 + r = 2$ **61.** $7 + q = -1$

**62.** Ocho personas pidieron un préstamo total de \$56. Si cada uno recibe la misma cantidad, ¿cuánto dinero pide prestado cada persona? (Lección 8-5)

**Calcula la circunferencia de cada círculo que se muestra o describe. Redondea a la decena más cercana.** (Lección 4-6)

**63.**

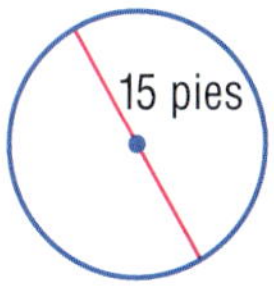


**64.**

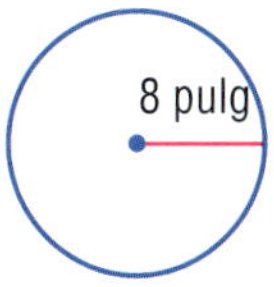


**65.** $d = 0.75$ m

### PREPÁRATE PARA LA SIGUIENTE LECCIÓN

**REQUISITOS** **Calcula el valor de cada expresión.** (Lección 1-5)

**66.** $2(4) + 6$ **67.** $4 + 3(2)$ **68.** $15 - 2(6)$ **69.** $5(4) - 6$

9-4b LABORATORIO de PRÁCTICA

*Seguimiento de la Lección 9-4*

**Lo que aprenderás**

A resolver desigualdades usando modelos.

**Materiales**

- vaso
- fichas
- tapete de ecuaciones

# Usa modelos para resolver desigualdades

Una desigualdad es un enunciado en el cual la cantidad del lado izquierdo es mayor o menor que la cantidad del lado derecho. Para resolver una desigualdad usando modelos, puedes usar estos pasos.

- Haz un modelo de la desigualdad en el tapete.
- Sigue los pasos para resolver ecuaciones usando modelos.

**ACTIVIDAD** *Trabaja con un(a) compañero(a).*

**Resuelve $x + 3 > 5$ usando modelos.**

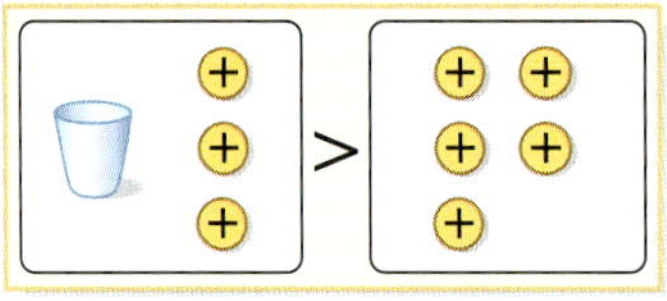

$x + 3 \quad > \quad 5$

Haz un modelo de la desigualdad.

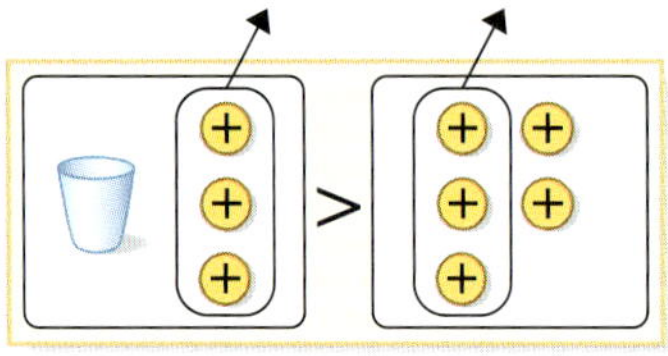

$x \quad > \quad 2$

Para aislar *x*, retira 3 fichas de ambos lados. Dado que quedan 2 fichas en el lado derecho, *x* debe ser mayor que 2.

Cualquier número mayor que 2 convertirá en verdadera la desigualdad $x + 3 > 5$. Mira la solución en la recta numérica.

El punto en blanco en el 2 indica que 2 no se incluye en la solución.

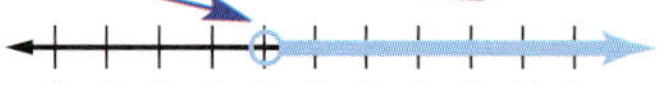


La parte sombreada indica que todos los números mayores que 2 son soluciones.

**Tu turno** **Resuelve cada desigualdad usando modelos.**

**a.** $x + 5 > 9$ **b.** $x - 7 < 3$ **c.** $6 < x + 1$

**AYUDA PARA EL ESTUDIO**

**Símbolos de desigualdad**

$<$ significa *menor que.*

$>$ significa *mayor que.*

## Escribe en matemáticas

1. **Compara y contrasta** resolviendo desigualdades de adición y sustracción con la solución de ecuaciones de adición y sustracción.
2. **Examina** la desigualdad $x + 7 > 12$. ¿Podría ser la solución $x = 8.5$? Explica tu razonamiento.
3. **HAZ UNA CONJETURA** Escribe una regla para resolver desigualdades del tipo $x - 3 > 8$ sin usar modelos.

# 9-5 Resuelve ecuaciones de dos pasos

**Lo que aprenderás**
A resolver ecuaciones de dos pasos.

**NUEVO vocabulario**

ecuación de dos pasos

## ¿CUÁNDO usaré esto?

**ASUNTOS MONETARIOS** Supón que ordenas dos libros en rústica, los cuales cuestan un total de \$11 incluyendo el envío de \$3. Los dos libros cuestan lo mismo.

1. Sea $x$ = el precio de un libro. ¿Cómo representa esta situación la ecuación $2x + 3 = 11$?
2. Resta 3 de ambos lados de la ecuación. Escribe la ecuación resultante.
3. Divide entre 2 ambos lados de la ecuación que escribiste. Escribe el resultado. ¿Cuánto cuesta cada libro?

Las ecuaciones del tipo $2x + 3 = 11$, las cuales contienen dos operaciones diferentes, se llaman **ecuaciones de dos pasos**. Para resolver una ecuación de dos pasos, necesitas trabajar al revés usando el inverso del orden de las operaciones.

## EJEMPLO Resuelve una ecuación de dos pasos

**1** **Resuelve $2x + 3 = 11$.**

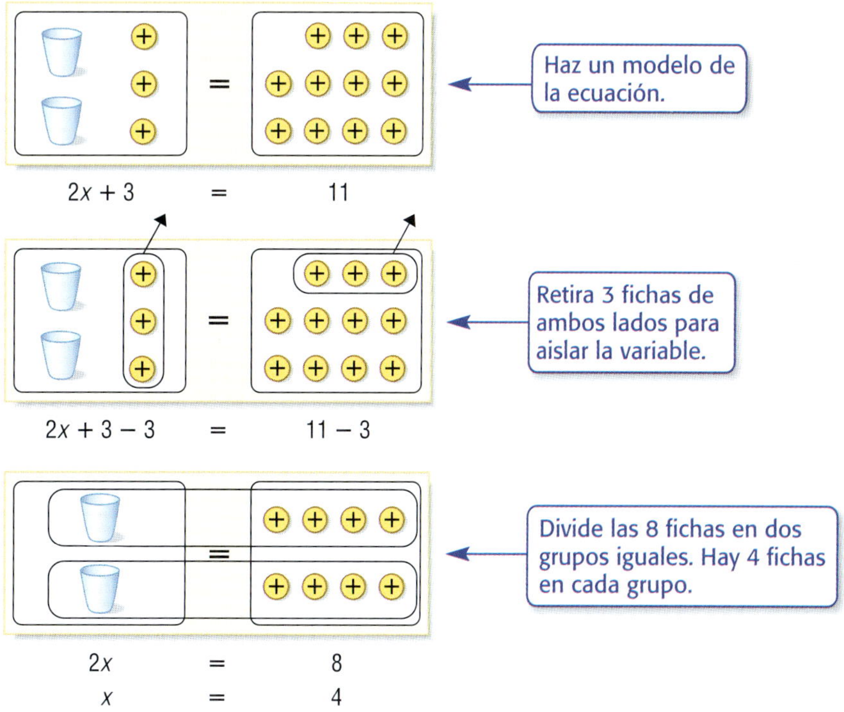


La solución es 4.

## EJEMPLO Resuelve una ecuación de dos pasos

**2** **Resuelve $3x - 2 = 7$. Verifica tu solución.**

$$3x - 2 = 7$$ Escribe la ecuación.

$$+2 = +2$$ Suma 2 a ambos lados.

$$3x = 9$$ Reduce.

$$\frac{3x}{3} = \frac{9}{3}$$ Divide ambos lados entre 3.

$$x = 3$$ Reduce.

La solución es 3. Verifica la solución.

**Tu turno** **Resuelve cada ecuación. Verifica tu solución.**

**a.** $3a + 2 = 14$ **b.** $4c - 3 = 5$ **c.** $1 = 3a + 4$

### MATEMÁTICAS EN LA VIDA DIARIA

**PATINAJE SOBRE EL HIELO** Más de 7 millones de personas patinan sobre el hielo por lo menos una vez al año. De estos participantes, alrededor de 1.7 millones tienen entre 12 y 17 años.

**Fuente:** *Statistical Abstract of the United States*

## EJEMPLO Usa una ecuación para resolver un problema

**3** **PATINAJE SOBRE EL HIELO** **John y dos amigos fueron a patinar sobre el hielo. La entrada costó $5 cada una. John llevó sus patines pero sus dos amigos tuvieron que alquilarlos. Si gastaron un total de $19 para patinar, ¿cuánto pagó cada amigo por el alquiler de los patines?**

**En palabras** El costo del alquiler de dos pares de patines más tres entradas es $19.

**Variable** Sea $s$ = costo del alquiler de los patines.

**Ecuación**

| Alquiler de dos pares a $$s$ cada uno | más la entrada | es igual a $19. |
|---|---|---|
| $2s$ | $+ 3(5)$ | $= 19$ |

$$2s + 15 = 19$$ Escribe la ecuación.

$$-15 = -15$$ Resta 15 de ambos lados.

$$2s = 4$$ Reduce.

$$\frac{2s}{2} = \frac{4}{2}$$ Divide entre 2 a ambos lados.

$$s = 2$$ Reduce.

El alquiler de los patines cuesta $2. ¿Es esta respuesta razonable?

## Repaso de destrezas y conceptos

Escribe en matemáticas
Ejercicio 1

1. **Indica** qué operación anulas primero en la ecuación $19 = 4 + 5x$.
2. **INTERPRETA** Escribe una ecuación de dos pasos usando multiplicación y adición. Resuelve tu ecuación.

### PRÁCTICA DIRIGIDA

**Resuelve cada ecuación. Usa modelos si es necesario.**

3. $2a + 5 = 13$
4. $3y + 1 = -2$
5. $10 = 4d - 2$
6. $-4 = 5y + 6$
7. Tres veces un número $n$ más 8 es 44. ¿Cuál es el valor de $n$?

## Práctica y aplicaciones

| AYUDA CON LAS TAREAS | |
|---|---|
| Ejercicios | Ver ejemplos |
| 8–19 | 1, 2 |
| 20–24 | 3 |

**Práctica adicional**
**Ver páginas 612, 632.**

**Resuelve cada ecuación. Usa modelos si es necesario.**

8. $3a + 4 = 7$
9. $2b + 6 = 12$
10. $3g + 4 = -5$
11. $-1 = 3f + 2$
12. $-8 = 6y - 2$
13. $3 = 4h - 5$
14. $4d - 1 = 11$
15. $5k - 3 = -13$
16. $2x + 3 = 9$
17. $4t + 4 = 8$
18. $10 = 2r - 8$
19. $-7 = 4s + 1$
20. Seis menos dos veces un número es catorce. ¿Cuál es el número?
21. Diez es cuatro más que tres veces un número. ¿Cuál es el número?
22. **GEOMETRÍA** El perímetro de un rectángulo mide 48 pulgadas. Calcula su longitud si tiene un ancho de 5 pulgadas.
23. **BOLOS** Lavone y dos amigos fueron a jugar a los bolos. El costo de una jugada por persona es de \$3. Lavone llevó sus zapatos pero sus dos amigos tuvieron que alquilar los zapatos. Si gastaron un total de \$15 por un juego, ¿cuánto pagó cada amigo por el alquiler de los zapatos?
24. **TENIS** Cuando estaba de vacaciones, Daniella jugó al tenis. El alquiler de la raqueta fue de \$7 y el costo de la cancha fue de \$27 por hora. Si el costo total fue de \$88, ¿cuántas horas jugó Daniella?
25. **RAZONAMIENTO CRÍTICO** Usa tus conocimientos sobre las ecuaciones de dos pasos para resolver la ecuación $2(n - 9) = -4$.

## Prueba estandarizada de práctica y repaso general

26. **SELECCIÓN MÚLTIPLE** Siete menos cuatro veces un número es diecinueve negativo. ¿Cuál es el número?

    (A) $-3$ (B) $-1$ (C) 1 (D) 3

27. **SELECCIÓN MÚLTIPLE** Carter compró 3 libras de pimientos, 2 libras de cebollas, 1 libra de lechuga y 4 papas. Si tenía un total de 8 libras de verduras, ¿cuánto pesaban las 4 papas?

    (F) $\frac{1}{2}$ lb (G) 2 lb (H) 1 lb (I) 4 lb

28. **ASUNTOS MONETARIOS** La semana pasada, Emilio gastó en el almuerzo 3 veces más de lo que gastó en meriendas. Si gastó \$12 en el almuerzo, ¿cuánto gastó en la merienda? (Lección 9-4)
29. **ÁLGEBRA** Resuelve $y - 11 = -8$. (Lección 9-3)

### PREPÁRATE PARA LA SIGUIENTE LECCIÓN

**REQUISITOS** **Evalúa cada expresión si $n = -3$, $n = 0$ y $n = 3$.** (Lección 1-6)

30. $n - 5$
31. $n + 2$
32. $2n$
33. $\frac{1}{3}n$

# 9-5b Estrategia para resolver problemas

### *Seguimiento de la Lección 9-5*

**Lo que aprenderás**
A resolver problemas escribiendo una ecuación.

## Escribe una ecuación

Mario, ¿vas a tener listo en 3 días tu primer borrador de 1,000 palabras para la tarea de inglés?

Pues Ashley, en mi último conteo tenía 400 palabras. A ver, si le resto 400 a 1,000, hallaré el número de palabras que necesito escribir. Y si después lo divido entre 3 días que me quedan, averiguaré el número de palabras que necesito escribir por día.

| | |
|---|---|
| **Explora** | Conocemos el número total de palabras que se necesitan, cuántas se han escrito y cuántos días quedan. |
| **Planifica** | Podemos escribir una ecuación. |
| **Resuelve** | Sea $w$ = número de palabras diarias que se necesitan escribir.<br>$\underbrace{\text{3 días por } w \text{ palabras diarias}}_{3w}$ $\underbrace{\text{más 400}}_{+\ 400}$ $\underbrace{\text{debe ser igual a 1,000 palabras.}}_{=\ 1{,}000}$<br>$3w + 400 - 400 = 1{,}000 - 400$ **Resta 400 de ambos lados.**<br>$3w = 600$ **Reduce**<br>$\frac{3w}{3} = \frac{600}{3}$ **Divide a ambos lados entre 3.**<br>$w = 200$<br>Mario necesita escribir 200 palabras por día. |
| **Examina** | Verifica la respuesta en la situación original. Si Mario escribe 200 palabras diarias durante 3 días, habrá escrito 600 palabras en total. Suma las 400 palabras que ya tiene escritas a 600 y obtienes 1,000. La respuesta es correcta. |

## Analiza la estrategia

1. **Explica** cómo cada ecuación representa la situación anterior.
   Ecuación A: $1{,}000 - 400 - 3w = 0$
   Ecuación B: $1{,}000 = 400 + 3w$
2. **Escribe** una ecuación que describa la siguiente situación. Se necesitan 1,200 palabras en una tarea, ya se tienen 500 palabras y quedan 4 días para completar el trabajo.

## Aplica la estrategia

**Resuelve. Usa la estrategia de escribir una ecuación.**

3. **DINERO** Taylor piensa que le cobraron de más cuando compró 8 cedés a $2 cada uno y un reproductor de cedés por $15 en un baratillo. Pagó un total de $39. Escribe una ecuación que describa este problema y resuélvela. ¿Le cobraron de más? Explica.

4. **TEORÍA DE NÚMEROS** Un número se multiplica por 2. Después se le suma 7 al producto. Después de restársele 3, el resultado es 0. Escribe y resuelve una ecuación para este problema.

## Solución de problemas mixtos

**Resuelve. Usa cualquier estrategia.**

5. **DEPORTES** Violetta, Brian y Shanté juegan vóleibol, fútbol y baloncesto. Una de las niñas es la vecina de Brian. El deporte de ninguno de ellos comienza con la misma letra de su nombre. La vecina de Brian juega vóleibol. ¿Qué deporte juega cada persona?

6. **TEATRO** En la siguiente tabla se muestran los precios de las entradas de un teatro.

| Precios de la entrada | |
|---|---|
| Adulto | $7.25 |
| Estudiante | $3.50 |
| Niños menores de 4 | $1.75 |

La familia Stevens necesita 2 entradas de adulto, 3 de estudiante y una de niño. ¿Cuál es el costo total de la familia Stevens para ver la obra de teatro?

7. **ANIMALES** La tabla muestra el peso de varios animales. Si hay 2,000 libras en una tonelada, ¿cuántos gatos monteses se necesitan para pesar 2 toneladas?

**Peso de los animales**

| Animal | Peso (lb) |
|---|---|
| cebra | 600 |
| oso hormiguero | 100 |
| chimpancé pigmeo | 80 |
| gato montés | 20 |

**Fuente:** www.colszoo.org

8. **TRANSPORTE** La clase de sexto grado está planificando un viaje de estudio en el cual van a participar 348 alumnos y 18 maestros. Si cada autobús tiene capacidad para 48 personas, ¿cuántos autobuses se necesitarán?

9. Anoki vende algodón de azúcar en el carnaval de la escuela. La máquina puede producir 16 algodones de azúcar a la vez. Si él necesita llenar la máquina cada 30 minutos, ¿cuántos algodones de azúcar puede anticipar vender en 3 horas?

10. **PATRONES** Dibuja las siguientes dos figuras en el patrón que se muestra.

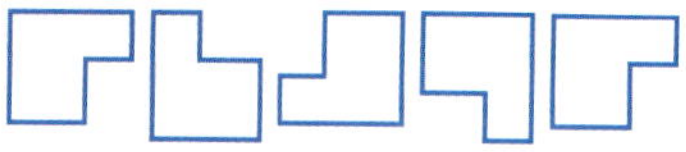

11. **DINERO** Wesley quiere coleccionar la edición especial completa de monedas de 25 centavos que representan cada uno de los 50 estados. Cada año producen 5 monedas. Él ya tiene los primeros cuatro años. Escribe una ecuación para calcular el número de años que Wesley necesitará para completar toda la colección de 50 monedas.

12. **PRUEBA ESTANDARIZADA DE PRÁCTICA** El perímetro de un jardín rectangular es de 72 pies. La longitud del jardín es de 20 pies. ¿Cuál ecuación *no se puede* usar para calcular la longitud $w$?

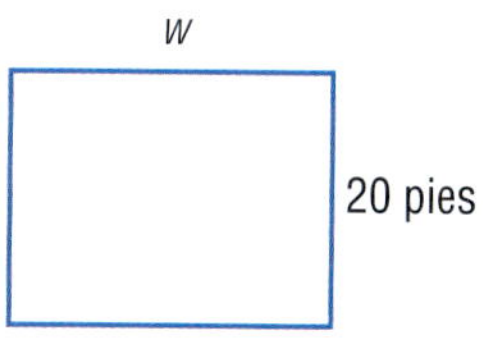


Ⓐ $72 = 2w + 2 \times 20$

Ⓑ $72 = 2(w + 20)$

Ⓒ $72 - 2 \times 20 = 2w$

Ⓓ $w = 72 - 2 \times 20$

# 9-6a LABORATORIO de PRÁCTICA

**Sinopsis de la Lección 9-6**

**Lo que aprenderás**
A ilustrar funciones usando máquinas de funciones.

**Materiales**
- tijeras
- cinta pegante

## Máquinas de funciones

Una *máquina de funciones* toma un número llamado *entrada* al cual le ejecuta una o más operaciones para producir un nuevo valor llamado *salida*.

**ACTIVIDAD** *Trabaja en grupos pequeños.*

**Haz una máquina de funciones para la regla $n - 4$.**

**PASO 1** Corta a lo largo una hoja de papel por la mitad.

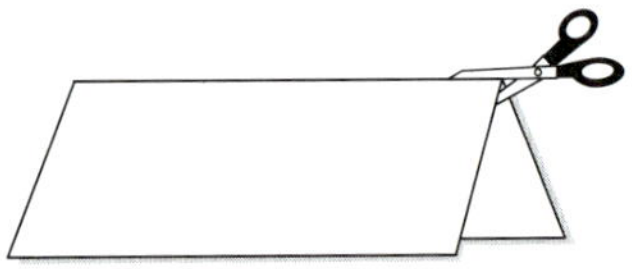

**PASO 2** Corta cuatro ranuras en una de las mitades del papel como se muestra. Las ranuras deben medir por lo menos una pulgada de largo.

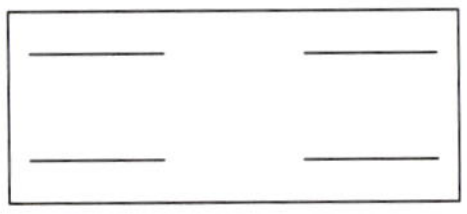

**PASO 3** Con la otra mitad del papel, haz dos tiras. Estas tiras deben poder deslizarse a través de las ranuras que hiciste en la primera mitad del papel.

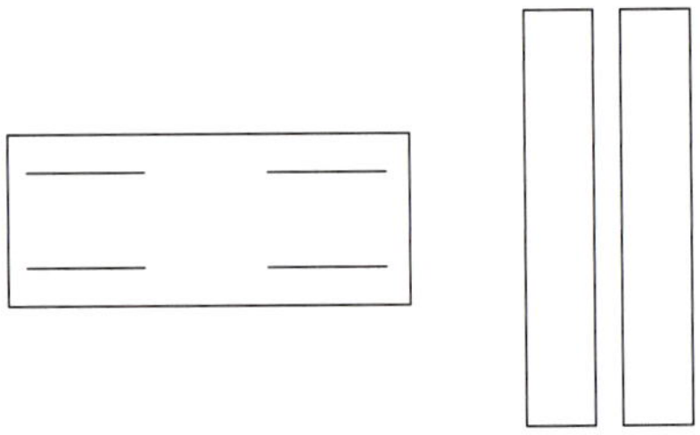

**PASO 4** En una de las tiras de papel, escribe los números del 10 al 6 como se muestra. En la otra tira, escribe los números del 6 al 2 como se muestra.

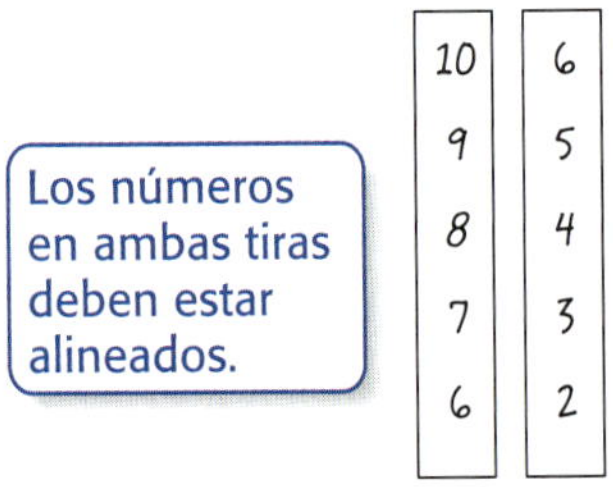


**PASO 5** Coloca las tiras de papel en las ranuras de manera que se vean los números 10 y 6. A continuación pega los dos extremos de las tiras en la parte superior. Cuando hales de las tiras, éstas se moverán al mismo tiempo.

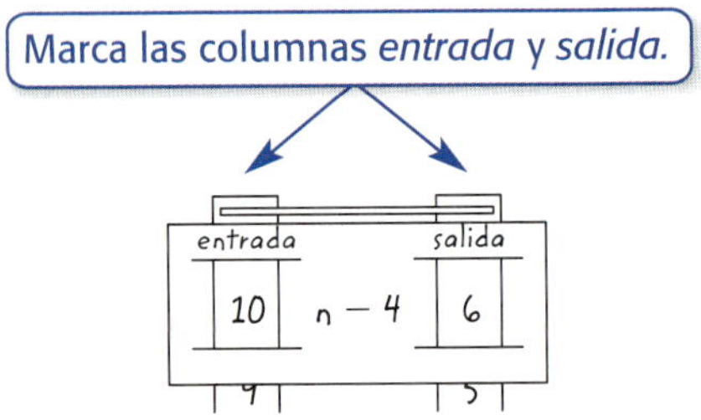


**PASO 6** Escribe la regla de función $n - 4$ entre la entrada y salida como se muestra.

**PASO 7** Usa la máquina de funciones para calcular el valor de salida para cada valor de entrada. Copia y completa la tabla de funciones que muestra los valores de entrada y salida.

| Entrada | Salida |
|---|---|
| 10 | 6 |
| 9 | ■ |
| 8 | ■ |
| 7 | ■ |
| 6 | ■ |

**Tu turno** **Haz una máquina de funciones para cada regla. Usa los valores de entrada 0, 1, 2 y 3 para $n$. Anota los valores de entrada y salida en la tabla de funciones.**

a. $n + 3$  b. $n + 5$  c. $n - 2$

d. $n - 3$  e. $n \times 2$  f. $n \times 3$

# Escribe en matemáticas

*Trabaja en grupos pequeños.*

1. **Explica** qué puede hacer la máquina de funciones con la regla $n \times 4$.
2. Usa la máquina de funciones de la derecha. Copia y completa la tabla de funciones. Después escribe la regla de funciones para la tabla.

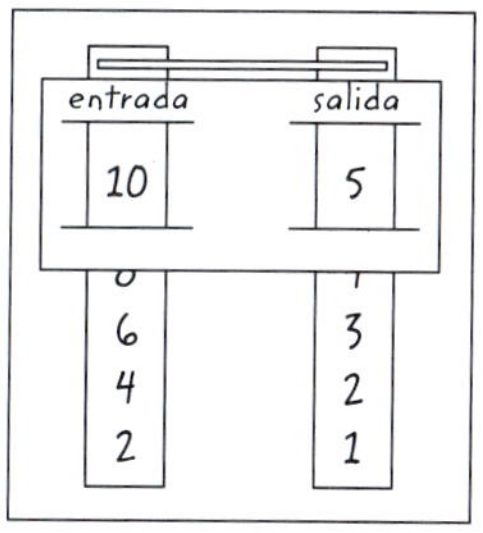


| Entrada | Salida |
|---|---|
| 10 | 5 |
| 8 | ■ |
| 6 | ■ |
| 4 | ■ |
| 2 | ■ |

3. Explica cómo la máquina de funciones puede evaluar la regla $n \times 3 + 4$.
4. **Haz** una máquina de funciones usando la regla $n \times 3 + 4$. Usa los números 1 al 5 como los valores de entrada. Anota los valores de entrada y salida en una tabla de funciones.
5. **Crea** tu propia máquina de funciones. Escribe pares de valores de entrada y salida para que los otros miembros de tu grupo determinen la regla.
6. **Indica** qué regla de funciones se da para cada par de valores de entrada y salida.

a.

| Entrada | Salida |
|---|---|
| 3 | −2 |
| 4 | −1 |
| 5 | 0 |
| 6 | 1 |
| 7 | 2 |

b.

| Entrada | Salida |
|---|---|
| 2 | 4 |
| 3 | 6 |
| 4 | 8 |
| 5 | 10 |
| 6 | 12 |

7. **Explica** por qué el uso de una máquina de funciones es como encontrar un patrón.

# 9-6 Funciones

**Lo que aprenderás**
A completar tablas de funciones y a hallar las reglas de las funciones.

**NUEVO vocabulario**
- función
- tabla de funciones
- regla de funciones

## ¿CUÁNDO usaré esto?

**CIENCIA BIOLÓGICA** Un murciélago marrón puede comerse 600 mosquitos por hora.

1. Escribe una expresión que represente el número de mosquitos que un murciélago marrón puede comerse en 2 horas.
2. Escribe una expresión que represente el número de mosquitos que un murciélago marrón puede comerse en 5 horas.
3. Escribe una expresión que represente el número de mosquitos que un murciélago marrón puede comerse en $t$ horas.

El número de mosquitos que se puede comer un murciélago es una **función** del número de horas. Los resultados se pueden organizar en una **tabla de funciones**.

| Entrada | Regla de funciones | Salida |
|---|---|---|
| Número de horas ($t$) | $600t$ | Mosquitos consumidos |
| 1 | 600(1) | 600 |
| 2 | 600(2) | 1,200 |
| 3 | 600(3) | 1,800 |

La **regla de funciones** describe la relación entre cada valor de entrada y de salida.

## EJEMPLO Completa la tabla de funciones

**1 Completa la tabla de funciones.**

La regla de funciones es $x + 4$.
Suma 4 a cada valor de entrada.

| Entrada ($x$) | Salida ($x + 4$) |
|---|---|
| −2 | ■ |
| 1 | ■ |
| 4 | ■ |

| Entrada | | Salida |
|---|---|---|
| −2 | $+ 4 \rightarrow$ | 2 |
| 1 | $+ 4 \rightarrow$ | 5 |
| 4 | $+ 4 \rightarrow$ | 8 |

| Entrada ($x$) | Salida ($x + 4$) |
|---|---|
| −2 | 2 |
| 1 | 5 |
| 4 | 8 |

**Tu turno** Copia y completa cada tabla de funciones.

a.

| Entrada ($x$) | Salida ($x - 2$) |
|---|---|
| −2 | ■ |
| 1 | ■ |
| 4 | ■ |

b.

| Entrada ($x$) | Salida ($2x$) |
|---|---|
| −1 | ■ |
| 0 | ■ |
| 3 | ■ |

## EJEMPLO Halla la regla para la tabla de funciones

**2** **Halla la regla para la tabla de funciones.**

| Entrada ($x$) | Salida (■) |
|---|---|
| −3 | −1 |
| 1 | $\frac{1}{3}$ |
| 6 | 2 |

Estudia la relación entre cada valor de entrada y de salida.

| **Entrada** | | **Salida** |
|---|---|---|
| $-3$ | $\times \frac{1}{3} \rightarrow$ | $-1$ |
| $1$ | $\times \frac{1}{3} \rightarrow$ | $\frac{1}{3}$ |
| $6$ | $\times \frac{1}{3} \rightarrow$ | $2$ |

El valor de salida es la tercera parte del valor de entrada.

Es decir, la regla de funciones es $\frac{1}{3}x$ ó $\frac{x}{3}$.

**Tu turno** **Halla la regla para cada tabla de funciones.**

c.

| Entrada ($x$) | Salida (■) |
|---|---|
| −3 | −12 |
| 1 | 4 |
| 4 | 16 |

d.

| Entrada ($x$) | Salida (■) |
|---|---|
| 4 | −1 |
| 8 | 3 |
| 10 | 5 |

### MATEMÁTICAS EN LA VIDA DIARIA

**¿Cómo utiliza un(a) criminalista las matemáticas?**

Un(a) criminalista puede determinar la estatura de una víctima al medir ciertos huesos y usar fórmulas para hacer predicciones.

**Investigación en línea**
Para más información sobre la carrera de criminología, visita: msmath1.net/careers

## EJEMPLO Resuelve el problema usando una función

**3** **CRIMINOLOGÍA** **Un(a) criminalista sabe que la estatura en centímetros de un hombre adulto es alrededor de 72 centímetros más que 2.5 veces la longitud de su tibia, $t$ (la espinilla). ¿Cuánto mide un hombre cuya tibia es de 30 centímetros?**

Primero, determina la regla de funciones.

Sea $t$ = longitud de la tibia.

La regla de funciones es $2.5t + 72$.

*72 centímetros más que* implica sumar 72.

Después reemplaza $t$ en la regla $2.5t + 72$ por la longitud de la tibia, 30.

| | | |
|---|---|---|
| $2.5t + 72 = 2.5(30) + 72$ | | Reemplaza $t$ por 30. |
| $= 75 + 72$ | | Multiplica 2.5 y 30. |
| $= 147$ | | Suma 75 y 72. |

El hombre mide alrededor de 147 centímetros.

msmath1.net/extra_examples

## Repaso de destrezas y conceptos

**Escribe en matemáticas** Ejercicio 3

1. **Haz** una tabla de funciones para la regla de funciones $4x$. Usa los valores de entrada $-4$, $-2$, 0 y 4.
2. **INTERPRETA** Haz una tabla de funciones. Después escribe una regla de funciones. Escoge tres valores de entrada y calcula los valores de salida.
3. **HALLA EL ERROR** Nicole y Olivia están determinando la regla de funciones en donde cada valor de salida es 5 menos que los valores de entrada. ¿Quién tiene la razón? Explica.

| Nicole | Olivia |
|---|---|
| Regla de funciones: $5 - x$ | Regla de funciones: $x - 5$ |

### PRÁCTICA DIRIGIDA

**Copia y completa cada tabla de funciones.**

4.

| Entrada ($x$) | Salida ($x + 3$) |
|---|---|
| $-2$ | ■ |
| 0 | ■ |
| 2 | ■ |

5.

| Entrada ($x$) | Salida ($3x$) |
|---|---|
| $-3$ | ■ |
| 0 | ■ |
| 6 | ■ |

**Halla la regla para cada tabla de funciones.**

6.

| $x$ | ■ |
|---|---|
| 0 | $-1$ |
| 2 | 1 |
| 4 | 3 |

7.

| $x$ | ■ |
|---|---|
| $-3$ | 6 |
| 1 | $-2$ |
| 4 | $-8$ |

8. Si los valores de entrada son $-3$, 0 y 6 y los valores correspondientes de salida son 1, 4 y 10, ¿cuál es la regla de funciones?

## Práctica y aplicaciones

**AYUDA CON LAS TAREAS**

| Ejercicios | Ver ejemplos |
|---|---|
| 9–10, 19–20 | 1 |
| 11–18 | 2 |
| 21–22 | 3 |

**Práctica adicional**
**Ver páginas 613, 632.**

**Copia y completa cada tabla de funciones.**

9.

| Entrada ($x$) | Salida ($x - 4$) |
|---|---|
| $-2$ | ■ |
| 0 | ■ |
| 8 | ■ |

10.

| Entrada ($x$) | Salida $\left(\frac{1}{2}x\right)$ |
|---|---|
| $-6$ | ■ |
| 0 | ■ |
| 3 | ■ |

**Halla la regla para cada tabla de funciones.**

11.

| $x$ | ■ |
|---|---|
| $-1$ | 1 |
| 0 | 2 |
| 6 | 8 |

12.

| $x$ | ■ |
|---|---|
| $-1$ | $-6$ |
| 1 | $-4$ |
| 3 | $-2$ |

13.

| $x$ | ■ |
|---|---|
| $-1$ | $-2$ |
| 0 | 0 |
| 6 | 12 |

14.

| $x$ | ■ |
|---|---|
| $-2$ | $-\frac{2}{5}$ |
| 0 | 0 |
| 10 | 2 |

**Halla la regla para cada tabla de funciones.**

15.

| $x$ | ■ |
|---|---|
| −2 | 6 |
| 1 | −3 |
| 3 | −9 |

16.

| $x$ | ■ |
|---|---|
| −2 | 12 |
| 1 | 9 |
| 4 | 6 |

17.

| $x$ | ■ |
|---|---|
| 0 | −1.6 |
| 2 | 0.4 |
| 4 | 2.4 |

18.

| $x$ | ■ |
|---|---|
| −2 | 4 |
| 1 | 1 |
| 4 | 16 |

19. Si una regla de funciones es $2x + 2$, ¿cuál es el valor de salida para uno de entrada de 3?

20. Si una regla de funciones es $5x - 3$, ¿cuál es el valor de salida para −2?

**ASUNTOS MONETARIOS Usa la siguiente información para los ejercicios 21 y 22.** Para un proyecto escolar, Sarah y sus amigas hicieron cauchos para el cabello para venderlos a $3 cada uno y pulseras para venderlas a $4 cada una.

21. Escribe una regla de funciones que represente el total de la venta de cauchos ($s$) y pulseras ($b$).

22. ¿Cuál es el precio de 10 cauchos y 12 pulseras?

23. **DINERO** Supón que aproximadamente 223 millones de estadounidenses que tienen botellas con monedas en sus casas las ponen en circulación a una tasa de $10 anuales. Haz una tabla de funciones que muestre la cantidad que se pondría en circulación en 1, 2 y 3 años.

24. **RAZONAMIENTO CRÍTICO** Halla la regla para la tabla de funciones.

| $x$ | −2 | −1 | 2 | 3 |
|---|---|---|---|---|
| ■ | −2 | 0 | 6 | 8 |

## Prueba estandarizada de práctica y repaso general

25. **SELECCIÓN MÚLTIPLE** Halla la regla para la tabla de funciones que se muestra.

| $x$ | ■ |
|---|---|
| 1 | 7 |
| 4 | 4 |
| 10 | −2 |

Ⓐ $x \div 8$ Ⓑ $\frac{1}{8}x$ Ⓒ $8 - x$ Ⓓ $8 + x$

26. **SELECCIÓN MÚLTIPLE** La tienda de la escuela recibe una ganancia de 5¢ por cada lápiz que vende. ¿Cuál expresión mejor representa la ganancia al vender 25 lápices?

Ⓕ $0.05 \times 25$ Ⓖ $5 \times 0.25$ Ⓗ $25 \div 5$ Ⓘ $25 - 5$

27. **COMPRAS** Ping compró 3 camisetas. El costo después de usar un cupón de $5 fue de $31. ¿Cuánto costó cada camiseta? (Lección 9-5)

**Resuelve cada ecuación. Usa modelos si es necesario.** (Lección 9-4)

28. $6x = 24$ 29. $7y = -42$ 30. $-12 = 5m$ 31. $4p = 11$

### PREPÁRATE PARA LA SIGUIENTE LECCIÓN

**REQUISITOS Grafica cada punto en un plano de coordenadas.** (Lección 8-6)

32. $A(4, -2)$ 33. $B(3, 4)$ 34. $C(-5, 0)$ 35. $D(-1, -3)$

# 9-7 Grafica funciones

**Lo que aprenderás**
A graficar funciones a partir de tablas de funciones.

**REPASO de vocabulario**

**Par ordenado:** par de números que se utiliza para ubicar un punto en un sistema de coordenadas **(Lección 8-6)**

**AYUDA PARA EL ESTUDIO**

**Mirada retrospectiva** Para repasar el **sistema de coordenadas,** ver la Lección 8-6.

## ¿CUÁNDO usaré esto?

**AHORROS** Supón que pones \$2 a la semana en la cuenta de ahorros.

| Ahorros | | |
|---|---|---|
| Número de semanas | Multiplica por 2. | Cantidad ahorrada |
| 1 | $2 \times 1$ | \$2 |
| 2 | | |
| 3 | | |
| 6 | | |

1. Copia y completa la tabla para calcular la cantidad que ahorrarías en 2, 3 y 6 semanas.
2. En una hoja de papel cuadriculado, grafica los pares ordenados (número, cantidad ahorrada).
3. Describe cómo aparecen los puntos en la gráfica.
4. ¿Qué sucede con la cantidad ahorrada a medida que aumentan las semanas?

La cantidad ahorrada depende del número de semanas. Puedes representar la función "multiplica por 2" con una ecuación.

cantidad ahorrada → $y = 2x$ ← número de semanas

## EJEMPLO Grafica una función

**1** **Haz una tabla de funciones para la regla $y = 3x$. Utiliza valores de entrada de –2, 0 y 2. Depués grafica la función.**

**Paso 1** Anota los valores de entrada y salida en la tabla de funciones. Enumera los valores de entrada y salida como pares ordenados.

| Entrada | Regla de funciones | Salida | Pares ordenados |
|---|---|---|---|
| $(x)$ | $(3x)$ | $(y)$ | $(x, y)$ |
| $-2$ | $3(-2)$ | $-6$ | $(-2, -6)$ |
| 0 | 3(0) | 0 | (0, 0) |
| 2 | 3(2) | 6 | (2, 6) |

**Paso 2** Grafica los pares ordenados en el plano de coordenadas.

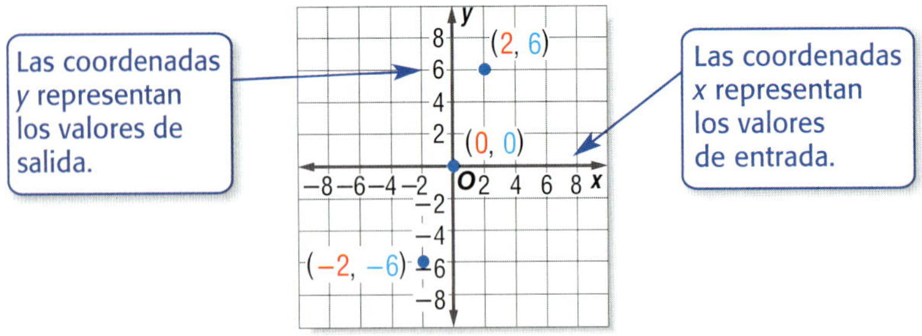

**AYUDA PARA EL ESTUDIO**

**Gráficas lineales** Las flechas indican que la recta se extiende en ambas direcciones.

**Paso 3** Los puntos parecen estar en una recta. Dibuja la recta que contiene estos puntos. La recta es la gráfica de $y = 3x$. Para cualquier punto dado en esta recta, $y = 3x$.

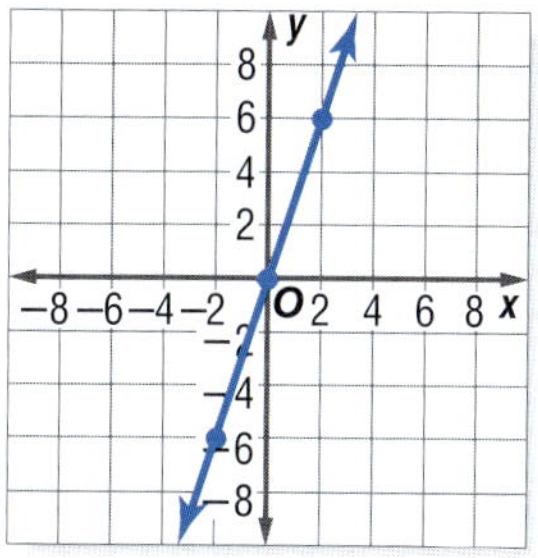


## Tu turno

**a.** Haz una tabla de funciones para la regla $y = x - 4$ usando los valores de entrada 0, 2 y 4. Después grafica la función.

## EJEMPLO Haz una tabla de funciones para una gráfica

**2** **Haz una tabla de funciones para la gráfica. Después determina la regla de funciones.**

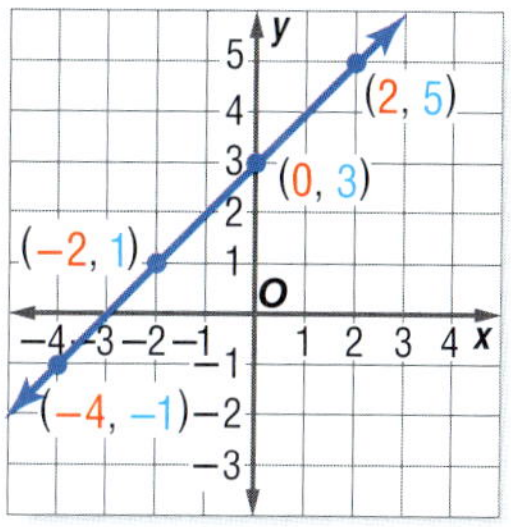


Utiliza los pares ordenados para hacer la tabla de funciones.

| Entrada ($x$) | Salida ($y$) | ($x$, $y$) |
|---|---|---|
| −4 | −1 | (−4, −1) |
| −2 | 1 | (−2, 1) |
| 0 | 3 | (0, 3) |
| 2 | 5 | (2, 5) |

Estudia los valores de entrada y salida. Identifica una regla.

| **Entrada** | | **Salida** |
|---|---|---|
| −4 | + 3 | −1 |
| −2 | + 3 | 1 |
| 0 | + 3 | 3 |
| 2 | + 3 | 5 |

3 se suma a cada valor de entrada para obtener el de salida. La regla de funciones es $y = x + 3$.

## Tu turno

**b.** Haz una tabla de funciones para la gráfica. Después determina la regla de funciones.

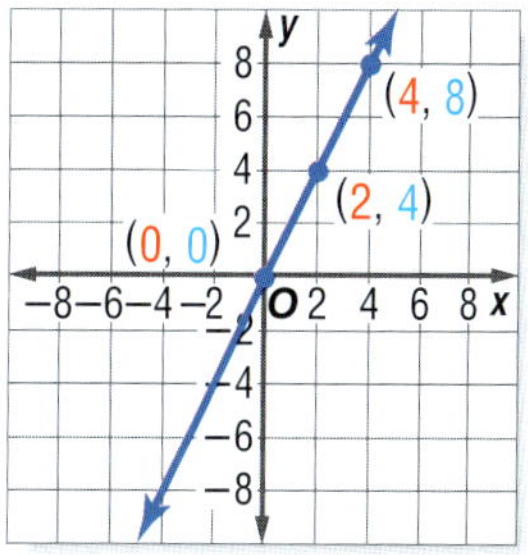

## Repaso de destrezas y conceptos

**Escribe en matemáticas**
**Ejercicio 1**

1. **Explica** la diferencia entre una tabla de funciones y la gráfica de una función.

2. **INTERPRETA** Dibuja la gráfica de una función que pasa por el punto (0, 0). Nombra tres puntos en la gráfica.

### PRÁCTICA DIRIGIDA

**Haz una tabla de funciones para cada regla con los valores de entrada dados. Después grafica la función.**

3. $y = x + 5; -2, 0, 2$
4. $y = \frac{x}{2}; -4, 0, 4$

5. Haz una tabla de funciones para la gráfica de la derecha. Después determina la regla de funciones.

6. Haz una tabla de funciones para la regla $y = x - 5$ usando los valores de entrada 1, 3 y 6. Después grafica la función.

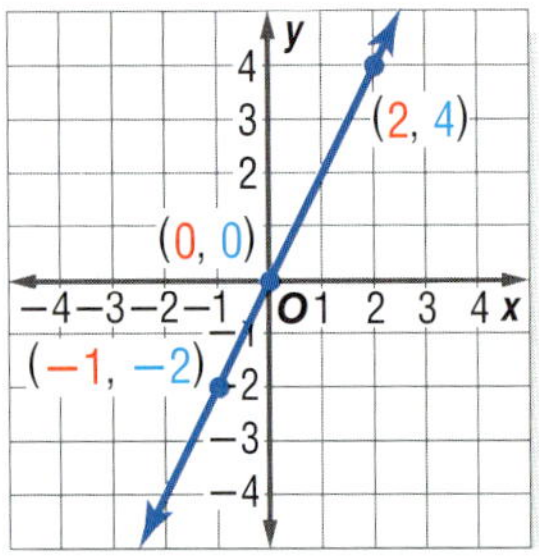


## Práctica y aplicaciones

**AYUDA CON LAS TAREAS**

| Ejercicios | Ver ejemplos |
|---|---|
| 7–14 | 1 |
| 15–17 | 2 |

**Práctica adicional**
**Ver páginas 613, 632.**

**Haz una tabla de funciones para cada regla con los valores de entrada dados. Después grafica la función.**

7. $y = x - 2; 0, 2, 4$
8. $y = 2x; -1, 1, 2$
9. $y = 2n - 3; -3, 0, 4$
10. $y = 2n + 3; 2, \frac{1}{2}, 0$
11. $y = x + 4; -5, -2, 1$
12. $y = 2x + 4; -2, 1, 3$
13. $y = -4x; 2, 0, -2$
14. $y = \frac{1}{2}x + 1; -2, 0, 4$

**Haz una tabla de funciones para cada gráfica. Después determina la regla de funciones.**

15.

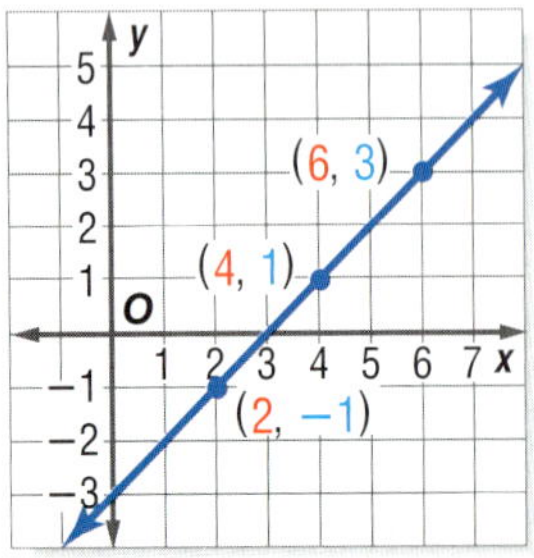


16.

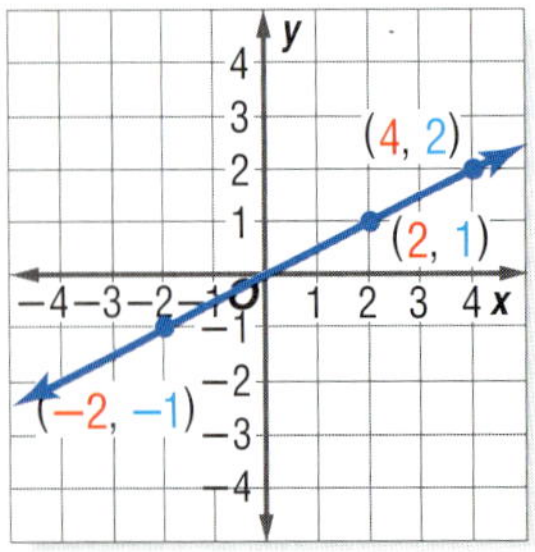


17.

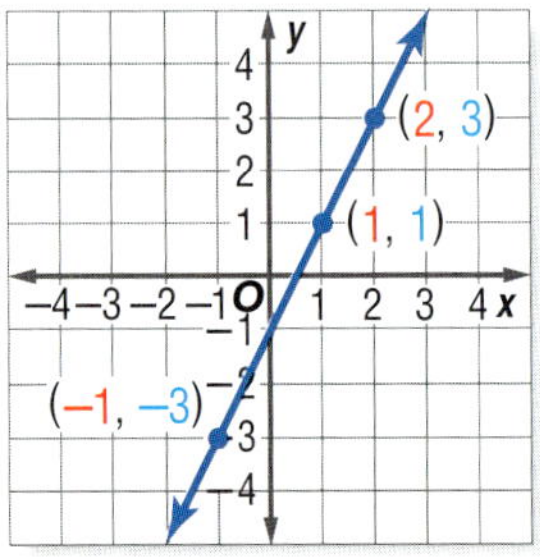


18. **CATÁLOGOS** Un catálogo de papel de regalos cobra \$3 por cada rollo de papel para regalos y \$1 por el envío de cada rollo. Escribe una regla de funciones que se pueda utilizar para calcular el costo, incluyendo el envío, de un número dado de rollos de papel para regalos.

**ASUNTOS MONETARIOS** **Usa la siguiente información para los ejercicios 19 al 21.** El trabajo de verano de Ben paga \$50 semanales y debe pagar \$30 por el uniforme. Rachel gana \$45 semanales y no necesita uniforme.

**19.** Escribe la regla de funciones para el salario de cada uno.

**20.** Grafica cada función en el mismo plano de coordenadas.

**21.** ¿Qué representa la intersección de las dos gráficas?

**22.** **RAZONAMIENTO CRÍTICO** Determina la regla para la recta que pasa por $A(-2, -1)$ y $B(3, 9)$.

## EXTENSIÓN DE LA LECCIÓN

Algunas reglas de funciones resultan en una línea curva en la gráfica. Éstas se llaman *funciones no lineales.*

**Ejemplo** $y = x^2$

| Entrada ($x$) | Salida ($x^2$) |
|---|---|
| −2 | 4 |
| −1 | 1 |
| 0 | 0 |
| 1 | 1 |
| 2 | 4 |

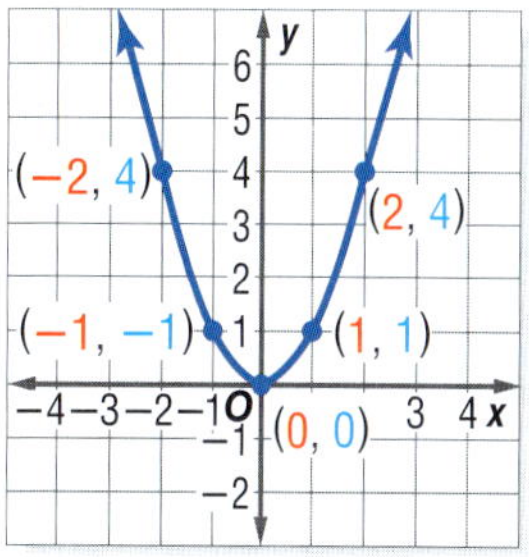


**Haz una tabla de funciones para cada regla con los valores de entrada dados. Después grafica la función.**

**23.** $y = n^3$; −2, −1, 0, 1, 2

**24.** $y = n^2 - 2$; −2, −1, 0, 1, 2

## Prueba estandarizada de práctica y repaso general

**25.** **SELECCIÓN MÚLTIPLE** ¿Cuál es el valor de salida para el de entrada −1 en la regla $y = 2x - 3$?

(A) −5 (B) −4 (C) −3 (D) −1

**26.** **RESPUESTA BREVE** Halla la regla de funciones para la gráfica de la derecha.

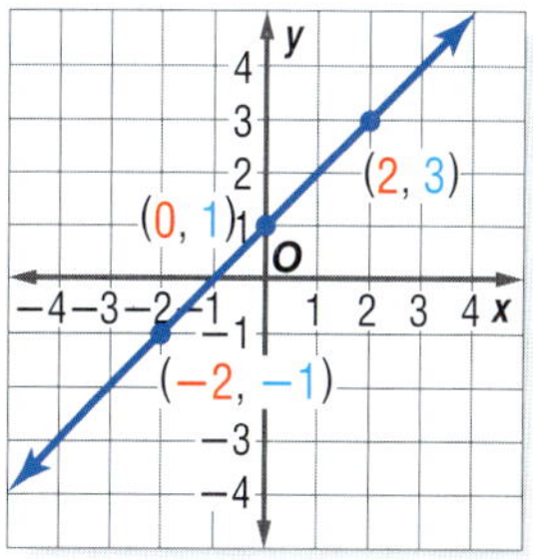


**27.** Si los valores de entrada son 3, 5 y 8 y los valores de salida correspondientes son 5, 7 y 10, ¿cuál es la regla de funciones? (Lección 9-6)

**Resuelve cada ecuación. Verifica tu solución.** (Lección 9-5)

**28.** $4t - 1 = 11$

**29.** $7x - 10 = -38$

**30.** $-4 = 2y + 8$

**Busca en la Web** **Proyecto interdisciplinario**

### Observadores del tiempo

Es hora de completar tu proyecto. Usa los datos que has anotado sobre los patrones del tiempo en tu estado para preparar una página Web o un póster. Asegúrate de incluir dos gráficas y un informe de tu proyecto.

msmath1.net/webquest

CAPÍTULO 9

# Guía de estudio y repaso

## Repaso de conceptos y vocabulario

coeficiente (pág. 350)
ecuación de dos pasos (pág. 355)
función (pág. 362)
identidad aditiva (pág. 334)
identidad multiplicativa (pág. 334)
operaciones inversas (pág. 339)
propiedad asociativa (pág. 334)
propiedad conmutativa (pág. 334)
propiedad de igualdad de la adición (pág. 345)
propiedad de igualdad de la sustracción (pág. 340)
propiedad distributiva (pág. 333)
regla de funciones (pág. 362)
tabla de funciones (pág. 362)

**Escoge el término correcto o número para completar el enunciado.**

1. La propiedad (conmutativa, asociativa) indica que el orden en que los números se suman o multiplican no cambia su suma o producto.
2. Para resolver una ecuación de multiplicación puedes (dividir, multiplicar) para anular la multiplicación.
3. Un(a) (función, valor de salida) describe la relación entre dos cantidades.
4. La ecuación $2b + 3 = 11$ es un ejemplo de una ecuación de (un paso, dos pasos).
5. Un(a) (sistema de coordenadas, regla de funciones) describe la relación entre cada valor de entrada y salida.
6. La propiedad distributiva indica que al (multiplicar, dividir) un número por una suma, multiplica cada número dentro del paréntesis por el número fuera del paréntesis.

## Ejercicios y ejemplos: Lección por lección

### 9-1 Propiedades (págs. 333–336)

**Vuelve a escribir cada expresión usando la propiedad distributiva. Después evalúa.**

7. $4(7 + 2)$
8. $(14 + 9)8$
9. $(3 \times 8) + (3 \times 12)$
10. $(9 \times 6) + (9 \times 13)$

**Identifica la propiedad que se muestra para cada ecuación.**

11. $14 + (11 + 7) = (14 + 11) + 7$
12. $(7 \times 4)3 = 3(7 \times 4)$
13. $12 + 15 + 28 = 12 + 28 + 15$
14. $(2 \times 28) \times 3 = 2 \times (28 \times 3)$

**Ejemplo 1** **Vuelve a escribir 4(2 + 9) usando la propiedad distributiva. Después evalúa.**

$4(2 + 9) = 4(2) + 4(9)$ Propiedad distributiva
$= 8 + 36$ Multiplica.
$= 44$ Suma.

**Ejemplo 2** **Identifica la propiedad que muestra 8 + (7 + 13) = (8 + 7) + 13.**

Cambia la agrupación de los números a sumar. Ésta es la propiedad asociativa de la adición.


msmath1.net/vocabulary_review

## 9-2 Resuelve ecuaciones de adición (págs. 339–342)

**Resuelve cada ecuación. Usa modelos si es necesario.**

**15.** $c + 8 = 11$
**16.** $x + 15 = 14$
**17.** $54 = m - 9$
**18.** $-5 = -2 + x$
**19.** $w + 13 = -25$
**20.** $17 + d = -2$
**21.** $23 = h + 11$
**22.** $19 + r = 11$

**23.** **EL TIEMPO** En la mañana, la temperatura era de −8°F. Al mediodía, la temperatura había subido 14°. ¿Cuál es la temperatura al mediodía?

**Ejemplo 3** **Resuelve $x + 8 = 10$.**

$$\begin{aligned} x + 8 &= 10 \\ -8 &= -8 \quad \text{Resta 8 de ambos lados.} \\ x &= 2 \quad \text{Reduce.} \end{aligned}$$

**Ejemplo 4** **Resuelve $y + 7 = 3$.**

$$\begin{aligned} y + 7 &= 3 \\ -7 &= -7 \quad \text{Resta 7 de ambos lados.} \\ y &= -4 \quad \text{Reduce.} \end{aligned}$$

## 9-3 Resuelve ecuaciones de sustracción (págs. 344–347)

**Resuelve cada ecuación. Usa modelos si es necesario.**

**24.** $z - 7 = 11$
**25.** $s - 9 = -12$
**26.** $14 = m - 5$
**27.** $-4 = y - 9$
**28.** $h - 2 = -9$
**29.** $-6 = g - 4$
**30.** $p - 22 = -7$
**31.** $d - 3 = -14$

**32.** Calcula el valor de $c$ si $c - 9 = -3$.

**33.** Si $d - 1.2 = 6$, ¿cuál es el valor de $d$?

**Ejemplo 5** **Resuelve $a - 5 = -3$.**

$$\begin{aligned} a - 5 &= -3 \\ +5 &= +5 \quad \text{Suma 5 a ambos lados.} \\ a &= 2 \quad \text{Reduce.} \end{aligned}$$

**Ejemplo 6** **Resuelve $4 = m - 9$.**

$$\begin{aligned} 4 &= m - 9 \\ +9 &= \quad +9 \quad \text{Suma 9 a ambos lados.} \\ 13 &= m \quad \text{Reduce.} \end{aligned}$$

## 9-4 Resuelve ecuaciones de multiplicación (págs. 350–353)

**Resuelve cada ecuación. Usa modelos si es necesario.**

**34.** $4b = 32$
**35.** $5y = 60$
**36.** $-3m = 21$
**37.** $-18 = -6c$
**38.** $7a = -35$
**39.** $28 = -2d$
**40.** $-4x = 10$
**41.** $-6y = -9$

**42.** **ÁLGEBRA** El producto de un número y 8 es −56. ¿Cuál es el número?

**Ejemplo 7** **Resuelve $-6y = 24$.**

$$\begin{aligned} -6y &= 24 \quad \text{Escribe la ecuación.} \\ \frac{-6y}{-6} &= \frac{24}{-6} \quad \text{Divide ambos lados entre } -6. \\ y &= -4 \quad \text{Reduce.} \end{aligned}$$

## 9-5 Resuelve ecuaciones de dos pasos (págs. 355–357)

(págs. 355–357)

**Resuelve cada ecuación. Usa modelos si es necesario.**

**43.** $3p - 4 = 8$ **44.** $2x + 5 = 3$

**45.** $8 + 6w = 50$ **46.** $5m + 6 = -9$

**47.** $6 = 3y - 12$ **48.** $-15 = 5 + 2t$

**Ejemplo 8** Resuelve $4x - 9 = 15$.

$4x - 9 = 15$ Escribe la ecuación.

$+9 = +9$ Suma 9 a ambos lados.

$4x = 24$ Reduce.

$\frac{4x}{4} = \frac{24}{4}$ Divide ambos lados entre 4.

$x = 6$ Reduce.

## 9-6 Funciones (págs. 362–365)

**Copia y completa la tabla de funciones.**

**49.**

| Entrada (*x*) | Salida (*x* + 3) |
|---|---|
| −2 | ■ |
| 1 | ■ |
| 5 | ■ |

**Halla la regla para cada tabla de funciones.**

**50.**

| *x* | ■ |
|---|---|
| −2 | 2 |
| 1 | 5 |
| 4 | 8 |

**51.**

| *x* | ■ |
|---|---|
| −5 | −11 |
| 0 | −1 |
| 2 | 3 |

**Ejemplo 9** Completa la tabla de funciones.

| Entrada (*x*) | Salida (*x* − 4) |
|---|---|
| −5 | ■ |
| 1 | ■ |
| 3 | ■ |

La regla de funciones es $x - 4$. Resta 4 de cada valor de entrada.

| Entrada | | Salida |
|---|---|---|
| −5 | − 4 → | −9 |
| 1 | − 4 → | −3 |
| 3 | − 4 → | −1 |

## 9-7 Grafica funciones (págs. 366–369)

**Copia y completa cada tabla de funciones. Después grafica la función.**

**52.**

| Entrada (*x*) | Salida (*x* + 3) |
|---|---|
| −2 | ■ |
| 0 | ■ |
| 3 | ■ |

**53.**

| Entrada (*x*) | Salida (−2*x*) |
|---|---|
| −3 | ■ |
| −1 | ■ |
| 2 | ■ |

**54.** Haz una tabla de funciones para la regla $y = x - 1$ usando los valores de entrada de −2, 0 y 2. Grafica la función.

**Ejemplo 10** Grafica la función representada en la tabla de funciones.

| Entrada (*x*) | Salida (2*x* + 1) |
|---|---|
| −1 | −1 |
| 0 | 1 |
| 2 | 5 |

Grafica los pares ordenados (–1, –1), (0, 1) y (2, 5). Dibuja la recta que contiene los puntos.

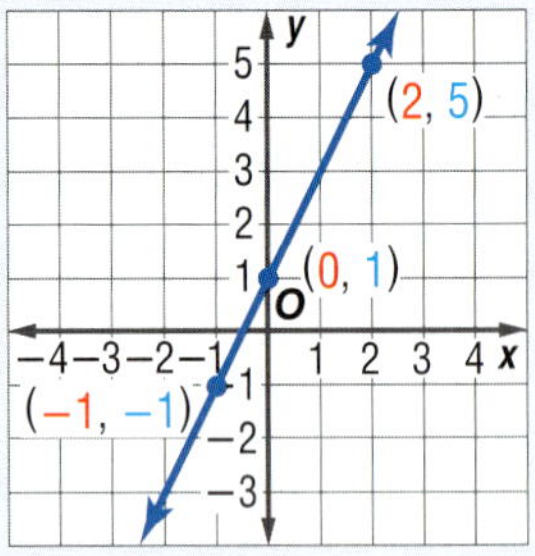

CAPÍTULO 9

# Prueba de práctica

## Vocabulario y conceptos

1. **Explica** la propiedad conmutativa. Da un ejemplo usando la adición.
2. **Describe** el proceso usado para resolver una ecuación de dos pasos.
3. **Explica** cómo graficar la función $y = 2x + 1$.

## Destrezas y aplicaciones

**Identifica la propiedad que muestra cada ecuación.**

4. $5 \times (3 \times 2) = (5 \times 3) \times 2$
5. $14 + 9 = 9 + 14$

**Vuelve a escribir cada expresión usando la propiedad distributiva. Después evalúa.**

6. $2(12 + 5)$
7. $16(12) + 16(8)$

**Resuelve cada ecuación. Usa modelos si es necesario.**

8. $-5 = x + 11$
9. $w + 17 = 29$
10. $m - 9 = 3$
11. $p - 5 = -1$
12. $-6d = 42$
13. $12 = c + (-2)$
14. $2b = -8$
15. $15 = 3n$
16. $g - 4 = -3$
17. $6x + 4 = 10$
18. $24 = 3y - 6$
19. $-5m = -30$

20. Copia y completa la tabla de funciones.

| Entrada ($x$) | Salida ($2x + 3$) |
|---|---|
| −2 | ■ |
| 1 | ■ |
| 2 | ■ |

21. Halla la regla para la tabla de funciones.

| $x$ | ■ |
|---|---|
| −3 | −1 |
| 0 | 2 |
| 1 | 3 |

**Haz una tabla de funciones para cada regla y valores de entrada dados. Después grafica la función.**

22. $y = x - 4$; −1, 2, 6
23. $y = 3x$; −2, 1, 4
24. $y = -2x - 2$; −3, 0, 1

## Prueba estandarizada de práctica

25. **SELECCIÓN MÚLTIPLE** Fresno, California, $f$, y Buffalo, Nueva York, $b$, se encuentran a 3 husos horarios de diferencia. Utiliza la regla de funciones $f = b - 3$ para calcular la hora en Buffalo cuando son las 3:30 P.M. en Fresno.

Ⓐ 4:30 P.M. Ⓑ 6:30 P.M. Ⓒ 9:30 P.M. Ⓓ 12:30 P.M.

msmath1.net/chapter_test

CHAPTER 9

# Prueba estandarizada de práctica

## PARTE 1 Selección múltiple

Anota tus respuestas en la hoja de respuestas provista por tu maestro(a) o en una hoja aparte.

1. ¿Cuál es la suma de 27 más 59? (Requisitos, pág. 589)

   A 76 B 86
   C 96 D 906

2. Juan ganó $37.00 cuidando niños la semana pasada. Si él no hubiera cuidado niños el viernes, ¿cuánto dinero habría ganado? (Lección 3-4)

| Dinero que ganó de niñero | |
|---|---|
| **Día** | **Dinero ganado** |
| Lunes | $4.50 |
| Miércoles | $4.50 |
| Viernes | $12.75 |
| Sábado | $15.25 |

   F unos $13 G unos $24
   H unos $25 I unos $37

3. ¿Cuál de los siguientes es el mínimo común múltiplo de 12 y 8? (Lección 5-4)

   A 24 B 48
   C 72 D 96

4. Dion tiene 60 tarjetas de béisbol. Le dio $\frac{3}{4}$ a Amy. ¿Cuántas tarjetas le dio a Amy? (Lección 7-2)

   F 15 G 20
   H 30 I 45

5. ¿Cuál de los siguientes números representa 20 pies sobre el nivel del mar? (Lección 8-1)

   A −20 pies B −2 pies
   C +2 pies D +20 pies

**AYUDA PARA TOMAR PRUEBAS**

**Preguntas 7 y 8** En las preguntas de selección múltiple sobre la solución de ecuaciones, puedes reemplazar la variable en la ecuación por los valores dados en cada opción de respuesta. La opción que resulta en un enunciado verdadero es la respuesta correcta.

6. ¿Cuál de las siguientes alternativas muestra otra forma de expresar $6(2 + 8)$? (Lección 9-1)

   F $6 - 2 - 8$
   G $6 + 2 + 8$
   H $6 \times 2 + 6 \times 8$
   I $12 \times 48$

7. ¿Cuál es el valor de $b$ en la ecuación $22 + b = 34$? (Lección 9-2)

   A 6 B 12
   C 20 D 56

8. Después de darles 16 revistas de historietas a sus amigos, Carmen se quedó con 64 revistas de historietas. Ella utilizó la ecuación $x - 16 = 64$ para averiguar cuántas revistas tenía inicialmente. ¿Cuál es el valor de $x$ en la ecuación? (Lección 9-3)

   F 4 G 48
   H 76 I 80

9. ¿Cuál es la regla de funciones que relaciona los valores de entrada y salida en la tabla de funciones? (Lección 9-6)

| *n* | ■ |
|---|---|
| 0 | 1 |
| 1 | 3 |
| 2 | 5 |
| 3 | 7 |
| 4 | 9 |

   A $n + 1$
   B $n - 1$
   C $2n + 1$
   D $2n - 1$

## PARTE 2 Respuesta breve/Completa

**Anota tus respuestas en la hoja de respuestas provista por tu maestro(a) o en una hoja aparte.**

**10.** Si Jim redondea el peso de $3\frac{7}{8}$ libras de habichuelas a la libra más cercana para estimar el precio, ¿qué peso utilizará? (Lección 6-1)

**11.** La sastrería Sakowski confecciona los uniformes de una banda. Necesitan $5\frac{1}{4}$ yardas de tela para cada uniforme. ¿Cuántas yardas de tela se necesitan para hacer 12 uniformes? (Lección 7-3)

**12.** ¿Qué regla se utilizó para crear el siguiente patrón? (Lección 7-6)

56, 48, 40, 32, ?

**13.** La tabla muestra las temperaturas extremas más bajas para cuatro ciudades en EE.UU. Ordena las temperaturas de menor a mayor. (Lección 8-1)

**Temperaturas extremas más bajas**

| Ciudad | Temp. (°F) |
|---|---|
| Anchorage | −34 |
| Chicago | −27 |
| Los Ángeles | 28 |
| Duluth | −39 |

**14.** Un equipo de fútbol americano perdió 8 yardas en la primera jugada. Si ellos ganaron 9 yardas en la siguiente jugada, ¿cuántas yardas avanzaron en total? (Lección 8-2)

**15.** Despeja $m$ para que $-32 \div m = -8$ sea verdadera. (Lección 8-5)

**16.** ¿Cuál par ordenado forma el punto $P$ en el sistema de coordenadas? (Lección 8-6)

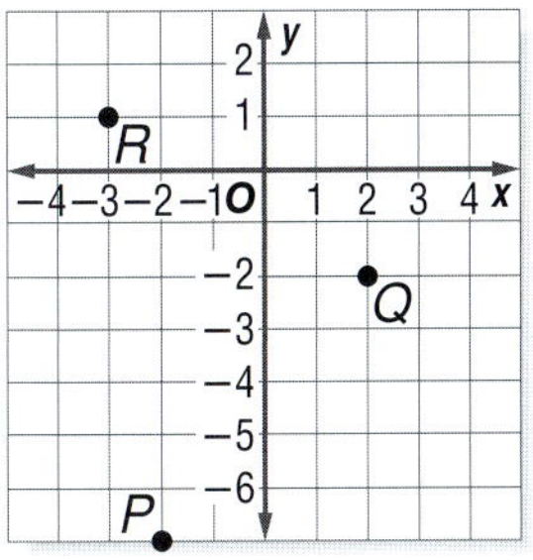


**17.** Gloria tenía 24 monedas en su colección. En un baratillo, Gloria compró una lata llena de monedas. Ahora tiene 39 monedas en su colección. Utiliza $24 + y = 39$ para calcular el número de monedas que añadió a su colección. (Lección 9-2)

**18.** ¿Cuál es el valor de $m$ si $m - 5 = -7$? (Lección 9-3)

**19.** ¿Cuál valor de salida completa la siguiente tabla de funciones? (Lección 9-6)

| Entrada | Salida |
|---|---|
| 1 | 4 |
| 2 | 7 |
| 3 | 10 |
| 4 | 13 |
| 5 | ■ |

## PARTE 3 Respuesta extendida

**Anota tus respuestas en una hoja de papel aparte. Muestra tus cálculos.**

**20.** Tres amigos fueron a una pista de monopatinaje. La entrada costó $3.50 cada una. Dos personas tuvieron que alquilar los monopatines. El costo total de los tres fue de $15.50. ¿Cuánto costó el alquiler de un monopatín? Explica cómo hallaste la solución. (Lección 9-5)

**21.** A continuación se muestran los valores de una función. (Lecciones 9-6 y 9-7)

| *x* | *y* |
|---|---|
| 0 | −2 |
| 1 | 3 |
| 2 | 8 |
| 3 | 13 |

**a.** Grafica la función en un plano de coordenadas.

**b.** Identifica los valores de $y$ correspondientes para $x = 4$ y $x = 5$.

**c.** ¿Cuál es la regla de funciones?

# UNIDAD 5

# Razón y proporción

**Capítulo 10**

**Razón, proporción y porcentajes**

**Capítulo 11**

**Probabilidad**

**En la Unidad 3, aprendiste acerca de la relación entre decimales y fracciones. En esta unidad aprenderás cómo se relacionan los decimales y las fracciones con las razones las proporciones y los porcentajes, y cómo se usan para describir probabilidades de la vida real.**

Busca en la Web **PROYECTO INTERDISCIPLINARIO** **MATEMÁTICAS y DEPORTES**

## LLÉVAME AL JUEGO DE PELOTA

El béisbol, uno de los pasatiempos favoritos en los Estados Unidos, rebosa de matemáticas. La Organización Nacional de Estadísticos de Béisbol te ha dado un turno al bate. Necesitan tu ayuda para analizar los datos de varias temporadas de béisbol. También se te va a pedir que hagas un dibujo a escala de un campo de béisbol profesional. Ya va a empezar el juego. ¡Veamos si puedes conectar un jonrón!

**Entra a msmath1.net/webquest para iniciar la búsqueda en la Web.**

CAPÍTULO 10

# Razón, proporción y porcentajes

## “¿Qué tienen que ver los insectos con las matemáticas?”

La mayoría de los insectos son muy pequeños. A menudo, los dibujos y las fotografías de insectos muestran los insectos de un tamaño mucho mayor que su tamaño real. **Por ejemplo, la mantis religiosa que se muestra en esta fotografía tiene aproximadamente tres veces su tamaño normal.**

Calcularás las dimensiones reales de algunos insectos en la Lección 10-3.

# PARA COMENZAR

**Toma este control para averiguar si estás listo(a) para comenzar el Capítulo 10. Consulta la lección o página indicada en el paréntesis respectivo, si necesitas un repaso.**

## Repaso de vocabulario

**Escoge el número correcto que completa cada enunciado.**

1. Para convertir 0.28 en una fracción, convierte el decimal en una fracción usando (100, 1,000) como denominador. (Lección 5-6)
2. La fracción $\frac{5}{8}$ equivale a (0.875, 0.625). (Lección 5-7)

## Requisitos

**Multiplica.** (Lección 4-2)

3. $0.28 \times 25$
4. $364 \times 0.88$
5. $154 \times 0.18$
6. $0.03 \times 16$
7. $0.5 \times 220$
8. $0.25 \times 75$

**Dibuja un modelo que represente cada fracción.** (Lección 5-5)

9. $\frac{2}{4}$
10. $\frac{1}{6}$
11. $\frac{3}{5}$
12. $\frac{2}{3}$

**Convierte cada fracción en un decimal.** (Lección 5-7)

13. $\frac{3}{8}$
14. $\frac{46}{100}$
15. $\frac{7}{10}$
16. $\frac{1}{5}$

**Multiplica.** (Lección 7-2)

17. $\frac{1}{4} \times 360$
18. $\frac{3}{4} \times 96$
19. $\frac{2}{5} \times 125$
20. $\frac{7}{9} \times 27$

**PLEGADOS™ Organiza el estudio**

**Razones, proporciones y porcentajes** Haz este plegado para organizar tus notas. Usa papel cuadriculado.

**PASO 1 Dobla**
Dobla, verticalmente, en tres partes la hoja de papel cuadriculado.

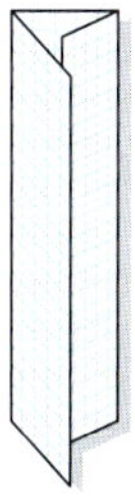

**PASO 2 Dobla y corta**
Desdobla la hoja. Dobla de arriba hacia abajo una cuarta parte de la hoja. Corta para formar tres lengüetas, como se muestra en la figura.

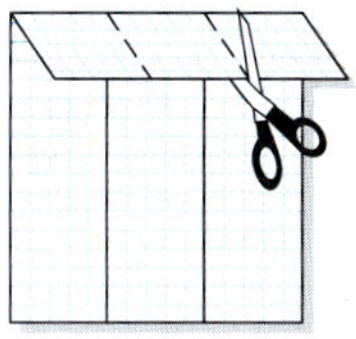

**PASO 3 Desdobla y rotula**
Desdobla las lengüetas y anota los títulos que se muestran en la figura.

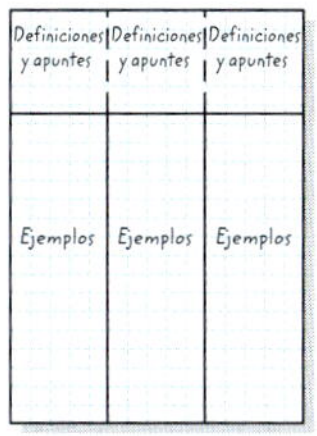


**PASO 4 Dobla de nuevo y rotula**
Vuelve a doblar las lengüetas y escribe los títulos que se muestran en la figura.

**Lee y escribe** A medida que leas y estudies el capítulo, escribe definiciones, notas y ejemplos de razones, proporciones y porcentajes bajo la lengüeta respectiva.

# 10-1 Razones

**Lo que aprenderás**
A expresar razones y tasas en forma de fracción.

**NUEVO vocabulario**

- razón
- razones equivalentes
- tasa
- tasa unitaria

## ¿CUÁNDO usaré esto?

**ROPA** La tabla muestra el número de calcetines de diferentes colores que hay en un cajón.

| Calcetines | |
|---|---|
| **Color** | **Número** |
| Negro | 6 |
| Blanco | 12 |
| Azul marino | 2 |

1. Escribe un enunciado que compare el número de calcetines azul marino con el número de calcetines blancos. Usa la palabra *menos* en tu enunciado.
2. Escribe un enunciado que compare el número de calcetines negros con el número de calcetines blancos. Usa la palabra *mitad* en tu enunciado.
3. Escribe un enunciado que compare el número de calcetines blancos con el número total de calcetines. Usa una fracción en tu enunciado.

Existen muchas maneras de comparar números. Una **razón** es una comparación de dos números mediante división. Si hay 6 calcetines negros y hay un total de 20 calcetines, entonces la razón que compara el número de calcetines negros con el total de calcetines se puede escribir de la siguiente manera.

$\frac{6}{20}$     6 a 20     6 de 20     6 : 20

A menudo, las razones se expresan en forma de fracción reducida.

El MCD de 6 y 20 es 2. → $\frac{6}{20} = \frac{3}{10}$ (÷2) ← La forma reducida de $\frac{6}{20}$ es $\frac{3}{10}$.

## EJEMPLO Escribe una razón en forma reducida

**1 DEPORTES Escribe la razón que compara el número de pelotas de fútbol americano con el número de pelotas de tenis.**

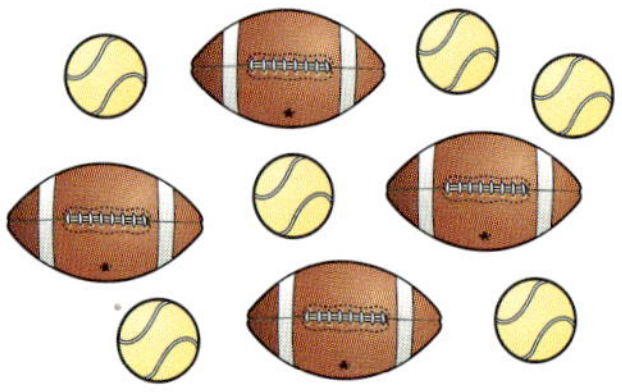

pelotas de fútbol → / pelotas de tenis → $\frac{4}{6} = \frac{2}{3}$ (÷2) ← El MCD de 4 y 6 es 2.

La razón entre el número de pelotas de fútbol americano y el número de pelotas de tenis es $\frac{2}{3}$, 2 a 3 ó 2:3.

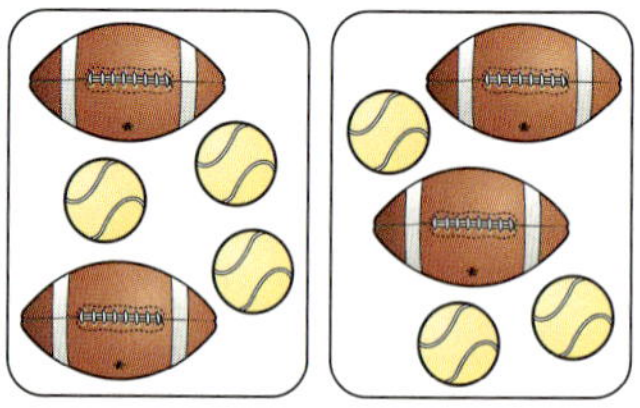

Por cada 2 pelotas de fútbol americano, hay 3 pelotas de tenis.

**AYUDA PARA EL ESTUDIO**

**Mirada retrospectiva** Consulta la Lección 5-2 para repasar la **reducción de fracciones**.

Las dos razones del ejemplo 1 son **razones equivalentes** porque $\frac{4}{6} = \frac{2}{3}$.

## EJEMPLO Usa razones para comparar las partes de un todo

**2** **ALIMENTOS Escribe la razón que compara el número de pretzels con el número total de meriendas.**

pretzels → / meriendas → $\frac{4}{12} = \frac{1}{3}$ (÷4 arriba y abajo) ← El MCD de 4 y 12 es 4.

La razón entre el número de pretzels y el número total de meriendas es de $\frac{1}{3}$, 1 a 3 ó 1:3. Por cada pretzel, hay tres meriendas.

**Tu turno** **Convierte cada razón en una fracción reducida.**

**a.** 3 tambores a 18 trompetas **b.** 8 gerbos a 36 mascotas

Una **tasa** es una razón entre dos medidas con diferentes unidades. A continuación se muestran dos ejemplos.

Los dólares y las libras son unidades diferentes.
$12 por 3 libras

Las millas y las horas son unidades diferentes.
60 millas en 3 horas

Cuando se reduce una tasa de modo que su denominador sea igual a 1, la tasa se llama **tasa unitaria**. Un ejemplo de una tasa unitaria es $3 por libra, lo cual significa $3 por 1 libra.

### MATEMÁTICAS EN LA VIDA DIARIA

**AVES** El correcaminos es el ave estatal de New México. Los correcaminos prefieren correr a volar. Un correcaminos tarda 4 horas en correr cerca de 54 millas.

**Fuente:** www.50states.com

## EJEMPLO Calcula la tasa unitaria

**3** **AVES Usa la información que se muestra a la izquierda para averiguar cuántas millas puede correr un correcaminos en una hora.**

$$\frac{54 \text{ millas}}{4 \text{ horas}} = \frac{13.5 \text{ millas}}{1 \text{ hora}} \quad (\div 4)$$

Divide el numerador y el denominador entre 4 para obtener un denominador igual a 1.

Por lo tanto, un correcaminos recorre cerca de 13.5 millas en una hora.

## Repaso de destrezas y conceptos

Escribe en matemáticas
**Ejercicios 3 y 4**

1. **Escribe** de tres maneras diferentes la razón 6 gansos de 15 aves.

2. **INTERPRETA** Explica la diferencia entre una tasa y una tasa unitaria. Escribe un ejemplo de cada una.

3. **HALLA EL ERROR** Brian y Marta escriben la tasa $56 en 4 semanas, como una tasa unitaria. ¿Quién tiene la razón? Explica.

Brian

$$\frac{\$56}{4\text{ semanas}} = \frac{\$14}{1\text{ semana}}$$

Marta

$$\frac{\$56}{4\text{ semanas}} = \frac{\$28}{2\text{ semanas}}$$

4. **SENTIDO NUMÉRICO** La tasa de cintas de video a videodiscos digitales es 1 a 4. Explica el significado de esta razón.

### PRÁCTICA DIRIGIDA

**Convierte cada razón en una fracción reducida.**

5. 6 victorias a 8 derrotas
6. 15 bolígrafos a 45 lápices
7. 9 salmones de 21 peces
8. 4 rosas de 24 flores

**Convierte cada razón en una tasa unitaria.**

9. $9 por 3 cajas de gaseosa
10. 25 metros en 2 segundos

11. **DINERO** La figura muestra dos paquetes de baterías. Determina cuál ofrece las baterías más baratas, el paquete de 4 ó el paquete de 8. Explica.

Paquete de 4 **$3.60**

Paquete de 8 **$6.80**

## Práctica y aplicaciones

| AYUDA CON LAS TAREAS | |
|---|---|
| Ejercicios | Ver ejemplos |
| 12–19, 26, 27 | 1, 2 |
| 20–23, 28 | 3 |

**Práctica adicional**
**Ver páginas 613, 633.**

**Convierte cada razón en una fracción reducida.**

12. 14 monedas de 10¢ a 24 monedas de 5¢
13. 15 rubíes a 25 esmeraldas
14. 16 cerdos a 10 vacas
15. 8 círculos a 22 cuadrados
16. 6 caballos cimarrones de 21 caballos
17. 4 teléfonos celulares de 18 teléfonos
18. 10 niñas de 24 alumnos
19. 32 manzanas de 72 frutas

**Convierte cada razón a una tasa unitaria.**

20. 180 palabras en 3 minutos
21. $36 por 4 boletos
22. $1.50 por 3 barras de dulce
23. $1.44 por una docena de huevos

24. **COMPRAS** Luke compró una bolsa de 16 oz de papas fritas por \$2.56 y una bolsa con 32 oz de tortillas fritas por \$3.52. ¿Cuál de estas meriendas es menos cara por onza? Explica.

25. **ESCUELA** Haz un dibujo que muestre 4 lápices y un número dado de bolígrafos, cuya razón de lápices a bolígrafos sea de 2:3.

**HOCKEY Usa la gráfica de la derecha para los ejercicios 26 y 27. Reduce cada razón.**

26. ¿Cuál es la razón que compara el número de actuaciones de los Rangers con el número de actuaciones de los Red Wings?

27. ¿Cuál es la razón que compara el número de apariciones de los Maple Leafs con el número de apariciones de los Bruins?

28. **DINOSAURIOS** Un terodáctilo podía volar 75 millas en 3 horas. A esta misma tasa, ¿qué distancia recorría un terodáctilo en una hora?

29. **RAZONAMIENTO CRÍTICO** Si 9 de 24 alumnos obtuvieron menos de un 75% en la prueba, ¿cuál fue la razón de alumnos que obtuvieron 75% o más?

## Prueba estandarizada de práctica y repaso general

30. **SELECCIÓN MÚLTIPLE** El Dr. Rodríguez recorrió 384.2 millas con 17 galones de gasolina. A esta misma tasa, ¿cuántas millas podrá recorrer con un galón de gasolina?

(A) 22.5 mi (B) 22.6 mi (C) 126 mi (D) Ninguna de las anteriores

31. **RESPUESTA BREVE** Determina la razón entre el número de vocales y el número de consonantes en la palabra *Mississippi*. Exprésala como una fracción reducida.

32. Haz una tabla de funciones para la ecuación $y = -2x$. Usa los valores de entrada $-1$, 0 y 1. Luego, grafica la función. (Lección 9-7)

**Determina la ecuación de cada tabla de funciones.** (Lección 9-6)

33.

| $x$ | ■ |
|---|---|
| 0 | −2 |
| 1 | −1 |
| 2 | 0 |

34.

| $x$ | ■ |
|---|---|
| −2 | −1 |
| 0 | 1 |
| 3 | 4 |

35.

| $x$ | ■ |
|---|---|
| −3 | 0 |
| −1 | 2 |
| 2 | 5 |

## PREPÁRATE PARA LA SIGUIENTE LECCIÓN

**REQUISITOS Multiplica.** (Página 590)

36. $6 \times 15$ 37. $5 \times 9$ 38. $12 \times 3$ 39. $8 \times 12$

# 10-1b LABORATORIO de PRÁCTICA

**Seguimiento de la Lección 10-1**

### Lo que aprenderás
A explorar razones y la relación que existe entre razón y área.

### Materiales
- 2 hojas de papel encerado
- tijeras

## Razones y el tangram

**INVESTIGA** *Trabaja con un(a) compañero(a).*

Un tangram es un rompecabezas que se hace cortando un cuadrado en siete figuras geométricas. El rompecabezas puede servir para formar muchas figuras diferentes.

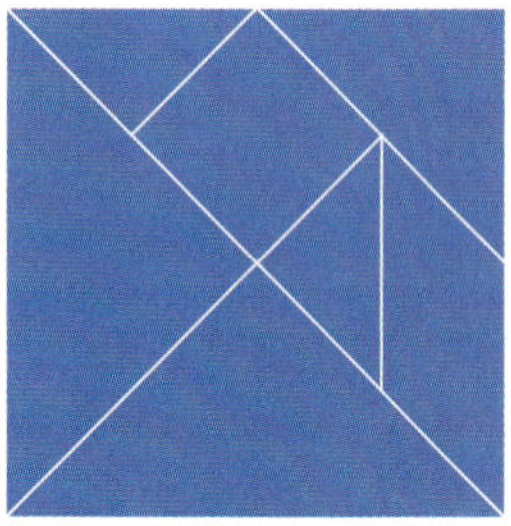

En este laboratorio, usarás un tangram para estudiar las razones y para estudiar la relación entre razón y área.

**PASO 1** Toma una hoja de papel encerado. Junta la esquina superior izquierda con la esquina inferior derecha y dobla el papel. Desdobla y corta a lo largo del doblez para obtener dos triángulos grandes.

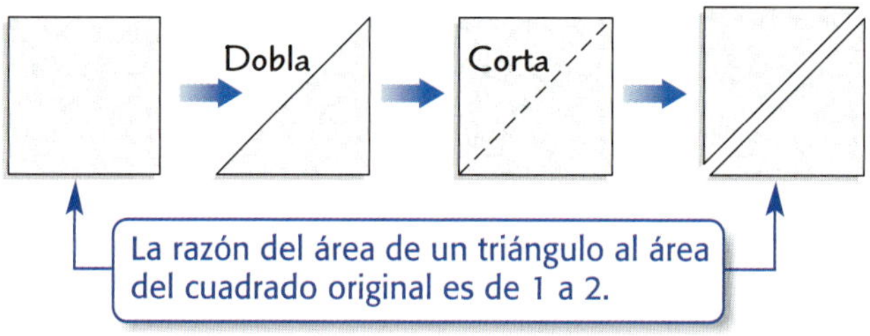


**PASO 2** Usa uno de los triángulos que obtuviste. Junta las dos esquinas inferiores y dobla el triángulo. Desdobla y corta a lo largo del doblez. Marca los triángulos como A y B.

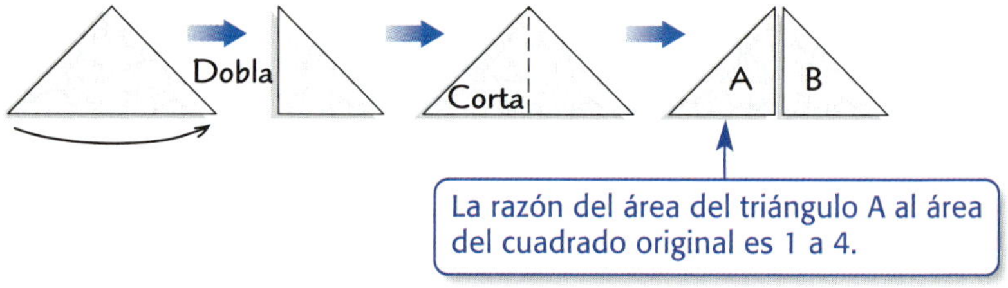


**PASO 3** Usa el otro triángulo grande que obtuviste en el paso 1. Junta las dos esquinas inferiores y dobla el triángulo. Desdobla. Dobla la punta del triángulo hacia abajo, siguiendo la línea del doblez, hasta llegar a la base, como se muestra en la figura. Corta a lo largo de la línea del segundo doblez. Rotula el triángulo pequeño C.

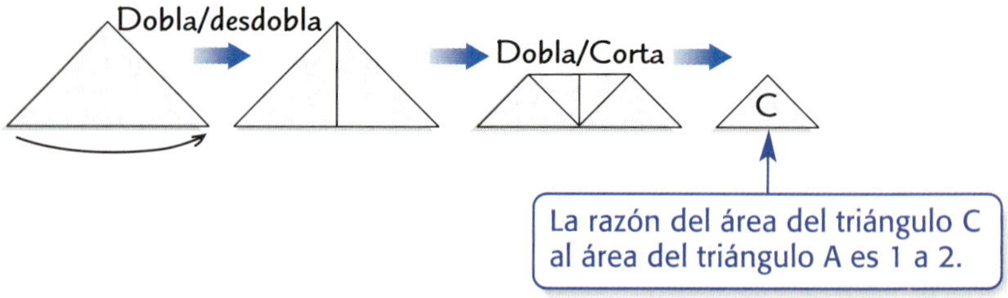

**PASO 4** Usa la pieza sobrante del paso anterior. Dóblala por la mitad, de izquierda a derecha y corta a lo largo del doblez. Usando la figura izquierda, junta las dos esquinas inferiores y dobla. Corta a lo largo del doblez. Rotula el triángulo D y el cuadrado E.

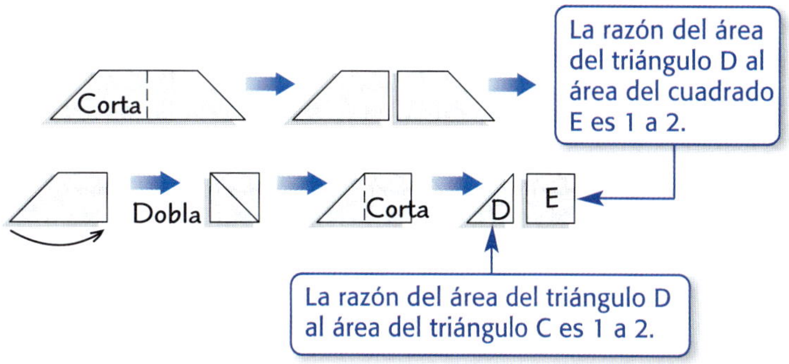


**PASO 5** Usa la pieza restante. Junta las dos esquinas inferiores y dobla. Corta a lo largo del doblez. Rotula el triángulo F y la otra figura G.

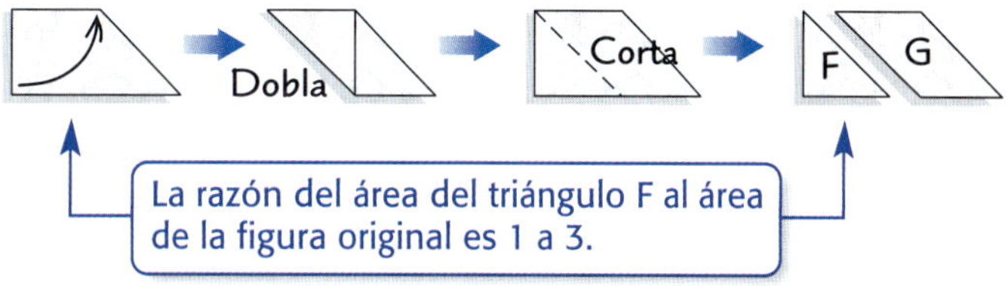


## Escribe en matemáticas

*Trabaja con un(a) compañero(a).*

1. Supón que el triángulo B tiene un área de una pulgada cuadrada. Calcula el área de los siguientes triángulos.

   a. triángulo C    b. triángulo F

2. Compara el área de los triángulos de la pregunta anterior, con el área del triángulo B.
3. **Explica** por qué la razón del área del triángulo C al área del cuadrado original es de 1 a 8.
4. **Indica** por qué el área del cuadrado E es igual al área de la figura G.
5. **Calcula** la razón del área del triángulo F al área del cuadrado original. Explica tu razonamiento.
6. Completa la tabla. Anota la fracción que compara el área de la figura respectiva con el área del cuadrado original. ¿Qué observas en los denominadores?

| Figura | A | B | C | D | E | F | G |
|---|---|---|---|---|---|---|---|
| Fracción del cuadrado original | | | | | | | |

# 10-2 Resuelve proporciones

**Lo que aprenderás**
A resolver proporciones usando productos cruzados.

**NUEVO vocabulario**
**proporción**
**productos cruzados**

## PRÁCTICA Minilaboratorio

**Materiales**
- bloques geométricos

*Trabaja con un(a) compañero(a)*

Se pueden usar bloques geométricos para estudiar razones equivalentes. Los bloques que se muestran en la siguiente figura muestran cómo se puede construir una figura geométrica grande, a partir de figuras geométricas más pequeñas.

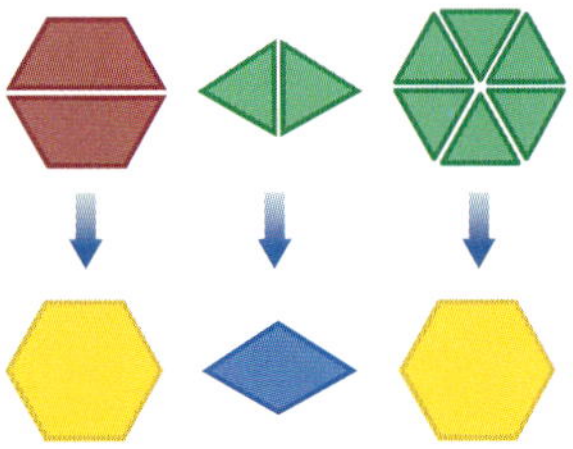

1. Completa cada razón para que las razones de comparación de las áreas sean equivalentes.

**a.** 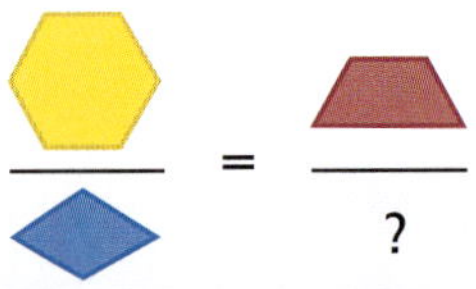


**b.** 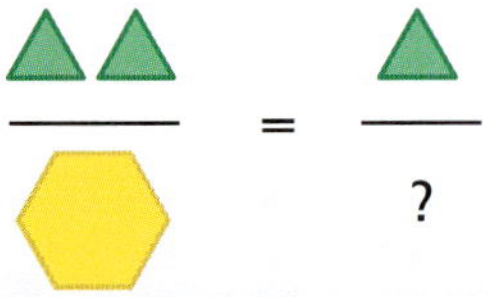


2. ¿Cómo determinaste cuál era la figura que hacía que las razones fueran equivalentes?
3. Supón que un bloque verde es igual a 2, uno azul es igual a 4, uno amarillo es igual a 6 y uno rojo es igual a 3. Escribe un par de razones equivalentes.
4. ¿Qué relación hay en estas razones equivalentes?

Las razones $\frac{4}{6}$ y $\frac{2}{3}$ son equivalentes, es decir, $\frac{4}{6} = \frac{2}{3}$. La ecuación $\frac{4}{6} = \frac{2}{3}$ es un ejemplo de una **proporción**.

### Concepto clave — Proporción

**En palabras** Una proporción es una ecuación que establece la igualdad de dos razones.

**En símbolos**

**Aritmética**

$$\frac{2}{5} = \frac{6}{15}$$ (× 3 arriba, × 3 abajo)

**Álgebra**

$$\frac{a}{b} = \frac{c}{d}, b \neq 0, d \neq 0$$

Para que dos razones formen una proporción, sus **productos cruzados** deben ser iguales.

2 × 9 es un producto cruzado. → $\frac{2}{3} = \frac{6}{9}$ ← 3 × 6 es el otro producto cruzado.

$2(9) \stackrel{?}{=} 3(6)$

$18 = 18$ ← Los productos cruzados son iguales.

## Concepto clave — Propiedades de la proporción

**En palabras** Los productos cruzados de una proporción son iguales.

**En símbolos**

Aritmética: Si $\frac{2}{5} = \frac{6}{15}$, entonces $2 \times 15 = 5 \times 6$.

Álgebra: Si $\frac{a}{b} = \frac{c}{d}$, entonces $ad = bc$.

Si se desconoce uno de los valores de una proporción, se pueden usar los productos cruzados para *resolver la proporción*.

### AYUDA PARA EL ESTUDIO

**Cálculo mental**
En algunos casos, se puede resolver mentalmente una proporción si se usan fracciones equivalentes. Por ejemplo, la proporción $\frac{3}{4} = \frac{x}{16}$. Dado que $4 \times 4 = 16$ y $3 \times 4 = 12$, $x = 12$.

## EJEMPLOS Resuelve una proporción

**Resuelve cada proporción.**

**1** $\frac{5}{7} = \frac{25}{m}$

$5 \times m = 7 \times 25$ Productos cruzados

$5m = 175$ Multiplica.

$\frac{5m}{5} = \frac{175}{5}$ Divide ambos lados entre 5.

$m = 35$

La solución es 35.

**2** $\frac{1.2}{1.5} = \frac{y}{5}$

$1.2 \times 5 = 1.5 \times y$ Productos cruzados

$6 = 1.5y$ Multiplica.

$\frac{6}{1.5} = \frac{1.5y}{1.5}$ Divide ambos lados entre 1.5.

$4 = y$

La solución es 4.

**Tu turno** **Resuelve cada proporción.**

a. $\frac{5}{9} = \frac{z}{54}$ b. $\frac{5}{8} = \frac{40}{x}$ c. $\frac{k}{7} = \frac{18}{6}$

Las proporciones se pueden usar para resolver problemas de la vida cotidiana.

### MATEMÁTICAS EN LA VIDA DIARIA

**¿Cómo usa las matemáticas una dentista?**
Los dentistas usan matemáticas para determinar la cantidad de material que necesitan para llenar la caries dental de un paciente.

**Investigación en línea**
Visita msmath1.net/careers para obtener más información sobre la profesión de dentista.

## EJEMPLO Usa una proporción para resolver un problema

**3** **PASTA DENTAL** **24 de los 32 alumnos de una clase de salud prefieren usar pasta dental en gel. De acuerdo con estos resultados, ¿cuántos de los 500 alumnos de la escuela se espera que prefirieran la pasta dental en gel?**

Escribe y resuelve una proporción. Sea *s* el número de alumnos que se espera que prefieran usar la pasta en gel.

prefieren pasta dental en gel → $\frac{24}{32} = \frac{s}{500}$ ← prefieren pasta dental en gel
total de alumnos en la clase → ← total de alumnos en la escuela

$24 \times 500 = 32 \times s$ Productos cruzados

$12{,}000 = 32s$ Multiplica.

$\frac{12{,}000}{32} = \frac{32s}{32}$ Divide.

$375 = s$

Por lo tanto, se espera que 375 alumnos prefieran la pasta dental en gel.

## Repaso de destrezas y conceptos

**Escribe en matemáticas**
**Ejercicios 1 al 3**

1. **Determina** si cada par de razones forman una proporción. Explica por qué.
   a. $\frac{1}{8}, \frac{8}{64}$   b. $\frac{7}{12}, \frac{8}{15}$   c. $\frac{0.7}{0.9}, \frac{2.1}{2.7}$
2. **INTERPRETA** Escribe una proporción en la que $\frac{7}{8}$ sea una de las razones.
3. **¿Cuál no pertenece?** Identifica la razón que no forma una proporción con las otras razones. Explica tu razonamiento.

$\frac{8}{12}$   $\frac{40}{60}$   $\frac{36}{44}$   $\frac{24}{36}$

### PRÁCTICA DIRIGIDA

**Resuelve cada proporción.**

4. $\frac{5}{4} = \frac{a}{36}$   5. $\frac{3}{4} = \frac{x}{20}$   6. $\frac{w}{1.8} = \frac{3.5}{1.4}$

7. **ESCUELA** En la escuela secundaria Boulevard West, la razón del número de maestros al número de alumnos es 3 a 78. Si hay 468 alumnos en la escuela, ¿cuántos maestros hay?

## Práctica y aplicaciones

**AYUDA CON LAS TAREAS**

| Ejercicios | Ver ejemplos |
|---|---|
| 8–21 | 1, 2 |
| 22–24, 26–28 | 3 |

**Práctica adicional**
**Ver páginas 614, 633.**

**Resuelve cada proporción.**

8. $\frac{2}{5} = \frac{w}{15}$   9. $\frac{3}{4} = \frac{z}{28}$   10. $\frac{7}{d} = \frac{35}{10}$   11. $\frac{4}{x} = \frac{16}{28}$

12. $\frac{p}{3} = \frac{25}{15}$   13. $\frac{h}{8} = \frac{6}{16}$   14. $\frac{6}{7} = \frac{18}{c}$   15. $\frac{21}{35} = \frac{3}{r}$

16. $\frac{1.4}{2.6} = \frac{4.2}{n}$   17. $\frac{g}{4.7} = \frac{0.6}{9.4}$   18. $\frac{1.8}{b} = \frac{9}{2.5}$   19. $\frac{1.6}{6.4} = \frac{k}{1.6}$

20. ¿Cuál es la solución de $\frac{1}{3} = \frac{x}{14}$? Redondea en décimas.
21. Calcula la solución de $\frac{m}{2} = \frac{5}{12}$. Redondea en décimas.
22. **DINERO** Supón que compras dos discos compactos por $21.99. ¿Cuántos discos compactos podrás comprar con $65.97?

**ENCUESTAS Usa la siguiente tabla para los ejercicios 23 y 24. La tabla muestra las actividades favoritas de un grupo de alumnos en la clase de educación física.**

| Actividad favorita de la clase de educación física | |
|---|---|
| Actividad | Número de respuestas |
| abdominales | 2 |
| correr | 7 |
| lagartijas | 3 |
| sentadillas | 8 |

23. Escribe una proporción que sirva para calcular la fracción de los 300 alumnos que se espera que elijan las sentadillas, como su actividad favorita en la clase de educación física.
24. ¿Cuántos de los alumnos se espera que elijan las sentadillas como su actividad de educación física favorita?

**PADRES DE FAMILIA** **Para los ejercicios 25 al 27, usa la gráfica que muestra cómo califican los padres de familia su participación en la educación de sus hijos.**

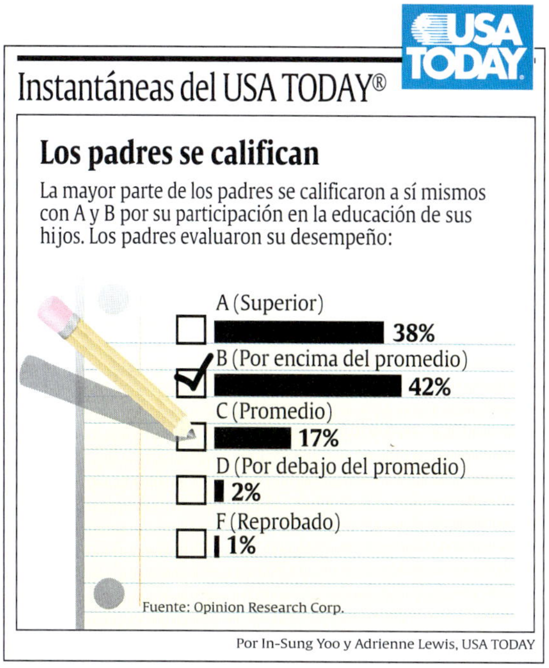


25. ¿Qué fracción de los padres se calificaron a sí mismos con una B?

26. Supón que se encuestaron 500 padres. Escribe una proporción que sirva para calcular cuántos de ellos se calificarían a sí mismos con una B.

27. ¿Cuántos de los 500 padres se calificarían a sí mismos con una B?

28. **PREMIOS** Una compañía que fabrica gaseosas efectúa una promoción. Tres de cada 72 cajas de gaseosas contienen un certificado de $5 para alquilar películas. Si en una tienda hay 384 cajas de gaseosas en el mostrador, ¿cuántas cajas esperas que contengan un certificado de $5?

29. **RAZONAMIENTO CRÍTICO** Supón que 24 de 180 personas dijeron que les gustaba ir de excursión y que 5 de cada 12 excursionistas compran botas de campo Turf-Tuff. En un grupo de 270 personas, ¿cuántas esperarías que tuvieran botas de campo Turf-Tuff?

## Prueba estandarizada de práctica y repaso general

30. **SELECCIÓN MÚLTIPLE** Si en una semana ganaste $139.70 por 22 horas de trabajo, ¿cuánto dinero ganaste por hora?

(A) $6.50 (B) $6.35 (C) $6.05 (D) $5.85

31. **RESPUESTA BREVE** Si un avión viaja a 438 millas por hora, ¿cuántas millas recorrerá en 5 horas?

**Expresa cada razón como una tasa unitaria.** (Lección 10-1)

32. 56 victorias en 8 años

33. 5 perros calientes por $12

**Copia y completa cada tabla de funciones. Luego, grafica la función.** (Lección 9-7)

34.

| entrada | salida ($n - 3$) |
|---|---|
| $-2$ | ■ |
| 0 | ■ |
| 2 | ■ |

35.

| entrada | salida ($3n$) |
|---|---|
| $-2$ | ■ |
| 0 | ■ |
| 2 | ■ |

## PREPÁRATE PARA LA SIGUIENTE LECCIÓN

**REQUISITOS** **Multiplica o divide.** (Páginas 590 y 591, Lecciones 4-2 y 4-3)

36. $9 \times 3$

37. $1.5 \times 4$

38. $56 \div 4$

39. $161.5 \div 19$

# 10-2b Investigación con hoja de cálculos

***Seguimiento de la Lección 10-2***

**Lo que aprenderás**
A usar una hoja de cálculos para resolver problemas con proporciones.

## Resuelve proporciones

Las hojas de cálculos pueden servir para resolver problemas con proporciones.

### ACTIVIDAD

Tu clase va a preparar galletas de mantequilla de maní con chocolate para una fiesta escolar. La receta muestra los ingredientes necesarios para hacer galletas para 16 personas. Calcula la cantidad de ingredientes que se necesitan para hacer galletas para la fiesta escolar.

*Galletas de mantequilla de maní con chocolate*
*Ingredientes:*
*2 tazas de azúcar*
*1/4 de taza de cacao en polvo*
*1/2 taza de leche*
*1/4 de libra de margarina*
*1 cucharadita de vainilla*
*1/2 taza de mantequilla de maní*
*3 tazas de avena de cocimiento rápido*

Para calcular la cantidad de ingredientes que se necesitan para servir a un número determinado de personas, prepara una hoja de cálculos como la siguiente.

**Galletas de mantequilla de maní con chocolate**

| | A | B | C | D |
|---|---|---|---|---|
| 1 | Número de personas que se van a servir | | | |
| 2 | Número de tandas requeridas | =B1/16 | | |
| 3 | **Ingredientes** | **Receta** | **Cantidad** | **Unidad** |
| 4 | Azúcar | 2 | =B4*B2 | Tazas |
| 5 | Mezcla de cacao | 0.25 | | Tazas |
| 6 | Leche | 0.5 | | Tazas |
| 7 | Margarina | 0.25 | | Libra |
| 8 | Vainilla | 1 | | Cucharadita |
| 9 | Mantequilla de maní | 0.5 | | Tazas |
| 10 | Avena de cocimiento rápido | 3 | | Tazas |

En la celda B1 debes entrar el número de personas que asistirán.

Una receta sirve para hacer suficientes galletas para 16 personas.

La hoja de cálculos calculará la cantidad de ingredientes que debes usar, de acuerdo con el número de galletas que necesitas.

### EJERCICIOS

1. Explica la fórmula de la celda B2.
2. ¿Qué representa la fórmula de la celda C4?
3. ¿Qué fórmulas se deben entrar en las celdas C5 a C10?
4. ¿Cómo se usan las proporciones en la hoja de cálculos?
5. Modifica la hoja de cálculos para que calcule la cantidad de ingredientes necesarios para 128 alumnos.

# 10-3 Dibujos y modelos a escala

**Lo que aprenderás**
A usar dibujos y modelos a escala para determinar las medidas reales.

**NUEVO vocabulario**
- dibujo a escala
- modelo a escala
- modelo

## ¿CUÁNDO usaré esto?

**MAPAS** El mapa muestra una porción de Tennessee. Cada pulgada en el mapa equivale a 14 millas.

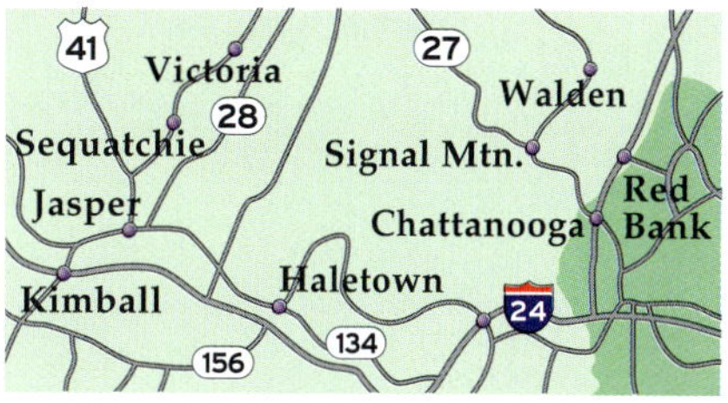


1. Explica cómo usarías una regla para calcular el número de millas que hay entre dos ciudades en el mapa.
2. Usa el método que describiste en la pregunta anterior para calcular la distancia real entre Haletown y Jasper.
3. ¿Cuál es la distancia real entre Kimball y Signal Mountain?

Un mapa es un ejemplo de un dibujo a escala. Los **dibujos a escala** y los **modelos a escala** se usan para representar objetos que son demasiado grandes o demasiado pequeños para ser dibujados o construidos de tamaño real.

La **escala** es la razón que compara las dimensiones del dibujo o modelo con las dimensiones del objeto real. Las dimensiones del dibujo o del modelo son proporcionales a las dimensiones del objeto real.

## EJEMPLO Calcula las medidas reales

**1 INSECTOS La escala de un modelo a escala de una luciérnaga es 1 pulgada = 0.125 pulgadas. Si el modelo de la luciérnaga mide 3 pulgadas de largo, ¿cuánto mide de largo la luciérnaga real?**

Sea $x$ la longitud real.

**Modelo a escala** — **Luciérnaga**

longitud del modelo → / longitud real →
$$\frac{1}{0.125} = \frac{3}{x}$$
← longitud del modelo / ← longitud real

$1 \times x = 0.125 \times 3$ Calcula los productos cruzados.

$x = 0.375$ Multiplica.

La luciérnaga mide 0.375 pulgadas de largo.

msmath1.net/extra_examples

## EJEMPLO Calcula las medidas reales

**MATEMÁTICAS EN LA VIDA DIARIA**

**ESTADOS** El Gran Cañón se localiza en la parte norte de Arizona. El parque nacional del Gran Cañón incluye 277 millas del río Colorado.

**Fuente:** National Park Service

**2** **ESTADOS** **En un mapa de Arizona, la distancia entre Meadview y Willow Beach es de 14 pulgadas. Si la escala del mapa es 2 pulgadas = 5 millas, ¿cuál es la distancia real entre Meadview y Willow Beach?**

Sea $d$ la distancia real.

**Distancia en el mapa** **Distancia real**

escala del mapa → / distancia real → $\frac{2}{5} = \frac{14}{d}$ ← escala del mapa / ← distancia real

$2 \times d = 5 \times 14$ Calcula los productos cruzados.

$2d = 70$ Multiplica.

$\frac{2d}{2} = \frac{70}{2}$ Divide.

$d = 35$

La distancia entre Meadview y Willow Beach es de 35 millas.

## Repaso de destrezas y conceptos

Escribe en matemáticas
Ejercicos 1 al 3

1. **Describe** la escala de un dibujo o modelo a escala.

2. **INTERPRETA** Da un ejemplo de un objeto que a menudo se representa con un modelo a escala.

3. **HALLA EL ERROR** Greg y Jeff están calculando la distancia entre Franklin y Ohltown. En el mapa, la distancia entre las ciudades es de 3 pulgadas y la escala del mapa es 1 pulgada = 12 millas. ¿Quién tiene la razón? Explica.

Greg: $\frac{1}{12} = \frac{3}{x}$

Jeff: $\frac{1}{12} = \frac{x}{3}$

### PRÁCTICA DIRIGIDA

**ARQUITECTURA** **Usa la siguiente información para los ejercicios 4 al 7.** La escala de una serie de planos es 2 pulgadas = 3 pies. Calcula la medida real de cada objeto en el dibujo.

| | Objeto | Longitud del dibujo |
|---|---|---|
| 4. | porche | 4 pulgadas |
| 5. | ventana | 3 pulgadas |

| | Objeto | Longitud del dibujo |
|---|---|---|
| 6. | puerta del garaje | 15 pulgadas |
| 7. | chimenea | 0.5 pulgadas |

8. **ÁRBOLES** El modelo de un árbol mide 4 pulgadas de altura. Si la escala del modelo es 1 pulgada = 3 pies, ¿cuál es la altura real del árbol?

9. **CASAS** La escala del modelo de una casa es 1 pulgada = 2.5 pies. Si el modelo de la casa mide 12 pulgadas de ancho, ¿cuál es el ancho de la casa real?

## Práctica y aplicaciones

| AYUDA CON LAS TAREAS | |
|---|---|
| Ejercicios | Ver ejemplos |
| 10–14 | 1, 2 |
| Práctica adicional Ver páginas 614, 633. | |

**BICICLETAS** La escala de un modelo de una bicicleta es 1 pulgada = 0.5 pies. Calcula sus dimensiones reales.

| | Objeto | Medidas del modelo |
|---|---|---|
| 10. | diámetro de la rueda | 4.5 pulgadas |
| 11. | altura de la bicicleta | 7 pulgadas |

**INSECTOS** La escala de un dibujo de una mantis religiosa es 1 pulgada = $\frac{3}{4}$ pulgada. Calcula sus dimensiones reales.

| | Mantis religiosa | Medidas del modelo |
|---|---|---|
| 12. | altura | $2\frac{1}{2}$ pulgadas |
| 13. | longitud del cuerpo | $1\frac{3}{4}$ pulgadas |

14. **HISTORIA** Un modelo del Titanic mide 2.5 pies de longitud. Si la escala del barco es 1 pie = 350 pies, ¿cuál era la longitud real del Titanic?

15. **RAZONAMIENTO CRÍTICO** Las escalas de algunas réplicas de juguete de autos reales son 1:10, 1:18 ó 1:64. ¿Cuál sería la escala más adecuada para el modelo de una motocicleta? Explica.

## Prueba estandarizada de práctica y repaso general

16. **SELECCIÓN MÚLTIPLE** La escala del dibujo de un clip es 1 pulgada = $\frac{1}{8}$ de pulgada. Calcula la longitud real del clip, si el dibujo tiene 10 pulgadas de largo.

Ⓐ 2 pulg Ⓑ $1\frac{1}{2}$ pulg Ⓒ $1\frac{1}{4}$ pulg Ⓓ $\frac{1}{2}$ pulg

17. **SELECCIÓN MÚLTIPLE** El plano de una habitación mide 8 pulgadas por 10 pulgadas. Si la escala es 1 pulgada = 5 pies, calcula las dimensiones reales de la habitación.

Ⓕ 40 pies por 50 pies Ⓖ 35 pies por 45 pies

Ⓗ 20 pies por 25 pies Ⓘ 4 pies por 5 pies

18. Resuelve $\frac{7.3}{h} = \frac{14.6}{10.8}$. (Lección 10-2)

**Expresa cada razón como una fracción reducida.** (Lección 10-1)

19. 2 de 18 juegos jugados

20. 180 días laborados de 365 días

### PREPÁRATE PARA LA SIGUIENTE LECCIÓN

**REQUISITOS Modela cada fracción.** (Lección 5-3)

21. $\frac{1}{2}$ 22. $\frac{1}{4}$ 23. $\frac{3}{4}$ 24. $\frac{3}{5}$ 25. $\frac{2}{3}$

10-3b LABORATORIO de PRÁCTICA

**Seguimiento de la Lección 10-3**

**Lo que aprenderás**
A hacer dibujos a escala.

**Materiales**
- papel cuadriculado

# Haz dibujos a escala

**INVESTIGA** *Trabaja con un(a) compañero(a).*

La habitación de Jordan mide 16 pies de largo por 12 pies de ancho. Se puede hacer un dibujo a escala que sea proporcional al cuarto real. En este laboratorio, harás un dibujo a escala de la habitación de Jordan.

**PASO 1** Elige una escala. Dado que estás usando papel cuadriculado de $\frac{1}{4}$ de pulgada, emplea la escala $\frac{1}{4}$ de pulgada = 2 pies.

**PASO 2** Calcula la longitud y el ancho que tendrá la habitación en el dibujo a escala. La escala indica que cada unidad representa 2 pies. Debido a que la habitación mide 16 pies de largo, divide 16 entre 2. Debido a que la habitación mide 12 pies de ancho, divide 12 entre 2.

$$16 \div 2 = 8 \qquad 12 \div 2 = 6$$

**PASO 3** Construye el dibujo a escala. En el dibujo, la habitación va a medir 8 unidades de largo y 6 unidades de ancho.

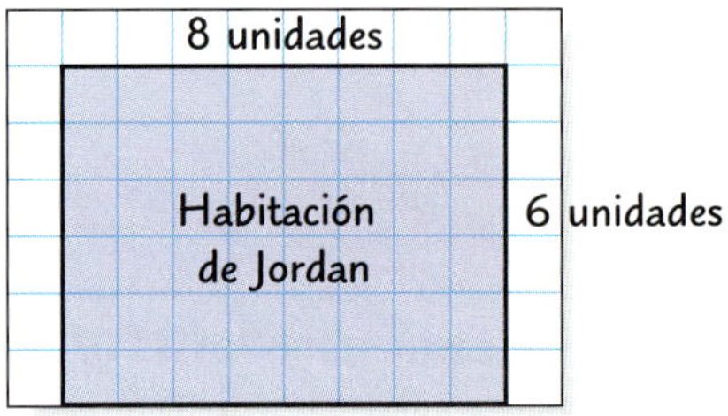


## Tu turno

a. Un macizo de flores de forma rectangular mide 4 pies de ancho y 14 pies de largo. Haz un dibujo a escala del macizo de flores cuya escala sea: $\frac{1}{4}$ de pulgada = 2 pies.

b. Las dimensiones de un parque son de 150 pies de ancho y 75 pies de largo. Haz un dibujo a escala del parque cuya escala sea $\frac{1}{4}$ de pulgada = 10 pies.

## Escribe en matemáticas

1. **Explica** cómo se usa la escala de un dibujo para determinar las dimensiones del objeto real.
2. **Describe** el papel cuadriculado de $\frac{1}{2}$ pulgada.
3. Supón que estás haciendo un dibujo a escala de una cancha de fútbol. ¿Qué tipo de papel cuadriculado usarías? ¿Cuál sería una escala apropiada?

# 10-4 Haz modelos de porcentajes

**Lo que aprenderás**
A usar modelos que ilustren el significado de porcentaje.

**NUEVO vocabulario**

por ciento o porcentaje

**Símbolos matemáticos**

% por ciento

## ¿CUÁNDO usaré esto?

**DULCES** Kimi les preguntó a 100 alumnos en la cafetería cuál era su sabor favorito de paleta: cereza, uva, naranja o limón. Los resultados se muestran en la gráfica de barras.

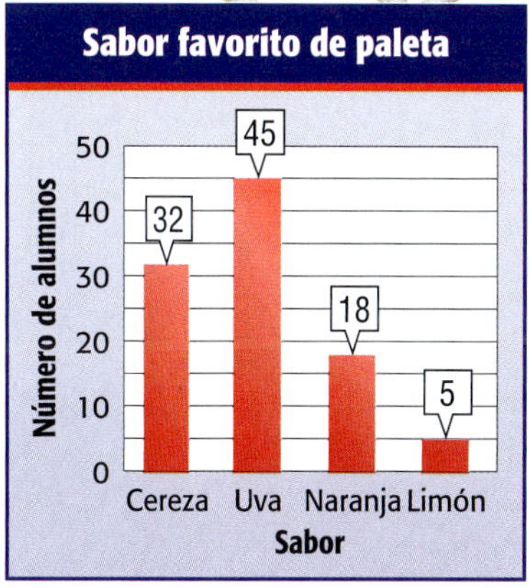


1. ¿Cuál razón compara el número de alumnos que prefieren las paletas de sabor de uva con el número total de alumnos?
2. ¿Cuál decimal representa esta razón?
3. Dibuja un modelo decimal que represente esta razón.

Las razones como 32 de 100, 45 de 100, 18 de 100 y 5 de 100 se pueden expresar como porcentajes. Un **por ciento** (%) o porcentaje es una razón que compara un número con 100.

### Concepto clave — Porcentaje

**En palabras** Un porcentaje es una razón que compara un número con 100.

**En símbolos** 75% = 75 de 100

En la Lección 3-1, aprendiste que se puede usar una cuadrícula de 10 × 10 para representar *centésimas*. Dado que la palabra porcentaje significa *por cada cien,* una cuadrícula de 10 × 10 también puede servir para modelar porcentajes.

**AYUDA PARA EL ESTUDIO**

**Porcentaje** Si quieres hacer un modelo de 100%, sombrea todos los cuadrados, dado que 100% significa 100 de cada 100.

## EJEMPLO Haz un modelo de porcentajes

**1** **Haz un modelo de 18%.**

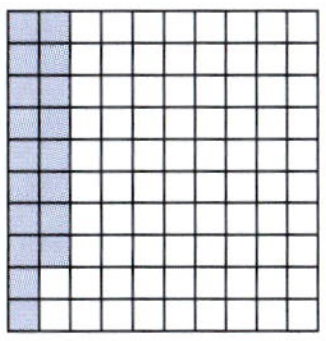

18% significa 18 de cada 100.

Por lo tanto, sombrea 18 de los 100 cuadrados.

**Tu turno** **Modela cada porcentaje.**

**a.** 75% **b.** 8% **c.** 42%

Puedes usar tus conocimientos de modelos de decimales y modelos de porcentajes para identificar el porcentaje sombreado en un modelo.

## EJEMPLOS Identifica el porcentaje

**Identifica el porcentaje modelado.**

**2**

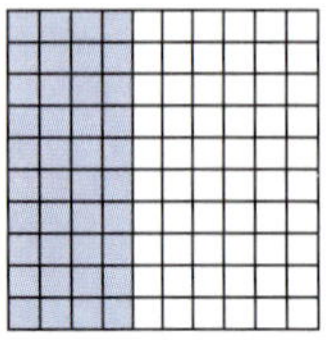

40 cuadrados de 100 están sombreados.

Por lo tanto, el modelo representa 40%.

**3**

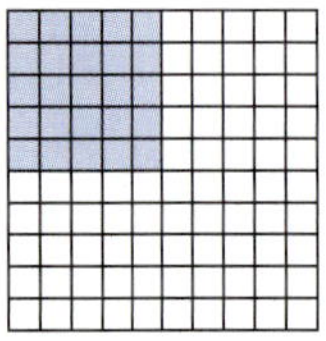

25 cuadrados de 100 están sombreados.

Por lo tanto, el modelo representa 25%.

**Tu turno** **Identifica el porcentaje modelado.**

d.

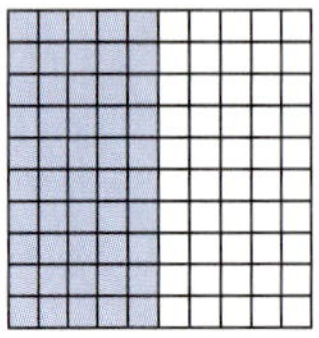

e.

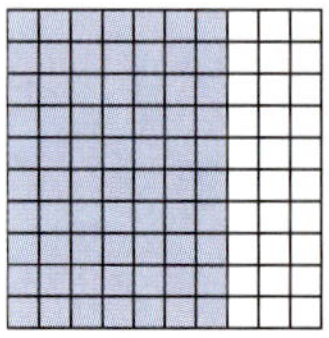

f.

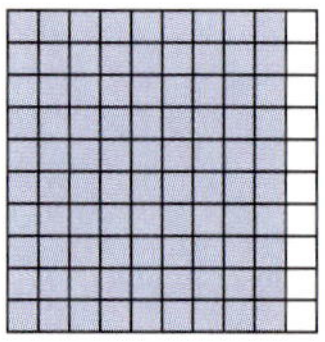

## Repaso de destrezas y conceptos

Escribe en matemáticas
**Ejercicios 1 y 3**

1. **Explica** qué significa si tienes un 50% de una pizza.

2. **INTERPRETA** Dibuja un modelo que represente el 23%.

3. **SENTIDO NUMÉRICO** Santino tiene 100 canicas y le regala el 43% a Michael. ¿Sería razonable decir que Santino le dió a Michael menos de 50 canicas? Explica.

### PRÁCTICA DIRIGIDA

**Modela cada porcentaje.**

4. 85%
5. 43%
6. 4%

**Identifica el porcentaje modelado.**

7.

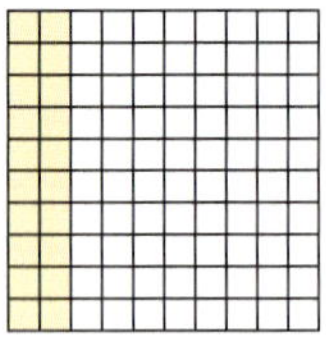

8.

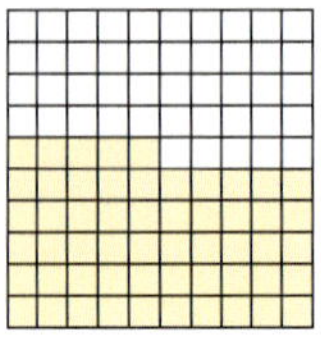

9.

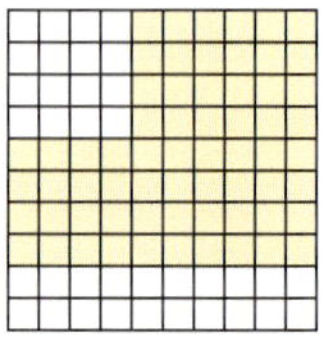

10. **MÚSICA** Un estuche contiene 100 cedés. Un 67% de ellos son de música pop y un 33% son de música country. ¿Cuál tipo de CD musical es más abundante en el estuche? Usa un modelo en tu explicación.

## Práctica y aplicaciones

| AYUDA CON LAS TAREAS | |
|---|---|
| Ejercicios | Ver ejemplos |
| 11–16, 23 | 1 |
| 17–22 | 2 |

**Práctica adicional**
**Ver páginas 614, 633.**

**Modela cada porcentaje.**

**11.** 15% **12.** 65% **13.** 48% **14.** 39% **15.** 9% **16.** 3%

**Identifica el porcentaje modelado.**

**17.** 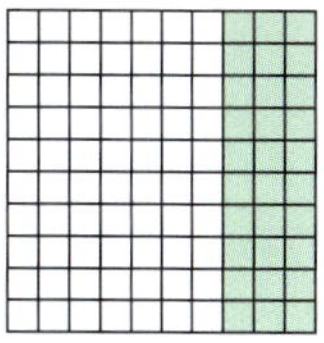

**18.** 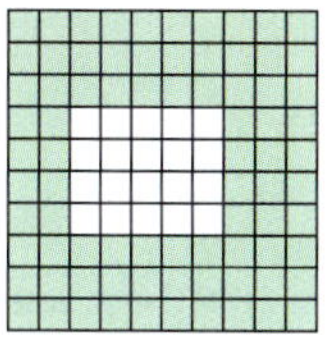

**19.** 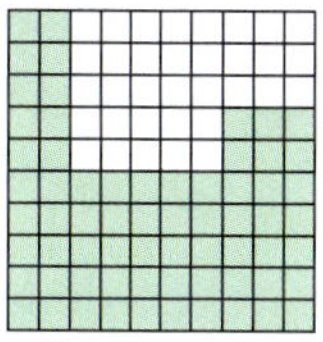

**20.** 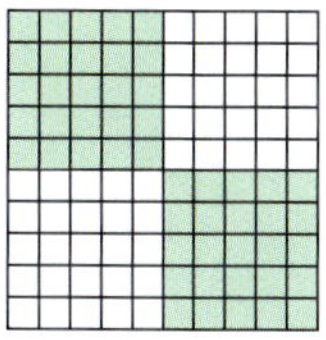

**21.** 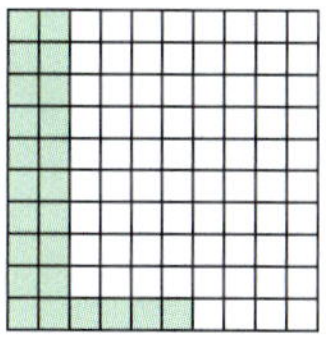

**22.** 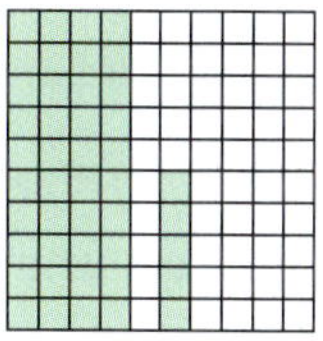

**23. SNOWBOARDING** En un popular centro turístico para esquiar, el 35% de las personas que compraron boletos practican snowboarding. Haz un modelo que represente este 35%.

**24.** Usa un modelo para demostrar qué porcentaje es mayor 27% ó 38%.

**25. RAZONAMIENTO CRÍTICO** Una fotografía se amplía en un 200%. Haz un modelo del 200%. ¿Qué significa un aumento del 200%?

## Prueba estandarizada de práctica y repaso general

**Usa la tabla para los ejercicios 26 y 27.**

| Tiempo de estudio nocturno de alumnos de 13 años | |
|---|---|
| **Tiempo** | **Porcentaje** |
| No estudian | 24% |
| Menos de una hora | 37% |
| Entre 1 y 2 horas | 26% |
| Más de 2 horas | 8% |

**Fuente:** National Center for Education Statistics

**26. SELECCIÓN MÚLTIPLE** ¿Cuánto tiempo estudia la mayoría de los alumnos de 13 años?

(A) no estudian en absoluto
(B) menos de una hora
(C) 1–2 horas
(D) más de 2 horas

**27. RESPUESTA BREVE** ¿Cuál categoría de tiempo de estudio contiene el porcentaje menor?

**28. GEOGRAFÍA** La escala de un mapa es 1 pulgada = 20 millas. Si la distancia entre dos ciudades es $2\frac{3}{4}$ pulgadas en el mapa, ¿cuál será la distancia real? (Lección 10-3)

**Resuelve cada proporción.** (Lección 10-2)

**29.** $\frac{2}{5} = \frac{x}{15}$ **30.** $\frac{x}{10} = \frac{18}{30}$ **31.** $\frac{2.5}{8} = \frac{10}{x}$

### PREPÁRATE PARA LA SIGUIENTE LECCIÓN

**REQUISITOS Escribe cada fracción en forma reducida.** (Lección 5-2)

**32.** $\frac{26}{100}$ **33.** $\frac{54}{100}$ **34.** $\frac{10}{100}$ **35.** $\frac{75}{100}$

# CAPÍTULO 10 Prueba parcial de práctica del capítulo

## Vocabulario y conceptos

1. **Define** *razón*. (Lección 10-1)
2. **Escribe** el enunciado de la propiedad de proporciones. (Lección 10-2)

## Destrezas y aplicaciones

**Convierte cada razón en una fracción reducida.** (Lección 10-1)

3. 12 niños de 20 alumnos
4. 15 galletas a 40 biscochos de chocolate

**Convierte cada razón en una tasa unitaria.** (Lección 10-1)

5. 171 millas en 3 horas
6. \$15 por 3 libras

**Resuelve cada proporción.** (Lección 10-2)

7. $\frac{x}{6} = \frac{12}{18}$
8. $\frac{8}{20} = \frac{30}{x}$
9. $\frac{3}{d} = \frac{9}{4.8}$
10. $\frac{2.4}{7.2} = \frac{x}{3.6}$

11. **SALUD** Supón que 27 de cada 50 personas que viven en cierta parte de una comunidad hacen ejercicio regularmente. ¿Cuántas personas en una comunidad similar de 2,600 habitantes se espera que hagan ejercicio regularmente? (Lección 10-2)

**ANIMALES La escala de un modelo de elefante africano es 1 pulgada = 2 pies. Calcula las dimensiones reales del elefante.** (Lección 10-3)

| | Parte del cuerpo | Medida del modelo |
|---|---|---|
| 12. | trompa | 4 pulgadas |
| 13. | altura hasta el hombro | 7 pulgadas |
| 14. | oreja | 2 pulgadas |
| 15. | colmillo | 5 pulgadas |

**Identifica el porcentaje modelado.** (Lección 10-4)

16. 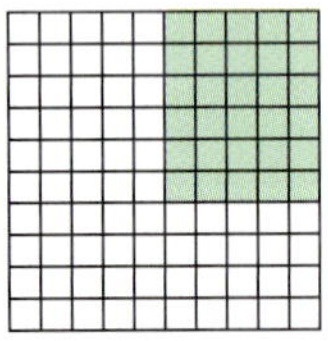

17. 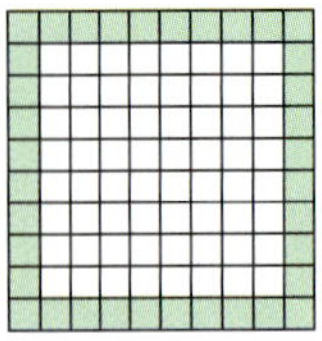

18. 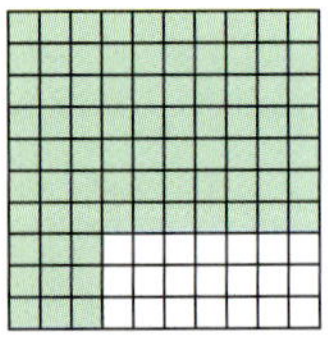

## Prueba estandarizada de práctica

19. **COMPLETA** Un equipo anotó 4 goles en 10 intentos. ¿Cuál es la razón entre el número de goles al número de intentos? (Lección 10-1)

20. **RESPUESTA BREVE** Usa un modelo para explicar cuál es menor 25% ó 20%. (Lección 10-4)

# La Zona de juegos

Un sitio para practicar tus destrezas matemáticas

## A la caza de razones

### ¡ALÍSTATE!

**Jugadores:** dos o tres
**Materiales:** tijeras, 18 tarjetas

### ¡EN TU MARCA!

- Corta por la mitad todas las tarjetas.
- En la mitad de las tarjetas, escribe las razones que se muestran en la figura.
- En el resto de las tarjetas anota una razón equivalente a cada razón.
- Cada par de tarjetas con razones equivalentes forman un par semejante.

| | | | | | |
|---|---|---|---|---|---|
| $\frac{1}{2}$ | $\frac{1}{4}$ | $\frac{2}{3}$ | $\frac{3}{4}$ | $\frac{5}{8}$ | $\frac{1}{3}$ |
| $\frac{2}{5}$ | $\frac{3}{7}$ | $\frac{1}{5}$ | $\frac{4}{5}$ | $\frac{3}{5}$ | $\frac{7}{8}$ |
| $\frac{5}{7}$ | $\frac{5}{9}$ | $\frac{1}{8}$ | $\frac{3}{8}$ | $\frac{2}{7}$ | $\frac{2}{9}$ |

### ¡ADELANTE!

- Baraja las tarjetas. Luego, reparte 7 tarjetas a cada jugador. Coloca las tarjetas restantes boca abajo, formando una pila. Cada jugador debe separar los pares de tarjetas semejantes que le tocaron durante la repartición de tarjetas.
- El primer jugador pide una tarjeta. Si forma un par, entonces deberá separar el par de tarjetas y le tocará el turno al siguiente jugador. Si no forma un par, entonces deberá tomar la tarjeta en la parte superior de la pila. Si esta vez forma un par, separará el par de tarjetas y le tocará el turno al siguiente jugador. Si no forma un par, entonces será el turno del siguiente jugador.
- **¿Quién gana?** Después de que todas las tarjetas hayan sido repartidas o cuando un jugador ya no tenga más tarjetas, gana el jugador con el mayor número de pares de tarjetas semejantes.

# 10-5 Porcentajes y fracciones

**Lo que aprenderás**
A expresar porcentajes como fracciones y viceversa.

## ¿CUÁNDO usaré esto?

**ENCUESTAS** A un grupo de adultos se les pidió que dieran una razón por la cual respetaban a su madre.

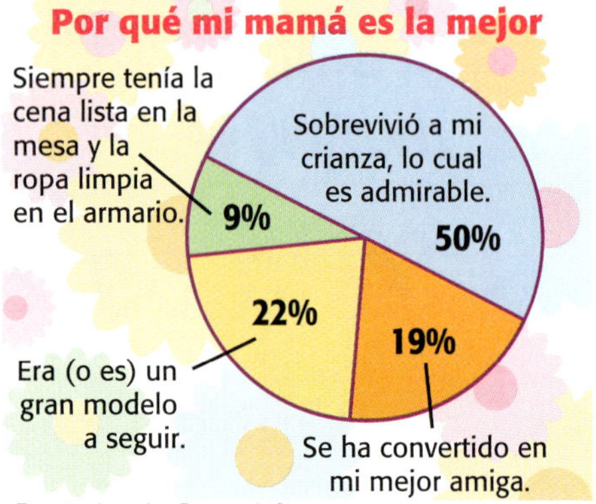

**Fuente:** Impulse Research Corp.

1. ¿Cuál fue la segunda razón más popular?
2. ¿Qué porcentaje de la gráfica representa esta sección?
3. Basado en el significado de 22%, haz una conjetura sobre cómo podrías convertir este porcentaje en una fracción.

Todo porcentaje se puede convertir en una fracción reducida.

**Concepto clave** **Conversión de porcentajes en fracciones**

Para convertir un porcentaje en una fracción, se convierte el porcentaje en fracción con un denominador de 100 y, luego, se reduce.

## EJEMPLOS Convierte un porcentaje en una fracción

**Convierte cada porcentaje en una fracción reducida.**

**1** **50%**

50% significa *50 de cada 100.*

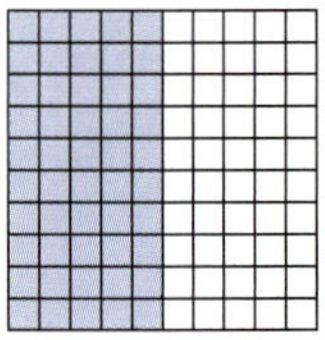

$50\% = \frac{50}{100}$ Convierte el porcentaje en una fracción con denominador de 100.

$= \frac{\overset{1}{\cancel{50}}}{\underset{2}{\cancel{100}}}$ ó $\frac{1}{2}$ Reduce. Divide el numerador y el denominador entre el MCD, 50.

**2** **125%**

125% significa *125 de cada 100.*

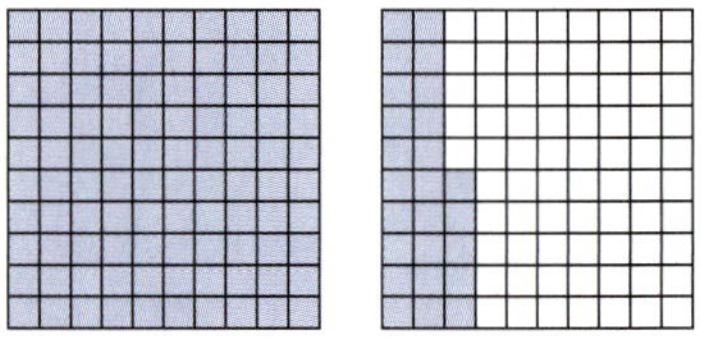

$125\% = \frac{125}{100}$

$= 1\frac{\overset{1}{\cancel{25}}}{\underset{4}{\cancel{100}}}$ ó $1\frac{1}{4}$

**Tu turno** **Convierte cada porcentaje en una fracción reducida.**

**a.** 10% **b.** 97% **c.** 135%

**AYUDA PARA EL ESTUDIO**

**Por cientos o porcentajes** Un porcentaje puede ser mayor que 100%. Dado que porcentaje significa *centésimas*, o *por cada 100*, un porcentaje como 150% significa 150 centésimas ó 150 por cada 100.

## EJEMPLO Convierte un porcentaje en una fracción

**3 PATRIOTISMO Consulta la siguiente tabla. ¿Qué fracción de los encuestados están sumamente orgullosos de ser estadounidenses?**

| Orgulloso de ser estadounidense | |
|---|---|
| **Respuesta** | **Porcentaje** |
| no opinan | 1% |
| un poco/nada | 3% |
| moderadamente | 6% |
| muy | 25% |
| sumamente | 65% |

**Fuente:** Gallup Poll

La tabla muestra que el 65% de los adultos están sumamente orgullosos de ser estadounidenses.

$65\% = \frac{65}{100}$ Convierte el porcentaje en una fracción con un denominador de 100.

$= \frac{13}{20}$ Reduce.

Por lo tanto, $\frac{13}{20}$ de los encuestados están sumamente orgullosos de ser estadounidenses.

Las fracciones se pueden convertir en porcentajes. Para convertir una fracción en un porcentaje, se debe escribir una proporción y, luego resolverla.

## EJEMPLOS Convierte una fracción en un porcentaje

**AYUDA PARA EL ESTUDIO**

**Porcentajes** Recuerda que un porcentaje es un número comparado con 100. Por consiguiente, una de las razones de la proporción debe ser la fracción. La otra razón es el número desconocido que se compara con 100.

**4 Convierte $\frac{9}{10}$ en un porcentaje.**

$\frac{9}{10} = \frac{n}{100}$ Escribe la proporción.

$9 \times 100 = 10 \times n$ Escribe los productos cruzados.

$900 = 10n$ Multiplica.

$\frac{900}{10} = \frac{10n}{10}$ Divide ambos lados entre 10.

$90 = n$ Reduce.

Por lo tanto, $\frac{9}{10}$ equivale a 90%.

**5 Convierte $\frac{7}{5}$ en un porcentaje.**

$\frac{7}{5} = \frac{c}{100}$ Escribe la proporción.

$5 \times c = 7 \times 100$ Escribe los productos cruzados.

$5c = 700$ Multiplica.

$\frac{5c}{5} = \frac{700}{5}$ Divide ambos lados entre 5.

$c = 140$ Reduce.

Por lo tanto, $\frac{7}{5}$ equivale a 140%.

**Tu turno Convierte cada fracción en un porcentaje.**

d. $\frac{3}{5}$ e. $\frac{1}{4}$ f. $\frac{1}{5}$

## Repaso de destrezas y conceptos

**Escribe en matemáticas**
**Ejercicios 1 y 2**

1. **Explica** cómo se convierte un porcentaje en una fracción.

2. **¿Cuál no pertenece?** Identifica el número que no tiene el mismo valor que los otros tres. Explica.

| 25% | $\frac{2}{8}$ | $\frac{7}{25}$ | $\frac{25}{100}$ |
|---|---|---|---|

3. **SENTIDO NUMÉRICO** Escribe tres fracciones menores que 75%.

### PRÁCTICA DIRIGIDA

**Convierte cada porcentaje en una fracción reducida.**

4. 15%　　5. 80%　　6. 180%

**Convierte cada fracción en un porcentaje.**

7. $\frac{1}{4}$　　8. $\frac{2}{5}$　　9. $\frac{9}{4}$

10. **FÚTBOL** Durante la temporada regular del 2002, el equipo femenino de fútbol, Atlanta Beat, ganó cerca del 52% de sus partidos. ¿Qué fracción de sus partidos ganó?

## Práctica y aplicaciones

**AYUDA CON LAS TAREAS**

| Ejercicios | Ver ejemplos |
|---|---|
| 11–16, 27 | 1, 2 |
| 30–32 | 3 |
| 17–26, 28–29 | 4, 5 |

**Práctica adicional**
**Ver páginas 615, 633.**

**Convierte cada porcentaje en una fracción reducida.**

11. 14%　　12. 47%　　13. 2%

14. 20%　　15. 185%　　16. 280%

**Convierte cada fracción en un porcentaje.**

17. $\frac{7}{10}$　　18. $\frac{7}{20}$　　19. $\frac{5}{4}$　　20. $\frac{7}{4}$

21. $\frac{1}{100}$　　22. $\frac{5}{100}$　　23. $\frac{3}{8}$　　24. $\frac{5}{6}$

25. **DINERO** ¿Qué porcentaje de un dólar es una moneda de 5¢?

26. **DINERO** ¿Qué porcentaje de un dólar es un centavo?

27. Expresa *noventa y ocho por ciento* como una fracción reducida.

28. ¿Cómo se expresa *sesenta cuatro centésimas* en forma de porcentaje?

**BALONCESTO Usa la tabla para los ejercicios 29 y 30.**

29. ¿Qué porcentaje de sus lanzamientos encestó Kendra?

30. ¿Qué fracción de sus lanzamientos falló Kendra?

**Tabla de resultados de Kendra**

| Lanzamientos anotados | Lanzamientos fallados |
|---|---|
| 卌 卌 卌 III | 卌 II |

**ENCUESTAS** **Para los ejercicios 31 al 33, usa la gráfica que muestra la presión que sienten los padres por conseguir para sus hijos las mismas cosas que tienen otros niños.**

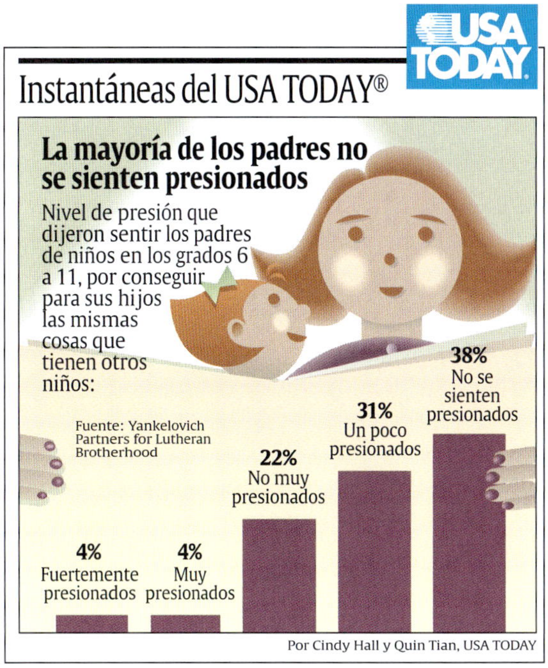


31. ¿Qué fracción de los padres no se sienten presionados? Expresa la fracción en forma reducida.
32. ¿Qué fracción de los padres no se sienten muy presionados? Expresa la fracción en forma reducida.
33. Escribe un enunciado que describa la fracción de los padres que se sienten muy presionados.

34. **RAZONAMIENTO CRÍTICO** La tabla muestra la fracción de tareas diarias que un padre asigna a su hijo y a su hija. Si las tareas restantes las lleva a cabo el padre, ¿qué porcentaje de las tareas realiza el padre? Redondea al porcentaje entero más cercano.

| Persona | hijo | hija | hija |
|---|---|---|---|
| Fracción | $\frac{1}{2}$ | $\frac{1}{3}$ | $\frac{1}{7}$ |

## Prueba estandarizada de práctica y repaso general

35. **SELECCIÓN MÚLTIPLE** Cuatro quintas partes de los alumnos de sexto grado tienen hermanos. ¿Qué porcentaje de los alumnos *no* tiene hermanos?

(A) 15% (B) 20% (C) 25% (D) 80%

36. **SELECCIÓN MÚLTIPLE** Supón que el 75% de los adolescentes usa la computadora de su casa para hacer tareas. ¿Qué fracción equivale a este porcentaje?

(F) $\frac{3}{4}$ (G) $\frac{7}{10}$ (H) $\frac{3}{5}$ (I) $\frac{1}{4}$

**Modela cada porcentaje.** (Lección 10-4)

37. 32% 38. 65% 39. 135%

40. **MONTAÑAS RUSAS** La escala del modelo de una montaña rusa es 1 pulgada = 2 pies. Si los rieles del modelo miden 2.5 pulgadas de ancho, ¿cuánto miden los rieles reales de ancho? (Lección 10-3)

### PREPÁRATE PARA LA SIGUIENTE LECCIÓN

**REQUISITOS** **Convierte cada fracción en un decimal.** (Lección 5-7)

41. $\frac{65}{100}$ 42. $\frac{1}{8}$ 43. $\frac{0.5}{100}$ 44. $\frac{1}{5}$

# 10-6 Porcentajes y decimales

**Lo que aprenderás**
A expresar porcentajes como decimales y viceversa.

**¿CUÁNDO usaré esto?**

**PRESUPUESTO** La gráfica muestra el presupuesto mensual de la familia Balint.

1. ¿Qué porcentaje representa la gráfica circular?
2. ¿Qué porcentaje representa la sección de la gráfica titulada arriendo?
3. Convierte la fracción del ejercicio anterior en un decimal.

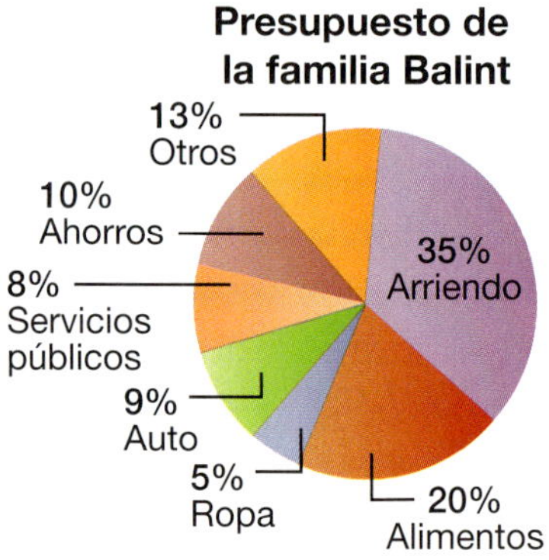


Los porcentajes se pueden convertir en decimales.

**Concepto clave** — **Porcentaje expresado como decimal**

Para convertir un porcentaje en decimal, convierte el porcentaje en una fracción con un denominador de 100. Luego, convierte la fracción en un decimal.

## EJEMPLOS Convierte un porcentaje en un decimal

**Convierte cada porcentaje en un decimal.**

**1** **56%**

$56\% = \frac{56}{100}$ Convierte el porcentaje en una fracción con un denominador de 100.

$= 0.56$ Convierte la fracción en un decimal.

**2** **120%**

$120\% = \frac{120}{100}$ Convierte el porcentaje en una fracción con un denominador de 100.

$= 1.2$ Convierte la fracción en un decimal.

**3** **0.3%**

0.3% significa tres décimas de uno por ciento.

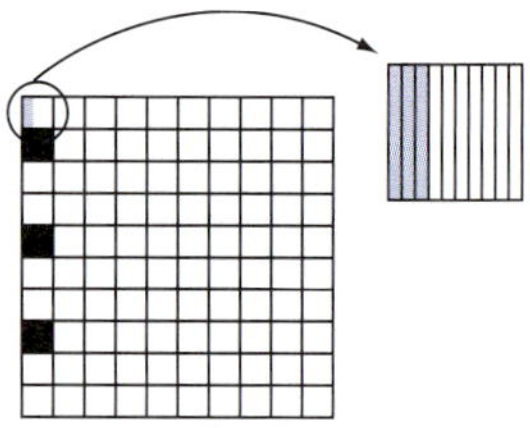

$0.3\% = \frac{0.3}{100}$ Convierte el porcentaje en fracción con un denominador de 100.

$= \frac{0.3}{100} \times \frac{10}{10}$ Multiplica por $\frac{10}{10}$ para eliminar el decimal del numerador.

$= \frac{3}{1,000}$ ó 0.003 Convierte la fracción en un decimal.

**AYUDA PARA EL ESTUDIO**

**Cálculo mental** Se puede usar un atajo para convertir un porcentaje en un decimal. Mueve el punto decimal dos lugares a la izquierda: esto equivale a dividir entre 100.

**Tu turno** **Convierte cada porcentaje en un decimal.**

a. 32%  b. 190%  c. 0.6%

También es posible convertir un decimal en porcentaje.

**Concepto clave** **Decimal expresado como porcentaje**

Para convertir un decimal en un porcentaje, se convierte el decimal en una fracción con un denominador de 100. Luego, se convierte la fracción en un porcentaje.

## EJEMPLOS Convierte un decimal en un porcentaje

**Convierte cada decimal en un porcentaje.**

**4** **0.38**

$0.38 = \frac{38}{100}$  Convierte el decimal en una fracción.

$= 38\%$  Convierte la fracción en un porcentaje.

**5** **0.189**

$0.189 = \frac{189}{1{,}000}$  Convierte el decimal en una fracción.

$= \frac{189 \div 10}{1{,}000 \div 10}$  Divide el numerador y el denominador entre 10 para obtener un denominador igual a 100.

$= \frac{18.9}{100}$ ó 18.9%  Convierte la fracción en un porcentaje.

**AYUDA PARA EL ESTUDIO**

**Cálculo mental** Se puede usar un atajo para convertir un decimal en un porcentaje. Mueve el punto decimal dos lugares a la derecha, lo cual equivale a multiplicar por 100.

**Tu turno** **Convierte cada decimal en un porcentaje.**

d. 0.47  e. 0.235  f. 1.75

## Repaso de destrezas y conceptos

**Escribe en matemáticas** Ejercicios 1 y 2

1. **Explica** cómo convertir 0.34 en un porcentaje.
2. **¿Cuál no pertenece?** Identifica el decimal que no se puede convertir en un porcentaje mayor que 1. Explica por qué.

| 0.4 | 0.048 | 0.0048 | 0.484 |
|---|---|---|---|

### PRÁCTICA DIRIGIDA

**Convierte cada porcentaje en un decimal.**

3. 27%  4. 15%  5. 0.9%  6. 115%

**Convierte cada decimal en un porcentaje.**

7. 0.32  8. 0.15  9. 0.125  10. 0.291

11. **PASTA** Según el *American Pasta Report*, un 12% de los estadounidenses dice que la lasaña es su pasta favorita. ¿Cuál decimal equivale a 12%?

## Práctica y aplicaciones

| AYUDA CON LAS TAREAS | |
|---|---|
| Ejercicios | Ver ejemplos |
| 12–19, 29, 30, 31 | 1, 2, 3 |
| 20–27, 28 | 4, 5 |
| Práctica adicional Ver páginas 615, 633. | |

**Convierte cada porcentaje en un decimal.**

12. 2%
13. 6%
14. 17%
15. 35%
16. 0.7%
17. 0.3%
18. 125%
19. 104%

**Convierte cada decimal en un porcentaje.**

20. 0.5
21. 0.4
22. 0.22
23. 0.99
24. 0.175
25. 0.355
26. 0.106
27. 0.287

28. Expresa setenta y dos milésimas como un porcentaje.
29. Convierte cuatro por ciento y dos décimas en un decimal.

30. **CIENCIA BIOLÓGICA** Aproximadamente el 95% de todas las especies de peces tienen esqueletos óseos. Convierte 95% en un decimal.
31. **IMPUESTOS** El impuesto sobre las ventas en el condado Allen es de 5%. Convierte 5% en un decimal.

**Actualiza datos** Usa Internet u otra fuente para averiguar el impuesto sobre las ventas de tu estado. Visita: msmath1.net/data_update para obtener más información.

**Reemplaza cada ● por <, > o = para hacer verdadero cada enunciado.**

32. 25% ● 0.20
33. 0.46 ● 46%
34. 2.3 ● 23%

### RAZONAMIENTO CRÍTICO

35. Ordena de menor a mayor 23.4%, 2.34, 0.0234 y 20.34%.
36. Ordena de mayor a menor $2\frac{1}{4}$, 0.6, 2.75, 40% y $\frac{7}{5}$.
37. Grafica en una recta numérica $\frac{2}{5}$, 1, 0.5, 30%, −1, 2.0%.

## Prueba estandarizada de práctica y repaso general

38. **SELECCIÓN MÚLTIPLE** ¿Qué porcentaje es mayor que 0.5?
    - (A) 56%
    - (B) 49%
    - (C) 45%
    - (D) 44%
39. **RESPUESTA BREVE** El impuesto sobre las ventas de la gorra de béisbol que Tionna está comprando es de 8.75%. Convierte este porcentaje en un decimal.

**Convierte cada porcentaje en una fracción reducida.** (Lección 10-5)

40. 24%
41. 38%
42. 125%
43. 35%

44. ¿Qué porcentaje de 100 es 36? (Lección 10-4)

### PREPÁRATE PARA LA SIGUIENTE LECCIÓN

**REQUISITOS Multiplica.** (Lección 7-2)

45. $\frac{1}{5} \times 200$
46. $\frac{1}{2} \times 1{,}500$
47. $\frac{3}{5} \times 35$
48. $\frac{3}{4} \times 32$


msmath1.net/self_check_quiz

# 10-7a LABORATORIO de PRÁCTICA

**Sinopsis de la Lección 10-7**

## Lo que aprenderás
A usar un modelo para calcular el porcentaje de un número.

## Materiales
• papel cuadriculado

# Porcentaje de un número

Una mochila está a la venta en una tienda con un 30% de descuento. Si el precio original de la mochila era de $50, ¿cuánto dinero ahorrarás?

En este caso, conoces el porcentaje y necesitas averiguar la parte del precio original que te vas a ahorrar. Para calcular el porcentaje de un número usando un modelo, sigue estos pasos:

- Dibuja un modelo porcentual que represente la situación.
- Usa el modelo porcentual para calcular el porcentaje del número.

**ACTIVIDAD** *Trabaja con un(a) compañero(a).*

**1 Usa un modelo para calcular el 30% de $50.**

**PASO 1** Dibuja un rectángulo como el que se muestra en la figura. Dado que un porcentaje es una razón que compara un número con 100, haz una escala del 0% a 100% a la derecha del modelo, como se muestra en la figura.

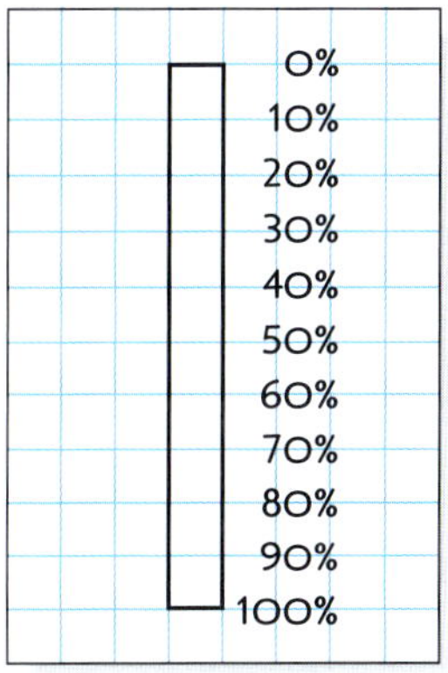


**PASO 2** Dado que $50 representa el precio original, divide en unidades iguales de $0 a $50 la escala a la izquierda del modelo, como se muestra en la figura.

**PASO 3** Dibuja una línea desde la marca del 30%, en la escala derecha del modelo, hasta la escala del lado izquierdo, como se muestra en la gráfica.

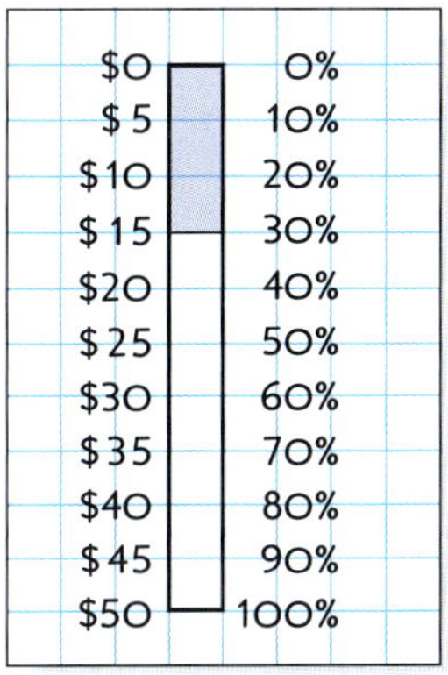


El modelo muestra que el 30% de $50, es $15. Por lo tanto, ahorrarás $15.

## Tu turno

**Dibuja un modelo para calcular el porcentaje de cada número.**

a. 20% de 120 b. 60% de 70 c. 90% de 400

Supón que una bicicleta tiene un descuento de 35%. ¿Cuánto ahorrarás si el precio original de la bicicleta era $180?

**ACTIVIDAD** *Trabaja con un(a) compañero(a).*

**2** **Usa un modelo para calcular el 35% de $180.**

**PASO 1** Dibuja un rectángulo como el que se muestra en la figura. Haz una escala del 0% a 100% a la derecha del modelo, como se muestra en la figura.

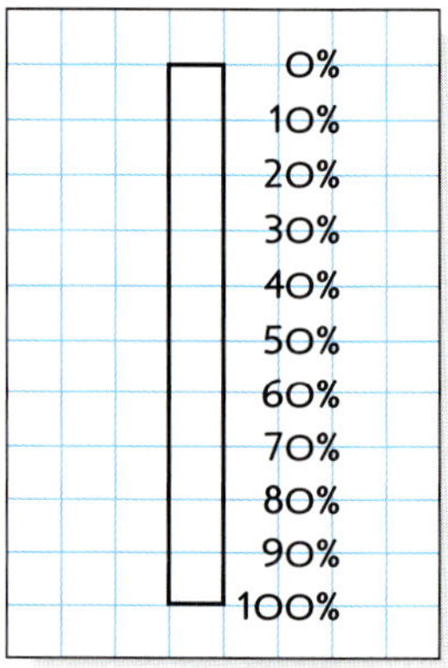


**PASO 2** El precio original es $180. Entonces, divide la escala a la izquierda del modelo, en unidades iguales de $0 a $180.

**PASO 3** Dibuja una línea desde la marca del 35% en la escala derecha del modelo, hasta la escala del lado izquierdo, como se muestra en la gráfica.

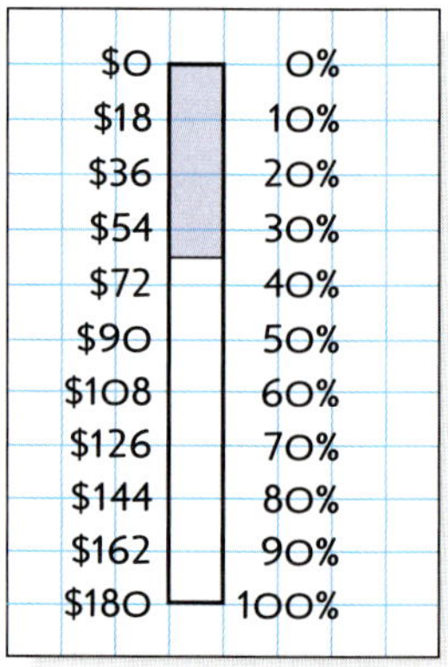


El modelo muestra que el 35% de $180 se localiza entre $54 y $72, es decir, $63. Por lo tanto, ahorrarás $63.

**Tu turno** **Haz un modelo para calcular el porcentaje de cada número. Si no puedes calcular un resultado exacto, usa un estimado.**

**d.** 25% de 140 **e.** 7% de 50 **f.** 0.5% de 20

## Escribe en matemáticas

1. **Explica** cómo se determinan las unidades situadas en el lado izquierdo del modelo.
2. **Escribe** un enunciado en que expliques cómo se calcula el 7% de 50.
3. **Explica** por qué el saber a cuánto equivale el 10% de un número, te puede servir para calcular un porcentaje si el porcentaje requerido es un múltiplo de 10%.
4. **Explica** por qué el saber a cuánto equivale el 10% de un número, te puede ayudar a determinar si el cálculo de un porcentaje es un valor razonable.

# 10-7 Porcentaje de un número

**Lo que aprenderás**
A calcular el porcentaje de un número.

## ¿CUÁNDO usaré esto?

**SEGURIDAD**
El departamento de policía local escribió un informe sobre el exceso de velocidad de los autos en una zona escolar. Los resultados se muestran en la gráfica.

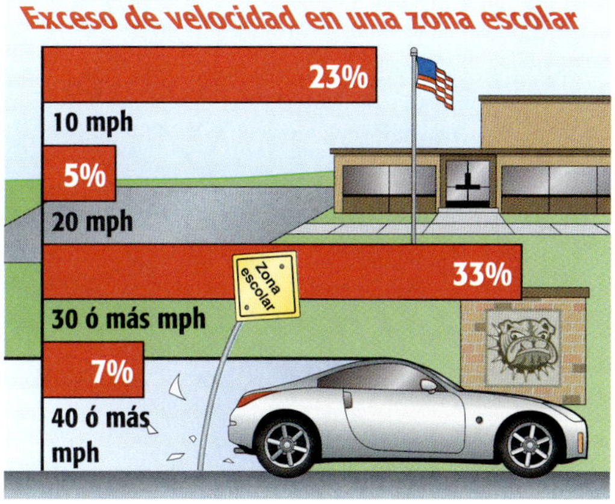


1. ¿Qué porcentaje de los autos viajaban a un exceso de velocidad de 20 millas?
2. Escribe un enunciado de multiplicación con porcentajes que sirva para calcular el número de autos, de un total de 300 autos, que viajaban a un exceso de velocidad de 20 millas.

Para calcular porcentajes como 23% de 300, 33% de 300 ó 7% de 300, se puede usar alguno de los siguientes métodos:

- Convertir el porcentaje en una fracción y, luego, multiplicar.
- Convertir el porcentaje en un decimal y, luego, multiplicar.

## EJEMPLO Calcula el porcentaje de un número

**1 Calcula el 5% de 300.**

El 5% de 300 se puede calcular usando cualquiera de los dos métodos.

**Método 1** Convierte el porcentaje en una fracción.

$5\% = \frac{5}{100}$ ó $\frac{1}{20}$

$\frac{1}{20}$ de 300 $= \frac{1}{20} \times 300$ ó 15

**Método 2** Convierte el porcentaje como un decimal.

$5\% = \frac{5}{100}$ ó 0.05

0.05 de 300 $= 0.05 \times 300$ ó 15

Así, el 5% de 300 es igual a 15. Usa un modelo para verificar tu resultado.

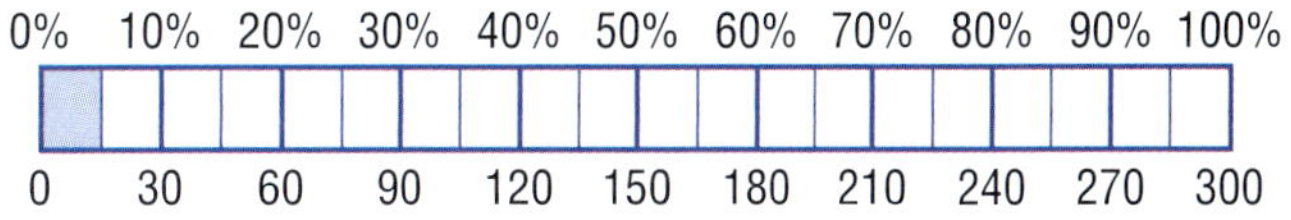


El modelo confirma que el 5% de 300, es 15.

**AYUDA PARA EL ESTUDIO**

**Porcentaje de un número** También se puede usar una calculadora para calcular el porcentaje de un número. Por ejemplo, para calcular el 5% de 300 presiona
5 [2nd] [%] [×] 300 [ENTER].
El resultado es igual a 15.

msmath1.net/extra_examples

## EJEMPLOS Calcula el porcentaje de un número

**AYUDA PARA EL ESTUDIO**

**Cálculo mental**
120% es un poco mayor que 100%. Por lo tanto, la solución debe ser un poco mayor que el 100% de 75, es decir, debe ser un poco mayor que 75.

**2** Calcula 120% de 75.

**Método 1** Convierte el porcentaje en una fracción.

$120\% = \frac{120}{100}$ ó $1\frac{1}{5}$

$1\frac{1}{5}$ de $75 = 1\frac{1}{5} \times 75$

$= \frac{6}{5} \times 75$

$= \frac{6}{5} \times \frac{75}{1}$ ó 90

**Método 2** Convierte el porcentaje como un decimal.

$120\% = \frac{120}{100}$ ó 1.2

1.2 de $75 = 1.2 \times 75$ ó 90

De modo que, el 120% de 75 es igual a 90. Usa un modelo para verificar el resultado.

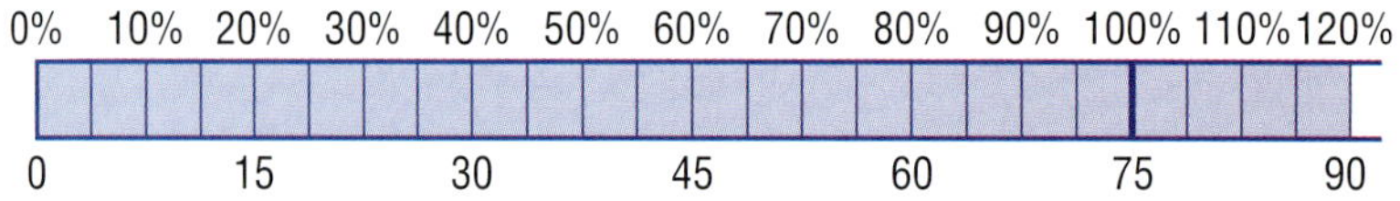


El modelo confirma que el 120% de 75 es 90.

**3** **ESTADÍSTICA La gráfica muestra que el 12.2% de los estudiantes de medicina dicen que no pueden dejar su casa para ir a la universidad sin llevar sus animales de peluche. Si una universidad tiene 350 estudiantes de medicina, ¿cuántos se espera que tengan animales de peluche en su dormitorio?**

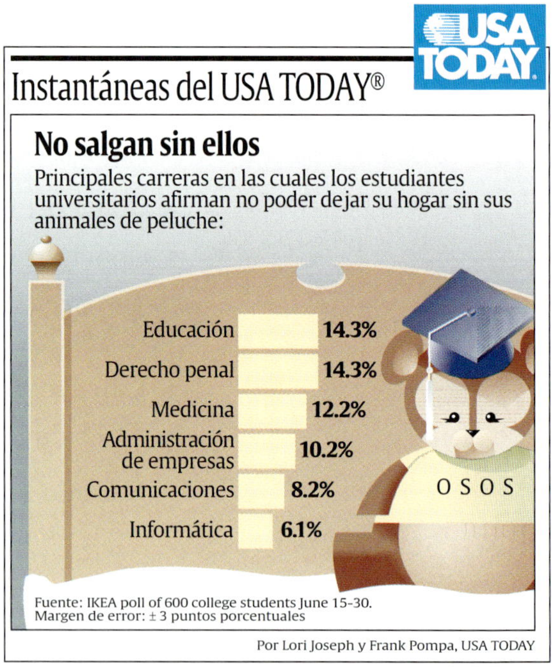


Para calcular el 12.2% de 350, convierte el porcentaje en un decimal. Luego, multiplica usando la calculadora.

$12.2\% = \frac{12.2}{100}$ ó 0.122 — Divide 12.2 entre 100 para obtener 0.122.

0.122 de $350 = 0.122 \times 350 = 42.7$ — Usa la calculadora.

Por lo tanto, se espera que alrededor de 43 estudiantes tengan animales de peluche en su dormitorio.

**Tu turno** **Calcula el porcentaje de cada número.**

a. 55% de 160 b. 140% de 125 c. 0.3% de 500

## Repaso de destrezas y conceptos

**Escribe en matemáticas**
**Ejercicos 1 al 3**

1. **Explica** cómo se calcula el 40% de 65, convirtiendo el porcentaje en un decimal.

2. **INTERPRETA** Escribe un problema que requiera calcular el porcentaje de un número y cuyo resultado sea mayor que el número original.

3. **HALLA EL ERROR** Gary y Belinda están calculando el 120% de 60. ¿Quién tiene la razón? Explica tu razonamiento.

Gary
$120\%$ de $60 = 1\frac{1}{5} \times 60$
$= 72$

Belinda
$120\%$ de $60 = 12.0 \times 60$
$= 720$

### PRÁCTICA DIRIGIDA

**Calcula el porcentaje de cada número.**

4. 30% de 90
5. 50% de 78
6. 4% de 65
7. 7% de 7
8. 150% de 38
9. 0.4% de 20

10. **DINERO** Una patineta se vende en un 85% de su precio original. Si su precio normal es de $40, ¿cuál es el precio de oferta?

## Práctica y aplicaciones

**AYUDA CON LAS TAREAS**

| Ejercicios | Ver ejemplos |
|---|---|
| 11–24 | 1, 2, 3 |
| 25–32 | 3 |

**Práctica adicional**
**Ver páginas 615, 633.**

**Calcula el porcentaje de cada número.**

11. 15% de 60
12. 12% de 800
13. 75% de 120
14. 25% de 80
15. 2% de 25
16. 4% de 9
17. 7% de 85
18. 3% de 156
19. 150% de 90
20. 125% de 60
21. 0.5% de 85
22. 0.3% de 95

23. ¿Cuánto es el 78% de 265?
24. Calcula el 24% de 549.

25. **LIBROS** Chad y Alisa donaron el 30% de su colección de libros a un hospital local de niños. Si tenían 180 libros en su colección, ¿cuántos donaron al hospital?

26. **FÚTBOL AMERICANO** El equipo de fútbol americano de la escuela secundaria Mooney ganó el 75% de sus partidos. Si jugaron doce partidos en total, ¿cuántos ganaron?

**ESCUELA Usa el siguiente diagrama para los ejercicios 27 al 29. El diagrama muestra las notas que obtuvieron Sarah y Morgan en sus pruebas.**

27. ¿Qué porcentaje de preguntas contestó Sarah correctamente?

28. ¿Cuál es el porcentaje de preguntas en las que se equivocó Sarah?

29. Si la prueba tenía 64 preguntas, ¿cuántas preguntas contestó correctamente Morgan?

**SEGURIDAD** **Para los ejercicios 30 al 32, usa la gráfica sobre el porcentaje de los 50 estados que exigen a los conductores de motocicleta usar casco.**

30. ¿Cuántos estados exigen cascos para todos los motociclistas y pasajeros?
31. ¿Cuántos estados exigen cascos para motociclistas menores de 18?
32. ¿Cuántos estados no exigen casco?

**Seguridad en motocicleta**

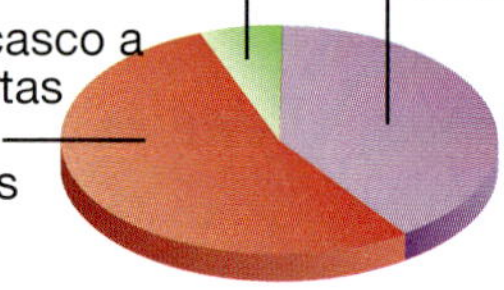


**Fuente:** U.S. Department of Transportation

33. **MULTI-PASO** Supón que compras un suéter y un par de bluyines. El costo total de los dos artículos sin incluir el impuesto es de $65.82. Si el impuesto sobre las ventas es de 6%, ¿cuánto deberás pagar por el costo total de los artículos, incluyendo el impuesto?

**RAZONAMIENTO CRÍTICO** **Resuelve cada problema.**

34. ¿Qué porcentaje de 70 es 14?
35. ¿Qué porcentaje de 280 es 84?
36. ¿De qué número es 45 el 15%?
37. ¿De qué número es 21 el 30%?

**EXTENSIÓN DE LA LECCIÓN** El interés simple es la cantidad de dinero que se paga o que se gana por el uso del dinero. Para calcular el interés simple se puede usar la fórmula $I = prt$, donde $I$ representa el interés, $p$ el capital, $r$ es la tasa y $t$ es el tiempo. Supón que depositas $750 en una cuenta de ahorros que paga 2.9% de interés anual.

$I = 750 \times 0.029 \times 1$ Ganarás $21.75 en un año.

**Calcula el interés anual que gana una inversión de $550 a las siguientes tasas.**

38. 0.3%
39. 12%
40. 19.5%

## Prueba estandarizada de práctica y repaso general

41. **SELECCIÓN MÚLTIPLE** En la secundaria Langley, el 19% de los 2,200 alumnos caminan a la escuela. ¿Cuántos alumnos caminan a la escuela?

(A) 400 (B) 418 (C) 428 (D) 476

42. **SELECCIÓN MÚLTIPLE** ¿Cuánto es el 124% de 260?

(F) 3.224 (G) 32.24 (H) 322.4 (I) 3,224

43. Convierte 1.35 en un porcentaje. (Lección 10-6)

**Convierte cada porcentaje en una fracción reducida.** (Lección 10-5)

44. 30%
45. 28%
46. 145%
47. 85%

### PREPÁRATE PARA LA SIGUIENTE LECCIÓN

**REQUISITOS** **Multiplica.** (Lección 7-2)

48. $\frac{1}{2} \times 150$
49. $\frac{2}{5} \times 25$
50. $\frac{3}{4} \times 48$
51. $\frac{2}{3} \times 21$

# 10-8a Estrategia para resolver problemas

***Sinopsis de la Lección 10-8***

## Resuelve un problema más sencillo

**Lo que aprenderás**
A resolver problemas mediante la solución de un problema más sencillo.

Oye Yutaka: 350 alumnos votaron para determinar si la nueva mascota de la escuela debe ser un tigre o un delfín. Me enteré que el 70% de los alumnos votaron por el tigre.

¡Bien hecho, Justin! ¡Qué bueno que ganó el tigre! Me gustaría saber cuántos alumnos votaron por el tigre. Podemos calcular el 70% de 350, pero también podemos **resolver un problema más sencillo**, al hacer un cálculo mental.

| | |
|---|---|
| **Explora** | Conocemos el número total de alumnos que votó y sabemos que el 70% de los alumnos votaron por el tigre. Necesitamos averiguar el número de alumnos que votaron por el tigre. |
| **Planifica** | Resuelve un problema más sencillo. Calcula el 10% de 350 y usa el resultado para calcular el 70% de 350. |
| **Resuelve** | 10% de 350 = 35<br>Dado que hay siete diez por cientos en 70%, multiplica 35 por 7.<br>$35 \times 7 = 245$<br>Por lo tanto, 245 alumnos votaron por el tigre. |
| **Examina** | Dado que el 70% de 350 es 245, la respuesta está correcta. |

## Analiza la estrategia

1. **Explica** cuándo usarías la estrategia de resolver un problema más sencillo.
2. **Explica** por qué los alumnos decidieron que era más fácil trabajar con el 10%.
3. **Piensa** en otra manera en que los alumnos pudieran haber resuelto el problema.
4. **Escribe** un problema que se pueda solucionar resolviendo un problema más sencillo. Luego, escribe los pasos que seguirías para resolverlo.

## Aplica la estrategia

**Resuelve. Usa la estrategia de resolver un problema más sencillo.**

5. **ESCUELA** Consulta el ejemplo de la página 413. Si el 30% de los alumnos votaron por el delfín para mascota, ¿cuántos de los 350 alumnos votaron por el delfín?

6. **GEOGRAFÍA** Minnesota tiene una superficie de 86,939 millas cuadradas y cerca del 90% de su superficie es tierra firme. ¿Aproximadamente qué cantidad de área de Minnesota no es tierra firme?

## Solución de problemas mixtos

**Resuelve. Usa cualquier estrategia.**

7. **DINERO** Treinta y dos alumnos van a ir de excursión. Cada alumno debe pagar $4.75 por el viaje y $5.50 por la cena. ¿Aproximadamente cuánto dinero en total debe recaudar el profesor?

8. **DIAGRAMAS DE VENN** El diagrama de Venn contiene información sobre los miembros en la tropa de exploradores de Jacob.

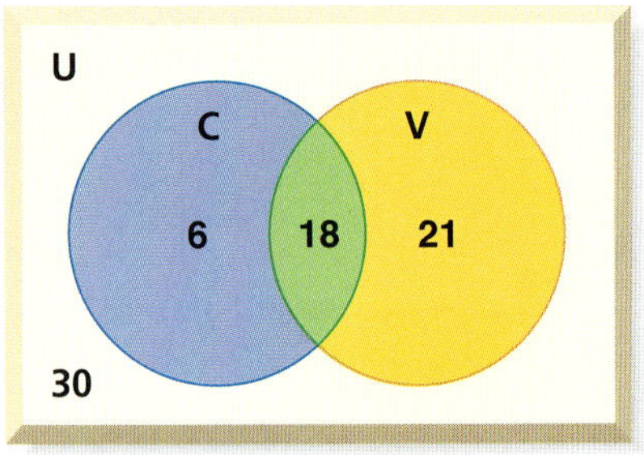


U = todos los miembros de la tropa
C = miembros con insignia del campamento
V = miembros con insignia de voluntario

¿Cuántos miembros más con insignia hay, en relación con los que no tienen insignia?

9. **DINERO** Kip quiere dejar una propina del 15% en una cuenta de $38.79 en un restaurante. ¿Aproximadamente cuánto dinero debe dejar?

10. **CIENCIA** El sonido viaja a través del aire a una velocidad de 1,129 pies por segundo. A esta tasa, ¿qué distancia recorrerá en un minuto?

11. **VIAJES** El Sr. Ishikawa salió de Houston a las 3:00 P.M. y llegó a Dallas a las 8:00 P.M, tras manejar una distancia aproximada de 240 millas. Durante su viaje, se detuvo una hora para cenar. ¿Cuál fue la velocidad promedio del Sr. Ishikawa?

12. **PATRONES** Calcula el área de la sexta figura del siguiente patrón.

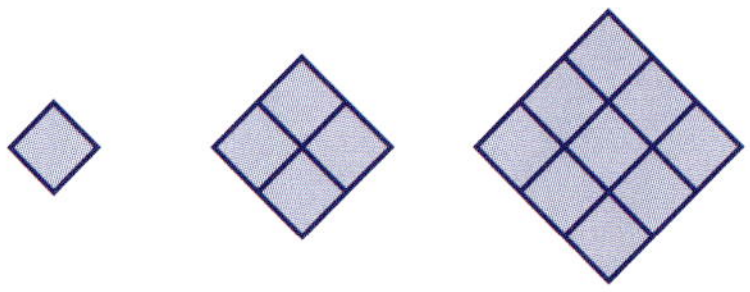

13. **VENTAS** Un gerente de ventas informó a su equipo que las ventas aumentaron en un 34.7% con respecto a las ventas del mes pasado, las cuales alcanzaron $98,700. ¿Aproximadamente cuánto vendieron este mes?

14. **ESCUELA** Las notas de las últimas cuatro pruebas de matemáticas de Jewel fueron: 94, 87, 90 y 89. ¿Qué nota necesita obtener en su siguiente prueba para obtener un promedio de 91?

15. **PRUEBA ESTANDARIZADA DE PRÁCTICA** La gráfica circular muestra los resultados de una encuesta sobre el tipo favorito de jugo. ¿Cuáles porcentajes describen mejor los datos?

| | Manzana | Uva | Naranja | Frutas mixtas |
|---|---|---|---|---|
| (A) | 25% | 30% | 15% | 60% |
| (B) | 32% | 18% | 21% | 29% |
| (C) | 10% | 35% | 10% | 45% |
| (D) | 45% | 15% | 35% | 5% |

**En la próxima lección, usarás la estrategia de resolver un problema más sencillo.**

# 10-8 Estima porcentajes

**Lo que aprenderás**
A estimar el porcentaje de un número.

**¿CUÁNDO usaré esto?**

**COMPRAS** Una tienda está anunciando ofertas de regreso a clases. Todos los artículos escolares están en oferta.

1. ¿Cuál será el costo de la libreta, si tiene un 10% de descuento?
2. ¿Cuál será el costo de los lápices, si tienen un 25% de descuento? Redondea al centavo más cercano.
3. Explica cómo estimarías el costo de la libreta con un 10% de descuento y de los lápices con un 25% de descuento.

A veces no se necesita un resultado exacto al calcular el porcentaje de un número. Si este es el caso, entonces se puede obtener un estimado. La siguiente tabla muestra algunos porcentajes de uso común y sus fracciones equivalentes.

**Concepto clave** — **Porcentajes y fracciones equivalentes**

| | | | | |
|---|---|---|---|---|
| $20\% = \frac{1}{5}$ | $50\% = \frac{1}{2}$ | $80\% = \frac{4}{5}$ | $25\% = \frac{1}{4}$ | $33\frac{1}{3}\% = \frac{1}{3}$ |
| $30\% = \frac{3}{10}$ | $60\% = \frac{3}{5}$ | $90\% = \frac{9}{10}$ | $75\% = \frac{3}{4}$ | $66\frac{2}{3}\% = \frac{2}{3}$ |
| $40\% = \frac{2}{5}$ | $70\% = \frac{7}{10}$ | $100\% = 1$ | | |

## EJEMPLOS Estima el porcentaje de un número

**Estima cada porcentaje.**

**1 52% de 298**

52% está cerca de 50% ó $\frac{1}{2}$.

Redondea 298 a 300.

$\frac{1}{2}$ de 300 es 150.

Por lo tanto, el 52% de 298 es aproximadamente 150.

**2 60% de 27**

60% es $\frac{3}{5}$.

Redondea 27 a 25, para que sea divisible entre 5.

$$\frac{3}{5} \times 25 = \frac{3}{\cancel{5}_{1}} \times \frac{\cancel{25}^{5}}{1}$$
$$= 15$$

Por lo tanto, el 60% de 27 es aproximadamente 15.

**Tu turno** Estima cada porcentaje.

**a.** 48% de $76 **b.** 18% de 42 **c.** 25% de 41

## EJEMPLO Estima para resolver un problema

**3** **DINERO Un DVD cuyo precio original es de $15.99 tiene un 50% de descuento. Si sólo tienes $9.00, ¿te alcanzará el dinero para comprar el DVD?**

Para determinar si tienes suficiente dinero para comprar el DVD, necesitas estimar el 50% de $15.99

$50\% \times \$15.99 \rightarrow \frac{1}{2} \times \$16$ ó $8

Debido a que $8 es menor que $9, entonces sí tienes dinero suficiente para comprar el DVD.

También se puede estimar el porcentaje sombreado de una figura.

## EJEMPLO Estima el porcentaje de una figura

**Prueba estandarizada de práctica**

**4** **PREGUNTA DE SELECCIÓN MÚLTIPLE** ¿Cuál de los siguientes representa un estimado razonable de la parte sombreada de la figura?

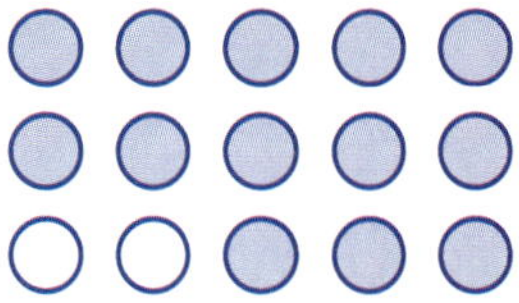

A 25% B 40%

C 60% D 80%

**Ayuda para tomar pruebas**

*The Princeton Review*

Cuando tomes una prueba de selección múltiple, elimina las opciones que con seguridad son incorrectas. El porcentaje sombreado del modelo es obviamente mayor que 50%. Por lo tanto, elimina las opciones A y B.

### Lee la pregunta

Necesitas calcular el porcentaje de círculos sombreados.

### Resuelve

13 de los 15 círculos están sombreados.

$\frac{13}{15}$ es aproximadamente $\frac{12}{15}$ ó $\frac{4}{5}$

$\frac{4}{5} = 80\%$

Por lo tanto, cerca del 80% de la figura está sombreada. La respuesta es D.

## Repaso de destrezas y conceptos

**Escribe en matemáticas** Ejercicio 2

1. **Escribe** tres porcentajes de uso común y sus fracciones equivalentes.
2. **INTERPRETA** Escribe una situación cotidiana que requiera estimar el porcentaje de un número.

### PRÁCTICA DIRIGIDA

**Estima cada porcentaje.**

3. 38% de $50
4. 59% de 16
5. 75% de 33
6. **PROPINA** Abigail quiere dejar el 20% como propina al conductor del taxi. Si la tarifa del viaje fue de $23.78, ¿cuál sería un estimado razonable de la propina para el conductor?

## Práctica y aplicaciones

| AYUDA CON LAS TAREAS | |
|---|---|
| Ejercicios | Ver ejemplos |
| 7–18 | 1, 2 |
| 19–20, 24 | 3 |
| 21–23 | 4 |

Práctica adicional
Ver páginas 616, 633.

**Estima cada porcentaje.**

**7.** 21% de 96 **8.** 42% de 16 **9.** 79% de 82
**10.** 74% de 45 **11.** 26% de 125 **12.** 89% de 195
**13.** 31% de 157 **14.** 77% de 238 **15.** 69% de 203
**16.** 33% de 92 **17.** 67% de 296 **18.** 99% de 350

**19. PROPINA** Dakota y Emma quieren dejar una propina del 20%, por una comida cuyo costo es de $64.58. ¿Cuánto deberán dejar de propina?

**20. BANCOS** Louisa depositó en su cuenta de ahorros el 25% del dinero que ganó trabajando como niñera. Si ganó $237.50, ¿aproximadamente cuánto depositó en su cuenta de ahorros?

**Estima el porcentaje sombreado en cada figura.**

**21.**
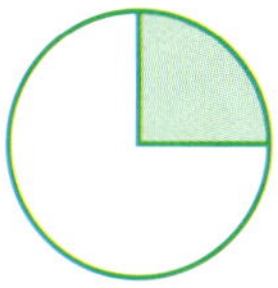

**22.**
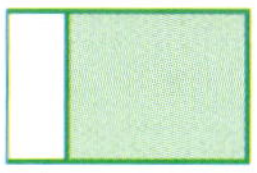

**23.**

**24. GEOGRAFÍA** La costa atlántica tiene 2,069 millas de línea costera y alrededor del 28% de ésta se localiza en Florida. ¿Aproximadamente cuántas millas de línea costera tiene Florida?

**25. MULTI-PASO** Si te equivocaste en 9 de 25 problemas en una prueba, ¿aproximadamente qué porcentaje de tus respuestas estuvieron correctas? Explica.

**26. RAZONAMIENTO CRÍTICO** Ordena de menor a mayor los porcentajes 40% de 50, 50% de 50 y $\frac{1}{2}$% de 50.

## Prueba estandarizada de práctica y repaso general

**27. SELECCIÓN MÚLTIPLE** Consulta la siguiente gráfica. Si se entrevistara a 3,608 personas, ¿cuál expresión podría usarse para estimar el número de personas que se dejan influenciar por un amigo o un pariente para comprar un CD dado?

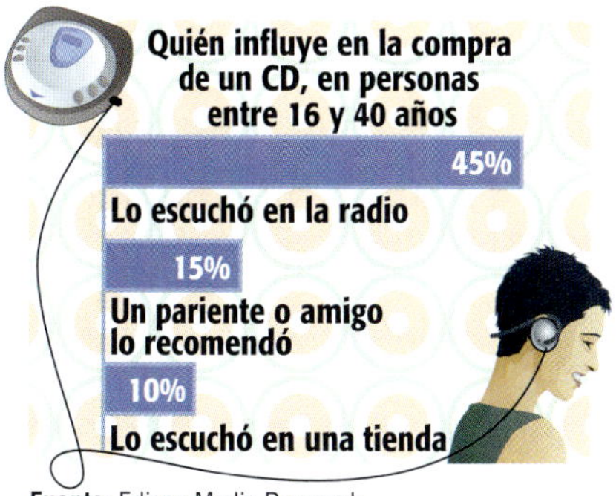


**Fuente:** Edison Media Research

Ⓐ $\frac{1}{8} \times 3{,}600$ Ⓑ $\frac{1}{5} \times 3{,}600$

Ⓒ $\frac{1}{4} \times 3{,}600$ Ⓓ $\frac{1}{6} \times 3{,}600$

**28. RESPUESTA BREVE** Estima el 35% de 95.

**29.** Calcula el 20% de 129. (Lección 10-7)

**Convierte cada decimal en un porcentaje.** (Lección 10-6)

**30.** 0.31 **31.** 0.05 **32.** 0.113 **33.** 0.861

CAPÍTULO 10

# Guía de estudio y repaso

## Repaso de conceptos y vocabulario

dibujo a escala (pág. 391)
escala (pág. 391)
modelo a escala (pág. 391)
por ciento o porcentaje (%) (pág. 395)
productos cruzados (pág. 386)
proporción (pág. 386)
razón (pág. 380)
razones equivalentes (pág. 381)
tasa (pág. 381)
tasa unitaria (pág. 381)

**Indica si cada enunciado es *verdadero* o *falso*. Si es *falso*, reemplaza la palabra o número subrayado para que el enunciado sea verdadero.**

1. Una razón es la comparación de dos números mediante multiplicación.
2. Una tasa es una razón entre dos medidas con unidades diferentes.
3. Tres boletos por $7.50 expresado como una tasa, equivale a $1.50 por boleto.
4. Un porcentaje es una ecuación que muestra la equivalencia entre dos razones.
5. El modelo siguiente representa un 85%.

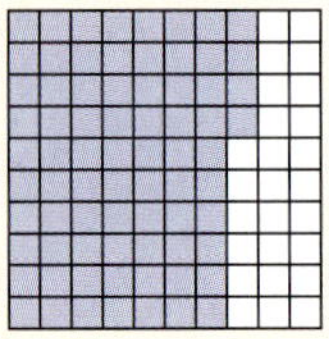

6. Los productos cruzados de una proporción son iguales.
7. En un dibujo a escala se reproduce un objeto tal y como se ve, pero generalmente de un tamaño menor o mayor.
8. Un porcentaje es una razón que compara un número con 10.
9. El decimal 0.346 se puede expresar como 3.46%.

## Ejercicios y ejemplos: Lección por lección

### 10-1 Razones (págs. 380–383)

**Convierte cada razón en una fracción reducida.**

10. 12 canicas azules de 20 canicas
11. 9 pececillos dorados de 36 peces
12. 15 claveles de 40 flores
13. 18 niños de 21 alumnos

**Convierte cada razón en una tasa unitaria.**

14. 3 pulgadas de lluvia en 6 horas
15. 189 libras de basura en 12 semanas
16. $24 por 4 boletos
17. 78 barras de caramelo en 3 paquetes

**Ejemplo 1** **Escribe la razón 30 alumnos de sexto grado de 45 alumnos como una fracción reducida.**

÷ 15

$$\frac{30}{45} = \frac{2}{3}$$

÷ 15

El MCD de 30 y 45 es 15.

**Ejemplo 2** **Escribe la razón 150 millas en 4 horas como una tasa unitaria.**

÷ 4

$$\frac{150 \text{ millas}}{4 \text{ horas}} = \frac{37.5 \text{ millas}}{1 \text{ hora}}$$

÷ 4

Divide el numerador y el denominador entre 4 para obtener el denominador 1.



msmath1.net/vocabulary_review

## 10-2 Resuelve proporciones (págs. 386–389)

**Resuelve cada proporción.**

**18.** $\frac{7}{11} = \frac{m}{33}$  **19.** $\frac{12}{20} = \frac{15}{k}$

**20.** $\frac{g}{20} = \frac{9}{12}$  **21.** $\frac{25}{h} = \frac{10}{12}$

**22. ESCUELA** En la escuela secundaria Río, la razón de maestros a alumnos es 3 a 42. Si la escuela tiene 504 alumnos registrados, ¿cuántos maestros tendrá?

**Ejemplo 3** **Resuelve la proporción** $\frac{9}{12} = \frac{g}{8}$.

$9(8) = 12g$ Productos cruzados

$72 = 12g$ Multiplica.

$\frac{72}{12} = \frac{12g}{12}$ Divide ambos lados entre 12.

$6 = g$ La solución es igual a 6.

## 10-3 Dibujos y modelos a escala (págs. 391–393)

**La escala del modelo de un camión de bomberos es 2 pulgadas = 5 pies. Calcula sus medidas reales.**

| | Camión | Modelo |
|---|---|---|
| **23.** | longitud | 12 pulg |
| **24.** | ancho | 4 pulg |
| **25.** | altura | 7.2 pulg |

**26. EDIFICIOS** Una casa mide $15\frac{3}{4}$ pulgadas de alto en el plano. Si la escala del plano es $\frac{1}{2}$ pulgada = 1 pie, calcula la altura real de la casa.

**Ejemplo 4** **La escala del dibujo de un cuarto es 1 pulgada = 2 pies. ¿Cuánto mide de largo el cuarto real?**

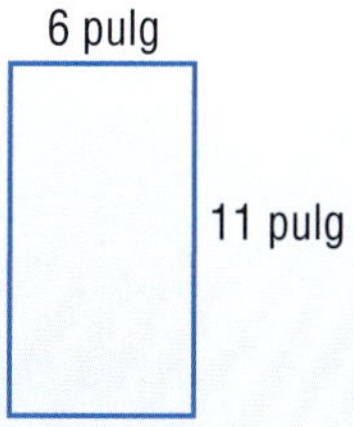


Escribe una proporción.

ancho del dibujo → $\frac{1 \text{ pulg}}{2 \text{ pies}} = \frac{11 \text{ pulg}}{x \text{ pies}}$ ← ancho del dibujo

ancho real → ← ancho real

$1 \cdot x = 2 \cdot 11$ Calcula los productos cruzados.

$1x = 22$ Reduce.

$x = 22$ Multiplica.

El cuarto real mide 22 pies de largo.

## 10-4 Haz modelos de porcentajes (págs. 395–397)

**Modela cada porcentaje.**

**27.** 20%  **28.** 75%

**29.** 5%  **30.** 50%

**31.** Indica cuál porcentaje se está modelando en la siguiente figura.

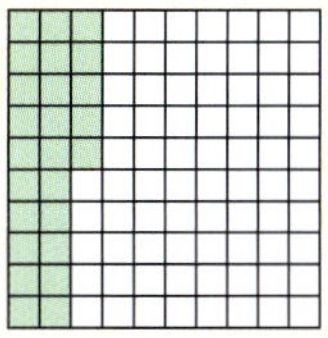

**Ejemplo 5** **Haz un modelo de 55%.**

55% significa 55 de cada 100. Por lo tanto, sombrea 55 de los 100 cuadrados.

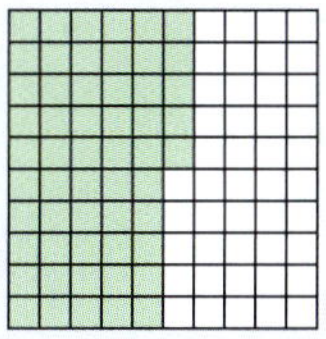

## 10-5 Porcentajes y fracciones (págs. 400–403)

**Convierte cada porcentaje en una fracción reducida.**

**32.** 3%  **33.** 18%

**34.** 48%  **35.** 120%

**Convierte cada fracción en un porcentaje.**

**36.** $\frac{3}{5}$  **37.** $\frac{7}{8}$

**38.** $\frac{8}{5}$  **39.** $\frac{3}{100}$

**Ejemplo 6** **Convierte 24% en una fracción reducida.**

$24\% = \frac{24}{100}$ Expresa el porcentaje como una fracción con un denominador de 100.

$= \frac{\overset{6}{\cancel{24}}}{\underset{25}{\cancel{100}}}$ Reduce. Divide el numerador y el denominador entre el MCD, 4.

$= \frac{6}{25}$

## 10-6 Porcentajes y decimales (págs. 404–406)

**Convierte cada porcentaje en un decimal.**

**40.** 2.2%  **41.** 38%

**42.** 140%  **43.** 66%

**44.** 90%  **45.** 55%

**Convierte cada decimal en un porcentaje.**

**46.** 0.003  **47.** 1.3

**48.** 0.65  **49.** 0.591

**50.** 1.75  **51.** 0.73

**Ejemplo 7** **Convierte 46% en un decimal.**

$46\% = \frac{46}{100}$ Expresa el porcentaje como una fracción con un denominador de 100.

$= 0.46$ Convierte la fracción en un decimal.

**Ejemplo 8** **Convierte 0.85 en un porcentaje.**

$0.85 = \frac{85}{100}$ Convierte el decimal en una fracción.

$= 85\%$ Convierte la fracción en un porcentaje.

## 10-7 Porcentaje de un número (págs. 409–412)

**Calcula el porcentaje de cada número.**

**52.** 40% de 150  **53.** 5% de 340

**54.** 18% de 90  **55.** 8% de 130

**56.** 170% de 30  **57.** 125% de 120

**Ejemplo 9** **Calcula el 42% de 90.**

42% de 90 $= 0.42 \times 90$ Convierte el porcentaje en un decimal.

$= 37.8$ Multiplica.

## 10-8 Estima porcentajes (págs. 415–417)

**Estima cada porcentaje.**

**58.** 40% de 78  **59.** 73% de 20

**60.** 25% de 122  **61.** 19% de 99

**62.** 48% de 48  **63.** 41% de 243

**64.** **ESCUELA** Jenna se equivocó en 8 de las 35 preguntas de una prueba. ¿Aproximadamente qué porcentaje de las preguntas contestó correctamente?

**Ejemplo 10** **Estima el 33% de 60.**

33% se acerca a $33\frac{1}{3}\%$ ó $\frac{1}{3}$.

$\frac{1}{3} \times 60 = \frac{1}{\underset{1}{\cancel{3}}} \times \frac{\overset{20}{\cancel{60}}}{1}$ Convierte 60 en una fracción con un denominador de 1.

$= 20$ Reduce.

Por lo tanto, 33% de 60 es aproximadamente igual a 20.

CAPÍTULO 10

# Prueba de práctica

## Vocabulario y conceptos

1. **Dibuja** un modelo que represente el 90%.
2. **Explica** cómo se convierte un porcentaje en una fracción.

## Destrezas y aplicaciones

**Convierte cada razón en una fracción reducida.**

3. 12 bloques rojos de 20 bloques
4. 24 de 144 chips

5. **AVES** Si un colibrí aletea 250 veces en 5 segundos, ¿cuántas veces aletea cada segundo?

**Resuelve cada proporción.**

6. $\frac{4}{6} = \frac{x}{15}$
7. $\frac{10}{p} = \frac{2.5}{8}$
8. $\frac{n}{1.3} = \frac{6}{5.2}$

9. **GEOGRAFÍA** La escala de un mapa de Texas es 1 pulgada = 30 millas. Calcula la distancia real entre Dallas y Houston si la distancia en el mapa es de 8 pulgadas.

**Convierte cada porcentaje en un decimal y en una fracción reducida.**

10. 42%
11. 20%
12. 4%
13. 110%
14. Convierte $\frac{2}{5}$ en un porcentaje.
15. Convierte 0.8% en un decimal.

**Expresa cada decimal como porcentaje.**

16. 0.3
17. 0.87
18. 0.149

19. **DINERO** Ian usó un 35% de su mesada para comprar un libro. Si Ian recibió $20 de mesada, ¿cuánto dinero gastó en el libro?

20. Calcula el 60% de 35.
21. ¿Cuál es el 2% de 50?

**Estima cada porcentaje.**

22. 9.5% de 51
23. 49% de 26
24. 308% de 9

## Prueba estandarizada de práctica

25. **SELECCIÓN MÚLTIPLE** ¿Cuál de los modelos tiene sombreado el 25%?

(A)
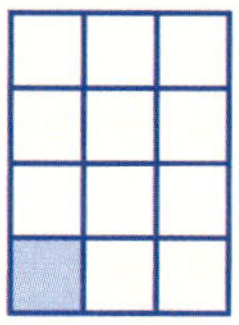

(B)
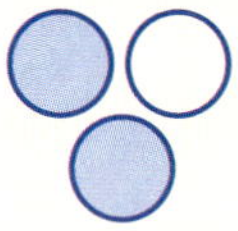

(C)
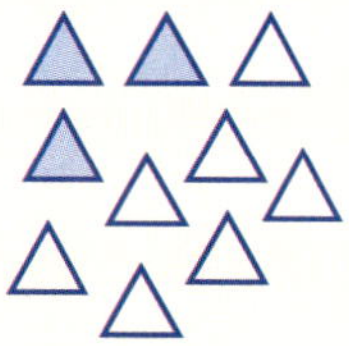

(D)

# CAPÍTULO 10 Prueba estandarizada de práctica

## PARTE 1 Selección múltiple

Anota tus respuestas en la hoja de respuestas provista por tu maestro(a) o en una hoja aparte.

1. Usa la tabla para calcular el peso total de un frasco de mermelada, un paquete de galletas y una caja de galletas saladas. (Lección 3-5)

| Catálogo de comida gourmet | |
|---|---|
| **Artículo** | **Peso (onzas)** |
| mermelada | 6.06 |
| galletas | 18.73 |
| galletas saladas | 12.12 |

Ⓐ 26.81 oz  Ⓑ 36.00 oz
Ⓒ 36.91 oz  Ⓓ 37.45 oz

2. La caja que se muestra en la figura contenía originalmente 24 botellas de jugo. ¿Qué fracción representa el número de botellas de jugo que quedan? (Lección 5-2)

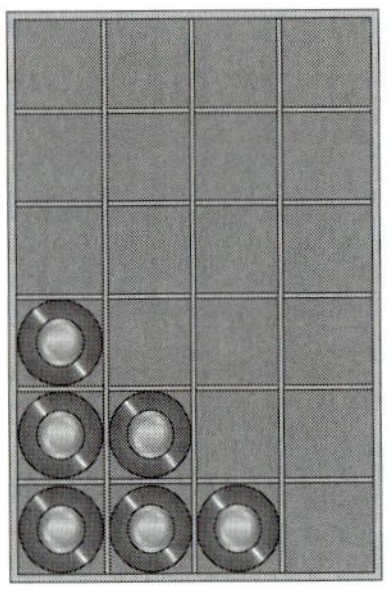

Ⓕ $\frac{5}{24}$  Ⓖ $\frac{1}{4}$  Ⓗ $\frac{1}{2}$  Ⓘ $\frac{6}{13}$

3. Durante una fiesta, los chicos se comieron $\frac{1}{3}$ de una pizza y las chicas se comieron $\frac{1}{4}$ de otra pizza. ¿Qué fracción de una pizza entera se comieron en total? (Lección 6-4)

Ⓐ $\frac{1}{12}$  Ⓑ $\frac{2}{7}$  Ⓒ $\frac{7}{12}$  Ⓓ $\frac{5}{6}$

4. Se van a repartir en partes iguales, entre 5 personas, $3\frac{3}{4}$ pasteles. ¿Cuánto pastel le va a tocar a cada persona? (Lección 7-5)

Ⓕ $\frac{1}{5}$  Ⓖ $\frac{1}{3}$  Ⓗ $\frac{1}{2}$  Ⓘ $\frac{3}{4}$

**AYUDA PARA TOMAR PRUEBAS**

**Pregunta 6** Cuando escribas una proporción, asegúrate de que los numeradores y los denominadores de cada razón tengan las mismas unidades, respectivamente.

5. ¿Cuál razón compara el número de manzanas con el número total de frutas? (Lección 10-1)

Ⓐ $\frac{1}{9}$  Ⓑ $\frac{1}{4}$
Ⓒ $\frac{4}{13}$  Ⓓ $\frac{4}{9}$

6. Un auto recorre 150 millas en 3 horas. ¿Qué ecuación sirve para calcular la distancia que el auto recorrerá en 10 horas? (Lección 10-2)

Ⓕ $\frac{3}{150} = \frac{d}{10}$  Ⓖ $\frac{3}{d} = \frac{150}{10}$
Ⓗ $\frac{3}{150} = \frac{10}{d}$  Ⓘ $\frac{150}{3} = \frac{10}{d}$

7. ¿Qué figuras tienen sombreado más del 25% de su área? (Lección 10-4)

Figura 1

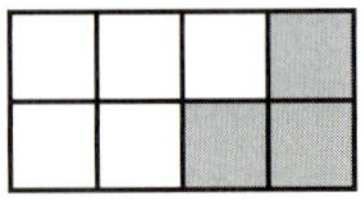

Figura 2

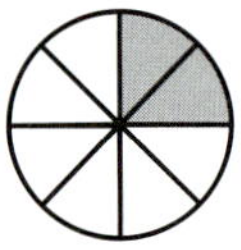

Figura 3

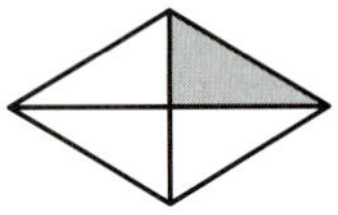

Figura 4

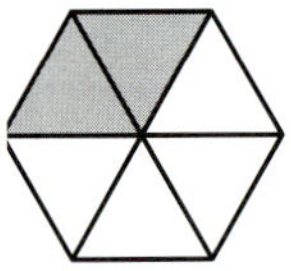

Ⓐ 1 y 2  Ⓑ 1 y 4
Ⓒ 2 y 3  Ⓓ 3 y 4

Alineado y verificado por The Princeton Review

## PARTE 2 Respuesta breve/Completa

Anota tus respuestas en la hoja de respuestas provista por tu maestro(a) o en una hoja aparte.

8. ¿Cuál es el cociente de 315 dividido entre 5? (Requisito, p. 591)

9. ¿Cuáles son los siguientes tres números del patrón: 960, 480, 240, 120, …? (Lección 1-1)

10. ¿Cuál es el área total de la siguiente figura? (Lección 1-8)

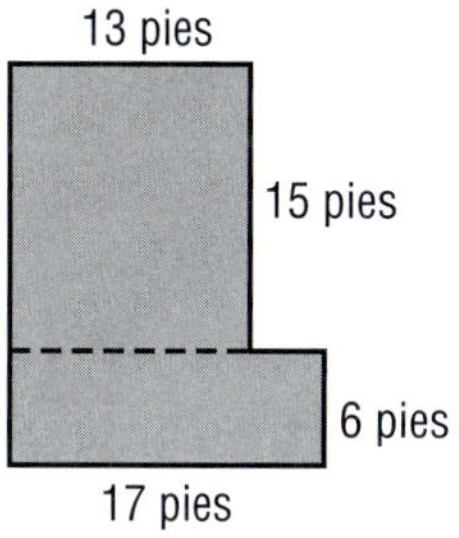


11. El diagrama de tallo y hojas muestra el costo de diferentes bluyines. ¿Cuántos de los bluyines cuestan más de $34? (Lección 2-5)

| Tallo | Hojas |
|---|---|
| 2 | 5 6 7 9 |
| 3 | 0 0 4 5 8 |
| 4 | 0 0 0 0 2 |

$3|8 = \$38$

12. Nina compra una revista deportiva que cuesta $3.95 mensualmente por ejemplar. ¿Cuánto pagará si compra una revista al mes durante un año? (Lección 4-1)

13. Escribe en forma reducida el número mixto representado por la siguiente figura. (Lección 5-3)

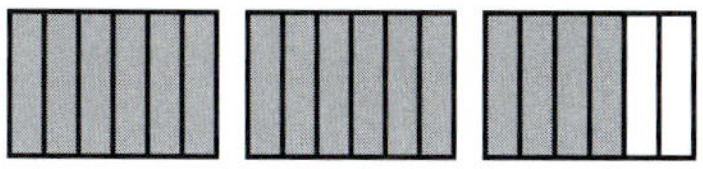

14. Evalúa $a - b$ si $a = \frac{2}{5}$ y $b = \frac{1}{4}$. (Lección 6-4)

15. ¿Qué valor de $m$ satisface la ecuación $m + 16 = 40$? (Lección 9-2)

16. ¿Cuál es el valor de $y$ en $3y + 24 = 30$? (Lección 9-5)

17. ¿Cuál es la regla de funciones para los valores de $x$ y $y$ que se muestran en la tabla ? (Lección 9-6)

| $x$ | $y$ |
|---|---|
| 0 | −3 |
| 1 | −1 |
| 2 | 1 |
| 3 | 3 |
| 4 | 5 |

18. En una encuesta, 12 de cada 15 adultos prefirieron una marca determinada de goma de mascar. ¿Cuántos adultos preferirían dicha marca, si se entrevistara a 100 adultos? (Lección 10-2)

19. Expresa 25% como una fracción. (Lección 10-5)

20. Melissa compró una sudadera cuyo costo original era de $30, pero la consiguió con un 25% de descuento. ¿A cuánto dinero equivalió el descuento? (Lección 10-7)

## PARTE 3 Respuesta extendida

Anota tus respuestas en una hoja de papel aparte. Muestra tus cálculos.

21. Dante hizo el modelo a escala de un árbol. El árbol real mide 32 pies de altura y el modelo mide 2 pies de altura. (Lecciones 10-2 y 10-3)

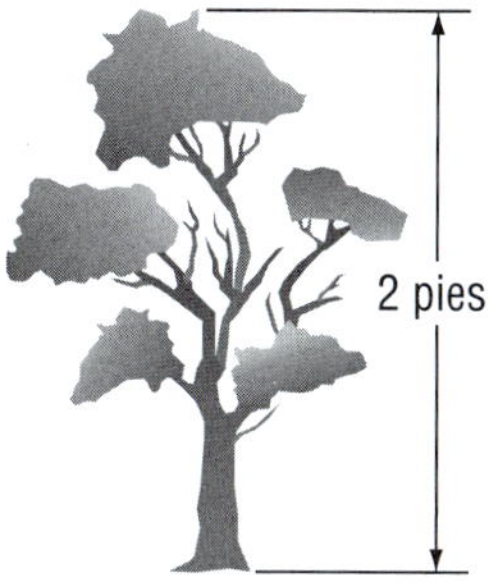


a. Escribe una proporción que le sirva a Dante para calcular a cuánto equivale un pie del dibujo en el árbol real.

b. ¿Cuántos pies del árbol real representan un pie en el dibujo?

c. Supón que una rama del árbol real mide 4 pies de largo. ¿Cuánto medirá esta rama en el modelo del árbol?

msmath1.net/standardized_test

CAPÍTULO 11

# Probabilidad

## “¿Qué tiene que ver el fútbol con las matemáticas?”

**Supón que una jugadora de fútbol anotó 6 goles en sus últimos 15 intentos.** Esta razón se puede usar para calcular la probabilidad de que la jugadora anote un gol en su siguiente intento. La probabilidad obtenida puede utilizarse para predecir el número de goles que anotará en sus siguientes 50 intentos.

Resolverás problemas relacionados con deportes como el fútbol, el fútbol americano y el golf en las Lecciones 11-3, 11-4 y 11-5.

# PARA COMENZAR

**Toma este control para averiguar si estás listo(a) para comenzar el Capítulo 11. Consulta la lección o página indicada en el paréntesis respectivo, si necesitas un repaso.**

## Repaso de vocabulario

**Completa cada enunciado.**

1. Una fracción está __?__ cuando el MCD del numerador y el denominador es igual a 1. (Lección 5-2)
2. Un(a) __?__ es una comparación de dos números mediante división. (Lección 10-1)

## Requisitos

**Reduce cada fracción.**
(Lección 5-2)

3. $\frac{15}{40}$
4. $\frac{7}{63}$
5. $\frac{21}{30}$
6. $\frac{8}{28}$
7. $\frac{9}{21}$
8. $\frac{9}{45}$

**Multiplica. Luego reduce.**
(Lección 7-2)

9. $\frac{5}{6} \times \frac{3}{10}$
10. $\frac{1}{8} \times \frac{7}{9}$
11. $\frac{11}{12} \times \frac{4}{5}$
12. $\frac{2}{3} \times \frac{9}{14}$
13. $\frac{2}{5} \times \frac{3}{4}$ −
14. $\frac{4}{7} \times \frac{2}{3}$

**Resuelve cada proporción.** (Lección 10-2)

15. $\frac{a}{6} = \frac{5}{15}$
16. $\frac{b}{9} = \frac{56}{84}$
17. $\frac{8}{y} = \frac{28}{42}$
18. $\frac{4}{c} = \frac{12}{30}$
19. $\frac{33}{44} = \frac{x}{12}$
20. $\frac{3}{8} = \frac{d}{24}$

**PLEGADOS™ Organiza el estudio**

**Probabilidad** Haz este plegado para organizar tu información sobre probabilidades. Usa una hoja de papel de tu cuaderno.

**PASO 1 Dobla**
Coloca el papel en posición vertical y dóblalo de derecha a izquierda, hasta las perforaciones.

**PASO 2 Desdobla y corta**
Desdobla y corta 5 lengüetas iguales, como se muestra en la figura.

**PASO 3 Rotula**
Escribe los números y los títulos de las lecciones como se muestran en la figura.

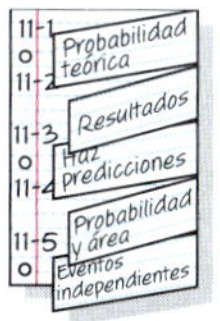


**Lee y escribe** A medida que leas y estudies cada lección, escribe notas y ejemplos bajo la lengüeta correspondiente.

11-1a LABORATORIO de PRÁCTICA

***Sinopsis de la Lección1-1***

**Lo que aprenderás**
A comprender probabilidades experimentales mediante un simulacro.

**Materiales**
- 3 fichas bicolores
- vasos
- girador

## Simulacros

Un **simulacro** es una manera de representar un problema. Los simulacros se pueden usar para calcular probabilidades. La probabilidad es la posibilidad de que ocurra un evento. Cuando se calcula una probabilidad mediante un experimento, se obtiene la **probabilidad experimental**.

Puedes usar los siguientes pasos para calcular la probabilidad experimental con un simulacro.

- Elige el instrumento más apropiado para simular el problema. Puedes elegir fichas, cubos numerados, monedas o giradores.
- Simula el problema varias veces y anota los resultados para que puedas calcular la probabilidad experimental.

**ACTIVIDAD** *Trabaja con un(a) compañero(a).*

**1** **Usa vasos y fichas para calcular la probabilidad experimental de que por lo menos dos de los tres hijos de una familia sean niñas.**

**PASO 1** Coloca tres fichas en un vaso y arrójalas sobre tu escritorio.

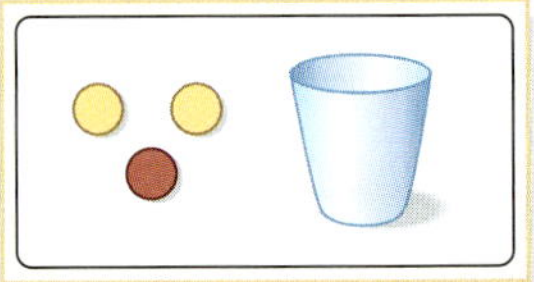

**PASO 2** Cuenta el número de fichas rojas. Las fichas rojas representan el número de niños. Las fichas amarillas representan el número de niñas.

**PASO 3** Anota los resultados en una tabla como la que se muestra.

**PASO 4** Repite 50 veces los pasos 1 al 3.

| Intento | Resultado | | |
|---|---|---|---|
| 1 | B | B | G |
| 2 | B | G | G |
| 3 | | | |
| ⋮ | | | |
| 50 | | | |

Supón que en 23 de las 50 pruebas obtuviste por lo menos dos niñas. La probabilidad experimental de que por lo menos dos de los tres hijos de una familia sean niñas es de $\frac{23}{50}$ ó 0.46.

### Tu turno

a. Describe un simulacro que te permita calcular la probabilidad experimental de que dos de los 5 hijos de una familia sean niños. Luego, realiza el experimento. ¿Cuál es la probabilidad experimental?

También se pueden usar giradores en un simulacro.

**ACTIVIDAD** *Trabaja con un(a) compañero(a).*

**2** **La probabilidad de que los Hornets derroten a los Jets es de 0.5. La probabilidad de que los Hornets derroten a los Flashes es de 0.25. Calcula la probabilidad experimental de que los Hornets derroten a ambos equipos: a los Jets y a los Flashes.**

**PASO 1** Una probabilidad de 0.5 es igual a $\frac{1}{2}$. Esto significa que los Hornets ganan 1 de cada 2 partidos. Haz un girador como el que se muestra en la figura. Titula una sección "Gana" y la otra "Pierde".

**PASO 2** Una probabilidad de 0.25 es igual a $\frac{1}{4}$. Esto significa que los Hornets ganan 1 de cada 4 partidos. Haz un girador como el que se muestra en la figura. Titula una sola sección "Gana" y el resto de las secciones "Pierde".

**PASO 3** Gira los dos giradores al mismo tiempo y anota los resultados en una tabla como la que se muestra. Haz 100 pruebas.

| Resultado | | |
|---|---|---|
| Intento | Hornets y Jets | Hornets y Flashes |
| 1 | P | G |
| 2 | G | G |
| 3 | | |
| ⋮ | | |
| 100 | | |

**PASO 4** Usa los resultados de las pruebas en la siguiente razón: $\frac{\text{derrotar ambos equipos}}{100}$. La razón representa la probabilidad experimental de que los Hornets derroten a ambos equipos.

## Tu turno

**b.** La probabilidad de que llueva este lunes es de 0.75 y la probabilidad de que llueva el martes es de 0.4. Describe un simulacro que te sirva para calcular la probabilidad de lluvia en ambos días. Realiza el simulacro y calcula la probabilidad experimental de que llueva ambos días.

## Escribe en matemáticas

1. **Explica** qué es la probabilidad experimental.
2. ¿Cómo se usa el simulacro para calcular la probabilidad experimental de un evento?

# 11-1 Probabilidad teórica

**Lo que aprenderás**
A calcular e interpretar la probabilidad teórica de un evento.

**NUEVO vocabulario**
- resultados
- evento
- probabilidad teórica
- eventos complementarios

**REPASO de vocabulario**
**Razón:** comparación de dos números mediante división (Lección 10-1)

## ¿CUÁNDO usaré esto?

**JUEGOS** Drew y Morgan juegan a las cartas. Morgan necesita un 3 para hacer un par y ganar la mano. Las cartas que se muestran en la figura se barajan y se colocan boca abajo sobre la mesa.

1. Escribe una razón que compare el número de cartas con valor 3 y el número total de cartas.
2. ¿Qué porcentaje de las cartas tiene un valor de 3?
3. ¿Tiene Morgan una buena oportunidad de ganar? Explica.
4. Si al conjunto anterior de cartas, se añaden las cartas 1, 4, 7, 9 y 10, ¿cómo afectará esto la oportunidad que tiene Morgan de ganar?
5. Si sólo se colocan las cartas 3 y 8 boca abajo sobre la mesa, ¿cómo afectará esto su oportunidad de ganar?

Es equiprobable elegir cualquiera de las 5 cartas y el jugador espera elegir una carta con valor 3. Las 5 cartas representan los **resultados**. posibles. El resultado específico que espera el jugador es un **evento** o resultado favorable.

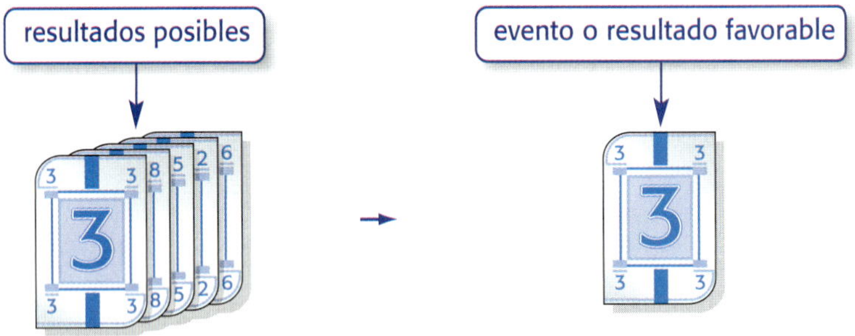


La **probabilidad teórica** es la probabilidad de que ocurra un evento, basada en características conocidas o hechos. La probabilidad se puede calcular usando una razón.

**Concepto clave** — **Probabilidad teórica**

**En palabras** La probabilidad teórica de un evento es una razón que compara el número de resultados favorables con el número de resultados posibles.

**En símbolos** $P(\text{evento}) = \dfrac{\text{número de resultados favorables}}{\text{número de resultados posibles}}$

El valor de la probabilidad de que un evento ocurra está entre 0 y 1, incluyendo el 0 y el 1. Mientras más cerca de 1 esté la probabilidad, mayores serán sus posibilidades de ocurrir.

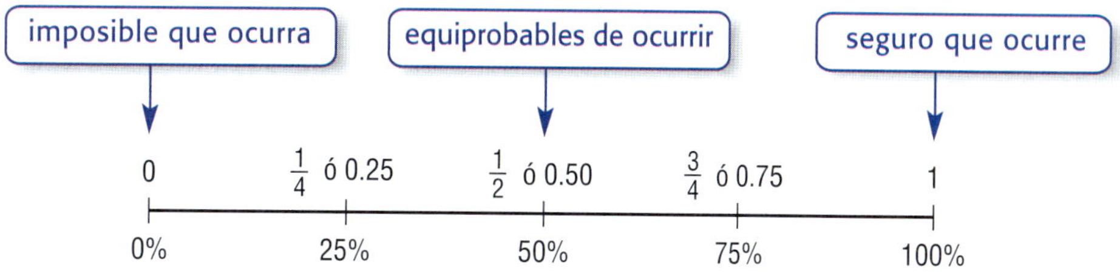


## EJEMPLOS Calcula la probabilidad

**LEE matemáticas**

**Probabilidad**
La notación *P*(rojo) se lee *probabilidad de sacar rojo*.

**Los ocho resultados del siguiente girador son equiprobables .**

**1 Calcula la probabilidad de sacar rojo.**

$$P(\text{rojo}) = \frac{\text{número de resultados favorables}}{\text{número de resultados posibles}}$$

$$= \frac{1}{8}$$

La probabilidad de sacar rojo es de $\frac{1}{8}$, 0.125 ó 12.5%.

**2 Calcula la probabilidad de sacar azul o amarillo.**

$$P(\text{azul o amarillo}) = \frac{\text{número de resultados favorables}}{\text{número de resultados posibles}}$$

$$= \frac{2}{8} \text{ ó } \frac{1}{4} \quad \text{Reduce.}$$

La probabilidad de sacar azul o amarillo es de $\frac{1}{4}$, 0.25 ó 25%.

Los **eventos complementarios** son dos eventos en que puede ocurrir cualquiera de los dos, pero ambos no pueden ocurrir a la vez. Un ejemplo es una moneda que puede caer cara o puede caer escudo. La suma de las probabilidades de eventos complementarios es igual a 1.

## EJEMPLO Usa probabilidades para resolver un problema

**3 EL TIEMPO El periódico matutino reportó un 20% de probabilidad de nieve. ¿Cuál es la probabilidad de que no nieve?**

Estos dos eventos son complementarios. Por lo tanto, la suma de sus probabilidades es igual a 1.

$$P(\text{nieve}) + P(\text{no nieve}) = 1$$

$$0.2 + P(\text{no nieve}) = 1 \quad \text{Reemplaza } P(\text{nieve}) \text{ por 0.2.}$$

$$-0.2 \qquad = -0.2 \quad \text{Resta 0.2 de ambos lados.}$$

$$P(\text{no nieve}) = 0.8$$

## Repaso de destrezas y conceptos

**Escribe en matemáticas** Ejercicios 1 al 3

1. **INTERPRETA** Escribe un ejemplo en que la probabilidad de que ocurra un evento sea igual a 0.
2. **Explica** qué puedes concluir sobre un evento si su probabilidad es igual a 1.
3. **HALLA EL ERROR** Laura y Lourdes tratan de calcular la probabilidad de obtener 5 al lanzar un cubo numerado. ¿Quién tiene la razón? Explica.

| Laura | Lourdes |
|---|---|
| Favorable : 5 | Favorable : 5 |
| Posible : 1, 2, 3, 4, 5, 6 | Desfavorable : 1, 2, 3, 4, 6 |
| $P(5) = \frac{1}{6}$ | $P(5) = \frac{1}{5}$ |

### PRÁCTICA DIRIGIDA

**Se selecciona una ficha al azar. Calcula cada probabilidad y expresa la respuesta en forma de fracción, de decimal y de porcentaje.**

4. *P*(4)
5. *P*(2 ó 5)
6. *P*(menor que 8)
7. *P*(mayor que 4)
8. *P*(número primo)
9. *P*(diferente de 6)

10. **ESCUELA** La probabilidad de adivinar la respuesta correcta de una pregunta de falso/verdadero es del 50%. ¿Cuál es la probabilidad de equivocarse en la respuesta?

## Práctica y aplicaciones

**AYUDA CON LAS TAREAS**

| Ejercicios | Ver ejemplos |
|---|---|
| 11–25 | 1, 2 |
| 26 | 3 |

**Práctica adicional**
**Ver páginas 616, 634.**

**Se hace girar una vez el siguiente girador. Calcula cada probabilidad y expresa la respuesta en forma de fracción, de decimal y de porcentaje.**

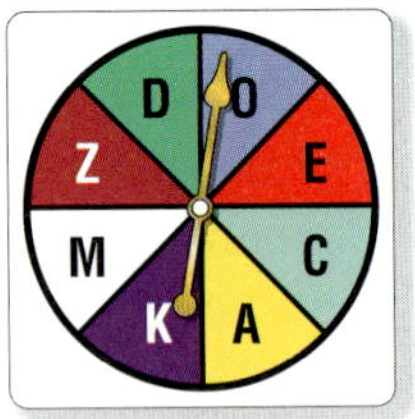


11. *P*(Z)
12. *P*(U)
13. *P*(A o M)
14. *P*(C, D o A)
15. *P*(vocal)
16. *P*(consonante)

**Se lanza un cubo numerado. Calcula la probabilidad de cada evento y expresa la respuesta en forma de fracción, de decimal y de porcentaje.**

17. *P*(3)
18. *P*(4 ó 6)
19. *P*(mayor que 4)
20. *P*(menor que 1)
21. *P*(número par)
22. *P*(número impar)
23. *P*(múltiplo de 2)
24. *P*(ni 3 ni 4)
25. *P*(no menor que 2)

**EL TIEMPO Usa la siguiente información para los ejercicios 26 y 27.**
El locutor de la radio matutina reportó que la probabilidad de lluvia el día de hoy es de 85%.

26. ¿Cuál es la probabilidad de que no llueva?
27. ¿Deberías llevar contigo un paraguas? Explica.

**Con los ojos cerrados se elige una canica de una bolsa como la que se muestra en la figura. En cada evento, escribe un enunciado que explique la probabilidad de que éste ocurra.**

**28.** $P$(verde)

**29.** $P$(amarilla)

**30.** $P$(morada)

**31.** $P$(azul)

**32.** **ESCUELA** Hay 160 niñas y 96 niños en la escuela secundaria Grant. El periódico escolar quiere elegir aleatoriamente a un alumno para entrevistarlo. Calcula la probabilidad de elegir a una niña para la entrevista. Expresa el resultado en forma de fracción, de decimal y de porcentaje.

**RAZONAMIENTO CRÍTICO** **Usa la siguiente información para los ejercicios 33 y 34.**

El girador de un juego de mesa tiene más de tres secciones iguales y la probabilidad de que el girador se detenga en el color azul es de 0.5.

**33.** Dibuja dos posibles giradores para este juego.

**34.** Explica por qué los giradores que dibujaste son correctos.

## EXTENSIÓN DE LA LECCIÓN

Otra manera de describir la probabilidad de que ocurra un evento es mediante posibilidades. La *posibilidad* de que ocurra un evento es una razón que compara el número de maneras en que puede ocurrir un evento, con el número de maneras en que el evento *no puede* ocurrir.

maneras de ocurrir → 2 ; maneras de no ocurrir → 4

La posibilidad de sacar 3 ó 4 en un cubo numerado es → 2 : 4 ó 1 : 2

**Calcula la posibilidad de obtener los siguientes resultados al lanzar un cubo numerado.**

**35.** a 2, 3, 5 ó 6

**36.** un número menor que 3

**37.** número impar

## Prueba estandarizada de práctica y repaso general

**38.** **SELECCIÓN MÚLTIPLE** ¿Cuál es la probabilidad de sacar un número compuesto al lanzar un cubo numerado?

(A) $\frac{1}{6}$ (B) $\frac{1}{3}$ (C) $\frac{1}{2}$ (D) $\frac{2}{3}$

**39.** **RESPUESTA BREVE** La probabilidad de sacar 5 en el girador es de $\frac{2}{3}$. ¿Qué número falta en el girador?

**40.** Estima el 31% de 15. (Lección 10-8)

**Calcula el porcentaje de cada número.** (Lección 10-7)

**41.** 32% de 148

**42.** 6% de 25

### PREPÁRATE PARA LA SIGUIENTE LECCIÓN

**DESTREZA BÁSICA** **Haz una lista con todos los resultados posibles de cada situación.**

**43.** lanzar una moneda al aire

**44.** lanzar un dado

**45.** elegir un mes del año

**46.** elegir un color de la bandera estadounidense

msmath1.net/self_check_quiz

# 11-1b LABORATORIO de PRÁCTICA

**Seguimiento de la Lección 11-1**

**Lo que aprenderás**
A comparar la probabilidad experimental con la probabilidad teórica.

**Materiales**
- 2 cubos numerados

## Probabilidad experimental y probabilidad teórica

**INVESTIGA** *Trabaja con un(a) compañero(a).*

Durante este laboratorio investigarás la relación entre la probabilidad experimental y la probabilidad teórica.

**PASO 1** La tabla muestra todos los resultados posibles del lanzamiento de dos cubos numerados. Los resultados resaltados son dobles.

| | 1 | 2 | 3 | 4 | 5 | 6 |
|---|---|---|---|---|---|---|
| **1** | (1, 1) | (1, 2) | (1, 3) | (1, 4) | (1, 5) | (1, 6) |
| **2** | (2, 1) | (2, 2) | (2, 3) | (2, 4) | (2, 5) | (2, 6) |
| **3** | (3, 1) | (3, 2) | (3, 3) | (3, 4) | (3, 5) | (3, 6) |
| **4** | (4, 1) | (4, 2) | (4, 3) | (4, 4) | (4, 5) | (4, 6) |
| **5** | (5, 1) | (5, 2) | (5, 3) | (5, 4) | (5, 5) | (5, 6) |
| **6** | (6, 1) | (6, 2) | (6, 3) | (6, 4) | (6, 5) | (6, 6) |

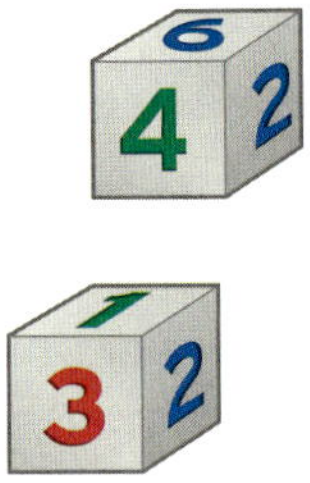

Calcula la probabilidad teórica de sacar dobles al lanzar los cubos numerados.

**PASO 2** Copia la tabla que se muestra. Luego, lanza un par de cubos numerados y anota el resultado en la tabla. Escribe D si sacas un doble y N si no lo sacas. Repite 30 veces el lanzamiento.

| Pruebas | Resultado |
|---|---|
| 1 | N |
| 2 | D |
| 3 | |
| ⋮ | |
| 30 | |

## Escribe en matemáticas

1. Calcula la probabilidad experimental de sacar dobles en 30 intentos. Compara la probabilidad experimental con la probabilidad teórica. Explica las diferencias.
2. Compara tus resultados con los resultados obtenidos por otros grupos de tu clase. ¿Por qué crees que varían las probabilidades experimentales cuando se repite un experimento?
3. Calcula la probabilidad experimental usando los datos de toda la clase. Compara estos resultados con la probabilidad teórica.
4. **Explica** por qué es probable que el cálculo de la probabilidad experimental del ejercicio 3 esté más cercano a la probabilidad teórica que la probabilidad experimental del ejercicio 1.

# 11-2 Resultados

**Lo que aprenderás**
A calcular el número de resultados usando listas, diagramas de árbol y combinaciones.

**NUEVO vocabulario**
espacio muestral
diagrama de árbol

## ¿CUÁNDO usaré esto?

**CINE** La figura muestra el letrero de la dulcería de un cine.

1. Haz una lista de los diferentes grupos que se pueden formar para elegir un tipo de gaseosa, un tipo de palomitas de maíz y un tipo de dulce.
2. ¿Cuántos grupos diferentes pueden hacerse?

El conjunto de todos los resultados posibles se conoce como el **espacio muestral**. La lista que hiciste anteriormente es el espacio muestral de las opciones que ofrece la dulcería del cine. A continuación, se presenta el espacio muestral de lanzar un cubo numerado y hacer girar un girador.

{1, 2, 3, 4, 5, 6}

{rojo, azul, verde, amarillo}

El espacio muestral también se puede representar con un diagrama de árbol. Al hacer un diagrama de árbol, se crea una lista organizada de los resultados. Un **diagrama de árbol** es un diagrama que muestra todos los posibles resultados de un evento.

## EJEMPLO Determina el espacio muestral

**1 ¿Cuántos conjuntos se pueden formar de pantalones cortos de bluyín o de kaki y una camisa amarilla, blanca o azul?**

Usa un diagrama de árbol. Anota las opciones de pantalón corto. Luego, relaciona cada opción de pantalón corto con las diferentes opciones de camisa.

| Pantalón | Camisa | Resultado |
|---|---|---|
| Bluyín (J) | Amarilla (Am) | JAm |
| | Blanca (B) | JB |
| | Azul (Az) | JAz |
| Kaki (K) | Amarilla (Am) | KAm |
| | Blanca (B) | KB |
| | Azul (Az) | KAz |

Hay seis combinaciones posibles.

**LEE matemáticas**

**Resultados** El resultado JAm significa pantalón corto de bluyín y camisa amarilla.

Si conoces el número de resultados posibles, puedes calcular fácilmente la probabilidad de que ocurra un evento.

## EJEMPLO Usa un diagrama de árbol para calcular probabilidades

**2** **Lexi hace girar dos giradores. ¿Cuál es la probabilidad de sacar rojo en el primer girador y azul en el segundo?**

Usa un diagrama de árbol para calcular todos los resultados posibles.

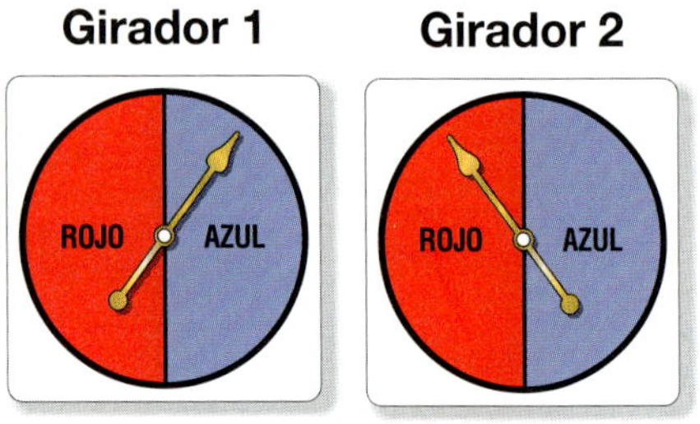


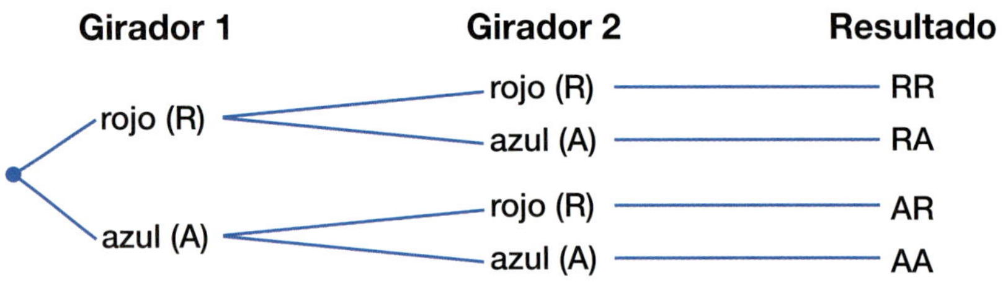


En uno solo de los cuatro resultados posibles se obtiene rojo primero y luego azul. Por lo tanto, $P(\text{rojo, azul}) = \frac{1}{4}$, 0.25 ó 25%.

### Tu turno

**a.** Usa un diagrama de árbol para calcular el número de palabras diferentes que se pueden formar usando las siguientes palabras y palabras en inglés: *quick*, *slow* y *sad* y los sufijos *-ness*, *-er* y *-ly*.

**b.** Se lanzan una moneda de 1¢ y un cubo numerado. Usa un diagrama de árbol para calcular la probabilidad de sacar cara y 5.

También puedes hacer una lista de resultados posibles.

**MATEMÁTICAS EN LA VIDA DIARIA**

**MASCOTAS** En el año 2000 se registraron 15,215 nuevos perros bulldog en el Club canino estadounidense.

**Fuente:** *The World Almanac*

## EJEMPLO Usa una lista para calcular el espacio muestral

**3** **MASCOTAS La figura muestra los nombres de tres cachorros bulldog. ¿Cuántos grupos diferentes de dos cachorros puede elegir una persona?**

| Nombres de los cachorros |
|---|
| Alex |
| Bailey |
| Chester |

Haz una lista con los diferentes grupos de cachorros que se pueden elegir.

AB AC BA BC CA CB

Sólo toma en cuenta los arreglos diferentes. En este caso, AB es igual que BA.

AB AC BC

Hay tres grupos diferentes de dos cachorros.

### Tu turno

**c.** Si hubiera 4 cachorros, ¿cuántos grupos diferentes de tres cachorros podría elegir una persona?

## Repaso de destrezas y conceptos

Escribe en matemáticas
Ejercicio 1

1. **Define** con tus propias palabras *espacio muestral*.

2. **INTERPRETA** Describe una situación con 8 resultados posibles.

### PRÁCTICA DIRIGIDA

**Representa el espacio muestral de cada situación con un diagrama de árbol. Luego, indica el número de resultados posibles.**

3. hamburguesa sin queso o con queso; con gaseosa, agua o jugo
4. camisa pequeña, mediana, grande o extra grande; en color azul, blanco o negro

**Usa los siguientes giradores para los ejercicios 5 y 6. Cada girador se hace girar una sola vez.**

5. ¿Cuántos resultados posibles hay?
6. ¿Cuál es el valor de *P*(azul, verde), en ese orden?

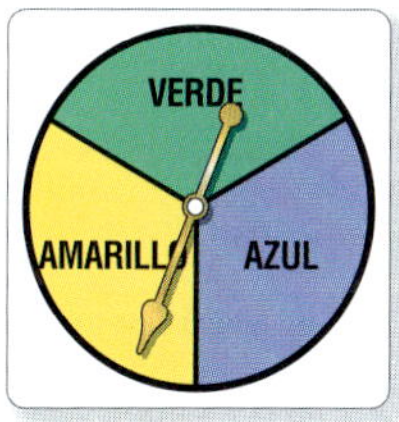


## Práctica y aplicaciones

| AYUDA CON LAS TAREAS | |
|---|---|
| Ejercicios | Ver ejemplos |
| 7–10 | 1 |
| 11–18 | 2 |
| 19–20 | 3 |

**Práctica adicional**
**Ver páginas 616, 634.**

**Representa el espacio muestral de cada situación con un diagrama de árbol. Luego, indica el número de resultados posibles.**

7. tarta de manzana, durazno o cereza; con bebida leche, jugo o té
8. mochila de nailon, cuero, o malla; en color rojo, azul, dorado o negro
9. lanzar dos cubos numerados
10. lanzar una moneda de 10¢, 25¢ y 1¢

**Para los ejercicios 11 al 13 se lanza una moneda y se saca una letra de la bolsa que se muestra en la figura.**

11. ¿Cuántos resultados posibles hay?
12. Calcula *P*(cara, E).
13. ¿Cuál es la probabilidad de sacar escudo y P, Z o M?

**ESCUELA** **Usa la siguiente información para los ejercicios 14 y 15.** Una prueba de ciencias tiene una pregunta de selección múltiple, con opciones de respuesta A, B y C y dos preguntas de verdadero/falso.

14. Dibuja un diagrama de árbol que muestre todas las respuestas posibles en la prueba.
15. Calcula la probabilidad de que un alumno adivine y saque todas las respuestas correctas.

**En los ejercicios 16 al 18 se lanzan una moneda y un cubo numerado y se hace girar el girador que se muestra .**

16. ¿Cuántos resultados posibles hay?
17. Calcula *P*(cara, morado, 5).
18. Calcula *P*(escudo, anaranjado y menor que 4).

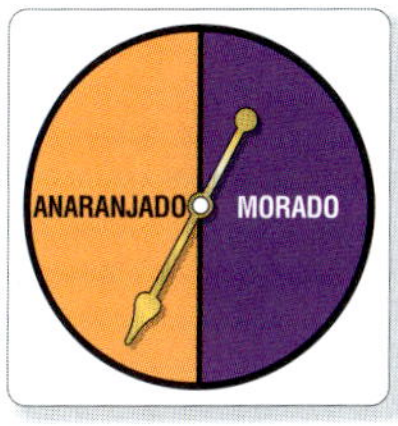

19. **JUEGOS** Si hay 5 juegos de video, ¿cuántos conjuntos diferentes de 2 juegos de video se pueden elegir?

20. **LIBROS** Si hay 5 libros, ¿cuántos grupos diferentes de tres libros se pueden escoger?

**RAZONAMIENTO CRÍTICO** **Usa la siguiente información para los ejercicios 21 y 22.**
Con los ojos cerrados se elige primero una bolsa de canicas y luego, se saca una canica de la bolsa elegida.

21. Dibuja un diagrama de árbol que muestre todos los resultados posibles.

22. ¿Es cada resultado equiprobable? Explica.

## EXTENSIÓN DE LA LECCIÓN

Una permutación es otra manera de representar un espacio muestral. Una *permutación* es un arreglo o lista donde el orden es importante.

**Ejemplo**

**¿De cuántas maneras diferentes pueden terminar una carrera Katie, José y Tara?**
Haz una lista en una tabla como la que se muestra. Tres personas pueden terminar una carrera de 6 maneras diferentes.

| 1^er lugar | 2^do lugar | 3^er lugar |
|---|---|---|
| Katie | Jose | Tara |
| Katie | Tara | Jose |
| Jose | Katie | Tara |
| Jose | Tara | Katie |
| Tara | Jose | Katie |
| Tara | Katie | Jose |

El orden es importante porque Katie, José y Tara no es igual que José, Tara y Katie.

**Haz una lista para calcular el número de resultados posibles en cada situación.**

23. ¿De cuántas maneras pueden María, Ryan, Liana y Kurtís servir de presidente, vicepresidente, secretario y tesorero?

24. ¿De cuántas maneras se pueden elegir al editor y al reportero para el periódico escolar si se postularon Jenna, Rico, Maralan, Ron y Venessa?

## Prueba estandarizada de práctica y repaso general

25. **SELECCIÓN MÚLTIPLE** La figura muestra el menú de la pizzería Wedgewood. ¿Cuántas pizzas diferentes de un solo ingrediente puede ordenar un cliente?

(A) 4 (B) 8 (C) 16 (D) 20

| Pizzería Wedgewood | |
|---|---|
| **Tamaño** | **Ingredientes** |
| 8 pulg | queso |
| 10 pulg | pepperoni |
| 12 pulg | salchicha |
| 14 pulg | hongos |

26. **RESPUESTA BREVE** ¿Cuántos grupos diferentes de 2 donas puedes elegir, si hay 4 tipos diferentes de donas?

**Una bolsa contiene 5 canicas rojas, 6 verdes y 4 azules. Se selecciona una canica aleatoriamente. Calcula cada probabilidad.** (Lección 11-1)

27. $P$(verde) 28. $P$(verde o azul) 29. $P$(roja o azul)

30. Estima el 84% de 24. (Lección 10-8)

### PREPÁRATE PARA LA SIGUIENTE LECCIÓN

**REQUISITO** **Resuelve cada proporción.** (Lección 8-2)

31. $\frac{k}{9} = \frac{10}{45}$ 32. $\frac{18}{72} = \frac{m}{24}$ 33. $\frac{5}{c} = \frac{30}{96}$ 34. $\frac{15}{35} = \frac{3}{d}$

# 11-3a LABORATORIO de PRÁCTICA

*Sinopsis de la Lección 11-3*

**Lo que aprenderás**
A determinar si un grupo elegido está sesgado.

## Sesgo

**INVESTIGA** *Formen tres grandes grupos.*

¿Alguna vez te ha tocado escuchar la radio cuando un radioescucha gana un concurso? El locutor por lo regular le pregunta al radioescucha: "¿Cuál es tu estación de radio favorita?" Este tipo de pregunta es una pregunta **sesgada** porque la persona que contesta generalmente va a favorecer a la estación que la está premiando. En este laboratorio investigarás qué es un sesgo.

**PASO 1** Cada grupo elige una de las siguientes preguntas.

> **Pregunta 1:** ¿Se debería prolongar el tiempo entre clases debido a que los salones están muy alejados el uno del otro?
>
> **Pregunta 2:** Si nuestra maestra resulta elegida como la maestra del año, entonces ella organizará una fiesta con pizzas. ¿Quién es tu maestra favorita?
>
> **Pregunta 3**: Muchos alumnos compran almuerzo en la escuela. ¿Cuál es tu almuerzo escolar favorito?

**PASO 2** Cada miembro del grupo escribirá su respuesta en una hoja de papel.

**PASO 3** Recopilen y anoten las respuestas en una tabla.

## Escribe en matemáticas

*Trabaja con un(a) compañero(a).*

1. **Compara** las respuestas de tu grupo con las respuestas de los otros grupos. ¿Cuáles preguntas pueden estar sesgadas?
2. **Describe** la influencia que pudieron haber tenido en las respuestas, las palabras elegidas para las preguntas.
3. **Menciona** qué cambios se podrían hacer a las preguntas para eliminar los sesgos en las respuestas.

**Indica, si el realizar encuestas en el lugar señalado, puede causar algún sesgo.**

| | Tipo de encuesta | Lugar de la encuesta |
|---|---|---|
| 4. | pasatiempo favorito | tienda de modelos de trenes |
| 5. | estación del año favorita | biblioteca pública |
| 6. | programa de televisión favorito | pista de patinaje |
| 7. | comida favorita | restaurante de comida mexicana |

# 11-3 Haz predicciones

**Lo que aprenderás**

A predecir el comportamiento de una población a partir de una muestra.

**NUEVO vocabulario**

**encuesta**
**población**
**muestra**
**aleatorio**

## PRÁCTICA Minilaboratorio

*Formen tres grupos grandes.*

En esta actividad harán una predicción sobre el número de alumnos zurdos y de alumnos diestros que hay en toda la escuela.

**PASO 1** Un alumno de cada grupo debe copiar la tabla siguiente.

| ¿Diestro o zurdo? | |
|---|---|
| **Rasgo** | **Alumnos** |
| Zurdos | |
| Diestros | |

**PASO 2** Cuenten el número de alumnos zurdos y diestros que hay en su grupo. Anoten los resultados.

**PASO 3** Predigan el número de alumnos zurdos o diestros que puede haber en toda la escuela.

**PASO 4** Combinen sus resultados con los resultados de los otros grupos. Hagan una predicción usando los datos de la clase completa.

1. ¿Cómo hicieron la predicción acerca del número de alumnos zurdos y de alumnos diestros que hay en toda la escuela?
2. Compara la predicción de tu grupo con la predicción de la clase. ¿Cuál crees que es más exacta? Explica.

Una **encuesta** es un método para recoger información. El grupo que se estudia es la **población**. A veces, la población es muy grande y para ahorrar tiempo y dinero se estudia sólo una parte del grupo. Esta parte del grupo se conoce como **muestra**.

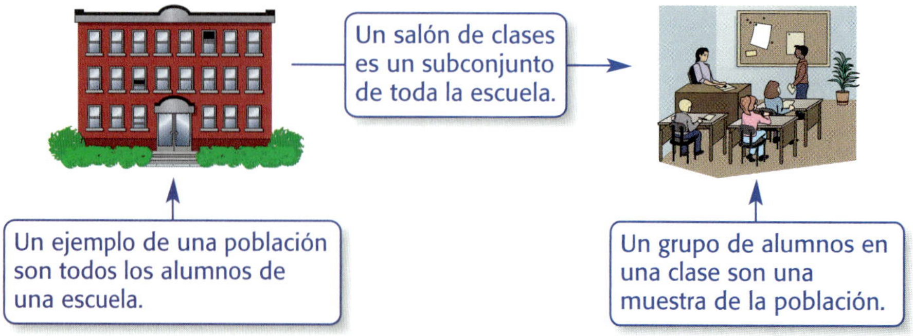


Una buena muestra:

- se selecciona **aleatoriamente**, es decir, sin preferencia,
- es representativa de la población y
- es suficientemente grande como para proporcionar datos precisos.

**AYUDA PARA EL ESTUDIO**

**Encuestas** Una encuesta consta de una serie de preguntas que requieren una respuesta. Los tipos más comunes de encuestas son las entrevistas personales, las encuestas telefónicas y las encuestas por correo.

## EJEMPLO Determina cuál es una buena muestra

**1** **A cada novena persona que entra cierto día en un supermercado se le pregunta si apoya el impuesto escolar propuesto para su distrito. Determina si se trata de una buena muestra.**

- El preguntar a cada novena persona asegura que sea una encuesta aleatoria.
- La muestra debe ser representativa de la población, es decir, de todas las personas que viven en el distrito escolar.
- La muestra es suficientemente grande y puede proporcionar información precisa.

Por lo tanto, ésta es una buena muestra.

### Tu turno

**a.** Se entrevistan a 100 personas que cenan en un restaurante italiano acerca de su tipo favorito de restaurante. ¿Ésta es una buena muestra? Explica.

### MATEMÁTICAS EN LA VIDA DIARIA

**¿Cómo usa las matemáticas el gerente de un restaurante?**
Los gerentes de los restaurantes usan matemáticas para estimar el consumo de alimentos, ordenar la compra de alimentos de sus proveedores y programar el servicio de alimentos y bebidas frescos.

**Investigación en línea** Visita msmath1.net/careers para obtener más información sobre la carrera de gerente de restaurante.

Se pueden usar los resultados de una encuesta para predecir o estimar las acciones de un grupo más grande.

## EJEMPLOS Usa proporciones para predecir

**PIZZA** **Lorenzo le preguntó a cada décimo alumno que entró a la escuela que nombrara su tipo favorito de pizza.**

**Tipo favorito de pizza**

| Ingrediente | Alumnos |
|---|---|
| pepperoni | 18 |
| queso | 9 |
| salchicha | 3 |
| hongos | 2 |

**2** **¿Cuál es la probabilidad de que un alumno prefiera la pizza de pepperoni?**

$$P(\text{pepperoni}) = \frac{\text{número de alumnos que prefieren pepperoni}}{\text{número de alumnos encuestados}}$$

$$= \frac{18}{32}$$

Por lo tanto, $P$(pepperoni) es $\frac{18}{32}$, 0.5625 ó aproximadamente 56%.

**3** **La escuela de Lorenzo tiene 384 alumnos. Predice cuántos alumnos van a preferir pizza de pepperoni.**

Usa una proporción. (Sea $s$ = alumnos que prefieren pepperoni.)

$\frac{18}{32} = \frac{s}{384}$ Escribe una proporción.

$18 \times 384 = 32 \times s$ Escribe los productos cruzados.

$6{,}912 = 32s$ Multiplica.

$\frac{6{,}912}{32} = \frac{32s}{32}$ Divide ambos lados entre 32.

$216 = s$

Cerca de 216 de los 384 alumnos van a preferir pizza de pepperoni.

### AYUDA PARA EL ESTUDIO

**Mirada retrospectiva** Para repasar cómo **resolver proporciones**, refiérete a la Lección 10-2.

## Repaso de destrezas y conceptos

**Escribe en matemáticas**
**Ejercicios 1 y 2**

1. **INTERPRETA** Indica cómo elegirías una muestra aleatoria para una encuesta que busca determinar el número de alumnos que toman el autobús escolar en tu escuela.

2. **HALLA EL ERROR** Raheem y Elena deciden cuál es el mejor lugar para realizar una encuesta sobre estrellas de cine favoritas. ¿Quién tiene la razón? Explica.

| Raheem | Elena |
|---|---|
| Entrevistar a personas que están haciendo cola para ver una película. | Entrevistar a personas que están de compras en un centro comercial local. |

### PRÁCTICA DIRIGIDA

**Determina si la siguiente es una buena muestra. Explica.**

3. A cada tercer alumno que entra a una cafetería escolar se le pregunta cuál es su almuerzo favorito.

**ALIMENTOS Usa la tabla y la siguiente información para los ejercicios 4 y 5.**
A cada décima persona que entra a un concierto se le pregunta cuál es su sabor favorito de leche malteada.

**Leche malteada favorita**

| Leche malteada | Personas |
|---|---|
| vainilla | 30 |
| chocolate | 15 |
| fresa | 10 |
| menta | 5 |

4. Calcula la probabilidad de que una persona que asiste al concierto prefiera malteadas de chocolate.

5. Predice cuántas personas de un total de 620 preferirán malteadas de chocolate.

## Práctica y aplicaciones

**AYUDA CON LAS TAREAS**

| Ejercicios | Ver ejemplos |
|---|---|
| 6–7 | 1 |
| 8 | 2 |
| 9–15 | 3 |

**Práctica adicional**
**Ver páginas 617, 634.**

**Determina si las siguientes son buenas muestras. Explica.**

6. Se les pregunta a cincuenta niños en un parque si les gusta jugar bajo techo o al aire libre.

7. A cada vigésimo alumno que sale de la escuela se le pregunta sobre su lugar preferido para la excursión de fin de año.

**FÚTBOL Usa la siguiente información para los ejercicios 8 y 9.**
Isabelle anotó 4 goles en sus últimos 10 intentos durante un partido de fútbol.

8. Calcula la probabilidad de que Isabelle anote un gol en el siguiente intento.

9. Supón que Isabelle realiza 20 intentos. ¿Cuántos goles anotará?

**MÚSICA En los ejercicios del 10 al 13, usa la tabla para predecir cuántos de los 450 alumnos prefieren cada tipo de música.**

**Tipo de música favorita**

| Música | Alumnos |
|---|---|
| pop | 9 |
| rock | 5 |
| country | 2 |
| rap | 5 |
| alternativa | 4 |

10. rock

11. alternativa

12. country

13. pop

**SERVIR DE VOLUNTARIO** **Usa la siguiente gráfica para los ejercicios 14 y 15.**

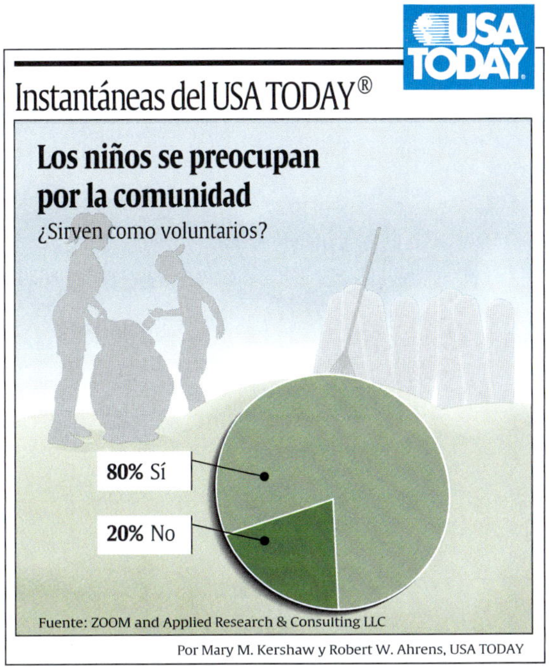


**14.** En el año 2000, en Colorado vivían cerca de 300,000 niños con edades entre 10 y 14 años. Predice cuántos de ellos sirvieron de voluntarios.

**15.** En el año 2000, en Hawai vivían cerca de 75,000 niños con edades entre 10 y 14 años. Predice cuántos niños de este grupo de edad no sirvieron como voluntarios.

**Actualiza datos** Estima el número de niños, entre 10 y 14 años que viven en tu estado. Predice el número de niños que han servido como voluntarios. Visita msmath1.net/data_update si deseas más información.

**16. RAZONAMIENTO CRÍTICO** Si el siguiente girador se hace girar 400 veces, ¿aproximadamente cuántas veces se detendrá en rojo o en amarillo?

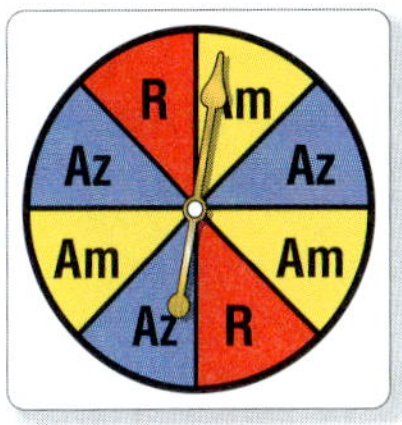


## Prueba estandarizada de práctica y repaso general

**17. SELECCIÓN MÚLTIPLE** A los alumnos de una clase se les preguntó cuál era su mascota favorita. Los resultados se muestran en la tabla siguiente. Si la escuela tiene 248 alumnos, ¿cuántos prefiren a los gatos?

| Mascota | Alumnos |
|---|---|
| perro | 12 |
| gato | 9 |
| hámster | 4 |
| tortuga | 4 |
| conejo | 2 |
| conejillo de indias | 5 |

(A) 82 (B) 74 (C) 62 (D) 25

**18. SELECCIÓN MÚLTIPLE** ¿Cuál de las siguientes *no es* una buena muestra?

(F) encuesta: flor favorita; lugar: centro comercial

(G) encuesta: pasatiempo favorito; lugar: tienda de modelos de trenes

(H) encuesta: día feriado favorito; lugar: restaurante de comida rápida

(I) encuesta: deporte favorito; lugar: biblioteca

**19.** ¿De cuántas maneras se pueden escoger 3 videos de un grupo de 6 videos? (Lección 11-2)

**Sarah elige aleatoriamente la página de un calendario. Calcula cada probabilidad.** (Lección 11-1)

**20.** $P$(abril o mayo) **21.** $P$(diferente de junio) **22.** $P$(mes con J o E inicial)

### PREPÁRATE PARA LA SIGUIENTE LECCIÓN

**REQUISITO** **Reduce cada fracción.** (Lección 5-2)

**23.** $\frac{4}{16}$ **24.** $\frac{12}{36}$ **25.** $\frac{8}{20}$ **26.** $\frac{9}{24}$

# CAPÍTULO 11 Prueba parcial de práctica del capítulo

## Vocabulario y conceptos

1. **Explica** cómo se usa una razón para calcular la probabilidad de que ocurra un evento. (Lección 11-1)
2. **Describe** con tus propias palabras el significado de *muestra*. (Lección 11-3)

## Destrezas y aplicaciones

**Se hace girar una sola vez el siguiente girador. Calcula cada probabilidad y expresa la respuesta en forma de fracción, de decimal y de porcentaje.**
(Lección 11-1)

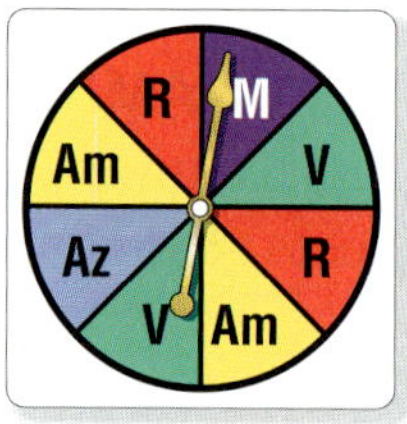


3. $P$(rojo)
4. $P$(azul o rojo)
5. $P$(anaranjado)
6. $P$(diferente de amarillo)
7. Dibuja un diagrama de árbol que represente el espacio muestral para pollo, res o pescado; acompañado de arroz o papas para la cena. (Lección 11-2)
8. **MASCOTAS** ¿Cuántos grupos diferentes de 2 hámsters se pueden elegir de 4 hámsters? (Lección 11-2)
9. ¿Cuántos resultados posibles hay si se lanzan una vez una moneda y un cubo numerado? (Lección 11-2)
10. Se le pregunta su color favorito a cada décima persona que sale de un supermercado. Determina si ésta es una buena muestra. Explica. (Lección 11-3)

## Prueba estandarizada de práctica

11. **SELECCIÓN MÚLTIPLE** Hay un 25% de probabilidad de que el juego de béisbol de mañana se cancele por mal tiempo. ¿Cuál es la probabilidad de que *no* se cancele? (Lección 11-1)

   (A) 85%  (B) 75%
   (C) 65%  (D) 55%

12. **RESPUESTA BREVE** Usa los siguientes resultados para predecir el número de personas, de 300 personas, que preferirán un helado de vainilla. (Lección 11-3)

**Helado favorito**

| Sabor | Cantidad |
|---|---|
| vainilla | 9 |
| chocolate | 8 |
| fresa | 3 |

# La Zona de juegos

Un sitio para practicar tus destrezas matemáticas

## Coordínalos

### ¡ALÍSTATE!

**Jugadores:** dos
**Materiales:** 16 tarjetas

### ¡EN TU MARCA!

- Con 8 tarjetas forma un conjunto de tarjetas de probabilidad con los siguientes números.

$\frac{1}{6}$ $\frac{1}{2}$ 0 $\frac{1}{3}$ $\frac{5}{6}$ $\frac{2}{3}$ 1 $\frac{1}{2}$

- Haz un conjunto de 8 tarjetas de los eventos que resultan al lanzar un cubo numerado.

| | | | |
|---|---|---|---|
| 6 | 3, 4 ó 5 | 7 | menor que 6 |
| compuesto | 1 ó primo | impar | mayor que 0 |

### ¡ADELANTE!

- Mezcla ambos conjuntos de tarjetas y colócalos boca abajo, como se ilustra en la figura.

Tarjetas de eventos

Tarjetas de probabilidad

- El jugador 1 volteará una tarjeta de evento y una de probabilidad en cada turno. Si las tarjetas corresponden a la probabilidad de que ocurra el evento, entonces el jugador retirará este par de tarjetas, ganará un punto y tendrá la oportunidad de voltear otro par de tarjetas.
- Si las tarjetas no corresponden a la probabilidad de que ocurra el evento, el jugador regresará las tarjetas a su posición anterior, no ganará ningún punto y le tocará el turno al siguiente jugador.
- Los jugadores se turnan hasta hacer corresponder todas las tarjetas.
- **¿Quién gana?** Gana el jugador con más puntos.

# 11-4 Probabilidad y área

**Lo que aprenderás**
A calcular la probabilidad usando modelos de área.

**PRÁCTICA Minilaboratorio**

**Materiales**

- papel cuadriculado centimétrico
- arroz
- lápices de colores

*Trabaja con un(a) compañero(a).*

Investiguemos la relación entre el área y la probabilidad.

- Dibuja el siguiente cuadrado en el papel cuadriculado y sombréalo como se muestra en la figura.
- Deja caer al azar 50 granos de arroz sobre los cuadrados, desde una altura aproximada de 8 pulgadas.
- Anota el número de granos de arroz que caen en la región sombreada.

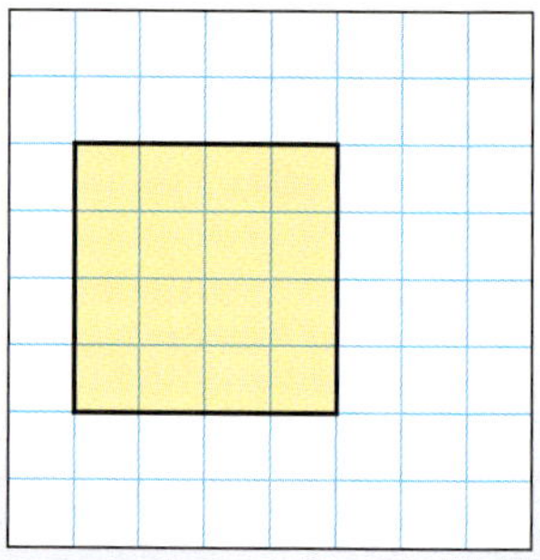

1. Calcula $P$(grano de arroz que cae en la región sombreada).
2. ¿Qué comparación hay entre la razón anterior y la razón $\frac{\text{área de la región sombreada}}{\text{área del blanco}}$? Explica.

Cuando la muestra es muy grande, la probabilidad experimental debe hallarse cercana a la probabilidad teórica. La probabilidad se puede expresar como la razón entre las áreas.

**Concepto clave** — **Probabilidad y área**

**En palabras** La probabilidad de que un objeto caiga en una región específica de un blanco es igual a la razón del área de la región específica al área del blanco.

**En símbolos** $P(\text{región específica}) = \frac{\text{área de la región específica}}{\text{área del blanco}}$

**EJEMPLO** Usa modelos de área para calcular la probabilidad

**1** **Calcula la probabilidad de que un dardo lanzado aleatoriamente caiga en la región sombreada del blanco.**

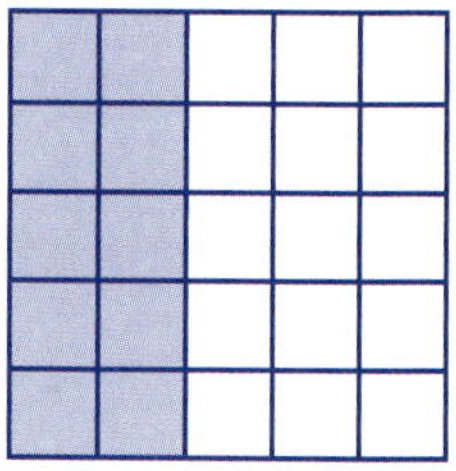

$$P(\text{región sombreada}) = \frac{\text{área de la región sombreada}}{\text{área del blanco}}$$

$$= \frac{10}{25} \text{ ó } \frac{2}{5}$$

Por lo tanto, la probabilidad es de $\frac{2}{5}$, 0.4 ó 40%.

## EJEMPLOS Usa la probabilidad para hacer predicciones

**2** **PORRISTAS** **El equipo de porristas piensa lanzar camisetas a las gradas del estadio usando una honda. Calcula la probabilidad de que una camiseta caiga en la sección alta de las gradas. Da por sentado que una camiseta tiene la misma probabilidad de caer en cualquier parte de las gradas.**

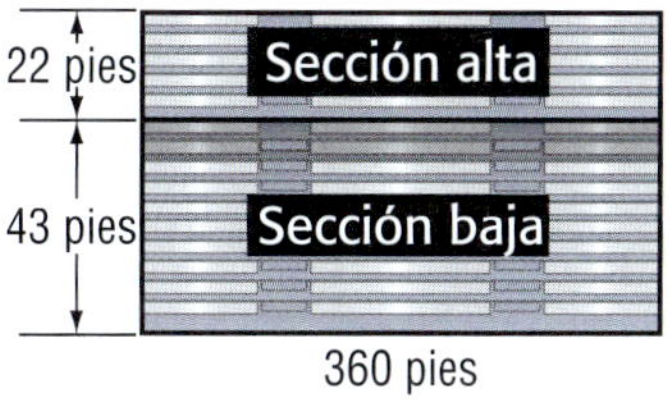


$$P(\text{sección alta de las gradas}) = \frac{\text{área de la sección alta}}{\text{área total de las gradas}}$$

**Área de la sección alta de las gradas**

$\ell \times w = 360 \times 22$

$= 7{,}920$ pies cuadrados

**Área total de las gradas**

$\ell \times w = 360 \times 65$

$= 23{,}400$ pies cuadrados

Las gradas están compuestas por la sección alta y la sección baja.

$$P(\text{sección alta}) = \frac{\text{área de la sección alta}}{\text{área total de las gradas}} = \frac{7{,}920}{23{,}400} \approx \frac{1}{3}$$

Por lo tanto, la probabilidad de que una camiseta caiga en la sección alta de las gradas es de aproximadamente $\frac{1}{3}$, $0.33\overline{3}$ ó $33.\overline{3}\%$.

**3** **PORRISTAS** **Predice cuántas camisetas caerán en la sección alta de las gradas si los porristas lanzan 15 camisetas.**

Escribe una proporción que compare el número de camisetas que caen en la sección alta de las gradas con el número total de camisetas lanzadas. Sea $n$ = el número de camisetas que caen en la sección alta de las gradas.

$\frac{n}{15} = \frac{1}{3}$ ← Camisetas que caen en la sección alta ← Total de camisetas lanzadas

$n \times 3 = 15 \times 1$ Escribe los productos cruzados.

$3n = 15$ Multiplica.

$\frac{3n}{3} = \frac{15}{3}$ Divide ambos lados entre 3.

$n = 5$

Aproximadamente 5 camisetas caerán en la sección alta de las gradas.

### Tu turno

a. Consulta el diagrama del ejemplo 2. Calcula la probabilidad de que una camiseta caiga en la sección baja de las gradas.

b. Predice el número de camisetas que caerán en la sección baja de las gradas si se lanzan 36 camisetas.

**AYUDA PARA EL ESTUDIO**

**Mirada retrospectiva** Para repasar el **área de un rectángulo**, consulta la Lección 1-8.

**MATEMÁTICAS EN LA VIDA DIARIA**

**PORRISTAS** El ochenta por ciento de las escuelas en Estados Unidos tienen equipos de porristas. El deporte más popular para la presencia de equipos de porristas es el fútbol americano.

**Fuente:** www.about.com

## Repaso de destrezas y conceptos

Escribe en matemáticas
Ejercicio 2

1. **INTERPRETA** Dibuja un blanco para el que la probabilidad de que un dardo caiga en la zona sombreada sea igual al 60%.
2. **Dibuja** un modelo en el cual la probabilidad de que un dardo caiga en la zona sombreada sea igual al 25%. Luego, explica cómo modificarías el modelo para que la probabilidad de que el dardo caiga en la zona sombreada sea del 50%.

### PRÁCTICA DIRIGIDA

**Calcula la probabilidad de que un dardo lanzado aleatoriamente caiga en la zona sombreada de cada blanco.**

3. 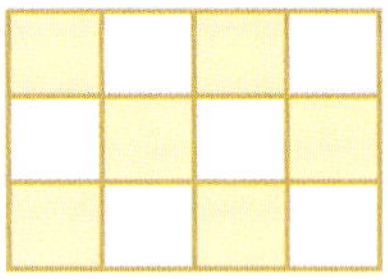

4. 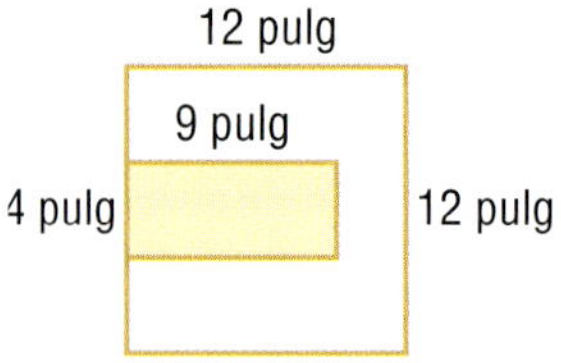


5. Si un dardo se lanza aleatoriamente 640 veces al blanco del ejercicio 4, ¿aproximadamente cuántas veces caerá en la región sombreada?

## Práctica y aplicaciones

| AYUDA CON LAS TAREAS | |
|---|---|
| Ejercicios | Ver ejemplos |
| 6–11 | 1 |
| 12–17 | 2, 3 |

Práctica adicional
Ver páginas 617, 634.

**Calcula la probabilidad de que un dardo lanzado aleatoriamente caiga en la zona sombreada de cada blanco.**

6. 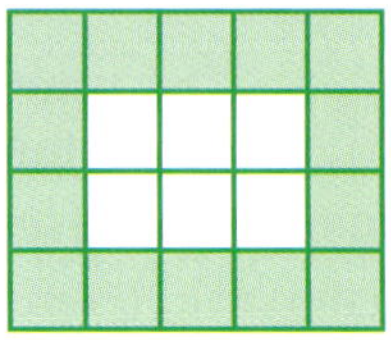

7. 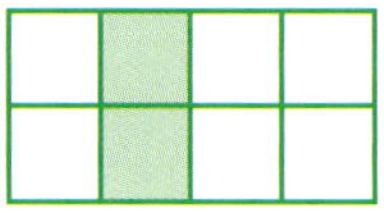

8. 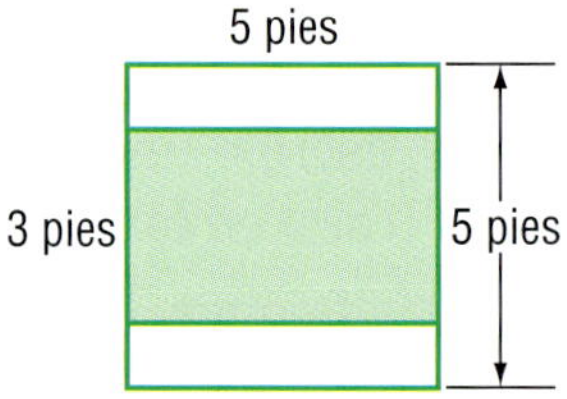


9. 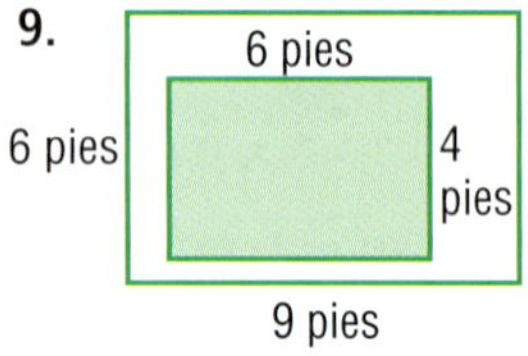


10. 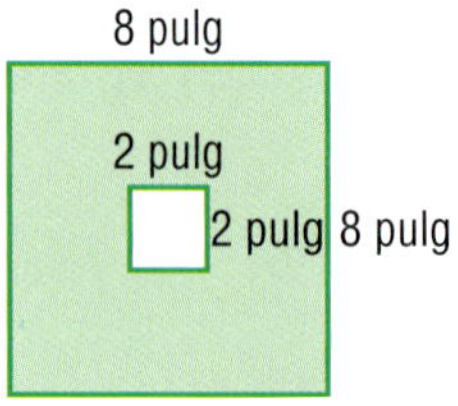


11. 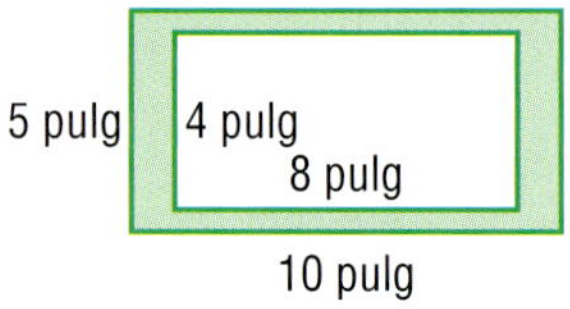


**JUEGOS** **Usa el blanco y la siguiente información para los ejercicios 12 al 14.**
Es equiprobable que un dardo caiga en cualquier parte del blanco. Para ganar un premio, el dardo debe caer en un número par.

12. ¿Cuál es la probabilidad de ganar un premio?
13. Si se lanza un dardo 9 veces, predice cuantas veces caerá en un número par.
14. **MULTI-PASO** Lanzar 3 dardos cuesta \$2. ¿Aproximadamente cuánto dinero tendrías que gastar para ganar 5 premios?

15. Si se lanza 320 veces un dardo hacia el blanco del ejercicio 10, ¿aproximadamente cuántas veces caerá en la zona sombreada?

**GOLF Usa el diagrama del campo de golf y la siguiente información para los ejercicios 16 y 17.**
Supón que un golfista golpea la pelota y que la pelota tiene la misma probabilidad de caer en cualquier parte del área del campo de golf que se muestra a la derecha.

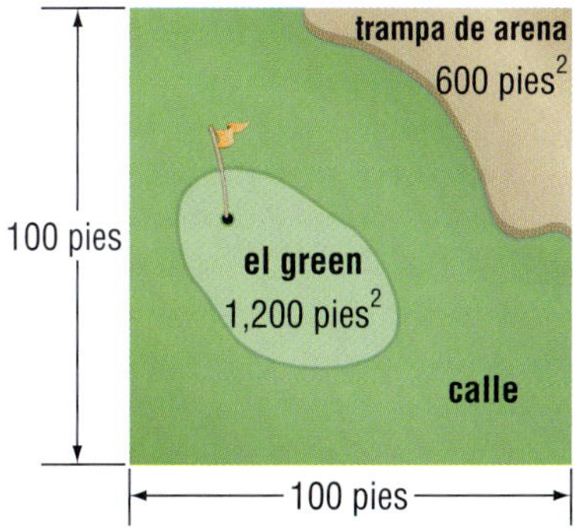


16. ¿Cuál es la probabilidad de que la pelota caiga en la trampa de arena?

17. Si el golfista golpea 50 veces una pelota hacia este hoyo, ¿cuántas veces se espera que la pelota caiga en el green?

18. **RAZONAMIENTO CRÍTICO** Si se lanza aleatoriamente un dardo 200 veces al siguiente blanco, predice el número de veces que caerá en cada región del blanco.

## Prueba estandarizada de práctica y repaso general

19. **SELECCIÓN MÚLTIPLE** Calcula la probabilidad que un dardo lanzado aleatoriamente caiga en la región sombreada del siguiente blanco.

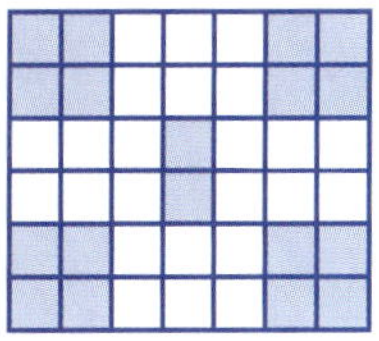

Ⓐ $\frac{2}{7}$ Ⓑ $\frac{2}{5}$ Ⓒ $\frac{3}{7}$ Ⓓ $\frac{3}{4}$

20. **SELECCIÓN MÚLTIPLE** Si se lanzan 100 dardos al blanco anterior, ¿cuántos esperas que caigan en la región sombreada?

Ⓕ 40 Ⓖ 43 Ⓗ 45 Ⓘ 46

21. A cada décima persona que entra por la puerta principal a un juego de béisbol de los Yanquis, se le pregunta quién es su jugador de béisbol favorito. Determina si ésta es una buena muestra. Explica. (Lección 11-3)

22. **ESCUELA** ¿Cuántos grupos diferentes de 3 palabras puede elegir un maestro para incluir en una prueba de vocabulario si puede elegir entre 4 palabras distintas? (Lección 11-2)

**Calcula cada porcentaje.** (Lección 10-7)

23. 30% de 60 24. 8% de 12 25. 110% de 150

### PREPÁRATE PARA LA SIGUIENTE LECCIÓN

**REQUISITO Multiplica. Luego reduce.** (Lección 7-2)

26. $\frac{1}{5} \times \frac{3}{4}$ 27. $\frac{2}{3} \times \frac{3}{7}$ 28. $\frac{8}{15} \times \frac{3}{4}$ 29. $\frac{4}{7} \times \frac{14}{15}$

# 11-5a Estrategia para resolver problemas

***Sinopsis de la Lección 11-5***

## Haz una tabla

**Lo que aprenderás**
A resolver problemas haciendo una tabla.

Mario, ¿sabías que mi gata va a tener gatitos? Me gustaría que fueran 3 gatitos. Así, me podría quedar con uno y regalar dos a mis primos.

Si tu gata tiene 3 gatitos, ¿cuál será la probabilidad de que tenga una hembra y dos machos? **Hagamos una tabla** para averiguarlo.

**Explora** Cada gatito que nace puede ser macho o hembra. Necesitamos calcular la probabilidad de que un gatito sea hembra y de que los otros dos gatitos sean machos.

**Planifica** Haz una tabla que incluya todos los resultados posibles para calcular la probabilidad.

**Resuelve**

| $1^{er}$ Gatito | | $2^{do}$ Gatito | | $3^{er}$ Gatito | | Resultados |
|---|---|---|---|---|---|---|
| H | M | H | M | H | M | |
| | X | | X | | X | M M M |
| | X | | X | X | | M M H |
| | X | X | | | X | M H M |
| | X | X | | X | | M H H |
| X | | | X | | X | H M M |
| X | | | X | X | | H M H |
| X | | X | | | X | H H M |
| X | | X | | X | | H H H |

Hay 8 resultados posibles y en tres de ellos se obtienen una hembra y dos machos. Por lo tanto, la probabilidad es de $\frac{3}{8}$ ó 0.375 ó 37.5%.

**Examina** Si dibujas un diagrama de árbol para calcular los resultados posibles, verás que la respuesta es correcta.

## Analiza la estrategia

1. **Explica** cuándo se puede usar la estrategia de hacer una tabla para resolver un problema.
2. **Indica** las ventajas que tiene el organizar la información en una tabla. ¿Cuáles son las desventajas?
3. **Escribe** un problema que se pueda resolver con la estrategia de hacer una tabla.

## Aplica la estrategia

**Resuelve. Usa la estrategia de hacer una tabla.**

4. **NIÑOS** Calcula la probabilidad de que en una familia con tres hijos, haya dos niñas y un niño.

5. **PRUEBAS** La siguiente es una lista con las calificaciones de un examen.

| | | | | | | |
|---|---|---|---|---|---|---|
| 68 | 77 | 99 | 86 | 73 | 75 | 100 |
| 86 | 70 | 97 | 93 | 80 | 91 | 72 |
| 85 | 98 | 79 | 77 | 65 | 89 | 71 |

¿Cuántos alumnos más obtuvieron una calificación de 71 a 80 que de 91 a 100?

6. **ESCUELA** A continuación se presenta el mes de nacimiento de los alumnos en la clase de geografía de la Srta. Miller. Haz una tabla de frecuencias de los datos. ¿Cuántos alumnos más nacieron en junio que en agosto?

| Meses de nacimiento | | |
|---|---|---|
| junio | julio | abril |
| marzo | julio | junio |
| octubre | mayo | agosto |
| junio | abril | octubre |
| mayo | octubre | abril |
| septiembre | diciembre | enero |

## Solución de problemas mixtos

**Usa cualquier estrategia para resolver.**

7. **DINERO** Julissa pagó $135 por sus uniformes escolares, después de un descuento del 15%. ¿Cuál era el precio original de los uniformes?

**GEOMETRÍA Usa el siguiente cuadrado para los ejercicios 8 y 9.**

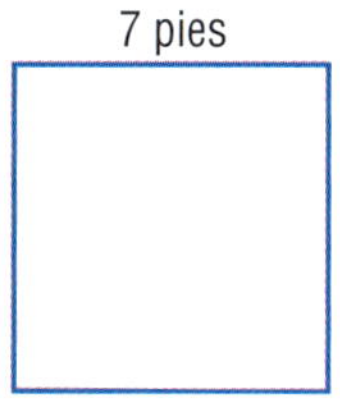


8. Calcula la longitud de cada lado del cuadrado.
9. ¿Cuál es el perímetro del cuadrado?

10. **JUEGOS** Sara arroja una bolsa con semillas a un tablero con las letras del abecedario. Es equiprobable que la bolsa caiga en cualquiera de las letras del tablero. Calcula la probabilidad de que la bolsa caiga en una de las letras de su nombre.

11. **ESCUELA** De los 150 alumnos de la escuela secundaria Lincoln, 55 están en la orquesta, 75 en la banda de marcha y 25 están en la orquesta y en la banda. ¿Cuántos alumnos no forman parte ni de la orquesta ni de la banda?

12. **DINERO** Tetuso compró un radio con reloj despertador a $9 menos que el precio regular. Si pagó $32, ¿cuál era el precio regular?

13. **MONTAÑAS RUSAS La lista muestra el número de montañas rusas a las que se subieron 20 niños en un parque de diversiones.**

| | | | | | | | | | |
|---|---|---|---|---|---|---|---|---|---|
| 5 | 10 | 0 | 12 | 8 | 7 | 2 | 6 | 4 | 1 |
| 0 | 6 | 3 | 11 | 5 | 9 | 13 | 8 | 14 | 3 |

Haz una tabla de frecuencias para calcular cuántos niños más se subieron entre 5 y 9 veces a la montaña rusa que los que se subieron entre 10 y 14 veces.

14. **DINERO** Luke recogió $2 por alumno para comprar un regalo para su maestro. Si 27 alumnos dieron dinero, ¿cuánto dinero recogió?

15. **PRUEBA ESTANDARIZADA DE PRÁCTICA** Una tela que cuesta $6.59 por yarda está en oferta con un 20% de descuento. Abigail necesita comprar $5\frac{3}{8}$ yardas de tela. ¿Cuál expresión representa el vuelto ($c$) que debe recibir si paga con un billete de $50?

Ⓐ $c = 50 - \left(6.59 + 0.20 + 5\frac{3}{8}\right)$

Ⓑ $c = 50 - (6.59)(0.80) - 5\frac{3}{8}$

Ⓒ $c = 50 - (6.59)(0.80)\left(5\frac{3}{8}\right)$

Ⓓ $c = 50 + (6.59)(0.80)\left(5\frac{3}{8}\right)$

# 11-5 Probabilidad de eventos independientes

**Lo que aprenderás**
A calcular la probabilidad de que ocurran eventos independientes.

**NUEVO vocabulario**
eventos independientes

## PRÁCTICA Minilaboratorio

**Materiales**
- cubo numerado
- bolsa
- 5 canicas

*Trabaja con un(a) compañero(a).*

Haz un diagrama de árbol que represente el espacio muestral que resulta de lanzar un cubo numerado y elegir una canica determinada de la bolsa.

1. ¿Cuántos resultados posibles hay en el espacio muestral?
2. ¿Cuál es la probabilidad de sacar 5 al lanzar el cubo numerado?
3. Calcula la probabilidad de elegir una canica amarilla.
4. Usa el diagrama de árbol para calcular $P$(5 y amarillo).
5. Describe la relación entre $P$(5), $P$(amarillo) y $P$(5 y amarillo).

En este Minilaboratorio, el resultado que se obtiene al lanzar el cubo numerado no afecta la elección de la canica. Dos o más eventos en que el resultado de un evento no afecta el resultado del otro son **eventos independientes**.

**Concepto clave** — **Probabilidad de eventos independientes**

La probabilidad de que ocurran dos eventos independientes se calcula multiplicando la probabilidad del primer evento por la probabilidad del segundo evento.

## EJEMPLO Calcula la probabilidad de eventos independientes

**1** **Se lanza una moneda y se hace girar el siguiente girador. Calcula la probabilidad de sacar cara y 3.**

$P(\text{cara}) = \frac{1}{2}$ $\quad P(3) = \frac{1}{4}$

$P(\text{cara y } 3) = \frac{1}{2} \times \frac{1}{4}$ ó $\frac{1}{8}$

Por lo tanto, la probabilidad es de $\frac{1}{8}$, 0.125 ó 12.5%.

**Tu turno** **Calcula la probabilidad de cada evento.**

a. $P$(escudo y par) b. $P$(cara y menor que 4)

**AYUDA PARA EL ESTUDIO**

**Mirada retrospectiva** Para repasar la **multiplicación de fracciones**, consulta la Lección 7-2.

## EJEMPLO Calcula la probabilidad de eventos independientes

**Prueba estandarizada de práctica**

**2 PREGUNTA DE RELLENAR LA CUADRÍCULA** **Amanda colocó 2 canicas rojas y 6 amarillas dentro de una bolsa. Tomó una canica con los ojos cerrados y la regresó a la bolsa. Luego, tomó una segunda canica. Calcula la probabilidad de que cada canica *no* sea amarilla.**

**Lee la pregunta** Para calcular la probabilidad, calcula $P$(no amarilla y no amarilla).

**Resuelve**

Primera canica: $P$(no amarilla) $= \frac{2}{8}$ ó $\frac{1}{4}$

Segunda canica: $P$(no amarilla) $= \frac{2}{8}$ ó $\frac{1}{4}$

Por lo tanto, $P$(no amarilla y no amarilla) es $\frac{1}{4} \times \frac{1}{4}$ ó $\frac{1}{16}$.

**Rellena la cuadrícula**

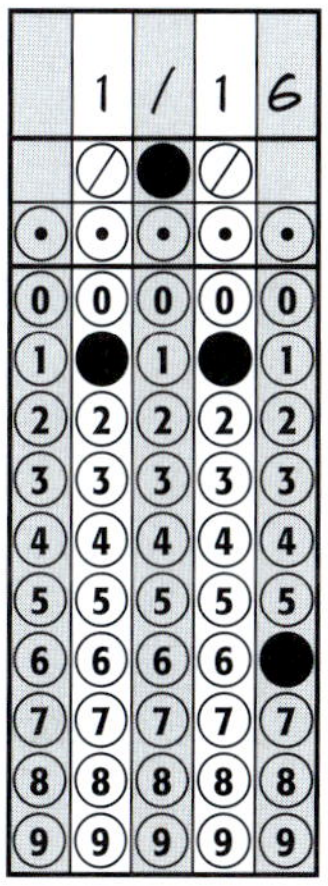


**Ayuda para tomar pruebas** The Princeton Review

**Lee la pregunta** Al leer una pregunta, siempre busca más de una manera de resolver el problema. Por ejemplo, la pregunta de probabilidad del ejemplo 2 también se puede resolver calculando P(roja y roja).

## Repaso de destrezas y conceptos

**Escribe en matemáticas** Ejercicios 1 y 3

1. **Explica** cómo se calcula la probabilidad de dos eventos independientes.
2. **INTERPRETA** Anota un ejemplo de dos eventos independientes.
3. **¿Cuál no pertenece?** Identifica la situación que no es un par de eventos independientes. Explica tu razonamiento.

| lanzar dos monedas | elegir una canica de una bolsa de canicas, sin devolverla | lanzar dos dados | hacer girar dos giradores |
|---|---|---|---|

### PRÁCTICA DIRIGIDA

**Se hace girar el siguiente girador y se saca con los ojos cerrados una canica de la bolsa. Calcula la probabilidad de cada evento.**

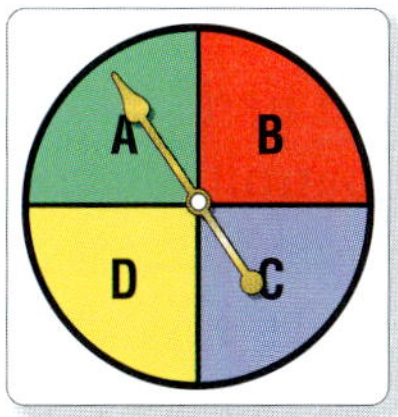

4. $P$(D y azul)
5. $P$(B y amarilla)
6. $P$(consonante y verde)
7. **MASCOTAS** ¿Cuál es la probabilidad de que en una camada de 2 perritos, el primer cachorro en nacer sea una hembra y el segundo sea macho?
8. **BOLÍGRAFOS** Un cajón de escritorio contiene 8 bolígrafos azules y 4 bolígrafos rojos. Supón que se toma con los ojos cerrados un bolígrafo del cajón, se devuelve al cajón y se toma un segundo bolígrafo. ¿Cuál es la probabilidad de que el primer bolígrafo elegido sea azul y el segundo sea rojo?

## Práctica y aplicaciones

| AYUDA CON LAS TAREAS | |
|---|---|
| Ejercicios | Ver ejemplos |
| 9–15 | 1 |
| 17–26 | 2 |

**Práctica adicional**
**Ver páginas 617, 634.**

**Se elige una carta con letras y se lanza un cubo numerado. Calcula la probabilidad de cada evento.**

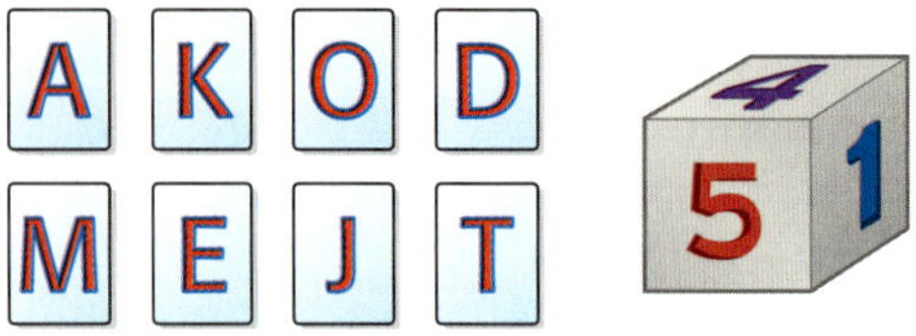


**9.** $P$(A y 5)

**10.** $P$(K y par)

**11.** $P$(J y menor que 3)

**12.** $P$(vocal y 7)

**13.** $P$(consonante e impar)

**14.** $P$(M o T y mayor que 3)

**DEPORTES** **Usa la siguiente información para los ejercicios 15 y 16.** La probabilidad de que los Jets derroten a los Zips es de 0.4. La probabilidad de que los Jets derroten a los Cats es de 0.6.

**15.** ¿Cuál es la probabilidad de que los Jets derroten a los Zips y a los Cats?

**16.** Explica si es más (o menos) probable que los Jets derroten a los Zips y a los Cats o que los Jets derroten a los Zips o a los Cats.

**Se elige con los ojos cerrados una canica de la siguiente bolsa, se devuelve a la bolsa y se elige otra canica. Calcula cada probabilidad.**

**17.** $P$(verde y roja)

**18.** $P$(verde y anaranjada)

**19.** $P$(morada y roja)

**20.** $P$(anaranjada y azul)

**21.** $P$(verde y morada)

**22.** $P$(morada y morada)

**23.** **NATURALEZA** La tabla muestra los objetos que Scott y Tyrone recogieron durante una caminata ecológica.

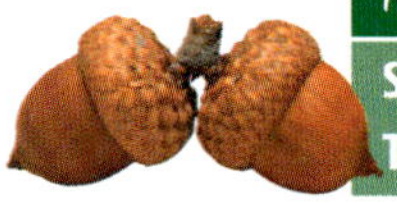

| Nombre | Piedras | Conos de pino | Bellotas |
|---|---|---|---|
| Scott | 12 | 12 | 16 |
| Tyrone | 6 | 8 | 10 |

Cada uno mete la mano en su bolsa y elige aleatoriamente un objeto. Calcula la probabilidad de que Scott elija una bellota y Tyrone una piedra.

**24.** **ESCUELA** Una prueba tiene una pregunta de falso/verdadero y una pregunta de selección múltiple cuyas opciones de respuesta son A, B, C y D. Si trataras de adivinar las respuestas, ¿cuál sería la probabilidad de que eligieras la respuesta correcta en ambos casos?

**DULCES** **Para los ejercicios 25 y 26 usa la siguiente gráfica que muestra el color de los dulces en una bolsa de dulces de chocolate. Supón que se elige un dulce con los ojos cerrados, se devuelve a la bolsa y se elige un segundo dulce.**

**25.** Calcula $P$(rojo y no verde).

**26.** ¿Cual es el valor de $P$(azul o verde y no amarillo)?

27. **INVESTIGACIÓN** Usa Internet o cualquier otra fuente para buscar un ejemplo del uso de la probabilidad en la vida cotidiana. Escribe una pregunta sobre probabilidad y luego, contesta la pregunta.

28. Anota un contraejemplo del siguiente enunciado:
*Si la probabilidad de que ocurra un evento A es menor que $\frac{3}{4}$ y la probabilidad de que ocurra un evento B es menor que $\frac{1}{2}$, entonces la probabilidad de que ocurran A y B es menor que $\frac{1}{4}$.*

29. **RAZONAMIENTO CRÍTICO** Se hacen girar dos giradores. La probabilidad de sacar rojo simultáneamente con ambos giradores es de 0.2. La probabilidad de sacar rojo con el segundo girador es de 0.5. ¿Cuál es la probabilidad de sacar rojo con el primer girador?

## Prueba estandarizada de práctica y repaso general

30. **SELECCIÓN MÚLTIPLE** Se lanza una moneda al aire y se elige una carta de un grupo de diez cartas numeradas del 1 al 10. Calcula $P$(cara, número primo).

(A) $\frac{1}{10}$ (B) $\frac{1}{5}$ (C) $\frac{3}{10}$ (D) $\frac{2}{5}$

31. **SELECCIÓN MÚLTIPLE** Se arrojan un dado azul y uno amarillo. Calcula la probabilidad de obtener 6 con el dado amarillo y un número menor que 5 con el dado azul.

(F) $\frac{1}{18}$ (G) $\frac{1}{9}$ (H) $\frac{1}{6}$ (I) $\frac{2}{3}$

32. Es equiprobable que un dardo caiga en cualquier parte del siguiente blanco. Calcula la probabilidad de que un dardo lanzado aleatoriamente caiga en la región sombreada. (Lección 11-4)

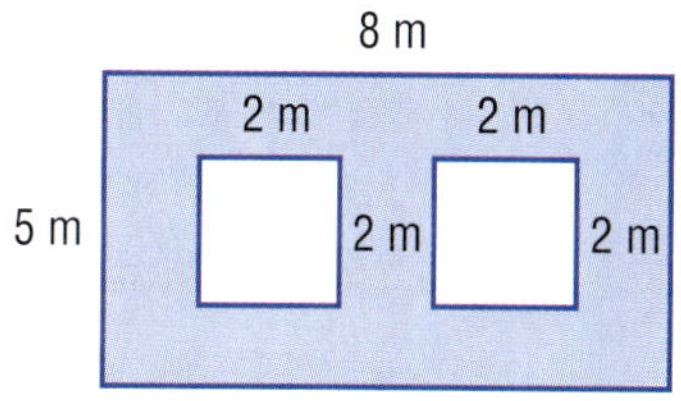


33. **FÚTBOL** Ian anota 6 goles en cada 10 intentos. ¿Aproximadamente cuántos goles anotará en 15 intentos? (Lección 11-3)

**Resta. Luego reduce.** (Lección 6-5)

34. $5\frac{1}{6} - 3\frac{8}{9}$

35. $8\frac{2}{3} - 3\frac{6}{7}$

36. $6\frac{3}{5} - 4\frac{2}{3}$

37. $9\frac{2}{3} - 5\frac{4}{5}$

**Busca en la Web** **Proyecto interdisciplinario**

### Llévame al juego de pelota

Es hora de completar tu proyecto. Prepara una página Web o un afiche con el dibujo a escala que hiciste y los datos que obtuviste sobre los equipos de béisbol. Asegúrate de incluir una hoja de cálculos en tu proyecto.

msmath1.net/webquest

CAPÍTULO 11

# Guía de estudio y repaso

## Repaso de conceptos y vocabulario

aleatorio (pág. 438)
diagrama de árbol (pág. 433)
encuesta (pág. 438)
espacio muestral (pág. 433)
evento (pág. 428)
eventos complementarios (pág. 429)
eventos independientes (pág. 450)
muestra (pág. 438)
población (pág. 438)
probabilidad teórica (pág. 428)
resultados (pág. 428)

**Elige la letra del término que mejor corresponda a cada frase.**

1. razón entre el número de maneras en que un evento puede ocurrir y el número de resultados posibles
2. un resultado o tipo de resultado específico
3. el hecho de que ocurra un evento no afecta el que ocurra otro evento
4. eventos que ocurren por casualidad
5. diagrama que sirve para mostrar todos los resultados posibles
6. el conjunto de todos los resultados posibles
7. grupo elegido aleatoriamente con el propósito de recopilar datos

a. diagrama de árbol
b. resultados
c. eventos aleatorios
d. evento
e. muestra
f. probabilidad
g. eventos independientes
h. espacio muestral

## Ejercicios y ejemplos: Lección por lección

### 11-1 Probabilidad teórica (págs. 428–431)

**Sin mirar se elige una de las monedas. Calcula cada probabilidad y expresa la respuesta en forma de fracción, de decimal y de porcentaje.**

8. $P$(moneda de 5¢)
9. $P$(moneda diferente a 10¢)
10. $P$(moneda de 25¢ ó 1¢)
11. $P$(moneda de 5¢ ó 10¢)

**Se lanza un dado. Calcula cada probabilidad. Expresa la respuesta en forma de fracción, de decimal y de porcentaje.**

12. $P(5)$
13. $P$(menor que 4)
14. $P$(impar)
15. $P$(5 ó menos)

**Ejemplo 1**
**Se hace girar el girador una vez. Calcula la probabilidad de sacar azul.**

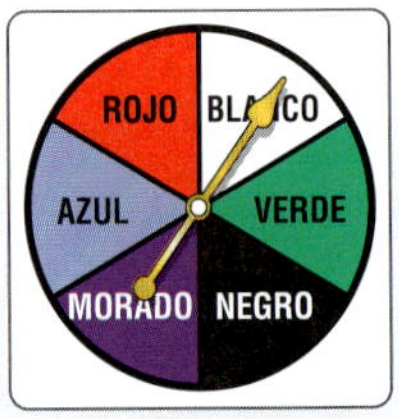


Hay 6 resultados equiprobables con el girador. Uno de ellos es azul.

$P(\text{azul}) = \dfrac{\text{número de maneras de obtener azul}}{\text{número total de resultados posibles}}$

$= \dfrac{1}{6}$



msmath1.net/vocabulary_review

## 11-2 Resultados (págs. 433–436)

**Dibuja un diagrama de árbol que muestre el espacio muestral de cada situación. Luego, indica cuántos resultados son posibles.**

16. bluyines azules o negros en estilos estrecho, recto o ancho
17. aperitivo de sopa o ensalada con plato principal de res, pollo, pescado o pasta
18. asistir al juego de baloncesto, al parque de diversiones o al concierto el viernes o el sábado

**Se lanzan una moneda y un dado.**

19. ¿Cuántos resultados posibles hay?
20. Calcula $P(\text{escudo}, 2)$.
21. **CANICAS** ¿Cuántos grupos diferentes de 3 canicas se pueden elegir de una bolsa con 6 canicas?

**Ejemplo 2** **Supón que puedes elegir entre barquillos de azúcar (S), tipo waffle (W) y sabores de arándano (B), menta (M) o durazno (P).**

a. **¿Cuántos barquillos de helado son posibles?**

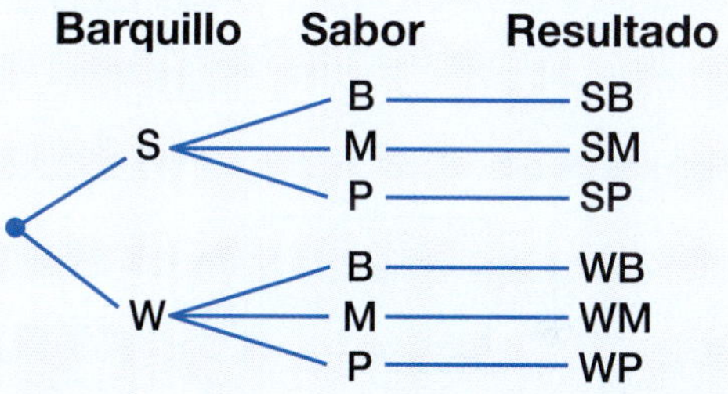


Hay 6 barquillos de helados posibles.

b. **Calcula la probabilidad de elegir un barquillo de azúcar y sabor de arándano o uno de waffle y sabor de menta si se selecciona de manera aleatoria.**

$P(\text{arándano/azúcar o menta/waffle})$

$= \frac{2}{6} \text{ ó } \frac{1}{3}$

## 11-3 Haz predicciones (págs. 438–441)

**ESCUELA** **Usa la siguiente información para los ejercicios 22 y 23.**

Catorce de 40 alumnos están interesados en publicar un periódico escolar.

22. ¿Cuál es la probabilidad de que a un alumno de esta escuela le interese publicar un periódico escolar?
23. Si hay un total de 420 alumnos en la escuela, ¿cuántos esperas que estén interesados en publicar un periódico escolar?
24. A veinte residentes de Florida se les preguntó si preferían el clima frío o el clima caluroso. Determina si la muestra es buena. Explica.

**Ejemplo 3** **Si 12 personas de un total de 50 encuestadas prefieren ver televisión después de las 11:00 P.M., ¿cuántas de 1000 personas preferirán ver la televisión después de las 11:00 P.M.?**

Sea $p$ el número de personas que prefieren ver televisión después de las 11:00 P.M.

$\frac{12}{50} = \frac{p}{1{,}000}$ Usa una proporción.

$12 \times 1{,}000 = 50 \times p$ Calcula los productos cruzados.

$12{,}000 = 50p$ Multiplica.

$\frac{12{,}000}{50} = \frac{50p}{50}$ Divide.

$240 = p$ Reduce.

240 de 1,000 personas preferirán ver televisión después de las 11:00 P.M.

## 11-4 Probabilidad y área (págs. 444–447)

**Calcula la probabilidad de que un dardo lanzado aleatoriamente caiga en el área sombreada de cada blanco.**

25.
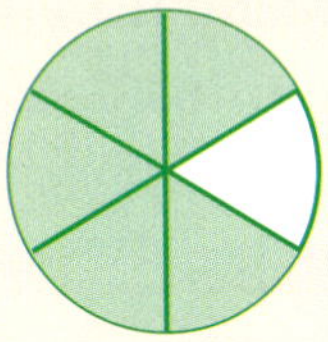

26.
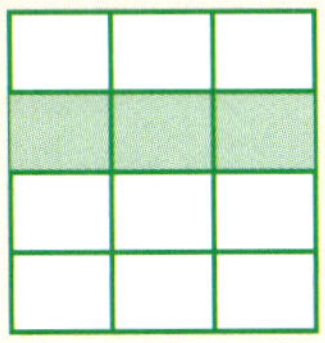

27.
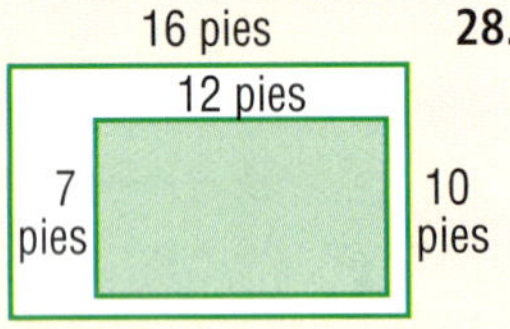


28.
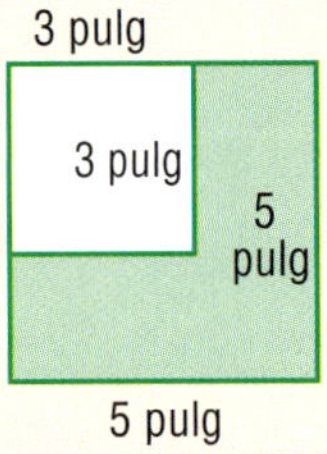


29. Supón que lanzas 150 veces un dardo hacia el blanco del ejercicio 28. ¿Cuántas veces esperas que caiga en la región sombreada?

**Ejemplo 4** **La figura siguiente representa un blanco. Calcula la probabilidad de que un dardo lanzado aleatoriamente caiga en el área sombreada.**

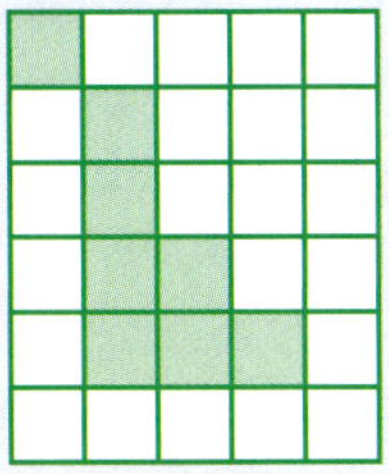

$P(\text{región sombreada})$

$= \dfrac{\text{área de la región sombreada}}{\text{área del blanco}}$

$= \dfrac{8}{30}$ ó $\dfrac{4}{15}$

Por lo tanto, la probabilidad es de $\dfrac{4}{15}$, $1.26\overline{6}$ ó $26.\overline{6}\%$.

## 11-5 Probabilidad de eventos independientes (págs. 450–453)

**Se lanzan una moneda y un cubo numerado. Calcula la probabilidad de cada evento.**

30. $P$(cara y 4)
31. $P$(escudo y par)
32. $P$(cara y 5 ó 6)
33. $P$(escudo y 2, 3 ó 4)
34. $P$(cara y número primo)
35. **CIENCIA TERRESTRE** La probabilidad de que llueva el sábado es de 0.6. La probabilidad de que llueva el domingo es de 0.3. ¿Cuál es la probabilidad de que llueva ambos días?

**Ejemplo 5** **Se lanzan dos dados.**

a. **Calcula $P$(impar y 4).**

$P(\text{impar}) = \frac{1}{2}$ $\quad P(4) = \frac{1}{6}$

$P(\text{impar y } 4) = \frac{1}{2} \times \frac{1}{6}$ ó $\frac{1}{12}$

Por lo tanto, la probabilidad es de $\frac{1}{12}$, $0.08\overline{3}$ u $8.\overline{3}\%$.

b. **¿Cuál es $P$(6 y menor que 5)?**

$P(6) = \frac{1}{6}$ $\quad P(\text{menor que } 5) = \frac{2}{3}$

$P(6 \text{ y menor que } 5) = \frac{1}{6} \times \frac{2}{3}$ ó $\frac{1}{9}$

Por lo tanto, la probabilidad es de $\frac{1}{9}$, $0.11\overline{1}$ u $11.\overline{1}\%$.

CAPÍTULO 11

# Prueba de práctica

## Vocabulario y conceptos

1. **Escribe** tres características de una buena muestra.
2. **Define** *eventos independientes*.

## Destrezas y aplicaciones

**Se numeran 20 cartas del 1 al 20 y se elige una carta con los ojos cerrados. Calcula las siguientes probabilidades y expresa el resultado en forma de fracción, de decimal y de porcentaje.**

3. $P(8)$
4. $P(3 \text{ ó } 10)$
5. $P$(número primo)
6. $P$(impar)

7. **BOLÍGRAFOS** ¿Cuántos grupos de 2 bolígrafos se pueden escoger de 4 bolígrafos?

**MÚSICA Usa la tabla y la siguiente información para los ejercicios 8 y 9.**
Alonso le preguntó a cada cuarto alumno de sexto grado que entraba al baile de la escuela, el nombre de su deporte favorito.

| Deporte favorito | |
|---|---|
| **Deporte** | **Alumnos** |
| fútbol americano | 52 |
| fútbol | 22 |
| béisbol | 16 |
| hockey | 10 |

8. Calcula la probabilidad de que un alumno prefiera el fútbol americano.
9. Si hay 375 alumnos en sexto grado, ¿cuántos se espera que prefieran el fútbol americano?

**Calcula la probabilidad de que un dardo lanzado aleatoriamente caiga en el área sombreada de cada blanco.**

10. 

11. 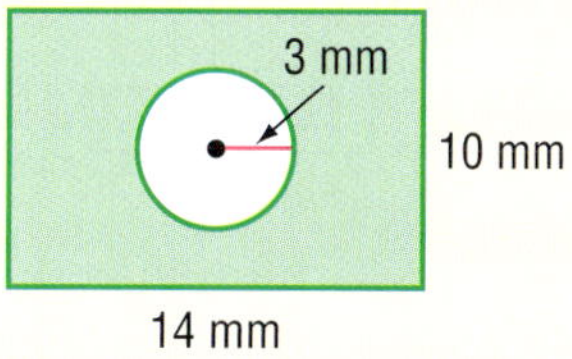


12. 

**Se lanza una moneda y se hacer girar el siguiente girador. Calcula la probabilidad de que ocurra cada evento.**

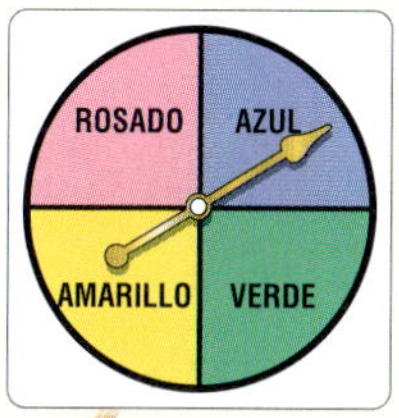


13. $P$(escudo y azul)
14. $P$(cara y diferente de verde)
15. $P$(escudo; y rosado, amarillo o verde)

## Prueba estandarizada de práctica

16. **SELECCIÓN MÚLTIPLE** ¿Cuál de las siguientes *no* es una buena muestra?

Ⓐ encuesta: mejor película; lugar: tienda de artículos para mejorar el hogar

Ⓑ encuesta: peor canción; lugar: parque

Ⓒ encuesta: postre favorito; lugar: tienda de helados

Ⓓ encuesta: materia escolar menos preferida; lugar: obra teatral de la escuela

msmath1.net/chapter_test

CAPÍTULO 11

# Prueba estandarizada de práctica

## PARTE 1 Selección múltiple

Anota tus respuestas en la hoja de respuestas provista por tu maestro(a) o en una hoja aparte.

1. Calcula $200 \times 2$. (Requisito, pág. 590)

   (A) 4 (B) 40
   (C) 100 (D) 400

2. ¿En cuál lista están ordenados de menor a mayor los siguientes números: 34.1, 33.9, 33.8, 34.2, 34.9? (Lección 3-2)

   (F) 34.1, 33.9, 34.2, 33.8, 34.9
   (G) 33.8, 33.9, 34.1, 34.2, 34.9
   (H) 34.1, 34.9, 34.2, 33.9, 33.8
   (I) 33.9, 33.8, 34.1, 34.2, 34.9

3. ¿Cuántas veces más cuesta un desayuno de panqueques en Le Café que un desayuno en Pancakes & More? Redondea en décimas. (Lección 4-4)

| Desayuno con panqueques | |
|---|---|
| **Restaurante** | **Costo** |
| Skyview Chalet | \$3.60 |
| Delightful Diner | \$4.10 |
| Pancakes & More | \$2.20 |
| Le Café | \$6.40 |

   (A) 2.9 (B) 3.1
   (C) 3.4 (D) 4.2

4. ¿Cuál equivale a 0.40 en forma de fracción? (Lección 5-6)

   (F) $\frac{4}{100}$ (G) $\frac{6}{30}$
   (H) $\frac{2}{5}$ (I) $\frac{40}{10}$

5. ¿Cuál es el resultado de $\frac{7}{12} \times \frac{4}{15}$? (Lección 7-2)

   (A) $\frac{1}{150}$ (B) $\frac{7}{45}$
   (C) $\frac{7}{30}$ (D) $\frac{11}{27}$

6. Si se arroja una moneda a un río desde una altura de 6 metros sobre la superficie del agua y la moneda cae al fondo del río a una profundidad de 4 metros, ¿cuál es la distancia total que recorre la moneda? (Lección 8-2)

   (F) $-6$ m (G) $-4$ m
   (H) 4 m (I) 10 m

7. Supón que al 60% de los niños les gustan los juegos de video. Predice cuántos niños en un grupo de 200 prefieren los juegos de video. (Lección 10-8)

   (A) 40 (B) 60
   (C) 120 (D) 180

8. ¿Qué letra se debe escribir en el girador para que la probabilidad de que el girador se detenga en esa letra sea de $\frac{1}{2}$? (Lección 11-1)

   (F) A (G) B (H) C (I) D

9. ¿Cuántas combinaciones diferentes de bluyín y camisa se pueden hacer con bluyines azules o negros y camisa blanca, azul o amarilla? (Lección 11-2)

   (A) 6 (B) 12 (C) 16 (D) 20

10. Con los ojos cerrados se elige una canica de cada jarra. Calcula la probabilidad de que ambas canicas sean negras. (Lección 11-5)

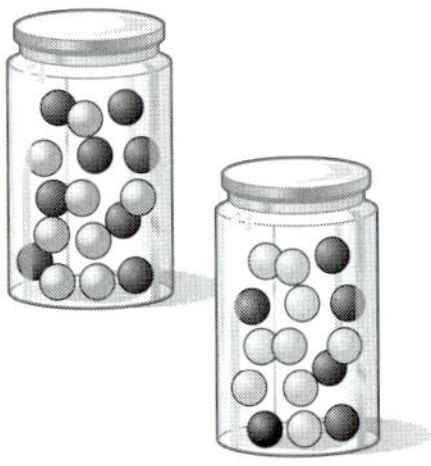

   (F) $\frac{1}{5}$ (G) $\frac{6}{15}$ (H) $\frac{2}{3}$ (I) $\frac{14}{17}$

**AYUDA PARA TOMAR PRUEBAS**

**Pregunta 9** El dibujar un diagrama de árbol te puede ayudar a calcular la respuesta.

Alineado y verificado por The Princeton Review

## PARTE 2 Respuesta breve/Completa

**Anota tus respuestas en la hoja de respuestas provista por tu maestro(a) o en una hoja aparte.**

**11.** Consulta la siguiente tabla sobre el tiempo que unas familias pasaron en un zoológico.

| Familia | Tiempo (h) |
|---|---|
| Martínez | 2 |
| Kowalkski | 3 |
| Bridi | 1 |
| Munemo | 4 |
| Smith | 2 |
| Elstein | 5 |

¿Cuál es la moda de los datos? (Lección 2-7)

**12.** Shaquille está preparando una mezcla de frutos secos con los siguientes ingredientes.

| Ingrediente | Cantidad (lb) |
|---|---|
| maníes | $1\frac{1}{4}$ |
| pasas | $\frac{1}{6}$ |
| frutas secas | $\frac{2}{3}$ |
| almendras | $\frac{1}{4}$ |

¿Cuántas libras preparó? (Lección 6-4)

**13.** Margaretta observó que en su patio 23 de 31 aves se posaron en un roble grande y que las aves restantes se posaron en un pino pequeño. ¿Qué porcentaje de las aves se posaron en el roble? (Lección 10-7)

**14.** La probabilidad de que una moneda caiga cara es de $\frac{1}{2}$. El numerador representa el número de resultados en los cuales la moneda puede caer cara. ¿Qué representa el número 2? (Lección 11-1)

**15.** Si se lanza un dardo al siguiente blanco, ¿cuál es la probabilidad de que caiga en la región A ? (Lección 11-4)

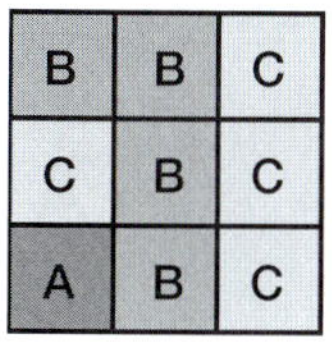


**16.** ¿Cuál es la probabilidad de que un dardo caiga en el cuadrado grande pero afuera del cuadrado pequeño? (Lección 11-4)

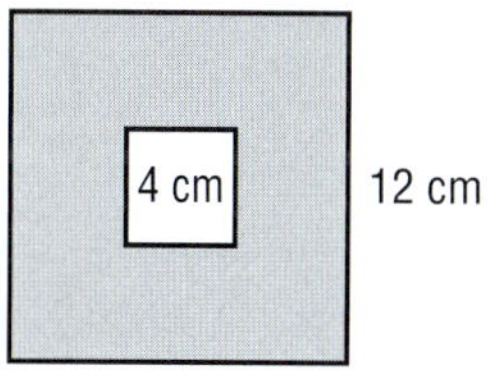


**17.** La probabilidad de que llueva el sábado es de 65%. La probabilidad de que llueva el domingo es de 40%. ¿Cuál es la probabilidad de que llueva ambos días? (Lección 11-5)

## PARTE 3 Respuesta extendida

**Anota tus respuestas en una hoja aparte. Muestra tus cálculos.**

**18.** Michelle puede seleccionar su almuerzo del siguiente menú. (Lección 11-2)

| Emparedado | Bebida | Fruta |
|---|---|---|
| queso | jugo de manzanas | manzana |
| jamón | leche | banana |
| atún | jugo de naranjas | pera |

**a.** ¿Cuáles son las opciones posibles de emparedado, bebida y una fruta que Michelle puede elegir? Muestra las opciones en un diagrama de árbol.

**b.** Si se eliminara el emparedado de atún del menú, ¿cuántas opciones menos tendría para el almuerzo?

**c.** Si se añade una naranja al menú original, ¿cuántas opciones de almuerzo habrá?

# UNIDAD 6

# Medición y geometría

**Capítulo 12**

**Medición**

**Capítulo 13**

**Geometría: Ángulos y polígonos**

**Capítulo 14**

**Geometría: Medición del área y del volumen**

**En esta unidad, resolverás problemas usando el sistema inglés y el sistema métrico, la medición de ángulos y la medición de área y volumen.**

Busca en la Web **PROYECTO INTERDISCIPLINARIO** **MATEMÁTICAS y GEOGRAFÍA**

## VIAJE POR CARRETERA

¡Iniciemos el viaje! Ven con nosotros a un viaje para recorrer y admirar el país. Vas a necesitar un mapa para observar las distancias que recorres. También vas a llevar en el auto todos los artículos esenciales para el viaje. Pero, no exageres porque el espacio es limitado. Usa la capacidad geométrica y empieza a empacar.

**Entra a msmath1.net/webquest para iniciar la búsqueda en la Web.**

CAPÍTULO 12

# Medición

## ¿Qué tienen que ver las calabazas con las matemáticas?

**Una receta para hacer una tarta de calabaza requiere 15 onzas de calabaza.** ¿*Aproximadamente* cuántas tartas se podrán hacer con ocho libras de calabaza? Si quieres estimar esta cantidad, necesitas convertir libras a onzas. Si sabes convetir medidas de longitud, peso y capacidad, podrás resolver muchos problemas. Resolverás problemas de conversión de unidades del sistema inglés en las Lecciones 12-1 y 12-2.

# PARA COMENZAR

**Toma este control para averiguar si estás listo(a) para comenzar el Capítulo 12. Consulta la lección o página indicada en el paréntesis respectivo, si necesitas un repaso.**

## Repaso de vocabulario

**Indica si cada enunciado es *falso* o *verdadero*. Si es *falso,* sustituye la palabra subrayada para hacer verdadero el enunciado.**

1. Cuando sumas decimales, debes alinear el punto decimal. (Lección 3-5)
2. Cuando un decimal entre 0 y 1 se divide un número entero mayor que 1, el resultado es un número mayor. (Lección 4-1)

## Requisitos

**Suma.** (Lección 3-5)

**3.** 8.73 + 11.96  **4.** 54.26 + 21.85
**5.** 3.04 + 9.92  **6.** 76.38 + 44.15
**7.** 7.9 + 8.62  **8.** 15.37 + 9.325

**Resta.** (Lección 3-5)

**9.** 17.46 − 3.29  **10.** 68.05 − 24.38
**11.** 9.85 − 2.74  **12.** 73.91 − 50.68
**13.** 8.4 − 3.26  **14.** 27 − 8.62

**Multiplica.** (Lección 4-1)

**15.** 3.8 × 100  **16.** 5.264 × 10
**17.** 6.75 × 10  **18.** 8.9 × 1,000
**19.** 7.18 × 100  **20.** 24.9 × 100

**Divide.** (Lección 4-3)

**21.** 9.8 ÷ 100  **22.** 12.25 ÷ 10
**23.** 4.5 ÷ 10  **24.** 26.97 ÷ 100
**25.** 7.3 ÷ 100  **26.** 16.4 ÷ 1,000

## PLEGADOS™ Organiza el estudio

**Medición** Haz este plegado para que organices tus notas sobre las unidades del sistema métrico y del sistema inglés. Comienza con una hoja de papel de 11" por 17".

**PASO 1** **Dobla**
Coloca horizontalmente el papel y dóblalo de arriba hacia abajo hasta la mitad. Luego, dóblalo en tres en el sentido opuesto.

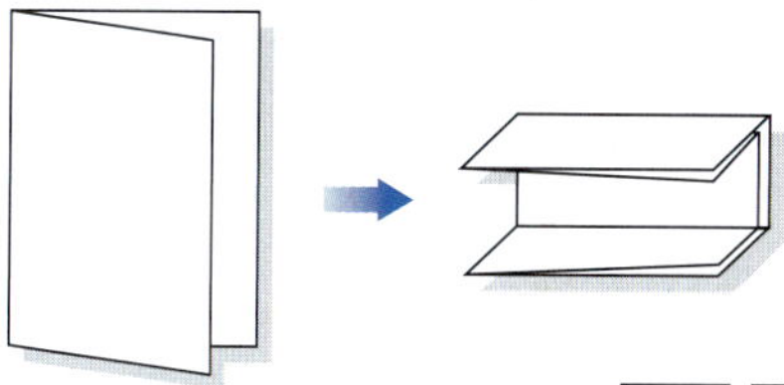

**PASO 2** **Desdobla y corta**
Desdobla y corta a lo largo de los dos dobleces superiores para formar tres tiras. Corta la primera tira.

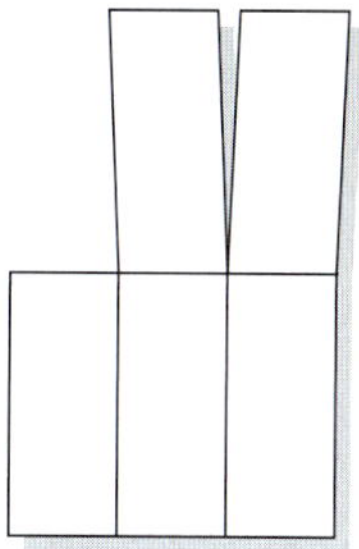

**PASO 3** **Dobla de nuevo**
Dobla de nuevo hacia abajo las dos tiras superiores y dobla horizontalmente el plegado en tres partes.

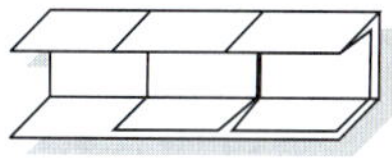

**PASO 4** **Desdobla y rotula**
Desdobla y dibuja líneas a largo de los dobleces. Rotula, tal como se muestra en la figura.

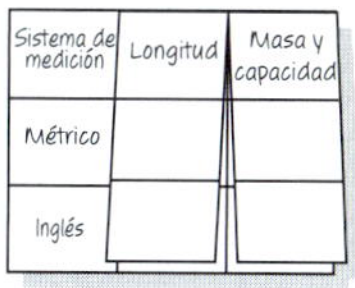


**Lee y escribe** A medida que leas y estudies este capítulo, escribe definiciones y notas en las lengüetas correspondientes. Escribe ejemplos y cálculos en de las lengüetas.

12-1a LABORATORIO de PRÁCTICA

Sinopsis de la Lección 12-1

**Lo que aprenderás**
A analizar cambios en el área y el perímetro de rectángulos.

**Materiales**
- papel cuadriculado centimétrico

# Área y perímetro

**INVESTIGA** *Trabaja en grupos de tres.*

Si aumentas el tamaño de los lados de un rectángulo, ¿cómo se afectan su área y su perímetro? En este laboratorio, investigarás la relación entre el área y el perímetro de las figuras originales con el área y el perímetro de las figuras modificadas.

**PASO 1** Dibuja y rotula un rectángulo que mida 6 cm de largo y 2 cm de ancho, en la hoja de papel cuadriculado.

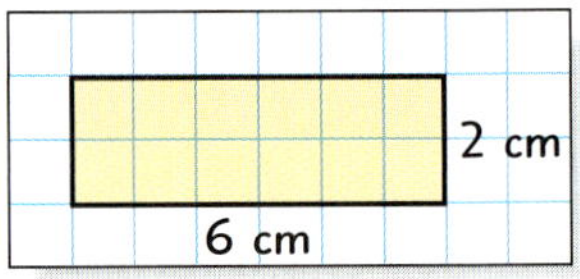


**PASO 2** Calcula el área y el perímetro de este rectángulo. Luego, anota la información en una tabla como la siguiente.

| Rectángulo | Longitud (cm) | Ancho (cm) | Área ($cm^2$) | Perímetro (cm) |
|---|---|---|---|---|
| **original** | 6 | 2 | | |
| **A** | 12 | 4 | | |
| **B** | 18 | 6 | | |
| **C** | 24 | 8 | | |

**PASO 3** Repite los pasos 1 y 2 para los rectángulos A, B y C, cuyas dimensiones se muestran en la tabla.

## Escribe en matemáticas

1. Describe cómo difieren las dimensiones de los rectángulos A, B y C de las dimensiones del rectángulo original.
2. Describe cómo cambió el área del rectángulo original al duplicarse su longitud y ancho.
3. Describe cómo cambió el perímetro del rectángulo original al duplicarse su longitud y ancho.
4. Describe cómo cambiaron el área y el perímetro del rectángulo original al triplicarse su longitud y ancho.
5. **Dibuja** un rectángulo cuyo largo y ancho midan la mitad del largo y el ancho del rectángulo original. Describe cómo cambian el perímetro y el área.
6. Supón que el perímetro de un rectángulo es de 15 cm. **Haz una conjetura** sobre cuál sería el perímetro del rectángulo si se duplicaran su longitud y su ancho.

**AYUDA PARA EL ESTUDIO**

**Mirada retrospectiva** Si deseas repasar las **áreas** y los **perímetros de rectángulos**, consulta las Lecciones 1-8 y 4-5, respectivamente.

# 12-1 Longitud en el sistema inglés

**Lo que aprenderás**
A medir la longitud y hacer conversiones en el sistema inglés de medidas.

**NUEVO vocabulario**
- pulgada
- pie
- yarda
- milla

## PRÁCTICA Minilaboratorio

**Materiales**
- cuerda
- tijeras
- regla de una yarda
- cinta de medir

*Trabaja con un(a) compañero(a).*

**PASO 1** Corta un trozo de cuerda igual a la longitud de tu brazo y otro trozo de cuerda igual a la longitud de tu zapato.

**PASO 2** Mide cuántos *brazos* mide de largo tu salón de clases y cuántos *zapatos* mide de ancho, usando las cuerdas respectivas. Anota las medidas no estandarizadas.

| Medida | No estandarizada | Estandarizada |
|---|---|---|
| largo del salón de clases | ____ brazos | ____ yardas |
| ancho del salón de clases | ____ zapatos | ____ pies |

**PASO 3** Mide con una vara o cinta de medir, el largo en yardas y el ancho en pies del salón de clases. Anota las medidas estandarizadas.

1. Compara las mediciones estandarizadas y no estandarizadas que obtuviste con las medidas obtenidas por otros grupos. ¿Son similares? Explica.
2. Explica las ventajas y desventajas de usar medidas estandarizadas y de usar medidas no estandarizadas.

Las unidades de longitud más comunes del sistema inglés son las siguientes.

**Concepto clave** **Unidades de longitud del sistema inglés**

| Unidad | Modelo |
|---|---|
| 1 **pulgada** (pulg) | ancho de una moneda de 25¢ |
| 1 **pie** = 12 pulgadas | largo del pie de un adulto grande |
| 1 **yarda** (yd) = 3 pies | distancia desde la nariz hasta la punta del dedo, con el brazo extendido |
| 1 **milla** (mi) = 1,760 yd | 10 cuadras de la ciudad |

Para convertir una medida de longitud en unidades menores, multiplica.

**AYUDA PARA EL ESTUDIO**

**MEDICIÓN** Cuando se convierte una medición en unidades menores, el número de unidades pequeñas es más grande que el número de unidades mayores.

## EJEMPLO Convierte una medición en unidades menores

**1** **3 pies = __?__ pulg**

Dado que 1 pie = 12 pulg, multiplica por 12.

$3 \times 12 = 36$

Por lo tanto, 3 pies = 36 pulg.

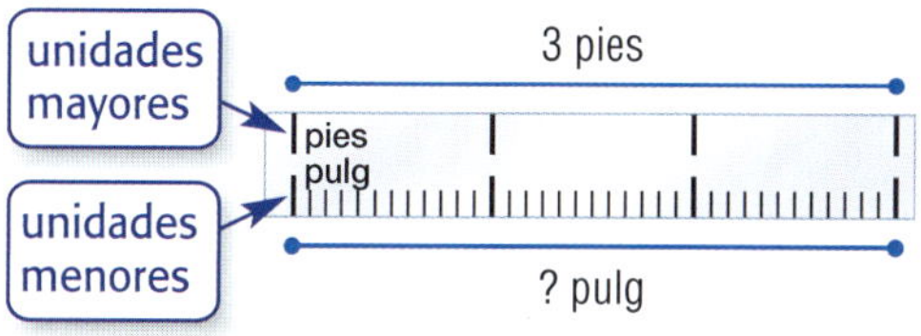

**AYUDA PARA EL ESTUDIO**

**Medición** Al convertir una medida en unidades mayores, el número de unidades grandes es menor que el número de unidades pequeñas.

Para convertir una medición en unidades mayores, divide.

## EJEMPLO Convierte una medida en unidades mayores

**2** **21 pies = __?__ yardas**

Dado que 3 pies = 1 yarda, divide entre 3.

21 ÷ 3 = 7

Por lo tanto, 21 pies= 7 yardas.

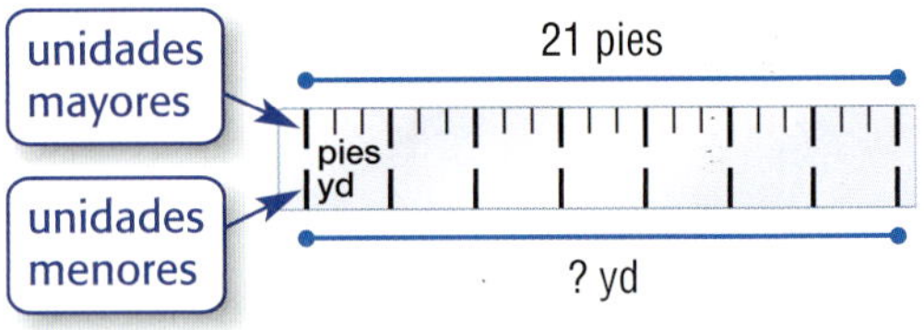


Habrá menos unidades mayores que unidades menores.

**Tu turno** **Completa.**

**a.** 5 pies = __?__ pulg **b.** 3 yd = __?__ pies **c.** 2,640 yd = __?__ mi

En general, las reglas están divididas en segmentos de octavos de pulgada.

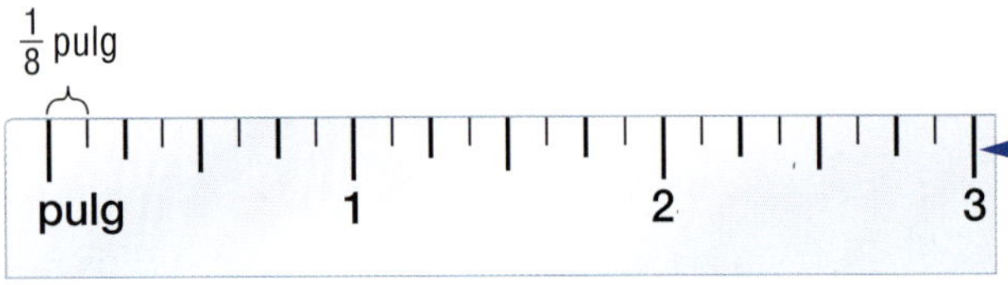


Las marcas más grandes de la regla representan pulgadas. Las siguientes marcas en tamaño representan $\frac{1}{2}$ pulgada, y así sucesivamente.

## EJEMPLO Traza un segmento de recta

**3** **Traza un segmento de recta que mida $2\frac{3}{8}$ pulgadas.**

Dibuja un segmento de recta de 0 a $2\frac{3}{8}$.

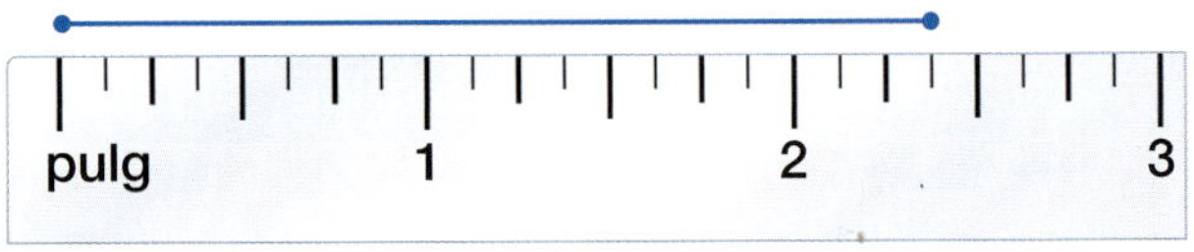


## EJEMPLO Mide la longitud

**4** **LLAVES** **Mide la longitud de una llave. Redondea el resultado a la mitad, al cuarto o al octavo de pulgada más cercano.**

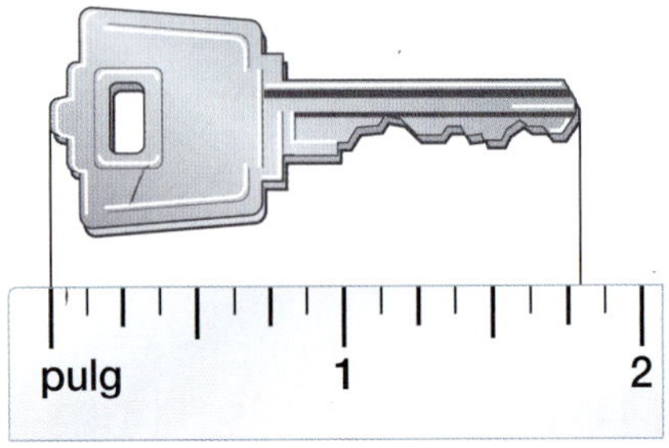


La llave mide entre $1\frac{3}{4}$ pulgadas y $1\frac{7}{8}$ pulgadas.

El resultado se acerca más a $1\frac{3}{4}$ pulgadas.

La llave mide aproximadamente $1\frac{3}{4}$ pulgadas de longitud.

## Repaso de destrezas y conceptos

**Escribe en matemáticas**
**Ejercicio 1**

1. **Describe** cómo convertir 12 pies en yardas.

2. **INTERPRETA** Dibuja un segmento que mida entre $1\frac{1}{2}$ y $2\frac{1}{4}$ pulgadas de largo. Redondea la medida al cuarto u octavo de pulgada más cercano y anótala.

### PRÁCTICA DIRIGIDA

**Completa.**

3. 4 yd = __?__ pies
4. 72 pulg = __?__ yd
5. 4 mi = __?__ yd

**Traza segmentos de recta de cada longitud.**

6. $1\frac{1}{4}$ pulg
7. $\frac{5}{8}$ de pulg

**Mide la longitud de cada segmento de recta u objeto y redondea el resultado a la mitad, al cuarto o al octavo de pulgada más cercano.**

8. 

9. 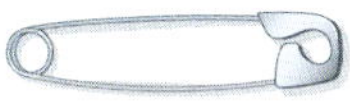

10. ¿Cuál es mayor: $2\frac{1}{2}$ yardas u 8 pies? Explica.

11. **IDENTIFICACIÓN** Mide el largo y el ancho de un carnet estudiantil o de una licencia de conducir. Redondea el resultado al octavo de pulgada más cercano.

## Práctica y aplicaciones

**Completa.**

12. 5 yd = __?__ pulg
13. 6 yd = __?__ pies
14. $6\frac{1}{2}$ pies = __?__ pulg
15. 3 mi = __?__ pies
16. 48 pulg = __?__ pies
17. 10 pies = __?__ yd

**AYUDA CON LAS TAREAS**

| Ejercicios | Ver ejemplos |
|---|---|
| 12–17 | 1, 2 |
| 18–21 | 3 |
| 22–27 | 4 |

**Práctica adicional**
**Ver páginas 618, 635.**

**Traza segmentos de recta de cada longitud.**

18. $2\frac{1}{2}$ pulg
19. $3\frac{1}{4}$ pulg
20. $\frac{3}{4}$ de pulg
21. $1\frac{3}{8}$ pulg

**Mide la longitud de cada segmento de recta u objeto y redondea el resultado a la mitad, al cuarto o al octavo de pulgada más cercano.**

22. 

23. 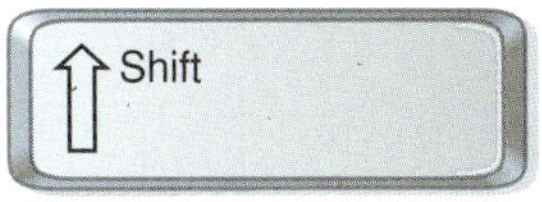


24. 

25. 

26. 

27. 

28. ¿Cuál es mayor: $1\frac{1}{3}$ yardas ó 45 pulgadas? Explica.

29. ¿Cuál es mayor: 32 pulgadas ó $2\frac{1}{2}$ pies? Explica.

30. **HERRAMIENTAS** Mide el ancho del tornillo. ¿Qué tamaño de llave deberías usar para apretar un tornillo de $\frac{1}{2}$, $\frac{5}{8}$ ó $\frac{3}{4}$ de pulgada?

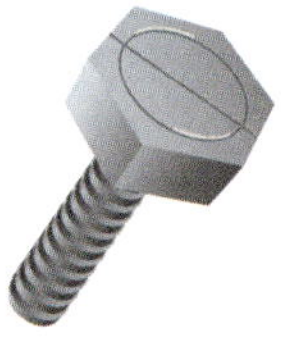

31. **DINERO** Mide el largo de un billete de un dólar. Redondea al dieciseisavo de pulgada más cercano.

32. **INVESTIGACIÓN** Estima la altura de una jirafa adulta. Luego, usa Internet o cualquier otra fuente para averiguar la altura real.

**Para los ejercicios 33 al 35, estima las medidas de los siguientes objetos. Luego, mídelos para determinar su longitud real.**

33. el largo de tu habitación, redondeado en yardas

34. el ancho del ratón de una computadora, redondeado a la mitad de pulgada más cercana

35. la altura de tu ropero, redondeada en pies

36. **RAZONAMIENTO CRÍTICO** ¿Cuántos dieciseisavos de pulgada hay en un pie? ¿Cuántas mitades de pulgada hay en una yarda?

**EXTENSIÓN DE LA LECCIÓN** El símbolo que representa pie es ' y el símbolo que representa pulgada es ". Puedes sumar y restar medidas con diferentes unidades.

Suma los pies.

```
   7'  8"
+  3'  6"
---------
  10'14"
```

Suma las pulgadas.

Dado que 14" = 1'2", la suma es 10' + 1'2" ó 11'2".

**Suma o resta.**

37. 15'7" + 1'5"

38. 6'9" − 4'3"

39. 2 yd 2 pies + 4 yd 2 pies

## Prueba estandarizada de práctica y repaso general

40. **SELECCIÓN MÚLTIPLE** Indica cuál es más grande.

Ⓐ 53 pulg
Ⓑ $4\frac{5}{7}$ pies
Ⓒ $\frac{1}{8}$ pies
Ⓓ $\frac{1}{8}$ yd

41. **RESPUESTA BREVE** Un campo de fútbol americano mide 100 yardas. ¿A cuántas pulgadas equivalen 100 yardas?

42. Se lanza una moneda y se hace girar el girador. Calcula $P$(escudo y 4). (Lección 11-5)

43. Calcula la probabilidad de que un dardo lanzado aleatoriamente caiga en el área sombreada. (Lección 11-4)

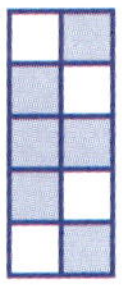

### PREPÁRATE PARA LA SIGUIENTE LECCIÓN

**REQUISITOS** **Multiplica o divide.** (Páginas 590 y 591)

44. $4 \times 8$

45. $16 \times 5$

46. $5{,}000 \div 2{,}000$

47. $400 \div 8$

# 12-1b Investigación con hoja de cálculos

***Seguimiento de la Lección 12-1***

## Área y perímetro

**Lo que aprenderás**
A usar una hoja de cálculos para comparar las áreas de rectángulos que tienen el mismo perímetro.

Una hoja de cálculos de computadora es una herramienta útil para comparar las áreas de rectángulos que tienen el mismo perímetro.

### ACTIVIDAD

**Supón que se van a usar 24 secciones de cerca, cada una de un pie de largo, para rodear un huerto que tiene forma rectangular. ¿Cuáles son las dimensiones del huerto que permitirán tener el máximo de área posible?**

Si $a$ representa el ancho del huerto, entonces el largo es $12 - a$.

Elabora una hoja de cálculos como la que se muestra. La columna A contiene diferentes anchos posibles. La hoja de cálculos obtiene el largo en la columna B, el perímetro en la columna C y el área en la columna D.

**Dimensiones del huerto**

| | A | B | C | D |
|---|---|---|---|---|
| 1 | Ancho + Largo | 12 | | |
| 2 | Ancho | Largo | Perímetro | Área |
| 3 | 1 | 11 | 24 | 11 |
| 4 | 2 | 10 | 24 | 20 |
| 5 | 3 | 9 | 24 | 27 |
| 6 | 4 | 8 | 24 | 32 |
| 7 | 5 | 7 | 24 | 35 |
| 8 | 6 | 6 | 24 | 36 |
| 9 | 7 | 5 | 24 | 35 |
| 10 | 8 | 4 | 24 | 32 |
| 11 | 9 | 3 | 24 | 27 |
| 12 | 10 | 2 | 24 | 20 |
| 13 | 11 | 1 | 24 | 11 |

Sheet1 Sheet2

La hoja de cálculos evalúa la fórmula B1 − A3.

La hoja de cálculos evalúa la fórmula A9 x B9.

### EJERCICIOS

1. **Explica** por qué la fórmula para calcular el largo es $12 - a$ en vez de $24 - a$.
2. ¿Qué huerto resulta en el área mayor?
3. ¿Qué celda deberías modificar si quieres calcular el área máxima que se puede rodear con 40 secciones de cerca de 1 pie de largo?
4. Usa la hoja de cálculos para calcular las dimensiones del área máxima que se puede rodear con 40, 48 y 60 pies de cerca.
5. **Haz una conjetura** sobre la forma del huerto con el área más grande.

# 12-2 Capacidad y peso en el sistema inglés

**Lo que aprenderás**
A convertir unidades de capacidad y peso del sistema inglés.

**NUEVO vocabulario**
onza fluida
cuarto de galón
onza
pinta
galón
taza
libra
tonelada

**CONEXIÓN con la lectura**
***Significado cotidiano de capacidad:*** la cantidad máxima que se puede contener; por ejemplo, un teatro lleno a toda su capacidad

**PRÁCTICA Minilaboratorio**

*Trabaja en grupos de cuatro o cinco.*

**Materiales**
- recipiente de un galón
- recipiente de un cuarto de galón
- recipiente de una pinta
- agua

**PASO 1** Llena el recipiente de una pinta con agua. Luego, transfiere el agua al cuarto de galón. Repite el proceso hasta que el cuarto de galón esté lleno. Anota el número de pintas necesarias para llenar el cuarto de galón.

**PASO 2** Llena el cuarto de galón con agua. Luego, transfiere el agua al galón. Repite el proceso hasta que el galón esté lleno. Anota el número de cuartos de galón necesarios para llenar el galón.

**Completa.**

1. 1 cuarto de galón = __?__ pintas
2. 2 cuarto de galón = __?__ pintas
3. 1 galón = __?__ cuarto de galón
4. 1 galón = __?__ pintas
5. ¿Qué fracción de un galón cabría en una pinta?
6. ¿Cuántos galones equivalen a 12 cuartos de galón? Explica.

Las unidades de capacidad más comunes del sistema inglés son las siguientes.

**Concepto clave — Unidades de capacidad del sistema inglés**

| Unidad | Modelo |
|---|---|
| 1 **onza fluida** (oz fl) | 2 cucharadas de agua |
| 1 **taza** (tz) = 8 oz fl | taza de café |
| 1 **pinta** (pt) = 2 tz | envase pequeño de helado |
| 1 **cuarto de galón** (ct) = 2 pt | taza medidora grande |
| 1 **galón** (gal) = 4 ct | botella plástica grande de leche |

De manera similar a como ocurre con las unidades de longitud, si quieres convertir a unidades menores, multiplica y si quieres convertir a unidades mayores, divide.

## EJEMPLOS Convierte unidades de capacidad

**Completa.**

**1** **3 ct = ___?___ pt** — PIENSA 1 cuarto de galón = 2 pintas

$3 \times 2 = 6$ — Multiplica para convertir en una unidad menor.

Por lo tanto, 3 cuartos de galón = 6 pintas.

**2** **64 oz fl = ___?___ pt** — PIENSA 8 onzas fluidas = 1 taza y 2 tazas = 1 pinta. Debes dividir dos veces.

$64 \div 8 = 8$ — Divide para convertir onzas fluidas en tazas. Por lo tanto, 64 oz fl = 8 tz.

$8 \div 2 = 4$ — Divide para convertir tazas en pintas.

Por lo tanto, 64 onzas fluidas = 4 pintas.

Las unidades de peso más comunes del sistema inglés son las siguientes.

**Concepto clave** — **Unidades de peso del sistema inglés**

| Unidad | Modelo |
|---|---|
| 1 **onza** (oz) | lápiz |
| 1 **libra** (lb) = 16 oz | paquete de papel para carpeta |
| 1 **tonelada** (ton) = 2,000 lb | auto pequeño de pasajeros |

**MATEMÁTICAS EN LA VIDA DIARIA**

**CAMIONETAS** Una camioneta de carga denominada como de "una tonelada y media", puede cargar un máximo de peso de $1\frac{1}{2}$ toneladas ó 3,000 libras.

**Fuente:** cartalk.cars.com

## EJEMPLOS Convierte unidades de peso

**3** **CAMIONETAS Una camioneta pesa 7,000 libras. ¿A cuántas toneladas equivale este peso?**

7,000 lb = ___?___ T — PIENSA 2,000 libras = 1 tonelada.

$7{,}000 \div 2{,}000 = 3\frac{1}{2}$ — Divide para convertir libras en toneladas.

Por lo tanto, 7000 libras = $3\frac{1}{2}$ toneladas.

**4** **FIESTAS ¿Cuántos obsequios de fiesta de 4 onzas se pueden hacer con 5 libras de mezcla de nueces?**

Primero, calcula el número total de onzas en 5 libras.

$5 \times 16 = 80$ — Multiplica por 16 para convertir libras en onzas.

Luego, calcula cuántos conjuntos de 4 onzas hay en 80 onzas.

80 oz ÷ 4 oz = 20

Por lo tanto, se pueden hacer 20 obsequios de fiesta con 5 libras de mezcla de nueces.

**Tu turno** **Completa.**

a. 4 pt = ___?___ tz  b. 32 oz fl = ___?___ tz  c. 40 oz fl = ___?___ lb

## Repaso de destrezas y conceptos

**Escribe en matemáticas**
**Ejercicios 2 y 3**

1. **Indica** qué operación usarías para convertir pintas en cuartos de galón.
2. **Explica** si 1 taza de arena y una taza de bolas de algodón tienen la misma capacidad, el mismo peso, ambos o ninguno de los dos.
3. **INTERPRETA** Sin mirar las etiquetas, estima el peso o la capacidad de tres paquetes de productos alimenticios en la despensa de tu casa. Luego, compara tu estimado con el peso o su capacidad reales.

### PRÁCTICA DIRIGIDA

**Completa.**

4. 7 pt = __?__ tz
5. 24 ct = __?__ gal
6. 16 pt = __?__ gal
7. 5 tz = __?__ oz fl
8. 10,000 lb = __?__ T
9. $3\frac{1}{2}$ lb = __?__ oz
10. **OCÉANO** Las almejas gigantes pueden llegar a pesar $\frac{1}{4}$ de tonelada. ¿A cuántas libras equivale este peso?
11. **CIENCIA BIOLÓGICA** Owen estima que los pinzones consumen 8 onzas de semillas cada día en su comedero de pájaros. Si compra una bolsa con 10 libras de semillas para aves, ¿alrededor de cuántos días le durará?

## Práctica y aplicaciones

**AYUDA CON LAS TAREAS**

| Ejercicios | Ver ejemplos |
|---|---|
| 12–23 | 1, 2 |
| 24–25, 31–34 | 3, 4 |

**Práctica adicional**
**Ver páginas 618, 635.**

**Completa.**

12. 5 tz = __?__ pt
13. 8 gal = __?__ ct
14. 24 oz fl = __?__ tz
15. 32 tz = __?__ gal
16. $6\frac{1}{2}$ pt = __?__ tz
17. 13 tz = __?__ gal
18. 9 gal = __?__ pt
19. 24 oz fl = __?__ pt
20. 1,500 lb = __?__ T
21. 112 oz = __?__ lb
22. 84 oz = __?__ lb
23. $4\frac{1}{2}$ T = __?__ lb
24. ¿Cuántas libras hay en 30 toneladas?
25. ¿A cuántos galones equivalen 8 tazas?
26. ¿Cuál es menor: 14 tazas ó 5 pintas? Explica.
27. ¿Cuál es mayor: $3\frac{1}{2}$ pintas ó 60 onzas fluidas? Explica.

**Elige el mejor estimado para cada medida.**

28. la cantidad de leche en un tazón de cereal: 1 taza ó 1 cuarto de galón
29. la cantidad de jarabe para la tos en una dosis: 2 onzas fluidas ó 1 pinta
30. el peso de una bolsa de víveres: 3 onzas ó 3 libras
31. Estima cuántas tazas de gaseosa hay en una lata de 12 onzas fluidas. Luego, mide la cantidad real.
32. Estima el número de pintas en una botella de detergente para ropa. Luego, mide el número exacto.

33. **CHOCOLATE** Consulta la gráfica. ¿Cuántas toneladas de dulces de chocolate consumieron los estadounidenses en el año 2000?

34. **HORNEAR** Una receta para hacer tarta de calabaza requiere 15 onzas de calabaza. ¿*Aproximadamente* cuántas tartas se pueden hacer con 8 libras de calabaza?

35. **ESCRIBE UN PROBLEMA** Escribe un problema que pueda resolverse al convertir unidades de capacidad o peso del sistema inglés.

36. **MULTI-PASO** Peni hizo 5 galones de mermelada de fresa y tiene 12 frascos de un cuarto de galón y 24 de una pinta para envasarla. ¿Tiene suficientes recipientes? Explica.

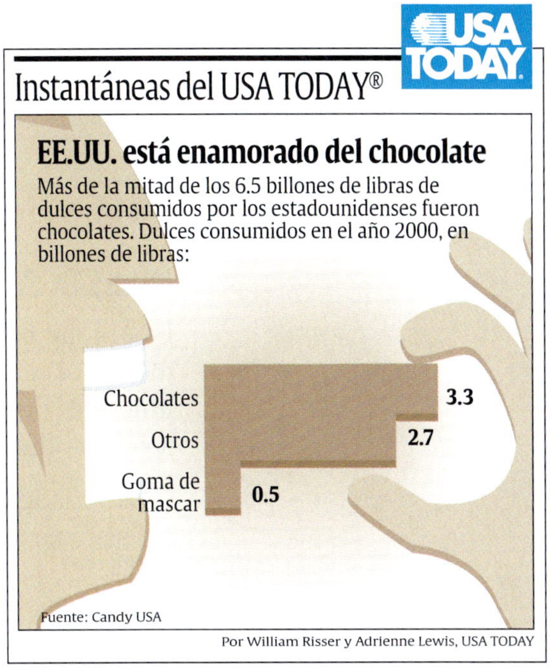


**MULTI-PASO Usa la siguiente información para los ejercicios 37 y 38.** Durante el Campeonato Mundial de Triatlón Hombre de Hierro se regalaron 25,000 galletas y 250,000 tazas de agua. Cada taza contenía 8 onzas fluidas y cada galleta pesaba 2.5 onzas.

37. ¿Aproximadamente cuántos galones de agua se regalaron?

38. ¿Aproximadamente cuántas libras de galletas se regalaron?

39. **RAZONAMIENTO CRÍTICO** ¿Entre qué número dividirías, para convertir directamente 375 onzas fluidas en cuartos de galón?

## Prueba estandarizada de práctica y repaso general

40. **SELECCIÓN MÚLTIPLE** ¿Aproximadamente cuántos vasos de 12 onzas fluidas se necesitan para llenar con agua un recipiente de un galón?

Ⓐ 10 Ⓑ 9 Ⓒ 8 Ⓓ 7

41. **SELECCIÓN MÚLTIPLE** Una lata de habichuelas pesa 13 onzas. ¿Cuántas libras pesa una caja con 24 latas?

Ⓕ 1.5 lb Ⓖ 15 lb Ⓗ 19.5 lb Ⓘ 312 lb

42. **MEDICIÓN** Mide el ancho de tu lápiz y redondea a octavos de pulgada. (Lección 12-1)

**Se lanzan una moneda y un dado. Calcula la probabilidad de cada evento.** (Lección 11-5)

43. $P$(cara y 1)

44. $P$(escudo y 5 ó 6)

45. $P$(cara o escudo y número impar)

### PREPÁRATE PARA LA SIGUIENTE LECCIÓN

**REQUISITOS Estima cada medida.** (Lección 12-1)

46. el ancho de una moneda de 25¢

47. el ancho de una puerta

# 12-3a LABORATORIO de PRÁCTICA

**Sinopsis de la Lección 12-3**

**Lo que aprenderás**
A medir con unidades del sistema métrico.

**Materiales**
- cinta métrica

## El sistema métrico

**INVESTIGA** *Trabaja con todo el grupo.*

La unidad básica de longitud del sistema métrico es el *metro*. Todas las demás unidades de longitud se definen en términos del metro.

Las unidades de longitud más comunes del sistema métrico se muestran en la tabla.

| Unidad | Símbolo | Significado |
|---|---|---|
| milímetro | mm | milésima |
| centímetro | cm | centésima |
| metro | m | uno |
| kilómetro | km | millar |

Las reglas o las cintas métricas son fáciles de leer. La escala de la siguiente regla muestra *centímetros*.

El siguiente lápiz mide aproximadamente 12.4 cm de largo.

Para medir los *milímetros*, cuenta cada unidad o marca individual de la regla.

Cada centímetro contiene diez marcas de milímetro. El lápiz mide aproximadamente 124 milímetros de largo.

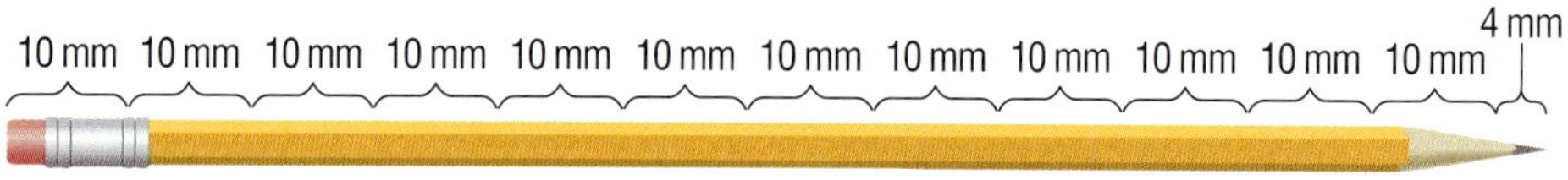


124 mm = 12.4 cm

Cada metro contiene 100 centímetros. Dado que cada centímetro contiene 10 milímetros, entonces hay 10 × 100 ó 1,000 milímetros en un metro. El lápiz mide $\frac{124}{1{,}000}$ metros ó 0.124 metros de largo.

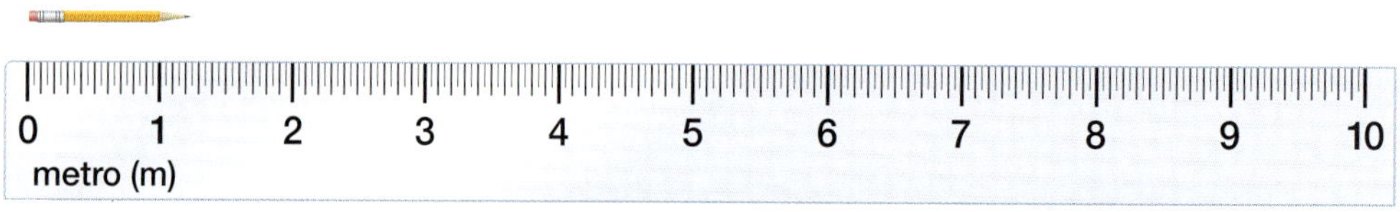


124 mm = 12.4 cm

12.4 cm = 0.124 m

**ACTIVIDAD** *Trabaja con un(a) compañero(a).*

**Usa unidades métricas de longitud para medir diversos artículos.**

**PASO 1** Copia la tabla.

| Objeto | Medida | | |
|---|---|---|---|
| | mm | cm | m |
| longitud de un lápiz | | | |
| longitud de una hoja de papel | | | |
| largo de tu mano | | | |
| ancho de tu dedo meñique | | | |
| largo de una mesa o un escritorio | | | |
| largo del borrador de la pizarrra | | | |
| ancho de la puerta | | | |
| altura de la puerta | | | |
| distancia entre la perilla de la puerta y el piso | | | |
| largo del salón de clases | | | |

**PASO 2** Mide con una regla o una cinta métrica los objetos anteriores y completa la tabla.

## Escribe en matemáticas

1. **Indica** qué unidad de medida es más apropiada para cada artículo. ¿Cómo decidiste qué unidad era la más apropiada?
2. **Examina** el patrón que presentan los números de las diferentes columnas. ¿Qué relación presentan?
3. **Selecciona** tres objetos de tu salón que se puedan medir mejor en metros, tres objetos que se puedan medir mejor en centímetros y tres objetos que se puedan medir mejor en milímetros. Explica por qué.
4. **Escribe** el nombre de objetos comunes cuya longitud crees que sea igual a cada una de las siguientes longitudes. Explica por qué.

   a. 5 centímetros  b. 3 metros  c. 1 metro  d. 75 centímetros

**Mide los lados de cada rectángulo en centímetros. Luego, calcula su perímetro y su área.**

5. 

6. 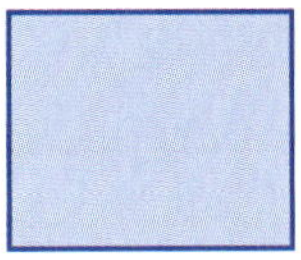

7. 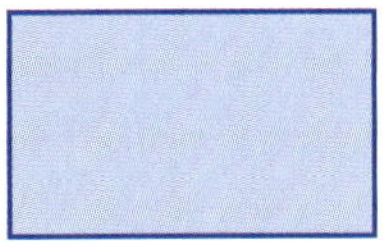

# 12-3 Longitud en el sistema métrico

**Lo que aprenderás**
A usar las unidades de longitud del sistema métrico.

**NUEVO vocabulario**
- metro
- sistema métrico
- milímetro
- centímetro
- kilómetro

**CONEXIÓN con la lectura**
***Significado cotidiano de mili:*** mil unidades, como en la palabra milenio que significa mil años

## ¿CUÁNDO usaré esto?

**CIENCIA** La tabla muestra las fosas más profundas en varios océanos.

1. ¿Qué unidad de medida se usa?
2. ¿Cuál es la fosa más profunda?
3. Usa Internet o cualquier otra fuente para averiguar el significado de metro. Luego, escribe un enunciado en el cual compares el metro con la yarda.

**Fosas más profundas del océano**

| Océano | Punto | Profundidad (m) |
|---|---|---|
| Pacífico | Fosa de las Marianas | 10,924 |
| Atlántico | Fosa de Puerto Rico | 8,648 |
| Índico | Fosa de Java | 7,125 |

**Fuente:** www.geography.about.com

El **metro** la unidad básica de longitud del sistema métrico. El **sistema métrico** es un sistema decimal de pesos y medidas. Las unidades de longitud más comunes del sistema métrico son las siguientes.

**Concepto clave** — **Unidades métricas de longitud**

| Unidades | Modelo | Referencia |
|---|---|---|
| 1 **milímetro** (mm) | grosor de una moneda de 10¢ | 25 mm ≈ 1 pulg |
| 1 **centímetro** (cm) | la mitad del ancho de una moneda de 1¢ | 2.5 cm ≈ 1pulg |
| 1 metro (m) | ancho del marco de una puerta | 1 m ≈ 1.1 yarda |
| 1 **kilómetro** (km) | seis cuadras de ciudad | 1.6 km ≈ 1 milla |

El segmento siguiente mide 2.5 centímetros ó 25 milímetros de largo y equivale aproximadamente a una pulgada, en unidades del sistema inglés.

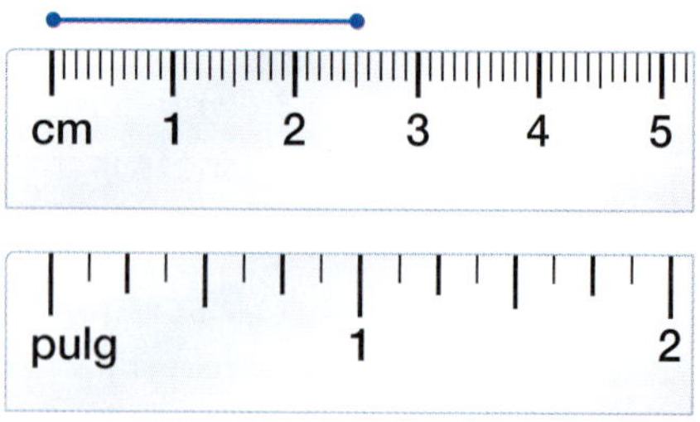


## EJEMPLO Usa unidades métricas de longitud

**1** **Indica la unidad métrica de longitud que usarías para medir el ancho de un clip.**

Compara el ancho de un clip con los modelos descritos anteriormente. Un clip es más ancho que el grosor de una moneda de 10¢, pero menos de la mitad del ancho de una moneda de 1¢. Por lo tanto, el milímetro es la unidad apropiada de medida.

## EJEMPLOS Usa unidades métricas de longitud

**Indica la unidad métrica de longitud que usarías para medir cada objeto.**

**2 altura de un escritorio**

Dado que la altura de un escritorio es similar al ancho del marco de una puerta, entonces el metro es la unidad apropiada de medida.

**3 distancia a través de Indiana**

Dado que la distancia a través del estado de Indiana es mucho mayor que 6 cuadras, ésta se mide en kilómetros.

**4 ancho de un disco flexible**

Dado que el ancho de un disco flexible es mayor que la mitad del ancho de 1¢ y mucho menor que el ancho de una puerta, el centímetro es la unidad apropiada.

**Tu turno** **Escribe la unidad métrica de longitud que usarías para medir los siguientes objetos.**

a. ancho de una moneda de 5¢ b. altura de una caja de cereal

## EJEMPLO Estima la longitud con unidades métricas

**Prueba estandarizada de práctica**

**5 PREGUNTA DE SELECCIÓN MÚLTIPLE** ¿Cuál es el mejor estimado de la medida del segmento de recta?

(A) 0.5 km (B) 0.5 m (C) 6.0 cm (D) 6.0 mm

**Lee la pregunta**

Necesitas determinar cuál es el mejor estimado de la medida del segmento.

**Resuelve**

El segmento es mucho menor que 0.5 kilómetros ó 3 tres cuadras. Por lo tanto, la opción A queda eliminada. El segmento también es menor que 0.5 metros o la mitad del ancho de una puerta. Por lo tanto, la opción B también queda eliminada.

Dos centímetros equivalen aproximadamente al ancho de un centavo. Por lo tanto, 6 centímetros equivalen aproximadamente al ancho de 3 centavos. Este estimado es el más razonable. La respuesta es C.

**Verifica** El segmento es mucho mayor que 6 veces el grosor de una moneda de 10¢. Por lo tanto, la opción D tampoco es correcta.

**Ayuda para tomar pruebas** The Princeton Review

**Elimina opciones**
Elimina cualquier opción que tenga unidades demasiado pequeñas o demasiado grandes para la medida indicada.

## Repaso de destrezas y conceptos

Escribe en matemáticas
**Ejercicios 1 y 3**

1. **Escribe** las cuatro unidades de longitud del sistema métrico de uso más común y describe un objeto que tenga cada longitud. Usa objetos diferentes a los incluidos en la lección.
2. **INTERPRETA** Da dos ejemplos de objetos que se pueden medir con una regla de un metro y dos ejemplos de objetos que no se pueden medir con una regla de un metro.
3. **¿Cuál no pertenece?** Identifica la medida que no tiene la misma característica que las otras tres. Explica tu razonamiento.

| 4.3 km | 35 mm | 23 yd | 9.5 cm |
|---|---|---|---|

### PRÁCTICA DIRIGIDA

**Escribe la unidad métrica de longitud que usarías para medir cada objeto.**

4. grosor de una calculadora
5. distancia de la casa a la escuela
6. altura de un árbol
7. ancho de la pantalla de una computadora
8. ¿Aproximadamente cuántos centímetros de grosor mide un libro de texto?

## Práctica y aplicaciones

**AYUDA CON LAS TAREAS**

| Ejercicios | Ver ejemplos |
|---|---|
| 9–16 | 1–4 |
| 25–27 | 5 |

**Práctica adicional**
**Ver páginas 618, 635.**

**Escribe la unidad métrica de longitud que usarías para medir cada objeto.**

9. grosor de un cuaderno
10. ancho de la correa de un reloj
11. largo de un trombón
12. ancho de un billete de un dólar
13. largo de un brazalete
14. longitud del río Mississippi
15. distancia de Knoxville, Tennessee, a Asheville, North Carolina
16. distancia desde la base del bateador hasta la primera base en un campo de béisbol

**Indica cuánto mide en centímetros y en milímetros cada segmento de recta o lado de cada figura.**

17. 
18. 
19. 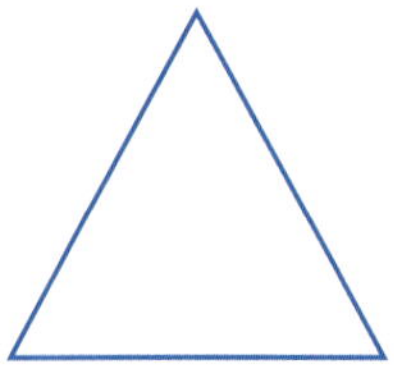
20. 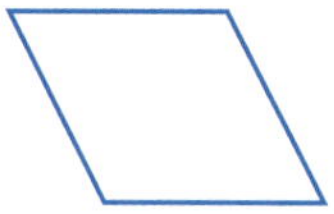

21. ¿Qué unidad de longitud del sistema inglés se parece al metro?
22. ¿Qué unidad de longitud se acerca más a un kilómetro: una milla o un pie?
23. ¿Cuál longitud es mayor: 15 milímetros ó 3 centímetros? Explica.
24. ¿Cuál longitud es menor: 3 pies ó 1 metro? Explica.

**Estima la longitud de los siguientes objetos. Luego, mide y determina su longitud real.**

**25.** estuche de un disco compacto **26.** pizarra **27.** borrador de lápiz

**28. MAPAS** Usa una regla centimétrica para calcular la distancia entre Houston y Jacinto City, Texas, en el mapa.

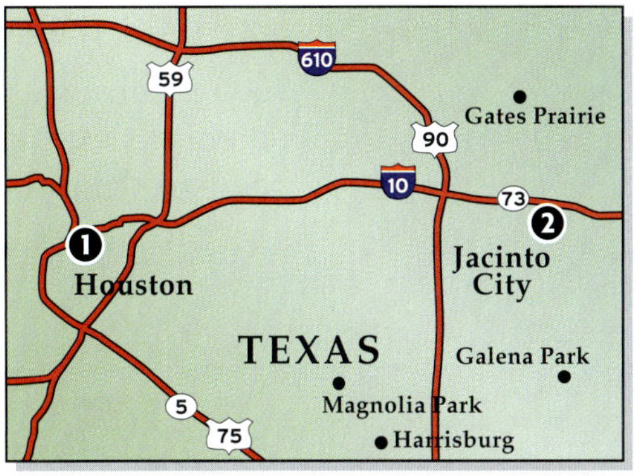


**29. CERCAS** Si quisieras cercar un jardín, ¿necesitarías medir con una precisión en kilómetros, en metros, o en centímetros? Explica.

**30. GEOMETRÍA** Dibuja y rotula un cuadrado con un perímetro de 12 centímetros, en papel cuadriculado centimétrico.

**31. RAZONAMIENTO CRÍTICO** Ordena de mayor a menor las medidas 4.8 mm, 4.8 m, 4.8 cm, 0.48 m y 0.048 km.

## Prueba estandarizada de práctica y repaso general

**32. SELECCIÓN MÚLTIPLE** ¿Cuál es el *mejor* estimado de la altura de un asta de bandera?

Ⓐ 10 km Ⓑ 10 m Ⓒ 10 cm Ⓓ 10 mm

**33. SELECCIÓN MÚLTIPLE** ¿Cuál es la longitud del siguiente lápiz, redondeada en centímetros?

Ⓕ 9 cm Ⓖ 8 cm Ⓗ 7 cm Ⓘ 6 cm

**34. PINTAR** Unos pintores usaron 170 galones de pintura blanca para pintar el famoso letrero de Hollywood. ¿A cuántos cuartos de galón equivale esta cantidad de pintura? (Lección 12-2)

**Completa.** (Lección 12-1)

**35.** 4 pies = __?__ pulg **36.** __?__ pies = $\frac{1}{2}$ mi **37.** 144 pulg = __?__ yd

### PREPÁRATE PARA LA SIGUIENTE LECCIÓN

**REQUISITOS Nombra un artículo de venta en las tiendas de abarrotes que se mida usando las siguientes unidades.** (Lección 12-2)

**38.** milímetro **39.** gramo **40.** litro

12-3b LABORATORIO de PRÁCTICA

**Seguimiento de la Lección 12-3**

**Lo que aprenderás**

A determinar y aplicar los dígitos significativos en una situación real.

**Materiales**

- regla centimétrica
- regla de un metro
- regla de una yarda
- cinta métrica

# Dígitos significativos

Toda medición es una aproximación y la *precisión* de una medida se refiere a la exactitud con que se toma la medida. La unidad más pequeña del instrumento de medición determina la exactitud.

La unidad más pequeña en la siguiente regla es 1 centímetro.

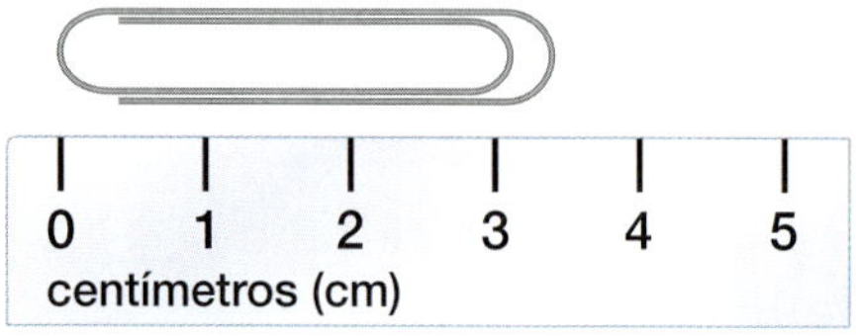


Mide *aproximadamente* 3 centímetros.

La unidad más pequeña de la siguiente regla es 1 milímetro ó 0.1 centímetros.

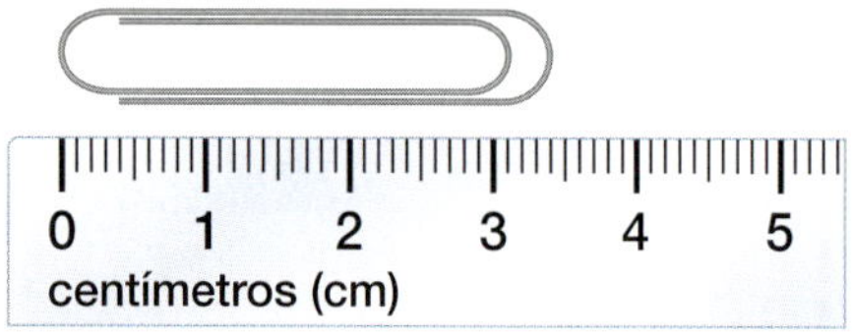


Mide *aproximadamente* 3.4 centímetros.

Ambos clips miden lo mismo, pero la segunda medición, 3.4 centímetros, es más precisa que la primera.

Otro método de medición que es aún más preciso es el uso de dígitos significativos. Los *dígitos significativos* incluyen todos los dígitos que se conocen con certeza en una medición, más un dígito estimado. Piensa, por ejemplo, en el largo del siguiente bolígrafo.

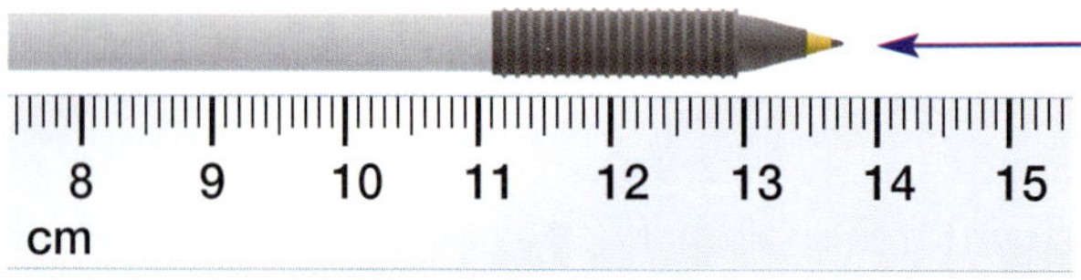


El largo exacto del bolígrafo es un valor entre 13.7 y 13.8 centímetros.

dígito estimado

13.75 cm ← 4 dígitos significativos

dígitos conocidos con certeza

Por lo tanto, si se usan dígitos significativos el largo del bolígrafo es 13.75 centímetros.

**ACTIVIDAD** *Trabaja en grupos de tres.*

**PASO 1** Elige un instrumento de medición para medir la altura de un escritorio. Mide la altura con una precisión igual a la unidad más pequeña del instrumento de medición. Anota el resultado en una tabla como la siguiente.

| Objeto | Medición | |
|---|---|---|
| | Unidad más pequeña | Dígitos significativos |
| altura del escritorio | | |
| largo de la calculadora | | |
| largo del lápiz | | |
| altura de la puerta | | |
| largo del salón de clases | | |
| ancho del salón de clases | | |

**PASO 2** Determina la altura del escritorio usando dígitos significativos. Anota el resultado en tu tabla.

**PASO 3** Repite los pasos 1 y 2 con todos los objetos que aparecen en la tabla.

## Escribe en matemáticas

**Identifica la unidad más pequeña de cada instrumento de medición.**

1. 

2. 

3. **Explica** cómo usaste los dígitos significativos para obtener las medidas.

4. **Elige** la unidad de medida más precisa: pulgadas, pies o yardas. Explica.

5. Al sumar medidas, la precisión de la suma será equivalente a la *precisión de la medición menos* precisa. Calcula el perímetro del rectángulo usando dígitos significativos.

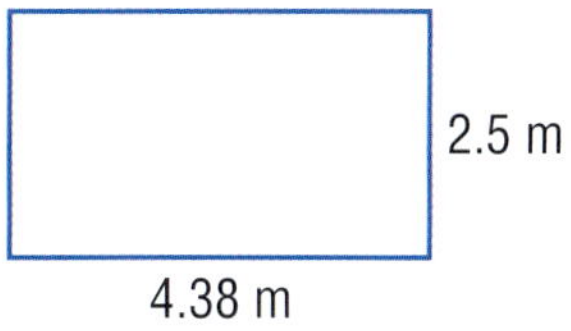


6. **Describe** una situación cotidiana en la cual un miembro de la familia o un vecino, haya tenido que tomar en cuenta la precisión de una medición. Luego, describe una situación cotidiana para la cual es suficiente una medición o un estimado menos preciso.

7. Calcula el área de tu aula usando las medidas con la unidad de precisión de tu tabla y usando las medidas con dígitos significativos. ¿Cuál de las áreas es más precisa? Explica.

CAPÍTULO 12

# Prueba parcial de práctica del capítulo

## Vocabulario y conceptos

1. **Haz** una lista con cuatro unidades de longitud del sistema inglés. (Lección 12-1)

2. **Describe** el sistema métrico. (Lección 12-3)

## Destrezas y aplicaciones

**Completa.** (Lección 12-1)

3. 10,560 pies = ___?___ mi
4. ___?___ pulg = 2 yd
5. 18 pies = ___?___ yd

**Traza segmentos de recta de cada longitud.** (Lección 12-1)

6. $2\frac{1}{2}$ pulg
7. $\frac{3}{4}$ de pulg

**Mide cada segmento de recta y redondea el resultado a la mitad, el cuarto o el octavo de pulgada más cercano.** (Lección 12-1)

8. 
9. 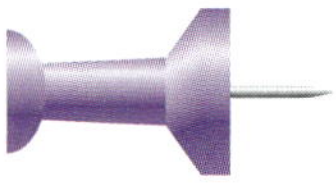
10. 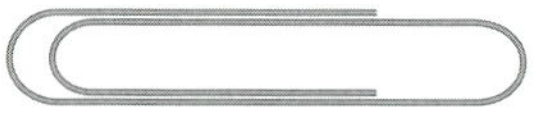

**Completa.** (Lección 12-2)

11. 22 pt = ___?___ ct
12. ___?___ ct = 14 gal
13. 36 oz = ___?___ lb
14. ___?___ oz fl = 5 tz
15. 9 pt = ___?___ tz
16. ___?___ gal = 48 pt

17. **HELADOS** Un recipiente de helado contiene 20 porciones de media taza. ¿A cuántos cuartos de galón equivale esto? (Lección 12-2)

18. ¿Qué unidad métrica de longitud usarías para medir el grosor de un lápiz? (Lección 12-3)

## Prueba estandarizada de práctica

19. **SELECCIÓN MÚLTIPLE** ¿Cuánto ponche se puede hacer con una pinta de gaseosa de jengibre, 1 taza de jugo de naranja y 3 tazas de jugo de piña?

Ⓐ 1 pinta
Ⓑ 2 pintas
Ⓒ 3 pintas
Ⓓ 5 pintas

20. **RESPUESTA BREVE** Indica la medida en centímetros y en milímetros del segmento de recta. (Lección 12-3)

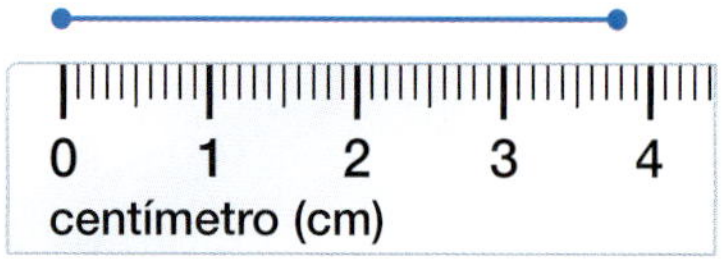

# La Zona de juegos

**Destreza matemática**

**Usa el sistema métrico**

## Un sitio para practicar tus destrezas matemáticas

# Mediciones misteriosas

### ¡ALÍSTATE!

**Jugadores:** dos
**Materiales:** 2 reglas de 1 metro, 12 tarjetas, tijeras

### ¡EN TU MARCA!

- Cada jugador debe medir en secreto la longitud, el ancho o el grosor de seis objetos del salón de clases y luego anotará los resultados en una hoja de papel. Las medidas pueden ser en milímetros, en centímetros o en metros. La hoja servirá como hoja de respuestas al final del juego.
- Cada jugador toma 6 tarjetas y las corta por la mitad para crear 12 cartas.
- Cada jugador anota en 6 de las tarjetas la descripción de los objetos que midió, una descripción por tarjeta. En las otras 6 tarjetas, anotará las medidas respectivas, también una por tarjeta. Asegúrate de que todas las medidas sean diferentes.

Largo del libro de matemáticas

28.5 cm

## ¡ADELANTE!

- Cada jugador baraja sus tarjetas.
- Los jugadores intercambiarán sus tarjetas, manteniéndolas boca abajo.
- Ambos jugadores voltean al mismo tiempo las tarjetas que recibieron.
- Inmediatamente, cada jugador trata de aparear cada objeto con su medida correspondiente.
- **¿Quién gana?** Gana la persona que obtenga más pares correctos, después de 5 minutos.

# 12-4 Masa y capacidad en el sistema métrico

**Lo que aprenderás**
A usar las unidades de masa y capacidad del sistema métrico.

**NUEVO vocabulario**

- miligramo
- gramo
- kilogramo
- mililitro
- litro

## PRÁCTICA Minilaboratorio

**Materiales**
- balanza
- clips pequeños
- paquete de pastillas de menta
- 2 lápices

*Trabaja en grupos de 2 ó 3.*

**PASO 1** Coloca el paquete de pastillas de menta en un lado de la balanza. Coloca clips en el otro lado, hasta que la escala se equilibre. ¿Cuántos clips usaste?

**PASO 2** Investiga en la etiqueta la masa en gramos del paquete de pastillas. Anota el número de gramos del paquete.

**PASO 3** Calcula el número de clips que se requieren para equilibrar dos lápices del mismo tamaño.

1. ¿En qué se parece el número de clips necesarios para equilibrar el paquete de pastillas de menta a la masa del rollo en gramos?
2. Calcula la masa de cada clip. Estima.
3. ¿Cuántos clips se necesitaron para equilibrar los 2 lápices?
4. ¿Cuál es la masa en gramos de un lápiz?

Las unidades de masa más comunes del sistema métrico son las siguientes.

**Concepto clave** — **Unidades métricas de masa**

| Unidad | Modelo | Referencia |
|---|---|---|
| 1 **miligramo** (mg) | grano de sal | 1 mg ≈ 0.00004 oz |
| 1 **gramo** (g) | clip pequeño | 1 g ≈ 0.04 oz |
| 1 **kilogramo** (kg) | seis manzanas medianas | 1 kg ≈ 2 lb |

## EJEMPLOS Usa unidades métricas de masa

**Escribe la unidad métrica de masa que usarías para medir los siguientes objetos. Luego, estima la masa.**

**1 hoja de cuaderno**

Una hoja de papel tiene una masa mayor que la de un clip, pero menor que seis manzanas. Por lo tanto, el gramo es la unidad apropiada.

**Estima** Una hoja de papel pesa un poco más que un clip. Un estimado del peso de una hoja de papel es 6 gramos.

**AYUDA PARA EL ESTUDIO**

**Masa** La masa de un objeto es la cantidad de materia que éste contiene.

**2** **bolsa de papas**

Una bolsa de papas tiene una masa mayor que seis manzanas. Por lo tanto, el kilogramo es la unidad apropiada.

**Estima** Una bolsa de papas pesa varias veces más que seis manzanas.

Un estimado de la masa de una bolsa de papas está entre 2 y 3 kilogramos.

**Tu turno** **Escribe la unidad métrica de masa que usarías para medir los siguientes objetos. Luego, estima la masa.**

**a.** pelota de tenis **b.** caballo **c.** aspirina

AYUDA PARA EL ESTUDIO

**Capacidad** La capacidad se refiere a la cantidad de líquido que puede contener un recipiente.

Las unidades de capacidad más comunes del sistema métrico son las siguientes.

**Concepto clave** **Unidades métricas de capacidad**

| Unidad | Modelo | Referencia |
|---|---|---|
| 1 **mililitro** (mL) | cuentagotas | 1 mL ≈ 0.03 oz fl |
| 1 **litro** (L) | jarra pequeña | 1 L ≈ 1 ct |

## EJEMPLOS Usa unidades métricas de capacidad

**Escribe la unidad métrica de capacidad que usarías para medir cada objeto. Luego, estima la capacidad.**

**3** **acuario grande**

Un acuario grande tiene una capacidad mayor que una jarra pequeña. Por lo tanto, el litro es la unidad apropiada.

**Estima** Un acuario grande contiene cerca de 2 jarras pequeñas de agua.

Un estimado de la capacidad del acuario es 2 litros.

**4** **vaso de leche**

Un vaso de leche es mayor que un cuentagotas y menor que una jarra pequeña. Por lo tanto, el mililitro es la unidad apropiada.

**Estima** Hay 1000 mililitros en un litro. Con una jarra pequeña se pueden llenar cerca de 4 vasos.

Un estimado de la capacidad de un vaso de leche es 1,000 ÷ 4 ó 250 mililitros.

**Tu turno** **Escribe la unidad métrica de capacidad que usarías para medir cada objeto. Luego, estima la capacidad.**

**d.** bañera **e.** 10 gotas de colorante de alimentos

**MATEMÁTICAS EN LA VIDA DIARIA**

**CARPAS DORADAS** La mayoría de los pececillos dorados que se tienen en los acuarios caseros miden de 2.5 a 10 cm de largo. Sin embargo, un pececillo dorado en su ambiente natural puede llegar a medir hasta 40 cm de largo.

**Fuente:** www.factmonster.com

## MATEMÁTICAS EN LA VIDA DIARIA

**¿Para qué usa las matemáticas un guardián de un zoológico?**

Los guardianes de zoológicos pesan diariamente la cantidad de comida apropiada para la dieta de cada animal.

**Investigación en línea**
Visita msmath1.net/careers para obtener más información sobre la carrera de cuidador de zoológico.

## EJEMPLO Compara unidades métricas

**5** **ANIMALES** **La tabla muestra parte de la dieta diaria recomendada para un gibón. ¿Es mayor o menor que un kilogramo la cantidad combinada de zanahorias, bananas y apio que come un gibón diariamente?**

| Dieta diaria de un gibón | |
|---|---|
| **Alimento** | **Cantidad (g)** |
| lechuga | 380 |
| naranjas | 270 |
| espinacas | 150 |
| batata | 143 |
| bananas | 270 |
| zanahorias | 147 |
| apio | 210 |
| habichuelas | 210 |

Calcula la cantidad total diaria de zanahorias, bananas y apio.

| | |
|---|---|
| zanahorias | 147 gramos |
| bananas | 270 gramos |
| apio | + 210 gramos |
| total | 627 gramos |

Un kilogramo es igual a mil gramos. Dado que 627 gramos es menor que 1000 gramos, un gibón come diariamente menos de un kilogramo de zanahorias, bananas y apio combinados.

## Repaso de destrezas y conceptos

Escribe en matemáticas
Ejercicio 2

1. **INTERPRETA** Menciona un objeto en tu casa que tenga una capacidad aproximada de un litro.

2. **SENTIDO NUMÉRICO** La masa de una moneda de 10¢ indica un valor de 4. ¿Qué unidad métrica se usó para medirla? Explica.

### PRÁCTICA DIRIGIDA

**Escribe la unidad métrica de masa o capacidad que usarías para medir cada objeto. Luego, estima la masa o capacidad.**

3. moneda de 5¢
4. cubo de agua
5. computadora portátil
6. jugo de un limón
7. bombillo
8. lata de pintura

**ALIMENTOS** **Para los ejercicios 9 al 12, usa la siguiente lista de ingredientes para un pastel de chocolate.**

| Pastel de chocolate amargo |
|---|
| 6 huevos medianos |
| 175 gramos de azúcar |
| 280 gramos de chocolate |
| 100 gramos de mantequilla |
| 100 gramos de harina |

9. ¿Es mayor o menor que un kilogramo la cantidad combinada de azúcar, chocolate, mantequilla y harina que se usa en la receta?
10. Escribe la cantidad de ingredientes que se necesitarían para hacer dos pasteles.
11. ¿Es mayor o menor que un kilogramo la cantidad combinada de azúcar, chocolate, mantequilla y harina que se necesita para dos pasteles? Explica.
12. Explica qué tipo de problemas pueden tener los estadounidenses si usan esta receta.

## Práctica y aplicaciones

| AYUDA CON LAS TAREAS | |
|---|---|
| Ejercicios | Ver ejemplos |
| 13–24 | 1–4 |
| 25–26, 28 | 5 |

**Práctica adicional**
**Ver páginas 619, 635.**

**Escribe la unidad métrica de masa o capacidad que usarías para medir cada objeto. Luego, estima la masa o capacidad.**

**13.** barra de dulce
**14.** uva
**15.** sandía grande
**16.** vaca
**17.** recipiente grande de ponche
**18.** termo con limonada
**19.** canario
**20.** zapato
**21.** grano de azúcar
**22.** timbre postal
**23.** gota de lluvia
**24.** tinta de un bolígrafo

**25.** **COMPRAS** Tu cereal favorito se vende en cajas de 1.7 kilogramos o en cajas de 39 gramos. ¿Cuál caja es la más grande? Explica.

**26.** **COMPRAS** El jabón líquido se vende en recipientes de 1.89 litros y de 221 mililitros. ¿Cuál es el recipiente más pequeño? Explica.

**27.** **ALIMENTOS** Estima la capacidad de una lata de gaseosa en unidades métricas. Luego, determina la capacidad real de una lata de gaseosa. Compara el estimado con la capacidad real.

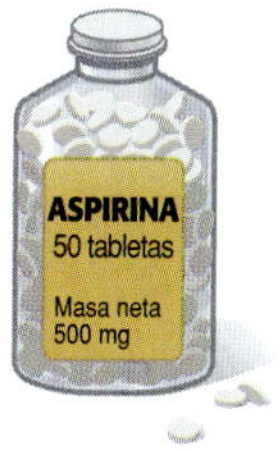


**28.** **MULTI-PASO** El médico te dijo que tomaras 1,250 miligramos de aspirina para aliviar el dolor en un tobillo torcido. De acuerdo con la botella que se muestra en la figura, ¿cuántas tabletas debes tomar?

**29.** **RAZONAMIENTO CRÍTICO** Si llenas con sal un vaso de precipitados de 150 mililitros, ¿será la masa de la sal igual a 150 miligramos? Explica.

## Prueba estandarizada de práctica y repaso general

**30.** **SELECCIÓN MÚLTIPLE** ¿Cuál es la masa aproximada de una bolsa de harina?

Ⓐ 2 kg  Ⓑ 2 mL  Ⓒ 2 g  Ⓓ 2 L

**31.** **RESPUESTA BREVE** ¿Qué unidad del sistema métrico usarías para medir la capacidad de una cucharada de agua?

**Escribe la unidad métrica de longitud que usarías para medir cada objeto.** (Lección 12-3)

**32.** largo de una mano
**33.** grosor de una carpeta

**34.** **MEDICIÓN** ¿Cuántas onzas hay en $2\frac{1}{2}$ libras? (Lección 12-2)

### PREPÁRATE PARA LA SIGUIENTE LECCIÓN

**REQUISITOS** **Multiplica o divide.** (Lecciones 4-1 y 4-3)

**35.** $2.5 \times 10$
**36.** $2.5 \times 1{,}000$
**37.** $2{,}500 \div 100$
**38.** $2.5 \div 10$

# 12-4b Estrategia para resolver problemas

***Seguimiento de la Lección 12-4***

**Lo que aprenderás**
A resolver problemas usando puntos de referencia.

## Usa puntos de referencia

Para preparar el ponche para la fiesta, necesitamos añadir medio litro de jugo concentrado a 3 litros de agua, pero no tenemos ningún recipiente para medir.

Tengo una botella limpia de 2 litros de refresco. Usémosla como punto de **referencia.**

| | |
|---|---|
| **Explora** | Necesitamos medir 0.5 litros de concentrado y tenemos una botella de refresco de 2 litros. |
| **Planifica** | Podemos usar la botella de 2 litros y dividirla, trazando líneas con un marcador, en cuatro secciones similares. Cada sección medirá alrededor de 0.5 litros. |
| **Resuelve** | Hay que dividir la botella de 2 litros en cuatro secciones y verter el concentrado en la botella hasta llegar a la primera línea marcada con el marcador.  |
| **Examina** | Dado que 4 mitades es igual a 2 enteros, un cuarto de la botella debe ser igual a 0.5 litro. |

## Analiza la estrategia

1. Un punto de referencia es una medida que se puede usar para medir otros objetos. **Explica** por qué la botella de 2 litros es un buen punto de referencia para medir 0.5 litro de concentrado.

2. **Describe** cómo podrían medir los alumnos los tres litros de agua para el ponche.

3. **Escribe** un plan para estimar la longitud de un brazalete en centímetros, sin usar una regla.

## Aplica la estrategia

**Resuelve. Usa la estrategia de usar un punto de referencia.**

4. **DISEÑO DE INTERIORES** Debido a que Lucas quiere poner una cenefa alrededor de su cuarto, necesita saber la longitud y el ancho aproximados de su cuarto, en metros. Lucas tiene un trozo de cuerda y sabe que la distancia entre la perilla de la puerta y el piso es de aproximadamente un metro. Describe una manera en que puede estimar ambas distancias, en metros.

5. **PROBABILIDAD** Los alumnos en la clase de matemáticas de la maestra Lightfoot quieren calcular la probabilidad de que una persona de la clase, escogida al azar, mida más de 200 centímetros de estatura. Los alumnos saben que la puerta mide 3 metros de altura. Describe una manera en que los alumnos pueden determinar quién mide más de 200 centímetros de estatura.

## Solución de problemas mixtos

**Resuelve. Usa cualquier estrategia.**

6. **GEOMETRÍA** Calcula el área de la figura.

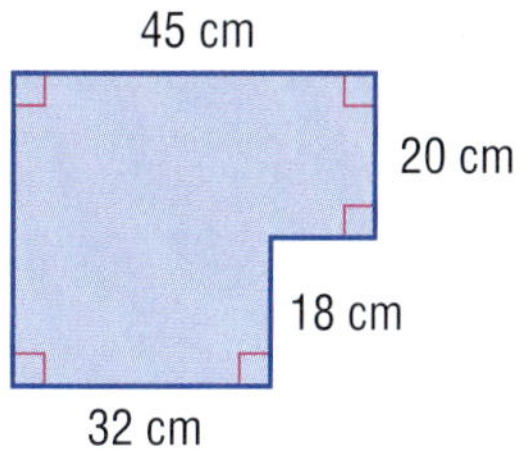


7. **MEDICIÓN** García estimó que al caminar, da 3 pasos cada 2 metros. ¿Cuántos pasos dará en 150 metros?

8. **MULTI-PASO** Esta temporada, el equipo de sóftbol de la escuela secundaria Grayson ganó tres veces más partidos de los que perdió. Si perdieron 5 juegos, ¿cuántos partidos jugaron en la temporada?

9. **GEOMETRÍA** Observa el patrón. ¿Cuál es el perímetro de la siguiente figura del patrón?

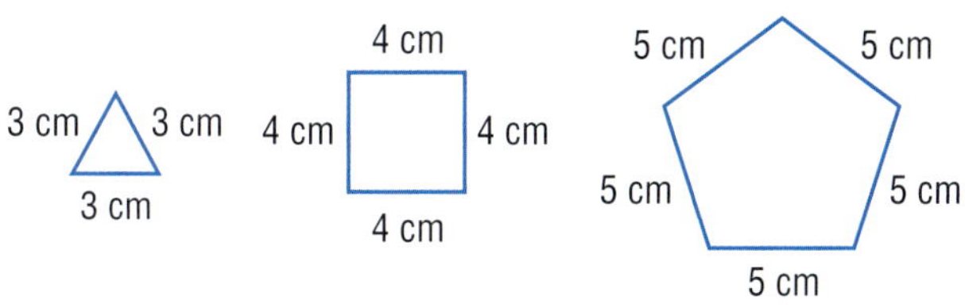


10. **DINERO** Antwon compró un reproductor portátil MP3 por $129.98, incluyendo el impuesto. ¿Cuánto vuelto recibirá, si le dio a la cajera $150?

11. **SENTIDO NUMÉRICO** Un número multiplicado por sí mismo es igual a 676. ¿Cuál es el número?

12. **MEDICIÓN** ¿Cuál es la medida que falta en el patrón?

$\ldots, \underline{\quad ? \quad}, \frac{1}{4}$ pulg, $\frac{1}{8}$ pulg, $\frac{1}{16}$ pulg, …

13. **MANUALIDADES** Melissa tiene $8\frac{3}{4}$ yardas de cinta. ¿Cuántos trozos de $1\frac{3}{4}$ yardas se pueden cortar de esta pieza?

14. **NEGOCIO** El North Shore Fish Market informó las siguientes ventas diarias durante la primera mitad de abril. ¿Cuál fue más grande durante este período: la media o la mediana de las ventas?

15. **PRUEBA ESTANDARIZADA DE PRÁCTICA**
Katie tiene tres libros en su mochila. ¿Qué cantidad describe mejor la masa de los tres libros y la mochila de Katie?

Ⓐ 6 g Ⓑ 60 g Ⓒ 6 kg Ⓓ 60 kg

# 12-5 Convierte unidades métricas

**Lo que aprenderás**
A convertir entre las diferentes unidades del sistema métrico.

**CONEXIÓN con la lectura**

***Significado cotidiano de centavo:*** una centésima de dólar, como en 53 centavos

## PRÁCTICA Minilaboratorio

**Materiales**

- lata vacía de gaseosa
- botella vacía de 2 litros de gaseosa
- agua
- embudo

*Trabaja con un(a) compañero(a).*

En la siguiente actividad, averiguarás cuántos mililitros hay en un litro.

**PASO 1** Llena con agua la lata vacía de gaseosa. Usan el embudo para verter el contenido de la lata en la botella vacía de 2 litros.

**PASO 2** Repite el paso 1 hasta que la botella de 2 litros se llene. Anota cuántas latas se necesitaron para llenar la botella.

1. ¿Cuántas latas se necesitaron para llenar la botella de 2 litros?
2. Si una lata de refresco tiene una capacidad de 355 mililitros, ¿cómo calcularías el número de mililitros que contiene una botella de 2 litros?
3. ¿Cuántos mililitros hay en dos litros?
4. Con base en esta información, ¿cómo calcularías el número de mililitros en un litro?
5. ¿Cuántos mililitros hay en un litro?

Para convertir de una unidad métrica a otra, multiplica por o divide entre potencias de 10. La siguiente tabla muestra la relación entre las unidades del sistema métrico y las potencias de 10.

| 1,000 | 100 | 10 | 1 | 0.1 | 0.01 | 0.001 |
|---|---|---|---|---|---|---|
| millares | centenas | decenas | unidades | décimas | centésimas | milésimas |
| kilo | hecto | deca | unidad básica | deci | centi | mili |

Cada valor de posición es 10 veces mayor que el valor de posición a su derecha.

Para convertir de una unidad mayor a una menor, multiplica. Para convertir de una unidad menor a una mayor, divide.

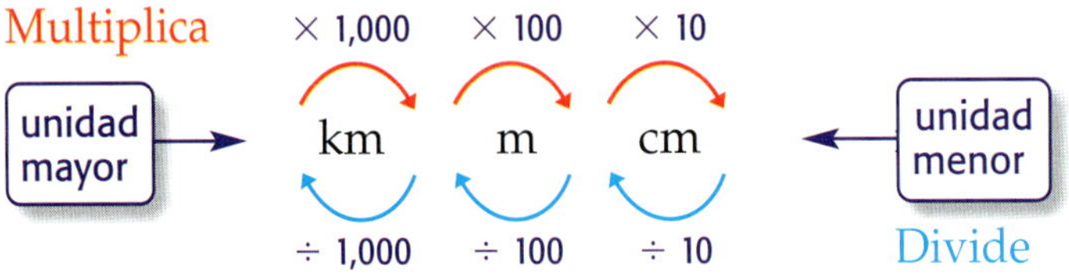

AYUDA PARA EL ESTUDIO

**Multiplica y divide por potencias de diez** Recuerda que para multiplicar por o dividir entre una potencia de diez, sólo necesitas mover el punto decimal.

## EJEMPLO Convierte unidades del sistema métrico

**Completa.**

**1** **135 g = ___?___ kg**

Dado que 1,000 gramos = 1 kilogramo, divide entre 1,000.

$135 \div 1{,}000 = 0.135$

Por lo tanto, 135 g = 0.135 kg.

**Verifica** Dado que un kilogramo es una unidad mayor que un gramo, el número de kilogramos debe ser menor que el número de gramos. La respuesta es razonable.

**2** **___?___ mm = 26.8 cm**

Dado que 1 centímetro = 10 milímetros, multiplica por 10.

$26.8 \times 10 = 268$

Por lo tanto, 268 mm = 26.8 cm.

**Verifica** Dado que un milímetro es una unidad más pequeña que un centímetro, el número de milímetros debe ser mayor que el número de centímetros. La respuesta es razonable.

**Tu turno** **Completa.**

**a.** 513 mL = ___?___ L **b.** 5 cm = ___?___ mm **c.** ___?___ mg = 8.2 g

A veces es necesario convertir unidades para resolver un problema de la vida real.

**MATEMÁTICAS EN LA VIDA DIARIA**

**TRIATLONES** El triatlón fue inventado al inicio de la década de 1970 por el Club de Atletismo de San Diego. Se convirtió en un deporte olímpico en los Juegos Olímpicos de Verano, de Sydney 2000.

**Fuente:** www.triathlon.org

## EJEMPLO Convierte unidades para resolver un problema

**3** **TRIATLONES** **Usa la tabla para determinar el número total de metros recorridos durante el Triatlón Internacional de San Diego.**

**Triatlón Internacional de San Diego**

| Natación | Ciclismo | Carreras |
|---|---|---|
| 1 km | 30 km | 10 km |

| | | |
|---|---|---|
| **En palabras** | El total equivale a la suma de la distancia recorrida en los eventos de natación, ciclismo y carreras por 1000. | |
| **Variable** | $m \quad = \quad (s + b + r) \quad \times 1{,}000$ | |
| **Ecuación** | $m \quad = \quad (1 + 30 + 10) \quad \times 1{,}000$ | |

$m = (1 + 30 + 10) \times 1{,}000$ Escribe la ecuación.

$m = 41 \times 1{,}000$ Primero, suma dentro del paréntesis.

$m = 41{,}000$ Multiplica.

Se recorrieron 41,000 metros en el Triatlón Internacional de San Diego.

## Repaso de destrezas y conceptos

**Escribe en matemáticas**
**Ejercicios 1 y 3**

1. **Explica** cómo convertir litros en mililitros.
2. **INTERPRETA** Escribe una ecuación sobre unidades del sistema métrico donde tengas que dividir entre 100 para resolver la ecuación.
3. **HALLA EL ERROR** Julia y Trina están convirtiendo 590 centímetros en metros. ¿Quién tiene la razón? Explica.

| Julia | Trina |
|---|---|
| 590 x 100 = 59,000 m | 590 ÷ 100 = 5.9 m |

### PRÁCTICA DIRIGIDA

**Completa.**

4. __?__ m = 75 mm
5. 205 mg = __?__ g
6. __?__ mm = 3.8 cm
7. 85 mm = __?__ cm
8. 0.95 g = __?__ mg
9. 0.05 L = __?__ mL

10. **ESCÚTERS** Un escúter viaja hasta a 20 kilómetros por hora. ¿A cuántos metros por hora viaja?

## Práctica y aplicaciones

**AYUDA CON LAS TAREAS**

| Ejercicios | Ver ejemplos |
|---|---|
| 11–24, 29 | 1–2 |
| 25, 26 | 3 |

**Práctica adicional**
**Ver páginas 619, 635.**

**Completa.**

11. __?__ L = 95 mL
12. __?__ g = 1,900 mg
13. __?__ cm = 52 mm
14. 13 cm = __?__ mm
15. __?__ mg = 8.2 g
16. __?__ mL = 23.8 L
17. 0.4 L = __?__ mL
18. 4 m = __?__ cm
19. 354 cm = __?__ m
20. __?__ m = 35.6 cm
21. 500 mg = __?__ kg
22. 250 cm = __?__ km

23. ¿Cuántos centímetros hay en 0.82 metros?
24. Convierte 7 miligramos en gramos.

25. **SISMOS** Los terremotos se originan a una distancia que varía entre 5 y 700 kilómetros bajo la superficie terrestre. Convierte estas distancias en metros.

**Actualiza datos** ¿Cuál fue la profundidad del terremoto más reciente? Visita msmath1.net/data_update para obtener más información.

**AVES** **Usa la siguiente tabla para los ejercicios 26 y 27.**

26. Convierta en milímetros el largo y el ancho del huevo de un petirrojo.
27. ¿Cuál ave pone los huevos más grandes?

**Tamaño del huevo de aves**

| Ave | Largo | Ancho |
|---|---|---|
| Petirrojo | 1.9 cm | 1.5 cm |
| Tórtola | 31 mm | 23 mm |

**Fuente:** *Animals as Our Companions*

**ALIMENTOS** **Usa la siguiente tabla para los ejercicios 28 al 31.**

| Sirope para panqueques | |
|---|---|
| Tamaño | Precio |
| 350 mL | $2.80 |
| 1.06 L | $5.60 |

28. Calcula el costo por mililitro del sirope para panqueques en la botella de 350 mililitros. Redondea en décimas de centavo.
29. Convierte 1.06 litros en mililitros.
30. Calcula el costo del mililitro de sirope para panqueques en la botella de 1.06 litros. Redondea a décimos de centavo.
31. ¿Cuál de las botellas de jarabe ofrece un mejor precio?

32. **RAZONAMIENTO CRÍTICO** Un mililitro de agua a 4°C posee una masa de 1 gramo. ¿Cuál es la masa de un litro de agua a 4°C?

**EXTENSIÓN DE LA LECCIÓN** Puedes usar proporciones para convertir unidades de medida.

**Ejemplo** 250 mm = __?__ m

metros → / milímetros →
$$\frac{1 \text{ m}}{1{,}000 \text{ mm}} = \frac{x \text{ m}}{250 \text{ mm}}$$
← metros / ← milímetros

$$1 \times 250 = 1{,}000 \times x$$ Productos cruzados

$$250 = 1{,}000x$$ Multiplica.

$$\frac{250}{1{,}000} = \frac{1{,}000x}{1{,}000}$$ Divide.

$$0.25 = x$$ Reduce.

Por lo tanto, 250 milímetros = 0.25 metros.

**Escribe una proporción para resolver cada problema. Luego, completa.**

33. 0.005 km = __?__ m
34. __?__ mL = 0.45 L
35. 263 g = __?__ kg

## Prueba estandarizada de práctica y repaso general

36. **SELECCIÓN MÚLTIPLE** La Buckingham Fountain de Chicago contiene 133 surtidores que disparan aproximadamente 52,990 litros de agua cada minuto. ¿A cuántos mililitros de agua equivale esta cantidad?

Ⓐ 52.99 mL
Ⓑ 5,299,000 mL
Ⓒ 52,990,000 mL
Ⓓ 529,900,000,000 mL

37. **COMPLETA** Convierte 25.9 kilogramos en gramos.

38. **ALIMENTOS** ¿Cuál es el mejor estimado de la capacidad de un vaso de leche: 360 litros ó 360 mililitros? (Lección 12-4)

**Mide la longitud de cada segmento de recta. Redondea en décimas de centímetro.** (Lección 12-3)

39. •————————•
40. •——————————•

### PREPÁRATE PARA LA SIGUIENTE LECCIÓN

**REQUISITOS** **Suma o resta.** (Lección 3-5)

41. 3.26 + 4.86
42. 9.32 − 4.78
43. 27.48 + 78.92
44. 7.18 − 2.31

# 12-6 Medidas de tiempo

**Lo que aprenderás**
A sumar y restar medidas de tiempo.

**NUEVO vocabulario**
- segundo
- minuto
- hora

**¿CUÁNDO usaré esto?**

**ASUNTOS MONETARIOS** Bethany quiere comprarse un nuevo abrigo y su abuelo prometió pagarle por cada hora que dedique a realizar algunos quehaceres adicionales. La tabla muestra la cantidad de tiempo que dedicó a estas labores.

| Tarea | Tiempo |
|---|---|
| lavar el auto | 1 h 10 min |
| doblar la ropa limpia | 1 h 15 min |

1. ¿Cuánto tiempo duró Bethany lavando el auto?
2. ¿Cuánto tiempo duró Bethany doblando la ropa?
3. ¿Cuánto suman los minutos?
4. ¿Cuánto suman las horas?
5. ¿Cuánto tiempo duró lavando el auto y doblando la ropa limpia?

Las unidades de tiempo de uso más común son las siguientes.

**Concepto clave** — **Unidades de tiempo**

| Unidad | Modelo |
|---|---|
| 1 **segundo** (s) | tiempo necesario para decir 1,101 |
| 1 **minuto** (min) = 60 segundos | tiempo de 2 anuncios de televisión |
| 1 **hora** (h) = 60 minutos | tiempo de dos comedias semanales de televisión |

Para sumar o restar medidas de tiempo se utilizan los siguientes pasos.

**Paso 1** Suma o resta los segundos.

**Paso 2** Suma o resta los minutos.

**Paso 3** Suma o resta las horas.

Convierte en cada paso, si es necesario.

## EJEMPLO Suma unidades de tiempo

**1** **Calcula la suma de 4 h 20 min 45 s y 2 h 50 min 10 s.**

**Estima** 4 h 20 min 45 s son alrededor de 4 h y 2 h 50 min 10 s son alrededor de 4 h + 3 h = 7 h

```
  4 h 20 min 45 s     Suma los segundos, luego los minutos
+ 2 h 50 min 10 s     y al final las horas.
-----------------
  6 h 70 min 55 s     70 minutos es igual a 1 hora 10 minutos.
```

Por lo tanto, la suma es igual a 7 h 10 min 55 s. Compara la respuesta con el estimado.

**MATEMÁTICAS EN LA VIDA DIARIA**

**OLIMPIADAS** El primer maratón femenino en los Juegos Olímpicos de Verano se celebró en 1984.

**Fuente:** *The World Almanac*

## EJEMPLO Resta unidades de tiempo

**2** **OLIMPIADAS La tabla muestra a las ganadoras del maratón femenino en las olimpiadas de verano de 1996 y 2000. ¿Cuál fue la diferencia en rapidez entre el tiempo de Takahashi y el de Roba?**

| Año Olímpico | Corredora | Tiempo |
|---|---|---|
| 1996 | Fatuma Roba | 2 h 26 min 5 s |
| 2000 | Naoko Takahashi | 2 h 23 min 10 s |

**Fuente:** *The World Almanac*

**Estima** Debido a que los números están tan cercanos, usa los minutos.

26 min − 23 min = 3 min

$$\begin{array}{r} 2\text{ h } 26\text{ min } 5\text{ s} \\ -\ 2\text{ h } 23\text{ min } 10\text{ s} \\ \hline \end{array}$$

Debido a que no puedes restar 10 segundos de 5 segundos, debes convertir 26 minutos 5 segundos en 25 minutos 65 segundos.

$$\begin{array}{r} 2\text{ h } 26\text{ min } 5\text{ s} \\ -\ 2\text{ h } 23\text{ min } 10\text{ s} \\ \hline \end{array} \rightarrow \begin{array}{r} 2\text{ h } 25\text{ min } 65\text{ s} \\ -\ 2\text{ h } 23\text{ min } 10\text{ s} \\ \hline 0\text{ h } 2\text{ min } 55\text{ s} \end{array}$$

El tiempo de Takahashi fue 2 minutos 55 segundos más rápido que el tiempo de Roba. En comparación con el estimado, la respuesta parece razonable.

**Tu turno** **Suma o resta.**

**a.** $\begin{array}{r} 5\text{ h } 55\text{ min} \\ +\ 6\text{ h } 17\text{ min} \\ \hline \end{array}$ **b.** $\begin{array}{r} 8\text{ h } 25\text{ min} \\ -\ 3\text{ h } 30\text{ min} \\ \hline \end{array}$ **c.** $\begin{array}{r} 5\text{ h } 15\text{ min } 10\text{ s} \\ -\ 2\text{ h } 30\text{ min } 45\text{ s} \\ \hline \end{array}$

A veces es necesario determinar el *tiempo transcurrido*, es decir, el tiempo que pasa desde el principio hasta el final de un suceso.

## EJEMPLO Tiempo transcurrido

**3** **VIAJES Un vuelo sale de Boston a las 11:35 A.M. y llega a Miami a las 2:48 P.M. ¿Cuánto tiempo dura el vuelo?**

Necesitas calcular cuánto tiempo ha transcurrido.

De 11:35 A.M. al mediodía hay 25 minutos.

Del mediodía a 2:48 P.M. hay 2 horas 48 minutos.

El vuelo dura 25 minutos +2 horas 48 minutos ó 2 horas 73 minutos. Convierte 73 minutos en 1 hora 13 minutos.

2 h + 1 h 13 min = 3 h 13 min.

El vuelo dura 3 horas y 13 minutos.

## Repaso de destrezas y conceptos

**Escribe en matemáticas**
**Ejercicio 3**

1. **Indica** cuántas horas hay en 330 minutos.
2. **INTERPRETA** Establece una hora de inicio en la mañana y una hora de finalización en la tarde, en la que el tiempo transcurrido sea igual a 3 horas 45 minutos.
3. **¿Cuál no pertenece?** Identifica el lapso que no es igual al resto. Explica tu razonamiento.

| 2 h 36 min 16 s | 1 h 96 min 16 s | 2 h 35 min 76 s | 1 h 36 min 76 s |
|---|---|---|---|

### PRÁCTICA DIRIGIDA

**Suma o resta.**

4. 4 h 23 min 45 s
+ 6 h 52 min 20 s

5. 17 min 15 s
− 9 min 24 s

6. 8 h 35 s
+ 7 h 29 min 54 s

**Calcula cada tiempo transcurrido.**

7. 8:25 A.M. a 11:50 A.M.
8. 10:15 A.M. a 3:45 P.M.

9. **TELEVISIÓN** Consulta la información de la derecha. ¿Cuánto más tiempo pasó el hogar promedio viendo televisión en el 2000 que en 1950?

**Tiempo que cada hogar promedio pasó viendo televisión**

| Año | Tiempo |
|---|---|
| 1950 | 4 h 35 min |
| 2000 | 7 h 29 min |

**Fuente:** Nielsen Media Research

## Práctica y aplicaciones

**AYUDA CON LAS TAREAS**

| Ejercicios | Ver ejemplos |
|---|---|
| 10–21 | 1, 2 |
| 22–25 | 3 |

**Práctica adicional**
**Ver páginas 619, 635.**

**Suma o resta.**

10. 15 min 45 s
+ 20 min 10 s

11. 35 min 25 s
+ 17 min 30 s

12. 6 h 48 min 28 s
− 2 h 29 min 14 s

13. 2 h 57 min 42 s
− 1 h 23 min 19 s

14. 12 h 25 min
+ 19 h 53 min

15. 9 h 35 min
+ 2 h 59 min

16. 17 min 15 s
− 9 min 24 s

17. 25 min 17 s
− 12 min 38 s

18. 12 h 45 s
+ 8 h 45 min 16 s

19. 5 h 28 s
+ 3 h 8 min 40 s

20. 12 h 3 s
− 3 h 14 min 6 s

21. 5 h
− 1 h 15 min 12 s

**Calcula cada tiempo transcurrido.**

22. 5:18 P.M. a 9:36 P.M.
23. 8:05 A.M. a 11:45 A.M.
24. 5:30 P.M. a 3:10 A.M.
25. 8:30 A.M. a 10:40 P.M.

26. Usar un cronómetro es *siempre*, *a veces* o *nunca* una buena manera de medir la duración de una película. Explica.

27. **MULTI-PASO** Los tres actos de una obra duran 28, 20 y 14 minutos, respectivamente. Hay 15 minutos de intermedio entre actos. Si la obra comienza a las 7:30 P.M., ¿a qué hora terminará?

28. **ESCUELA** Estima la cantidad de tiempo que necesitas para vestirte para la escuela. Luego, mide el tiempo real que tardas en vestirte. Compara el estimado con el tiempo real.

29. **RAZONAMIENTO CRÍTICO** Un vuelo de Nueva York a Los Ángeles dura 6 horas. Si el avión sale de Nueva York a las 9:15 A.M., ¿a qué hora llegará a Los Ángeles? (*Ayuda*: Recuerda las diferencias de huso horario).

## EXTENSIÓN DE LA LECCIÓN

Puedes usar dos fórmulas para convertir unidades de temperatura.

Para convertir grados Celsius $C$ en grados Fahrenheit $F$, se usa la fórmula $F = \frac{9}{5}C + 32$.

**Ejemplo** Convierte 20°C en grados Fahrenheit.

$F = \frac{9}{5}C + 32$ Fórmula original

$F = \frac{9}{5}(20) + 32$ $C = 20$

$F = 36 + 32$ Reduce.

$F = 68$ 20°C es igual a 68°F.

Para convertir grados Fahrenheit $F$ en grados Celsius $C$, se usa la fórmula $C = \frac{5}{9}(F - 32)$.

**Ejemplo** Convierte 50°F en grados Celsius.

$C = \frac{5}{9}(F - 32)$ Fórmula original

$C = \frac{5}{9}(50 - 32)$ $F = 50$

$C = \frac{5}{9}(18)$ Reduce.

$C = 10$ 50°F es igual a 10°C.

**Completa.**

30. 15°C = __?__ °F

31. 0°C = __?__ °F

32. 59°F = __?__ °C

33. 104°F = __?__ °C

## Prueba estandarizada de práctica y repaso general

35. **SELECCIÓN MÚLTIPLE** La tabla muestra las horas de partida de tres vuelos que salen hacia Detroit, desde tres aeropuertos diferentes en el área de Washington, D.C. ¿Qué aeropuerto ofrece el tiempo de vuelo más corto?

| Aeropuerto | Tiempo de partida | Tiempo de llegada |
|---|---|---|
| WDI | 7:31 A.M. | 10:05 A.M. |
| DCA | 7:15 A.M. | 9:43 A.M. |
| BWI | 7:23 A.M. | 9:53 A.M. |

Ⓐ WDI Ⓑ DCA

Ⓒ BWI Ⓓ Los tres vuelos duran lo mismo.

35. **RESPUESTA BREVE** Supón que el Sr. James puso una carne adobada en el horno, a las 11:49 A.M. y que ésta necesita cocinarse durante 1 hora 33 minutos. ¿A qué hora debe sacar la carne del horno?

**Completa.** (Lección 12-5)

36. __?__ L = 450 mL

37. 6.5 m = __?__ cm

38. 8,800 g = __?__ kg

39. **MEDICIÓN** ¿Qué unidad métrica de capacidad usarías para medir el agua en una lavadora? (Lección 12-4)

CAPÍTULO 12

# Guía de estudio y repaso

## Repaso de conceptos y vocabulario

- centímetro (pág. 476)
- cuarto de galón (pág. 470)
- galón (pág. 470)
- gramo (pág. 484)
- hora (pág. 494)
- kilogramo (pág. 484)
- kilómetro (pág. 476)
- libra (pág. 471)
- litro (pág. 485)
- metro (pág. 476)
- miligramo (pág. 484)
- mililitro (pág. 485)
- milímetro (pág. 476)
- milla (pág. 465)
- minuto (pág. 494)
- onza (pág. 471)
- onza fluida (pág. 470)
- pie (pág. 465)
- pinta (pág. 470)
- pulgada (pág. 465)
- segundo (pág. 494)
- sistema métrico (pág. 476)
- taza (pág. 470)
- tonelada (pág. 471)
- yarda (pág. 465)

**Elige el término o número correcto que complete cada enunciado.**

1. Un centímetro es igual a (una décima, una centésima) de un metro.
2. Para convertir de unidades mayores a unidades menores debes (multiplicar, dividir).
3. Un clip tiene una masa de más o menos un (gramo, kilogramo).
4. Una taza es igual a (8, 16) onzas fluidas.
5. Para convertir kilogramos en gramos, multiplica por (100, 1000).
6. La unidad básica de capacidad del sistema métrico es el (litro, gramo).
7. Para convertir 15 yardas en pies debes (multiplicar por, dividir entre) 3.
8. Debes (multiplicar, dividir) para convertir onzas en libras.
9. Un centímetro es (más largo, más corto) que 1 milímetro.

## Ejercicios y ejemplos: Lección por lección

### 12-1 Longitud en el sistema inglés (págs. 465–468)

**Completa.**

10. 2 mi = __?__ pies
11. __?__ pulg = 5 pies
12. 9 yd = __?__ pies
13. 72 pulg = __?__ yd
14. __?__ pulg = 3 mi
15. __?__ yd = 180 pulg

**Traza segmentos de recta de cada longitud.**

16. $2\frac{7}{8}$ pulg
17. $1\frac{1}{2}$ pulg
18. $1\frac{5}{8}$ pulg
19. $3\frac{1}{4}$ pulg

**Ejemplo 1** **Completa 36 pies = __?__ yd.**

36 ÷ 3 = 12 Dado que una yarda es igual a 3 pies, divide entre 3.

Por lo tanto, 36 pies = 12 yd.

**Ejemplo 2** **Traza un segmento de recta que mida $1\frac{3}{8}$ pulgadas.**

Traza un segmento que empiece en 0 y termine en $1\frac{3}{8}$.

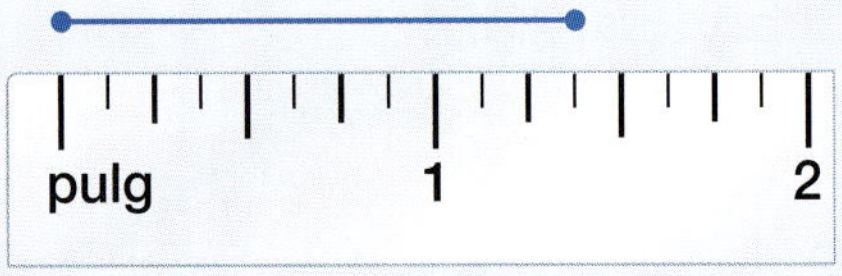




msmath1.net/vocabulary_review

## 12-2 Capacidad y peso en el sistema inglés (págs. 470–473)

**Completa.**

20. 3 pt = __?__ oz fl
21. __?__ ct = 44 tz
22. 5 T = __?__ lb
23. 2.75 gal = __?__ pt
24. __?__ lb = 12 oz
25. __?__ pt = 8 ct
26. 64 oz fl = __?__ tz
27. 3 gal = __?__ ct

28. **ALIMENTOS** Lauren compró 9 galones de sidra de manzana para la fiesta escolar. ¿Cuántas porciones de una taza podrá servir?

**Ejemplo 3** **Completa 5 ct = __?__ pt.**

PIENSA Hay 2 pintas en 1 cuarto de galón.

$5 \times 2 = 10$ Multiplica para convertir en una unidad menor.

Por lo tanto, 5 cuartos de galón = 10 pintas.

## 12-3 Longitud en el sistema métrico (págs. 476–479)

**Escribe la unidad métrica de longitud que usarías para medir cada objeto.**

29. altura del edificio de la escuela
30. longitud del estado de Florida
31. espesor de una rebanada de pan
32. distancia a través de un gimnasio
33. longitud de tu brazo
34. longitud de un clip

**Ejemplo 4** **Escribe la unidad métrica de longitud que usarías para medir la altura de un tobogán en el parque de recreo de la escuela.**

Compara el tobogán con los objetos de la tabla de la página 476. La altura de un tobogán es mayor que la mitad del ancho de una moneda de 1¢ y menor que seis cuadras. Por lo tanto, usarías el metro para medirla.

## 12-4 Masa y capacidad en el sistema métrico (págs. 484–487)

**Escribe la unidad de masa o capacidad del sistema métrico que usarías para medir cada objeto. Luego, estima la masa o capacidad.**

35. una manzana con caramelo
36. una jarra de limonada
37. un copo de nieve
38. un automóvil
39. un perrito
40. una lata de gaseosa

41. **COMPRAS** Tu jugo favorito se vende en envases de 1.5 litros y en envases de 355 mililitros. ¿Qué envase tiene menos jugo?

**Ejemplo 5** **Escribe la unidad métrica de masa que usarías para medir un teléfono celular. Luego, estima la masa.**

La masa de un teléfono celular es mayor que la de un clip, pero menor que 6 manzanas. Por lo tanto, la unidad apropiada es el gramo.

**Estima** Hay 1000 gramos en un kilogramo. Un teléfono celular es mucho más pesado que un clip, pero no pesa tanto como 6 manzanas.

Un estimado de la masa de un teléfono celular es de unos 250 gramos.

## 12-5 Convierte unidades métricas (págs. 490–493)

**Completa.**

42. 300 mL = ___?___ L
43. ___?___ g = 1 mg
44. ___?___ m = 0.75 km
45. 5.02 kg = ___?___ g
46. 345 cm = ___?___ m
47. ___?___ m = 23.6 mm
48. 5,200 m = ___?___ km
49. 35 m = ___?___ cm
50. ¿Cuántos centímetros hay en 0.74 metros?
51. **PONCHE** Sabrina mezcla 6.3 litros de ponche. ¿A cuántos mililitros equivalen 6.3 L?
52. **DISTANCIA** La casa de Sam está a 0.6 kilómetros de la casa de José. ¿A cuántos metros equivale 0.6 km?

**Ejemplo 6** **Completa 9.2 g = ___?___ mg.**

Para convertir gramos en miligramos, multiplica por 1,000.

$9.2 \times 1{,}000 = 9{,}200$

Por lo tanto, 9.2 g = 9,200 mg.

**Ejemplo 7** **Completa 523 mm = ___?___ cm.**

Para convertir milímetros en centímetros, divide entre 10 porque 10 milímetros = 1 centímetro.

$523 \div 10 = 52.3$

Por lo tanto, 523 mm = 52.3 cm.

## 12-6 Medidas de tiempo (págs. 494–497)

**Suma o resta.**

53. 5 h 20 min + 2 h 16 min
54. 7 h 45 min − 4 h 32 min
55. 9 h 7 min − 8 h 7 min 8 s
56. 2 h 35 min + 6 h 41 min
57. Suma 7 h 20 min más 2 h 48 min 10 s.
58. ¿Cuánto es la suma 3 h 35 min 40 s más 6 h 50 min 40 s?
59. **MÚSICA** La lección de piano de Latisha empezó a las 4:45 P.M. y terminó a las 5:30 P.M. ¿Cuánto tiempo duró la lección?
60. **VIAJES** Aarón voló de Tampa, Florida, a la ciudad de Nueva York. Su avión salió de Tampa a las 6:34 A.M. y el vuelo duró 3 horas 55 minutos. ¿A qué hora llegó a Nueva York?

**Ejemplo 8** **Suma 3 h 50 min más 2 h 15 min.**

```
  3 h 50 min
+ 2 h 15 min
  5 h 65 min
```

Convierte 65 min, en 1 h 5 min.

5 h + 1 h 5 min = 6 h 5 min

**Ejemplo 9** **Calcula la diferencia entre 5 h 10 min y 2 h 29 min.**

```
  5 h 10 min
− 2 h 29 min
```

Debido a que no puedes restar 29 minutos de 10 minutos, debes convertir 5 h 10 min en 4 h 70 min.

```
  4 h 70 min
− 2 h 29 min
  2 h 41 min
```

CAPÍTULO 12

# Prueba de práctica

## Vocabulario y conceptos

1. **Escribe** tres unidades de peso del sistema inglés, de uso común.
2. **Indica** el significado de los prefijos kilo, centi y mili.
3. **Describe** qué operación necesitas realizar para convertir unidades métricas con el prefijo centi en unidades con el prefijo mili.

## Destrezas y aplicaciones

**Completa.**

4. 48 pulg = __?__ pies
5. 2 yd = __?__ pulg
6. __?__ pt = 6 ct
7. __?__ oz fl = 3 tz
8. 48 tz = __?__ gal
9. __?__ yd = 8 mi
10. 328 mL = __?__ L
11. __?__ mm = 0.7 cm
12. 150 g = __?__ kg
13. __?__ km = 57 m
14. 10,000 mg = __?__ g
15. 7.1 L = __?__ mL
16. Dibuja un segmento de recta que mida $4\frac{3}{4}$ pulgadas de largo.
17. **HELADO** Un equipo de béisbol ordena 5 galones de helado para su fiesta de fin de temporada. ¿A cuántas tazas de helado equivalen 5 galones?

**Escribe la unidad métrica de longitud que usarías para medir cada objeto.**

18. longitud de una patineta
19. altura de una jirafa

**Escribe la unidad métrica de masa o capacidad que usarías para medir cada objeto. Luego, estima la masa o capacidad.**

20. cinco billetes de un dólar
21. cubo de agua

**Suma o resta.**

22. 7 h 20 min + 3 h 18 min
23. 19 min 30 s − 12 min 40 s
24. 7 h 20 min + 2 h 48 min 10 s

## Prueba estandarizada de práctica

25. **SELECCIÓN MÚLTIPLE** Calcula el precio por pinta de leche para determinar cuál es el envase de leche que tiene el mejor precio. Redondea en centavos.

Ⓐ 1 pt  Ⓑ 1 ct
Ⓒ 0.5 gal  Ⓓ 1 gal

| Leche | |
|---|---|
| **Tamaño** | **Precio** |
| 0.5 gal | $1.09 |
| 1 ct | $1.29 |
| 1 pt | $0.75 |
| 1 gal | $2.25 |

# Prueba estandarizada de práctica

## PARTE 1 Selección múltiple

Anota tus respuestas en la hoja de respuestas provista por tu maestro(a) o en una hoja aparte.

1. La expresión $10d$ sirve para convertir un número dado de dólares estadounidenses en un número aproximado de pesos mexicanos. Si $d$ es el número de dólares norteamericanos, ¿a cuántos pesos mexicanos equivalen 17 dólares? (Lección 1-6)

   A 17 pesos  B 27 pesos
   C 107 pesos  D 170 pesos

2. Estima la suma de tres pizzas que cuestan \$9.75, \$10.20 y \$12.66, respectivamente. (Lección 3-2)

   F \$33  G \$32
   H \$31  I \$30

3. ¿Cuánto mide la circunferencia del círculo? (Lección 4-6)

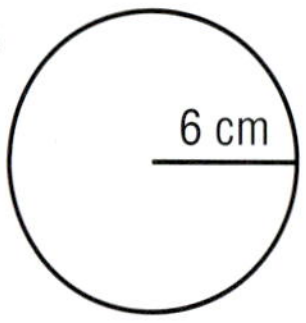


   A 9.14 cm
   B 18.84 cm
   C 37.68 cm
   D 50.09 cm

4. ¿Qué suma describe el siguiente modelo? (Lección 8-2)

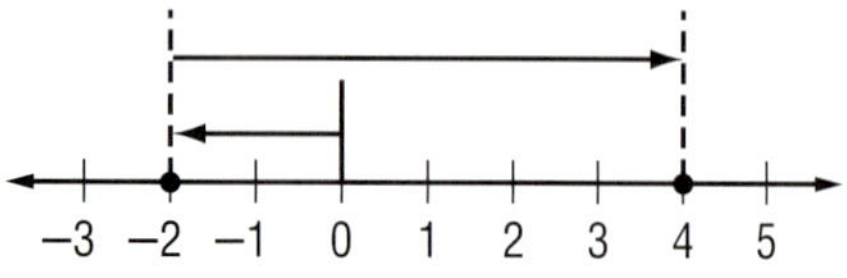


   F $6 + (-2) = -4$  G $-6 + 4 = -2$
   H $-2 + 6 = 4$  I $-6 + (-4) = 2$

5. Abigail tiene una colección de 36 cedés. Vendió algunos de ellos en un baratillo y le quedan 12. Usa la ecuación $36 - s = 12$ para calcular $s$, el número de cedés que Abigail vendió. (Lección 9-3)

   A 3  B 12  C 18  D 24

6. Identifica a qué porcentaje corresponde el modelo. (Lección 10-4)

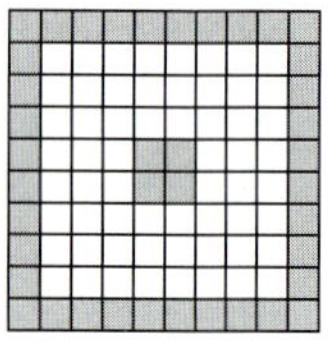

   F 30%  G 40%
   H 50%  I 60%

7. Cristóbal pagó \$25.88 por un par de zapatos con un 25% de descuento. ¿Cuál era el precio original? (Lección 10-7)

   A \$29.99  B \$30.95
   C \$34.50  D \$44.95

8. Kylie midió 4 trozos de madera. ¿Cuál es el más grande? (Lección 12-1)

| Trozo de madera | Medida |
|---|---|
| 1 | 2 pies 5 pulg |
| 2 | 36 pulg |
| 3 | 2 pies 3 pulg |
| 4 | 31 pulg |

   F 1  G 2  H 3  I 4

9. ¿Cuántas tazas hay en dos galones? (Lección 12-2)

   A 4 tz  B 8 tz  C 16 tz  D 32 tz

10. ¿A cuántos mililitros equivalen 3 litros? (Lección 12-5)

   F 30 mL  G 300 mL
   H 3,000 mL  I 30,000 mL

11. Pablo tardó 1 hora 40 minutos y 15 segundos en completar una caminata. Set-Su tardó 1 hora 50 minutos y 9 segundos en completarla. ¿Cuánto tiempo más tardó Set-Su en terminar la caminata? (Lección 12-6)

   A 9 min 51 s  B 9 min 54 s
   C 10 min 6 s  D 10 min 54 s

Alineado y verificado por The Princeton Review

## PARTE 2 Respuesta breve/Completa

Anota tus respuestas en la hoja de respuestas provista por tu maestro(a), o en una hoja aparte.

**12.** ¿Cuál número completa el diagrama de árbol? (Lección 1-3)

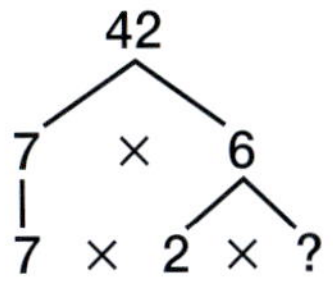


**13.** Samuel, Alexis, Madeline y Malik lanzaron cada uno un dardo a un tablero. El jugador más cercano al blanco es el ganador. ¿Quién ganó? (Lección 5-5)

| Jugador | Distancia al blanco |
|---|---|
| Samuel | $\frac{7}{16}$ de pulg |
| Alexis | $\frac{5}{8}$ de pulg |
| Madeline | $\frac{1}{4}$ de pulg |
| Malik | $\frac{1}{2}$ pulg |

**14.** Calcula el siguiente número de la sucesión.

$12, 10\frac{3}{4}, 9\frac{1}{2}, 8\frac{1}{4}, \ldots$ (Lección 7-6)

**Usa la tabla de funciones para contestar las preguntas de la 15 a la 17.**

| *x* | *y* |
|---|---|
| 0 | 0 |
| 1 | 3 |
| 2 | 6 |
| 3 | 9 |

**15.** Determina la regla de la tabla de funciones. (Lección 9-6)

**16.** Calcula cuál sería el resultado si la entrada fuera −3. (Lección 9-6)

**17.** Grafica la función. (Lección 9-7)

**18.** ¿Qué color se debe escribir en la parte sombreada, para que la probabilidad de que el girador se detenga en este color sea de $\frac{1}{4}$? (Lección 11-1)

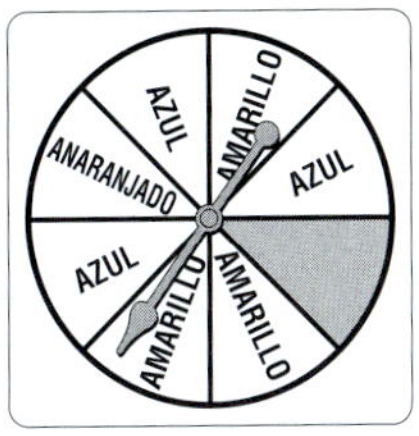


**19.** Los estadios anfitriones de la Copa Mundial deben tener canchas de fútbol de 75 yardas de ancho. ¿A cuántos pies equivale esta distancia? (Lección 12-1)

**20.** ¿A cuántos gramos equivalen 34.7 kilogramos? (Lección 12-5)

## PARTE 3 Respuesta extendida

Anota tus respuestas en una hoja aparte. Muestra tus cálculos.

**21.** Víctor asesora a alumnos jóvenes en el centro comunitario los sábados. Víctor tarda 20 minutos en alistarse para salir de su casa, tarda 10 minutos en caminar desde su casa hasta la parada del autobús y el viaje en autobús hasta el centro comunitario dura 40 minutos. Finalmente, Víctor camina 5 minutos desde la parada del autobús hasta el centro comunitario. (Lección 12-6)

**a.** Si Víctor tiene que llegar al centro comunitario a las 3:00 P.M., ¿a que hora debe empezar a alistarse para salir?

**b.** Explica la estrategia que usaste para contestar la parte a.

**c.** Víctor tiene que llegar a su casa a las 7:00 P.M. Si en el viaje de regreso a su casa tarda 5 minutos más que en el viaje de ida, ¿a qué hora debe salir del centro comunitario?

**d.** ¿Cuánto tiempo dedica a asesorar a alumnos los sábados?

**AYUDA PARA TOMAR PRUEBAS**

**Pregunta 21** Cuando contestes las preguntas de Respuesta extendida en las pruebas estandarizadas, asegúrate de escribir claramente tus cálculos porque podrías recibir puntos por preguntas parcialmente correctas.

CAPÍTULO 13

# Geometría: Ángulos y polígonos

## “¿Qué tienen que ver las señales de tránsito con las matemáticas?”

**Muchas señales de tránsito tienen formas geométricas. De hecho, suelen tener formas de cuadrados, rectángulos y triángulos.** Puedes usar las propiedades geométricas para clasificar las formas de las señales de tránsito, determinar los tipos de ángulos en estas señales y enumerar las semejanzas y diferencias de sus formas.

Resolverás problemas acerca de señales viales en las Lecciones 13-1 y 13-4.

# PARA COMENZAR

**Toma este control para averiguar si estás listo(a) para comenzar el Capítulo 13. Consulta la lección o página indicada en el paréntesis respectivo, si necesitas un repaso.**

## Repaso del vocabulario

**Elige el término correcto que complete cada enunciado.**

1. Un rectángulo cuyos lados miden lo mismo es un (cuadrado, rombo). (Lección 1-8)
2. La expresión $2\ell + 2w$ se puede usar para calcular el (área, perímetro) de un rectángulo. (Lección 4-5)

## Requisitos

**Identifica la figura que *no puede* doblarse de modo que una mitad corresponda con la otra mitad.**

3. 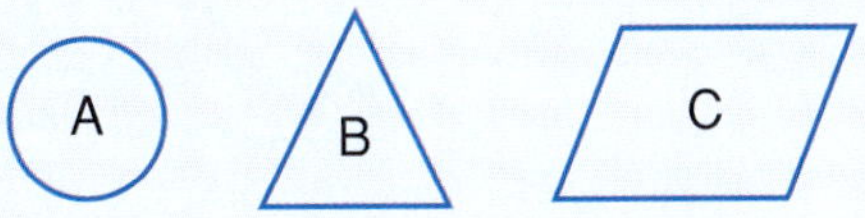


4. 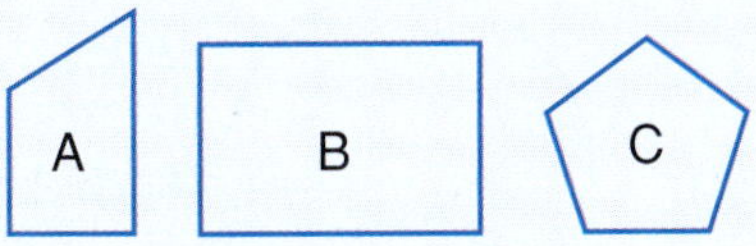


**Indica si cada par de figuras tienen el mismo tamaño y forma.**

5. 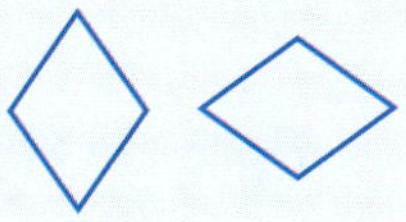

6. 

**Calcula la longitud en centímetros de cada segmento de recta.** (Lección 12-3)

7. 

8. 

**PLEGADOS™ Organiza el estudio**

**Ángulos y polígonos** Haz este plegado para organizar la información sobre ángulos y polígonos. Usa seis mitades de página, tomadas de las hojas de tu cuaderno.

**PASO 1 Dobla y corta**
Dobla la primera media página por la mitad, a lo largo. Luego corta una lengüeta de una pulgada de ancho en el extremo izquierdo.

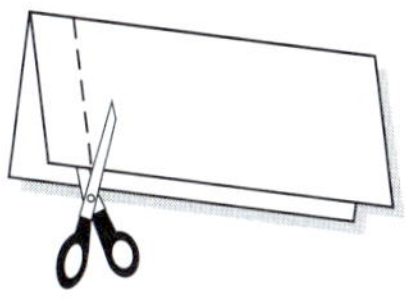

**PASO 2 Pega y rotula**
Pega la lengüeta de una pulgada en la parte inferior. Escribe la palabra *Geometría* en esta lengüeta. Luego escribe el número de la lección y el título en la lengüeta frontal.

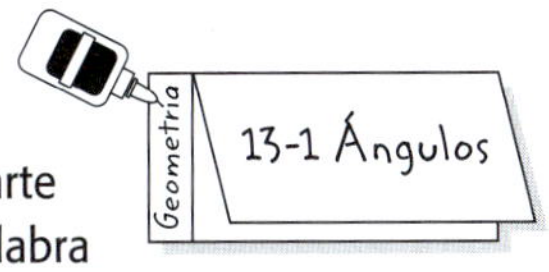


**PASO 3 Rotula**
Escribe *Definiciones* y *Ejemplos* bajo la lengüeta.

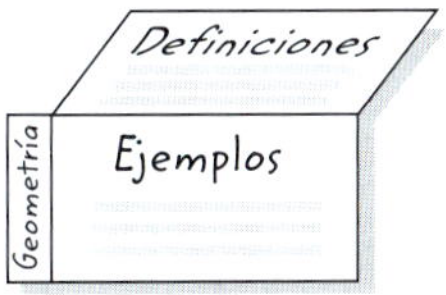


**PASO 4 Repite y engrapa**
Para cada lección, repite los pasos 1 al 3, usando las hojas restantes de papel. Engrápalas juntas para formar un folleto.

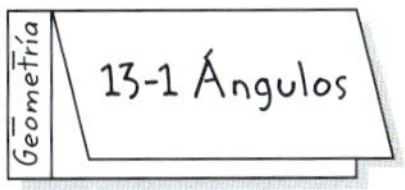


**Lee y escribe** A medida que leas y estudies cada lección, escribe definiciones y ejemplos de los términos geométricos de la lección.

# 13-1 Ángulos

**Lo que aprenderás**
A clasificar y a medir ángulos.

**NUEVO vocabulario**
- ángulo
- lado
- vértices
- grado
- ángulo recto
- ángulo agudo
- ángulo obtuso
- ángulo llano
- ángulos complementarios
- ángulos suplementarios

**Símbolos matemáticos**

$m\angle A$ medida del ángulo *A*

## ¿CUÁNDO usaré esto?

**JARDINERÍA** La gráfica circular muestra lo que Mai-Lin plantó en su huerta esta primavera.

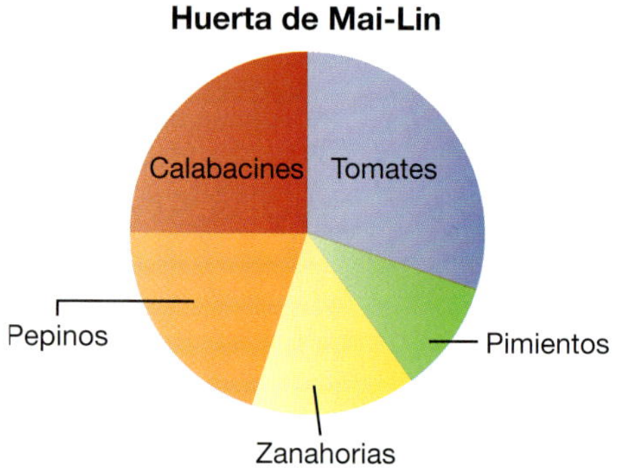


1. ¿De cuál vegetal plantó Mai-Lin la mayor cantidad? Explica cómo llegaste a esa conclusión.
2. ¿De cuál plantó la menor cantidad?
3. Los porcentajes 30%, 25%, 20%, 15% y 10% corresponden a las secciones de la gráfica. Explica cómo ubicarías cada porcentaje en su sección correspondiente.

Cada sección de la gráfica circular anterior tiene un ángulo. Todo **ángulo** consta de dos **lados** que comparten un extremo común, conocido como **vértice** del ángulo.

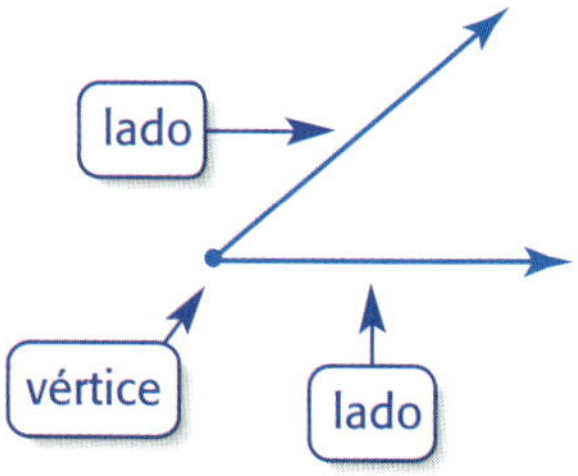


La unidad de medida de uso más común para los ángulos es el **grado**. Un círculo puede dividirse en 360 partes de igual tamaño. Cada parte conforma un ángulo de un grado (1°).

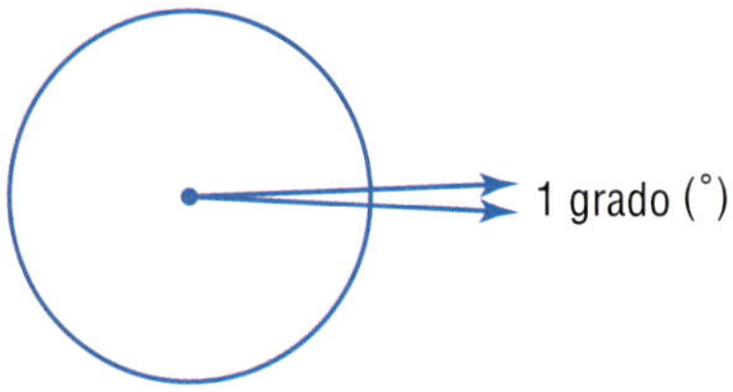


Los ángulos se pueden clasificar según su medida.

**Concepto clave** — **Tipos de ángulos**

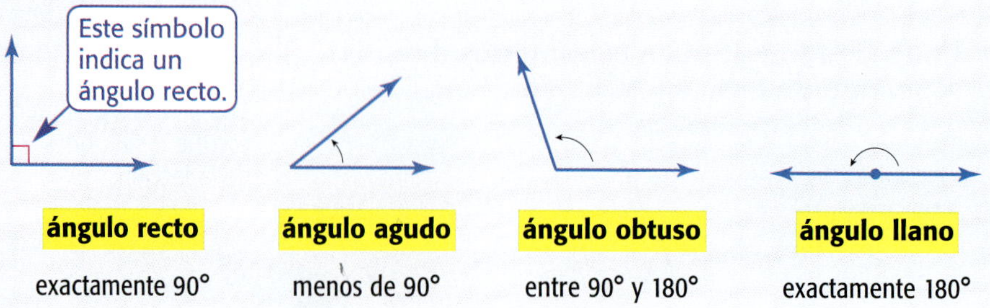

## EJEMPLOS Mide ángulos

Usa un transportador para calcular la medida de cada ángulo. Luego, indica si es *agudo, obtuso, recto* o *llano*.

**1** **2**

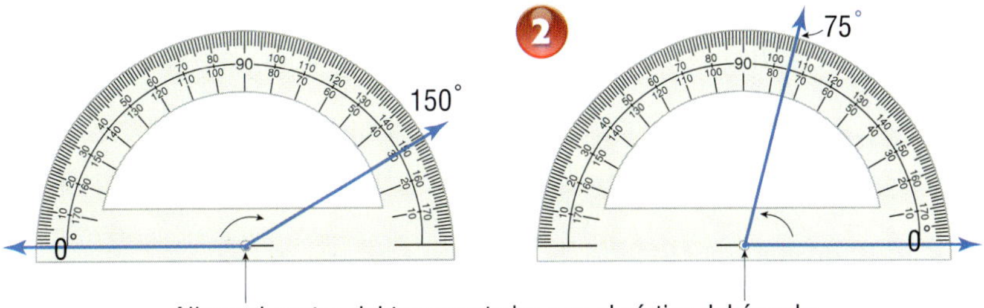


Alinea el centro del transportador con el vértice del ángulo.

**1** El ángulo mide 150°. Es un ángulo obtuso.

**2** El ángulo mide 75°. Es un ángulo agudo.

**Tu turno** Usa un transportador para calcular la medida de cada ángulo. Luego, indica si es *agudo, obtuso, recto* o *llano*.

a. 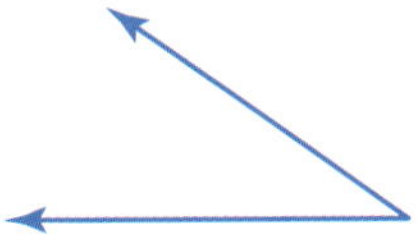

b. 

### LEE matemáticas

**Grados** La medida 0° se lee *cero grados*.

Algunos ángulos pueden ser **complementarios** o **suplementarios**.

### LEE matemáticas

**Notación** La notación $m\angle 1$ se lee *la medida del ángulo 1*.

## Concepto clave — Pares de ángulos

**En palabras** Dos ángulos cuya suma es 90° son ángulos complementarios.

**Modelos**

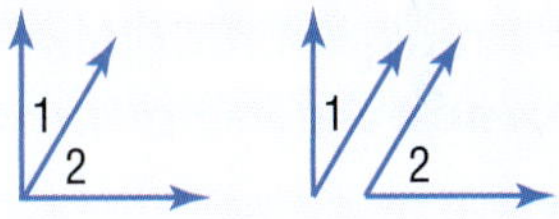


$m\angle 1 = 30°, m\angle 2 = 60°,$
$m\angle 1 + m\angle 2 = 90°$

**En palabras** Dos ángulos cuya suma es 180° son ángulos suplementarios.

**Modelos**

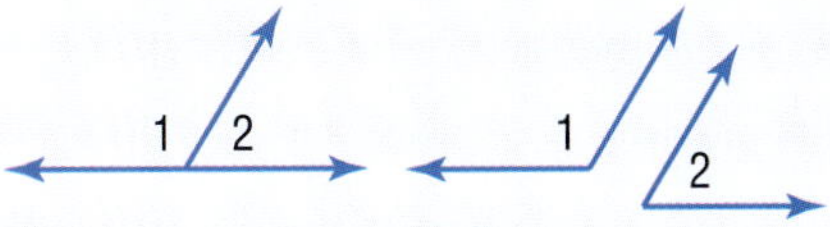


$m\angle 1 = 120°, m\angle 2 = 60°,$
$m\angle 1 + m\angle 2 = 180°$

## EJEMPLO Calcula la medida faltante de un ángulo

**3** **ÁLGEBRA** Los ángulos $M$ y $N$ son ángulos suplementarios. Si $m\angle M = 85°$, ¿cuánto mide $\angle N$?

$m\angle M + m\angle N = 180°$ Ángulos suplementarios

$85° + m\angle N = 180°$ Reemplaza $m\angle M$ por 85°.

$-85° \quad = -85°$ Resta 85° de ambos lados.

$m\angle N = 95°$

Entonces, $m\angle N = 95°$. Como 95° + 85° = 180°, la respuesta está correcta.

## Repaso de destrezas y conceptos

**Escribe en matemáticas**
**Ejercicio 2**

1. **INTERPRETA** Dibuja un ángulo obtuso.

2. **HALLA EL ERROR** María y David miden ángulos. ¿Quién tiene la razón? Explica.

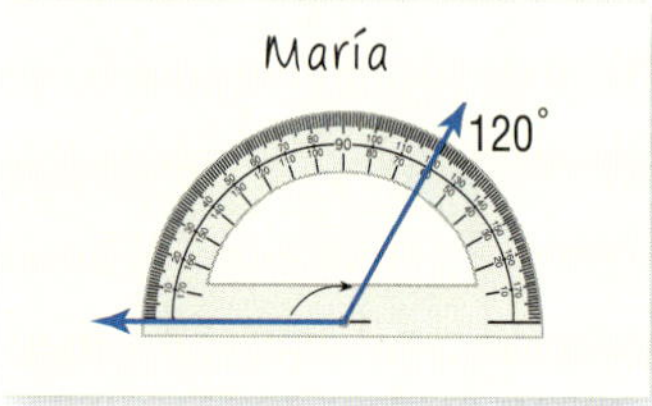


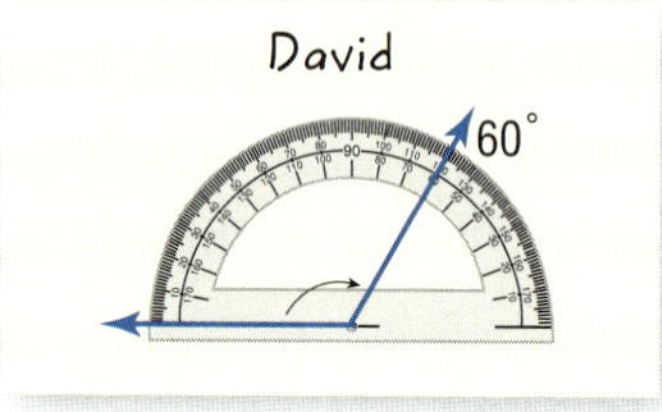


### PRÁCTICA DIRIGIDA

**Usa un transportador para calcular la medida de cada ángulo. Luego, indica si es *agudo, obtuso, recto* o *llano*.**

3. 

4. 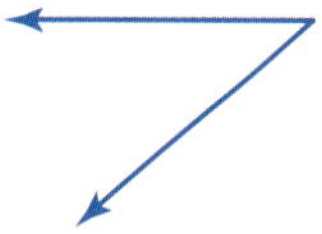

5. 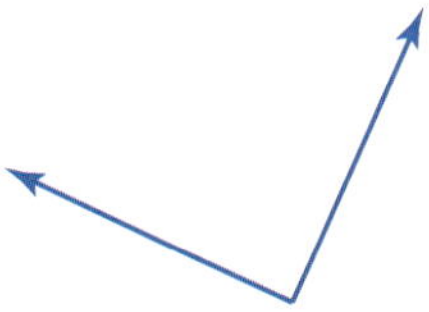

6. **ÁLGEBRA** Los ángulos $G$ y $H$ son complementarios. Calcula $m\angle H$ si $m\angle G = 47°$.

## Práctica y aplicaciones

**AYUDA CON LAS TAREAS**

| Ejercicios | Ver ejemplos |
|---|---|
| 7–14, 17 | 1, 2 |
| 15–16 | 3 |

**Práctica adicional**
**Ver páginas 620, 636.**

**Usa un transportador para calcular la medida de cada ángulo. Luego, indica si es *agudo, obtuso, recto* o *llano*.**

7. 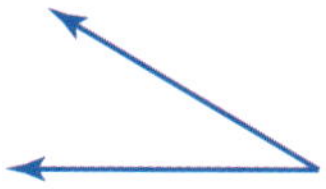

8. 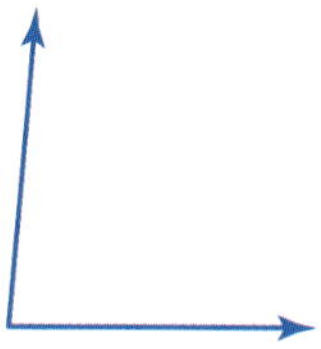

9. 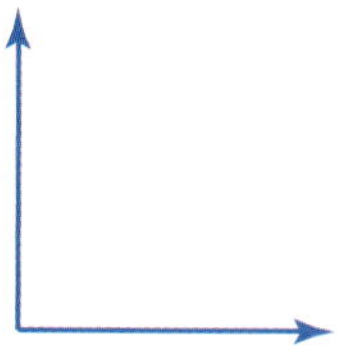

10. 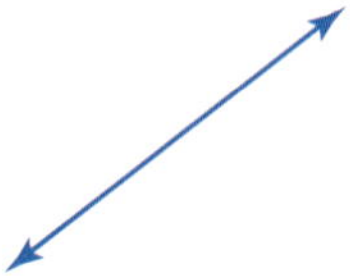

11. 

12. 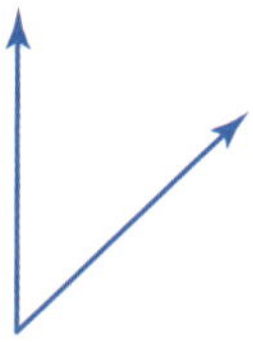

**SEÑALES Indica qué tipos de ángulos tiene cada señalización vial.**

13. 

14. 

15. **ÁLGEBRA** Si $m\angle A = 127°$ y $\angle A$ y $\angle B$ son ángulos suplementarios, ¿qué es $m\angle B$?

16. **ÁLGEBRA** Los ángulos $J$ y $K$ son complementarios. Calcula $m\angle J$ si $m\angle K = 58°$.

**LECTURA** **Usa la siguiente gráfica para los ejercicios 17 y 18.**

17. Calcula la medida aproximada de cada uno de los ángulos presentes en las distintas secciones de la gráfica circular.
18. Calcula la suma de las medidas de los ángulos de la gráfica circular.

19. **RAZONAMIENTO CRÍTICO** ¿Cómo cambiarías la inclinación de la colina para que no fuera tan empinada?

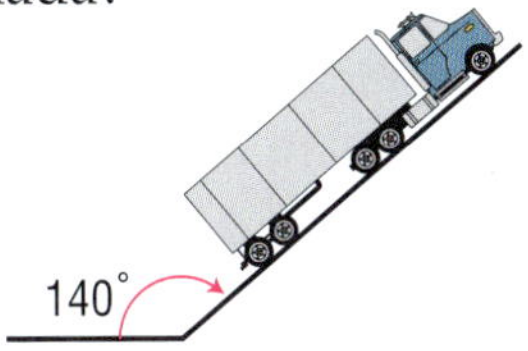


**EXTENSIÓN DE LA LECCIÓN** Los *ángulos adyacentes* son aquellos que comparten un lado común y tienen el mismo vértice. Los *ángulos opuestos por el vértice* son ángulos no adyacentes formados por un par de rectas que se intersecan.

**Ángulos adyacentes**

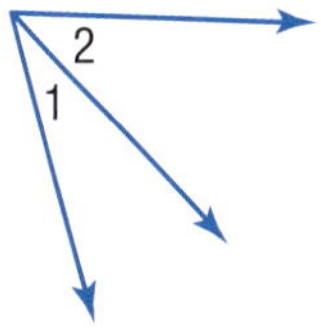


**Ángulos opuestos por el vértice**

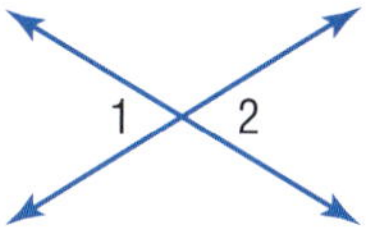


20. Dibuja un par de ángulos adyacentes y un par de ángulos opuestos por el vértice.

**Indica si ∠1 y ∠2 son *ángulos adyacentes* o *ángulos opuestos por el vértice*.**

21.
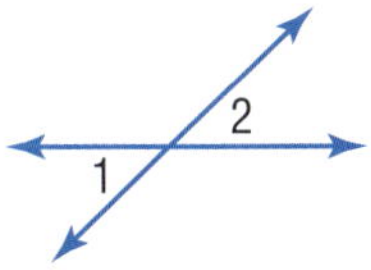


22.
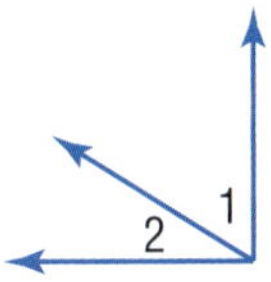


23.
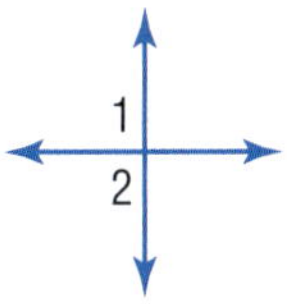


24.
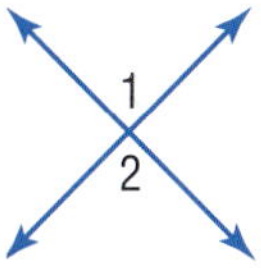


## Prueba estandarizada de práctica y repaso general

25. **RESPUESTA BREVE** Escribe un ejemplo de las medidas de dos ángulos suplementarios.

26. **SELECCIÓN MÚLTIPLE** ¿Qué término describe mejor un ángulo de 89.9°?

Ⓐ agudo　　Ⓑ recto　　Ⓒ llano　　Ⓓ obtuso

27. Suma: 13 h 45 min más 27 h 50 min. (Lección 12-6)

**Completa.** (Lección 12-5)

28. 310 mm = __?__ cm　　29. 0.25 km = __?__ m　　30. __?__ g = 895 mg

### PREPÁRATE PARA LA SIGUIENTE LECCIÓN

**DESTREZA BÁSICA** **Traza con una regla un diagrama que muestre cómo las manecillas de un reloj marcan las siguientes horas.**

31. 9:00　　32. 12:10　　33. 3:45　　34. 2:30

13-2

# Usa medidas angulares

**Lo que aprenderás**
A dibujar ángulos y a estimar la medida de ángulos.

## PRÁCTICA Minilaboratorio

**Materiales**
- plato de cartón
- regla
- tijeras
- transportador

*Trabaja con un(a) compañero(a).*

Para estimar la medida de un ángulo, usa ángulos que midan 45°, 90° y 180°.

**PASO 1** Dobla un plato de cartón por la mitad para ubicar su centro.

**PASO 2** Corta tajadas como las que se muestran en la figura. Luego, mide y rotula cada ángulo.

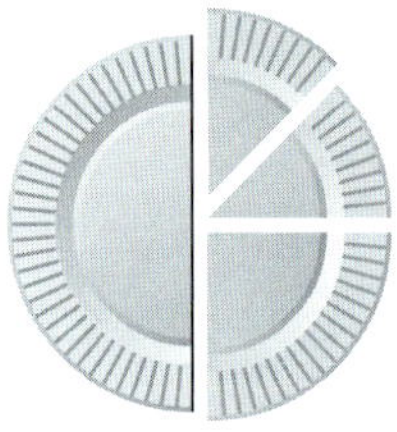

1. Estima la medida de cada ángulo usando las tajadas.

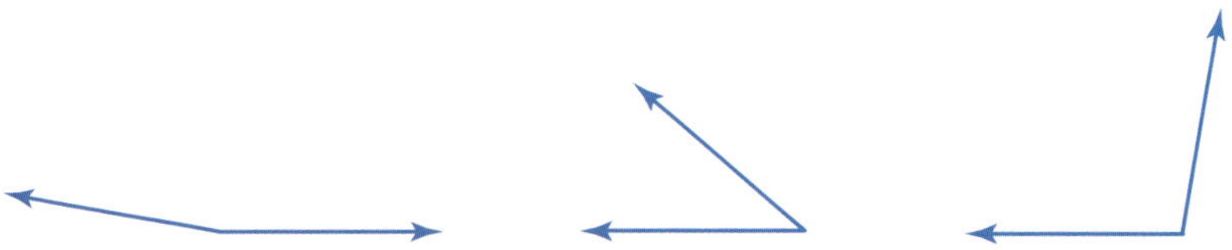

2. ¿Cómo usaste las tajadas para estimar la medida de cada ángulo?
3. Explica cómo se pueden usar las tajadas de 90° y 45° para estimar la medida del siguiente ángulo. ¿Cuál es un estimado razonable de la medida de este ángulo?

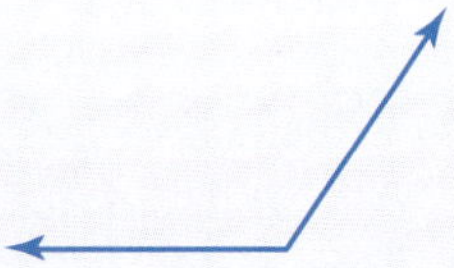

4. ¿Cómo estimarías la medida de un ángulo sin usar las tajadas?

Para estimar la medida de un ángulo, compáralo con un ángulo cuya medida conozcas.

## EJEMPLO Estima la medida de un ángulo

**1 Estima la medida del ángulo siguiente.**

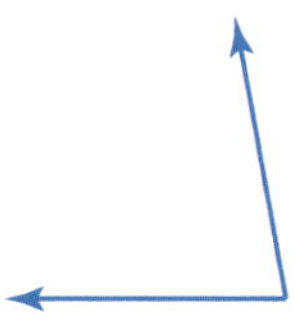

Compara el ángulo dado con un ángulo cuya medida conozcas. El ángulo dado es un poco menor que un ángulo de 90°. Por lo tanto, un estimado razonable es de unos 80°.

**Tu turno** **Estima la medida de cada ángulo.**

a. 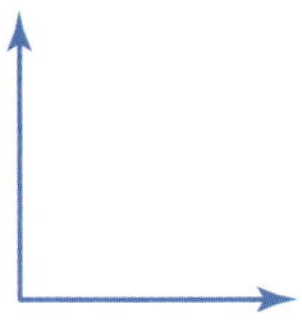

b. 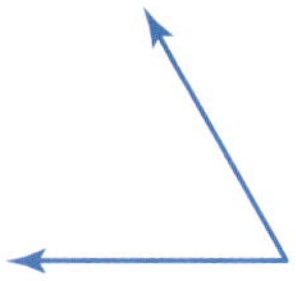

Para dibujar ángulos, puedes usar un transportador y una *regla*.

## EJEMPLO Dibuja un ángulo

**2** **Dibuja un ángulo de 74°.**

**Paso 1** Dibuja un lado del ángulo. Luego marca el vértice y dibuja una flecha.



**Paso 2** Coloca el punto central del transportador sobre el vértice. Alinea la marca 0 del transportador con la línea de la flecha. Halla 74° en la escala correcta y haz una marca con el lápiz.

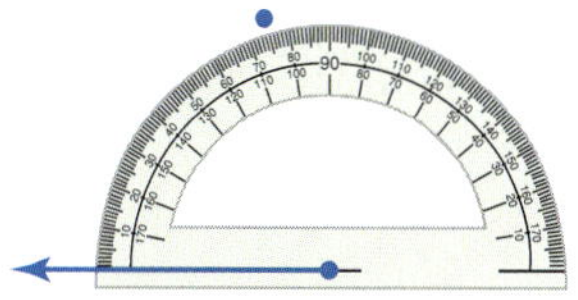

**Paso 3** Usa una regla para dibujar el lado que conecta el vértice con la marca de lápiz.

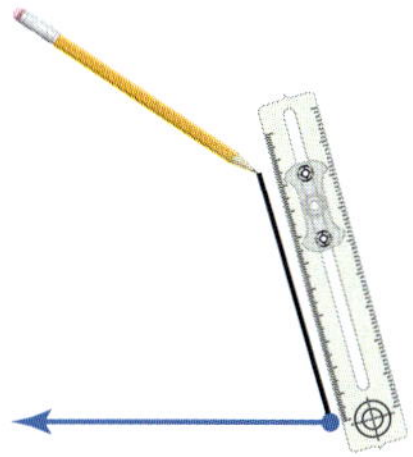

**Tu turno** **Usa un transportador y una regla para dibujar ángulos con las siguientes medidas.**

c. 68° d. 105° e. 85°

**AYUDA PARA EL ESTUDIO**

**Verifica si la respuesta es razonable** Puedes determinar si usaste la escala correcta comparando tu ángulo con un estimado de su tamaño.

## Repaso de destrezas y conceptos

**Escribe en matemáticas** Ejercicios 1 y 3

1. **Explica** cómo dibujarías un ángulo de 65°.
2. **INTERPRETA** Dibuja un ángulo que mida aproximadamente 45°.
3. **¿Cuál no pertenece?** Identifica el ángulo que no mide 45°. Explica tu razonamiento.

### PRÁCTICA DIRIGIDA

**Estima la medida de cada ángulo.**

4. 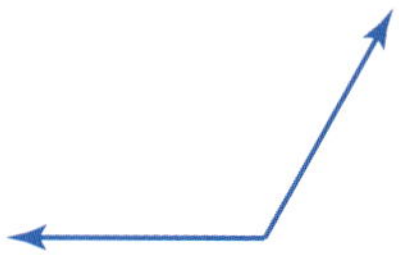

5. 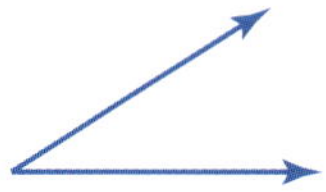

**Usa un transportador y una regla para dibujar los siguientes ángulos.**

6. 25° 7. 140°

## Práctica y aplicaciones

| AYUDA CON LAS TAREAS | |
|---|---|
| Ejercicios | Ver ejemplos |
| 8–11, 20, 21 | 1 |
| 12–19, 22 | 2 |

**Práctica adicional**
**Ver páginas 620, 636.**

**Estima la medida de cada ángulo.**

**8.** 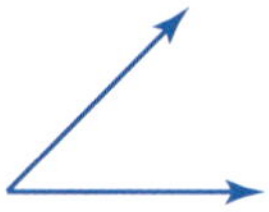

**9.** 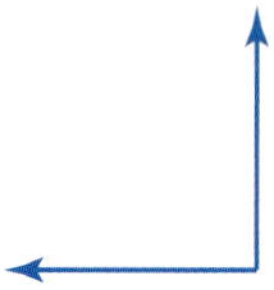

**10.** 

**11.** 

**Usa un transportador y una regla para dibujar los siguientes ángulos.**

**12.** 75° **13.** 50° **14.** 45° **15.** 20°

**16.** 115° **17.** 175° **18.** 133° **19.** 79°

**20. TIEMPO** Explica si la medida del ángulo formado por las manecillas de un reloj que marca las 3:20 P.M., es mayor que, menor que o aproximadamente igual a 90°.

**21. INVESTIGACIÓN** Usa Internet u otra fuente para buscar una fotografía de una ballena jorobada. Dibuja el ángulo formado por las dos aletas de la cola y obtén un estimado razonable de su medida.

**22. CIENCIA** En la mayoría de los globos terráqueos, el eje de la Tierra se inclina 23.5° con respecto a una línea vertical imaginaria. Usa los datos siguientes para dibujar diagramas que muestren la inclinación del eje de cada planeta.

| Planeta | Urano | Neptuno | Plutón | Venus |
|---|---|---|---|---|
| Inclinación del eje | 97.9° | 29.6° | 122° | 177.3° |

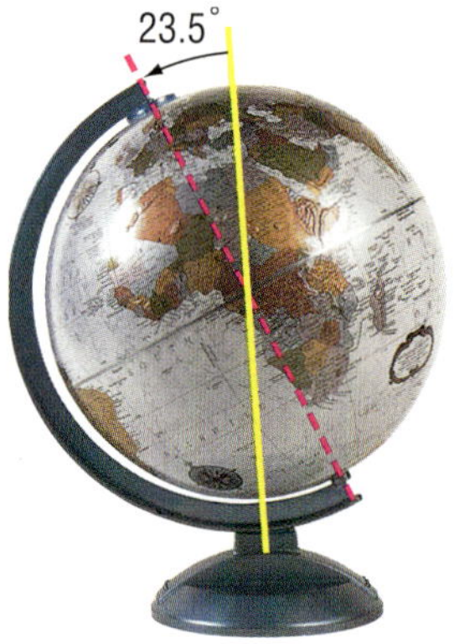


**23. RAZONAMIENTO CRÍTICO** Describe cómo se puede usar la esquina de uns libro de texto para estimar la medida de un ángulo.

## Prueba estandarizada de práctica y repaso general

**24. SELECCIÓN MÚLTIPLE** Estima la medida del siguiente ángulo.

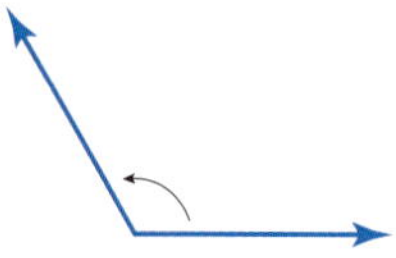

Ⓐ 60° Ⓑ 120° Ⓒ 90° Ⓓ 150°

**25. RESPUESTA BREVE** Dibuja un ángulo que mida 66°.

**26. ÁLGEBRA** Los ángulos $W$ y $U$ son suplementarios. Si $m\angle W = 56°$, ¿cuánto mide $\angle U$? (Lección 13-1)

**Calcula el lapso de tiempo transcurrido.** (Lección 12-6)

**27.** 4:25 P.M. a 10:42 P.M. **28.** 9:30 P.M. a 2:10 A.M.

### PREPÁRATE PARA LA SIGUIENTE LECCIÓN

**REQUISITOS Indica la medida en centímetros de cada segmento de recta. ¿Cuánto mide la mitad de cada segmento?** (Lección 12-3)

**29.** 

**30.** 

**31.** 



msmath1.net/self_check_quiz

# 13-3a LABORATORIO de PRÁCTICA

***Sinopsis de la Lección 13-3***

**Lo que aprenderás**
A trazar segmentos de recta y ángulos congruentes.

**Materiales**
- regla
- compás

## Traza segmentos de recta y ángulos congruentes

Un **segmento de recta** es una trayectoria recta entre dos puntos. El segmento de recta *JK*, se representa como $\overline{JK}$. Los segmentos de recta que tienen la misma longitud se conocen como **segmentos congruentes**. En este laboratorio, construirás segmentos congruentes usando un **compás**.

**ACTIVIDAD** *Trabaja con un(a) compañero(a).*

**1**

**PASO 1** Dibuja $\overline{JK}$. Luego, dibuja con una regla un segmento de recta más largo que $\overline{JK}$. Rotúlalo $\overline{LM}$.

**PASO 2** Coloca el compás en *J* y ajústalo para que puedas colocar la punta del lápiz sobre *K*. El ajuste del compás es igual a la longitud de $\overline{JK}$.

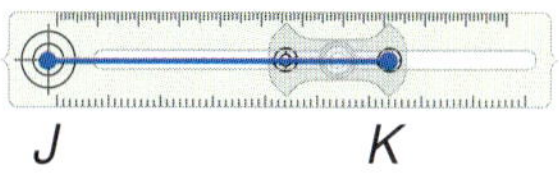


**PASO 3** Usando este ajuste, coloca la punta del compás sobre *L*. Dibuja un arco que interseque $\overline{LM}$. Rotula la intersección *P*. $\overline{LP}$ es congruente a $\overline{JK}$.

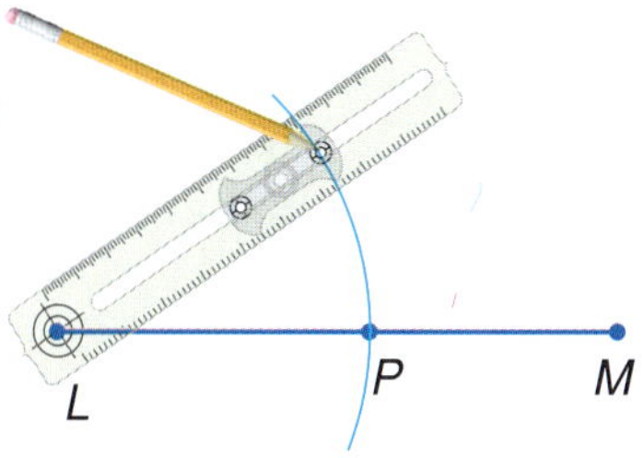


**Tu turno** **Traza cada segmento. Luego, traza un segmento congruente a cada segmento.**

a. 

b. 

c. 

## Escribe en matemáticas

1. Explica en tus propias palabras cómo se traza un segmento de recta congruente a un segmento de recta dado.
2. Calcula la longitud del segmento $\overline{JK}$ anterior. Compara su longitud con $\overline{LP}$.
3. Supón que $\overline{JK}$ mide 26 centímetros de longitud. Si $\overline{JK}$ se divide en dos partes congruentes, ¿cuánto medirá cada parte? Explica.

El ángulo en el siguiente paso 1 se puede nombrar de dos maneras: $\angle JKM$ o $\angle MKJ$. El vértice siempre es la letra del medio.

También puedes trazar ángulos congruentes con un compás.

## AYUDA PARA EL ESTUDIO

**Símbolos** $\overrightarrow{ST}$ se lee *rayo ST*. Un rayo es una recta que se extiende infinitamente en cierta dirección a partir de un punto.

**ACTIVIDAD** *Trabaja con un(a) compañero(a).*

**2**

**PASO 1** Traza $\angle JKM$. Luego, usa una regla para dibujar $\overrightarrow{ST}$.

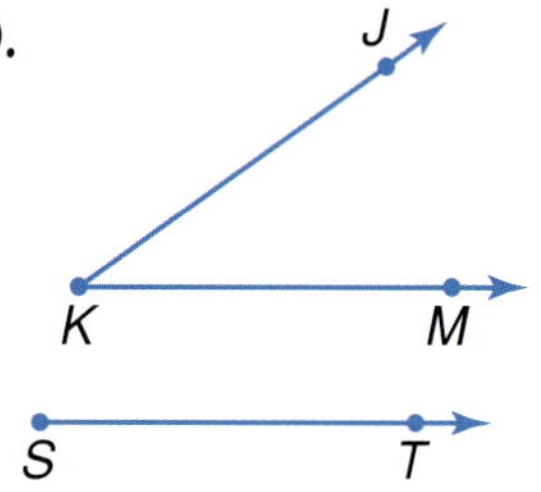


**PASO 2** Coloca la punta del compás en $K$. Dibuja un arco que interseque ambos lados de $\angle JKM$. Rotula los puntos de las intersecciones axiales.

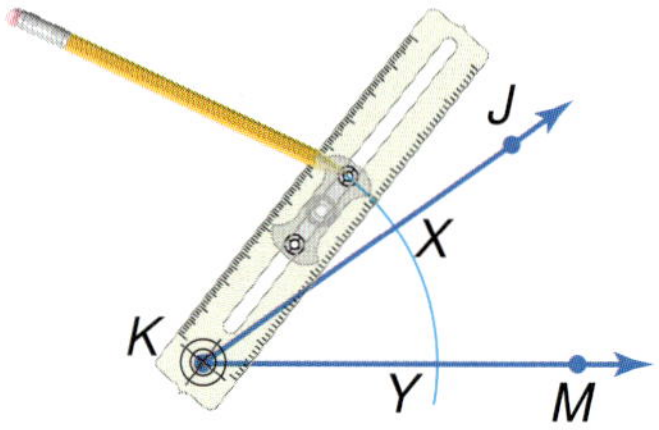


**PASO 3** Usando esta abertura, coloca el compás en el punto $S$ y dibuja un arco que interseque $\overrightarrow{ST}$. Rotula la intersección $W$.

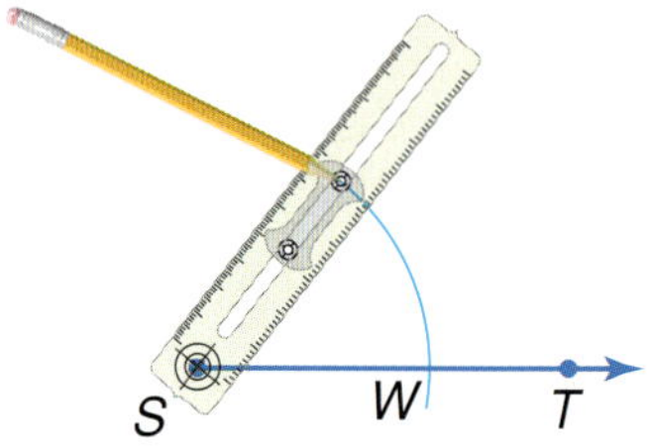


**PASO 4** Coloca la punta del compás en $Y$. Ajústalo para que la punta del lápiz quede sobre $X$.

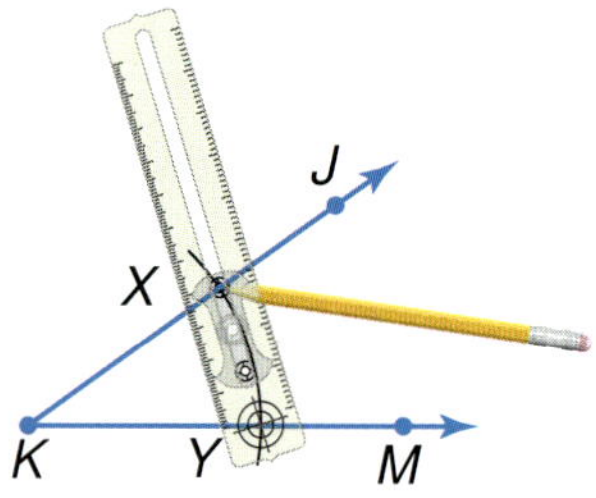


**PASO 5** Usando esta abertura, coloca el compás en $W$. Dibuja un arco que interseque el arco del paso 3. Rotula la intersección $U$. Dibuja $\overrightarrow{SU}$. $\angle JKM$ es congruente a $\angle UST$.

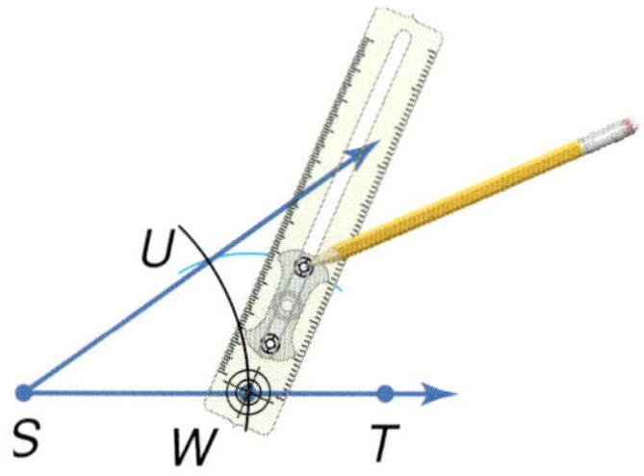


## Escribe en matemáticas

4. Explica la relación entre $\angle JKM$ y $\angle UST$.
5. Explica cómo construir un ángulo que sea congruente a un ángulo de 65°.

# 13-3 Bisectrices

**Lo que aprenderás**
A bisecar segmentos de recta y ángulos.

**NUEVO vocabulario**
- bisecar
- congruente
- perpendicular

**Símbolos matemáticos**

$\cong$ es congruente a

$\overline{AB}$ segmento de recta $AB$

## ¿CUÁNDO usaré esto?

**INGLÉS** La tabla incluye algunas de las palabras que contienen el prefijo *bi-*.

| Palabras que contienen el prefijo *bi* |
|---|
| bicicleta |
| bimensual |
| bilingüe |
| biatlón |
| binocular |

1. Usa Internet o un diccionario para buscar el significado de cada palabra.
2. ¿Qué tienen en común todos los significados?
3. ¿Qué significa el prefijo *bi-*?
4. **Haz una conjetura** acerca del significado de bisecar.

**Bisecar** algo significa separarlo en dos partes iguales. Se puede bisecar un segmento de recta usando una regla y un compás.

## EJEMPLO Biseca un segmento de recta

**1** **Usa una regla y un compás para bisecar $\overline{AB}$.**

**Paso 1** Dibuja $\overline{AB}$.

**Paso 2** Coloca la punta del compás en A. Dibuja dos arcos como los que se muestran en la figura, usando una abertura mayor que la mitad de la longitud de $\overline{AB}$.

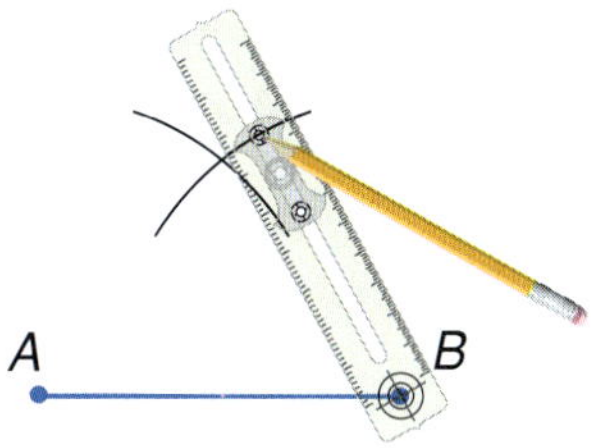


**Paso 3** Usando la misma abertura, coloca el compás en el punto $B$ y dibuja arcos por encima y por debajo de la recta, como se muestra en la figura.

**Paso 4** Une las intersecciones con una regla y dibuja un segmento que interseque $\overline{AB}$. Rotula la intersección, $M$.

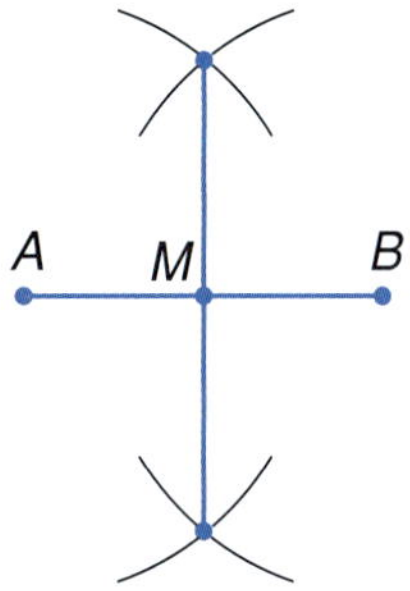


El segmento de recta vertical biseca $\overline{AB}$ en $M$. Los segmentos $\overline{AM}$ y $\overline{MB}$ son **congruentes**. Esto se puede escribir como $\overline{AM} \cong \overline{MB}$, lo cual significa que la medida de $\overline{AM}$ es igual a la medida de $\overline{MB}$. Los segmentos de recta también son **perpendiculares**. Es decir, se encuentran formando ángulos rectos.

Un compás y una regla se pueden usar también para bisecar un ángulo.

## EJEMPLO Biseca un ángulo

**2** **Usa una regla y un compás para bisecar ∠*MNP*.**

**Paso 1** Dibuja ∠*MNP*.

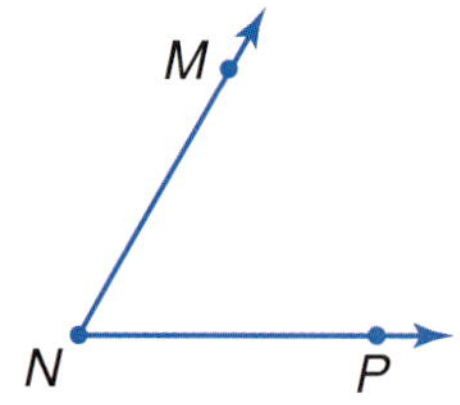


**Paso 2** Coloca el compás en el punto *N* y dibuja un arco que interseque ambos lados del ángulo. Rotula los puntos de la intersección *X* y *Y*.

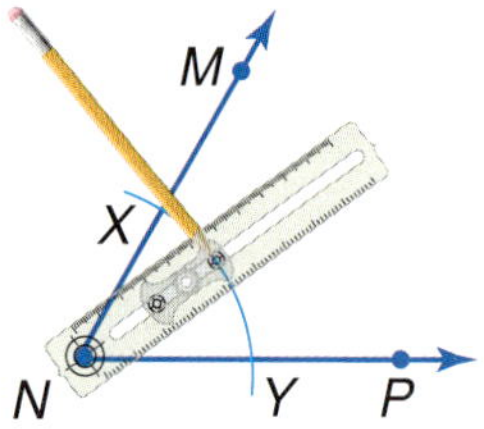


**Paso 3** Con el compás en el punto *X*, dibuja un arco como el siguiente.

**Paso 4** Usando la misma abertura, coloca el compás en el punto *Y* y dibuja otro arco como el que se muestra en la figura. Rotula la intersección *Z* .

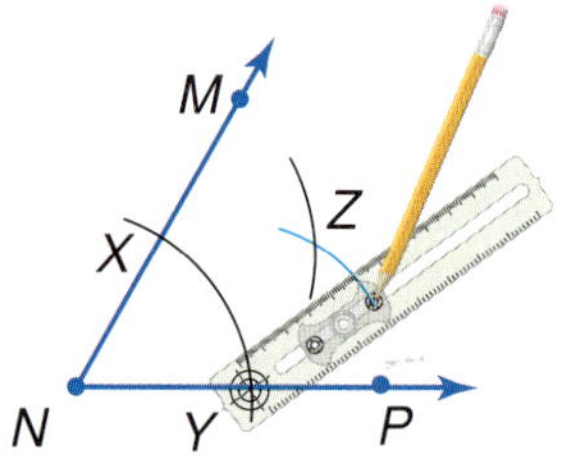


**Step 5** Usa una regla para dibujar $\overrightarrow{NZ}$.

$\overrightarrow{NZ}$ biseca a ∠*MNP*. Por lo tanto, ∠*MNZ* y ∠*ZNP* son congruentes. Esto se puede escribir como ∠*MNZ* ≅ ∠*ZNP*.

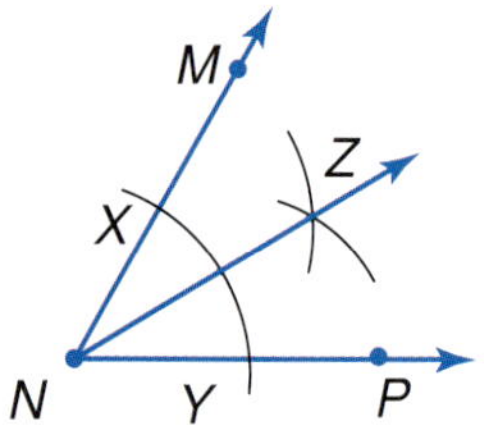


### Tu turno

**a.** Dibuja un segmento de recta que mida 6 centímetros. Luego, biseca el segmento usando una regla y un compás.

**b.** Dibuja un ángulo de 120°. Luego, biseca el ángulo usando una regla y un compás.

## Repaso de destrezas y conceptos

Escribe en matemáticas
Ejercicio 1

1. **Describe** el resultado de bisecar un ángulo.

2. **INTERPRETA** Dibuja un par de segmentos congruentes.

### PRÁCTICA DIRIGIDA

**Dibuja cada segmento de recta o cada ángulo con las medidas dadas. Luego, bisécalos usando un compás y una regla.**

3. 3 cm

4. 85°



msmath1.net/extra_examples

## Práctica y aplicaciones

| AYUDA CON LAS TAREAS | |
|---|---|
| Ejercicios | Ver ejemplos |
| 5–6, 9 | 1 |
| 7–8, 10 | 2 |
| Práctica adicional Ver páginas 620, 636. | |

**Dibuja cada segmento de recta y cada ángulo con las medidas dadas. Luego, bisécalos usando un compás y una regla.**

**5.** 2 cm　　**6.** $1\frac{1}{2}$ pulg　　**7.** 60°　　**8.** 135°

**9.** Traza un segmento de recta que mida $1\frac{3}{4}$ pulgadas. Luego, biseca el segmento y calcula la medida de cada nuevo segmento.

**10.** Dibuja un ángulo de 129°. Luego, bisécalo. ¿Cuánto mide cada ángulo?

**Consulta el segmento $\overline{AF}$ para los ejercicios 11 al 14. Identifica el punto que biseca cada uno de los siguientes segmentos de recta.**

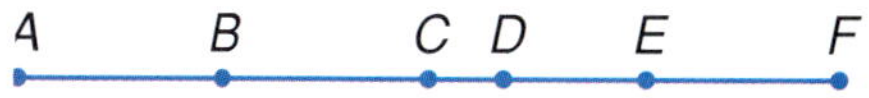


**11.** $\overline{AC}$　　**12.** $\overline{AF}$　　**13.** $\overline{CF}$　　**14.** $\overline{BF}$

**ABANICOS** **Usa el siguiente abanico para los ejercicios 15 al 17.**

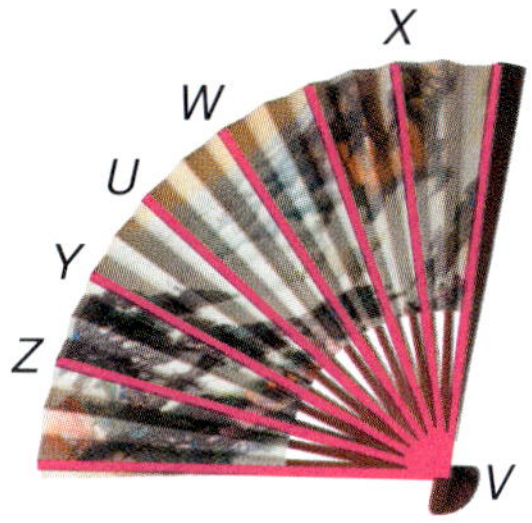


**15.** Identifica el lado del abanico que parece bisecar la sección representada por $\angle XVY$.

**16.** Identifica otros dos ángulos y sus bisectrices.

**17.** Usa un transportador para verificar tus respuestas de los ejercicios 15 y 16. ¿Son razonables tus respuestas? Explica.

**18.** **RAZONAMIENTO CRÍTICO** Explica cómo se traza una recta que pase a través de un punto dado y que a la vez sea perpendicular a otra recta, usando un compás y una regla.

## Prueba estandarizada de práctica y repaso general

**19.** **SELECCIÓN MÚLTIPLE** En la figura que se muestra, ¿cuál es el rayo que parece bisecar a $\angle DBC$?

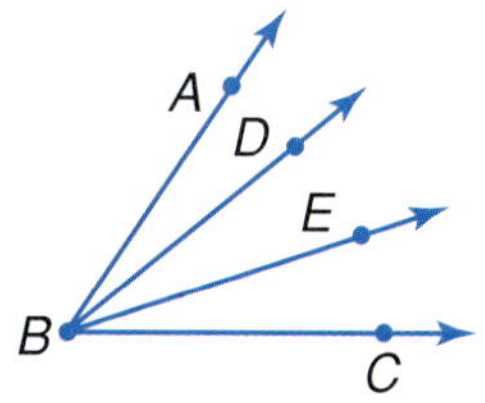


Ⓐ $\overrightarrow{BD}$　　Ⓑ $\overrightarrow{BA}$　　Ⓒ $\overrightarrow{BC}$　　Ⓓ $\overrightarrow{BE}$

**20.** **SELECCIÓN MÚLTIPLE** Se biseca un ángulo que mide 37°: ¿Cuánto mide cada nuevo ángulo?

Ⓕ 17°　　Ⓖ 17.5°　　Ⓗ 18.5°　　Ⓘ 19°

**Usa un transportador y una regla para dibujar ángulos con las siguientes medidas.** (Lección 13-2)

**21.** 75°　　**22.** 25°　　**23.** 110°

**24.** **ÁLGEBRA** Los ángulos $G$ y $H$ son suplementarios. Si $m\angle G = 115°$, calcula $m\angle H$. (Lección 13-1)

### PREPÁRATE PARA LA SIGUIENTE LECCIÓN

**DESTREZA BÁSICA** **Dibuja un ejemplo de cada figura.**

**25.** rectángulo　　**26.** paralelogramo　　**27.** triángulo

# CAPÍTULO 13 Prueba parcial de práctica del capítulo

## Vocabulario y conceptos

1. **Explica** la diferencia entre ángulos agudos y ángulos obtusos. (Lección 13-1)
2. **Define** *bisecar*. (Lección 13-3)

## Destrezas y aplicaciones

**Usa un transportador para calcular la medida de cada ángulo. Luego, indica si el ángulo es *agudo*, *obtuso* o *llano*.** (Lección 13-1)

3. 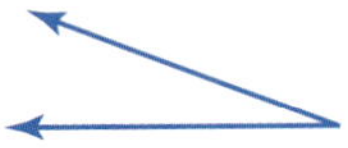

4. 

5. **ÁLGEBRA** Si $m\angle A = 108°$ y $\angle A$ y $\angle B$ son suplementarios, calcula $m\angle B$. (Lección 13-1)

**Traza los siguientes ángulos con un transportador.** (Lección 13-2)

6. 35°
7. 110°
8. 80°

**Dibuja los siguientes segmentos de recta o ángulos. Luego bisécalos usando un compás y una regla.** (Lección 13-3)

9. 120°
10. 30°
11. 2.5 pulg
12. 3 cm

## Prueba estandarizada de práctica

13. **SELECCIÓN MÚLTIPLE** ¿Qué ángulo mide entre 45° y 90°? (Lección 13-2)

Ⓐ 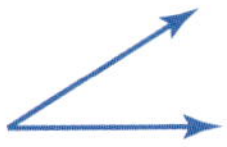

Ⓑ 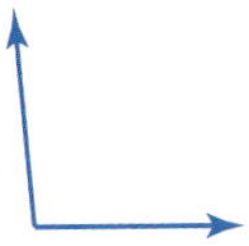

Ⓒ 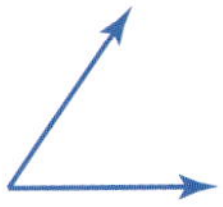

Ⓓ 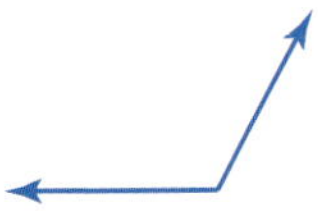

14. **RESPUESTA BREVE** La figura muestra un copo de nieve. Indica uno de sus ángulos y su bisectriz. (Lección 13-3)

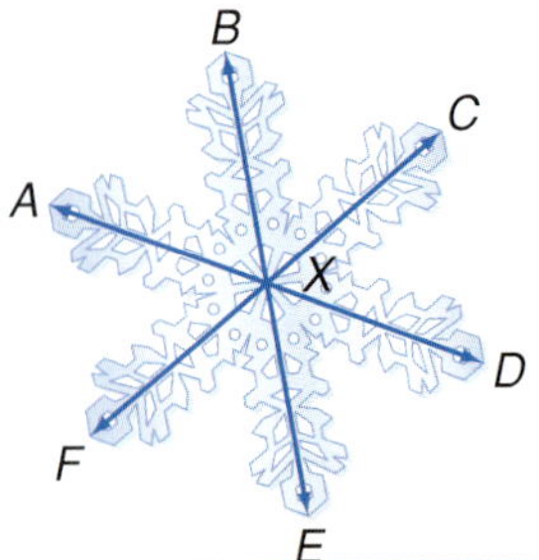

# La zona de juegos

Un sitio para practicar tus destrezas matemáticas

## Ángulos comodines

### ¡ALÍSTATE!

**Jugadores:** dos
**Materiales:** 21 tarjetas, girador

### ¡EN TU MARCA!

- Corta las tarjetas por la mitad.
- Rotula las tarjetas y el girador como se muestra.

| | | | | | |
|---|---|---|---|---|---|
| 5° | 5° | 10° | 10° | 15° | 15° |
| 20° | 20° | 25° | 25° | 30° | 30° |
| 35° | 35° | 40° | 40° | 45° | 45° |
| 50° | 50° | 55° | 55° | 60° | 60° |
| 65° | 65° | 70° | 70° | 75° | 75° |
| 80° | 80° | 85° | 85° | 90° | 90° |
| Comodín | Comodín | Comodín | Comodín | Comodín | Comodín |

### ¡ADELANTE!

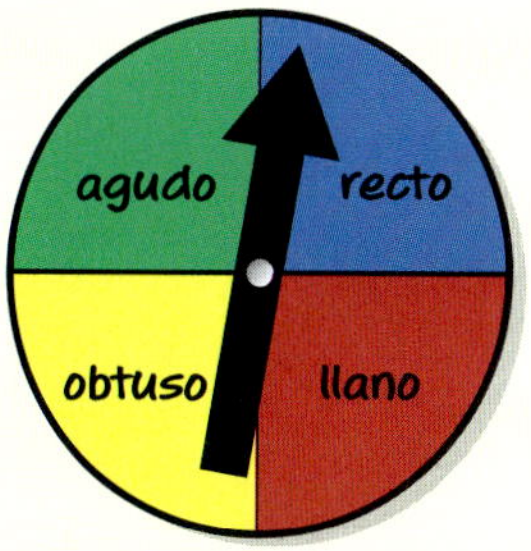


- Baraja las tarjetas y reparte cinco tarjetas a cada jugador. Coloca las tarjetas restantes boca abajo en un mazo.
- El primer jugador debe hacer girar el girador.
- El primer jugador forma un par, cuya suma resulte en el tipo de ángulo indicado en el girador. El comodín puede representar cualquier medida de ángulo. Cada par vale dos puntos.
- Si no puede formar un par, el jugador debe desechar una tarjeta y seleccionar otra del mazo. Si el jugador forma un par, éste coloca las dos tarjetas a un lado y anota dos puntos. Luego, le toca el turno al siguiente jugador. Si no forma un par, el turno pasará al siguiente jugador.
- **¿Quién gana?** El primer jugador que logre obtener veinte puntos gana el juego.

# 13-4a Estrategia para resolver problemas

***Sinopsis de la Lección 13-4***

**Lo que aprenderás**
A resolver problemas dibujando un diagrama.

## Dibuja un diagrama

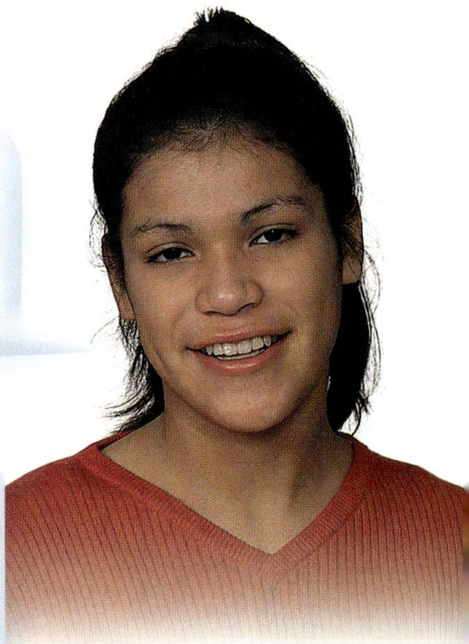

Oye, Shawn, el club de ciencias plantará cacto en el patio de la escuela. El patio mide 46 pies por 60 pies y cada planta ocupará un cuadro de seis pies de ancho.

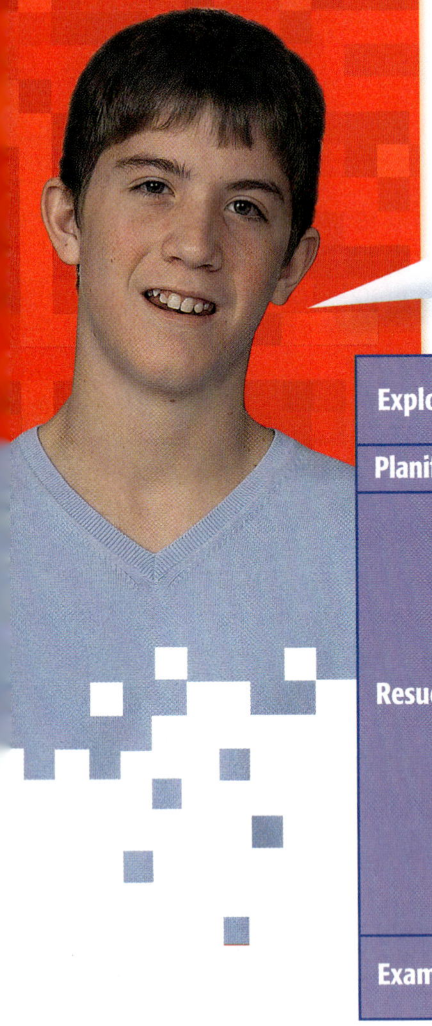

Sí, Margarita, de eso me enteré. Los cuadros serán cuadrados con 8 pies de separación entre sí y estarán a 6 pies de distancia de los muros. ¿Cuántos cuadros podremos hacer?

**Explora** Conocemos todas las dimensiones. Necesitamos saber cuántos cuadros caben en el patio.

**Planifica** Dibujemos un diagrama para calcular cuántos cuadros caben en el patio.

**Resuelve**

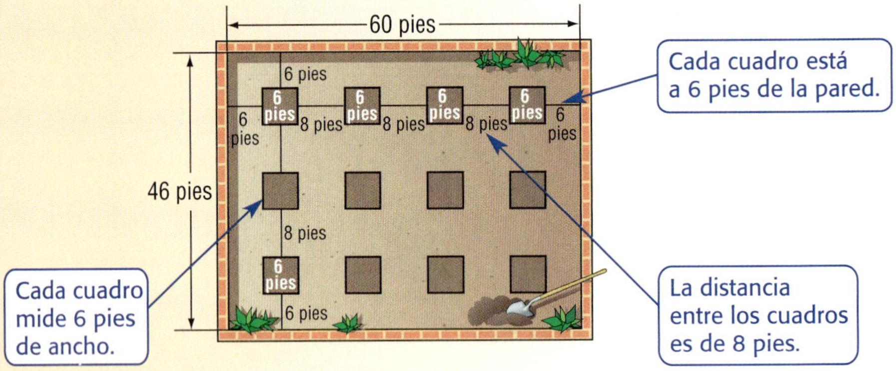


El diagrama muestra que caben 12 cuadros para cactus en el patio.

**Examina** Asegúrate de que las dimensiones llenan los requisitos. La distancia a lo ancho es 46 pies y la vertical es 60 pies. Entonces, la respuesta está correcta.

## Analiza la estrategia

1. **Explica** por qué crees que los alumnos decidieron dibujar un diagrama para resolver el problema.
2. **Indica** el número de cuadros que podrían plantarse si el patio midiera 74 pies por 88 pies.
3. **Escribe** un problema que pueda resolverse haciendo un diagrama.

## Aplica la estrategia

**Resuelve. Usa la estrategia de dibujar un diagrama.**

4. **VIAJES** Jasmine vive en Glacier y trabaja en Alpine. No hay un camino directo entre Glacier y Alpine, así que Jasmine atraviesa Elm o Perth. ¿Cuántos caminos diferentes puede tomar para ir al trabajo?

5. **DECORACIÓN** Para el baile de primavera hay 5 columnas cuya disposición forma un pentágono. De cada columna cuelgan largas tiras de banderines que se conectan con todas las demás columnas. ¿Cuántas tiras de banderines hay en total?

## Solución de problemas mixtos

**Resuelve. Usa cualquier estrategia.**

6. **EXCURSIÓN** Robin compró una tienda de campaña. Cada uno de los cuatro lados de la tienda necesita tres estacas para asegurarla al suelo. ¿Cuántas estacas necesita?

**BALONCESTO Consulta la tabla para los ejercicios 7 y 8.**

| Juego | Conteo | Tiros de 3 puntos |
|---|---|---|
| 1 | 𝍸 II | 7 |
| 2 | 𝍸 | 5 |
| 3 | 𝍸 IIII | 9 |
| 4 | IIII | 4 |
| 5 | 𝍸 I | 6 |

7. ¿Cuál es el promedio de tiros de tres puntos hechos por el equipo en los juegos 1 al 5?

8. ¿Cuál es la mediana de los tiros de tres puntos hechos en los juegos 1 al 5?

9. **GEOMETRÍA** Una cometa tiene dos pares de lados congruentes. Si dos de los lados miden 56 y 34 centímetros, ¿cuál es el perímetro de la cometa?

10. **ALIMENTOS** Jesse trabaja en la tienda local de emparedados. Hay cuatro tipos diferentes de pan y seis tipos diferentes de carne para elegir. ¿Cuántos emparedados diferentes se pueden hacer usando un tipo de pan y dos tipos diferentes de carne?

11. **EL TIEMPO** ¿Cuál es la diferencia entre la temperatura máxima y la mínima que se han registrado en el mundo?

| Temperatura máxima | Temperatura mínima |
|---|---|
| 134°F | −128°F |

12. **PATRONES** Un número se multiplica por dos y luego se le resta 9. Si el resultado es 15, ¿cuál es el número original?

13. **PRUEBA ESTANDARIZADA DE PRÁCTICA** Consulta el diagrama de Venn.

**Club de Ecología y Sociedad de Honor**

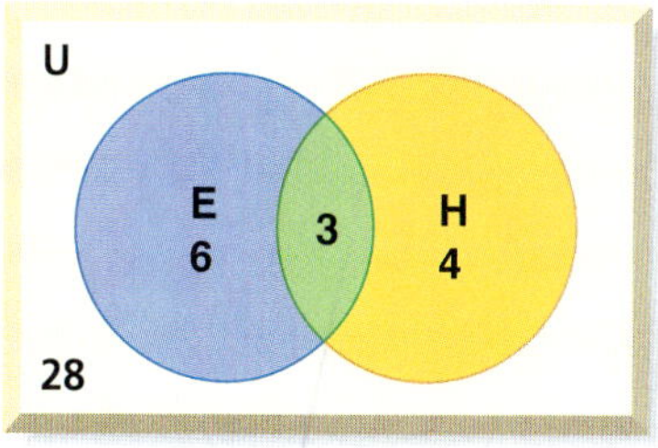


U = todos los alumnos de la clase
E = club de ecología H = sociedad de honor

¿Qué enunciado *no* es verdadero?

(A) Hay más chicos en la sociedad de honor que en el club de ecología.

(B) Una cuarta parte de la clase está en la sociedad de honor.

(C) Hay sólo dos alumnos más en el club de ecología que en la sociedad de honor.

(D) 15 alumnos no pertenecen a ningún club.

**En la próxima lección, vas a usar la estrategia de dibujar un diagrama.**

# 13-4 Figuras bidimensionales

**Lo que aprenderás**
A nombrar figuras bidimensionales.

**NUEVO vocabulario**

polígono
triángulo
cuadrilátero
pentágono
hexágono
heptágono
octágono
polígono regular
triángulo escaleno
triángulo isósceles
triángulo equilátero
rectángulo
cuadrado
paralelogramo
rombo

## PRÁCTICA Minilaboratorio

**Materiales**
- seis pajillas flexibles
- regla
- transportador

*Trabaja con un(a) compañero(a).*

**PASO 1** Mete uno de los extremos de cada pajilla en el extremo de otra, como se ilustra.

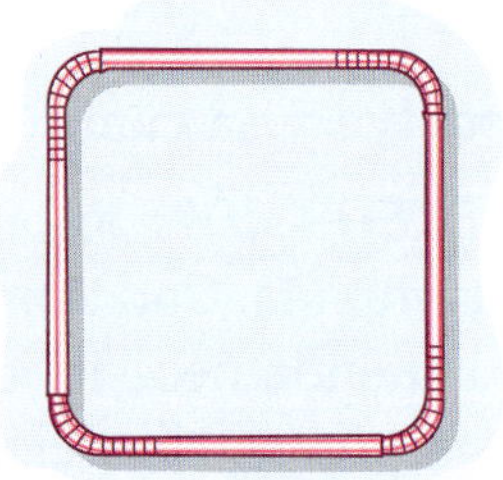

**PASO 2** Forma un cuadrado.

1. ¿Qué afirmación acerca de los ángulos y los lados de un cuadrado es siempre verdadera?
2. Usando dos pajillas más, ¿cómo debes modificar el cuadrado para formar un rectángulo que no sea un cuadrado?
3. ¿En qué se parecen los rectángulos y los cuadrados? ¿En qué se diferencian?
4. Prolonga un vértice del rectángulo hasta que deje de ser un rectángulo. ¿Qué se puede afirmar sobre los lados opuestos?

En geometría, las figuras planas como los cuadrados y los rectángulos son figuras *bidimensionales*. Un **polígono** es una figura bidimensional simple y cerrada, formada por tres o más lados.

### Concepto clave — Polígonos

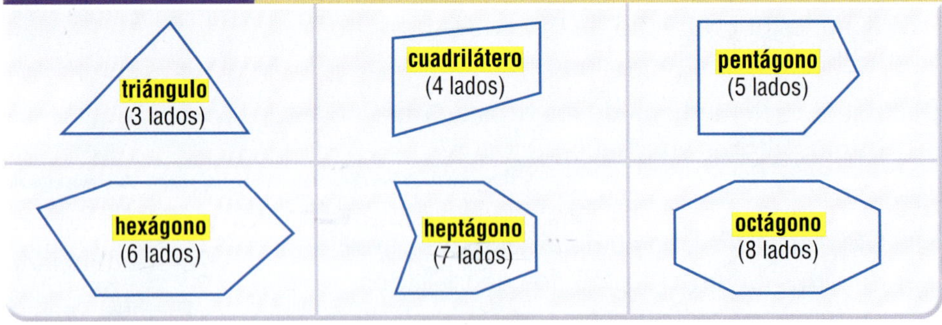


Cuando todos los lados y todos sus ángulos de un polígono son congruentes, el polígono es un **polígono regular**.

**LEE matemáticas**

**Marcas congruentes**
Las pequeñas marcas rojas representan lados congruentes. Los arcos rojos muestran ángulos congruentes.

## EJEMPLO Identifica un polígono

**1 Identifica el polígono e indica si es un polígono regular.**

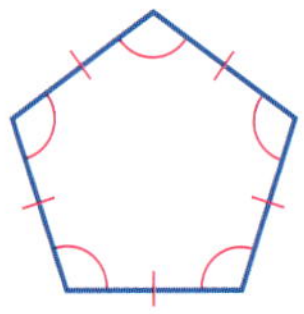

El polígono tiene 5 lados. Entonces es un pentágono. Dado que los lados y los ángulos son congruentes, es un polígono regular.

Ciertos triángulos y cuadriláteros tienen nombres especiales.

| Figura | Characteristics |
|---|---|
|  triángulo escaleno | • Sin lados congruentes. |
| 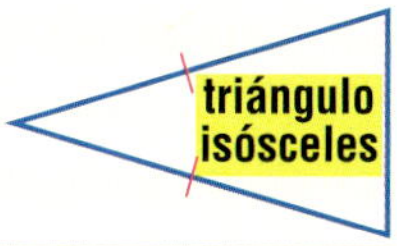 triángulo isósceles | • Tiene por lo menos dos lados congruentes. |
| 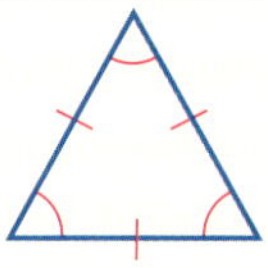 triángulo equilátero | • Todos los lados son congruentes.<br>• Todos los ángulos son congruentes. |
|  rectángulo | • Los lados opuestos son congruentes.<br>• Todos los ángulos son ángulos rectos.<br>• Los lados opuestos son paralelos. |
|  cuadrado | • Todos los lados son congruentes.<br>• Todos los ángulos son ángulos rectos.<br>• Los lados opuestos son paralelos. |
| 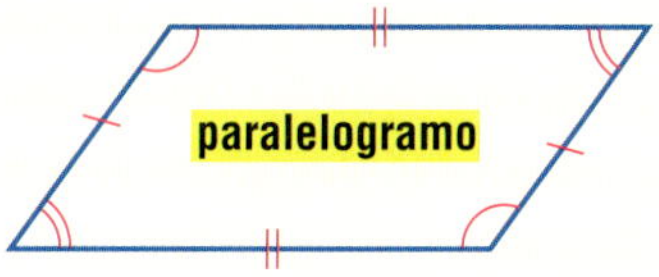 paralelogramo | • Los lados opuestos son congruentes.<br>• Los lados opuestos son paralelos.<br>• Los ángulos opuestos son congruentes. |
| 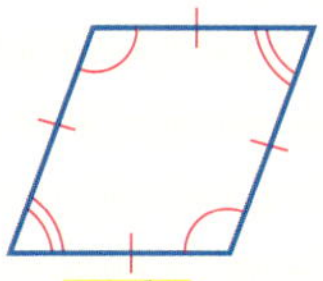 rombo | • Todos los lados son congruentes.<br>• Los lados opuestos son paralelos.<br>• Los ángulos opuestos son congruentes. |

## EJEMPLO Analiza figuras bidimensionales

**2 BANDERAS** **Muchas aeronaves muestran la bandera estadounidense en forma de paralelogramo para sugerir movimiento. Identifica y describe las semejanzas y las diferencias entre un rectángulo y un paralelogramo.**

Estas formas se parecen porque ambas tienen cuatro lados, lados opuestos paralelos y congruentes.

Se diferencian porque el rectángulo tiene cuatro ángulos rectos y el paralelogramo no necesariamente tiene cuatro ángulos rectos.

### AYUDA PARA EL ESTUDIO

**Paralelo** Paralelo significa que si extiendes las longitudes de sus lados, los lados opuestos nunca se encontrarán.

### MATEMÁTICAS EN LA VIDA DIARIA

**¿Cómo usa las matemáticas un piloto?**
Los pilotos usan las matemáticas para operar y monitorear los instrumentos de la aeronave y los sistemas de navegación.

**Investigación en línea**
Visita msmath1.net/careers para obtener información acerca de la carrera de piloto.

## Repaso de destrezas y conceptos

**Escribe en matemáticas** Ejercicio 2

1. **Dibuja** un ejemplo de cada polígono enumerado. Marca todos los lados congruentes, los ángulos congruentes y los ángulos rectos.
   - a. hexágono
   - b. octágono regular
   - c. paralelogramo
   - d. triángulo
   - e. triángulo equilátero
   - f. rectángulo
2. **INTERPRETA** Describe dos objetos diferentes de uso en la vida diaria que tengan forma de polígono.

### PRÁCTICA DIRIGIDA

**Identifica cada polígono. Luego, indica si es un polígono regular.**

3. 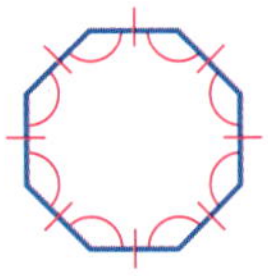

4. 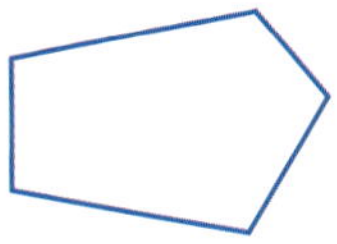

5. 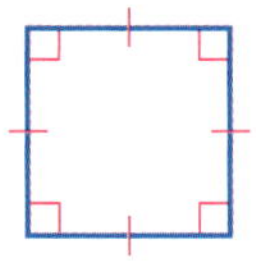

6. **SEÑALES** Identifica y describe las semejanzas y las diferencias entre las formas de las señales de carretera ilustradas.

## Práctica y aplicaciones

**AYUDA CON LAS TAREAS**

| Ejercicios | Ver ejemplos |
|---|---|
| 7–12, 20 | 1 |
| 17 | 2 |

**Práctica adicional**
**Ver páginas 621, 636.**

**Identifica cada polígono. Luego, indica si es un polígono regular.**

7. 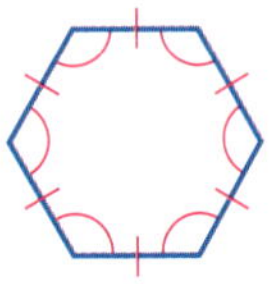

8. 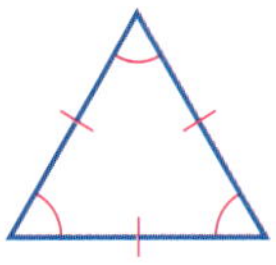

9. 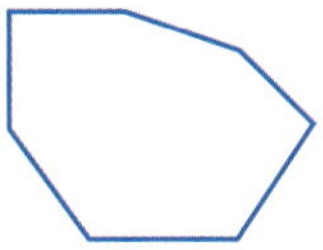

10. 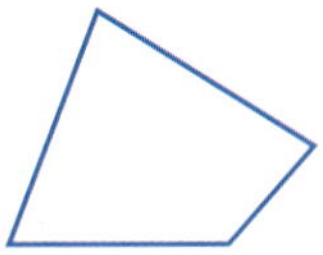

11. 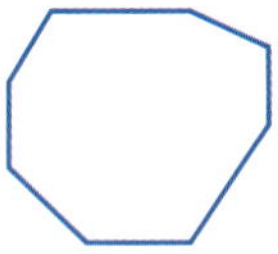

12. 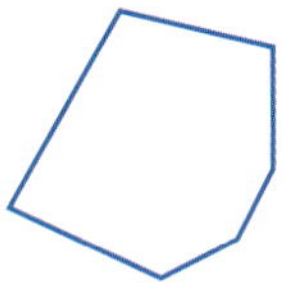

13. Dibuja un cuadrilátero que no sea un paralelogramo.
14. Dibuja un triángulo que sólo tenga dos lados iguales. Identifica este triángulo.
15. Dibuja un triángulo escaleno cuyos ángulos midan 55°, 40° y 85°.
16. **PAJARERAS** El frente de una pajareras tiene forma de pentágono regular con un perímetro de 40 pulgadas. ¿Cuánto mide cada lado?
17. Describe las semejanzas y las diferencias entre un cuadrado y un rombo.

**Escribe un contraejemplo para cada enunciado.**

18. Todos los paralelogramos son rectángulos.
19. Todos los cuadriláteros son paralelogramos.

20. **GEOGRAFÍA** Identifica el polígono formado por los límites de los estados que se muestran a la derecha.

21. **ÁLGEBRA** La suma de las medidas de un octágono regular es de 1,080°. Escribe y resuelve una ecuación para calcular la medida de uno de los ángulos.

**Define si cada uno de los siguientes enunciados es *a veces, siempre* o *nunca* verdadero.**

22. Los paralelogramos son cuadrados.
23. Un rombo es un cuadrado.
24. Un rectángulo es un paralelogramo.
25. Un cuadrado es un rombo.

26. **RAZONAMIENTO CRÍTICO** Explica cómo trazar las siguientes figuras usando un compás y una regla.

a. un triángulo equilátero

b. un triángulo isósceles

**EXTENSIÓN DE LA LECCIÓN** La suma de los ángulos de un cuadrilátero es de 360°.

**Calcula cada medida que falta.**

27. 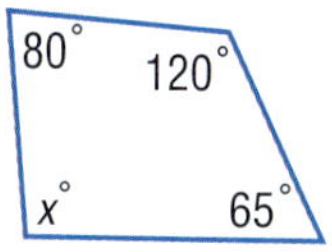


28. 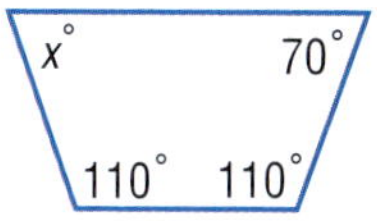


29. 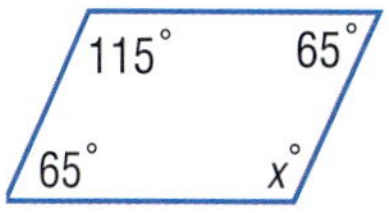


30. Dibuja un cuadrilátero cuyos ángulos midan 90°, 70°, 120° y 80°.

## Prueba estandarizada de práctica y repaso general

31. **SELECCIÓN MÚLTIPLE** ¿Cuál polígono *no* es un polígono regular?

(A) 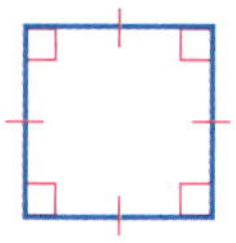

(B) 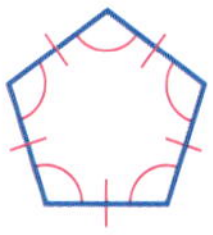

(C) 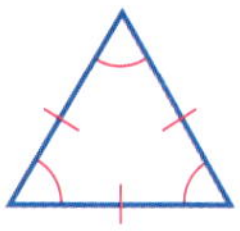

(D) 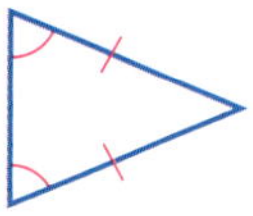

32. **SELECCIÓN MÚLTIPLE** ¿Cuál de las siguientes *no* es una característica de un rectángulo?

(F) Todos los lados son congruentes.

(G) Todos los ángulos son ángulos rectos.

(H) Los lados opuestos son paralelos.

(I) Todos los ángulos son congruentes.

33. Consulta los siguientes ángulos e identifica el rayo que biseca $\angle JKM$. (Lección 13-3)

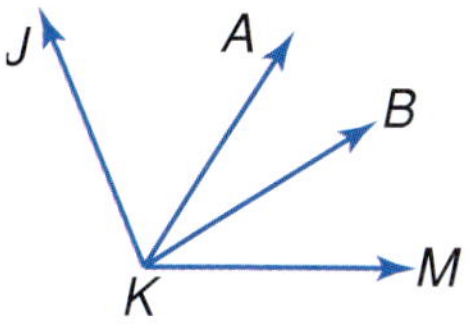


**Usa un transportador para dibujar ángulos con las siguientes medidas. Luego, clasifica cada ángulo como *agudo, recto, obtuso* o *llano*.** (Lección 13-2)

34. 35°
35. 100°
36. 180°

### PREPÁRATE PARA LA SIGUIENTE LECCIÓN

**DESTREZA BÁSICA** **Identifica las figuras que *no pueden* doblarse de manera que una mitad corresponda con la otra.**

37. 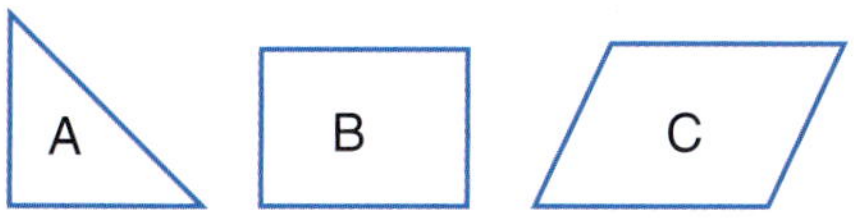


38. 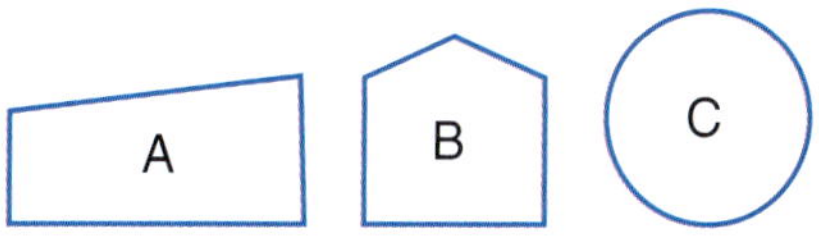

13-4b LABORATORIO de PRÁCTICA

**Seguimiento de la Lección 13-4**

## Lo que aprenderás

A explorar, clasificar y dibujar triángulos y cuadriláteros.

## Materiales

- hojas de cuaderno
- tijeras
- transportador
- papel de puntos
- lápices de colores

# Triángulos y cuadriláteros

Existen muchas propiedades y características diferentes de triángulos y cuadriláteros. En este laboratorio, explorarás estas propiedades y características. Triángulo significa tres ángulos. Vamos a explorar primero cómo se relacionan los tres ángulos de un triángulo.

**ACTIVIDAD** *Trabaja con un(a) compañero(a).*

**1**

**PASO 1** Dibuja un triángulo semejante al que se muestra a continuación. Luego, rásgale sus esquinas.

**PASO 2** Reacomoda las piezas rasgadas de la manera que se ilustra.

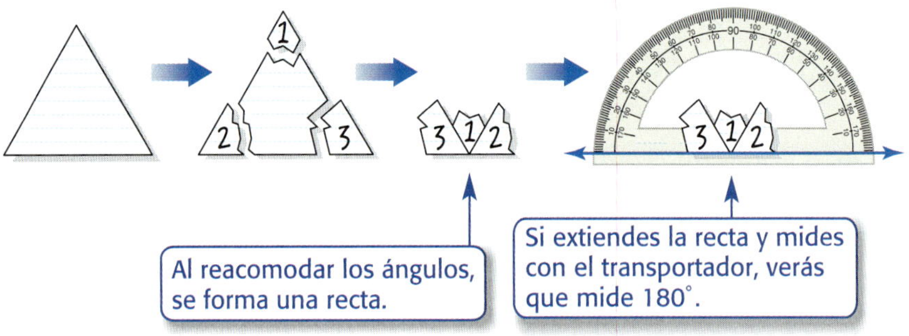


**PASO 3** Repite los pasos 1 y 2 con un triángulo diferente.

Por lo tanto, la suma de las medidas de los ángulos de un triángulo es de 180°.

Los triángulos se pueden clasificar según sus ángulos.

**ACTIVIDAD** *Trabaja con un(a) compañero(a).*

**2**

**PASO 1** Dibuja el triángulo que se muestra a la derecha en papel de puntos. Luego, recórtalo.

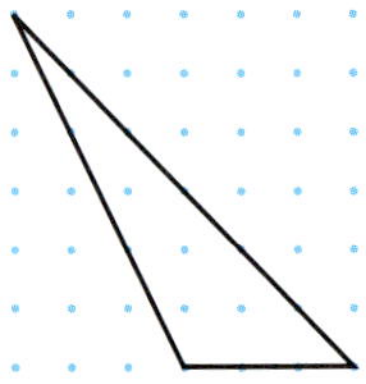

**PASO 2** Dibuja nueve triángulos más en el papel de puntos. Luego, recorta cada triángulo.

**PASO 3** Todos los triángulos tienen por lo menos dos ángulos agudos. El triángulo del paso 1 tiene dos ángulos agudos. Dado que su tercer ángulo es obtuso, el triángulo es un triángulo obtusángulo. Clasifica tus triángulos en tres grupos, según su tercer ángulo.

**PASO 4** Identifica a los grupos como acutángulo, *rectángulo* y *obtusángulo*.

## Tu turno

**Calcula la medida angular desconocida en cada triángulo. Luego, clasifica cada triángulo como *acutángulo, rectángulo* u *obtusángulo*.**

a.
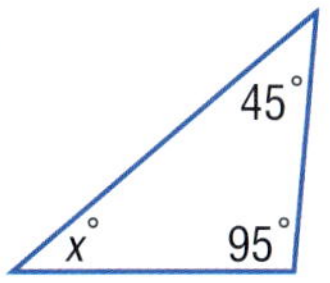


b.
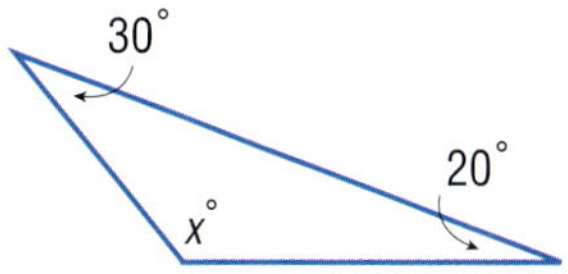


c.
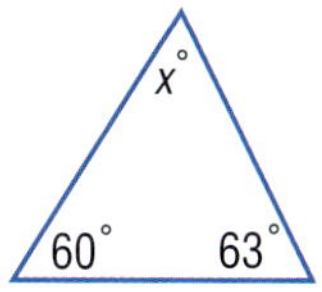


En la actividad 2, clasificaste los triángulos según sus ángulos. Ahora, clasificarás los cuadriláteros según sus *lados* y *ángulos*.

**ACTIVIDAD** *Trabaja con un(a) compañero(a).*

**3**

**PASO 1** Dibuja los dos cuadriláteros que se muestran en papel de puntos. Luego, recórtalos.

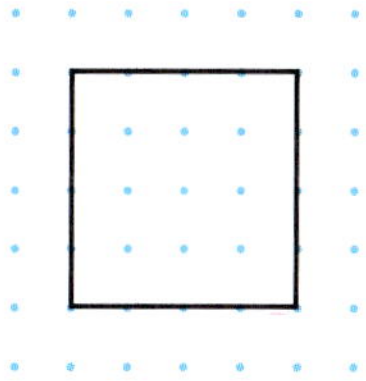

**PASO 2** Dibuja nueve cuadriláteros más en papel de puntos. Luego, recorta cada uno.

**PASO 3** El primer cuadrilátero que se muestra puede clasificarse como un cuadrilátero con cuatro ángulos rectos. Clasifica tus cuadriláteros en tres grupos, en base a cualquier característica. Escribe una descripción de los cuadriláteros en cada grupo.

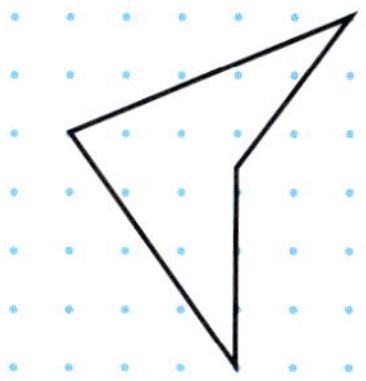

## Escribe en matemáticas

1. ¿Qué tipo de triángulo es un triángulo tiene ángulos que miden 45°, 35° y 100°? Explica.
2. ¿Es verdadero o falso el enunciado: *Todos los rectángulos son paralelogramos pero no todos los paralelogramos son rectángulos?* Explica.
3. Menciona por qué un triángulo debe tener siempre por lo menos dos ángulos agudos. Incluye dibujos en tu explicación.
4. Dos cuadriláteros diferentes tienen cuatro lados congruentes. Sin embargo, uno tiene cuatro ángulos de 90° y el otro no tiene ángulos de 90°. Dibuja las figuras y compáralas usando las características dadas.

# 13-5 Ejes de simetría

**Lo que aprenderás**
A describir y a definir ejes de simetría.

**NUEVO vocabulario**

**simetría lineal**
**eje de simetría**
**simetría rotacional**

## PRÁCTICA Minilaboratorio

**Materiales**
- papel de calcar

*Trabaja con un(a) compañero(a).*

Una mariposa, una libélula y una langosta tienen una característica en común que se relaciona con las matemáticas.

**PASO 1** Calca el contorno de cada figura.

**PASO 2** Dibuja una línea vertical que pase por el centro de cada figura.

1. Compara el lado izquierdo de la figura con el lado derecho.
2. Dibuja otra figura que tenga la misma característica que la mariposa, la libélula y la langosta.

Cuando las dos mitades de una figura coinciden, se dice que la figura tiene **simetría lineal**. La línea que separa la figura en dos mitades correspondientes se llama **eje de simetría**.

## EJEMPLOS Dibuja tejes de simetría

**Dibuja todos los ejes de simetría de cada figura.**

**1**
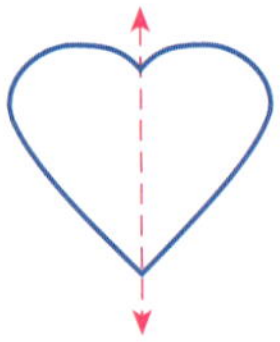
La figura tiene un eje de simetría.

**2**

La letra J no tiene ejes de simetría.

**3**
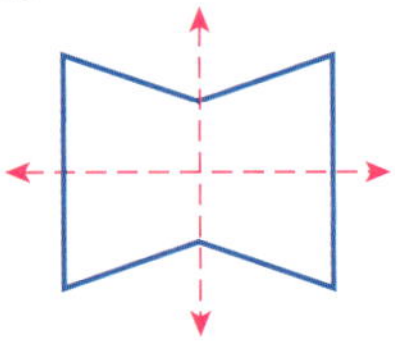
Este hexágono tiene 2 ejes de simetría.

**Tu turno** **Traza cada figura. Luego dibuja todos sus ejes de simetría**

a. 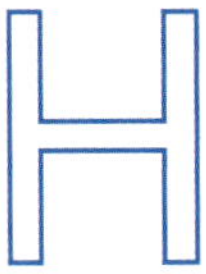

b. 

c. 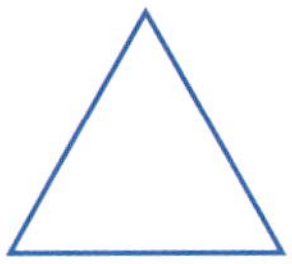

## EJEMPLO Identifica la simetría lineal

Prueba estandarizada de práctica

**Ayuda para tomar pruebas** The Princeton Review

**Toma la prueba**
Si no se te permite escribir en el folleto de la prueba, copia la figura en una hoja de papel.

**4 PREGUNTA DE SELECCIÓN MÚLTIPLE**

A continuación se muestra la bandera de señales que representa el 5 en la marina. ¿Cuántos ejes de simetría tiene?

Ⓐ 2 Ⓑ 4 Ⓒ 8 Ⓓ ninguno

**Lee la pregunta** Necesitas encontrar todos los ejes de simetría de la bandera.

**Resuelve** Dibuja todos los ejes de simetría. Es una buena idea numerar cada línea para no contarla dos veces.

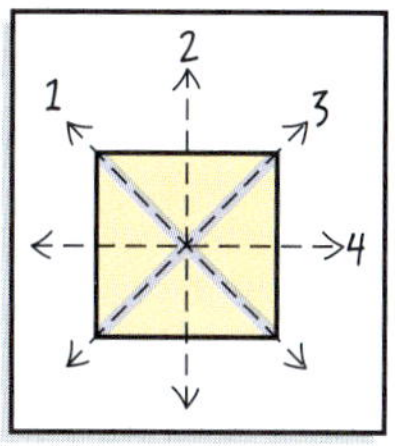


Hay cuatro ejes de simetría.

La respuesta es B.

Algunas figuras se pueden hacer girar menos de 360° alrededor de un punto fijo, de modo que la figura se vea exactamente igual que antes de rotarse. Se dice que estas figuras tienen **simetría rotacional**.

## EJEMPLOS Identifica la simetría rotacional

**Indica cuál de las siguientes figuras tiene simetría rotacional.**

**5**

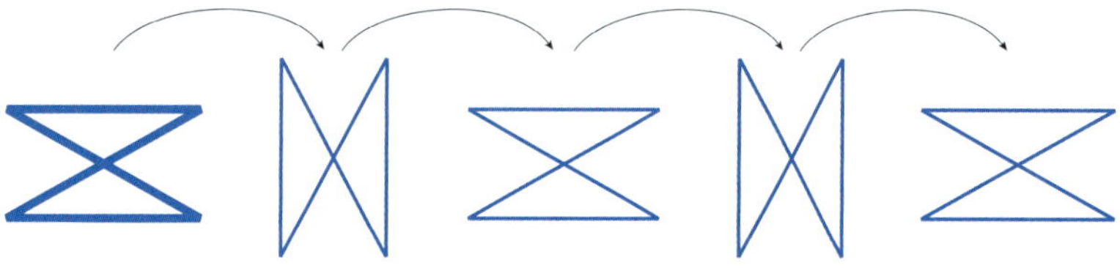


Cuando la figura se gira 180°, ésta se ve exactamente igual a como se veía antes de girarse. Por lo tanto, la figura posee simetría rotacional.

**6**

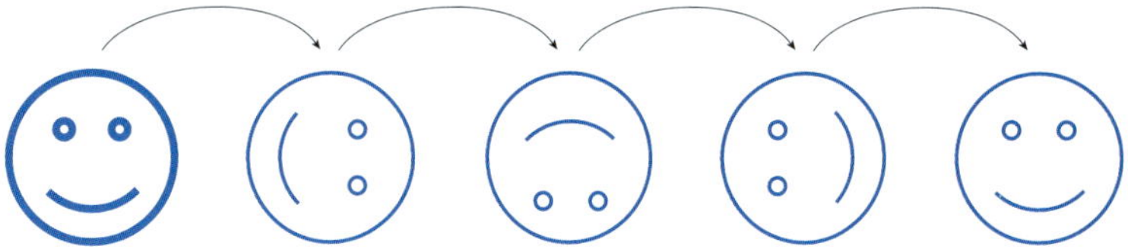


La figura aparece exactamente igual a como se veía antes de ser girada, sólo después de girarla 360°. Por lo tanto, *no* posee simetría rotacional.

**Tu turno** **Indica si cada figura tiene simetría rotacional. Escribe *sí* o *no*.**

**d.**

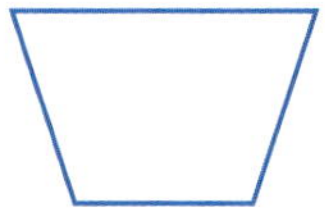

**e.**

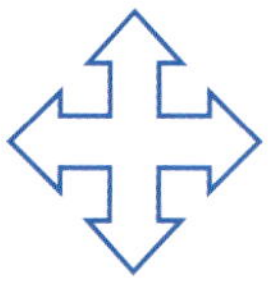

## Repaso de destrezas y conceptos

**Escribe en matemáticas**
**Ejercicios 1 y 3**

1. **Describe** la simetría lineal y la simetría rotacional.

2. **INTERPRETA** Dibuja una figura que tenga simetría rotacional.

3. **HALLA EL ERROR** Daniel y Jonás buscan los ejes de simetría de un pentágono regular. ¿Quién tiene la razón? Explica.

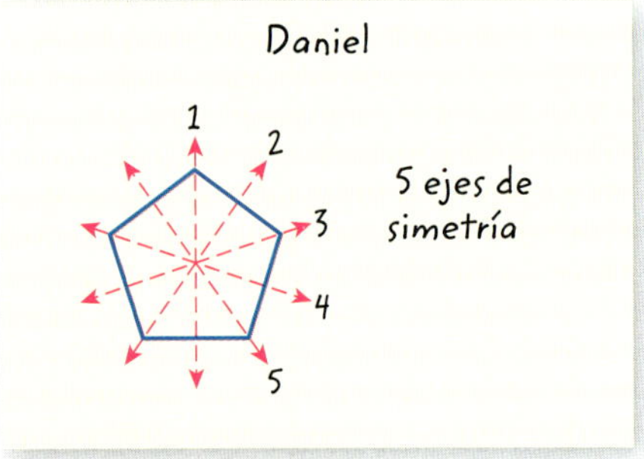


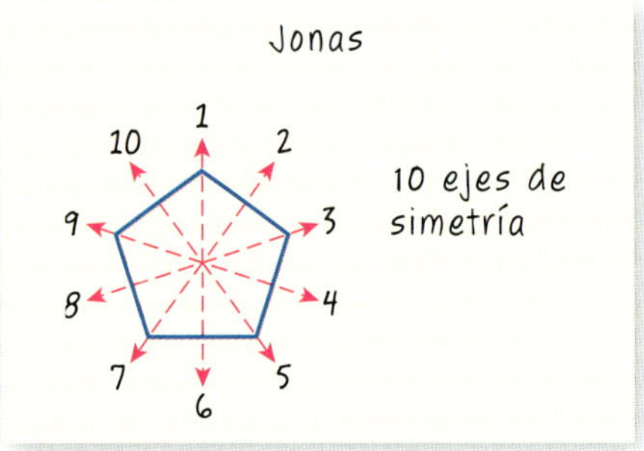


### PRÁCTICA DIRIGIDA

**Traza cada figura. Luego dibuja todos sus ejes de simetría.**

4. 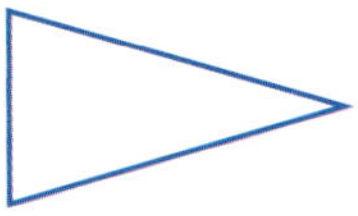

5. 

6. 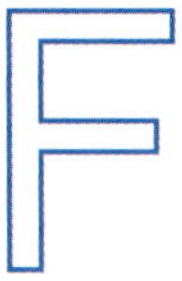

**Indica si cada figura tiene simetría rotacional. Escribe *sí* o *no*.**

7. 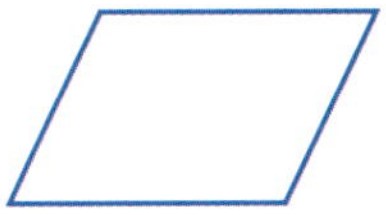

8. 

9. 

## Práctica y aplicaciones

**Traza cada figura. Luego dibuja todos sus ejes de simetría.**

10. 

11. 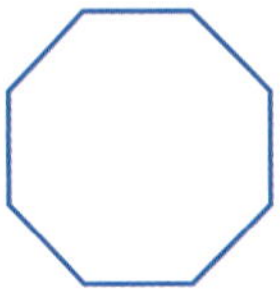

12. 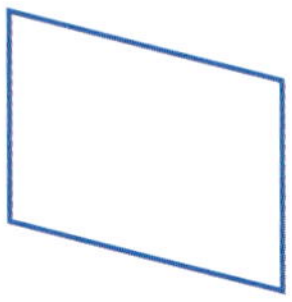

13. 

14. 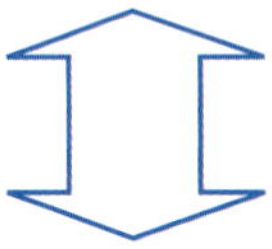

15. 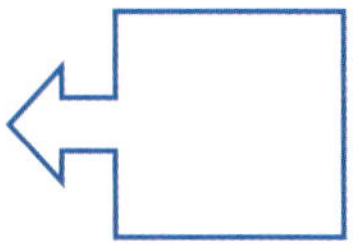

**AYUDA CON LAS TAREAS**

| Ejercicios | Ver ejemplos |
|---|---|
| 10–17, 25 | 1, 2, 3, 4 |
| 18–24 | 5–6 |

**Práctica adicional**
**Ver páginas 621, 636.**

16. **MÚSICA** ¿Cuántos ejes de simetría posee un violín?

17. **DECORACIÓN** Halla el número de ejes de simetría de un marco cuadrado de fotografías.

**Indica si cada figura tiene simetría rotacional. Escribe *sí* o *no*.**

**18.** 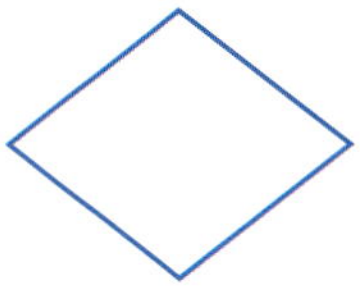

**19.** 

**20.** 

**21.** 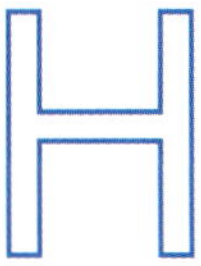

**22.** 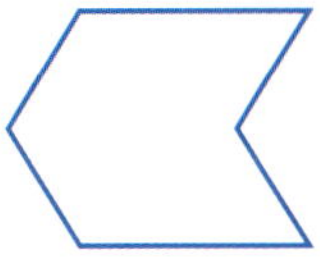

**23.** 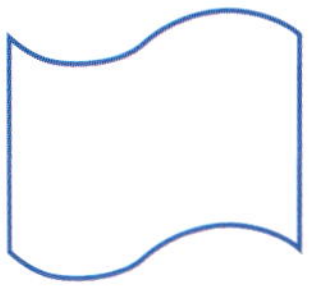

**24.** **CIENCIA** ¿Tiene un trébol de cuatro hojas simetría rotacional?

**25.** **BANDERAS** La siguiente bandera es la del Japón. ¿Cuántos ejes de simetría tiene?

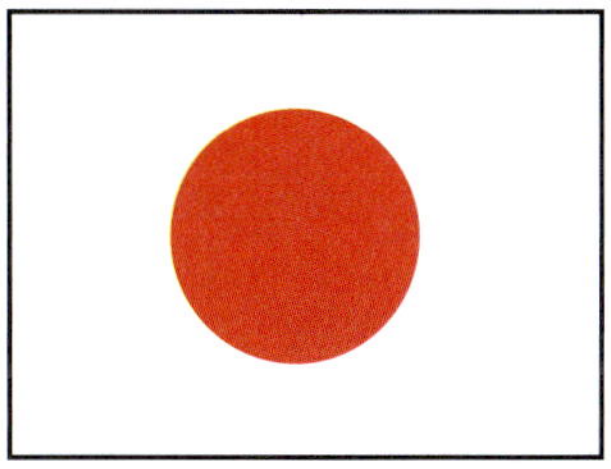

**Actualiza datos** ¿Qué banderas estatales de los Estados Unidos tienen simetría lineal? Visita msmath1.net/data_update para obtener más información.

**26.** **RAZONAMIENTO CRÍTICO** ¿Cuáles de las siguientes figuras tienen simetría lineal y simetría rotacional a la vez?

a. 
b. 
c. 
d. 

## Prueba estandarizada de práctica y repaso general

**27.** **SELECCIÓN MÚLTIPLE** ¿Cuál de las figuras siguientes *no tiene* simetría lineal?

(A) 
(B) 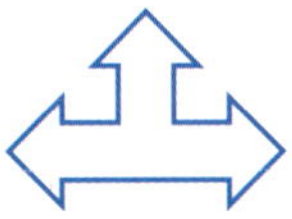
(C) 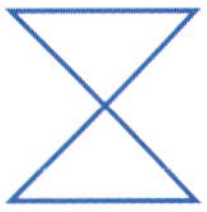
(D) 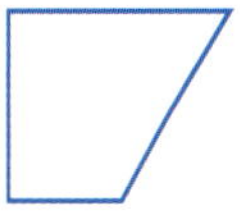

**28.** **RESPUESTA BREVE** ¿Cuáles letras mayúsculas del alfabeto tienen simetría rotacional?

**29.** **ALIMENTOS** Identifica la forma que tiene el frente de una caja de cereal. Indica si es un polígono regular. (Lección 13-4)

**30.** Dibuja un segmento de recta de 6 centímetros. Luego, usa una regla y un compás para bisecar el segmento de recta. (Lección 13-3)

### PREPÁRATE PARA LA SIGUIENTE LECCIÓN

**DESTREZA BÁSICA** **Indica si cada par de figuras tiene la misma forma y tamaño.**

**31.** 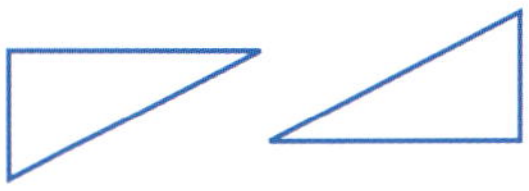

**32.** 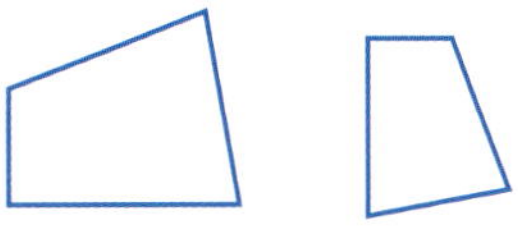

**33.** 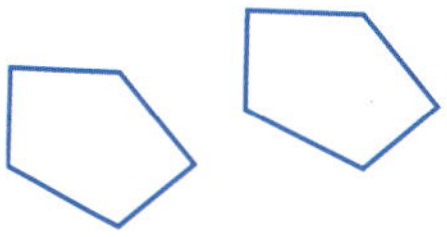

# 13-5b LABORATORIO de PRÁCTICA

***Seguimiento de la Lección 13-5***

**Lo que aprenderás**
A investigar transformaciones.

**Materiales**
- papel cuadriculado
- figuras patrón
- geoespejo
- lápices de colores

## Transformaciones

Una **transformación** es el movimiento de una figura. Existen tres tipos de transformaciones: la **traslación** (deslizamiento), la **reflexión** (voltear una imagen) y la **rotación** (giro).

En una traslación, una figura se desliza horizontal o verticalmente, o en ambas direcciones.

**ACTIVIDAD** *Trabaja con un(a) compañero(a).*

**1 Haz la traslación de una figura en un plano de coordenadas.**

**PASO 1** Traza una figura patrón con forma de paralelogramo sobre el plano de coordenadas. Rotula los vértices *ABCD*.

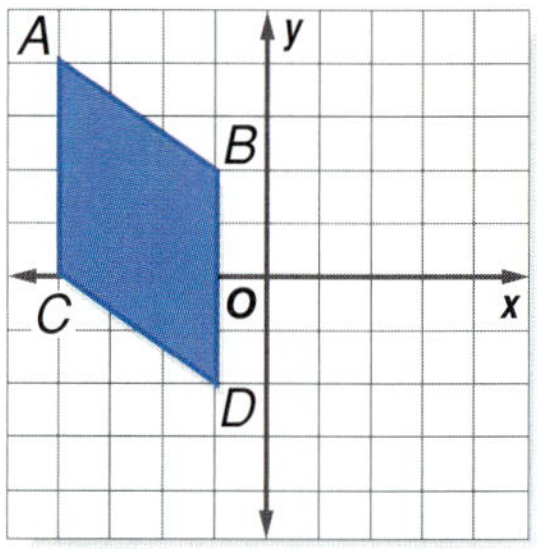


**PASO 2** Desliza la figura patrón 5 unidades a la derecha.

**PASO 3** Traza la figura en su nueva posición. Rotula los vértices *A′*, *B′*, *C′* y *D′*.

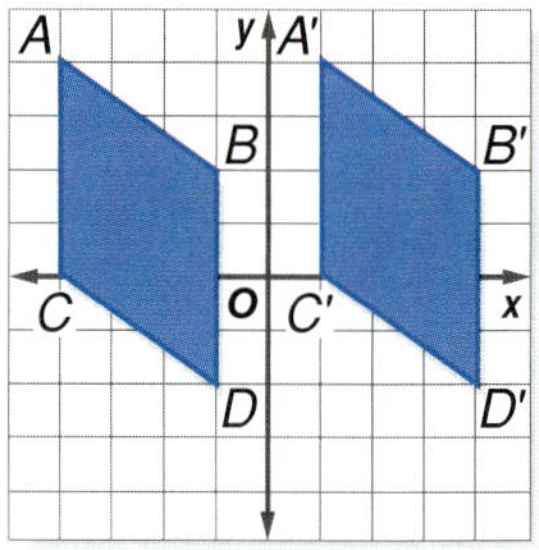


El paralelogramo $A'B'C'D'$ es la imagen del paralelogramo ABCD trasladado 5 unidades a la derecha.

**LEE matemáticas**

**Notación** La notación *A′* se lee *A prima*. Esta notación se usa para nombrar un punto dado, después de una traslación.

En una reflexión, una figura se voltea sobre una línea.

**ACTIVIDAD** *Trabaja con un(a) compañero(a).*

**2 Haz la reflexión de una figura en el plano de coordenadas.**

**PASO 1** Traza una figura patrón con forma de paralelogramo como la que se muestra en la figura. Rotula los vértices *A*, *B*, *C* y *D*.

**PASO 2** Coloca un geoespejo sobre el eje *y*.

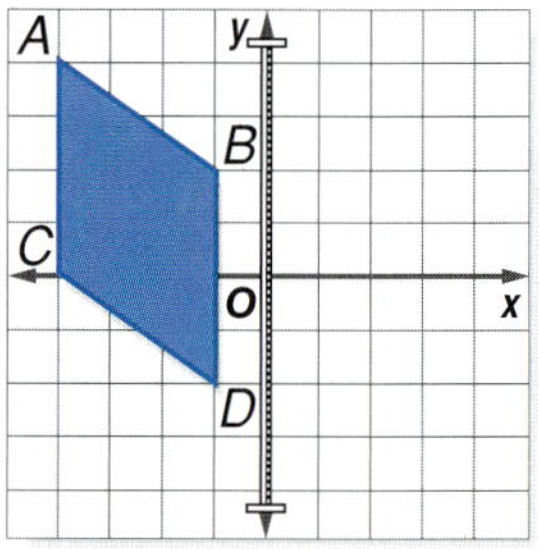

**PASO 3** Traza la reflexión del paralelogramo. Rotula los vértices $A'$, $B'$, $C'$ y $D'$.

El paralelogramo $A'B'C'D'$ es la imagen del paralelogramo $ABCD$ reflejada sobre el eje $y$.

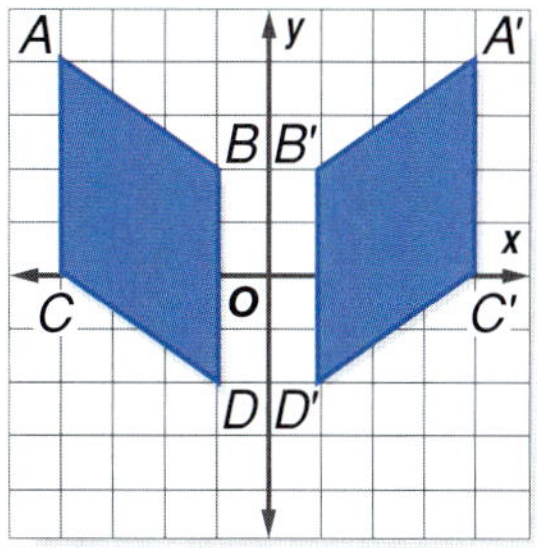


En una rotación, una figura se gira alrededor de un punto.

**ACTIVIDAD** *Trabaja con un(a) compañero(a).*

**3 Haz la rotación de una figura en un plano de coordenadas.**

**PASO 1** Traza una figura patrón con forma de paralelogramo como la que se muestra en el plano de coordenadas. Rotula los vértices $A$, $B$, $C$ y $D$.

**PASO 2** Gira la figura 90° en el sentido de las manecillas del reloj, usando el origen como punto de rotación.

**PASO 3** Traza la rotación de la figura. Rotula los vértices $A'$, $B'$, $C'$ y $D'$.

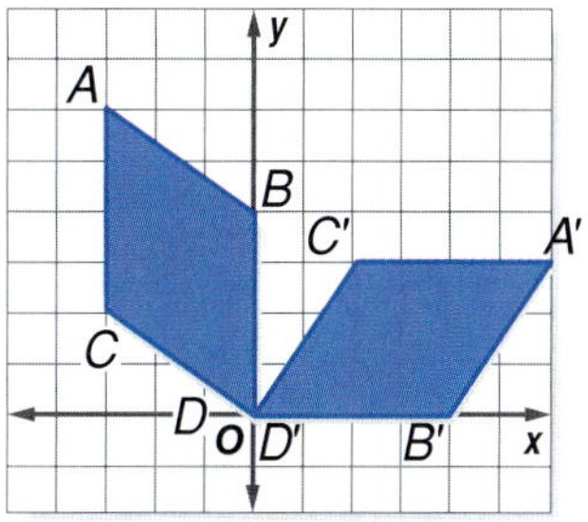


El paralelogramo $A'B'C'D'$ es la imagen del paralelogramo $ABCD$ rotada 90° en el sentido de las manecillas del reloj, alrededor del origen.

## Tu turno

**Realiza las siguientes transformaciones en el plano de coordenadas de la figura patrón que se muestra.**

a. traslación de 5 unidades a la izquierda

b. reflexión sobre el eje $y$

c. rotación de 90° en sentido contrario a las manecillas del reloj

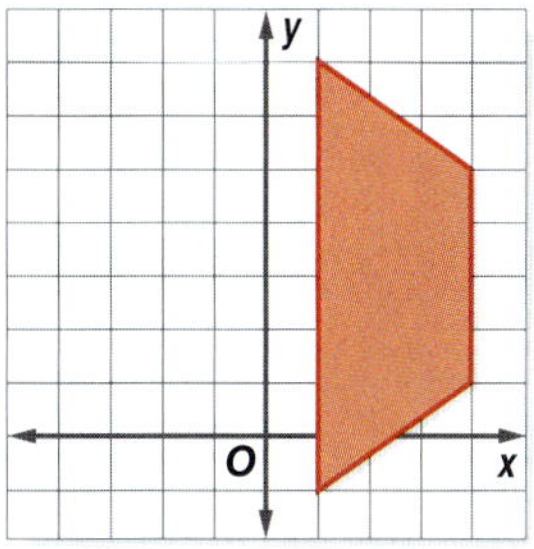


# Escribe en matemáticas

1. Un cuadrado se transforma sobre el eje $y$. ¿Se podría interpretar esta transformación como un deslizamiento, un giro y una vuelta?
2. Un rectángulo tiene vértices (3, 2), (7, 2), (3, 8) y (7, 8). ¿Qué ocurrió con la figura si los vértices de su imagen transformada son (8, 2), (12, 2), (8, 8) y (12, 8)?

# 13-6 Figuras semejantes y congruentes

**Lo que aprenderás**
A determinar congruencia y semejanza.

**NUEVO vocabulario**
- figuras semejantes
- figuras congruentes
- partes correspondientes

**CONEXIÓN con la lectura**
***Semejante:*** casi, pero no exactamente; lo mismo o parecido

## ¿CUÁNDO usaré esto?

**PATRONES** El triángulo de la derecha se llama *triángulo de Sierpinski*. Observa cómo el patrón está hecho de varios triángulos equiláteros.

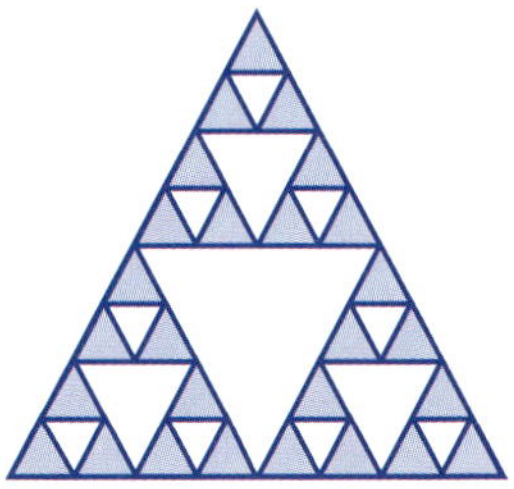

1. ¿Cuántos triángulos de diferente tamaño hay en el patrón?
2. Compara el tamaño y la forma de estos triángulos. Tienen la misma forma, pero diferente tamaño.

Las figuras que tienen la misma forma, pero no necesariamente el mismo tamaño, se conocen como **figuras semejantes**. A continuación se presentan algunos ejemplos.

| Semejantes | No semejantes |
|---|---|
| 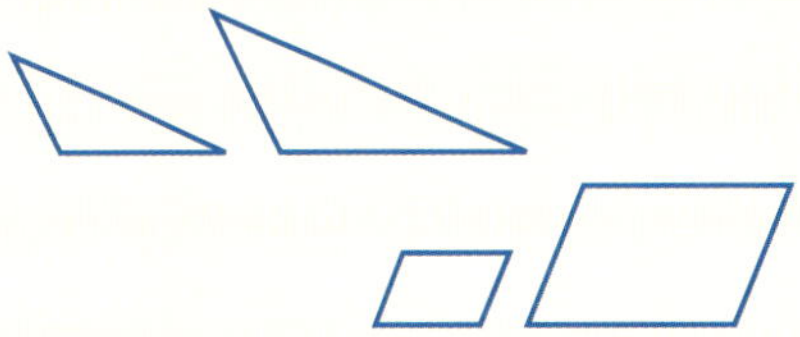 | 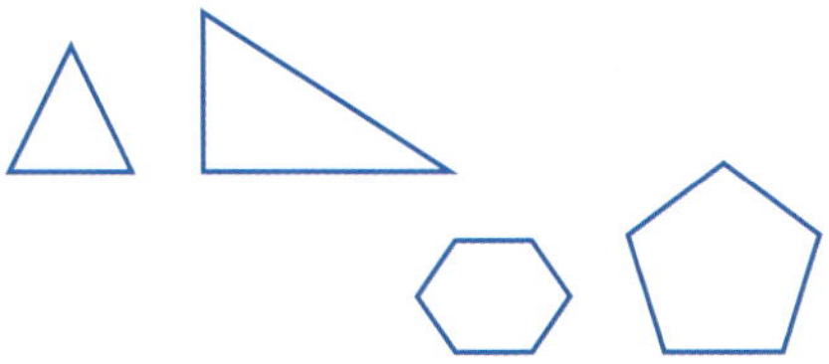 |

Las figuras que tienen el mismo tamaño y forma son **figuras congruentes**. Observa los siguientes ejemplos.

| Congruentes | No congruentes |
|---|---|
| 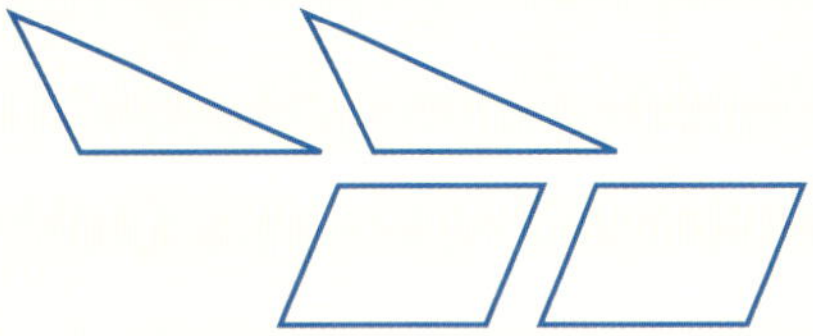 | 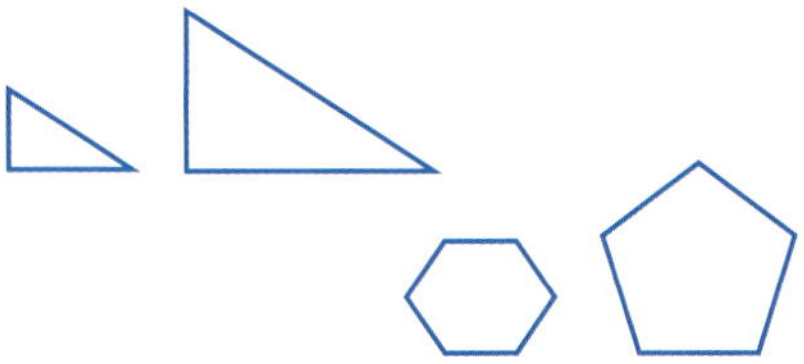 |

## EJEMPLOS Identifica figuras congruentes y semejantes

**Indica si cada par de figuras es *semejante, congruente* o *ninguna de las dos.***

**1**

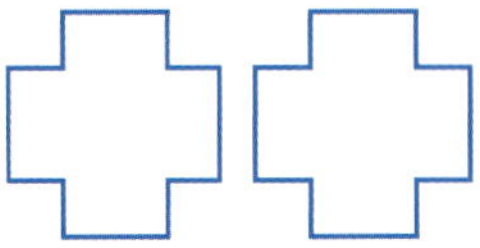

Las figuras tienen el mimo tamaño y forma. Son congruentes.

**2**

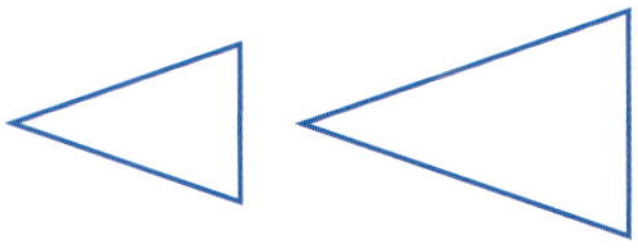

Las figuras tienen la misma forma, pero no el mismo tamaño. Son semejantes.

## MATEMÁTICAS EN LA VIDA DIARIA

**MOLINOS DE VIENTO** El molino de viento holandés típico es un molino tipo torre. Estas estructuras por lo general tienen de 4 a 6 brazos que miden entre 20 y 40 pies de largo.

**Fuente:** www.infoplease.com

**Tu turno** **Indica si cada par de figuras es *semejante, congruente* o *ninguna de las dos.***

a. 

b. 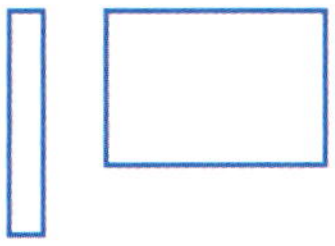

c. 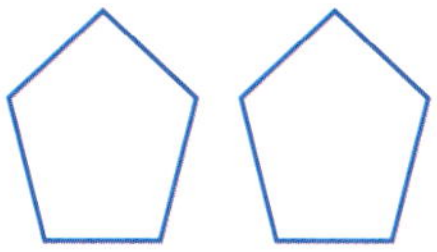

Las partes de las figuras congruentes que "coinciden" se llaman **partes correspondientes**.

## EJEMPLOS Aplica la semejanza y la congruencia

**MOLINOS DE VIENTO Los brazos del molino de viento de la figura poseen cuadriláteros congruentes.**

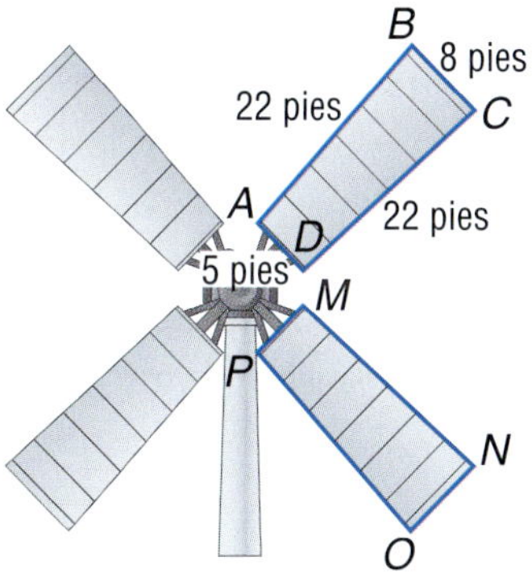


**3** **¿Qué lado del cuadrilátero *ABCD* corresponde al lado $\overline{MP}$?**

El lado $\overline{AD}$ corresponde al lado $\overline{MP}$.

**4** **¿Cuál es el perímetro del cuadrilátero *MNOP*?**

El perímetro del cuadrilátero *ABCD* es $5 + 22 + 8 + 22$ ó 57 pies. Dado que los cuadriláteros son congruentes, tienen el mismo tamaño y forma. Por lo tanto, el perímetro del cuadrilátero *MNOP* es de 57 pies.

## Repaso de destrezas y conceptos

Escribe en matemáticas
Ejercicio 1

1. **Describe** semejanza y congruencia.
2. **Dibuja** dos figuras que sean congruentes y dos figuras que no lo sean.
3. **INTERPRETA** Dibuja un par de triángulos semejantes y un par de cuadriláteros congruentes.

### PRÁCTICA DIRIGIDA

**Indica si cada par de figuras es *semejante, congruente* o *ninguna de las dos.***

4. 

5. 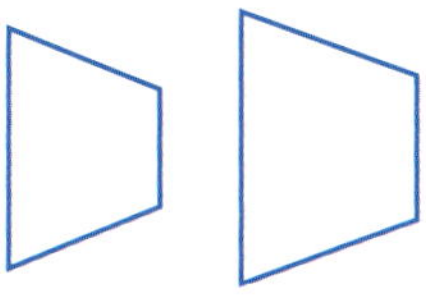

6. 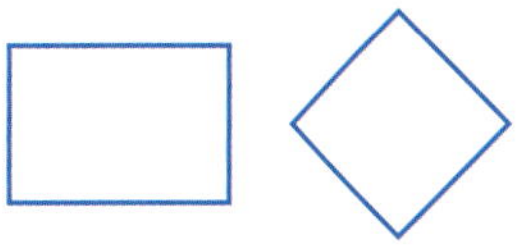

**Usa las siguientes figuras para los ejercicios 7 y 8. El triángulo *DEF* y $\triangle XYZ$ son triángulos congruentes.**

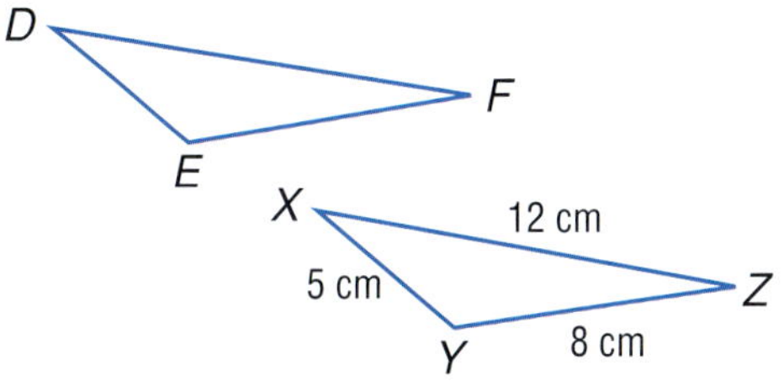


7. ¿Qué lado de $\triangle DEF$ corresponde al lado $\overline{XZ}$?
8. Calcula la medida del lado $\overline{EF}$.

## Práctica y aplicaciones

| AYUDA CON LAS TAREAS | |
|---|---|
| Ejercicios | Ver ejemplos |
| 9–16 | 1, 2 |
| 17–20 | 3, 4 |

**Práctica adicional**
**Ver páginas 621, 636.**

**Indica si cada par de figuras es *semejante, congruente* o *ninguna de las dos.***

9. 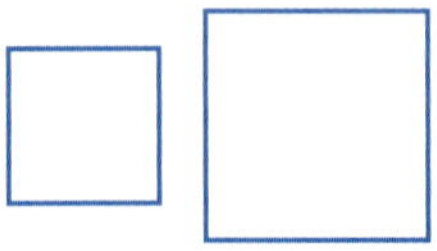

10. 

11. 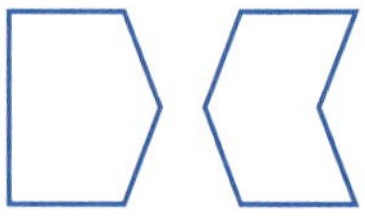

12. 

13. 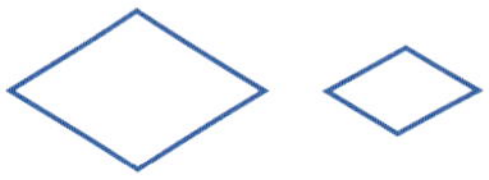

14. 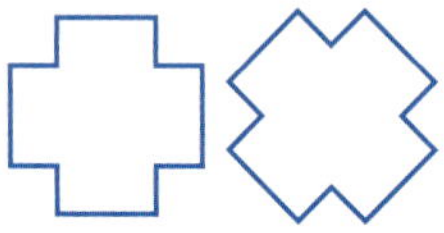

15. **ESTATUAS** ¿Son figuras semejantes un modelo de la Estatua de la Libertad y la Estatua de la Libertad real? Explica.

16. **GEOGRAFÍA** La siguiente es la bandera del estado de Texas. ¿Cuántos pares de cuadriláteros congruentes tiene esta bandera?

**Usa los siguientes triángulos congruentes para los ejercicios 17 al 20.**

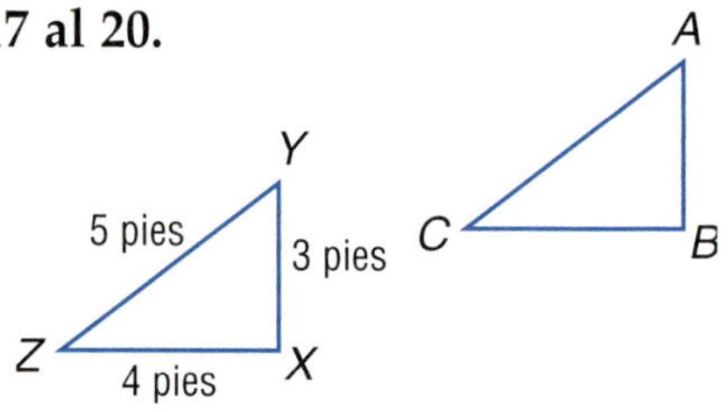


17. ¿Qué lado de $\triangle ABC$ corresponde al lado $\overline{YZ}$?
18. Identifica el lado de $\triangle XYZ$ que corresponde al lado $\overline{AB}$.
19. ¿Cuál es la medida del lado $\overline{AC}$?
20. Calcula el perímetro del $\triangle ABC$.

**RAZONAMIENTO CRÍTICO** **Indica si cada enunciado es a *veces, siempre* o *nunca* verdadero. Explica tu razonamiento.**

21. Todos los rectángulos son semejantes.
22. Todos los cuadrados son semejantes.

## Prueba estandarizada de práctica y repaso general

23. **SELECCIÓN MÚLTIPLE** ¿Cuáles polígonos son congruentes?

(A) 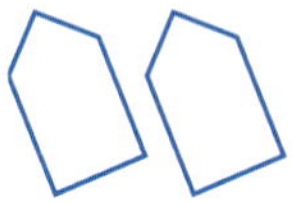
(B) 
(C) 
(D) 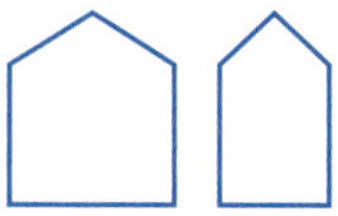

24. **RESPUESTA BREVE** Dibuja dos triángulos semejantes en los cuales el tamaño del primero sea el doble del tamaño del segundo.

**Dibuja todos los ejes de simetría de cada figura.** (Lección 13-5)

25. cuadrado
26. pentágono regular
27. triángulo equilátero

28. **VENTANAS** Una ventana tiene forma de un hexágono regular. Si el perímetro de la ventana es de 54 pulgadas, ¿cuánto mide cada lado? (Lección 13-4)



msmath1.net/self_check_quiz

# 13-6b LABORATORIO de PRÁCTICA

*Seguimiento de la Lección 13-6*

**Lo que aprenderás**
A crear teselados usando patrones de figuras geométricas.

**Materiales**
- figuras patrón

## Teselados

Un patrón formado por figuras repetidas que encajan entre sí sin dejar espacios ni traslaparse es un **teselado**. Los teselados se forman realizando deslizamientos, rotaciones y reflexiones de figuras congruentes.

**ACTIVIDAD** *Trabaja con un(a) compañero(a).*

**PASO 1** Selecciona los tres patrones de figuras geométricas siguientes.

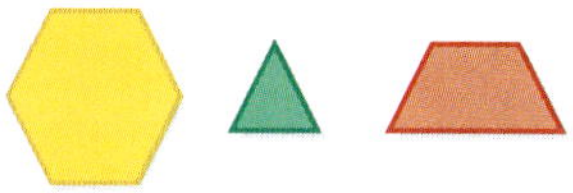

**PASO 2** Elige uno de los patrones y trázalo en tu papel. Escoge un segundo patrón que encaje bien con el primero sin dejar ningún espacio ni traslapes y trázalo.

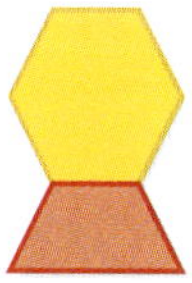

**PASO 3** Traza el tercer patrón de figura geométrica en el teselado.

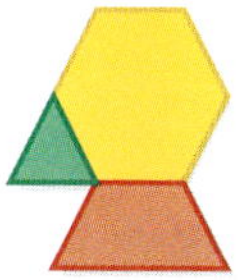

**PASO 4** Continúa el teselado al extender el patrón.

### Tu turno

**Crea un teselado con cada grupo de figuras patrón.**

a. 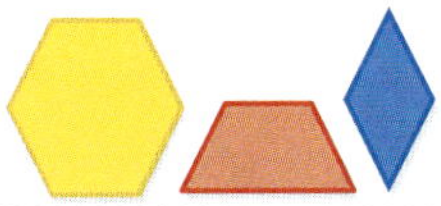

b. 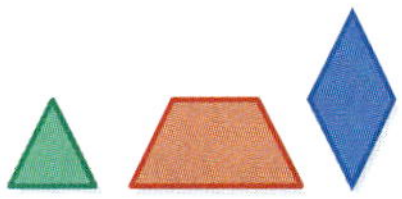

c. 

## Escribe en matemáticas

1. **Indica** si se puede crear un teselado usando un cuadrado y un triángulo equilátero. Justifica tu respuesta con un dibujo.
2. ¿Cuánto suman las medidas de los ángulos de los vértices de las figuras? ¿Es cierto esto para todos los teselados?
3. Identifica dos figuras que no se puedan usar para crear un teselado. Usa un dibujo para justificar tu respuesta.

CAPÍTULO 13

# Guía de estudio y repaso

## Repaso de conceptos y vocabulario

ángulo (pág. 506)
ángulo agudo (pág. 506)
ángulo llano (pág. 506)
ángulo obtuso (pág. 506)
ángulo recto (pág. 506)
bisecar (pág. 515)
complementario (pág. 507)
congruente (pág. 515)
cuadrado (pág. 523)
cuadrilátero (pág. 522)
eje de simetría (pág. 528)
figuras congruentes (pág. 534)
figuras semejantes (pág. 534)
grado (pág. 506)
heptágono (pág. 522)
hexágono (pág. 522)
lado (pág. 506)
octágono (pág. 522)
paralelogramo (pág. 523)
partes correspondientes (pág. 535)
pentágono (pág. 522)
perpendicular (pág. 515)
polígono (pág. 522)
polígono regular (pág. 522)
rectángulo (pág. 523)
rombo (pág. 523)
simetría lineal (pág. 528)
simetría rotacional (pág. 529)
suplementario (pág. 507)
triángulo (pág. 522)
triángulo equilátero (pág. 523)
triángulo escaleno (pág. 523)
triángulo isósceles (pág. 523)
vértice (pág. 506)

**Elige la letra del término que mejor corresponda a cada frase.**

1. figura de seis lados
2. polígono con todos los lados y ángulos congruentes
3. cualquier objeto con un lado recto
4. punto donde dos bordes de un polígono se intersecan
5. la unidad más común de medida de un ángulo
6. ángulo que mide entre 0° y 90°
7. ángulo que mide entre 90° y 180°

a. polígono regular
b. vértice
c. regla
d. ángulo agudo
e. ángulo obtuso
f. grado
g. hexágono

## Ejercicios y ejemplos: Lección por lección

### 13-1 Ángulos (págs. 506–509)

**Usa un transportador para calcular la medida de cada ángulo. Luego, clasifica el ángulo como *agudo, obtuso, recto* o *llano*.**

8. 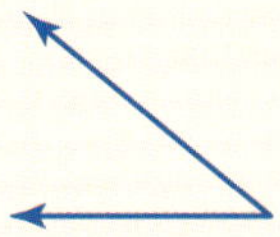

9. 

10. **ÁLGEBRA** Los ángulos $M$ y $N$ son suplementarios. Si $m\angle M = 68°$, calcula $m\angle N$.

**Ejemplo 1** **Usa un transportador para medir el ángulo. Luego clasifica el ángulo como *agudo, obtuso, recto* o *llano*.**

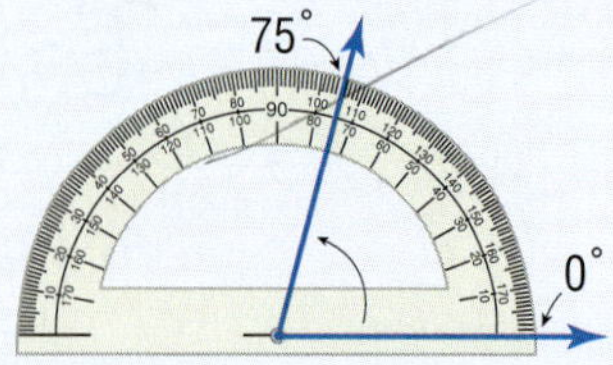


El ángulo mide 75°. Dado que es menor que 90°, es un ángulo agudo.



msmath1.net/vocabulary_review

## 13-2 Usa medidas angulares (págs. 510–512)

**Usa un transportador y una regla para dibujar ángulos con las medidas dadas.**

**11.** 36° **12.** 127°
**13.** 180° **14.** 90°

**Estima la medida de cada ángulo.**

**15.**

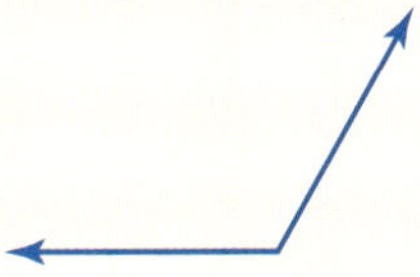

**16.**

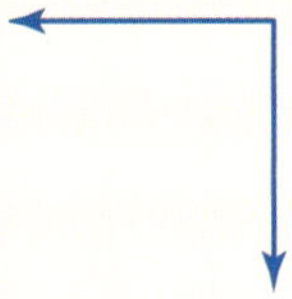

**Ejemplo 2** **Usa un transportador y una regla para dibujar un ángulo de 47°.**

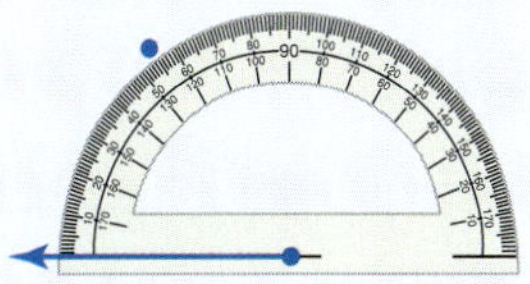

Dibuja un lado del ángulo. Alinea el centro del transportador y la marca de 0° con dicho lado. Haz una marca en 47°.

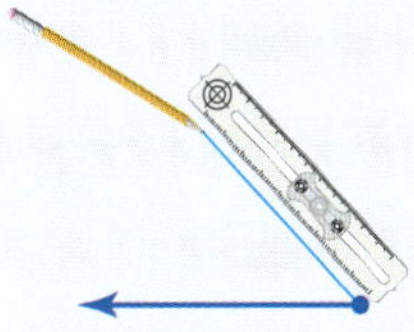

Dibuja el otro lado del ángulo.

## 13-3 Bisectrices (págs. 515–517)

**Dibuja cada segmentos de recta o ángulo con las medidas dadas. Luego, bisécalos con una regla y un compás.**

**17.** 2 cm **18.** 2 pulg
**19.** 100° **20.** 65°

**21. HERRAMIENTAS** La figura muestra un rastrillo. Identifica el segmento que biseca $\angle CXD$.

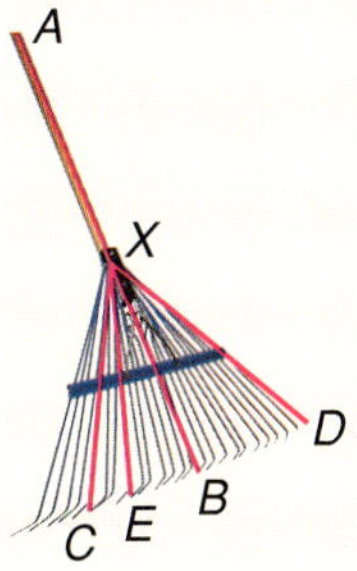


**Ejemplo 3** **Usa un compás y una regla para bisecar $\overline{AB}$.**

Traza el segmento.

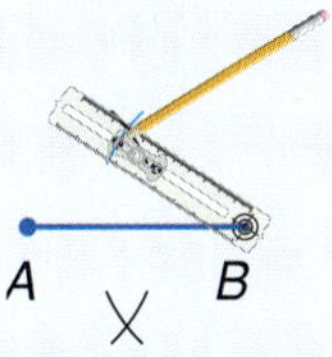


Coloca el compás en *A*. Usando una abertura mayor que la mitad de la distancia de $\overline{AB}$, dibuja dos arcos, tal como se muestra. Usando la misma abertura, coloca el compás en *B* y dibuja dos arcos, como se muestra.

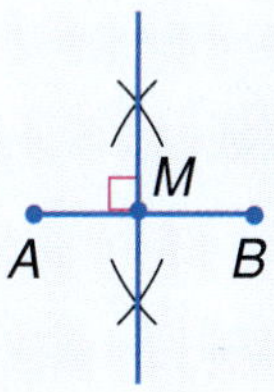


Usa una regla para trazar un segmento que pase por las intersecciones e interseque $\overline{AB}$. Rotula la intersección.

## 13-4 Figuras bidimensionales (págs. 522–525)

**Identifica cada polígono. Luego indica si es un polígono regular.**

**22.**

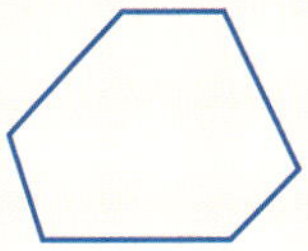

**23.**

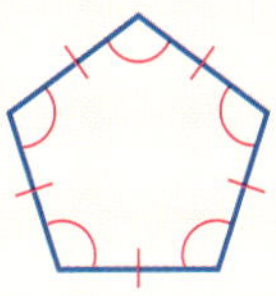

**Ejemplo 4** **Identifica el siguiente polígono. Luego identifica si es un polígono regular.**

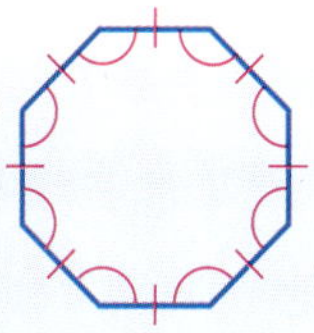

El polígono tiene 8 lados. Por lo tanto es un octágono. Dado que los lados y los ángulos son congruentes, es un polígono regular.

## 13-5 Ejes de simetría (págs. 528–531)

**Traza cada figura. Luego dibuja todos sus ejes de simetría.**

24. 

25. 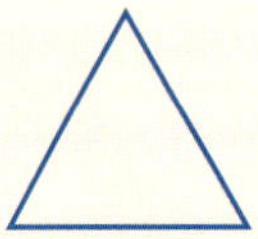

26. 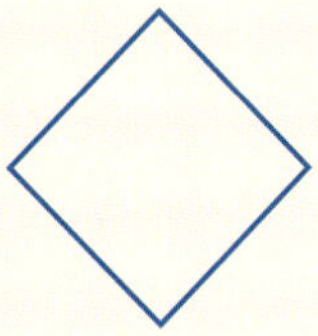

27. 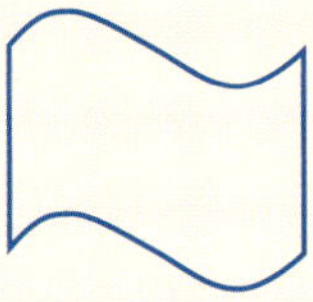

**Indica si cada figura tiene simetría rotacional. Escribe *sí* o *no*.**

28. 

29. 

30. 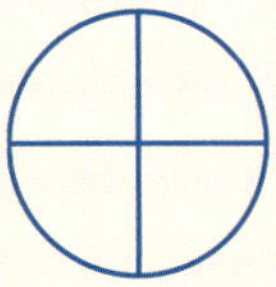

31. 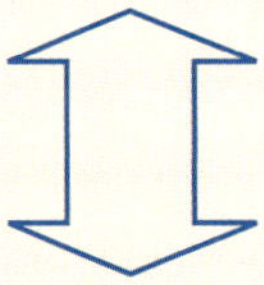

**Ejemplo 5** **Dibuja todos los ejes de simetría de la siguiente figura.**

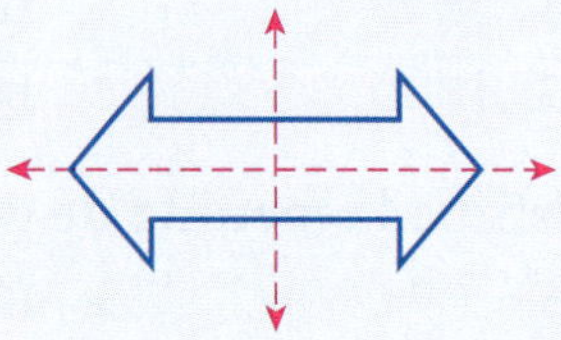

Esta figura tiene dos ejes de simetría.

**Ejemplo 6** **Indica si la figura tiene simetría rotacional.**

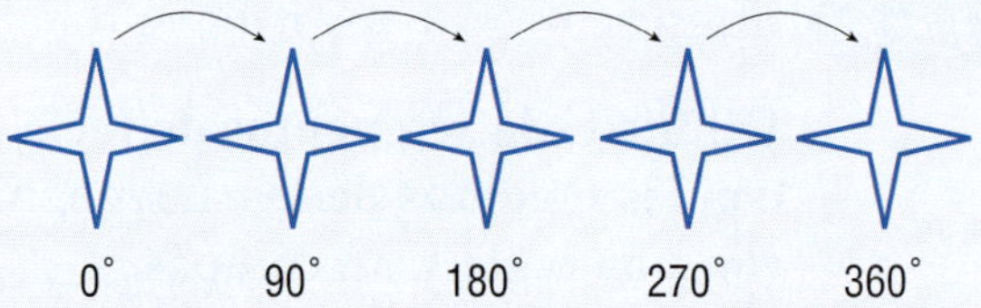


Al girar la figura menos de 360°, se ve igual a como se veía antes de ser girada. Por lo tanto, la figura tiene simetría rotacional.

## 13-6 Figuras semejantes y congruentes (págs. 534–536)

**Los triángulos son congruentes.**

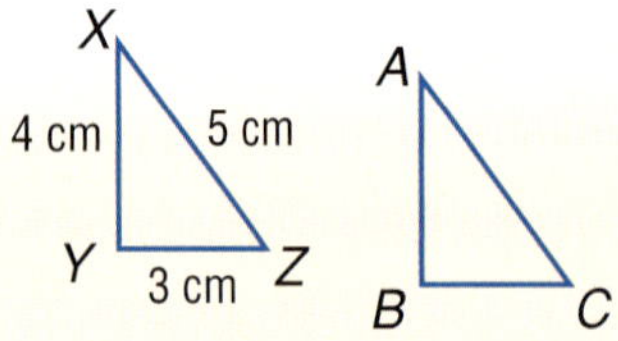


32. ¿Qué lado de $\triangle XYZ$ corresponde al lado $\overline{AC}$?

33. Calcula la medida de $\overline{CB}$.

34. Indica si el siguiente par de figuras es *congruente*, *semejante* o *ninguna de las dos*.

**Ejemplo 7**

**Las figuras son congruentes. ¿Qué lado del cuadrilátero *RSTU* corresponde a $\overline{MN}$?**

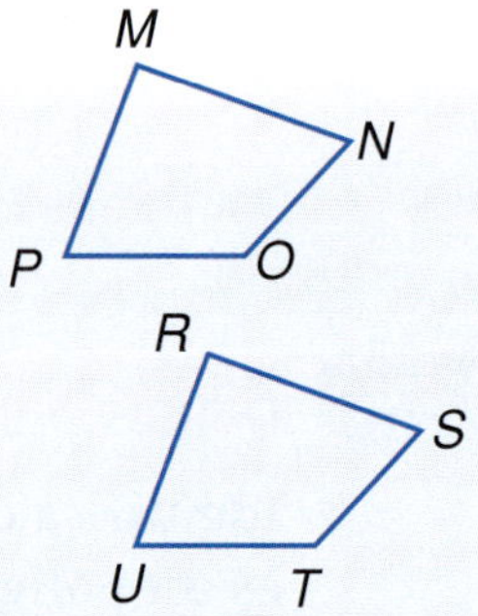


Las partes de las figuras congruentes que coinciden son partes correspondientes. En las figuras, $\overline{RS}$ corresponde a $\overline{MN}$.

CAPÍTULO 13

# Prueba de práctica

## Vocabulario y conceptos

1. **Define** *polígono*.
2. **Explica** la diferencia entre figuras semejantes y figuras congruentes.

## Destrezas y aplicaciones

**Usa un transportador para calcular la medida de cada ángulo. Luego, indica si es *agudo, obtuso, recto* o *llano*.**

3. 

4. 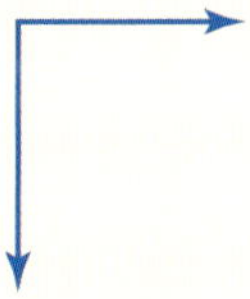

5. 

6. **ÁLGEBRA** Los ángulos $G$ y $H$ son complementarios. Si $m\angle G = 37°$, calcula $m\angle H$.

**Usa un transportador y una regla para dibujar ángulos con las siguientes medidas.**

7. 25°
8. 135°
9. Dibuja un segmento de recta que mida 4 centímetros. Luego usa una regla y un compás para bisecar la recta.

**Identifica cada polígono. Luego, indica si es un polígono regular.**

10. 

11. 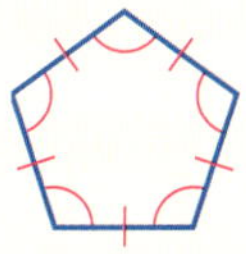

12. 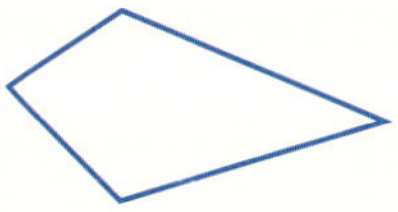

13. **SEGURIDAD** La señal de tránsito siguiente advierte a los conductores de la presencia de vehículos que avanzan despacio. ¿Cuántos ejes de simetría tiene la señal?

**Indica si cada par de figuras es *congruente, semejante* o *ninguna de las dos*.**

14. 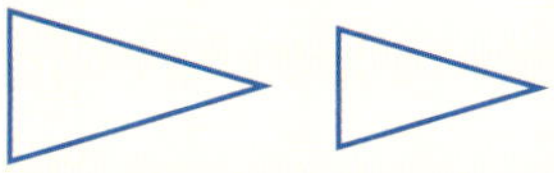

15. 

## Prueba estandarizada de práctica

16. **RESPUESTA BREVE** El triángulo $DEF$ y $\triangle MNP$ son congruentes. ¿Cuánto mide el perímetro de $\triangle MNP$?

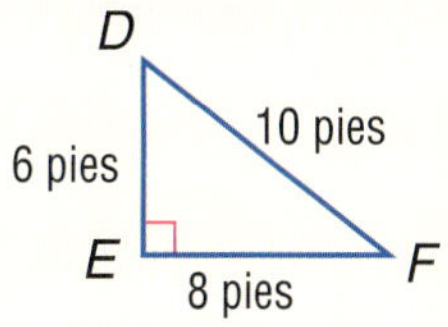


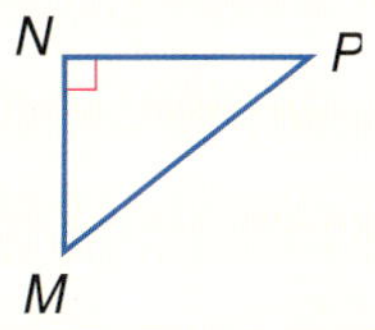

CAPÍTULO 13

# Prueba estandarizada de práctica

## PARTE 1 Selección múltiple

Anota tus respuestas en la hoja de respuestas provista por tu maestro(a) o en una hoja aparte.

**1.** Justin compra 5 globos y un paquete de goma de mascar. Theo compra 7 globos. ¿Qué expresión se puede usar para calcular la cantidad total que gastaron? (Lección 4-1)

| Artículo | Costo |
|---|---|
| Globo | \$0.10 |
| Goma de mascar | \$0.25 |

(A) $\$0.10(5 + 7) + \$0.25$

(B) $\$0.10 + (5)(7) + \$0.25$

(C) $\$0.10(5) + \$0.25(7)$

(D) $(\$0.10 + \$0.25)(5 + 7)$

**2.** Calcula $6\frac{5}{6} - 2\frac{1}{3}$. (Lección 6-5)

(F) $3\frac{5}{6}$ (G) $4\frac{5}{18}$

(H) $4\frac{1}{2}$ (I) $4\frac{2}{3}$

**3.** ¿Qué fracción es la siguiente en el patrón que se muestra a continuación? (Lección 7-6)

$$\frac{405}{243}, \frac{135}{81}, \frac{45}{27}, \frac{15}{9}, ?$$

(A) $\frac{5}{3}$ (B) $\frac{6}{3}$

(C) $\frac{8}{3}$ (D) $\frac{15}{4}$

**4.** ¿Qué tipo de figura se forma si se unen en orden los puntos: $(-2, 2)$, $(2, 2)$, $(0, -2)$, $(-4, -2)$ y $(-2, 2)$? (Lección 8-6)

(F) triángulo

(G) pentágono

(H) trapecio

(I) paralelogramo

**5.** ¿Qué razón compara la parte sombreada del rectángulo con la parte no sombreada? (Lección 10-1)

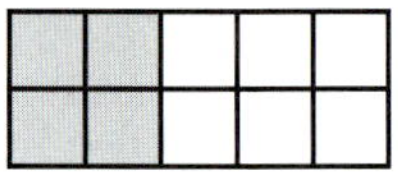

(A) $\frac{2}{5}$ (B) $\frac{4}{5}$ (C) $\frac{4}{10}$ (D) $\frac{2}{3}$

**6.** La tabla muestra los contenidos de dos bolsas con goma de mascar roja y azul. Si se toma una de cada bolsa, calcula la probabilidad de que ambas sean rojas. (Lección 11-5)

(F) $\frac{1}{8}$ (G) $\frac{1}{4}$

(H) $\frac{3}{8}$ (I) $\frac{3}{5}$

| Bolsa | Roja | Azul |
|---|---|---|
| 1ª | 2 | 2 |
| 2ª | 1 | 3 |

**7.** ¿Cuál es la línea de la figura que representa un eje de simetría? (Lección 13-5)

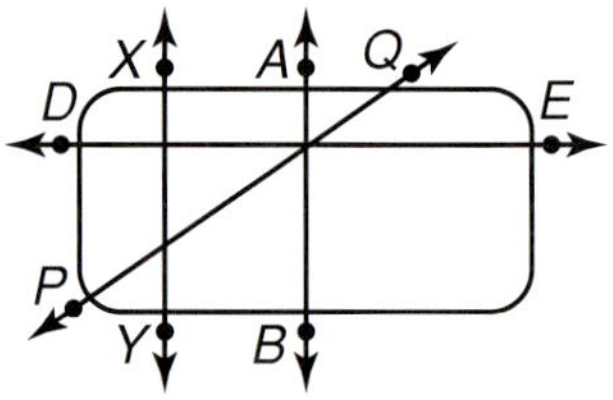


(A) $\overleftrightarrow{PQ}$ (B) $\overleftrightarrow{DE}$ (C) $\overleftrightarrow{AB}$ (D) $\overleftrightarrow{XY}$

**8.** ¿Qué triángulo parece ser congruente a $\triangle NOP$? (Lección 13-6)

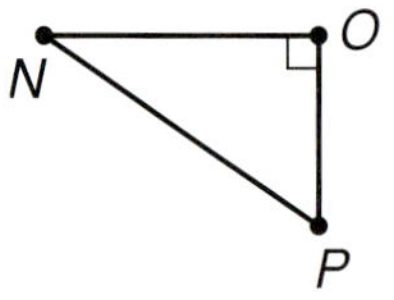


(F) 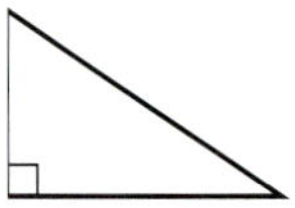

(G) 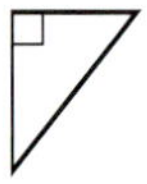

(H) 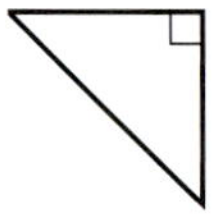

(I) 

**AYUDA PARA TOMAR PRUEBAS**

**Pregunta 7** Para verificar si has escogido el eje de simetría correcto, supón que el eje es un doblez en la página. Las imágenes en ambos lados del doblez deben ser idénticas.

## PARTE 2 Respuesta breve/Completa

Anota tus respuestas en la hoja de respuestas provista por tu maestro(a) o en una hoja aparte.

9. Escribe $\frac{75}{100}$ como decimal. (Lección 5-7)

10. ¿Cuál es el valor de $-81 \div (-3)$? (Lección 8-5)

11. Consulta la tabla. ¿Cuál es la regla de funciones para estos valores de $x$ y $y$? (Lección 9-6)

| $x$ | 0 | 1 | 2 | 3 | 4 |
|---|---|---|---|---|---|
| $y$ | 0 | $\frac{1}{2}$ | 1 | $1\frac{1}{2}$ | 2 |

12. Un guardián del zoológico quiere pesar un burro. ¿Cuál es la unidad métrica más apropiada que el guardián debe usar para medir la masa del asno? (Lección 12-4)

13. ¿Qué tipos de ángulos se encuentran en $\triangle ABC$? (Lección 13-1)

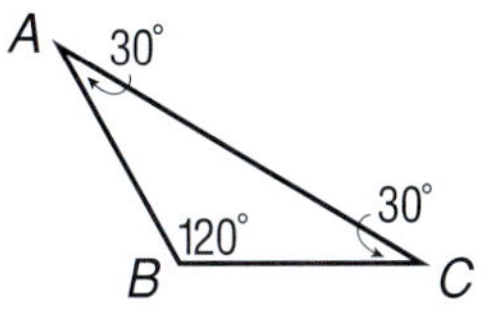


14. Dibuja un par de ángulos que sean complementarios. (Lección 13-1)

15. El área sombreada siguiente representa a los alumnos de sexto grado que prefieren la música jazz. ¿La medida del ángulo del área sombreada se acerca más a 30° o a 60°? (Lección 13-2)

16. ¿Cómo se llama un polígono de seis lados? (Lección 13-4)

17. ¿Qué figura bidimensional forma la superficie de la caja que se muestra en la figura? (Lección 13-4)

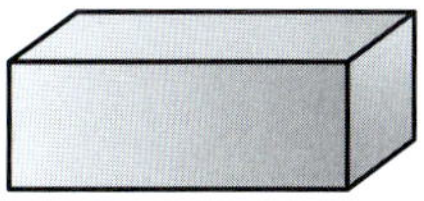

18. ¿Cuántos ejes de simetría tiene la hoja? (Lección 13-5)

## PARTE 3 Respuesta extendida

Anota tus respuestas en una hoja de papel aparte. Muestra tus cálculos.

19. Kelsey diseña un borde decorativo para su dormitorio. El diseño está formado por diferentes formas geométricas que se repiten.

 a. La primera figura que dibuja reúne los siguientes criterios:

 - es un polígono
 - tiene sólo dos ejes de simetría
 - no es un cuadrilátero

 Dibuja una posible figura. (Lección 13-5)

 b. La siguiente figura que dibuja reúne los siguientes criterios:

 - es un polígono
 - no tiene ejes de simetría
 - tiene un ángulo obtuso

 Dibuja una figura probable. (Lección 13-5)

 c. Las características de la tercera figura que dibuja son:

 - dos polígonos semejantes
 - uno está dentro del otro

 Dibuja una figura probable. (Lección 13-6)

CAPÍTULO 14

# Geometría: Medición del área y del volumen

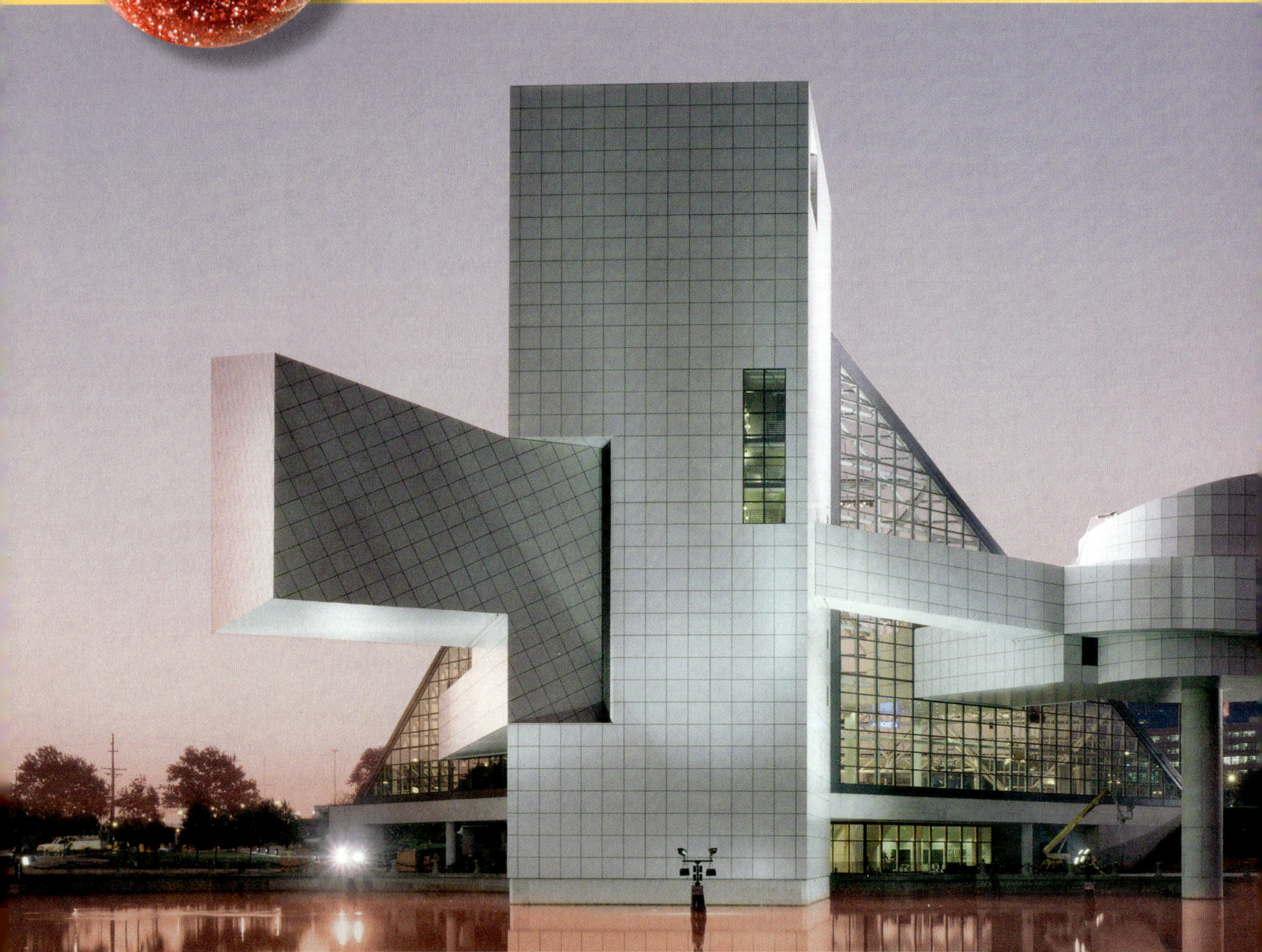

## ¿Qué tiene que ver la arquitectura con las matemáticas?

**Con frecuencia observamos figuras bidimensionales y tridimensionales en arquitectura.** El Rock and Roll Hall of Fame en Cleveland, Ohio, contiene figuras bidimensionales como triángulos, rectángulos y paralelogramos y figuras tridimensionales como prismas, pirámides y cilindros. Las propiedades de las figuras geométricas pueden usarse para calcular el área y el volumen de edificios.

Resolverás un problema sobre arquitectura en la Lección 14-2.

# PARA COMENZAR

**Toma este control para averiguar si estás listo(a) para comenzar el Capítulo 14. Consulta la lección o página indicada en el paréntesis respectivo, si necesitas un repaso.**

## Repaso del vocabulario

**Completa cada enunciado.**

1. Un(a) __?__ es un número expresado con exponentes. (Lección 1-4)
2. El número que se multiplica en una potencia se conoce como __?__. (Lección 1-4)
3. __?__ es la distancia alrededor de un círculo. (Lección 4-6)

## Requisitos

**Evalúa cada expresión.** (Lección 1-4)

4. $8^2$
5. $(1.2)^2$
6. $(0.5)^2$
7. $11^2$
8. $7^2$
9. $10^2$

**Calcula cada suma.** (Lección 3-4)

10. $17.6 + 8.41 + 3.2$
11. $20.9 + 4.25 + 9.1$
12. $2.7 + 6.9 + 13.8$
13. $15.67 + 11.8 + 7.3$

**Multiplica.** (Lección 7-2)

14. $\frac{1}{2} \times 6 \times 6$
15. $\frac{1}{2} \times 5 \times 8$
16. $\frac{1}{2} \times 8 \times 3$
17. $\frac{1}{2} \times 4 \times 7$

**Multiplica.** (Página 590)

18. $2 \times 7 \times 5$
19. $9 \times 6 \times 4$
20. $4 \times 11 \times 3$
21. $10 \times 8 \times 2$

**PLEGADOS™ Organiza el estudio**

**Área y volumen** Haz este plegado para organizar la información sobre cómo medir el área y el volumen.

**PASO 1** **Dobla** Dobla una hoja de papel de 11" × 17" a lo ancho, en tres secciones.

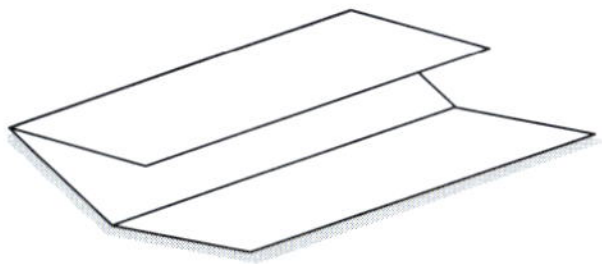

**PASO 2** **Abre y dobla** Dobla una lengüeta de 2" a lo largo del lado más corto de la hoja. Luego, dobla el resto en cinco partes.

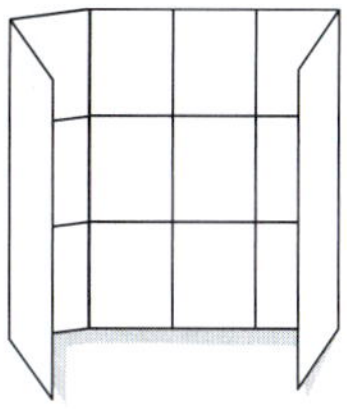

**PASO 3** **Desdobla y rotula** Desdobla y dibuja líneas a lo largo de los dobleces. Rotula como se muestra.

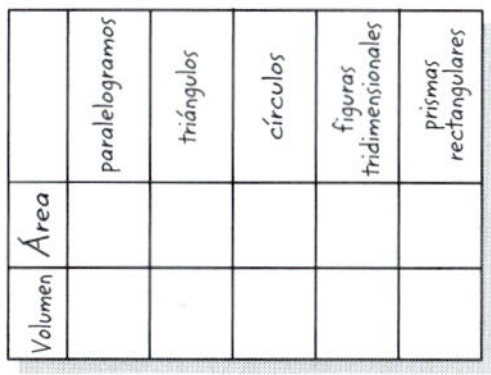


**Lee y escribe** A medida que leas y estudies este capítulo, escribe las fórmulas para el área y el volumen y enumera las características de cada figura geométrica.

# 14-1 Área de paralelogramos

**Lo que aprenderás**
A calcular las áreas de paralelogramos.

**NUEVO vocabulario**
- base
- altura

## PRÁCTICA Minilaboratorio

**Materiales**
- papel cuadriculado
- tijeras

*Trabaja con un(a) compañero(a).*

Analizarás la relación entre las áreas de los paralelogramos y las de los rectángulos.

**PASO 1** Dibuja y luego recorta un rectángulo, como se muestra en la figura.

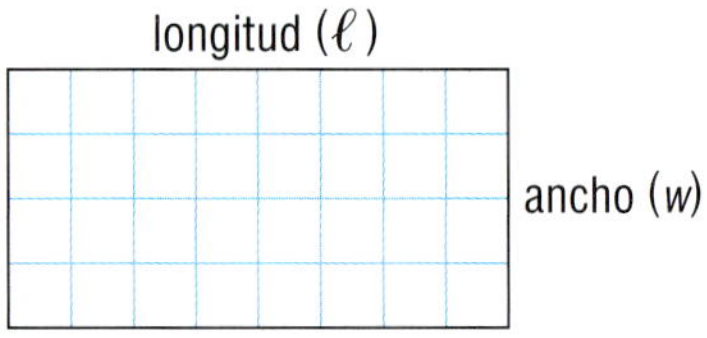


**PASO 2** Corta un triángulo de un lado del rectángulo y muévelo al otro lado del rectángulo, para formar un paralelogramo.

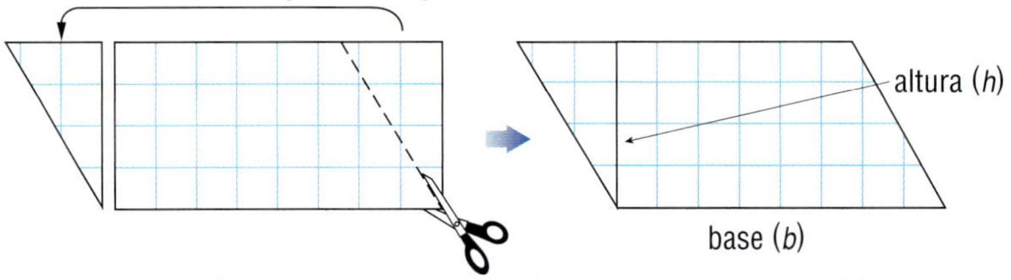


1. ¿Cuál es la relación entre un paralelogramo y un rectángulo?
2. ¿Qué parte de un paralelogramo corresponde a la longitud de un rectángulo?
3. ¿Qué parte corresponde al ancho de un rectángulo?
4. Escribe una fórmula para el área de un paralelogramo.

En el Minilaboratorio, observaste que el área de un paralelogramo está relacionada con el área de un rectángulo. Para calcular el área de un paralelogramo, multiplica la medida de la base por la altura.

La distancia más corta entre la base y el lado opuesto es la **altura** del paralelogramo.

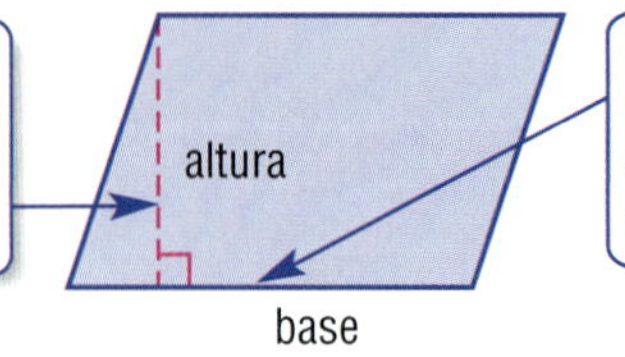


La **base** de un paralelogramo puede ser cualquiera de sus lados.

### Concepto clave — Área de un paralelogramo

**Palabras** El área $A$ de un paralelogramo es el producto de la base $b$ por la altura $h$.

**En símbolos** $A = bh$

**Modelo**

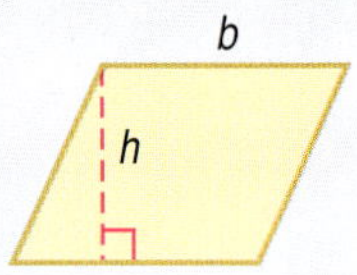

## EJEMPLOS Calcula áreas de paralelogramos

**Calcula el área de cada paralelogramo.**

**1**

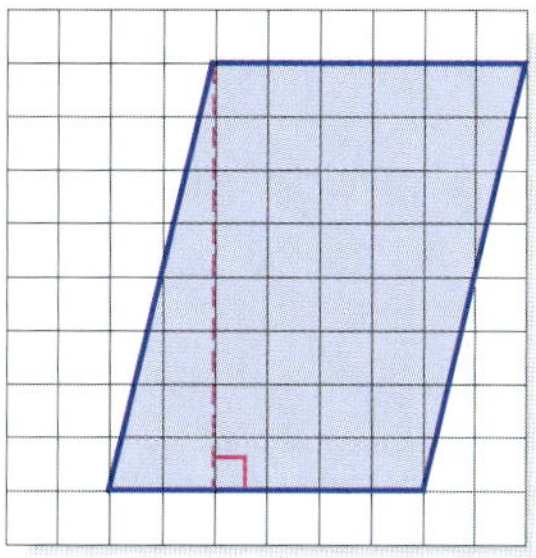

$A = bh$

$A = 6 \cdot 8$

$A = 48$

La base mide 6 unidades y la altura mide 8 unidades.

El área es de 48 unidades cuadradas ó 48 unid$^2$.

**2**

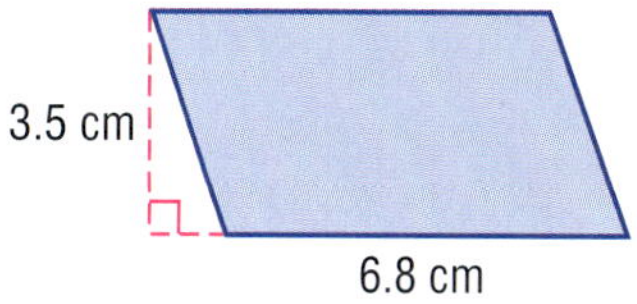


$A = bh$

$A = 6.8 \times 3.5$

$A = 23.8$

El área mide 23.8 centímetros cuadrados ó 23.8 cm$^2$.

### LEE matemáticas

**Medida del área**
La medida de un área puede escribirse usando abreviaturas y el exponente 2.
Por ejemplo:
unidades al cuadrado = unid$^2$
pulgadas cuadradas = pulg$^2$
pies cuadrados = pies$^2$
metros cuadrados = m$^2$

**Tu turno** **Calcula el área de cada paralelogramo. Redondea en décimas si es necesario.**

**a.**

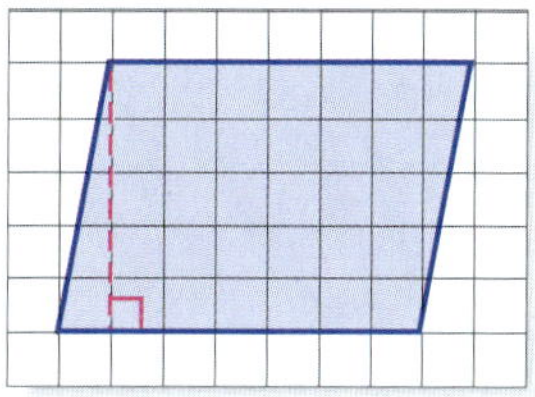

**b.**

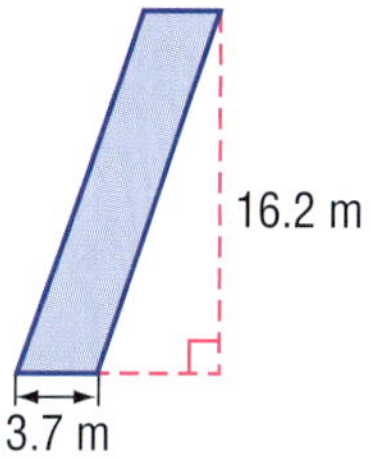


Muchos objetos de la vida real son paralelogramos.

### PROFESIONES EN LA VIDA REAL

**¿Cómo utiliza un arquitecto las matemáticas?**
Los arquitectos usan la geometría para calcular el área de los edificios.

**Investigación en línea**
Para buscar información acerca de la carrera de arquitectura, visita: msmath1.net/careers

## EJEMPLO Usa el área para resolver un problema

**3** **ARQUITECTURA Un arquitecto diseña un vestíbulo con forma de paralelogramo para un edificio de oficinas. ¿Cuál es el área del vestíbulo?**

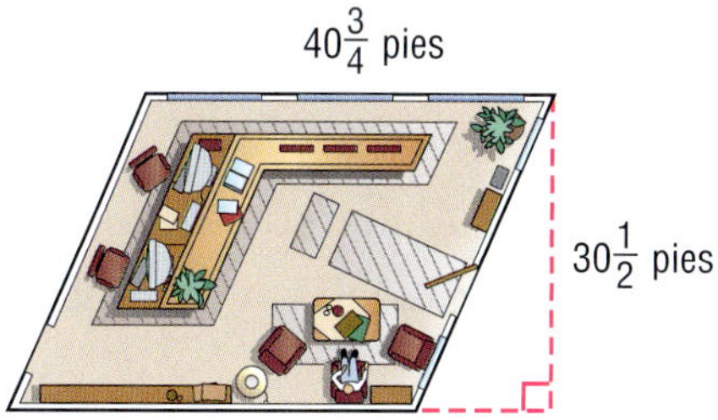


Dado que el plano del vestíbulo es un paralelogramo, emplea la fórmula $A = bh$.

$A = bh$ Área de un paralelogramo

$A = \left(40\frac{3}{4}\right)\left(30\frac{1}{2}\right)$ Reemplaza $b$ por $40\frac{3}{4}$ y $h$ por $30\frac{1}{2}$.

Estima $40\frac{3}{4} \times 20\frac{1}{2} \rightarrow 40 \times 30 = 1,200$

$A = \left(\frac{163}{4}\right)\left(\frac{61}{2}\right)$ Convierte las unidades mixtas en fracciones impropias.

$A = \frac{9,943}{8}$ ó $1,242\frac{7}{8}$ Multiplica. Luego reduce.

El área del vestíbulo es de $1,242\frac{7}{8}$ pies cuadrados.

Nota que el resultado es razonable, en comparación con el estimado de 1,200.

## Repaso de destrezas y conceptos

Escribe en matemáticas
**Ejercicio 1**

1. **Explica** la relación entre la fórmula del área de un paralelogramo con la fórmula del área de un rectángulo.

2. **INTERPRETA** Dibuja y rotula dos paralelogramos diferentes, cada uno con un área de 16 unidades cuadradas.

### PRÁCTICA DIRIGIDA

**Calcula el área de cada paralelogramo. Redondea en décimas si es necesario.**

3. 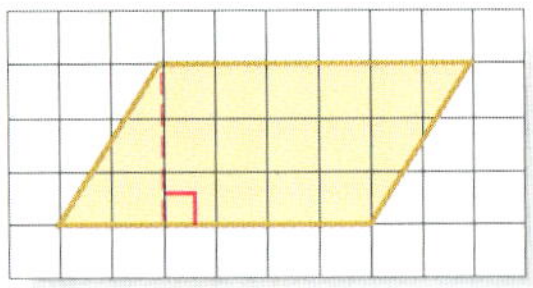

4. 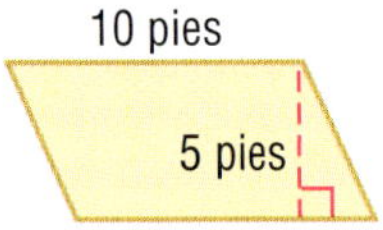


5. 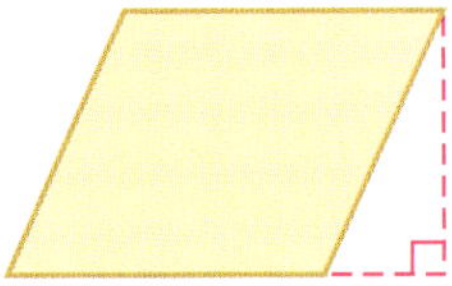


## Práctica y aplicaciones

| AYUDA CON LAS TAREAS | |
|---|---|
| Ejercicios | Ver ejemplos |
| 6–11 | 1, 2 |
| 12–13, 15, 18 | 3 |

**Práctica adicional**
**Ver páginas 622, 637.**

**Calcula el área de cada paralelogramo. Redondea en décimas si es necesario.**

6. 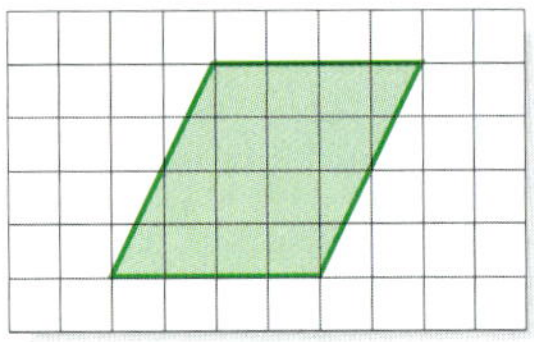

7. 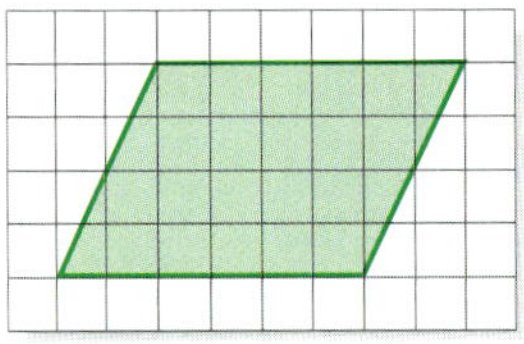

8. 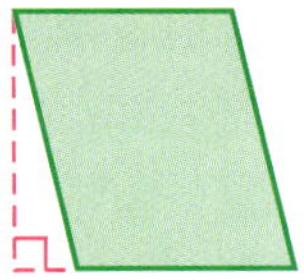


9. 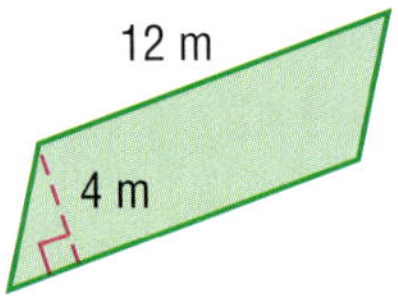


10. 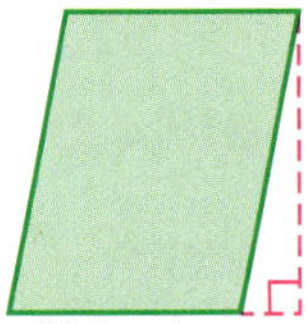


11. 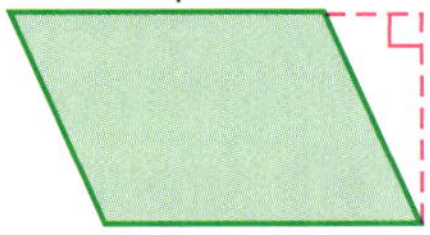


12. ¿Cuánto mide el área de un paralelogramo que tiene una base de $8\frac{4}{5}$ pulgadas y una altura de $6\frac{3}{8}$ pulgadas?

13. Calcula el área de un paralelogramo cuya base mide 6.75 metros y cuya altura mide 4.8 metros.

14. **ÁLGEBRA** Si $x = 5$ y $y < x$, ¿qué paralelogramo posee el área mayor?

a. 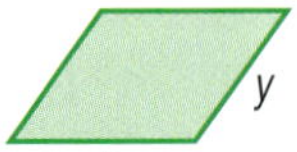


b. 

c. 

15. ¿Cuál es un estimado razonable para del área de un paralelogramo con una base de $19\frac{3}{4}$ pulgadas y una altura de $15\frac{1}{8}$ pulgadas?

16. **MEDICIÓN** ¿Cuántos pies cuadrados hay en 4 yardas cuadradas?

17. **MEDICIÓN** Calcula el número de pulgadas cuadradas en 9 pies cuadrados.

18. **EL TIEMPO** Un meteorólogo local alertó a la población de una amenaza de tormenta eléctrica para la región que se muestra en el mapa. ¿Cuál es el área de la región en peligro de tormenta eléctrica?

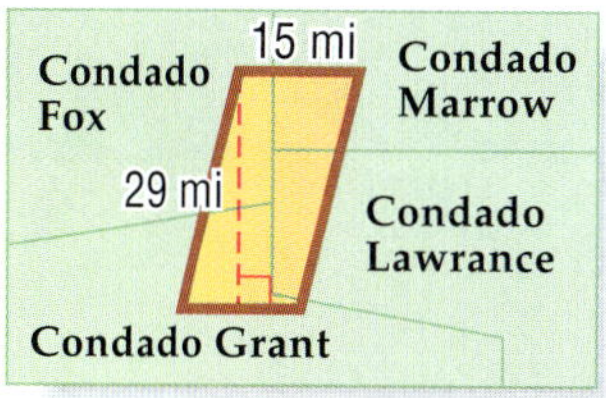


**BORRADORES** **Usa el borrador para los ejercicios 19 y 20.**

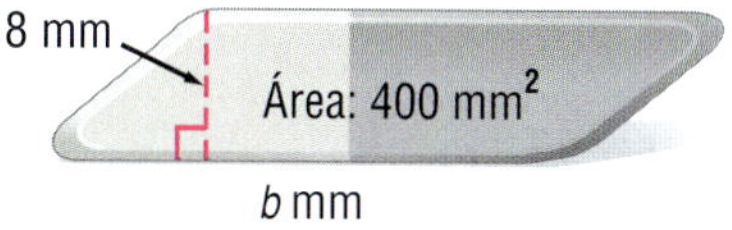


19. Escribe una ecuación para calcular la medida de la base del lado del borrador.
20. Calcula la medida de la base del lado del borrador.
21. **RAZONAMIENTO CRÍTICO** Si se duplican la base y la altura de un paralelogramo, ¿cómo cambia el área?

**EXTENSIÓN DE LA LECCIÓN** Al extender los lados de un paralelogramo, se forman ángulos especiales. Observa que la recta que interseca un par de rectas paralelas se llama *transversal*.

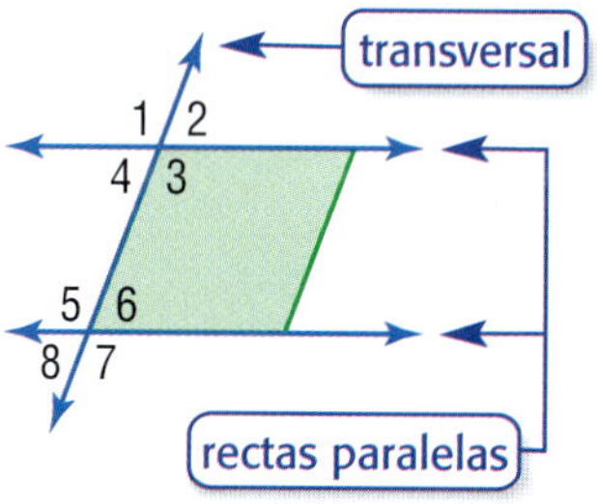


- ángulos internos: $\angle 3$, $\angle 4$, $\angle 5$, $\angle 6$
- ángulos externos: $\angle 1$, $\angle 2$, $\angle 7$, $\angle 8$
- ángulos internos alternos: $\angle 3$ y $\angle 5$, $\angle 4$ y $\angle 6$
- ángulos externos alternos: $\angle 1$ y $\angle 7$, $\angle 2$ y $\angle 8$
- ángulos correspondientes: $\angle 1$ y $\angle 5$, $\angle 2$ y $\angle 6$, $\angle 3$ y $\angle 7$, $\angle 4$ y $\angle 8$

22. Define los ángulos enumerados anteriormente.
23. Describe la relación entre los ángulos internos alternos.
24. Dibuja un paralelogramo. Luego extiende sus lados. Identifica un par de ángulos internos alternos y un par de ángulos externos alternos.
25. Si $m\angle 3 = 110°$, ¿cuáles ángulos son congruentes con $\angle 3$?
26. Si $m\angle 6 = 65°$, calcula $m\angle 1$.

## Prueba estandarizada de práctica y repaso general

27. **SELECCIÓN MÚLTIPLE** Calcula el área del paralelogramo.

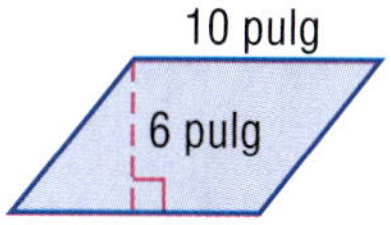


(A) 72 $pulg^2$ (B) 60 $pulg^2$ (C) 30 $pulg^2$ (D) 16 $pulg^2$

28. **RESPUESTA BREVE** ¿Cuál es la altura de un paralelogramo si su área mide 219.6 metros cuadrados y su base mide 12 metros?

29. Dibuja un par de cuadriláteros semejantes. (Lección 13-6)

**Traza cada figura. Luego dibuja todos sus ejes de simetría.** (Lección 13-5)

30. 

31. 

32. 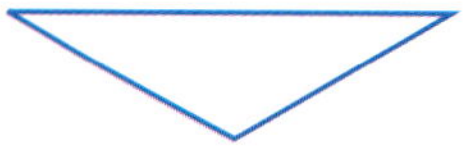

### PREPÁRATE PARA LA SIGUIENTE LECCIÓN

**REQUISITO** **Multiplica.** (Lección 7-2)

33. $\frac{1}{2} \cdot 8 \cdot 9$
34. $\frac{1}{2} \cdot 12 \cdot 5$
35. $\frac{1}{2} \cdot 25 \cdot 4$
36. $\frac{1}{2} \cdot 48 \cdot 3$

14-2a **LABORATORIO de PRÁCTICA**

*Sinopsis de la Lección 14-2*

**Lo que aprenderás**
A calcular el área de un triángulo usando las propiedades de paralelogramos.

**Materiales**
- papel cuadriculado
- lápices de colores
- tijeras

## Área de triángulos

En este laboratorio, calcularás el área de un triángulo usando las propiedades de paralelogramos.

**ACTIVIDAD** *Trabaja con un(a) compañero(a).*

**PASO 1** Dibuja un triángulo como el que se muestra en la figura. Identifica la altura y la base.

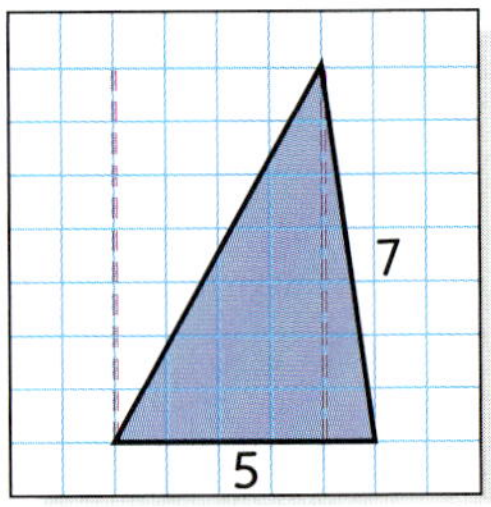


**PASO 2** Dibuja un segmento de recta punteado que mida 7 unidades y que sea paralelo a la altura del triángulo.

**PASO 3** Dibuja una recta sólida que mida 5 unidades de largo y que sea paralela a la base. Dibuja otra recta para formar el paralelogramo.

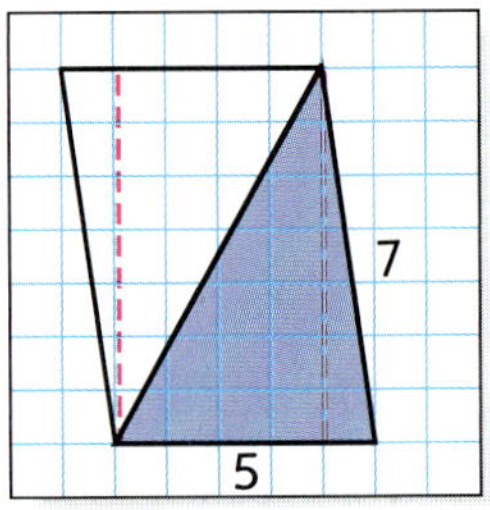


El área del paralelogramo es 5 × 7 ó 35 unidades cuadradas.

El área del triángulo es la mitad del área del paralelogramo. Por lo tanto, el área del triángulo es 35 ÷ 2 ó 17.5 unidades cuadradas.

### Tu turno

Dibuja el triángulo siguiente en papel cuadriculado. Luego, dibuja un paralelogramo y calcula el área del triángulo.

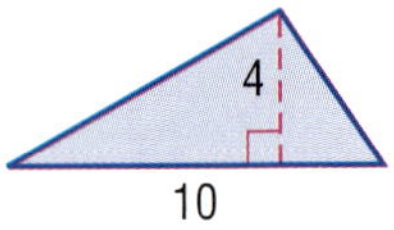


## Escribe en matemáticas

1. Supón que el área de un paralelogramo mide 84 unidades cuadradas con una altura de 7 unidades. **Describe** un triángulo relacionado con este paralelogramo y calcula el área, la base y la altura del triángulo.
2. **Dibuja** un paralelogramo relacionado con el siguiente triángulo. ¿Cómo podrías usar el dibujo para calcular el área del triángulo?
3. **Escribe** la fórmula para calcular el área de un triángulo.

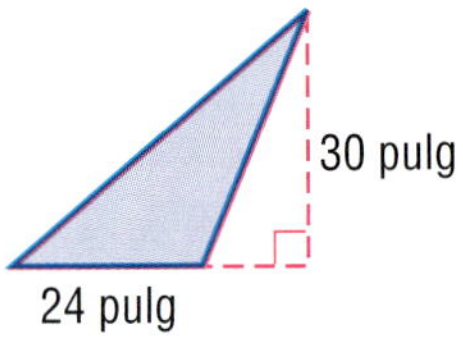

# 14-2 Área de triángulos

**Lo que aprenderás**
A calcular el área de un triángulo.

## ¿CUÁNDO usaré esto?

**JUEGOS** Tri-Ominos es un juego que usa piezas triangulares, todas del mismo tamaño.

1. Compara los dos triángulos.
2. ¿Qué figura forman los dos triángulos?
3. **Haz una conjetura** acerca de la relación que existe entre el área de un triángulo y el área de la figura completa.

Se puede formar un paralelogramo con dos triángulos congruentes. Dado que los triángulos congruentes poseen la misma área, el área de un triángulo es igual a la mitad del área de un paralelogramo.

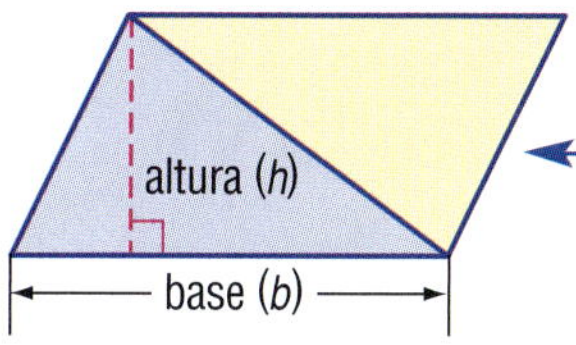


La base de un triángulo puede ser cualquiera de sus lados. La altura es la distancia más corta de la base al vértice opuesto.

## Concepto clave — Área de un triángulo

**Palabras** El área $A$ de un triángulo es igual a la mitad del producto de la base $b$ por la altura $h$.

**Símbolos** $A = \frac{1}{2}bh$

**Modelo**

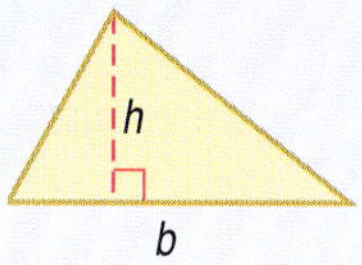


## EJEMPLO Calcula el área de un triángulo

**1 Calcula el área de un triángulo.**

Si cuentas, podrás ver que la base mide 6 unidades y la altura mide 4 unidades.

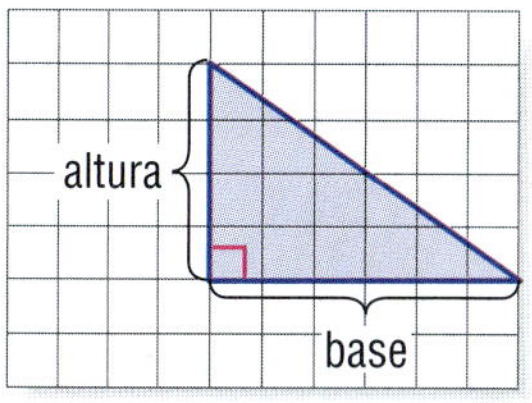


$A = \frac{1}{2}bh$ — Área de un triángulo

$A = \frac{1}{2}(6)(4)$ — Reemplaza $b$ por 6 y $h$ por 4.

$A = \frac{1}{2}(24)$ — Multiplica. $6 \times 4 = 24$

$A = 12$ — El área del triángulo es de 12 unidades cuadradas.

**AYUDA PARA EL ESTUDIO**

**Cálculo mental** Puedes multiplicar mentalmente $\frac{1}{2}(6)(4)$. Piensa: $\frac{1}{2}(6)(4)$ también es $3(4)$ ó 12.

msmath1.net/extra_examples

## EJEMPLO Calcula el área de un triángulo

**2** **Calcula el área del triángulo.**

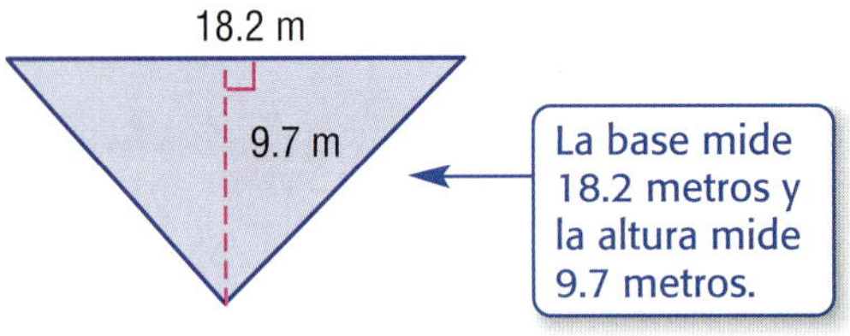


$A = \frac{1}{2}bh$ Área de un triángulo

$A = \frac{1}{2}(18.2)(9.7)$ Reemplaza *b* por 18.2 y *h* por 9.7.

0.5 [×] 18.2 [×] 9.7 [ENTER] **88.27** Usa una calculadora.

El área del triángulo es 88.3 metros cuadrados, redondea en décimas.

**Tu turno** **Calcula el área de cada triángulo. Redondea en décimas si es necesario.**

**a.**

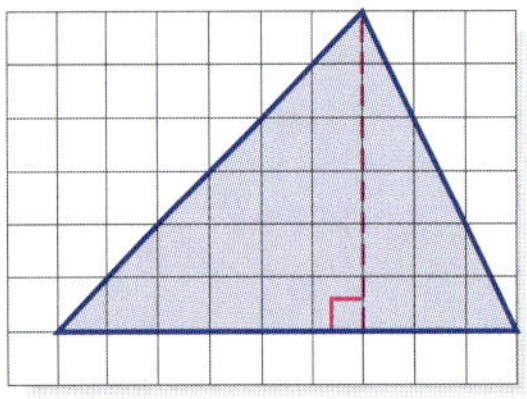

**b.**

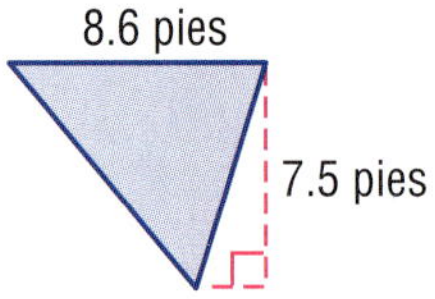


## EJEMPLO Usa el área para resolver un problema

**Prueba estandarizada de práctica**

**3** **PREGUNTA DE SELECCIÓN MÚLTIPLE**

¿Qué razón compara el área del triángulo sombreado con el área del cuadrado más grande?

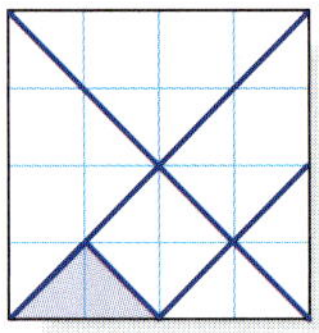

(A) 1 a 4 (B) 1 a 8

(C) 1 a 16 (D) 1 a 32

### Lee la pregunta

Necesitas calcular la razón que compare el área del triángulo con el área del cuadrado más grande.

### Resuelve

Primero calcula el área del triángulo y el área del cuadrado.

**Área del triángulo**

$A = \frac{1}{2}bh$

$A = \frac{1}{2}(2)(1)$ ó 1 unidad cuadrada

**Área del cuadrado**

$A = s^2$

$A = 4^2$ ó 16 unidades cuadradas

Ahora, calcula la razón. Dado que área del $\frac{\text{triángulo}}{\text{área del cuadrado}} = \frac{\text{unid}^2}{16 \text{ unid}^2}$,

la razón es 1 a 16. Por lo tanto, la respuesta es C.

**Ayuda para tomar pruebas** — The Princeton Review

**Fórmulas**

La mayor parte de las pruebas estandarizadas incluyen las fórmulas geométricas que necesitarás para resolver problemas. Sin embargo, es bueno que te aprendas las fórmulas antes de tomar la prueba.

## Repaso de destrezas y conceptos

**Escribe en matemáticas**
**Ejercicio 2**

1. **INTERPRETA** Dibuja dos triángulos diferentes, cada uno con un área de 24 pies cuadrados.

2. **HALLA EL ERROR** Susana y D.J. calculan el área de un triángulo. ¿Quién tiene la razón? Explica.

Susana
$A = \frac{1}{2}(28)(42)$
$A = 588\ m^2$

D.J.
$A = \frac{1}{2}(17)(42)$
$A = 357\ m^2$

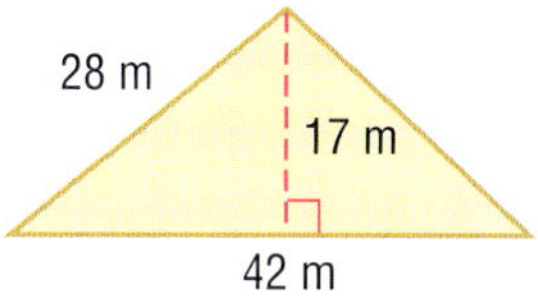


### PRÁCTICA DIRIGIDA

**Calcula el área de cada triángulo. Redondea en décimas si es necesario.**

3. 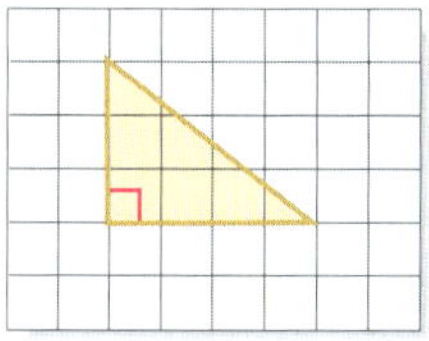

4. 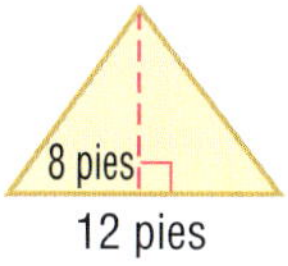


5. 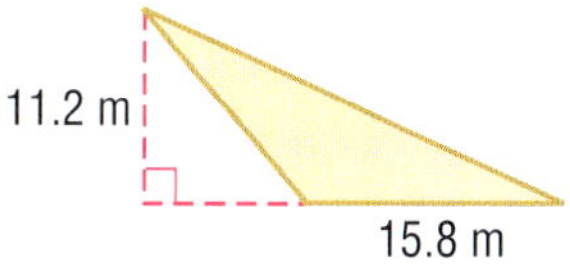


6. **DEPORTES** Un ala delta triangular mide 9 pies de ancho y la altura del ala es de 6 pies. ¿Cuánto material se empleó para hacer el ala del planeador?

## Práctica y aplicaciones

**Calcula el área de cada triángulo. Redondea en décimas si es necesario.**

| AYUDA CON LAS TAREAS | |
|---|---|
| Ejercicios | Ver ejemplos |
| 7–14, 17–20 | 1, 2 |

**Práctica adicional**
Ver páginas 622, 637.

7. 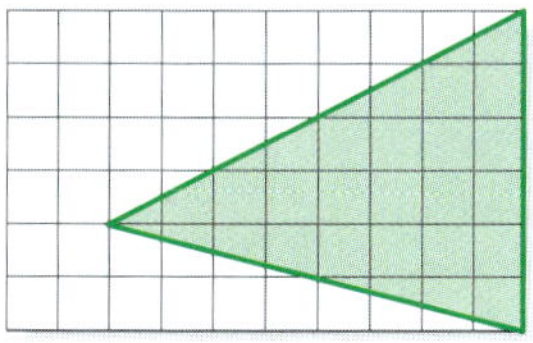

8. 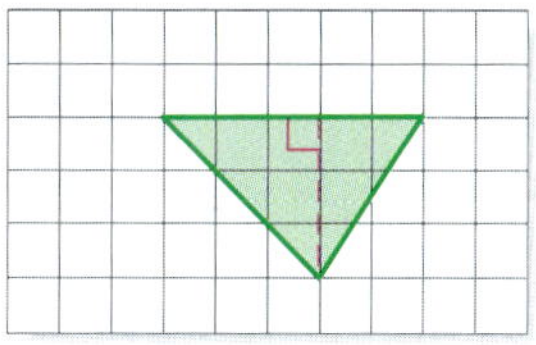

9. 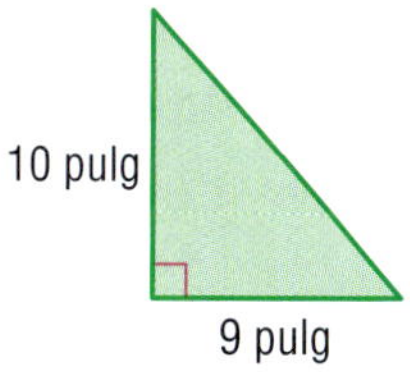


10. 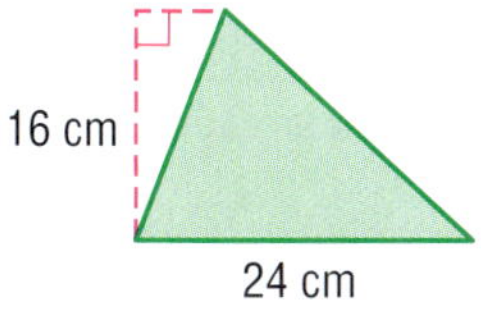


11. 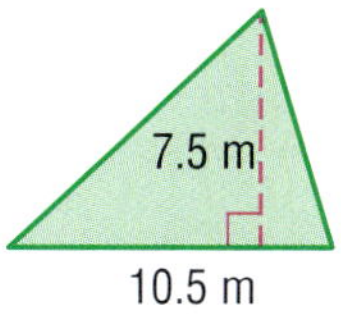


12. 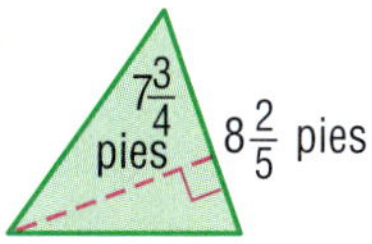


13. altura: $4\frac{2}{3}$ pulg, base: $\frac{3}{4}$ pulg

14. altura: 7.5 cm, base: 5.6 cm

15. ¿Cuál es más grande, un triángulo con un área de 25 yardas cuadradas o un triángulo con un área de 25 metros cuadrados?

16. ¿Cuál es más pequeño, un triángulo con un área de 1 pie cuadrado o un triángulo con un área de 64 pulgadas cuadradas?

17. **ARQUITECTURA** La entrada principal del Salón de la Fama del Rock and Roll es un triángulo con una base de aproximadamente 241 pies y una altura de unos 165 pies. Calcula el área de este triángulo.

**GEOGRAFÍA Usa el diagrama y la siguiente información para los ejercicios 18 y 19.**
El Triángulo de las Bermudas es un triángulo imaginario que conecta la Florida con las Islas Bermudas, las Bermudas con Puerto Rico y regresa a la Florida.

18. Estima el área de la región comprendida dentro del Triángulo de las Bermudas.
19. Calcula el área real del Triángulo de las Bermudas.
20. **UNIVERSIDAD** El dormitorio de Jack tiene forma de triángulo. El folleto de la universidad indica que los cuartos tienen un área de 304 pies cuadrados. El cuarto de Jack mide 15 pies de largo. Estima el ancho máximo del cuarto.
21. Calcula el área y el perímetro de la siguiente figura.

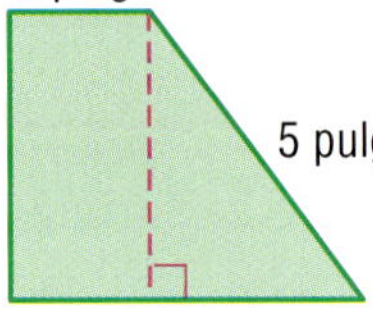


**RAZONAMIENTO CRÍTICO Usa la siguiente figura para los ejercicios 22 al 25.**

22. Calcula el área de la figura.
23. Calcula la medida de la base y de la altura de los cuatro triángulos pequeños.
24. ¿Cuánto mide el área de un triángulo pequeño?
25. ¿Es razonable tu respuesta? Explica.

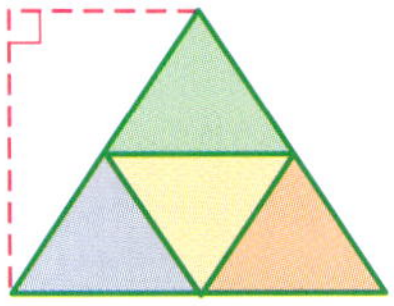


## Prueba estandarizada de práctica y repaso general

26. **SELECCIÓN MÚLTIPLE** En el diagrama siguiente, el área del triángulo de la izquierda mide 3 pies cuadrados. ¿Cuál es el área de la figura de la derecha?

    (A) 8 pies$^2$ (B) 12 pies$^2$ (C) 18 pies$^2$ (D) 22 pies$^2$

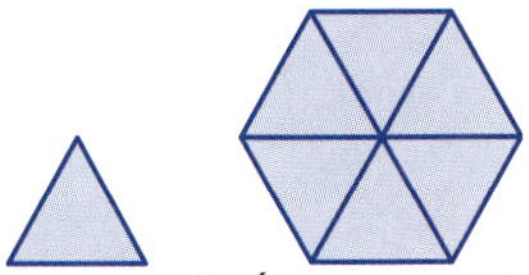


27. **SELECCIÓN MÚLTIPLE** Calcula el área del triángulo.

    (F) 27 unid$^2$ (G) 36 unid$^2$
    (H) 40 unid$^2$ (I) 54 unid$^2$

28. **GEOMETRÍA** Calcula el área de un paralelogramo cuya base mide 20 milímetros y su altura 16 milímetros. (Lección 14-1)

**Indica si cada par de figuras es *semejante*, *congruente* o *ninguna de las dos*.** (Lección 13.6)

29. 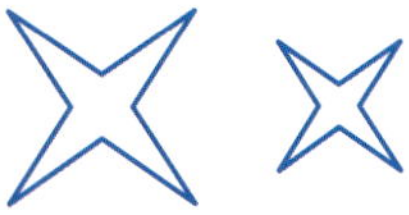
30. 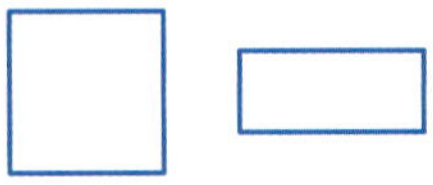
31. 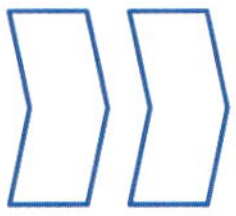

**PREPÁRATE PARA LA SIGUIENTE LECCIÓN**

**REQUISITO Evalúa cada expresión.** (Lección 1-4)

32. $9^2$ 33. $12^2$ 34. $0.6^2$ 35. $1.5^2$

# 14-2b LABORATORIO de PRÁCTICA

**Seguimiento de la Lección 14-2**

## Lo que aprenderás

A calcular el área de un trapecio usando las propiedades de los triángulos.

## Materiales

- papel cuadriculado

# Área de trapecios

Un trapecio es un cuadrilátero con un par de lados opuestos paralelos. En este laboratorio, explorarás cómo calcular el área de un trapecio usando la fórmula para el área de un triángulo.

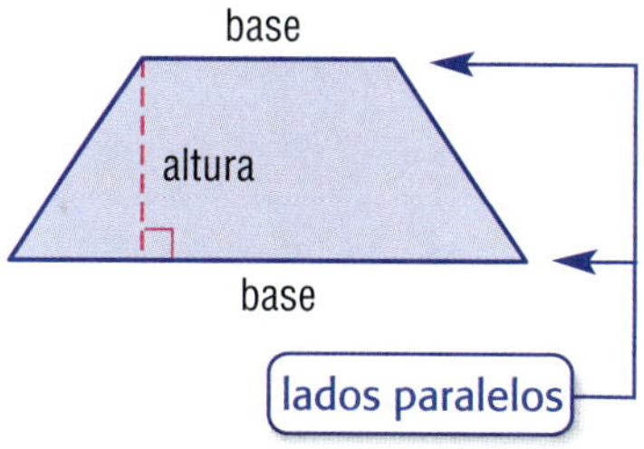


## ACTIVIDAD

**PASO 1** Dibuja un trapecio. Divídelo en dos triángulos, como se muestra.

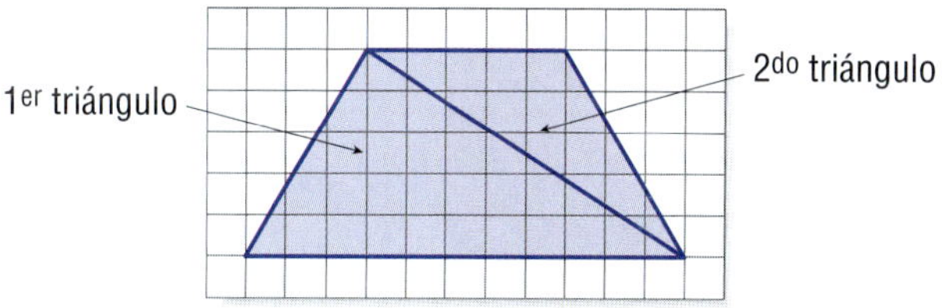


**PASO 2** Dibuja y rotula la altura y la base de cada triángulo.

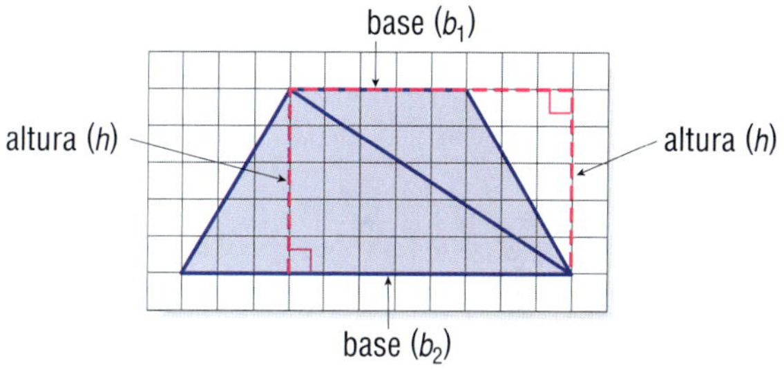


**PASO 3** Escribe la fórmula para calcular el área de un trapecio.

$$\begin{aligned} \text{área de un trapecio} &= \text{área del primer } \triangle + \text{área del segundo } \triangle \\ &= \frac{1}{2}b_1h + \frac{1}{2}b_2h \\ &= \frac{1}{2}h(b_1 + b_2) \quad \text{Propiedad distributiva} \end{aligned}$$

### Tu turno

a. Calcula el área del trapecio anterior.

# Escribe en matemáticas

1. Explica la relación que existe entre el área de un trapecio y el área de un triángulo.
2. ¿Por qué $A = \frac{1}{2}b_1h + \frac{1}{2}b_2h$ se puede escribir como $A = \frac{1}{2}h(b_1 + b_2)$?
3. Explica cómo dividirías cualquier trapecio en triángulos para calcular su área.

# 14-3 Área de círculos

**Lo que aprenderás**
A calcular el área de un círculo.

**REPASO de vocabulario**

***Circunferencia:*** la distancia alrededor de un círculo **(Lección 4-6)**

**Símbolos matemáticos**

$\pi$ es aproximadamente igual a 3.14

## PRÁCTICA Minilaboratorio

**Materiales**
- plato de cartón
- tijeras

*Trabaja con un(a) compañero(a).*

Usarás un plato de cartón para explorar el concepto de área de un círculo.

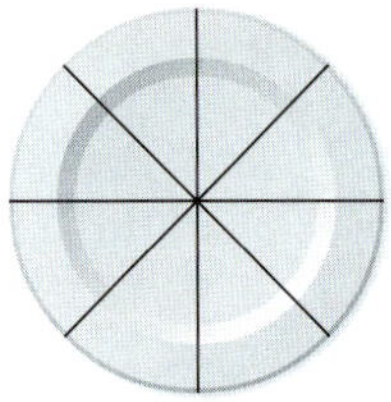

**PASO 1** Dobla un plato de cartón en octavos.

**PASO 2** Desdobla el plato y corta a lo largo de los dobleces.

**PASO 3** Acomoda las piezas para formar la figura que se muestra.

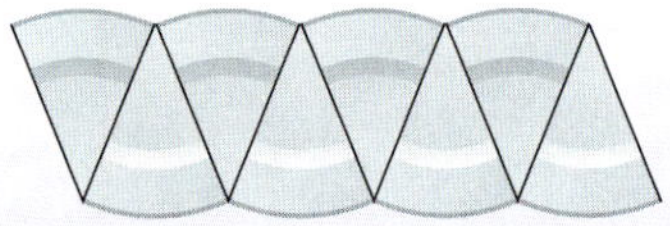

1. ¿A qué se parece esta figura?
2. ¿Qué parte del círculo representa la altura de la figura?
3. ¿Qué relación hay entre la circunferencia del círculo y la base de la figura?
4. ¿Cómo calcularías el área de la figura?

Un círculo se puede dividir en segmentos, tal como se muestra. Los segmentos se pueden acomodar para formar una figura parecida a un paralelogramo.

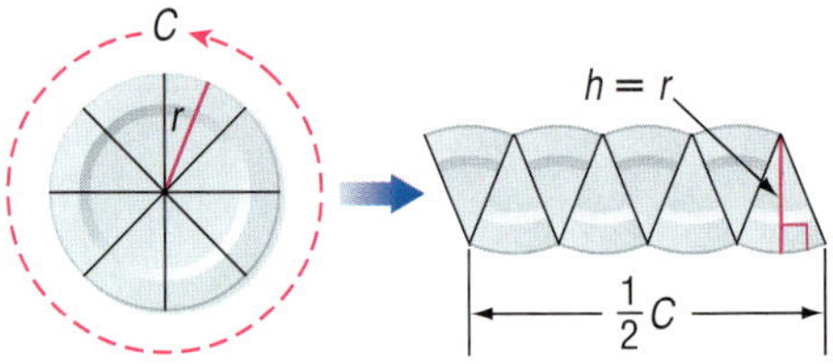


Puedes usar la fórmula para calcular el área de un paralelogramo, como referencia para obtener la fórmula para calcular el área de un círculo.

| | |
|---|---|
| $A = bh$ | Área de un paralelogramo |
| $A = \left(\frac{1}{2}C\right)r$ | La base es la mitad de la circunferencia. La altura es el radio. |
| $A = \frac{1}{2}(2\pi r)r$ | Reemplaza $C$ por $2\pi r$, la fórmula para calcular la circunferencia. |
| $A = \pi \cdot r \cdot r$ | Reduce. $\frac{1}{2} \cdot 2 = 1$ |
| $A = \pi r^2$ | Reduce. $r \cdot r = r^2$ |

**Concepto clave** — **Área de círculos**

**Palabras** El área $A$ de un círculo es el producto de $\pi$ por el cuadrado del radio $r$.

**Símbolos** $A = \pi r^2$

**Modelo**

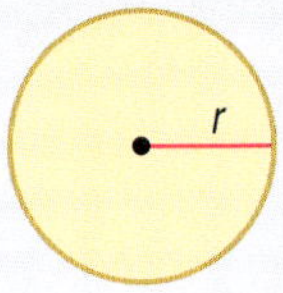

## EJEMPLOS Calcula el área de círculos

### LEE matemáticas

**Estimación** Para estimar el área de un círculo, puedes multiplicar el cuadrado del radio por 3, porque $\pi$ es aproximadamente igual a 3.

**Calcula el área de cada círculo en décimas. Usa 3.14 para $\pi$.**

**1**

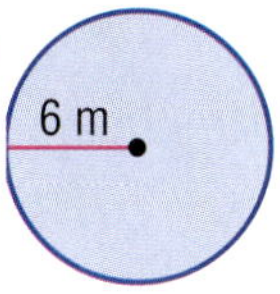


| | |
|---|---|
| $A = \pi r^2$ | Área de un círculo |
| $A \approx 3.14 \times 6^2$ | Reemplaza $\pi$ por 3.14 y $r$ con 6. Estima $3.14 \times 6^2 \rightarrow 3 \times 40 = 120$ |
| $A \approx 3.14 \times 36$ | Evalúa $6^2$. |
| $A \approx 113.04$ | Usa una calculadora. |

El área mide aproximadamente 113.0 metros cuadrados.

**2**

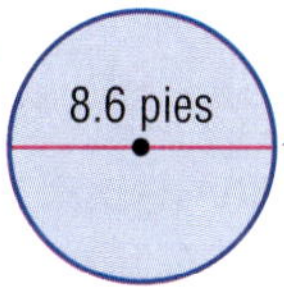


El diámetro mide 8.6 pies. Por lo tanto, el radio mide: 8.6 ÷ 2 ó 4.3 pies.

| | |
|---|---|
| $A = \pi r^2$ | Área de un círculo |
| $A \approx 3.14 \times 4.3^2$ | Reemplaza $\pi$ por 3.14 y $r$ por 4.3. Estima $3.14 \times 4.3^2 \rightarrow 3 \times 20 = 60$ |
| $A \approx 3.14 \times 18.49$ | Evalúa $4.3^2$. |
| $A \approx 58.0586$ | Usa una calculadora. |

El área mide aproximadamente 58.1 pies cuadrados.

**Tu turno** **Calcula el área de cada círculo en décimas. Usa 3.14 para $\pi$.**

a.

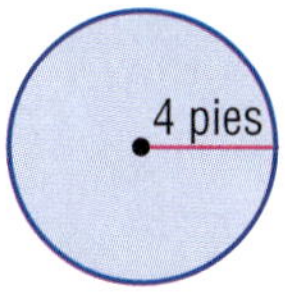


b.

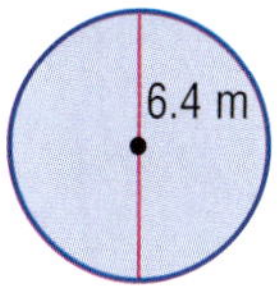


### MATEMÁTICAS EN LA VIDA DIARIA

**VOLCANES** Los volcanes de escudo se llaman así por su forma ancha y ligeramente inclinada que se asemeja al escudo de un guerrero. En California y Oregon, varios volcanes de escudo tienen diámetros de 3 ó 4 millas y alturas de 1,500 a 2,00 pies.

**Fuente:** U.S. Geological Survey

Muchos objetos de la vida real son circulares.

## EJEMPLO Usa el área para resolver un problema

**3** **VOLCANES El volcán de escudo Belknap está situado en Oregon. Este volcán es circular y tiene un diámetro de 5 millas. ¿Aproximadamente qué área de terreno cubre este volcán?**

Usa la fórmula del área de un círculo para calcular el área del volcán.

| | |
|---|---|
| $A = \pi r^2$ | Área de un círculo |
| $A \approx 3.14 \times 2.5^2$ | Reemplaza $\pi$ por 3.14 y $r$ por 2.5. Estima $3.14 \times 2.5^2 \rightarrow 3 \times 6 = 18$ |
| $A \approx 3.14 \times 6.25$ | Evalúa $2.5^2$. |
| $A \approx 19.625$ | Usa una calculadora. |

El volcán cubre aproximadamente 20 millas cuadradas de terreno.

## Repaso de destrezas y conceptos

**Escribe en matemáticas**
**Ejercicios 1 y 3**

1. **Explica** cómo se estima el área de un círculo.

2. **INTERPRETA** Ubica un objeto circular en tu salón de clases o en tu casa. Estima y luego calcula el área real del objeto.

3. **HALLA EL ERROR** Whitney y Cristal calculan el área del círculo. ¿Quién tiene la razón? Explica.

| Whitney | Crystal |
|---|---|
| $A \approx 3.14 \times (12.5)^2$ | $A \approx 3.14 \times (6.25)^2$ |

### PRÁCTICA DIRIGIDA

**Calcula el área de cada círculo. Redondea en décimas y usa 3.14 para $\pi$.**

4.
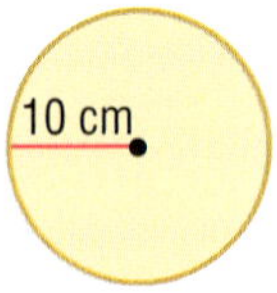


5.
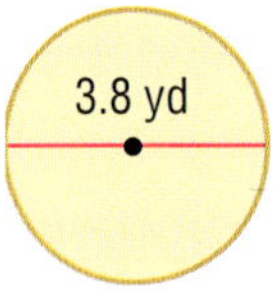


6.
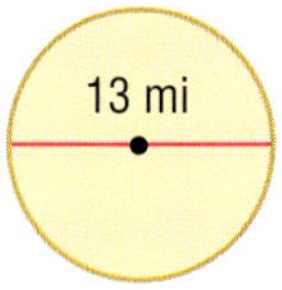


7. **CIENCIA** El epicentro de un terremoto es el punto a partir del cual se irradian las ondas de choque. ¿Cuál es el área de la región afectada por un terremoto, cuyas ondas de choque se desplazaron 29 millas desde el epicentro?

## Práctica y aplicaciones

**Calcula el área de cada círculo. Redondea en décimas y usa 3.14 para $\pi$.**

**AYUDA CON LAS TAREAS**

| Ejercicios | Ver ejemplos |
|---|---|
| 8–15 | 1, 2 |
| 16–18 | 3 |

**Práctica adicional**
**Ver páginas 622, 637.**

8.

9.
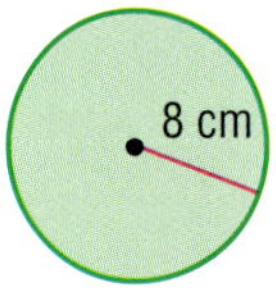


10.
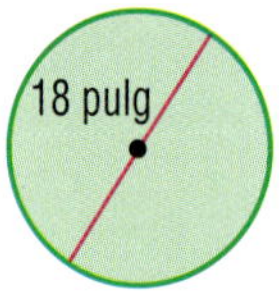


11.
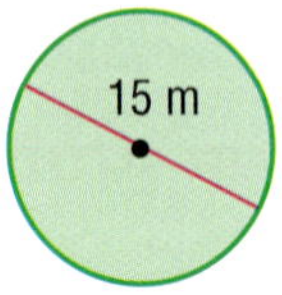


12.
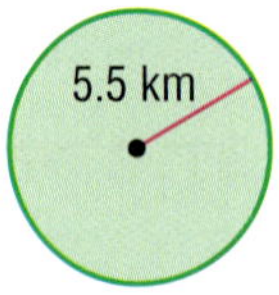


13.
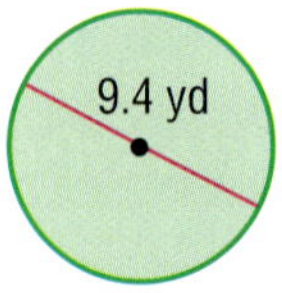


14. ¿Cuál es el área de un círculo cuyo radio mide 7.75 metros?

15. Calcula el área de un círculo con un diámetro de $175\frac{3}{8}$ pies.

16. **LUCHA LIBRE** Un tapiz de lucha libre es un tapete cuadrado que mide 12 metros por 12 metros. Dentro del cuadrado hay un círculo cuyo radio mide 4.5 metros. Calcula el área del círculo y redondea en décimas.

**Actualiza datos** Calcula el área de cada círculo que aparezca en una cancha oficial de hockey. ¿Qué diferencia hay entre estos círculos y el círculo del tapiz de lucha libre? Visita msmath1.net/data_update para obtener más información.

17. **ESCUELA** Supón que estás preparando un informe sobre las creencias de las personas acerca de los extraterrestres y que copias la siguiente gráfica circular en la portada del informe. La gráfica que copias en el cuaderno tiene un diámetro de 9.5 pulgadas. Identifica el área de la sección de la gráfica que representa el 20% y redondea en décimas.

18. **HERRAMIENTAS** Un aspersor que rocía agua en un área circular puede ajustarse para rociar hasta 30 pies de distancia. ¿Cuál es el área máxima de césped que se puede regar con el aspersor?

19. **RAZONAMIENTO CRÍTICO** Supón que duplicas el radio de un círculo. ¿Cómo se afecta el área?

**EXTENSIÓN DE LA LECCIÓN** La fracción $\frac{22}{7}$ también se puede usar para $\pi$.

**Calcula el área de cada círculo. Usa $\frac{22}{7}$ para $\pi$.**

20. 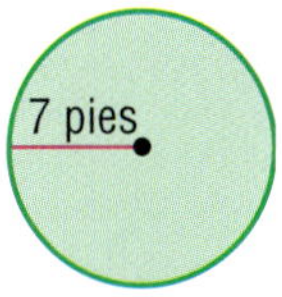


21. 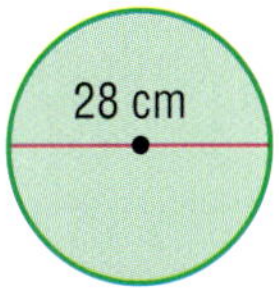


22. 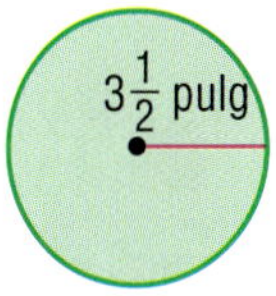


## Prueba estandarizada de práctica y repaso general

23. **RESPUESTA BREVE** Calcula el área de la cubierta de una tina circular cuyo diámetro mide 6.5 pies. Redondea en décimas.

24. **SELECCIÓN MÚLTIPLE** Calcula el área de la región sombreada de la siguiente figura. Usa 3.14 para $\pi$.

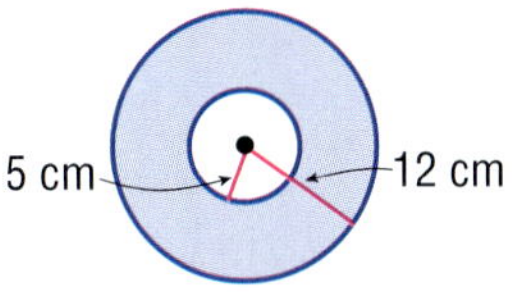


Ⓐ 53.38 $cm^2$  Ⓑ 373.66 $cm^2$

Ⓒ 452.16 $cm^2$  Ⓓ 530.66 $cm^2$

25. **GEOMETRÍA** ¿Cuál es el área de un triángulo con una base de 8 metros de largo y una altura de 14 metros? (Lección 14-2)

26. **GEOMETRÍA** Calcula el área del paralelogramo siguiente. Redondea en décimas si es necesario. (Lección 14-1)

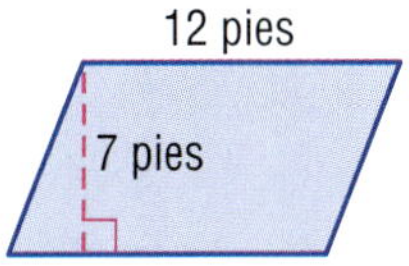


## PREPÁRATE PARA LA SIGUIENTE LECCIÓN

**DESTREZA BÁSICA Haz un esquema de cada objeto.**

27. barquillo de helado
28. caja de zapatos
29. pajilla

# 14-3b LABORATORIO de PRÁCTICA

**Seguimiento de la Lección 14-3**

**Lo que aprenderás**
A hacer gráficas circulares.

**Materiales**
- lápices de colores
- regla
- compás
- transportador
- calculadora

## Haz gráficas circulares

"¿Es importante un clima soleado en un sitio de vacaciones?" La gráfica circular de la derecha muestra como respondió la gente a esta pregunta.

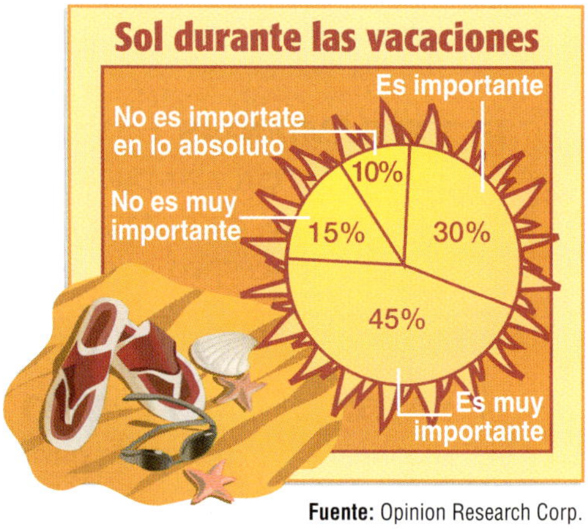


**Fuente:** Opinion Research Corp.

1. ¿Qué porcentaje afirmó que no era tan importante tener luz solar durante las vacaciones?
2. ¿Qué porcentaje está representado por la gráfica circular completa? ¿Cuántos grados hay en el círculo?
3. Explica en qué circunstancias una gráfica circular es la mejor opción para representar un conjunto de datos.

En este laboratorio, aprenderás a hacer gráficas circulares.

**ACTIVIDAD** *Trabaja con un(a) compañero(a).*

Se le preguntó a un grupo de adolescentes que nombraran su prioridad en el año escolar. Los resultados se muestran en la siguiente tabla. Presenta los datos en una gráfica circular.

**Prioridades en el año escolar**

| Prioridad | Porcentaje |
|---|---|
| Deportes | 12.5% |
| Buenas calificaciones | 50% |
| Amigos | 25% |
| Novio/Novia | 12.5% |

**PASO 1** Calcula el número de grados para cada porcentaje. Para hacer esto, primero convierte cada porcentaje en decimal. Luego multiplica cada decimal por 360, el cual es el número total de grados en una gráfica circular.

| Porcentaje a decimal | Multiplica por 360 |
|---|---|
| 12.5% → 0.125 | $0.125 \times 360 = 45$ |
| 50% → 0.50 | $0.50 \times 360 = 180$ |
| 25% → 0.25 | $0.25 \times 360 = 90$ |
| 12.5% → 0.125 | $0.125 \times 360 = 45$ |

La suma siempre debe ser 360.

El resultado es el número de grados en las secciones correspondientes de la gráfica circular.

**PASO 2** Con un compás, dibuja un círculo con un radio de por lo menos 1 pulgada. Dibuja un radio con una regla.

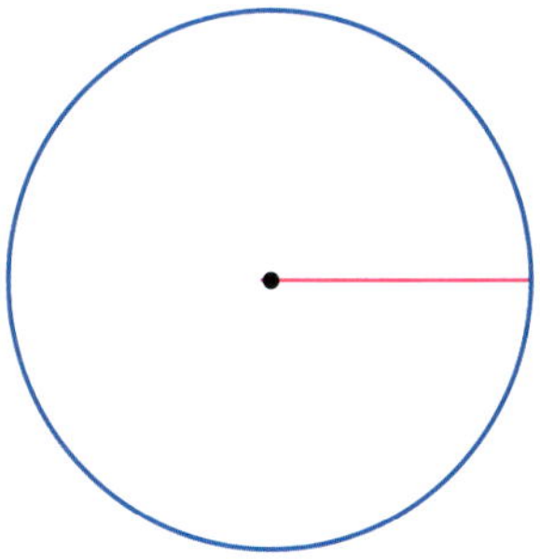

**PASO 3** Usa un transportador para dibujar un ángulo para la sección de *Deportes* en la gráfica. Repite los pasos 1 al 3 para cada categoría.

**PASO 4** Sombrea cada región de la gráfica. Luego, titula la gráfica.

**Prioridades en el año escolar**

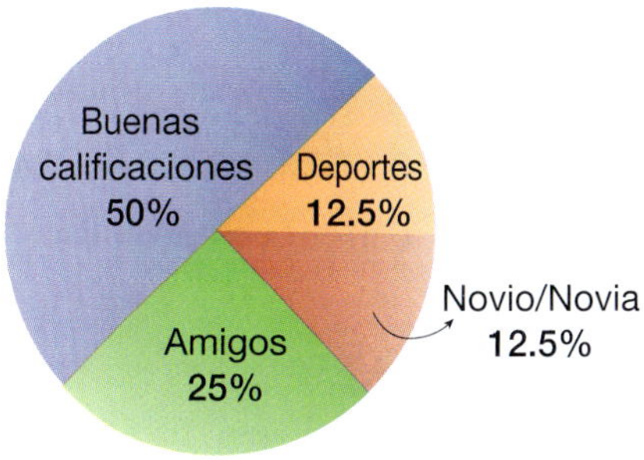


$50\% = \frac{1}{2}$ así que 50% es $\frac{1}{2}$ de la gráfica.

$25\% = \frac{1}{4}$ así que 25% es $\frac{1}{4}$ de la gráfica.

$12.5\% = \frac{1}{8}$ así que 12.5% es $\frac{1}{8}$ de la gráfica.

## Tu turno **Presenta cada conjunto de datos con una gráfica circular.**

a.

**Tiempo que se pasa jugando videojuegos**

| Tiempo (h) | Porcentaje |
|---|---|
| 0–1 | 35% |
| 1–2 | 10% |
| 2–3 | 25% |
| 3 ó más | 30% |

b.

**Tiempo que una película permanece en la cámara antes de revelarse**

| Tiempo (meses) | Porcentaje |
|---|---|
| 0–6 | 45% |
| 6–12 | 37.5% |
| 13–18 | 12.5% |
| no sabe | 5% |

## Escribe en matemáticas

1. **Compara** cada gráfica circular con su tabla correspondiente. ¿Cuál representa más claramente los datos? Explica.
2. **Examina** cada conjunto de los datos que presentaste. Explica cómo compara cada conjunto de datos las relaciones entre las partes y el todo.
3. **Da un ejemplo** de un conjunto de datos que *no* se pueda representar por una gráfica circular. ¿Qué tipo de gráfica representaría mejor a este conjunto de datos?
4. **Explica** cómo se relaciona el área de un círculo con la elaboración de una gráfica circular.

# CAPÍTULO 14 Prueba parcial de práctica del capítulo

## Vocabulario y conceptos

1. **Escribe** con palabras la fórmula para calcular el área de un paralelogramo. (Lección 14-1)
2. **Explica** la relación entre el radio y el diámetro de un círculo. (Lección 14-3)

## Destrezas y aplicaciones

**Calcula el área de cada figura. Redondea en décimas si es necesario.**
(Lecciones 14-1 y 14-2)

3. 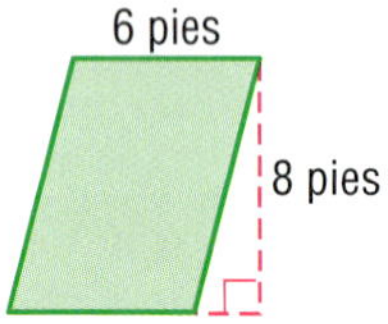


4. 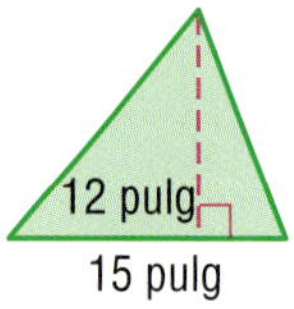


5. 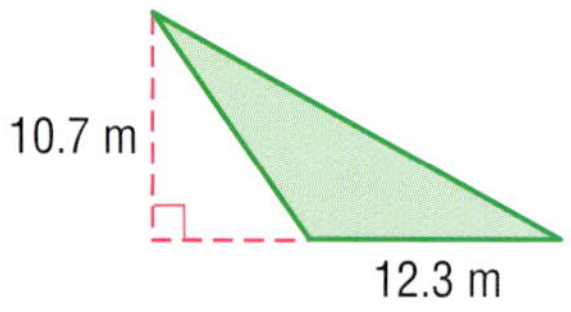


6. ¿Cuánto mide el área de un paralelogramo cuya base mide $5\frac{2}{5}$ pies y cuya altura es de $7\frac{1}{2}$ pies? (Lección 14-1)
7. **BOTES** Un velero tiene una vela triangular cuya base mide 10.5 pies y cuya altura es de 30.75 pies. ¿Cuál es el área de la vela? (Lección 14-2)

**Calcula el área de cada círculo. Redondea en décimas y usa 3.14 para π.**
(Lección 14-3)

8. 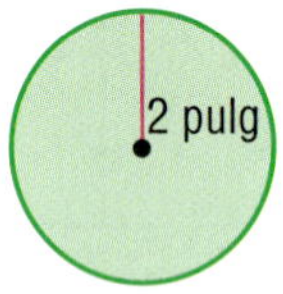


9. 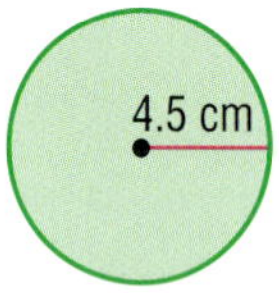


10. 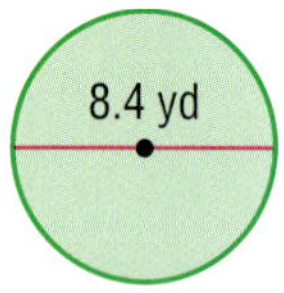


11. Calcula el área de un círculo cuyo diámetro mide 10.5 pulgadas. Redondéalo en décimas. (Lección 14-3)

## Prueba estandarizada de práctica

12. **SELECCIÓN MÚLTIPLE** ¿Con qué expresión se calcula el área de la figura? (Lección 14-1)

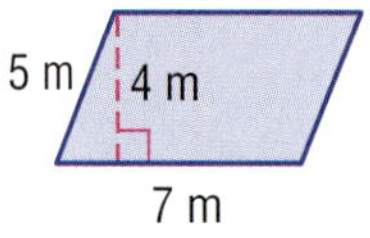


Ⓐ 5 × 4 Ⓑ 5 × 7
Ⓒ 4 × 7 Ⓓ 5 × 4 × 7

13. **RESPUESTA BREVE** Una piscina para terapia física tiene forma circular. Si el diámetro mide 9 metros, ¿cuánto material se necesita para cubrir la piscina? (Lección 14-3)

# La Zona de juegos

Un sitio para practicar tus destrezas matemáticas

# Se acabó el tiempo para los círculos

## ¡ALÍSTATE!

**Jugadores:** cinco
**Materiales:** cartulina, compás, cubo numerado, cronómetro de 1 minuto

## ¡EN TU MARCA!

- Usa un compás para dibujar el siguiente tablero de juegos.
- Elige un jugador para que sirva de cronometrador oficial y otro como verificador de respuestas.
- Divídanse en equipos de dos jugadores.

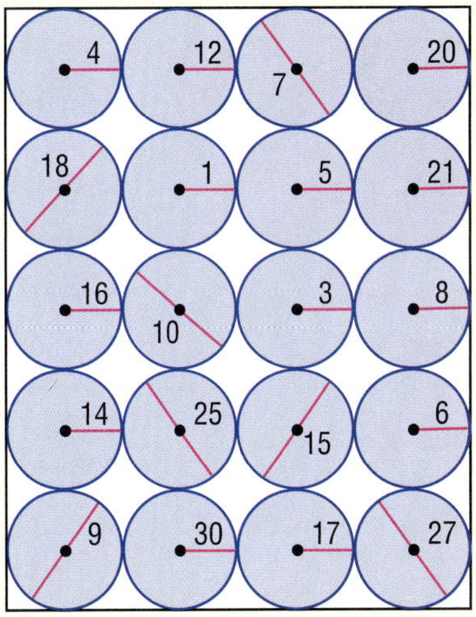


## ¡ADELANTE!

- Un jugador lanza un cubo numerado sobre el tablero.
- El otro miembro del equipo tiene un minuto para calcular el área del círculo en el cual cayó el dado.
- El verificador de respuestas verifica la respuesta y premia una respuesta correcta con 5 puntos.
- Ahora es el turno del otro equipo.
- **¿Quién gana?** El equipo con el mayor marcador total después de cinco rondas.

# 14-4 Figuras tridimensionales

**Lo que aprenderás**
A identificar figuras tridimensionales.

**NUEVO vocabulario**
- figura tridimensional
- cara
- arista
- cara lateral
- vértice
- prisma
- base
- pirámide
- cono
- cilindro
- esfera
- centro

## ¿CUÁNDO usaré esto?

**COMETAS** La figura muestra una cometa tipo caja y una cometa tipo delta.

1. ¿A qué forma se asemeja una cometa tipo delta?
2. Nombra la forma a la cual se asemeja cada lado de la cometa tipo caja.
3. Describe cómo difiere la forma de la cometa tipo caja de la forma del cometa tipo delta.

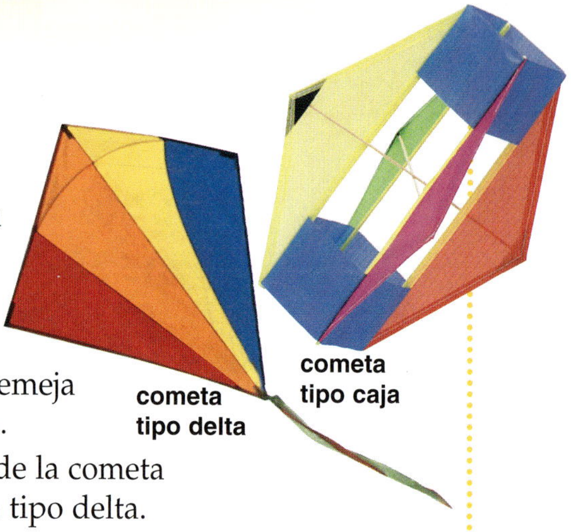


Muchas formas comunes son **figuras tridimensionales**. Es decir, tienen longitud, ancho y profundidad (o altura). Algunos términos asociados con las figuras tridimensionales son cara, arista, vértice y cara lateral.

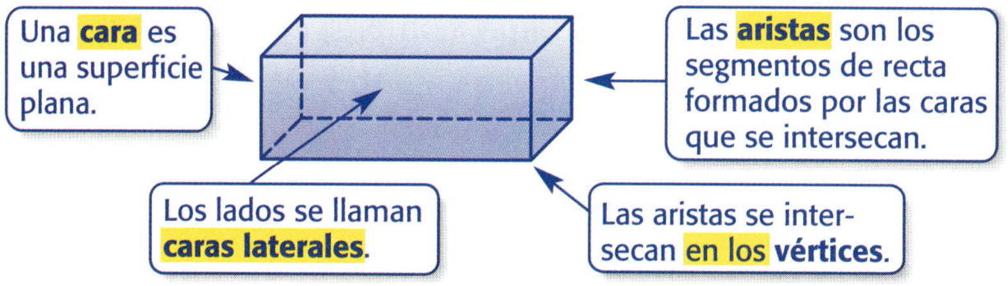


Los prismas y las pirámides son dos tipos de figuras tridimensionales.

**Concepto clave** — **Prismas y pirámides**

**Prisma**
- Tiene por lo menos tres caras laterales que son rectángulos.
- La cara superior y la cara inferior son las **bases** y son paralelas.
- El prisma se nombra según la forma de la base.

Prisma rectangular

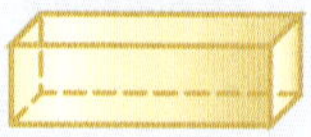

Prisma triangular

Prisma cuadrangular o cubo

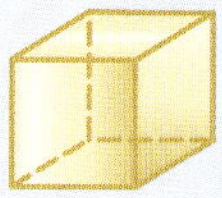

**Pirámide**
- Tiene por lo menos tres caras laterales que son triángulos y sólo una base.
- La base puede tener la forma de cualquier figura cerrada con tres o más lados.
- La pirámide se nombra según la forma de la base.

Pirámide triangular

Pirámide cuadrada

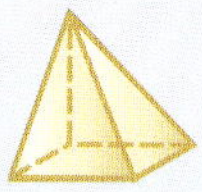

**AYUDA PARA EL ESTUDIO**

**Figuras tridimensionales** En las figuras tridimensionales, se usan líneas punteadas para indicar aristas que están fuera del campo visual.

Algunas figuras tridimensionales poseen superficies curvas.

**Concepto clave** — **Conos, cilindros y esferas**

| | | |
|---|---|---|
| **Cono** | • Tiene sólo una base.<br>• La base es un círculo.<br>• Tiene un vértice y no posee aristas. |  |
| **Cilindro** | • Tiene sólo dos bases.<br>• Las bases son círculos.<br>• No tiene ni vértices ni aristas. |  |
| **Esfera** | • Todos los puntos en una esfera están equidistantes del **centro**.<br>• No tiene caras, bases, aristas ni vértices. | 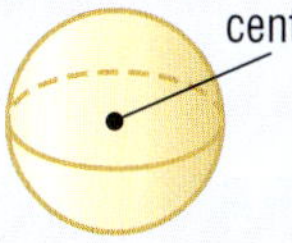 centro |

## EJEMPLOS Identifica figuras tridimensionales

**Identifica cada figura.**

**1**

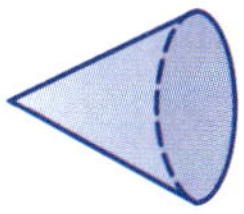

Una base circular, sin aristas y un vértice.

La figura es un cono.

**2**

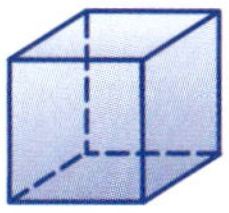

Todas las caras son cuadrados.

La figura es un cubo.

**Tu turno**

a. Identifica la figura que se muestra a la derecha.

## Repaso de destrezas y conceptos

Escribe en matemáticas
Ejercicio 2

1. **Indica** el número de vértices de cada figura.

a. 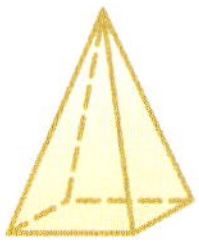

b. 

c. 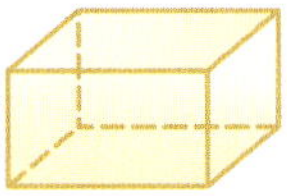

d. 

2. **Explica** la diferencia entre una figura bidimensional y una figura tridimensional.

### PRÁCTICA DIRIGIDA

**Identifica cada figura.**

3. 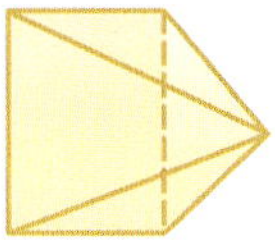

4. 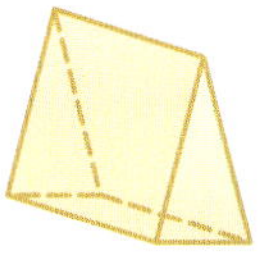

5. **ALIMENTOS** Dibuja la figura que representa una lata de sopa. Luego, identifica la figura.

## Práctica y aplicaciones

| AYUDA CON LAS TAREAS | |
|---|---|
| Ejercicios | Ver ejemplos |
| 6–9 | 1, 2 |

**Práctica adicional**
**Ver páginas 623, 637.**

**Identifica cada figura.**

6. 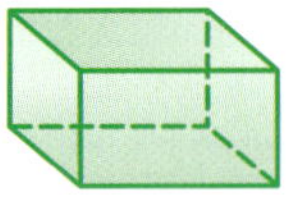

7. 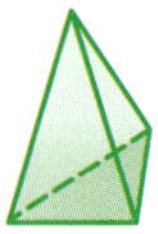

8. 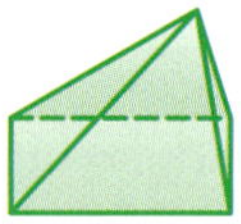

9. 

10. **ESCUELA** Dibuja la figura que representa un libro de texto. ¿Cuál es el nombre de la figura?

11. **DEPORTES** Los megáfonos se usan para ampliar o dirigir la voz. Bosqueja la figura de un megáfono. Explica por qué no se identifica como un cono.

**RAZONAMIENTO CRÍTICO En los ejercicios 12 y 13, dibuja figuras que apoyen tus respuestas.**

12. ¿Qué tipo de pirámide tiene exactamente cuatro caras?

13. ¿Qué figura se forma si sólo se aumenta la altura de un cubo?

**EXTENSIÓN DE LA LECCIÓN** Un *plano* es una superficie plana que extiende en todas direcciones. Las caras de un prisma son partes de un plano. Dos rectas que no están en el mismo plano y que no se intersecan son *rectas alabeadas*.

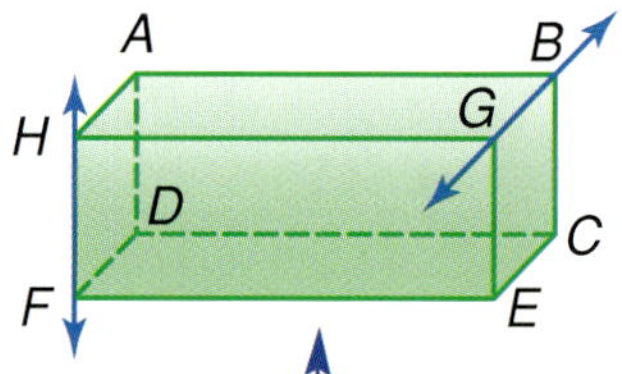


El plano *AHF* y el plano *BCE* están sombreados. Las rectas $\overleftrightarrow{HF}$ y $\overleftrightarrow{BG}$ son rectas alabeadas.

14. Identifica otros dos planos en el prisma rectangular. Se necesitan tres vértices para nombrar un plano.

15. Identifica otros dos pares de rectas que sean alabeadas.

## Prueba estandarizada de práctica y repaso general

16. **SELECCIÓN MÚLTIPLE** La base de un cono es un __?__.

(A) triángulo (B) círculo (C) radio (D) rectángulo

17. **SELECCIÓN MÚLTIPLE** Identifica la figura que se muestra.

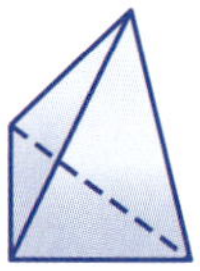

(F) pirámide triangular (G) pirámide cuadrangular
(H) pirámide rectangular (I) prisma triangular

**Calcula el área de cada círculo. Redondea en décimas y usa 3.14 para π.** (Lección 14-3)

18. radio: 22 pulg
19. diámetro: 6 m
20. diámetro: 4.6 pies

21. **GEOMETRÍA** ¿Cuál es el área de un triángulo cuya base mide 52 pies y cuya altura es de 38 pies? (Lección 14-2)

### PREPÁRATE PARA LA SIGUIENTE LECCIÓN

**REQUISITO Multiplica. Redondea en décimas.** (Lección 4-2)

22. $8.2 \times 4.8 \times 2.1$
23. $5.9 \times 1.0 \times 7.3$
24. $1.0 \times 0.9 \times 1.3$



msmath1.net/self_check_quiz

# 14-4b LABORATORIO de PRÁCTICA

*Seguimiento de la Lección 14-4*

**Lo que aprenderás**
A dibujar figuras tridimensionales.

**Materiales**
- papel de puntos isométricos
- regla

## Figuras tridimensionales

A menudo, es útil dibujar una figura tridimensional cuando tratas de resolver un problema.

**ACTIVIDAD** *Trabaja con un(a) compañero(a).*

Usa papel de puntos isométricos para bosquejar un prisma rectangular con una longitud de 4 unidades, una altura de 2 unidades y un ancho de 3 unidades.

**PASO 1** Dibuja un paralelogramo con lados de 4 unidades y 3 unidades. Esta es la parte superior del prisma.

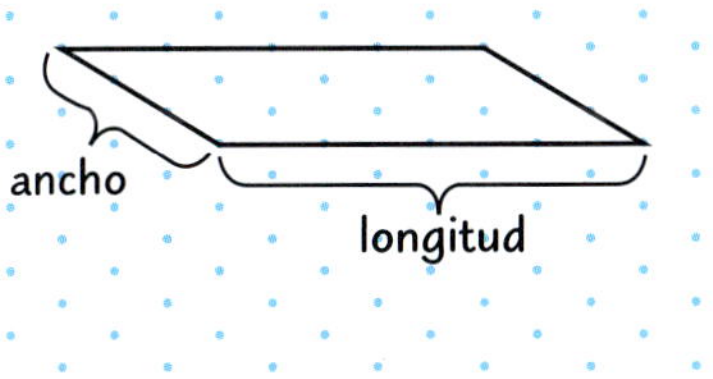


**PASO 2** Comienza en un vértice. Dibuja una recta que pase a través de dos puntos. Repite la operación con los otros tres vértices. Dibuja las aristas que no se ven de frente, como líneas punteadas.

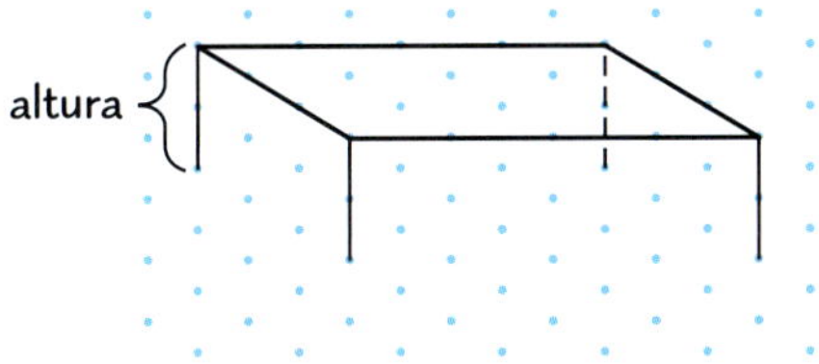


**PASO 3** Conecta los extremos de las rectas para completar el prisma.

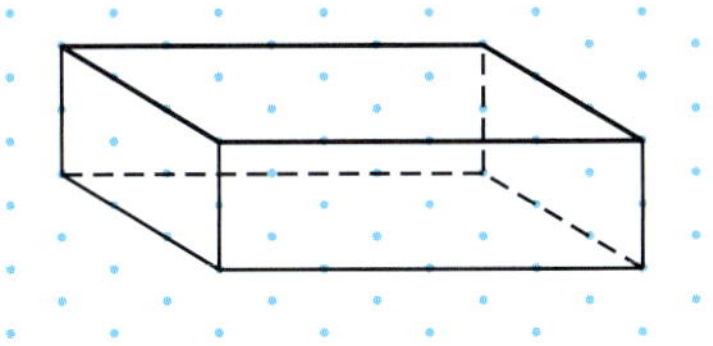

## Escribe en matemáticas

1. **Explica** cuáles caras son las bases del prisma.
2. Dibuja en papel de puntos isométricos las siguientes figuras.
   a. un cubo con longitud, ancho y altura de 3 unidades
   b. un prisma rectangular con longitud de 4 unidades, ancho de 2 unidades y altura de 2 unidades.
3. ¿Como dibujarías un prisma con base triangular?
4. **Explica** por qué se usa papel de puntos isométricos para dibujar objetos tridimensionales.
5. Supón que necesitas dibujar una esfera. ¿Piensas que este método funcionaría? Explica.

# 14-5a Estrategia para resolver problemas

***Sinopsis de la Lección 14-5***

**Lo que aprenderás**
A resolver problemas mediante un modelo.

## Haz un modelo

Oye Jaime, una de tus principales tareas en la tienda de abarrotes es apilar naranjas formando una pirámide cuadrada. La base de la pirámide debe tener 100 naranjas y una naranja debe quedar en la cima.

Tenemos 400 naranjas, Patrick. ¿Es eso suficiente? ¡**Hagamos un modelo** para averiguarlo!

**Explora** Las naranjas tienen que apilarse en forma de pirámide cuadrada. Debe haber 100 naranjas en la base y una en la cima. Necesitas saber cuántas naranjas se necesitan para hacer la pirámide.

**Planifica** Haz un modelo para calcular el número de naranjas que se necesitan para hacer la pirámide.

**Resuelve** Usa monedas para modelar las naranjas. Empieza con 100 monedas para la capa del fondo. Por cada capa consecutiva, coloca una moneda en el punto donde se encuentran 4 monedas. Continúa este patrón hasta que quede una moneda en la cima.

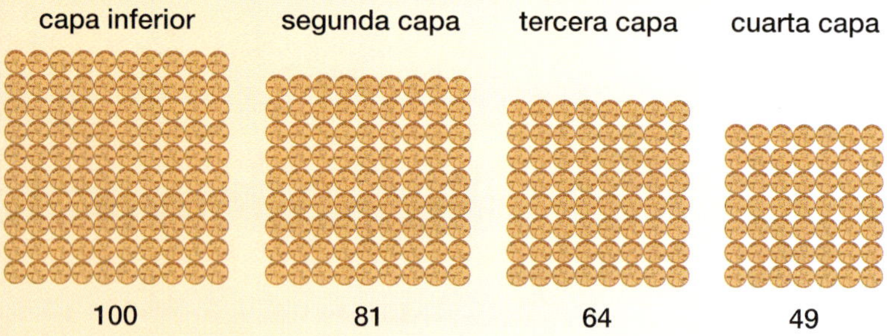


Al continuar el patrón, encontrarás que se necesitan 100 + 81 + 64 + 49 + 36 + 25 + 16 + 9 + 4 + 1 ó 385 naranjas. Por lo tanto, tenemos suficientes naranjas.

**Examina** Apila las monedas en una pirámide cuadrada con 100 monedas en el fondo y continúa hasta que haya una moneda en la cima. El resultado es 385.

## Analiza la estrategia

1. **Explica** cómo el hacer un modelo ayudó a los alumnos a resolver el problema.
2. **Escribe** un problema que pueda resolverse elaborando un modelo.

## Aplica la estrategia

**Resuelve. Usa la estrategia de elaborar un modelo.**

3. Cory diseña un vitral con piezas triangulares de vidrio. El marco del vitral mide 3 pies por 4 pies. La altura y la base de las piezas triangulares miden 4 pulgadas cada una. ¿Cuántos triángulos se necesitan para llenar el vitral?

4. **VENTAS** Karen hace una pirámide con cajas de cereal. La capa de la base de la pirámide tiene seis cajas. Si hay una caja menos en cada capa y hay cinco capas en la pirámide, ¿cuántas cajas necesitará Karen para hacer su pirámide?

## Solución de problemas mixtos

**Resuelve. Usa cualquier estrategia.**

5. **LIBROS** Una librería exhibe sus libros más vendidos en la vitrina principal. ¿De cuántas maneras diferentes pueden ordenarse los cuatro libros más vendidos en una sola fila?

6. **DINERO** La señora Rivas trabaja en ventas. Su salario básico es de $650 semanales y gana un 5% de comisión en sus ventas. ¿Cuál es el salario de la señora Rivas después de cuatro semanas si vendió $8,000?

7. **PATRONES** Dibuja la siguiente figura del patrón.

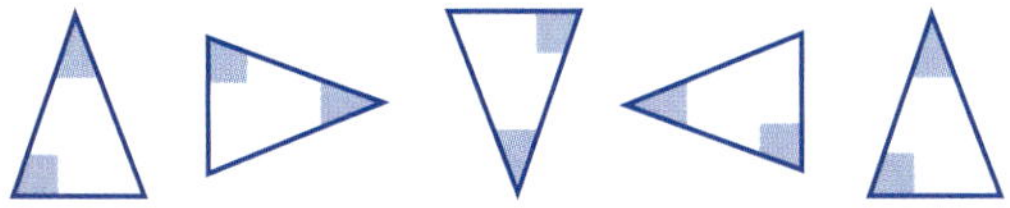

8. **ESCUELA** La clase de sexto grado, que tiene 575 alumnos, piensa ir de excursión. Si en cada autobús caben 48 personas, ¿cuántos autobuses se necesitarán?

9. **DINERO** ¿Cuántas gorras se pueden comprar con $90 si éstas se venden en pares solamente?

10. **ALIMENTOS** Roberto compró 3 galones de helado para una fiesta de cumpleaños. Si cada porción equivale más o menos a $\frac{1}{3}$ de taza, ¿cuántas porciones habrá?

11. **GEOMETRÍA** Los lados de cada cuadrado en la figura son dos veces más largos que el cuadrado que está a su derecha. ¿Cuál es el perímetro de la figura completa?

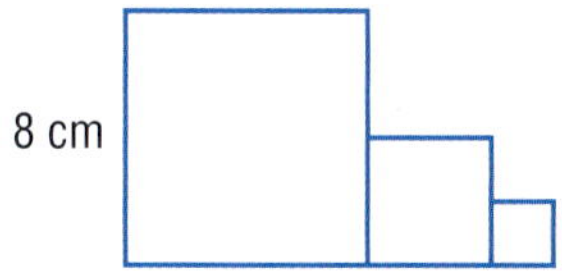


12. **GEOMETRÍA** Un prisma rectangular está hecho con 8 cubos. Calcula la longitud, el ancho y la altura del prisma.

13. **PRUEBA ESTANDARIZADA DE PRÁCTICA** La gráfica siguiente muestra el número de padres que han participado en las organizaciones de apoyo de la escuela secundaria Rancher Heights. Si continúa esta tendencia, ¿cuántos padres se espera que participen en la organización de apoyo a la banda en el año 2005?

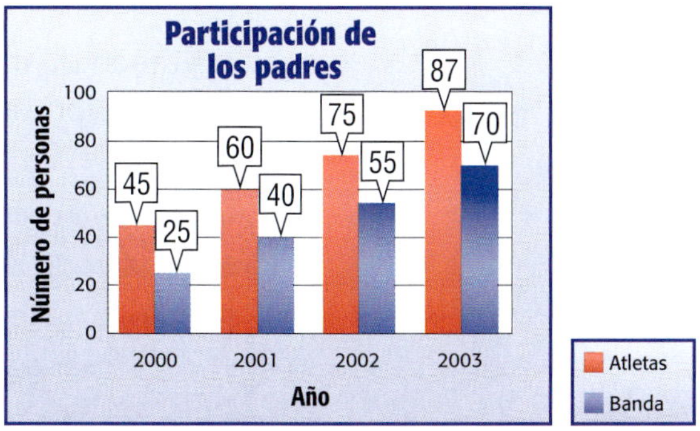


Ⓐ 50 Ⓑ 60 Ⓒ 80 Ⓓ 100

**En la próxima lección, vas a usar modelos.**

# 14-5 Volumen de prismas rectangulares

**Lo que aprenderás**
A calcular el volumen de prismas rectangulares.

**NUEVO vocabulario**
**volumen**
**unidades cúbicas**

## PRÁCTICA Minilaboratorio

**Materiales**
- papel cuadriculado centimétrico
- cinta adhesiva
- cubos centimétricos

*Trabaja con un(a) compañero(a).*

La figura muestra un prisma rectangular y tres conjuntos diferentes de cubos centimétricos.

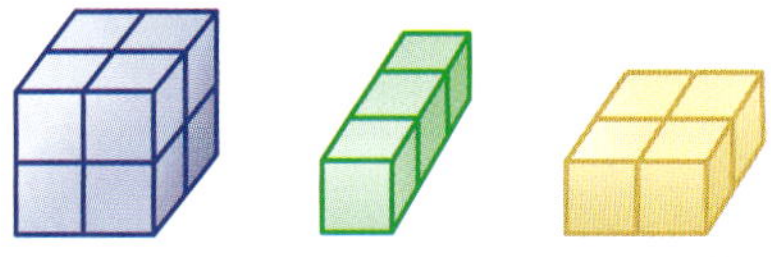


Prisma

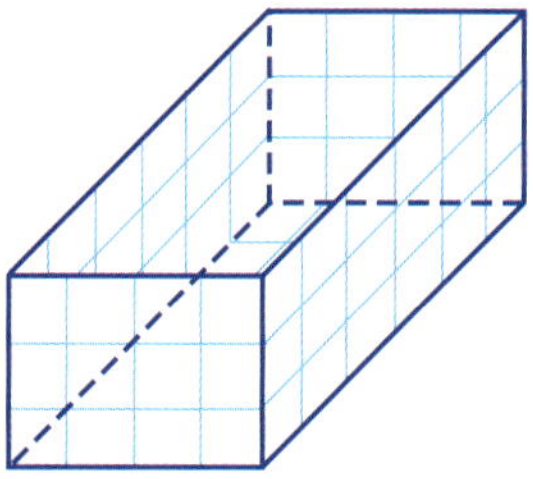

1. ¿Cuáles son las dimensiones del prisma?
2. Estima el número de cada grupo de cubos que se necesitarán para llenar el prisma. Da por sentado que los grupos se pueden desbaratar para llenar el prisma.
3. Usa el papel cuadriculado y la cinta adhesiva para construir el prisma. Luego, usa los cubos centimétricos para calcular el número de cada grupo de cubos que se necesitan para llenar el prisma. Compara los resultados con tus estimados.
4. Describe la relación entre el número de cubos centimétricos que se necesitan para llenar el prisma y el producto de las dimensiones del prisma.

La cantidad de espacio dentro de una figura tridimensional es el **volumen** de la figura. El volumen se mide en **unidades cúbicas**. Esto te indica el número de cubos de cierto tamaño que se necesitarán para llenar un prisma.

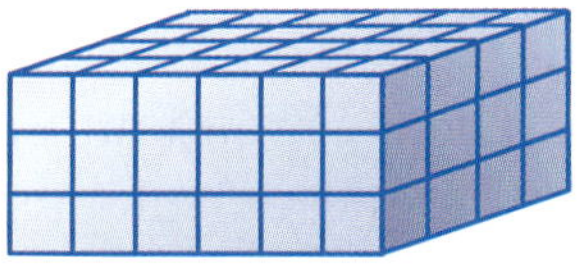

El volumen de un prisma rectangular está relacionado con sus dimensiones.

**Concepto clave** — **Volumen de un prisma rectangular**

**Palabras** El volumen $V$ de un prisma rectangular es el producto de la longitud $\ell$, el ancho $w$ y la altura $h$.

**Símbolos** $V = \ell wh$

**Modelo**

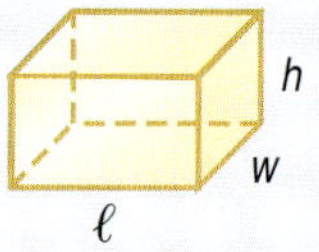

## LEE matemáticas

**Medida del volumen**
Las medidas del volumen se pueden representar usando abreviaturas y el exponente 3.
Por ejemplo:
unidades cúbicas = $unid^3$
pulgadas cúbicas = $pulg^3$
pies cúbicos = $pies^3$
metros cúbicos = $m^3$

Otro método para calcular el volumen de un prisma rectangular es multiplicar el área de la base ($B$) por la altura ($h$).

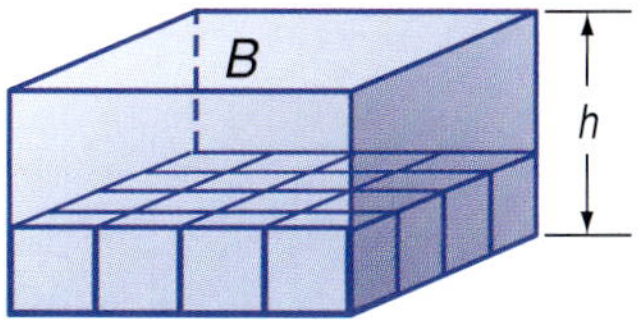


$V = Bh$

número de filas de cubos que se necesitan para llenar el prisma

área de la base o el número de cubos que se necesitan para cubrir la base

### EJEMPLO Calcula el volumen de un prisma rectangular

**1 Calcula el volumen de un prisma rectangular.**

En la figura, $\ell = 12$ cm, $w = 10$ cm y $h = 6$ cm.

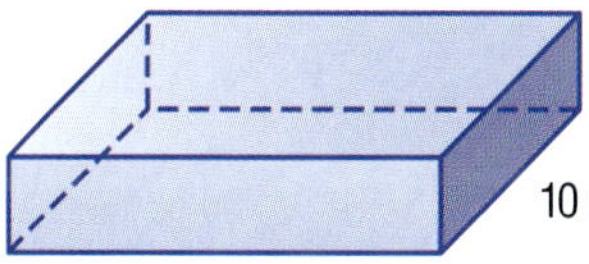


**Método 1** Usa $V = \ell wh$.

$V = \ell wh$

$V = 12 \times 10 \times 6$

$V = 720$

El volumen es de 720 $cm^3$.

**Método 2** Usa $V = Bh$.

$B$, o el área de la base, es de $10 \times 12$ ó 120 centímetros cuadrados.

$V = Bh$

$V = 120 \times 6$

$V = 720$

El volumen es de 720 $cm^3$.

**Tu turno** **Calcula el volumen de cada prisma rectangular.**

a.

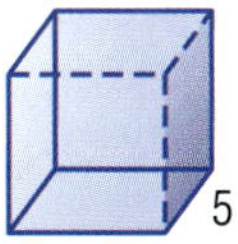


b.

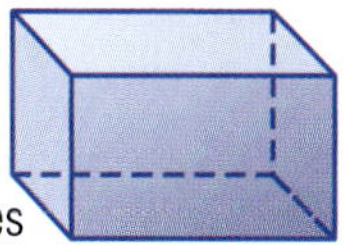


### MATEMÁTICAS EN LA VIDA DIARIA

**ALIMENTOS** La caja más grande de palomitas de maíz en los EE.UU. medía cerca de 52.6 pies de altura y 10.1 de ancho. La profundidad promedio de la caja de palomitas era de 10.2 pies.

**Fuente:** *Guinness Book of Records*

### EJEMPLO Usa el volumen para resolver un problema

**2 ALIMENTOS Consulta la sección que se muestra a la izquierda para calcular la cantidad aproximada de palomitas de maíz que había en la caja de palomitas.**

Calcula el volumen para calcular la cantidad de palomitas de maíz.

**Estima** $50 \times 10 \times 10 = 5{,}000$

$V = \ell wh$ — Volumen de un prisma rectangular

$V = 52.6 \times 10.1 \times 10.2$ — $\ell = 52.6$, $w = 10.1$, $h = 10.2$

$V = 5{,}418.852$ — Usa una calculadora.

La caja contenía cerca de 5,419 pies cúbicos de palomitas.

Comparada con el estimado, la respuesta es razonable.

## Repaso de destrezas y conceptos

**Escribe en matemáticas**
**Ejercicio 1**

1. **Explica** por qué se usan unidades cúbicas para medir el volumen en lugar de unidades lineales o unidades cuadradas.

2. **SENTIDO COMÚN Y GEOMETRÍA** Visualiza la figura tridimensional que se muestra a la izquierda. ¿De cuántos cubos puedes ver sólo dos caras?

3. **INTERPRETA** Dibuja una caja con un volumen de 24 unidades cúbicas.

### PRÁCTICA DIRIGIDA

**Calcula el volumen de cada figura. Redondea en décimas si es necesario.**

4. 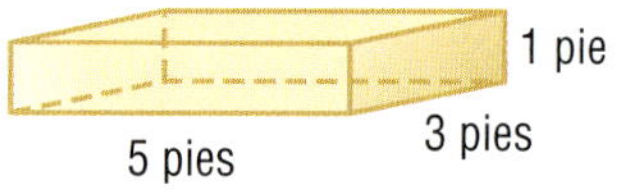


5. 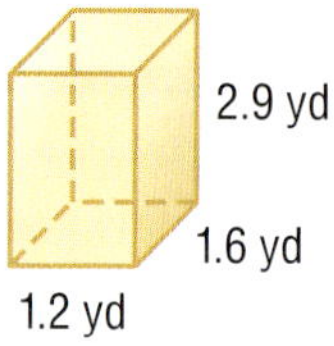


6. **CAVERNAS** El recinto de una caverna mide 2,300 pies de largo, 1480 pies de ancho y por lo menos 230 pies de altura en cualquier punto de la caverna. ¿Cuál es el volumen mínimo de la caverna?

## Práctica y aplicaciones

**AYUDA CON LAS TAREAS**

| Ejercicios | Ver ejemplos |
|---|---|
| 7–12 | 1 |
| 13–14, 21 | 2 |

**Práctica adicional**
**Ver páginas 623, 637.**

**Calcula el volumen de cada figura. Redondea en décimas si es necesario.**

7. 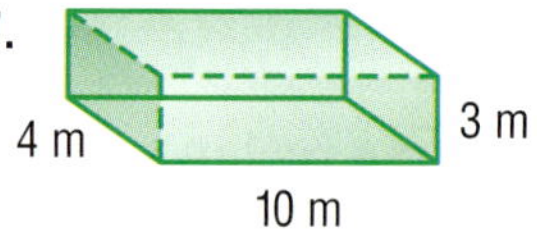


8. 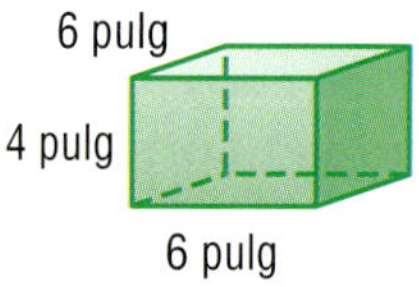


9. 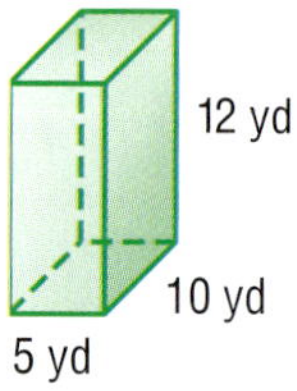


10. 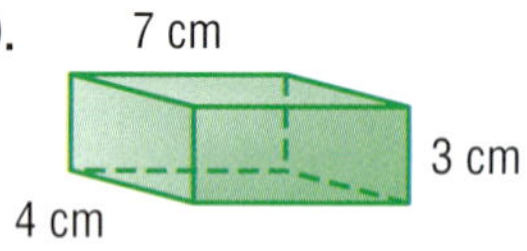


11 . 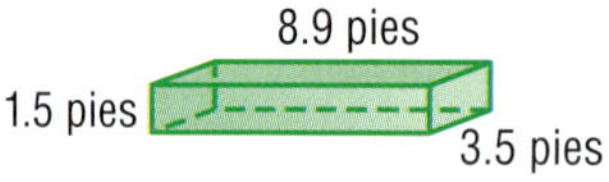


12. 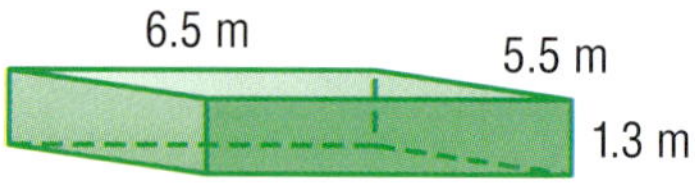


13. Calcula en décimas el volumen de un prisma rectangular que mide 7.7 metros de longitud, 8.2 metros de ancho y 9.7 metros de altura.

14. ¿Cuál es el volumen de un prisma rectangular que mide 10.3 pies de longitud, 9.9 pies de ancho y 5.6 pies de altura?

15. ¿Cuántos pies cúbicos hay en 2 yardas cúbicas?

16. ¿Cuántas pulgadas cúbicas hay en un pie cúbico?

**Reemplaza cada ● por $<$, $>$ o $=$ para hacer verdadero cada enunciado.**

17. 1 $\text{pie}^3$ ● 1 $\text{yd}^3$ 18. 5 $\text{m}^3$ ● 5 $\text{yd}^3$ 19. 27 $\text{pies}^3$ ● 1 $\text{yd}^3$

20. **ESCRIBE UN PROBLEMA** Escribe un problema que se pueda resolver calculando el volumen de un prisma rectangular.

21. **PECES** El acuario que se muestra en la figura se llena hasta una altura de 15 pulgadas. ¿Cuál es el volumen de agua en el tanque?

22. **INVESTIGA** Usa Internet u otra fuente de información para buscar las dimensiones y el volumen del acuario más grande en un acuario o en un zoológico de tu estado, o en los EE.UU. en general.

23. **MULTI-PASO** Un recipiente de almacenamiento mide 3.5 pulgadas de largo, 5.5 pulgadas de alto y 8 pulgadas de ancho. ¿Cuál es el volumen del recipiente si se reduce su ancho en un 50%?

24. **RAZONAMIENTO CRÍTICO** Si se duplicaran todas las dimensiones de un prisma rectangular, ¿se duplicaría su volumen? Explica.

**EXTENSIÓN DE LA LECCIÓN** El volumen de un cilindro equivale al número de unidades cúbicas que se necesitan para llenar el cilindro.

Para calcular el volumen $V$, multiplica el área de la base $B$ por la altura $h$. Ya que la base es un círculo, se puede reemplazar $B$ en $V = Bh$ por $\pi r^2$ para obtener $V = \pi r^2 h$.

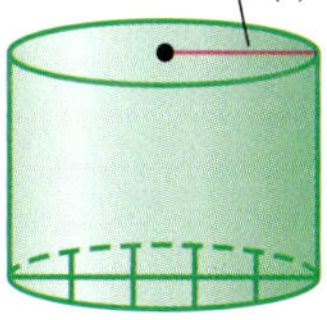

$V = Bh$ o $V = \pi r^2 h$

**Calcula el volumen de cada cilindro. Redondea en décimas y usa 3.14 para π.**

25. 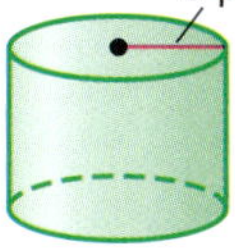


26. 

27. 

## Prueba estandarizada de práctica y repaso general

28. **SELECCIÓN MÚLTIPLE** Un prisma rectangular tiene un volumen de 288 pulgadas cúbicas. ¿Cuál de las siguientes podrían ser las dimensiones del prisma?

Ⓐ 2 pulg, 4 pulg, 30 pulg
Ⓑ 2 pulg, 12 pulg, 12 pulg
Ⓒ 4 pulg, 72 pulg
Ⓓ 6 pulg, 8 pulg, 7 pulg

29. **RESPUESTA BREVE** Calcula el volumen del siguiente prisma.

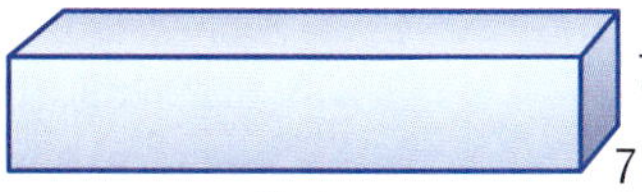


**Dibuja cada figura.** (Lección 14-4)

30. cilindro
31. prisma triangular
32. esfera

33. **GEOMETRÍA** El radio de un círculo mide 5 yardas. Estima el área del círculo. (Lección 14-3)

### PREPÁRATE PARA LA SIGUIENTE LECCIÓN

**REQUISITO** **Suma.** (Lección 3-5)

34. 12.7 + 6.9 + 13.9
35. 19.0 + 1.5 + 17.8
36. 8.1 + 4.67 + 25.8

14-6a LABORATORIO de PRÁCTICA

**Sinopsis de la Lección 14-6**

### Lo que aprenderás

A construir una figura tridimensional a partir de una red y viceversa.

### Materiales

- cubo
- tijeras
- papel

## Usa una red para construir un cubo

En este laboratorio, vas a construir una figura bidimensional llamada **red** y la usarás para construir una figura tridimensional.

**ACTIVIDAD** *Trabaja con un(a) compañero(a).*

**PASO 1** Coloca un cubo sobre el papel, como se muestra en la figura. Traza la base del cubo. La figura resultante es un cuadrado.

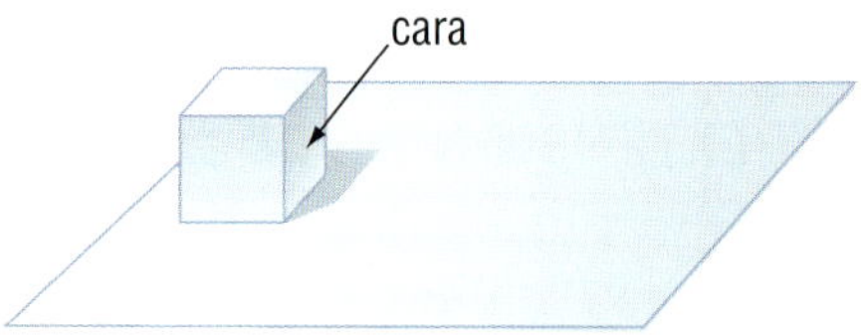


**PASO 2** Gira el cubo hacia otra de sus caras y traza nuevamente la figura sobre el papel, hasta obtener una figura como la que muestra. Esta figura bidimensional se conoce como red.

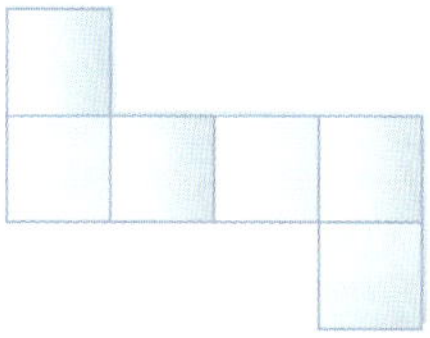

**PASO 3** Recorta la red. Luego construye el cubo.

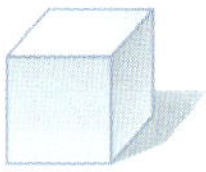

**PASO 4** Haz una red como la que se muestra. Recorta la red y trata de construir un cubo.

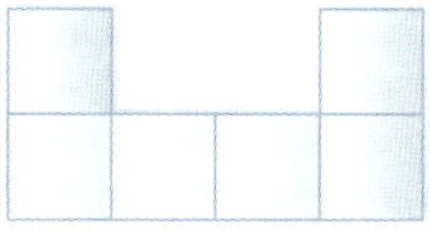

## Escribe en matemáticas

1. **Explica** si ambas redes sirvieron para hacer un cubo. Si no fue así, describe por qué la red o las redes no sirvieron.
2. **Dibuja** otras tres redes que sirvan para hacer cubos y otras tres redes que no sirvan. Describe el patrón de las redes que sirven para hacer cubos.
3. **Dibuja** una red para hacer un prisma rectangular. Explica la diferencia entre esta red y las redes que sirven para hacer cubos.
4. **Indica** qué figura se puede hacer con cada red. Explica.

a.

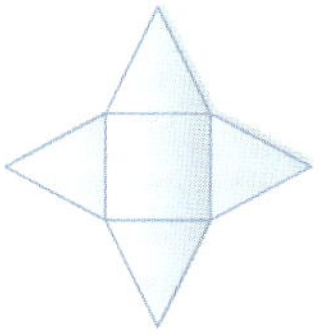

b.

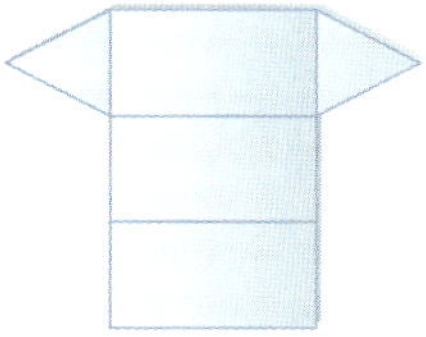

c.

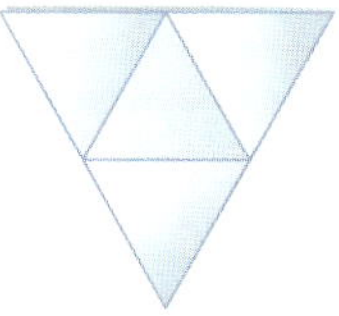

# 14-6 Área de superficie de prismas rectangulares

**Lo que aprenderás**
A calcular las áreas de la superficie de prismas rectangulares.

**NUEVO vocabulario**
área de superficie

## PRÁCTICA Minilaboratorio

**Materiales**
- regla
- papel cuadriculado centimétrico
- tijeras
- calculadora
- cinta adhesiva

*Trabaja con un(a) compañero(a).*

Puedes usar una red para estudiar la suma de las áreas de las caras del siguiente prisma.

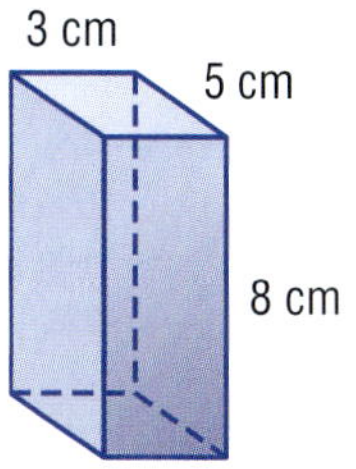


**PASO 1** Dibuja y corta una red del prisma.

**PASO 2** Dobla a lo largo de las líneas punteadas y pega los bordes con cinta adhesiva.

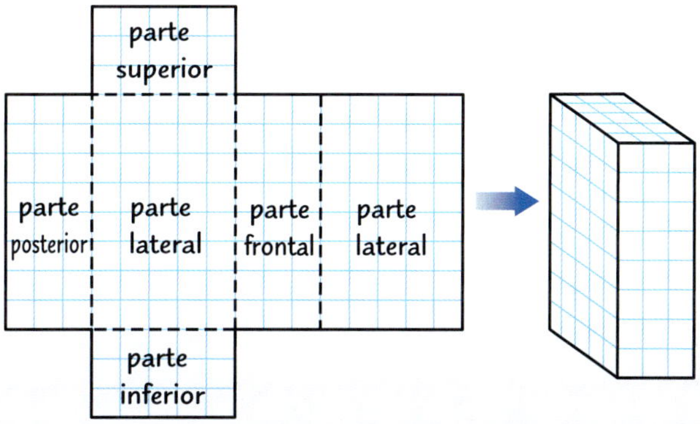


1. Calcula el área de cada cara del prisma.
2. ¿Cuál es la suma de las áreas de las caras del prisma?
3. ¿Qué observas acerca de las áreas de los lados opuestos del prisma? ¿Cómo podría esto simplificar el cálculo de la suma de las áreas?

La suma de las áreas de todas las caras de un prisma se conoce como **área de superficie** del prisma.

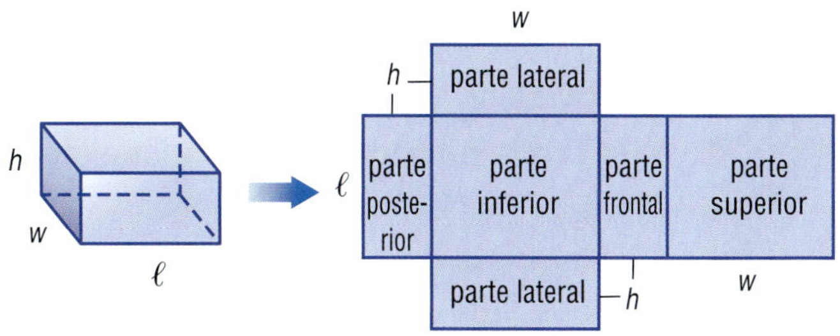


parte superior e inferior: $(\ell \times w) + (\ell \times w) = 2\ell w$
parte frontal y posterior: $(\ell \times h) + (\ell \times h) = 2\ell h$
dos lados: $(w \times h) + (w \times h) = 2wh$

Suma de las áreas de las caras $= 2\ell w + 2\ell h + 2wh$

**Concepto clave** — **Área de superficie de prismas rectangulares**

**Palabras** El área de superficie $S$ de un prisma rectangular con longitud $\ell$, ancho $w$ y altura $h$ es igual a la suma de las áreas de las caras.

**Símbolos** $S = 2\ell w + 2\ell h + 2wh$ **Modelo**

## EJEMPLO Calcula el área de superficie de un prisma rectangular

**1** **Calcula el área de superficie de un prisma rectangular.**

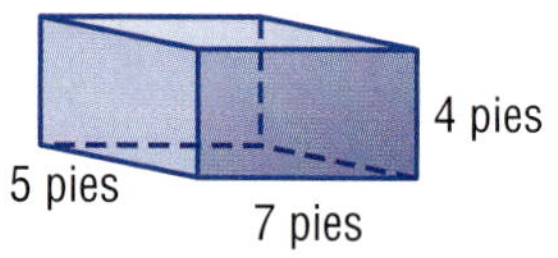


Calcula el área de cada cara.

parte superior e inferior

$2(\ell w) = 2(7 \times 5) = 70$

parte frontal y posterior

$2(\ell h) = 2(7 \times 4) = 56$

dos lados

$2(wh) = 2(5 \times 4) = 40$

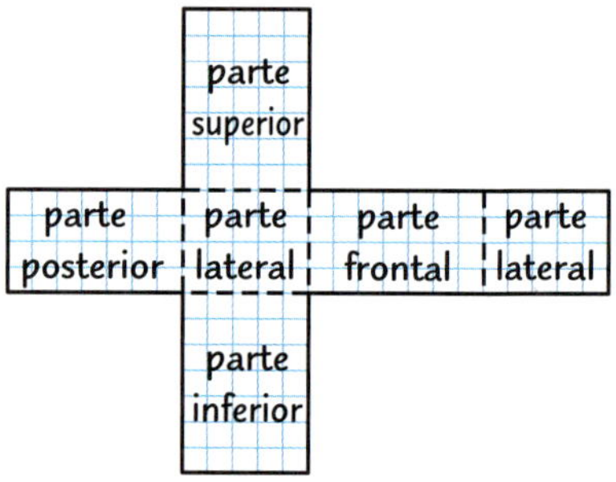


Suma para calcular el área de superficie.

El área de superficie es igual a 70 + 56 + 40 ó 166 pies cuadrados.

**Tu turno**

**a.** Calcula el área de superficie del prisma rectangular.

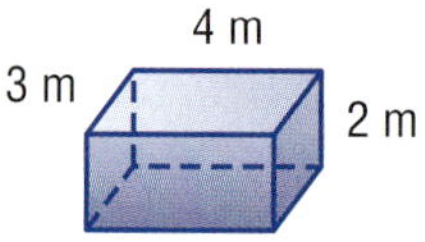


**MATEMÁTICAS EN LA VIDA DIARIA**

**ESPACIO** Se han catalogado y nombrado más de 10,000 asteroides. Cerca de 200 asteroides tienen diámetros de más de 100 kilómetros.

**Fuente:** www.the-solar-system.net

El área de superficie se puede aplicar en muchas situaciones de la vida real.

## EJEMPLO Calcula el área de superficie para resolver un problema

**2** **ESPACIO** **Un asteroide mide cerca de 21 millas de largo, 8 millas de ancho y 8 millas de grosor. Su forma parece un prisma rectangular. ¿Cuál es el área de superficie del asteroide?**

Usa la fórmula para calcular el área de superficie de un prisma rectangular.

| | |
|---|---|
| $S = 2\ell w + 2\ell h + 2wh$ | Área de superficie de un prisma |
| $S = 2(21 \times 8) + 2(21 \times 8) + 2(8 \times 8)$ | $\ell = 21$, $w = 8$, $h = 8$ |
| $S = 2(168) + 2(168) + 2(64)$ | Reduce dentro de los paréntesis. |
| $S = 336 + 336 + 128$ | Multiplica. |
| $S = 800$ | Suma. |

El área de superficie del asteroide es de 800 millas cuadradas.



msmath1.net/extra_examples

## Repaso de destrezas y conceptos

**Escribe en matemáticas**
**Ejercicio 1**

1. **Indica** si las siguientes medidas son de *longitud, área, área de superficie* o *volumen*. Explica.
   a. la capacidad de un lago
   b. la cantidad de terreno disponible para construir una casa
   c. la cantidad de papel que se necesita para envolver una caja

2. **INTERPRETA** Dibuja y rotula un prisma rectangular que tiene un área de superficie mayor que 200 pies cuadrados, pero menor que 250 pies cuadrados.

### PRÁCTICA DIRIGIDA

**Calcula el área de superficie de cada prisma rectangular.**

3. 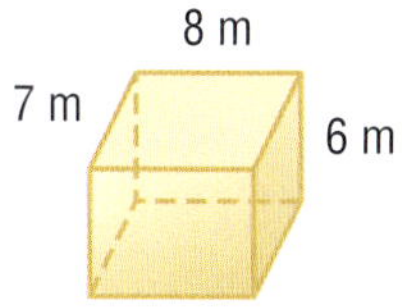


4. 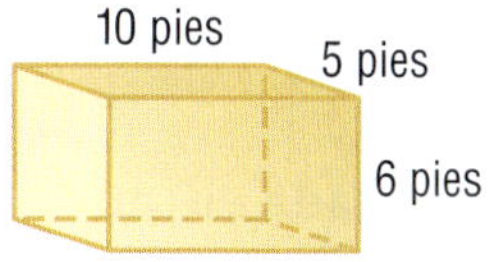


5. Calcula el área de superficie de un prisma rectangular que mide 3.5 cm por 6.75 cm por 12 cm. Redondea en décimas.

## Práctica y aplicaciones

| AYUDA CON LAS TAREAS | |
|---|---|
| Ejercicios | Ver ejemplos |
| 6–11 | 1 |
| 12, 13–14 | 2 |

**Práctica adicional**
**Ver páginas 623, 637.**

**Calcula el área de superficie de cada prisma rectangular. Redondea en décimas si es necesario.**

6. 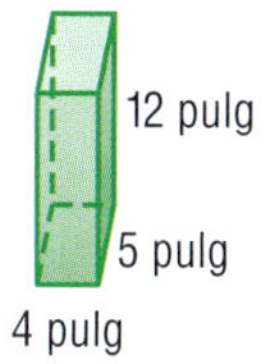


7. 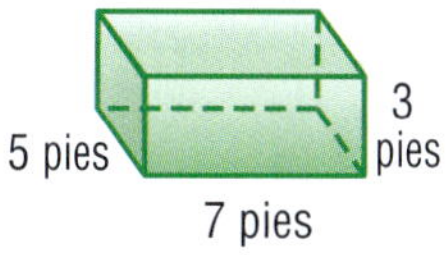


8. 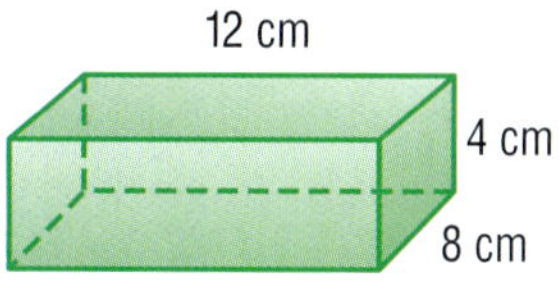


9. 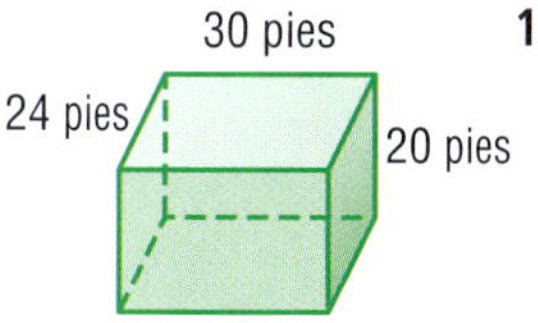


10. 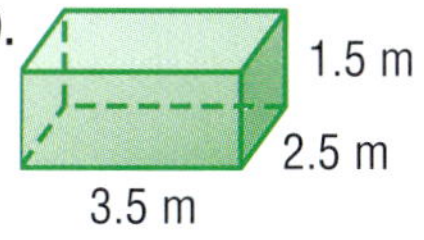


11. 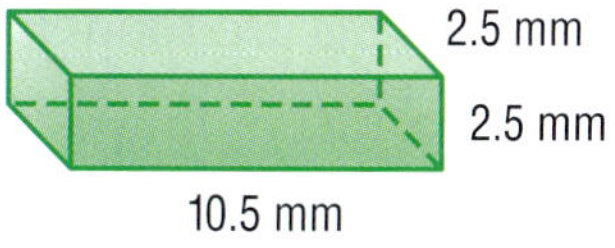


12. **ACUARIOS** Un tanque para tiburones mide 20 pies de largo, 8 pies de ancho y 3 pies de profundidad. ¿Cuál es el área de superficie del tanque si su parte superior está descubierta?

**COMIDA Usa la siguiente información para los ejercicios 13 al 16.** Los pretzels se empacan en una caja como la siguiente.

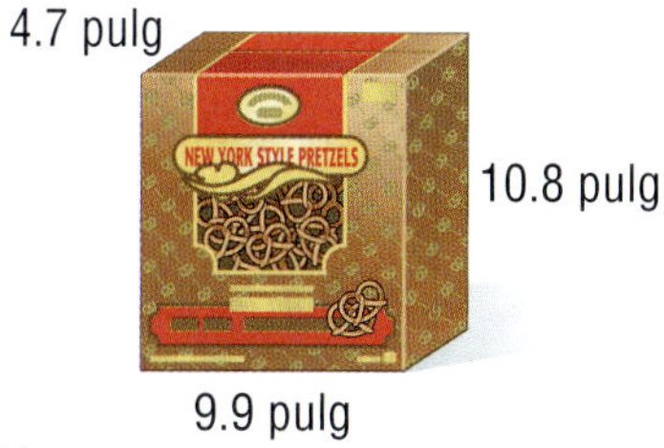


13. Estima el área de superficie de la caja.
14. ¿Cuál es el área de superficie real?
15. ¿Cuál sería el área de superficie si se aumentara la altura en un 100%?
16. ¿Cuál sería el área de superficie si se redujera la altura en un 50%?
17. **ESCRIBE UN PROBLEMA** Escribe un problema sobre un prisma rectangular que tenga un área de superficie de 202 pulgadas cuadradas.

**RAZONAMIENTO CRÍTICO** La figura muestra un cubo.

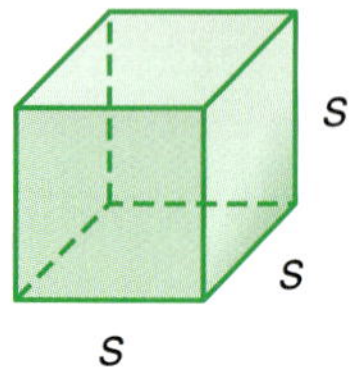


18. ¿Qué se puede afirmar sobre el área de las caras de un cubo?

19. ¿Cómo se puede reducir la fórmula $S = 2\ell w + 2\ell h + 2wh$ para obtener la fórmula para calcular el área de un cubo?

**EXTENSIÓN DE LA LECCIÓN** También se puede usar una red para demostrar cómo se calcula el área de superficie de un cilindro.

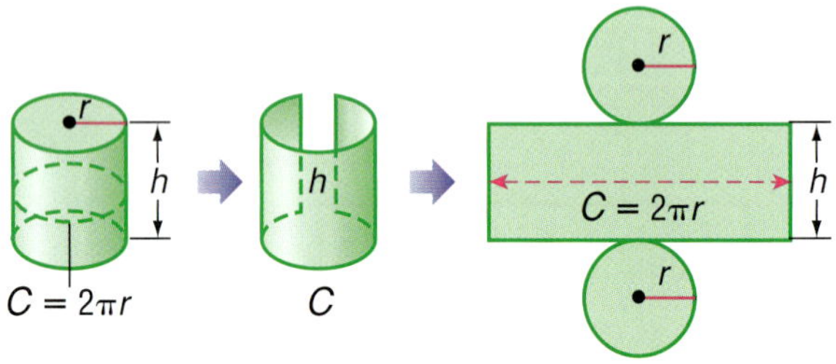


| Caras | Área |
|---|---|
| parte superior y posterior | $(\pi r^2) + (\pi r^2) = 2(\pi r^2)$ |
| región rectangular | $(\ell \times w)$ ó $2\pi rh$ |
| Área de superficie = $2(\pi r^2) + 2\pi rh$ | |

**Calcula el área de superficie de cada cilindro. Redondea en décimas y usa 3.14 para π.**

20.

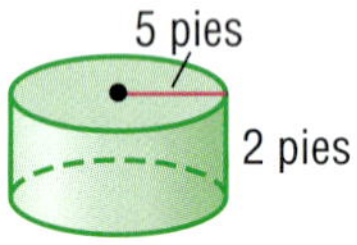


21.

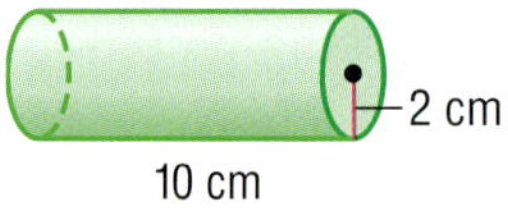


22.

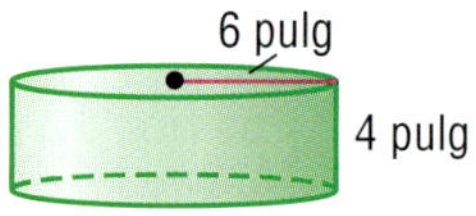


## Prueba estandarizada de práctica y repaso general

23. **SELECCIÓN MÚLTIPLE** Calcula el área de superficie del siguiente prisma.

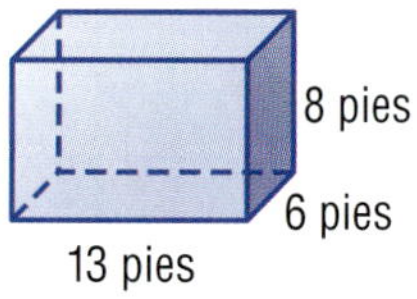


Ⓐ 425 pies² Ⓑ 440 pies² Ⓒ 460 pies² Ⓓ 468 pies²

24. **SELECCIÓN MÚLTIPLE** Calcula el área de superficie de un cubo cuyos lados miden 5.5 pulgadas. Redondea en décimas.

Ⓕ 225.5 pulg² Ⓖ 181.5 pulg² Ⓗ 125.5 pulg² Ⓘ 30.3 pulg²

25. **GEOMETRÍA** Calcula el volumen de un prisma rectangular cuyos lados miden 5 pies, 8 pies y $10\frac{1}{2}$ pies. (Lección 14-5)

26. **COMIDA** Dibuja una figura que represente una caja de cereal. Luego, identifica el tipo de figura. (Lección 14-4)

**Busca en la Web** **Proyecto interdisciplinario**

### Viaje por carretera

Es hora de terminar tu proyecto. Usa los datos que has reunido sobre el sitio al que te diriges y lo que necesitas para preparar una página Web o un afiche. Asegúrate de incluir en el proyecto todas las dimensiones y los cálculos del volumen.

msmath1.net/webquest

# CAPÍTULO 14 Guía de estudio y repaso

## Repaso de conceptos y vocabulario

| | | |
|---|---|---|
| altura (pág. 546) | centro (pág. 565) | prisma (pág. 564) |
| área de superficie (pág. 575) | cilindro (pág. 565) | unidades cúbicas (pág. 570) |
| arista (pág. 564) | cono (pág. 565) | vértice (vértices) (pág. 564) |
| base (págs. 546, 564) | esfera (pág. 565) | volumen (pág. 570) |
| cara (pág. 564) | figura tridimensional (pág. 564) | |
| cara lateral (pág. 564) | pirámide (pág. 564) | |

**Elige el término que completa correctamente cada enunciado.**

1. Las superficies planas de una figura tridimensional se conocen como (caras, vértices).
2. Un(a) (pirámide, cilindro) es una figura tridimensional que tiene una sola base y todas sus otras caras son triángulos que coinciden en un punto.
3. Una figura tridimensional con dos bases circulares es un (cono, cilindro).
4. La cantidad de espacio que una figura tridimensional contiene se llama (área, volumen).
5. El área total de las caras de un objeto tridimensional y las superficies curvas se llama (área de superficie, volumen).

## Ejercicios y ejemplos: Lección por lección

### 14-1 Área de paralelogramos (págs. 546–549)

**Calcula el área de cada paralelogramo. Redondea en décimas si es necesario.**

6.
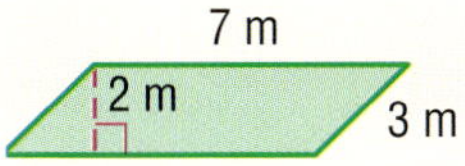


7.
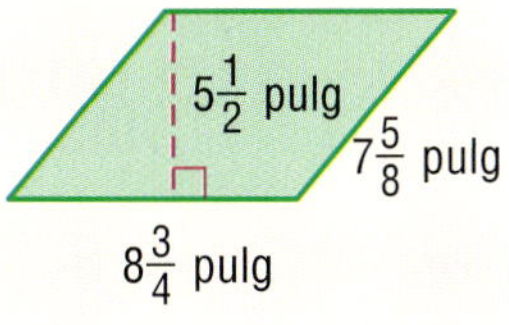


**Ejemplo 1** Calcula el área del paralelogramo.

$A = bh$

$A = 6 \times 5$

$A = 30 \text{ pulg}^2$

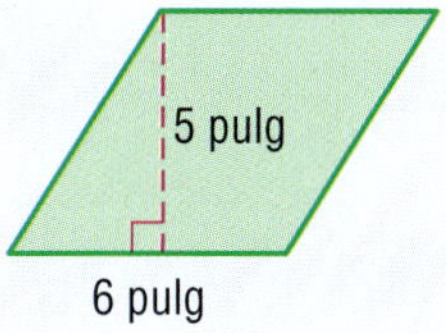


### 14-2 Área de triángulos (págs. 551–554)

**Calcula el área de cada triángulo. Redondea en décimas si es necesario.**

8.
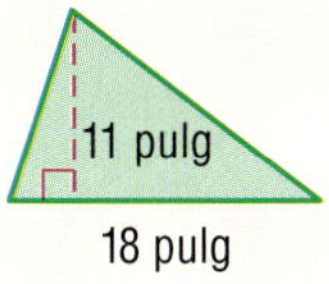


9.
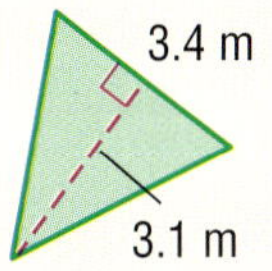


**Ejemplo 2** Calcula el área del triángulo.

$A = \frac{1}{2}bh$

$A = \frac{1}{2}(75 \times 50)$

$A = 1{,}875 \text{ m}^2$

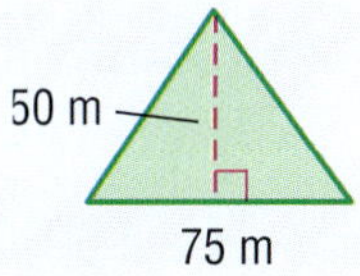


msmath1.net/vocabulary_review

## 14-3 Área de círculos (págs. 556–559)

**Calcula el área de cada círculo. Redondea en décimas y usa 3.14 para $\pi$.**

**10.**

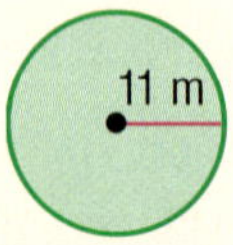


**11.**

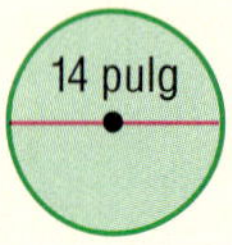


**12. PASEOS** Los planos para un carrusel muestran un piso circular con un diámetro de 40 pies. Calcula el área del piso.

**Ejemplo 3** **Calcula el área del círculo. Redondea en décimas y usa 3.14 para $\pi$.**

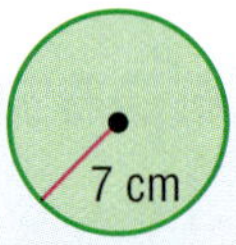


$A = \pi r^2$ Área del círculo

$A \approx 3.14 \times 7^2$ Reemplaza $\pi$ con 3.14 y $r$ con 7.

$A \approx 3.14 \times 49$ Evalúa $7^2$.

$A \approx 153.9$ Multiplica.

El área es de aproximadamente 153.9 centímetros cuadrados.

## 14-4 Figuras tridimensionales (págs. 564–566)

**Identifica cada figura.**

**13.**

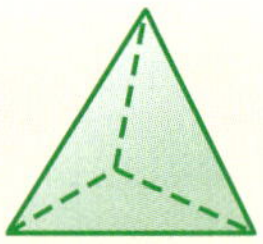

**14.**

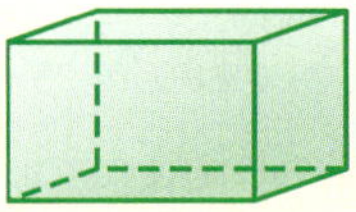

**15. DEPORTES** ¿Qué forma tiene una pelota de baloncesto?

**Ejemplo 4**
**Identifica la figura.**

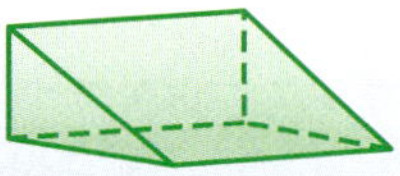

Tiene por lo menos tres caras laterales rectangulares. Las bases son triángulos.

La figura es un prisma triangular.

## 14-5 Volumen de prismas rectangulares (págs. 570–573)

**Calcula el volumen de cada figura. Redondea en décimas si es necesario.**

**16.**

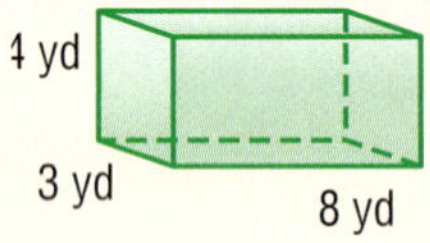


**17.**

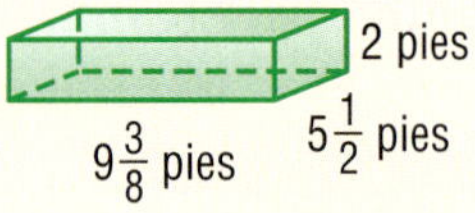


**Ejemplo 5** **Calcula el volumen del prisma.**

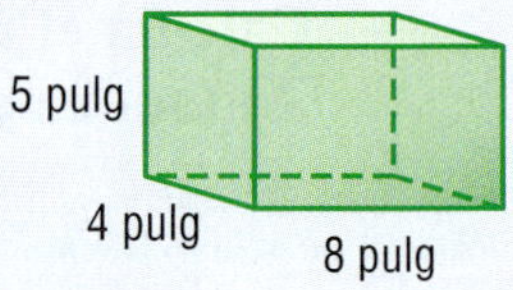


$V = \ell wh$

$V = 8 \times 4 \times 5$

$V = 160$

El volumen es igual a 160 pulgadas cúbicas.

## 14-6 Área de superficie de prismas rectangulares (págs. 575–578)

**Calcula el área de cada prisma rectangular. Redondea en décimas si es necesario.**

**18.**

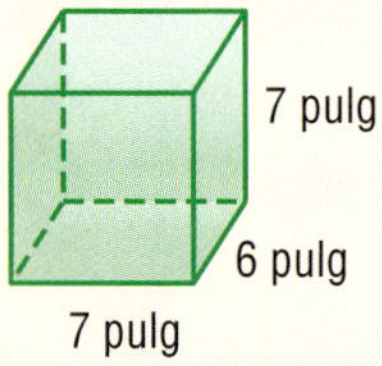


**19.**

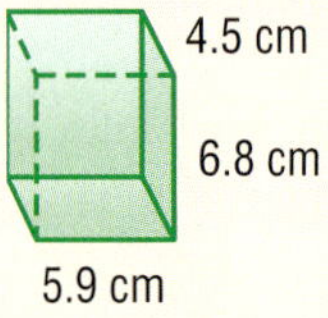


**Ejemplo 6** **Calcula el área de superficie del prisma rectangular del ejemplo 5.**

parte superior e inferior: $2(8 \times 4)$ ó 64

parte frontal y posterior: $2(8 \times 5)$ ó 80

dos lados: $2(4 \times 5)$ ó 40

El área de superficie mide $64 + 80 + 40$ ó 184 pies cuadrados.

# CAPÍTULO 14 Prueba de práctica

## Vocabulario y conceptos

1. **Escribe** la fórmula para calcular el área de un triángulo.
2. **Define** *volumen*.

## Destrezas y aplicaciones

**Calcula el área de cada figura. Redondea en décimas si es necesario.**

3. 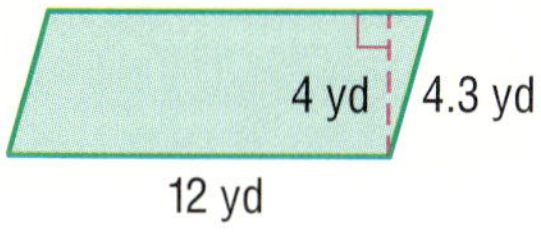


4. 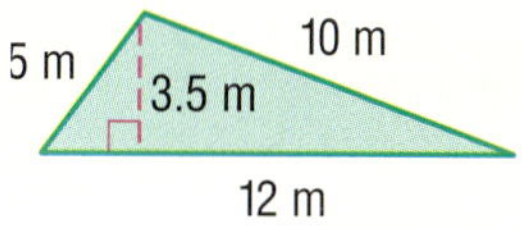


5. 

6. **SEÑAL DE TRÁNSITO** Una señal triangular de Ceda el paso tiene una base de 32 pulgadas y una altura de 30 pulgadas. Calcula su área.
7. **JARDINERÍA** El radio de un jardín de flores es de 2 metros. Si se pueden plantar 40 bulbos por metro cuadrado, ¿cuántos bulbos deberás comprar?

**Identifica cada figura.**

8. 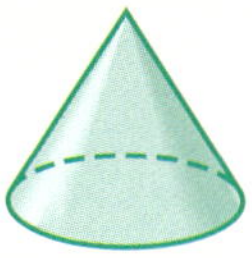

9. 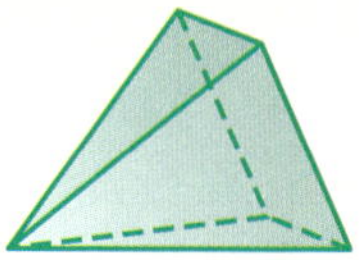

10. 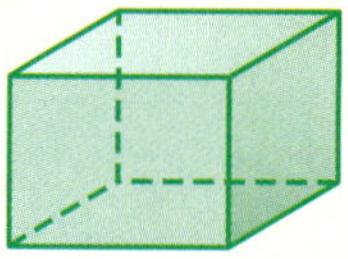

**Calcula el volumen de cada figura. Redondea en décimas si es necesario.**

11. 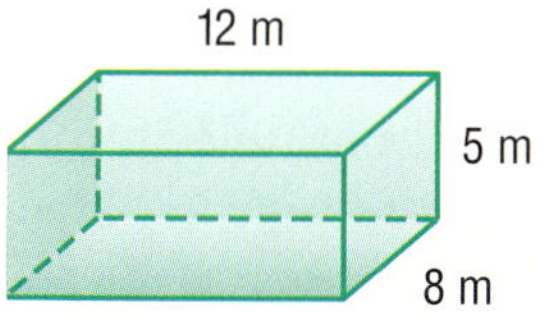


12. 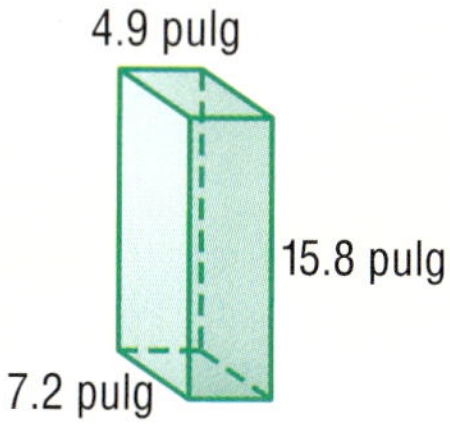


13. 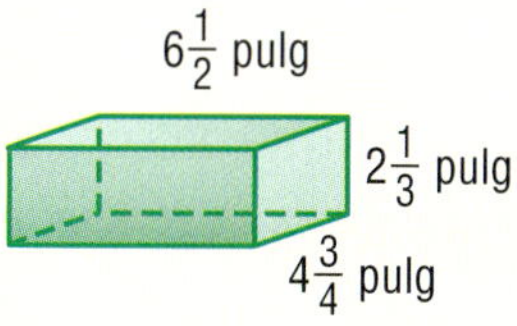


14. **PISCINA** Una piscina rectangular para zambullidas mide 20 por 15 por 8 pies. ¿Cuánta agua se requiere para llenar la piscina?
15. Calcula el área de superficie del prisma en el ejercicio 11.

## Prueba estandarizada de práctica

16. **SELECCIÓN MÚLTIPLE** ¿Qué expresión permite calcular el área de superficie de un prisma rectangular con longitud $\ell$, ancho $w$ y altura $h$?

   A $2\ell^2 + 2h^2 + 2w^2$
   B $2\ell w + 2\ell h + 2wh$
   C $2(\ell \times w \times h)$
   D $2\ell(w + h)$

# CAPÍTULO 14 Prueba estandarizada de práctica

## PARTE 1 Selección múltiple

Anota tus respuestas en la hoja de respuestas provista por tu maestro(a) o en una hoja aparte.

1. Un aeroplano vuela a una altura de 23,145.769 pies. ¿Cuál de los siguientes números está en la posición de las centenas? (Requisitos, pág. 586).

   (A) 1 (B) 3 (C) 4 (D) 6

2. ¿Cuál es el mejor estimado del número total de libras de papel que reciclaron en la clase de la Sra. Maliqua? (Lección 3-4)

| Campaña de reciclaje de papel | |
|---|---|
| **Semana** | **Cantidad (lb)** |
| 1 | 22.5 |
| 2 | 38.2 |
| 3 | 32.7 |
| 4 | 53.1 |

   (F) 130 lb (G) 140 lb
   (H) 160 lb (I) 170 lb

3. ¿Cuál podría ser el perímetro del rectángulo que se muestra? (Lección 4-5)

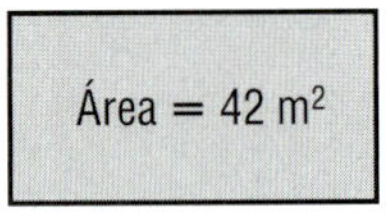


   (A) 13 m (B) 20 m
   (C) 26 m (D) 88 m

4. ¿Qué es $3\frac{9}{16}$ como fracción impropia? (Lección 5-3)

   (F) $\frac{48}{16}$ (G) $\frac{43}{16}$
   (H) $3\frac{16}{9}$ (I) $\frac{57}{16}$

5. ¿Cuál es el valor de $r$ en la ecuación $6r = 30$? (Lección 9-4)

   (A) 0.2 (B) 5 (C) 24 (D) 180

6. ¿Cuál es la razón entre el número de corazones y el número total de figuras? (Lección 10-1)

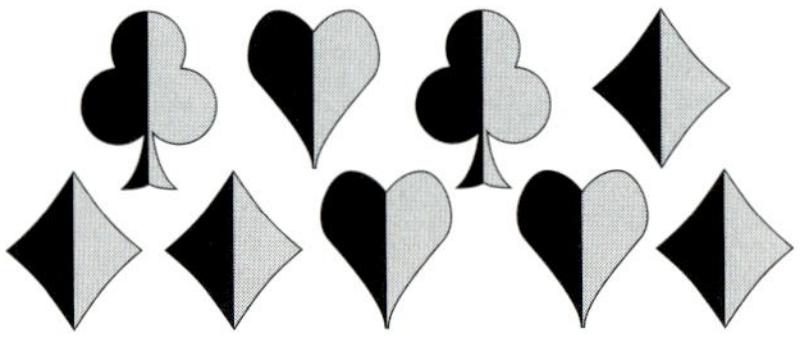

   (F) $\frac{2}{9}$ (G) $\frac{1}{4}$ (H) $\frac{1}{3}$ (I) $\frac{4}{9}$

7. ¿Cuál es el área de un paralelogramo cuya base es de 5 pulgadas y su altura de 3 pulgadas? (Lección 14-1)

   (A) 8 pulg$^2$ (B) 15 pulg$^2$
   (C) 15 pulg (D) 16 pulg$^2$

8. ¿Cuál es el enunciado correcto sobre la relación entre las siguientes figuras? (Lección 14-2)

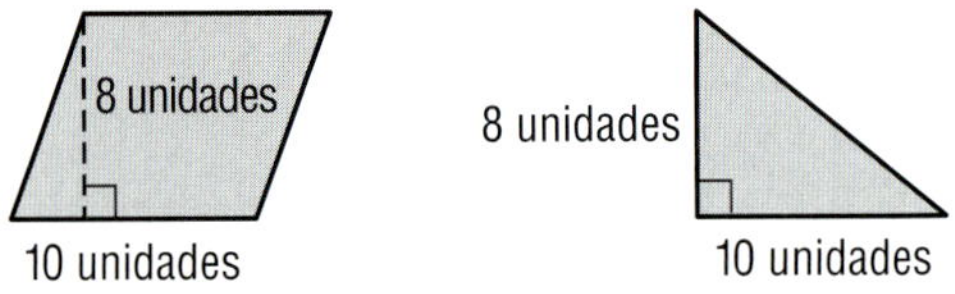


   (F) El área del paralelogramo es igual que el área del triángulo elevada al cuadrado.
   (G) El área del paralelogramo es tres veces mayor que el área del triángulo.
   (H) El área del paralelogramo es el doble del área del triángulo.
   (I) El área del paralelogramo es $\frac{1}{2}$ del área del triángulo.

**AYUDA PARA TOMAR PRUEBAS**

**Pregunta 7** Cuando las opciones de respuesta incluyan unidades, asegúrate de elegir una opción de respuesta que tenga las unidades correctas.

## PARTE 2 Respuesta breve/Completa

Anota tus respuestas en la hoja de respuestas provista por tu maestro(a) o en una hoja aparte.

**9.** Kaley dividió $3\frac{3}{5}$ pasteles entre 9 personas. ¿Cuánto pastel le tocará a cada pesona? (Lesson 7-5)

**10.** Cada porción de pizza equivale a $\frac{1}{16}$ de pizza. Si sobró $\frac{3}{4}$ de pizza, ¿cuántas porciones sobraron? (Lección 7-5)

**11.** ¿Cuál es el producto de $-7$ por $-12$? (Lección 8-4)

**12.** Elías compró los siguientes artículos.

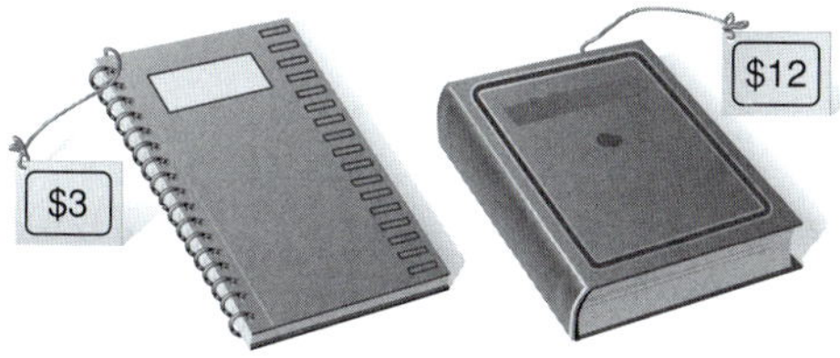


Si el impuesto sobre las ventas es de 6%, ¿cuánto pagó de impuesto? (Lección 10-7)

**13.** Calcula la probabilidad de que un dardo arrojado aleatoriamente caiga en uno de los cuadros rotulados con C. (Lección 11-4)

| | | | |
|---|---|---|---|
| A | B | B | B |
| B | A | C | B |
| C | A | B | C |
| B | C | B | A |

**14.** ¿Cuántas pulgadas hay en 3 yardas? (Lección 12-1)

**15.** ¿Cuántos ejes de simetría tiene la siguiente figura? (Lección 13-5)

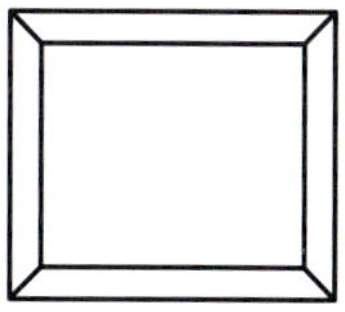

**16.** Calcula el área de un triángulo que tiene una base de 12 pulgadas y una altura de 4 pulgadas. (Lección 14-2)

**17.** ¿Cuál es el área aproximada de un círculo con radio de 10 m? (Lección 14-3)

**18.** ¿Cuántas caras tiene el prisma rectangular? (Lección 14-4)

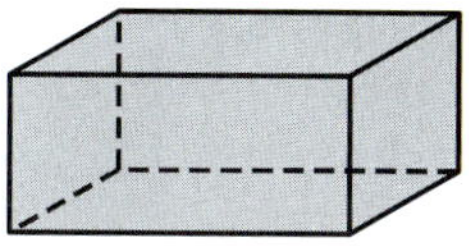

**19.** Escribe una fórmula que se pueda usar para calcular el volumen de un prisma rectangular. (Usa $\ell$ para longitud, $w$ para ancho, $h$ para altura y $V$ para volumen.) (Lección 14-5)

**20.** ¿Cuál es el área de superficie del prisma rectangular? (Lección 14-6)

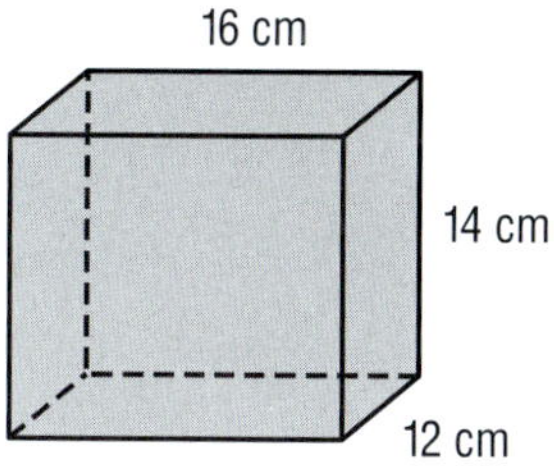


## PARTE 3 Respuesta extendida

Anota tus respuestas en una hoja aparte. Muestra tus cálculos.

**21.** Shane construyó una figura usando cubos centimétricos. La figura medía 4 cubos de alto y cubría un área de 12 centímetros por 8 centímetros.

**a.** ¿Qué área del piso cubría la figura? (Lección 14-1)

**b.** ¿Cuál es el volumen de la figura? (Lección 14-5)

**c.** Dibuja la estructura de Shane. (Lección 14-5)

# MANUAL DEL ALUMNO

## Destrezas



## Referencias

# CÓMO...

## USAR EL MANUAL DEL ALUMNO

Un manual del alumno presenta materiales para reforzar las destrezas, además de referencias adicionales, al final de un libro. Este manual del alumno puede ayudarte a responder las siguientes preguntas:

### ¿Qué sucede si olvido lo que aprendí el año pasado?

Usa la sección **Requisitos** para refrescar tus conocimientos sobre lo que aprendiste en otras clases de matemáticas. Las siguiente es una lista de temas cubiertos en tu libro.

- Valor de posición y números enteros
- Compara y ordena números enteros
- Suma y resta números enteros
- Multiplica números enteros
- Divide números enteros
- Estima con números enteros

### ¿Qué pasa si necesito más práctica?

Tú o tu maestro(a) pueden decidir que resolver más problemas puede ser útil. La sección de **Práctica adicional** presenta problemas para cada lección, los cuales te darán suficientes oportunidades para practicar nuevas destrezas.

### ¿Qué pasa si tengo dificultad con los problemas verbales?

La parte de **Solución de problemas mixtos** te ofrece problemas adicionales que usan las destrezas aprendidas en cada capítulo. Estos problemas simulan situaciones de la vida real donde se usan las matemáticas.

### ¿Qué pasa si se me olvida una palabra de vocabulario?

El **Glosario español-inglés** te proporciona una lista de palabras importantes o difíciles que se usan en el libro. Allí hallarás definiciones en español e inglés y el número(s) de página(s) donde puedes encontrar dichas definiciones.

### ¿Qué pasa si tengo que verificar las respuestas de las tareas?

Las respuestas de los problemas impares se encuentran en **Respuestas seleccionadas.** Verifica tus respuestas para asegurarte de que entiendes cómo resolver todos los problemas asignados.

### ¿Qué pasa si tengo que encontrar algo rápidamente?

El **Índice** es una lista en orden alfabético de materias cubiertas en el libro y las páginas en las que se puede encontrar cada materia.

### ¿Qué pasa si se me olvida una fórmula?

En la contraportada interior del libro de matemáticas encontrarás una lista de **Fórmulas y símbolos** que se usan en el libro.

### ¿Necesitas forrar tu libro?

En la contraportada interior del libro encontrarás un Plegado que puedes usar para forrar rápida y fácilmente tu libro de matemáticas.

# Requisitos

## Valor de posición y números enteros

El sistema numérico que usamos se basa en unidades de 10. Un número como 7,825 es un **número entero**. Un dígito y su **valor de posición** le dan nombre al número. Por ejemplo, en 7,825, el dígito 7 está en la posición de las milésimas y su valor es 7,000.

Tabla de valor de posición

| 1,000,000,000 | 100,000,000 | 10,000,000 | 1,000,000 | 100,000 | 10,000 | 1,000 | 100 | 10 | 1 |
|---|---|---|---|---|---|---|---|---|---|
| unidades de billón | centenas de millón | decenas de millón | unidades de millón | centenas de millar | decenas de millar | millares | centenas | decenas | unidades |
| | | | | | | 7, | 8 | 2 | 5 |

A cada conjunto de tres dígitos se le llama período. Los períodos están separados por una coma.

### EJEMPLO Identifica el valor de posición

**1** **Identifica el valor de posición del dígito 9 en 597,240,618.**

| 1,000,000,000 | 100,000,000 | 10,000,000 | 1,000,000 | 100,000 | 10,000 | 1,000 | 100 | 10 | 1 |
|---|---|---|---|---|---|---|---|---|---|
| unidades de billón | centenas de millón | decenas de millón | unidades de millón | centenas de millar | decenas de millar | millares | centenas | decenas | unidades |
| | 5 | 9 | 7, | 2 | 4 | 0, | 6 | 1 | 8 |

El dígito 9 está en la posición de las decenas de millón.

Los números escritos como 7,825 y 597,240,618 están escritos en **forma estándar**. Los números también pueden escribirse en **forma verbal**. Cuando escribas un número en forma verbal, usa el valor de posición. En cada coma, escribe el nombre del período.

### EJEMPLOS Escribe un número entero en forma verbal

**Escribe cada número en forma verbal.**

**2** **4,567,890**

**Forma estándar** 4,567,890

**Forma verbal** cuatro millones quinientos sesenta y siete mil, ochocientos noventa

**3** **804,506**

**Forma estándar** 804,506

**Forma verbal** ochocientos cuatro mil quinientos seis

Los números también pueden escribirse en **notación desarrollada**.



## EJEMPLO Escribe un número entero en notación desarrollada

**4** **Escribe 28,756 en notación desarrollada.**

**Paso 1** Escribe el producto de cada dígito y su valor de posición.

$20{,}000 = (2 \times 10{,}000)$ El dígito 2 está en el lugar de las decenas de millar.
$8{,}000 = (8 \times 1{,}000)$ El dígito 8 está en el lugar de los millares.
$700 = (7 \times 100)$ El dígito 7 está en el lugar de las centenas.
$50 = (5 \times 10)$ El dígito 5 está en el lugar de las decenas.
$6 = (6 \times 1)$ El dígito 6 está en el lugar de las unidades.

**Paso 2** Escribe la suma de los productos.

$$28{,}756 = (2 \times 10{,}000) + (8 \times 1{,}000) + (7 \times 100) + (5 \times 10) + (6 \times 1)$$

Éste es 28,756 escrito en notación desarrollada.

## Ejercicios

**Identifica cada valor de posición subrayado.**

**1.** 4$\underline{3}$8
**2.** 6,8$\underline{4}$5,085
**3.** $\underline{4}$13,467
**4.** 3,74$\underline{5}$
**5.** 7$\underline{2}$,567,432
**6.** $\underline{9}$04,784,126

**7.** Escribe un número que tenga al dígito 7 en la posición de los billones, el dígito 8 en la posición de las centenas de millar y el dígito 4 en la posición de las decenas.

**Escribe cada número en forma verbal.**

**8.** 263
**9.** 2,013
**10.** 54,006
**11.** 47,900
**12.** 567,460
**13.** 551,002
**14.** 7,805,261
**15.** 1,125,678
**16.** 102,546,165
**17.** 582,604,072
**18.** 8,146,806,835
**19.** 67,826,657,005

**Escribe cada número en forma estándar.**

**20.** cuarenta y dos
**21.** setecientos cincuenta y uno
**22.** tres mil cuatrocientos doce
**23.** seis mil novecientos cinco
**24.** seiscientos mil
**25.** dieciséis mil cincuenta y dos
**26.** setenta y seis millones
**27.** doscientos veinticuatro millones
**28.** tres millones cuatrocientos mil
**29.** diez billones novecientos mil

**Escribe cada número en notación desarrollada.**

**30.** 86
**31.** 398
**32.** 620
**33.** 5,285
**34.** 4,002
**35.** 7,500
**36.** 85,430
**37.** 524,789
**38.** 8,043,967

**39.** **PIANOS** Hay más de diez millones de pianos en hogares, negocios e instituciones estadounidenses. Escribe diez millones en notación desarrollada.

**40.** **LIBROS** La Biblioteca del Congreso en Washington, D.C. posee 24,616,867 libros. Escribe este número en forma verbal.

# Compara y ordena números enteros

Cuando comparas los valores de dos números enteros, el primer número puede ser mayor que, menor que o igual al segundo número. Puedes emplear el valor de posición o una recta numérica para comparar dos números enteros.

| En palabras | Símbolo |
|---|---|
| menor que | $<$ |
| mayor que | $>$ |
| igual a | $=$ |

**Método 1** Usa el valor de posición.

- Alinea los dígitos en la posición de las unidades.
- Comenzando a la izquierda, compara los dígitos en cada valor de posición. En la primera posición en que difieran los dígitos, el número con el dígito mayor es el número entero mayor.

**Método 2** Usa una recta numérica.

- Los números a la derecha son mayores que los números a la izquierda.
- Los números a la izquierda son menores que los números a la derecha.

## EJEMPLO Compara números enteros

**1 Reemplaza el ● en 25,489 ● 25,589 con $>$, $<$ o $=$ para hacer verdadero el enunciado.**

**Método 1** Usa el valor de posición.

25,489 Alinea los dígitos.
25,589 Compara.

Los dígitos en la posición de las centenas no son iguales.
Dado que $4 < 5$, $25{,}489 < 25{,}589$.

**Método 2** Usa una recta numérica.

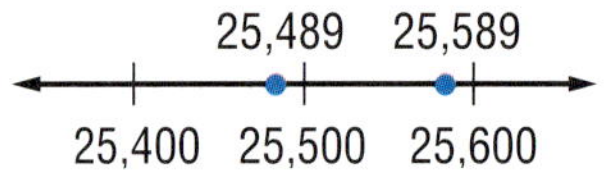


Grafica y luego compara los números.

Dado que 25,489 está a la izquierda de 25,589, $25{,}489 < 25{,}589$.

## EJEMPLO Ordena números enteros

**2 Ordena 8,989, 8,957 y 8,984 de menor a mayor.**

8,957 es menor que 8,989 y que 8,984 dado que $5 < 8$ en la posición de las decenas.
8,984 es menor que 8,989 dado que $4 < 9$ en la posición de las unidades.

Por lo tanto, el orden de menor a mayor es 8,957, 8,984 y 8,989.

## Exercises

**Reemplaza cada ● con $<$ o $>$ para hacer verdadero el enunciado.**

1. 496 ● 489
2. 5,602 ● 5,699
3. 3,455 ● 3,388
4. 9,999 ● 10,001
5. 8,993 ● 8,399
6. 13,405 ● 14,003
7. 75,495 ● 75,606
8. 400,590 ● 401,001
9. 501,222 ● 510,546
10. 245,000 ● 24,500
11. 675,656 ● 6,756,560
12. 1,000,000 ● 989,566

**Ordena cada lista de números enteros de menor a mayor.**

13. 678, 699, 610
14. 4,654, 4,432, 4,678
15. 42,000, 4,200, 41,898

16. **ESTADOS** Alabama posee un área total de 52,237 millas cuadradas. Arkansas tiene un área de 53,182 millas cuadradas. ¿Cuál estado es más grande?

## Suma y resta números enteros

Para sumar y restar números enteros, suma o resta los dígitos en cada valor de posición. Comienza con la posición de las unidades.

### EJEMPLOS Suma o resta números enteros

**Calcula cada suma o diferencia.**

**1** **125 + 203**

$$\begin{array}{r} 125 \\ +\ 203 \\ \hline 328 \end{array}$$

Alinea los dígitos en la posición de las unidades.
Suma las unidades.
Suma las decenas.
Suma las centenas.

**2** **587 − 162**

$$\begin{array}{r} 587 \\ -\ 162 \\ \hline 425 \end{array}$$

Alinea los dígitos en la posición de las unidades
Resta las unidades.
Resta las decenas.
Resta las centenas.

A veces debes reagrupar cuando sumes o restes números enteros.

### EJEMPLOS Usa reagrupamiento para sumar o restar números enteros

**Calcula cada suma o diferencia.**

**3** **387 + 98**

$$\begin{array}{r} {\scriptstyle 1\,1\ \ } \\ 387 \\ +\ 98 \\ \hline 485 \end{array}$$

Alinea los dígitos en la posición de las unidades.
Suma las unidades. Coloca el 5 en la posición de las unidades el 1 sobre las decenas.
Suma las decenas. Coloca el 8 en la posición de las decenas y el 1 sobre las centenas.
Suma las centenas.

**4** **612 − 59**

$$\begin{array}{r} {\scriptstyle 5\ 10\ 12} \\ \not{6}\not{1}\not{2} \\ -\ 59 \\ \hline 553 \end{array}$$

Alinea los dígitos en la posición de las unidades.
Dado que 9 es mayor que 2, convierte 2 en 12. Convierte el 1 en las decenas en 10 y el 6 en las centenas en 5. Luego resta.

## Ejercicios

**Calcula cada suma o diferencia.**

**1.** 506 + 30
**2.** 315 + 583
**3.** 1,342 + 627
**4.** 5,042 + 2,143
**5.** 71,235 + 27,563
**6.** 468 − 21
**7.** 895 − 472
**8.** 1,872 − 460
**9.** 6,056 − 5,052
**10.** 74,618 − 23,311
**11.** 2,680 + 945
**12.** 5,126 + 896
**13.** 2,973 + 1,689
**14.** 1,089 + 5,239
**15.** 16,999 + 25,509
**16.** 982 − 36
**17.** 487 − 199
**18.** 6,052 − 5,456
**19.** 64,205 − 3,746
**20.** 215,000 − 12,999

**21.** **PLANETAS** El diámetro de la Tierra es de 7,926 millas. El diámetro de Marte es de 4,231 millas. ¿Cuánto más grande es el diámetro de la Tierra que el diámetro de Marte?

# Multiplica números enteros

Para multiplicar un número entero por un número entero de un solo dígito, multiplica de derecha a izquierda, reagrupando si es necesario.

## EJEMPLOS Multiplica por un número entero de un solo dígito

**Calcula cada producto.**

**1** **$76 \times 8$**

$$\begin{array}{r} {\scriptstyle 4} \\ 76 \\ \times\ 8 \\ \hline 608 \end{array}$$

8 × 6 = 48. Coloca el 8 en las unidades. Coloca el 4 sobre las decenas.

8 × 70 = 560 y 560 + 40 = 600.

**2** **$148 \times 9$**

$$\begin{array}{r} {\scriptstyle 4\,7} \\ 148 \\ \times\ \ 9 \\ \hline 1{,}332 \end{array}$$

9 × 8 = 72. Coloca el 2 en las unidades. Coloca el 7 sobre las decenas.

9 × 40 = 360 y 360 + 70 = 430. Coloca el 3 en las unidades. Coloca el 4 sobre las centenas.

9 × 100 = 900 y 900 + 400 = 1,300.

Cuando multiplicas por un número con dos o más dígitos, escribe productos individuales y luego súmalos.

## EJEMPLOS Multiplica por un número entero de dos dígitos

**Calcula cada producto.**

**3** **$84 \times 65$**

$$\begin{array}{r} 84 \\ \times\ 65 \\ \hline 420 \\ +\ 5040 \\ \hline 5460 \end{array}$$

Multiplica. 84 × 5 = 420
Multiplica. 84 × 60 = 5,040
Suma. 420 + 5,040 = 5,460

**4** **$535 \times 24$**

$$\begin{array}{r} 535 \\ \times\ 24 \\ \hline 2{,}140 \\ +\ 10{,}700 \\ \hline 12{,}840 \end{array}$$

Multiplica. 535 × 4 = 2,140
Multiplica. 535 × 20 = 10,700
Suma. 2,140 + 10,700 = 12,840

## Ejercicios

**Calcula cada producto.**

**1.** $40 \times 5$ **2.** $23 \times 3$ **3.** $81 \times 6$ **4.** $172 \times 3$ **5.** $361 \times 7$

**6.** $721 \times 4$ **7.** $513 \times 3$ **8.** $634 \times 2$ **9.** $2{,}821 \times 4$ **10.** $5{,}045 \times 2$

**11.** $28 \times 10$ **12.** $52 \times 20$ **13.** $75 \times 19$ **14.** $54 \times 27$ **15.** $414 \times 22$

**16.** $321 \times 34$ **17.** $522 \times 32$ **18.** $613 \times 24$ **19.** $525 \times 150$ **20.** $678 \times 123$

**21.** **ALIMENTOS** La persona promedio en Estados Unidos come aproximadamente 36 libras de comida congelada al año. ¿Cuántas libras comería una familia promedio de cuatro personas?

## Divide números enteros

Cuando dividas números enteros, divide cada valor de posición de izquierda a derecha. Recuerda que en el enunciado $50 \div 2 = 25$, 50 es el **dividendo**, 2 es el **divisor** y 25 es el **cociente**.

Requisitos

### EJEMPLOS Divide números enteros

**Calcula cada cociente.**

**1** **$342 \div 9$**

$$\begin{array}{r} 38 \\ 9\overline{)342} \\ -27 \\ \hline 72 \\ -72 \\ \hline 0 \end{array}$$

Divide cada valor de posición de izquierda a derecha.

Dado que $72 - 72 = 0$, no hay residuo.

**2** **$6{,}493 \div 78$**

$$\begin{array}{r} 83\text{ R}19 \\ 78\overline{)6493} \\ -624 \\ \hline 253 \\ -234 \\ \hline 19 \end{array}$$

Divide cada valor de posición de izquierda a derecha.

Dado que $253 - 234 = 19$, el residuo es 19.

## Ejercicios

**Calcula cada cociente.**

| | | | |
|---|---|---|---|
| **1.** $3\overline{)72}$ | **2.** $4\overline{)96}$ | **3.** $2\overline{)84}$ | **4.** $6\overline{)918}$ |
| **5.** $8\overline{)976}$ | **6.** $7\overline{)903}$ | **7.** $12\overline{)60}$ | **8.** $25\overline{)75}$ |
| **9.** $15\overline{)90}$ | **10.** $34\overline{)204}$ | **11.** $27\overline{)135}$ | **12.** $53\overline{)424}$ |
| **13.** $24\overline{)240}$ | **14.** $25\overline{)500}$ | **15.** $15\overline{)600}$ | **16.** $6\overline{)384}$ |
| **17.** $34\overline{)612}$ | **18.** $48\overline{)720}$ | **19.** $31\overline{)1{,}953}$ | **20.** $47\overline{)1{,}927}$ |
| **21.** $19\overline{)1{,}045}$ | **22.** $18\overline{)3{,}672}$ | **23.** $32\overline{)9{,}824}$ | **24.** $27\overline{)8{,}154}$ |
| **25.** $8\overline{)91}$ | **26.** $5\overline{)99}$ | **27.** $6\overline{)80}$ | **28.** $8\overline{)685}$ |
| **29.** $4\overline{)273}$ | **30.** $5\overline{)387}$ | **31.** $12\overline{)75}$ | **32.** $18\overline{)99}$ |
| **33.** $27\overline{)56}$ | **34.** $33\overline{)85}$ | **35.** $23\overline{)97}$ | **36.** $29\overline{)210}$ |
| **37.** $62\overline{)439}$ | **38.** $37\overline{)299}$ | **39.** $16\overline{)134}$ | **40.** $53\overline{)483}$ |
| **41.** $50\overline{)12{,}575}$ | **42.** $49\overline{)29{,}670}$ | **43.** $32\overline{)38{,}693}$ | **44.** $46\overline{)92{,}330}$ |
| **45.** $26\overline{)80{,}311}$ | **46.** $100\overline{)706}$ | **47.** $100\overline{)842}$ | **48.** $200\overline{)900}$ |
| **49.** $500\overline{)705}$ | **50.** $300\overline{)602}$ | **51.** $400\overline{)1{,}632}$ | **52.** $600\overline{)8{,}407}$ |

**53. DINERO** En el año 2000, hubo \$3,440,000 en billetes de \$10,000 en circulación en EE.UU. ¿Cuántos billetes de \$10,000 había?

**54. MEDICIÓN** Un acre equivale a 43,560 pies cuadrados. También equivale a 4,840 yardas cuadradas. ¿Cuántos pies cuadrados hay en una yarda cuadrada?

Requisitos

## Estima con números enteros

Cuando un problema de matemáticas no requiere una respuesta exacta o cuando quieres verificar si una respuesta es razonable, puedes usar **estimados**. Existen varios métodos para estimar. Un método común es el **redondeo**.

Para redondear un número entero, observa el dígito a la derecha del lugar que vas a redondear.

- Si el dígito es 4 ó menos, el dígito subrayado se queda igual.
- Si el dígito es 5 ó más, suma uno al dígito subrayado.

### EJEMPLOS Usa redondeo para estimar

**Estima mediante redondeo.**

**1** **30,798 + 4,115 + 1,891**

| | | |
|---|---|---|
| 30,798 | → | 31,000 |
| 4,115 | → | 4,000 |
| + 1,891 | → | + 2,000 |
| | | 37,000 |

En este caso, cada número se redondea al mismo valor de posición.

Por lo tanto, la suma es más o menos 37,000.

**2** **478 × 12**

| | | |
|---|---|---|
| 478 | → | 500 |
| × 12 | → | × 10 |
| | | 5,000 |

En este caso, cada número se redondea a su mayor valor de posición.

Por lo tanto, el producto es aproximadamente 5,000.

Se puede usar **agrupamiento** para estimar sumas, si todos los números están cerca de cierto número.

### EJEMPLOS Usa agrupamiento para estimar

**Estima mediante agrupamiento.**

**3** **97 + 102 + 99 + 104 + 101 + 98**

Todos los números están agrupados alrededor de 100. Hay 6 números. Por lo tanto, la suma es aproximadamente 6 × 100 ó 600.

**4** **748 + 751 + 753 + 747**

Todos los números están agrupados alrededor de 750. Hay 4 números. Por lo tanto, la suma es aproximadamente 4 × 750 ó 3,000.

Los **números compatibles** son dos números fáciles de computar mentalmente.

### EJEMPLOS Usa números compatibles para estimar

**Por lo tanto, el cociente es aproximadamente 4.**

**5** **102 ÷ 24**

$24\overline{)102} \rightarrow 25\overline{)100}$ = 4

Entonces, el cociente es aproximadamente 200.

**6** **71 + 19 + 28 + 83**

71 + 19 + 28 + 83 → 70 + 20 + 30 + 80

= (70 + 30) + (20 + 80)

= 100 + 100 ó 200

La suma es aproximadamente 200.

Otra estrategia que funciona bien para algunos problemas de adición y sustracción es la **estimación por partes**. En esta estrategia, primero sumas o restas los dígitos en la columna del extremo izquierdo. Luego, sumas o restas la siguiente columna.

## EJEMPLOS Usa estimación por partes

**Usa estimación por partes para estimar los siguientes.**

**7** **739 + 259**

$$\begin{array}{r} 739 \\ +\ 259 \\ \hline 9 \end{array}$$ ← Suma la columna del extremo izquierdo

$$\begin{array}{r} 739 \\ +\ 259 \\ \hline 980 \end{array}$$ ← Suma los dígitos siguientes. ← Agrega un cero.

Por lo tanto, la suma es más o menos 980.

**8** **3,542 − 1,280**

$$\begin{array}{r} 3{,}542 \\ -\ 1{,}280 \\ \hline 2 \end{array}$$ ← Resta la columna del extremo izquierdo.

$$\begin{array}{r} 3{,}542 \\ -\ 1{,}280 \\ \hline 2{,}300 \end{array}$$ ← Resta los dígitos siguientes. ← Agrega dos ceros.

Por lo tanto, la resta es aproximadamente 2,300.

## Ejercicios

**Estima mediante redondeo.**

1. $82 \times 3$
2. $435 + 219 + 121$
3. $4286 - 2089$
4. $99 \times 12$
5. $106 \div 9$
6. $192 \times 39$

**Estima mediante agrupamiento.**

7. $19 + 18 + 21 + 20 + 19$
8. $498 + 499 + 502 + 503$
9. $82 + 79 + 77 + 81$
10. $4 + 3 + 6 + 5 + 7 + 4 + 6 + 7$

**Estima usando números compatibles.**

11. $31 \div 4$
12. $17 + 82 + 58 + 43 + 75$
13. $122 + 79 + 232 + 68$
14. $205 \div 6$
15. $540 + 470 + 325 + 70$
16. $813 \div 9$

**Estima usando estimación por partes.**

17. $852 - 312$
18. $65 \times 4$
19. $120 \times 3$
20. $895 - 246$
21. $340 \times 2$
22. $673 - 344$

**Usa cualquier método para estimar.**

23. $680 - 290$
24. $647 \div 9$
25. $68 \times 11$
26. $99.6 \div 18.25$
27. $43 + 62 + 22 + 77$
28. $69 + 72 + 68 + 70 + 73$
29. $390 \div 52$
30. $102 \times 6$
31. $498 \times 19$
32. $493 - 183$
33. $199 + 205 + 198$
34. $999 \div 52$
35. $1209 \div 403$
36. $2005 \times 4$
37. $490 + 514 + 520 + 483$
38. $3486 \div 5$
39. $7654 - 3254$
40. $3045 \times 124$
41. $188 + 320$
42. $12{,}250 \div 4008$
43. $874 - 523$

# Práctica adicional

## Lección 1-1

(Páginas 6–9)

**Usa el plan de cuatro pasos para resolver cada problema.**

1. En un mapa de Ohio, cada pulgada representa aproximadamente 9 millas. Chad piensa viajar de Cleveland a Cincinnati. Si la distancia en el mapa de Cleveland a Cincinnati es de aproximadamente 23 pulgadas, ¿cuántas millas viajará?
2. Silvia tiene $102. Si hizo tres compras de $13, $37 y $29, ¿cuánto dinero le queda?
3. Una cinta contiene 60 minutos de música. Si Logan ya grabó en la cinta ocho canciones de 5 minutos de duración cada una, ¿cuántos minutos adicionales de música puede grabar en la cinta?
4. **PATRONES** Completa el patrón: 1, 8, 15, 22, __?__, __?__, __?__
5. Sarah se entrena para una carrera de pista. El primer día, corrió dos vueltas. El segundo día corrió tres vueltas. El tercer día corrió 5 vueltas y en el cuarto día corrió 8 vueltas. Si continúa este patrón, ¿cuántas vueltas correrá el séptimo día?
6. Los horarios para ver una película nueva son 9:30 A.M., 11:12 A.M., 12:54 P.M. y 2:36 P.M. ¿Cuáles son los siguientes tres horarios para ver la película?

## Lección 1-2

(Páginas 10–13)

**Indica si cada número es divisible entre 2, 3, 4, 5, 6, 9 ó 10. Luego, clasifica cada número como *par* o *impar*.**

| | | | |
|---|---|---|---|
| 1. 48 | 2. 64 | 3. 125 | 4. 156 |
| 5. 216 | 6. 330 | 7. 225 | 8. 524 |
| 9. 1,986 | 10. 2,052 | 11. 110 | 12. 315 |
| 13. 405 | 14. 243 | 15. 1,233 | 16. 5,103 |
| 17. 8,001 | 18. 9,270 | 19. 284 | 20. 585 |
| 21. 1,620 | 22. 3,213 | 23. 25,365 | 24. 27,027 |

## Lección 1-3

(Páginas 14–17)

**Indica si cada número es *primo, compuesto* o *ninguno de los dos*.**

| | | | |
|---|---|---|---|
| 1. 20 | 2. 65 | 3. 37 | 4. 26 |
| 5. 54 | 6. 155 | 7. 201 | 8. 0 |
| 9. 49 | 10. 17 | 11. 93 | 12. 121 |
| 13. 29 | 14. 53 | 15. 76 | 16. 57 |

**Calcula la factorización prima de cada número.**

| | | |
|---|---|---|
| 17. 72 | 18. 88 | 19. 32 |
| 20. 86 | 21. 120 | 22. 576 |
| 23. 68 | 24. 240 | 25. 24 |
| 26. 70 | 27. 102 | 28. 121 |
| 29. 164 | 30. 225 | 31. 54 |

## Lección 1-4

(Páginas 18–21)

**Escribe cada producto usando exponentes. Después, calcula el valor de la potencia.**

1. $2 \cdot 2 \cdot 2 \cdot 2 \cdot 2$
2. $6 \cdot 6 \cdot 6$
3. $4 \cdot 4 \cdot 4 \cdot 4 \cdot 4$
4. $10 \cdot 10 \cdot 10$
5. $14 \cdot 14$
6. $3 \cdot 3 \cdot 3 \cdot 3$
7. $5 \cdot 5 \cdot 5 \cdot 5$
8. $2 \cdot 2 \cdot 2$
9. $6 \cdot 6 \cdot 6 \cdot 6 \cdot 6$
10. $8 \cdot 8 \cdot 8$
11. $7 \cdot 7 \cdot 7 \cdot 7 \cdot 7 \cdot 7$
12. $9 \cdot 9 \cdot 9$

**Escribe cada potencia como un producto. Después, calcula el valor del producto.**

13. $9^4$
14. $2^3$
15. $3^5$
16. $4^3$
17. $6^5$
18. $5^4$
19. $8^3$
20. $12^2$
21. nueve al cubo
22. seis a la quinta potencia
23. ocho a la cuarta a potencia
24. once al cuadrado

**Usa exponentes para escribir la factorización prima de cada número.**

25. 9
26. 20
27. 18
28. 63
29. 44
30. 45
31. 243
32. 175

## Lección 1-5

(Páginas 24–27)

**Calcula el valor de cada expresión.**

1. $14 - 5 + 7$
2. $12 + 10 - 5 - 6$
3. $50 - 6 + 12 + 4$
4. $12 - 2 \times 3$
5. $16 + 4 \times 5$
6. $5 + 3 \times 4 - 7$
7. $2 \times 3 + 9 \times 2$
8. $6 \times 8 + 4 \div 2$
9. $7 \times 6 - 14$
10. $8 + 12 \times 4 \div 8$
11. $13 - 6 \times 2 + 1$
12. $80 \div 10 \times 8$
13. $1 + 2 + 3 + 4$
14. $1 \times 2 \times 3 \times 4$
15. $6 + 6 \times 6$
16. $14 - 2 \times 7 + 0$
17. $156 - 6 \times 0$
18. $30 - 14 \times 2 + 8$
19. $54 \div (8 - 5)$
20. $4^2 + 3^3$
21. $(11 - 7) \times 3 - 5$
22. $25 - 9 + 4$
23. $100 \div 10 \times 2$
24. $3 \times 4^3$
25. $11 + 4 \times (12 - 7)$
26. $6^2 - 7 \times 4$
27. $12 + 5^2 - 9$
28. Calcula dos a la quinta potencia dividido entre 8 por 2.
29. ¿Cuál es el valor de cien menos siete al cuadrado por dos?

## Lección 1-6

(Páginas 28–31)

**Evalúa cada expresión si $m = 2$ y $n = 4$.**

1. $m + m$
2. $n - m$
3. $mn$
4. $2m$
5. $2n$
6. $2n + 2m$
7. $m \times 0$
8. $64 \div n$
9. $12 - m$
10. $2mn$
11. $m^2 + 3$
12. $n^2 - 5m$
13. $5n \div m$
14. $6mn$
15. $4n - 3$
16. $n \div m + 8$

**Evalúa cada expresión si si $a = 3$, $b = 4$ y $c = 12$.**

17. $a + b$
18. $c - a$
19. $a + b + c$
20. $b - a$
21. $c - a \times b$
22. $a + 2 \times b$
23. $b + c \div 2$
24. $ab$
25. $a^2 + 3b$
26. $a^2 + c \div 6$
27. $25 + c \div b$
28. $a^2 + 2b - c$
29. $c^2 \div (ab)$
30. $c \div a + 10$
31. $2b - a$
32. $2ab$

## Lección 1-7

(Páginas 34–37)

**Identifica la solución de cada ecuación de la lista dada.**

1. $7 + a = 10$; 3, 13, 17
2. $14 + m = 24$; 7, 10, 34
3. $20 = 24 - n$; 2, 3, 4
4. $x + 4 = 19$; 14, 15, 16
5. $23 - p = 7$; 16, 17, 18
6. $11 = w + 6$; 3, 4, 5
7. $73 + m = 100$; 26, 27, 28
8. $44 + s = 63$; 17, 18, 19

**Resuelve mentalmente cada ecuación.**

9. $b + 7 = 12$
10. $s + 10 = 23$
11. $b - 3 = 12$
12. $d + 7 = 19$
13. $23 - q = 9$
14. $21 + p = 45$
15. $17 = 23 - t$
16. $g - 13 = 5$
17. $14 - m = 6$
18. $x - 3 = 11$
19. $16 = h + 9$
20. $50 + z = 90$

## Lección 1-8

(Páginas 39–41)

**Calcula el área de cada rectángulo.**

1.
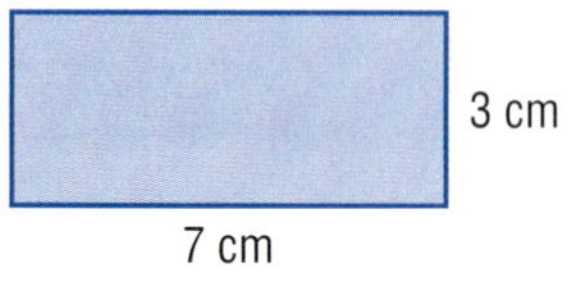


2.
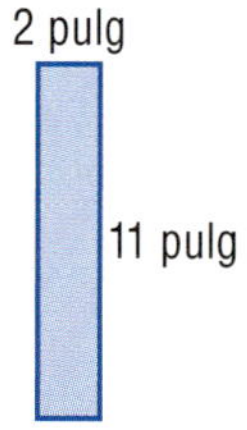


3.
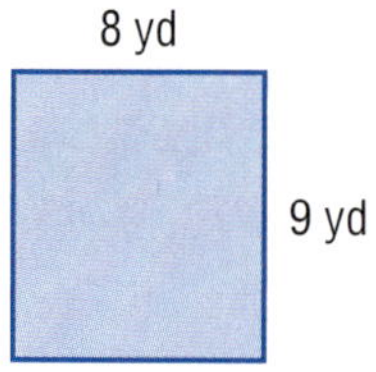


4.
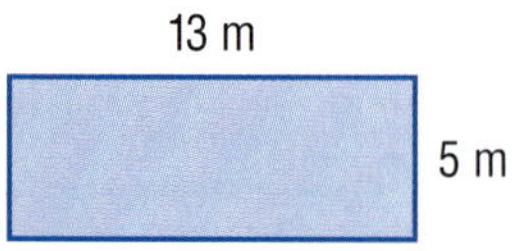


5.
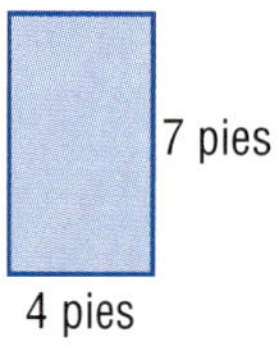


6.

## Lección 2-1

(Páginas 50–53)

1. Se enumeran las temperaturas máximas registradas el 13 de marzo en algunas ciudades de Indiana.
   52 57 48 53 52 49 48 52 51 47 51 49 57 53 48 52 52 49
   Haz una tabla de frecuencias de los datos.
2. ¿Qué escala es más apropiada para el conjunto de datos 56, 85, 23, 78, 42, 63: 0 a 50 ó 20 a 90? Explica tu razonamiento.
3. ¿Cuál es el mejor intervalo para el conjunto de datos 132, 865, 465, 672, 318, 940, 573, 689: 10, 100 ó 1,000? Explica tu razonamiento.

**Para los ejercicios 4 y 5, usa la tabla de frecuencias de la derecha.**

4. Describe los datos que se muestran en la tabla.
5. ¿Qué sabor de helado es el que más debe surtir la tienda?

**Sabores de helado vendidos en julio**

| Sabor | Conteo | Frecuencia |
|---|---|---|
| vainilla | 卌 卌 卌 卌 IIII | 24 |
| chocolate | 卌 卌 卌 III | 18 |
| fresa | 卌 卌 II | 12 |
| chispas de cholocate | 卌 卌 卌 I | 16 |
| durazno | 卌 III | 8 |
| nuez | 卌 卌 I | 11 |

## Lección 2-2

(Páginas 56–59)

**Haz una gráfica de barras para cada conjunto de datos.**

1. una gráfica de barras vertical

| Materia favorita | |
|---|---|
| **Materia** | **Frecuencia** |
| Matemáticas | 4 |
| Ciencias | 6 |
| Historia | 2 |
| Inglés | 8 |
| Educación física | 12 |

2. una gráfica de barras horizontal

| Calificaciones finales | |
|---|---|
| **Materia** | **Puntaje** |
| Matemáticas | 88 |
| Ciencias | 82 |
| Historia | 92 |
| Inglés | 94 |

**Haz una gráfica lineal de cada conjunto de datos.**

3.

| Puntajes de las pruebas | |
|---|---|
| **Prueba** | **Puntaje** |
| 1 | 62 |
| 2 | 75 |
| 3 | 81 |
| 4 | 83 |
| 5 | 78 |
| 6 | 92 |

4.

| Ausencias en el aula | |
|---|---|
| **Día** | **Ausencias** |
| Lunes | 3 |
| Martes | 6 |
| Miércoles | 2 |
| Jueves | 1 |
| Viernes | 8 |

## Lección 2-3

(Páginas 62–65)

**La gráfica circular muestra la materia favorita de los alumnos de la escuela intermedia Midland.**

1. ¿Cuál es la materia más popular?
2. ¿Cuáles son las dos materias que juntas son las preferidas del 50% de los alumnos?
3. ¿Cuáles son las dos materias preferidas por el menor número de alumnos?
4. ¿Qué comparación hay entre el porcentaje de alumnos que prefiere ciencias y el porcentaje de alumnos que prefiere historia?

**Materias favoritas de los alumnos**

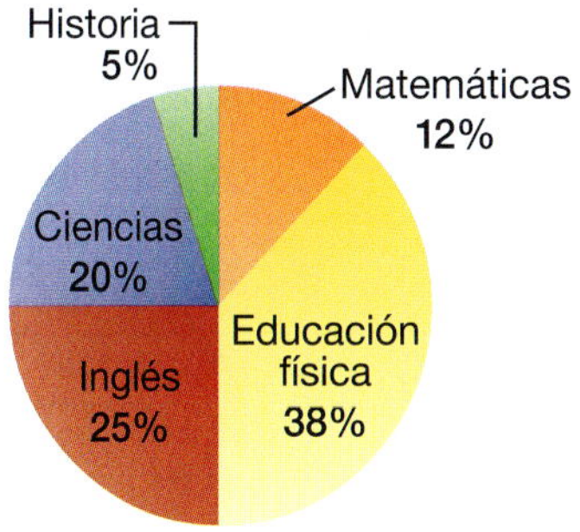


## Lección 2-4

(Páginas 66–69)

**Usa la gráfica para resolver cada problema.**

1. Escribe la población aproximada en 1960 para:
   a. Florida
   b. North Carolina
2. ¿De cuántos habitantes en la población de Florida comparada con la de North Carolina en 1980?
3. ¿Qué estado tendrá la población más grande en el año 2010?
4. ¿Cuál fue la diferencia de población en el año 2000 comparada con 1990?
5. Haz una predicción para la población de Florida en el año 2010.

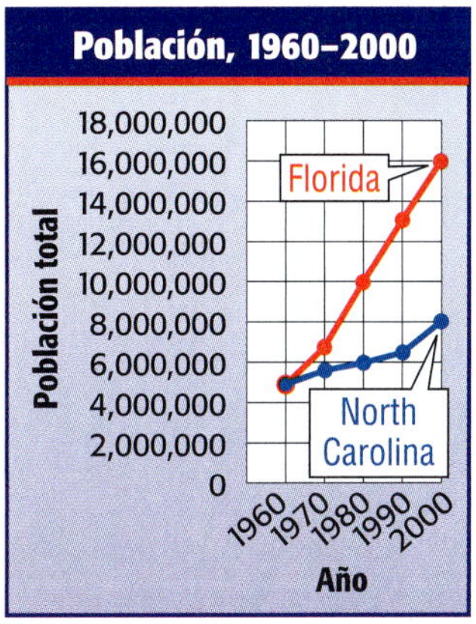

## Lección 2-5

(Páginas 72–75)

**Haz un diagrama de tallo y hojas para cada conjunto de datos.**

1. 23, 15, 39, 68, 57, 42, 51, 52, 41, 18, 29
2. 5, 14, 39, 28, 14, 6, 7, 18, 13, 28, 9, 14
3. 189, 182, 196, 184, 197, 183, 196, 194, 184
4. 71, 82, 84, 95, 76, 92, 83, 74, 81, 75, 96
5. 65, 72, 81, 68, 77, 70, 59, 63, 75, 68
6. 95, 115, 142, 127, 106, 138, 93, 118, 121, 139, 129
7. 18, 23, 35, 21, 28, 32, 17, 25, 30, 37, 25, 24
8. 3, 12, 7, 22, 19, 5, 26, 11, 16, 4, 10
9. 48, 62, 53, 41, 45, 57, 63, 50
10. 154, 138, 173, 161, 152, 166, 179, 159, 165, 139

## Lección 2-6

(Páginas 76–78)

**Calcula la media de cada conjunto de datos.**

1. 1, 5, 9, 1, 2, 4, 8, 2
2. 2, 5, 8, 9, 7, 6, 6, 5
3. 1, 2, 4, 2, 2, 1, 2
4. 12, 13, 15, 12, 12, 11, 9
5. 256, 265, 247, 256
6. 957, 562, 462, 848, 721
7. 46, 54, 66, 54, 50, 66
8. 81, 82, 83, 84, 85, 86, 87
9. 7, 18, 12, 5, 22, 15, 10, 15
10. 65, 72, 83, 58, 64, 70, 78, 75, 83
11. 9, 12, 6, 15, 3, 19, 8, 10, 14, 15, 9, 12
12. 37, 29, 20, 42, 33, 30, 21, 26, 45, 37
13.

**Profundidades promedio de los Grandes Lagos**

| Lago | Profundidad promedio (pies) |
|---|---|
| Erie | 48 |
| Huron | 195 |
| Michigan | 279 |
| Ontario | 283 |
| Superior | 500 |

14.

| Tallo | Hojas |
|---|---|
| 3 | 8 |
| 4 | 5 8 |
| 5 | 0 5 |
| 6 | 0 3 4 |
| 7 | 2 |

*4|5 = 45*

## Lección 2-7

(Páginas 80–83)

**Calcula la media, la mediana, la moda y el rango de cada conjunto de datos.**

1. 16, 12, 20, 15, 12
2. 42, 38, 56, 48, 43, 43
3. 8, 3, 12, 5, 2, 9, 3
4. 85, 75, 93, 82, 73, 78
5. 25, 32, 38, 27, 35, 25, 28
6. 112, 103, 121, 104
7. 57, 63, 53, 67, 71, 67
8. 21, 25, 20, 28, 26
9. 57, 42, 86, 76, 42, 57
10. 215, 176, 194, 223, 202
11.

**Alumnos por clase**

| | | | | |
|---|---|---|---|---|
| 18 | 21 | 22 | 19 | 22 |
| 26 | 24 | 18 | 24 | 26 |

12.

| Tallo | Hojas |
|---|---|
| 1 | 0 5 |
| 2 | 1 6 9 |
| 3 | 1 2 8 |
| 4 | 1 2 2 4 |
| 5 | 0 5 |

*4|1 = 41*

## Lección 2-8

(Páginas 86–89)

**Las gráficas que se muestran contienen la misma información.**

1. ¿Qué gráfica podría ser engañosa? Explica.
2. Si el Sr. Roush desea mostrar que los puntajes del SAT han mejorado enormemente desde que fuera nombrado director en 1999, ¿qué gráfica usaría?

**Gráfica A**

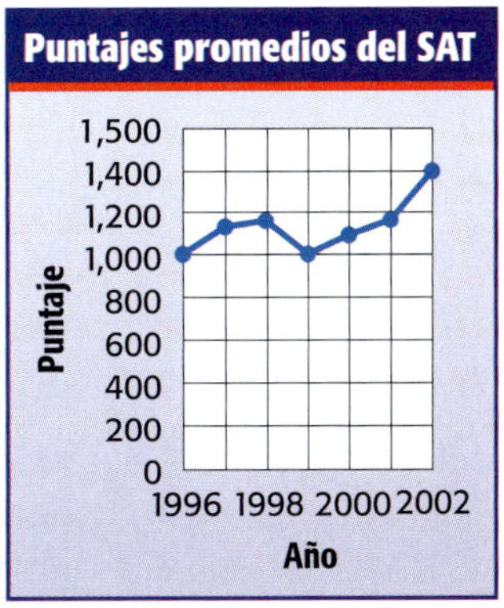


**Gráfica B**

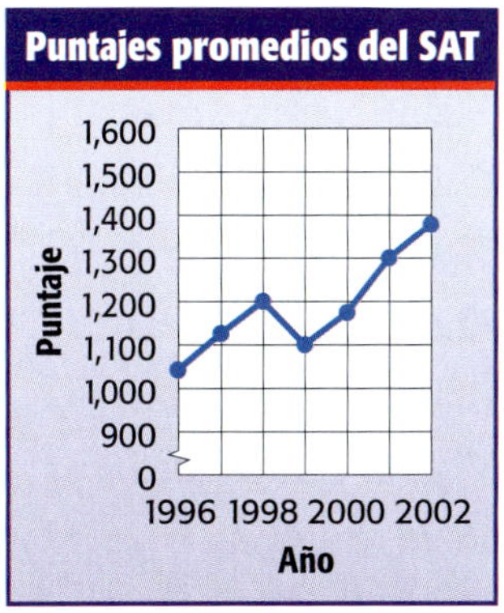


**Para cada conjunto de datos indica qué medida (*la media, la mediana* o *la moda*) podría ser engañosa para describir los promedios.**

3. 18, 23, 37, 94, 29
4. 76, 83, 69, 75, 80, 69

## Lección 3-1

(Páginas 102–105)

**Escribe cada decimal en palabras.**

1. 0.8
2. 5.9
3. 1.34
4. 0.02
5. 9.21
6. 4.3
7. 13.42
8. 0.006
9. 65.083
10. 0.0072

**Escribe cada decimal en forma estándar y en forma desarrollada.**

11. dos centésimas
12. dieciséis centésimas
13. cuatro décimas
14. dos y veintisiete centésimas
15. nueve y doce centésimas
16. cincuenta y seis y nueve décimas
17. veintisiete milésimas
18. ciento diez milésimas
19. dos diezmilésimas
20. veinte y seiscientas milésimas

## Lección 3-2

(Páginas 108–110)

**Usa >, < o = para comparar cada par de decimales.**

1. 6.0 ● 0.06
2. 1.19 ● 11.9
3. 9.4 ● 9.40
4. 1.04 ● 1.40
5. 1.2 ● 1.02
6. 8.0 ● 8.01
7. 12.13 ● 12.31
8. 0.03 ● 0.003
9. 6.15 ● 6.151
10. 0.112 ● 0.121
11. 0.556 ● 0.519
12. 8.007 ● 8.070
13. 6.005 ● 6.0050
14. 18.104 ● 18.140
15. 0.0345 ● 0.0435

**Ordena cada conjunto de decimales de menor a mayor.**

16. 15.65, 51.65, 51.56, 15.56
17. 2.56, 20.56, 0.09, 25.6
18. 1.235, 1.25, 1.233, 1.23
19. 50.12, 5.012, 5.901, 50.02

**Ordena cada conjunto de decimales de mayor a menor.**

20. 13.66, 13.44, 1.366, 1.633
21. 26.69, 26.09, 26.666, 26.9
22. 1.065, 1.1, 1.165, 1.056
23. 2.014, 2.010, 22.00, 22.14

## Lección 3-3

(Páginas 111–113)

**Redondea cada decimal al valor de posición indicado.**

1. 5.64; décimas
2. 12.376; centésimas
3. 0.05362; milésimas
4. 6.17; unidades
5. 15.298; décimas
6. 0.0026325; diezmilésimas
7. 758.999; centésimas
8. 4.25; unidades
9. 32.6583; milésimas
10. 0.025; unidades
11. 1.0049; milésimas
12. 9.25; décimas
13. 67.492; centésimas
14. 25.19; décimas
15. 26.96; décimas
16. 4.00098; centésimas
17. 34.065; centésimas
18. 0.0182; milésimas
19. 18.999; décimas
20. 74.00065; diezmilésimas



## Lección 3-4

(Páginas 116–119)

**Estima usando redondeo.**

1. $\begin{array}{r} 0.245 \\ +\ 0.256 \\ \hline \end{array}$
2. $\begin{array}{r} 2.45698 \\ -\ 1.26589 \\ \hline \end{array}$
3. $\begin{array}{r} 0.5962 \\ +\ 1.2598 \\ \hline \end{array}$
4. $\begin{array}{r} 17.985 \\ -\ 9.001 \\ \hline \end{array}$
5. 0.256 + 0.6589
6. 1.2568 − 0.1569
7. 12.999 + 5.048

**Estima usando estimación por partes.**

8. $\begin{array}{r} 73.41 \\ +\ 24.08 \\ \hline \end{array}$
9. $\begin{array}{r} 88.42 \\ -\ 63.59 \\ \hline \end{array}$
10. $\begin{array}{r} 106.08 \\ +\ 90.83 \\ \hline \end{array}$
11. $\begin{array}{r} 143.24 \\ -\ 43.65 \\ \hline \end{array}$
12. $\begin{array}{r} 64.98 \\ +\ 52.43 \\ \hline \end{array}$
13. $\begin{array}{r} 96.51 \\ -\ 41.32 \\ \hline \end{array}$

**Estima usando agrupamiento.**

14. 4.5 + 4.95 + 5.2 + 5.49
15. 2.25 + 1.69 + 2.1 + 2.369
16. \$12.15 + \$11.63 + \$12 + \$11.89
17. 0.569 + 1.005 + 1.265 + 0.765
18. 9.85 + 10.32 + 10.18 + 9.64
19. 18.32 + 17.92 + 18.04
20. 16.3 + 15.82 + 16.01 + 15.9
21. 0.775 + 0.9 + 1.004 + 1.32

## Lección 3-5

(Páginas 121–124)

**Suma o resta.**

1. $\begin{array}{r} 0.46 \\ +\ 0.72 \\ \hline \end{array}$
2. $\begin{array}{r} 13.7 \\ +\ 2.6 \\ \hline \end{array}$
3. $\begin{array}{r} 17.9 \\ +\ 7.41 \\ \hline \end{array}$
4. $\begin{array}{r} 19.2 \\ +\ 7.36 \\ \hline \end{array}$
5. $\begin{array}{r} 0.51 \\ +\ 0.621 \\ \hline \end{array}$
6. $\begin{array}{r} 12.56 \\ -\ 10.21 \\ \hline \end{array}$
7. $\begin{array}{r} 0.21 \\ -\ 0.15 \\ \hline \end{array}$
8. $\begin{array}{r} 2.3 \\ -\ 1.02 \\ \hline \end{array}$
9. $\begin{array}{r} 1.025 \\ -\ 0.58 \\ \hline \end{array}$
10. $\begin{array}{r} 14.52 \\ -\ 12.6 \\ \hline \end{array}$
11. $\begin{array}{r} 2.35 \\ +\ 5 \\ \hline \end{array}$
12. $\begin{array}{r} 20 \\ -\ 5.98 \\ \hline \end{array}$
13. 15.256 + 0.236
14. 3.7 + 1.5 + 0.2
15. 0.23 + 1.2 + 0.36
16. 0.89 − 0.256
17. 25.6 − 2.3
18. 13.5 − 2.84
19. 1.265 + 1.654
20. 24.56 − 24.32
21. 0.256 − 0.255

## Lección 4-1

(Páginas 135–138)

**Multiplica.**

1. $0.2 \times 6$
2. $0.73 \times 5$
3. $0.65 \times 3$
4. $9.6 \times 4$
5. $12.15 \times 6$
6. $0.91 \times 8$
7. $0.265 \times 7$
8. $2.612 \times 4$
9. $0.013 \times 5$
10. $0.67 \times 2$
11. $9 \times 0.111$
12. $1.65 \times 7$
13. $9.6 \times 3$
14. $4 \times 1.201$
15. $6 \times 7.5$
16. $0.001 \times 6$
17. $5 \times 0.0135$
18. $9.2 \times 7$
19. $14.1235 \times 4$

**Escribe cada número en forma estándar.**

20. $3 \times 10^4$
21. $2.6 \times 10^6$
22. $3.81 \times 10^2$
23. $8.4 \times 10^3$
24. $6.05 \times 10^5$
25. $7.32 \times 10^4$
26. $4.2 \times 10^3$
27. $5.06 \times 10^7$
28. $9.25 \times 10^5$

## Lección 4-2

(Páginas 141–143)

**Multiplica.**

1. $9.6 \times 10.5$
2. $3.2 \times 0.1$
3. $1.5 \times 9.6$
4. $5.42 \times 0.21$
5. $7.42 \times 0.2$
6. $0.001 \times 0.02$
7. $0.6 \times 542$
8. $6.7 \times 5.8$
9. $3.24 \times 6.7$
10. $9.8 \times 4.62$
11. $7.32 \times 9.7$
12. $0.008 \times 0.007$
13. $0.001 \times 56$
14. $4.5 \times 0.2$
15. $9.6 \times 2.3$
16. $8.3 \times 4.9$
17. $12.06 \times 5.9$
18. $0.04 \times 8.25$
19. $5.63 \times 8.1$
20. $10.35 \times 9.1$
21. $28.2 \times 3.9$
22. $2.02 \times 1.25$
23. $8.37 \times 89.6$
24. $102.1 \times 1.221$

**Evalúa cada expresión si $x = 2.6$, $y = 0.38$ y $z = 1.02$.**

25. $xy + z$
26. $y \times 9.4$
27. $xyz$
28. $z \times 12.34 + y$
29. $yz \times 0.8$
30. $xz - yz$

## Lección 4-3

(Páginas 144–147)

**Divide. Redondea en décimas si es necesario.**

1. $6\overline{)1.2}$
2. $8\overline{)23.2}$
3. $6\overline{)89.4}$
4. $15\overline{)55.5}$
5. $13\overline{)128.7}$
6. $9\overline{)2.583}$
7. $47\overline{)9.4}$
8. $26\overline{)33.8}$
9. $37.8 \div 14$
10. $5.88 \div 4$
11. $3.7 \div 5$
12. $41.4 \div 18$
13. $9.87 \div 3$
14. $8.45 \div 25$
15. $26.5 \div 4$
16. $46.25 \div 8$
17. $19.38 \div 9$
18. $8.5 \div 2$
19. $90.88 \div 14$
20. $23.1 \div 4$
21. $19.5 \div 27$
22. $26.5 \div 19$
23. $46.25 \div 25$
24. $46.25 \div 25$
25. $4.26 \div 9$
26. $18.74 \div 19$
27. $93.6 \div 8$
28. $146.24 \div 15$
29. $483.75 \div 25$
30. $268.4 \div 12$

## Lección 4-4
(Páginas 152–155)

**Divide.**

1. $0.5\overline{)18.45}$
2. $0.08\overline{)5.2}$
3. $2.6\overline{)0.65}$
4. $1.3\overline{)12.831}$
5. $0.87\overline{)5.133}$
6. $2.54\overline{)24.13}$
7. $3.7\overline{)35.89}$
8. $26\overline{)32.5}$
9. $0.4\overline{)5.88}$
10. $3.7 \div 0.5$
11. $6.72 \div 2.4$
12. $9.87 \div 0.3$
13. $8.45 \div 2.5$
14. $90.88 \div 14.2$
15. $33.6 \div 8.4$

**Divide. Redondea cada cociente en centésimas.**

16. $0.1185 \div 7.9$
17. $0.384 \div 9.6$
18. $5.364 \div 2.3$
19. $12.68 \div 3.2$
20. $43.1 \div 8.65$
21. $26.08 \div 3.3$
22. $19.436 \div 2.74$
23. $53.6 \div 12.3$
24. $0.3869 \div 5.3$
25. $38.125 \div 9.65$
26. $14.804 \div 4.3$
27. $0.849 \div 1.8$

## Lección 4-5
(Páginas 158–160)

**Calcula el perímetro de cada figura.**

1.
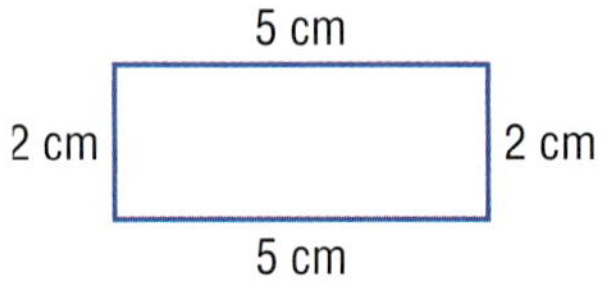


2.
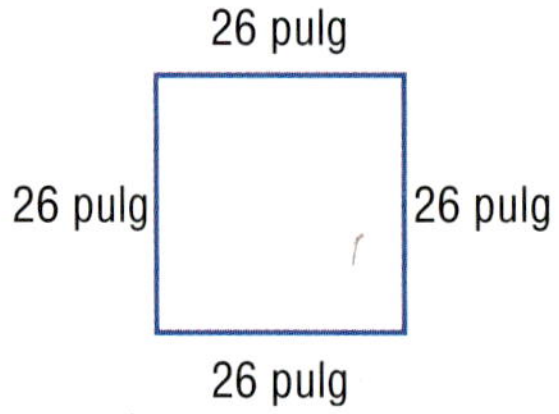


3.
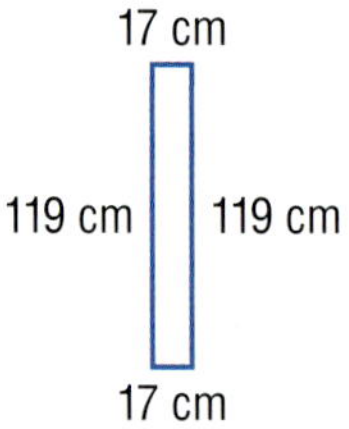


4.
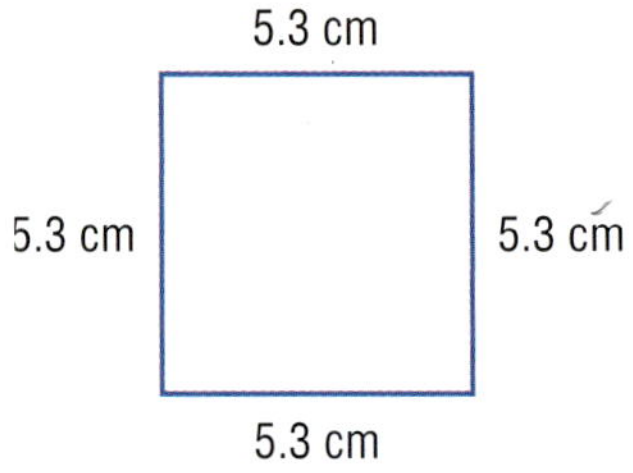


5.
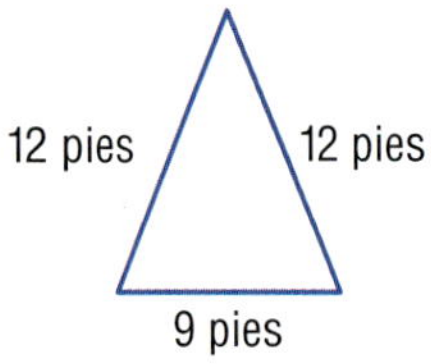


6.
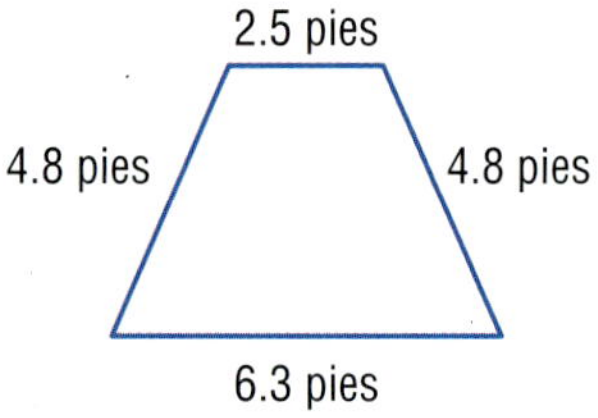


## Lección 4-6
(Páginas 161–164)

**Calcula la circunferencia de cada círculo que se muestra o describe. Redondea en décimas.**

1.
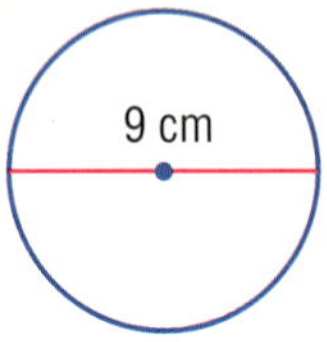


2.
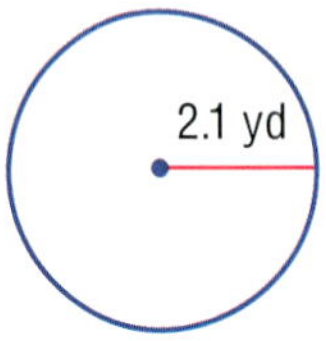


3.
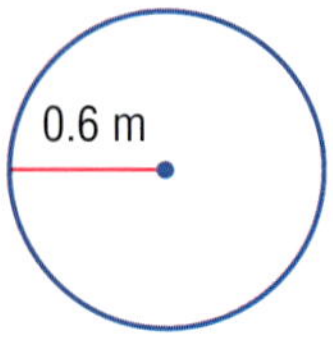


4.
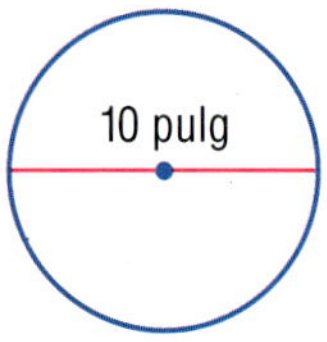


5.
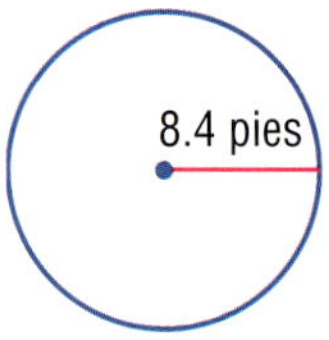


6.
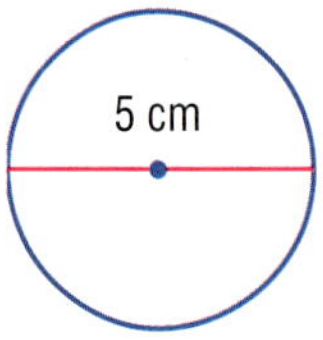


7.
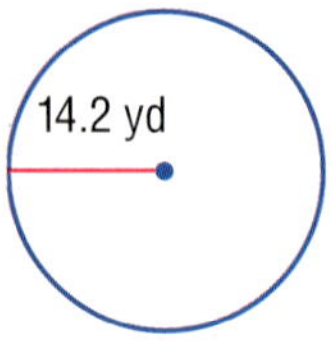


8.
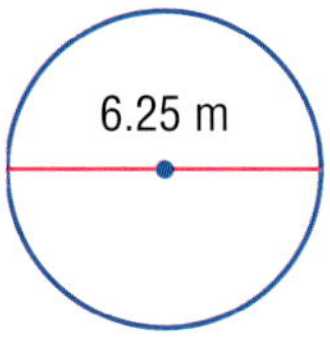


9. $d = 5.6$ m
10. $r = 3.21$ yd
11. $r = 0.5$ pulg
12. $d = 4$ m
13. $r = 16$ cm
14. $d = 9.1$ m
15. $r = 0.1$ yd
16. $d = 65.7$ m
17. $r = 1$ cm

## Lección 5-1

(Páginas 177–180)

**Calcula el MCD de cada conjunto de números.**

1. 8 y 18
2. 6 y 9
3. 4 y 12
4. 6 y 15
5. 8 y 24
6. 5 y 20
7. 9 y 21
8. 18 y 24
9. 25 y 30
10. 36 y 54
11. 64 y 32
12. 14 y 22
13. 12 y 27
14. 17 y 51
15. 48 y 60
16. 54 y 72
17. 10 y 25
18. 12 y 28
19. 16 y 24
20. 42 y 48
21. 60 y 75
22. 24 y 40
23. 45 y 75
24. 54 y 27
25. 16, 32, 56
26. 14, 28, 42
27. 27, 45, 63
28. 12, 18, 30
29. 20, 35, 50
30. 16, 40, 72

## Lección 5-2

(Páginas 182–185)

**Reemplaza cada ● con un número para que las fracciones sean equivalentes.**

1. $\frac{12}{16} = \frac{\bullet}{4}$
2. $\frac{7}{8} = \frac{\bullet}{32}$
3. $\frac{3}{4} = \frac{75}{\bullet}$
4. $\frac{8}{16} = \frac{\bullet}{2}$
5. $\frac{6}{18} = \frac{1}{\bullet}$
6. $\frac{27}{36} = \frac{3}{\bullet}$
7. $\frac{1}{4} = \frac{16}{\bullet}$
8. $\frac{9}{18} = \frac{\bullet}{2}$
9. $\frac{9}{45} = \frac{\bullet}{15}$
10. $\frac{2}{3} = \frac{18}{\bullet}$
11. $\frac{24}{32} = \frac{\bullet}{4}$
12. $\frac{48}{72} = \frac{6}{\bullet}$
13. $\frac{5}{9} = \frac{\bullet}{63}$
14. $\frac{7}{12} = \frac{35}{\bullet}$
15. $\frac{21}{33} = \frac{7}{\bullet}$
16. $\frac{25}{60} = \frac{\bullet}{12}$

**Escribe cada fracción en forma reducida. Si la fracción ya está en forma reducida, escribe *reducida*.**

17. $\frac{50}{100}$
18. $\frac{24}{40}$
19. $\frac{2}{5}$
20. $\frac{8}{24}$
21. $\frac{20}{27}$
22. $\frac{4}{10}$
23. $\frac{3}{5}$
24. $\frac{14}{19}$
25. $\frac{9}{12}$
26. $\frac{6}{8}$
27. $\frac{15}{18}$
28. $\frac{9}{20}$
29. $\frac{32}{72}$
30. $\frac{36}{60}$
31. $\frac{12}{27}$

## Lección 5-3

(Páginas 186–189)

**Escribe cada número mixto como una fracción impropia.**

1. $3\frac{1}{16}$
2. $2\frac{1}{4}$
3. $1\frac{3}{8}$
4. $1\frac{5}{12}$
5. $7\frac{3}{5}$
6. $6\frac{5}{8}$
7. $3\frac{1}{3}$
8. $1\frac{7}{9}$
9. $2\frac{3}{16}$
10. $1\frac{2}{3}$
11. $2\frac{3}{4}$
12. $1\frac{5}{9}$
13. $3\frac{3}{8}$
14. $4\frac{1}{5}$
15. $6\frac{2}{3}$

**Escribe cada fracción impropia como un número mixto.**

16. $\frac{33}{10}$
17. $\frac{103}{25}$
18. $\frac{22}{5}$
19. $\frac{13}{2}$
20. $\frac{29}{6}$
21. $\frac{101}{100}$
22. $\frac{21}{8}$
23. $\frac{19}{6}$
24. $\frac{23}{5}$
25. $\frac{99}{50}$
26. $\frac{39}{8}$
27. $\frac{13}{4}$
28. $\frac{26}{9}$
29. $\frac{18}{5}$
30. $\frac{11}{6}$

## Lección 5-4

(Páginas 194–197)

**Calcula el mcm de cada conjunto de números.**

1. 5 y 15
2. 13 y 39
3. 16 y 24
4. 18 y 20
5. 8 y 12
6. 12 y 15
7. 9 y 27
8. 5 y 6
9. 16 y 3
10. 9 y 6
11. 4 y 14
12. 14 y 49
13. 10 y 45
14. 18 y 12
15. 12 y 30
16. 5 y 7
17. 6 y 15
18. 20 y 8
19. 18 y 24
20. 11 y 33
21. 2, 3 y 6
22. 6, 2 y 22
23. 15, 12 y 8
24. 15, 24 y 30
25. 12, 18 y 3
26. 12, 35 y 10
27. 21, 14 y 6
28. 3, 6 y 9
29. 6, 10 y 15
30. 15, 75 y 25

## Lección 5-5

(Páginas 198–201)

**Remplaza cada ● con <, > o = para hacer verdadero el enunciado.**

1. $\frac{1}{2} \bullet \frac{1}{3}$
2. $\frac{2}{3} \bullet \frac{3}{4}$
3. $\frac{5}{9} \bullet \frac{4}{5}$
4. $\frac{3}{6} \bullet \frac{6}{12}$
5. $\frac{12}{23} \bullet \frac{15}{19}$
6. $\frac{9}{27} \bullet \frac{13}{39}$
7. $\frac{7}{8} \bullet \frac{9}{13}$
8. $\frac{5}{9} \bullet \frac{7}{8}$
9. $\frac{25}{100} \bullet \frac{3}{8}$
10. $\frac{6}{7} \bullet \frac{8}{15}$
11. $\frac{5}{9} \bullet \frac{19}{23}$
12. $\frac{120}{567} \bullet \frac{1}{2}$
13. $\frac{5}{7} \bullet \frac{2}{3}$
14. $\frac{9}{36} \bullet \frac{7}{28}$
15. $\frac{2}{5} \bullet \frac{2}{6}$
16. $\frac{5}{9} \bullet \frac{12}{13}$
17. $\frac{3}{5} \bullet \frac{5}{8}$
18. $\frac{8}{9} \bullet \frac{3}{4}$
19. $\frac{11}{15} \bullet \frac{20}{30}$
20. $\frac{15}{24} \bullet \frac{6}{8}$
21. $\frac{7}{12} \bullet \frac{21}{36}$
22. $\frac{5}{7} \bullet \frac{4}{14}$
23. $\frac{3}{8} \bullet \frac{5}{12}$
24. $\frac{17}{25} \bullet \frac{68}{100}$

**Ordena las fracciones de menor a mayor.**

25. $\frac{1}{3}, \frac{1}{2}, \frac{2}{7}, \frac{2}{5}$
26. $\frac{3}{8}, \frac{3}{4}, \frac{1}{2}, \frac{5}{6}$
27. $\frac{5}{12}, \frac{3}{5}, \frac{3}{4}, \frac{1}{2}$
28. $\frac{7}{8}, \frac{5}{6}, \frac{8}{9}, \frac{3}{4}$
29. $\frac{7}{10}, \frac{5}{8}, \frac{3}{4}, \frac{4}{5}$
30. $\frac{5}{9}, \frac{7}{12}, \frac{3}{4}, \frac{13}{18}$

## Lección 5-6

(Páginas 202–205)

**Escribe cada decimal como una fracción o número mixto en forma reducida.**

1. 0.5
2. 0.8
3. 0.32
4. 0.875
5. 0.54
6. 0.38
7. 0.744
8. 0.101
9. 0.303
10. 0.486
11. 0.626
12. 0.448
13. 0.074
14. 0.008
15. 9.36
16. 10.18
17. 0.06
18. 0.75
19. 0.48
20. 0.9
21. 0.005
22. 0.4
23. 1.875
24. 5.08
25. 0.46
26. 0.128
27. 0.08
28. 6.96
29. 3.625
30. 0.006
31. 12.05
32. 24.125

## Lección 5-7

(Páginas 206–209)

**Escribe cada fracción o número mixto como un decimal.**

1. $\frac{3}{16}$
2. $\frac{1}{8}$
3. $\frac{7}{12}$
4. $\frac{14}{25}$
5. $\frac{7}{10}$
6. $\frac{5}{8}$
7. $\frac{11}{15}$
8. $\frac{8}{9}$
9. $\frac{15}{16}$
10. $\frac{1}{12}$
11. $\frac{7}{20}$
12. $\frac{5}{11}$
13. $\frac{9}{10}$
14. $\frac{11}{25}$
15. $\frac{9}{20}$
16. $4\frac{4}{15}$
17. $1\frac{3}{8}$
18. $\frac{7}{16}$
19. $2\frac{5}{12}$
20. $6\frac{3}{5}$
21. $\frac{3}{4}$
22. $3\frac{4}{9}$
23. $2\frac{1}{10}$
24. $\frac{17}{25}$
25. $5\frac{13}{20}$
26. $\frac{11}{18}$
27. $4\frac{11}{12}$
28. $\frac{7}{9}$
29. $\frac{1}{3}$
30. $\frac{37}{50}$
31. $9\frac{5}{6}$
32. $15\frac{3}{11}$

## Lección 6-1

(Páginas 219–222)

**Redondea cada número al medio más cercano.**

1. $\frac{11}{12}$
2. $\frac{5}{8}$
3. $\frac{2}{5}$
4. $\frac{1}{10}$
5. $\frac{1}{6}$
6. $\frac{2}{3}$
7. $\frac{9}{10}$
8. $\frac{1}{8}$
9. $\frac{4}{9}$
10. $1\frac{1}{8}$
11. $\frac{7}{9}$
12. $2\frac{4}{5}$
13. $\frac{7}{9}$
14. $7\frac{1}{10}$
15. $10\frac{2}{3}$
16. $\frac{1}{3}$
17. $\frac{7}{15}$
18. $\frac{5}{7}$
19. $\frac{7}{8}$
20. $5\frac{1}{9}$
21. $2\frac{5}{8}$
22. $3\frac{1}{3}$
23. $6\frac{7}{9}$
24. $4\frac{2}{12}$
25. $1\frac{2}{7}$
26. $9\frac{4}{5}$
27. $3\frac{9}{11}$
28. $2\frac{3}{7}$
29. $7\frac{3}{8}$
30. $4\frac{17}{20}$
31. $3\frac{3}{8}$
32. $8\frac{2}{9}$
33. $6\frac{1}{4}$
34. $4\frac{3}{10}$
35. $5\frac{5}{7}$
36. $2\frac{3}{11}$

## Lección 6-2

(Páginas 223–225)

**Estima.**

1. $14\frac{1}{10} - 6\frac{4}{5}$
2. $8\frac{1}{3} + 2\frac{1}{6}$
3. $4\frac{7}{8} + 7\frac{3}{4}$
4. $11\frac{11}{12} - 5\frac{1}{4}$
5. $3\frac{2}{5} - 1\frac{1}{4}$
6. $4\frac{2}{5} + \frac{5}{6}$
7. $4\frac{7}{12} - 1\frac{3}{4}$
8. $4\frac{2}{3} + 10\frac{3}{8}$
9. $7\frac{7}{15} - 3\frac{1}{12}$
10. $2\frac{1}{16} + 1\frac{1}{3}$
11. $18\frac{1}{4} - 12\frac{3}{5}$
12. $12\frac{5}{9} + 8\frac{5}{8}$
13. $8\frac{2}{3} - 5\frac{1}{2}$
14. $3\frac{1}{8} - 2\frac{1}{5}$
15. $9\frac{2}{7} - \frac{1}{3}$
16. $11\frac{7}{8} - \frac{5}{6}$
17. $2\frac{2}{5} + 2\frac{1}{4}$
18. $8\frac{1}{2} - 7\frac{4}{5}$
19. $8\frac{3}{4} + 4\frac{2}{3}$
20. $1\frac{1}{8} + 7\frac{1}{10}$
21. $\frac{3}{7} + \frac{8}{9}$
22. $5\frac{11}{12} - 3\frac{1}{3}$
23. $2\frac{1}{7} + 4\frac{3}{5}$
24. $\frac{5}{6} - \frac{1}{4}$
25. $8\frac{2}{9} + 4\frac{7}{8}$
26. $\frac{17}{20} + 2\frac{5}{9}$
27. $3\frac{9}{10} - 1\frac{1}{6}$
28. $6\frac{2}{3} + \frac{4}{9}$

## Lección 6-3

(Páginas 228–231)

**Suma o resta. Escribe en forma reducida.**

1. $\frac{2}{5} + \frac{2}{5}$
2. $\frac{5}{8} + \frac{3}{8}$
3. $\frac{9}{11} - \frac{3}{11}$
4. $\frac{3}{14} + \frac{5}{14}$
5. $\frac{7}{8} - \frac{3}{8}$
6. $\frac{3}{4} - \frac{1}{4}$
7. $\frac{15}{27} - \frac{7}{27}$
8. $\frac{1}{36} + \frac{5}{36}$
9. $\frac{2}{9} - \frac{1}{9}$
10. $\frac{7}{8} - \frac{5}{8}$
11. $\frac{9}{16} - \frac{5}{16}$
12. $\frac{6}{8} + \frac{4}{8}$
13. $\frac{1}{2} + \frac{1}{2}$
14. $\frac{1}{3} - \frac{1}{3}$
15. $\frac{8}{9} + \frac{7}{9}$
16. $\frac{5}{6} - \frac{3}{6}$
17. $\frac{3}{9} + \frac{8}{9}$
18. $\frac{8}{40} + \frac{12}{40}$
19. $\frac{56}{90} - \frac{26}{90}$
20. $\frac{2}{9} + \frac{8}{9}$
21. $\frac{7}{15} - \frac{4}{15}$
22. $\frac{3}{8} + \frac{7}{8}$
23. $\frac{11}{20} - \frac{5}{20}$
24. $\frac{7}{9} - \frac{2}{9}$
25. $\frac{10}{12} + \frac{7}{12}$
26. $\frac{5}{6} + \frac{1}{6}$
27. $\frac{5}{8} + \frac{7}{8}$
28. $\frac{9}{16} + \frac{5}{16}$

## Lección 6-4

(Páginas 235–238)

**Suma o resta. Escribe en forma reducida.**

1. $\frac{1}{3} + \frac{1}{2}$
2. $\frac{2}{9} + \frac{1}{3}$
3. $\frac{1}{2} + \frac{3}{4}$
4. $\frac{1}{4} + \frac{3}{12}$
5. $\frac{5}{9} - \frac{1}{3}$
6. $\frac{5}{8} - \frac{2}{5}$
7. $\frac{3}{4} - \frac{1}{2}$
8. $\frac{7}{8} - \frac{3}{16}$
9. $\frac{9}{16} + \frac{13}{24}$
10. $\frac{8}{15} + \frac{2}{3}$
11. $\frac{5}{14} + \frac{11}{28}$
12. $\frac{11}{12} + \frac{7}{8}$
13. $\frac{2}{3} - \frac{1}{6}$
14. $\frac{9}{16} - \frac{1}{2}$
15. $\frac{5}{8} - \frac{11}{20}$
16. $\frac{14}{15} - \frac{2}{9}$
17. $\frac{9}{20} + \frac{2}{15}$
18. $\frac{5}{6} + \frac{4}{5}$
19. $\frac{23}{25} - \frac{27}{50}$
20. $\frac{19}{25} - \frac{1}{2}$
21. $\frac{1}{5} + \frac{2}{3}$
22. $\frac{4}{9} - \frac{1}{6}$
23. $\frac{1}{3} + \frac{4}{5}$
24. $\frac{7}{8} - \frac{5}{12}$
25. $\frac{1}{12} + \frac{3}{10}$
26. $\frac{3}{15} + \frac{1}{25}$
27. $\frac{5}{12} - \frac{1}{6}$
28. $\frac{9}{24} - \frac{3}{8}$

## Lección 6-5

(Páginas 240–243)

**Suma o resta. Escribe en forma reducida.**

1. $5\frac{1}{2} + 3\frac{1}{4}$
2. $2\frac{2}{3} + 4\frac{1}{9}$
3. $7\frac{4}{5} + 9\frac{3}{10}$
4. $9\frac{4}{7} - 3\frac{5}{14}$
5. $13\frac{1}{5} - 10$
6. $3\frac{3}{4} + 5\frac{5}{8}$
7. $3\frac{2}{5} + 7\frac{6}{15}$
8. $10\frac{2}{3} + 5\frac{6}{7}$
9. $15\frac{6}{9} - 13\frac{5}{12}$
10. $13\frac{7}{12} - 9\frac{1}{4}$
11. $5\frac{2}{3} - 3\frac{1}{2}$
12. $17\frac{2}{9} + 12\frac{1}{3}$
13. $6\frac{5}{12} + 12\frac{5}{8}$
14. $8\frac{3}{5} - 2\frac{1}{5}$
15. $23\frac{2}{3} - 4\frac{1}{2}$
16. $7\frac{1}{8} + 2\frac{5}{8}$
17. $12\frac{11}{15} - 10\frac{2}{15}$
18. $12\frac{1}{3} + 5\frac{1}{6}$
19. $2\frac{1}{4} + 3\frac{1}{8}$
20. $7\frac{9}{14} - 4\frac{3}{7}$
21. $4\frac{3}{5} - 2\frac{1}{15}$
22. $6\frac{1}{8} + 7\frac{3}{4}$
23. $5\frac{5}{6} - 2\frac{1}{2}$
24. $1\frac{2}{3} + \frac{5}{18}$
25. $2\frac{5}{9} + 1\frac{7}{12}$
26. $8\frac{7}{8} - 5\frac{1}{4}$
27. $3\frac{1}{2} - 2\frac{1}{3}$
28. $7\frac{1}{2} + 8\frac{3}{4}$

## Lección 6-6

(Páginas 244–247)

**Resta. Escribe en forma reducida.**

1. $11\frac{2}{3} - 8\frac{11}{12}$
2. $3\frac{4}{7} - 1\frac{2}{3}$
3. $7\frac{1}{8} - 4\frac{1}{3}$
4. $18\frac{1}{9} - 12\frac{2}{5}$
5. $12\frac{3}{10} - 8\frac{3}{4}$
6. $43 - 5\frac{1}{5}$
7. $8\frac{1}{5} - 4\frac{1}{4}$
8. $14\frac{1}{6} - 3\frac{2}{3}$
9. $25\frac{4}{7} - 21$
10. $17\frac{3}{9} - 4\frac{3}{5}$
11. $18\frac{1}{9} - 1\frac{3}{7}$
12. $16\frac{1}{4} - 7\frac{1}{5}$
13. $18\frac{1}{5} - 6\frac{1}{4}$
14. $4 - 1\frac{2}{3}$
15. $26 - 4\frac{1}{9}$
16. $3\frac{1}{2} - 1\frac{3}{4}$
17. $4\frac{3}{8} - 2\frac{5}{6}$
18. $18\frac{1}{6} - 10\frac{3}{4}$
19. $12\frac{4}{9} - 7\frac{5}{6}$
20. $4\frac{1}{15} - 2\frac{3}{5}$
21. $7\frac{1}{14} - 4\frac{3}{7}$
22. $12\frac{3}{20} - 7\frac{7}{15}$
23. $8\frac{5}{12} - 5\frac{9}{10}$
24. $8\frac{1}{5} - 4\frac{2}{3}$
25. $7\frac{3}{16} - 2\frac{5}{6}$
26. $9\frac{2}{7} - 6\frac{5}{14}$
27. $5\frac{1}{8} - 4\frac{1}{4}$
28. $4\frac{3}{8} - 1\frac{5}{6}$

## Lección 7-1

(Páginas 256–258)

**Estima cada producto.**

1. $\frac{5}{6} \times 8$
2. $\frac{1}{3} \times 46$
3. $\frac{4}{5} \times 21$
4. $\frac{1}{9} \times 35$
5. $\frac{5}{9} \times 20$
6. $\frac{1}{8} \times 30$
7. $\frac{2}{3} \times \frac{4}{5}$
8. $\frac{1}{6} \times \frac{2}{5}$
9. $\frac{4}{9} \times \frac{3}{7}$
10. $\frac{5}{12} \times \frac{6}{11}$
11. $\frac{3}{8} \times \frac{8}{9}$
12. $\frac{3}{5} \times \frac{5}{12}$
13. $\frac{2}{5} \times \frac{5}{8}$
14. $\frac{4}{5} \times \frac{11}{12}$
15. $\frac{5}{7} \times \frac{7}{8}$
16. $\frac{1}{20} \times \frac{8}{9}$
17. $\frac{9}{11} \times \frac{14}{15}$
18. $\frac{2}{5} \times \frac{18}{19}$
19. $5\frac{3}{7} \times \frac{4}{5}$
20. $2\frac{5}{9} \times \frac{1}{8}$
21. $3\frac{9}{10} \times \frac{15}{16}$
22. $\frac{11}{12} \times 2\frac{1}{3}$
23. $3\frac{14}{15} \times \frac{3}{8}$
24. $\frac{1}{10} \times 3\frac{1}{2}$
25. $9\frac{13}{15} \times \frac{1}{2}$
26. $6\frac{7}{8} \times 2\frac{1}{5}$
27. $7\frac{1}{4} \times 4\frac{3}{4}$
28. $6\frac{2}{3} \times 5\frac{4}{5}$

## Lección 7-2

(Páginas 261–264)

**Multiplica. Escribe en forma reducida.**

1. $\frac{1}{8} \times \frac{1}{9}$
2. $\frac{4}{7} \times 6$
3. $\frac{7}{10} \times 5$
4. $\frac{3}{8} \times 6$
5. $4 \times \frac{5}{9}$
6. $\frac{9}{10} \times \frac{3}{4}$
7. $\frac{8}{9} \times \frac{2}{3}$
8. $\frac{6}{7} \times \frac{4}{5}$
9. $\frac{7}{11} \times \frac{12}{15}$
10. $\frac{8}{13} \times \frac{2}{11}$
11. $\frac{4}{7} \times \frac{2}{9}$
12. $\frac{3}{7} \times \frac{5}{8}$
13. $\frac{5}{6} \times \frac{15}{16}$
14. $\frac{6}{14} \times \frac{12}{18}$
15. $\frac{2}{3} \times \frac{3}{13}$
16. $\frac{4}{9} \times \frac{1}{6}$
17. $\frac{3}{4} \times \frac{5}{6}$
18. $\frac{8}{11} \times \frac{11}{12}$
19. $\frac{5}{6} \times \frac{3}{5}$
20. $\frac{6}{7} \times \frac{7}{21}$
21. $\frac{8}{9} \times \frac{9}{10}$
22. $\frac{7}{9} \times \frac{5}{7}$
23. $\frac{4}{9} \times \frac{24}{25}$
24. $\frac{1}{9} \times \frac{6}{13}$
25. $\frac{5}{9} \times \frac{3}{10}$
26. $\frac{2}{3} \times \frac{7}{8}$
27. $\frac{7}{12} \times \frac{4}{9}$
28. $\frac{11}{15} \times \frac{3}{10}$

## Lección 7-3

(Páginas 265–267)

**Multiplica. Escribe en forma reducida.**

1. $\frac{4}{5} \times 2\frac{3}{4}$
2. $2\frac{3}{10} \times \frac{3}{5}$
3. $8\frac{5}{6} \times \frac{2}{5}$
4. $\frac{3}{4} \times 9\frac{5}{7}$
5. $6\frac{2}{3} \times 7\frac{3}{5}$
6. $7\frac{1}{5} \times 2\frac{4}{7}$
7. $8\frac{3}{4} \times 2\frac{2}{5}$
8. $4\frac{1}{3} \times 2\frac{1}{7}$
9. $4\frac{3}{5} \times 2\frac{1}{2}$
10. $5\frac{5}{6} \times 4\frac{2}{7}$
11. $6\frac{8}{9} \times 3\frac{5}{6}$
12. $2\frac{1}{9} \times 1\frac{1}{2}$
13. $4\frac{7}{15} \times 3\frac{3}{4}$
14. $5\frac{7}{9} \times 6\frac{3}{8}$
15. $1\frac{1}{4} \times 3\frac{2}{3}$
16. $2\frac{3}{5} \times 1\frac{4}{7}$
17. $4\frac{1}{5} \times 12\frac{2}{9}$
18. $3\frac{5}{8} \times 4\frac{1}{2}$
19. $6\frac{1}{2} \times 2\frac{1}{3}$
20. $3\frac{4}{5} \times 2\frac{3}{8}$
21. $5\frac{1}{4} \times 10\frac{3}{7}$
22. $1\frac{5}{9} \times 6\frac{1}{4}$
23. $2\frac{1}{6} \times 1\frac{3}{4}$
24. $3\frac{5}{7} \times 1\frac{1}{2}$
25. $2\frac{3}{5} \times 4\frac{5}{8}$
26. $6\frac{1}{8} \times 5\frac{1}{7}$
27. $2\frac{2}{3} \times 2\frac{1}{4}$
28. $2\frac{1}{2} \times 3\frac{1}{3}$

## Lección 7-4

(Páginas 272–275)

**Calcula el recíproco de cada número.**

1. $\frac{12}{13}$
2. $\frac{7}{11}$
3. $5$
4. $\frac{1}{4}$
5. $\frac{7}{9}$
6. $\frac{9}{2}$
7. $\frac{1}{5}$

**Divide. Escribe en forma reducida.**

8. $\frac{2}{3} \div \frac{1}{2}$
9. $\frac{3}{5} \div \frac{2}{5}$
10. $\frac{7}{10} \div \frac{3}{8}$
11. $\frac{5}{9} \div \frac{2}{3}$
12. $4 \div \frac{2}{3}$
13. $8 \div \frac{4}{5}$
14. $9 \div \frac{5}{9}$
15. $\frac{2}{7} \div 7$
16. $\frac{1}{14} \div 7$
17. $\frac{2}{13} \div \frac{5}{26}$
18. $\frac{4}{7} \div \frac{6}{7}$
19. $\frac{7}{8} \div \frac{1}{3}$
20. $15 \div \frac{3}{5}$
21. $\frac{9}{14} \div \frac{3}{4}$
22. $\frac{8}{9} \div \frac{5}{6}$
23. $\frac{4}{9} \div 36$
24. $\frac{15}{16} \div \frac{5}{8}$
25. $\frac{3}{5} \div \frac{7}{10}$
26. $\frac{5}{9} \div \frac{3}{8}$
27. $\frac{5}{6} \div \frac{3}{8}$

## Lección 7-5

(Páginas 276–279)

**Divide. Escribe en forma reducida.**

1. $\frac{3}{5} \div 1\frac{2}{3}$
2. $2\frac{1}{2} \div 1\frac{1}{4}$
3. $7 \div 4\frac{9}{10}$
4. $1\frac{3}{7} \div 10$
5. $3\frac{3}{5} \div \frac{4}{5}$
6. $8\frac{2}{5} \div 4\frac{1}{2}$
7. $6\frac{1}{3} \div 2\frac{1}{2}$
8. $5\frac{1}{4} \div 2\frac{1}{3}$
9. $4\frac{1}{8} \div 3\frac{2}{3}$
10. $2\frac{5}{8} \div \frac{1}{2}$
11. $1\frac{5}{6} \div 3\frac{2}{3}$
12. $21 \div 5\frac{1}{4}$
13. $12 \div 3\frac{3}{5}$
14. $18 \div 2\frac{1}{4}$
15. $1\frac{7}{9} \div 2\frac{2}{3}$
16. $2\frac{1}{15} \div 3\frac{1}{3}$
17. $1\frac{1}{8} \div 2\frac{2}{3}$
18. $5\frac{1}{3} \div 2\frac{1}{2}$
19. $1\frac{1}{4} \div 1\frac{7}{8}$
20. $2\frac{3}{5} \div 1\frac{7}{10}$
21. $6\frac{3}{4} \div 3\frac{1}{2}$
22. $4\frac{1}{2} \div \frac{3}{8}$
23. $3\frac{1}{2} \div 1\frac{7}{9}$
24. $12\frac{1}{2} \div 5\frac{5}{6}$
25. $8\frac{1}{4} \div 2\frac{3}{4}$
26. $2\frac{3}{8} \div 5\frac{3}{7}$
27. $4\frac{5}{9} \div 5\frac{1}{3}$
28. $3\frac{1}{2} \div 5\frac{1}{4}$

## Lección 7-6
(Páginas 282–284)

**Describe cada patrón. Luego, halla los dos números siguientes en la sucesión.**

1. 14, 21, 28, 35, …
2. 36, 42, 48, 54, …
3. 3, 9, 27, 81, …
4. 2, 6, 10, 14, …
5. 1,600, 800, 400, 200, …
6. 192, 96, 48, 24, …
7. 15, $14\frac{1}{3}$, $13\frac{2}{3}$, 13, …
8. 11, $11\frac{1}{2}$, 12, $12\frac{1}{2}$, …
9. $\frac{1}{5}$, 2, 20, 200, …
10. 36, 6, 1, $\frac{1}{6}$, …

**Halla el número que falta en cada sucesión.**

11. 5, 10, ___?___, 40, …
12. ___?___, 193, 293, 393, …
13. 8, 32, 128, ___?___, …
14. 11, ___?___, 19, 23, …
15. 9, $8\frac{3}{4}$, ___?___, $8\frac{1}{4}$, …
16. 64, ___?___, 16, 8, …
17. ___?___, 19, 26, 33, …
18. $\frac{1}{2}$, $1\frac{1}{2}$, $4\frac{1}{2}$, ___?___, …
19. $\frac{1}{81}$, ___?___, 1, 9, …
20. 12, ___?___, 432, 2,592, …

## Lección 8-1
(Páginas 294–298)

**Escribe un entero para describir cada situación.**

1. una pérdida de 15 dólares
2. 9 grados bajo cero

**Dibuja una recta numérica de −10 a 10. Luego, grafica cada entero sobre la recta numérica.**

3. −3
4. 3
5. −1
6. −8
7. 9
8. 10

**Reemplaza cada ● con <, > o = para hacer verdadero el enunciado.**

9. −5 ● −55
10. 4 ● −66
11. −777 ● −77
12. −75 ● −75
13. −898 ● −99
14. 0 ● 44
15. 56 ● −1
16. −82 ● −9
17. −6 ● −7
18. 90 ● 101
19. 4 ● −2,000
20. −3 ● 0

**Ordena cada conjunto de enteros de menor a mayor.**

21. 0, 3, −21, 9, −89, 8, −65, −56
22. 70, −9, 67, −78, 0, 45, −36, −19

**Escribe el opuesto de cada entero.**

23. 7
24. −3
25. 11
26. −9
27. −13
28. 101

## Lección 8-2
(Páginas 300–303)

**Suma. Usa fichas o una recta numérica si es necesario.**

1. −4 + (−7)
2. −1 + 0
3. 7 + (−13)
4. −20 + 2
5. 4 + (−6)
6. −12 + 9
7. −12 + (−10)
8. 5 + (−15)
9. 17 + 9
10. 18 + (−18)
11. −4 + (−4)
12. 0 + (−9)
13. −12 + (−9)
14. −8 + 7
15. 3 + (−6)
16. −9 + 16
17. −5 + (−3)
18. −5 + 5
19. −3 + (−3)
20. −11 + 6
21. −10 + 6
22. −5 + (−9)
23. 18 + (−20)
24. −4 + (−8)
25. 2 + (−4)
26. −3 + (−11)
27. −17 + 9

## Lección 8-3

(Páginas 304–307)

**Resta. Usa fichas si es necesario.**

1. $7 - (-4)$
2. $-4 - (-9)$
3. $13 - (-3)$
4. $2 - (-5)$
5. $-9 - 5$
6. $-11 - (-18)$
7. $-4 - (-7)$
8. $-6 - (-6)$
9. $-6 - 6$
10. $17 - 9$
11. $-12 - (-9)$
12. $0 - (-4)$
13. $-7 - 0$
14. $-12 - (-10)$
15. $-2 - (-1)$
16. $3 - (-5)$
17. $5 - (-1)$
18. $-5 - (-6)$
19. $9 - (-1)$
20. $1 - 9$
21. $-5 - 1$
22. $-1 - 4$
23. $0 - (-7)$
24. $8 - 13$
25. $-4 - (-6)$
26. $9 - 9$
27. $-7 - (-7)$
28. $7 - 5$
29. $8 - (-5)$
30. $5 - 8$
31. $1 - 6$
32. $-8 - (-8)$
33. Calcula el valor de $s - t$ si $s = -4$ y $t = 3$.
34. Calcula el valor de $a - b$ si $a = 6$ y $b = -8$.

## Lección 8-4

(Páginas 310–313)

**Multiplica.**

1. $3 \times (-5)$
2. $-5 \times 1$
3. $-8 \times (-4)$
4. $6 \times (-3)$
5. $-3 \times 2$
6. $-1 \times (-4)$
7. $8 \times (-2)$
8. $-5 \times (-7)$
9. $3 \times (-9)$
10. $-9 \times 4$
11. $-4 \times (-5)$
12. $5 \times (-2)$
13. $-8(3)$
14. $-9(-1)$
15. $7(-3)$
16. $2(3)$
17. $-6(0)$
18. $-5(-1)$
19. $5(-5)$
20. $-2(-3)$
21. $8(-4)$
22. $-2(4)$
23. $-4(-4)$
24. $2(9)$
25. $-2(-12)$
26. $7 \times (-4)$
27. $-5 \times (-9)$
28. $-2 \times 11$
29. $4(-2)$
30. $4(-4)$
31. $-3(-11)$
32. $-3(3)$
33. Calcula el producto de 2 y $-3$.
34. Evalúa $qr$ si $q = -3$ y $r = -3$.

## Lección 8-5

(Páginas 316–319)

**Divide.**

1. $12 \div (-6)$
2. $-7 \div (-1)$
3. $-4 \div 4$
4. $6 \div (-6)$
5. $0 \div (-4)$
6. $45 \div (-9)$
7. $15 \div (-5)$
8. $-6 \div 2$
9. $-28 \div (-7)$
10. $20 \div (-2)$
11. $-40 \div (-8)$
12. $12 \div (-4)$
13. $-18 \div 6$
14. $9 \div (-1)$
15. $-30 \div 6$
16. $-54 \div (-9)$
17. $28 \div (-7)$
18. $-24 \div 8$
19. $24 \div (-4)$
20. $-14 \div 7$
21. $9 \div 3$
22. $-18 \div (-6)$
23. $-9 \div (-1)$
24. $18 \div (-9)$
25. $-25 \div (-5)$
26. $15 \div (-3)$
27. $-36 \div 9$
28. $-4 \div 2$
29. $-40 \div 8$
30. $-32 \div 4$
31. $-27 \div (-9)$
32. $-8 \div 8$
33. Calcula el valor de $b \div c$ si $b = -10$ y $c = 5$.
34. Calcula el valor de $w \div x$ si $w = 21$ y $x = -7$.

## Lección 8-6
(Páginas 320–323)

**Escribe el par ordenado que nombra cada punto. Luego, identifica el cuadrante donde se localiza cada punto.**

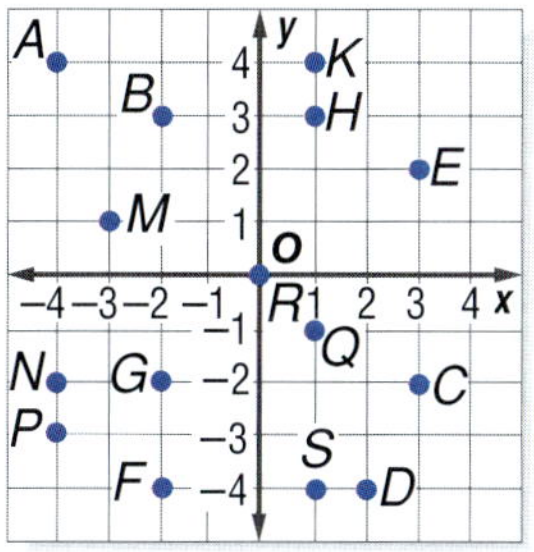


1. $M$
2. $A$
3. $D$
4. $E$
5. $P$
6. $Q$
7. $B$
8. $C$
9. $F$
10. $G$
11. $N$
12. $R$
13. $K$
14. $H$
15. $S$

**Grafica y rotula cada punto en un plano de coordenadas.**

16. $S(4, -1)$
17. $T(-3, -2)$
18. $W(2, 1)$
19. $Y(-5, 3)$
20. $Z(-1, -3)$
21. $U(3, -3)$
22. $V(1, 2)$
23. $X(-1, 4)$

**Grafica en un plano de coordenadas.**

24. $A(2, -3)$
25. $B(-4, 1)$
26. $C(-1, -5)$
27. $D(3, -2)$
28. $E(1, 3)$
29. $F(-2, -2)$
30. $G(4, -3)$
31. $H(-3, 4)$

## Lección 9-1
(Páginas 333–336)

**Calcula cada producto mentalmente. Usa la propiedad distributiva.**

1. $5 \times 18$
2. $9 \times 27$
3. $8 \times 83$
4. $7 \times 21$
5. $3 \times 47$
6. $2 \times 10.6$
7. $6 \times 3.4$
8. $5.6 \times 3$
9. $27 \times 8$

**Reescribe cada expresión usando la propiedad distributiva. Luego, evalúa.**

10. $4(12 + 9)$
11. $7(8 + 3)$
12. $(6 + 13)2$
13. $(5 + 4)15$
14. $6(11) + 6(7)$
15. $3(12) + 8(12)$

**Identifica la propiedad que demuestra cada ecuación.**

16. $17 + 12 = 12 + 17$
17. $6 \times (4 \times 9) = (6 \times 4) \times 9$
18. $(13 + 9) + 4 = 13 + (9 + 4)$
19. $8 \times 3 = 3 \times 8$
20. $4 + 6 + 12 = 6 + 4 + 12$
21. $15(8)(2) = 15(8 \times 2)$

**Calcula cada suma o producto mentalmente.**

22. $25 + 7 + 35$
23. $15 \times 9 \times 2$
24. $12 + 6 + 8$
25. $15 \times 4 \times 20$
26. $38 + 9 + 12$
27. $83 + 29 + 17$
28. $2 \times 33 \times 5$
29. $25 \times 9 \times 4$
30. $33 + 11 + 67$

## Lección 9-2
(Páginas 339–342)

**Resuelve cada ecuación. Usa modelos si es necesario. Revisa tu solución.**

1. $x + 4 = 14$
2. $b + (-10) = 0$
3. $-2 + w = -5$
4. $k + (-3) = -5$
5. $6 = -4 + h$
6. $-7 + d = -3$
7. $9 = m + 11$
8. $f + (-9) = -19$
9. $p + 66 = 22$
10. $-34 + t = 41$
11. $-24 = e + 56$
12. $-29 + a = -54$
13. $17 + m = -33$
14. $b + (-44) = -34$
15. $w + (-39) = 55$
16. $6 + a = 13$
17. $-5 = m + 3$
18. $w + -9 = 12$
19. $8 = p + 7$
20. $-4 + c = -9$
21. $y + 11 = 8$
22. $16 = t + 5$
23. $-3 + x = 1$
24. $14 + c = 6$
25. $-9 = -12 + w$
26. $q + 6 = 4$
27. $5 + z = 13$
28. $9 = h + -5$

## Lección 9-3

(Páginas 344–347)

**Resuelve cada ecuación. Usa modelos si es necesario. Revisa tu solución.**

1. $y - 7 = 2$
2. $a - 10 = -22$
3. $g - 1 = 9$
4. $c - 8 = 5$
5. $z - 2 = 7$
6. $n - 1 = -87$
7. $j - 15 = -22$
8. $x - 12 = 45$
9. $y - 65 = -79$
10. $q - 16 = -31$
11. $q - 6 = 12$
12. $j - 18 = -34$
13. $k - 2 = -8$
14. $r - 76 = 41$
15. $n - 63 = -81$
16. $b - 7 = 4$
17. $-5 = g - 3$
18. $y - 2 = -6$
19. $8 = m - 3$
20. $x - 5 = 2$
21. $-6 = p - 8$
22. $h - 9 = -6$
23. $12 = w - 8$
24. $a - 6 = -1$
25. $-11 = t - 5$
26. $c - 4 = 8$
27. $18 = q - 7$
28. $r - 2 = -5$
29. $1 = z - 9$
30. $g - 10 = -4$
31. $-6 = d - 4$
32. $s - 4 = 10$
33. Calcula el valor de $c$ si $c - 5 = -2$.
34. Calcula el valor de $t$ si $4 = t - 7$.

## Lección 9-4

(Páginas 350–353)

**Resuelve cada ecuación. Usa modelos si es necesario.**

1. $5x = 30$
2. $2w = 18$
3. $2a = 7$
4. $2d = -28$
5. $-3c = 6$
6. $11n = 77$
7. $3z = 15$
8. $9y = -63$
9. $6m = -54$
10. $5f = -75$
11. $20p = 5$
12. $4x = 16$
13. $4t = -24$
14. $7b = 21$
15. $19h = 0$
16. $22d = -66$
17. $3m = -78$
18. $8x = -2$
19. $9c = -72$
20. $5p = 35$
21. $-5k = 20$
22. $33y = 99$
23. $6z = -9$
24. $6m = -42$
25. $18 = 9x$
26. $-5p = 4$
27. $-32 = 4r$
28. $3w = 27$
29. $-12 = 16a$
30. $-4t = 6$
31. $16 = -5b$
32. $-2c = -13$
33. Resuelve la ecuación $3d = 21$.
34. ¿Cuál es la solución de la ecuación $-4x = 65$?

## Lección 9-5

(Páginas 355–357)

**Resuelve cada ecuación. Usa modelos si es necesario.**

1. $3x + 7 = 13$
2. $2h - 5 = 7$
3. $-10 = 5x + 5$
4. $6r + 2 = 2$
5. $-2 - 3y = -11$
6. $-4y + 16 = 64$
7. $4a - 3 = 17$
8. $-8 = 3x - 5$
9. $-6 + 2m = 8$
10. $5p + 3 = 23$
11. $2 = -4x - 2$
12. $9 + 6h = 21$
13. $7y - 3 = 4$
14. $4 = 8w + 20$
15. $5 + 2g = 17$
16. $3b + 4 = 13$
17. $-5 = 4t - 13$
18. $7a - 6 = 15$
19. $8 = -3p + 5$
20. $11 + 5m = 6$
21. $-4y + 9 = 17$
22. $6 = 2w + 2$
23. $14 + 7x = 35$
24. $3c - 5 = -11$
25. $-5 = -2g + 3$
26. $7 + 3a = 25$
27. $9 = -4w - 3$
28. $-4 + 5b = 11$
29. $2x + 16 = 26$
30. $8m + 7 = -9$
31. $4 = 2t - 12$
32. $-3 + 2c = -13$
33. Tres menos cinco veces un número es siete. ¿Cuál es el número?
34. Veinticuatro es cuatro más que cuatro veces un número. ¿Cuál es el número?

## Lección 9-6

(Páginas 362–365)

**Copia y completa cada tabla de funciones.**

**1.**

| Entrada ($n$) | Salida ($n - 4$) |
|---|---|
| 5 | ■ |
| 2 | ■ |
| −1 | ■ |

**2.**

| Entrada ($n$) | Salida ($3n$) |
|---|---|
| 1 | ■ |
| 0 | ■ |
| −2 | ■ |

**3.**

| Entrada ($n$) | Salida ($n + 7$) |
|---|---|
| −4 | ■ |
| 1 | ■ |
| 5 | ■ |

**4.**

| Entrada ($n$) | Salida ($-3n$) |
|---|---|
| −2 | ■ |
| 0 | ■ |
| 3 | ■ |

**Encuentra la regla para cada tabla de funciones.**

**5.**

| $n$ | ■ |
|---|---|
| −1 | 4 |
| 0 | 5 |
| 3 | 8 |

**6.**

| $n$ | ■ |
|---|---|
| −6 | −3 |
| 0 | 0 |
| 8 | 4 |

**7.**

| $n$ | ■ |
|---|---|
| −4 | 20 |
| 2 | −10 |
| 6 | −30 |

## Lección 9-7

(Páginas 366–369)

**Haz una tabla de funciones para cada regla con los valores de entrada dados. Luego, grafica la función.**

**1.** $y = x + 1$; 2, 0, −3

**2.** $y = 2x$; 2, 0, −3

**3.** $y = x - 3$; 4, 0, −1

**4.** $y = \frac{x}{5}$; 10, 0, −5

**5.** $y = -3x$; 2, −1, −2

**6.** $y = 2x - 3$; 2, 0, −1

**Haz una tabla de funciones para cada gráfica. Luego, escribe la regla de funciones.**

**7.**

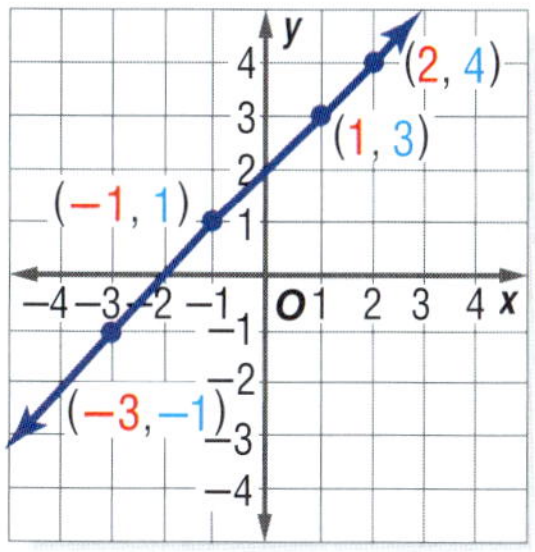


**8.**

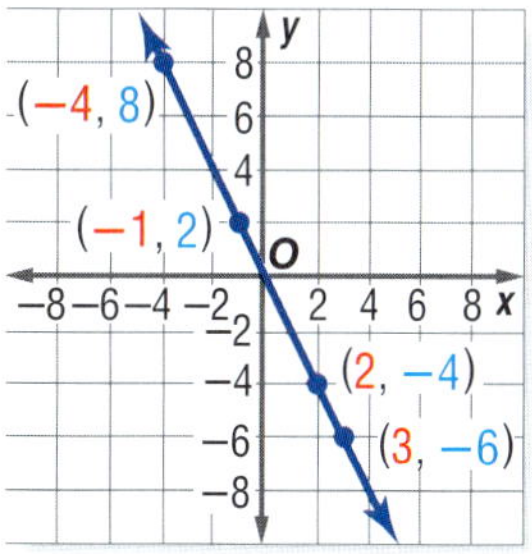


## Lección 10-1

(Páginas 380–383)

**Escribe cada razón como una fracción en forma reducida.**

**1.** 10 niñas en una clase de 25 alumnos

**2.** 7 corbatas a rayas de 21 corbatas

**3.** 12 perdigueros de 20 perros

**4.** 8 canicas rojas en un frasco con 32 canicas

**5.** 6 rosas en un ramo de 21 flores

**6.** 21 convertibles de 75 carros

**Escribe cada razón como una tasa unitaria.**

**7.** 2 por 5 latas de sopa de tomate

**8.** $200 por 40 horas de trabajo

**9.** 540 partes producidas en 18 horas

**10.** $2.16 por una docena de galletas

**11.** 228 palabras mecanografiadas en 6 minutos

**12.** 558 millas en 9 horas

## Lección 10-2

(Páginas 386–389)

**Resuelve cada proporción. Redondea en centésimas si es necesario.**

1. $\frac{15}{21} = \frac{5}{b}$
2. $\frac{22}{25} = \frac{n}{100}$
3. $\frac{24}{48} = \frac{h}{50}$
4. $\frac{9}{27} = \frac{y}{42}$
5. $\frac{4}{7} = \frac{16}{x}$
6. $\frac{4}{6} = \frac{a}{9}$
7. $\frac{6}{14} = \frac{21}{m}$
8. $\frac{3}{7} = \frac{21}{d}$
9. $\frac{4}{10} = \frac{18}{e}$
10. $\frac{9}{10} = \frac{27}{f}$
11. $\frac{a}{3} = \frac{16}{24}$
12. $\frac{5}{9} = \frac{35}{w}$
13. $\frac{3}{4} = \frac{m}{12}$
14. $\frac{12}{p} = \frac{2}{3}$
15. $\frac{x}{42} = \frac{5}{6}$
16. $\frac{48}{64} = \frac{y}{16}$
17. $\frac{3}{8} = \frac{36}{h}$
18. $\frac{21}{b} = \frac{7}{9}$
19. $\frac{e}{7} = \frac{60}{84}$
20. $\frac{48}{144} = \frac{4}{g}$
21. $\frac{3}{5} = \frac{f}{75}$
22. $\frac{9}{10} = \frac{36}{d}$
23. $\frac{m}{45} = \frac{3}{5}$
24. $\frac{7}{9} = \frac{a}{36}$
25. $\frac{1}{5} = \frac{7}{a}$
26. $\frac{7}{12} = \frac{x}{8}$
27. $\frac{3}{5} = \frac{7}{x}$
28. $\frac{c}{9} = \frac{5}{14}$

## Lección 10-3

(Páginas 391–393)

**El mapa de la derecha tiene una escala de $\frac{1}{4}$ de pulgada = 5 kilómetros. Usa una regla para medir cada distancia en el mapa al $\frac{1}{4}$ de pulgada más cercano. Luego, calcula las distancias reales .**

1. De Bryan a Napoleon
2. De Stryker a Evansport
3. De Ney a Bryan
4. De Defiance a Napoleon
5. De Ridgeville a Bryan
6. De Brunersburg a Ney

**En un conjunto de dibujos arquitectónicos, la escala es de 3 pulgadas = 10 pies. Calcula las medidas reales.**

7. longitud del comedor, 3 pulgadas
8. altura del techo de la sala, 2.4 pulgadas
9. altura del techo, 7.4 pulgadas
10. ancho de la cocina, 3.75 pulgadas

## Lección 10-4

(Páginas 395–397)

**Modela cada porcentaje.**

1. 35%
2. 5%
3. 75%
4. 24%
5. 68%
6. 99%

**Identifica cada porcentaje modelado.**

7. 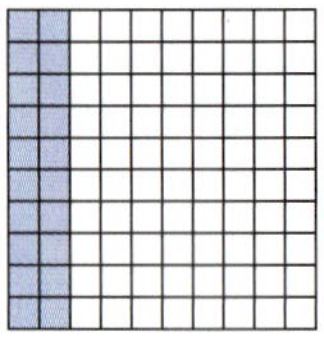

8. 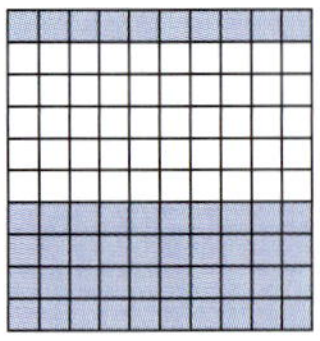

9. 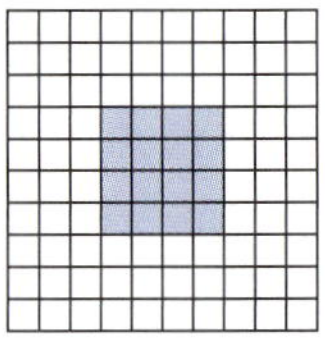

## Lección 10-5

(Páginas 400–403)

**Escribe cada porcentaje como una fracción en forma reducida.**

1. 13%
2. 25%
3. 8%
4. 105%
5. 60%
6. 70%
7. 80%
8. 45%
9. 20%
10. 14%
11. 75%
12. 120%
13. 5%
14. 2%
15. 450%
16. 15%

17. ¿Qué porcentaje de un dólar es una moneda de 10 centavos?

**Escribe cada fracción como un porcentaje.**

18. $\frac{77}{100}$
19. $\frac{3}{4}$
20. $\frac{17}{20}$
21. $\frac{3}{25}$
22. $\frac{3}{10}$
23. $\frac{27}{50}$
24. $\frac{2}{5}$
25. $\frac{3}{50}$
26. $\frac{9}{20}$
27. $\frac{8}{5}$
28. $\frac{1}{4}$
29. $\frac{1}{5}$
30. $\frac{19}{20}$
31. $\frac{7}{10}$
32. $\frac{11}{25}$
33. $\frac{5}{4}$

34. Escribe 76 centésimas como un porcentaje.

## Lección 10-6

(Páginas 404–406)

**Escribe cada porcentaje como un decimal.**

1. 5%
2. 22%
3. 50%
4. 420%
5. 75%
6. 1%
7. 100%
8. 3.7%
9. 0.9%
10. 9%
11. 90%
12. 900%
13. 78%
14. 62.5%
15. 15%
16. 5.2%

17. ¿Cómo se escribe trece por ciento como un decimal?

**Escribe cada decimal como un porcentaje.**

18. 0.02
19. 0.2
20. 0.002
21. 1.02
22. 0.66
23. 0.11
24. 0.354
25. 0.31
26. 0.09
27. 5.2
28. 2.22
29. 0.008
30. 0.275
31. 0.3
32. 6.0
33. 4.12

34. Escribe cinco enteros doce centésimas como un porcentaje.

## Lección 10-7

(Páginas 409–412)

**Calcula el porcentaje de cada número.**

1. 11% de 48
2. 1.9% de 50
3. 29% de 500
4. 41% de 50
5. 32% de 300
6. 411% de 50
7. 149% de 60
8. 4.1% de 50
9. 62% de 200
10. 58% de 100
11. 52% de 400
12. 68% de 30
13. 9% de 25
14. 48% de 1,000
15. 98% de 725
16. 25% de 80
17. 40% de 75
18. 75% de 160
19. 10% de 250
20. 250% de 50
21. 5% de 120

22. ¿Cuál es el 12% de 42?
23. ¿Cuál es el 6.5% de 7?

## Lección 10-8

(Páginas 415–417)

**Estima cada porcentaje.**

1. 38% de 150
2. 20% de 75
3. 0.2% de 500
4. 25% de 70
5. 10% de 90
6. 16% de 30
7. 39% de 40
8. 250% de 100
9. 6% de 86
10. 12.5% de 160
11. 9% de 29
12. 3% de 46
13. $66\frac{2}{3}$% de 60
14. 89% de 47
15. 435% de 30
16. 25% de 48
17. 5% de 420
18. 55% de 134
19. 28% de 4
20. 14% de 40
21. 14% de 14
22. 90% de 140
23. 40% de 45
24. 0.5% de 200

**Estima el porcentaje sombreado de cada figura.**

25. 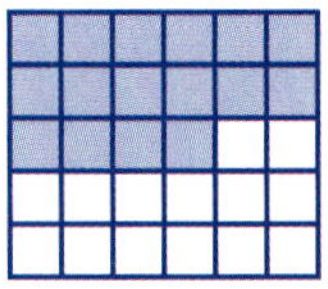

26. 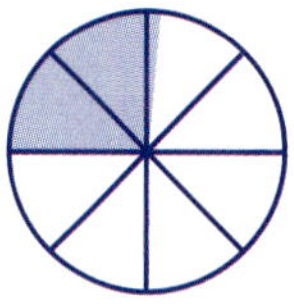

27. 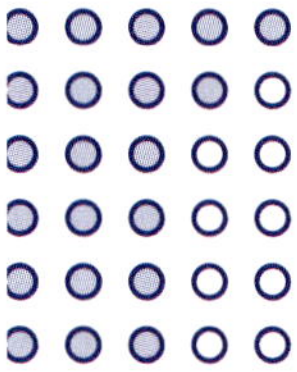

## Lección 11-1

(Páginas 428–431)

**Un conjunto de 30 entradas se coloca en una bolsa. Hay 6 entradas de béisbol, 4 de hockey, 4 de baloncesto, 2 de fútbol americano, 3 para la sinfónica, 2 para la ópera, 4 para el ballet y 5 para el teatro. Se selecciona una entrada con los ojos cerrados. Calcula cada probabilidad. Escribe cada respuesta como una fracción, un decimal (redondeado en centésimas) y un porcentaje (redondeado al número entero más cercano).**

1. *P*(baloncesto)
2. *P*(evento deportivo)
3. *P*(ópera o ballet)
4. *P*(fútbol)
5. *P*(no sinfónica)
6. *P*(teatro)
7. *P*(baloncesto o hockey)
8. *P*(no evento deportivo)
9. *P*(no ópera)
10. *P*(béisbol)
11. *P*(fútbol americano)
12. *P*(no fútbol)
13. *P*(ópera)
14. *P*(no teatro)
15. *P*(sinfónica)
16. *P*(fútbol o fútbol americano)
17. *P*(ópera o teatro)
18. *P*(hockey)

## Lección 11-2

(Páginas 433–436)

**Para los ejercicios del 1 al 3, dibuja un diagrama de árbol para mostrar el espacio muestral para cada situación. Indica cuántos resultados son posibles.**

1. lanzar al aire una moneda o un cubo numerado
2. una opción de un suéter rojo, azul o verde con una falda blanca, negra o café
3. una opción de un sándwich de pollo, jamón, pavo o bologna con café, leche, jugo o refresco
4. ¿De cuántas formas puede una persona escoger dos programas televisivos de cuatro programas televisivos?

**Para los ejercicios del 5 al 7, se lanza al aire una moneda tres veces.**

5. ¿Cuántos resultados son posibles?
6. ¿Qué es P(dos caras)?
7. ¿Qué es P(no caras)?

## Lección 11-3

(Páginas 438–441)

**Determina si cada muestra es una buena muestra. Explica.**

| | Tipo de encuesta | Lugar de la encuesta |
|---|---|---|
| 1. | programa televisivo favorito | tienda por departamentos |
| 2. | película favorita | centro comercial |
| 3. | deporte favorito | partido de fútbol |
| 4. | sabor de helado favorito | escuela |
| 5. | vacaciones favoritas | parque de diversiones popular |

**BALONCESTO** **Para los ejercicios 6 y 7, usa la siguiente información. En baloncesto, Daniel encestó 12 de sus últimos 18 tiros.**

6. Calcula la probabilidad de que Daniel enceste en su siguiente tiro.
7. Supón que Daniel lanza 30 tiros en su próximo partido. ¿Más o menos cuántas canastas hará?

## Lección 11-4

(Páginas 444–447)

**Calcula la probabilidad de que un dardo lanzado al azar aterrice en la región sombreada de cada tablero.**

1.
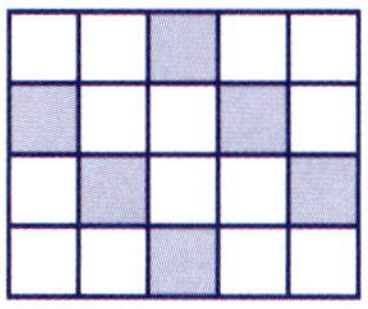

2.
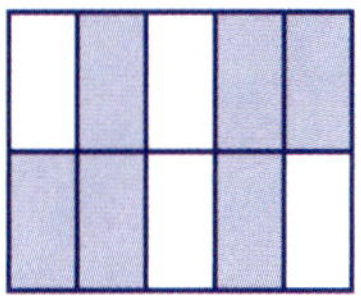

3.
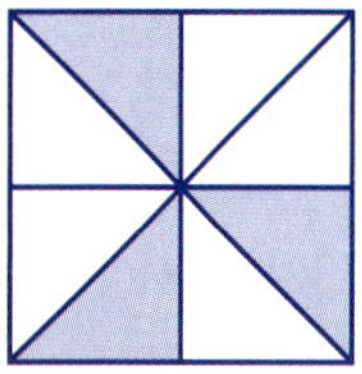

4.
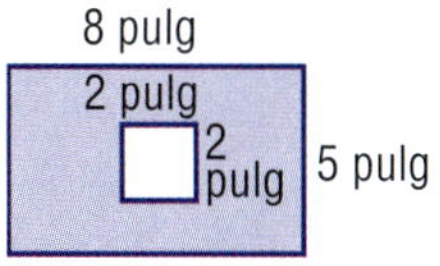


5.
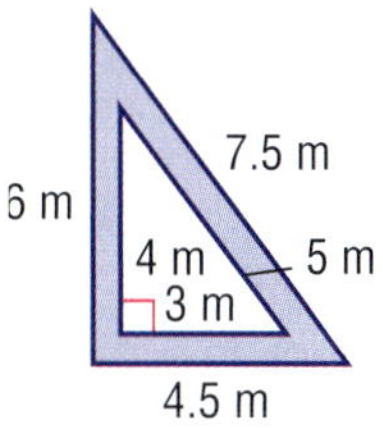


6.
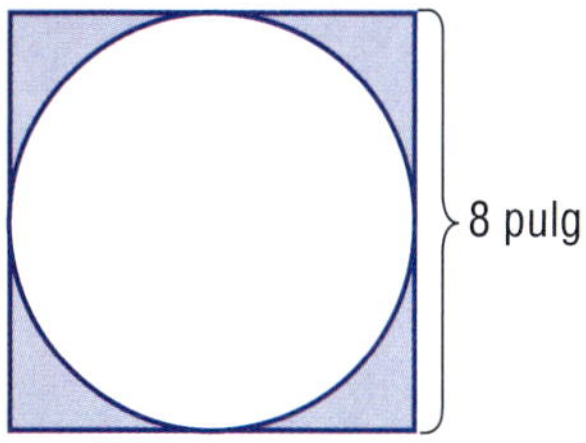


## Lección 11-5

(Páginas 450–453)

**Se hace girar la ruleta y se escoge una carta del conjunto de cartas. Calcula la probabilidad de cada evento.**

1. $P$(15 y C)
2. $P$(par y H)
3. $P$(impar y vocal)
4. $P$(múltiplo de 5 y O)
5. $P$(compuesto y L)
6. $P$(múltiplo de 10 y consonante)

**Una bolsa contiene 3 monedas de 25¢ y 5 de 10¢. Otra bolsa contiene 12 monedas de 1¢ y 8 de 5¢. Se escoge una moneda de cada bolsa sin mirar. Calcula la probabilidad de cada evento.**

7. $P$(10¢ y 5¢)
8. $P$(25¢)
9. $P$(25¢ y 1¢)
10. $P$(ninguna de 5¢)
11. $P$(10¢ y 1¢)
12. $P$(ninguna de 10¢ y 5¢)

## Lección 12-1

(Páginas 465–468)

**Completa.**

1. 3 yd = ___?___ pulg
2. 12 pies = ___?___ yd
3. 9 pies = ___?___ pulg
4. 48 pulg = ___?___ pies
5. 2 yd = ___?___ pulg
6. 2 mi = ___?___ pies
7. $5\frac{1}{2}$ pies = ___?___ pulg
8. $9\frac{1}{3}$ yd = ___?___ pies
9. 21,120 pies = ___?___ mi
10. 100 pulg = ___?___ pies
11. 8 yd = ___?___ pulg
12. 72 pulg = ___?___ pies

**Dibuja un segmento de recta de cada longitud.**

13. $1\frac{1}{4}$ pulgadas
14. $\frac{5}{8}$ de pulgada
15. $1\frac{3}{4}$ pulgadas
16. $1\frac{1}{2}$ pulgadas
17. $3\frac{1}{8}$ pulgadas
18. $2\frac{3}{8}$ pulgadas
19. $1\frac{5}{8}$ pulgadas
20. $2\frac{1}{2}$ pulgadas
21. $3\frac{3}{4}$ pulgadas

**Calcula la longitud de cada segmento de recta al medio, cuarto u octavo de pulgada más cercano.**

22.
23.
24.
25.

## Lección 12-2

(Páginas 470–473)

**Completa.**

1. 3 gal = ___?___ pt
2. 24 pt = ___?___ gal
3. 20 lb = ___?___ oz
4. 2 gal = ___?___ oz fl
5. 20 pt = ___?___ ct
6. 18 ct = ___?___ pt
7. 2,000 lb = ___?___ T
8. 3 T = ___?___ lb
9. 6 lb = ___?___ oz
10. 9 lb = ___?___ oz
11. 15 ct = ___?___ gal
12. 4 pt = ___?___ tz
13. 4 gal = ___?___ ct
14. 4 ct = ___?___ oz fl
15. 12 pt = ___?___ tz
16. 10 pt = ___?___ ct
17. 24 oz fl = ___?___ tz
18. 1.5 pt = ___?___ tz
19. $\frac{1}{4}$ lb = ___?___ oz
20. 5 T = ___?___ lb
21. 2 lb = ___?___ oz
22. 8 pt = ___?___ ct
23. 48 oz fl = ___?___ tz
24. 6 gal = ___?___ ct
25. 9 ct = ___?___ tz
26. 2 gal = ___?___ tz
27. 16 tz = ___?___ ct
28. 2 ct = ___?___ oz fl
29. 16 pt = ___?___ gal
30. 5 pt = ___?___ tz

## Lección 12-3

(Páginas 476–479)

**Escribe la unidad métrica de longitud que usarías para medir cada una de las siguientes longitudes.**

1. longitud de un clip
2. ancho de un salón
3. distancia de la escuela a tu casa
4. longitud de un patín de hockey
5. longitud de un autobús escolar
6. distancia de Cleveland a Columbus
7. grosor de una calculadora
8. longitud de una hoja de pasto

**Mide cada segmento de recta en centímetros y milímetros.**

9.
10.
11.
12.
13.
14.
15.
16.

## Lección 12-4
(Páginas 484–487)

**Escribe la unidad métrica de masa o capacidad que usarías para medir cada uno de los siguientes. Luego, estima la masa o capacidad.**

1. bolsa de azúcar
2. jarra de ponche de frutas
3. masa de una moneda de 10¢
4. cantidad de agua en un cubo de hielo
5. una vitamina
6. lápiz
7. masa de un perrito
8. frasco de perfume
9. grano de arena
10. masa de un carro
11. pelota de béisbol
12. libro
13. jugo en un vaso pequeño
14. calculadora
15. botella grande de refresco
16. trompeta
17. cubo de agua
18. mochila con 4 libros

## Lección 12-5
(Páginas 490–493)

**Completa.**

1. 400 mm = _?_ cm
2. 4 kg = _?_ g
3. 660 cm = _?_ m
4. 0.3 L = _?_ mL
5. 30 mm = _?_ cm
6. 84.5 g = _?_ kg
7. _?_ m = 54 cm
8. _?_ L = 563 mL
9. _?_ mg = 21 g
10. 4 L = _?_ mL
11. 61.2 mg = _?_ g
12. 4,497 mL = _?_ L
13. _?_ mm = 45 cm
14. 632 mL = _?_ L
15. 61 g = _?_ mg
16. _?_ mg = 0.51 kg
17. 0.63 L = _?_ mL
18. 18 km = _?_ cm
19. _?_ m = 36 cm
20. 5 kg = _?_ g
21. 3,250 mL = _?_ L
22. 7.3 km = _?_ m
23. 453 g = _?_ kg
24. 9.35 L = _?_ mL
25. 8,500 m = _?_ km
26. 3.6 kg = _?_ g
27. 415 mL = _?_ L
28. 521 cm = _?_ m
29. 63 g = _?_ kg
30. 2.5 L = _?_ mL

## Lección 12-6
(Páginas 494–497)

**Suma o resta. Convierte si es necesario.**

1. 6 h 14 min
 − 2 h 8 min
2. 5 h 35 min 25 s
 + 45 min 35 s
3. 5 h 4 min 45 s
 − 2 h 40 min 5 s
4. 15 h 16 min
 − 8 h 35 min 16 s
5. 9 h 20 min 10 s
 + 1 h 39 min 55 s
6. 2 h 40 min 20 s
 + 3 h 5 min 50 s
7. 3 h 24 min 10 s
 − 2 h 30 min 5 s
8. 9 h 12 min
 + 2 h 51 min 15 s
9. 4 h 9 min 15 s
 − 4 h 3 min 20 s

**Calcula el tiempo transcurrido.**

10. 1:10 P.M. a las 4:45 P.M.
11. 9:40 A.M. a las 11:18 A.M.
12. 10:30 A.M. a las 6:00 P.M.
13. 8:45 P.M. a las 1:30 A.M.
14. 8:05 A.M. a las 3:25 P.M.
15. 10:30 P.M. a las 1:45 A.M.
16. 11:20 P.M. a las 12:15 A.M.
17. 12:40 P.M. a las 10:25 P.M.

## Lección 13-1

(Páginas 506–509)

**Usa un transportador para calcular la medida de cada ángulo. Luego, clasifica el ángulo como *agudo, obtuso* o *recto*.**

**1.** 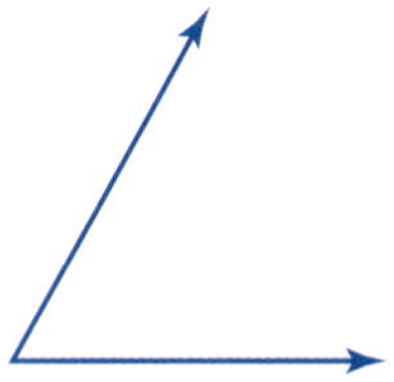

**2.** 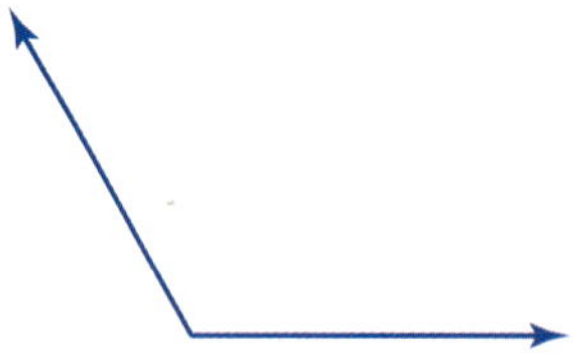

**3.** 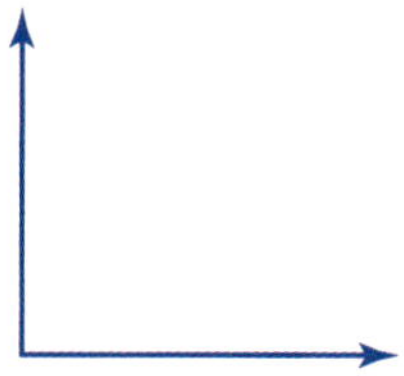

**4.** 

**5.** 

**6.** 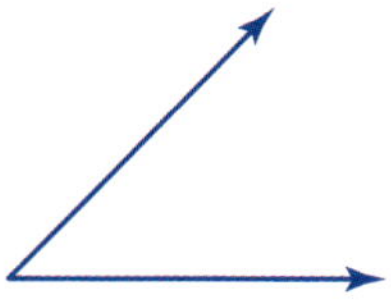

**Clasifica cada medida angular como *agudo, obtuso, recto* o *llano*.**

**7.** 86° **8.** 101° **9.** 90° **10.** 180°

**11.** **ÁLGEBRA** Los ángulos $A$ y $B$ son suplementarios. Si $m\angle A = 75°$, ¿cuál es$m\angle B$?

**12.** **ÁLGEBRA** Los ángulos $C$ y $D$ son complementarios. Si $m\angle C = 80°$, ¿cuál es $m\angle D$?

## Lección 13-2

(Páginas 510–512)

**Estima la medida de cada ángulo.**

**1.** 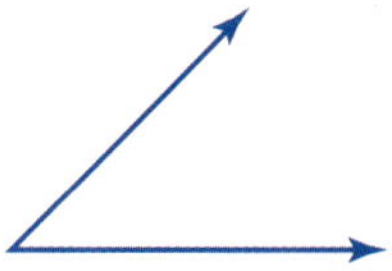

**2.** 

**3.** 

**4.** 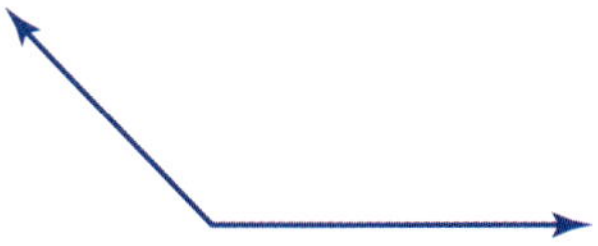

**Usa un transportador y una escuadra para dibujar ángulos que tengan las siguientes medidas.**

**5.** 165° **6.** 20° **7.** 90° **8.** 41°

**9.** 75° **10.** 180° **11.** 30° **12.** 120°

**13.** 15° **14.** 55° **15.** 100° **16.** 145°

## Lección 13-3

(Páginas 515–517)

**Dibuja cada segmento de recta o ángulo con las medidas dadas. Luego, usa una escuadra y un compás para bisecar el segmento de recta o el ángulo.**

**1.** 3 pulg **2.** 5 cm **3.** 48 mm **4.** 33 mm

**5.** 9 pulg **6.** 6 cm **7.** 4 pulg **8.** 7 cm

**9.** $3\frac{1}{2}$ pulg **10.** 65 mm **11.** 110° **12.** 70°

**13.** 25° **14.** 150° **15.** 90° **16.** 120°

**17.** 30° **18.** 180° **19.** 142° **20.** 45°

## Lección 13-4

(Páginas 522–525)

Identifica cada polígono. Luego, indica si es un polígono regular.

1. 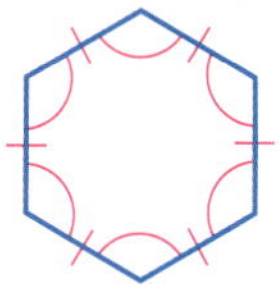

2. 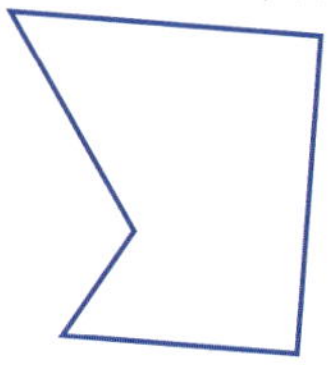

3. 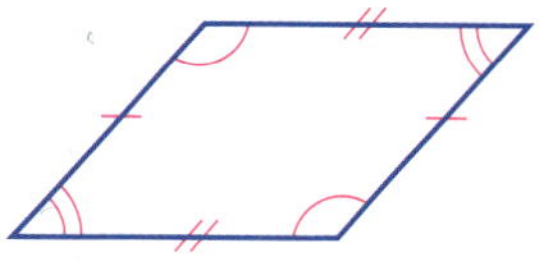

4. 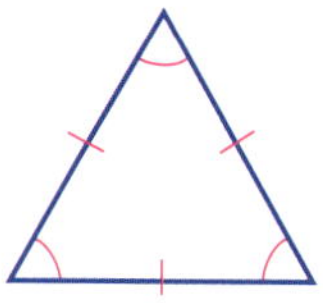

5. 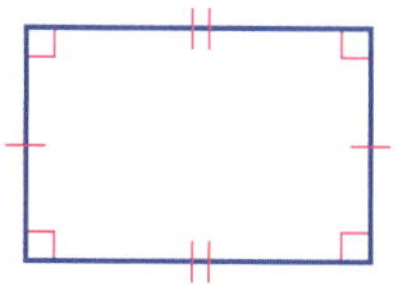

6. 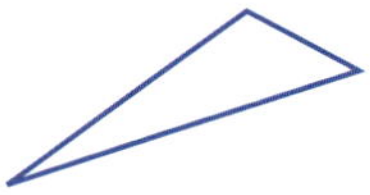

7. 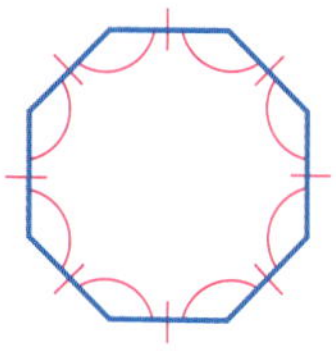

8. 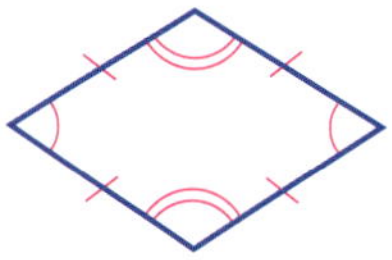



## Lección 13-5

(Páginas 528–531)

Traza cada figura. Luego, dibuja todos los ejes de simetría.

1. 

2. 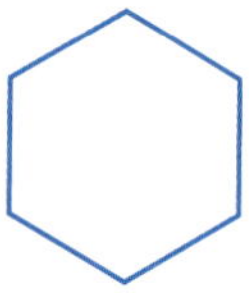

3. 

4. 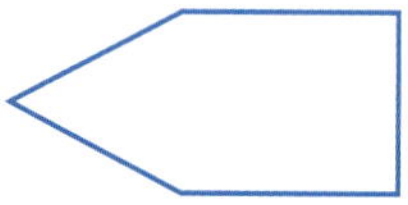

5. 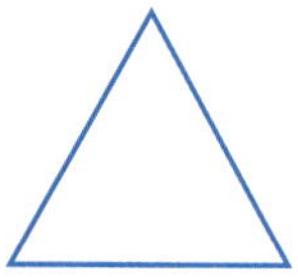

6. 

Menciona si cada figura tiene simetría rotacional. Escribe *sí* o *no*.

7. 

8. 

9. 

## Lección 13-6

(Páginas 534–536)

Indica si cada par de polígonos es *congruente, semejante* o *ninguno de los dos.*

1. 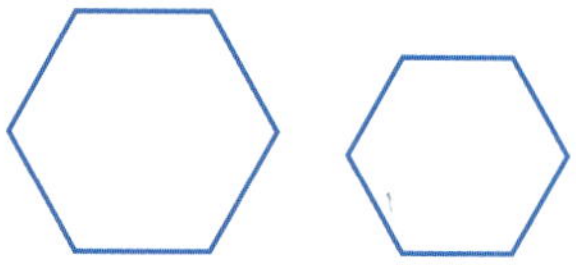

2. 

3. 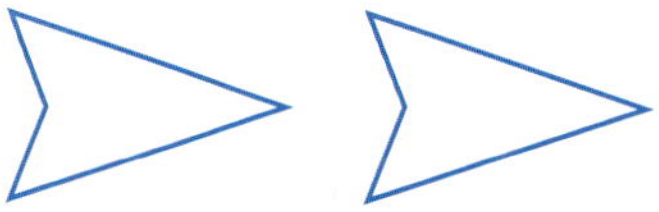

4. 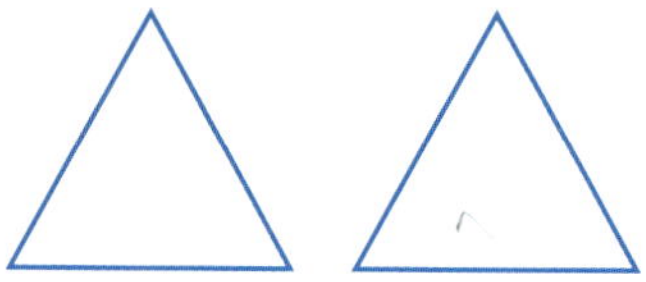

5. 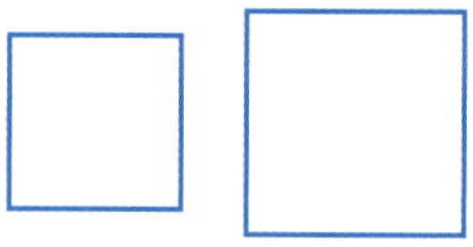

6. 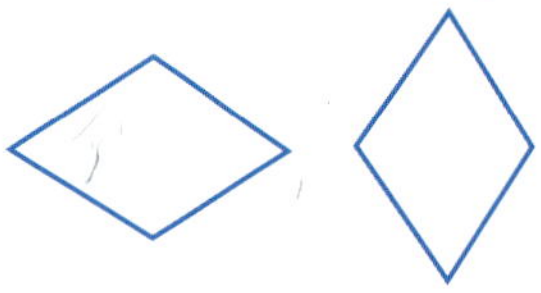

7. 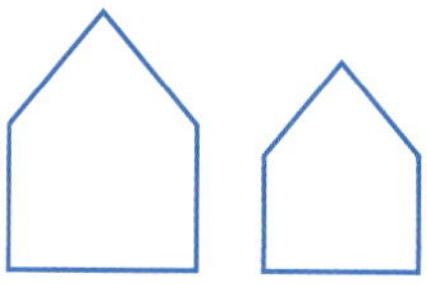

8. 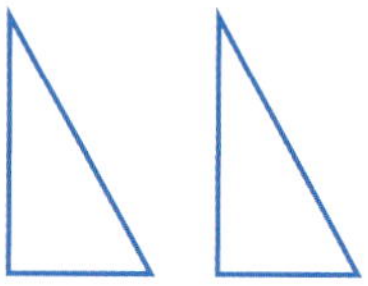

9. 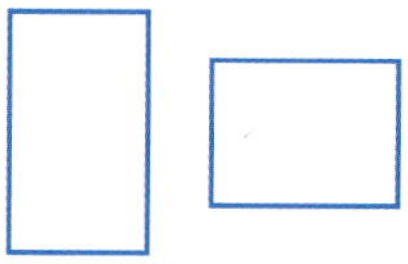

## Lección 14-1

(Páginas 546–549)

**Calcula el área de cada paralelogramo. Redondea en décimas si es necesario.**

1. 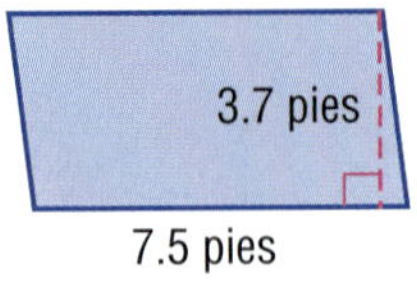


2. 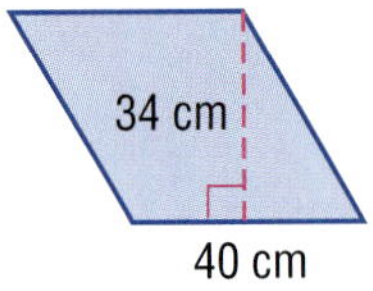


3. 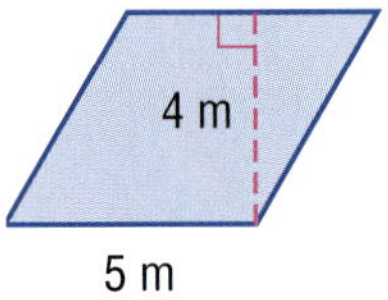


4. 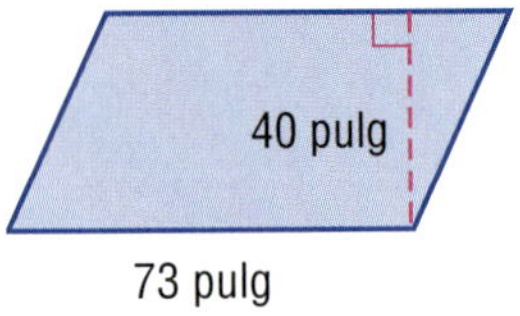


5. 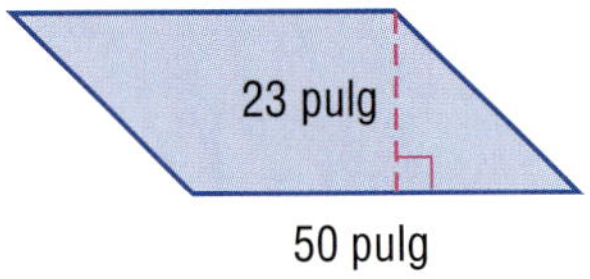


6. 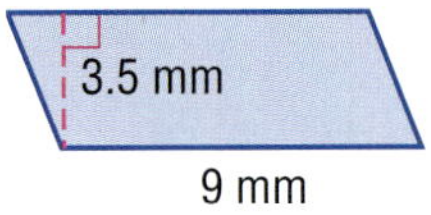


7. 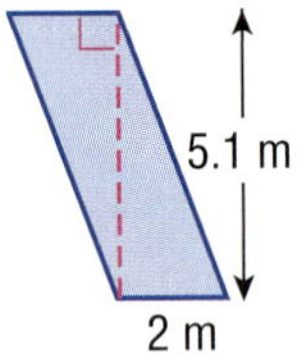


8. 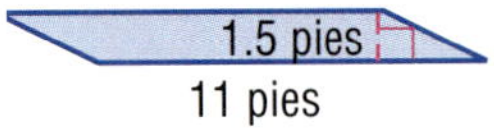


9. 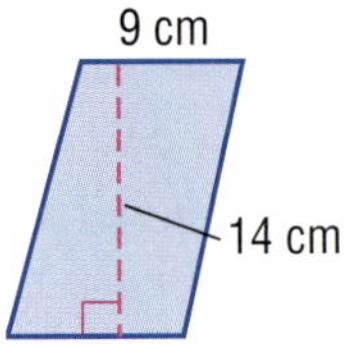


## Lección 14-2

(Páginas 553–556)

**Calcula el área de cada triángulo. Redondea en décimas si es necesario.**

1. 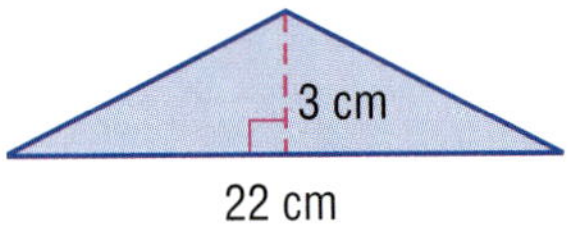


2. 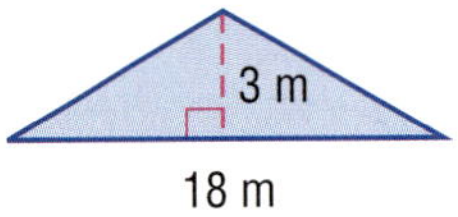


3. 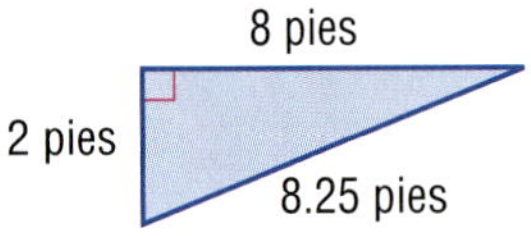


4. 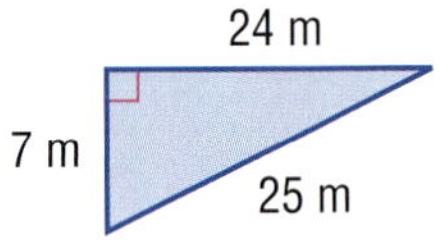


5. 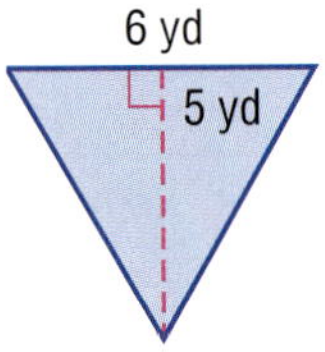


6. 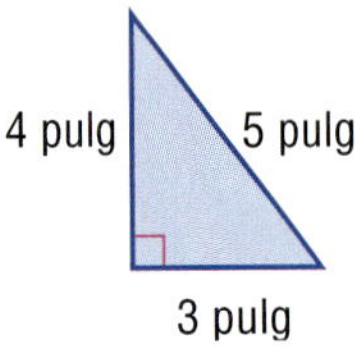


7. 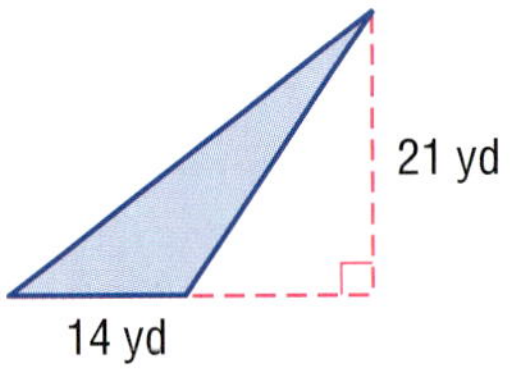


8. 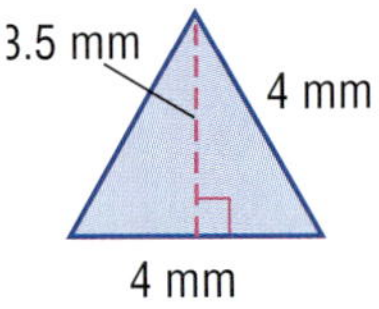


9. base, 6 pies
altura , 3 pies

10. base, 4.2 pulg
altura, 6.8 pulg

11. base, 9.1 m
altura, 7.2 m

12. base, 13.2 cm
altura, 16.2 cm

## Lección 14-3

(Páginas 558–561)

**Calcula el área de cada círculo Redondea en décimas y usa 3.14 para $\pi$.**

1. 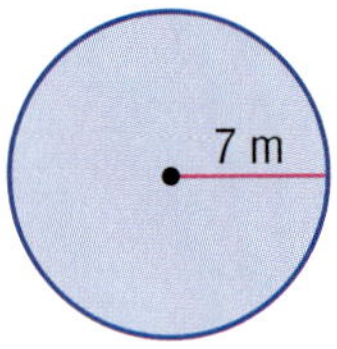


2. 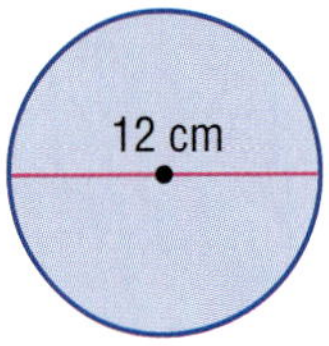


3. 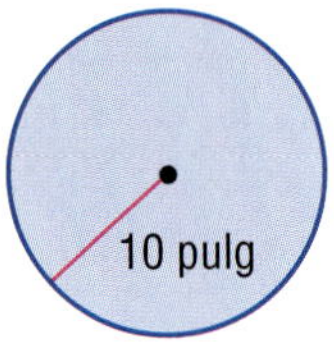


4. 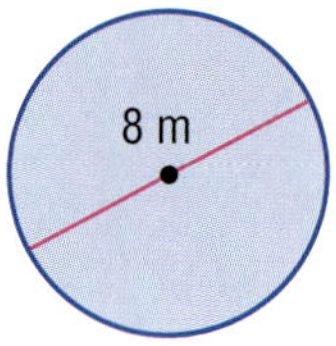


5. radio, 4 m
6. diámetro, 6 pulg
7. radio, 16 m
8. diámetro, 11 pulg
9. radio, 9 cm
10. diámetro, 24 mm

## Lección 14-4

(Páginas 566–568)

**Identifica cada figura.**

1. 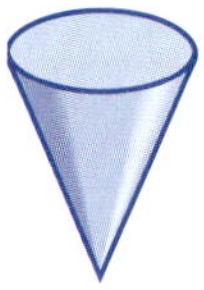

2. 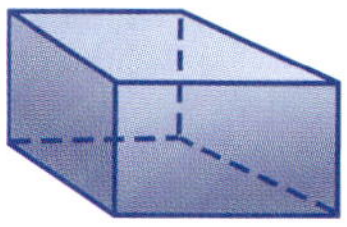

3. 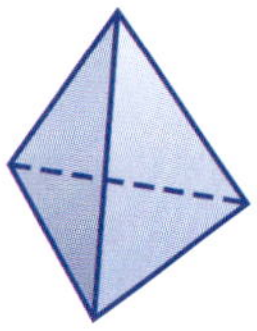

4. 

5. 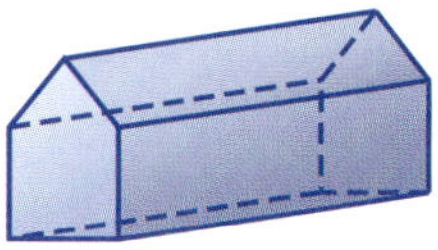

6. 

7. 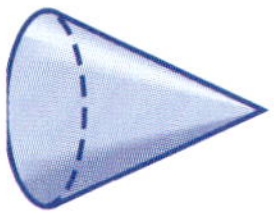

8. 

9. 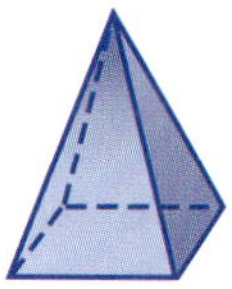

## Lección 14-5

(Páginas 572–575)

**Calcula el volumen de cada prisma rectangular.**

1. 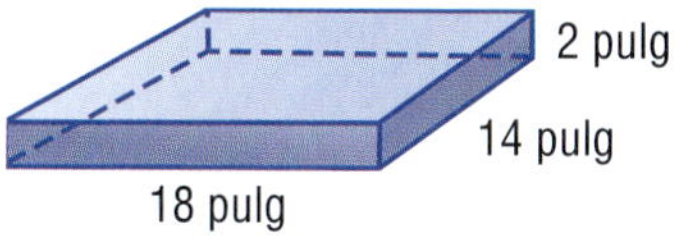


2. 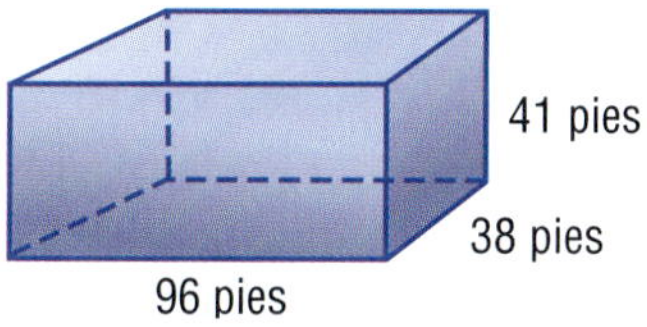


3. 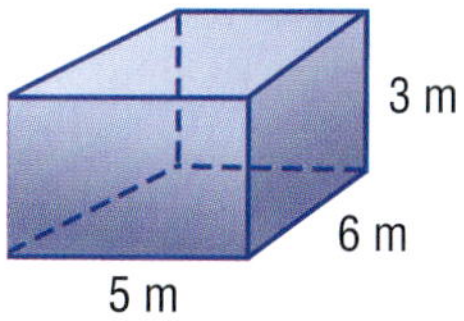


4. 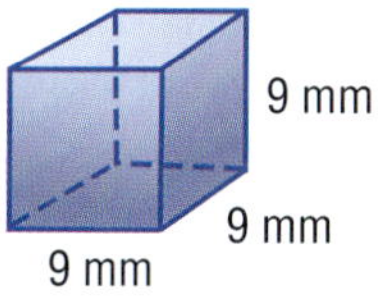


5. 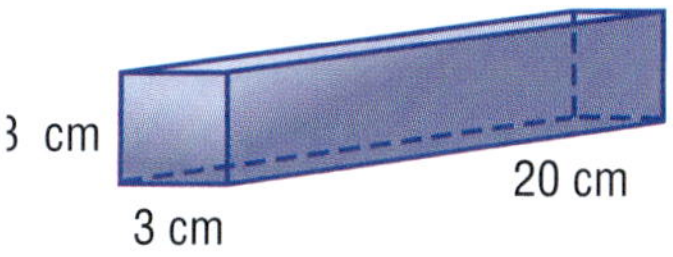


6. 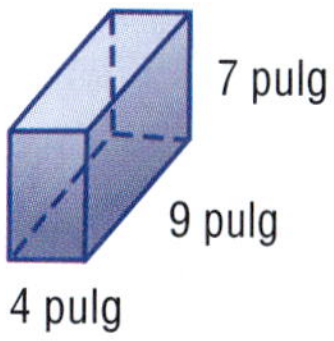


7. largo = 8 pulg
ancho = 5 pulg
alto = 2 pulg

8. largo = 10 cm
ancho = 2 cm
alto = 8 cm

9. largo = 20 pies
ancho = 5 pies
alto = 6 pies

## Lección 14-6

(Páginas 577–580)

**Calcula el área de superficie de cada prisma rectangular. Redondea en décimas si es necesario.**

1. 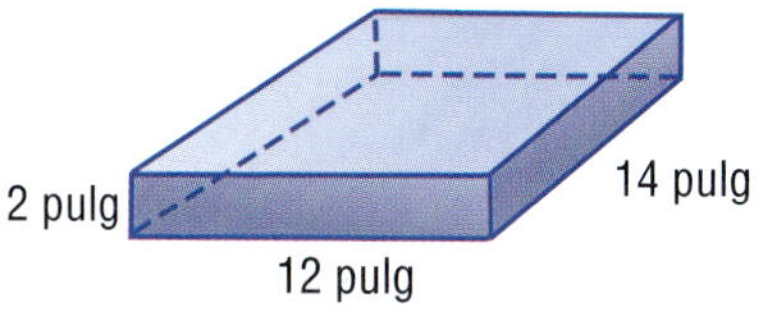


2. 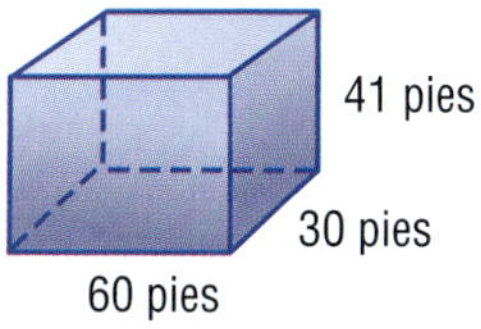


3. 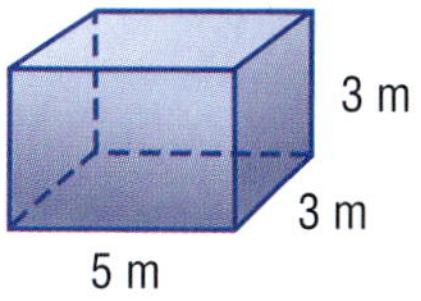


4. 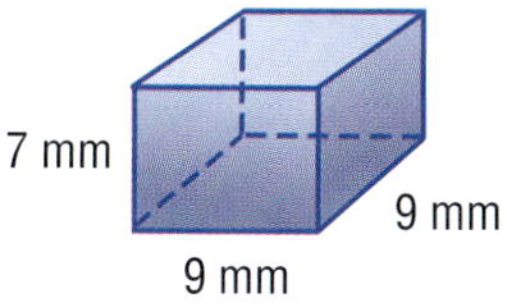


5. 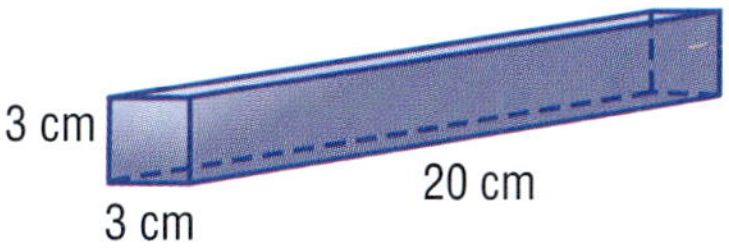


6. 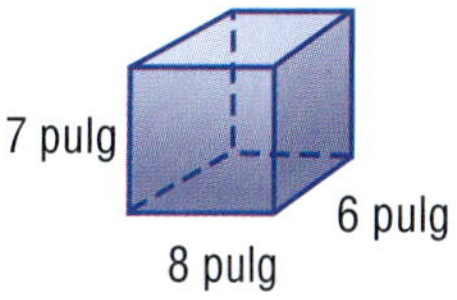


7. largo = 4 mm
ancho = 12 mm
alto = 1.5 mm

8. largo = 16 cm
ancho = 20 cm
alto = 20.4 cm

9. largo = 8.5 m
ancho = 2.1 m
alto = 7.6 m

# Solución de problemas mixtos

## Capítulo 1 Patrones de números y álgebra

(páginas 4–47)

1. **DINERO** Dave quiere comprar una computadora nueva que cuesta $2,475. Él piensa pagar $300 de cuota inicial y el resto en cinco pagos iguales. Usa el plan de cuatro pasos para calcular la cantidad de cada pago. (Lección 1-1)

2. **LIBROS** La tabla siguiente muestra el número de páginas de un libro que Elías leyó durante los 5 días anteriores. Usa el plan de cuatro pasos para calcular cuantas páginas leerá Elías el sábado si continúa a este ritmo. (Lección 1-1)

| Páginas leídas por Elías | |
|---|---|
| **Día** | **Páginas leídas** |
| Lunes | 5 |
| Martes | 11 |
| Miércoles | 19 |
| Jueves | 29 |
| Viernes | 41 |
| Sábado | ? |

3. **GEOMETRÍA** Dibuja la siguiente figura del patrón que se muestra a continuación. (Lección 1-1)

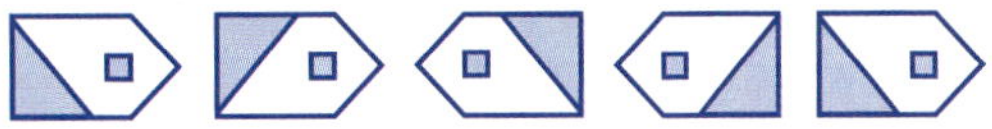

4. **ASIENTOS** Sue va a festejar una reunión de fin de año para 117 personas. Ella puede usar mesas para sentar a 5, 6 ó 9 personas. Si todas las mesas deben ser del mismo tamaño y todas ellas deben estar llenas, ¿qué tamaño de mesa debe usar? (Lección 1-2)

5. **REGLAS** Enumera el número de maneras en que se pueden empacar 318 reglas para enviarlas a una tienda de artículos para oficina, de modo que cada paquete tenga el mismo número de reglas. (Lección 1-2)

6. **GEOGRAFÍA** Estados Unidos tiene 50 estados. Escribe 50 como un producto de números primos. (Lección 1-3)

7. **ASISTENCIA** El número de alumnos que asistirá a la escuela intermedia Blue Hills este año puede escribirse como 54. ¿Cuántos alumnos están registrados en la escuela intermedia Blue Hills? (Lección 1-4)

**VENTA AL POR MENOR** **Para los ejercicios 8 y 9, usa la tabla siguiente, la cual muestra el costo de diversos artículos que se venden en The Clothes Shack.** (Lección 1-5)

| The Clothes Shack | |
|---|---|
| **Artículo** | **Precio ($)** |
| Bluyines | 30 |
| Camiseta | 15 |
| Sudadera | 20 |
| Shorts | 10 |

8. Escribe una expresión que pueda usarse para calcular el costo total de 2 bluyines, 3 camisetas y 4 pares de shorts.

9. Calcula el costo total de la compra.

10. **VIAJE** La distancia recorrida viene dada por la expresión $r \times t$, donde $r$ representa la tasa y $t$ el tiempo. ¿Qué distancia viajarás si manejas durante 9 horas a una tasa de 65 millas por hora? (Lección 1-6)

11. **ARQUITECTURA** El perímetro de un rectángulo viene dado por la expresión $2\ell + 2w$, donde $\ell$ representa la longitud y $w$ representa el ancho. Calcula el perímetro de la fachada de un edificio nuevo cuyo diseño se muestra a continuación. (Lección 1-6)

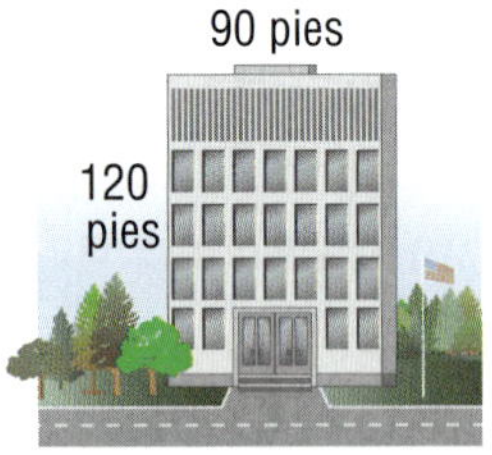


12. **EDAD** La ecuación $13 + a = 51$ describe la suma de las edades de Elizabeth y su madre. Si $a$ es la edad de la madre de Elizabeth, ¿cuál es la edad de la madre de Elizabeth? (Lección 1-7)

13. **JARDINERÍA** Rondell tiene un jardín rectangular que mide 18 pies de largo por 12 de ancho. Supón que un bolsa de tierra cubre 36 pies cuadrados. ¿Cuántas bolsas de tierra necesita Rondell para su jardín? (Lección 1-8)

**VIAJES** **Para los ejercicios 1 y 2, usa la siguiente tabla de frecuencias.** (Lección 2-1)

| Velocidad de los autos en la autopista | | |
|---|---|---|
| **Velocidad (mph)** | **Conteo** | **Frecuencia** |
| 51–55 | I | 1 |
| 56–60 | IIII | 4 |
| 61–65 | ~~IIII~~ II | 7 |
| 66–70 | ~~IIII~~ ~~IIII~~ II | 12 |

1. ¿En qué rango de velocidad manejan la mayor parte de los autos?
2. ¿Cuántos autos manejaban a una velocidad mayor de 65 millas por hora?

**VENTAS** **Para los ejercicios 3 al 5, usa la siguiente tabla.** (Lección 2-2)

| Librería Bookworm | |
|---|---|
| **Mes** | **Ventas totales ($)** |
| Enero | 9,750 |
| Febrero | 8,200 |
| Marzo | 7,875 |
| Abril | 12,300 |
| Mayo | 10,450 |
| Junio | 9,900 |

3. Construye una gráfica lineal de los datos.
4. ¿Qué mes tuvo el mayor aumento en ventas en comparación con el mes anterior?
5. ¿Qué mes tuvo la mayor disminución en ventas en comparación con el mes anterior?

**DEPORTES** **Para los ejercicios 6 al 8, usa la siguiente gráfica circular.** (Lección 2-3)

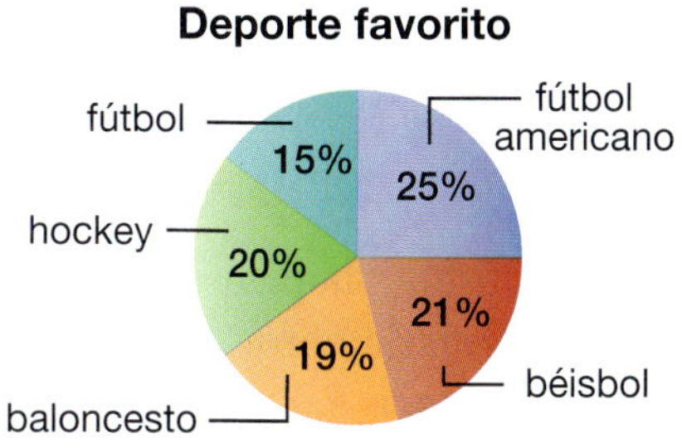


6. ¿Qué deporte es el más popular?
7. Nombra el deporte menos popular.
8. Indica dos deportes que juntos representen el 40% de los deportes preferidos.

9. **NATACIÓN** Usa la gráfica siguiente para predecir cuántas vueltas nadará Emily durante la sexta semana de entrenamiento. (Lección 2-4)

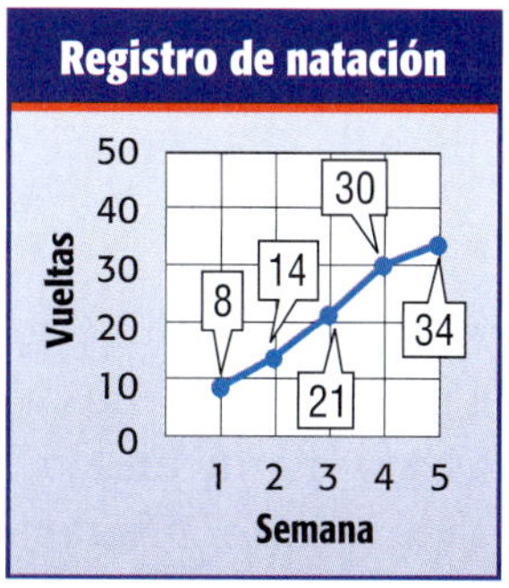


10. **EMPLEOS** Sarah ganó $64, $88, $96, $56, $48, $62, $75, $55, $50, $68 y $42. Haz un diagrama de tallo y hojas de los datos. (Lección 2-5)

**ESCUELA** **Para los ejercicios 11 al 13, usa la siguiente información.**
Las calificaciones de David para cinco pruebas de matemáticas son 83, 92, 88, 54 y 93. (Lección 2-6)

11. Identifica el valor atípico.
12. Calcula la media de los datos con y sin el valor atípico.
13. Describe cómo afecta la media el valor atípico.

**EL TIEMPO** **Para los ejercicios 14 y 15, usa la siguiente información.**
Las temperaturas máximas diarias durante una semana fueron 67°, 68°, 64°, 64°, 69°, 92° y 66°. (Lección 2-7)

14. Calcula la media, la mediana y la moda.
15. ¿Qué medida describe mejor la temperatura media?

**DINERO** **Para los ejercicios 16 y 17, usa la siguiente gráfica.** (Lección 2-8)

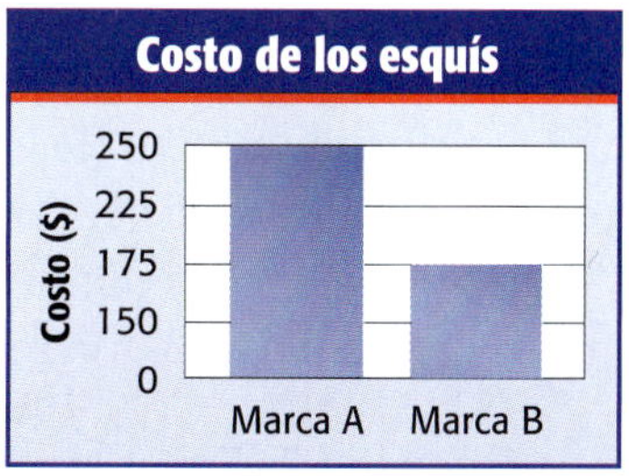


16. ¿Cuántas veces más parece costar la marca A que la marca B?
17. Explica por qué es engañosa esta gráfica.

## Capítulo 3 Adición y sustracción de decimales (páginas 98–131)

1. **QUÍMICA** El peso de un compuesto en particular es 1.0039 gramos. Expresa este peso en palabras. (Lección 3-1)

2. **EMPAQUES** La longitud de una caja rectangular de cereal mide 12.58 pulgadas. Expresa esta medida en forma desarrollada. (Lección 3-1)

3. **MECANOGRAFÍA** Julia terminó su tarea de mecanografía en 18.109 minutos. A Teresa le tomó 18.11 minutos terminar la misma tarea. ¿Quién completó la tarea más rápido? (Lección 3-2)

4. **ATLETISMO** La tabla siguiente enumera los tiempos de llegada de los corredores en un evento dado. Ordena estos tiempos de menor a mayor. (Lección 3-2)

**Tiempos de llegada**

| Corredor | Tiempo (s) |
|---|---|
| Brent | 43.303 |
| Trey | 43.033 |
| Cory | 43.230 |
| Jonas | 43.3003 |

5. **ESTATURA** Serena y Tia comparan sus estaturas. Serena mide 52.25 pulgadas y Tia 52.52 pulgadas. Usa $<$, $>$ o $=$ para comparar la estatura de Serena con la de Tia. (Lección 3-2)

6. **ESCUELA** La matrícula promedio en un escuela intermedia de un condado es de 429.86 alumnos. Redondea esta cantidad al número entero más cercano. (Lección 3-3)

7. **RENDIMIENTO DE COMBUSTIBLE** Booker calcula su rendimiento de combustible durante un viaje de trabajo dividiendo la distancia que viajó, en millas, entre el número de galones de gasolina que usó durante el viaje. El resultado es 21.3742 millas por galón. Redondea este rendimiento en centésimas. (Lección 3-3)

8. **CIENCIA** Se requieren 87.97 días para que el planeta Mercurio dé una vuelta completa alrededor del Sol. Redondea este número en décimas. (Lección 3-3)

9. **DINERO** Marta piensa comprar los artículos enumerados a la derecha. Calcula el costo de estos artículos antes del impuesto. (Lección 3-4)

10. **RECAUDACIÓN DE FONDOS** Durante una recaudación de fondos en su escuela, Careta vendió $78.35 en dulces. Diego vendió $58.94 en dulces. Usa la estimación por partes para calcular cuánto más vendió Careta. (Lección 3-4)

11. **GEOMETRÍA** El perímetro de una figura es la distancia a su alrededor. Usa agrupamiento para estimar el perímetro de la siguiente figura. (Lección 3-4)

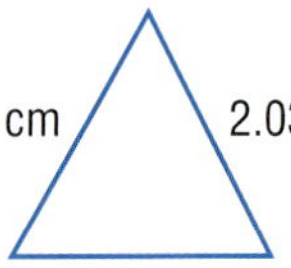


12. **MUSICA** Usa los datos de la tabla para estimar el número total de canciones que Jasmine descargó en su reproductor digital de música. (Lección 3-4)

**Canciones descargadas**

| Semana | Número de canciones |
|---|---|
| 1 | 22 |
| 2 | 19 |
| 3 | 21 |
| 4 | 18 |

13. **COMPRAS** Kyle gastó $41.38 en un par de zapatos deportivos nuevo y $29.86 en un par de bluyines nuevo. Calcula el total de las compras de Kyle. (Lección 3-5)

14. **DINERO** El saldo actual de la cuenta corriente de Tami es $237.80. Calcula el nuevo saldo después de que Tami hace un cheque por $29.95. (Lección 3-5)

15. **EL TIEMPO** Durante la primera semana de enero, el Servicio Meteorológico Nacional informó que cayeron 8.07 pulgadas de nieve en Cleveland, Ohio. Durante la segunda semana de enero cayeron otras 6.29 pulgadas. Calcula el total de nieve que cayó en las dos primeras semanas de enero en Cleveland. (Lección 3-5)

1. **HORNEAR** Una receta para torta requiere 5 paquetes de 2.75 onzas de nueces molidas. Calcula el total de onzas de nueces molidas necesarias para la receta. (Lección 4-1)

2. **DINERO** Nick compra una revista deportiva que cuesta $4.95. ¿Cuánto gastará en un año si compra una revista por mes? (Lección 4-1)

3. **RENDIMIENTO DE COMBUSTIBLE** Durante un viaje de negocios, el auto de Ken gastó 18 galones de gasolina y viajó 19.62 millas por galón de gasolina. ¿Qué distancia viajó Ken? (Lección 4-2)

4. **DECORACIÓN** Selena piensa comprar una alfombra nueva para su sala. ¿Cuántos pies cuadrados de alfombra necesitará? (Lección 4-2)

5. **INGRESOS** La semana pasada, Sakima trabajó 39.5 horas y ganó $18.25 dólares por hora. ¿Cuánto ganó Sakima antes de las deducciones por impuestos? Redondea al centavo más cercano. (Lección 4-2)

6. **SEGUROS** Aurelia paga $414.72 al año por su seguro de auto. Supón que ella hace 4 pagos iguales al año. ¿Cuánto paga cada tres meses? (Lección 4-3)

7. **FLETE** Los costos de flete para el mismo paquete a través de 3 servicios de paquetería distintos se incluyen en la siguiente tabla. ¿Cuál es el costo promedio de envío? (Lección 4-3)

| Costo de servicios de flete | |
|---|---|
| **Servicio de flete** | **Costo** |
| A | $6.42 |
| B | $8.57 |
| C | $7.48 |

8. **COMPRAS** Logan pagó $13.30 por 2.8 libras de rosbif. Calcula el precio por libra de rosbif. (Lección 4-4)

9. **JARDINERÍA** George tiene un jardín que mide 127.75 pies cuadrados. Él quiere cubrir el suelo de su jardín con fertilizante. Una bolsa de fertilizante cubre 18.25 pies cuadrados. ¿Cuántas bolsas de fertilizante necesita George? (Lección 4-4)

10. **ARQUITECTURA** El siguiente diagrama muestra el bosquejo de un edificio nuevo. Calcula el perímetro del edificio. (Lección 4-5)

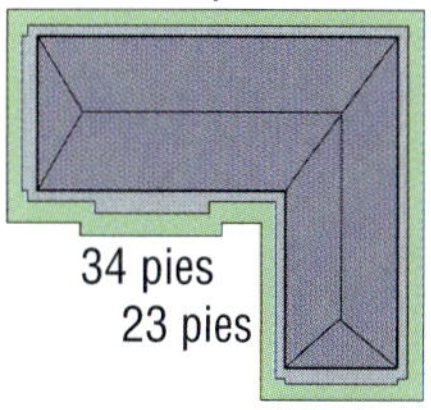


11. **ESCUELA** El perímetro de un escritorio es de 60 pulgadas. Si la longitud del escritorio es de 18 pulgadas, ¿cuánto mide de ancho el escritorio? (Lección 4-5)

12. **CERCAR** Gia y Terrance quieren hacer una huerta. Las siguientes son las dimensiones de la huerta. Para evitar que entren animales pequeños, una cerca rodeará la huerta. Si el cercado cuesta $2.70 por yarda, ¿cuál será el costo total de la cerca? (Lección 4-5)

13. **NATACIÓN** Se instala una piscina nueva en el centro recreativo Hillside. La piscina es circular y tiene un diámetro de 32 pies. Calcula la circunferencia de la piscina. Redondea en décimas. (Lección 4-6)

14. **PASEOS** Un carrusel tiene un diámetro de 36 pies. ¿Cuánto se trasladan los pasajeros en cada revolución? (Lección 4-6)

15. **PIZZA** La Amazing Pizza Shop se jacta de que elabora la pizza más grande en la ciudad. El radio de su pizza más grande es de 15 pulgadas. Calcula la circunferencia de la pizza. (Lección 4-6)

1. **CARAMELOS** La tabla muestra la cantidad de caramelos que compró Donna. Ella quiere colocar los caramelos en bolsas, de modo que cada bolsa tenga el mismo número de caramelos sin mezclar los diferentes tipos. Calcula el mayor número de caramelos que pueden ponerse en cada bolsa. (Lección 5-1)

| Caramelos comprados | |
|---|---|
| **Tipo** | **Cantidad** |
| barras de caramelo | 48 |
| paletas | 32 |
| barras de regaliz | 24 |

2. **BOLETOS** La señora Cardona recogió dinero de sus alumnos para las entradas de la obra de teatro escolar. Ella registró las cantidades de dinero recogido en la siguiente tabla. ¿Cuánto es lo más caro que una entrada le puede costar a un alumno? (Lección 5-1)

| Dinero para entradas | |
|---|---|
| **Día** | **Cantidad** |
| Lunes | \$15 |
| Martes | \$12 |
| Miércoles | \$18 |
| Jueves | \$21 |

3. **MAESTROS** De los 42 maestros del personal de la escuela intermedia Central, 28 son mujeres. Escribe esta fracción en forma reducida. (Lección 5-2)

4. **CLIMA** En septiembre, 4 de 30 días fueron lluviosos. Expresa esta fracción en forma reducida. (Lección 5-2)

5. **CARPINTERÍA** Una tabla para un proyecto de carpintería mide $\frac{53}{8}$ pies. Escribe esta fracción impropia como un número mixto. (Lección 5-3)

6. **HORNEAR** Una receta de pan pide $4\frac{2}{3}$ tazas de harina. Escribe este número mixto como una fracción impropia. (Lección 5-3)

7. **BICICLETAS** El engranaje frontal de una bicicleta tiene 54 dientes y el engranaje trasero tiene 18 dientes. ¿Cuántas rotaciones completas debe dar el engranaje más pequeño para hacer que ambos engranajes se alineen en la posición inicial? (Lección 5-4)

8. **PATRONES** ¿Cuáles tres múltiplos comunes de 5 y 7 faltan en la siguiente lista? (Lección 5-4)

35, 70, 105, __?__, __?__, __?__, 245, 280, …

9. **VELAS** Tres velas miden $\frac{3}{8}$ de pulgada, $\frac{5}{6}$ de pulgada y $\frac{2}{3}$ de pulgada de ancho. ¿Cuál es la vela más ancha? (Lección 5-5)

10. **REPARACIONES** Dan tiene una llave inglesa que se puede abrir para adaptarse a tres arandelas de diferente tamaño: $\frac{5}{16}$ de pulgada, $\frac{3}{8}$ de pulgada y $\frac{2}{5}$ de pulgada. ¿Cuál es la arandela más pequeña? (Lección 5-5)

11. **VIAJES** La señal vial muestra las distancias desde la salida de la autopista a ciertos negocios. ¿A qué fracción de milla está cada negocio de la salida? (Lección 5-6)

12. **ARAÑAS** El diagrama muestra el rango de longitud de una tarántula. Indica una longitud que caiga entre estas cantidades. Escribe la cantidad como un número mixto en forma reducida. (Lección 5-6)

13. **ATLETISMO** Monifa participa en una carrera de $4\frac{5}{8}$ millas. Expresa esta distancia como un decimal. (Lección 5-7)

14. **COSTURA** Dana compró $3\frac{3}{4}$ yardas de tela para hacer un vestido nuevo. ¿Qué decimal representa esto? (Lección 5-7)

15. **CULINARIA** Una receta de galletas requiere de $2\frac{1}{3}$ tazas de harina. ¿Qué decimal representa esta cantidad? (Lección 5-7)

1. **PORTARRETRATOS** En la siguiente caja está envuelto un portarretratos. Redondeando a la media pulgada más cercana, ¿qué tamaño puede tener el marco? (Lección 6-1)

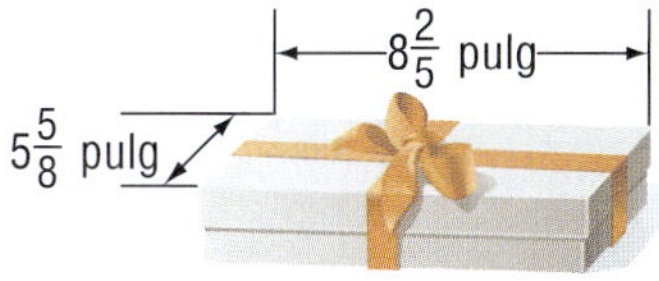


2. **CULINARIA** Una receta de lasaña requiere $1\frac{2}{3}$ tazas de queso. ¿Deberías comprar un paquete de queso que contiene $1\frac{1}{2}$ tazas ó 2 tazas de queso? (Lección 6-1)

3. **BEBIDAS** La tabla muestra la cantidad de refresco de jengibre que se necesita para dos tipos de ponche. ¿Qué cantidad de refresco de jengibre se necesita para hacer ambos tipos de ponche? (Lección 6-2)

| Refresco de jengibre necesario | |
|---|---|
| Receta | Refresco de jengibre (tz) |
| A | $5\frac{1}{3}$ |
| B | $\frac{3}{4}$ |

4. **COSTURA** Para hacer un disfraz, Trina necesita $15\frac{3}{4}$ pulgadas de cinta para la falda y $7\frac{3}{8}$ pulgadas de cinta para la blusa. Calcula la cantidad total de cinta que se necesita para hacer el disfraz. (Lección 6-2)

5. **CAFÉ** Una cafetera estaba $\frac{7}{8}$ llena al inicio del día. Al final del día, la cafetera estaba solamente $\frac{1}{8}$ llena. ¿Cuánto café se consumió durante el día? (Lección 6-3)

6. **ESCUELA** De los alumnos de una clase, $\frac{5}{16}$ entregaron su informe el lunes y, $\frac{7}{16}$ lo entregaron el martes. ¿Qué fracción de la clase terminó su trabajo después de dos días? (Lección 6-3)

7. **MEDICIÓN** ¿Cuánto más es $\frac{2}{3}$ de libra que $\frac{1}{2}$ libra? (Lección 6-4)

8. **ACCIONES** La tabla siguiente muestra los aumentos de las acciones de Kyle. ¿De cuánto fue el aumento total en estos dos días? (Lección 6-4)

| Aumentos de las acciones de Kyle | |
|---|---|
| Día | Aumento |
| Lunes | $\frac{9}{16}$ |
| Martes | $\frac{3}{4}$ |

9. **QUÍMICA** Un químico tiene $\frac{3}{4}$ de cuartos de una solución. El químico usa $\frac{1}{5}$ de cuartos de la solución. ¿Cuánto queda de la solución? (Lección 6-4)

10. **REPARACIONES** Un plomero reparó dos lavabos en un apartamento. El primer trabajo le tomó $1\frac{1}{3}$ horas y el segundo le tomó $2\frac{3}{4}$ horas. ¿Cuánto tiempo le tomó al plomero reparar ambos lavabos? (Lección 6-5)

11. **CARPINTERÍA** Daniela compró $5\frac{5}{16}$ libras de clavos. Ella usó $3\frac{5}{8}$ libras en sus proyectos de carpintería. ¿Cuántas libras de clavos le sobraron? (Lección 6-5)

12. **BANCOS** La siguiente tabla muestra las tasas de interés anunciadas por tres bancos diferentes para una hipoteca de 30 años a una tasa fija. Calcula la diferencia entre la tasa máxima y mínima. (Lección 6-6)

| Tasas de interés fijo para una hipoteca de 30 años | |
|---|---|
| Banco | Tasa de interés |
| A | $7\frac{1}{4}\%$ |
| B | $6\frac{3}{5}\%$ |
| C | $6\frac{5}{6}\%$ |

13. **ALIMENTOS** Wendy compró $3\frac{2}{5}$ libras de pretzels. Ella los compartió con sus amigos y todos juntos se comieron $2\frac{5}{8}$ libras de los pretzels. ¿Cuánto sobró? (Lección 6-6)

1. **ALFOMBRAS** Seth va a comprar una alfombra para su sótano. Las dimensiones del cuarto se muestran a continuación. ¿Cuánta alfombra necesitará comprar? (Lección 7-1)

2. **COSTURA** Ayana va a hacer una colcha que medirá $4\frac{1}{3}$ pies por $2\frac{6}{7}$ pies. Aproximadamente, ¿cuánta tela necesitará para hacer la colcha? (Lección 7-1)

3. **CARROS** De acuerdo con una encuesta, $\frac{2}{5}$ de las personas prefieren los autos oscuros. De estas personas que prefieren los autos oscuros, $\frac{1}{3}$ prefieren los autos de dos puertas. ¿Qué fracción de las personas encuestadas preferirían un auto oscuro de dos puertas? (Lección 7-2)

4. **ESCUELA** En la escuela intermedia Glen, $\frac{3}{8}$ de los alumnos participaron en actividades extracurriculares. De 256 alumnos, ¿cuántos puede esperarse que participen en actividades extracurriculares? (Lección 7-2)

5. **TRENES** Supón que estás construyendo un modelo que es $\frac{1}{12}$ del tamaño del tren que se muestra. ¿Cuál será la longitud del modelo? (Lección 7-3)

6. **CULINARIA** Una receta de galletas requiere de $3\frac{3}{8}$ tazas de azúcar. Tami quiere hacer $1\frac{1}{2}$ veces la receta. ¿Cuánto azúcar necesitará Tami? (Lección 7-3)

7. **GEOMETRÍA** ¿Cuál es el área de un rectángulo con una altura de $4\frac{4}{5}$ unidades y un ancho de $2\frac{1}{8}$? (Lección 7-3)

8. **CARPINTERÍA** La tabla de madera siguiente se cortará en piezas de $\frac{1}{4}$ de pie cada una. ¿Cuántas secciones pueden cortarse? (Lección 7-4)

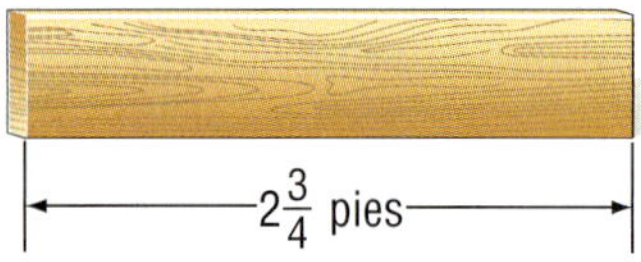


9. **MERIENDAS** Mika compró $\frac{3}{4}$ de libra de maní y los dividió equitativamente entre 5 amigos. Calcula la cantidad de maní que le tocó a cada amigo. (Lección 7-4)

10. **PAISAJES** A continuación se muestran las dimensiones de un jardín. Se colocarán rocas decorativas, que miden $\frac{5}{8}$ de pie de ancho, a lo largo de una de las bases del rectángulo que forma el jardín. ¿Cuántas rocas se necesitarán? (Lección 7-5)

11. **BOTES** En un viaje de pesca reciente, un bote viajó $53\frac{5}{8}$ millas en $2\frac{3}{4}$ horas. ¿Cuántas millas por hora promedió el bote? (Lección 7-5)

12. **VENTAS** El anuncio para una rebaja en una tienda de esquís incluye la siguiente información.

| Rebajas en Ski Shop | |
|---|---|
| **Días desde el inicio de las rebajas** | **Descuento en la mercancía** |
| 1 | 4% |
| 2 | 7% |
| 3 | 10% |
| 4 | 13% |
| 5 | ? |
| 6 | ? |

Calcula el porcentaje de descuento en la mercancía para los días 5 y 6 de la rebaja. (Lección 7-6)

1. **CAMINATAS** Delmar camina sobre una acera que tiene su punto más alto a una altitud de 5 millas sobre el nivel del mar. Escribe este número como un entero. (Lección 8-1)

2. **BANCOS** Alicia se ha sobregirado su cuenta bancaria en $12. Escribe su saldo como un entero. (Lección 8-1)

3. **GEOGRAFÍA** La tabla siguiente enumera las temperaturas mínimas récord para cinco estados. Ordena estas temperaturas de menor a mayor. (Lección 8-1)

**Temperaturas mínimas récord**

| Estado | Temperatura mínima (°F) |
|---|---|
| South Carolina | −19 |
| Texas | −23 |
| Alabama | −27 |
| Florida | −2 |
| Michigan | −51 |

**Fuente:** *The World Almanac*

4. **EL TIEMPO** La temperatura aumentó 14 grados entre el mediodía y las 5:00 P.M. y bajó 6 grados entre las 5:00 P.M. y las 9:00 P.M. Calcula la temperatura a las 9:00 P.M. si la temperatura al mediodía fue de 68°F. (Lección 8-2)

5. **NEGOCIOS** La tabla muestra los resultados para las operaciones de una compañía durante un período de tres meses. Calcula la utilidad o pérdida neta de la compañía durante este período de tiempo. (Lección 8-2)

| Mes | Utilidad | Pérdida |
|---|---|---|
| Abril | | $15,000 |
| Mayo | $19,000 | |
| Junio | | $12,000 |

6. **CICLISMO** Stacy desciende en bicicleta desde una altitud de 2,500 pies sobre el nivel del mar a 1,300 pies sobre el nivel del mar. ¿Qué distancia descendió Stacy? (Lección 8-3)

7. **TEMPERATURA** Calcula la diferencia en temperatura entre 41°F durante el día en Anchorage, Alaska y –27°F durante la noche. (Lección 8-3)

8. **FÚTBOL AMERICANO** El equipo de fútbol americano de Riverdale perdió 4 yardas en cada una de tres jugadas consecutivas. Escribe el entero que representa el total de yardas perdidas. (Lección 8-4)

9. **CINE** La asistencia a un teatro de cine local disminuye en 12 personas cada mes. Supón que este patrón continúa durante 6 meses. Escribe el entero que representa la pérdida de asistencia al cine. (Lección 8-4)

10. **VOLAR** Un avión que aterriza desciende 21,000 pies en 7 minutos. Escribe el entero que representa el descenso promedio por minuto. (Lección 8-5)

11. **CASTIGOS** Un equipo de fútbol es penalizado con un total de 20 yardas en 4 jugadas. Si el equipo fuera penalizado con igual número de yardas en cada jugada, escribe el entero que representa las yardas penalizadas en cada jugada. (Lección 8-5)

**DINERO Para los ejercicios 12 y 13, usa la siguiente información.**
Latisha gana $3 por hora cuidando niños. La expresión $3x$ representa la cantidad total que gana donde $x$ es el número de horas que trabaja. (Lección 8-6)

12. Copia y completa la tabla siguiente para encontrar los pares ordenados (horas, cantidad total ganada) para 1, 2, 3 y 4 horas.

| $x$ (horas) | $3x$ | $y$ (cantidad ganada) | $(x, y)$ |
|---|---|---|---|
| 1 | | | |
| 2 | | | |
| 3 | | | |
| 4 | | | |

13. Grafica los pares ordenados. Luego, describe la gráfica.

14. **CULINARIA** Si Berto cocina un panqueque en 4 minutos, entonces $4p$ representa el tiempo total donde $p$ es en número de panqueques. Escribe los pares ordenados (número de panqueques , tiempo total) para 0, 1, 2, 3 y 4 panqueques.

Solución de problemas mixtos

## Capítulo 9 Álgebra: Solución de ecuaciones

(páginas 330–375)

1. **CINE** Usa la tabla que se muestra para calcular el costo para 5 adultos que van al cine y cada uno compra una caja de palomitas y un refresco. (Lección 9-1)

| Costos del cine | |
|---|---|
| **Artículo** | **Costo** |
| boleto | $7 |
| palomitas | $2 |
| refresco | $2 |

2. **LIBROS** Julisa compra 5 libros de pasta gruesa y 5 en rústica. Usa la tabla que se muestra para calcular la cantidad total que se gasta sin incluir el impuesto. (Lección 9-1)

| Rebaja de libros | |
|---|---|
| **Categoría de libro** | **Costo** |
| pasta gruesa | $12 |
| en rústica | $7 |

3. **CARPINTERÍA** Una tabla que mide 19 metros de longitud se corta en dos piezas. La pieza más corta mide 7 metros. Escribe y resuelve una ecuación para calcular la longitud de la pieza más larga. (Lección 9-2)

4. **BANCOS** Sean retiró $55 de su cuenta bancaria. El saldo de la cuenta después del retiro fue de $123. Escribe y resuelve una ecuación para calcular el saldo de la cuenta bancaria antes del retiro. (Lección 9-3)

5. **EL TIEMPO** Al entrar un frente frío a la ciudad, la temperatura bajó 21°F. La temperatura después de que entrara el frente frío era de 36°F. Escribe y resuelve una ecuación para calcular la temperatura antes de que el frente frío entrara a la ciudad. (Lección 9-3)

6. **ESCUELA** El número de preguntas que Juan contestó correctamente en una prueba es el doble de las que Ryan contestó correctamente. Juan contestó correctamente 20 preguntas. Escribe una ecuación de multiplicación que pueda usarse para calcular cuántas preguntas contestó Ryan correctamente. (Lección 9-4)

7. **EDAD** La madre de Kari es 3 veces mayor que Kari. Si la madre de Kari tiene 39, ¿cuál es la edad de Kari? (Lección 9-4)

8. **GEOMETRIA** El área del siguiente rectángulo es de 96 pulgadas cuadradas y la longitud es de 16 pulgadas. Escribe y resuelve una ecuación para calcular el ancho del rectángulo. (Lección 9-4)

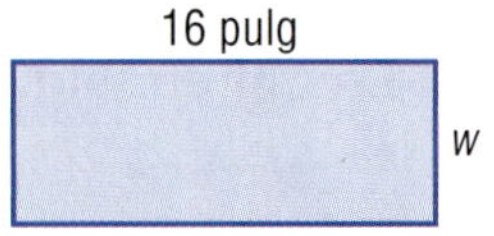


9. **BOLICHE** Malyn y tres de sus amigas fueron al boliche. El costo por juego fue de $4 por persona. Una de las amigas de Malyn tenía sus propios zapatos de boliche, pero el resto tuvo que alquilar zapatos. Si gastaron un total de $22 en un juego, ¿cuánto costó alquilar un par de zapatos? (Lección 9-5)

10. **SENTIDO NUMÉRICO** Ocho más tres veces un número es veintiséis. Calcula el número. (Lección 9-5)

11. **GEOMETRÍA** El ancho de un rectángulo es de 18 pulgadas. Calcula la longitud si el perímetro del rectángulo mide 58 pulgadas. (Lección 9-5)

**RECAUDACIÓN DE FONDOS Para los ejercicios 12 y 13, usa la siguiente información.**
La coral escolar vende camisetas y sudaderas para recaudar fondos para una caridad local. El costo de cada artículo se muestra a continuación. (Lección 9-6)

12. Escribe una regla de funciones que represente el precio total de venta de camisetas $t$ y sudaderas $s$.

13. ¿Cuál sería la cantidad total recaudada si se venden 9 camisetas y 6 sudaderas?

**EMPLEOS Para los ejercicios 14 y 15, usa la siguiente información.**
Cory trabaja en un restaurante de comida rápida. Gana $5 por hora y debe pagar $15 por el uniforme con su primer pago. (Lección 9-7)

14. Escribe una regla de funciones que represente las ganancias de Cory de su primer cheque de pago.

15. Grafica la función en un plano de coordenadas.

## Capítulo 10 Razón, proporción y porcentajes

(páginas 378–423)

1. **MERIENDAS** Una bolsa de papas fritas de 16 onzas cuesta $2.08 y una bolsa de 40 onzas cuesta $4.40. ¿Qué bolsa cuesta menos por onza? (Lección 10-1)

2. **NATURALEZA** Escribe una razón que compare el número de hojas con el número de bellotas. (Lección 10-1)

3. **DEPORTES** La tabla muestra los deportes favoritos de un pequeño grupo de alumnos de la escuela intermedia South. Supón que hay 400 alumnos en la escuela. ¿Cuántos de los alumnos se puede esperar que prefieran el fútbol americano? (Lección 10-2)

| Preferencia de deporte | |
|---|---|
| **Deporte favorito** | **Alumnos** |
| béisbol | 6 |
| baloncesto | 5 |
| fútbol americano | 9 |
| hockey | 5 |

4. **AVIONES** El modelo de un avión mide 12 pulgadas de largo. Si el modelo tiene una escala de 1 pulgada = 5 pies, ¿cuál es la longitud real del avión? (Lección 10-3)

5. **CASAS** El ancho real de un lote en el cual se construirá una nueva casa es de 99 pies. El plano del lote realizado por un arquitecto tiene una escala de 2 pulgadas = 9 pies. ¿Cuál es el ancho del lote en el plano? (Lección 10-3)

6. **COMPRAS** De acuerdo con una encuesta, el 29% de las personas realizan la mayor parte de sus compras de fin de año en línea. Haz un modelo que muestre el 29%. (Lección 10-4)

7. **ALIMENTOS** Tamyra y sus amigos se comieron el 40% de una pizza. Pablo y sus amigos se comieron el 35% de una pizza. Haz un modelo que muestre quién comió más pizza. (Lección 10-4)

**ESCUELA** **Para los ejercicios 8 y 9, usa la siguiente información y la tabla siguientes.** La tabla siguiente muestra el número de veces que Ben ha llegado a tiempo a la escuela y el número de veces que ha llegado tarde durante el mes pasado. (Lección 10-5)

| A tiempo | Tarde |
|---|---|
| 17 | 3 |

8. ¿Qué porcentaje de las veces ha llegado tarde Ben?

9. ¿Cuál es la fracción de días que Ben ha llegado a tiempo?

10. **BANCOS** Un banco local anuncia un préstamo de valor líquido de casas a una tasa de interés de 0.1275. Expresa esta tasa de interés como un porcentaje. (Lección 10-6)

11. **ESQUIAR** Mateo quiere comprar esquís nuevos. Él encuentra un par de esquís que normalmente cuestan $380. Los esquís tienen un 20% de descuento. Calcula la cantidad que Mateo se ahorrará si compra los esquís durante la oferta. (Lección 10-7)

12. **BÉISBOL** La asistencia a los juegos de béisbol de la universidad durante la temporada 2002 fue del 145% de la asistencia durante la temporada del 2001. Si el total de asistencia durante la temporada 2001 fue de 700, calcula la asistencia total durante la temporada 2002. (Lección 10-7)

13. **ALIMENTOS** ¿Más o menos qué porcentaje de los huevos se ha usado? (Lección 10-8)

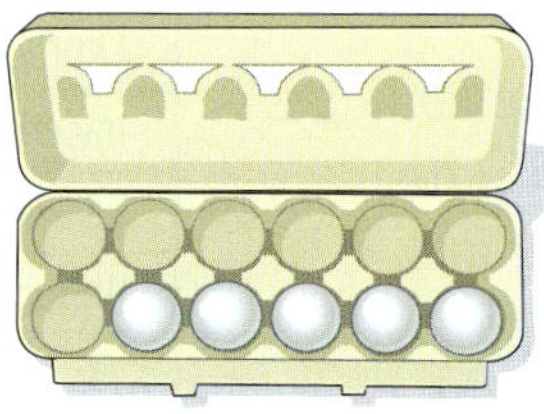

14. **MESADAS** Según una encuesta, el 58% de todos los adolescentes recibe una mesada semanal por hacer quehaceres. Estima cuántos adolescentes de 453 recibirían una mesada semanal por realizar quehaceres. (Lección 10-8)

**JUEGOS Para los ejercicios 1 al 3, usa la siguiente información.**
Para ganar un premio en un carnaval, un jugador debe elegir de una caja y, sin mirar, una bolsa verde rellena. (Lección 11-1)

1. ¿Cuál es la probabilidad de elegir una bolsa amarilla?
2. Calcula la probabilidad de seleccionar una bolsa azul.
3. ¿Cuál es la probabilidad de seleccionar una bolsa verde?

**HELADOS Para los ejercicios 4 y 5, usa el menú que se muestra.** (Lección 11-2)

4. ¿De cuántas maneras diferentes puedes pedir un helado, un coronado y nueces?
5. Calcula la probabilidad de que una persona seleccione aleatoriamente helado de vainilla con chocolate derretido y pacanas.

**ESTACIONES Para los ejercicios 6 al 9, usa la tabla que muestra los resultados de una encuesta.** (Lección 11-3)

**Encuesta de la estación favorita**

| Estación | Alumnos |
|---|---|
| Otoño | 4 |
| Invierno | 7 |
| Verano | 9 |
| Primavera | 5 |

6. Calcula la probabilidad de que un alumno prefiera el verano.
7. ¿Cuál es la probabilidad de que un alumno prefiera el invierno?
8. Hay 425 alumnos en la escuela en la que se realizó la encuesta. Predice cuántos alumnos prefieren el otoño.
9. Supón que hay 500 alumnos en la escuela. ¿Cuántos alumnos puede esperarse que prefieran la primavera?

**JUEGOS Para los ejercicios 10 al 12, usa la siguiente información y el tablero de dardos.**
Para ganar un premio, un dardo debe caer en los colores rojo, azul o amarillo del tablero que se muestra. Es equiprobable que el dardo caiga en cualquier lado del tablero. (Lección 11-4)

10. ¿Cuál es la probabilidad de ganar un premio?
11. Predice cuántas veces caerá un dardo en rojo, azul o amarillo si se lanza 20 veces.
12. Predice cuántas veces caerá un dardo en rojo, azul o amarillo si se lanza 150 veces.

**PALETAS Para los ejercicios 13 y 14, usa la siguiente información y la tabla que muestra el porcentaje de cada sabor de paletas en una bolsa.**
Una paleta se elige sin mirar y se devuelve. Luego, se elige otra paleta. (Lección 11-5)

**Sabores de paletas en una bolsa**

| Sabor | Porcentaje |
|---|---|
| fresa | 40% |
| uva | 25% |
| naranja | 30% |
| limón | 5% |

13. Calcula la probabilidad de elegir fresa y limón.
14. ¿Cuál es la probabilidad de elegir fresa y no naranja?

**CAMIONES DE BOMBEROS Para los ejercicios 15 y 16, usa la siguiente información.**
La probabilidad de que el camión de bomberos A esté disponible para responder a una llamada de emergencia es de un 94%. La probabilidad de que el camión de bomberos B esté disponible es de un 96%. Los dos camiones operan independientemente. (Lección 11-5)

15. Calcula la probabilidad de que ambos camiones estén disponibles para la misma emergencia.
16. ¿Cuál es la probabilidad de que ninguno de los dos camiones esté disponible para la misma emergencia?

1. **NATACIÓN** La piscina de un centro comunitario mide 8 pies de profundidad. Calcula la altura de la piscina en yardas. (Lección 12-1)

2. **MUEBLES** La longitud de un escritorio es de 48 pulgadas. ¿Cuál es la medida de la longitud del escritorio en pies? (Lección 12-1)

3. **MECANOGRAFÍA** Mide la longitud de la tecla del teclado que se muestra, redondea a la media pulgada, al cuarto de pulgada y al octavo de pulgada más cercanos. (Lección 12-1)

4. **ANIMALES** Un elefante macho adulto puede pesar hasta 7 toneladas. ¿A cuántas libras equivale esto? (Lección 12-2)

5. **HORNEAR** Una receta para un pastel esponjoso requiere una pinta de leche. ¿Cuántas onzas fluidas de leche se necesitarán para esta receta? (Lección 12-2)

6. **MERIENDAS** Basándote en los datos que se muestran a continuación, ¿cuántas onzas hay en cada porción de papas fritas? (Lección 12-2)

7. **VIAJES** Kenji piensa viajar de Cincinnati, Ohio a Miami, Florida. ¿Cuándo estima la distancia, debe ser preciso hasta el centímetro, el metro o el kilómetro más cercano? (Lección 12-3)

8. **ARQUITECTURA** Los planos de un arquitecto para una casa nueva muestran el grosor a usarse en las puertas de cada habitación. ¿Qué unidad métrica de longitud es más apropiada para medir el grosor de las puertas? (Lección 12-3)

9. **ALIMENTOS** La mostaza viene en recipientes de 397 gramos o de 0.34 kg. ¿Qué recipiente es más pequeño? (Lección 12-4)

10. **COMPRAS** Una tienda de abarrotes vende jugo de manzanas en botellas de 1.24 litros y de 685 mililitros. ¿Qué botella es más grande? (Lección 12-4)

11. **HORNEAR** La tabla muestra los ingredientes secos que lleva una receta de galletas de chispas de chocolate. ¿Es mayor o menor de un kilogramo la cantidad total de ingredientes secos? (Lección 12-4)

| Galletas de chispas de chocolate |
|---|
| 20 gramos de polvo para hornear |
| 10 gramos de sal |
| 175 gramos de harina |
| 100 gramos de azúcar |
| 100 gramos de azúcar morena |

12. **LIMPIEZA** Una botella de limpiador casero contiene 651 mililitros. ¿Cuántos litros contiene la botella? (Lección 12-5)

13. **NATACIÓN** Como parte de una sesión práctica para su equipo de natación, Opal nada 24,000 centímetros de pecho. Escribe esta distancia en metros. (Lección 12-5)

14. **AUTOMÓVILES** Diego quiere comprar un vehículo utilitario deportivo nuevo que se anuncia diciendo que pesa 2,500 kilogramos. ¿Cuál es el peso en gramos? (Lección 12-5)

15. **TAREAS** Jerome invierte 2 horas y 20 minutos en sus tareas, después de clases. Si empieza a trabajar a las 3:45 P.M., ¿a qué hora terminará sus tareas? (Lección 12-6)

16. **CARRERAS** Una carrera de veleros empieza a las 9:35 A.M. y el primer bote cruza la línea final a las 11:12 A.M. Calcula el tiempo que tardó el velero ganador. (Lección 12-6)

17. **BÉISBOL** Usa la información de la derecha. ¿Cuánto más duró el juego de béisbol de los Sharks que el de los Cardinals? (Lección 12-6)

**Duración de juegos de béisbol**

| Equipo | Tiempo |
|---|---|
| Cougars | 2 h 30 min |
| Sharks | 3 h 15 min |
| Cardinals | 2 h 58 min |

1. **VENTANAS** Los planos para una casa nueva presentan varias ventanas con las formas que se muestran. Clasifica el ángulo de la ventana como *agudo*, *obtuso*, *recto* o *llano*. (Lección 13-1)

2. **ÁLGEBRA** Si $m\angle A = 118°$ y $\angle A$ y $\angle B$ son ángulos suplementarios, ¿cuál es $m\angle B$? (Lección 13-1)

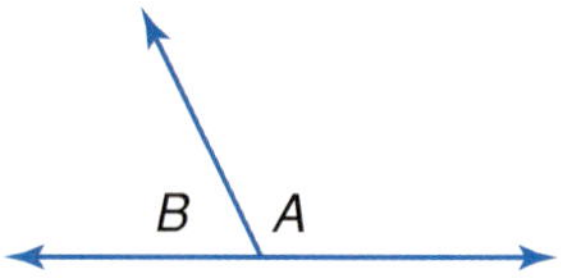


3. **ÁLGEBRA** Los ángulos $M$ y $N$ son ángulos complementarios. Calcula $m\angle N$ si $m\angle M = 62°$. (Lección 13-1)

4. **RELOJES** Estima la medida del ángulo formado por las manecillas del reloj cuando son las 3:35 P.M. (Lección 13-2)

5. **COLCHAS** Un patrón de colcha utiliza retazos de tela cortados en forma de triángulo con un ángulo de 35°. Usa un transportador y una regla para dibujar un ángulo con esta medida. (Lección 13-2)

6. **CARPINTERÍA** Para construir un librero, una pieza de madera de 13 pies se tiene que bisecar. ¿Cuál será el tamaño de cada segmento? (Lección 13-3)

7. **HORNEAR** Sue prepara una torta de cumpleaños para un amigo. La torta será una mariquita cuando esté terminada. Para formar las alas de la mariquita, Sue tiene que cortar una cuña de 100° de una torta circular y luego bisecar la cuña para crear dos alas del mismo tamaño. ¿Cuál será la medida del ángulo de cada ala? (Lección 13-3)

8. **PISOS** Iván está instalando un nuevo piso de baldosas. Los baldosas que usa tienen forma de octágono regular. Si el perímetro de cada baldosa es de 72 pulgadas, ¿cuánto mide cada lado? (Lección 13-4)

9. **TIENDAS DE CAMPAÑA** El frente de una tienda de campaña tiene forma de triángulo equilátero. Si el perímetro es de 147 pulgadas, ¿cuánto mide de largo cada lado de la tienda? (Lección 13-4)

10. **PISCINAS** Se construirá una piscina en un centro comunitario. La forma de la piscina se muestra a continuación. Identifica el polígono y luego menciona si parece ser un polígono regular. (Lección 13-4)

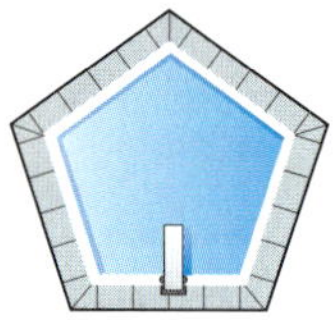

11. **DEPORTES** ¿Cuántos ejes de simetría tiene el bate de béisbol que se muestra? (Lección 13-5)

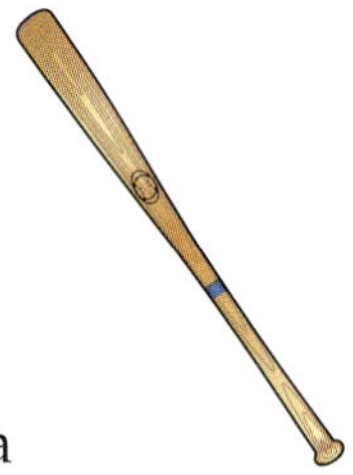

12. **EN LA ESCUELA** ¿Tiene simetría rotacional la piña de un pino? (Lección 13-5)

13. **MAPAS** En dos mapas de distinto tamaño, el parque de la ciudad se muestra usando las dos figuras a continuación. Indica si el par de figuras es *congruente*, *semejante* o *ninguna* de las dos. (Lección 13-6)

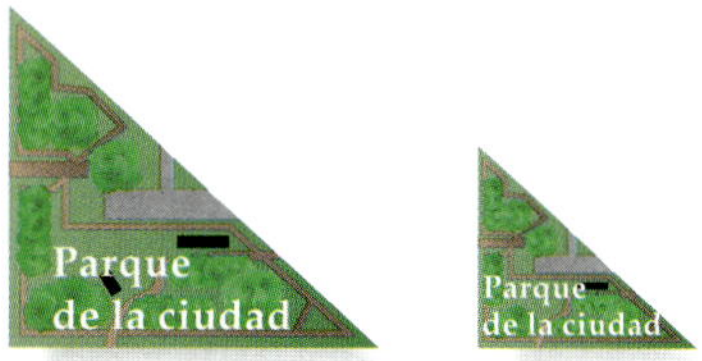


14. **JARDINERÍA** Jessica trabaja en dos áreas de jardín distintas. La primera área tiene forma rectangular con una longitud de 10 pies y un ancho de 6 pies. La segunda área tiene forma de cuadrado, con lados de 6 pies. Indica si los terrenos de estos dos jardines son *congruentes*, *semejantes* o *ninguno de los dos*. (Lección 13-6)

**PINTAR Para los ejercicios 1 y 2, usa la siguiente información.**
Van pintará una pared de su casa. La pared tiene forma de paralelogramo con una base de 8 pies y una altura de 15 pies. (Lección 14-1)

1. ¿Cuál es el área de la pared?
2. Si un cuarto de galón de pintura cubre 70 pies cuadrados, ¿cuántos cuartos de pintura necesita comprar Van?

3. **COSTURA** Marcie usa retazos de tela, como los que se muestran a continuación, para hacer un mantel. Calcula el área de cada retazo. (Lección 14-1)

4. **MEDICIÓN** ¿Cuántos pies cuadrados hay en 5 yardas cuadradas? (Lección 14-1)

5. **TERRENOS** Antoine va a comprar un terreno en el que piensa construir una casa. El terreno tiene forma de triángulo con una base de 96 pies y una altura de 192 pies. Calcula el área del terreno. (Lección 14-2)

6. **HISTORIA** Alex está haciendo una cometa como la que se muestra. ¿Cuál será el área de la cometa? (Lección 14-2)

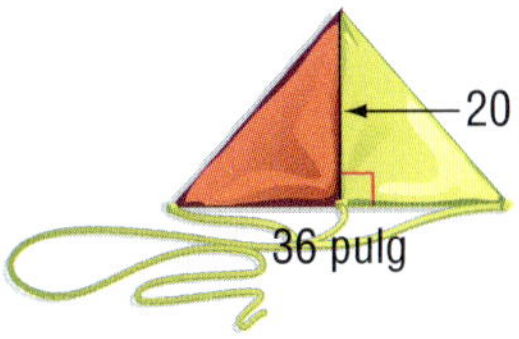


7. **PISCINAS** Una piscina circular tiene un diámetro de 22 pies. ¿Cuál es el área del fondo de la piscina redondeada en décimas? (Lección 14-3)

8. **ALFARERÍA** Benito hace un florero que tiene una base circular con un radio de $3\frac{1}{2}$pulgadas. Calcula el área de la base redondeada en décimas. (Lección 14-3)

9. **MONTAÑAS** Supón que una montaña es circular y tiene un diámetro de 4.2 kilómetros. ¿Más o menos cuánto terreno cubre la montaña? (Lección 14-3)

10. **ALIMENTOS** Identifica la figura que representa una caja de cereal. (Lección 14-4)

11. **BLOQUES** La siguiente figura es una de las formas que se encuentran en un conjunto de bloques de madera para construcción. Identifica la figura. (Lección 14-4)

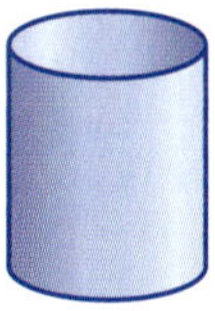

12. **CAJA DE JUGUETES** Jamila recibió una caja de juguetes como la que se muestra, para su cumpleaños. ¿Cuál es el volumen de la caja? (Lección 14-5)

13. **MULTI-PASO** Una caja tiene una longitud de 8.5 pies, un ancho de 5 pies y una altura de 6 pies. Calcula el volumen de la caja si la altura se aumenta en un 50%. (Lección 14-5)

14. **EMPAQUES** Calcula el volumen de la caja de pasta que se muestra a continuación. (Lección 14-5)

15. **ENVOLTURA DE REGALOS** Olivia coloca un regalo dentro de una caja que mide 15 centímetros por 8 centímetros por 3 centímetros. ¿Cuál es el área de superficie de la caja? (Lección 14-6)

16. **CONSTRUCCIÓN** Calcula el área superficial del siguiente bloque de concreto. (Lección 14-6)

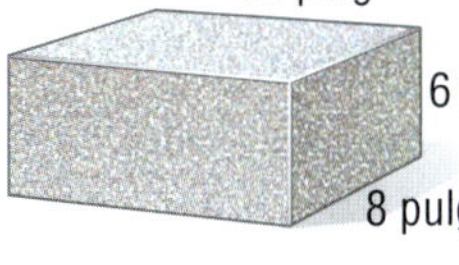

# Glosario/Glossary

**Cómo usar el glosario en inglés:**

1. Busca el término en español que desees encontrar.
2. El término en inglés, junto con la definición, se encuentran en la columna de la derecha.

## Español | English

## A

**agrupamiento** (pág. 117) Método de estimación en que un grupo de números cuyo valor está estrechamente relacionado, se redondean al mismo número.

**clustering** An estimation method in which a group of numbers close in value are rounded to the same number.

**al cubo** (pág. 18) El producto de un número multiplicado por sí mismo, tres veces. Dos al cubo es 8 porque $2 \times 2 \times 2 = 8$.

**cubed** The 1 product in which a number is a factor three times. Two cubed is 8 because $2 \times 2 \times 2 = 8$.

**aleatorio** (pág. 438) Los resultados ocurren al azar si la posibilidad de ocurrir de cada resultado es equiprobable.

**random** Outcomes occur at random if each outcome is equally likely to occur.

**álgebra** (pág. 28) Lenguaje matemático que usa símbolos, por lo general, además de números. Las letras representan números desconocidos.

**algebra** A mathematical language that uses symbols, usually letters, along with numbers. The letters stand for numbers that are unknown.

**altura** (pág. 546) La distancia más corta desde la base de un paralelogramo hasta su lado opuesto.

**height** The shortest distance from the base of a parallelogram to its opposite side.

**ángulo** (pág. 506) Dos rayos con un extremo común forman un ángulo.

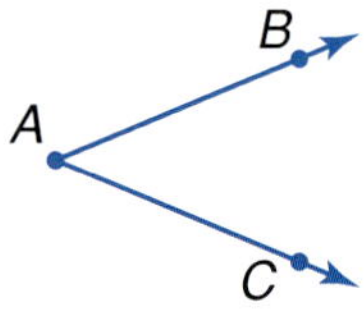


$\angle BAC$, $\angle CAB$ o $\angle A$

**angle** Two rays with a common endpoint form an angle.

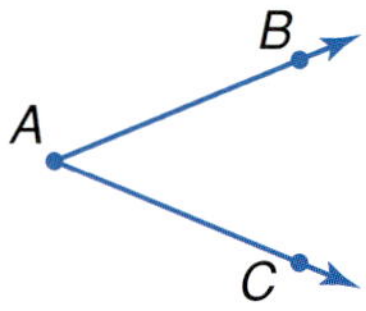


$\angle BAC$, $\angle CAB$, or $\angle A$

**ángulo agudo** (pág. 506) Ángulo que mide más de 0° y menos de 90°.

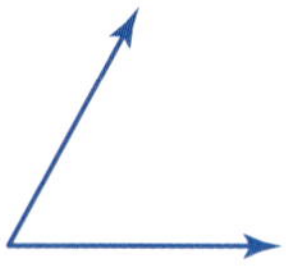

**acute angle** An angle with a measure greater than 0° and less than 90°.

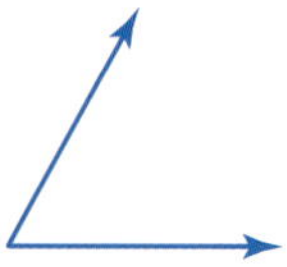

**ángulo llano** (pág. 506) Ángulo que mide exactamente 180°.

**straight angle** An angle that measures exactly 180°.

**ángulo obtuso** (pág. 506) Ángulo que mide más de 90° pero menos de 180°.

**obtuse angle** An angle that measures greater than 90° but less than 180°.

**ángulo recto** (pág. 506) Ángulo que mide 90°.

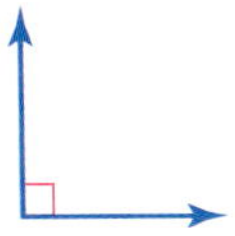

**right angle** An angle that measures 90°.

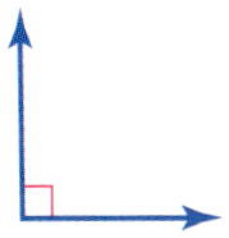

**ángulos complementarios** (pág. 507) Dos ángulos son complementarios si la suma de sus medidas es 90°.

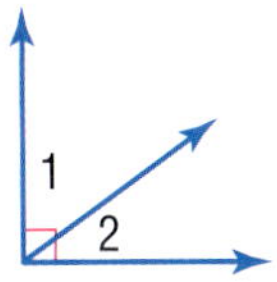


**complementary** Two angles are complementary if the sum of their measures is 90°.

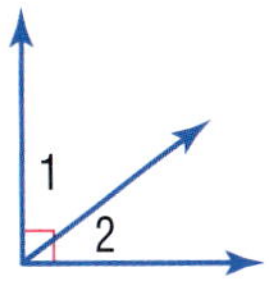


**ángulos suplementarios** (pág. 507) Dos ángulos son suplementarios si la suma de sus medidas es 180°.

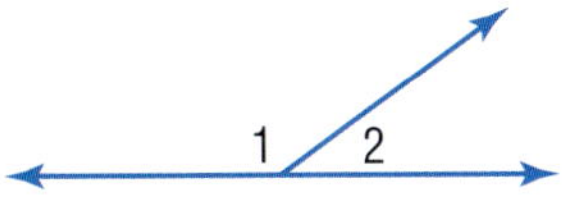


**supplementary** Two angles are supplementary if the sum of their measures is 180°.

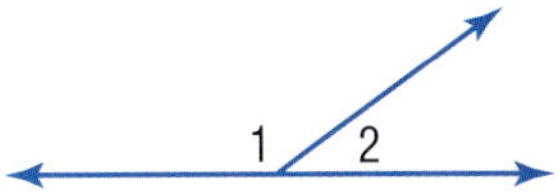


**área** (pág. 39) El número de unidades cuadradas necesarias para cubrir una superficie ocupada por una figura geométrica.

**area** The number of square units needed to cover the surface enclosed by a geometric figure.

**área de superficie** (pág. 575) La suma de las áreas de todas las superficies (caras) de una figura tridimensional.

**surface area** The sum of the areas of all the surfaces (faces) of a three-dimensional figure.

**arista** (pág. 564) La intersección de las caras de una figura tridimensional.

**edge** The intersection of faces of a three-dimensional figure.

## B

**base** (pág. 18) En una potencia, el número usado como factor. En 103, la base es 10. Es decir, $10^3 = 10 \times 10 \times 10$.

**base** In a power, the number used as a factor. In 103, the base is 10. That is, $10^3 = 10 \times 10 \times 10$.

**base** (pág. 546) Cualquier lado de un paralelogramo.

**base** Any side of a parallelogram.

**base** (pág. 564) Las caras superior e inferior en una figura tridimensional.

**base** The faces on the top and bottom of a three-dimensional figure.

**bisecar** (pág. 515) Separar algo en dos partes congruentes.

**bisect** To separate something into two congruent parts.

## C

**cara** (pág. 564) La superficie plana de una figura tridimensional.

**face** The flat surface of a three-dimensional figure.

**cara lateral** (pág. 564) Un lado de una figura tridimensional.

**lateral face** A side of a three-dimensional figure.

**centímetro** (pág. 476) Unidad métrica de longitud. Un centímetro es igual a la centésima parte de un metro.

**centimeter** A metric unit of length. One centimeter equals one-hundredth of a meter.

**centro** (pág. 161) Un punto dado del cual equidistan todos los puntos de un círculo o de una esfera.

**center** The given point from which all points on a circle or a sphere are the same distance.

**centro** (pág. 565) Un punto dado del cual equidistan todos los puntos de una esfera.

**center** The given point from which all points on a sphere are the same distance.

**cilindro** (pág. 565) Figura tridimensional compuesta de superficies curvas, dos bases circulares pero sin ningún vértice.

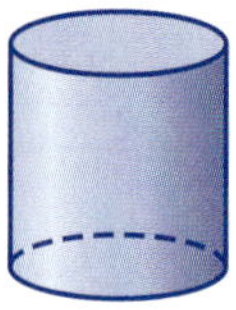

**círculo** (pág. 161) Conjunto de todos los puntos en un plano que equidistan de un punto dado llamado centro.

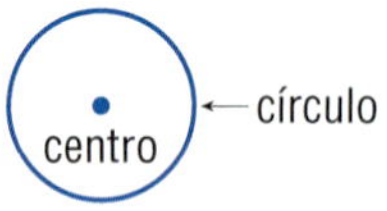


**circunferencia** (pág. 161) La distancia alrededor de un círculo.

**clave** (pág. 72) Punto de muestra de los datos que se usa para explicar los tallos y las hojas.

**coeficiente** (pág. 350) El factor numérico de un término que contiene una variable.

**congruente** (pág. 515) Que tiene la misma medida.

**cono** (pág. 565) Figura tridimensional con superficies curvas, una base circular y un vértice.

**coordenada *x*** (pág. 320) El primer número de un par ordenado.

**coordenada *y*** (pág. 320) El segundo número de un par ordenado.

**cuadrado** (pág. 523) Paralelogramo con todos los lados congruentes, todos los ángulos rectos y lados opuestos paralelos.

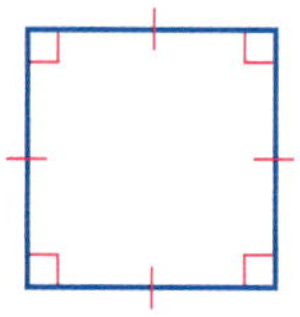

**cuadrado** (pág. 18) El producto de un número multiplicado por sí mismo, $4 \times 4$ ó $4^2$.

**cuadrantes** (pág. 320) Las cuatro regiones en que las dos rectas numéricas perpendiculares dividen un sistema de coordenadas.

**cuadrilátero** (pág. 522) Un polígono con cuatro lados.

**cuarto de galón** (p. 470) Unidad de capacidad del sistema inglés de medidas que equivale a dos pintas.

**cylinder** A three-dimensional figure with all curved surfaces, two circular bases and no vertices.

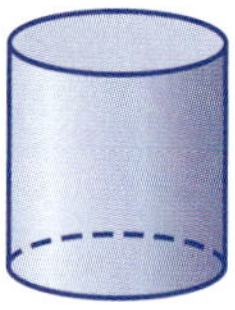

**circle** The set of all points in a plane that are the same distance from a given point called the center.

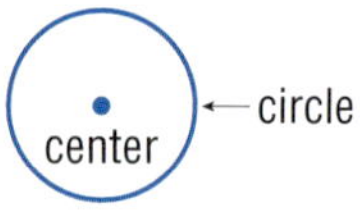


**circumference** The distance around a circle.

**key** A sample data point used to explain the stems and leaves.

**coefficient** The numerical factor of a term that contains a variable.

**congruent** Having the same measure.

**cone** A three-dimensional figure with curved surfaces, a circular base and one vertex.

***x*-coordinate** The first number of an ordered pair.

***y*-coordinate** The second number of an ordered pair.

**square** A parallelogram with all sides congruent, all angles right angles, and opposite sides parallel.

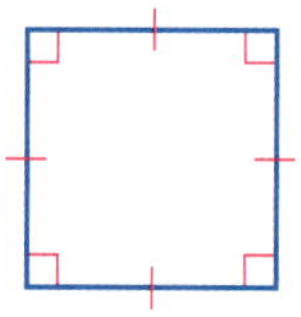

**squared** A number multiplied by itself, $4 \times 4$, or $4^2$.

**quadrants** The four regions into which the two perpendicular number lines of a coordinate system separate the plane.

**quadrilateral** A polygon with four sides.

**quart** A customary unit of capacity equal to two pints.

## D

**datos** (pág. 50) Información, con frecuencia numérica, que se recopila con fines estadísticos.

**decimal terminal** (pág. 206) Decimal cuyos dígitos terminan. Todo decimal terminal puede escribirse como una fracción con un denominador de 10, 100, 1000 y así sucesivamente.

**data** Information, often numerical, which is gathered for statistical purposes.

**terminating decimal** A decimal whose digits end. Every terminating decimal can be written as a fraction with a denominator of 10, 100, 1000, and so on.

**decimales equivalentes** (pág. 109) Decimales que representan el mismo número.

**decimales periódicos** (pág. 207) Decimal cuyos dígitos se repiten en grupos de uno o más. 0.181818… puede también escribirse como $0.\overline{18}$. La barra sobre los dígitos indica que esos dígitos se repiten.

**diagrama de árbol** (pág. 433) Diagrama que se usa para mostrar el número total de resultados posibles en un experimento probabilístico.

**diagrama de tallo y hojas** (pág. 72) Sistema que se usa para condensar un conjunto de datos y en el cual el mayor valor de posición de los datos forma el tallo y el siguiente valor de posición mayor forma las hojas.

**diagrama de Venn** (pág. 177) Diagrama que usa círculos para mostrar elementos de diferentes conjuntos. Círculos sobrepuestos indican elementos comunes.

**diámetro** (pág. 161) La distancia a través de un círculo pasando por el centro.

**dibujo a escala** (pág. 391) Dibujo que es semejante, pero más grande o más pequeño que el objeto real.

**divisible** (pág. 10) Se dice que un número entero es divisible entre otro si el residuo es cero cuando el primer número se divide entre el segundo.

**equivalent decimals** Decimals that name the same number.

**repeating decimal** A decimal whose digits repeat in groups of one or more. 0.181818… can also be written $0.\overline{18}$. The bar above the digits indicates those digits repeat.

**tree diagram** A diagram used to show the total number of possible outcomes in a probability experiment.

**stem-and-leaf plot** A system used to condense a set of data where the greatest place value of the data forms the stem and the next greatest place value forms the leaves.

**Venn diagram** A diagram which uses circles to display elements of different sets. Overlapping circles show common elements.

**diameter** The distance across a circle through its center.

**scale drawing** A drawing that is similar but either larger or smaller than the actual object.

**divisible** A whole number is said to be divisible by another number if the remainder is 0 when the first number is divided by the second.

## E

**ecuación** (pág. 34) Un enunciado matemático que contiene el signo de igualdad, =.

**ecuación de dos pasos** (pág. 355) Ecuación que contiene dos operaciones distintas.

**eje de simetría** (pág. 528) Recta que divide una figura en dos mitades que son reflexiones una de la otra.

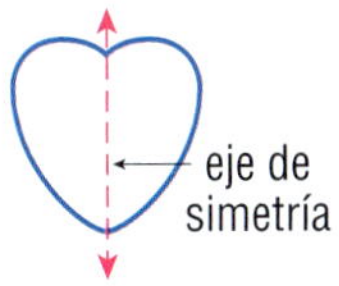


**eje horizontal** (pág. 56) El eje sobre el cual se muestran las categorías en una gráfica de barras o gráfica lineal.

**eje vertical** (pág. 56) Eje sobre el cual se muestran la escala y el intervalo en una gráfica de barras o en una gráfica lineal.

**eje *x*** (pág. 320) La recta horizontal de las dos rectas numéricas perpendiculares en un plano de coordenadas.

**eje *y*** (pág. 320) La recta vertical de las dos rectas numéricas perpendiculares en un plano de coordenadas.

**encuesta** (pág. 438) Pregunta o conjunto de preguntas diseñadas para recopilar datos sobre un grupo específico de individuos.

**equation** A mathematical sentence that contains an equals sign, =.

**two-step equation** An equation that has two different operations in it.

**line of symmetry** A line that divides a figure into two halves that are reflections of each other.

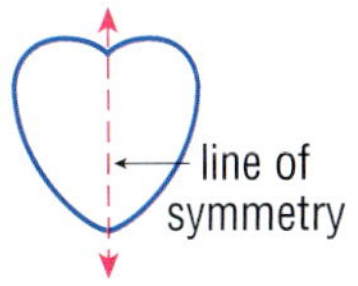


**horizontal axis** The axis on which the categories are shown in a bar and line graph.

**vertical axis** The axis on which the scale and interval are shown in a bar or line graph.

**x-axis** The horizontal line of the two perpendicular number lines in a coordinate plane.

**y-axis** The vertical line of the two perpendicular number lines in a coordinate plane.

**survey** A question or set of questions designed to collect data about a specific group of people.

**entero** (pág. 294) Los números enteros y sus opuestos. …, 23, 22, 21, 0, 1, 2, 3, …

**entero negativo** (pág. 294) Entero menor que cero.

**entero positivo** (pág. 294) Un entero mayor que cero.

**escala** (pág. 50) Conjunto de todos los posibles valores de una medida dada, el cual incluye los valores máximo y mínimo del conjunto, separados mediante los intervalos que se han usado.

**escala** (pág. 391) Razón que compara las medidas en un dibujo o modelo con las medidas del objeto real.

**esfera** (pág. 565) Figura tridimensional que carece de caras, bases, aristas o vértices. Todos sus puntos en el espacio equidistan de un punto dado llamado centro.

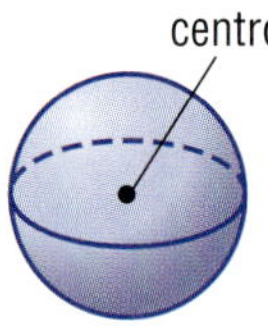


**espacio muestral** (pág. 433) Conjunto de todos los resultados posibles de un experimento probabilístico.

**estadística** (pág. 50) Estudio de la recopilación, análisis y presentación de datos.

**estimación por partes** (pág. 117) Método de estimación en que primero se suman o restan los dígitos del frente y a continuación se suman o restan los dígitos en el siguiente valor de posición.

**evaluar** (pág. 29) Calcular el valor de una expresión sustituyendo las variables por números.

**evento** (pág. 428) Resultado específico o tipo de resultado.

**eventos complementarios** (pág. 429) Dos eventos tales, que uno de ellos debe ocurrir, pero ambos no pueden ocurrir simultáneamente. La suma de sus probabilidades es 1.

**eventos independientes** (pág. 450) Dos o más eventos en los cuales el resultado de uno de ellos no afecta el resultado de los otros eventos.

**exponente** (pág. 18) En una potencia, el número de veces que la base se usa como factor. En $5^3$, el exponente es 3. Es decir, $5^3 = 5 \times 5 \times 5$.

**expresión algebraica** (pág. 28) Combinación de variables, números y, por lo menos, una operación.

**expresión numérica** (pág. 24) Una combinación de números y operaciones.

**integer** The whole numbers and their opposites. …, 23, 22, 21, 0, 1, 2, 3, …

**negative integer** An integer that is less than zero.

**positive integer** An integer that is greater than zero.

**scale** The set of all possible values of a given measurement, including the least and greatest numbers in the set, separated by the intervals used.

**scale** The ratio that compares the measurements on the drawing or model to the measurements of the real object.

**sphere** A three-dimensional figure with no faces, bases, edges, or vertices. All of its points are the same distance from a given point called the center.

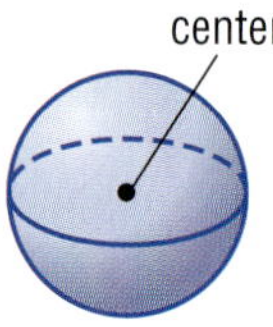


**sample space** The set of all possible outcomes in a probability experiment.

**statistics** The study of collecting, analyzing, and presenting data.

**front-end estimation** An estimation method in which the front digits are added or subtracted first, and then the digits in the next place value position are added or subtracted.

**evaluate** To find the value of an algebraic expression by replacing variables with numerals.

**event** A specific outcome or type of outcome.

**complementary events** Two events in which either one or the other must take place, but they cannot both happen at the same time. The sum of their probabilities is 1.

**independent events** Two or more events in which the outcome of one event does not affect the outcome(s) of the other event(s).

**exponent** In a power, the number of times the base is used as a factor. In $5^3$, the exponent is 3. That is, $5^3 = 5 \times 5 \times 5$.

**algebraic expression** A combination of variables, numbers, and at least one operation.

**numerical expression** A combination of numbers and operations.

## F

**factor** (pág. 14) Número que al dividirlo entre un número entero tiene un residuo de cero.

**factorización prima** (pág. 15) Un número compuesto expresado como el producto de números primos.

**factor** A number that divides into a whole number with a remainder of zero.

**prime factorization** A composite number expressed as a product of prime numbers.

**figura tridimensional**( pág. 534) Figura que ocupa parte del espacio.

**three-dimensional figure** A figure that encloses a part of space.

**figuras congruentes** (pág. 534) Figuras que tienen la misma forma y tamaño.

**congruent figures** Figures that are the same shape and size.

**figuras semejantes** (pág. 103) Figuras que tienen la misma forma, pero diferente tamaño.

**similar figures** Figures that have the same shape but different sizes.

**forma desarrollada** (pág. 103) La suma de los productos de cada dígito y el valor de posición del número.

**expanded form** The sum of the products of each digit and its place value of a number.

**forma estándar** (pág. 103) Números escritos sin exponentes.

**standard form** Numbers written without exponents.

**forma reducida** (pág. 183) La forma de una fracción MCD del numerador y del denominador es 1. La fracción $\frac{3}{4}$ está en forma reducida porque el MCD de 3 y 4 es 1.

**simplest form** The form of a fraction when the GCF of the numerator and the denominator is 1. The fraction $\frac{3}{4}$ is in simplest form because the GCF of 3 and 4 is 1.

**fórmula** (pág. 39) Ecuación que muestra una relación entre ciertas cantidades.

**formula** An equation that shows a relationship among certain quantities.

**fracción impropia** (pág. 186) Fracción cuyo numerador es mayor que o igual a su denominador. El valor de una fracción impropia es mayor que o igual a 1.

**improper fraction** A fraction that has a numerator that is greater than or equal to the denominator. The value of an improper fraction is greater than or equal to 1.

**fracciones equivalentes** (pág. 182) Fracciones que denominan el mismo número.

**equivalent fractions** Fractions that name the same number.

**fracciones semejantes** (pág. 228) Fracciones que tienen el mismo denominador.

**like fractions** Fractions with the same denominator.

**función** (pág. 362) Relación en que cada valos de entrada tiene exactamente un valor de salida, según una regla específica.

**function** A relation in which each element of the input is paired with exactly one element of the output according to a specified rule.

## G

**galón** (pág. 470) Unidad de capacidad del sistema inglés de medidas que equivale a 4 cuartos de galón.

**gallon** A customary unit of capacity equal to 4 quarts.

**grado** (pág. 506) La unidad más común para medir ángulos.

**degree** The most common unit of measure for angles.

**gráfica** (pág. 56) Manera visual de representar datos.

**graph** A visual way to display data.

**gráfica circular** (pág. 62) Tipo de gráfica estadística que se usa para comparar las partes de un todo. El círculo representa el todo y éste se separa en partes.

**circle graph** A graph used to compare parts of a whole. The circle represents the whole and is separated into parts of the whole.

**gráfica de barras** (pág. 56) Gráfica que usa barras para comparar cantidades. La altura o longitud de cada barra representa un número designado.

**bar graph** A graph using bars to compare quantities. The height or length of each bar represents a designated number.

**gráfica lineal** (pág. 56) Gráfica que se usa para mostrar cómo cambian los valores durante un período de tiempo.

**line graph** A graph used to show how a set of data changes over a period of time.

**graficar** (pág. 295) Para graficar un entero sobre una recta numérica, dibuja un punto en la ubicación de la recta numérica correspondiente al entero.

**graph** To graph an integer on a number line, draw a dot at the location on the number line that corresponds to the integer.

**gramo** (pág. 484) Unidad fundamental de masa del sistema métrico.

**gram** The basic unit of mass in the metric system.

## H

**heptágono** (pág. 522) Polígono de siete lados.

**heptagon** A polygon having seven sides.

**hexágono** (pág. 522) Polígono de seis lados.

**hojas** (pág. 72) El dígito de las unidades que se escribe a la derecha de la recta vertical en un diagrama de tallo y hojas.

**hora** (pág. 494) Unidad de tiempo de uso común. Hay 60 minutos en una hora y 24 horas en un día.

**hexagon** A polygon having six sides.

**leaves** The units digit written to the right of the vertical line in a stem-and-leaf plot.

**hour** A commonly used unit of time. There are 60 minutes in one hour and 24 hours in one day.

## I

**identidad aditiva** (pág. 334) La suma de cualquier número y 0 es el número mismo.

**identidad multiplicativa** (pág. 334) El producto de cualquier número y 1 es el número mismo.

**impar** (pág. 10) Número entero que no es divisible entre 2.

**intervalo** (pág. 50) La diferencia entre valores sucesivos de una escala.

**Additive Identity** The sum of any number and 0 is the number.

**Multiplicative Identity** The product of any number and 1 is the number.

**odd** A whole number that is not divisible by 2.

**interval** The difference between successive values on a scale.

## K

**kilogramo** (pág. 484) Unidad métrica de masa. Un kilogramo equivale a mil gramos.

**kilómetro** (pág. 476) Unidad métrica de longitud. Un kilómetro equivale a mil metros.

**kilogram** A metric unit of mass. One kilogram equals one thousand grams.

**kilometer** A metric unit of length. One kilometer equals one thousand meters.

## L

**lado** (pág. 506) Rayo que es parte de un ángulo.

**libra** (pág. 471) Unidad de peso del sistema inglés de medidas que equivale a 16 onzas.

**litro** (pág. 485) Unidad básica de capacidad del sistema métrico. Un litro es un poco más de un cuarto de galón.

**side** A ray that is part of an angle.

**pound** A customary unit of weight equal to 16 ounces.

**liter** The basic unit of capacity in the metric system. A liter is a little more than a quart.

## M

**marca de conteo** (pág. 50) Marca que se usa para anotar artículos en un grupo.

**máximo común divisor (MCD)** (pág. 177) El mayor factor común de dos o más números. El MCD de 24 y 30 es 6.

**media** (pág. 76) La suma de los números en un conjunto de datos dividida entre el número total de datos.

**mediana** (pág. 80) Número central de un conjunto de datos, una vez que los datos han sido ordenados numéricamente. Si hay un número par de datos, la mediana es el promedio de los dos datos centrales.

**medida de tendencia central** (pág. 76) Número que ayuda a describir todos los datos en un conjunto de datos.

**metro** (pág. 476) Unidad básica de longitud del sistema métrico.

**tally mark** A counter used to record items in a group.

**greatest common factor (GCF)** The greatest of the common factors of two or more numbers. The GCF of 24 and 30 is 6.

**mean** The sum of the numbers in a set of data divided by the number of pieces of data.

**median** The middle number in a set of data when the data are arranged in numerical order. If the data has an even number, the median is the mean of the two middle numbers.

**measure of central tendency** A number that helps describe all of the data in a data set.

**meter** The basic unit of length in the metric system.

**miligramo** (pág. 484) Unidad métrica de masa. Un miligramo equivale a la milésima parte de un gramo.

**milligram** A metric unit of mass. One milligram equals one-thousandth of a gram.

**mililitro** (pág. 485) Unidad métrica de capacidad. Un mililitro equivale a la milésima parte de un litro.

**milliliter** A metric unit of capacity. One milliliter equals one-thousandth of a liter.

**milímetro** (pág. 476) Unidad métrica de longitud. Un milímetro equivale a la milésima parte de un metro.

**millimeter** A metric unit of length. One millimeter equals one-thousandth of a meter.

**milla** (pág. 465) Unidad de longitud del sistema inglés que equivale a 5,280 pies ó 1,760 yardas.

**mile** A customary unit of length equal to 5,280 feet or 1,760 yards.

**mínimo común denominador (mcd)** (pág. 198) El menor múltiplo común de los denominadores de dos o más fracciones.

**least common denominator (LCD)** The least common multiple of the denominators of two or more fractions.

**mínimo común múltiplo (mcm)** (pág. 194) El menor múltiplo común de dos o más números. El mcm de 2 y 3 es 6.

**least common multiple (LCM)** The least of the common multiples of two or more numbers. The LCM of 2 and 3 is 6.

**minuto** (pág. 494) Unidad de tiempo de uso común. Hay 60 segundos en un minuto y hay 60 minutos en una hora.

**minute** A commonly used unit of time. There are 60 seconds in one minute and there are 60 minutes in one hour.

**moda** (pág. 80) Número(s) de un conjunto de datos que aparece(n) más frecuentemente.

**mode** The number(s) or item(s) that appear most often in a set of data.

**modelo a escala** (pág. 391) Modelo que se usa para representar algo que es demasiado grande o demasiado pequeño como para construirlo de tamaño natural.

**scale model** A model used to represent something that is too large or too small for an actual-size model.

**muestra** (pág. 438) Grupo escogido al azar o aleatoriamente y que se usa para representar la población entera.

**sample** A randomly-selected group that is used to represent a whole population.

**múltiplo** (pág. 194) El producto de un número y cualquier número entero.

**multiple** The product of the number and any whole number.

**múltiplos comunes** (pág. 194) Múltiplos compartidos por dos o más números. Por ejemplo, algunos múltiplos comunes de 2 y 3 son 6, 12 y 18.

**common multiples** Multiples that are shared by two or more numbers. For example, some common multiples of 2 and 3 are 6, 12, and 18.

## N

**notación científica** (pág. 136) Manera de expresar números como el producto de un número que es al menos igual a 1, pero menor que 10, por una potencia de diez. Por ejemplo, $687{,}000 = 6.87 \times 10^5$.

**scientific notation** A way of expressing a number as the product of a number that is at least 1 but less than 10 and a power of 10. For example, $687{,}000 = 6.87 \times 10^5$.

**número compuesto** (pág. 14) Un número entero mayor que 1 con más de dos factores.

**composite number** A number greater than 1 with more than two factors.

**número mixto** (pág. 186) La suma de un número entero y una fracción. $1\frac{1}{2}$, $2\frac{3}{4}$ y $4\frac{5}{8}$ son números mixtos.

**mixed number** The sum of a whole number and a fraction. $1\frac{1}{2}$, $2\frac{3}{4}$, and $4\frac{5}{8}$ are mixed numbers.

**número primo** (pág. 14) Número entero que tiene exactamente dos factores, 1 y sí mismo.

**prime number** A whole number that has exactly two unique factors, 1 and the number itself.

**números compatibles** (pág. 256) Números que son fáciles de dividir mentalmente.

**compatible numbers** Numbers that are easy to divide mentally.

## O

**octágono** (pág. 522) Polígono que tiene ocho lados.

**octagon** A polygon having eight sides.

**onza** (pág. 471) Unidad de peso del sistema inglés de medidas. 16 onzas equivalen a una libra.

**ounce** A customary unit of weight. 16 ounces equals one pound.

**onzas líquidas** (pág. 470) Unidad de capacidad del sistema inglés de medidas.

**fluid ounces** A customary unit of capacity.

**operaciones inversas** (pág. 339) Operaciones que *se anulan* mutuamente. La adición y la sustracción son operaciones inversas.

**inverse operations** Operations which *undo* each other. For example, addition and subtraction are inverse operations.

**opuestos** (pág. 296) Dos enteros son opuestos si, en la recta numérica, están representados por puntos que equidistan de cero, pero en direcciones opuestas. La suma de opuestos es cero.

**opposites** Two integers are opposites if they are represented on the number line by points that are the same distance from zero, but in opposite directions from zero. The sum of opposites is zero.

**orden de las operaciones** (pág. 24) Reglas que establecen qué operación debes realizar primero, cuando hay más de una operación involucrada.

1. Primero ejecuta todas las operaciones dentro de los símbolos de agrupamiento.
2. Evalúa todas las potencias.
3. Multiplica y divide en orden de izquierda a derecha.
4. Suma y resta en orden de izquierda a derecha.

**order of operations** The rules which tell which operation to perform first when more than one operation is used.

1. Simplify the expressions inside grouping symbols, like parentheses.
2. Find the value of all powers.
3. Multiply and divide in order from left to right.
4. Add and subtract in order from left to right.

**origen** (pág. 320) Punto en que el eje $x$ y el eje $y$ se intersecan en el sistema de coordenadas.

**origin** The point of intersection of the $x$-axis and $y$-axis in a coordinate system.

## P

**par** (pág. 10) Número entero que es divisible entre 2.

**even** A whole number that is divisible by 2.

**par ordenado** (pág. 320) Par de números que se utiliza para ubicar un punto en un plano de coordenadas. Se escribe de la siguiente forma: (coordenada $x$, coordenada $y$).

**ordered pair** A pair of numbers used to locate a point in the coordinate system. The ordered pair is written in this form: ($x$-coordinate, $y$-coordinate).

**paralelogramo** (pág. 523) Cuadrilátero con ambos pares de lados opuestos paralelos y congruentes.

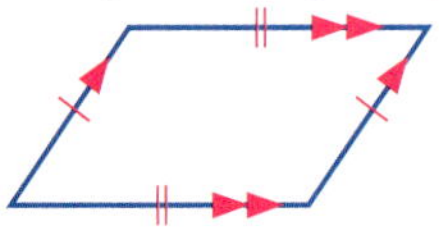

**parallelogram** A quadrilateral that has both pairs of opposite sides congruent and parallel.

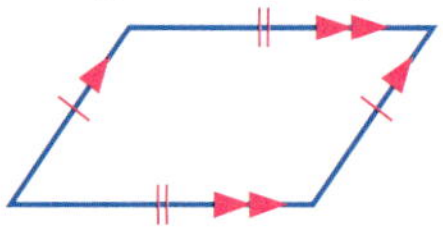

**partes correspondientes** (pág. 535) Las partes de figuras congruentes que coinciden.

**corresponding parts** The parts of congruent figures that match.

**pentágono** (pág. 522) Polígono que tiene cinco lados.

**pentagon** A polygon with five sides.

**perímetro** (pág. 158) La distancia alrededor de una figura geométrica cerrada.

**perimeter** The distance around any closed geometric figure.

**perpendicular** (pág. 515) Dos segmentos de recta son perpendiculares si se encuentran a ángulos rectos.

**perpendicular** Two line segments are perpendicular if they meet at right angles.

**pie** (pág. 465) Unidad de longitud del sistema inglés de medidas que equivale a 12 pulgadas.

**foot** A customary unit of length equal to 12 inches.

**pinta** (pág. 470) Unidad de capacidad del sistema inglés de medidas que equivale a dos tazas.

**pint** A customary unit of capacity equal to two cups.

**pirámide** (pág. 564) Figura sólida cuya base es un polígono y sus lados son triángulos. Las pirámides se nombran de acuerdo con la forma de sus bases.

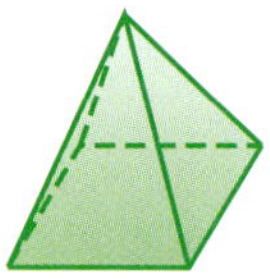

**pyramid** A solid figure that has a polygon for a base and triangles for sides. A pyramid is named for the shape of its base.

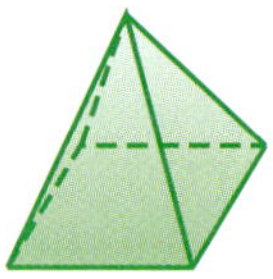

Glosario/Glossary

**plano de coordenadas** (pág. 320) Plano en que una recta numérica horizontal y una recta numérica vertical se intersecan en sus puntos cero.

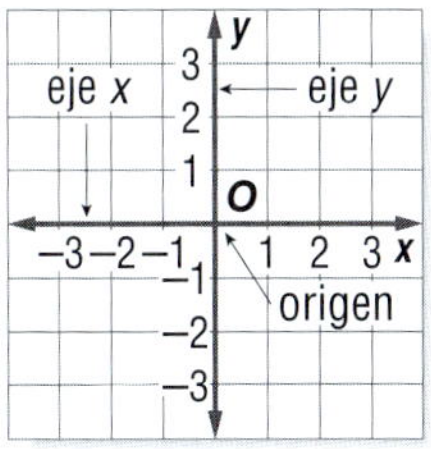


**población** (pág. 438) El grupo total de individuos o de artículos del cual se toman las muestras bajo estudio.

**polígono** (pág. 522) Figura simple cerrada en un plano, formada por tres o más segmentos de recta.

**polígono regular** (pág. 522) Polígono cuyos lados y ángulos son todos congruentes.

**por ciento** (pág. 395) Razón que compara un número con 100.

**potencias** (pág. 18) Números que se expresan usando exponentes. La potencia $3^2$ se lee tres a la segunda potencia o tres al cuadrado.

**prisma** (pág. 564) Figura tridimensional que tiene dos bases paralelas y congruentes en forma de polígonos y posee por lo menos tres caras laterales en forma de rectángulos. La forma de las bases indica el nombre del prisma.

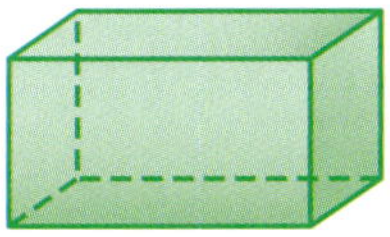

**probabilidad teórica** (pág. 428) La razón del número de maneras en que puede ocurrir un evento al número total de resultados posibles.

**productos cruzados** (pág. 386) Productos que resultan de la comparación de los términos de las diagonales de dos razones. Si los productos son iguales, las razones forman una proporción.

**promedio** (pág. 76) La suma de dos o más cantidades dividida entre el número de cantidades; la media.

**propiedad asociativa** (pág. 334) La manera de agrupar números al sumarlos o multiplicarlos no altera su suma o producto.

**propiedad conmutativa** (pág. 334) El orden en que se suman o multiplican dos números no altera su suma o producto.

**propiedad de igualdad de la adición** (pág. 345) Si sumas el mismo número a ambos lados de una ecuación, los dos lados permanecen iguales.

**propiedad de igualdad de la sustracción** (pág. 340) Si sustraes el mismo número de ambos lados de una ecuación, los dos lados permanecen iguales.

**coordinate plane** A plane in which a horizontal number line and a vertical number line intersect at their zero points.

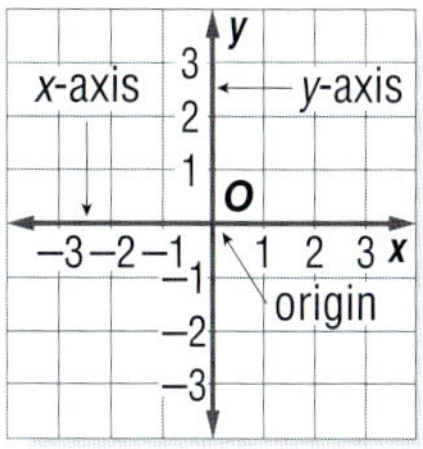


**population** The entire group of items or individuals from which the samples under consideration are taken.

**polygon** A simple closed figure in a plane formed by three or more line segments.

**regular polygon** A polygon having all sides congruent and all angles congruent.

**percent** A ratio that compares a number to 100.

**power** A number that can be expressed using an exponent. The power $3^2$ is read three to the second power, or three squared.

**prism** A three-dimensional figure that has two parallel and congruent bases in the shape of polygons and at least three lateral faces shaped like rectangles. The shape of the bases tells the name of the prism.

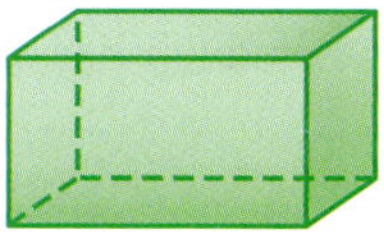

**theoretical probability** The ratio of the number of ways an event can occur to the number of possible outcomes.

**cross products** The products of the terms on the diagonals when two ratios are compared. If the cross products are equal, then the ratios form a proportion.

**average** The sum of two or more quantities divided by the number of quantities; the mean.

**Associative Property** The way in which numbers are grouped when added or multiplied does not change the sum or product.

**Commutative Property** The order in which numbers are added or multiplied does not change the sum or product.

**Addition Property of Equality** If you add the same number to each side of an equation, the two sides remain equal.

**Subtraction Property of Equality** If you subtract the same number from each side of an equation, the two sides remain equal.

**propiedad distributiva** (pág. 333) Para multiplicar una suma por un número, multiplica cada sumando de la suma por el número fuera del paréntesis.

**Distributive Property** To multiply a sum by a number, multiply each addend of the sum by the number outside the parentheses.

**proporción** (pág. 386) Enunciado que establece la igualdad de dos razones, $\frac{a}{b} = \frac{c}{d}$, $b \neq 0$, $d \neq 0$.

**proportion** An equation that shows that two ratios are equivalent, $\frac{a}{b} = \frac{c}{d}$, $b \neq 0$, $d \neq 0$.

**pulgada** (pág. 465) Unidad de longitud del sistema inglés de medidas. Doce pulgadas equivalen a un pie.

**inch** A customary unit of length. Twelve inches equal one foot.

## R

**radio** (pág. 161) Distancia desde el centro de un círculo hasta cualquier punto del mismo.

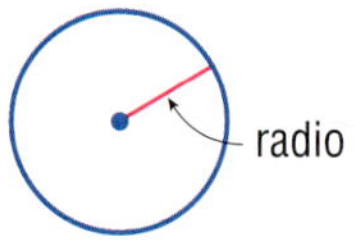


**radius** The distance from the center of a circle to any point on the circle.

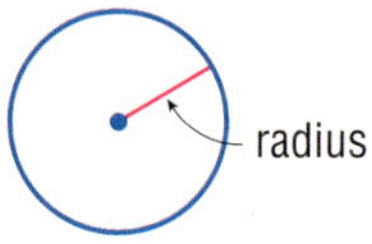


**rango** (pág. 82) La diferencia entre el número mayor y el número menor en un conjunto de datos.

**range** The difference between the greatest number and the least number in a set of data.

**razón** (pág. 380) Comparación de dos números mediante división. La razón de 2 a 3 puede escribirse como 2 de cada 3, 2 a 3, 2:3 ó $\frac{2}{3}$.

**ratio** A comparison of two numbers by division. The ratio of 2 to 3 can be stated as 2 out of 3, 2 to 3, 2:3 or $\frac{2}{3}$.

**razones equivalentes** (pág. 381) Dos razones que tienen el mismo valor.

**equivalent ratios** Ratios that have the same value.

**recíproco** (pág. 272) Cualquier par de números cuyo producto es 1. Como $\frac{5}{6} \times \frac{6}{5} = 1$, $\frac{5}{6}$ y $\frac{6}{5}$ son recíprocos.

**reciprocals** Any two numbers whose product is 1. Since $\frac{5}{6} \times \frac{6}{5} = 1$, $\frac{5}{6}$ and $\frac{6}{5}$ are reciprocals.

**rectángulo** (pág. 523) Cuadrilátero cuyos lados opuestos son congruentes y paralelos y cuyos ángulos son todos ángulos rectos.

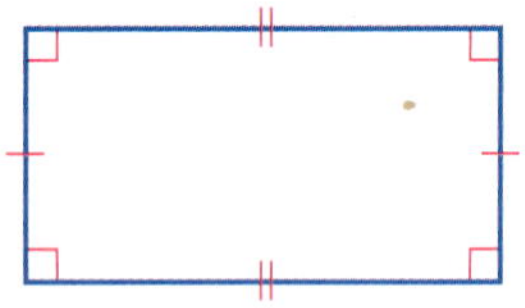

**rectangle** A quadrilateral with opposite sides congruent and parallel and all angles are right angles.

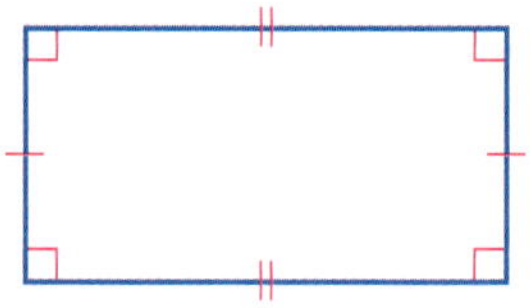

**regla de funciones** (pág. 362) Expresión que describe la relación entre cada valor de entrada y de salida.

**function rule** An expression which describes the relationship between each input and output.

**resolver** (pág. 34) Reemplazar una variable con un valor que resulte en un enunciado verdadero.

**solve** To replace a variable with a value that results in a true sentence.

**resultado** (pág. 428) Uno de los resultados posibles de un evento probabilístico. Por ejemplo, 4 es un resultado posible cuando se lanza un dado.

**outcomes** Possible results of a probability event. For example, 4 is an outcome when a number cube is rolled.

**rombo** (pág. 523) Paralelogramo cuyos lados son todos congruentes.

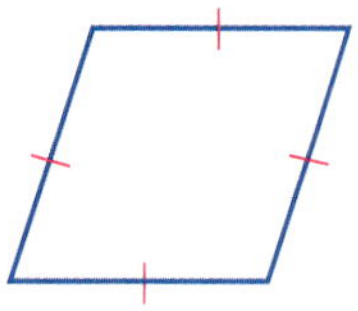

**rhombus** A parallelogram with all sides congruent.

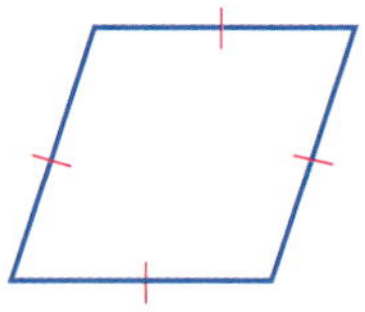

## S

**segundo** (pág. 494) Unidad de tiempo de uso común. Hay 60 segundos en un minuto.

**second** A commonly used unit of time. There are 60 seconds in one minute.

**signo de igualdad** (pág. 34) Símbolo que indica igualdad, =.

**equals sign** A symbol of equality, =.

**simetría lineal** (pág. 528) Exhiben simetría lineal las figuras que coinciden exactamente al doblarse una sobre otra.

**line symmetry** A figure is said to have line symmetry when two halves of the figure match.

**simetría rotacional** (pág. 529) Se dice que una figura posee simetría rotacional si se puede girar o rotar menos de 360° en torno a un punto fijo de modo que la figura se vea exactamente como se veía antes de ser girada.

**rotational symmetry** A figure that can be turned or rotated less than 360° about a fixed point so that the figure looks exactly as it did before being turned is said to have rotational symmetry.

**sistema de coordenadas** (pág. 320) Ver plano de coordenadas.

**coordinate system** See coordinate plane.

**sistema métrico** (pág. 476) Sistema decimal de pesos y medidas. El metro es la unidad fundamental de longitud, el gramo es la unidad fundamental de masa y el litro es la unidad fundamental de capacidad.

**metric system** A decimal system of weights and measures. The meter is the basic unit of length, the gram is the basic unit of weight, and the liter is the basic unit of capacity.

**solución** (pág. 34) Valor de la variable de una ecuación que hace que se cumpla la ecuación. La solución de 12 5 x 1 7 es 5.

**solution** The value of a variable that makes an equation true. The solution for 12 5 x 1 7 is 5.

**sucesión** (pág. 282) Lista de números en un orden específico como, por ejemplo, 0, 1, 2, 3 ó 2, 4, 6, 8.

**sequence** A list of numbers in a specific order, such as 0, 1, 2, 3, or 2, 4, 6, 8.

## T

**tabla de frecuencias** (pág. 50) Tabla que se usa para organizar un conjunto de datos y que muestra cuántas veces ocurre cada dato.

**frequency table** A table for organizing a set of data that shows the number of times each item or number appears.

**tabla de funciones** (pág. 362) Tabla que organiza las entradas, la regla y las salidas de una función.

**function table** A table organizing the input, rule, and output of a function.

**tallo** (pág. 72) El mayor valor de posición común a todos los datos que se escribe a la izquierda de la línea en un diagrama de tallo y hojas.

**stems** The greatest place value common to all the data that is written to the left of the line in a stem-and-leaf plot.

**tasa** (pág. 381) Razón que compara dos cantidades que tienen distintas unidades de medida.

**rate** A ratio of two measurements having different units.

**tasa unitaria** (pág. 381) Una tasa con un denominador de 1.

**unit rate** A rate that has a denominator of 1.

**taza** (pág. 470) Unidad de capacidad del sistema inglés de medidas que equivale a 8 onzas líquidas.

**cup** A customary unit of capacity equal to 8 fluid ounces.

**tonelada** (pág. 471) Unidad de peso del sistema inglés que equivale a 2,000 libras.

**ton** A customary unit of weight equal to 2,000 pounds.

**triángulo** (pág. 522) Polígono que posee tres lados.

**triangle** A polygon with three sides.

**triángulo equilátero** (pág. 523) Triángulo cuyos tres lados y tres ángulos son congruentes.

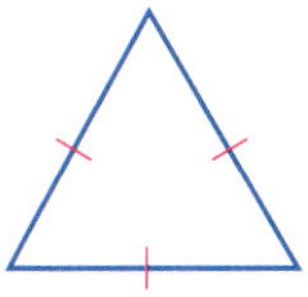

**equilateral triangle** A triangle having all three sides congruent and all three angles congruent.

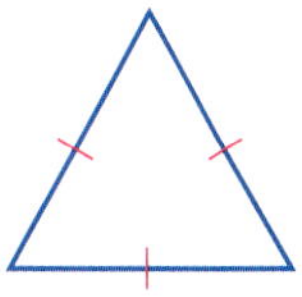

**triángulo escaleno** (pág. 523) Triángulo sin lados congruentes.

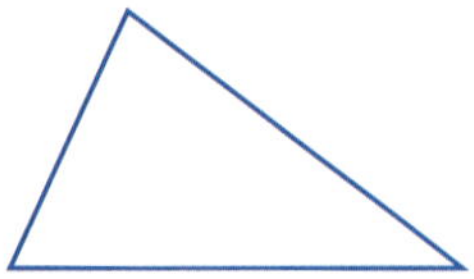

**scalene triangle** A triangle in which no sides are congruent.

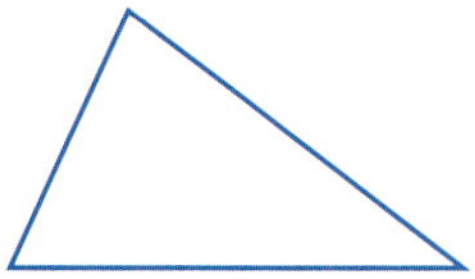

**triángulo isósceles** (pág. 523) Triángulo que tiene por lo menos dos lados congruentes.

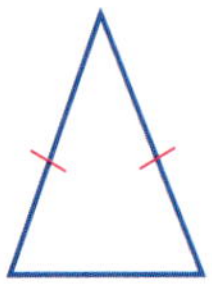

**isosceles triangle** A triangle in which at least two sides are congruent.

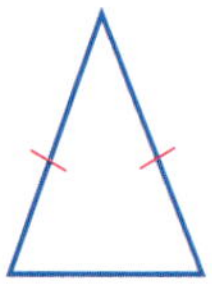

## U

**unidades cúbicas** (pág. 570) Se usan para medir el volumen. Indican el número de cubos de cierto tamaño que se necesitan para llenar una figura tridimensional.

**cubic units** Used to measure volume. Tells the number of cubes of a given size it will take to fill a three-dimensional figure.

## V

**valor atípico** (pág. 77) Dato que se encuentra muy separado de los otros valores en un conjunto de datos.

**variable** (pág. 28) Un símbolo, por lo general, una letra, que se usa para representar un número.

**vértice** (pág. 506) El extremo común de dos rayos que forman un ángulo.

**vértices** (pág. 564) Punto de intersección de las aristas de una figura tridimensional.

**volumen** (pág. 570) Cantidad de espacio que contiene una figura tridimensional. El volumen se expresa en unidades cúbicas.

**outlier** A value that is much higher or much lower than the other values in a set of data.

**variable** A symbol, usually a letter, used to represent a number.

**vertex** The common endpoint of the two rays that form an angle.

**vertex** (vertices) The point where the edges of a three-dimensional figure intersect.

**volume** The amount of space that a three-dimensional figure contains. Volume is expressed in cubic units.

## Y

**yarda** (pág. 465) Unidad de longitud del sistema inglés que equivale a 3 pies ó 36 pulgadas.

**yard** A customary unit of length equal to 3 feet, or 36 inches.

Glosario/Glossary

# Respuestas seleccionadas

## Capítulo 1 Patrones de números y álgebra

### *Página 5 Capítulo 1 Para comenzar*
**1.** unidades **3.** 112 **5.** 109 **7.** 175 **9.** 36 **11.** 94 **13.** 26 **15.** 300 **17.** 630 **19.** 800 **21.** 8 **23.** 42 **25.** 52

### *Páginas 8–9 Lección 1-1*
**1.** Explora: Determina qué información ya tienes y qué necesitas averiguar. Planifica: Haz un plan para resolver el problema y estimar la respuesta. Resuelve: Resuelve el problema. Examina: Revisa la respuesta para determinar si tiene sentido y compárala con el estimado. **3.** Respuesta de ejemplo: 2, 4, 6, 8, 10, …; cada número aumenta 2 unidades. **5.** 320 bacterias **7.** 26, 31, 36 **9.** 3,717,796 millas cuadradas **11.** 10:22 A.M., 11:02 A.M., 11:06 A.M. **13.** 120 **15.**
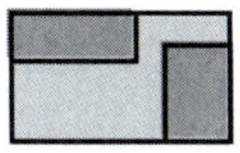
**17.** 21 **19.** 59

### *Páginas 12–13 Lección 1-2*
**1.** Los números pares son divisibles entre 2. Los números impares no lo son. **3.** El número 56 no es divisible entre 3 porque la suma de sus dígitos, 11, no es divisible entre 3. **5.** 3, 5; impar **7.** 2, 3, 4, 6; par **9.** 2, 3, 4, 5, 6, 10; par **11.** 2, 3, 6; par **13.** 2, 3, 6; par **15.** 5; impar **17.** 3, 5; impar **19.** 3, 5, 9; impar **21.** 2, 3, 4, 6; par **23.** 2, 4, 5, 10; par **25.** 2, 3, 4, 6; par **27.** Respuesta de ejemplo: 30 **29.** Respuesta de ejemplo: Si se uniera otro estado a la unión, habría un total de 51 estrellas en la bandera. 51 sólo es divisible entre 3 y entre 17. La única manera de acomodar las estrellas en filas con el mismo número de estrellas sería poner 3 filas y 17 columnas ó 17 filas y 3 columnas. **31.** 1, 4, 7 **33.** 0, 1, 2, 3, 4, 5, 6, 7, 8, 9 **35.** 90; para calcular el número, multiplica los diferentes factores. Dado que $2 \times 3 \times 5 = 30$, no necesitas usar 6 ó 10 como factores porque $2 \times 3 = 6$ y $2 \times 5 = 10$. Luego, necesitas multiplicar por 3 porque 30 no es divisible entre 9. La respuesta es $3 \times 30$ ó 90. **37.** Puede empacar las galletas en grupos de 3. **39.** 63 **41.** a veces **43.** Es un número par. **45.** 998 **47.** 25 **49.** 12 **51.** 18

### *Páginas 16–17 Lección 1-3*
**1.** 1, 2, 3, 4, 6, 12 **3.** 57; tiene más de dos factores: 1, 57, 3, 19. **5.** P **7.** P **9.** $3 \times 3 \times 3 \times 3$ **11.** 19 **13.** P **15.** C **17.** P **19.** C **21.** C **23.** P **25.** C **27.** P **29.** $2 \times 19$ **31.** $2 \times 2 \times 2 \times 3$ **33.** $2 \times 2 \times 2 \times 5$ **35.** $3 \times 3 \times 3$ **37.** $7 \times 7$ **39.** $2 \times 3 \times 7$ **41.** 17 **43.** $2 \times 3 \times 17$ **45.** $5 \times 11$ **47.** El número 2 es un número primo porque tiene dos factores, él mismo y 1. **49.** 25, 32 **51.** 3 y 5, 5 y 7, 11 y 13, 17 y 19, 29 y 31, 41 y 43, 59 y 61, 71 y 73 **53.** $3 \times 7 \times 17$ **55.** C **57.** 3, 5 **59.** 2, 5, 10 **61.** 8 **63.** 64

### *Páginas 20–21 Lección 1-4*
**1a.** tres a la segunda potencia o tres al cuadrado **1b.** Dos a la primera potencia o dos. **1c.** cuatro a la quinta potencia **3.** $11^2, 6^3, 4^4$ **5.** $2^4$; 16 **7.** $2 \cdot 2 \cdot 2 \cdot 2 \cdot 2 \cdot 2$; 64 **9.** $2^2 \times 5$ **11.** $9^2$; 81 **13.** $3^7$; 2,187 **15.** $11^3$; 1,331 **17.** $10^4$ **19.** $2 \times 2 \times 2 \times 2$; 16 **21.** $5 \times 5 \times 5$; 125 **23.** $9 \times 9 \times 9$; 729 **25.** 8; 8 **27.** $7 \times 7$; 49 **29.** $4 \times 4 \times 4 \times 4 \times 4$; 1,024 **31.** $2^3 \times 7$ **33.** $2^2 \times 17$ **35.** $2 \times 7^2$ **37.** $3^3 \times 7$ **39.** 1,000,000,000 **41.** 5,832 unidades cúbicas **43.** El siguiente valor se calcula dividiendo la potencia anterior entre 3; 1. **45.** El siguiente valor se calcula dividiendo la potencia anterior entre 10; 10, 1. **47.** Escribe el número de modo que tenga el mismo número de ceros que el exponente. **49.** $9 \cdot 9 \cdot 9 \cdot 9$ **51.** N **53.** P **55.** 2, 3, 6 **57.** 12 **59.** 13

### *Páginas 26–27 Lección 1-5*
**1.** Respuesta de ejemplo: $25 \div 5 + 2 \times 6$; 17 **3.** 7 **5.** 47 **7.** 5 **9.** 29 **11.** 315 **13.** \$40 **15.** 6 **17.** 13 **19.** 61 **21.** 199 **23.** 117 **25.** 35 **27.** 99 **29.** 22 **31.** 38 **33.** $7 \times 6 - 2$ **35.** \$104 **37.** 60 g **39.** 27 **41.** $7 \times 7 \times 7 \times 7$; 2,401 **43.** $5 \times 5 \times 3$ **45.** $2 \times 5 \times 13$

**47.**
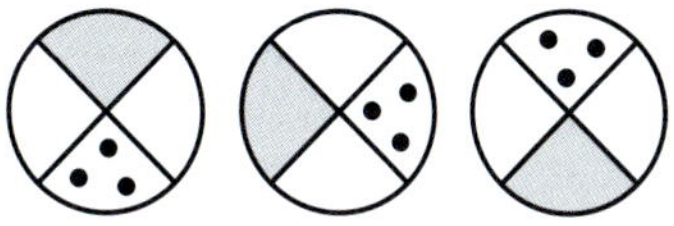
**49.** 39 **51.** 60

### *Páginas 30–31 Lección 1-6*
**1.**

| Expresiones algebraicas | Variables | Números | Operaciones |
|---|---|---|---|
| $7a - 3b$ | $a, b$ | 7, 3 | ×, − |
| $2w - 3x + 4y$ | $w, x, y$ | 2, 3, 4 | ×, −, + |

**3.** 3 + 4; no tiene variable. **5.** 5 **7.** 26 **9.** 100 **11.** 12 **13.** 7 **15.** 4 **17.** 48 **19.** 18 **21.** 51 **23.** 85 **25.** 240 **27.** 50 **29.** 12 **31.** 72 **33.** 15 **35.** 24 **37.** 29 **39.** 127 **41.** 49 **43.** 129 **45.** 1,200 **47.** 24 cm **49.** $9 \times c \div 5 + 32$ **51.** 86°F **53.** D **55.** 9 **57.** 100,000,000 mi **59.** 7 **61.** 106

### *Páginas 36–37 Lección 1-7*
**1.** El valor de la variable que hace que ambos lados de la ecuación sean iguales **3.** 8 **5.** 2 **7.** 12 **9.** 15 **11.** 8 **13.** 10 **15.** 23 **17.** 7 **19.** verdadero **21.** 9 pies **23.** 6 **25.** 8 **27.** 3 **29.** 8 **31.** 4.5 **33.** 75 **35.** 5 **37.** 75 **39.** Falso; debido a que es una ecuación, ambos lados deben ser iguales al mismo valor. Por lo tanto $m + 8$ debe ser igual a 12 y $m$ sólo puede tener una solución, 4. **41.** 3, 4, 5 **43.** 5 **45.** H **47.** 18 **49.** 4 **51.** 90 **53.** 85

### *Páginas 40–41 Lección 1-8*
**1.** Multiplica el largo por el ancho. **3.** Respuesta de ejemplo: 3 por 8 pies y 2 por 12 pies. **5.** 120 $pies^2$ **7.** 153 $m^2$ **9.** 90 $pulg^2$ **11.** 512 $m^2$ **13.** 816 $pies^2$ **15.** 418 $pies^2$ **17.** Respuesta de ejemplo: $10 \times 10$ ó 100 $pulg^2$ **19.** 108 $pulg^2$

**21.**
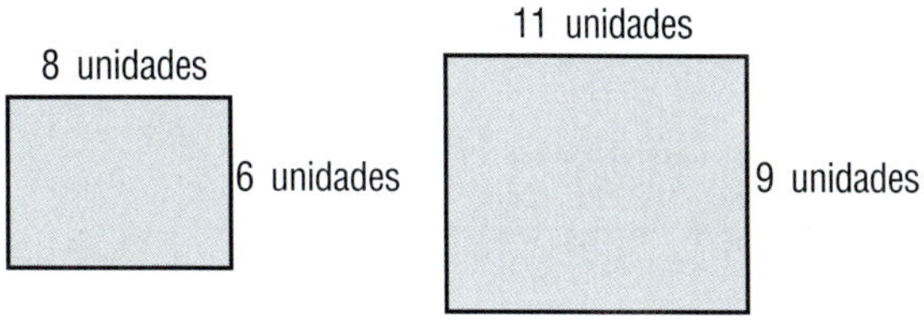


No, el área no aumentaría 6 unidades cuadradas. **23.** 2,750 $pies^2$ **25.** 4 **27.** 43

### *Páginas 42–44 Capítulo 1 Guía de estudio y repaso*
**1.** factor **3.** divisible **5.** número primo **7.** solución **9.** 531 votos **11.** 2, 3, 5, 6, 9, 10; par **13.** 3, 5; impar **15.** 2, 4; par **17.** 2, 4, 5, 10; par **19.** 2, 4, 5, 10; par

Respuestas seleccionadas

**21.** dos paquetes de 124 barras de caramelo y cuatro paquetes de 62 barras de caramelo **23.** primo **25.** $3 \times 5 \times 5$ **27.** $2 \times 2 \times 2 \times 11$ **29.** $1^5$; 1 **31.** $3^8$; 6,561 **33.** 0 **35.** 116 **37.** 160 **39.** 24 **41.** 54 **43.** 26 **45.** 44 **47.** 52 **49.** 7 **51.** 25 **53.** 6 **55.** 8 **57.** 48 pies$^2$

## Capítulo 2 Estadística y gráficas

***Página 49 Capítulo 2 Para comenzar***

**1.** falso; orden **3.** 44 **5.** 109 **7.** 81 **9.** 8 **11.** 42 **13.** 25 **15.** 13 **17.** 6 **19.** 51

***Páginas 52–53 Lección 2-1***

**1.** Respuesta de ejemplo: Calcula el valor mínimo y el valor máximo de un conjunto de valores. Luego, elige una escala que incluya dichos valores. **3.** Respuesta de ejemplo: 26, 27, 28, 32, 34, 35, 37, 40, 40, 40, 45, 46

**5.**

| Mascotas de los alumnos | | |
|---|---|---|
| **Mascotas** | **Conteo** | **Frecuencia** |
| peces | III | 3 |
| tortuga | II | 2 |
| perro | 𝍸 IIII | 9 |
| gerbo | II | 2 |
| gato | 𝍸 II | 7 |
| hámster | I | 1 |

**7.** 4

**9.** Respuesta de ejemplo:

| Visitas mensuales al centro comercial | | |
|---|---|---|
| **Viajes** | **Conteo** | **Frecuencia** |
| 0–2 | 𝍸 | 4 |
| 3–5 | IIII | 5 |
| 6–8 | IIII | 4 |
| 9–11 | III | 3 |
| 12–14 | II | 2 |

**11.**

| Tipo favorito de película | | |
|---|---|---|
| **Tipo** | **Conteo** | **Frecuencia** |
| comedia | 𝍸 𝍸 I | 11 |
| romántica | II | 2 |
| acción | 𝍸 III | 8 |
| drama | III | 3 |
| terror | IIII | 4 |
| ciencia ficción | IIII | 4 |

**13.** 100; la división en intervalos de 10 produciría un número excesivo de intervalos y la división en intervalos de 1,000 haría que todos los valores quedaran incluidos en un mismo intervalo. **15.** 1980–1989, 1990–1999 **17.** 2 tantos: 5; 2 ó 4 tantos: 7; 2, 4 ó 6 tantos: 10 **19.** Respuesta de ejemplo: 0 a 20 **21.** 322 pies$^2$ **23.** 8 galones

***Páginas 58–59 Lección 2-2***

**1.** Respuesta de ejemplo: Una gráfica de barras muestra la frecuencia de cada categoría, mientras que una gráfica lineal muestra cambios en los datos a lo largo del tiempo.

**3.** **Especies en peligro de extinción en Estados Unidos**

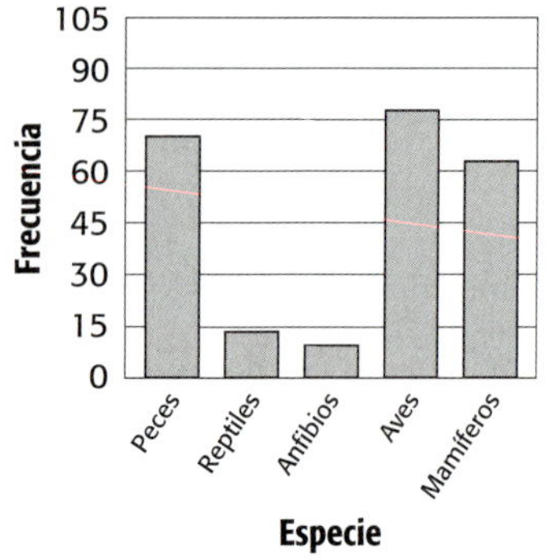


**5.** Respuesta de ejemplo: El número de peces en peligro de extinción es cinco veces mayor que el número de reptiles en peligro de extinción.

**7.** **Litoral del Golfo en EE.UU.**

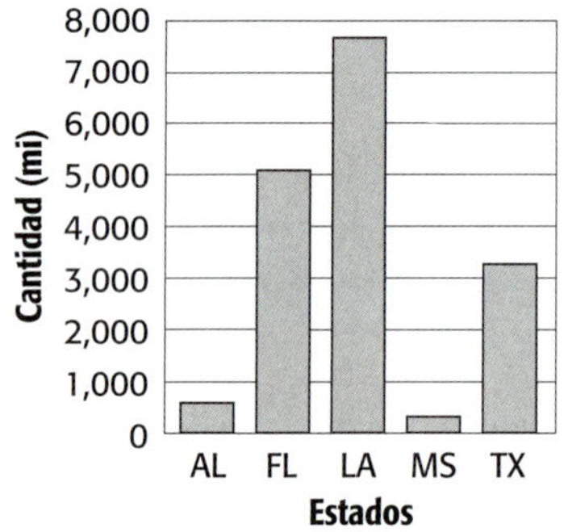


**9.** Alabama

**11.** **Población de Australia**

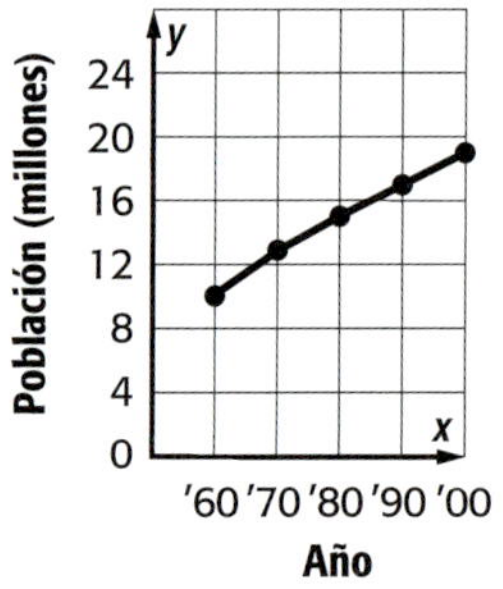


**13.** Respuesta de ejemplo: La población de Australia ha crecido gradualmente desde 1960 hasta el año 2000. **15.** Respuesta de ejemplo: Escala: 0–80; intervalo: 10 **17.** Respuesta de ejemplo: Si la escala vertical es mucho mayor que el valor máximo, los datos van a parecer menos fluctuantes. Un cambio en el intervalo no afectaría ninguno de los dos tipos de gráfica. **19.** G **21.** 24 pies$^2$ **23.** 54 **25.** 55

***Páginas 64–65 Lección 2-3***

**1.** Respuesta de ejemplo: El valor máximo corresponde a la sección más grande. El valor mínimo corresponde a la sección más pequeña. **3.** Respuesta de ejemplo: Tabla de frecuencias; el resto son gráficas. **5.** Casi tres veces más personas eligieron restaurantes de comida rápida en base a la calidad y no al precio. **7.** Dos veces más bibliotecas dejaron de solicitar permiso de los padres a los 16–17 años de edad, que a los 14–15 años de edad. **9.** hermanos y otros **11.** quemaduras por el sol y el trabajo en el jardín **13.** Respuesta de ejemplo: Mosquitos y quemaduras por el sol. **15.** La opción c es la menos apropiada porque no compara las partes de un todo entre sí. **17.** gas natural e hidroeléctrica **19.** Respuesta de ejemplo: 20 a 50

21. **Distancia de caminatas diarias**

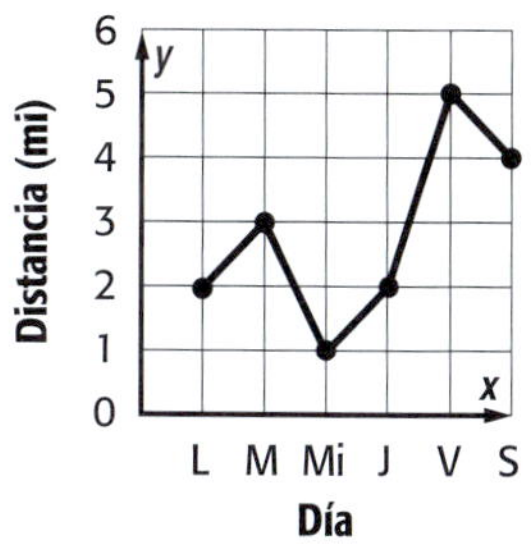


### *Páginas 67–69 Lección 2-4*

**1.** Respuesta de ejemplo: Las gráficas lineales a menudo se usan para predecir porque muestran los cambios ocurridos a lo largo del tiempo y porque facilitan el estudio de las tendencias en la gráfica y la elaboración de una predicción. **3.** La población mundial está aumentando. **5.** aproximadamente 8 billones **7.** Respuesta de ejemplo: La cantidad de pollo consumido está aumentando. **9.** aproximadamente 250 **11.** Respuesta de ejemplo: Al transcurrir las semanas, disminuye el tiempo que tarda en recorrer los 1,500 metros. **13.** Si continúa la tendencia, tardará entre 9 y 10 semanas. **15.** unos 50° **17.** unos 50° más caliente

19. **Estadísticas de los Tigers, 2001**

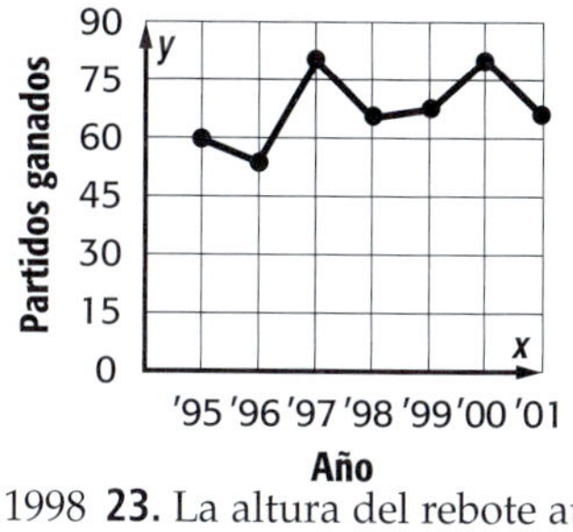


**21.** 1998 **23.** La altura del rebote aumentará. **25.** Respuesta de ejemplo: La cantidad de dinero de la venta de entradas de béisbol en los últimos 5 años. **27.** I **29.** otoño y primavera **31.** 25, 30, 40, 45, 50, 55, 60, 65, 75, 80

### *Páginas 73–75 Lección 2-5*

**1.** Se pueden leer los datos fácilmente.

**3.** Respuesta de ejemplo:

| Tallo | Hojas |
|---|---|
| 2 | 7 8 8 8 8 9 9 |
| 3 | 2 4 5 |
| 4 | 0 0 9 |
| 5 | 9 |
| 6 | 3 *3\|2 = 32* |

**5.**

| Tallo | Hojas |
|---|---|
| 5 | 5 |
| 6 | |
| 7 | 0 0 1 5 6 9 |
| 8 | 0 1 2 3 5 |
| 9 | 0 2 3 3 4 9 *9\|9 = 99* |

**7.** 60 años

**9.**

| Tallo | Hojas |
|---|---|
| 0 | 1 2 7 8 9 |
| 1 | 3 4 6 7 |
| 2 | 4 5 8 |
| 3 | 0 5 9 |
| 4 | 7 *2\|4 = 24* |

**11.**

| Tallo | Hojas |
|---|---|
| 5 | 1 4 |
| 6 | 0 1 2 2 3 5 5 7 7 7 |
| 7 | 0 2 2 3 8 *6\|0 = 60* |

**13.**

| Tallo | Hojas |
|---|---|
| 5 | 5 |
| 6 | 0 5 6 7 8 8 9 |
| 7 | 0 1 2 3 9 9 |
| 8 | 2 5 *6\|5 = 65°* |

**15.**

| Tallo | Hojas |
|---|---|
| 1 | 4 8 |
| 2 | 0 2 3 8 9 |
| 3 | 0 4 8 |
| 4 | 0 2 5 8 8 8 |
| 5 | 2 2 2 5 8 |
| 6 | 0 |
| 7 | |
| 8 | |
| 9 | 0 3 |
| 10 | |
| 11 | 2 *5\|8 = 58 mi* |

**17.** Respuesta de ejemplo: ¿Cuál es la distancia más grande entre los puntos de control? **19.** 14 **21.** Gráfica lineal; los datos cambian a lo largo del tiempo. **23.** Gráfica de barras; los datos están ordenados en categorías. **25.** 300 m **27.** Respuesta de ejemplo: Convierte los tallos en intervalos de 10. Luego cuenta el número de valores en cada intervalo. **29.** G **31.** 1896 a 1904 **33.** 20% **35.** 16 **37.** 14

### *Páginas 77–78 Lección 2-6*

**1.** Divide la suma de los datos entre el número de datos. **3a.** 48 **3b.** 54 **5.** 44 **7.** La profundidad del océano Ártico, 3,953 pies, es un valor atípico porque su valor es mucho menor que las otras profundidades. **9.** 14 **11.** 80 **13.** 52 **15.** 185 pies **17.** 158 pies **19.** Respuesta de ejemplo: 13, 13, 13, 15, 35, 15, 21 **21.** H **23.** gráfica lineal **25.** 147 **27.** 68

### *Páginas 82–83 Lección 2-7*

**1.** Respuesta de ejemplo: Para determinar la mediana, primero ordena los datos de menor a mayor y luego localiza el dato en el centro de los datos ordenados o la media de los dos datos del centro. Para calcular la moda, determina el número o los números que aparecen con mayor frecuencia. **3.** 18; 17; 17; 10 **5.** 8,508; 8,450; ninguna **7.** 930 **9.** 28; 23; ninguna; 28 **11.** 90; 89; ninguna; 12 **13.** Respuesta de ejemplo: Los valores de los datos varían ligeramente. **15.** $13; $12; $12 **17.** Son iguales, 75. **19.** La mediana de las temperaturas son iguales, pero la temperatura en Cleveland es más variable. **21.** C **23.** 18 **25.** Matt **27.** el doble o $2.50 más

### *Páginas 88–89 Lección 2-8*

**1.** Vuelve a dibujar la gráfica para que empiece en 0.
**3.** De acuerdo con la longitud de las barras, pareciera que Willie Mays bateó dos veces más cuadrangulares que Barry Bonds. Sin embargo, Willie Mays bateó alrededor de 660 cuadrangulares y Barry Bonds bateó 600 cuadrangulares.
**5.** La Marca B cuesta la mitad que la Marca A.

**7.** Respuesta de ejemplo:

**Costo de las cámaras**

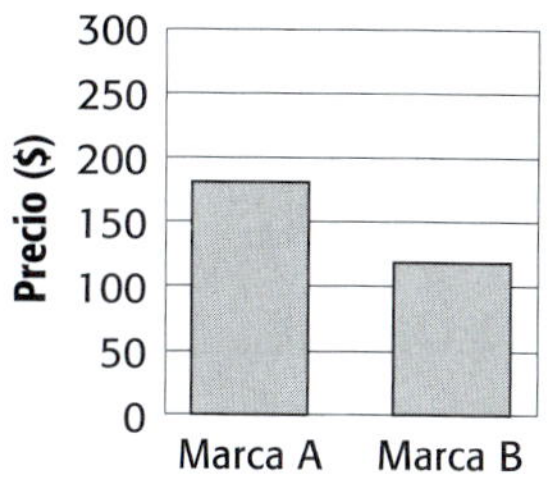


**9.** La media porque el valor de la media es mucho mayor que el valor de la mayoría de los datos. **11.** Gráfica A; muestra que el valor de las acciones no ha aumentado o disminuido rápidamente. **13.** A **15.** 75°; 76°; 14° **17.** 19°

Respuestas seleccionadas

### *Páginas 90–92 Capítulo 2 Guía de estudio y repaso*

**1.** d **3.** a **5.** f **7.** e **9.**

| Color favorito | | |
|---|---|---|
| **Color** | **Conteo** | **Frecuencia** |
| rojo | IIII | 4 |
| azul | ~~IIII~~ II | 7 |
| verde | II | 2 |
| amarillo | III | 3 |

**11.** banana y canela **13.** 9 s

**15.**

| Tallo | Hojas |
|---|---|
| 1 | 8 9 |
| 2 | 2 7 8 9 |
| 3 | 1 5 |
| 4 | 1 |
| 5 | 6   *5\|6 = 56* |

**17.** 27 **19.** 105 **21.** 42; 36; 46 **23.** Gráfica B; muestra que la compañía está ganando más dinero.

## Capítulo 3 Adición y sustracción de decimales

### *Página 99 Capítulo 3 Para comenzar*

**1.** Planifica **3.** media **5.** 11 **7.** 12 **9.** 13 **11.** 83 **13.** 80 **15.** 27 **17.** 7 **19.** 80 **21.** 160

### *Páginas 104–105 Lección 3-1*

**1.** Forma escrita se refiere al decimal expresado con palabras. La forma estándar es la manera usual de escribir un decimal usando números. La forma desarrollada es la suma de los productos de cada dígito y su posición. **3.** Siete y cinco centésimas; mientras que el resto de los números representan 0.75, este número representa 7.05. **5.** ocho centésimas **7.** veintidós milésimas **9.** ocho y seis mil doscientos ochenta y cuatro diezmilésimas **11.** 0.012; (0 × 0.1) + (1 × 0.01) + (2 × 0.001) **13.** 49.0036; (4 × 10) + (9 × 1) + (0 × 0.1) + (0 × 0.01) + (3 × 0.001) + (6 × 0.0001) **15.** cuatro décimas **17.** tres y cincuenta y seis centésimas **19.** siete y diecisiete centésimas **21.** sesenta y ocho milésimas **23.** setenta y ocho y veintitrés milésimas **25.** treinta y seis diezmilésimas **27.** trescientos uno y diecinueve diezmilésimas **29.** 0.5; (5 × 0.1) **31.** 2.05; (2 × 1) + (0 × 0.1) + (5 × 0.01) **33.** 41.0062; (4 × 10) + (1 × 1) + (0 × 0.1) + (0 × 0.01) + (6 × 0.001) + (2 × 0.0001) **35.** 0.0083; (0 × 0.1) + (0 × 0.01) + (8 × 0.001) + (3 × 0.0001) **37.** cincuenta y dos centésimas **39.** 33.4 **41.** veintitrés dólares y setenta y cinco centavos **43.** Respuesta de ejemplo: El último dígito está en la segunda posición después del punto decimal. **45.** Respuesta de ejemplo: Subdividido en unidades de diez. Los decimales se usan en la casa de bolsa, como en $34.50 por acción, o para medir la cantidad de lluvia, como en 1.3 pulgadas. **47.** 0.258 **49.** treinta y cuatro y cincuenta y seis milésimas **51.** 88 **53.** 30 **55.** *B* **57.** *D* **59.** *C*

### *Páginas 109–110 Lección 3-2*

**1.**

**3.** Carlos; 0.4 < 0.49 < 0.5 **5.** < **7.** 0.002, 0.09, 0.19, 0.2, 0.21 **9.** = **11.** > **13.** > **15.** < **17.** = **19.** > **21.** 4.45, 4.9945, 5.545, 5.6 **23.** 32.32, 32.302, 32.032, 3.99 **25.** La ballena, Las ballenas baleen, La ballena azul **27.** B **29.** 0.037 **31.** La moda es engañosa porque también es el valor máximo del conjunto de datos. **33.** centésimas **35.** milésimas

### *Páginas 112–113 Lección 3-3*

**1.** A décimas, 3.47 se redondea a 3.5 porque 3.47 está más cercano a 3.5 que a 3.4.

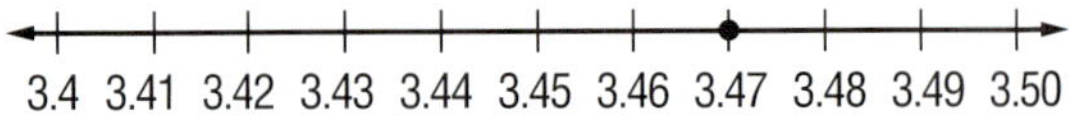


**3.** 34.49; se redondea a 34.5, no a 34.6 **5.** 2 **7.** 0.589 **9.** $30 **11.** 7.4 **13.** $6 **15.** 2.50 **17.** 5.457 **19.** 9.5630 **21.** $90 **23.** $67 **25.** 6 gal **27.** Respuesta de ejemplo: 9.95, 10.04, 9.98 **29.** 1,789.838 **31.** < **33.** 32.05 **35.** 58 **37.** 62

### *Páginas 118–119 Lección 3-4*

**1.** Respuesta de ejemplo: 1.843 se redondea a 2 y 0.328 se redondea a 0. Por lo tanto, la respuesta es 2 – 0 ó 2. **3.** Respuesta de ejemplo: Porque si sólo se suma la parte entera de los números, la suma es igual a 20. A este resultado se le va a añadir la parte decimal, lo que produce un resultado mayor que 20. **5.** 4 – 3 = 1 **7.** 320 **9.** 3 × 1 = 3 **11.** 50 + 16 = 66 **13.** 2 + 5 + 6 = 13 **15.** 0 + 1 = 1 **17.** $75 – $30 = $45 **19.** 70 **21.** 99 **23.** $345 **25.** 102 **27.** $12 **29.** 4 × $3 = $12 **31.** 3 × $55 = $165 **33.** 4 × 100 = 400 **35.** 3 × $20 = $60 **37.** Respuesta de ejemplo: ¿Aproximadamente cuánto dinero más esperarías gastar si vas a un partido de béisbol que si vas a un partido de hockey? 18.00 – 15.00 = $3.00 **39.** C **41.** 35.9 pulg **43.** 477 **45.** 465 **47.** 2,183

### *Páginas 123–124 Lección 3-5*

**1.** Respuesta de ejemplo: Alinea los puntos decimales y luego suma como si fueran números enteros. **3.** Akiko tiene razón. Respuesta de ejemplo: Añadió un cero al primer número. **5.** 8.7 **7.** 12.02 **9.** 4.26 **11.** 3.75 **13.** 7.9 **15.** 13.796 **17.** 14.92 **19.** 14.82 **21.** 2.23 **23.** 106.865 **25.** 95.615 **27.** 14.3 **29.** 6.7 **31.** 2.3 **33.** Respuesta de ejemplo: 2.55 + 3.55 = 6.1 **35.** Respuesta de ejemplo: Yo tenía $2.55 y compré una barra de caramelo por $0.75. ¿Cuánto dinero me sobra? 2.55 – 0.75 = $1.80 **37.** 4.7 **39.** Respuesta de ejemplo: No, la respuesta depende de la moda y el estilo del auto. **41.** 0.2 – 0.1876543 = 0.01234567 **43.** I **45.** Respuesta de ejemplo: 4 + 2 + 4 = 10 **47.** Respuesta de ejemplo: $11 – $6 = $5 **49.** 41 **51.** 16

### *Páginas 127–128 Capítulo 3 Guía de estudio y repaso*

**1.** falso, menor **3.** falso, milésimos **5.** verdadero **7.** 6.5, (6 × 1) + (5 × 0.1) **9.** 53.175 **11.** < **13.** < **15.** 0.0004 **17.** 38 + 14 = 52 **19.** 7 + 4 + 4 = 15 **21.** 89 **23.** 176 **25.** 48 **27.** 4 **29.** 27.57 **31.** 116.72

## Capítulo 4 Multiplicación y división de decimales

### *Página 133 Capítulo 4 Para comenzar*

**1.** redondear **3.** 10 × 10 = 100 **5.** 10 × 10 × 10 × 10 × 10 = 100,000 **7.** 4 **9.** 28 **11.** 38 **13.** 34 **15.** 13.7 **17.** 23.4

### *Páginas 137–138 Lección 4-1*

**1.** Respuesta de ejemplo: Multiplica como si fueran números enteros. Luego estima para determinar dónde debe quedar el punto decimal. El método de colocar consiste en contar el número de lugares a la derecha del punto decimal del factor, para luego colocar el punto decimal en el mismo número de espacios en el producto, contando de derecha a izquierda. **3.** Kelly tiene razón. Hay dos lugares a la derecha del punto decimal en el factor y, en consecuencia, el producto debe tener el punto decimal a dos lugares del último número a la derecha. **5.** 4.2 **7.** 1.56 **9.** 3.6 **11.** 0.072 **13.** 374.1 **15.** 8.4 **17.** 3.9 **19.** 6.3 **21.** 14.48 **23.** 2.6 **25.** 16.2 **27.** 0.08 **29.** 0.0324 **31.** 25.6 $pulg^2$ **33.** 27.9 $cm^2$ **35.** 160.1 **37.** 4,000,000 **39.** 930,000 **41.** 2,170,000 **43.** \$239.88 **45.** \$83.88 **47.** 5 **49.** B **51.** 406.593 **53.** Respuesta de ejemplo: 42 – 2 = 40 **55.** 1,075 **57.** 2,970

### *Páginas 142–143 Lección 4-2*

**1.** Respuesta de ejemplo: $1.5 \times 4.25 = 6.375$ **3.** 0.3 **5.** 29.87127 **7.** 1.092 **9.** \$1.98 **11.** 4.05 **13.** 0.68 **15.** 8.352 **17.** 166.992 **19.** 0.0225 **21.** 19.69335 **23.** 5.8199 **25.** 0.109746 **27.** 9.7 **29.** Siempre; Respuesta de ejemplo: $0.9 \times 0.9 = 0.81$, se moverá el punto decimal para que la respuesta sea siempre menor que uno. **31.** 0.75 **33.** 2.7348 **35.** G **37.** 348.8 **39.** 47.04 **41.** 7 **43.** 7

### *Páginas 146–147 Lección 4-3*

**1.** Respuesta de ejemplo: Dado que $40 \div 20 = 2$, la respuesta es 2.2. **3.** Menor que uno; estás dividiendo un número entre un número más pequeño. **5.** 13.1 **7.** 1.4 **9.** 0.6 **11.** \$0.55 **13.** 0.9 **15.** 0.6 **17.** 1.2 **19.** 1.6 **21.** 10.9 **23.** 7.0 **25.** 3.58 min **27.** 75 **29.** pan: \$0.07; jugo de naranja: \$0.11; cereal: \$0.19 **31.** 24.925 **33.** Respuesta de ejemplo: $6.324 \div 5$ **35.** \$27.67 **37.** 3.68 **39.** 2.2512 **41.** 29 **43.** 9 **45.** 28.67

### *Páginas 154–155 Lección 4-4*

**1.** $1.92 \div 0.51 \approx 2 \div 0.5$ ó 4 **3.** $5\overline{)35}$; El cociente es 7 y el cociente de los otros problemas es 0.7. **5.** 12.4 **7.** 0.2 **9.** 12.2 **11.** 0.80 **13.** 45 ladrillos **15.** 2.3 **17.** 0.4 **19.** 450 **21.** 0.0492 **23.** 22.4 **25.** 0.605 **27.** 52,000 **29.** 0.58 **31.** 0.96 **33.** 0.03 **35.** 0.50 **37.** Respuesta de ejemplo: $330 \div 11 = 30$; 27.68 mpg **39.** \$5.6 billones **41.** Nunca; al dividir entre un número decimal menor, se obtiene más de 1 parte. **43.** Respuesta de ejemplo: $3.813 \div 0.82 = 4.65$. **45.** 6.05 **47.** 47.04 **49.** 102.465 **51.** 8 **53.** 16

### *Páginas 159–160 Lección 4-5*

**1.** Respuesta de ejemplo:

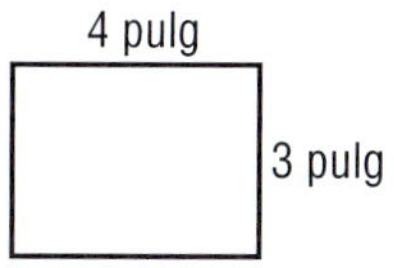


**3.** Luanda tiene razón. Para calcular el perímetro se suman todos los lados, no se multiplican. **5.** 78 cm **7.** 264 yd **9.** 88 pies **11.** 48.6 m **13.** 24 pulg **15.** 28 cm **17.** 4 **19.** 160 m **21.** 346 yd **23.** 3.02 **25.** 4.06 **27.** 391 **29.** 37.12

### *Páginas 163–164 Lección 4-6*

**1.**

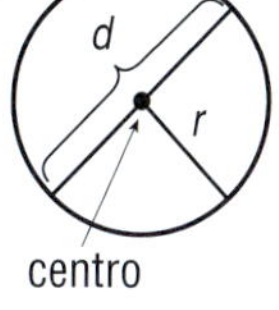


**3.** Alvin tiene razón. Jerome no multiplicó el radio por 2. **5.** 65.9 pies **7.** 2.7 yd **9.** 11 pulg **11.** 38.9 m **13.** 18.8 pies **15.** 131.9 mm **17.** 15.1 pulg **19.** alrededor de 785 pies **21.** alrededor de 669.8 pies **23a.** 1 mi **23b.** 5 m **25.** No; dado que el estimado del diámetro es un número entero, la medida de la circunferencia no puede ser más precisa que aproximadamente 37 centímetros. **27.** B **29.** 17.4 pulg **31.** 82 yd **33.** 12.8

### *Páginas 166–168 Capítulo 4 Guía de estudio y repaso*

**1.** radio **3.** divisor **5.** perímetro **7.** 10 **9.** 8.4 **11.** 3.28 **13.** 2.40 **15.** 39.9 **17.** \$119.85 **19.** 0.78 **21.** 0.204 **23.** 15.77 **25.** 0.000252 **27.** 0.34 **29.** 3.9 **31.** 0.882 **33.** \$8.75 **35.** 1.8 **37.** 14.7 **39.** 65 **41.** 0.62 **43.** 26 pulg **45.** 106.2 pies **47.** 33.6 pulg **49.** 50.2 m **51.** 391.2 pies **53.** 351.7 pies

## Capítulo 5 Fracciones y decimales

### *Página 175 Capítulo 5 Para comenzar*

**1.** factores **3.** ninguno **5.** 5 **7.** $3 \times 3 \times 7$ **9.** $2 \times 2 \times 2 \times 3 \times 5$ **11.** 5.3 **13.** 0.2 **15.** 0.4 **17.** 0.8

### *Páginas 179–180 Lección 5-1*

**1.** 24: 1, 2, 3, 4, 6, 8, 12, 24; 32: 1, 2, 4, 8, 16, 32; 1, 2, 4, 8 **3.** Respuesta de ejemplo: 11 y 19. Su MCD es uno porque no tienen otro número en común. **5.** 8 **7.** 10 **9.** plántulas de pino: 2 filas; plántulas de roble: 3 filas; plántulas de arce: 5 filas **11.** 4 **13.** 5 **15.** 1 **17.** 12 **19.** 15 **21.** 17 **23.** 3 **25.** Respuesta de ejemplo: 45, 60, 90 **27.** 14 y 28 **29.** 12 **31.** Respuesta de ejemplo: 16 y 32 **33.** limones: 3 bolsas; naranjas: 7 bolsas; mandarinas: 5 bolsas **35.** D **37.** 31.4 m **39.** 38.7 m **41.** 5 **43.** 3

### *Páginas 184–185 Lección 5-2*

**1.** Respuesta de ejemplo: $\frac{2}{8}, \frac{4}{16}, \frac{8}{32}$ **3.** 9 **5.** 5 **7.** forma reducida **9.** 4 **11.** 3 **13.** 18 **15.** 6 **17.** $\frac{2}{3}$ **19.** forma reducida **9.** 4 **21.** $\frac{6}{7}$ **23.** $\frac{5}{19}$ **25.** forma reducida **27.** $\frac{4}{11}$ **29.** $\frac{3}{4}$ **31.** $\frac{12}{100}$ **33.** 20 **35.** Respuesta de ejemplo: Una cuarta parte de la gente entrevistada prefiere a los gatos como mascota. **37.** $\frac{20}{28}, \frac{10}{14}, \frac{40}{56}$ **39.** $\frac{12}{18}, \frac{28}{42}, \frac{40}{60}$ **41.** Respuesta de ejemplo: $\frac{10}{16}$;

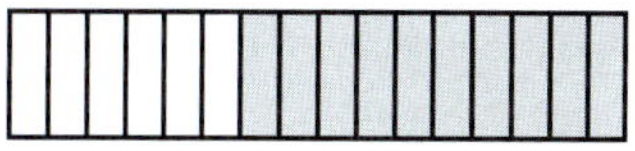

**43.** 15 **45.** 42.1 m **47.** 3.2 **49.** 7.4

### *Páginas 188–189 Lección 5-3*

**1.**

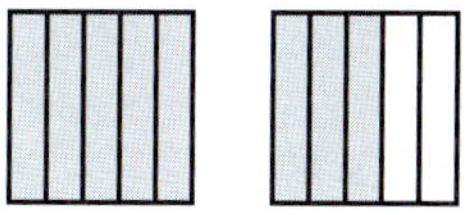

$\frac{8}{5} = 1\frac{3}{5}$

**3.** Si el numerador es menor que el denominador, la fracción es menor que 1. Si el numerador es igual al denominador, la fracción es igual a 1. Si el numerador es mayor que el denominador, la fracción es mayor que 1.

**5.**

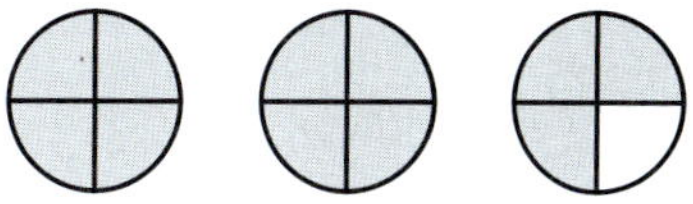

$2\frac{3}{4} = \frac{11}{4}$

**7.** $\frac{9}{5}$ **9.** $5\frac{1}{6}$ **11.** $2\frac{5}{8}$

**13.**

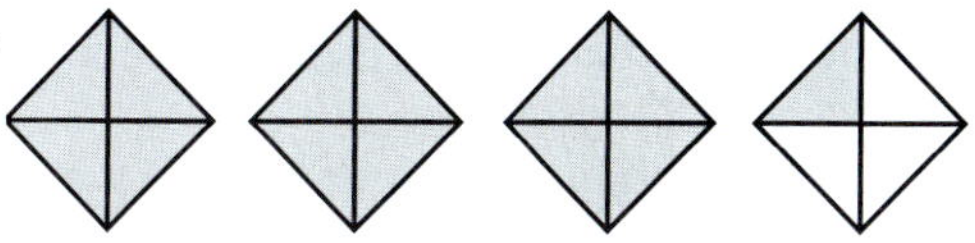

$3\frac{1}{4} = \frac{13}{4}$

15. 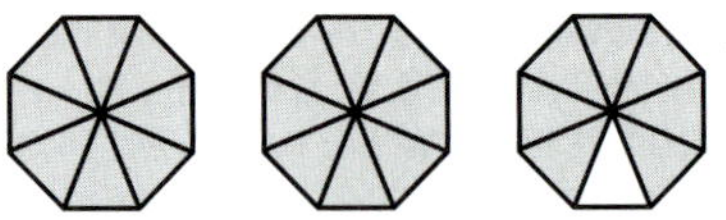 $2\frac{7}{8} = \frac{23}{8}$

**17.** $\frac{19}{3}$ **19.** $\frac{17}{5}$ **21.** $\frac{13}{8}$ **23.** $\frac{29}{4}$ **25.** $\frac{23}{6}$ **27.** $\frac{48}{7}$ **29.** $\frac{33}{5}$ **31.** $9\frac{2}{3}$ **33.** $3\frac{1}{5}$ **35.** $1\frac{1}{8}$ **37.** $1\frac{7}{9}$ **39.** $5\frac{5}{6}$ **41.** $3\frac{4}{7}$ **43.** $4\frac{7}{10}$ **45.** $11\frac{1}{9}$ **47.** $1\frac{1}{2}$ **49.** $\frac{88}{60}, \frac{76}{60}, \frac{84}{60}, \frac{69}{60}$ **51.** Según la definición de fracción impropia, una fracción impropia es aquella en la que el numerador es igual o mayor que el denominador. Por lo tanto, por definición, la fracción es impropia. **53.** I **55.** 3 **57.** 2 **59.** 2 · 2 · 3 · 3 **61.** 3 · 5 · 7

### *Páginas 196–197 Lección 5-4*

**1. a.** sí **b.** no **c.** no **d.** sí **3.** Ana tiene la razón. Ana calculó el mcm y Kurt calculó el MCD. **5.** 40 **7.** 36 **9.** 10 **11.** 12 **13.** 60 **15.** 80 **17.** 40 **19.** 75 **21.** 105 **23.** 225, 270, 315 **25.** 3 rotaciones **27.** 60 **29.** Todos los numeradores son múltiplos de 5 y todos los denominadores son múltiplos de 8. **31.** C **33.** $9\frac{2}{5}$ **35.** 51 **37.** 15 **39.** *D* **41.** *C* **43.** *F*

### *Páginas 200–201 Lección 5-5*

**1. a.** 8 **b.** 20 **c.** 18 **3.** $\frac{3}{5}$ – c, $\frac{9}{10}$ – d, $\frac{3}{4}$ – a, $\frac{9}{20}$ – b; $\frac{9}{20}, \frac{3}{5}, \frac{3}{4}, \frac{9}{10}$ **5.** > **7.** < **9.** $\frac{1}{4}, \frac{3}{8}, \frac{2}{3}, \frac{5}{6}$ **11.** > **13.** > **15.** = **17.** = **19.** Son iguales. **21.** $\frac{3}{4}$ de dólar **23.** $\frac{2}{9}, \frac{11}{18}, \frac{2}{3}, \frac{5}{6}$ **25.** $\frac{1}{2}, \frac{9}{16}, \frac{5}{8}, \frac{3}{4}$ **27.** $\frac{4}{5}, \frac{3}{8}, \frac{5}{16}, \frac{1}{4}$ **29.** humo del tabaco **31.** $\frac{5}{7}$ **33.** B **35.** 12 **37.** 216 **39.** $\frac{1}{4}$ **41.** 4.6 **43.** 0.025

### *Páginas 204–205 Lección 5-6*

**1.** Respuesta de ejemplo: 0.04 **3.** $\frac{2}{5}$ **5.** $\frac{21}{40}$ **7.** $1\frac{1}{4}$ **9.** $\frac{7}{10}$ **11.** $\frac{1}{2}$ **13.** $\frac{21}{100}$ **15.** $\frac{41}{50}$ **17.** $\frac{17}{40}$ **19.** $\frac{1}{250}$ **21.** $7\frac{2}{25}$ **23.** $65\frac{117}{500}$ **25.** $13\frac{7}{25}$ **27.** zoológico: $\frac{4}{5}$ de milla; sitio para acampar: $\frac{1}{2}$ de milla; hoteles: $\frac{1}{5}$ de milla **29.** Respuesta de ejemplo: Si te quedas en el sitio para acampar, ¿a qué distancia te queda el zoológico? **31.** $11\frac{8}{10}$ ó $11\frac{4}{5}$ mi **33.** Respuesta ejemplo: La envergadura de las alas de la mariposa *Colias eurytheme* mide entre 1.625 y 2.375 pulgadas. Su envergadura de alas es considerablemente mayor que la de la mariposa *Everes amyntula*. **35.** C **37.** > **39.** = **41.** 300 **43.** 83 **45.** 379 alumnos **47.** 0.75 **49.** 0.25

### *Páginas 208–209 Lección 5-7*

**1. a.** $0.\overline{5}$ **b.** $4.\overline{345}$ **c.** $13.\overline{67}$ **d.** $25.\overline{154}$ **3.** Respuesta de ejemplo: 0.34 y $0.\overline{34}$. Los dígitos de un decimal terminal, terminan o se detienen. Los dígitos de un decimal periódico se repiten. **5.** 0.75 **7.** 5.8 **9.** 0.0625 c **11.** 0.13 **13.** 0.5625 **15.** $0.41\overline{6}$ **17.** $0.\overline{09}$ **19.** 10.9 **21.** 4.45 **23.** $6.\overline{26}$ **25.** $12.\overline{5}$ **27.** 0.025 **29.** 12.0032 **31.** 2.375 mi **33.** $2.\overline{6}$ **35.** < **37.** $\frac{3}{20}, \frac{1}{6}, \frac{1}{5}, \frac{2}{9}$ **39.** *Bulla striata* **41.** *Phallium granulatum* **43.** Si la factorización prima del denominador sólo incluye 2 y 5, la fracción es un decimal terminal. **45.** I **47.** $\frac{73}{100}$ **49.** $11\frac{7}{50}$

### *Páginas 210–212 Capítulo 5 Guía de estudio y repaso*

**1.** c **3.** b **5.** a **7.** 3 **9.** 14 **11.** 9 piezas **13.** 56 **15.** 9 **17.** $\frac{3}{16}$ **19.** $\frac{3}{7}$ **21.** $\frac{43}{8}$ **23.** $\frac{65}{9}$ **25.** $5\frac{1}{3}$ **27.** $24\frac{1}{2}$ **29.** 50 **31.** 36 **33.** 48 **35.** < **37.** < **39.** $\frac{1}{2}, \frac{5}{9}, \frac{2}{3}, \frac{3}{4}$ **41.** $\frac{5}{6}$ c **43.** $\frac{7}{20}$ **45.** $\frac{1}{8}$ **47.** $9\frac{63}{200}$ **49.** $\frac{6}{125}$ **51.** 0.875 **53.** $0.41\overline{6}$ **55.** 12.75 **57.** 0.75

## Capítulo 6 Adición y sustracción de fracciones

### *Página 217 Capítulo 6 Para comenzar*

**1.** verdadero **3.** 1 + 7 = 8 **5.** 8 − 5 = 3 **7.** 10 + 10 = 20 **9.** $\frac{1}{6}$ **11.** $\frac{2}{5}$ **13.** $1\frac{1}{10}$ **15.** $1\frac{2}{5}$ **17.** $1\frac{1}{4}$ **19.** 9

### *Páginas 221–222 Lección 6-1*

**1.** Respuesta de ejemplo: Si vas a comprar materiales para el proyecto, es mejor redondear hacia la cantidad superior porque si se redondea hacia la cantidad inferior, es posible que no alcance el dinero. **3.** 1 **5.** $\frac{1}{2}$ **7.** 0 **9.** hacia abajo, para asegurarse de que quepa **11.** 1 **13.** 4 **15.** 3 **17.** 7 **19.** 2 **21.** $\frac{1}{2}$ **23.** $\frac{1}{2}$ **25.** $4\frac{1}{2}$ **27.** 1 **29.** $9\frac{1}{2}$ **31.** hacia abajo, para que el globo no estalle **33.** hacia arriba, para que el regalo quepa **35.** hacia abajo, si los estantes son demasiado grandes no van a caber **37.** 3 pulg **39.** 0–2: $\frac{10}{49}$; 3–5: $\frac{18}{49}$; 6–8: $\frac{1}{7}$; 9–11: $\frac{4}{49}$; 12–14: $\frac{6}{49}$; 15–17: $\frac{4}{49}$ **41.** Respuesta de ejemplo: $4\frac{3}{8}, 4\frac{7}{16}, 4\frac{5}{8}$ **43.** H **45.** $0.1\overline{6}$ **47.** $6.08\overline{3}$ **49.** 1 + 1 = 2 **51.** 2 + 7 + 3 = 12 **53.** 10 – 4 = 6

### *Páginas 224–225 Lección 6-2*

**1.** Respuesta de ejemplo: Mark tiene $4\frac{3}{4}$ galones de limonada Si sirve $2\frac{1}{6}$ galones durante la parrillada, ¿cuánto le sobrará? **3.** $1 - \frac{1}{2} = \frac{1}{2}$ **5.** 4 + 6 = 10 **7.** Respuesta de ejemplo: 3 + 3 = 6 c **9.** $1 + \frac{1}{2} = 1\frac{1}{2}$ **11.** $1 - \frac{1}{2} = \frac{1}{2}$ **13.** 2 − 1 = 1 **15.** 4 + 2 = 6 **17.** 4 − 2 = 2 **19.** 6 + 3 + 3 = 12 **21.** 24 pulg **23.** Respuesta de ejemplo: $\frac{3}{8}$ y $\frac{7}{16}$ **25.** H **27.** $0.8\overline{3}$ **29.** $4.\overline{3}$ **31.** $1\frac{1}{5}$ **33.** $1\frac{1}{3}$ **35.** $1\frac{1}{2}$

### *Páginas 230–231 Lección 6-3*

**1.** Para sumar y restar fracciones con un mismo denominador, se suman o se restan los numeradores. El resultado deberá tener el denominador común. **3.** Della tiene razón. Se añadieron $\frac{3}{8}$ cuartos de jugo de piña al jugo de naranja para obtener $\frac{7}{8}$ cuartos de la mezcla de jugos. Debes restar para calcular la cantidad de jugo de naranja inicial. **5.** $\frac{1}{4}$ **7.** $1\frac{1}{2}$ **9.** $1\frac{1}{5}$ **11.** $1\frac{1}{4}$ **13.** $\frac{5}{6}$ **15.** $\frac{3}{5}$ **17.** $1\frac{2}{3}$ **19.** $\frac{5}{12}$ **21.** 0 **23.** $1\frac{2}{7}$ **25.** $\frac{1}{2}$ pulg **27.** $\frac{2}{3}$ **29.** $\frac{7}{10}$ **31.** $\frac{9}{10}$ **33.** 10 **35.** G **37.** 1 **39.** 2 **41.** $\frac{1}{2}$ **43.** 53.7 **45.** 65.8 **47.** 8 **49.** 20 **51.** 100

### *Páginas 237–238 Lección 6-4*

**1.** Respuesta de ejemplo: $\frac{2}{3}$ y $\frac{4}{5}$; $\frac{10}{15}$ y $\frac{12}{15}$ **3.** $\frac{8}{9}$ **5.** $\frac{1}{6}$ **7.** $\frac{5}{8}$ **9.** $1\frac{5}{12}$ **11.** $\frac{9}{10}$ **13.** $\frac{3}{8}$ **15.** $\frac{11}{12}$ **17.** $\frac{7}{20}$ **19.** $\frac{1}{8}$ **21.** $1\frac{1}{4}$ **23.** $1\frac{5}{24}$

**25.** $\frac{29}{48}$ **27.** $\frac{5}{16}$ pulg **29.** $1\frac{31}{40}$ **31.** $\frac{11}{40}$ **33.** $\frac{1}{24}$ **35.** ficción: $\frac{2}{5}$; misterio: $\frac{3}{10}$; romántica: $\frac{1}{10}$; no ficción: $\frac{1}{5}$ **37.** A veces; respuesta de ejemplo: Por ejemplo, $\frac{1}{2}$, $\frac{1}{4}$ y $\frac{3}{4}$ son menores que 1. La suma de $\frac{1}{2} + \frac{1}{4}$ es igual a $\frac{3}{4}$, cantidad menor que 1; la suma de $\frac{1}{2} + \frac{3}{4}$ es igual a $1\frac{1}{4}$, cantidad mayor que 1; la suma de $\frac{1}{4} + \frac{3}{4}$ es igual a 1. **39.** D **41.** $\frac{1}{4}$ gal **43.** Respuesta de ejemplo: $4 + 1 = 5$ **45.** Respuesta de ejemplo: $13\frac{1}{2} - 10 = 3\frac{1}{2}$ **47.** 3 **49.** 15

### *Páginas 242–243 Lección 6-5*

**1.** Respuesta de ejemplo: Un rectángulo mide $3\frac{3}{8}$ pies de largo y $1\frac{1}{4}$ pies de ancho. ¿Cuántos pies más mide de largo que de ancho? $2\frac{1}{8}$ pies **3.** $4\frac{1}{2}$ **5.** $8\frac{3}{10}$ **7.** $15\frac{3}{20}$ **9.** $8\frac{7}{12}$ **11.** 8 **13.** $5\frac{2}{5}$ **15.** $7\frac{1}{4}$ **17.** $6\frac{1}{6}$ **19.** $7\frac{2}{5}$ **21.** $3\frac{4}{9}$ **23.** $13\frac{7}{8}$ **25.** $4\frac{13}{60}$ **27.** $5\frac{1}{5}$ s **29.** $11\frac{31}{40}$ **31.** $3\frac{1}{2}$ **33.** $12\frac{7}{12}$ **35.** $25\frac{5}{6}$ pies **37.** $\frac{5}{16}$ mi **39.** A **41.** $\frac{2}{3}$ **43.** $1\frac{1}{2}$ **45.** $\frac{1}{20}$ **47.** $1\frac{13}{20}$ **49.** $\frac{7}{5}$ **51.** $\frac{11}{8}$ **53.** $\frac{25}{12}$

### *Páginas 246–247 Lección 6-6*

**1.** Respuesta de ejemplo: Modela $3\frac{1}{2}$.

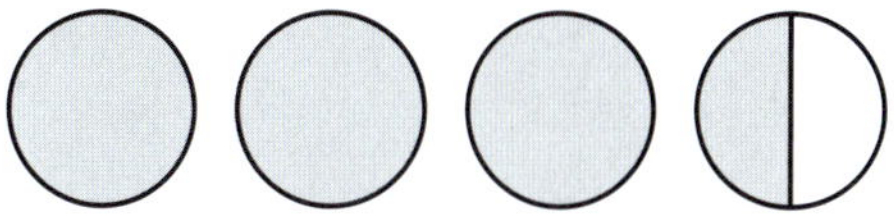

Convierte $3\frac{1}{2}$ en $2\frac{12}{8}$.

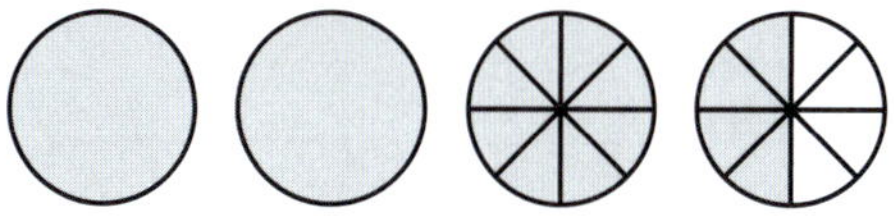

Elimina $1\frac{5}{8}$.

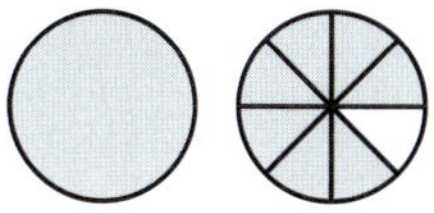

El resultado es $1\frac{7}{8}$.

**3. a.** 8 **b.** 6 **c.** 7 **d.** 5 **5.** $3\frac{5}{8} - 2\frac{3}{8}$; en los otros casos el numerador de la primera fracción es menor que el numerador de la segunda fracción. **7.** $1\frac{3}{4}$ **9.** $1\frac{13}{20}$ **11.** $1\frac{1}{2}$ **13.** $1\frac{1}{2}$ **15.** $6\frac{9}{10}$ **17.** $8\frac{5}{8}$ **19.** $3\frac{5}{6}$ **21.** $11\frac{19}{20}$ **23.** $\frac{3}{4}$ pulg **25.** $2\frac{7}{8}$ pulg **27.** $1\frac{5}{6}$ mi **29.** Respuesta de ejemplo: ¿Cuánto es $3\frac{1}{4} - 2\frac{7}{8}$? **31.** $2\frac{3}{4}$ yd **33.** $3\frac{7}{12}$ **35.** $12\frac{13}{24}$ **37.** $3^2 \times 5$ **39.** $3 \times 19$

### *Páginas 248–250 Capítulo 6 Guía de estudio y repaso*

**1.** 5 **3.** mcd **5.** $8\frac{5}{4}$ **7.** 1 **9.** $6\frac{1}{2}$ **11.** 2 **13.** $1\frac{1}{2}$ pulg **15.** $1 - 0 = 0$ **17.** $9\frac{1}{2} - 3 = 6\frac{1}{2}$ **19.** $0 + 3 = 3$ **21.** $4 - 0 = 4$ **23.** $\frac{2}{3}$ **25.** $\frac{4}{7}$ **27.** $1\frac{2}{9}$ **29.** $1\frac{1}{6}$ **31.** $\frac{25}{36}$ **33.** $1\frac{7}{12}$ **35.** $\frac{13}{24}$ **37.** 5 **39.** $2\frac{3}{10}$ **41.** $\frac{5}{9}$ **43.** $17\frac{7}{12}$ **45.** $2\frac{11}{12}$ h **47.** $2\frac{13}{24}$ **49.** $\frac{5}{6}$ **51.** $6\frac{7}{8}$ **53.** $\frac{16}{21}$ **55.** $3\frac{19}{24}$ pies

## Capítulo 7 Multiplicación y división de fracciones

### *Página 255 Capítulo 7 Para comenzar*

**1.** máximo común divisor **3.** múltiplos **5.** 25.1 **7.** 113.1 **9.** 6 **11.** 10 **13.** 4 **15.** $\frac{13}{7}$ **17.** $\frac{25}{8}$ **19.** $\frac{1}{2}$ **21.** 0

### *Páginas 257–258 Lección 7-1*

**1.** Respuesta de ejemplo: Para estimar $\frac{2}{3}$ de 8, primero calcula $\frac{1}{3}$ de 9, cuyo resultado es 3. Por lo tanto, $\frac{2}{3}$ de 9 es igual a $2 \times 3$ ó 6. **3.** Menor que 14. Respuesta de ejemplo: Si redondeas 20 a 21, al estimar $\frac{2}{3}$ de 20 el estimado obtenido será mayor que la respuesta correcta.

**Las siguientes son respuestas de ejemplo para los ejercicios 5 al 23.**

**5.** $\frac{3}{4} \times 20 = 15$ **7.** $\frac{1}{2} \times 0 = 0$ **9.** $3 \times 11 = 33$ **11.** $\frac{1}{4} \times 20 = 5$ **13.** $1 \times 1 = 1$ **15.** $\frac{1}{2} \times 0 = 0$ **17.** $1 \times \frac{1}{2} = \frac{1}{2}$ **19.** $4 \times 3 = 12$ **21.** $5 \times 9 = 45$ **23.** $\frac{1}{2} \times 0 = 0$ **25.** 20 adolescentes

**27.** punto *N* **29.** aproximadamente \$6 **31.** $3\frac{1}{4}$ **33.** $4\frac{17}{21}$ **35.** 3 **37.** 2 **39.** 8

### *Páginas 263–264 Lección 7-2*

**1.** El área yuxtapuesta sombreada es igual a $\frac{2}{6}$ ó $\frac{1}{3}$ del entero.

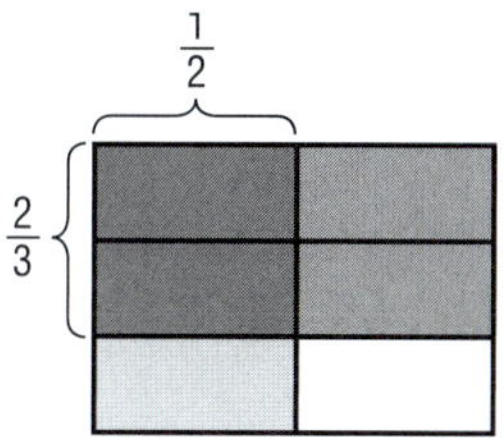


**3.** No; una fracción multiplicada por 22 debe ser menor que 22. **5.** $\frac{1}{16}$ **7.** $\frac{1}{4}$ **9.** 9 **11.** $\frac{5}{24}$ **13.** $\frac{2}{15}$ **15.** $1\frac{1}{2}$ **17.** $\frac{1}{6}$ **19.** $\frac{1}{6}$ **21.** $\frac{15}{32}$ **23.** $\frac{2}{9}$ **25.** $\frac{1}{24}$ **27.** $\frac{3}{16}$ **29.** $\frac{3}{10}$ **31.** $\frac{1}{5}$ **33.** 84 lb **35.** 500 $mi^2$ **37.** $\frac{1}{100}$ **39.** $\frac{4}{7}$ **41.** Respuesta de ejemplo: $2 \times 5 = 10$ **43.** Respuesta de ejemplo: $\frac{1}{2} \times 1 = \frac{1}{2}$ **45.** Debbie, Camellia, Fala, Sarah **47.** $\frac{13}{4}$ **49.** $\frac{19}{7}$ **51.** $\frac{53}{8}$

### *Páginas 266–267 Lección 7-3*

**1.** Respuesta de ejemplo: Convierte los números mixtos en fracciones. Si es posible, reduce antes de multiplicar. Después multiplica los numeradores entre sí y los denominadores entre sí. **3.** B; el producto debe ser mayor que $\frac{2}{3}$ y menor que $2\frac{1}{2}$. **5.** 1 **7.** $4\frac{9}{10}$ **9.** $\frac{15}{32}$ **11.** $1\frac{1}{6}$ **13.** $1\frac{1}{2}$ **15.** $1\frac{2}{3}$ **17.** 9 **19.** 22 **21.** $1\frac{1}{2}$ **23.** $2\frac{1}{3}$ **25.** $6\frac{1}{8}$ **27.** 6 **29.** $\frac{3}{4}$ **31.** Nunca. Respuesta de ejemplo: Un número mixto contiene un número entero y el producto de dos números

Respuestas seleccionadas

enteros nunca resulta en una fracción menor que 1. **33.** $5\frac{1}{4}$ lb **35.** $\frac{1}{9}$ **37.** $\frac{2}{7}$ **39.** $\frac{3}{32}$ **41.** $\frac{1}{12}$

### *Páginas 274–275 Lección 7-4*

**1.** Respuesta de ejemplo: Hay seis tercios en 2.

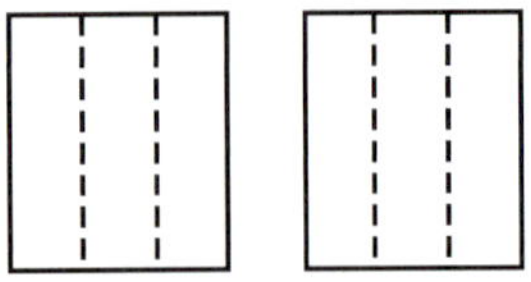

**3.** Respuesta de ejemplo: $\frac{2}{5}$ y $\frac{5}{2}$ **5.** $\frac{3}{2}$ **7.** $\frac{5}{2}$ **9.** $\frac{1}{2}$ **11.** $\frac{2}{5}$ **13.** $\frac{5}{6}$ **15.** $\frac{1}{9}$ **17.** 10 **19.** $\frac{5}{2}$ **21.** $\frac{1}{8}$ **23.** $\frac{8}{3}$ **25.** $\frac{3}{4}$ **27.** 2 **29.** $1\frac{1}{8}$ **31.** 4 **33.** $1\frac{2}{3}$ **35.** $\frac{5}{16}$ **37.** $\frac{2}{7}$ **39.** $1\frac{1}{2}$ **41.** $\frac{2}{3}$ **43.** Respuestas de ejemplo: a) Sobraron 3 mitades de tarta durante una venta de tartas. ¿Cuánta tarta sobró? $3 \times \frac{1}{2} = 1\frac{1}{2}$ tartas b) Sobraron 3 tartas durante una venta de tartas. ¿Cuántos alumnos se podrán llevar a casa media tarta? $3 \div \frac{1}{2} = 6$ alumnos **45. a.** $\frac{12}{11}$ **b.** $\frac{12}{11}$ **47.** I **49.** $5\frac{1}{24}$ **51.** $23\frac{1}{3}$ **53.** $\frac{5}{3}, \frac{3}{5}$ **55.** $\frac{9}{2}; \frac{2}{9}$ **57.** $\frac{34}{5}; \frac{5}{34}$

### *Páginas 277–279 Lección 7-5*

**1.** Respuesta de ejemplo: Un carrete de listón contiene $12\frac{3}{4}$ yardas de listón. ¿Cuántas piezas de $2\frac{1}{2}$ yardas se pueden obtener del carrete? $12\frac{3}{4} \div 2\frac{1}{2} = 5\frac{1}{10}$, por lo tanto, se pueden cortar 5 piezas del carrete. **3.** $1\frac{3}{4}$ **5.** $11\frac{1}{5}$ **7.** 28 rebanadas **9.** $\frac{5}{12}$ **11.** $2\frac{2}{3}$ **13.** $7\frac{1}{2}$ **15.** 39 **17.** $1\frac{1}{2}$ **19.** $4\frac{1}{26}$ **21.** $\frac{2}{3}$ **23.** $2\frac{2}{5}$ **25.** $2\frac{2}{9}$ **27.** 5 fotografías **29.** $\frac{6}{11}$ **31.** $\frac{4}{5}$ **33.** $1\frac{7}{8}$ **35.** 560 mph **37.** 22 mpg **39.** Mayor que; $1\frac{2}{3}$ es menor que $1\frac{3}{4}$. **41.** D **43.** $23\frac{1}{3}$ toneladas inglesas **45.** $\frac{3}{4}$ **47.** $8\frac{1}{3}$ **49.** $3\frac{1}{2}$ **51.** $1\frac{1}{2}$

### *Páginas 283–284 Lección 7-6*

**1.** Cada número es $\frac{1}{3}$ del número anterior. **3.** Drake; $1\frac{1}{2}$ se suma $1\frac{1}{2}$ a cada número y 6 más $7\frac{1}{2}$. **5.** multiplica por 2; 48, 96 **7.** 29 **9.** sustrae 4; 4, 0 **11.** multiplica por 2; 128, 256 **13.** multiplica por $\frac{1}{3}$; 2, $\frac{2}{3}$ **15.** $24\frac{1}{2}$ **17.** $\frac{1}{3}$ **19. a.** $\frac{1}{2}, \frac{1}{4}, \frac{1}{8}, \frac{1}{16}, \frac{1}{32}, \frac{1}{64}, \frac{1}{128}, \frac{1}{256}, \frac{1}{512}, \frac{1}{1{,}024}$ **b.** 1; Los primeros 9 números están contenidos en un cuadrado que representa 1. **21.** $x^5$ **23.** 5

### *Páginas 285–286 Capítulo 7 Guía de estudio y repaso*

**1.** falso; recíprocos **3.** falso; multiplica **5.** verdadero **7.** falso; fracción impropia **9.** Respuesta de ejemplo: $\frac{1}{5} \times 20 = 4$ **11.** Respuesta de ejemplo: $1 \times 13 = 13$ **13.** Respuesta de ejemplo: $5 \times 8 = 40$ **15.** Respuesta de ejemplo: $\frac{5}{6} \times 36 = 30$ **17.** $\frac{2}{15}$ **19.** $7\frac{1}{2}$ **21.** $26\frac{1}{2}$ **23.** $4\frac{1}{2}$ **25.** 15 **27.** $\frac{1}{6}$ **29.** $\frac{1}{16}$ **31.** $3\frac{1}{5}$ **33.** Cada número se multiplica por 2; 96, 192. **35.** Cada número se multiplica por $\frac{1}{5}$; 8, $1\frac{3}{5}$.

## Capítulo 8 Álgebra: Enteros

### *Página 293 Capítulo 8 Para comenzar*

**1.** producto **3.** 27 **5.** 12 **7.** 21 **9.** 8 **11.** 6 **13.** 2 **15.** 42 **17.** 45 **19.** 16 **21.** 8 **23.** 7 **25.** 8

### *Páginas 296–298 Lección 8-1*

**1.** Respuesta de ejemplo: Gráficalos en una recta numérica. Luego escríbelos de izquierda y derecha, como aparecen en la recta numérica. **3.** Respuesta de ejemplo: Los enteros negativos se localizan a la izquierda de cero; los enteros positivos se localizan a la derecha de cero; el cero no es negativo ni positivo. **5.** −15
**6–9.**

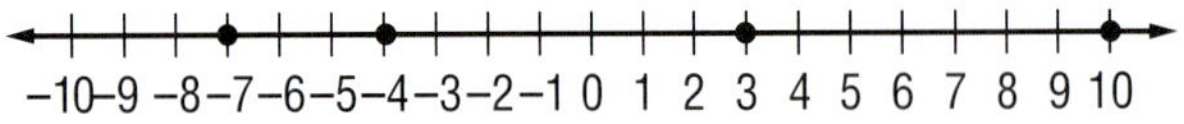


**11.** < **13.** −5, −4, 0, 3 **15.** −5 **17.** +5 **19.** −5 **21.** +4 ó 4
**23–30.**

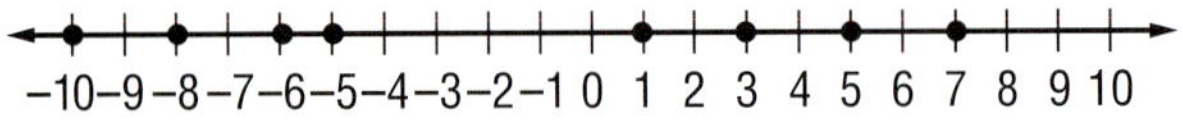


**31.** > **33.** > **35.** > **37.** −7, −5, 4, 6
**39.** −5, $\frac{1}{2}$, 0.6, $6\frac{3}{4}$, 8

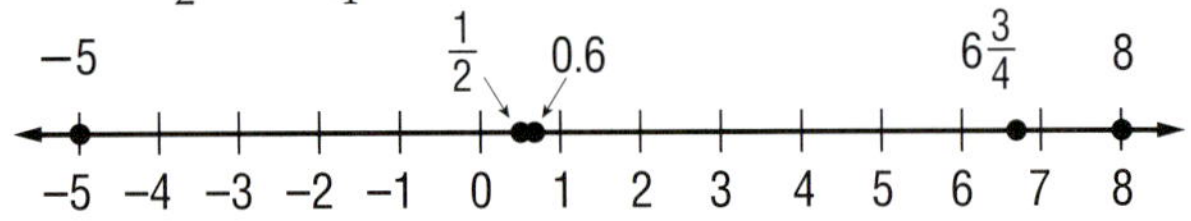


**41.** −4 **43.** +10 **45.** +3 **47.** −2 **49.** 0 **51.** −45° F
**53.**

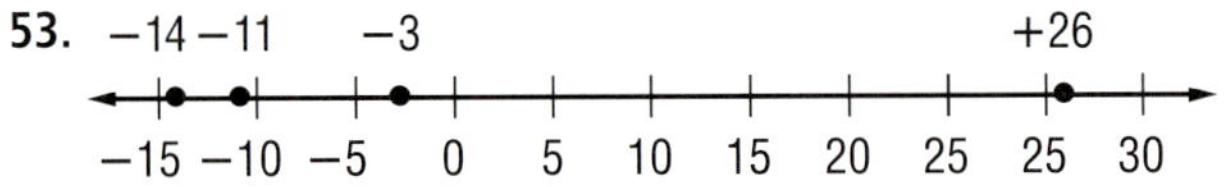


**55.** Respuesta de ejemplo: El mayor cambio ocurrió en la bancarrota de Chapter 11 porque el aumento que sufrió fue mayor que cualquiera de los descensos. **57.** 2 **59.** 4 **61.** A **63.** 8 **65.** $5\frac{1}{3}$ **67.** 10 **69.** 13

### *Páginas 302–303 Lección 8-2*

**1.** Respuesta de ejemplo: −8 + (+6) = −2 **3. a.** negativo **b.** cero **c.** positivo **d.** negativo **e.** positivo **f.** negativo **5.** +6 ó 6 **7.** −10 **9.** +5 ó 5 **11.** +3 ó 3 **13.** +8 u 8 **15.** +11 u 11 **17.** −5 **19.** −6 **21.** −1 **23.** −2 **25.** +4 ó 4 **27.** +1 ó 1 **29.** −5 **31.** −10 **33.** +5 ó 5 **35.** +4 ó 4 **37.** −5 + (−4); −9°F **39.** 7 yd ganadas **41.** −20° F **43.** Respuesta de ejemplo: −9 + 2 = −7 **45.** −5
**46–48.**

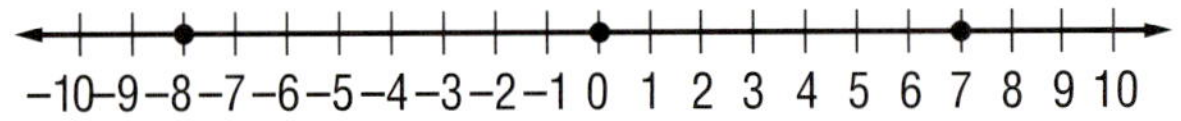


**49.** 10, 5 **51.** 2 **53.** 7

### *Páginas 306–307 Lección 8-3*

**1.** Respuesta de ejemplo: −7 − (−4) **3.** Respuesta de ejemplo: El resultado es el mismo porque 6 − 3 se puede convertir en 6 + (−3). **5.** 3 **7.** 0 **9.** 1 **11.** 33°F **13.** 1 **15.** 7 **17.** −4 **19.** −5 **21.** 0 **23.** −9 **25.** 8 **27.** −3 **29.** −20 **31.** 15°F **33.** Respuesta de ejemplo: Para la temporada regular del 2002 de MLS: New England: 0; Columbus: 1; Chicago: 5; Metro Stars: −6; D.C.: −9; Los Ángeles: 11; San José: 10; Dallas: 1; Colorado: −5; Kansas City: −8 **35.** a veces; Respuesta de ejemplo: −6 − (−2) = −4, −3 − (−7) = 4 **37.** nunca; Respuesta de ejemplo: 6 − (−2) = 8, 8 − (−8) = 16 **39.** 13 **41.** 0

**43.**

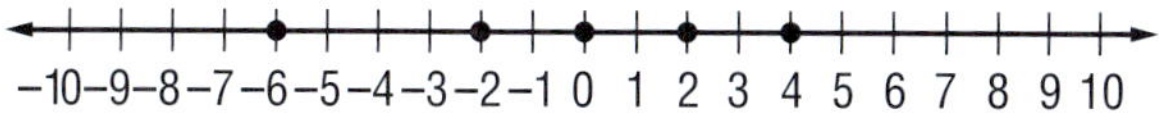


**45.** 56 **47.** 72

### *Páginas 312–313 Lección 8-4*

**1.**

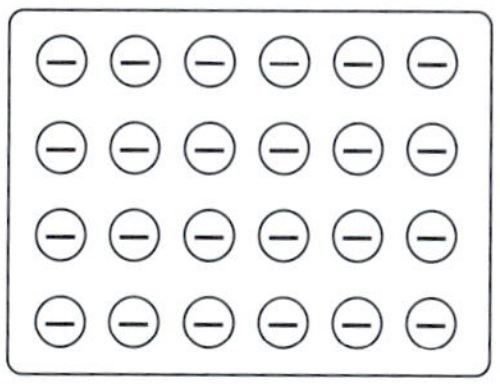

**3.** −8(6) no es positivo. El producto de un número negativo por un número positivo es negativo. **5.** −56 **7.** 27 **9.** 42 **11.** −36 **13.** −21 **15.** −35 **17.** −30 **19.** 56 **21.** 40 **23.** 60 **25.** −49 **27.** −36 **29.** −120 alumnos **31.** −162, −486; cada término se multiplica por 3. **33.** −15 metros cúbicos **35.** 24 **37.** nunca; Respuesta de ejemplo: 4 × 5 = 20 **39.** siempre; Respuesta de ejemplo: −4 × 2 = −8 **41.** el opuesto del número **43.** H **45.** 2 **47.** −13 **49.** 1 **51.** −1 **53.** Respuesta de ejemplo: $\frac{3}{4} \times 36 = 27$ **55.** 6 **57.** 9

### *Páginas 318–319 Lección 8-5*

**1.** 10 ÷ 5 = 2 **3.** Emily; el cociente de dos enteros con distintos signos es negativo. **5.** −3 **7.** 5 **9.** −8 **11.** 14 **13.** −3 **15.** −8 **17.** 5 **19.** −9 **21.** −9 **23.** 9 **25.** −3 **27.** −5 **29.** 3 puntos **31.** −1,308,000 acres **33.** B **35.** 21 **37.** $4\frac{5}{8}$

**39–42.**

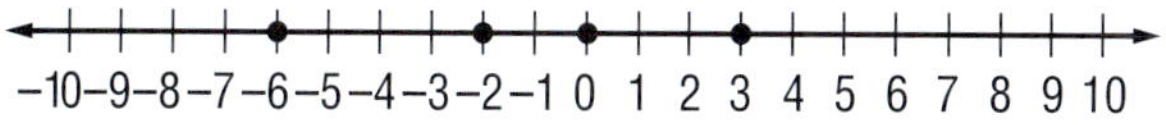


### *Páginas 322–323 Lección 8-6*

**1.**

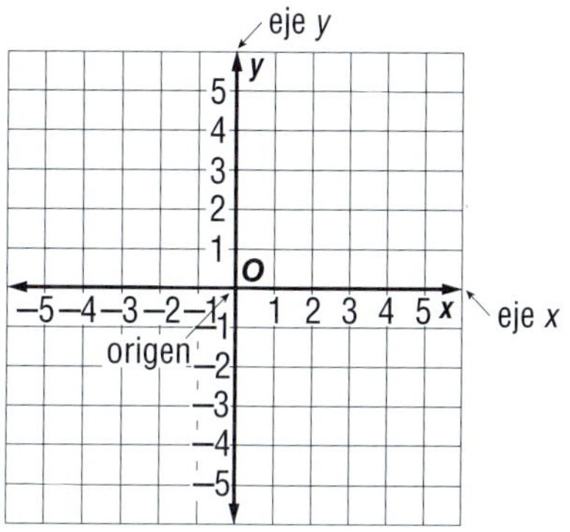


**3.** Respuesta de ejemplo: (0, 3) **5.** *K* **7.** (1, 4); I **9.** (−2, −5); III

**10–12.**

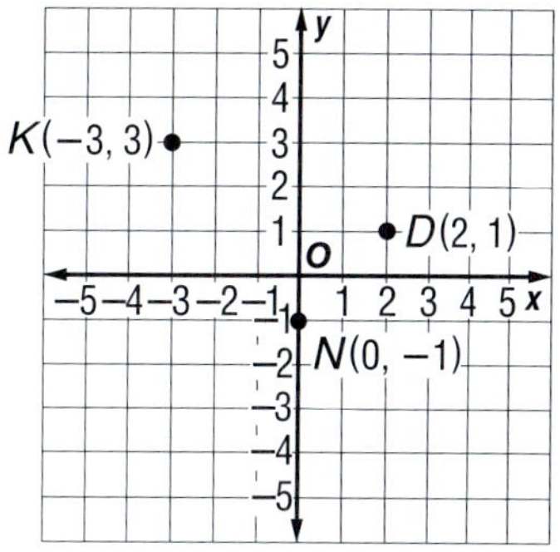


**13.** (0, 0), (1, 4), (2, 8), (3, 12) **15.** *R* **17.** *B* **19.** *T* **21.** (2, 5); I **23.** (4, −3); IV **25.** (−5, 4); II

**27–35.**

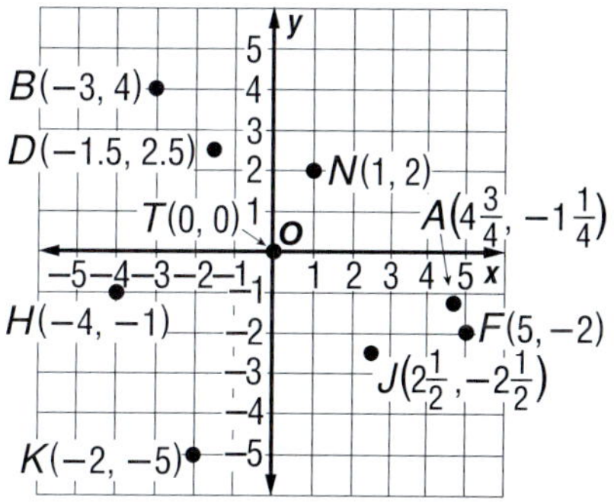


**37.**

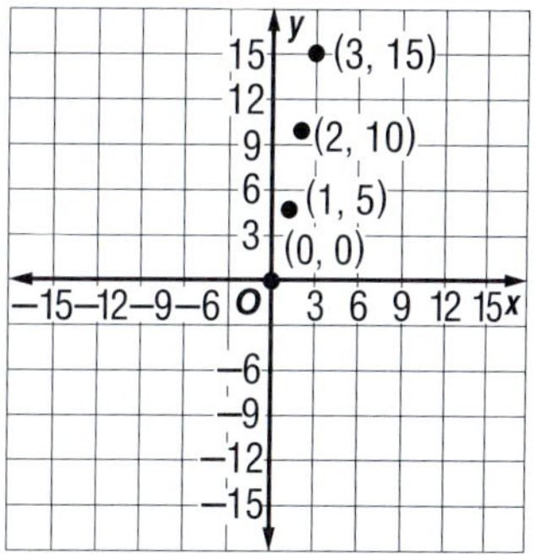


Los puntos parecen formar una recta.

**39.**

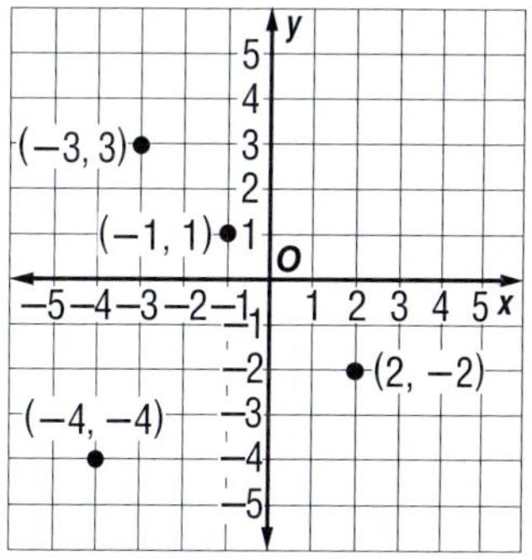


no lineal

**41.**

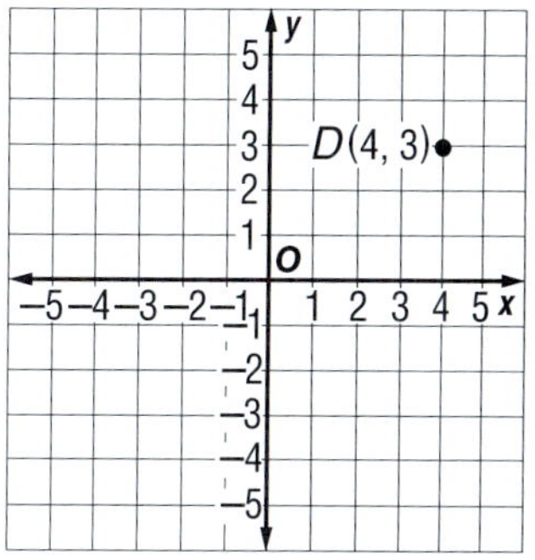


**43.** −20 **45.** −24

### *Páginas 324–326 Capítulo 8 Guía de estudio y repaso*

**1.** b **3.** c **5.** e **7.** g

**8–10.**

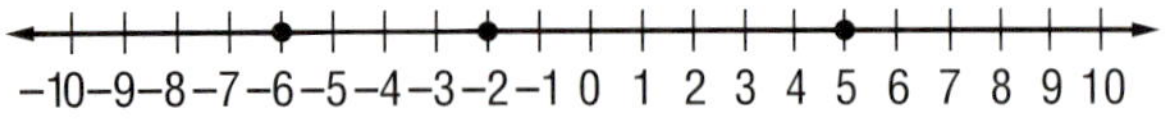


**11.** < **13.** < **15.** −2, −1, 0, 3, 4 **17.** −5 **19.** +9 ó 9 **21.** −6 **23.** −3 **25.** −4 **27.** 0 **29.** +12 ó 12 **31.** +15 ó 15 **33.** −3°F **35.** 3 **37.** 6 **39.** −4 **41.** −2 **43.** −13 **45.** 1 **47.** 15°F **49.** −24 **51.** 35 **53.** −32 **55.** 32 **57.** −4 **59.** 9 **61.** −3 **63.** 7 **65.** −4 **67.** (3, 1); I **69.** (−4, 3); II

**70–73.**

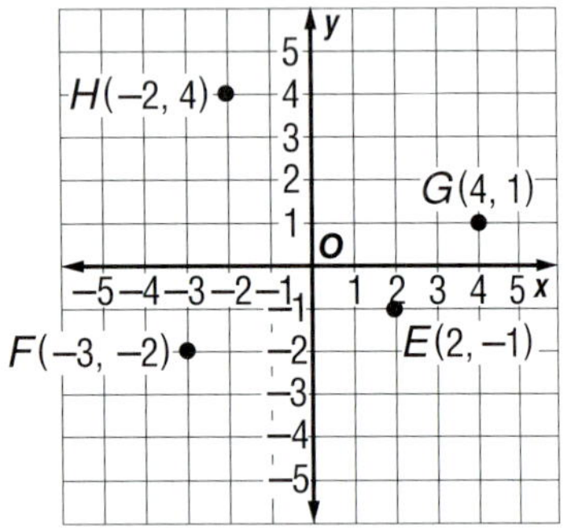


# Capítulo 9 Álgebra: Solución de ecuaciones

### *Página 331 Capítulo 9 Para comenzar*

**1.** verdadero **3.** 6 **5.** 25 **7.** −2 **9.** 6 **11.** −1 **13.** −8 **15.** 9 **17.** −4 **19.** −6, 3, 6 **21.** −8, −5, −4

### *Páginas 335–336 Lección 9-1*

**1.** Respuesta de ejemplo: Al usar la propiedad distributiva, puedes dividir mentalmente un número en partes que sean más fáciles de resolver. **3.** Las propiedades son verdaderas para las fracciones. Ejemplos:

Propiedad conmutativa: $\frac{1}{2} + \frac{1}{4} \stackrel{?}{=} \frac{1}{4} + \frac{1}{2}$

$\frac{3}{4} = \frac{3}{4}$ ✔

Propiedad asociativa: $\frac{1}{2} + \left(\frac{1}{3} + \frac{1}{4}\right) \stackrel{?}{=} \left(\frac{1}{2} + \frac{1}{3}\right) + \frac{1}{4}$

$\frac{1}{2} + \left(\frac{4}{12} + \frac{3}{12}\right) \stackrel{?}{=} \left(\frac{3}{6} + \frac{2}{6}\right) + \frac{1}{4}$

$\frac{1}{2} + \frac{7}{12} \stackrel{?}{=} \frac{5}{6} + \frac{1}{4}$

$\frac{6}{12} + \frac{7}{12} \stackrel{?}{=} \frac{10}{12} + \frac{3}{12}$

$\frac{13}{12} = \frac{13}{12}$ ✔

**5.** 420 **7.** 16.8 **9.** 60(5) + 5(5); 325 **11.** Conmutativa (×) **13.** Identidad (×) **15.** 48 **17.** 240 **19.** 105 **21.** 300 **23.** 216 **25.** 7(30) + 7(6); 252 **27.** 50(2) + 4(2); 108 **29.** Conmutativa (+) **31.** Asociativa (+) **33.** Identidad (+) **35.** Conmutativa (+) **37.** 59 **39.** 700 **41.** 150 **43.** A: $50.00; B: $56.25 **45a.** 0.32 **45b.** 0.05 **45c.** 7.8 **47.** Asociativa (×) **49.** −5 **51.** 6 **53.** −1 **55.** −2

### *Páginas 341–342 Lección 9-2*

**1.**

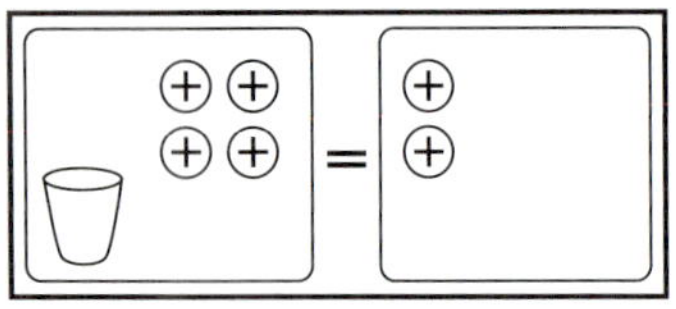


Para resolver la ecuación usando modelos, primero agrega dos pares nulos a la derecha del tapete. Luego elimina 4 fichas positivas en ambos lados. El resultado es $x = -2$. **3.** Negativo; cuando sumas 14 al número, el resultado es menor que 0. Por lo tanto, el número debe ser menor que 0. **5.** 5 **7.** −10 **9.** 200 + $a$ = 450; 250 pies **11.** 6 **13.** 3 **15.** −1 **17.** −6 **19.** −8 **21.** 6 **23.** −4 **25.** −2.1 **27.** −6.7 **29.** 2.9 **31.** $\frac{-3}{4}$ **33.** $w + 180 = 600$; 420 **35.** 50,000 lb **37.** c **39.** b **41.** 9 **43.** 30(4 + 0.5); 135 **45.** $K$ **47.** (−3, 3); II **49.** (0, 2); ninguno **51.** 24 **53.** −5 **55.** −6 **57.** 2

### *Páginas 346–347 Lección 9-3*

**1.** Reemplaza el valor de la variable en la ecuación original. **3.** Marcus; suma 6 para cancelar la sustracción 6. **5.** 14 **7.** 3 **9.** −5 **11.** $d - 35 = -75$; −40 ft **13.** 6 **15.** 4 **17.** 0 **19.** −7 **21.** 1 **23.** −3 **25.** 15 **27.** −7 **29.** 4.3 **31.** 3.5 **33.** $-\frac{1}{4}$ **35.** $b - 8 = 15$; en la yarda 23 ó $b - (-8) = 15$; en la yarda 7 **37.** Respuesta de ejemplo: ¿Cuánto dinero tenías inicialmente si gastaste $25 y te sobraron $14? $x - 25 = 14$; $39 **39.** C **41.** 55,070 + $x$ = 56,000; 930 **43.** $9\frac{1}{6}$ **45.** $3\frac{1}{5}$

**47.** **Colección de hojas de Jamil**

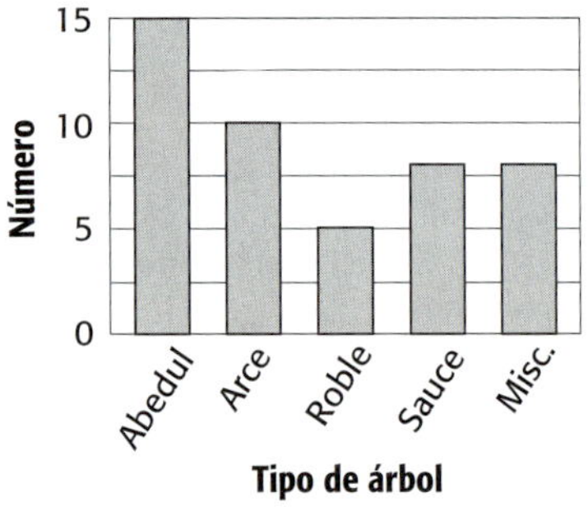


**49.** 14 **51.** −3

### *Páginas 351–352 Lección 9-4*

**1.**

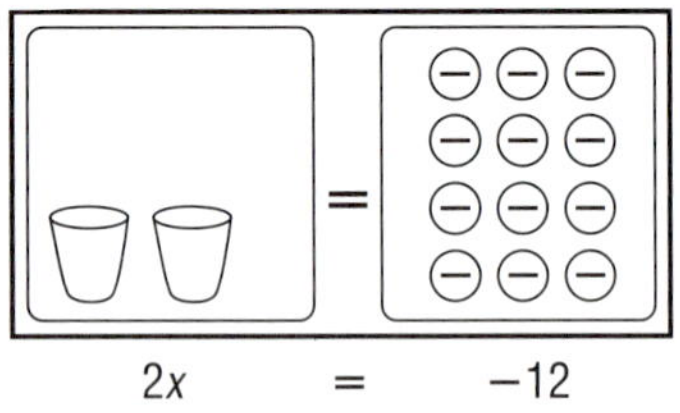


−6

**3.** $3c = 4$; la solución de las otras ecuaciones es 12. **5.** 3 **7.** −2 **9.** −4 **11.** 7 **13.** 4 **15.** 7 **17.** −6 **19.** −8 **21.** −2 **23.** −4 **25.** 8 **27.** 0.5 **29.** −2.5 **31.** 15 **33.** 3 **35.** 2 **37.** 30 **39.** −1.5 **41.** $10s = 55$; 5.5 **43.** La solución de $4x = 1{,}000$ será mayor porque para calcular la solución se divide 1,000 entre un número menor. **45.** 12 **47.** −20 **49.** −16 **51.** 90 **53.** F **55.** 11 **57.** 0 **59.** −5 **61.** −8 **63.** 47.1 pies **65.** 2.4 m **67.** 10 **69.** 14

### *Páginas 356–357 Lección 9-5*

**1.** adición **3.** 4 **5.** 3 **7.** 12 **9.** 3 **11.** −1 **13.** 2 **15.** −2 **17.** 1 **19.** −2 **21.** 2 **23.** $2 **25.** 7 **27.** G **29.** 3 **31.** −1, 2, 5 **33.** −1, 0, 1

## *Páginas 364–365 Lección 9-6*

1.

| Entrada ($x$) | Salida ($4x$) |
|---|---|
| −4 | −16 |
| −2 | −8 |
| 0 | 0 |
| 4 | 16 |

**3.** Olivia tiene razón; 5 menos que un número dado se representa con la expresión $x - 5$. **5.** −9, 0, 18 **7.** $-2x$ **9.** −6,−4, 4 **11.** $x + 2$ **13.** $2x$ **15.** $-3x$ **17.** $x - 1.6$ **19.** 8 **21.** $3s + 4b$

23.

| Años ($x$) | $223 \times \$10 \times x$ |
|---|---|
| 1 | $2,230,000,000 |
| 2 | $4,460,000,000 |
| 3 | $6,690,000,000 |

**25.** C **27.** $12 **29.** −6 **31.** 2.75

32–35.

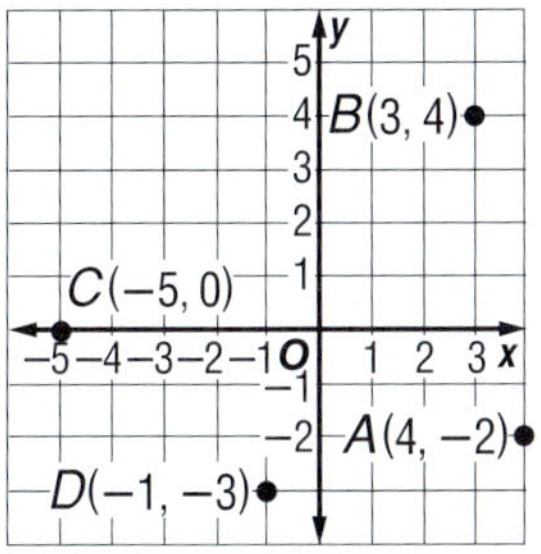


## *Páginas 368–369 Lección 9-7*

**1.** La tabla enumera valores seleccionados; la gráph es una recta.

3.

| Entrada ($x$) | Salida ($x + 5$) |
|---|---|
| −2 | 3 |
| 0 | 5 |
| 2 | 7 |

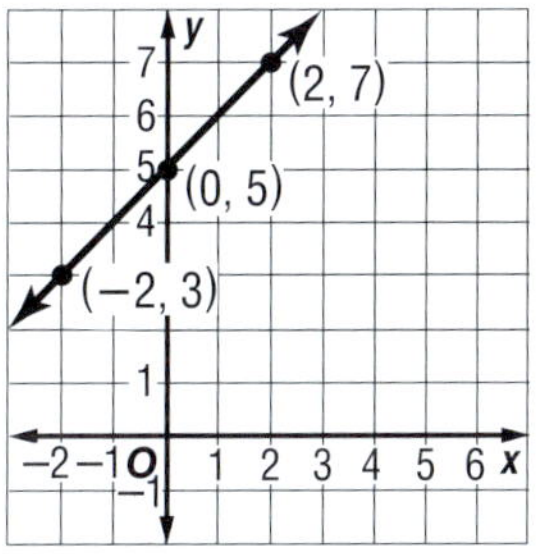


5.

| Entrada ($x$) | Salida ($y$) |
|---|---|
| −1 | −2 |
| 0 | 0 |
| 2 | 4 |

regla de función: $y = 2x$

7.

| Entrada ($x$) | Salida ($x - 2$) |
|---|---|
| 0 | −2 |
| 2 | 0 |
| 4 | 2 |

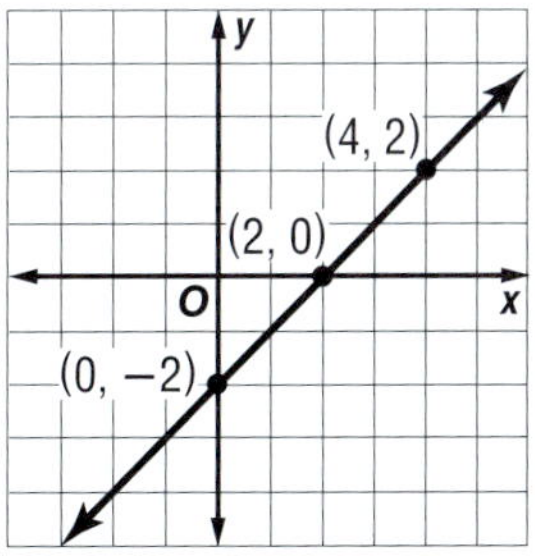


9.

| Entrada ($n$) | Salida ($2n - 3$) |
|---|---|
| −3 | −9 |
| 0 | −3 |
| 4 | 5 |

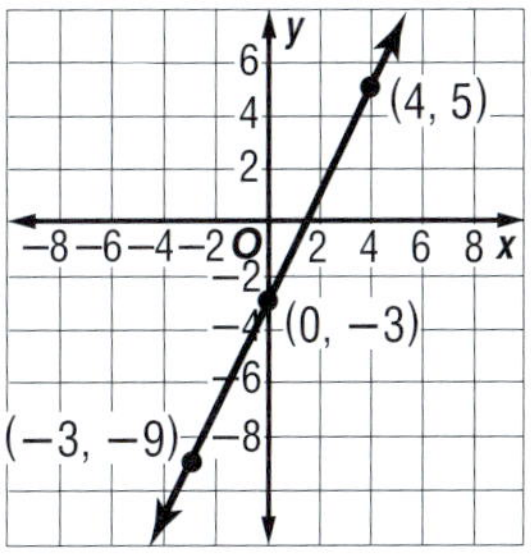


11.

| Entrada ($x$) | Salida ($x + 4$) |
|---|---|
| −5 | −1 |
| −2 | 2 |
| 1 | 5 |

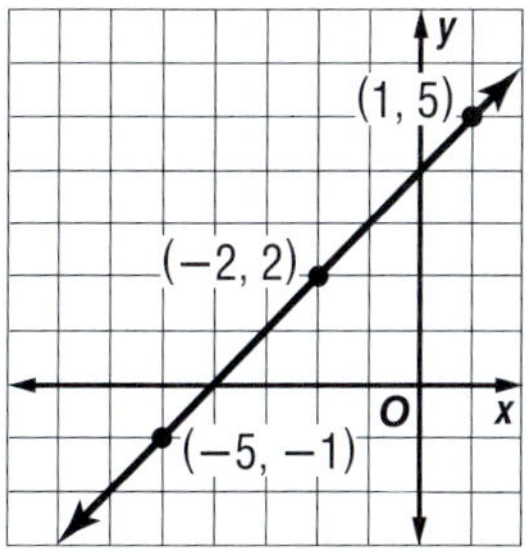


13.

| Entrada ($x$) | Salida ($-4x$) |
|---|---|
| 2 | −8 |
| 0 | 0 |
| −2 | 8 |

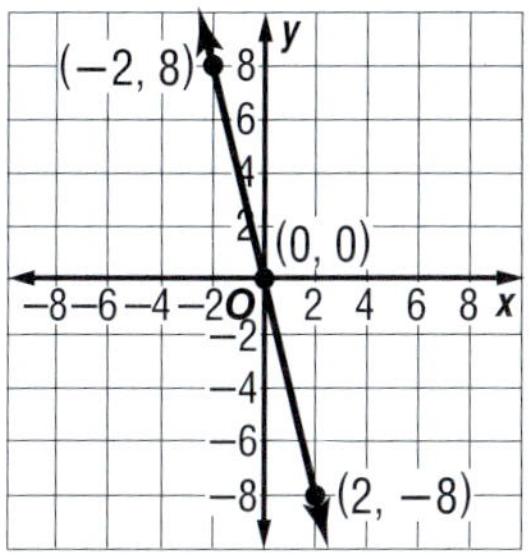


15.

| Entrada ($x$) | Salida ($y$) |
|---|---|
| 2 | −1 |
| 4 | 1 |
| 6 | 3 |

regla de función: $y = x - 3$

17.

| Entrada ($x$) | Salida ($y$) |
|---|---|
| −1 | −3 |
| 1 | 1 |
| 2 | 3 |

regla de función: $y = 2x - 1$

**19.** B:$50w - 30$; R: $45w$ **21.** El punto de intersección señala el punto en el cual se iguala el salario recibido por ambas personas.

23.

| Entrada ($n$) | Salida ($n^3$) |
|---|---|
| −2 | −8 |
| −1 | −1 |
| 0 | 0 |
| 1 | 1 |
| 2 | 8 |

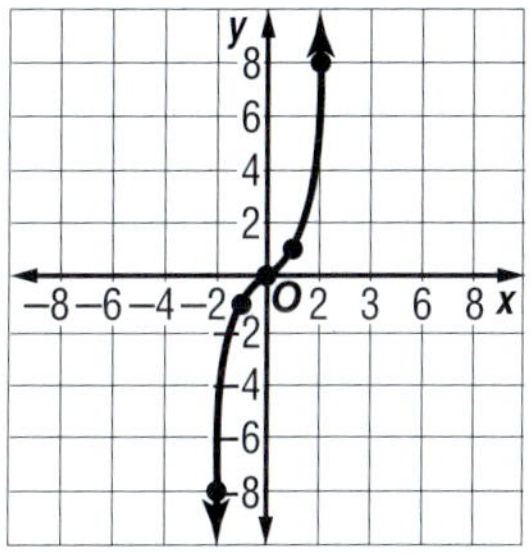

**25.** A **27.** $x + 2$ **29.** −4

## *Páginas 370–372 Capítulo 9 Guía de estudio y repaso*

**1.** Conmutativa **3.** función **5.** regla de función **7.** 4(7) + 4(2); 36 **9.** 3(8 + 12); 60 **11.** Asociativa (+) **13.** Conmutativa (+) **15.** 3 **17.** 63 **19.** −38 **21.** 12 **23.** 6°F **25.** −3 **27.** 5 **29.** −2 **31.** −11 **33.** 7.2 **35.** 12 **37.** 3 **39.** −14 **41.** 1.5 **43.** 4 **45.** 7 **47.** 6 **49.** 1, 4, 8 **51.** $2x - 1$

53.

| Entrada ($x$) | Salida ($-2x$) |
|---|---|
| −3 | 6 |
| −1 | 2 |
| 2 | −4 |

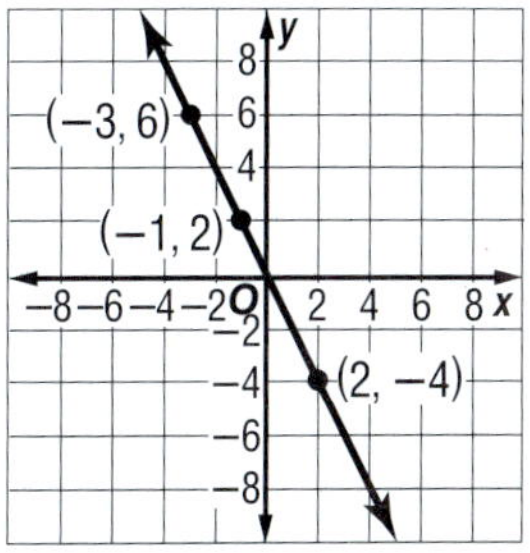

# Capítulo 10 Razón, proporción y porcentajes

### *Página 379 Capítulo 10 Para comenzar*

**1.** 100 **3.** 7 **5.** 27.72 **7.** 110

**9.** Respuesta de ejemplo: 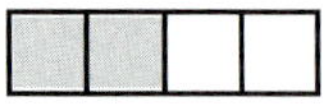

**11.** Respuesta de ejemplo: 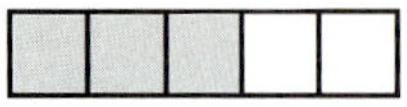

**13.** 0.375 **15.** 0.7 **17.** 90 **19.** 50

### *Páginas 382–383 Lección 10-1*

**1.** $\frac{6}{15}$, 6 a 15 y 6:15 **3.** Brian tiene razón; la tasa calculada por Marta es por dos semanas y necesita tener un denominador igual a 1. **5.** $\frac{3}{4}$ **7.** $\frac{3}{7}$ **9.** $\frac{\$3}{1 \text{ caja}}$ **11.** Cada batería del paquete con 4 baterías cuesta $0.90. Cada batería del paquete de 8 baterías cuesta $0.85. Por lo tanto, el precio de cada batería es menor en el paquete de 8 baterías. **13.** $\frac{3}{5}$ **15.** $\frac{4}{11}$ **17.** $\frac{2}{9}$ **19.** $\frac{4}{9}$ **21.** $\frac{\$9}{1 \text{ boleto}}$ **23.** $\frac{\$0.12}{1 \text{ huevo}}$

**25.** Respuesta de ejemplo:

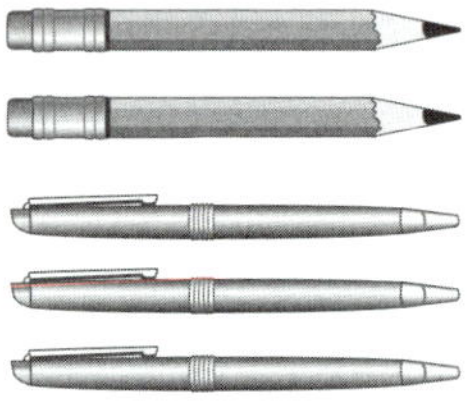

**27.** $\frac{19}{17}$ **29.** 15 de 24 **31.** $\frac{4}{7}$ **33.** $x - 2$ **35.** $x + 3$ **37.** 45 **39.** 96

### *Páginas 388–389 Lección 10-2*

**1a.** Sí; los productos cruzados son iguales. **1b.** No; los productos cruzados no son iguales. **1c.** Sí; los productos cruzados son iguales. **3.** $\frac{36}{44}$; todas las otras razones son equivalentes. **5.** 15 **7.** 18 maestros **9.** 21 **11.** 7 **13.** 3 **15.** 5 **17.** 0.3 **17.** 0.3 **19.** 0.4 **21.** 0.8 **23.** $\frac{8}{20} = \frac{x}{300}$ **25.** $\frac{42}{100}$ ó $\frac{21}{50}$ **27.** 210 padres **29.** 15 personas **31.** 2,190 mi **33.** $2.40 por perro caliente

**35.**

| Entrada | Salida (3*n*) |
|---|---|
| −2 | −6 |
| 0 | 0 |
| 2 | 6 |

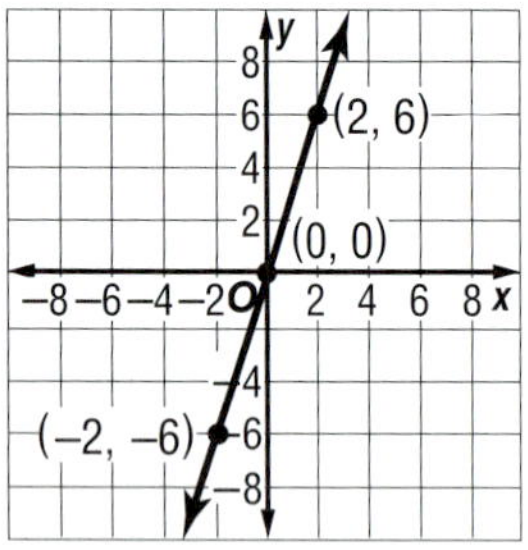


**37.** 6 **39.** 8.5

### *Páginas 392–393 Lección 10-3*

**1.** Respuesta de ejemplo: La escala es la medida del dibujo o modelo en relación con el objeto real. **3.** Greg; al escribir una proporción es necesario que las razones se correspondan. En la proporción escrita por Greg, la primer razón compara la distancia en el mapa con la distancia real y la segunda razón también compara la distancia en el mapa con la distancia real. La proporción escrita por Jeff está incorrecta porque las razones no se corresponden. La primera razón compara la distancia en el mapa con la distancia real, mientras que la segunda razón compara la distancia real con la distancia en el mapa. **5.** 4.5 pies **7.** 0.75 pies **9.** 30 pies **11.** 3.5 pies **13.** $1\frac{5}{16}$ pulgadas **15.** Respuesta de ejemplo: Sería mejor usar una escala de 1 : 10. Una escala de 1 : 10 significa que cada pulgada en el modelo equivale a 10 pulgadas en la motocicleta real. Esta escala permitirá mostrar más detalles de la motocicleta real. **17.** F **19.** $\frac{1}{9}$ **Las siguientes son respuestas de ejemplo para los ejercicios 21 al 25.**

**21.** 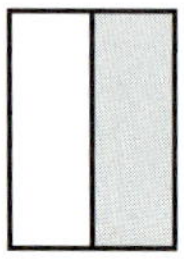 **23.** 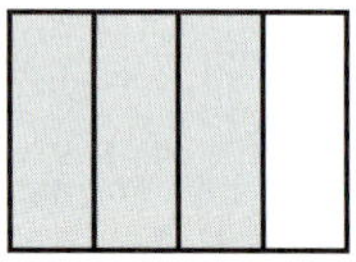 **25.** 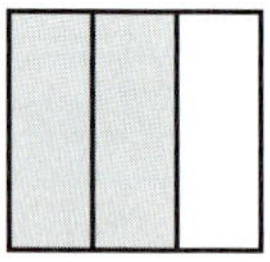

### *Páginas 396–397 Lección 10-4*

**1.** Respuesta de ejemplo: Significa que tienes la mitad de una pizza completa. **3.** Sí; 43% significa 43 de 100. Si Santino tiene 100 canicas y da 43% de ellas a Michael, significa que le dio 43 canicas a Michael. Dado que 43 es menor que 50, es razonable afirmar que Santino le dio a Michael menos de 50 canicas.

**5.** 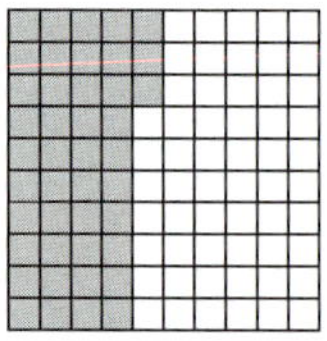 **7.** 20% **9.** 64% **11.** 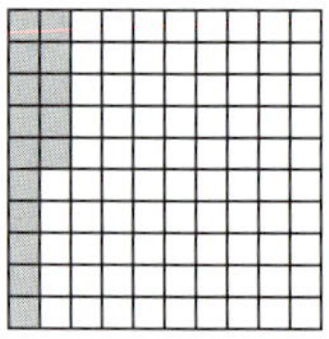

**13.** 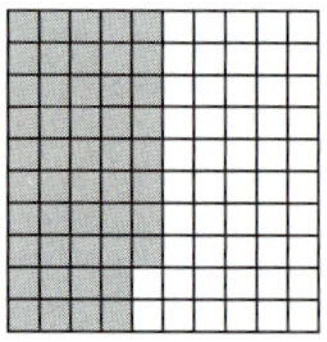 **15.** 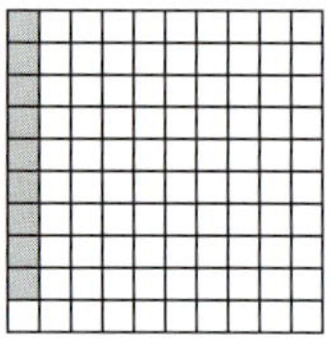 **17.** 30% **19.** 66% **21.** 24%

**23.** 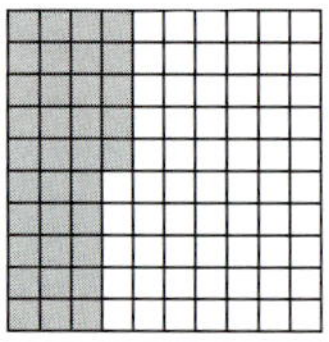

**25.** Respuesta de ejemplo:

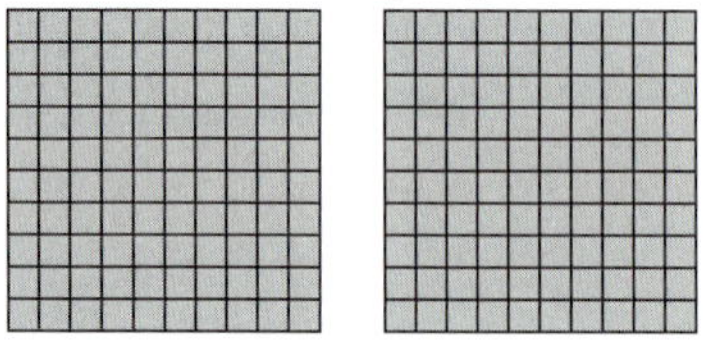

Un aumento del 200% significa que la fotografía es del doble del tamaño que la fotografía original.

**27.** más que 2 h **29.** 6 **31.** 32 **33.** $\frac{27}{50}$ **35.** $\frac{3}{4}$

### *Páginas 402–404 Lección 10-5*

**1.** Convierte el porcentaje en una fracción con un denominador de 100, luego reduce. **3.** Respuesta de ejemplo: $\frac{3}{5}, \frac{5}{8}, \frac{1}{4}$ **5.** $\frac{4}{5}$ **7.** 25% **9.** 225% **11.** $\frac{7}{50}$ **13.** $\frac{1}{50}$ **15.** $1\frac{17}{20}$

**17.** 70% **19.** 125% **21.** 1% **23.** 37.5% **25.** 5% **27.** $\frac{49}{50}$ **29.** 72% **31.** $\frac{19}{50}$ **33.** Respuesta de ejemplo: $\frac{1}{25}$ de los padres entrevistados se sienten muy presionados. **35.** B

**37.** 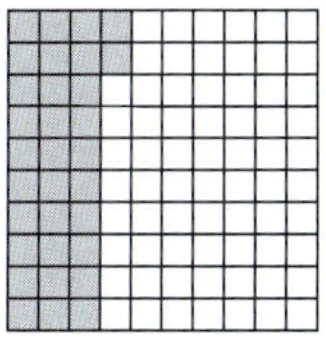 **39.** 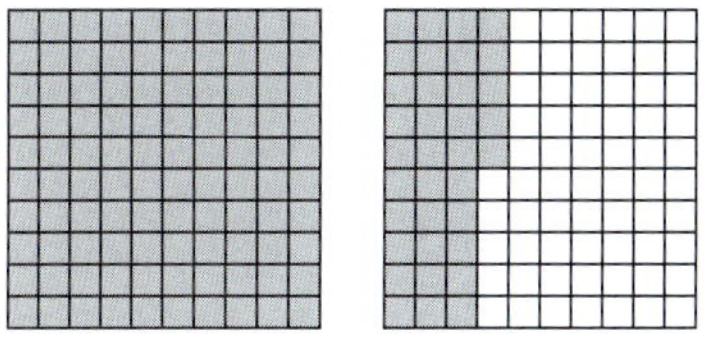

**41.** 0.65 **43.** 0.005

### *Páginas 405–406 Lección 10-6*

**1.** Primero convierte el decimal 0.34 en una fracción: $0.34 = \frac{34}{100}$. Luego convierte la fracción $\frac{34}{100}$ en porcentaje: $\frac{34}{100} = 34\%$. **3.** 0.27 **5.** 0.009 **7.** 32% **9.** 12.5% **11.** 0.12 **13.** 0.06 **15.** 0.35 **17.** 0.003 **19.** 1.04 **21.** 40% **23.** 99% **25.** 35.5% **27.** 28.7% **29.** 0.042 **31.** 0.05 **33.** = **35.** 0.0234, 20.34%, 23.4%, 2.34

**37.** 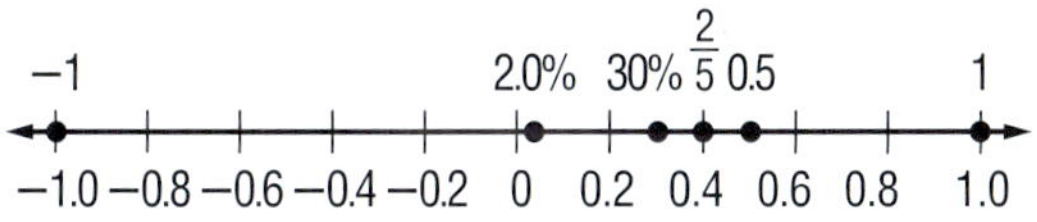


**39.** 0.0875 **41.** $\frac{19}{50}$ **43.** $\frac{7}{20}$ **45.** 40 **47.** 21

### *Páginas 411–412 Lección 10-7*

**1.** Convierte 40% a decimal y luego multiplica 0.40 por 65. **3.** Gary; 120% no es = 12.0. **5.** 39 **7.** 0.49 **9.** 0.08 **11.** 9 **13.** 90 **15.** 0.5 **17.** 5.95 **19.** 135 **21.** 0.425 **23.** 206.7 **25.** 54 **27.** 75% **29.** 52 **31.** 27 estados **33.** \$69.77 **35.** 35% **37.** 70 **39.** \$66 **41.** B **43.** 135% **45.** $\frac{7}{25}$ **47.** $\frac{17}{20}$ **49.** 10 **51.** 14

### *Páginas 416–417 Lección 10-8*

**1.** Respuesta de ejemplo: $25\% = \frac{1}{4}$, $50\% = \frac{1}{2}$ y $75\% = \frac{3}{4}$ **Las siguientes son respuestas de ejemplo para los ejercicios 3 al 23.**
**3.** $\frac{2}{5} \times 50 = 20$ **5.** $\frac{3}{4} \times 32 = 24$ **7.** $\frac{1}{5} \times 100 = 20$ **9.** $\frac{4}{5} \times 80 = 64$ **11.** $\frac{1}{4} \times 120 = 30$ **13.** $\frac{3}{10} \times 160 = 48$ **15.** $\frac{7}{10} \times 200 = 140$ **17.** $\frac{2}{3} \times 300 = 200$ **19.** $\frac{1}{5} \times \$65$ ó \$13 **21.** alrededor del 25% **23.** alrededor del 50% **25.** Respuesta de ejemplo: $25 - 9 = 16$ respuestas correctas y $\frac{16}{25}$ equivale aproximadamente a $\frac{15}{25}$ ó $\frac{3}{5}$. Dado que $\frac{3}{5} = 60\%$, más o menos el 60% de las preguntas se contestaron correctamente. **27.** D **29.** 25.8 **31.** 5% **33.** 86.1%

### *Páginas 418–420 Capítulo 10 Guía de estudio y repaso*

**1.** falso; división **3.** falso; \$2.50 **5.** falso; 74% **7.** verdadero **9.** falso; 34.6% **11.** $\frac{1}{4}$ **13.** $\frac{6}{7}$ **15.** $\frac{14.75 \text{ libras}}{1 \text{ semana}}$ **17.** $\frac{26 \text{ barras de caramelo}}{1 \text{ paquete}}$ **19.** 25 **21.** 30 **23.** 30 pies **25.** 18 pies

**27.** 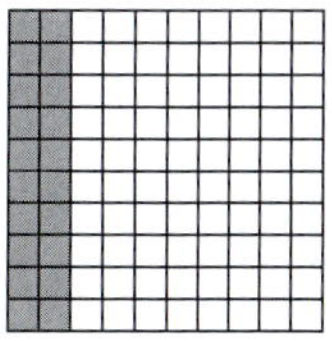 **29.** 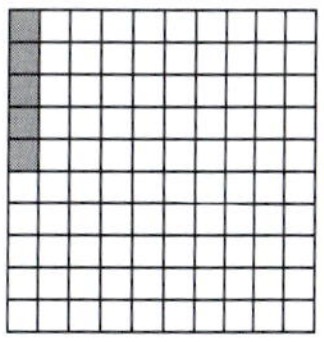

**31.** 25% **33.** $\frac{9}{50}$ **35.** $1\frac{1}{5}$ **37.** 87.5% **39.** 3% **41.** 0.38 **43.** 0.66 **45.** 0.55 **47.** 130% **49.** 59.1% **51.** 73% **53.** 17 **55.** 10.4 **57.** 150 **Las siguientes son respuestas de ejemplo para los ejercicios 59 al 63.** **59.** $\frac{3}{4} \times 20 = 15$ **61.** $\frac{1}{5} \times 100 = 20$ **63.** $\frac{2}{5} \times 240 = 96$

## Capítulo 11 Probabilidad

### *Página 425 Capítulo 11 Para comenzar*

**1.** reducida **3.** $\frac{3}{8}$ **5.** $\frac{7}{10}$ **7.** $\frac{3}{7}$ **9.** $\frac{1}{4}$ **11.** $\frac{11}{15}$ **13.** $\frac{3}{10}$ **15.** 2 **17.** 12 **19.** 9

### *Páginas 430–431 Lección 11-1*

**1.** Respuesta de ejemplo: La probabilidad de que un dado caiga en 7. **3.** Laura; anotó 5 como un resultado favorable y lo incluyó también entre los 6 resultados posibles. **5.** $\frac{1}{5}$, 0.2, 20% **7.** $\frac{3}{5}$, 0.6, 60% **9.** $\frac{9}{10}$, 0.9, 90% **11.** $\frac{1}{8}$, 0.125, 12.5% **13.** $\frac{1}{4}$, 0.25, 25% **15.** $\frac{3}{8}$, 0.375, 37.5% **17.** $\frac{1}{6}$, $0.1\overline{6}$, $16.\overline{6}\%$ **19.** $\frac{1}{3}$, $0.33\overline{3}$, $33.\overline{3}\%$ **21.** $\frac{1}{2}$, 0.5, 50% **23.** $\frac{1}{2}$, 0.5, 50% **25.** $\frac{5}{6}$, $0.83\overline{3}$, $83.\overline{3}\%$ **27.** Respuesta de ejemplo: Sí, un 85% de probabilidad de lluvia significa que es probable que llueva. En consecuencia, debes llevar un paraguas. **29.** La probabilidad de elegir una canica amarilla es 50%. La probabilidad de elegir una canica amarilla es igual a al probabilidad de no elegirla. **31.** Dado que la probabilidad de elegir una canica es 0%, entonces es imposible elegir una canica azul. **33.** Respuesta de ejemplo:

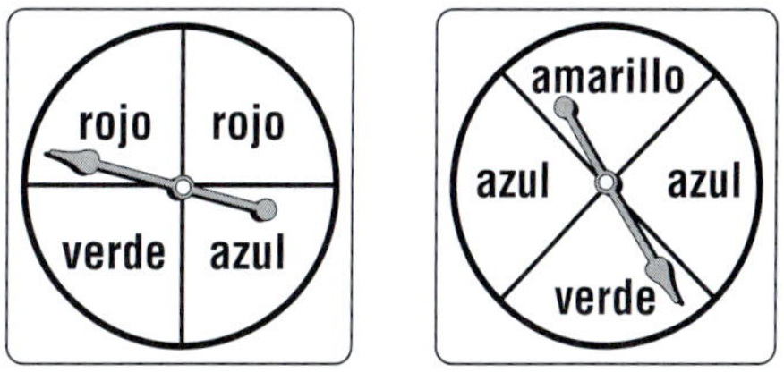


**35.** 4 : 2 ó 2 : 1 **37.** 3 : 3 ó 1 : 1 **39.** 5 **41.** 47.36 **43.** cara, escudo **45.** Ene., Feb., Mar., Abr., May, Jun., Jul., Ago., Sept., Oct., Nov., Dic.

### *Páginas 435–436 Lección 11-2*

**1.** el conjunto de todos los resultados posibles

**3.** **Sándwich** **Bebida** **Resultado** 6 resultados

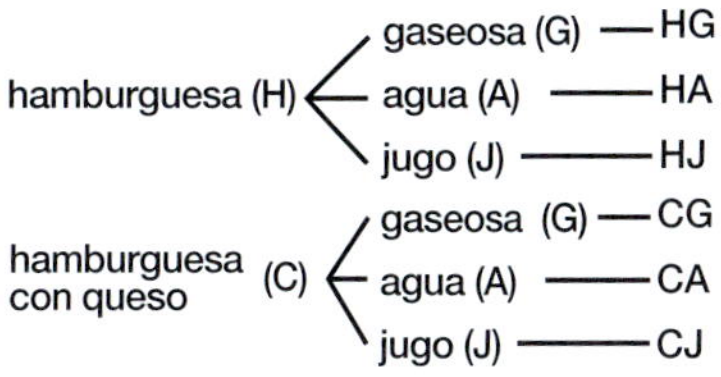


**5.** 12

Respuestas seleccionadas

**7.** **Tarta** **Bebida** **Resultado** 9 resultados

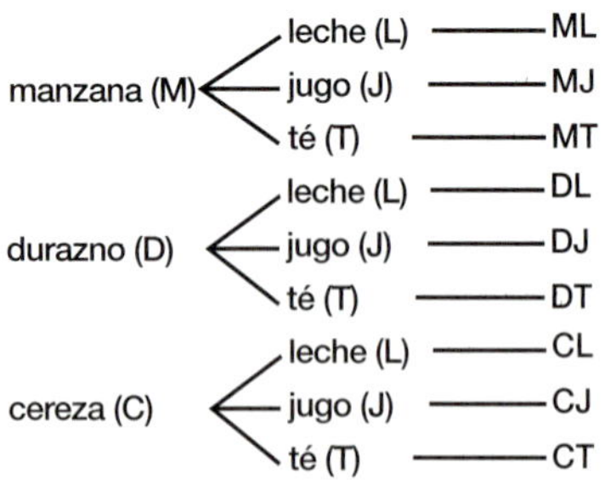


**9.** **Primer cubo numerado** **Segundo cubo numerado** **Resultado** 36 resultados

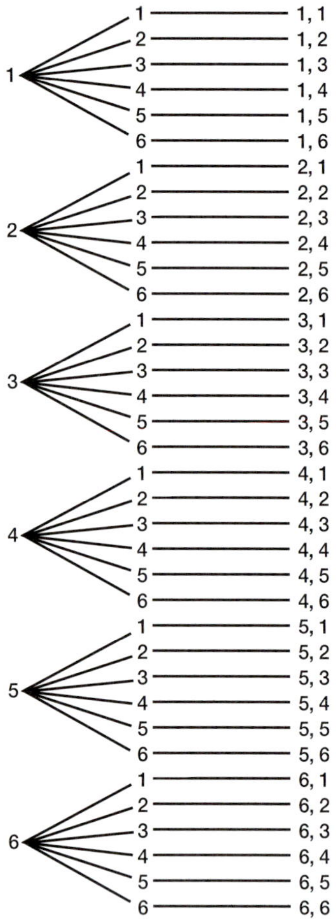


**11.** 16 **13.** $\frac{3}{16}$, 0.1875 ó 18.75% **15.** $\frac{1}{12}$, $0.08\overline{3}$ ó $8.\overline{3}\%$ **17.** $\frac{1}{24}$, $0.041\overline{6}$ ó $4.1\overline{6}\%$ **19.** 10 conjuntos

**21.** **Bolsa** **Color** **Resultado** 8 resultados

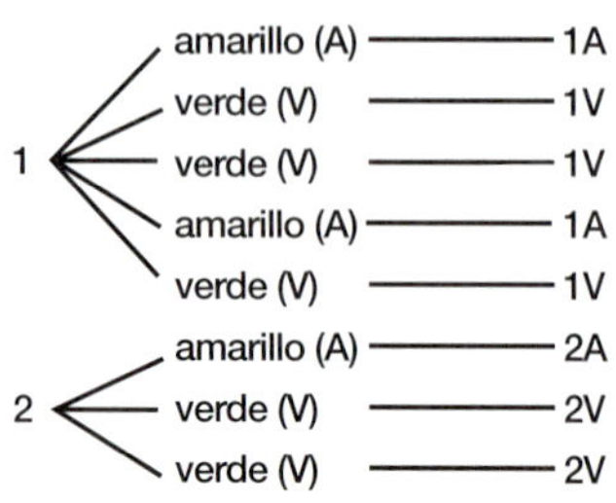


**23.** 24 **25.** C **27.** $\frac{2}{5}$ **29.** $\frac{3}{5}$ **31.** 2 **33.** 16

### *Páginas 440–441 Lección 11-3*

**1.** Respuesta de ejemplo: Entrevista a cada quinto alumno que entra a la cafetería de la escuela. **3.** Respuesta de ejemplo: Ésta es una buena encuesta porque los alumnos son seleccionados aleatoriamente, la muestra es suficientemente grande como para producir resultados precisos y la muestra es representativa de la población. **5.** alrededor de 155 **7.** Respuesta de ejemplo: Ésta es una buena encuesta porque los alumnos son seleccionados aleatoriamente, la muestra es suficientemente grande como para producir resultados precisos y la muestra es representativa de la población. **9.** 8 **11.** 72 **13.** 162 **15.** 15,000 **17.** C **19.** 20 grupos **21.** $\frac{11}{12}$, $0.91\overline{6}$ ó $91.\overline{6}\%$ **23.** $\frac{1}{4}$ **25.** $\frac{2}{5}$

### *Páginas 446–447 Lección 11-4*

**1.** Respuesta de ejemplo:

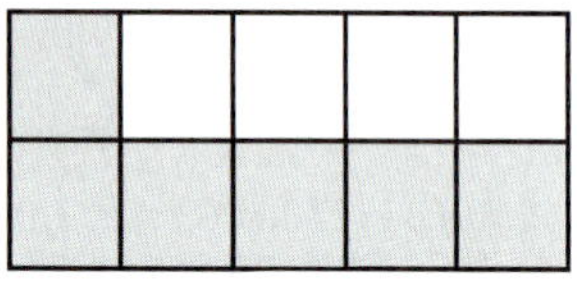

**3.** $\frac{1}{2}$, 0.5, 50% **5.** alrededor de 160 **7.** $\frac{1}{4}$, 0.25 ó 25% **9.** $\frac{4}{9}$, $0.\overline{4}$ ó $44.\overline{4}\%$ **11.** $\frac{9}{25}$, 0.36 ó 36% **13.** alrededor de 4 **15.** aproximadamente 300 **17.** aproximadamente 6 veces **19.** C **21.** Respuesta de ejemplo: Ésta no sería una buena muestra porque las personas que asisten a un juego de béisbol de los Yanquis, es probable que favorezcan a un jugador de los Yanquis. **23.** 18 **25.** 165 **27.** $\frac{2}{7}$ **29.** $\frac{8}{15}$

### *Páginas 451–452 Lección 11-5*

**1.** Multiplica la probabilidad del primer evento por la probabilidad del segundo evento. **3.** Elegir una canica de una bolsa con canicas no representa eventos independientes porque se trata de un solo evento. **5.** $\frac{1}{10}$, 0.1 ó 10% **7.** $\frac{1}{4}$, 0.25 ó 25% **9.** $\frac{1}{48}$, 0.021 ó 2.1% **11.** $\frac{1}{24}$, 0.041 ó 4.1% **13.** $\frac{5}{16}$, 0.3125 ó 31.25% **15.** 0.24, 24% ó $\frac{6}{25}$ **17.** $\frac{3}{50}$, 0.06 ó 6% **19.** $\frac{1}{50}$, 0.02 ó 2% **21.** $\frac{3}{100}$, 0.03 ó 3% **23.** $\frac{1}{10}$, 0.1 ó 10% **25.** $\frac{9}{50}$, 0.18 ó 18% **29.** 0.4 **31.** G **33.** aproximadamente 9 **35.** $4\frac{17}{21}$ **37.** $3\frac{13}{15}$

### *Páginas 454–456 Capítulo 11 Guía de estudio y repaso*

**1.** f **3.** g **5.** a **7.** e **9.** $\frac{3}{4}$, 0.75, 75% **11.** $\frac{1}{2}$, 0.5, 50% **13.** $\frac{1}{2}$, 0.5, 50% **15.** $\frac{1}{3}$, $0.\overline{3}$, $33.\overline{3}\%$

**17.** **Aperitivo** **Plato principal** **Resultado** 8 resultados

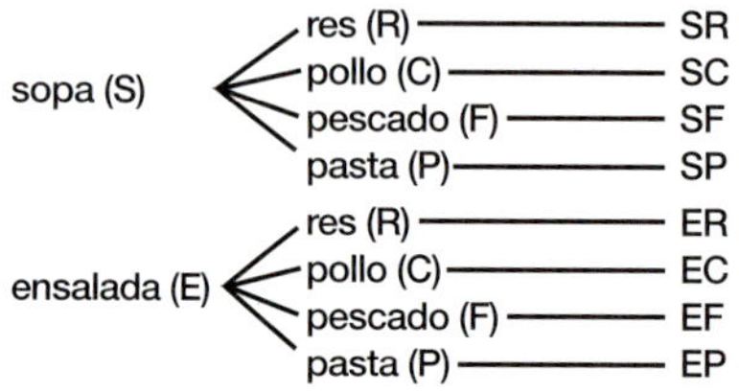


**19.** 12 **21.** 20 grupos **23.** 147 alumnos **25.** $\frac{5}{6}$, $0.83\overline{3}$ ó $83.\overline{3}\%$ **27.** $\frac{21}{40}$, 0.525 ó 52.5% **29.** 96 **31.** $\frac{1}{4}$, 0.25 ó 25% **33.** $\frac{1}{4}$, 0.25 ó 25% **35.** 0.18

## Capítulo 12 Medición

### *Página 463 Capítulo 12 Para comenzar*
**1.** verdadero **3.** 20.69 **5.** 12.96 **7.** 16.52 **9.** 14.17 **11.** 7.11 **13.** 5.14 **15.** 380 **17.** 67.5 **19.** 718 **21.** 0.098 **23.** 0.45 **25.** 0.073

### *Páginas 467–468 Lección 12-1*
**1.** Divide 12 entre 3. **3.** 12 **5.** 7,040 **7.** 

**9.** $\frac{7}{8}$ pulg **11.** Respuesta de ejemplo: $3\frac{3}{8}$ pulg, $2\frac{1}{8}$ pulg

**13.** 18 **15.** 15,840 **17.** $3\frac{1}{3}$ **21.** 

**23.** $1\frac{3}{8}$ pulg **25.** $\frac{1}{2}$ pulg **27.** $1\frac{7}{8}$ pulg **29.** 32 pulg; $2\frac{1}{2}$ pies equivalen a 30 pulg, cantidad menor que 32 pulg

**31.** $6\frac{1}{16}$ pulg. **37.** 17' **39.** 7 yd 1 pie **41.** 3,600 pulg **43.** $\frac{3}{5}$, 0.6 ó 60% **45.** 80 **47.** 50

### *Páginas 472–473 Lección 12-2*
**1.** división **5.** 6 **7.** 40 **9.** 56 **11.** 20 días **13.** 32 **15.** 8 **17.** $3\frac{1}{4}$ **19.** 1.5 **21.** 7 **23.** 9,000 **25.** $\frac{1}{2}$ gal **27.** 60 oz fl; $3\frac{1}{2}$ pt = 56 oz fl, cantidad menor que 60 fl oz. **29.** 2 oz fl **33.** 1,650,000 T **35.** Respuesta de ejemplo: ¿Cuántas porciones de 1 taza se pueden servir de un envase con 1 galón de ponche de frutas? **37.** 15,625 gal **39.** 32 **41.** H **43.** $\frac{1}{12}$ **45.** $\frac{1}{2}$ **47.** Respuesta de ejemplo: 1 yd

### *Páginas 478–479 Lección 12-3*
**1.** Respuesta de ejemplo: Milímetro, longitud de una coma; centímetro, ancho de una pajilla; metro, distancia desde la punta de la nariz hasta la punta de los dedos (con el brazo extendido); kilómetro, distancia desde el museo al restaurante **3.** 23 yd; es la única medida que no tiene unidades del sistema métrico. **5.** kilómetro **7.** centímetro **9.** milímetro **11.** metro **13.** centímetro **15.** kilómetro **17.** 4 cm; 40 mm **19.** 2.6 cm; 26 mm **21.** yarda **23.** 3 cm; 15 mm es igual que 1.5 cm, cantidad menor que 3 cm. **25.** Respuesta de ejemplo: 14.3 cm **27.** Respuesta de ejemplo: 7 mm **29.** metro; respuesta de ejemplo: Las otras serían medidas demasiado grandes o demasiado pequeñas, respectivamente. **31.** 0.048 km, 4.8 m, 0.48 m, 4.8 cm, 4.8 mm **33.** G **35.** 48 **37.** 4 **39.** Respuesta de ejemplo: Queso rallado

### *Páginas 486–487 Lección 12-4*
**1.** Respuesta de ejemplo: Una botella grande con agua **3.** Respuesta de ejemplo: gramo; 10 g **5.** Respuesta de ejemplo: kilogramo; 4 kg **7.** Respuesta de ejemplo: gramo; 60 g **9.** menor **11.** mayor; la cantidad total tiene una masa aproximada de 1,310 sujetapapeles, masa ligeramente mayor que la masa de 6 manzanas medianas. **13.** Respuesta de ejemplo: gramo; 60 g **15.** Respuesta de ejemplo: kilogramo; 10 kg **17.** Respuesta de ejemplo: litro; 8 L **19.** Respuesta de ejemplo: gramo; 100 g **21.** Respuesta de ejemplo: miligramo; 1 mg **23.** Respuesta de ejemplo: mililitro; 0.2 mL **25.** 1.7 kg; una caja con 1.7 kilogramos de cereal tiene una masa ligeramente menor que 2 veces 6 ó 12 manzanas. Una caja con 39 gramos de cereal tiene una masa cercana a 39 sujetapapeles. Por lo tanto, la caja con 1.7 kilogramos de cereal es más grande. **27.** Ver el trabajo de los alumnos. La capacidad real es 355 mL. **29.** No; la masa y la capacidad no son lo mismo. **31.** mililitro **33.** milimetro **35.** 25 **37.** 25

### *Páginas 492–493 Lección 12-5*
**1.** Multiplica por 1,000. **3.** Trina; para convertir una medida a unidades mayores, debes dividir. **5.** 0.205 **7.** 8.5 **9.** 50 **11.** 0.095 **13.** 5.2 **15.** 8,200 **17.** 400 **19.** 3.54 **21.** 0.0005 **23.** 82 cm **25.** 5,000 m, 700,000 m **27.** la tórtola **29.** 1,060 mL **31.** botella de 1.06-L **33.** $\frac{1 \text{ km}}{1{,}000 \text{ m}} = \frac{0.005 \text{ km}}{x \text{ m}}$; 5 **35.** $\frac{1 \text{ kg}}{1{,}000 \text{ g}} = \frac{x \text{ kg}}{263 \text{ g}}$; 0.263 **37.** 25900 **39.** 3.3 cm **41.** 8.12 **43.** 106.4

### *Páginas 496–497 Lección 12-6*
**1.** $5\frac{1}{2}$ h **3.** 1 h 36 min 76 s; 1 h 36 min 76 s = 1 h 37 min 16 s, pero las otras son iguales a 2 h 36 min 16 s. **5.** 7 min 51 s **7.** 3 h 25 min **9.** 2 h 54 min **11.** 52 min 55 s **13.** 1 h 34 min 23 s **15.** 12 h 34 min **17.** 12 min 39 s **19.** 8 h 9 min 8 s **21.** 3 h 44 min 48 s **23.** 3 h 40 min **25.** 14 h 10 min **27.** 9:02 P.M. **29.** 12:15 P.M. **31.** 32 **33.** 40 **35.** 1:22 P.M. **37.** 650 **39.** litro

### *Páginas 498–500 Lección 12 Guía de estudio y repaso*
**1.** una centésima **3.** gramo **5.** 1,000 **7.** multiplicar **9.** más largo **11.** 60 **13.** 2 **15.** 5 **17.** 

**21.** 11 **23.** 22 **25.** 16 **27.** 12 **29.** metro **31.** centímetro **33.** centímetro **Las siguientes son respuestas de ejemplo para los ejercicios 35 al 39.** **35.** gramo; 100 g **37.** miligramo; 1 mg **39.** kilogramo; 1 kg **41.** 355 mL **43.** 0.001 **45.** 5,020 **47.** 0.0236 **49.** 3,500 **51.** 6,300 mL **53.** 7 h 36 min **55.** 59 min 52 s **57.** 10 h 8 min 10 s **59.** 45 min

## Capítulo 13 Geometría: Ángulos y polígonos

### *Página 505 Para comenzar*
**1.** cuadrado **3.** C **5.** sí **7.** 2.5 cm

### *Páginas 508–509 Lección 13-1*
**1.** Respuesta de ejemplo:

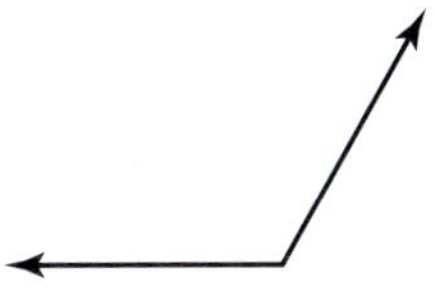

**3.** 125°; obtuso **5.** 90°; recto **7.** 30°; agudo **9.** 90°; recto **11.** 130°; obtuso **13.** obtuso **15.** 53° **17.** 1–2 veces: 68°; 3–6 veces: 126°; Todos los días: 162°; Nunca: 4° **19.** Respuesta de ejemplo: Rebajar la colina para aplanar el camino. **21.** opuesto por el vértice **23.** adyacente **25.** Respuesta de ejemplo: 40°, 140° **27.** 41 h 35 min **29.** 250

**31.** 

**33.** 

Respuestas seleccionadas

***Páginas 511–512 Lección 13-2***

**1.** Respuesta de ejemplo: Dibuja un lado del ángulo e identifica el vértice. Luego mide 65° con el transportador y traza la línea con la regla. **3.** El cuarto ángulo porque mide alrededor de 75°. **5.** alrededor de 30°

**7.**

**9.** alrededor de 90°
**11.** alrededor de 150°

**13.**

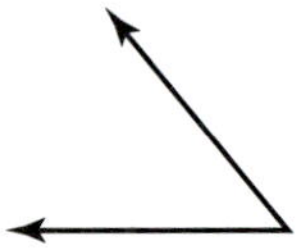

**15.**

**17.**

**19.**

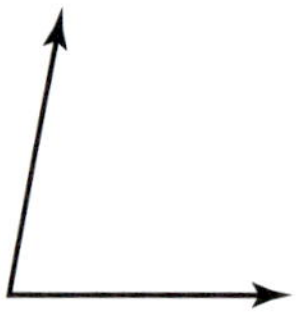

**21.** Respuesta de ejemplo:

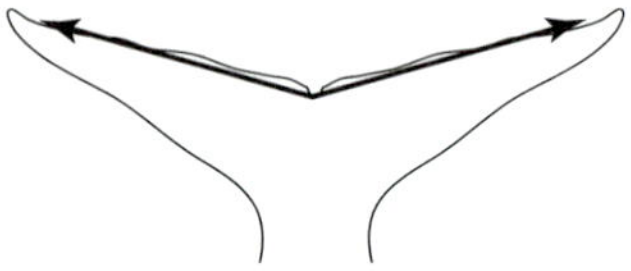

150°

**23.** Respuesta de ejemplo: Una esquina del libro de texto forma un ángulo recto. Puedes usar este ángulo para estimar la medida de otro ángulo.

**25.**

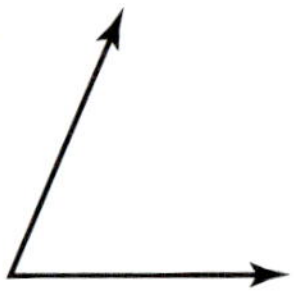

**27.** 6 hr 17 min **29.** 2 cm; 1 cm
**31.** 3.5 cm; 1.75 cm

***Páginas 516–517 Lección 13-3***

**1.** Dos ángulos cuyas medidas son iguales.

**3.**

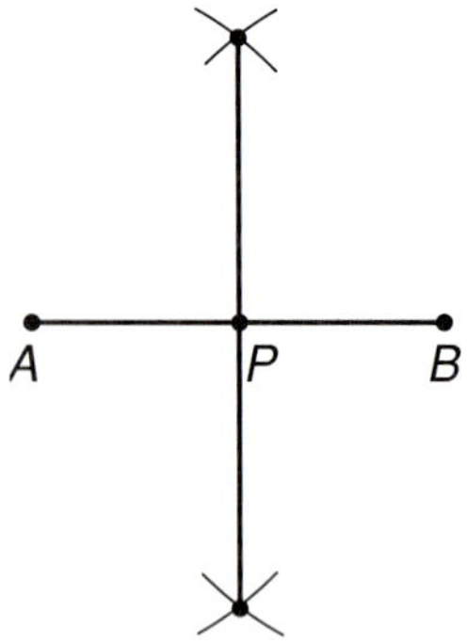


**5.**

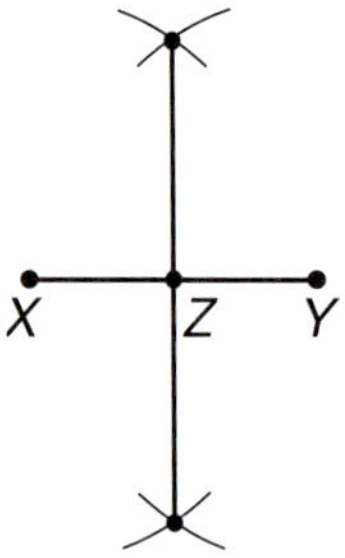


**7.**

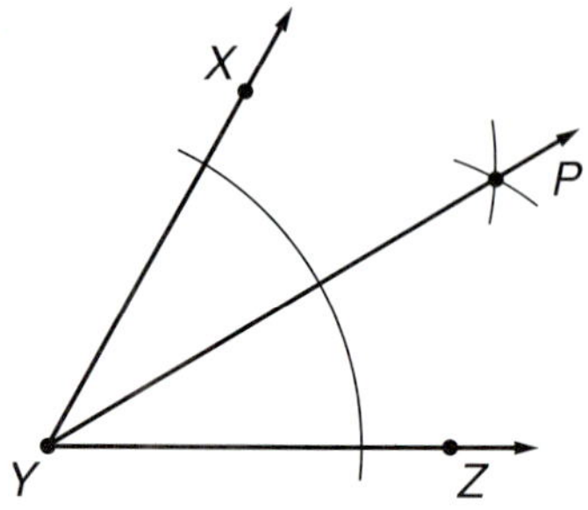


**9.**

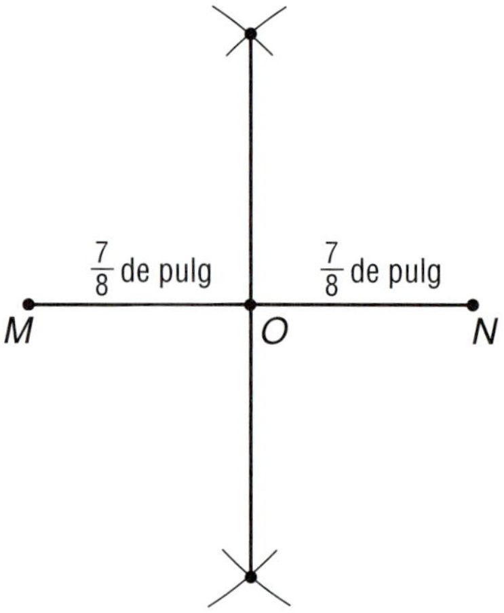


**11.** *B* **13.** *E* **15.** $\overline{VW}$ **17.** Sí; $m\angle XVW = m\angle WVY$, $m\angle ZVY = m\angle YVU$, $m\angle YVU = m\angle UVW$ **19.** D

**21.**

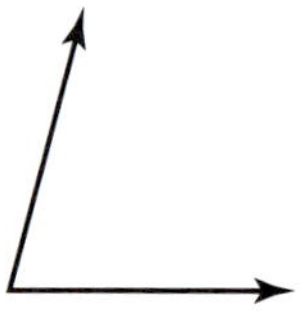

**23.**

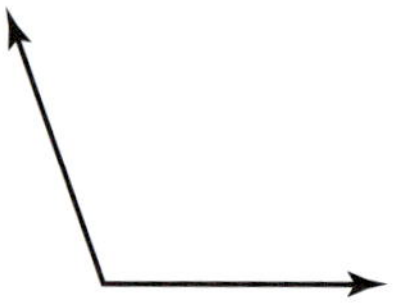

**25.** Respuesta de ejemplo:

**27.** Respuesta de ejemplo:

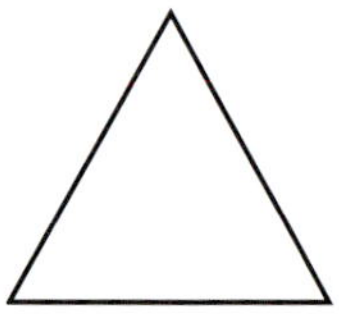

***Páginas 524–525 Lección 13-4***

**1a.** Respuesta de ejemplo:

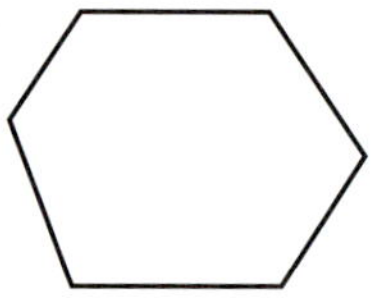

**1b.**

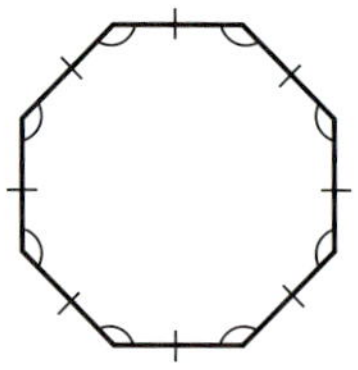

**1c.**

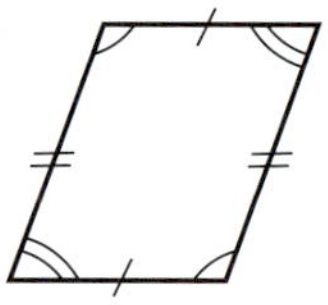

**1d.**

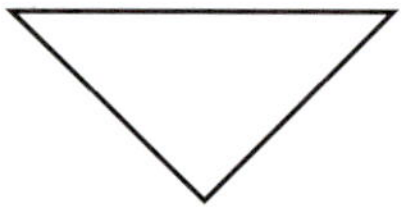

**1e.**

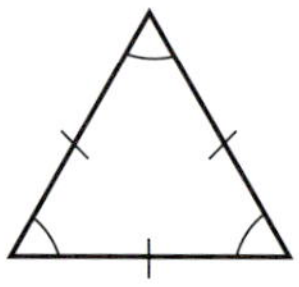

**1f.**

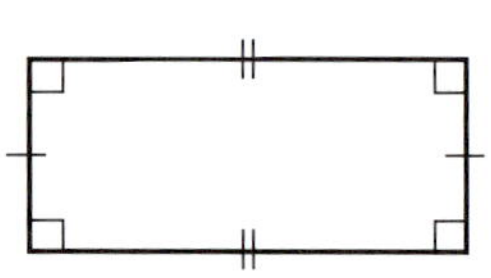

**3.** octágono; regular
**5.** cuadrado; regular
**7.** hexágono; regular
**9.** heptágono; no regular
**11.** octágono; no regular

**13.** Respuesta de ejemplo:

**15.**

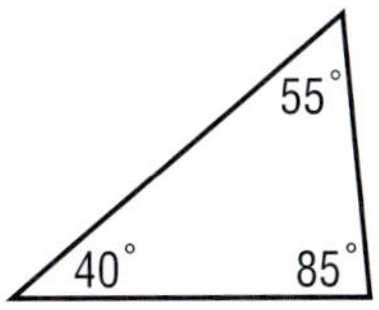


**17.** Respuesta de ejemplo: Semejanzas: Cuatro lados, figuras cerradas, lados opuestos paralelos, ángulos opuestos iguales, todos los lados son iguales; diferencias: Un cuadrado tiene cuatro ángulos rectos.

**19.** Respuesta de ejemplo:

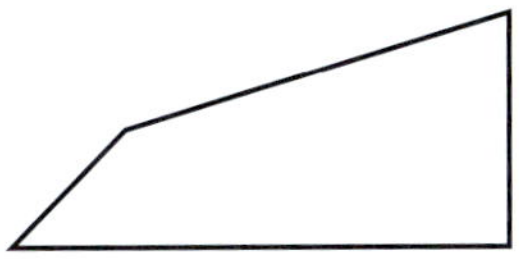

**21.** $8x = 1{,}080°$; $x = 135°$ **23.** algunas veces **25.** siempre **27.** 95° **29.** 115° **31.** D **33.** $\overleftrightarrow{KA}$

**35.**

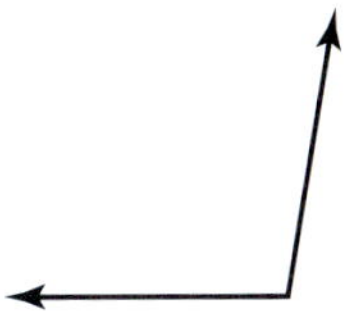

obtuso **37.** C

### *Páginas 530–531 Lección 13-5*

**1.** Respuesta de ejemplo: El eje de simetría es la línea que divide a una figura en dos mitades que se corresponden entre sí. La simetría rotacional se presenta cuando al rotar una figura menos de 360°, la figura se ve igual que en su posición original. **3.** Daniel; Jonas contó dos veces cada línea.

**5.**

**7.** sí **9.** sí

**11.**

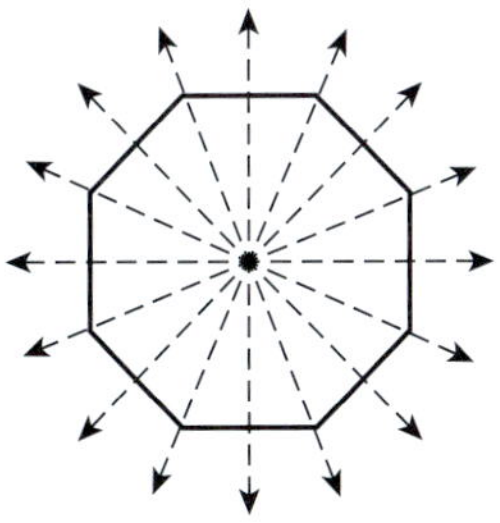

**13.** ninguna

**15.**

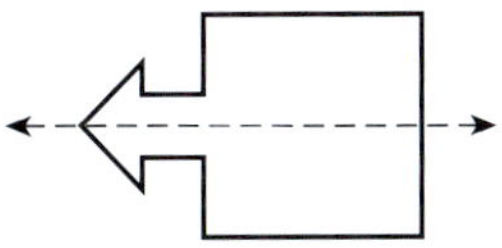

**17.** 4 **19.** sí **21.** sí **23.** sí **25.** 2 **27.** D **29.** rectángulo; no regular **31.** sí **33.** sí

### *Páginas 535–536 Lección 13-6*

**1.** Semejanza es cuando dos figuras tienen exactamente la misma forma, pero no necesariamente el mismo tamaño. Congruencia es cuando dos figuras tienen la misma forma y el mismo tamaño.

**3.** Respuesta de ejemplo:

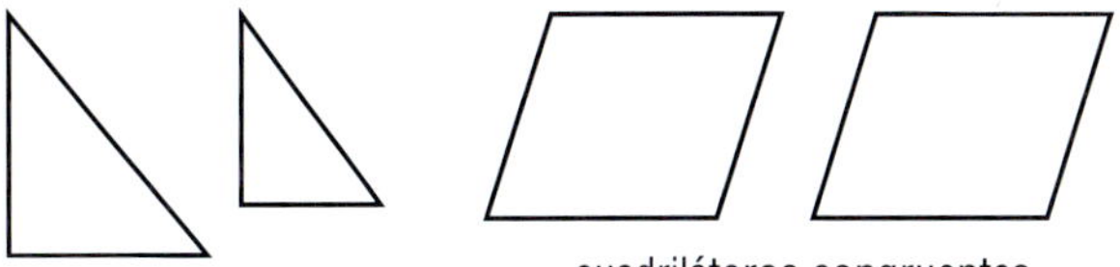

cuadriláteros congruentes

triángulos semejantes

**5.** semejantes **7.** $\overline{DF}$ **9.** semejantes **11.** ninguna **13.** semejantes **15.** Un modelo a escala de la Estatua de la Libertad tendrá la misma forma que la estatua real, pero el modelo será más pequeño. Por lo tanto, son figuras semejantes. **17.** $\overline{AC}$ **19.** 5 pies **21.** Algunas veces; los rectángulos son semejantes si sus lados correspondientes son semejantes. Como se muestra en la figura, dos rectángulos que no son proporcionales no son semejantes.

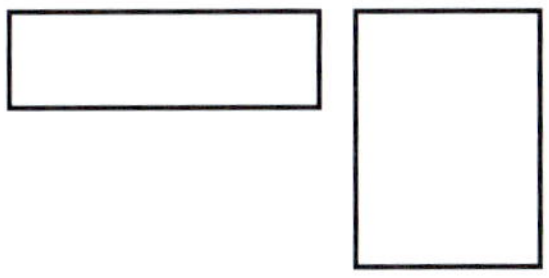

**23.** A

**25.**

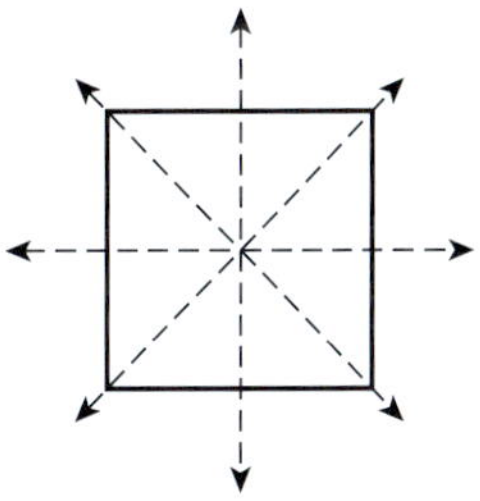

4 ejes de simetría

**27.**

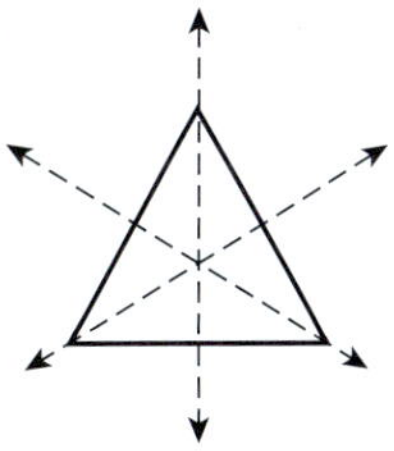

3 ejes de simetría

### *Páginas 538–540 Capítulo 13 Guía de estudio y repaso*

**1.** g **3.** c **5.** f **7.** e **9.** 145°; obtuso

**11.**

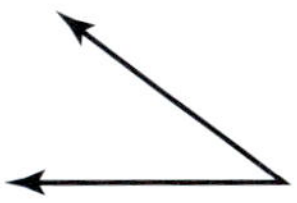

**13.**

**15.** aproximadamente 120° **17.**

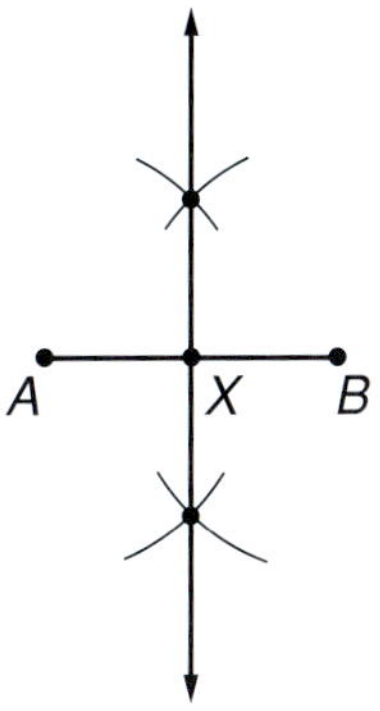


Respuestas seleccionadas

**19.**

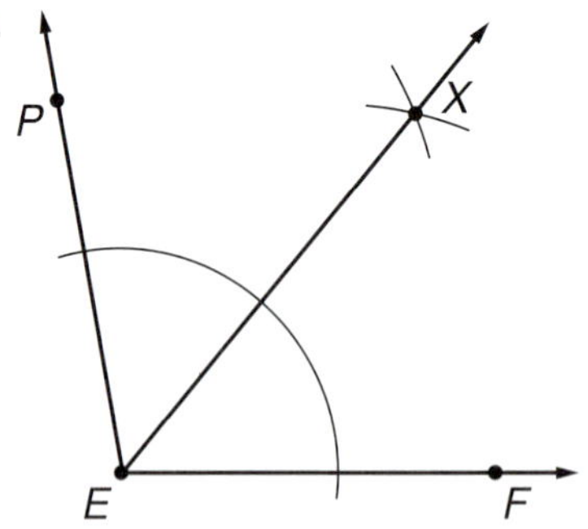


**21.** $\overline{AB}$ o $\overline{XB}$ **23.** pentágono; regular

**25.**

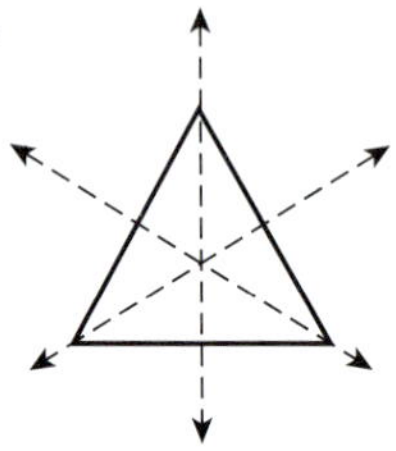

**27.** ninguna **29.** no **31.** sí **33.** 3 cm

## Capítulo 14 Geometría: Medición del área y del volumen

***Página 545 Lección 14 Para comenzar***

**1.** potencia **3.** circunferencia **5.** 1.44 **7.** 121 **9.** 100 **11.** 34 **13.** 35 **15.** 20 **17.** 14 **19.** 216 **21.** 160

***Páginas 548–549 Lección 14-1***

**1.** La fórmula para calcular el área de un paralelogramo $A = bh$ corresponde a la fórmula para calcular el área de un rectángulo $A = lw$ la base $b$ equivale al largo $l$ y la altura $h$ equivale al ancho $w$. **3.** 18 unidades$^2$ **5.** 49.1 m$^2$ **7.** 24 unidades$^2$ **9.** 48 m$^2$ **11.** 31.1 pies$^2$ **13.** 32.4 m$^2$ **15.** Respuesta de ejemplo: 300 pulg$^2$ **17.** 1,296 **19.** $400 = b \times 8$ ó $400 = 8b$ **21.** Se cuadruplica. **23.** Respuesta de ejemplo: Las medidas de los ángulos son iguales. **25.** $\angle 1$, $\angle 5$, $\angle 7$ **27.** B **29.** Respuesta de ejemplo:

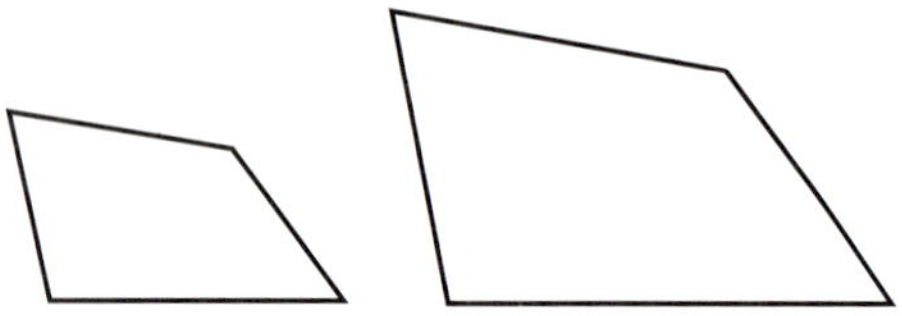

**31.** ninguna **33.** 36 **35.** 50

***Páginas 553–554 Lección 14-2***

**1.** Respuesta de ejemplo:

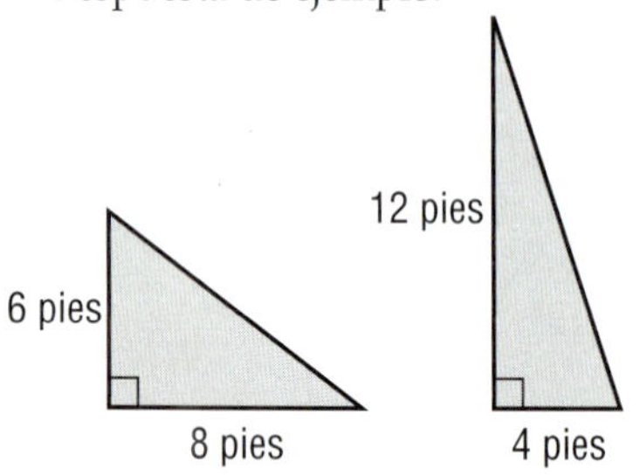


**3.** 6 unidades$^2$ **5.** 88.5 m$^2$ **7.** 24 unidades$^2$ **9.** 45 pulg$^2$ **11.** 39.4 m$^2$ **13.** $1\frac{3}{4}$ pulg$^2$ **15.** 25 m$^2$ **17.** alrededor de 19,883 pies$^2$ **19.** 434,700 mi$^2$ **21.** 14 pulg$^2$; 16 pulg **23.** base: 37.5 unidades; altura: 28 unidades **25.** Sí; el triángulo más grande está formado por cuatro triángulos más pequeños. Si el área del triángulo mayor mide 2,100 unidades$^2$, entonces el área de uno de los triángulos pequeños será igual a $2{,}100 \div 4$ ó 525 unidades$^2$. Por lo tanto, la respuesta es razonable. **27.** F **29.** semejante **31.** congruente **33.** 144 **35.** 2.25

***Páginas 558–559 Lección 14-3***

**1.** Respuesta de ejemplo: Dado que el valor de $\pi$ es cercano a 3, se puede multiplicar el cuadrado del radio por 3 para estimar el área de un círculo. **3.** Crystal; Whitney elevó el diámetro al cuadrado, en vez del radio. **5.** 11.3 yd$^2$ **7.** 2,640.7 mi$^2$ **9.** 201.0 cm$^2$ **11.** 176.6 m$^2$ **13.** 69.4 yd$^2$ **15.** 24,143.8 pies$^2$ **17.** 14.2 pulg$^2$ **19.** El área se multiplica por 4. **21.** 616 cm$^2$ **23.** 33.2 pies$^2$ **25.** 56 m$^2$

**27.**

**29.**

***Páginas 565–566 Lección 14-4***

**1a.** 5 **1b.** 1 **1c.** 8 **1d.** 0 **3.** pirámide cuadrada

**5.**

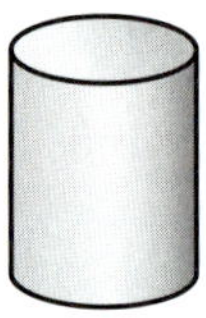

cilindro **7.** pirámide triangular **9.** esfera

**11.**

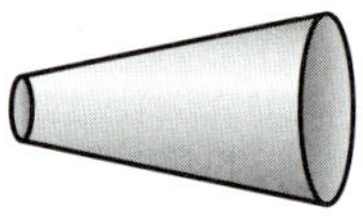

Esta figura no es un cono porque le falta la punta.

**13.** prisma rectangular

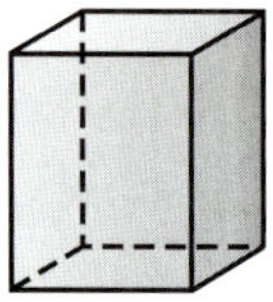

**15.** $\overleftrightarrow{AH}$ y $\overleftrightarrow{BC}$; $\overleftrightarrow{GE}$ y $\overleftrightarrow{DC}$ **17.** F **19.** 28.3 m$^2$ **21.** 988 pies$^2$ **23.** 43.1

***Páginas 572–573 Lección 14-5***

**1.** Cada una de las tres dimensiones que se multiplican tiene su propia unidad de medida.

**3.** Respuesta de ejemplo:

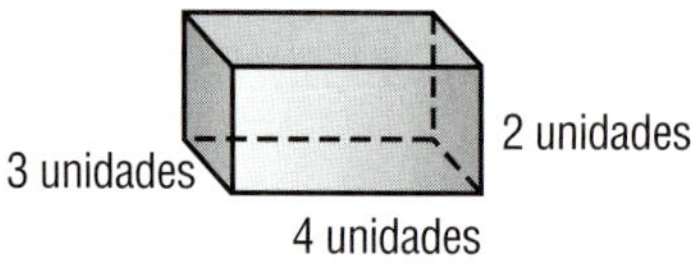


**5.** 5.6 yd$^3$ **7.** 120 m$^3$ **9.** 600 yd$^3$ **11.** 46.7 pies$^3$ **13.** 612.5 m$^3$ **15.** 54 **17.** $<$ **19.** $=$ **21.** 9,180 pulg$^3$ **23.** 77 pulg$^3$ **25.** 706.5 pies$^3$ **27.** 423.9 yd$^3$ **29.** 1,764 pulg$^3$

**31.** Respuesta de ejemplo:

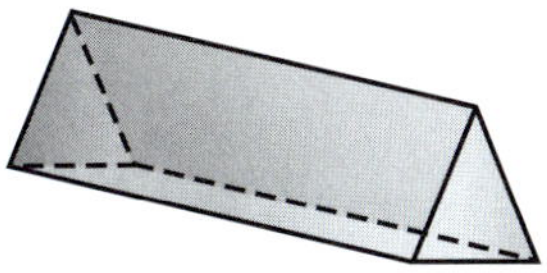

**33.** alrededor de 75 $yd^2$
**35.** 38.3

### *Páginas 577–578 Lección 14-6*

**1a.** volumen; respuesta de ejemplo: La capacidad es la cantidad de agua contenida por el lago. **1b.** área; respuesta de ejemplo: El largo y el ancho de la casa determinará la superficie que se requiere para construir la casa. **1c.** área de superficie; respuesta de ejemplo: La suma de las áreas de las caras de la caja determina la cantidad de papel que se necesita para envolverla. **3.** 292 $m^2$ **5.** 293.3 $cm^2$
**7.** 142 $pies^2$ **9.** 3,600 $pies^2$ **11.** 117.5 $mm^2$ **13.** Respuesta de ejemplo: $(10 \times 11) + (10 \times 11) + (5 \times 10) + (5 \times 10) + (5 \times 11) + (5 \times 11)$ ó 430 pulgadas cuadradas
**15.** $(9.9 \times 21.6) + (9.9 \times 21.6) + (4.7 \times 9.9) + (4.7 \times 9.9) + (4.7 \times 21.6) + (4.7 \times 21.6)$ ó 723.78 pulgadas cuadradas
**17.** una caja de pañuelos desechables mide 9 por 5 por 4 pulgadas. ¿Cuánto cartón se necesita para hacer la caja?
**19.** $S = 6s^2$ **21.** 150.7 $cm^2$ **23.** C **25.** 420 $pies^3$

### *Páginas 579–580 Capítulo 14 Guía de estudio y repaso*

**1.** caras **3.** cilindro **5.** área de superficie **7.** $48\frac{1}{8}$ $pulg^2$
**9.** 5.3 $m^2$ **11.** 153.9 $pulg^2$ **13.** pirámide triangular
**15.** esfera **17.** $103\frac{1}{8}$ $pies^3$ **19.** 194.5 $cm^2$

Respuestas seleccionadas

# Créditos fotográficos

**Portada** (tl)Franco Vogt/Corbis, (tr)Joe Cornish/Getty Images, (b)Noel Hendrickson; **i** Noel Hendrickson; **iv v x** Aaron Haupt; **xi** Frank Lane/Parfitt/Getty Images; **xii** EyeWire/Getty Images; **xiii** AP/Wide World Photos; **xiv** Aaron Haupt; **xv** Beau Regard/Masterfile; **xvi** Joel W. Rogers/CORBIS; **xvii** Alan Thornton/Getty Images; **xviii** David Nardini/Masterfile; **xix** Aaron Haupt; **xx** Pete Saloutos/CORBIS; **xxi** Philip & Karen Smith/Getty Images; **xxii** Art Wolfe/Getty Images; **xxiii** Getty Images; **xxiv** CORBIS; **xxv** John Evans; **xxvi** (t)PhotoDisc, (b)John Evans; **xxvii** (t)PhotoDisc, (bl)PhotoDisc, (br)John Evans; **xxviii** John Evans; **2–3** Chabruken/Getty Images; **4–5** Alaska Stock; **7** AP/Wide World Photos; **11** (l)Karen Thomas/Stock Boston, (r)William Whitehurst/CORBIS; **12** Joseph Sohm; ChromoSohm Inc./CORBIS; **13** Brooke Slezak/Getty Images; **17** Frank Lane/Parfitt/GettyImages; **19** Tony Freeman/PhotoEdit; **20** Bill Frymire/Masterfile; **23** John Evans; **25** CORBIS; **27** Kreber/KS Studios; **32** John Evans; **35** Mac Donald Photography/Photo Network; **40** Chris Salvo/Getty Images; **48–49** SuperStock; **50** Rich Iwasaki/Getty Images; **51** Pierre Tremblay/Masterfile; **54** John Evans; **57** Allan Davey/Masterfile; **66** PhotoDisc; **67** John Terence Turner/Getty Images; **71** John Evans; **73** EyeWire/Getty Images; **74** Vloo Phototheque/Index Stock Imagery/PictureQuest; **76** PhotoDisc; **77** F. Stuart Westmorland/Photo Researchers; **78** David Weintraub/Stock Boston; **80** Digital Vision/Getty Images; **81** Joesph Sohm, ChromoSohm/Stock Connection/PictureQuest; **87** (l)Stephen Simpson/Getty Images, (r)Andrew J.G. Bell; Eye Ubiquitous/CORBIS; **96–97** Alexander Walter/Getty Images; **98–99** Kreber/KS Studios; **105** Matt Meadows; **108** AP/Wide World Photos; **110** Doug Martin; **111** Matt Meadows; **112** Scott Tysick/Masterfile; **113** PhotoDisc; **114** Tom Carter/Photo Edit; **115** John Evans; **117** CORBIS; **122** (l)Creasource/Series/PictureQuest, (r)AP/Wide World Photos; **124** IFA/eStock Photography/PictureQuest; **125** John Evans; **132–133** Lloyd Sutton/Masterfile; **135** Stephen Marks/Getty Images; **136** Photo Network; **138 141** Aaron Haupt; **142** Mug Shots/CORBIS; **147** Craig Hammell/CORBIS; **149 156** John Evans; **161** Photick/SuperStock; **163** Carolyn Brown/Getty Images; **172–173** Art Wolfe/Getty Images; **174–175** Tom Stack & Associates; **178** Aaron Haupt; **179** Mark Tomalty/Masterfile; **180** (t)Doug Martin, (b)Mark Steinmetz; **183** Aaron Haupt; **184** Mark Steinmetz; **187** James Urbach/SuperStock; **188** Bat Conservation International; **189** Beau Regard/Masterfile; **191** John Evans; **192** (l)John Evans, (r)Kreber/KS Studios; **195** Ken Lucas/Visuals Unlimited; **197** (t)Karen Tweedy-Holmes/CORBIS, (b)Gary W. Carter/CORBIS; **198** Matt Meadows; **202** Morrison Photography; **205** Richard Cech; **207** Dr. Darlyne A. Murawski/Getty Images; **209** (l)Fred Atwood, (c)Ronald N. Wilson, (r)Billy E. Barnes/PhotoEdit; **216–217** Kreber/KS Studios; **220** Charles Gupton/CORBIS; **221** Glencoe; **222** (l)Mark Burnett, (r)Glencoe; **223** Bethel Area Chamber of Commerce; **225** Joanna McCarthy/Getty Images; **226** (l)John Evans, (r)Laura Sifferlin; **227** Rita Maas/Getty Images; **229** Richard Stockton/Index Stock; **233** John Evans; **235** Doug Martin; **236** David Becker/Getty Images; **240** Doug Martin; **242** Jeff Gross/Getty Images; **244** Richard Laird/Getty Images; **245** Joel W. Rogers/CORBIS; **247** Mark Burnett; **254–255** Roy Ooms/Masterfile; **261** Stocktrek/CORBIS; **263** Ron Kimball/Ron Kimball Stock; **264** Maps.com/CORBIS; **266** Doug Martin; **269** John Evans; **270** Aaron Haupt; **272** PhotoDisc; **273** Alan Thornton/Getty Images; **275** CORBIS; **277** Aaron Haupt; **280** John Evans; **282** PhotoDisc; **288** United States Mint; **290–291** Andrew Wenzel/Masterfile; **292–293** Tim Davis/Getty Images; **295** (t)NASA/JPL/Malin Space Science Systems, (c)NASA/GSFC, (b)PhotoDisc; **302** Aaron Haupt; **303 307** AP/Wide World Photos; **309** John Evans; **311** (l)Tom Stack & Associates, (r)David Nardini/Masterfile; **313** (t)Reuters NewMedia Inc./CORBIS, (b)AP/Wide World Photos; **314** Laura Sifferlin; **319** Pierre Tremblay/Masterfile; **322** CORBIS; **330–331** Aaron Haupt; **333** Doug Martin; **334** Sandy Felsenthal/CORBIS; **336** Carin Krasner/Getty Images; **341** Tim Fuller; **344** Laura Sifferlin; **347** David Schultz/Getty Images; **349** John Evans; **350** Laura Sifferlin; **356** Doug Martin; **358** John Evans; **362** Joe McDonald/CORBIS; **363** Richard T. Nowitz/CORBIS; **365 366** Aaron Haupt; **376–377** DUOMO/CORBIS; **378–379** JH Pete Carmichael/Getty Images; **381** Joe McDonald/CORBIS; **387** Richard Hutchings/PhotoEdit; **388** Aaron Haupt; **392** Chad Ehlers/Getty Images; **393** Roger K. Burnard; **395** Doug Martin; **399** John Evans; **401** Pete Saloutos/CORBIS; **406** Enzo & Paolo Ragazzini/CORBIS; **413** (l)John Evans, (r)Laura Sifferlin; **415** Doug Martin; **424–425** Mike Powell/Getty Images; **429** Philip & Karen Smith/Getty Images; **434** Ron Kimball/Ron Kimball Stock; **439** (l)Jim Cummins/CORBIS, (r)Aaron Haupt; **440** (t)Bob Mullenix, (b)PhotoDisc; **443** John Evans; **445** Doug Martin; **448** John Evans; **452** PhotoDisc; **460–461** Martyn Goddard/CORBIS; **462–463** KS Studios; **471** Life Images; **483** John Evans; **485** Micheal Simpson/Getty Images; **486** (l)Mike Pogany, (r)Art Wolfe/Getty Images; **488** John Evans; **491** John Kelly/Getty Images; **492** PhotoDisc; **493** Mark Ransom; **494** Tim Fuller; **495** Billy Stickland/Getty Images; **504–505** (bkgd)Rob Bartee/SuperStock; **504** (l)Mark Burnett, (t)David Pollack/CORBIS, (r)Doug Martin; **508** (l)Mark Burnett, (r)CORBIS; **512** Doug Martin; **515** Matt Meadows; **517** PhotoDisc; **519 520** John Evans; **523** Geoff Butler, (bkgd)PhotoDisc; **524** (t)Mark Gibson, (b)David Pollack/CORBIS; **528** (l)Matt Meadows, (c)PhotoDisc, (r)Davies & Starr/Getty Images; **535** Getty Images; **539** Aaron Haupt; **541** Matt Meadows; **544–545** Tim Hursley/SuperStock; **547** Tony Hopewell/Getty Images; **551** Aaron Haupt; **557** CORBIS; **563** John Evans; **564** (l)Elaine Comer Shay, (r)Dominic Oldershaw; **568** John Evans; **569** Dominic Oldershaw; **571** CORBIS; **576** Denis Scott/CORBIS; **584** CORBIS.

# Índice

## A

## F



Índice

## G



## H



## I



## K



## L

## R



Índice

S

## T



## U



## V



## Y



## Z

# Símbolos

## Número y operaciones

| | |
|---|---|
| $+$ | más o positivo |
| $-$ | menos o negativo |
| $a \cdot b$, $a \times b$, $ab$ o $a(b)$ | $a$ por $b$ |
| $\div$ | dividido entre |
| $\pm$ | más o menos |
| $=$ | es igual a |
| $\neq$ | no es igual a |
| $>$ | es mayor que |
| $<$ | es menor que |
| $\geq$ | es mayor que o igual a |
| $\leq$ | es menor que o igual a |
| $\approx$ | es aproximadamente igual a |
| % | porcentaje, por ciento |
| $a:b$ | la razón de $a$ a $b$ o $\frac{a}{b}$ |
| $0.7\overline{5}$ | decimal periódico 0.75555… |

## Álgebra y funciones

| | |
|---|---|
| $-a$ | opuesto o inverso aditivo de $a$ |
| $a^n$ | $a$ a la *enésima* potencia |
| $a^{-n}$ | $\frac{1}{a^n}$ |
| $\lvert x \rvert$ | valor absoluto de $x$ |
| $\sqrt{x}$ | raíz cuadrada principal (positiva) de $x$ |
| $f(n)$ | función, $f$ de $n$ |

## Geometría y medición

| | |
|---|---|
| $\cong$ | es congruente a |
| $\sim$ | es semejante a |
| $^\circ$ | grado(s) |
| $\overleftrightarrow{AB}$ | recta $AB$ |
| $\overrightarrow{AB}$ | rayo $AB$ |
| $\overline{AB}$ | segmento de recta $AB$ |
| $AB$ | longitud de $\overline{AB}$ |
| ∟ | ángulo recto |
| $\perp$ | es perpendicular a |
| $\parallel$ | es paralela a |
| $\angle A$ | ángulo $A$ |
| $m\angle A$ | medida del ángulo $A$ |
| $\triangle ABC$ | triángulo $ABC$ |
| $(a, b)$ | par ordenado con coordenada $x$ $a$ y coordenada $y$ $b$ |
| $O$ | origen |
| $\pi$ | pi $\left(\text{aproximadamente } 3.14 \text{ ó } \frac{22}{7}\right)$ |

## Probabilidad y estadística

| | |
|---|---|
| $P(A)$ | probabilidad del evento $A$ |
| $n!$ | $n$ factorial |
| $P(n, r)$ | permutación de $n$ cosas tomadas $r$ a la vez |
| $C(n, r)$ | combinación de $n$ cosas tomadas $r$ a la vez |

# Fórmulas

| | | |
|---|---|---|
| **Perímetro** | cuadrado | $P = 4s$ |
| | rectángulo | $P = 2\ell + 2w$ o $P = 2(\ell + w)$ |
| **Circunferencia** | círculo | $C = 2\pi r$ o $C = \pi d$ |
| **Área** | cuadrado | $A = s^2$ |
| | rectángulo | $A = \ell w$ |
| | paralelogramo | $A = bh$ |
| | triángulo | $A = \frac{1}{2}bh$ |
| | trapecio | $A = \frac{1}{2}h(b_1 + b_2)$ |
| | círculo | $A = \pi r^2$ |
| **Área de superficie** | cubo | $S = 6s^2$ |
| | prisma rectangular | $S = 2\ell w + 2\ell h + 2wh$ |
| | cilindro | $S = 2\pi rh + 2\pi r^2$ |
| **Volumen** | cubo | $V = s^3$ |
| | prisma | $V = \ell wh$ o $Bh$ |
| | cilindro | $V = \pi r^2 h$ o $Bh$ |
| | pirámide | $V = \frac{1}{3}Bh$ |
| | cono | $V = \frac{1}{3}\pi r^2 h$ ó $\frac{1}{3}Bh$ |
| **Teorema de Pitágoras** | triángulo rectángulo | $a^2 + b^2 = c^2$ |
| **Temperatura** | Fahrenheit a Celsius | $C = \frac{5}{9}(F - 32)$ |
| | Celsius a Fahrenheit | $F = \frac{9}{5}(C + 32)$ |

# Conversión de medidas

| | | |
|---|---|---|
| **Longitud** | 1 kilómetro (km) = 1,000 metros (m)<br>1 metro = 100 centímetros (cm)<br>1 centímetro = 10 milímetros (mm) | 1 pie (pie) = 12 pulgadas (pulg)<br>1 yarda (yd) = 3 pies ó 36 pulgadas<br>1 milla (mi) = 1,760 yardas ó 5,280 pies |
| **Volumen y capacidad** | 1 litro (L) = 1,000 mililitros (mL)<br>1 kilolitro (kL) = 1,000 litros | 1 taza (tz) = 8 onzas fluidas (oz fl)<br>1 pinta (pt) = 2 tazas<br>1 cuarto de galón (ct) = 2 pintas<br>1 galón (gal) = 4 cuartos de galón |
| **Peso y masa** | 1 kilogramo (kg) = 1,000 gramos (g)<br>1 gramo = 1,000 miligramos (mg)<br>1 tonelada métrica = 1,000 kilogramos | 1 libra (lb) = 16 onzas (oz)<br>1 tonelada (T) = 2,000 libras |
| **Tiempo** | 1 minuto (min) = 60 segundos (s)<br>1 hora (h) = 60 minutos<br>1 día (d) = 24 horas | 1 semana = 7 días<br>1 año = 12 meses ó 52 semanas ó 365 días<br>1 año bisiesto = 366 días |
| **Métricas a inglesas** | 1 metro ≈ 39.37 pulgadas<br>1 kilometro ≈ 0.62 de milla<br>1 centímetro ≈ 0.39 de pulgada | 1 kilogramo ≈ 2.2 libras<br>1 gramo ≈ 0.035 de onza<br>1 litro ≈ 1.057 cuartos |